개정3판   소방기술사 심화

요해
소방기술사 ②

소방기술사 **김정진**

Professional
Fire Protection Engineer

이 책의 차례

PART 10 수계 1

소화약제로서의 물의 특성	10
소화수 첨가제	13
Class A포	15
유수검지장치와 일제개방밸브	15
NFPA 13 스프링클러설비 분류	17
건식밸브	18
건식밸브의 방수지연시간	20
Water Columning	22
준비작동식 클래퍼 동작	23
건식 - 준비작동식 조합형	25
스프링클러설비의 시험장치	26
시험장치의 압력계	28
헤드 분류	29
스프링클러헤드 감지특성	31
헤드 동작시간 식 유도	33
스프링클러 소화시간	35
스프링클러설비 방수특성	36
K-Factor	40
헤드의 물리적 특성 3요소	42
NFTC 헤드 선정/설치기준	44
스프링클러헤드의 감지장애 및 살수패턴장애	47
NFPA 13 표준형헤드 위치	50
Beam Rule	53
ESFR	55
ESFR 헤드 설치기준	58
창고시설의 화재안전기준	59
NFPA 13 ESFR 헤드 설치	61
격자(Open Grid) 천장	63
Skipping	64
헤드의 동작시간 영향 인자	65
헤드 선정 시 고려사항	66
NFTC의 스프링클러헤드 설치 제외	68
NFPA 13 냉동실 헤드 설치	70
소화설비의 배관	72
NFTC 수원 계산방법	74
NFTC 수리계산	75
NFPA 수원 계산방법 (기준개수)	77
규약배관방식과 수리계산방식 비교	78
NFPA 13 용도 분류	81
수리계산 절차	83
NFPA 13의 살수밀도-설계면적	86
NFPA 손실계산	87
수력학적 소요수량 계산 절차	88
동압을 무시할 수 있는 이유	89
동압을 고려한 수리계산	91
NFPA 13의 Pipe Schedule Method	94
수계소화설비의 수리계산	95
수리계산 보고서 포함 사항	98
간이 스프링클러 가압송수장치	100

PART 11 수계 2

포소화약제의 종류 및 특성	104
내알콜포(Alcohol Resistant Foam)	106
포 소화원리	107
팽창비	109
혼합장치(Proportioning)	111
ILBP/Foam Dos	114
압축공기포	115
포소화설비 기동장치	117
CDC	118
고팽창포	119
NFPA 11 고팽창포	121
저팽창포와 고팽창포 설계 시 제한요소	123
포소화설비 설치대상 및 적용 설비	125
NFTC 포소화설비 수원	127
위험물 탱크 포소화설비 수원	129
옥외탱크의 고정포 방출구	131
옥외탱크의 고정포 방출구	133

위험물 저장탱크	135
NFPA 위험물 저장탱크 포 설계 절차	137
포모니터 노즐 방식	139
물분무 소화설비 1	140
물분무 소화설비 2	142
초고속 물분무소화설비	143
미분무수 소화원리	145
미분무수소화설비 구분	148
Dv 0.9 : 200 μm	152
미분무수 적용대상	153
미분무소화설비의 설계도서	155
NFPA 750 설계 시 고려사항	157
NFPA 750 설계 시 B급화재 고려사항	159
옥내소화전 ON-OFF 기동방식	160
옥외소화전	162
연결송수관	163
NFPA 14 (Standpipe System)	165
소화용수설비	167
지하구의 연소방지설비	169

PART 12   가스계

이산화탄소 소화설비 개요	172
이산화탄소 약제특성	174
이산화탄소 소화설비의 분류	176
이산화탄소 기동장치/가스용기 설치기준	178
이산화탄소 소화설비 동작 시퀀스	179
이산화탄소 저장용기 설치장소	180
Liquid Full	181
이산화탄소의 위험성	182
가스계소소화설비 안전대책	183
NFPA 2001 안전 장치	185
비상정지 스위치/Lock-Out 밸브	186
표면화재와 심부화재	187
전역방출방식의 개구부 보정량	188
선형상수 (비체적)	189
무유출식 유도	190
자유유출식 유도1	192
자유유출식 유도2	193
이산화탄소 약제량 계산	197
표면화재 시 보정계수	198
이산화탄소 최소약제량	200
Soaking Time (Retention Time)	202
Door Fan Test	206
국소방출방식 약제량	208
국소방출방식의 NFPA와 NFTC의 방출시간 비교	211
Vapor Delay Time	212
할로겐화합물 및 불활성기체 소화약제	213
ODP, GWP, ALT	216
최소설계농도, 불활성화농도	218
할로겐화합물 및 불활성기체 약제량	219
NFPA 2001 소화약제량 계산 절차	220
약제량 계산방법이 다른 이유	222
PBPK	223
할로겐/불활성기체 소화약제의 위험성	225
할로겐화합물 소화약제 열분해생성물	227
할로겐/불활성기체 소화약제의 방출시간	228
Pressure Venting	230
FK 5-1-12 (NOVEC 1230)	231
HFC-23 (상품명 : FE-13)	232
IG-541	233
할로겐/불활성기체 소화설비 설계절차	234
가스계소화설비 설계농도까지 도달하는 과정에서 시간지연	236
% in Pipe	238
유량계산방법 프로그램	241
3종 분말	242

이 책의 차례

PART 13 　제연

제연방법 및 원리	246
거실제연 기본개념	249
연기발생량	251
Hinkley 식 유도	253
Hinkley 식에 의한 연기발생량	255
거실제연의 대상 및 구분	259
거실 제연설비의 급·배기	260
거실 제연설비의 배출	262
Plug-Holing	264
NFPA 204 거실제연 설계 절차	265
급 기	267
건축법상 배연설비	270
Venting과 스프링클러설비의 상호 영향	272
연기제어(Smoke Control)의 기본개념	273
연기제어 대상 및 방법	274
전실(부속실) 제연의 개요	276
스프링클러 설치 시 부속실의 최소차압이 12.5 Pa인 이유	279
NFPA 92의 경우 천장 높이가 4.6 m일 때의 차압	280
누설면적	283
누설면적 유도	286
과압방지조치	287
전실 제연설비 급기	289
외기 취입구	290
유입공기 배출	291
연돌효과에 따른 부속실 풍량을 보정해야 하는 이유	293
엘리베이터의 승강로 압력 변동을 제어하기 위한 시스템	294
부속실 제연설비 TAB	296
거실 제연설비 설계절차	298
부속실 제연설비 설계절차	300
등속법, 등압법, 정압재취득법	302
원심식 송풍기	305
송풍기 풍량 제어방법	307
송풍기의 System Effect	310

PART 14 　경보설비

자동화재탐지설비 설계	314
경계구역	317
수신기	320
감시제어반	322
소화설비 기동	324
화재신호처리	327
설치높이에 따른 감지기	329
열전효과	330
서미스터	331
차동식분포형 감지기(공기관식)	332
정온식스포트형 감지기	333
정온식감지선형 감지기	335
광센서형 감지기	336
광전효과	338
연기감지기	339
이온화식과 광전식 감지기	341
광전식분리형	343
NFPA 감지기 설치위치	345
공기흡입형 연기감지기	349
공기흡입형감지기 배관 설계	352
불꽃감지기	354
불꽃감지기 설계 시 고려사항	356
불꽃감지기 설치 위치	358
SPARK/EMBER 감지기	359
Video-Based 감지기	361
단독경보형 감지기	362
가스누설경보기	363
가스감지기	365
가스감지기 감지 방식	366

일산화탄소 감지기	368	전기저장장치 커미셔닝	430
아날로그 감지기	369	연료전지	431
저출력 무선설비 (무선감지기)	370	조명 기초이론	432
비화재보	372	퍼킨제 (Purkinje) 현상	433
화재감지기 설치 제외 장소	374	유도등	434
다중통신 (Multiplexing Communication)	375	유도등 배선 방식	436
통신선로의 전송매체	377	비상조명설비	438
네트워크 구성	378	LED (Light-Emitting Diode)	440
네트워크의 제어방법	380	비상콘센트	441
NFPA 72 경보설비 구성	382	무선통신 보조설비	443
NFPA 72 Pathway Class	383	임피던스 정합	447
Class N	385	누설동축케이블의 손실과 Grading	448
잔존능력 & 공유경로	387	전압정재파비 (VSWR)	450
시각경보기	388		
비상경보설비	390		
비상방송설비	392		
비상방송 성능 개선	394		
NFPA 72 음압	396		

PART 16　일반전기

Y (Star) - Δ (Delta)	452
전력의 종류 및 역률	455
키르히호프의 법칙	457
유도현상	458
유도장애	460

PART 15　소방전기

소방용 전선	400
내화·내열 배선	402
비상전원의 종류	406
소방용 발전기 용량선정	408
소방전원 우선보존형 발전기	410
비상전원 수전설비	412
비상전원 수전설비 설치기준	414
축전지	416
축전지의 부동충전방식	418
축전지 용량	419
전기저장장치	423
리튬이온 배터리	425
전기저장장치 기준	427
ESS의 안전관리가이드	429

전자파	462
접 지	463
방폭 관련 보호 및 접지	465
피뢰설비	466
내부 피뢰시스템	468
저장탱크의 낙뢰 위험성	470
서지보호장치 (SPD)	472
직류 전압강하 계산식 유도	473
플레밍의 법칙	474
전동기 기동	476
인버터 유도전동기의 VVVF	479
사이리스터 (Thyristor)	481
Soft Starter	482
전기화재	483

공기의 절연파괴 (Break Down)	485
Arc와 Spark	486
줄의 법칙	487
접촉불량에 의한 발화	488
아산화동 증식과 발열	489
트래킹	490
정온전선의 화재위험성	492
전기화재의 단락흔 (1차 용흔)과 용융흔 (2차 용흔)	493
누전경보기 작동원리	495
AFCI (Arc-Fault Circuit Interrupter)	496
유입변압기 화재	498
정전기 1	501
정전기 2	503
석유류 정전기 발생 (유동대전)	505
정전기 발생 영향인자	507
정전기 방전	508
제전기 (Ionizer)	510
정전기 위험성평가	512

PART 17 PBD 위험성평가

성능위주설계 개요	516
성능위주설계 대상물	518
화재시나리오 (Fire Scenario)	520
화재 및 피난 시뮬레이션의 시나리오	522
설계화재	525
감지기 임계화재	527
화재모델링	528
Froude 모델링	529
결정론적 모델	531
CONTAM	534
성능위주 피난설계의 개념	536
성능위주설계 표준가이드라인 개요	538

성능위주설계 [소방활동 접근성]	542
성능위주설계 [소방시설 (기계·전기)]	544
성능위주설계 [건축 피난·방재]	549
성능위주설계 [화재·피난 시뮬레이션]	554
위험성 평가 용어정리	558
Process Risk Assessment	559
ALARP 원칙	560
HAZOP	562
Dow 화재 폭발지수 (FEI)	563
Event Tree Analysis	565
Fault Tree Analysis	566
화학공장의 정량적 위험분석 (QRA)	569
Risk Presentation	570
Risk Management	571
방호계층분석 (LOPA)	572
안전무결성등급 (SIL)	573
보우타이 (Bow-Tie) 리스크 평가	575
FREM (Fire Risk Evaluation Method)	577
지수분포 & 신뢰성	578
하인리히의 이론	583
버드의 신도미노 이론	585
VE (Value Engineering)	586
공정안전관리 (PSM)	588

PART 18 ○○화재

지하구	592
공동주택	595
공동주택 화재성능기준	597
원자력 발전소 방호	600
지하공간 화재	602
고층 건축물의 화재	604
복합상영관에서의 화재	606
아트리움 방재 대책	608

석탄 화력발전소 소방시설	610
창고 화재	612
창고시설의 화재안전기준	614
터널화재	616
도로터널 화재안전기준	619
터널 제연설비 1	623
터널 제연설비 2	624
도로터널 정량적 위험성평가 1	627
도로터널 정량적 위험성평가 2	628
터널 소화설비	632
노유자 시설 방화대책	633
견본주택	635
필로티 구조 화재	637
지진화재	639
산림화재	640
화재조사의 종류 및 조사의 범위	643
화재패턴	644
발화부 추정의 5원칙	645
화재패턴의 형태	646
액체탄화수소의 화재패턴	649
NFPA 921의 과학적 화재조사	652
미소화원	654
방화 (Arson)	655
소방시설 설치 제외 장소	657
책임감리원과 보조감리원	660
착공신고/공사감리자 지정대상	662
설계도서 등의 검토	663
검측 업무	665
공사 완료단계 시설물 인수·인계 등	667
준공검사	669
화재예방안전진단	670
건축자재의 품질관리	671
소방용품 품질관리	673

요약	676

MEMO

PART 10

수계 1

소화약제로서의 물의 특성

1 개 요

1) 물은 소화특성이 우수한 소화약제로서 비열과 증발잠열이 커서 냉각효과가 크고, 기화 시 체적팽창으로 질식효과가 있으며, 우수한 안정성과 경제성, 환경영향성 등 많은 장점을 가지고 있다.

2) 물이 소화약제로서 특성 중 비열, 증발잠열, 표면장력이 큰 이유는 물의 수소결합의 영향이다.

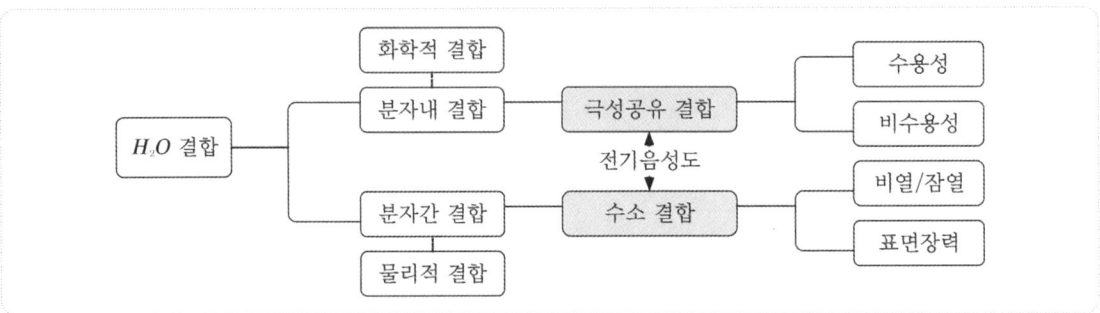

2 물의 화학/물리 결합

1) 극성 공유결합 (화학결합)

   (1) H_2O의 경우 산소는 수소보다 많은 전자를 가지므로 수소보다 큰 전기음성도를 가지고, 전기음성도 차이는 극성 공유결합을 한다.

   (2) 가연물이 비극성인 경우 소화수는 적응성이 거의 없다.

   ① 혼합되지 않는다.

   ② 가연물의 비중이 1보다 작다.

2) 수소결합 (물리 결합)

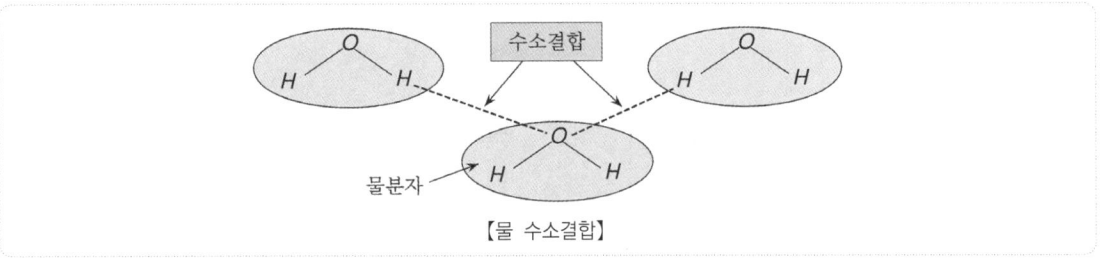

【물 수소결합】

   (1) 수소결합은 원자의 크기가 작고 전기음성도가 큰 N, O, F의 경우 N, O, F와 공유결합하고 있는 수소 원자가 이웃 분자의 N, O, F에 끌려서 발생하는 분자 간의 힘이다.

   (2) 수소결합을 하는 액체는 분자량이 비슷한 다른 액체에 비해 녹는점과 끓는점이 높고, 융해열과 기화열이 크다.

   (3) 수소결합은 분자 내에서 일어나는 원자 간의 화학결합이 아니라 분자 사이에서 일어나는 인력으로, 다른 '분자 간 인력'보다 강해 '수소결합'이라고 한다. 하지만 원자 간 결합보다는 약하여 공유결합보다는 쉽게 분해 (기체)된다.

❸ 물의 소화특성

1) 냉 각
   (1) 기상(화염) 냉각 : 순열유속 감소
   물의 현열/증발잠열 등에 의해 화염이 냉각된다.
   (2) 가연물 냉각 : 기화열 증가
   ① 화재제어 : 주위 가연물을 미리 적셔 기화열을 크게 하여 연소속도(Burning Rate)을 감소
   ② 화재진압 : 화염면에 직접 침투하여 화염을 제거한다.

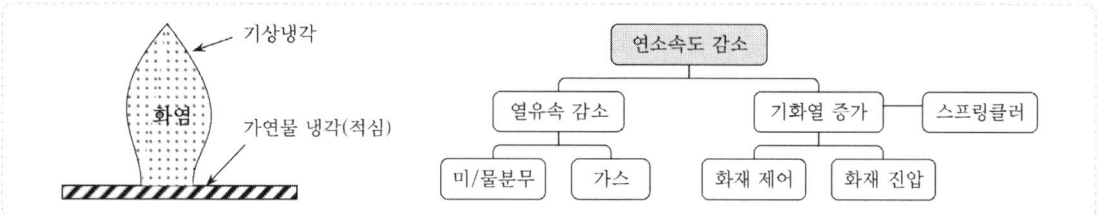

2) 질 식
   (1) 물이 기화되어 화염으로 유입되는 공기(산소)를 희석하여 열방출률을 감소시킨다.
   (2) 물이 기화될 때 1,700배 정도 부피가 팽창하여 산소 농도를 감소시킨다.
   (3) 특히 미분무소화설비의 경우 주요 소화 원리이며, 이때 개구부의 유무 및 크기가 중요하다.

3) 유화(에멀젼)
   (1) 비수용성 가연물에 적용
   (2) 물 미립자가 가연성액체의 연소면을 두드려서 표면을 물과 기름이 섞인 유화 상태로 만들어 가연성 증기의 발생을 억제하는 효과
   (3) 에멀젼 효과를 증가시키기 위해서는 유면에서의 타격력을 향상시켜야 하므로 질식효과를 기대할 때보다 물 입자를 크게 하고, 큰 운동량(Momentum)으로 방수하여야 한다.

4) 희 석
   (1) 수용성액체의 화재 시 물과 액체의 혼합으로 액체의 농도를 낮추어 가연성증기 발생을 감소시키는 작용
   (2) 유류탱크의 경우 가연물의 넘침 현상을 주의하여야 한다.

5) 타격·파괴 효과 : 봉상, 적상 주수 시 연소물 파괴

❹ 비열과 잠열

구 분	정 의
비 열 $(J/kg \cdot K)$	• 물질 $1kg$의 온도를 $1\ K(\degree C)$ 변화시키는 데 필요한 열량 • 물의 비열은 $1\ kcal/kg \cdot K$ ($\fallingdotseq 4.2 kJ/kg \cdot K$)
잠 열 (J/kg)	• 물질의 온도변화 없이 상태변화에 필요한 열량 • 증발잠열 : 539 kcal/kg • 융해잠열 : 80 kcal/kg

5 물 소화약제의 장·단점

1) 장 점
   (1) 수소결합으로 비열과 증발잠열이 커서 냉각효과가 우수하다.
   (2) 무독성 : 인체에 무해하고, 변질의 우려가 없어 장기간 보관이 가능하다.
   (3) 환경영향성 : 환경에 나쁜 영향을 미치지 않는다.
   (4) 안정성 : 수소결합으로 안정성이 높아 각종 첨가제를 혼합하여 사용할 수 있다.
   (5) 경제성 : 어디서나 쉽게 구할 수 있고, 가격이 저렴하다.
   (6) 다양한 방수 형태 가능 : 봉상, 적상, 무상주수

2) 단 점
   (1) 표면장력이 크다. (수소결합)
      ① 물입자의 세분화(미분무)가 어렵다.

      $$물\ 입자\ 크기(d_m) \propto \frac{D^{2/3}}{P^{1/3}}$$

      ② 침투력이 약하다. ⇒ 심부화재(쓰레기장 화재 등)에 적응성이 낮다.
   (2) 물과 혼합되지 않는 액체 가연물(비극성 공유 결합)의 화재에는 사용할 수 없다.
      ∵ 물의 밀도가 커서 유류화재 시 유면을 확대시킬 위험이 있다.
   (3) 전기 전도성 물질이므로 전기화재에 사용 시 주의하여야 한다.
   (4) 금수성 물질인 Na, K, Li, Mg 등 금속화재에 사용하면 H_2가 발생하여 폭발적으로 연소하므로 사용할 수 없다.
   (5) 소화 후 물에 의한 2차 피해(수손 피해)가 발생한다.
   (6) 영하의 온도에서는 동결, 동파되어 사용할 수 없다.

3) 대 책
   (1) 부동액
   (2) 물입자 크기를 작게 한다.
   (3) 물의 밀도를 작게 한다 (포).
   (4) Wetting Agent를 사용하여 표면장력을 감소시킨다.

6 결 론

1) 물은 소화효과가 다양하고 우수하고 인체에 무독성이므로 소화수로서 가장 적합하다.
2) 하지만 여러 가지 단점이 있는 관계로 물의 특성을 파악하여 동결, 표면장력 등의 단점을 보완하여 우수한 소화제로 사용할 수 있도록 하는 첨가제의 연구 개발이 필요하다.

소화수 첨가제

1 개요
소화수 첨가제(Additive)란 소화수의 소화능력을 향상시키고 단점을 보완하는 물질이다.

2 첨가제 구비조건
1) 물과의 혼합이 용이할 것
2) 소화설비를 부식시키거나 방사특성에 영향을 미치지 않을 것
3) 독성이 없을 것

3 종류 및 특징

1) Wetting Agent
   (1) 물의 표면장력(Surface tension)을 감소시켜
      ① 방수된 물이 흘러내리는 대신에 가연물 내부로의 침투성을 증가시키기 위한 첨가제
      ② 미세 입자 소화수 형성에 유리하다.
   (2) 탄화수소 계면활성제로서 대부분의 A급 가연물과 물리적 친화력을 가진다.
   (3) Wetting Agent는 물의 확산과 침투 능력이 증가한다.
   (4) 적응성
      ① 심부화재(쓰레기장, 산불화재)에 적응성
      ② 물분무/미분무소화설비의 C급화재 적응성 향상

2) 증점제(Viscosity Agent)
   (1) 가연물의 수직면에 물이 오랫동안 부착할 수 있도록 점성을 증가시키는 물질
   (2) 산림화재(수간화) 등에 첨가제로 사용

3) 유화제 : 유류 가연물 표면에 유화층 형성을 돕는 첨가제

4) 밀도변형제 : B급화재에 대한 물의 적응성을 증가시키기 위해 물의 밀도를 감소시키는 물질로서 대표적인 것이 Foam이다.

5) 부동액
   (1) 물의 최대 단점은 0℃ 이하에서 동결 때문에 소화약제의 기능을 상실하며 또한 배관 및 기기의 파손을 초래한다. 이런 단점을 보완하기 위해 물의 응고점을 낮추기 위한 첨가제
   (2) 종류 : $CaCl_2$, 글리세린, 프로필렌글리콜, 디에틸렌 등이 사용되며 부식방지제를 첨가하기도 한다.
   (3) ESFR 설비에 사용하는 부동액은 ESFR용으로 특별히 등록
      현재 허용 부동액은 ESFR 헤드에 악영향을 미칠 수 있다.
   (4) CPVC 배관은 글리세린만 사용, 다른 부동액은 화학적 손상 가능성이 있다.
   (5) 배관의 마찰손실 계산 시 Darcy-Weisdach 식을 적용하여야 한다.

6) 강화액(Loaded Stream)

(1) 구성 : K_2CO_3 수용액 + 침윤제 $[(NH_4)_2SO_4, (NH_4)_2PO_4]$

(2) 화학/분해 반응

① 분해반응

$$K_2CO_3 \Rightarrow 2K^+ + CO_3^{-2}$$

② 화학반응

$$K_2CO_3 + H_2O \Rightarrow K_2O + H_2O\uparrow + CO_2\uparrow - Q$$

$$K_2CO_3 + H_2O \Rightarrow 2KOH + CO_2\uparrow - Q$$

(3) 소화원리

① 칼륨 이온(K^+)에 의한 부촉매 효과

② 소화수에 의한 냉각

③ H_2O, CO_2에 의한 희석

④ 침투효과 : 표면장력 감소로 심부화재에 효과가 크다.

⑤ 방염작용 : 가연물에 흡착되어 화염확산 방지

※ K급화재에 적용하는 Wet Chemical과 유사하지만, 첨가제의 차이로 주요한 소화효과에 차이가 있다.

4 결 론

1) 물은 우수한 소화약제이지만 단점도 많다. 그런 관계로 소화수에 어떤 물질을 혼합하여 소화수의 단점을 보완하고 소화성능을 향상시킬 수 있다.

2) 소화수 첨가제는 소화설비를 부식시키거나 방사특성에 영향을 미치지 않으며. 독성이 없는 것을 선택하여야 한다.

Annex

📁 강화액

1. 소화기(Loaded Stream)
2. K급화재 : Wet Chemical
3. 지하구 특고압전력구 : 강화액소화설비

Class A포

❶ 개 요

1) 산불화재(지중화)나 쓰레기장 화재의 경우 물의 표면장력이 커서 침투성이 감소한다.
2) Class A포는 포 블랭킷(Blanket)을 형성하고 물의 침투성과 확산성을 증가시킨다.
3) 포 블랭킷은 열을 반사
4) 포 블랭킷은 수분 내에 형성되어 표면의 수분을 유지하면서 큰 냉각효과가 필요하므로 연속적인 포의 방사가 필요하다.
5) 압축공기를 이용한 공기포가 가장 오래 지속되는 블랭킷을 만든다.

❷ 소화원리

냉각효과와 질식효과에 영향을 주는 중요한 인자는 팽창비이므로 적정한 팽창비가 중요하다.
1) 냉 각
2) 질 식

❸ 혼합방법

1) 가압된 소화수, 이동식 흡입수조 등을 이용
2) 0.1~1%의 비율로 혼합
3) 관로 조합 방식의 혼합기 또는 특수 혼합방식도 사용
4) 포 블랭킷을 형성하기 위한 공기 흡입
   ⑴ 압축공기
   ⑵ 공기포 노즐 사용

 유수검지장치와 일제개방밸브

❶ 개 요

스프링클러설비는 경보 방법 및 작동 방법에 따라 크게 유수검지장치와 일제개방밸브로 구분

❷ 정 의

구 분	특 징
유수검지장치	• 습식, 건식, 준비작동식 스프링클러 • 본체내의 유수현상을 자동으로 검지하여 경보를 발하는 장치
일제개방밸브	• 개방형 헤드를 사용하는 일제살수식 스프링클러설비 • 화재 발생 시 자동 또는 수동 기동장치에 따라 밸브가 동작하는 밸브

❸ 부대설비 : 준비작동식 또는 일제개방밸브 2차 측

   1) 개폐표시형 밸브를 설치할 것
   2) 1)의 밸브와 준비작동식 또는 일제개방밸브 사이의 배관
      ⑴ 수직배수배관과 연결하고 동 연결 배관 상에는 개폐밸브를 설치할 것
      ⑵ 자동배수장치 및 압력스위치를 설치할 것
      ⑶ ⑵의 규정에 따른 압력스위치는 수신부에서 준비작동식 또는 일제개방밸브의 개방 여부를 확인할 수 있게 설치할 것

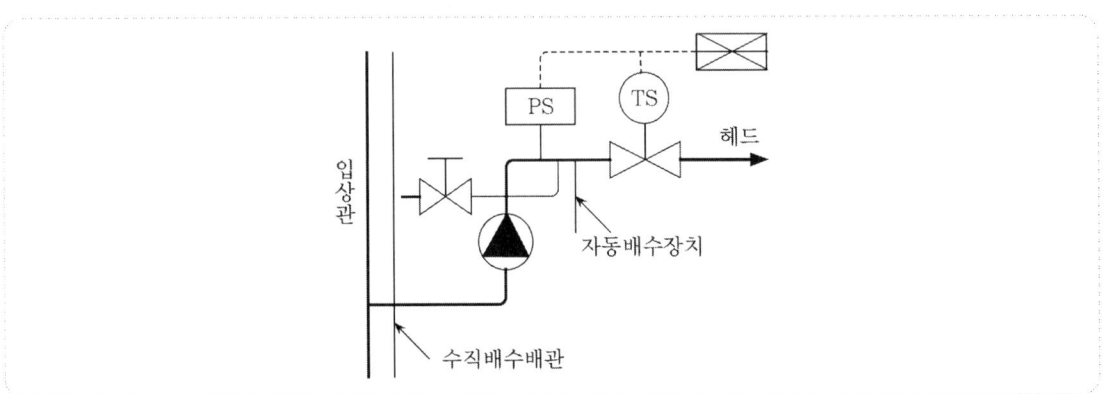

❹ 음향장치 및 기동장치

   1) 습식/건식
      헤드가 개방되면 유수검지장치가 화재신호를 발신하고 그에 따라 음향장치가 경보되도록 할 것
   2) 준비작동식 또는 일제개방밸브
      화재감지기의 감지에 따라 음향장치가 경보되도록 할 것

❺ 펌프의 작동 등

구 분	내 용
습식 또는 건식	• 유수검지장치의 발신 • 기동용 수압개폐장치에 의하여 작동 • 위의 두 가지의 혼용에 따라 작동
준비작동식 또는 일제개방	• 화재감지기의 화재감지 • 기동용 수압개폐장치에 따라 작동 • 위의 두 가지의 혼용에 따라 작동

❻ 화재안전기준 검토

현 기준을 분석해 볼 때 준비작동식 밸브와 일제개방밸브의 개방 원리 등이 유사하므로 준비작동식과 일제개방 밸브를 별개로 분류하는 것보다 같은 장치로 보는 것이 타당하다.

NFPA 13 스프링클러설비 분류

구 분	특 성
습식 스프링클러	• 신뢰성 우수, 동결 문제
건식	• 시간지연, 설비가 복잡
준비작동식	• 배관 2차 측 파손 감시 장치 필요
일제살수식	• 수손 피해 우려
루프 (Loop)식	• 교차배관을 서로 연결한 스프링클러설비
그리드 (Grid)식	• 가지배관이 연결된 스프링클러설비
동결방지	• 습식 스프링클러설비가 설치되는 지역의 일부분이 동파의 우려가 있는 장소에 헤드로부터 동결 우려가 있는 부분까지의 배관 내에 부동액이 채워져 있어 화재가 발생하면 배관 내의 부동액이 즉시 방출되고 이어서 소화수가 방수되는 설비
순환식 폐회로 (Circulating Closed-Loop)	• 난방 또는 공조장치를 통하여 물을 순환시키는 냉난방설비의 순환 밀폐배관(화재 시 순환 펌프 정지)으로 스프링클러 배관을 이용하는 시스템이다. • 평상시는 난방 또는 공조장치로 사용하다가 화재 발생 시 헤드를 통하여 소화수를 방수
건식/준비작동식조합	• 건식밸브 + 감지설비 • 사용 장소 : 부두, 여객선터미널 및 선창 등
다단 스프링클러설비 (Multi-Cycle System)	• 화재의 크기(열방출률)에 따라 유량을 조절하는 밸브의 자동개폐를 반복할 수 있는 기능을 가진 스프링클러설비 • 열 감지기는 평상시 닫힌 상태의 스위치로 존재하다가, 온도가 설정점에 도달하면 개방되면서 제어밸브를 개방되고 소화용수가 설비로 공급된다. • 사이클 작동이 짧아지는 것을 방지하기 위해 타이머를 설치한다.

Annex

📂 **패들형 유수검지장치**

배관 내에 패들을 부착하여 유수에 의해 패들의 위치가 변경됨에 따라 접점을 형성하여 회로가 연결되어 유수를 경보한다.

1. 특 징
   (1) 경계구역 내 배관의 유로가 많이 분기한 곳에 적합
   (2) 템퍼스위치와 압력스위치 필요

2. 용 도
   (1) 스프링클러 소화설비의 작동구역을 신속, 정확하게 알기 위하여 스프링클러설비를 세분화하고자 할 때 사용된다.
   (2) 세탁물 슈트, 창고 같은 특별한 장소에 스프링클러설비를 부분적으로 설치

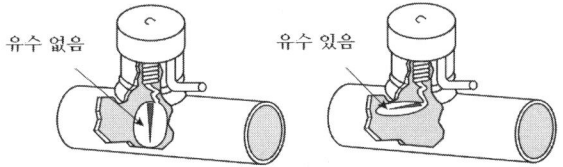

건식밸브

1 개 요
1) 동결의 우려가 있는 공간에 설치하는 스프링클러설비로서 클래퍼 1차 측 가압수, 2차 측 가압공기
2) 압축공기 방출 후 방수가 개시되므로, 방수시간지연으로 개방되는 헤드수가 증가되는 단점
3) 건식 스프링클러설비는 방수시간지연 및 유지관리 문제로 NFPA 13에서는 특별한 경우를 제외하고는 습식설비를 권장하고 있다.

2 구성요소

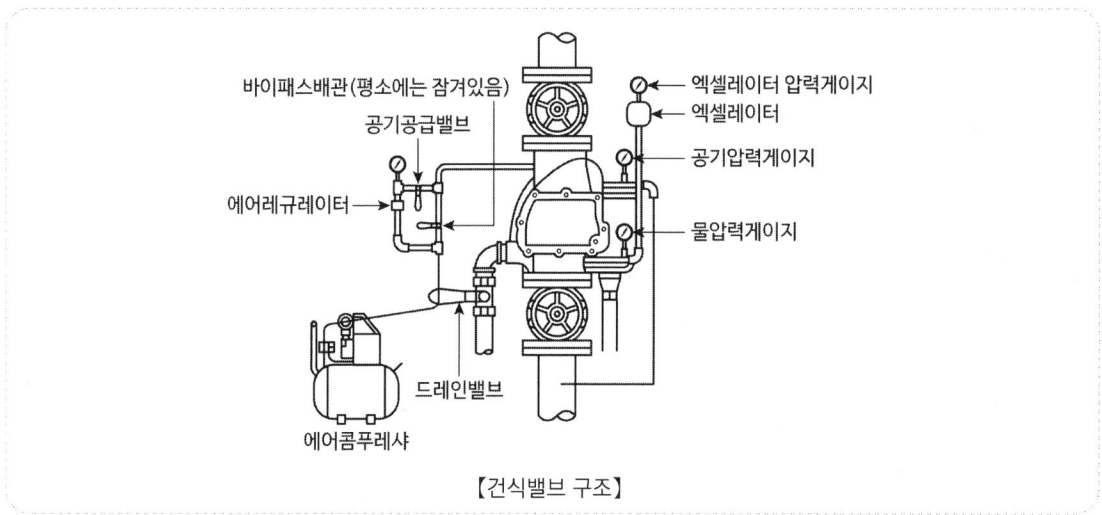

【건식밸브 구조】

1) 건식밸브

   1차 측에 가압수, 2차 측에 압축공기가 채워진 상태로 클래퍼를 중심으로 힘의 균형 유지

   $F_1 = F_2 \Rightarrow P_1 A_1 = P_2 A_2$

   $P_2 = \dfrac{A_1}{A_2} P_1$

2) 압력계 : 2차 측 압축공기 압력이 1차 측보다 낮다.
   (1) 건식밸브 1, 2차 측
   (2) Air Compressor 공급측
   (3) 공기 유입측
   (4) 각각의 공기 공급 배관
   (5) Quick Opening Device

3) 개폐밸브 : 1, 2차 측에 설치

4) 급속개방장치 (Quick Opening Device)
   (1) 2차 측 배관 용적이 500 × 3.78ℓ 초과하는 경우 Q.O.D를 설치 (방수시간 제한 예외)

(2) Accelerator (가속기)
  ① 설치 : 입구는 2차 측 토출 배관에, 출구는 중간 챔버에 연결
  ② 작동
    ㉠ 내부에 차압 챔버가 있고, 일정한 압력으로 설정
    ㉡ 헤드가 개방되어 2차 측 공기압 감소 시 가속기가 작동
    ㉢ 2차 측 압축공기 일부를 중간 챔버로 보내 클래퍼를 신속하게 개방
(3) Exhauster
  ① 설치 : 주배관의 말단에 설치, 구경 50 mm 이상
  ② 헤드가 개방되어 2차 측의 공기압이 설정 압력보다 낮아졌을 때 공기배출기가 작동하여 2차 측 압축공기를 대기 중으로 신속하게 배출
  ③ NFPA에서는 현재 제품이 생산되지 않아 설치하지 않는다.
(4) 현재는 Quick Opening Device = Accelerator (가속기)

5) Anti-Flooding Device
건식설비 입상관과 급속 개방장치 사이에 설치하여 밸브 2차 측으로 물이 유입될 경우 급속개방장치로 물이 넘어가지 않도록 하기위한 장치

6) Air Compressor
(1) 2차 측 공기압을 일정하게 유지
(2) 용량 : 30분 이내에 설비의 정상 공기압력을 충전할 수 있는 용량
(3) 하나의 건식밸브에는 하나의 컴프레서를 사용하는 것이 원칙이나 방호구역의 상황에 따라 하나의 컴프레서에 다수의 건식밸브를 연결 가능

7) 중간챔버
(1) 비화재보 방지 : 알람스위치에 연결되어 간헐적 누수로 생기는 소량의 소화수가 중간챔버로 유입된 다음 드레인 밸브를 통해 배출되므로 비화재보 방지
(2) 트립시간 감소 : 헤드가 개방되어 2차 측 압력이 낮아지면 급속개방장치가 작동하여 2차 측 압축공기 일부를 중간챔버로 보내어 클래퍼 신속하게 개방

8) 연결송수관 연결
연결송수관 배관을 1차 측에 연결

【연결송수관】

❸ 건식 밸브 장점/단점

장 점	• 동결의 우려가 있는 장소에도 사용이 가능하다. • 별도의 기동 (감지)장치가 필요 없다.
단 점	• 압축공기 방출 후 방수가 개시되므로 방수시간지연으로 개방되는 헤드수가 증가한다. • 배관 부식으로 생성된 슬러그에 의한 헤드 막힘 ⇒ 가압공기보다 질소 주입 • 화재 초기에는 압축공기가 방출되므로 화점 주위에서는 화재를 확대시킬 우려가 있다. • 일반 헤드 사용 시 원칙적으로 상향형으로만 사용하여야 한다. 하향형 설치 시 드라이펜던트 헤드를 설치하여야 한다. • 공기압축 및 신속한 개방을 위한 부대설비가 필요하다.

건식밸브의 방수지연시간

1 개 요

1) 트립시간(Trip Time) + 소화수 이송시간(Transit Time)으로 구성된다.
2) 건식스프링클러설비는 방수시간지연 및 유지관리 문제로 NFPA에서는 특별한 경우를 제외하고는 습식 또는 준비작동식설비를 권장하고 있다.

2 방수지연시간(Delivery Time)

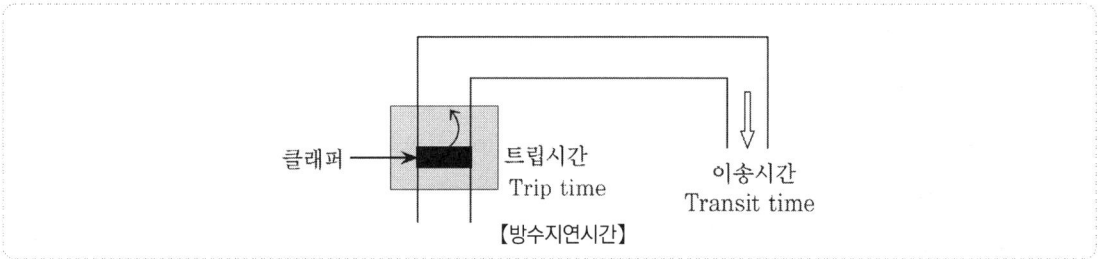

1) 트립시간(Trip time) : 클래퍼 개방시간 : 가장 중요한 영향인자는 1, 2차 측 차압이다.
   (1) 2차 측 공기압력 : 높게 설정될수록 증가
   (2) 1차 측 수압 : 낮을수록 증가
   (3) 헤드의 구경 : 작을수록 증가
   (4) 2차 측 내용적 : 클수록 증가
   (5) 트립 압력 : 낮을수록 증가
   (6) 2차 측 공기 온도
2) 소화수 이송시간(Transit time) : 가장 중요한 영향인자는 2차 측 배관 내용적과 배열이다.
   (1) 2차 측 내용적 : 2840ℓ (750 × 3.78 ℓ) 이하
   (2) 배관의 배열 : 격자형(Grid) 배관은 사용할 수 없다.
   (3) 1차 측 수압
   (4) 2차 측 공기압
   (5) 헤드의 구경 및 개방된 헤드 개수

3 대 책

1) 2차 측 배관 내 용적 제한
2) Q.O.D 설치
3) 방수시간 제한

4 설계 시 주의사항 : 방수시간지연 고려

1) 방수시간/배관 용적 제한
   (1) 방수시간지연은 원칙적으로 말단 헤드에서 60초 이내

(2) 거실에 설치하는 건식밸브의 경우 배관 내용적과 관계없이 방수시간지연은 15초 이내

(3) NFTC : 유수검지장치 2차 측 설비의 내용적이 2,840ℓ를 초과하는 건식스프링클러설비의 경우 시험장치 개폐밸브를 완전 개방 후 1분 이내에 물이 방사되어야 한다.

(4) 용도별 개방 헤드 수와 최대 방수지연시간

Hazard	개방 헤드 수	최대 방수지연시간 (sec)
주거용(Residential)	1	15
경급(Light)	1	60
중급(Ordinary)	2	50
상급(Extra)	4	45
고 적재 물품(High Piled)	4	40

(5) 아래의 경우는 시간제한이 없다. (단, 거실은 제외)

① 2차 측 배관 내용적이 500 × 3.78 ℓ 이하

② Q.O.D가 설치된 경우로서 2차 측 내용적이 750 × 3.78ℓ 이하

2) 격자형(Grid) 배관은 사용할 수 없다.

소화수 이송시간이 증가하기 때문이다. 단, 루프형 배관은 사용 가능

3) 설계면적(기준개수) 증가 : 수원 증가

방수시간 지연으로 화재 규모가 커질 것이고 이에 따라 동작 헤드도 증가하게 될 것이므로 설계면적을 30% 증가시켜야 한다. (수원 증가)

4) 밸브실에는 조명과 (영구적인) 난방설비를 하여야 한다.

Annex

📁 SFPE Handbook의 Trip Time 계산식

$$t = 0.0352 \frac{V_2}{A_n \sqrt{T_0}} \ln\left(\frac{P_{a0}}{P_a}\right)$$

V_2 : 2차 측 내용적(ft^3) T_0 : 2차 측 공기온도(°R)
A_n : 개방된 헤드 면적(ft^2) P_{a0} : 2차 측 초기 공기압(절대압)
P_a : 트립압력(절대압)

위 식은 트립시간을 예측(시험)하는 식으로 2차 측 공기온도가 높으면 온도보정을 하라는 뜻이다. 실제로 배관 2차 측이 공기 온도가 증가하면 트립시간은 증가한다.

📁 시간 측정

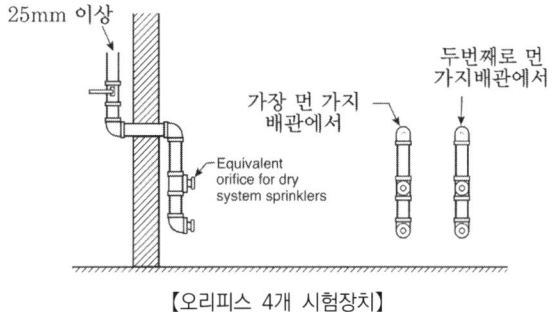

【오리피스 4개 시험장치】

Water Columning

❶ 정 의

건식밸브 클래퍼 상부의 물기둥(Water columning)으로서, 물기둥에 의해 건식밸브 클래퍼가 작동되지 않거나 트립시간이 지연될 수 있다.

❷ 발생원인

1) 1차 측 소화수의 유입
2) 2차 측 배관 내 압축공기의 응축수

❸ 영 향

1) 밸브의 Trip Point 초과에 따른 방수시간지연
2) 빙점 이하 시 동결로 인한 밸브작동 불가
3) 밸브의 동파 위험

❹ 방지대책

1) High Level 경보
2) 응축수 등을 제거하기 위한 응축수 드레인 설치
3) 압축공기 공급관 계통 내 습기 제거용 필터 설치
4) 2차 측 질소 또는 Dry 공기 사용

Annex

📁 Priming Water

1. 건식밸브에서 2차 측에 물을 채워 두는데 이를 Priming water라 한다.
2. 건식밸브에서 1차 측에는 가압수가 2차 측에는 압축공기가 채워져 있어 건식밸브의 클래퍼를 사이에 두고 힘이 상호 평형을 이루고 있다.
3. 건식밸브의 경우 상부 클래퍼의 표면적이 하부 클래퍼의 표면적보다 큰데, 이것은 2차 측의 낮은 공기압이지만 단면적이 커서 더 많은 힘을 발생하여 평형을 유지되기 때문이다.
4. 건식밸브 2차 측의 공기압력은 각 제조업체에서 정하는 차압비에 의하여 정해진다.
5. 2차 측에 물을 채워둠으로써 클래퍼 쪽으로 작용하는 공기압력은 클래퍼에 수직으로 균일하게 작용하게 되며 물 자체의 중력, 공기압 그리고 클래퍼 자체의 중력에 의해 1차 측 압력과 평형을 이룰 수 있게 되어 2차 측의 낮은 공기압으로도 폐쇄가 가능하다.
6. 또한 물을 채워둠으로써 클래퍼의 닫힌 상태 확인이 가능하며, 클래퍼에 틈새가 생겨 누수가 발생하면 밸브의 드레인에서 물방울이 누수되므로 기밀 여부를 알 수 있다.

준비작동식 클래퍼 동작

1 개 요

1) 화재의 감지 및 (또는) 헤드의 동작에 의해 클래퍼 개방
2) NFPA에서는 클래퍼 개방 방법에 따라 Single, Double, Non-Interlock로 분류한다.

Interlock	밸브 개방	장 점	단 점	비 고
Single-Interlock	감지기	오동작으로 헤드 개방 되더라도 수손 피해 없음	감지기 고장 시 동작 불가 밸브 2차 측 파손 시 미인지	국내와 유사
Double-Interlock	감지기 and 헤드	오동작 시 피해 최소화	시간지연 발생	건식과 같은 제한
Non-Interlock	감지기 or 헤드	감지기 고장 시 헤드에 의해 동작 가능	오동작으로 헤드 파손 시 수손 피해	

2 Single-Interlock

1) 감지기에 의해서 클래퍼가 개방된 후 헤드까지 소화수 이동, 이후 헤드 개방에 의해 방수
2) 오동작으로 헤드가 개방되어도 밸브가 개방되지 않기 때문에 수손 피해가 작다.
   단, 배관 또는 헤드의 파손 경보장치가 필요하다.
3) 감지기 고장 시 시스템이 정상적으로 작동할 수 없다.

3 Non-Interlock

1) 감지기 또는 헤드의 동작에 의해 클래퍼가 동작한다.
2) Single-Interlock의 단점 보강
3) 수손 피해 우려가 크다.

4 Double-Interlock

1) 감지기의 화재 감지와 헤드 동작 시 클래퍼 개방된다.
2) 오동작으로 인한 피해(밸브 2차 측 동결)를 최소화할 수 있다.
3) 관리적 측면에서 안정성 확보
4) 초기 진압에 소요되는 시간지연이 발생하여 화재를 확대시킬 우려가 있다.
5) 건식밸브의 제한사항 적용
   (1) 방출시간 제한
   (2) 2차 측 내용적 제한
   (3) Q.O.D 설치
   (4) Grid 배관 제한
   (5) 설계면적 30% 증가
   (6) 배관 누설시험 : 정수압 시험 + 공기압 시험

6) 사용 장소 : 감지기 오동작 시 밸브 2차 측으로 소화수 유입으로 배관 동결 우려가 있는 냉동 창고 등

5 결 론

1) 일반적으로 준비작동식 설비는 동파의 우려가 있는 장소에 사용
2) Interlock 방식에 따라 장·단점이 다르므로 방호 대상에 따라 적절한 방식의 선택이 필요하다.

Annex

📁 **NFPA 13 Preaction**

1. 국내에서 적용되고 있는 설비는 평상시 유수검지장치의 2차 측 배관을 대기압과 동일한 상태로 비워두기 때문에, 헤드가 손상되거나 배관의 일부가 파손되더라도 이를 확인할 수 없는 문제점
   ⇒ 배관 일부 파손
   ⇒ 감지기 오동작으로 클래퍼 동작 시 수손 피해 우려
   ⇒ 설비 관리자가 밸브를 정지
2. NFPA 13은 준비작동식 스프링클러설비의 헤드 수량이 20개 이상인 경우에는 배관의 이상(파손) 유무를 감시하도록 규정하고 있다.
3. 즉, 배관 내에 저압의 누설감시용 압축공기/질소를 채워서 배관의 상태를 항상 감시하여야 한다.

※ Single/Non-Interlock의 경우 하나의 Preaction 밸브당 1000개의 헤드로 설비의 크기를 제한하며, Double-Interlock의 경우 건식밸브의 내용적 제한을 준용하고 있다.

📁 **헤드와 감지기의 감도**

1. 준비작동식은 화재감지기가 헤드보다 먼저 감지되어야 한다는 전제가 있어야만 습식과 동일한 빠른 방수가 가능하다.
2. 일반적으로 헤드의 감열 시점보다 화재감지기의 감지가 더 빠르다. 그러나 느리게 성장하는 화재 또는 감지기 설치기준에 미달할 경우 헤드의 감열 시점보다 감지기의 감지시간이 더 길 수도 있다.
3. 그러한 경우에는 방수 지연으로 연소 확대로 인한 화재제어에 실패할 우려가 높기 때문에 방호구역의 특성과 설비의 최적성능을 고려하여 화재감지기를 선정하여야 한다.

📁 **전산실, 박물관 등의 Double-Interlock**

1. Double-Interlock은 소화수가 밸브 2차 측으로 넘어갔을 때 문제가 발생할 수 있는 냉동창고 등에 적응성 있는 System이다. (∵ 소화수가 밸브 2차 측으로 넘어간 후 소화수가 동결되면, 저장물품을 이동 후 냉동창고의 온도를 높여서 얼음을 제거 후 냉동창고를 사용하여야 한다).
2. 전산실이나 박물관 등에 Double-Interlock을 적용하는 경우 클래퍼 오동작에 의한 피해보다 시간지연에 의한 화재 피해가 더 크므로 권장(Recommend)하지 않는다.

건식 – 준비작동식 조합형

1 건식-준비작동식 조합형 (Combined Dry Pipe and Preaction Systems) 개요

1) 압축공기가 들어 있는 배관설비에 건식밸브 + 감지 설비 이용. 즉, 일종의 Non-Interlock System이다.
2) 부두 등 동결 우려가 있는 장소로서 2차 측 내용적이 커서 일반적인 건식설비를 설치하는 것이 곤란한 경우에 적용한다.
3) 적용 대상 : 부두, 터미널, 선창(Wharves)

2 동작 메커니즘

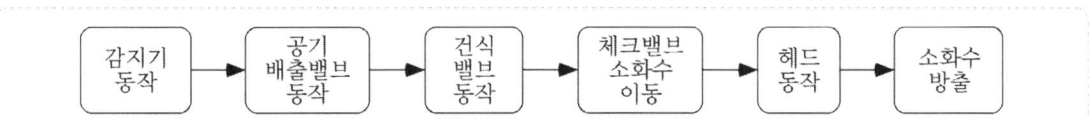

1) 감지기가 작동하면 기동장치(공기배출밸브)가 동작하여 건식밸브 개방
2) 감지설비에 의해 급수 본관의 말단에 설치되어 있는 공기배출밸브 개방
3) 소화수가 화재실 체크밸브까지 이송 후 대기
4) 그 후 헤드 개방에 의해 소화수 방수

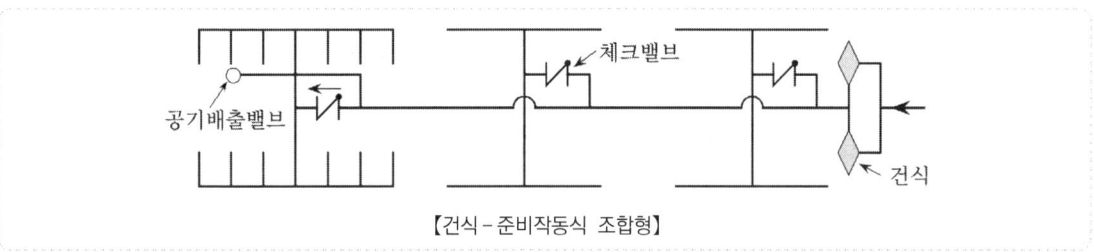

【건식 – 준비작동식 조합형】

3 설치기준

1) 보행거리 60 m 이내에 감지설비의 수동 조작 장치 설치
2) 일정 헤드수 초과(275개) 시 병렬로 연결된 건식밸브 2개를 설치해야 한다.
3) 하나의 방호구역에 275개를 초과하여 헤드 설치 시, 체크밸브에 의하여 275개 이하의 스프링클러 헤드 구역으로 구분하여야 한다.
4) 허용되는 최대시간은 3분을 초과해서는 안 된다.
5) 말단에 시험장치 설치

스프링클러설비의 시험장치

❶ NFTC 시험장치

시험장치 : 습식/건식 및 부압식에는 시험장치 설치

1) 습식 및 부압식 : 유수검지장치 2차 측 배관에 연결하여 설치
2) 건식스프링클러설비
   ⑴ 유수검지장치에서 가장 먼 거리에 위치한 가지배관의 끝으로부터 연결
   ⑵ 유수검지장치 2차 측 설비의 내용적이 2,840ℓ를 초과하는 건식스프링클러설비의 경우 시험장치 개폐밸브를 완전 개방 후 1분 이내에 물이 방사되어야 한다.
3) 시험장치 배관의 구경은 25 mm 이상으로 하고, 그 끝에 개폐밸브 및 개방형 헤드 또는 스프링클러헤드와 동등한 방수성능을 가진 오리피스를 설치할 것.
4) 시험배관의 끝에는 물받이 통 및 배수관을 설치하여 시험 중 방사된 물이 바닥에 흘러내리지 아니하도록 할 것
5) 간이스프링클러 : 가압송수장치(펌프 등)을 사용하지 않는 캐비넷형 등의 경우 성능시험을 위하여 기준 개수(2개)의 개방형 헤드를 설치하여야 한다.
6) 시험장치배관을 통한 작동상태 확인항목 (화재보험협회 자료)
   ⑴ 유수검지장치의 작동 여부
   ⑵ 수신반의 화재표시등, 알람밸브 작동표시등의 점등 및 경보 여부
   ⑶ 해당 방호구역의 음향경보 여부
   ⑷ 기동용 수압개폐장치의 작동에 의한 가압송수장치의 자동기동 여부
   ⑸ 건식설비의 방수시간 측정

❷ NFPA 13 기준

설 비	습식	건식	준비작동식		
			Single	Double	Non
목 적	경보 시험	방수시간 측정	배관 파손 감시 시험	방수시간 측정	동작 시험

1) 습식설비
   ⑴ 헤드 동작 시 경보시험
   ⑵ 바닥으로부터 2.1 m 이내, 동결이 우려가 없는 장소에 설치
   ⑶ 직경 25 mm 이상의 배관에 스프링클러헤드의 방수량과 같거나 작은 오리피스 설치
   ⑷ 습식설비의 경우 경보시험이 주 목적이므로 가장 멀리 있는 가지배관 말단에 설치할 필요는 없다.
2) 건식설비
   ⑴ 헤드 동작 시 방수시간 측정
   ⑵ 가장 멀리 있는 가지배관 말단에 설치 (위험용도별로 시험밸브 헤드수가 다르다)
   ⑶ 밸브는 플러그 또는 니플 및 캡으로 봉인하여, 공기의 누설 및 건식밸브의 오동작 방지

3) 준비 작동식 설비

  (1) Single 인터록 설비 : 배관 파손 감시용 설비를 설치한 경우
  (2) Double 인터록 설비 : 건식밸브와 같은 규정

   ① 헤드 동작 시 방수시간 측정
   ② 가장 멀리 있는 가지배관 말단에 설치
   ③ 밸브는 플러그 또는 니플 및 캡으로 봉인하여, 공기의 누설 및 건식밸브의 오동작 방지

  (3) Non 인터록 설비 : 동작 시험

❸ 결 론

화재안전기준을 NFPA 13과 비교해보면 몇 가지 미비한 점이 있으므로 관련 기준의 개정이 필요하다. 특히 준비작동식의 경우 배관 파손 감시용 공기를 사용하는 경우 시험장치가 필요하다.

Annex

📁 유수 경보

  1. NFPA 13 (스프링클러) : 설비동작 통보
     초기 유수 감지 5분 이내에 경보
  2. NFPA 72 (경보설비) : 대피 경보
     유수 경보스위치가 화재 경보시스템에 연결된 경우 90초 이내에 경보

시험장치의 압력계

1 논 점

1) 만약 시험배관의 방사압 확인이라면
2) 시험배관에 설치하는 압력계는 정압만 측정 가능 (?)
3) 방사압은 동압이므로 압력계 필요 없다. (?)

2 정역학과 동역학

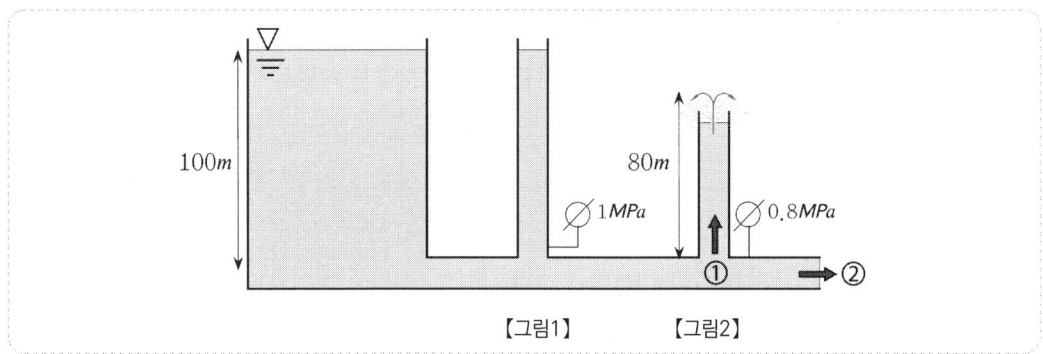

【그림1】   【그림2】

1) 정역학(靜力學)

   【그림1】에서 유체의 흐름이 없을 때 압력계는 1 MPa이고, 이때의 압력은 정(체)압(靜壓)이라 한다.

2) 동역학(動力學)

   (1) 【그림2】에서처럼 밸브를 개방하면 압력계 지시 압력은 감소하는데 그 이유는 유체가 흐르면 동압(Velocity Pressure)이 발생하기 때문이다.

   (2) 만약, 압력계 지시 압력(게이지 압력)이 0.8 MPa라면 나머지 0.2 MPa가 동압이고, 이때 게이지 압력을 정압(Normal Pressure)이라 한다.

   (3) 정압은 전압과 동압의 차이다. ($P_n = P_t - P_v$)

   (4) 손실을 무시하는 경우 ②지점에서 방출 압력을 피토게이지로 측정하면 1 MPa이다. 즉, 전압과 같다. 왜냐하면 대기로 방출되는 순간 정압은 0이기 때문이다.

3 검 토

정역학에서의 정(체)압(靜壓)과 동역학에서의 정압(Normal Pressure)은 서로 다른 개념인데 이를 혼용하여 사용하는 경우가 있다.

4 결 론

1) 즉, 【그림1】에서의 정(체)압(靜壓)과 【그림2】의 ①지점에서의 전압과 【그림2】의 ②지점에서의 동압은 같다.
2) 만약에 시험배관이 방수압력 측정이라면 유체의 흐름이 없는 상태(【그림1】)의 압력계 지시압력이 방수압력이다.

헤드 분류

1 개방 유무

1) 개방형

    (1) 감열부가 없고 방수구가 개방된 구조의 헤드

    (2) 무대부 또는 연소할 우려가 있는 개구부에 설치

2) 폐쇄형 : 감열부에 의해 방수구가 폐쇄되어 있는 구조의 헤드

2 설치 형태

1) 상향형

    (1) 방수패턴이 우수하다.

    (2) 습식설비 외에는 상향식이 원칙. 단, 아래의 경우에는 예외

        ① Dry-Pendent 헤드

        ② 동파의 우려가 없는 장소

        ③ 개방형 헤드

    (3) Pipe Shadow Effect를 고려하여야 한다.

2) 하향형

3) 측벽형

    (1) NFTC : 실내의 폭이 9 m 이하인 경우에 적용한다.

    (2) NFPA 13의 경우 방사패턴이 좋지 않아 제한된 용도에만 적용한다.

        ① 경급위험용도(Light Hazard Occupancies)

        ② 오버헤드 도어 아랫부분

        ③ 엘리베이터 승강로 위·아래

        ④ 강철 기둥 방호(Protection of Steel Building Columns)

        ⑤ 장애물 하부에 추가 설치되는 헤드

3 감열부 형태

1) 퓨즈블 링크

    화재 시 열에 의해 녹는 금속을 감열체로 이용하는 것

2) 글라스 벌브

    (1) 화재 시 열에 의해 파열되는 유리구 내에 알코올 등 액체를 봉입하여 감열체로 이용하는 것

    (2) 액체 속의 공기 방울 크기에 따라 동작시간이 결정된다.

    (3) 액체 속 공기 방울 크기가 작을수록 동작시간이 빠르다.

4 감 도

1) 조기반응 (즉동형, Fast)
2) 특수형
3) 보통형

5 표시온도 : 폐쇄형 헤드에서 감열체가 동작하는 온도

최고 주위온도(℃)	표시온도(℃)
39℃ 미만	79℃ 미만
39~64℃	79~121℃
64~106℃	121~162℃
106℃ 이상	162℃ 이상

단, 4m 이상인 공장 및 창고 : 121℃ 이상

6 사용 용도에 따른 분류

1) Dry Pendent Type
   (1) 동결 가능성이 큰 장소에 사용한다.
   (2) 헤드 분기관 일체형인데, 헤드 분기관이 가지배관에 연결된 접속점에서 Seal이 물을 막고 있다가, 헤드가 개방되면 배관과 헤드 분기관을 막고 있던 Seal이 수압에 의해 개방

2) 주거용 (Residential Head)
   (1) 인명안전에 중점을 둔 헤드이다.
   (2) 감지특성 : 보통의 헤드보다 용융 링크나 벌브가 작아 RTI가 작다 ⇒ 동작시간이 짧다.
   $$RTI = \frac{m \cdot c}{h \cdot A} \sqrt{v}$$
   (3) 방수특성 : 벽면을 적시는 방수 형태이다.

3) Large Drop Sprinkler Head
   (1) 방수되는 물입자 크기를 크게 한 것으로 매우 강력한 화재에 대응하여 물방울이 화염을 뚫고 들어갈 수 있도록 만든 헤드
   (2) 반사판의 형태가 큰 물방울이 형성되도록 되어 있다.

Annex

📁 로지먼트 (Lodgement) 현상

폐쇄형 헤드가 동작 시 부품이 완벽하게 탈락되지 않고 헤드에 걸려서 살수 형태가 왜곡되는 현상
현장에서 사용 중인 원형헤드는 로지먼트 현상으로 인해 조기 소화에 실패할 우려가 있다.
Flush-Type Sprinkler Head의 경우 특히 주의하여야 한다.

스프링클러헤드 감지특성

1 개 요

1) 화재 시 헤드 동작에 필요한 열을 얼마나 빨리 흡수하는가 하는 것은 헤드 동작시간의 중요한 영향 인자이다.

2) 헤드 동작에 필요한 열을 주위로부터 얼마나 빠른 시간 내에 흡수할 수 있는지를 나타내는 특성 지수로서 현재 시간상수(τ), RTI(Response Time Index) 및 Virtual RTI가 개발되었다.

2 화재에 의한 헤드 열전달 메커니즘

1) 플럼의 상승과 Ceiling Jet에 의해 열전달

2) 이때(화재 초기) 대류가 중요한 열전달 요소로서 대류 열전달계수(h)는 Ceiling Jet 속도(v)의 영향을 받는다.

$$h \propto \sqrt{v}$$

3 시간상수 (Time Constant τ)

헤드 감열부의 온도가 고온가스 온도의 약 63%에 이르는 시간

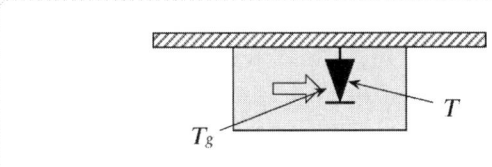
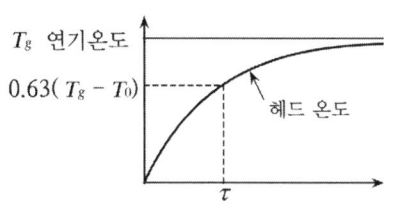

1) 시간상수 유도

　(1) 고온가스(T_g)가 헤드(T)에 전달하는 대류열

$$q = h \cdot A \cdot (T_g - T)$$

　(2) 헤드가 받은 열

$$q = m \cdot c \cdot \frac{dT}{dt}$$

　(3) 고온가스(T_g)가 헤드(T)에 전달하는 열 = 헤드가 받은 열

$$\frac{dT}{dt} = \frac{h \cdot A \cdot (T_g - T)}{m \cdot c} \qquad \tau = \frac{m \cdot c}{h \cdot A} \text{ (sec)}$$

$$\frac{dT}{dt} = \frac{(T_g - T)}{\tau}$$

2) 이때 대류 열전달계수(h)는 연기 유동 속도의 함수이므로 시간상수는 고온 열기류 속도에 따라 변하므로 지수(Index)로서 부적합하다.

4 RTI(Response Time Index)

1) 헤드의 동작에 필요한 충분한 양의 열을 주위로부터 얼마나 빠른 시간 내에 흡수할 수 있는지를 나타내는 특성값이다.

2) 헤드 감열체의 대류 열전달계수(h)는 기류속도의 제곱근에 비례한다.

$$RTI = \tau \sqrt{v} : 상수(Constant)$$

위 식에서 Ceiling Jet 속도가 증가하면 RTI이 증가하는 것이 아니라, Ceiling Jet 속도에 관계없이 일정하다는 의미이다.

3) RTI가 작을수록 헤드가 조기에 동작한다.

4) 측정방법 : 시험 오븐 내부의 고온 층류 속에 헤드를 넣고 측정

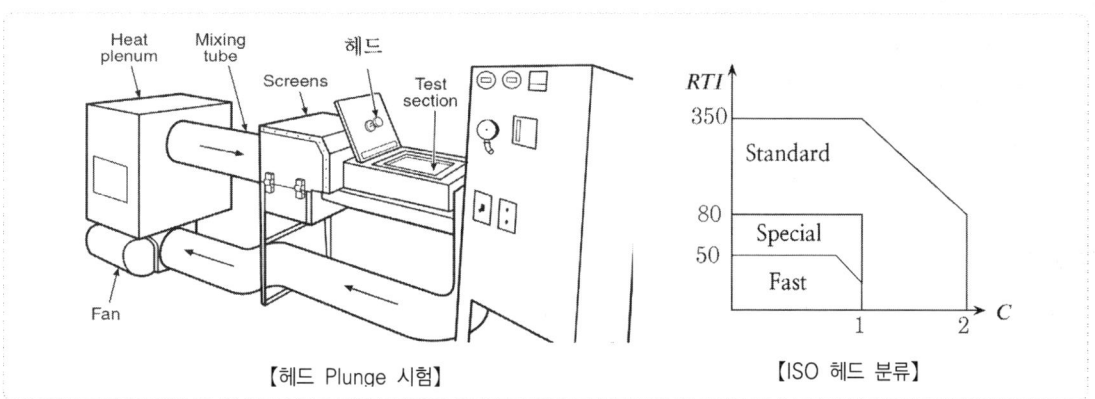

【헤드 Plunge 시험】   【ISO 헤드 분류】

5 Virtual RTI

1) RTI와 C [전도 열전달계수($\sqrt{m/s}$)]로 구성된 지수

$$RTI_v = \frac{RTI}{1 + \dfrac{C}{\sqrt{v}}}$$

C : 전도 열전달계수 ($\sqrt{m/s}$)
v : 기류속도

2) C의 단위는 $\sqrt{v} \,[(m/s)^{0.5}]$와 같다.

6 헤드의 감지특성 분류

1) NFPA 13 : RTI

분류	RTI	비고
Fast Response	RTI 50 이하(즉동형)	주거형, ESFR
Special Response	RTI 50~80	특수용도의 방호에 사용
Standard Response	RTI 80~350	일반적인 화재제어용

2) ISO에 의한 분류 : RTI와 C로 구분

(1) RTI

① Fast Response

② Special Response

③ Standard Response

(2) 전도 열전달계수 (Conductivity, C)
    ① 헤드로 흡수된 열 중 헤드 프레임 등으로의 열손실을 고려한 지수
    ② 헤드의 열손실은 헤드 동작을 지연시키므로 전도에 의한 열손실을 고려하여야 한다.
    ③ 값이 작을수록 전도 열손실량이 적어 헤드가 빨리 동작한다.
    ④ 특히 기류속도가 느리거나 Flush 타입의 경우 헤드 동작시간에 많은 영향을 준다.

헤드 동작시간 식 유도

1 가 정

1) 정상화재(Steady Fire) : 고온가스(연기) 온도가 일정하다고 가정 ($\frac{dT}{dt} \neq 0$)

2) 헤드에서 전도에 의한 손실 무시

2 헤드 동작 계산식

$$t = \frac{RTI}{\sqrt{v}} \left[\ln\left(\frac{T_g - T_0}{T_g - T_d}\right)\right]$$

T_g : 연기온도
T_0 : 헤드 초기 온도
T_d : 헤드 동작 온도

3 유 도

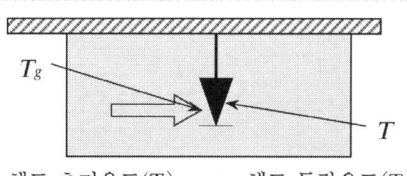

헤드 초기온도(T_0) ⟶ 헤드 동작온도(T_d)

$\frac{dT}{dt} = \frac{(T_g - T)}{\tau}$ T : 헤드 온도

$dt = \frac{\tau}{T_g - T} dT$ 양변을 적분

$\int dt = \int_{T_0}^{T_d} \frac{\tau}{T_g - T} dT$ (T_0 : 헤드 초기 온도, T_d : 헤드 동작 온도)

$t = -\tau \left[\ln(T_g - T)\right]_{T_0}^{T_d}$

$t = -\tau \left[\ln(T_g - T_d) - \ln(T_g - T_0)\right]$

$t = -\tau \cdot \ln\left(\frac{T_g - T_d}{T_g - T_0}\right)$

$$t = \tau \cdot \ln\left(\frac{T_g - T_0}{T_g - T_d}\right) \qquad [\tau = \frac{RTI}{\sqrt{v}}]$$

$$t = \frac{RTI}{\sqrt{v}} \ln\left(\frac{T_g - T_0}{T_g - T_d}\right)$$

❹ 문제점

1) 위의 식은 낮은 연기온도, 낮은 연기 유동속도에서는 정확성이 떨어진다. 왜냐하면 감열부에서 헤드 프레임으로의 전도 열손실이 중요한 요소이기 때문이다.
2) 그래서 전도에 의한 열손실을 고려하여야 한다.

❺ 전도에 의한 손실을 고려한 식

$$t = \frac{RTI}{\sqrt{v}(1+\frac{C}{\sqrt{v}})} [\ln(\frac{T_g - T_0}{T_g - T_d - \frac{C}{\sqrt{v}}(T_d - T_0)})]$$

T_g : 연기온도 T_0 : 초기 온도
T_d : 헤드 동작 온도
C : 열전도 손실 [$\sqrt{m/s}$]

예제 실내온도가 20 ℃인 실험실에서 온도와 속도가 각각 197 ℃, 2.56 m/s인 열기류가 일정하게 흐르는 풍동 내에 아래 조건의 폐쇄형 스프링클러헤드를 투입(Plunge)했을 때 이 스프링클러 헤드의 작동시간을 구하시오. (단, 복사열 전달효과는 무시한다)

> [스프링클러헤드의 조건]
> - Response Time Index (RTI) : $130(m \cdot s)^{0.5}$
> - Conductivity Factor (C) : $0.5(m/s)^{0.5}$
> - 0.5 ℃/min 수조에서의 평균작동온도 : 72.1 ℃
> - 투입방향 : 표준방향

해설

$$t = \frac{RTI}{\sqrt{v}(1+\frac{C}{\sqrt{v}})} [\ln(\frac{T_g - T_0}{T_g - T_d - \frac{C}{\sqrt{v}}(T_d - T_0)})]$$

$$t = \frac{130}{\sqrt{2.56}\left(1+\frac{0.5}{\sqrt{2.56}}\right)} [\ln(\frac{197 - 20}{197 - 72.1 - \frac{0.5}{\sqrt{2.56}}(72.1 - 20)})]$$

$t = 30.2$초

스프링클러 소화시간

1 개 요
1) 스프링클러의 소화시간(소화성능)은 살수밀도와 헤드 동작시간의 영향을 받는다.
2) 일반적으로 소화시간은 화재의 크기가 헤드가 동작될 때 열방출률의 10% 될 때까지의 시간이다.

2 소화시간
1) 소화시간 ($t - t_{act}$)

$$\frac{Q(t)}{Q(t_{act})} = e^{\left(-\frac{t-t_{act}}{t_e}\right)}$$

$Q(t_{act})$: 헤드 동작 시 열방출률 $Q(t)$: 소화 후 열방출률
t_e : 감소시간상수(s) $t - t_{act}$: 소화시간

$$[m^3/s \cdot m^2] = [m/s] = \frac{1}{1000}[mm/s]$$

일반적으로 $\dfrac{Q(t)}{Q(t_{act})} = 0.1$

2) 감소시간 상수 (t_e)

$$t_e = 3 \cdot \frac{1}{m_w^{1.85}}$$

m_w : 살수 밀도(mm/s)

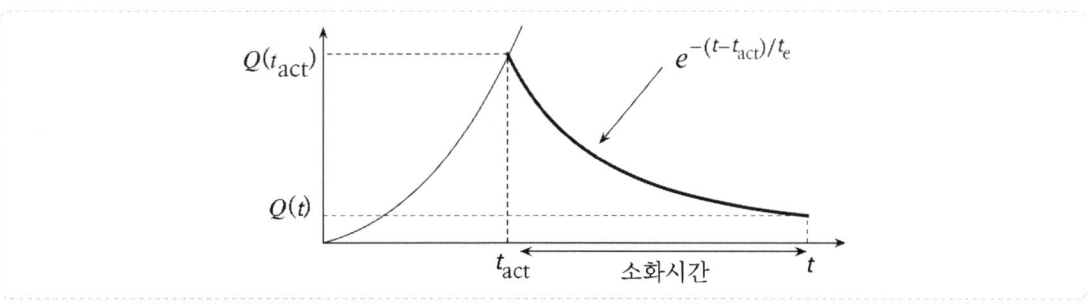

3) 헤드 동작시간

(1) RTI

(2) 전도 열전달계수 (C)

$$t_{act}(s) = \frac{RTI}{\sqrt{v}} \ln\left(\frac{T_g - T_0}{T_g - T_d}\right)$$

$$t_{act}(s) = \frac{RTI}{\sqrt{v}\left(1 + \dfrac{C}{\sqrt{v}}\right)} \left[\ln\left(\frac{T_g - T_0}{T_g - T_d - \dfrac{C}{\sqrt{v}}(T_d - T_0)}\right)\right]$$

3 결 론
화재에 의한 인적·물적 피해를 감소시키기 위해서는 소화시간을 감소시키는 것이 중요하다.

스프링클러설비 방수특성

1 개 요
스프링클러설비의 방수특성은 크게 화재제어와 화재진압으로 구분되는데, 이때 기준은 열방출률(Heat Release Rate)의 제어방법이다.

2 화재제어 (Fire Control)
1) 일반건축물
   (1) 방수된 소화수가 열방출률(Heat Release Rate)을 감소시키고
   (2) 인접(미연소) 가연물을 미리 물로 적심으로서 화재의 크기를 제한하며
   (3) 천장의 연기 온도제어 : 구조물의 손상 및 Flash Over의 발생 방지
2) 창고
   (1) 창고의 경우 소화가 어려우므로 일반건축물의 스프링클러 소화와는 다른 개념이다.
   (2) 창고용 스프링클러는 화재의 크기가 증가하지 못하도록 제어하고, 최종 진압은 소방대가 행한다.
   (3) 종류
      ① CMDA (Control Mode Density-Area 살수밀도 - 설계 면적)
      ② CMSA (Control Mode Specific Application)
      ③ In-Rack

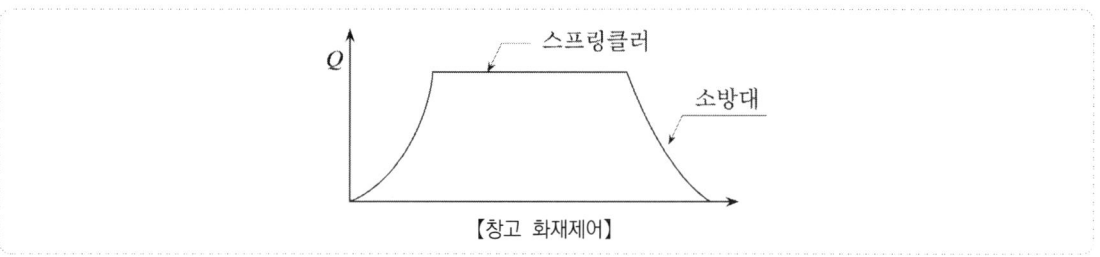
【창고 화재제어】

3 화재진압 (Fire Suppression) : ESFR이 해당
1) 도입 목적
   (1) 랙식 창고(가연물의 높은 적재)와 같은 장소의 화재는 방수된 소화수가 적재물 때문에 도달하기 곤란하므로 헤드를 일정 높이 간격(In-Rack)으로 설치하고 있다.
   (2) 적재물 중간에 설치된 헤드로 인해 적재물 입·출고 시 방해가 돼서 새로운 개념의 스프링클러 설비인 ESFR이 개발되었다.
   (3) ESFR의 소화원리를 설명하기 위하여 화재진압(Fire Suppression)개념이 개발되었다.
   (4) 화재진압이 핵심 개념은 화재 초기에 다량의 소화수를 방수하는 것이다.
2) 화염과 연소 중인 가연물 표면에 충분한 양의 물을 직접 방수하여 열방출률을 급격히 감소시키고 화재의 재성장(Regrowth)을 방지하는 것이다.

3) 화재진압에 필요한 소화수가 화염을 뚫고 연소면에 얼마나 침투하는가가 중요하다.
　　⇒ RDD와 ADD 개념 개발

4) RDD (Required Delivered Density, 필요 살수 밀도)

　(1) 소화수가 연소 중인 가연물 표면에 도달한다는 가정하에서 소화에 필요한 방수밀도

$$RDD = \frac{진압에\ 필요한\ 최소유량}{가연물\ 상단\ 표면적}$$

　(2) 영향인자
　　　① 가연물의 연소특성 : 열방출률
　　　② 스프링클러헤드 동작시간

5) ADD (Actual Delivered Density, 실제 살수밀도)

　(1) 화재 시 발생하는 화염에 침투하여 실제로 연소표면에 도달되는 방수밀도

$$ADD = \frac{가연물\ 상단에\ 도달한\ 소화수의\ 양}{가연물\ 상단\ 표면적}$$

　(2) 영향인자

구 분	영향인자	특징
화재 크기 (화재강도)	헤드 동작시간	• 헤드가 조기에 동작할수록 ADD가 증가한다.
물입자 크기	K-값	
	방수압력	• 방수압력이 클수록 아래 방향으로의 모멘텀은 증가하지만 플럼를 뚫고 가연물의 연소면에 도달하는 양은 감소하므로 ESFR은 작은 K-값에 큰 압력은 적용하지 못하도록 한다.
방사형태	디플렉터 형태	

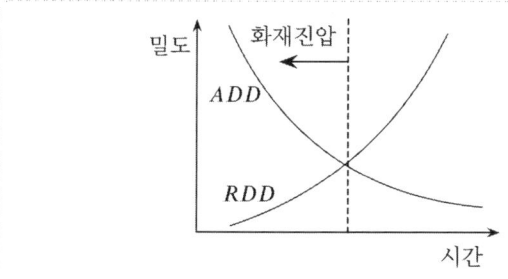 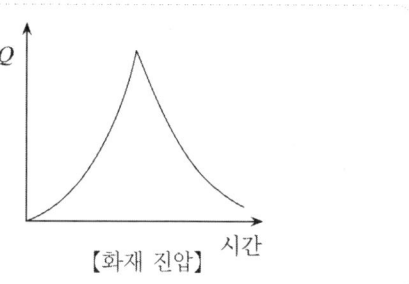

【화재 진압】

6) 화재진압 요건 : RDD < ADD
　(1) 헤드 동작시간이 빨라야 한다.
　(2) 물입자가 커야 한다.

4 ADD와 RDD 관계

1) RDD는 시간이 경과될수록 화세가 확대되어 더 많은 주수를 필요로 하므로 시간에 따라 증가하게 된다.
2) ADD는 시간이 지나면 확대된 화세로 인하여 물방울이 비산되거나 증발하는 양이 증가하게 되어 실제 화염 속으로 침투하는 양은 줄어들게 된다.
3) 따라서 화재 시 조기에 진화가 될 수 있는 조건은 RDD < ADD

(1) RTI가 작을수록 헤드는 조기에 동작하여 화재에 더욱 빠르게 반응한다.
(2) 헤드의 반응이 빠를수록, RDD는 감소하고 ADD는 증가한다.

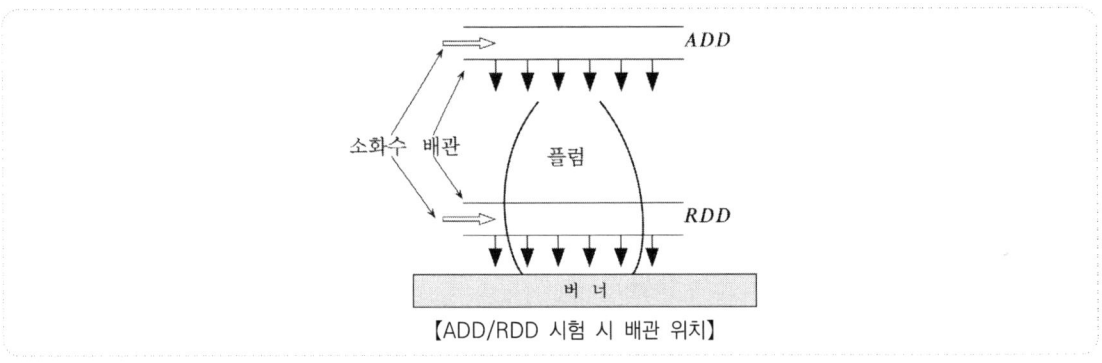

【ADD/RDD 시험 시 배관 위치】

5 결 론

인명안전 및 재산상의 손실을 감소시키기 위해서는 화재가 대형화되기 전에 소화작업이 이루어져야 하므로 헤드가 작동하는 시간과 가연물의 화재성상에 적합한 헤드를 선정하여 설치하는 것이 화재를 유효하게 제어 및 진압할 수 있는 전제 조건이다.

Annex

📂 연소속도 (Burning Rate)와 방수특성

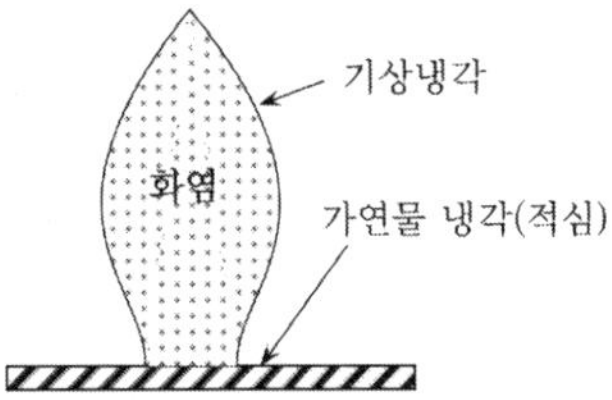

연소속도 감소
- 열유속 감소 — 미/물분무
- 기화열 증가 — 스프링클러
  - 화재 제어
  - 화재 진압

【물의 냉각 소화】
- 기상냉각
- 가연물 냉각(적심)
- 화염

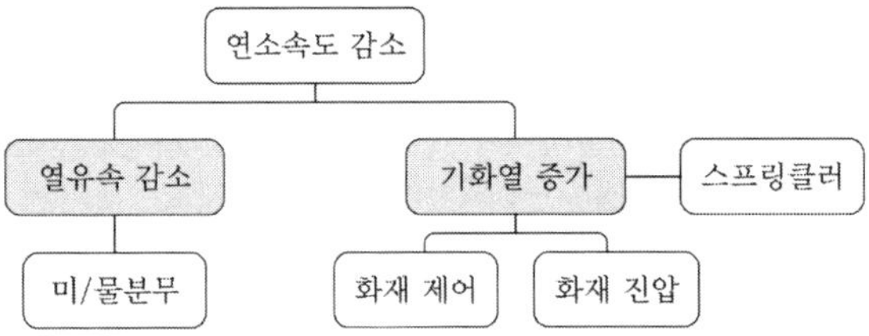

📂 액체가연물 소화에서의 살수밀도와 물입자 크기

1. 【그림1】: 입자크기가 일정한 경우
   (1) 살수밀도가 커야(A 지점) 소화 가능
   (2) 살수밀도가 임계점(D 지점)보다 작은 경우 소화 실패

2. 【그림2】: 살수밀도가 일정한 경우
   (1) 입자크기가 작아야(E 지점) 소화 가능
   (2) 살수밀도가 작은 경우 입자크기가 작아야(C 지점) 소화 가능

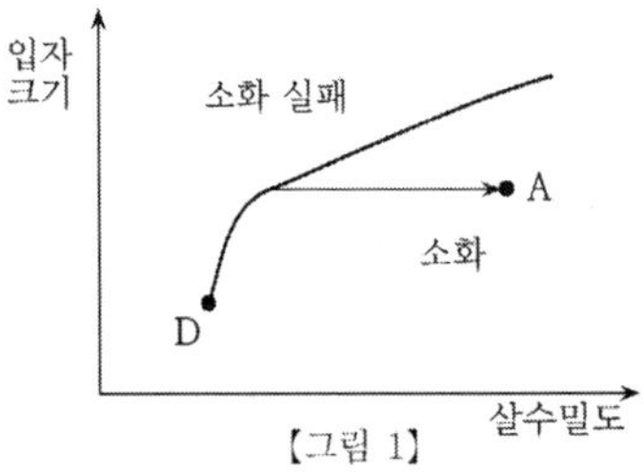

【그림 1】 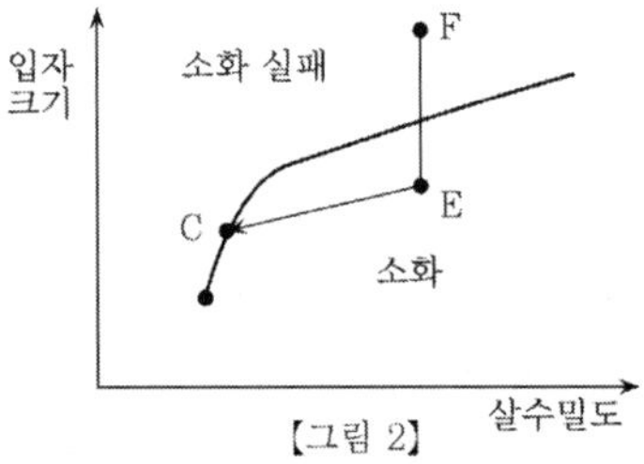 / 【그림 2】

Annex

1. 창고를 방호하는 데 주로 사용되는 ESFR는 충분한 소화수가 화재 초기에 방수되고, 성장하는 플럼에 침투하여야 화재진압(Fire Suppression)을 달성할 수 있다. 화재가 일정 크기 이상이면, 화재진압의 가능성은 감소한다.
2. 급속하게 성장하는 고온의 플럼은 두 가지 면에서 화재진압을 어렵게 만든다.
   (1) 하나는 플럼의 특성인 강한 상승기류가 연소면에 도달하는 방수량을 감소시키는 것이고,
   (2) 또 하나는 플럼에 침투된 물방울이 화염에 도달하기 전에 증발하거나 화염으로부터 먼 곳으로 날린다는 것이다.
3. ESFR 헤드는 표준형 헤드보다 화재발생 초기에 작동하여, 불기둥이 성장하기 전에, 화재를 진압하는데 충분한 양의 물을 방수하여야 한다.
   조기진압은 다음 3가지 요소에 의해 결정된다. 3가지 요소를 모두 고려하지 않고 설계된 경우 조기에 화재진압을 기대할 수 없다.
   (1) 열감도(Thermal Sensitivity)
   (2) 필요살수밀도(RDD, Required Delivered Density)
   (3) 실제살수밀도(ADD, Actual Delivered Density)
4. 열감도(Thermal Sensitivity)
   (1) 헤드 감열부의 감도를 계량적인 수치다.
   (2) 가장 보편적인 열감도 측정법은 RTI이다. 작을수록 감열부는 화재에 빠르게 반응한다.
   (3) 헤드의 반응시간은 감열부의 열감도, 표시온도(Temperature Rating), 그리고 화염과의 거리에 따라 정해진다.
5. 필요살수밀도(RDD)
   (1) 화재진압에 필요한 물의 양을 나타내는 값이다.
   (2) 필요살수밀도는 헤드 작동 당시의 화재의 크기(열방출률)에 따라 정해진다.
6. 실제살수밀도(ADD)는
   (1) 헤드로부터 방수된 물이 화재에 실제 도달한 양을 나타내는 값이다.
   (2) ADD는 연소 중인 가연물의 상부에 접시를 올려놓고, 그 속에 고이는 물의 양을 측정
   (3) ADD는 화재 시 스프링클러헤드의 살수패턴과 물방울의 침투력을 특징짓는 수단이다.
   (4) 스프링클러헤드의 동작시간이 길수록 화재는 빠르게 성장하고, ADD은 감소한다.
   (5) ADD는 물기둥의 속도와 물방울의 운동량, 그리고 헤드로부터 화재에 도달되어야 하는 거리의 함수이다.
7. 성장하는 화재에 물이 빨리 도달할수록, RDD는 작아지고, ADD는 커진다. 즉, 헤드의 반응속도가 빠를수록(RTI가 작을수록) RDD는 작아지고, ADD는 커진다.
8. 따라서 ESFR의 경우에는 살수장애를 최소화하기 위해 화재안전기준의 요구사항을 준수하는 것이 중요하다.

K-Factor

1 개 요

1) K-Factor는 특정(Specific)된 압력에서의 방수량(살수밀도) 및 물입자 크기가 중요한 인자이다.
2) S/P의 경우 클수록 화재 진압 능력을 향상한다.

2 유도식

1) K-Factor의 영향인자
   (1) 오리피스 구경(D)
   (2) 유량계수(C)

2) $Q = 0.6597\,C D^2 \sqrt{P} = K\sqrt{P}$ $\qquad K = 0.6597\,C D^2$

   (1) 호칭경은 15 mm이며, 내경은 12.7 mm
   (2) 유량계수는 0.75
   (3) $K = 0.6597 \times 0.75 \times 12.7^2 ≒ 80$

3 물입자 크기

1) 헤드의 경우 물입자 크기는 수압(P)의 ⅓승에 반비례하고, 오리피스 직경(D)의 ⅔승에 비례한다.

   물입자 크기(d_m) $\propto \dfrac{D^{2/3}}{P^{1/3}} \propto \dfrac{D^2}{Q^{2/3}}$

2) 물입자의 총 표면적은 물의 방수율을 물입자의 평균 직경으로 나눈 값에 비례한다.

   $A_s \propto \dfrac{Q}{d_m} \qquad A_s \propto \left(\dfrac{Q^3 \cdot P}{D^2}\right)^{1/3}$

3) 헤드 방사압 제한 이유(NFPA)
   (1) 하한값 : 살수 밀도 감소
   (2) 상한값
       ① 상급 위험용도 : 화재플럼에 침투할 모멘텀(Momentum)이 부족
       ② 경급, 중급위험용도 : 제한 없음

4 K-Factor와 소화효과

1) 동일한 압력에서 K-Factor가 클수록
   (1) 살수밀도가 증가한다.
   (2) 물입자의 크기가 증가 ⇒ 화염에 대한 침투력 향상
2) 동일한 압력에서 K-Factor가 작은 경우
   (1) 물입자 크기가 작아서 증발에 의한 냉각효과는 우수하다.
   (2) 주거용 스프링클러는 작은 K-Factor를 가지고 있다.

3) K-Factor는 스프링클러설비에서 적용되는 개념으로 스프링클러 헤드의 경우 K-Factor가 클수록 일반적으로 소화효과가 큰 것으로 간주할 수 있다.
4) 창고용 스프링클러의 경우 살수밀도 증가가 필요한 경우 압력이 아닌 K-Factor를 증가시키도록 하고 있다(NFPA 13).
5) 같은 살수밀도의 경우
   (1) 고체가연물 : 물입자가 클수록 소화능력 증가하지만, 살수밀도가 더 중요하다.
   (2) 액체가연물 : 물입자가 작을수록 소화능력 증가

5 스프링클러 헤드별 K-Factor

구분	표준형	Large-Drop (CMSA)	ESFR
K-factor	80	160	200 이상

Annex

📂 **NFPA 13 방수압력 제한**

1. 최소압력은 0.05 MPa이다.
2. 압력이 높으면(1.2 MPa 이상) 경급이나 중급이 경우 방수면적이 작아지지만, 입자가 작아지면서 기상 냉각 및 질식효과가 증가하여 소화성능은 증가하므로 압력을 제한하지 않는다.
3. 상급위험용도, 선반, 랙식 창고의 경우 최대 방수압력은 1.2 MPa이다.
4. 상급용도는 압력이 증가하면 물입자의 크기가 작아져서 화재플럼에 침투할 모멘텀(Momentum)이 부족하게 돼서 화재진압이 곤란하므로 제한한다.

📂 **압력과 방수패턴의 관계**

1. 저압에서는 압력 증가에 따라 살수면적이 넓어진다.
2. 일정 압력 이상에서는 압력 증가에 따라 방수패턴이 타원형 형태가 되어 살수면적이 작아진다.

📂 **소구경 오리피스 스프링클러헤드**

1. 공칭 K-Factor 5.6 미만
2. 소구경 오리피스 스프링클러헤드의 살수패턴은 고압으로 변형된다.
3. 제한
   (1) 수리학적으로 계산하여야 한다.
   (2) 습식만 사용 가능 : 내부 배관 스케일 및 이물질 때문
   (3) 연소확대 방지용으로 사용 가능
   (4) K-Factor 2.8 미만 1차 측에 스트레이너 설치

헤드의 물리적 특성 3요소

1 개 요

스프링클러 헤드의 물리적 특성을 결정하는 요소 3가지는

1) 동작시간을 결정하는 감열부
2) 방사특성을 결정하는 디플렉터
3) 물입자의 크기 및 살수밀도를 결정하는 오리피스이다.

2 감열부

1) 헤드 동작시간은 화재진압·제어에 있어서 중요한 요소이다.
    (1) 일반건축물 : 조기 동작이 소화시간 감소
    (2) 창고
        ① 화재제어 : 창고화재 제어의 경우 헤드의 조기 동작은 많은 헤드의 동작으로 인한 방수시간 부족으로 화재 제어에 실패할 가능성이 크므로 일반적으로 표준형 헤드 사용
        ② 화재진압 : 조기에 동작하여야 RDD는 감소, ADD는 증가로 화재 진압 가능

2) 종 류
    (1) 시간상수 (τ)
    (2) RTI
    (3) Virtual RTI

    $$RTI_v = \frac{RTI}{1 + \dfrac{C}{\sqrt{v}}}$$

3) RTI에 따른 헤드의 분류
    (1) 조기반응형 헤드 (Fast Response)
    (2) 특수반응형 헤드 (Special Response)
    (3) 표준반응형 헤드 (Standard Response)

3 디플렉터 (Deflector)

1) 방수패턴과 물방울의 총 표면적을 결정짓는 요소
    유체의 흐름을 바꾸고, 물 입자를 세분화
2) 방수각도 (방수패턴)
    (1) 방수 각도가 좁으면, 바닥에 균일한 방수밀도를 얻을 수 있다.
    (2) 방수 각도가 넓은 경우 또는 천장이 높은 경우에 방수밀도가 작아진다.
    (3) 주거용 스프링클러는 방수 각도를 넓게 하여 주변의 벽을 적신다.

4 오리피스 (Orifice)

1) 오리피스(K-Factor)에 의해 물입자의 크기, 방수량 및 살수밀도를 결정된다.
2) 물입자의 크기
   (1) 큰 물입자 : 화염에 통과하여 화재를 진압하는 성능이 우수하다.
   (2) 작은 물입자 : 증발이 쉬워 화염과 주변 온도를 냉각시켜 인명안전에 적합하다.
   (3) 물입자의 평균 직경

   ① 물입자 크기 $(d_m) \propto \dfrac{D^{2/3}}{P^{1/3}} \propto \dfrac{D^2}{Q^{2/3}}$

   ② 물입자의 총 표면적

   $A_s \propto \dfrac{Q}{d_m}, \quad A_s \propto \left(\dfrac{Q^3 \cdot P}{D^2}\right)^{1/3}$

3) 소화수의 모멘텀 (Momentum)

구 분	오리피스 증가	압력 증가	모멘텀 크기
질량 (m)	증가	감소	大
속도 (v)	감소	증가	小

   (1) 큰 모멘텀을 요구하는 창고화재의 경우에는 오리피스 크기가 중요한 요소이다.
   (2) 오리피스는 작으면서 압력이 높은 경우는 화재진압(제어)에 실패할 위험이 크다.

Annex

📂 NFPA 13 디플렉터 방향

1. 천장의 헤드 반사판은 천장에 평행하게 설치
2. 경사천장(2/12 이상) 최상부 헤드의 반사판은 천장과 평행하게 설치
3. 천장이 2/12 이하인 경우 수평 설치 가능 【그림1】
4. 경사가 18/12 이상인 경우 【그림2】 참조

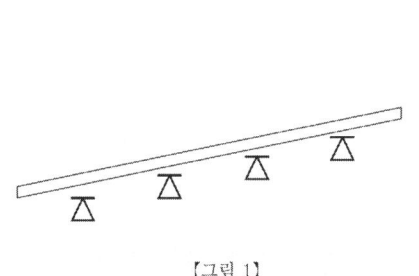

【그림 1】

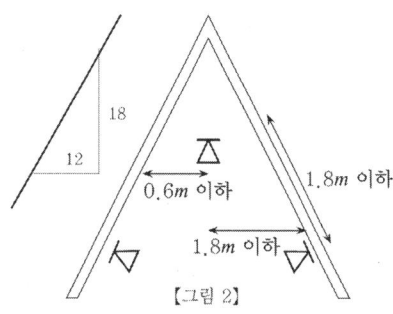

【그림 2】

NFTC 헤드 선정/설치기준

❶ 헤드 선정기준

1) 표준형 스프링클러

  ⑴ 개방형 헤드 : 무대부, 연소할 우려가 있는 개구부

  ⑵ 조기반응형 스프링클러 헤드

   ① 공동주택·노유자시설의 거실

   ② 오피스텔·숙박시설의 침실, 병원의 입원실

  ⑶ 표시온도

최고 주위온도	39℃ 미만	39~64℃	64~106℃	106℃ 이상
표시온도	79℃ 미만	79~121℃	121~162℃	162℃ 이상

  4 m 이상인 공장 : 121℃ 이상

2) 간이형

  ⑴ 폐쇄형 간이헤드, 동파 우려가 있는 곳은 개방형 간이헤드

  ⑵ 표시온도

   ① 0~38℃ : 57~77℃

   ② 39~66℃ : 79~109℃

3) ESFR : 작동온도 74℃ 이하

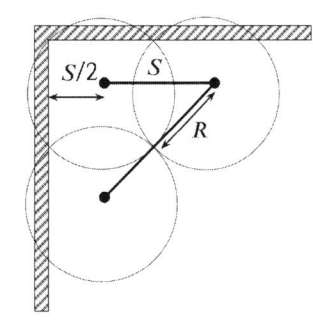

❷ 수평거리 (R)

용 도	수평거리
무대부, 특수가연물	• 1.7 m 이하
공동주택	• 2.6 m 이하
창고 (라지드롭형)	• 특수가연물을 저장 또는 취급 : 1.7 m 이하 • 그 외 : 2.1 m (내화구조 2.3 m) 이하
그 외의 소방대상물	• 내화구조 : 2.3 m 이하 (헤드간 간격 S = 3.2 m) • 그 외 : 2.1 m 이하

❸ 표준형헤드 설치기준 (NFTC)

1) 반경 60 cm 이상의 공간 확보, 벽에서 10 cm 이격

2) 부착면과 30 cm 이하

3) 단, 살수장애 시 아래에 설치하여 살수장애가 없도록 할 것. 다만 헤드와 장애물과의 이격거리를 장애물 폭의 3배 이상 확보할 경우에는 그러하지 아니하다.

4) 반사판과 부착면 수평, 예외 : 측벽형, 연소할 우려가 있는 개구부

5) 습식 외에는 상향식 헤드 설치. 단, 아래 경우는 예외
   (1) 드라이펜던트 헤드
   (2) 동파의 우려가 없는 곳
   (3) 개방형 헤드
6) 천장의 기울기가 1/10을 초과하는 경우
   가지배관을 천장의 마루와 평행하게 설치
   (1) 천장의 최상부에 헤드 설치 : 헤드의 반사판을 수평으로 설치
   (2) 천장의 최상부를 중심으로 가지배관을 서로 마주 보게 설치
      ① 최상부 가지배관 상호거리는 1 m 이상, 헤드 상호 간의 거리 1/2 이하
      ② 천장 최상부와 최상부 헤드 수직거리는 90 cm 이하

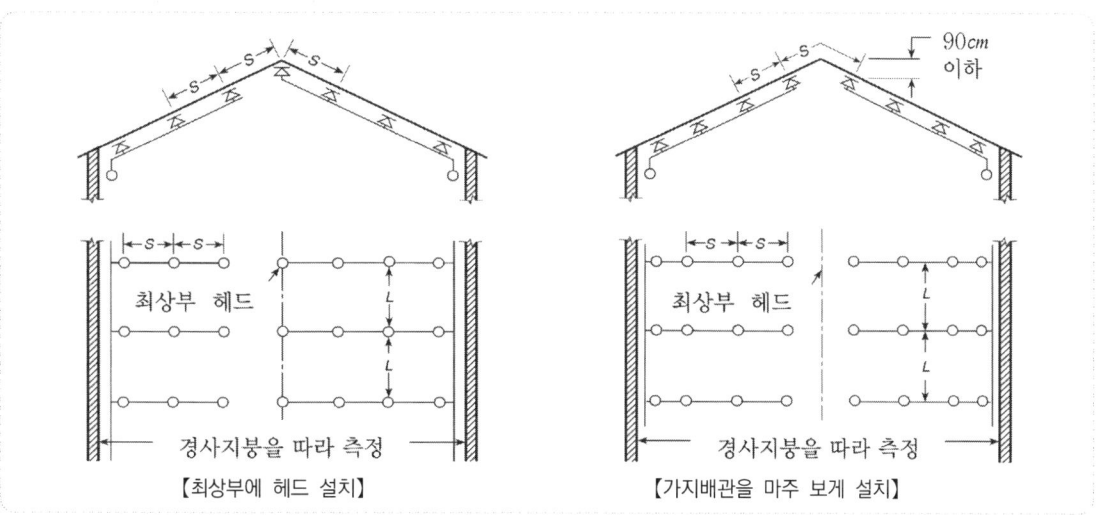

7) 연소할 우려가 있는 개구부 (개방형 헤드)
   (1) 개구부 폭 2.5 m 초과 시 상하좌우 2.5 m 간격으로 설치
   (2) 개구부 폭 2.5 m 이하 시 중앙에 설치
   (3) 헤드와 개구부 벽과의 거리 15 cm 이하
   (4) 사람이 상시 출입하는 개구부로 통행에 지장이 있을 때 : 상부 또는 측벽에 1.2 m 간격으로 설치 (폭이 9 m 이하인 경우)

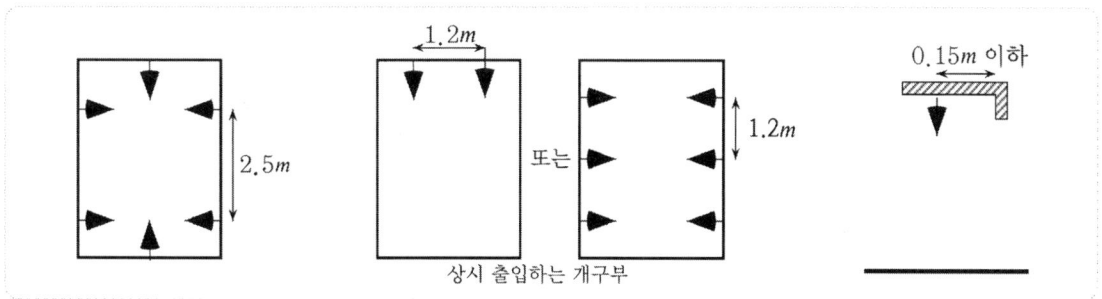

8) 측벽형 : 3.6 m 이내마다

　⑴ 폭 4.5 m 미만 : 긴 변의 한쪽 벽에 일렬로 설치

　⑵ 폭 4.5~9 m

　　① 긴 변의 양쪽에 각각 일렬로 설치

　　② 마주 보는 헤드가 나란히꼴이 되도록

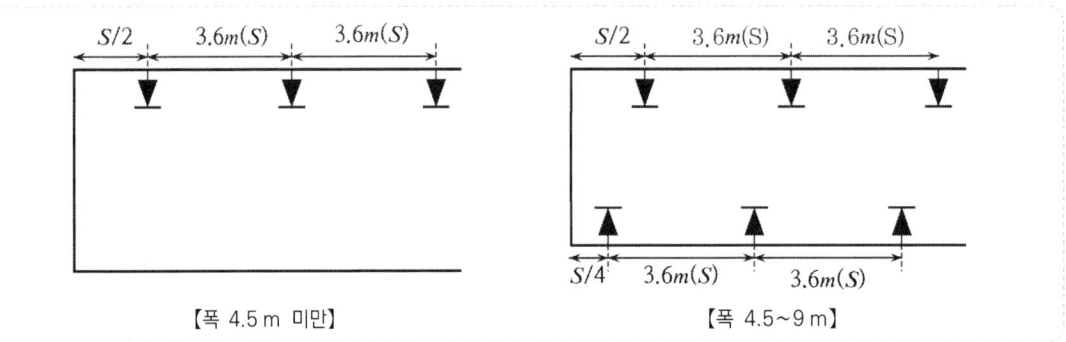

【폭 4.5 m 미만】　　　【폭 4.5~9 m】

9) 방출수에 의해 감열부가 영향을 받을 우려가 있을 시 차폐판 설치

❹ ESFR

1) 방호면적 : 6.0~9.3 m²

2) 랙식 창고 높이에 따른 헤드 사이 거리

　⑴ 9.1 m 미만 : 2.4~3.7 m

　⑵ 9.1~13.7 m : 3.1 m

Annex

📁 NFTC 203 3배 법칙

2.7.7.1 살수가 방해되지 않도록 스프링클러헤드로부터 반경 60 cm 이상의 공간을 보유할 것. 다만 벽과 스프링클러 헤드간의 공간은 10 cm 이상으로 한다.

2.7.7.2 스프링클러헤드와 그 부착면(상향식 헤드의 경우에는 그 헤드의 직상부의 천장·반자 또는 이와 비슷한 것을 말한다. 이하 같다)과의 거리는 30 cm 이하로 할 것

2.7.7.3 배관·행거 및 조명기구 등 살수를 방해하는 것이 있는 경우에는 2.7.7.1 및 2.7.7.2에도 불구하고 그로부터 아래에 설치하여 살수에 장애가 없도록 할 것. 다만 스프링클러헤드와 장애물과의 이격거리를 장애물 폭의 3배 이상 확보한 경우에는 그렇지 않다.

📁 Privacy Curtains

1. 커튼 상부에 Mesh

2. Mesh 개구부는 전체 면적의 70 % 이상

3. Mesh의 길이는 550 mm 이상

스프링클러헤드의 감지장애 및 살수패턴장애

1 개 요

스프링클러헤드 장애는 감지장애, 살수패턴장애 및 살수장애 3가지로 분류된다.

2 감지장애

감지장애는 헤드 동작시간이 지연되어 예상보다 화재의 크기가 더 커져서 화재 제어/진압의 가능성이 감소한다(설계면적 증가).

1) 벽에서 10 cm 이상 이격

   (1) Air Pocket 현상에 의해 헤드의 동작시간이 증가한다.

   (2) Ceiling Jet가 벽 가까이 접근하면서 속도 감소(Air Pocket)

   ⇒ 대류 열전달계수(h)가 감소 ($\because h \propto \sqrt{v}$)

   ⇒ 헤드 동작시간 증가

2) 천장에서 30 cm 이내

   Ceiling Jet의 폭은 천장 높이의 5~12 % 정도이다.

3) 최소 이격거리(NFPA 13) : Cold Soldering 방지

   (1) 표준형 : 1.8 m 이상

   (2) ESFR, 주거형 : 2.4 m 이상

   (3) In-Rack 헤드 : 제한규정이 없다.

   (4) 현재 NFTC의 경우 표준형에 대한 관련 규정이 없다.

4) 경사천장 제한(ESFR) : 2/12 이하의 천장

【Ceiling Jet의 속도 감소】

3 살수패턴장애

헤드에서 방수된 소화수는 일정시간(거리)이 지난 후 소화에 필요한 살수패턴(물입자의 안정)을 갖는다. 그러므로 헤드로부터 일정거리 이내에는 장애물이 없어야 한다.

1) 디플렉터는 천장과 평행하게 설치

2) 반경 60 cm 이내 장애물 없을 것

3) 적재물과 이격(ESFR) : 914 mm 이상 이격

4) 상향식 헤드의 경우 Pipe Shadow Effect 방지

5) Three Times Rule (감지장애 고려 ⇒ 살수패턴장애 고려 ⇒ 감지장애 고려)

   (1) 천장에서 30 cm 이내 : 헤드의 감지특성 고려

   (2) 주위에 장애물이 있는 경우 장애물 아래에 헤드 설치 : 헤드의 살수특성 고려

   (3) 살수패턴장애가 작은 경우(헤드와 장애물의 거리가 장애물 폭의 3배 이상) 천장 가까이 설치 : 헤드의 감지특성 고려

4 살수 장애

스프링클러헤드는 특정소방대상물의 천장·반자·천장과 반자 사이·덕트·선반 기타 이와 유사한 부분(폭이 1.2 m를 초과하는 것에 한한다)에 설치하여야 한다. 다만 폭이 9 m 이하인 실내에 있어서는 측벽에 설치할 수 있다.

Annex

📂 **제10조(헤드) 제1항**

1. 스프링클러헤드는 특정소방대상물의 천장·반자·천장과 반자 사이·덕트·선반 기타 이와 유사한 부분(폭이 1.2 m를 초과)에 설치하여야 한다. 다만 폭이 9 m 이하인 실내에 있어서는 측벽에 설치할 수 있다.
2. 위 규정은 천장이나 보 하부 등의 폭이 1.2 m 이상인 경우 헤드를 설치하여야 하는 규정으로 해석되는데, 이를 다르게 해석하면 천장의 폭이 1.2 m 이하로 좁은 경우 헤드를 설치 제외 공간으로 해석할 수도 있는데, NFPA 13의 경우 원칙적으로 천장의 폭에 관계없이 헤드를 설치하여야 한다.
3. NFPA 13의 살수장애 규정을 준용한 기준으로 장애물(덕트 등)의 상부에 헤드가 설치된 경우 폭이 1.2 m 이상인 경우 장애물(덕트 등) 하부에 헤드를 추가로 설치하라는 뜻이다.

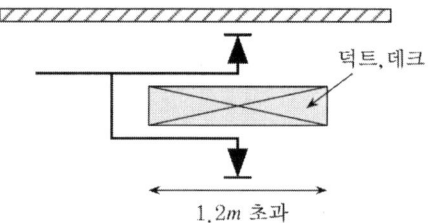

📂 **제10조(헤드) 제7항 (NFTC 해설)**

3. 배관·행가 및 조명기구 등 살수를 방해하는 것이 있는 경우에는 제1호 및 제2호에도 불구하고 그로부터 아래에 설치하여 살수에 장애가 없도록 할 것. 다만 스프링클러헤드와 장애물과의 이격거리를 장애물 폭의 3배 이상 확보한 경우에는 그러하지 아니하다.
   ⇒ 살수에 장애가 있는 경우 헤드를 장애물 아래 설치하면 감지장애가 발생하므로 헤드를 이동 배치하여 살수장애를 최소화하여야 한다.

📂 **차폐판 (Baffles)**

1. 스프링클러 헤드의 방수가 인접한 스프링클러 헤드의 감열부를 냉각시켜 헤드의 작동을 지연시키거나 방해할 가능성을 최소화하기 위해 설치한다.
2. NFPA 기준 : 다음 조건을 만족하면 헤드 간 최소 이격거리(표준형 1.8 m) 이하로 할 수 있다.
   (1) 헤드 사이에 차폐판을 설치하여 감열부를 방호해야 한다.
   (2) 차폐판은 폭 20 cm, 높이 15 cm 이상
   (3) 차폐판은 불연재 또는 준불연재
   (4) 차폐판 상단은 상향형 헤드보다 5 cm 높게
   (5) 하단은 하향형 헤드의 디플렉터 높이 이하로 설치

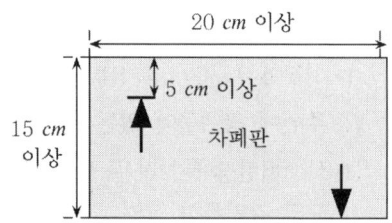

Annex

📁 NFPA 13 장애물

1. 중요 고려사항

    (1) 감지장애

    (2) 살수장애 (Dry Spaces)

    (3) 살수패턴장애 (Discharge Pattern)

2. 장애물

    (1) 위치

        ① 천장에 근접

        ② 헤드 하부

    (2) 길이

        ① 연속

        ② 비연속

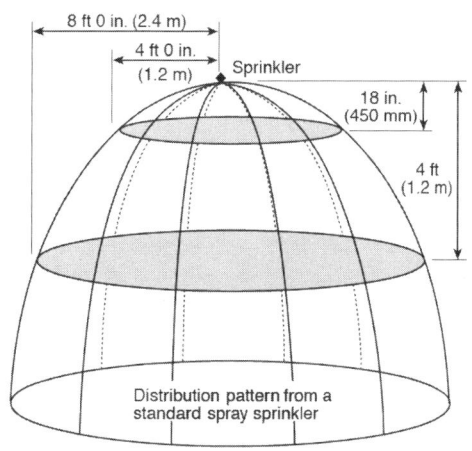

3. 표준형 헤드의 장애물별 장애

    (1) 천장에 근접한 연속 장애물

        ① 살수장애 (Dry Spaces, Shadow Areas)

        ② 감지장애

    (2) 헤드 하부 장애물

        ① 헤드와 장애물 수직거리 450 mm 이하 : 살수패턴 장애 (Discharge Pattern)

        ② 헤드와 장애물 수직거리 450 mm 이상 & 폭 1.2 m 이상 : 살수장애

4. ESFR 장애물별 장애

    (1) 천장에 근접한 연속 장애물

        ① 살수장애 (Dry Spaces, Shadow Areas)

        ② 감지장애

    (2) 헤드 하부 장애물

        ① 돌출 장애물

        ② 연속 장애물

📁 성능 목표 (Performance Objective) (NFPA 13 9.5.5.1)

1. 스프링클러 헤드는 살수패턴 장애가 최소인 곳에 설치되거나 위험을 충분히 방호하도록 추가로 장애물 하부에 설치하여야 한다.

2. 위 2가지 방법 중 살수장애가 최소인 곳에 스프링클러 헤드를 설치하는 것은 바람직한 방법이다.

3. 장애를 상쇄하기 위한 스프링클러 헤드의 추가 설치는 방수량 및 스프링클러설비의 설치비용을 증가시키며, 장애의 영향이 최소화되었을 경우와 동일한 방호수준을 제공하지 못할 수도 있다.

4. 위 기준은 살수패턴장애가 발생 시 스프링클러 헤드를 추가 설치보다는 살수패턴장애를 최소화하는 방향으로 설치하는 것이 중요하다는 의미이다.

NFPA 13 표준형헤드 위치

1 기본 원칙

1) 천장에서 25~300 mm
   (1) 감지특성 고려 및 헤드 교체를 고려
   (2) 25 mm 이상 예외 : Ceiling-Type Sprinklers (Concealed, Recessed, and Flush Types)
2) 장애물
   (1) 천장에 근접한 연속 장애물
   (2) 살수패턴장애 : 450 mm 이내
   (3) 살수장애 : 헤드 추가 설치
      450 mm 이상 + 장애물 폭(Width) 1.2 m 이상

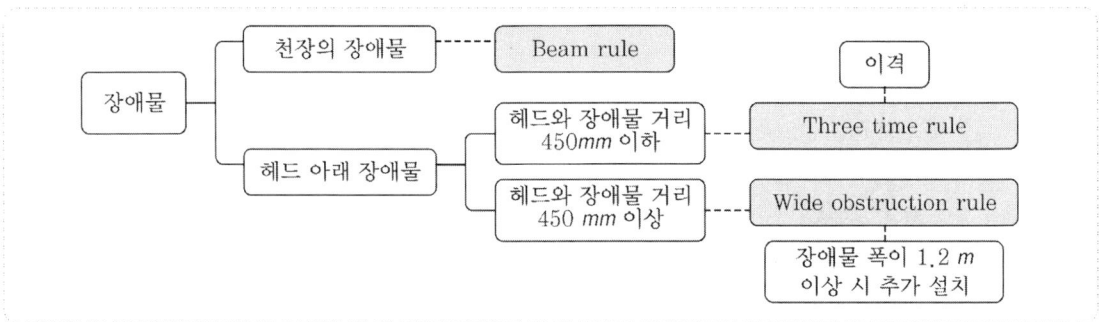

2 Three Times Rule

1) A ≤ 60 cm (단, 기둥(Column)은 적용하지 않음)
2) Three Times Rule 예외
   (1) 장애물(폭 1.2 m 이하) 반대편에 중심선에서 1/2S 간격으로 헤드 설치
   (2) 배관 직경 80 mm 미만

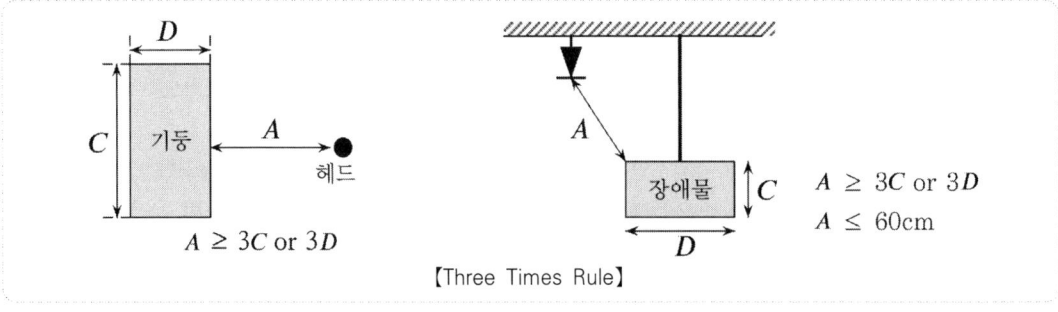

【Three Times Rule】

❸ Wide Obstruction Rule

1) 헤드와 장애물 거리 450 mm 이상
2) 경급 및 중급 용도인 경우 헤드와 천장 거리 450 mm 이하도 적용
3) 폭(Wide) 1.2 m 이상
4) 하부에 설치된 헤드가 Cold Soldering 우려가 있는 경우 살수판 설치

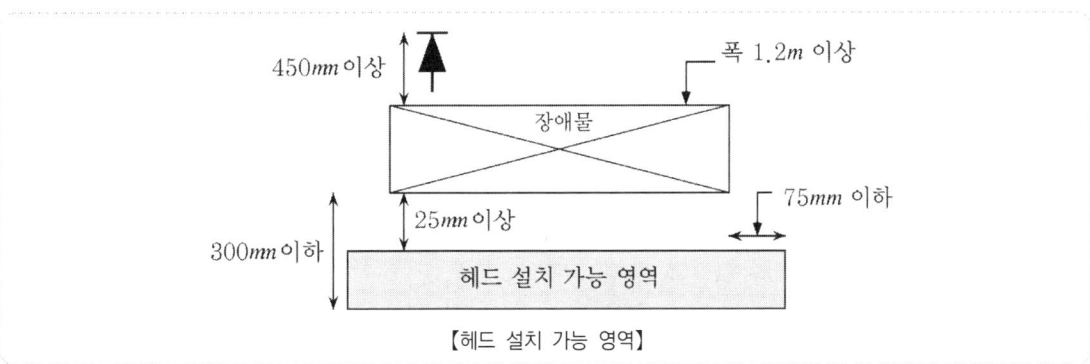

【헤드 설치 가능 영역】

❹ Beam Rule

다음 중 하나를 적용하여 1)은 헤드를 천장에서 이격, 2), 3), 4)는 헤드를 천장에 설치

1) Beam Rule

A	B (mm)
0.3 m	0
0.45 m	65
-	-
2 m	600
2.1 m	750
2.3 m	875

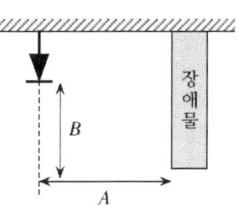

2) 보(폭 1.2 m 이하) 중심에서 헤드 간격의 1/2 이하인 경우 천장에 설치

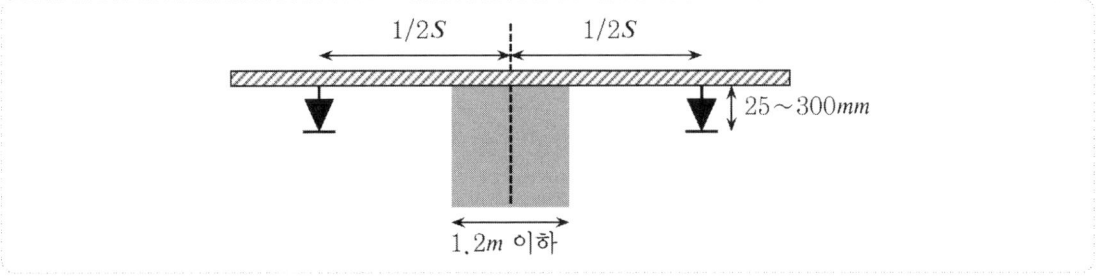

❺ Clearance to Storage (이격거리)

헤드와 적재물 이격거리 450 mm 이상

Annex

📁 NFPA 13 기준

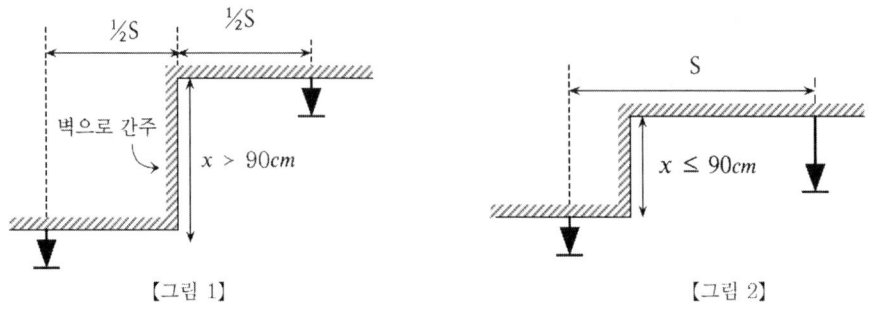

【그림 1】 【그림 2】

NFPA 13에서는 천장의 높이가 변할 때 높이 변화에 따라 헤드 설치방법이 다르다.

1. 높이 변화가 90 cm 이상인 경우 【그림 1】
   벽으로 간주하므로 그림과 같이 S/2 간격으로 헤드를 천장 상부에 설치한다.
   Beam Rule은 적용하지 아니한다.

2. 높이 변화가 90 cm 이하인 경우 【그림 2】
   높이 변화를 무시하고 헤드를 배치한 후 헤드를 Beam Rule에 의해 위치(Location)을 결정

📁 헤드 아래 배관 집합체 등의 장애물

1. NFPA 13 기준
   (1) 표준형
      ① 80 mm 이상 배관만 장애물로 취급
      ② 배관 집합체 하부로 소화수가 유입될 수 있으면 각각의 배관을 별도의 장애물로 취급
         ⇒ 각각(하나)의 배관에 3배 법칙 적용
   (2) ESFR
      각각의 배관 이격거리가 직경의 3배 이상인 경우 각각의 배관을 별도의 장애물로 취급

2. NFTC
   별도의 기준은 없지만, 실무적으로 배관 간격이 150 mm 이상인 경우 각각의 배관을 별도의 장애물로 취급

📁 모멘텀

1. 질량
   소화수 입자크기
   오리피스 크기가 중요

2. 방출속도
   압력이 증가할수록 방출속도 증가

3. 방출압력이 증가할수록 소화수 입자는 감소, 방출속도는 증가 ⇒ 모멘텀 감소

Beam Rule

1 개 요

보(Beam) 근처에 헤드 설치 시 문제점은 2가지 장애(감지장애/살수장애)를 모두 만족시킬 수가 없다는 것이므로, 감지와 살수 중 한 가지에 더 중점을 두어야 한다.

2 NFTC 기준

1) 소방대상물의 보와 가장 가까운 스프링클러헤드 설치기준

헤드와 보의 수평거리 (D)	헤드와 보 하단의 수직거리 (H)
0.75 m 미만	보의 하단보다 낮을 것
0.75~1 m 미만	0.1 m 미만일 것
1~1.5 m 미만	0.15 m 미만일 것
1.5 m 이상	0.3 m 미만일 것

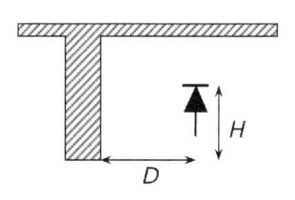

2) 다만 천장면에서 보의 하단까지의 길이가 55 cm를 초과하고, 보의 하단 측면 끝부분으로부터 스프링클러헤드까지의 거리가 헤드 상호 간 거리의 2분의 1 이하가 되는 경우에는 헤드와 그 부착면과의 거리를 55 cm 이하로 할 수 있다.

3 NFPA 13 기준

1) 천장면에서 보의 하단까지의 길이에 관계없이 다음 중 하나를 적용

  (1) Beam Rule 【그림1】

  (2) $\frac{1}{2}S$ 이하 : 보의 폭이 1.2 m 이하인 경우 적용 【그림2】

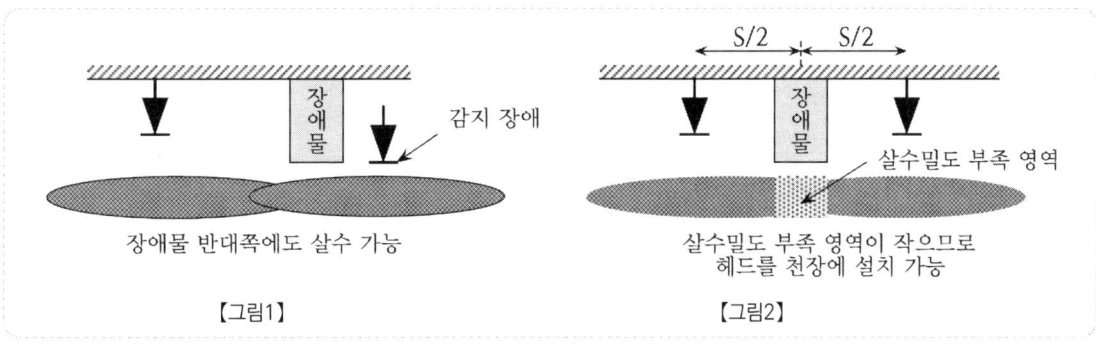

【그림1】　　　　　【그림2】

2) 해 설

보에 근접한 헤드는 감지장애/살수장애가 발생할 수밖에 없다.

  (1) Beam Rule : 감지장애보다 살수장애를 중요시해 헤드를 천장에서 이격 【그림1】

  (2) $\frac{1}{2}S$ 이하 : 【그림2】

　　① 살수장애보다 감지장애를 중요시해 헤드를 천장 가까이 설치

즉, 헤드를 천장에 설치하면 보(장애물)의 하부에 일부 살수밀도 부족 영역이 발생하지만 헤드의 감지특성을 중요하게 여겨 헤드를 천장에 설치

② 단, 보의 폭이 1.2 m를 초과하는 경우 살수밀도 부족 영역이 크므로 적용 불가

즉, 보의 폭이 1.2 m 초과 시 Beam Rule【그림1】적용

4 소방청 지침

1) 단서 조항에도 불구하고 '천장면에서 보의 하단까지의 길이에 관계없이 보의 중심으로부터 스프링클러 헤드까지의 거리가 스프링클러 헤드 상호 간 거리의 2분의 1 이하'가 되는 경우에는 스프링클러 헤드와 그 부착면과의 거리를 30 cm 이하로 할 수 있다.

2) NFPA 13 기준과 동일

3) 다만 보의 폭의 1.2 m 이상인 경우에는 보 하단에 헤드를 설치한다.

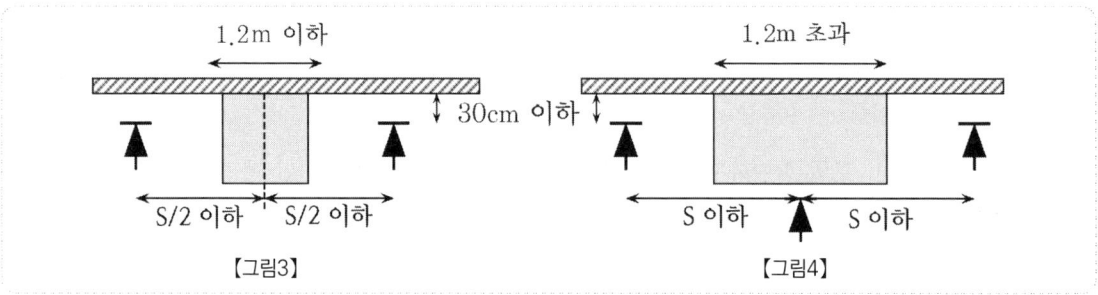

4) 소방청 지침 검토

NFPA 13에서는 폭의 1.2 m 이하일 때만【그림2】를 적용할 수 있고 보의 폭이 1.2 m 이상일 경우에는 살수부족 영역이 크므로【그림1】만을 적용하여야 하므로 단서 조항은 검토가 필요하다.

Annex

📂 Pipe Shadow Effect

1. 가지배관에 의해 상향형 헤드는 살수패턴장애를 갖는다.

2. Pipe Shadow Effect 감소대책

   (1) 헤드 입상관은 일정 길이 이상

   ① NFTC : ESFR의 경우 반사판의 위치는 최소 178 mm 이상일 것

   ② NFPA : 100 mm 이상의 배관 300 mm 이상 이격

   (2) 가지배관 최대 구경제한

   (3) 상향형의 프레임은 가지배관과 평행하게 설치

   (4) 행가와 8 cm 이상 이격

   (5) 특히, ESFR의 경우 화재진압을 위한 스프링클러설비이므로 Pipe Shadow Effect에 주의하여야 한다.

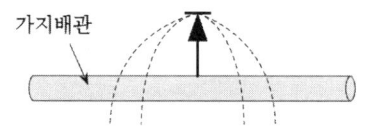

ESFR

1 개 요

1) ESFR 헤드란 화재를 초기에 진압할 수 있도록 정해진 면적에 충분한 물을 방사할 수 있는 조기 동작 스프링클러 헤드이다.
2) 화재 초기에 작동될 수 있도록 열에 의한 감도 성능이 우수하고 화재 발생 초기에 강력한 화세를 침투할 수 있도록 큰 물 입자를 방수하도록 설계된 헤드로서 랙식 창고 등 천장고가 높은 장소에서 사용한다.
4) ESFR는 랙식 선반 내에 스프링클러를 설치하지 않고 천장에만 스프링클러를 설치하되
   (1) 빠른 시간 내에 (조기반응형) 화재를 감지하여
   (2) 12개 이내의 헤드부터 방수되는 물이 화재 상승기류(플럼)를 뚫고 가연물의 연소면에 도달하도록 하여 화재를 진압한다.

2 초기진압 성능의 결정요인 3가지 (ESFR 스프링클러의 화재진압이론)

ESFR의 초기진압 성능은 각각 독립적으로 측정될 수 있는 3가지 요인에 의해 결정

1) RTI : 반응시간지수
2) RDD : 필요살수밀도
3) ADD : 실제살수밀도

3 방수된 물방울의 화염침투

1) 중력에 의한 침투

   물방울의 중력이 화염으로의 부력보다 우세한 경우 침투가 가능하다 (물입자가 클수록 유리).
2) 모멘텀에 의한 침투
   (1) 모멘텀 증가방법은 K-값을 증가시켜 물입자를 크게 하든지 또는 방수압력을 증가시켜 속도를 증가시키는 방법이 있다.
   (2) 방수압력이 클수록 아래 방향으로의 모멘텀은 증가하지만, 플럼을 뚫고 가연물의 연소면에 도달하는 양은 감소하므로 ESFR은 작은 K-값에 큰 압력은 적용하지 못하도록 한다.
   (3) 아래 표에서 위험성이 큰 경우(창고 층고 및 물품 저장 높이가 큰 경우) K-값이 240 이하의 경우 큰 압력은 적용하지 못하도록 규정

4 ESFR의 설치기준

1) 적용대상 : 랙식 창고, 천장고가 높은 장소
2) 설치 제외 장소
   (1) 제4류 위험물
   (2) 타이어, 두루마리 종이 및 섬유류, 섬유제품 등의 연소 시 화염의 속도가 빠르고, 방사된 물이 하부까지 도달하지 못하는 곳

3) 설치장소의 구조
   (1) 높이가 13.7 m 이하일 것
   (2) 천장의 기울기가 1,000분의 168을 초과하지 않아야 하고, 이를 초과하면 반자를 지면과 수평으로 설치할 것
   (3) 천장은 평평하여야 하며 철재나 목재트러스 구조인 경우 철재나 목재의 돌출 부분이 102 mm를 초과하지 아니할 것
   (4) 보로 사용되는 목재·콘크리트 및 철재 사이의 간격 : 0.9~2.3 m
   (5) 창고 내의 선반의 형태는 하부로 물이 침투되는 구조로 할 것

4) 저수량 : $12 \times 60 \times K \sqrt{10p}$ 　　K : 상수 $[\ell pm/(MPa)^{1/2}]$

최대층고	최대저장높이	화재조기진압용 스프링클러헤드 (MPa)				
		K = 360 하향식	K = 320 하향식	K = 240 하향식	K = 240 상향식	K = 200 하향식
13.7 m	12.2 m	0.28	0.28			
13.7 m	10.7 m	0.28	0.28			
12.2 m	10.7 m	0.17	0.28	0.36	0.36	0.52
10.7 m	9.1 m	0.14	0.24	0.36	0.36	0.52
9.1 m	7.6 m	0.10	0.17	0.24	0.24	0.34

5) 배 관
   (1) 배관은 습식으로 하여야 한다.
   (2) 동결방지조치를 하거나 동결의 우려가 없는 장소에 설치
   (3) 토너먼트 방식이 아닐 것
   (4) 랙식 창고 높이에 따른 가지배관 사이 거리

창고 높이	가지배관 사이 거리
9.1 m 미만	2.4~3.7 m
9.1~13.7 m	2.4~3.1 m

5 저장물 간격 및 환기구

1) 저장물품 사이의 간격은 모든 방향에서 152 mm 이상의 간격을 유지하여야 한다.
2) 환기구
   (1) 공기의 유동으로 인하여 헤드의 작동온도에 영향을 주지 않는 구조일 것
   (2) 화재감지기와 연동하여 동작하는 자동식 환기장치를 설치하지 아니할 것. 다만 자동식 환기장치를 설치할 경우에는 최소작동온도가 180 ℃ 이상일 것

6 ESFR 스프링클러의 장·단점

1) 장 점
   (1) 천장에만 설치하면 되므로 기존의 In-Rack 스프링클러에 비해 설치비가 저렴하다.
   (2) 물품의 적재 시에 발생할 수 있는 In-Rack 스프링클러의 파손으로 인한 누수손실이 없다.

(3) 화재를 조기에 진압하여 화재 손실을 방지할 수 있다.

(4) 가연물의 위험도에 의해 분류, 적재해야 하는 번잡함을 피할 수 있다.

2) 단 점

(1) In-Rack이 아닌 천장에만 헤드를 설치하며, 초기 소화를 달성하여야 하므로 헤드 설치 시 감지 장애와 살수 장애를 더 주의하여야 한다.

(2) 화재제어용 스프링클러설비에서 허용되는 장애가 ESFR에서는 허용되지 않는다.

Annex

📂 Longitudinal Flue Space

1. 최소간격 152 mm를 규정한 이유는 화재에 의해 생성된 연소생성물이 수평 이동보다는 수직으로 이동하도록 하기 위함이다.

2. 열기 등의 수직으로 이동하여야

   (1) 화재에 근접한 헤드로부터 차례로 빠르게 동작하기 위함이고

   (2) 화염의 수평 확산을 방지하고

   (3) 방수된 물이 하부까지 전달되도록 함이다.

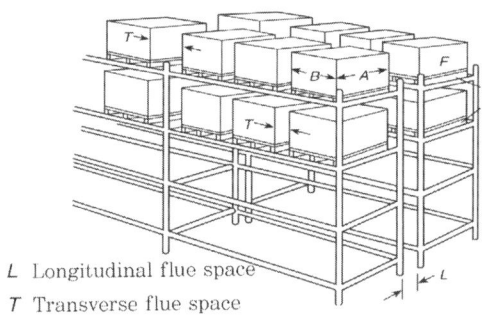

L Longitudinal flue space
T Transverse flue space

📂 설치 제한

NFPA 13의 경우 타이어(Rubber Tires), 두루마리 종이(Roll Paper) 등은 적응성이 있어 설치하고 있다.

1. 타이어 창고의 설치기준

   (1) NFPA 13의 경우 타이어의 적재방법, 적재 높이, 창고의 층고 등을 고려하여 K-Factor와 최소 동작압력을 고려하여 설치하여야 한다.

   (2) 특히 아래 그림과 같이 타이어를 적재하는 경우(Laced Tire Storage) 화염의 속도가 빠르고 방사된 물이 하부까지에 도달하지 못할 가능성이 크므로 기준개수가 12개가 아니라 20개(4개의 가지배관 가지배관 하나당 5개 헤드)이다.

【Laced Tire Storage】

ESFR 헤드 설치기준

1 헤드 설치기준

1) 헤드 하나의 방호면적 : 6.0~9.3 m²
2) 창고 높이에 따른 가지배관의 헤드 사이의 거리

창고 높이	가지배관의 헤드 사이 거리
9.1 m 미만	2.4~3.7 m
9.1~13.7 m	3.1 m 이하

3) 헤드의 반사판은 천장/반자와 평행하게 설치하고 저장물의 최상부와 914 mm 이상 확보
4) 하향식 헤드의 반사판 위치는 천장이나 반자 아래 125 mm 이상 355 mm 이하일 것
5) 상향식 헤드의 감지부 중앙은 천장 또는 반자와 101 mm 이상 152 mm 이하이어야 하며, 반사판의 위치는 스프링클러배관의 윗부분에서 최소 178 mm 상부에 설치되도록 할 것
6) 헤드와 벽과의 거리는 헤드 상호 간 거리의 ½을 초과하지 않아야 하며 최소 102 mm 이상일 것
7) 헤드의 작동온도는 74℃ 이하일 것
8) 헤드의 살수분포에 장애를 주는 장애물이 있는 경우에
   (1) 천장 또는 천장 근처에 있는 장애물과 반사판의 위치는 별도 1 또는 별도 2와 같이 하며, 천장 또는 천장 근처에 보·덕트·기둥·난방기구·조명기구·전선관 및 배관 등의 기타 장애물이 있는 경우에는 장애물과 헤드 사이의 수평거리에 따른 장애물의 하단과 그보다 윗부분에 설치되는 헤드 반사판 사이의 수직거리는 별표 1 또는 별도 3에 따를 것
   (2) 헤드 아래에 덕트·전선관·난방용배관 등이 설치되어 헤드의 살수를 방해하는 경우에는 별표 1 또는 별도 3에 따를 것. 다만 2개 이상의 헤드의 살수를 방해하는 경우에는 별표 2를 참고로 한다.
9) 상부에 설치된 헤드의 방출수에 따라 감열부에 영향을 받을 우려가 있는 헤드에는 방출수를 차단할 수 있는 유효한 차폐판을 설치할 것

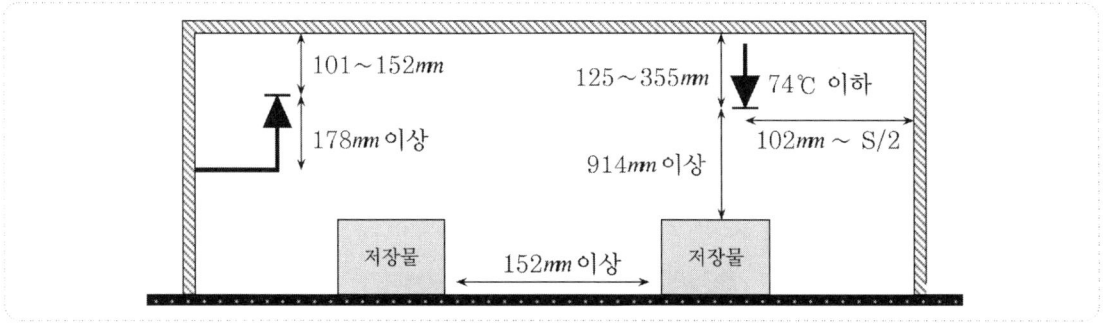

2 헤드 살수패턴 장애

[별표 1] 보 또는 기타 장애물 아래에 헤드가 설치된 경우의 반사판 위치 (제10조 제8호 관련)

장애물과 헤드 사이의 수평거리	장애물의 하단과 헤드의 반사판 사이의 수직거리	장애물과 헤드 사이의 수평거리	장애물의 하단과 헤드의 반사판 사이의 수직거리
0.3 m 미만	0 mm	1.1~1.2 m 미만	300 mm
0.3~0.5 m 미만	40 mm	1.2~1.4 m 미만	380 mm
0.5~0.7 m 미만	75 mm	1.4~1.5 m 미만	460 mm
0.7~0.8 m 미만	140 mm	1.5~1.7 m 미만	560 mm
0.8~0.9 m 미만	200 mm	1.7~1.8 m 미만	660 mm
1.0~1.1 m 미만	250 mm	1.8 m 이상	790 mm

[별표 2] 저장물 위에 장애물이 있는 경우의 헤드설치기준(제10조 제8호 관련)

장애물		조 건
돌출 장애물	0.6 m 이하	• 별표 1 또는 별도 2에 적합하거나 • 장애물의 끝 부근에서 헤드 반사판까지의 수평거리가 0.3 m 이하로 설치할 것
	0.6 m 초과	• 별표 1 또는 별도 3에 적합할 것
연속 장애물	5 cm 이하	• 별표 1 또는 별도 3에 적합하거나 • 장애물이 헤드 반사판 아래 0.6 m 이하로 설치된 경우는 허용한다.
	5 cm 초과~ 0.3 m 이하	• 별표 1 또는 별도 3에 적합하거나 • 장애물의 끝 부근에서 헤드 반사판까지의 수평거리가 0.3 m 이하로 설치할 것
	0.3 m 초과~ 0.6 m 이하	• 별표 1 또는 별도 3에 적합하거나 • 장애물의 끝 부근에서 헤드 반사판까지의 수평거리가 0.6 m 이하로 설치할 것
	0.6 m 초과	• 별표 1 또는 별도 3에 적합하거나 • 장애물이 평편하고 견고하며 수평적인 경우에는 저장물의 최상단과 헤드 반사판의 간격이 0.9 m 이하로 설치할 것 • 장애물이 평편하지 않거나 비연속적인 경우에는 저장물 아래에 평편한 판을 설치한 후 헤드를 설치할 것

 창고시설의 화재안전기준

1 개 요

1) 라지드롭형 스프링클러헤드를 습식으로 설치할 것. 다만 아래의 경우 건식설비 가능
   (1) 냉동창고 또는 영하의 온도로 저장하는 냉장창고
   (2) 창고시설 내에 상시 근무자가 없어 난방을 하지 않는 창고시설
2) 랙식 창고의 경우에는 천장에 따라 설치하는 것 외에
   (1) 라지드롭형 스프링클러 헤드를 랙 높이 3 m 이하마다 설치할 것
   (2) 이 경우 수평거리 15 cm 이상의 송기공간이 있는 랙식 창고에는 랙 높이 3 m 이하마다 설치하는 스프링클러 헤드를 송기공간에 설치할 수 있다.

3) 적층식 랙을 설치하는 경우 적층식 랙의 각 단 바닥면적을 방호구역 면적으로 포함할 것
4) 천장 높이가 13.7 m 이하인 랙식 창고에는 ESFR를 설치할 수 있다.

❷ 수 원

1) 라지드롭형 스프링클러 헤드 : 설치개수(30개 이상 설치된 경우에는 30개)
   (1) 설치개수 × 3.2 m³ (0.16 × 20) 이상
   (2) 랙식 창고 : 설치개수 × 9.6 m³ (0.16 × 60) 이상
2) ESFR 기준

❸ 가압송수장치의 송수량

1) 라지드롭형
   (1) 송수량은 0.1 MPa의 방수압력 기준으로 분당 160 ℓ 이상의 방수성능을 가진 기준 개수의 모든 헤드로부터의 방수량을 충족시킬 수 있는 양 이상
   (2) 이 경우 속도수두는 계산에 포함하지 않을 수 있다.
2) ESFR 기준

❹ 헤드/배관

1) 스프링클러헤드(수평거리)
   (1) 라지드롭형 스프링클러헤드
      ① 특수가연물을 저장 또는 취급하는 창고는 1.7 m 이하
      ② 그 외의 창고는 2.1 m (내화구조로 된 경우에는 2.3 m) 이하
   (2) ESFR 헤드 기준
   (3) 높이가 4 m 이상인 창고(랙식 창고를 포함)에 설치하는 폐쇄형 스프링클러 헤드는 그 설치장소의 평상시 최고 주위온도에 관계 없이 표시온도 121 ℃ 이상의 것으로 할 수 있다.
2) 교차배관에서 분기되는 지점을 기점으로 한쪽 가지배관에 설치되는 헤드의 개수(반자 아래와 반자속의 헤드를 하나의 가지배관 상에 병설하는 경우에는 반자 아래에 설치하는 헤드의 개수)
   (1) 4개 이하로 해야 한다.
   (2) 다만 화재조기진압용 스프링클러설비를 설치하는 경우에는 그렇지 않다. (수리계산)

❺ 기 타

1) 방화구획이 적용되지 아니하거나 완화 적용되어 연소할 우려가 있는 개구부에는 드렌처설비를 설치해야 한다.
2) 비상전원
   (1) 종류 : 자가발전설비, 축전지설비 또는 전기저장장치
   (2) 용량 : 20분(랙식 창고의 경우 60분) 이상

NFPA 13 ESFR 헤드 설치

1 개 요

ESFR 헤드의 위치 결정에 있어서 구조체, 조명 같은 장애물에 대한 주의가 필요하다. 다른 스프링클러 설비에서 허용되는 장애물이 ESFR에서는 허용되지 않는다.

2 헤드 위치 원칙

1) 헤드와 천장과의 이격

    (1) K-Factor 및 헤드 설치 방향에 의해 결정 (단위 mm)

K-Factor	하향형 (Pendent)	상향형 (Upright)
200, 240	150~350	75~300
320, 360	150~450	

    (2) 헤드와 천장의 이격거리가 클수록 헤드 동작시간이 증가하지만, K-Factor 값이 클수록 화재를 조기 소화할 수 있으므로 천장과의 이격거리가 큰 것을 인정한다.

2) 장애물(보 등)이 깊이 300 mm 이상인 경우 각 포켓에 헤드 설치

    ※ NFTC : 보로 사용되는 목재·콘크리트 및 철재 사이의 간격 : 0.9~2.3 m

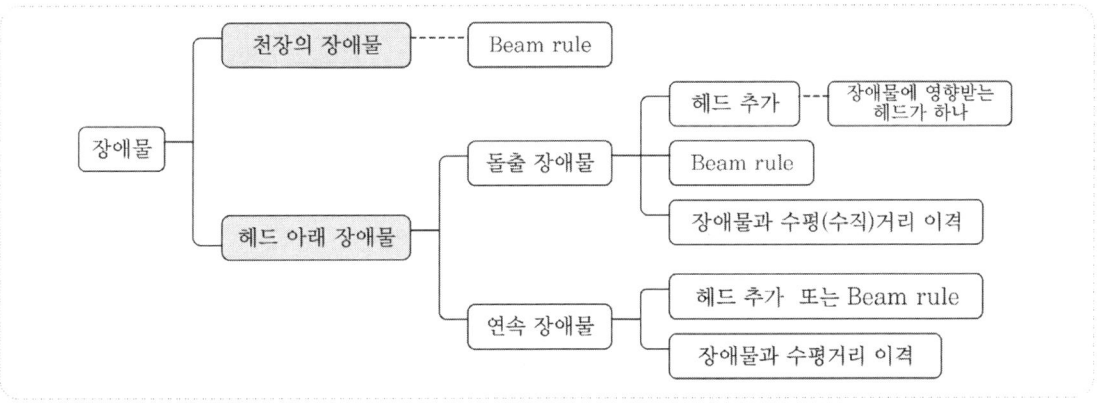

3 천장의 장애물

1) Beam Rule

A	B (mm)
0.3 m	0
0.45 m	35
-	-
1.8 m	650
1.8 m 이상	775

2) 보(폭 0.6 m 이하) 중심에서 헤드 간격의 1/2 이하인 경우 천장에 설치

4 헤드 아래 비연속(돌출) 장애물

1) 장애물 아래에 헤드 추가 설치 : 장애물에 영향받는 헤드가 하나인 경우
2) 장애물과 수평거리 이격 시 천장에 설치(추가 헤드 설치 제외)

장애물	수평(수직)거리 이격	비 고
폭이 600 mm 이하	• 300 mm 이상	
폭이 50 mm 이하	• 수평거리 300 mm 이상 • 장애물이 헤드보다 600 mm 이상 아래	

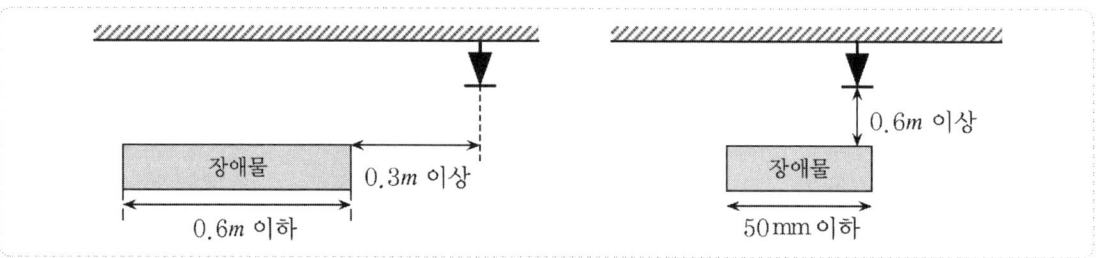

3) Beam Rules

5 헤드 아래 연속 장애물

1) 장애물 아래 추가 헤드 설치 or Beam Rules
2) 장애물과 수평(수직)거리 이격 시 천장에 설치

장애물	수평거리 이격	비 고
폭이 600 mm 이하	• 600 mm 이상	
폭이 300 mm 이하	• 300 mm 이상	
폭이 50 mm 이하	• 수평거리 300 mm 이상 • 장애물이 헤드보다 600 mm 이상 아래	

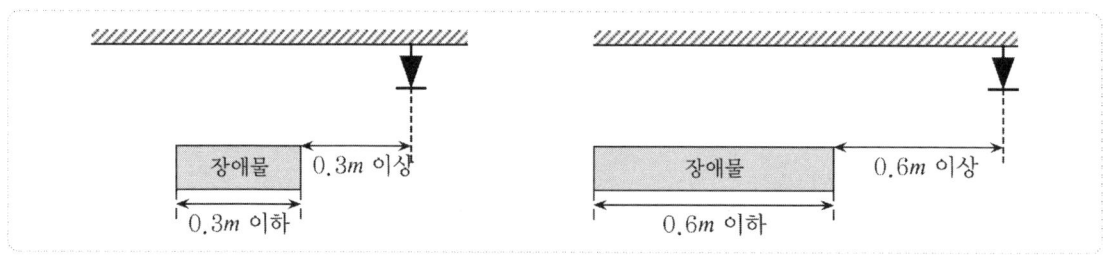

격자(Open Grid) 천장

1 원 칙

격자천장 상·하에 설치하여야 한다.

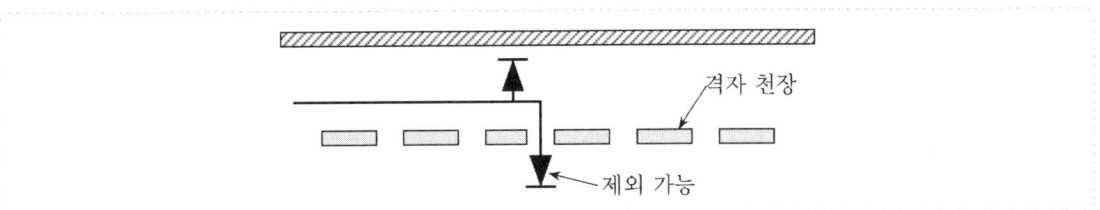

2 격자천장 상부에 설치하는 경우 (살수패턴장애가 작은 경우)

1) 하나의 격자 중 작은 길이가 6.4 mm 이상이고 격자의 깊이는 작은 길이보다 작고, 격자의 개구부 총합계가 천장 면적의 70 % 이상

2) 격자천장과 헤드의 이격거리

용 도	헤드 1개당 방호 면적	격자천장과 헤드의 최소 이격거리
경급 (Light Hazard)	3 × 3 m 이하	450 mm
	3 × 3.7 m 이하	600 mm
	3 × 3.7 m 이상	1200 mm
중급 (Ordinary Hazard)	3 × 3 m 이하	600 mm
	3 × 3 m 이상	900 mm

(1) 일반적인 헤드 1개당 방호 면적 : 4.6 × 4.6 m

(2) Open Grid 천장도 일종의 장애물이므로 천장과 헤드의 이격거리가 작을수록 (살수패턴 장애 증가) 방호면적도 작아야 한다. ⇒ 설치 헤드 수 증가

Annex

📁 격자천장 (소방청 지침)

1. 스프링클러설비의 화재안전기준(NFTC 103)」에 따라 개방형 격자 천장의 폭이 1.2 m 이상인 경우에는 그 아래에 스프링클러헤드를 추가로 설치하는 것이 원칙

2. 그러나 아래 조건을 충족하는 경우에는 개방형 격자 천장 윗부분에만 스프링클러 헤드 설치 가능

   (1) 개방형 격자천장의 재료 두께가 격자 구멍의 가장 작은 크기 미만이고, 개구부의 개구율이 천장 면적의 70 % 이상이며, 개구부의 가장 작은 치수가 6.4 mm 이상인 경우에는 스프링클러 헤드를 격자천장 상부 내부에 설치할 수 있으며,

   (2) 격자천장의 상부 표면과 스프링클러 헤드의 최소 이격거리는 450 mm 이상이어야 한다.

Skipping

1 개 요
Skipping 현상은 화재로부터 멀리 떨어져 있는 헤드가 가까이 있는 헤드보다 먼저 개방되는 현상으로서, 개방되어야 할 헤드가 동작하지 않는 경우와 개방하지 말아야 할 헤드가 개방하는 경우이다.

2 문제점
1) 살수밀도 부족 : 개방되어야 할 헤드가 개방되지 않는 경우
2) 설비의 과부하 : 개방되지 말아야 하는 헤드가 개방되는 경우

3 원 인
1) 헤드 설치 간격
   (1) 표준형 : 1.8 m 이상
   (2) ESFR, EC, 주거형 : 2.4 m 이상
   (3) 현재 NFTC의 경우 표준형에 대한 관련 규정이 없음
2) 열감도, 표시온도가 다른 경우
3) 거실제연설비의 배출구에 의한 영향

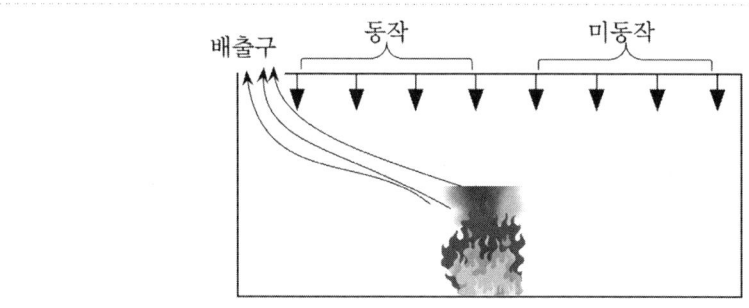

4) 화재성상에 맞지 않는 헤드 선정
5) 급격한 화재 성장
6) 경사지붕
7) 높은 압력 : 헤드의 초기 작동 압력이 높은 경우

Annex

▷ Skipping 관련 NFTC 103B 12조 (환기구)
  1. 공기의 유동으로 인하여 헤드의 작동 온도에 영향을 주지 않는 구조일 것
  2. 화재감지기와 연동하여 동작하는 자동식 환기장치를 설치하지 아니할 것. 다만 자동식 환기장치를 설치할 경우에는 최소작동 온도가 180℃ 이상일 것

헤드의 동작시간 영향 인자

1 개 요
스프링클러설비가 화재제어·진압 성능을 발휘하기 위해서는 헤드가 조기에 또는 적정한 시간에 동작하는가가 중요하다.

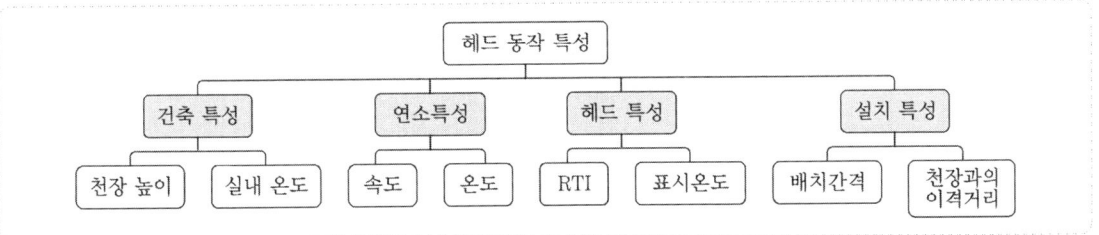

2 영향인자

1) 건축특성
   (1) 천장 높이 : 천장이 높을수록 헤드 동작시간이 증가한다.
   (2) 실내 온도 : 주위 최고온도가 높을수록 표시온도가 큰 헤드를 설치하므로, 평상시 헤드 동작시간이 증가할 수 있다.

2) 연소특성

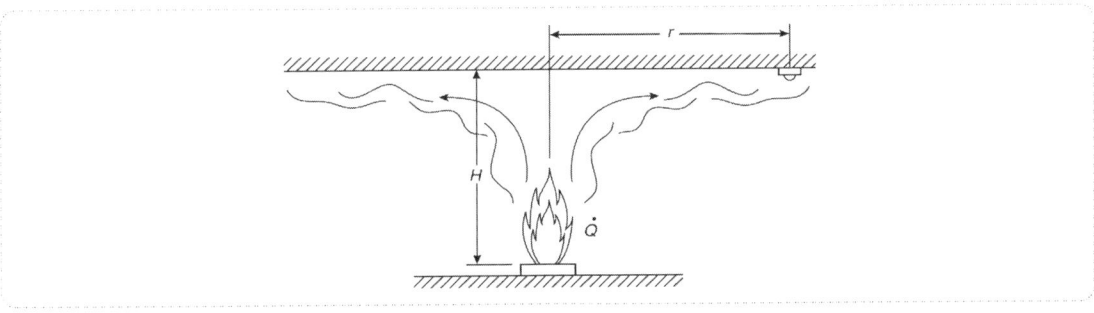

Ceiling Jet 온도	Ceiling Jet 속도
$T_g - T_a = \dfrac{5.38\,(Q/r)^{2/3}}{H}$	$v = \dfrac{0.2\,Q^{1/3} \cdot H^{1/2}}{r^{5/6}}$

3) 설치특성
   (1) 배치간격 : 배치간격이 증가할수록 동작시간도 증가한다.
       화원에서 헤드가 멀수록 Ceiling Jet 속도와 온도가 낮아진다.
   (2) 헤드와 천장과의 이격거리 : 천장과의 이격거리가 클수록 동작시간이 증가한다.

4) 헤드특성
   (1) RTI
       ① 작을수록 헤드가 조기에 동작한다.

② 조기반응형 헤드 : 취침 등으로 인명 피해 가능성이 클 것으로 예상되는 장소
- 공동주택, 노유자시설의 거실
- 오피스텔, 숙박시설의 침실
- 병원의 입원실
- ESFR

(2) 표시온도 : 표시온도가 높을수록 동작시간이 증가한다.

(3) 화재 제어 목적으로 창고에 설치하는 스프링클러설비 경우 헤드가 많이 동작되면 화재제어 측면에서 불리하므로 원칙적으로 표준형, 고-표시온도 헤드를 설치하여야 한다.

3 결론

인명안전 및 재산상의 손실을 감소시키기 위해서는 화재가 대형화되기 전에 소화작업이 이루어져야 하므로 헤드가 동작하는 시간이 작아지도록 헤드를 선정하고 설치하는 것이 중요하다.

헤드 선정 시 고려사항

1 개요

헤드 선정 시 고려해야 할 사항은 크게 감지특성과 방수특성에 의한 사항으로 구분된다.

2 고려사항

1) 열감도(RTI)

   (1) 조기반응형 헤드

   ① 공동주택, 노유자시설의 거실

   ② 오피스텔, 숙박시설의 침실

   ③ 병원의 입원실

   ④ ESFR

   (2) 속동형 헤드가 설치되어 있는 경우 구획실 내의 모든 헤드는 속동형이어야 한다.

   (3) 기존의 경급위험에 속동형 또는 주거형 헤드를 일부 변경하는 경우 구획실 내 모든 헤드를 교체해야 한다.

2) 표시온도

   (1) 필요성

   ① 주변 온도가 높은 지역에 설치된 경우 헤드의 우발적 동작을 막기 위하여

   ② 해당 설계 지역에서 작동하는 헤드의 수를 제한하기 위하여

(2) 고온도 등급
　① 빠르게 성장하는 화재의 유형에 적합하다.
　② 중간 온도등급 헤드 사용 시 ⇒ 화재구역 밖의 헤드 동작
　　㉠ 설비의 과부하
　　㉡ 수손 피해가 크다.
　③ 제어용 창고화재 헤드의 경우 많은 헤드가 동작되면 화재 제어에 실패할 수 있으므로 원칙적으로 고온도 등급을 사용하여야 한다.
3) 방수특성 : 화재를 제어하느냐 진압하느냐에 따라 다른 살수특성이 요구되므로 용도에 맞는 헤드 선정 (K값과 디플렉터에 의해 결정)
4) 설치방향 : 상향형이 소화효과가 가장 뛰어나지만, 반자가 있는 경우 또는 벽에 설치하는 경우는 하향식 또는 측벽형 사용
5) 오리피스 구경
　(1) 방수량(살수밀도) 및 물입자 크기와 같은 특성에 영향을 미친다.
　(2) K값으로 표시한다.
6) 특수한 적용 조건
　(1) 동파 우려의 장소
　　① 상향식
　　② 개방형 헤드
　　③ 드라이펜던트 헤드
　(2) 부식 우려가 있는 장소

Annex

▷ 표시온도 (Temperature Rating)와 감도 (Thermal Sensitivity)의 차이 (고려사항)
　1. 감도 : 화재 시 헤드의 동작시간
　2. 표시온도 : 설치장소의 주위온도
　　(1) 오동작 방지
　　(2) 동작 헤드수 제어

▷ Spare Sprinklers (NFPA 13)

설치 헤드 수	예비 총 헤드 수
300 미만	6개 이상
300~1000	12개 이상
1000 이상	24개 이상

헤드 타입 및 표시온도별로 구비하여야 한다.
　예) 200개의 측벽형과 1000개의 표준형 스프링클러가 설치된 경우
　　총 24개의 예비 헤드를 구비(측벽형은 4개, 표준형은 20개)

NFTC의 스프링클러헤드 설치 제외

1 개요

1) 헤드 설치가 필요 없거나 효율성이 작은 장소 또는 헤드를 설치하였을 때 문제가 발생할 수 있는 장소에는 헤드 설치가 제외된다.
2) NFPA 13의 경우 은폐 공간 등에서 화재 발생 시 위험성(화재제어 실패)이 증가되므로 헤드 설치 제외 적용은 주의하여야 한다.

2 헤드의 설치가 필요하지 않은 장소 : 불연재료로 된 소방대상물

1) 정수장·오물처리장 그 밖의 이와 비슷한 장소
2) 펄프공장의 작업장·음료수 공장의 세정 또는 충전하는 작업장 그 밖의 이와 비슷한 장소
3) 불연성의 금속·석재 등의 가공공장으로서 가연성물질을 저장 또는 취급하지 아니하는 장소
4) 목욕실, 수영장(관람석 부분 제외)
5) 물탱크실

3 스프링클러 헤드를 설치하여도 효율성이 적은 장소

1) 반자 내부
   (1) 천장과 반자가 불연재료
      ① 천장과 반자 거리가 2 m 미만
      ② 천장과 반자 거리가 2 m 이상 + 벽 불연재료 + 그 사이에 가연물이 존재하지 않는 부분
   (2) 천장과 반자가 불연재료이고 거리가 2 m 미만인 부분
   (3) 천장·반자 중 한쪽이 불연재료이고 거리가 1 m 미만인 부분
   (4) 천장 및 반자가 불연재료 외의 것으로 되어 있고 거리가 0.5 m 미만인 부분

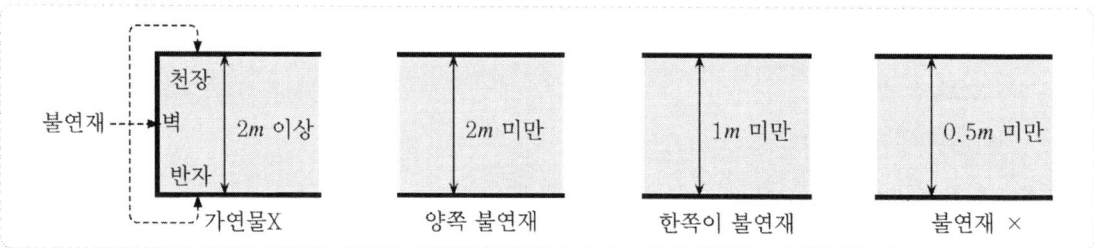

2) 화장실
3) 현관 또는 로비 등으로서 바닥으로부터 높이가 20 m 이상인 장소

4 스프링클러헤드를 설치하였을 때 문제가 되는 장소

1) 병원의 수술실·응급처치실·기타 이와 유사한 장소
2) 고온의 노가 설치된 장소 또는 물과 격렬하게 반응하는 물품의 저장 또는 취급 장소
3) 계단실·경사로

4) 통신기기실·전자기기실·기타 이와 유사한 장소

5) 발전실·변전실·변압기·기타 이와 유사한 전기설비가 설치되어 있는 장소

6) 가연성 물질이 존재하지 않는 「건축물의 에너지절약설계기준」에 따른 방풍실

5 기 타

1) 펌프실 그 밖의 이와 비슷한 장소

2) 냉장창고의 냉장실 또는 냉동창고의 냉동실

3) 승강기의 승강로·파이프덕트·직접 외기에 개방되어 있는 복도·기타 이와 유사한 장소

4) 공동주택 대피공간

6 검 토

1) 최하층 계단참의 경우 일반적으로 물건 적치 가능성이 크므로 헤드를 설치하여야 한다.

2) 펌프실의 경우 전동기 또는 제어반 등이 화재의 요인이 될 수 있다.

3) 냉장·냉동 창고의 경우 단열효과 높은 가연성 단열재로 인하여 화재에 취약한 장소이다.

4) 승강기의 승강로 및 파이프 덕트 등은 화재 발생 시 화재 전파 및 확산의 통로로 이용될 수 있다는 점에서 스프링클러헤드가 설치되고 있다.

5) 반자 등 은폐공간의 경우

   (1) 위험성

      ① 화재가 일정 크기 이상 성장 후 발견되기 때문에 소화가 어렵다.

      ② RSET(피난 지연시간)이 증가된다.

   (2) 반자 등의 공간은 건축 초기에는 가연물이나 점화원이 없을 수도 있지만 시간이 경과되면서 상황이 변할 수 있으므로 심층화 개념에서 헤드 설치 제외 적용 시 주의하여야 한다.

6) 공동주택 대피공간

   대피공간은 가연물이 없다는 가정하에서 헤드를 설치 제외하는데 현실은 가연물이 많은 장소이며 상층연소 위험이 큰 장소이다.

7 결 론

위 기준은 스프링클러 헤드의 설치가 전혀 필요하지 않은 장소, 헤드를 설치하여도 효율성이 적은 장소 또는 헤드를 설치하였을 때 문제를 일으킬 수 있는 장소 등을 열거한 것으로, 헤드의 설치를 제외하기보다는 헤드 설치를 먼저 고려하여야 한다.

Annex

📁 성능위주설계 표준 가이드라인

1. 피트층(공간)에 유효한 소방시설(헤드, 감지기 등) 적용할 것

2. 피트층(공간EPS, TPS 등)은 스프링클러설비 화재안전기준에 따른 파이프덕트, 덕트피트에 해당하지 않아 소방시설 적용 제외 장소에 포함되지 않음.

NFPA 13 냉동실 헤드 설치

1 NFPA 13 헤드 설치 원칙
1) 원칙적으로 소방대상물 전체에 헤드를 설치하여야 한다.
2) 헤드 설치 제외는 명확히 규정된 장소만 해당된다.

2 냉동실 헤드 설치
1) NFTC에서는 냉동실의 헤드 설치가 면제이지만 NFPA 경우는 헤드를 설치하여야 한다.
2) 건식 또는 준비작동식의 경우 Double Interlock 적용
3) 밸브 2차 측 공기의 습기 제거가 중요하다.

3 설치기준

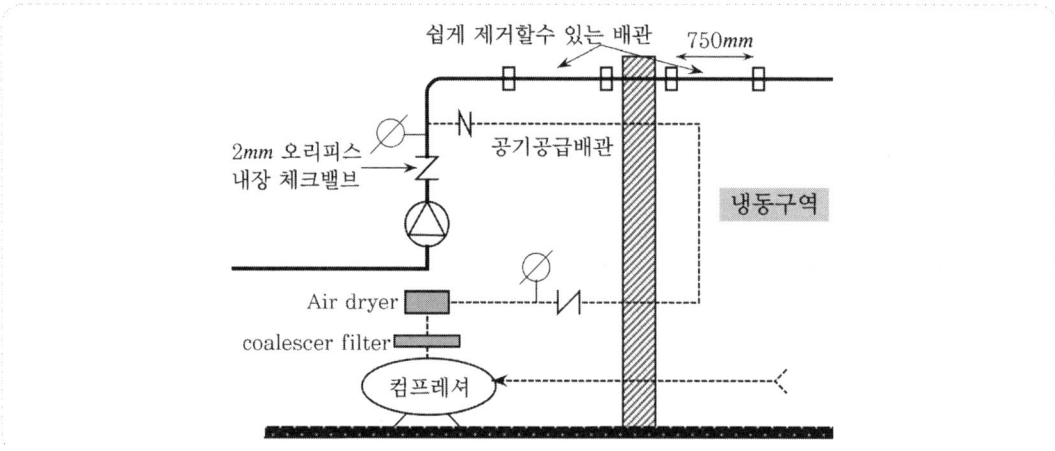

1) 배관 내 성애 제거(배관 내 공기 습기 제거)
2) 공기 또는 질소 공급
    (1) 냉동실에서 공기 유입
    (2) Air Dryer 부착된 컴프레셔에서 공급
    (3) 질소 공급
3) 배관 : 오동작으로 2차 측 충수 시 빠른 복구(배수)
    (1) 냉동실 내 배관 쉽게 분리 가능(750 mm)
    (2) Low Air Pressure Alarm
    (3) 배관의 기울기 : 수평주행배관/가지배관의 기울기를 250분의 1 이상
4) 체크밸브
    (1) 2 mm 직경의 오리피스
    (2) Prime Water의 증발을 막기 위하여

5) 감지기

　(1) 정온식 감지기

　(2) 감지기의 표시온도는 헤드보다 작아야 한다.

Annex

📁 옷장(Closet) 헤드 설치 제외

　1. 호텔, 모텔 : 2.2 m² 이하

　2. 병원 : 0.6 m² 이하

　3. 공동주택 예외 없음

📁 Electrical Equipment Room

　1 헤드 제외 조건

　　(1) 전기설비 전용

　　(2) 화재 위험이 적고

　　　① Dry Type

　　　② K-Class Fluid

　　(3) 2시간 내화구조 (화염전파 ×)

　　(4) 기타 설비(물품)가 없고

　2. NFPA 70 Article 110

　　(1) 600 V 이하 : 스프링클러 설치

　　(2) 600 V 이상 : 스프링클러 규정 없음

📁 계단

　1. 가연성 구조 : 모든 계단 아래

　　(1) 계단 샤프트 최상부

　　(2) 각층의 Landing 하부

　　(3) 최하부 Intermediate Landing

　2. 불연성 구조

　　(1) 계단 샤프트 최상부

　　(2) 최하부 Landing 상부

📁 설치유지법 스프링클러설비 면제

설치가 면제되는 소방시설	설치면제 기준
스프링클러설비	1. 적응성 있는 자동소화장치 또는 물분무 등 소화설비 설치 2. 전기저장시설의 화재안전기준에 적합하게 소화성능 확보
물분무 등 소화설비(차고, 주차장)	스프링클러설비 설치

소화설비의 배관

1 개 요

소화시설에서의 배관은 크게 가스계 소화설비에서 사용하는 토너먼트 방식과 수계에서 사용하는 Tree 방식, Loop 방식, Grid 방식으로 구분된다.

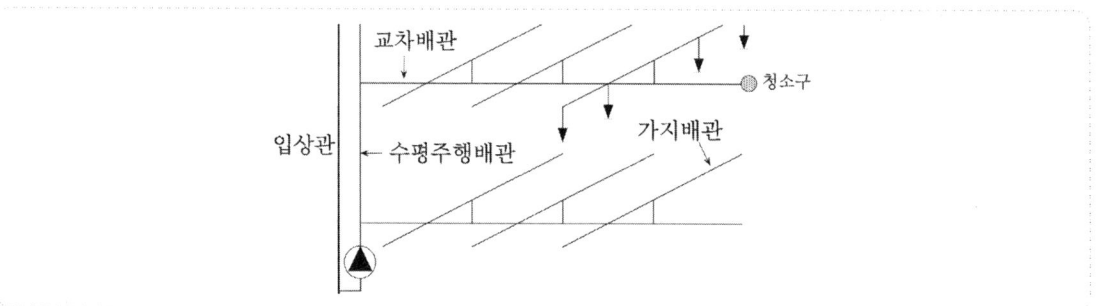

2 토너먼트 배관

1) 가스계 소화설비에서 약제가 헤드별로 균등하게 방출되도록 하기 위해 사용
2) 각 분사헤드까지의 경로가 대칭적으로 설치
3) 마찰손실이 커서 수계소화설비에서는 사용하지 않는다.
   단, 수계소화설비 중 압축공기포 소화설비 배관은 토너먼트 배관 적용

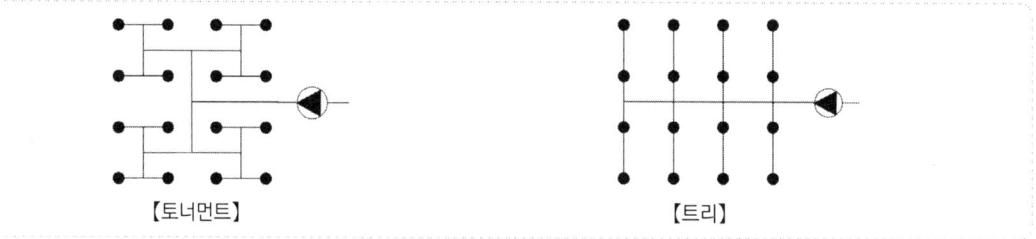

3 Tree 배관

1) 수계소화설비에서 가장 일반적인 방식이다.
2) 각각의 헤드까지 단일방향으로만 유수되는 배관 방식

4 Loop 배관

1) 동작된 헤드에 2개 이상의 유수 경로가 생기도록 2개 이상의 교차배관(Cross Main)이 서로 연결된 배관으로 가지배관(Branch Line)은 연결되지 않는다.
2) 특 징
   (1) 유수흐름의 분산
      ① 압력손실이 작다.
      ② 중간이나 말단에서의 압력 차이를 줄일 수 있다.
      ③ 비교적 고른 압력분포가 가능하다.

(2) 소화수 공급의 안정성

　① 중간 배관의 막힘에 대한 대처 가능

　② 고장 수리 시에도 소화수 공급 가능

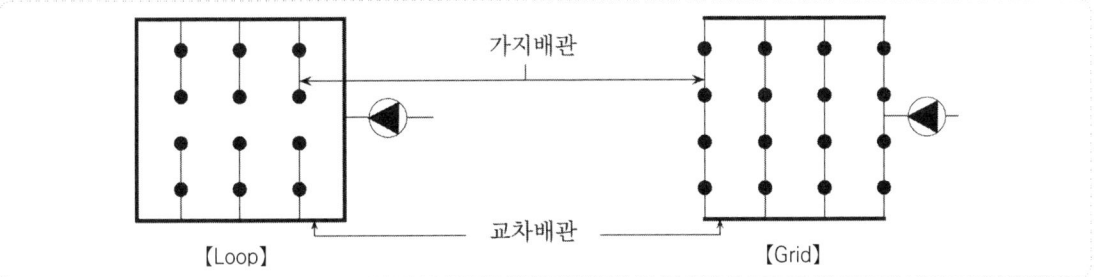

5 Grid 방식

1) 평행한 교차배관 사이에 많은 가지배관을 연결한 스프링클러설비

2) 동작 헤드가 가지관 양끝으로부터 물을 공급받는 동안 다른 가지관은 교차배관의 소화수 이송을 보조하는 System

3) 50층 이상인 건축물에 적용

　스프링클러 헤드에는 2개 이상의 가지배관 양방향에서 소화용수가 공급되도록 하고, 수리계산에 의한 설계를 하여야 한다.

4) 장 점

　(1) 뛰어난 수력 특성(Hydraulic Characteristic)을 가진 설비

　　① 많은 유수 경로 압력감소(Pressure Drop)가 작다.

　　② 각 헤드의 압력차가 적어 방출량의 변화가 적다.

　　　⇒ 수원 및 배관 구경 절감

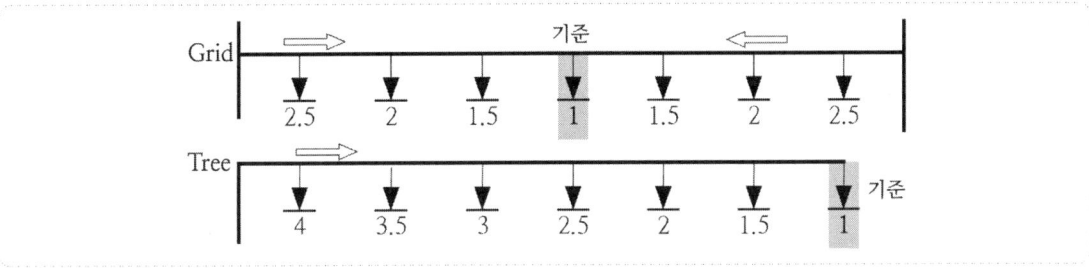

　(2) 중간에 배관이 막히거나 수리 시에도 소화수 공급이 가능하다.

5) 단 점

　(1) 건식설비와 이중 인터록 준비작동식에는 허용되지 않는다(∵ 시간지연).

　(2) 수력학적 소요수량 계산절차(Peaking the System)가 필요하다.

　(3) 계산이 복잡하여 Computer Program이 필요하다.

NFTC 수원 계산방법

❶ 폐쇄형 헤드

1) $Q(m^3) = 1.6\,m^3 \times$ 기준개수(설치개수)
2) 기준개수

스프링클러설비 설치장소			기준개수
10층 이하	공장	특수가연물을 저장·취급하는 것	30
		그 밖의 것	20
	근생·판매 및 영업 또는 복합건축물	수퍼마켓·도매시장·소매시장	30
		그 밖의 것	20
	그 밖의 것	헤드의 부착높이가 8 m 이상	20
		헤드의 부착높이가 8 m 미만	10
아파트			10
11층 이상·지하가 또는 지하역사			30

❷ 개방형 헤드

1) 30개 이하 : $Q(m^3) = 1.6\,m^3 \times$ 설치개수
2) 30개 이상 : $Q(m^3) =$ 가압송수장치 토출량(각각의 헤드의 실제 방수량의 합) × 20분

❸ 간이 헤드

1) 2 × 50 ℓpm × 10분
2) 근린생활, 생활형 숙박, 복합건축물 : 5 × 50 ℓpm × 20분

❹ ESFR

1) 수원의 양 : $12 \times 60 \times K\sqrt{10P}$

최대층고	최대저장높이	화재조기진압용 스프링클러헤드				
		K = 360 하향식	K = 320 하향식	K = 240 하향식	K = 240 상향식	K = 200 하향식
13.7 m	12.2 m	0.28	0.28			
13.7 m	10.7 m	0.28	0.28			
12.2 m	10.7 m	0.17	0.28	0.36	0.36	0.52
10.7 m	9.1 m	0.14	0.24	0.36	0.36	0.52
9.1 m	7.6 m	0.10	0.17	0.24	0.24	0.34

2) 헤드수 : 12개 (가지배관 3개, 가지배관당 4개)
3) 방수시간 : 60분

NFTC 수리계산

1 수리계산의 한문과 영문

1) 수리계산은 數理計算인가 水理計算인가?
   (1) 水理計算 : 배관의 손실에 기초하여 유량과 압력(양정)을 계산
   (2) 數理計算 : 배관의 유속 제한
2) 규약배관방식 : Pipe Schedule Method (이하 PSM)
   수리계산방식 : Hydraulic Calculation Method (이하 HCM)
3) NFTC103의 경우 수리계산이라는 표현이 여러 곳에 나오는데 각각의 의미를 살펴보는데, 결론부터 보면 NFTC의 경우 數理計算, 水理計算을 혼재하여 사용하고 있다. 특별한 표현이 없는 경우 水理計算로 간주한다.

2 제4조 (수원) 제1항

> 1. 폐쇄형 스프링클러헤드 (생략)
> 2. 개방형 스프링클러헤드를 사용하는 스프링클러설비의 수원은 최대 방수구역에 설치된 스프링클러헤드의 개수가 30개 이하일 경우에는 설치헤드수에 1.6 m³를 곱한 양 이상으로 하고, 30개를 초과하는 경우에는 제5조 제1항 제9호 및 제10호에 따라 산출된 가압송수장치의 1분당 송수량에 20을 곱한 양 이상이 되도록 할 것

위의 표현은 폐쇄형 헤드 및 30개 이하의 개방형 헤드인 경우 배관의 손실을 계산하지 않는 규약 배관방식으로 수원을 계산하고 30개 이상의 개방형 헤드의 경우 NFPA의 수리계산(HCM)과 의미가 같다. 즉, 배관의 손실을 기초로 유량과 압력(양정)을 계산

3 제5조 (가압송수장치) 제1항

> 9. 가압송수장치의 정격토출압력은 하나의 헤드선단에 0.1 MPa 이상 1.2 MPa 이하의 방수압력이 될 수 있게 하는 크기일 것
> 10. 가압송수장치의 송수량은 0.1 MPa의 방수압력 기준으로 80ℓ/min 이상의 방수성능을 가진 기준개수의 모든 헤드로부터의 방수량을 충족시킬 수 있는 양 이상의 것으로 할 것. 이 경우 속도수두는 계산에 포함하지 아니할 수 있다.

위의 표현은 NFPC의 경우도 원칙적으로 NFPA의 수리계산방식(HCM)으로 배관의 손실을 기초로 유량과 압력(양정)을 계산하라는 뜻이다.

> 제5조(가압송수장치) 제1항
>
> 11. 제10호의 기준에 불구하고 가압송수장치의 1분당 송수량은 폐쇄형헤드를 사용하는 설비의 경우 제4조 제1항 제1호에 따른 기준개수에 80ℓ를 곱한 양 이상으로도 할 수 있다.
> 12. 제10호의 기준에 불구하고 가압송수장치의 1분당 송수량은 제4조 제1항 제2호의 개방형헤드수가 30개 이하의 경우에는 그 개수에 80ℓ를 곱한 양 이상으로 할 수 있으나 30개를 초과하는 경우에는 제9호 및 제10호에 따른 기준에 적합하게 할 것

제5조 제1항 10조(HCM)의 기준에도 불구하고 배관의 손실을 계산하지 않고 유량을 계산(PCM)할 수 있다는 뜻이다(단, 개방형 30개 이상은 제외).

4 제8조(배관) 제3항

> 3. 배관의 구경은 제5조 제1항 제10호에 적합하도록 수리계산에 의하거나 별표 1의 기준에 따라 설치할 것. 다만 수리계산에 따르는 경우 가지배관의 유속은 6 m/s, 그 밖의 배관의 유속은 10 m/s를 초과할 수 없다.
>
> 별표 1 [스프링클러헤드 수별 급수관의 구경(제8조 제3항 제3호 관련)]
>
> | 구경
구분 | 25 | 32 | 40 | 50 | 65 | 80 | 90 | 100 | 125 | 150 |
> |---|---|---|---|---|---|---|---|---|---|---|
> | 가 | 2 | 3 | 5 | 10 | 30 | 60 | 80 | 100 | 160 | 161 이상 |
> | 나 | 2 | 4 | 7 | 15 | 30 | 60 | 65 | 100 | 160 | 161 이상 |
> | 다 | 1 | 2 | 5 | 8 | 15 | 27 | 40 | 55 | 90 | 91 이상 |
>
> (주) 2. 폐쇄형헤드를 설치하는 경우에는 "가"란의 헤드 수에 따를 것. 다만 100개 이상의 헤드를 담당하는 급수배관(또는 밸브)의 구경을 100 mm로 할 경우에는 수리계산을 통하여 제8조 제3항 제3호에서 규정한 배관의 유속에 적합하도록 할 것

조문의 의미를 보면 여기서의 수리계산의 의미는 水理計算이 아닌 단지 배관의 구경을 계산하는 數理計算이다.

즉, 제8조(배관)에의 수리계산은 제4조나 제5조에서의 수리계산(HCM)과는 다른 의미로 혼란을 주고 있다.

NFPA 수원 계산방법 (기준개수)

1 개 요

수원 계산방법은 기준개수를 구하는 방법과 같은 개념으로 용도위험, 창고 및 특수 설계로 구분

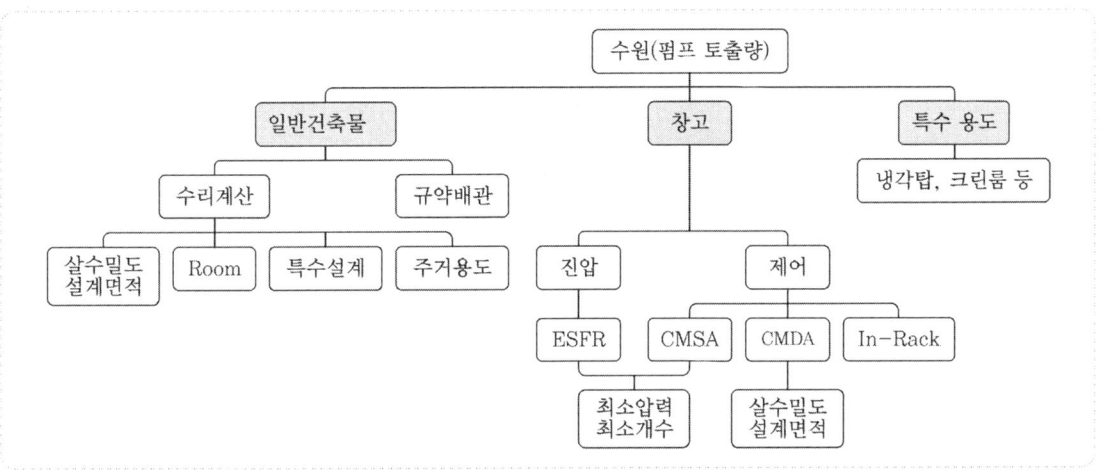

2 용도 위험별 설계

1) 규약배관방식
2) 수리계산방식
   (1) 살수밀도 - 설계면적 방식
   (2) 룸(Room) 설계 방식 : 소요수량이 가장 큰 방을 기준
   (3) 특수 설계 방식 : 건물의 부대설비 슈트 및 복도와 같이 1열의 스프링클러설비
   (4) 주거형 : 4개

3 창고 설계

1) 화재진압 : ESFR
   (1) 최소작동 압력 - 최소개수 설계 방식
   (2) 가지배관 3개, 하나의 가지배관당 4개의 헤드
2) 화재제어
   (1) CMDA (Control Mode Density-Area 살수밀도 - 설계면적)
   (2) CMSA (Control Mode Specific Application)
   (3) In-Rack

4 특수용도 설계

냉각탑, 엔진실, 크린룸 등

규약배관방식과 수리계산방식 비교

1 개 요

스프링클러설비의 수원과 배관구경을 결정하는 방법은 2가지가 있다.

1) 모든 헤드에서 압력에 관계없이 일정 유량이 균등하게 방수된다는 가정하에 주어진 표에 의해 관경과 수원의 양을 결정하는 규약배관방식
2) 각각의 헤드의 방출량이 압력에 따라 변하게 되는데 이를 수리학적으로 해석하여 관경과 수원을 결정하는 수리(水理)계산방식이 있다.

구분		규약배관방식	수리계산방식	
수원 (펌프용량)		각각의 헤드에서의 방수량이 일정하다고 가정하여 계산	각각의 헤드의 방수량을 압력에 기초하여 계산	
기준 개수	NFTC	표에 의하여	NFTC	표에 의하여
	NFPA		NFPA	살수밀도-설계면적
관경	NFTC	표에 의하여	NFTC	유속 제한에 의해 결정
	NFPA		NFPA	-

2 규약배관방식 (Pipe Schedule System)

1) 기본 개념
   (1) 모든 헤드에서 일정 유량이 균등하게 방수된다는 가정하에 수원과 주어진 표에 의해 배관 구경을 구하는 방식이다.
   (2) 주어진 헤드 수, 특성 및 가연물 종류에 따라 배관 관경이 결정된다.
   (3) 배관 관경의 결정이 간단하고 표준화되어 편리하고 보편적으로 많이 적용

2) 배관의 구경

	25	32	40	50	65	80	90	100	125	150
가	2	3	5	10	30	60	80	100	160	161 이상
나	2	4	7	15	30	60	65	100	160	161 이상
다	1	2	5	8	15	27	40	55	90	91 이상

   (1) 폐쇄형 스프링클러헤드를 사용하는 설비 : 최대면적은 3,000 m² 이하
   (2) 폐쇄형 헤드를 설치하는 경우에는 "가"란의 헤드수에 따를 것

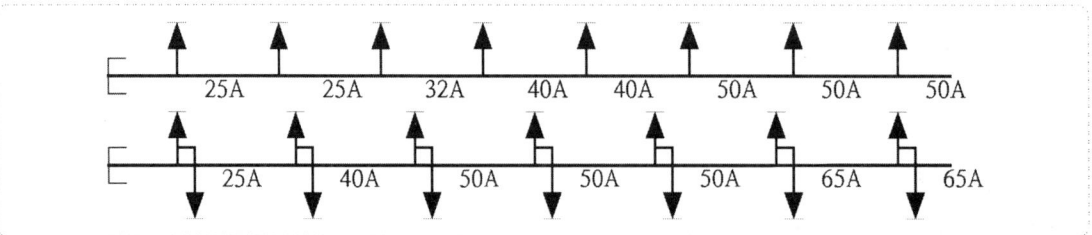

다만 100개 이상의 헤드를 담당하는 급수배관(또는 밸브)의 구경을 100 mm 할 경우에는 수리계산을 통하여 제8조 제3항 제3호에서 규정한 배관의 유속에 적합하도록 할 것

(3) 폐쇄형 헤드를 설치하고 반자 아래의 헤드와 반자속의 헤드를 동일 급수관의 가지관상에 병설하는 경우에는 "나"란의 헤드수에 따를 것

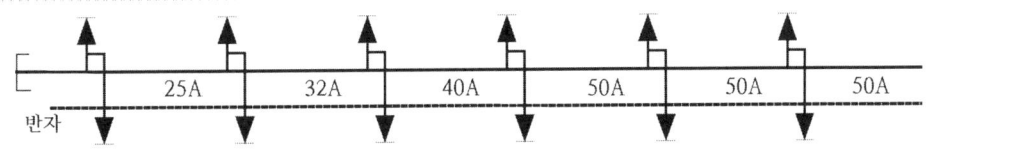

(4) 특수가연물 : "다"란에 따를 것

(5) 개방형 헤드 : 하나의 방수구역이 담당하는 헤드의 개수가 30개 이하일 때는 "다"란의 헤드수에 따를 것, 30개를 초과할 때는 수리계산방법에 따를 것

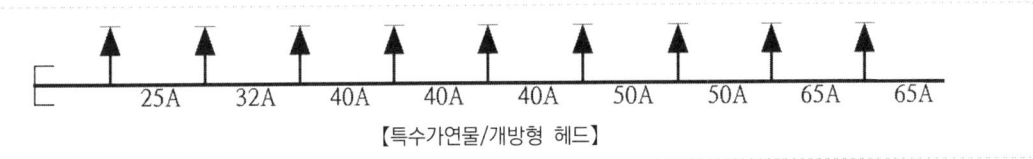

【특수가연물/개방형 헤드】

3) 수 원

(1) 폐쇄형 헤드 : 기준개수 × 1.6 m^3

(2) 개방형 헤드

① 30개 이하 : 설치개수 × 1.6 m^3

② 30개 이상 : 수리계산

4) 특 징

(1) 배관구경에 따른 헤드 설치로 누구나 쉽게 설계가 가능하다.

(2) 공학적인 설계가 아니므로 계산이 부정확하다(과다 설계).

❸ 수리계산방식 (Hydraulically Designed System)

1) 기본개념

(1) 각각의 헤드의 방수량이 압력에 따라 변하는데 이를 수리학적으로 해석하여 수원과 관경을 구하는(결정하는) 방식이다.

(2) 배관의 손실을 계산

⇒ 헤드의 방수 압력을 계산

⇒ 헤드 각각의 방수량 계산

⇒ 설계면적 내 모든 헤드의 방수량을 합한다.

(3) 보다 정확한 분석을 통해 규약배관방식보다 경제적인 설계가 가능

2) 배관의 구경

(1) NFTC : 유속이 가지배관 6 m/s 이하 기타 배관 10 m/s 이하

(2) NFPA : 유속에 대한 제한이 없다.

∴ 유속이 증가(관경 감소)하면 ⇒ 손실 증가 ⇒ 헤드 방수압력 증가
⇒ 수원이 양이 증가하므로 ⇒ 관경 증가(Self-Correction)

3) 수 원
   (1) 각각의 헤드의 방사량을 계산
   (2) NFTC의 경우 개방형 헤드 30개 이상인 경우 수리계산 하도록 규정하고 있다.

4) 특 징
   (1) 공학적 접근법에 의한 설계로 압력, 유량이 정확하다.
   (2) 손실계산이 복잡하다.

5) 화재안전기준
   (1) 개방형 헤드가 30개를 초과하는 경우
   (2) 폐쇄형의 경우 100개 이상의 헤드를 담당하는 급수배관의 구경을 100 mm로 할 경우에는 수리계산을 통하여 규정한 배관의 유속(가지배관 6 m/s 이하 기타 배관 10 m/s 이하)에 적합하도록 할 것

4 결 론

1) NFTC에도 수리계산방식이 도입되었으며 향후 수리계산방식이 정착될 것으로 본다.
2) 수리계산의 장점은 방사량, 토출량, 배관의 관경을 공학적으로 분석하여 설계의 타당성 및 정당성을 입증할 수 있으며,
3) 스프링클러 시공 시 자재비 및 인건비를 합리적으로 검토할 수 있으며 정확한 계산을 제시하여 과학화를 이룰 수 있다는 것이다.
4) 수리학적 설계방식은 보다 철저하고 정확한 분석을 통해 경제적인 설계가 가능하다.

Annex

📁 규약배관방식과 수리배관방식 수원 비교
  1. NFTC 103
     (1) 기준개수가 같다.
     (2) 규약배관방식 < 수리배관방식
  2. NFPA 13
     (1) 기준개수가 다르다 (규약배관방식 > 수리배관방식)
     (2) 규약배관방식 > 수리배관방식

📁 국내 수리계산 개념 (다음 중 하나)
  1. 각각의 헤드의 방출량이 압력에 따라 변하게 되는데 이를 수리학적으로 해석하여 관경과 수원을 결정
  2. 유속 : 가지배관 6 m/s 이하 기타 배관 10 m/s 이하
  3. 관경은 150 mm에서 100 mm로 감소

NFPA 13 용도 분류

1 개 요
수리계산을 하기 위해서는 살수밀도 - 설계면적을 정해야 하는데 이때 먼저 용도를 결정하여야 한다.

2 특 징
1) 스프링클러설비의 설계 및 수원의 산정에만 사용한다.
2) 용도 결정은 헤드의 방수 기준, 설치 간격 및 급수 설비 요구사항과 같은 설비의 설계 및 설치 등 스프링클러설비 전체에 영향을 준다.
3) 거주자 또는 용도가 불분명한 경우 중급 위험 용도(Ordinary Group Ⅱ)로 설계

3 고려사항
1) 가연물의 화재하중 및 연소특성(열방출률, 화염전파)
2) 적재물 높이
3) 인화성·가연성 액체 유무
4) 발화의 가능성은 고려하지 않는다.

4 용도 분류

구분		가연물량	가연성 정도	열방출률	적재 높이	인화성·가연성액체	분진·면·섬유류
Light Hazard		적다	적다	적다	-	-	-
Ordinary Hazard	Ⅰ	중간	중간	보통	2.4 m 이하	-	-
	Ⅱ	중간 이상	중간 이상	중간 이상	3.7 m 이하	-	-
Extra Hazard	Ⅰ	매우 크다	매우 크다	매우 높다	-	거의 없다	있다
	Ⅱ	매우 크다	매우 크다	매우 높다	-	상당량 저장	-

1) 경급위험
   (1) 가연물 하중이 작고, 열방출률이 비교적 작을 것으로 예상되는 장소
   (2) 비품과 가구가 영구적으로 배치
   (3) 공공, 교육, 종교, 주택, 사무 시설

2) 중급위험
   (1) Group 1
       ① 가연성이 작고 가연물량이 중간 정도
       ② 인화성·가연성 액체가 존재하지 않거나 극히 제한된 대부분의 경공업 및 서비스 산업
       ③ 가연물 적재 높이 2.4 m 이하
       ④ 열방출률이 보통인 화재가 예상되는 용도
       ⑤ 종류 : 자동차 주차장, 전자제품공장, 세탁소

(2) Group 2
① 수용품의 양과 가연성이 중간 이상
② 적재 높이가 3.7 m 이하
③ 열방출률이 중간 이상인 화재가 예상되는 용도
④ 종류 : 곡물공장, 도서관의 대형서고, 우체국, 무대

3) 상급위험
(1) Group 1
① 수용품의 양과 가연성이 매우 크고 분진, 린트, 또는 기타 물질들이 존재
② 열방출률이 매우 크고 급격히 성장할 수 있는 화재
③ 노출된 인화성·가연성 액체는 거의 없는 용도
④ 종류 : 항공기 격납고, 합판 및 하드보드 제조공장 등

(2) Group 2
① 인화성·가연성 액체가 상당량 저장된 용도
② 종류 : 인화성 액체 분무도장, 플라스틱 가공공장

5 결론

용도 분류는 스프링클러 설계에 전반적으로 영향을 주므로 건물에 대한 적절한 용도분류는 각 용도 위험도를 주의 깊게 검토하고, 관련 수용품의 수량, 가연성 및 열방출률을 평가하여 결정하여야 한다.

Annex

Arm-Over : 가지배관에서 헤드까지 연장된 수평 배관
Sprig : 1개의 헤드에 소화수를 공급하는 수직 배관
Riser Nipple : 교차배관과 가지배관 사이의 수직 배관

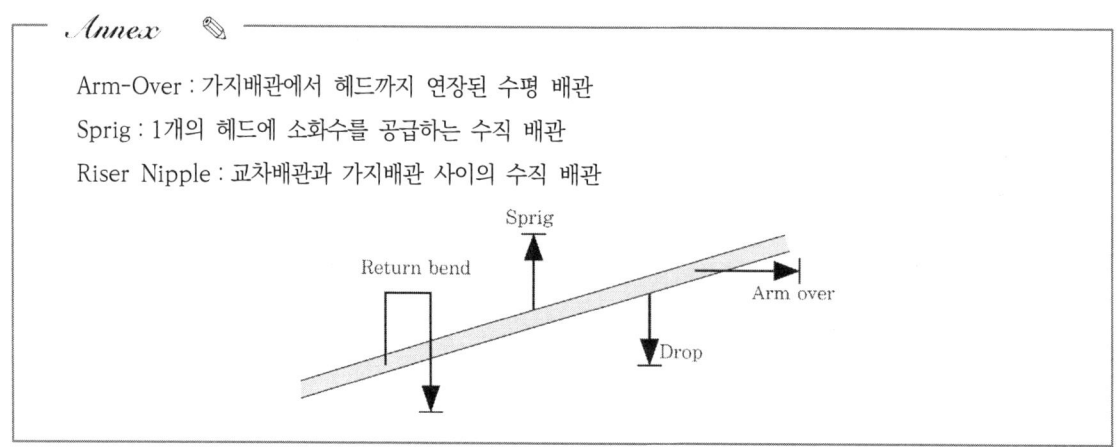

수리계산 절차

1 개 요
수원의 양과 배관구경을 결정하는 방법에는 크게 규약배관방식과 수리계산방식이 있다.

2 수리계산방식 (Hydraulically Designed System)의 기본개념
1) 실제로는 헤드의 방수량이 압력에 따라 변하는데 이를 수리학적으로 해석하여 수원과 관경을 계산하는 방식이다.
2) 배관구경을 압력 손실에 기초하여 공학적으로 산정한다.
3) 공학적인 분석을 통해 효과적이고 경제적인 설계가 가능하다.

3 수리계산 절차
1) 용도분류 (Classification of Occupancy)
   (1) 경급 (Light) 위험
   (2) 중급 (Ordinary) [1, 2] 위험
   (3) 상급 (Extra) [1, 2] 위험
2) 살수밀도 (Water Density)/설계면적 (Design Area) 결정

용 도	살수밀도(mm/min)/설계면적 (m²)	일부공간 헤드 미설치
경급 (Light)	4.1/140	2.9/280
중급 1 (Ordinary 1)	6.1/140	4.9/280
중급 2 (Ordinary 2)	8.1/140	6.9/280
상급 1 (Extra Hazard 1)	12.2/230	0.28/280
상급 2 (Extra Hazard 2)	16.3/230	15.5/280

3) 설계면적의 크기와 형태 결정
   (1) 설계면적의 폭 $= 1.2 \times \sqrt{설계면적}$
   (2) 긴 변이 가지배관의 방향과 평형하게 설계
   (3) 설계면적이 길수록 (직사각형) 수원의 양이 증가한다.
      ESFR인 경우 가지배관 4개에 가지배관 1개당 3개의 헤드가 아니라, 가지배관 3개에 가지배관 1개당 4개의 헤드이다.
4) 설계면적에 포함되는 헤드수 계산 : 설계면적으로부터 기준개수를 계산한다.
5) 첫 번째 헤드로부터 요구되는 최소압력
6) 첫 번째 헤드의 방수량
   (1) 살수밀도 (압력)에 의해 결정된다.

   $$Q = K\sqrt{P_1}$$ P_1 : 첫 번째 헤드 압력 (전압)

7) 첫 번째 헤드와 두 번째 헤드 사이의 손실 계산

　(1) 주 손실

　　① 스프링클러 : 하젠 - 윌리암스 식 적용

　　② 미분무수(중·고압) : 달시 식

　(2) 부차적 손실 : 관상당 길이 방식(Equivalent Pipe Length)

8) 두 번째 헤드의 유량 계산

$$Q = K\sqrt{P_2}$$

P_2 : 첫 번째 헤드 압력(P_1) + 배관의 손실
　　(원칙적으로 정압(Normal Pressure))

9) 첫 번째 가지배관상의 연속되는 헤드 계산

10) 유수분리점에서 압력 불균형 시 유량 보정

$$Q_{adj} = Q_L \sqrt{\frac{P_H}{P_L}}$$

11) 가압송수장치 용량 및 수원의 양 계산

4 배관의 유량 및 압력 계산 시 고려할 사항

1) C-Factor

흑관, 아연도금철		동관/스테인레스관
습식/일제살수식	건식/준비작동식	PVC 배관
120	100	150

단, 건식/준비작동식의 경우 2차 측에 질소 적용 시 120 가능

2) 등가길이 환산계수

　(1) 내경 환산계수 : $\left(\dfrac{\text{사용 배관의 내경}}{sch40 \text{ 강관의 내경}}\right)^{4.87}$

　(2) C-Factor 환산계수 : $\left(\dfrac{\text{사용배관의 조도}}{120}\right)^{1.85}$

C-Factor	100	120	130	140	150
환산계수	0.713	1	1.16	1.33	1.51

3) 압력에 의한 유량조정

　(1) 수력연결(분리)점

　　일반적으로 압력 불균형이 ±0.5 psi (0.03 bar, 0.034 kg/cm^2) 이하이면 무시

　(2) 유수분리 : 단일 지점에서 하나의 압력이 존재하여야 하기 때문에, 분기점에서는 보다 큰 압력값 적용 (유량 보정)

$$Q_{adj} = Q_L \sqrt{\frac{P_H}{P_L}}$$

Q_{adj} : 낮은 압력배관의 조정된 유량　　Q_L : 낮은 압력배관의 유량
P_H : 높은 압력　　P_L : 낮은 압력

| 예제 | 유수분리점 C 지점의 압력이 서로 다른 경우 A 구역의 보정유량은?

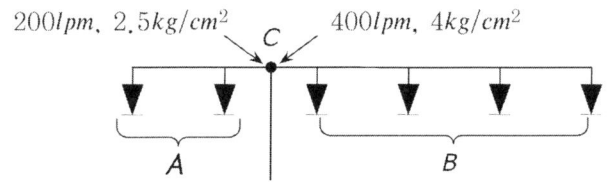

해설

$Q \propto \sqrt{P}$

유수분리점 C의 압력이 다르므로, 높은 압력(B) 기준으로 보정

$200 : \sqrt{2.5} = Q_{adj} : \sqrt{4}$

A구역의 보정유량 $(Q_{adj}) = 200\sqrt{\dfrac{4}{2.5}} = 252.98\,lpm$

Annex

📁 **End Head Pressure**

1. 살수밀도란 최악의 조건(가압송수장치로부터 가장 먼 가지 배관)에 설치된 스프링클러헤드의 방수압력을 기준으로 살수되는 방수량을 말하며 살수밀도가 클수록 소화효과(화재 제어)가 증가된다.
2. 즉, 스프링클러설비의 효율성은 소화용수를 절감하는 데 있는 것이 아니라 빨리 소화하여 화재로 인한 피해를 최소화하는 데 있다.

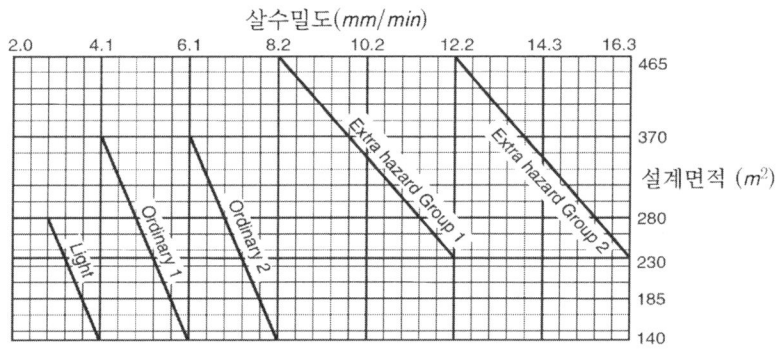

【살수밀도 – 설계면적】

📁 **전기저장장치 스프링클러**

전기저장장치가 설치된 실의 바닥면적(바닥면적이 230 m² 이상인 경우에는 230 m²) 1 m²에 분당 12.2 ℓ 이상의 수량을 균일하게 30분 이상 방수할 수 있도록 할 것

NFPA 13의 살수밀도 - 설계면적

1 개요

1) 살수밀도 - 설계면적 방식은 화재 시 동작이 예상되는 헤드수를 계산해서 최종적으로 수원의 양을 계산하는 방식이다.
2) 살수밀도 ⇒ 설계면적 ⇒ 기준개수
3) NFPA 13의 경우 NFTC와 다르게 용도가 같아도 살수밀도가 다르면 설계면적(기준개수)이 다를 수 있다.

2 NFTC와의 차이점

1) NFTC : 층수 및 용도로 구분

스프링클러설비 설치장소			기준개수
층수가 10층 이하	공장	특수가연물을 저장·취급하는 것	30
		그 밖의 것	20
	근생·판매 및 영업 또는 복합건축물	슈퍼마켓·도매시장·소매시장	30
		그 밖의 것	20
	그 밖의 것	헤드의 부착높이가 8 m 이상	20
		헤드의 부착높이가 8 m 미만	10
아파트			10
층수가 11층 이상인 소방대상물·지하가 또는 지하역사			30

2) NFPA

(1) 용도, 적재물 높이, 가연물의 위험성 등으로 구분
(2) 설계면적에 따라 동작 헤드 수(기준개수) 결정

용도	살수밀도(mm/min)/설계면적 (m²)	일부공간 헤드 미설치
경급 (Light)	4.1/140	2.9/280
중급 1 (Ordinary 1)	6.1/140	4.9/280
중급 2 (Ordinary 2)	8.1/140	6.9/280
상급 1 (Extra Hazard 1)	12.2/230	11.4/280
상급 2 (Extra Hazard 2)	16.3/230	15.5/280

NFPA 손실계산

1 NFPA 손실계산방법

1) 배관, 관부속품 및 높이 변화를 계산하여야 한다.
2) 배수배관(Drain Pipe)의 Tee는 계산하지 않는다.
3) 직류 흐름의 Tee 또는 Cross는 손실에 포함하지 않는다.
4) 흐름방향이 바뀌는 Tee나 Cross의 손실은 배관 등가길이(Equivalent Pipe Length)로 계산
5) 입상니플 상단의 Tee [① 지점] : 가지배관에 포함
   입상니플 하단의 Tee [② 지점] : 입상니플에 포함
   교차배관과 주배관연결부의 Tee 또는 Cross는 교차배관에 포함 [③ 지점]

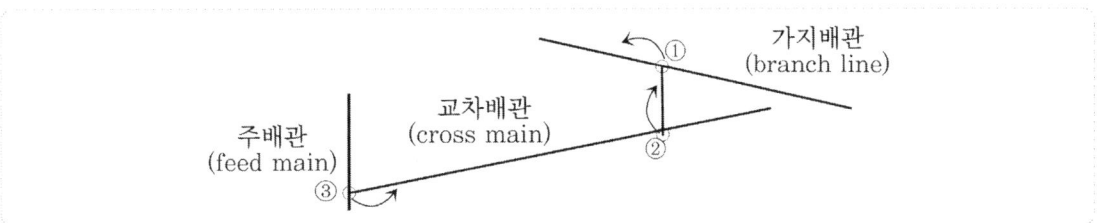

6) 이경 엘보(Reducing Elbows)는 작은 관경 기준으로 적용
7) 나선형 배관과 같이 흐름이 급격하게 90도로 변하는 배관의 경우 표준형 엘보에 대한 배관 등가길이로 계산한다.
8) 엘보와 같이 90도로 변하는 경우 Long Turn Elbow 적용
9) 헤드에 직접 연결한 관부속의 손실은 적용하지 않는다.
10) 감압밸브에 대한 손실은 유입구의 압력에 근거하여 계산, 제조업체 자료 이용

2 예

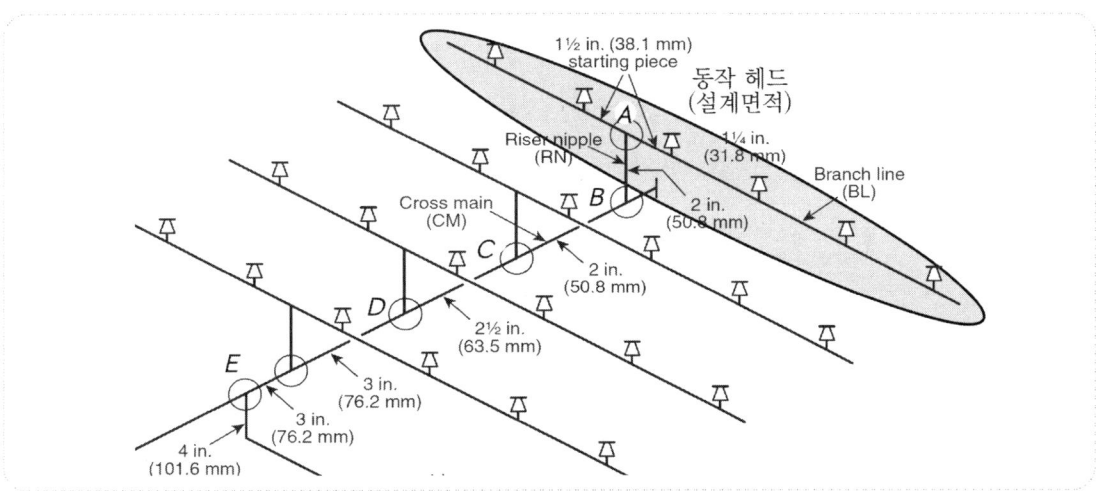

1) Tee A는 가지배관에 포함

2) Tee B는 입상니플(Riser Nipple)에 포함
3) Tee C, D는 직류티이므로 손실계산 안 함
4) Tee E는 교차배관에 포함

수력학적 소요수량 계산 절차 (Peaking the System)

1 개 요
1) 수력학적으로 펌프에서 가장 먼(압력이 가장 낮은) 구역을 찾는 과정
2) NFPA 13 : Most Distant Sprinkler From the Water Supply
   = Most Hydraulically Demanding Single Point in the System

2 수력학적으로 가장 먼 장소
1) 실제 화재 시 가장 많은 방수량(수원)이 필요하다(동작 헤드수가 가장 많다).
   ∵ 살수밀도가 가장 작기 때문이다.
2) 동작 헤드수가 같다는 가정에서는 수원의 양이 가장 적다.

3 계산절차
1) 초기 설계구역 선택 (A_2)
2) 그 구역의 양쪽에 두 개의 추가 구역을 고려 (A_1, A_3)
3) A_2가 소요수량이 가장 작은(수력학적으로 가장 먼) 것으로 결정되지 않으면 두 개의 구역 중 수원의 양이 작은 구역에 인접한 추가 구역 (A_4)을 계산하여 A_4의 소요수량이 더 작지 않음을 검증

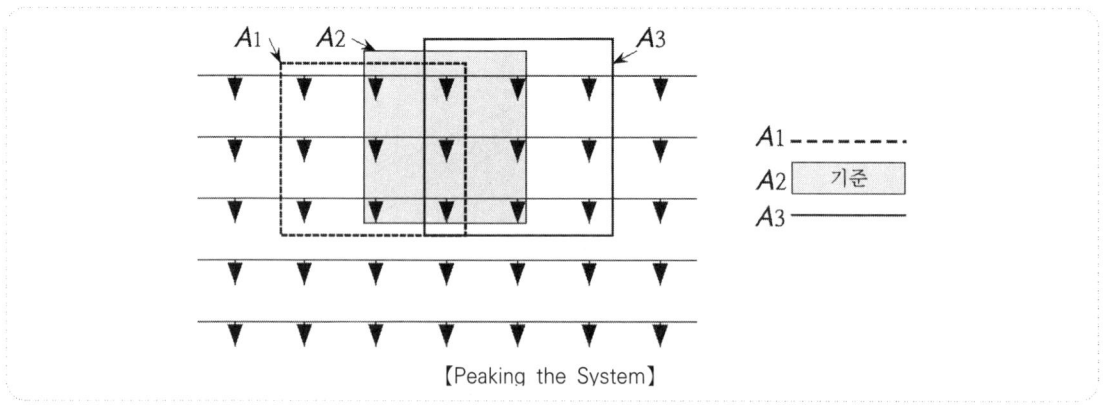

【Peaking the System】

동압을 무시할 수 있는 이유

1 개요

1) 압력을 계산하는 이유는 각각의 헤드의 방수량을 계산($Q = K\sqrt{P_n}$)하기 위해서다.
2) 원칙적으로 압력은 정압(Normal Pressure)을 적용하여야 한다.
3) 소화설비별로 적용방법이 다른데, 스프링클러는 동압을 무시할 수 있다.

2 NFPA 13의 경우 각각의 헤드의 방사량을 계산하기 위한 압력

1) 정압을 이용하는 방법(Normal Pressure Method) : 원칙
   (1) 동압을 계산(고려)
   (2) $P_n = P_t - P_v$
2) 전압을 이용하는 방법(Total Pressure Method) : 동압을 무시

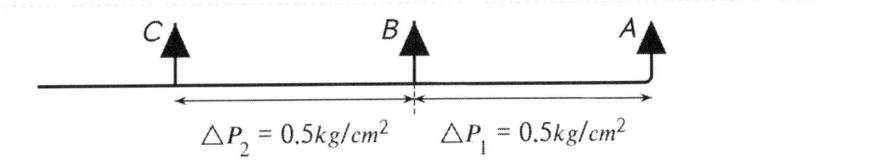

(압력 단위 kg/cm², 유량 ℓpm)

		A 점	B 점	C 점	수원	비고
전압	압력	1	1.5	2		전압(동압을 무시)을 이용하여 계산하는 경우 헤드 방출 유량(수원)이 증가한다.
전압	유량	80	98	113	291	
동압	압력		0.2	0.3		
정압	압력	1	1.3	1.7		
정압	유량	80	91	104	275	

3 수력계산 시 동압 무시, 즉 전압으로 계산

1) 보수적 설계(수원의 양이 증가)
2) 무시할 수 있을 정도로 작음

4 전압이 적용되는 곳

1) 가지배관에 설치된 마지막 헤드
2) 교차배관에 연결된 마지막 가지배관
3) Grid 배관 각각의 헤드
4) Loop 배관 각각의 가지배관

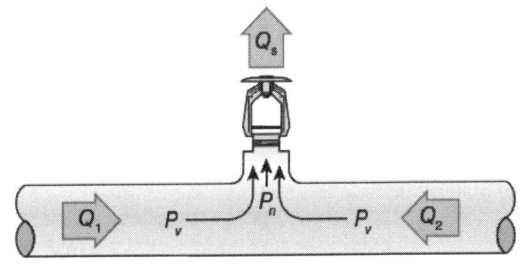

【Grid 배관에 작용하는 전압】

정압 (Normal Pressure)

1. 정압(P_n)은 배관 벽에 수직(Normal)으로 작용하는 압력이다.
2. 정압은 동압(P_v)에 수직이다.
3. 유체가 흐르지 않을 때는 정압(P_n)과 전압(P_t)은 같다. (∵ $P_v = 0$).
4. 아래 그림과 같이 헤드의 방수 압력은 정압이다.

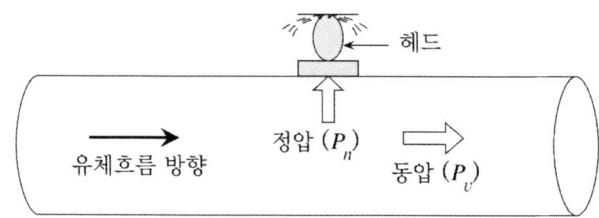

5. 배관 내의 정압을 구하는 방법
   (1) 전압을 계산
   (2) 동압을 계산하여 뺀다.
   $$P_n = P_t - P_v$$
6. 동압을 무시하면
   $$P_n = P_t$$
   즉, 헤드에 적용(유량 계산)하는 압력과($P_n \Rightarrow P_t$) 수원의 양이 증가한다.

수리계산 프로그램 (Hydraulic Calculation Program)

1. 일반자료
   (1) 건물명
   (2) 건물 높이
   (3) 위험 등급
   (4) 가압송수장치 설치 장소
   (5) 살수 밀도
2. 입력자료
   (1) 말단 압력
   (2) K-Factor
   (3) 관경
   (4) 헤드 간 간격
   (5) 하나의 가지배관당 헤드 수
   (6) 조도
   (7) 방수시간
3. 출력자료
   (1) 토출량
   (2) 양정
   (3) 수원량

동압을 고려한 수리계산

1 개 요
1) 스프링클러 헤드에서 방출되는 소화수의 방수에 작용하는 압력은 원칙적으로 정압이다.
2) 정압을 계산하기 위해서는 동압을 계산(고려)하여야 한다.

2 조 건
1) $P_n = P_t - P_v$
2) 압력 단위는 MPa
3) 헤드 1차 측 유량 (Q_3)으로 동압 계산
4) Q_1 과 P_t 는 알고 있음
5) $Q_3 = 2.1 d^2 \sqrt{P_v}$

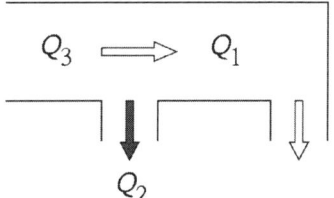

$P_v = 0.23 \times Q_3^2 \times d^{-4}$

$Q_3 = Q_2 + Q_1$

3 시행착오법 (Trial & Error)
1) Q_1 은 알고 있으므로 Q_2 를 임의로 추정
2) $Q_3 = Q_2 + Q_1$
3) $P_v = 0.23 \times Q_3^2 \times d^{-4}$
4) $P_n = P_t - P_v \; [MPa]$
5) $Q_2' = 2.1 d^2 \sqrt{P_n}$
6) Q_2 와 Q_2' 비교하여 오차범위가 $0.1 \, gpm \, (0.378 \, lpm)$ 이내이면 추정했던 Q_2 가 유량
7) 오차 범위 이상이면 새로운 유량을 가정하여 다시 위의 과정 계산한다.

4 이차방정식을 이용한 방법 [압력 (kg/cm^2)]

$Q_2 = Q_3 - Q_1 = K\sqrt{P_n}$

$Q_3^2 - 2Q_1 \times Q_3 + Q_1^2 = K^2 \cdot P_n$

$Q_3^2 - 2Q_1 \times Q_3 + Q_1^2 = K^2 (P_t - 2.3 \times Q_3^2 \times d^{-4})$

$(1 + 2.3 K^2 \times d^{-4}) \cdot Q_3^2 - 2Q_1 \times Q_3 + Q_1^2 - K^2 \cdot P_t = 0$

$Q_3 = \dfrac{Q_1 \pm \sqrt{Q_1^2 - (1 + 2.3 k^2 d^{-4}) \times (Q_1^2 - k^2 P_t)}}{(1 + 2.3 k^2 d^{-4})}$

$Q_3 = \dfrac{Q_1 + K\sqrt{P_t + 2.3 d^{-4}(k^2 P_t - Q_1^2)}}{(1 + 2.3 k^2 d^{-4})}$

예제 스프링클러헤드에서 방수되고 있다. $q_1 = 300\,\ell pm$일 때 헤드 직상부의 전압은 $4\,kg/cm^2$이다. 스프링클러 헤드 유량 $q_2 = 80\sqrt{P}$을 적용하며 배관 안지름은 40 mm이다. q_3을 계산하시오. (단, 동압을 고려하며, 나머지 조건은 무시한다)

해설

1. 시행착오법에 의한 방법

    1) 1차 시도

    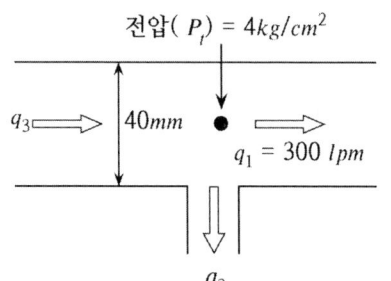

    $q_2 = 150\,\ell pm$으로 가정

    $q_3 = 300 + 150 = 450\,\ell pm$

    $Q = 0.6597 \times D^2 \sqrt{P_v}$

    $P_v = 2.3 \times q_3^2 \times D^{-4}$

    $P_v = 2.3 \times \dfrac{450^2}{40^4} = 0.18\,[kg/cm^2]$

    $P_n = P_t - P_v = 4 - 0.18 = 3.82\,[kg/cm^2]$

    $q_2 = 80\sqrt{3.82} = 156.36\,\ell pm$

    편차가 $0.1\,gpm\,(0.378\,\ell pm)$ 이상이므로

    2) 2차 시도

    $q_2 = 156\,\ell pm$으로 가정

    $q_3 = 300 + 156 = 456\,\ell pm$

    $P_v = 2.3 \times \dfrac{456^2}{40^4} = 0.187\,[kg/cm^2]$

    $P_n = P_t - P_v = 4 - 0.187 = 3.813\,[kg/cm^2]$

    $q_2 = 80\sqrt{3.813} = 156.22\,\ell pm$

    오차가 $0.22\,\ell pm$로 $0.378\,\ell pm$ 이하이므로 q_2는 $156\,\ell pm$이다.

2. 방정식에 의한 방법

    $q_3 = q_1 + q_2 \;\Rightarrow\; q_3 = 300 + q_2$

    $P_n = P_t - P_v \;\Rightarrow\; P_n = 4 - P_v$

    $q_2 = 80\sqrt{P_n}$

    $q_3 = 0.6597\,d^2\sqrt{P_v} = 0.6597 \times 40^2\sqrt{P_v} = 1055\sqrt{P_v}$

    $300 + q_2 = 1055\sqrt{P_v}$

    $300 + q_2 = 1055\sqrt{4 - P_n}$

    ③식에서 $P_n = \left(\dfrac{q_2}{80}\right)^2$

$$300 + q_2 = 1055\sqrt{4-(\frac{q_2}{80})^2}$$

$$174.9\,q_2^2 + 600\,q_2 - 4362100 = 0$$

$$q_2 = \frac{-600 \pm \sqrt{600^2 - 4\times 174.9 \times (-4362100)}}{2\times 174.9}$$

$$= 156.2\,\ell pm$$

Annex

📁 **동압 계산**

$$Q = \frac{\pi}{4}d^2 \cdot v \qquad [Q[m^3/s],\ d[m],\ v[m/s]]$$

$$\Rightarrow \frac{1}{60\times 1000}Q = \frac{\pi}{4}\frac{1}{1000^2}d^2 \cdot v \qquad [Q[lpm],\ d[mm],\ v[m/s]]$$

$$v\,[m/s] = \frac{1}{60\times 1000} \times Q \times \frac{4\times 1000^2}{\pi\,d^2}$$

$$= 21.23\,\frac{Q}{d^2}$$

$$P_v = \frac{v^2}{2g}\,[m] = \frac{v^2}{20g}\,[kg_f/cm^2] = \frac{v^2}{200g}\,[MPa] \qquad (\frac{v^2}{2g} \times \frac{0.101325\,MPa}{10.332\,m})$$

$$P_v = \frac{1}{200\times 9.8}(21.23\,\frac{Q}{d^2})^2$$

$$= 0.23\,\frac{Q^2}{d^4}\,[MPa]$$

📁 **Second Phenomenon**

1. 말단 헤드의 K 값이 80이고 압력이 $1\,kg/cm^2$이면 q_1의 유량은 $80\,\ell pm$이다.

2. 말단 헤드와 다음 헤드와의 손실을 h_L이라하면 두 번째 헤드의 방출량은

   (1) 전압으로 계산

   $q_2 = 80\sqrt{1+h_L}$ 이다.

   (2) 정압으로 계산

   $q_2 = 80\sqrt{1+h_L - 동압}$

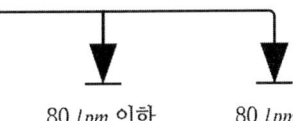

3. $h_L <$ 동압인 경우 두 번째 헤드의 압력은 $1\,kg/cm^2$보다 작다. 즉, 유량이 규정 방출량인 $80\,\ell pm$ 이하가 된다. 이런 현상을 "Second Phenomenon"라 한다.

4. 대책

   (1) 동압을 작게 : 두 번째 헤드의 관경을 크게

   (2) 말단 헤드의 방사압 증가

NFPA 13의 Pipe Schedule Method

1 개 요

NFPA 13에서 수원계산방법은 Pipe Schedule Method (이하 PSM)과 Hydraulic Calculation Method (이하 HCM)로 구분된다. HCM의 경우 헤드에서 방출되는 유량을 계산하기 위해 배관 내의 마찰손실을 계산하지만 PSM의 경우는 HCM과 다르게 계산된다.

2 규약배관방식 (PSM)의 적용

1) 상급(Extra Hazard Group)을 제외한 모든 건축물에 가능하다. 단, 잔류압력이 다르다.
2) NFPA의 경우 PSM의 적용에 대한 제한은 없다. 단지 건축물의 면적이 크면 (465 m² 이상) 잔류압력에 대한 적용값이 증가한다.

3 잔류 압력 (Residual Pressure)

HCM의 경우 펌프의 양정을 계산하기 위해 배관 및 배관 부속품의 손실을 계산하여 수두(Head)와 합해서 계산하는 데 반해, PSM의 경우 제일 높은 헤드까지의 수두(0.098 bar/m)에다가 일정 압력을 더하여 펌프의 양정을 계산한다. 이때 더하는 압력을 잔류 압력이라 한다.

4 잔류 압력의 적용

1) 면적이 465 m² 이하

용도	최소잔류압력 (bar)	유량(소화전 포함) (lpm)	방출시간 (min)
Light Hazard	1	1900~2850	30~60
Ordinary Hazard	1.4	3200~5700	60~90

2) 면적이 465 m² 이상

최소잔류압력이 3.5 bar로 증가

5 펌프 양정계산

1) 제일 높은 헤드까지의 높이 × 0.098 bar + 잔류 압력
2) 단, 체크밸브 등 압력손실이 큰 관 부속은 고려하여야 한다.

6 배관 관경

용도별로 다른데 Light Hazard의 경우 아래와 같다.

관경	25	32	40	50	65	80	90	100
헤드 개수	2	3	5	10	30	60	100	

수계소화설비의 수리계산

1 개 요

1) 수계소화설비는 유속 및 첨가제, 소화원리 등에서 서로 다르므로 마찰손실 관련 계산방법 및 방출압력 적용이 서로 다르다.
2) 마찰손실계산 및 방수압력 적용은 가압송수장치의 정확한 양정과 유량(수원)을 계산하기 위해서다.
3) 소화설비 헤드에서 방수량은 정압(Normal Pressure)으로 계산하는 것이 원칙이다.

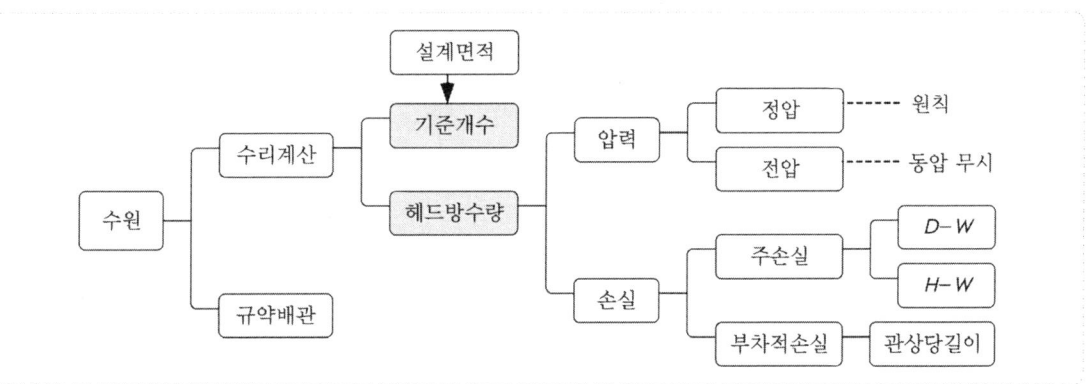

2 주요 논점

1) 마찰손실 계산식
   (1) Darcy-Weisbach 식
   (2) Hazen-Williams 식
2) 각각의 헤드의 방수량
   (1) 정압(Normal Pressure)에 기초한 방수량 : 동압을 고려(원칙)
   (2) 전압(Total Pressure)에 기초한 방수량 : 동압을 무시

구 분	스프링클러	물 분무	미분무
마찰손실 계산	Hazen-Williams	Hazen-Williams	Darcy-Weisbach
방출압력	정압 또는 전압으로 계산	정압(예외 인정)	정압

3 스프링클러 소화설비

1) 마찰손실 계산 : Hazen-Williams 식

$$P_L[MPa] = 6.053 \times 10^4 \times \frac{Q^{1.85}}{C^{1.85} \times d^{4.87}} \times L$$

2) 각각의 헤드 방수량
   (1) 정압으로 계산
   ① 헤드에서 소화수가 방출될 때 작용하는 실제 압력은 정압(Normal Pressure)이다.
   ② 정압 = 전압 - 동압

(2) 동압 무시 가능 (전압으로 계산)

　　동압을 무시하면 헤드의 방출량이 증가되는 것으로 계산 ⇒ 수원 계산량 증가

❹ 물 분무

1) 마찰손실 계산 : Hazen-Williams 식
2) 각각의 헤드의 방출량
   (1) 헤드의 방출량 계산 시 정확한 압력인 정압(Normal Pressure) 사용
   　⇒ 정압을 계산하기 위해서는 동압을 계산(고려)하여야 한다.
   (2) 예외 : 전압(동압을 무시)
   　　NFPA 15 물분무소화설비 기준 : 동압이 전압의 5% 미만인 경우 동압을 무시할 수 있다.
   　⇒ 즉, 배관 유속이 작은 경우 동압 무시

❺ 미분무수 소화설비

1) 마찰손실 계산 : Darcy-Weisbach 식
   (1) 미분무설비는 유속이 빠르며 첨가제 첨가 그리고 이종유체(Twin-fluid)의 특성이 있어 원칙적으로 Hazen-Williams 식을 사용할 수 없다.
   (2) 관련 식
   　① 마찰손실 (bar)

$$\Delta P = 2.252 \frac{\lambda \cdot L \cdot \rho \cdot Q^2}{D^5}$$

　　λ : 마찰계수(bar/m)　　L : 배관 길이　　ρ : 밀도
　　Q : 유량(lpm)　　D : 배관 내경

　② Re 수

$$Re = 21.22 \frac{Q \cdot \rho}{D \cdot \mu}$$

　　μ : 점성계수

　③ 상대조도 (Relative Roughness)

$$\text{상대조도} = \frac{\varepsilon}{D}$$

　　ε : 조도

구 분	조 도 (ε)	H-W (조도)
동관	0.0015	150
Stainless Steel Drawn Tubing (Claimed by Manufacturer)	0.0009	160
Stainless Steel Pipe	0.0451	140

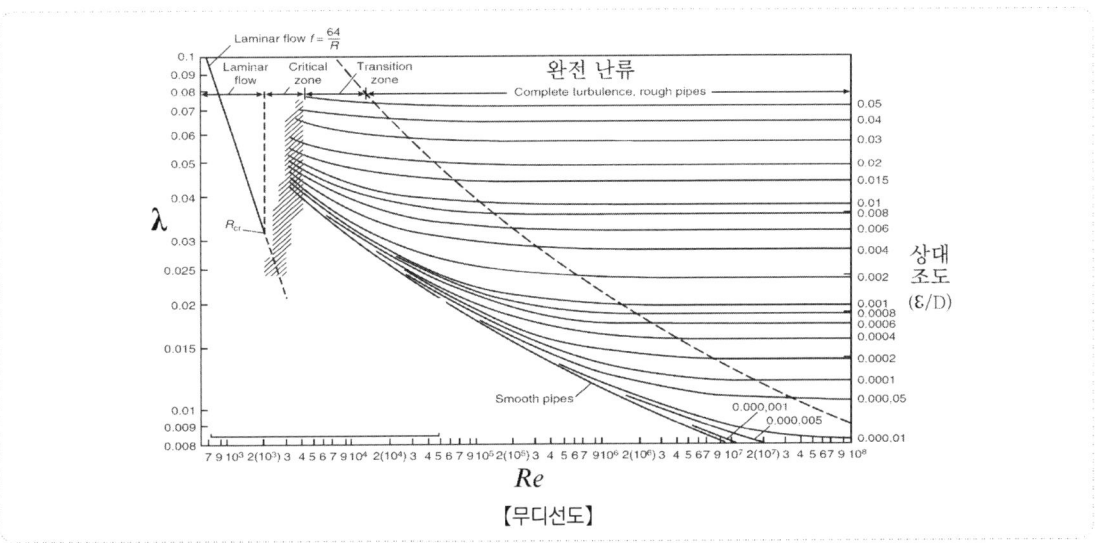

【무디선도】

2) 예 외
   (1) Hazen-Williams식 사용
      ① 저압식 : 단일 유체로서 순수 물인 경우
      ② 중, 고압식 : 20 mm 이상의 배관으로 유속 7.6 m/s 이하
   (2) 이종유체(Twin-Fluid)

3) 부차적손실 계산
   (1) 관상당길이 방식으로 계산
   (2) C 환산계수
      ① 스프링클러, 물분무(조도 120 기준)

C 값	100	120	130	140	150
환산계수	0.713	1.0	1.16	1.33	1.51

   ② 미분무(조도 150 기준)

C 값	100	120	130	140	150
환산계수	0.472	0.662	0.767	0.880	1.0

※ 스프링클러는 조도 기준이 120이지만, 미분무소화설비는 스테인레스 배관을 사용하므로 조도 기준이 150이다.

4) 각각의 헤드 방출량 : 정압으로 계산(동압 고려)
   (1) 헤드의 방출량 계산 시 정확한 압력인 정압(Normal Pressure) 사용
      ⇒ 정압을 계산하기 위해서는 동압을 계산(고려)하여야 한다.
   (2) 예외는 없다.

6 결 론

미분무소화설비는 다양한 소화원리로서 정확한 물입자 크기가 중요하므로 스프링클러설비의 손실계산 방법 및 압력 적용 방법과는 다르다.

Annex

📁 물분무소화설비에서 전압 계산방법으로 이용할 수 있는 속도 조건

$$P_v(kg/cm^2) = \frac{v^2}{20g}$$

$$P_v \leq 0.05 P_t$$

$$\frac{v^2}{20g} \leq 0.05 P_t$$

$$v^2 \leq 0.05 P_t \times 20g$$

$$v \leq 3.13\sqrt{P_t} \quad P_t [kg/cm^2]$$

$$v \leq 9.9\sqrt{P_t} \quad P_t [MPa]$$

📁 헤드 (노즐)의 압력이 중요한 이유

1. 수계소화설비의 경우 소화성능의 중요한 요소가 물입자 크기이다.
2. 입자크기는 압력에 의해 결정되므로 정확한 압력을 계산하여야 하므로 적용하는 압력은 정압(Normal Pressure)이다.

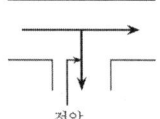
정압

$$물입자 \ 크기(d_m) \propto \frac{D^{2/3}}{P^{1/3}} \propto \frac{D^2}{Q^{2/3}}$$

3. 하지만 스프링클러의 경우 소화원리가 미분무소화설비와는 다르게 가연물을 적시는 것이 중요하므로 실제 압력 (정압)이 아닌 전압(동압 무시)으로 계산할 수 있다.

🔥 수리계산 보고서 포함 사항

포함 사항	내 용
1. 설계 기준	• 적용된 국가 기준, 국제 규격, 업체 기준 또는 재보험사 기준 등
2. 적용 계산식	• Darcy-Weisbach 식 • 하젠 윌리암스 식 (Hazen-Williams)
3. 배관 입력 데이터	-
4. 등가길이 적용기준 및 근거자료	• 관상당길이 방식 • 조도환산계수, 내경환산계수
5. 계산방법	• 사용한 프로그램 제품명 및 Version 또는 수계산
6. 설계 데이터	• 헤드 또는 방수구의 요구 방수량 • 헤드 또는 방수구의 방수압력 범위 • 개방되는 헤드 또는 방수구의 수량 • 기타 필요한 사항

7. 수리계산 요약표

설 비	개 요		
옥내소화전 설비	설계노즐개수	:	개
	노즐별 방수량	:	LPM
	필요 유량	:	LPM
스프링클러 설비	기준개수	:	개
	헤드당 방수량	:	LPM
	필요 유량	:	LPM
총 필요유량		:	LPM

8. 수리계산표
9. 관련 도면
   1) 계통도 및 필요한 평면도
   2) 수리계산 Node 지점이 표시된 도면
10. 소방펌프 및 소화수조 선정 결과

Annex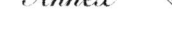

📁 **복합건축물**

1. 하나의 건축물이 둘 이상의 용도로 사용되는 것. 다만 다음 경우에는 복합건축물로 보지 않는다.
   1) 관계 법령에서 주된 용도의 부수시설로서 그 설치를 의무화하고 있는 용도 또는 시설
   2) 주택법에 따라 주택 안에 부대시설 또는 복리시설이 설치되는 특정소방대상물
   3) 건축물의 주된 용도의 기능에 필수적인 용도로서 다음의 어느 하나에 해당하는 용도
      ⑴ 건축물의 설비, 대피 또는 위생을 위한 용도, 그 밖에 이와 비슷한 용도
      ⑵ 사무, 작업, 집회, 물품저장 또는 주차를 위한 용도, 그 밖에 이와 비슷한 용도
      ⑶ 구내식당, 구내세탁소, 구내운동시설 등 종업원 후생복리시설(기숙사는 제외한다) 또는 구내 소각시설의 용도, 그 밖에 이와 비슷한 용도
2. 하나의 건축물이 근린생활시설, 판매시설, 업무시설, 숙박시설 또는 위락시설의 용도와 주택의 용도로 함께 사용되는 것

📁 **캐비닛형 간이스프링클러설비에서 요구되는 작동 성능**

구 분	시험기준
유효방수량	말단에 설치된 간이 헤드의 수량은 50 lpm 이상일 것
유효방수압력	말단의 간이헤드 2개를 동시 개방하였을 경우 간이헤드 선단의 방수압력은 0.1 MPa 이상 (이하 "유효방수압력"이라 한다)이어야 한다.
방수시간	10분용은 10분, 20분용은 20분 이상 방수되어야 하며, 방수시간의 측정은 간이헤드가 유효 방수압력으로 방수되기 시작한 시점에서부터 유효방수압력 이하로 저하된 시점까지의 시간을 측정한다.
음향장치의 성능	간이헤드 1개를 개방하고 음향장치로부터 1 m 떨어진 위치에서 음량을 측정하였을 때, 90 dB 이상의 음량이 10분용은 10분, 20분용은 20분 이상 지속되어야 한다.
비상전원	상용전원 차단 시 자동으로 비상전원으로 전환되어야 하며, 비상전원으로 운전 시 간이헤드의 유효방수압력 유지 및 음향장치의 작동은 10분용은 10분, 20분용은 20분 이상 지속되어야 한다. 다만 무전원 방식의 경우에는 모든 기능의 작동이 10분용은 10분, 20분용은 20분 이상 지속되어야 한다.

간이 스프링클러 가압송수장치

■ 개 요

1) 간이스프링클러는 소규모 건축물 또는 영업장에 스프링클러설비의 설치가 곤란하거나 설치가 않된 건축물의 다중이용시설과 같이 위험성이 높은 시설을 설치할 경우 화재로 인한 피해를 최소화하기 위해 설치하는 스프링클러설비이다.
2) 일반 스프링클러에서는 없는 캐비닛형이나 상수도 직결형과 같은 약식 설비의 설치가 가능하다.

■ 종 류

1) 상수도   2) 전동기 또는 내연기관
3) 고가수조   4) 압력수조
5) 가압수조   6) 캐비닛형
단, 2) ⑴, 6), 8)에 해당하는 경우 : 상수도, 캐비닛형 제외

■ 기준 헤드개수

1) 2개
2) 5개 : 2) ⑴, 6), 8)

■ 방수량

1) 간이헤드 : 50 ℓpm
2) 표준형 : 80 ℓpm

■ 배관 및 배열 순서

1) 상수도 직결형

계량기 → 급수차단장치 → 개폐 표시형 밸브 → 체크밸브 → 압력계 → 유수검지장치 → 시험밸브(2개)

2) 펌프 또는 압력수조

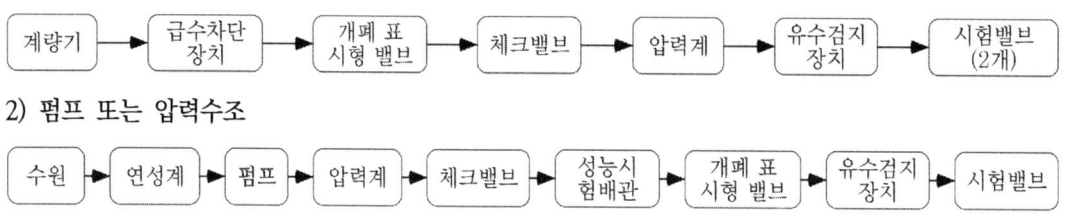

3) 가압수조

4) 캐비닛형

6 비상전원

기준에 적합한 비상전원 또는 비상전원수전설비를 설치하여야 한다. 다만 무전원으로 작동되는 간이스프링클러설비의 경우에는 모든 기능이 10분 [(2) ⑴, 6), 8)에 해당하는 경우에는 20분] 이상 유효하게 지속될 수 있는 구조를 갖추어야 한다.

1) 간이스프링클러설비를 유효하게 10분 [(2) ⑴, 6), 8)에 해당하는 경우에는 20분] 이상 작동할 수 있도록 할 것
2) 상용전원으로부터 전력의 공급이 중단된 때에는 자동으로 비상전원으로부터 전원을 공급받을 수 있는 구조로 할 것

Annex

📁 간이스프링클러설비 설치 대상 (영 별표 5)

1) 공동주택 중 연립주택 및 다세대주택(연립주택 및 다세대주택에 설치하는 간이스프링클러설비는 화재안전기준에 따른 주택전용 간이스프링클러설비를 설치한다)
2) 근린생활시설
   ⑴ 근린생활시설로 사용하는 부분의 바닥면적 합계가 1,000 m² 이상인 것은 모든 층
   ⑵ 의원, 치과의원 및 한의원으로서 입원실이 있는 시설
   ⑶ 조산원 및 산후조리원으로서 연면적 600 m² 미만인 시설
3) 의료시설
   ⑴ 종합병원, 병원, 치과병원, 한방병원 및 요양병원으로 바닥면적의 합계가 600 m² 미만
   ⑵ 정신의료기관 또는 의료재활시설로 바닥면적의 합계가 300 m² 이상 600 m² 미만인 시설
   ⑶ 정신의료기관 또는 의료재활시설로 바닥면적의 합계가 300 m² 미만이고, 창살이 설치된 시설
4) 교육연구시설 내에 합숙소로서 연면적 100 m² 이상인 경우에는 모든 층
5) 노유자 시설
   ⑴ 노유자 생활시설
   ⑵ 바닥면적의 합계가 300 m² 이상 600 m² 미만인 시설
   ⑶ 바닥면적의 합계가 300 m² 미만이고, 창살이 설치된 시설
6) 숙박시설로 사용되는 바닥면적의 합계가 300 m² 이상 600 m² 미만인 시설
7) 「출입국관리법」에 따른 보호시설로 사용하는 부분
8) 복합건축물(하나의 건축물이 근생, 판매, 업무, 숙박 또는 위락의 용도와 주택의 용도로 함께 사용되는 것)로서 연면적 1,000 m² 이상인 것은 모든 층
9) 다중이용업
   ⑴ 지하층에 설치한 영업장
   ⑵ 밀폐구조의 영업장
   ⑶ 산후조리원 및 고시원
   ⑷ 권총사격의 영업장
   ⑸ 숙박을 제공하는 영업장

MEMO

PART 11

수계 2

포소화약제의 종류 및 특성

1 개 요

1) 포소화약제는 포 원액에 소화수를 혼합한 포수용액을 발포기에 의하여 공기와 혼합하여 포를 발생시켜 소화한다.
2) 포소화약제의 특성은 포원액, 혼합비 및 팽창비에 의해 결정된다.

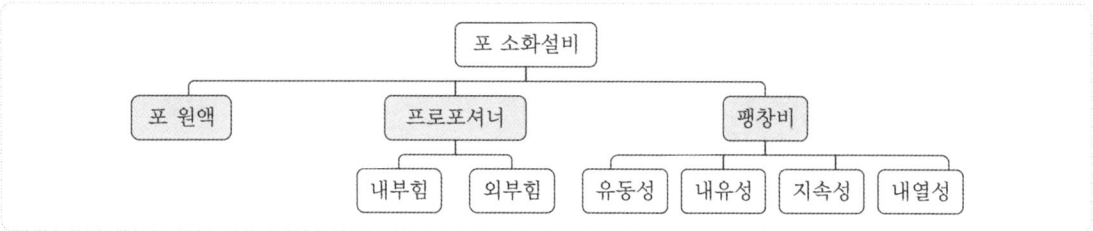

2 구비조건

팽창비가 중요 영향인자

1) 유동성
   (1) CRT 등 위험물 저장탱크에 적용 시 중요하다.
   (2) 수성막포가 가장 우수하다.
2) 내유성
   (1) Ⅲ 형에서는 중요한 구비 조건
   (2) 불화단백포가 가장 우수하다.
3) 지속성
4) 내열성
5) 점착성 : 포가 표면에 잘 흡착하여야 질식의 효과를 극대화시킬 수 있다.

※ NFPC와 위험물관리법의 포 구비조건이 다르다.
　NFPC는 포의 지속성과 점착성 등이 중요한 조건이라면 위험물관리법(유류저장탱크)은 유동성과 내유성이 중요한 조건이다.

3 단백포 (Protein Foam)

1) 가수 분해 단백질(짐승의 뼈, 뿔 등) + 제1철염(안정제)
2) 안전성 및 내열성이 우수하여, 화재 시 포가 잘 파포되지 않아 Burn-Back 능력이 우수하다.
3) 가연물의 표면 위에 수성막이 생성되지 않아, 포의 유동성이 낮아 소화속도가 느리다.
4) 표면하 주입방식이나 수용성 가연물에는 적합하지 않다.
5) 유류에 대한 내성이 약하여 오염되기 쉽다.
6) 가격은 저렴하지만 변질, 부패의 우려가 있어 장시간 저장 불가
7) 발포성이 불량하여 Non-Aspirating 장치에는 적합하지 않다.

4 불화단백 포 (Fluoroprotein Foam)

1) 불화 탄소 계면활성제(표면장력 감소 효과)가 첨가된 단백포
2) 분말 소화약제와 병용성(Compatible)이 우수하다.
3) 내열성, 내유성(Fuel Pick-Up) 및 Burn-Back 능력이 우수하다.
4) 소화속도가 빠르고(Knock Down), 기름에 오염되지 않으며 경년기간이 길다.
5) 발포성이 불량하여 Non-Aspirating 장치에는 적합하지 않다.

5 수성막 포 (AFFF, Aqueous Film Foaming Foam)

1) 탄화수소 발포성 화합물 + 불소계 계면활성제(Fluorinated Surfactants)
2) 장 점
   (1) 수성막에 의한 유동성이 우수한 포
   (2) 누출화재나 항공기 화재 시 우수한 포이다.
   (3) 분말소화약제와 병용성(Compatible)이 우수하다.
   (4) 경년기간이 길다.
   (5) 수성막포는 침투성이 우수하여 A급화재에도 사용이 가능하다.
   (6) 자기 치유성이 우수하여 포의 막이 깨어져도 막이 서로 합쳐져 가연물 표면을 다시 덮는다.
   (7) 단백포에 비해 약 3~5배의 소화효과를 나타낸다.
   (8) 얇은 수성막이 장시간 지속되므로 인접해 있는 기름에 연소되는 것을 방지할 수 있다.
3) 단 점
   (1) 표면장력이 큰 등유 등에는 효율적이지만 표면장력이 작은 가연물에는 비효율적이다.
   (2) 내열성이 약하다. 즉, 높은 온도에서는 막이 형성되지 않는다.
   (3) 내열성이 약하여 Ring Fire 현상 발생 우려
      탱크설비 시 탱크 측면에 Water Spray와 병행 설치하여야 Ring Fire 현상을 방지할 수 있다.

6 불화단백막 포 (Film Forming Fluoroprotein Foam)

1) 가수분해 단백질 + 계면 활성제
2) 팽창포에서 환원되는 수용액의 표면장력이 줄어들어, 포가 가연물의 표면 전체에 퍼질 수 있게 된다.
3) 수성막포의 유동성 + 불화단백포의 내화성·내유성

7 합성 계면활성제 포

1) 계면활성제 + 안정제
2) 유류화재 및 일반화재 등 사용 범위가 넓다.
3) 내열성이 부족하고 포가 빨리 소멸된다.
4) 고팽창포로 사용되며, 방사거리가 짧다.

내알콜포 (Alcohol Resistant Foam)

1 개 요
주된 소화효과는 포를 이용한 표면 질식이며, 알콜류(수용성) 화재에 일반포 적용 시 알콜류가 포에서 소화수를 추출하므로 다른 특성의 적응성 있는 소화약제가 요구된다.

2 파포 메커니즘
1) 수용성 액체(Polar Solvent)가 포의 소화수를 추출해서 포를 파괴한다.
2) 포 약제에 폴리머를 혼합하여 폴리머가 포와 수용성 액체 사이에 응집력 강한 중합층(Polymeric Layer) 또는 겔을 형성하여 포를 보호한다.

구 분	구 성	특 징
금속비누형	금속비누 + 단백질 가수분해 물질	• 금속비누는 거품과 수용성 액체가 치환반응을 하는 것을 방지함으로써 수용성 액체에도 파포현상 없이 사용할 수 있다. • 단백질 물질로서 재연소 방지능력이 우수하다. • 단백질에 안정제인 금속염에 의해 금속비누가 침전된다.
고분자 겔형	고분자 겔 + 탄화수소계 계면활성제	• 수용성 고분자물이 수용성 액체와 만나면 불용성의 고분자 겔이 형성되는 것을 이용하여 그 위에 포를 형성함으로써 파포현상을 방지할 수 있다. • 소화적용 범위가 넓다. • 점도가 높아 추운 장소에서 사용 시 별도의 가열장치가 필요하다.
내알콜성 불화단백포	단백포 + 특수 폴리머	• 불화단백포 소화약제와 거의 동일하지만 불소계 계면활성제 종류의 선택에 따라서 유류용, 수용성 액체용으로 구분된다. • 일반 유류화재에도 사용이 가능하지만 주로 수용성 액체에 적합하다.
내알콜성 수성막포 (AR-AFFF)	수성막포 + 특수 폴리머	• 수성막포에 폴리머를 혼합하여 폴리머가 포와 수용성 액체 사이에 응집력 강한 중합층(Polymeric Layer) 형성하여 포를 보호한다. • 비수용성 및 수용성 유류에 효과적이다. • 비수용성 액체의 경우 표면하 주입방식(Ⅲ형)이 가능하지만 수용성 액체의 경우는 적합하지 않다.
내알콜성 불화단백막포 (AR-FFFP)	불화단백막포 + 특수 폴리머	• 불화단백막포에 폴리머를 혼합하여 폴리머가 포와 수용성 액체 사이에 응집력 강한 중합층(Polymeric Layer) 형성하여 포를 보호한다.

Annex

📁 포소화약제

Ⅲ형의 방출구를 이용하는 것은 불화단백포 소화약제 또는 수성막포 소화약제로 하고,
그 밖의 것은 단백포 소화약제(불화단백포 소화약제를 포함) 또는 수성막포 소화약제로 할 것
이 경우에 수용성 위험물에 사용하는 것은 수용성 액체용 포소화약제로 하여야 한다.

포 소화원리

1 개 요
포소화약제의 소화원리는 냉각과 질식이지만, 팽창비, 가연물의 종류에 따라 주소화원리는 조금씩 다르다.

2 저팽창포 소화원리
1) 질식효과 : 포는 유류보다 가벼운 기포의 집합체로 가연물의 표면을 덮어 공기와의 접촉을 차단한다.
2) 냉각효과 : 포에서 환원된 물(Drainage)에 의한 냉각효과
3) B급화재
   (1) 고인화점(High Flash Point) : 액면 온도를 인화점 이하로 냉각
   (2) 저인화점(Low Flash Point) : Foam Blank (질식, 냉각)
4) 환원시간이 길수록 ⇒ 환원된 물의 양이 적다.
   (1) 질식효과는 증가하고 냉각효과는 감소한다.
   (2) 유동성은 감소한다.

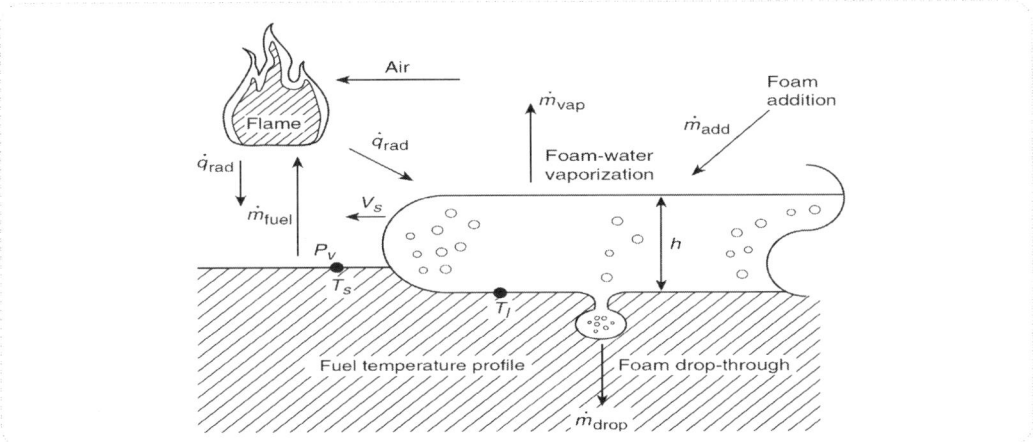

3 고팽창포 소화원리
1) 연소에 필요한 공기 유동제한
2) 소화수의 증발
   (1) 산소농도 감소
   (2) 증발잠열에 의한 냉각
3) 환원된 물(Drainage)의 표면장력 감소로 가연물 내부로의 소화수 침투(A급화재)
4) 가연물 적심
5) 방출된 포에 의해 미연소 가연물 및 구조체 보호(Insulating Barrier)
6) LNG 화재의 경우 일반적으로 화재를 진압하지는 않지만, 가연물에 대한 복사열을 차단하여 화재 강도를 감소시킨다(Blocking Radiation Feedback).
7) 가연성증기 제어(Vapor Hazard Control)

4 Vapor Hazard Control

1) 증발되는 가스 분산을 촉진해 착화원이 존재할 가능성이 큰 지면 근처의 농도를 낮춘다.
2) 상온에서 공기보다 가벼운 LNG에는 적응성이 있지만, 공기보다 무거운 LPG에는 적응성이 없다.
3) 제어 메커니즘
   (1) LNG가 유출된 경우 초기에는 초저온(Cryogenic)으로 공기보다 무겁다.
   (2) 초저온 증기가 햇빛이나 공기와의 접촉에 의해 가열, 부력에 의해 위로 분산된다.
   (3) 그러나 부력이 발생하기 전에는 지표면 근처에 가연성증기 체류
   (4) 고팽창포는 포 블랭킷을 통과할 때 포의 물에서 LNG 증기에 열을 공급
      ⇒ 부력이 증가되어 공기 중으로의 분산을 촉진한다.
      ⇒ Vapor Hazard Control
   (5) 750~1000의 팽창비일 때 가장 효과적이지만 바람에 의해 악영향을 받을 수 있다.

Annex

📂 **수성막포의 원리**
1. 액체가연물 위에 수성막포가 방사되면 수용액에 함유되어 있는 불소계 계면활성제 분자는 물과 기름 사이에서 배향 배열을 하여 기름 위에 얇은 불소계 계면활성제의 단분자막을 형성하고 그 위에 얇은 수성막(Aqueous Film)이 형성된다.
2. 수성막포에서 드레인(환원)되어 계속적으로 만들어지는 수성막이 가연성증기를 억누르는 역할 및 냉각효과가 있다.

※ 수성막포의 경우 내유성이 부족하여 Ⅲ형 방출구에는 적응성이 떨어지는 것으로 알려졌는데, 국내 위험물 관련기준은 "Ⅲ형의 방출구를 이용하는 것은 불화단백포 소화약제 또는 수성막포 소화약제로 하고"로 규정되어 있다.

📂 **Burn-Back Test**
1. 일정량의 헵탄이 채워진 직사각형 시험 팬을 사용하여 시험한다.
2. 팬 표면적의 90%가 포수용액이 가해지고 나머지 10% 표면적만 점화시킨다.
3. 설정된 시간이 지난 후에 칸막이를 제거한다.
4. 화재 확산의 진행이 시작되면서 시간을 측정한다.
5. 설정된 시간 후에 화염이 일정 비율로 진행되지 않으면 시험 합격이다.

📂 **Solution Transit Time (이전시간)**
1. 일부 내알콜포의 경우 고려하여야 한다.
2. 포소화약제와 물을 혼합한 시점부터 거품이 형성될 때(공기 유입)까지 경과한 시간
3. 불화단백형 내알코올 포소화약제는 이전시간에 제한이 없어서 물과 혼합하여 장기간 방치해도 약효의 변화나 침전물이 생기지 않으나, 금속비누형 내알코올 포소화약제의 수용액은 해리되어 불용성의 금속비누가 다량 발생하면서 침전하므로 포 수용액은 즉시 발포해야 하며, 포 혼합기 후의 배관을 가능한 한 짧게 해서 Transit Time을 짧게 유지해야 한다.

팽창비

1 개 요
1) 발포 전 포수용액의 체적에 대한 팽창된 포의 체적 비율
2) 팽창비에 따라 환원시간, 유동성, 내열성 등이 영향을 받는다.

2 팽창비가 큰 경우
포에서 환원(Drainage)된 포수용액이 적다.
1) 환원시간 증가
2) 유동률 감소

3 팽창비의 측정
1) 채집된 포 콘테이너를 저울로 달아서 포의 팽창비를 확인한다.
2) 포 콘테이너의 채집 전 중량을 달아서 확인해 놓고 채집된 포는 콘테이너 전체를 달아서 중량(체적)을 확인하여 팽창비를 계산한다.

$$\text{팽창비} = \frac{V}{W - W_1}$$

V : 포수집용기의 내용적 $(m\ell)$, 포수용액의 비중은 $1(m\ell = g)$로 간주
W : 포수집용기의 포 포함 총중량 (g) W_1 : 포수집용기의 중량 (g)

4 팽창비 분류

구 분	국내 (NFTC)	NFPA
저발포	20 이하	20 이하
중발포	-	20~200
고발포	80~1000	200~1000

차고, 주차장에 사용하는 포소화전 또는 호스릴포소화설비는 저발포 약제이어야 한다.

5 환원시간 (Drainage Time)
1) 채집한 포의 25 %가 포수용액으로 환원되는 데 걸리는 시간
2) 국내기준

구 분	환원시간	팽창비
저발포	1분 이상	6배 (수성막포는 5배) 이상 20배 이하
고발포	3분 이상	500배 이상
방수포용	2분 이상	6배 (수성막포는 5배) 이상 10배 미만

3) 환원시간 (Drainage Time) 측정 시 고려사항 (NFPA 11)
   (1) 드레인 밸브 개방시간 (Interval Time)
      ① 팽창비 4~10 : 30 초
      ② 팽창비 10 이상 : 4 분 이상
      팽창비가 클수록 드레인 양이 감소하므로 드레인밸브를 늦게 개방하여야 한다.

(2) 소화수의 온도가 낮으면

① 팽창비는 감소하고

② 환원시간은 증가한다.

4) 환원시간 계산

※ 샘플 포(Sample Foam)의 순 중량이 $180\,[g = m\ell]$이면

(1) 팽창비 $= \dfrac{1600}{180} = 8.9$

(2) 25 % Volume : $\dfrac{180}{4} = 45\,m\ell$

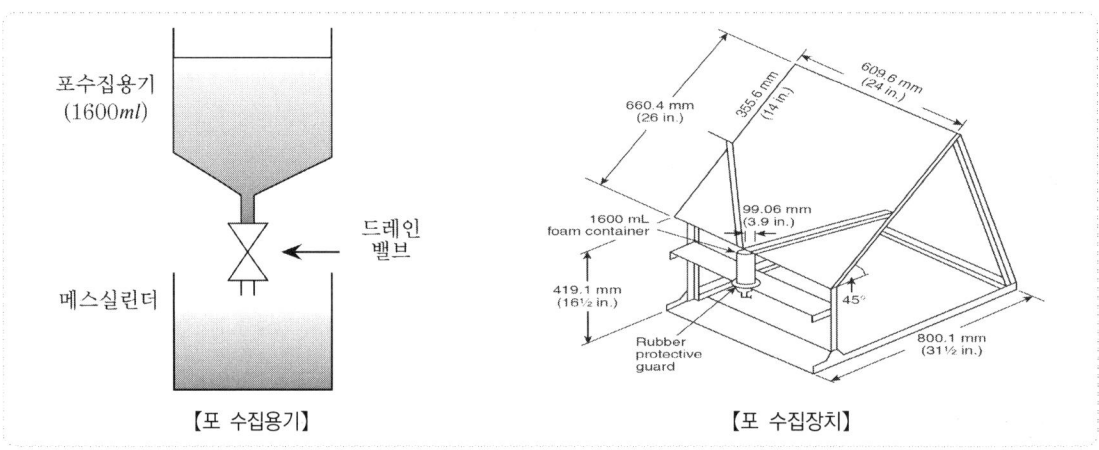

【포 수집용기】　　　　　　　　【포 수집장치】

Annex

📂 **팽창비**

1. 팽창비가 클수록 유동성 감소 ⇒ 탱크화재 시 소화시간 증가
2. 팽창비가 클수록 환원시간 증가
3. 내열성은 팽창비와 관계없다.
4. 포 소화약제는 유동성은 우수하고 환원시간은 길어야 한다.
   그러나 유동성과 환원시간은 반비례

📂 **혼합장치**

1. 정량혼합장치 : 정확한 혼합비
2. 비례혼합장치 : 소화수 유동량에 비례하여 정확한 혼합
3. ILBP : 혼합비가 여러 개인 경우 정확한 혼합

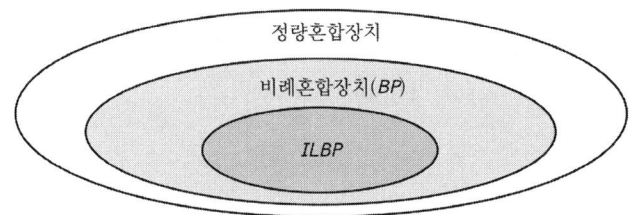

혼합장치 (Proportioning)

1 개 요

1) 소화수와 약제를 혼합하여 일정한 비율로 포수용액을 만드는 장치, 일반적으로 3%형과 6%형(고팽창 : 1, 1.5, 2%)을 사용한다.
2) 일정한 방사량에 대하여는 포소화약제를 항상 일정하게 혼합시키는 정량혼합방식과 방수량에 비례하여 포소화약제를 규정농도 허용범위 내로 혼합시키는 비례혼합방식이 있다.
3) 비례혼합방식은 외부 힘에 의해 포약제를 주입한다.
4) 포원액이 부족하면 : 포가 빨리 파포되고 환원시간도 감소한다.
   포원액이 많으면 : 유동성이 감소하고 수원이 부족

2 포 원액 유동하는 힘

1) 내부 힘 : 라인 프로포셔너, 펌프 프로포셔너
2) 외부 힘 : 프레져 프로포셔너, 프레져 사이드 프로포셔너, 압축공기포 믹싱챔버

3 고려사항

1) 포약제 주입량이 소화수 유동량에 변화하는 능력
   (1) 정확한 혼합(정량)
   (2) 방수량 변화 시 정확한 혼합(비례, Balance Pressure)
   (3) 방수량이 다른 여러 개의 소방대상물에 방수 시 정확한 혼합
2) 소화 작업 중 약제보충 가능 여부
   유류탱크화재는 대형 화재인 경우가 많아서 소화작업 중 약제보충 가능 여부가 중요하다.

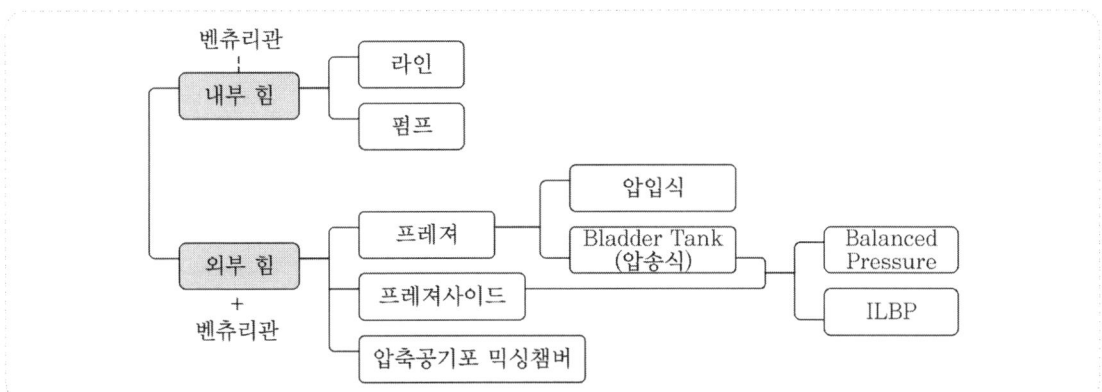

4 정량혼합장치

1) 라인 프로포셔너
   (1) 펌프와 발포기의 중간에 설치된 벤츄리관의 벤츄리 작용에 따라 포소화약제를 혼입·혼합하는 방식
   (2) 주로 소규모 또는 이동식 간이설비에 사용하며, 가격이 저렴하고 설치가 용이하다.

⑶ 일정 압력·유량에 적합하다.
⑷ 혼합기를 통한 압력 손실이 커서 혼합기의 흡입 가능 높이(1.8 m)가 제한된다.
⑸ 혼합기 전후로 0.6 m 이상의 직관부가 필요하다.

2) 펌프(Around Pump) 프로포셔너
   ⑴ 펌프의 토출관과 흡입관 사이의 배관에 설치한 흡입기에 펌프에서 토출된 물의 일부를 보내고, 농도조절밸브에서 조정된 포소화약제의 필요량을 포소화약제 탱크에서 펌프 흡입 측으로 보내어 이를 혼합하는 방식
   ⑵ 펌프의 흡입 쪽으로 포가 유입되므로 포소화설비 전용이어야 한다.
   ⑶ 포원액을 사용(혼합)하기 위한 손실이 적고 보수가 용이하다.
   ⑷ 펌프의 흡입 측 배관 압력 손실이 작아야 한다. 압력 손실이 클 경우 혼합비가 차이가 나거나 원액 탱크 쪽으로 물이 역류할 수 있다.

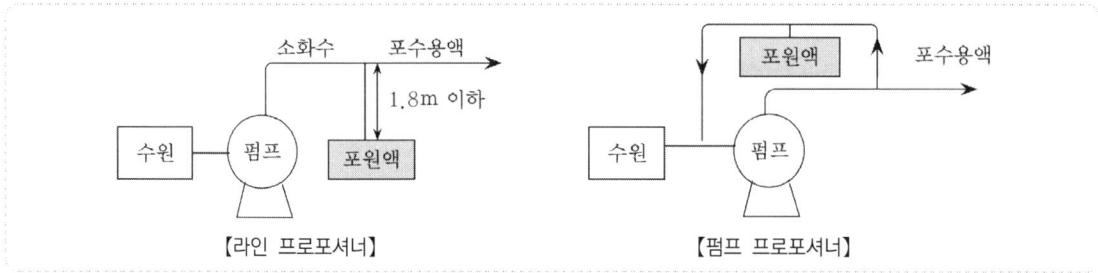

3) 프레져(Pressure) 프로포셔너
   ⑴ 펌프와 발포기의 중간에 설치된 벤츄리관의 벤츄리 작용과 펌프 가압수의 약제 저장탱크에 대한 압력에 의해 포소화약제를 흡입·혼합하는 방식
   ⑵ 혼합기에 의한 압력손실이 크다.
   ⑶ 혼합비에 도달하는 시간이 상대적으로 길다.
   ⑷ 혼합기가 동작되는 동안은 약재를 보충할 수 없다.

구 분	특 징
압입식	• 물과 직접 접촉하기 때문에 비중이 1.1보다 큰 단백포 계열만 가능하다.
압송식 (Bladder Tank)	• Balanced Pressure 방식에 적합하다.

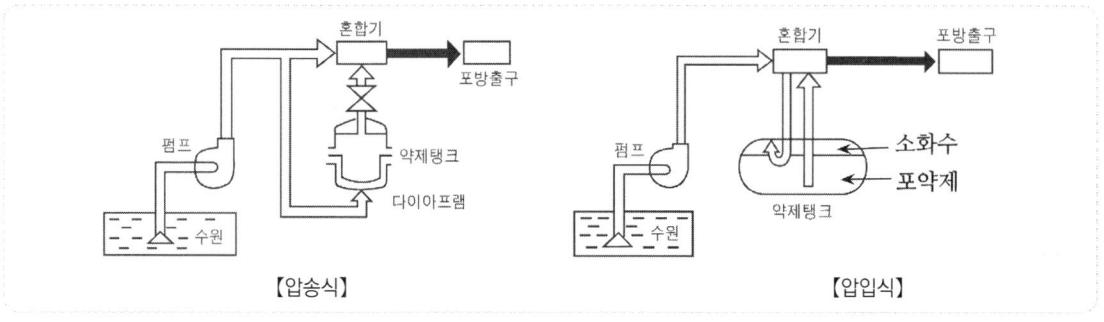

4) 프레져 사이드 프로포셔너
   (1) 펌프의 토출관에 압입기를 설치하여 압입용 펌프로 포소화약제를 압입시켜 혼합하는 방식
   (2) 대규모 고정식 설비에 사용한다.
   (3) 소화수와 약제의 혼합 우려가 없어 장기간 보존하며 사용이 가능하다.
   (4) 설비가 커지며 설비비가 많이 든다.
   (5) 포 용액 토출압이 소화수 토출압보다 낮으면 용액이 혼합기에 유입되지 못한다.

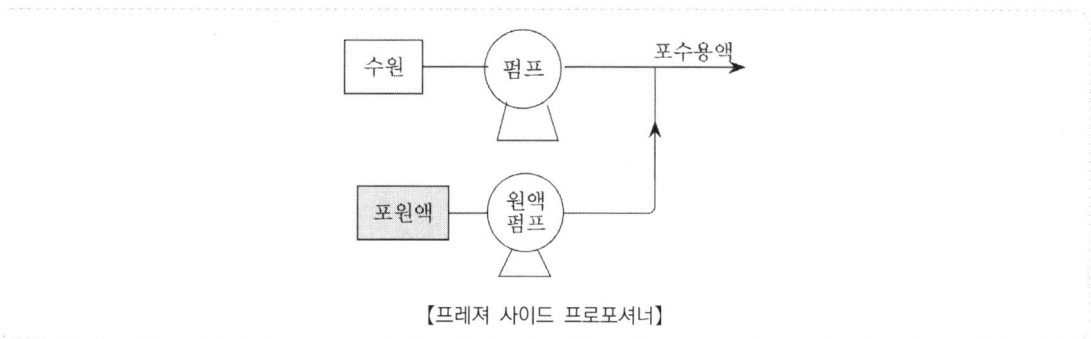

【프레져 사이드 프로포셔너】

5) 압축공기포 믹싱챔버 방식
   압축공기 또는 압축질소를 일정비율로 포수용액에 강제 주입하는 방식

Annex

📂 BP (Balance Pressure), ILBP (In-Line Balanced Pressure Proportioners)

1. 혼합장치는 소방대상물의 상태에 따라 비례혼합장치(Balance Pressure)와 정량혼합장치로 분류되며, 전자는 소요 방사유량의 변화에 따라 혼입하는 포소화약제의 양을 조절하는 성능을 가진 것이며, 후자는 소요 방사량이 일정(수원 일정)하게 한정된 구역을 소화할 경우에 사용되는 방식이다.
2. 외부 힘을 이용한 방식은 소화수 양이 변하더라도 약제 공급량이 변화시켜 정확한 비율로 혼합이 가능하지만(Balance Pressure), 방호대상물이 여러 개로 유량이 서로 다른 경우 정확한 비율로 혼합할 수 있는 설비가 ILBP이다.

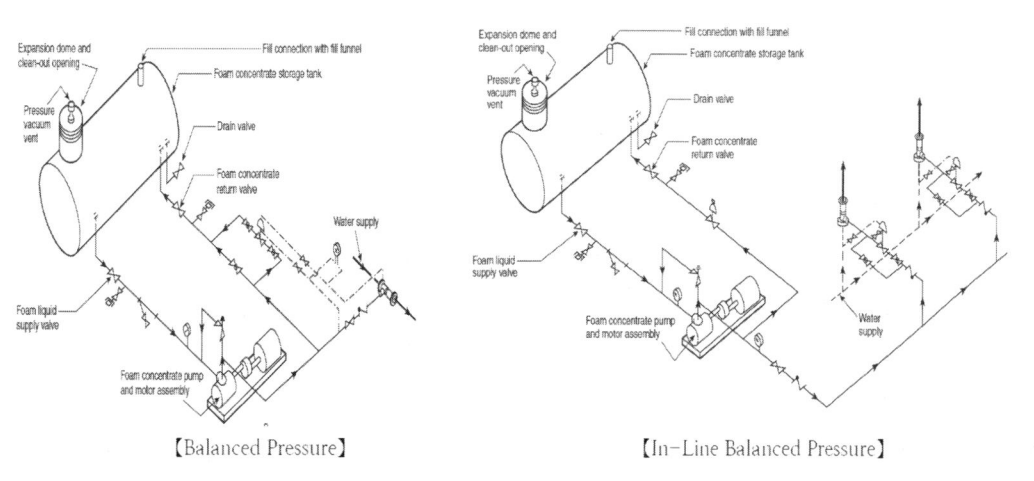

【Balanced Pressure】　　　【In-Line Balanced Pressure】

ILBP/Foam Dos

1 ILBP (In-Line Balanced Pressure Proportioners)

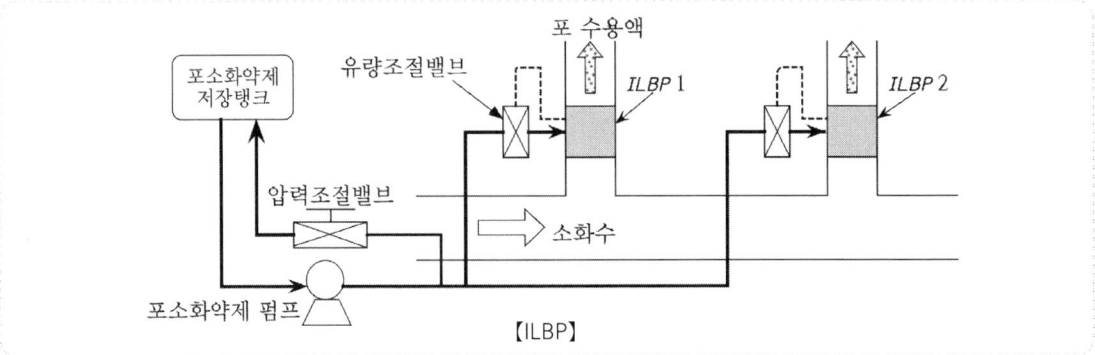

【ILBP】

1) 개 요
   (1) 외부 힘을 이용한 방식은 소화수 양이 변하더라도 약제량을 변화시켜 정확한 비율로 혼합이 가능하지만(Balanced Pressure), 방호대상물이 여러 개로 유량이 서로 다른 경우 정확한 비율로 혼합하는 것이 곤란하다.
   (2) 배관 내 ILBP를 설치하여 하나의 포 약제 펌프에 의해 여러 개의 소방대상물 방호 가능하다.

2) 장 점
   (1) 포 약제펌프는 혼합기에서 먼 곳에 설치 가능
      포 약제펌프는 주로 용적형(Positive Displacement Type)을 사용한다.
      (∵ 용적형 펌프는 점성의 영향이 적어서)
   (2) 설비 작동 중 포 약제탱크에 포약제 보충 가능
   (3) 소화수 양에 비례하여 포소화약제 혼합 가능(정확한 혼합비)
   (4) 하나의 포 약제펌프에 의해 여러 개의 소방대상물 방호 가능

3) 단 점
   (1) 비상전원 필요
   (2) 비용 및 유지·관리 비용이 많다.
   (3) 설치공간이 크다.

2 Foam Dos

1) 개 요
   (1) 별도의 동력이 없이 소화수의 힘으로 포펌프를 구동
   (2) 유량 및 압력변화에 관계없이 항상 혼합비가 정확한 순수 기계식 혼합장치
   (3) 단순 저장탱크를 이용하므로 포 원액 보충이 화재진압 중에도 가능하다.

2) 동작 메커니즘
   (1) 워터터빈(수차)에 유체가 지나감에 따라 스스로 회전에너지를 얻게 되고, 이 회전에너지는 왕복에너지로 변환되어 포 펌프를 구동시킴으로서 포 원액을 정확한 혼합비로 방출하게 된다.

⑵ 워터터빈을 한 바퀴 돌리면서 나가는 물의 양을 100으로 가정하면, 포 펌프 한 개의 실린더 크기는 100 : 1로 정확하게 축소 제작되어, 워터터빈이 한 바퀴 돌게 되면 포 펌프도 포약제를 한번 방출하여 항상 일정한 혼합비를 생성하게 된다.

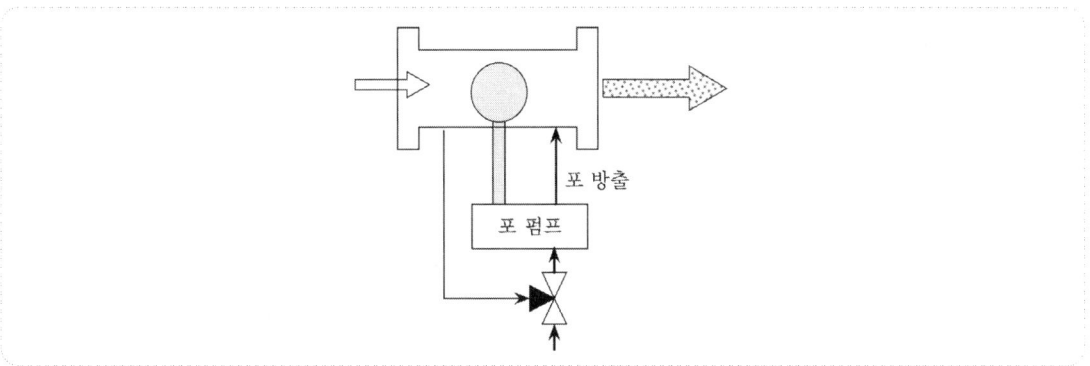

 압축공기포

1 개 요

1) 압축공기포 소화설비는 물과 포 원액이 혼합되는 혼합 챔버에 가압된 공기나 질소를 주입하여 방출하는 설비이다.
2) 일반적인 포소화설비는 화재로 인해서 오염된 환경에서 노즐을 통해 포를 생성해야 하기 때문에 포의 안정성과 균질성이 부족하고, 팽창비도 원하는 만큼 크지 않다.
3) 그에 반해서 압축공기포 소화시스템을 사용하면 주입하는 공기량을 조절하여 원하는 팽창비를 얻을 수 있다.
4) 압축공기포는 기존 포보다 포 균질성, 안정성 등 소화성능이 우수하다.

2 원 리

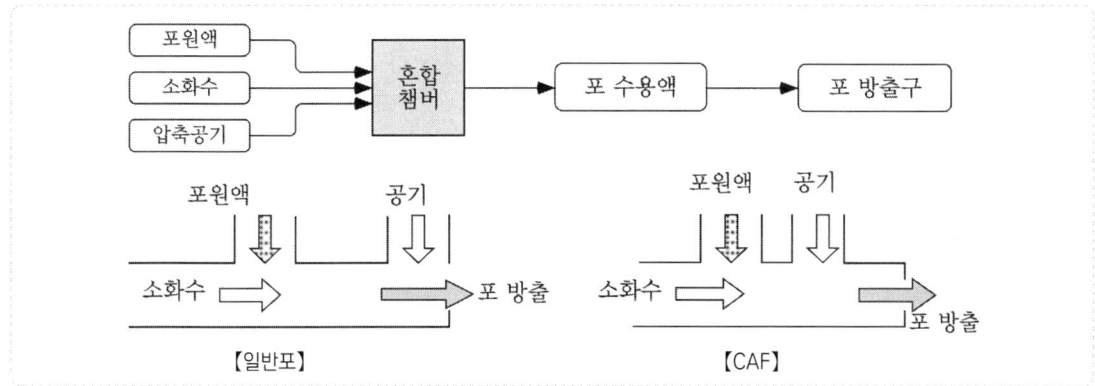

압축공기포는 배관 내를 흐르는 포 수용액에 압축공기를 불어 넣는 것인데, 이는 포 수용액과 압축공기의 혼합물이 배관을 따라 흐르는 과정에서 포가 생성되는 원리를 이용한다.

❸ 압축공기포 소화설비의 적용

1) 혼합비에 따라 1 : 4 ~ 1 : 10 이상으로 생성

구 분	특 징
습식포 (Wet Foam)	• 1 : 4로 혼합 • 기존 포와 비슷한 흐름성 및 포의 조밀성으로 (냉각) 소화효과가 뛰어나다.
습식포와 건식포의 중간형태의 포	• 1 : 7로 혼합한 압축공기포는 광범위하게 사용이 가능하다. • 적당한 소화효과, 유동성, 지속성을 가진다.
건식포 (Dry Foam)	• 1 : 10 이상으로 혼합 • 전기화재 등에 사용 가능하다.

2) 화재안전기준에서 적용

  (1) 특수가연물을 저장·취급하는 경우 : 습식(Wet Foam)을 통한 소화가능
  (2) 차고 또는 주차장의 경우 : 압축공기포의 부착력이 강해 차량 등에 부착되어 화재진압 효과가 크기 때문이다.
  (3) 항공기 격납고의 경우 : 압축공기포의 소화성능이 상대적으로 우수하기 때문이다.
  (4) 발전기실, 엔진펌프실, 변압기, 전기케이블실, 유압설비 : 건식(Dry Foam)을 적용

❹ 압축공기포 소화설비 배관의 토너먼트방식

1) 압축공기포 소화설비의 배관은 토너먼트방식으로 하여야 하고, 소화약제가 균일하게 방출되는 등거리 배관구조로 설치하여야 한다.
2) 압축공기포 소화설비의 경우 포수용액에 압축공기를 주입하여 방출 시 급격한 방출이 이루어지므로 방출구에서의 균등한 방사가 되어야만 소방대상물을 적정히 방호할 수 있다.
3) 따라서, 마찰손실이 작은 Tree 방식이 아닌 마찰손실을 감수하더라도 토너먼트 방식으로 선정하여 방출토록 규정하고 있다.

❺ 장 점

1) 공기 주입량을 조절하여 팽창비 조절이 가능하다.
2) 양질의 포생성 가능 (∵ 화재현장의 오염된 공기를 사용하지 않으므로)
3) 포의 안전성 향상 (흡출식에 의해 생성된 포와 비교 시 크기가 균일함)
4) 포수용액을 만드는 약제의 양이 적다. (기존은 주로 3~6 %의 수용액이나 CAF는 보통 0.3~1 %의 수용액 적용)
5) 수계소화설비이지만 소규모의 전기시설에는 적용 가능하다. (Dry Foam)
6) 포의 분사속도가 빠르며 원거리 방사가 가능하다. (포에 공기가 압입되어 있으므로)

포소화설비 기동장치

1 수동식 기동장치의 설치기준

1) 직접조작 또는 원격조작에 따라 가압송수장치, 수동식개방밸브 및 소화약제 혼합장치를 기동할 수 있는 것으로 할 것
2) 2 이상의 방사구역을 가진 포소화설비에는 방사구역을 선택할 수 있는 구조로 할 것
3) 기동장치의 조작부는 화재 시 쉽게 접근할 수 있는 곳에 설치하되, 바닥으로부터 0.8 m 이상 1.5 m 이하의 위치에 설치하고, 유효한 보호장치를 설치할 것
4) 기동장치의 조작부 및 호스접결구에는 가까운 곳의 보기 쉬운 곳에 각각 "기동장치의 조작부" 및 "접결구"라고 표시한 표지를 설치할 것
5) 장소 및 설치개수

장 소	설치개수
차고/주차장	• 방사구역마다 1개 이상 설치할 것
항공기 격납고	• 각 방사구역마다 2개 이상을 설치하되 • 그 중 1개는 각 방사구역에서 가까운 곳이나 조작에 편리한 장소에, • 1개는 화재감지수신기를 설치한 감시실 등에 설치할 것

2 자동식 기동장치 : 폐쇄형 스프링클러헤드를 사용

1) 표시온도가 79 ℃ 미만인 것을 사용하고, 1개의 스프링클러헤드의 경계면적은 20 m² 이하
2) 부착면의 높이는 바닥으로부터 5 m 이하로 하고, 화재를 유효하게 감지할 수 있도록 할 것
3) 하나의 감지장치 경계구역은 하나의 층이 되도록 할 것

3 자동식 기동장치 : 화재감지기를 사용

1) 화재감지기는 「자·탐(NFPC 203)」 제7조의 기준에 따라 설치할 것
2) 화재감지기 회로에는 다음 따른 발신기를 설치할 것
    (1) 조작이 쉬운 장소에 설치하고, 스위치는 바닥으로부터 0.8 m~1.5 m 높이에 설치
    (2) 소방대상물의 층마다 설치하되, 해당 소방대상물의 각 부분으로부터 수평거리가 25 m 이하
        다만 복도 또는 별도로 구획된 실로서 보행거리가 40 m 이상일 경우에는 추가로 설치
    (3) 발신기의 위치를 표시하는 표시등은 함의 상부에 설치하되, 그 불빛은 부착면으로부터 15° 이상의 범위 안에서 부착지점으로부터 10 m 이내의 어느 곳에서도 쉽게 식별할 수 있는 적색등으로 할 것
3) 동결 우려가 있는 장소의 포소화설비의 자동식 기동장치는 자동화재탐지설비와 연동으로 할 것

4 기동장치에 설치하는 자동경보장치의 설치기준

1) 방사구역마다 일제개방밸브와 그 일제개방밸브의 작동 여부를 발신하는 발신부를 설치할 것. 이 경우 각 일제개방밸브에 설치되는 발신부 대신 1개 층에 1개의 유수검지장치를 설치할 수 있다.

2) 상시 사람이 근무하고 있는 장소에 수신기를 설치하되, 수신기에는 폐쇄형 스프링클러헤드의 개방 또는 감지기의 작동 여부를 알 수 있는 표시장치를 설치할 것
3) 하나의 소방대상물에 2 이상의 수신기를 설치하는 경우에는 수신기가 설치된 장소 상호간에 동시 통화가 가능한 설비를 할 것

CDC

1 개 요
1) CDC(Compatibility with Dry Chemical)란 분말소화약제와 같이 사용할 수 있는 포소화약제이다.
2) 저팽창포의 단점인 3차원 화재에 적합하다.

2 용 도
1) 항공기 불시착 관련 화재
   (1) 분말은 속소성(빠른 소화시간)이 장점이나 피복작용, 냉각작용이 작아 재발화 우려가 있다.
   (2) 포는 소화시간은 길지만 피복작용, 냉각작용 및 지속성이 우수하여 재발화 우려가 적다.
2) 항공기 격납고 관련 화재
   (1) 2차원 화재(B급화재)와 3차원 화재(C급화재)가 공존
   (2) 바닥의 B급화재는 포소화설비로 소화, 벽의 C급화재는 분말소화약제로 소화
   (3) 분말소화약제는 2종분말 소화약제(PKP) 사용하며 포소화약제는 분말소화약제에 의해 파포 등의 악영향을 받지 않아야 한다. [PKP : Purple K Potassium Bicarbonate]
   (4) 3종 분말소화약제는 부식 문제로 전기설비에는 사용할 수 없다.

3 사용 장소
1) 항공기 관련 장소
2) 플랜트

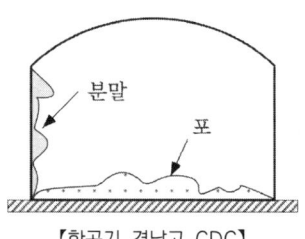

【항공기 격납고 CDC】

고팽창포

1 개 요
1) 합성계면활성제포를 포 제너레이터를 이용하여 팽창비 80~1000의 고팽창포로 변화시킨 다음 이를 방출하여 소화하는 설비이다.
2) 고팽창포는 A급 및 B급화재의 제어 및 소화에 사용하는 소화약제이다.
3) 밀폐공간에서 사용하기 위한 전역방출용 소화약제에 적합하다.

2 고발포 약제 : 3차원 화재 진압
1) 팽창비 80~1000
2) 합성계면 활성제포를 사용하며 발포장치를 사용하여 강제로 발포시킨다.
3) A급화재에 적합하며 B급화재의 경우는 저발포보다 적응성이 떨어진다.
4) 넓은 장소의 급속한 소화, 지하층 등 소방대의 진입이 곤란한 장소에 효과적이다.
5) 옥외 방출에 있어서 바람에 대한 내성이 있는 중팽창포가 적응성이 있다.

3 고팽창포 소화원리

4 적응성
1) 넓은 장소의 급속한 화재의 소화 : 비행기 격납고, 종이, 타이어 창고
2) 지하층, 지하공동구, 지하주차장, 케이블터널, 석탄 Silo 등 소방대의 진입이 곤란한 장소
3) A급화재에 적응성이 뛰어나며 B급화재에도 적응성이 있다 : 비행기 격납고, 타이어 창고
4) LNG 탱크의 내부와 외부 화재 시 열에 의한 냉각 및 고팽창포에 의한 질식으로 인하여 효과적으로 제어할 수 있다.
5) 절연체로 싸여진 변압기 등의 화재

5 발포장치 (Foam Generators)

구 분	특 징
흡입식 (Aspirator)	• 포수용액이 분사될 때 공기를 자연적으로 흡입하고 포가 Foam Screen을 통과하면서 보통 200배의 중팽창포를 생성한다.
압입식 (Blower)	• 포수용액이 분사될 때 송풍기를 이용하여 강제로 공기를 공급하여 포수용액이 Screen을 통과하면서 고팽창포를 생성한다.

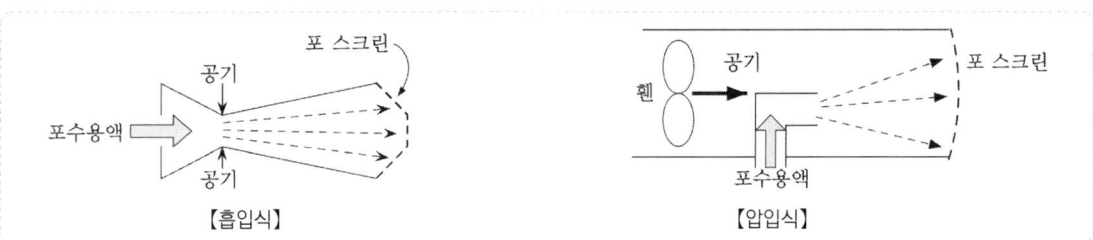

【흡입식】　　　　　【압입식】

6 NFPC 방출구 설치기준

1) 전역방출방식

    (1) 500 m²당 1개 이상

    (2) 개구부에 자동폐쇄장치

    (3) 방출구는 방호대상물보다 위쪽에 설치

    (4) 관포체적

        ① 방호대상물의 바닥면으로부터 방호대상물의 실체적에 여유율을 감안한 체적

        ② 방호대상물 높이보다 0.5 m 높이 체적

2) 국소방출방식

    (1) 연소 우려가 있는 방호대상물은 하나의 소방대상물로 하여 설치

    (2) 외주선 : 방호대상 면적은 방호대상물 높이의 3배(1 m 미만의 경우에는 1 m)의 거리를 연장

【격납고에 설치된 고발포 포소화설비】

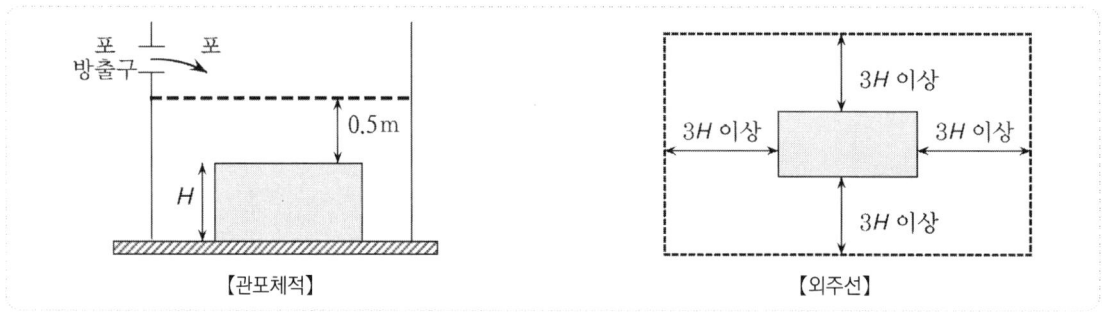

【관포체적】　　　　　　　　【외주선】

7 장 점

1) 고팽창이므로 빠른 시간에 포가 채워지므로 넓은 장소에 적합하다.

2) LNG 화재 시 냉각 및 질식으로 화재 제어 가능

8 단 점

1) 고발포는 수분이 적어서 유류에 대한 내성 및 바람에 대한 저항력이 약하다.

2) 옥내에서는 효과가 있으나 옥외설비에서는 주위 환경의 영향을 받는다.

3) 사람이 있는 경우 사용 시 질식의 위험이 있다.

9 고려사항

1) 저팽창포와는 달리 위험조건별로 구체적인 평가(입증)를 거쳐야 한다.

2) 방호구역 내에 발포장치를 설치할 경우 연소생성물이 혼입되지 않도록 해야 한다.

NFPA 11 고팽창포

1 개 요

1) NFPA 11의 경우 가연성 물질의 종류 및 해당 물질의 배열에 따라 관포체적 완성시간과 포 수축률, 누설 등을 고려하여 포방출률을 계산한다.
2) 국소방출발식 적용 : 평면 화재(가연성 액체, LNG, 구획되지 않는 A급화재)

2 포 방출률 계산 시 영향인자

1) 포 깊이 : 방호대상물 높이 × 1.1 (최소 0.6 m 이상)
2) 관포체적 완성시간 (관포시간)
3) 포의 파포(감쇄)에 대한 보상(1.15)
4) 포 누설에 대한 보상
   누설 없을 시 : 1.0, 일반적인 누설 : 1.2
5) 스프링클러 방사에 의한 포의 파포

3 NFPA 11 전역방출방식 포 방출률 $[m^3/\min]$ 계산

1) 포 방출률 $[m^3/\min]$

$$\left(\frac{V}{T} + R_S\right) \times C_N \times C_L$$

V : 관포체적 $[m^3]$ T : 관포시간 $[\min]$
R_S : 스프링클러에 의한 파포율 $[m^3/\min]$
C_N : 일반적인 감소율 C_L : 누설률

2) 스프링클러에 의한 파포율 $[m^3/\min]$

$$R_S = S \times Q$$

S : 0.0748 $[m^3/\min \cdot \ell pm]$
Q : 스프링클러 방출량 $[\ell pm]$

4 NFPA 11 기준

1) 전역방출방식
   (1) 관포체적 완성시간(Maximum Submergence Time) : 2~8분
   (2) 수원 및 포 원액 방출시간 : 15분 이상
   (3) 관포체적 유지시간
      ① 스프링클러 설치 : 30분 이상
      ② 스프링클러 미설치 : 60분 이상

2) 국소방출방식
   (1) 방출률 : 2분 이내 가연물을 0.6 m 이상의 높이
   (2) 포 방출시간 : 12분 이상

5 국가화재안전기준의 적용

1) 관포체적 완성시간과 포수축률, 누설 등에 대한 고려가 없으므로 보완이 필요하다.
2) 포소화약제의 저장용량에 대한 예비 약제량이 있어야 완전한 소화의 목적을 이룰 수 있다.

6 포발생기 선정 및 배치

1) 서로 이격되어 있는 2개의 포발생기는 단일 포발생기에 비해 더욱 효과적이다.
2) 포발생기는 해당 장치에 배압이 작용하지 않도록 상단에 설치해야 한다.
3) 포발생기를 설치할 경우에는 연소생성물이 빨려들지 않도록 해야 한다.
4) 방호대상 구역 내에서 화재의 성장으로 인해 발생하는 대류 흐름에 효과적으로 수분을 공급하기 위해 필요한 각 포발생기의 용량은 동일해야 한다.

구 분	국내기준	NFPA
포의 깊이	• 전역방출 : 소방대상물의 위치보다 0.5 m 높은 위치까지의 체적 • 국소방출 : 소방대상물의 최고높이의 3배 치수를 해당 소방대상물의 각 부분에서 각각 수평으로 연장하는 선으로 둘러싸인 면적	• 전역방출 : 최고위 방호대상물 높이의 1.1배 이상이어야 하되, 가장 높은 방호대상물보다 최소 0.6 m를 넘어야 한다. • 국소방출 : 방호대상물보다 최소 0.6 m 이상 높이
관포시간	없음	가연물의 종류와 대상물의 구조 및 스프링클러설치 유무에 따라 2~8분 설정
표준방사량	1 m^3에 대한 분당 포수용액 방출량 × 방호공간의 관포체적	기준 없음 (관포시간, 구조에 의하여 산정)
포방출량 (전역방출)	소방대상물과 팽창비에 따라 체적당 방출률이 정해진다.	관포시간과 스프링클러 설치 유무와 누설 여부에 따라 포 방출률이 산정된다.
포방출량 (국소방출)	가연물의 방호면적에 따라 방출률이 정해진다.	2분 안에 가연물을 덮어야 하고 최소 12분 이상 방출
대상물 누설 여부	기준 없음	누설가능 여부에 따라 방출률이 달라진다
포 발생기 선정	500 m^2마다 1개 이상	포방출률에 의해 적정한 제품을 선정
방사시간	10분	15분
수원	표준방사량으로 10분 이상	최소 15분 이상
예비용량	기준 없음	포약제 저장량의 2배

예제	아래와 같은 경우 포 방출량을 계산하시오.

　　　　방호구역 $30.5\,m \times 61\,m \times 9.1\,m$　　　가연물 적재 높이 : 7.6 m　　　관포시간 : 5분
　　　　스프링클러 습식 $3\,m \times 3\,m$　　$10.2\,[\ell pm/m^2]$
　　　　동작 헤드 개수 50 EA　　스프링클러 파포율 : 0.0748

[해설]

1. 포 깊이 : 7.6 × 1.1 = 8.4 m
2. 관포체적 = 30.5 × 61 × 8.4 = 15,628 m³
3. 스프링클러에 의한 파포량

   $R_S = 0.0748 \times 50 \times (3 \times 3) \times 10.2 = 343\,[m^3/\min]$

4. C_N : 일반적인 감소율 (1.15),　C_L : 누설률 (1.2)
5. 포 방출량 $[m^3/\min]$

   $\left(\dfrac{15628}{5} + 343\right) \times 1.15 \times 1.2 = 4787\,[m^3/\min]$

저팽창포와 고팽창포 설계 시 제한요소

1 개 요

1) 포소화설비는 가연성액체의 소화 및 제어에 적합하다.
2) 팽창비에 따라 적용대상 및 제한요소가 다르다.

2 포소화설비 적용

1) 연소하고 있지 않은 가연성액체 표면의 방호
2) 건축물 내부의 가연성액체 화재의 제어 및 소화
3) 대기압에서의 저장탱크 화재의 소화
4) 옥내·외에서 발생한 화재의 소화
5) 특정 위험 상황에서 화재를 방호, 예방, 제어 및 소화
　　방유제, 기관실, 항공기 격납고, 고무타이어 저장소, 자동차 정비소·주유소

3 저팽창포 제한요소

1) 수평화재 또는 2차원 화재의 소화에 적합하다(3차원 화재에 부적합).
   ⇒ 대책 : 고팽창포. CDC, 물(미)분무소화설비
2) 가연성 액체에 대한 포소화약제의 안정성으로 인해 제한을 받는다.
   (1) 포소화약제는 비극성이나 극성 가연물(메탄올, 에탄올) 중 한 가지에 적합하다.
   (2) 알콜포(Alcohol Resistant-Type Foams)는 탄화수소 및 극성 용매 등 두 가지 경우에 대해 사용할 수 있는 약제도 있다. (AR-AFFF)
3) 전기전도성과 가연물에 대한 수용성 소화약제의 적절한 적용을 평가하여야 한다.
4) 포소화설비의 선정 및 적용에 있어 유속, 작동압력 범위 및 혼합범위에 관련된 장치의 제한사항을 고려해야 한다.
5) 서로 다른 종류 및 제품의 포소화약제는 함께 사용하지 못할 수도 있으므로 함께 섞어서 보관하지 않아야 한다.

4 고팽창포 제한요소

1) 설계 시 위험조건별로 구체적인 평가(입증)가 필요하다.
2) 가압상태의 액체·기체와 관련된 화재(분출화재)에 적용 제한
3) 다음 같은 경우 입증이 필요하다(입증 후 적용).
   (1) 질산 셀룰로오스(Cellulose Nitrate)와 같이 산소를 함유하는 물질
      ∵ 고팽창포의 주요한 소화원리가 질식이므로
   (2) 구획되지 않는 통전 중인 전기설비(Energized Unenclosed Electrical Equipment)
      ∵ 소방관계자의 재진입 등 인명안전 측면
   (3) 나트륨, 칼륨 및 나트륨, 칼륨의 혼합물과 같은 금수성 금속(Water-Reactive Metals)
   (4) 트리에틸알루미늄, 오산화인(P_2O_5)과 같이 물에 반응하는 금수성 물질
      $$(C_2H_5)_3Al + 3H_2O \Rightarrow Al(OH)_3 + 3C_2H_6$$
   (5) 가연성 액화 가스(Liquefied Flammable Gas)

5 결 론

1) 저팽창포는 2차원, 고팽창포는 3차원 화재에 적합하다.
2) 수계소화설비이므로 전기화재나 물과 반응하는 물질의 화재에 적용 시 주의하여야 한다.
3) 팽창비에 따라 적용대상 및 제한 요소가 다르므로 포소화설비의 적용 및 설계 시 주의하여야 한다.

포소화설비 설치대상 및 적용 설비

1 설치대상 (물분무 등)

소방대상물	적용기준
항공기 격납고	규모에 관계없이 적용
주차용 건축물	연면적 800 m^2 이상
건물 내의 차고 또는 주차장	주차의 용도로 사용되는 부분의 바닥면적이 200 m^2 이상
기계식 주차장치	주차용량 20대 이상
위험물제조소 등의 시설	소화 난이도 I등급의 제조소 등
발전기실, 엔진펌프실, 변압기실, 전기케이블실, 유압설비	바닥면적 300 m^2 이상

2 적용 설비

소방대상물		적용설비
특수가연물 저장·취급 창고 및 공장		포헤드, 포워터 스프링클러헤드, 고정포, 압축공기포
차고/주차장	일반적인 경우	포헤드, 포워터 스프링클러헤드, 고정포, 압축공기포
	특수한 경우	포소화전, 호스릴 포소화설비
항공기 격납고	일반적 경우	포헤드, 포워터 스프링클러헤드, 고정포, 압축공기포
	특수한 경우	호스릴 포소화설비
발전기실, 엔진펌프실, 변압기, 전기케이블실, 유압설비		고정식 압축공기포 (300 m^2 미만)

1) 차고·주차장 특수한 경우

  (1) 완전 개방된 옥상주차장 또는 고가 밑의 주차장 등으로서 주된 벽이 없고 기둥뿐이거나 주위가 위해방지용 철주 등으로 둘러싸인 부분

  (2) 지상 1층으로서 지붕이 없는 부분

2) 항공기 격납고 특수한 경우

  바닥면적의 합계가 1,000 m^2 이상이고 항공기의 격납위치가 한정되어 있는 경우에는 그 한정된 장소외의 부분에 대하여는 호스릴 포소화설비를 설치할 수 있다.

3 포 헤드

1) 포 헤드

  (1) 포수용액이 포헤드의 노즐을 통해 분사되며 공기흡입구를 통해 들어온 공기와 혼합되고 디플렉터(반사판)를 거쳐 외부의 스크린(그물망)을 통과하면서 포를 형성하게 된다.

  (2) 주로 주차장, 제4류위험물 및 준위험물 시설에 설치되어 사용되고 있다.

  (3) 포헤드는 헤드 1개당 바닥면적 9 m^2를 방호한다.

2) 포워터 스프링클러헤드 (Foam Water Sprinkler Head)

  (1) 포와 일반 소화수를 순차적으로 사용할 수 있는 포소화설비

(2) 포수용액을 헤드에서 방사할 때 공기 흡입구로부터 공기를 흡입, 수용액과 공기가 혼합된 상태에서 수용액을 디플렉터에 충돌시켜 포를 형성하여 일정한 면적에 포를 방사하는 헤드

(3) 헤드는 Air-Aspirating Foam Sprinkler과 Non-Aspirating Foam Sprinkler이 있으며 디플렉터의 형상이 다르며 주로 항공기 격납고 등에 설치되고 있다.

(4) 포워터 스프링클러헤드는 헤드 1개당 바닥면적 $8\,m^2$를 방호한다.

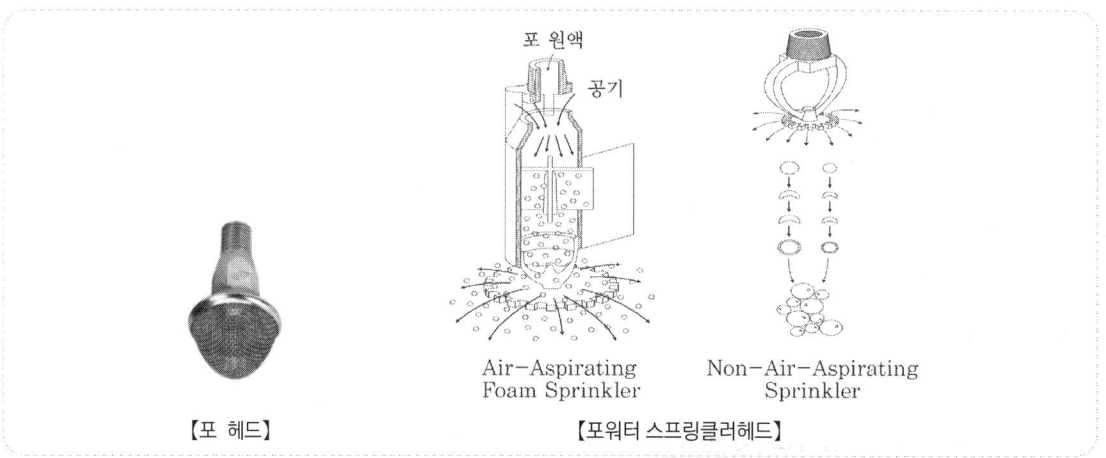

【포 헤드】   【포워터 스프링클러헤드】

4 포소화전 또는 호스릴 설치기준

1) 포소화전 방수구(최대 5개)를 동시에 사용할 경우 각 이동식 포노즐 선단의 포수용액 방사압력이 0.35 MPa 이상이고 300 ℓ/min 이상(1개 층의 바닥면적이 200 m^2 이하인 경우에는 230 ℓ/min 이상)의 포수용액을 수평거리 15 m 이상으로 방사할 수 있도록 할 것
2) 저발포의 포소화약제를 사용할 수 있는 것으로 할 것
3) 호스를 포소화전 방수구로 분리하여 비치하는 때에는 그로부터 3 m 이내의 거리에 호스함을 설치
4) 호스함은 바닥으로부터 높이 1.5 m 이하의 위치에 설치하고 그 표면에는 "포소화전함"이라고 표시한 표지와 적색의 위치표시등을 설치할 것
5) 방호대상물의 각 부분으로부터 하나의 호스릴포방수구까지의 수평거리는 15 m 이하(포소화전방수구의 경우에는 25 m 이하)가 되도록 하고 호스릴 또는 호스의 길이는 방호대상물의 각 부분에 포가 유효하게 뿌려질 수 있도록 할 것

포설비 종류	조 건		표준방사량 (ℓ/min)
포소화전	옥내포소화전		300 × 호스접결구 (최대 5)
	보조포소화전		400 × 호스접결구 (최대 3)
포워터 스프링클러 헤드			75 ℓ/min
포헤드	차고 주차장 격납고	단백포	6.5 × 바닥면적 (ℓ/min)
		합성계면활성제포	8 × 바닥면적 (ℓ/min)
		수성막포	3.7 × 바닥면적 (ℓ/min)
	특수가연물 저장 창고		6.5 × 바닥면적 (ℓ/min)
압축공기포	특수가연물		2.3 × 바닥면적 (ℓ/min)
	기타		1.63 × 바닥면적 (ℓ/min)

NFTC 포소화설비 수원

1 수원의 양 산정기준 차이

1) 화재안전기준
   (1) 표준방사량으로 해당 시간 동안 방출하는 양으로 표현하여, 해석 시 약제의 농도와 상관없이 수원의 양은 100 %를 요구하고 있다.
   (2) 가령, 농도 3 %일 경우는 수원의 양을 100 % ⇒ 수용액은 103 %
   (3) 약제량 = 수원 × S

2) 위험물안전관리법
   (1) 포수용액을 만들기 위하여 필요한 양 이상으로 수원의 양을 정의하여 약제의 농도에 따라 수원의 양은 수용액이 100 %가 되도록 규정하고 있다.
   (2) 가령, 농도 3 %일 경우는 수원의 양을 97 %로 계산하여 수용액은 100 %가 된다.

2 특수가연물 저장, 취급하는 공장 또는 창고

1) 포 헤드 (포워터 스프링클러헤드 또는 포 헤드) ($A \leq 200\,m^2$)
   (1) 포워터 스프링클러 (8 m² 당 1개)
   $$Q = N \times 75\,\ell/min \cdot 개 \times 10\,min$$
   (2) 포 헤드 (9 m² 당 1개)
   $$Q = A \times 방출률(\ell pm/m^2) \times 10\,min$$

소방대상물	포소화약제	방출률(lpm/m^2)
차고, 주차장, 항공기 격납고	단백포	6.5 이상
	합성계면활성제	8.0
	수성막포	3.7
특수가연물		6.5
알콜류	알콜포	13

2) 고정포 방출구 (고팽창포)
   (1) 전역방출방식

   $$Q = V \times Q_1 \times T$$

   Q : 수원 [ℓ], V : 관포체적 (m^3), T : 방출시간 (10분)
   Q_1 : 포소화수용액의 양 ($\ell pm/m^3$)

포의 팽창비	포수용액 방출률 ($\ell pm/m^3$)		
	항공기격납고	차고, 주차장	특수가연물 저장, 취급
80~250	2.00 ℓ	1.11 ℓ	1.25 ℓ
250~500	0.50 ℓ	0.28 ℓ	0.31 ℓ
500~1000	0.29 ℓ	0.16 ℓ	0.18 ℓ

(2) 국소방출방식

$$Q = A \times Q_1 \times T$$

Q : 수원 (ℓ), $\qquad$ A : 외주선 (m^2)
Q_1 : 포소화수용액의 양 $(\ell pm/m^2)$ $\qquad$ T : 방출시간 (10분)

방호대상물	방호면적 1 m²에 대한 분당 방출률 (Q_1)
특수가연물	3ℓ
기타	2ℓ

3) 동시 설치 시 최대의 것

❸ 차고, 주차장

1) 포 헤드 및 고정포 방출구
   (1) 특수가연물 저장·취급하는 경우와 동일
   (2) 동시에 포소화전 또는 호스릴, 포헤드와 고정포방출구가 설치된 경우 최대의 것

2) 포소화전 또는 호스릴

$$Q = N \times 6000$$

Q : 수원 $[\ell]$, $\qquad$ N : 방수구 설치개수 (최대 5개)
$6{,}000 : 300(\ell/\min) \times 20\min$

❹ 항공기 격납고

동시에 포 헤드, 고정포 방출구 및 호스릴 포소화전 설치 시 설비별로 최대의 것을 합하여 저장

$$Q = N_1 \times Q_1 \times 10 + N \times 6000$$

❺ 압축공기포 소화설비

1) 압축공기포 소화설비를 설치하는 경우 방수량은 설계 사양에 따라 방호구역에 최소 10분간 방사할 수 있어야 한다.

2) 압축공기포소화설비의 설계방출률

가연물	설계방출률 ($\ell pm/m^2$)
일반가연물, 탄화수소류	1.63
알코올류와 케톤류	2.3

위험물 탱크 포소화설비 수원

1) 고정포 방출구

$$Q = A \times Q_1 \times T$$

Q : 수원 [ℓ], A : 탱크의 액 표면적 (m^2)
Q_1 : 방출률 ($\ell pm/m^2$) T : 방출시간 (min)

위험물의 종류 (제4류 위험물)	I형		II형		특형	
	방출률	방출시간	방출률	방출시간	방출률	방출시간
인화점 21 ℃ 미만	4	30	4	55	8	30
21~70 ℃ (등유, 경유)	4	20	4	30	8	20
70 ℃미만 (중유)	4	15	4	25	8	15
수용성	8	20	8	30		

2) 보조 포소화전 (옥외)

$$Q = N \times 8000$$

N : 호스 접결구수(3개 이상인 경우 3개)
$8000 : 400(\ell/min) \times 20min$

3) 배관 : 가장 먼 탱크까지의 배관에 충전하기 위하여 필요한 양

예제 휘발유탱크 1기와 경유탱크 1기를 하나의 방유제에 설치하는 옥외 탱크 저장소에 대하여
- 탱크용량 및 형태
  ① 휘발유탱크 : 2000 m^3, 직경 15 m, FRT (측면과 굽도리판 사이의 거리는 0.6 m), 특형
  ② 경유탱크 : 900 m^3, 직경 10 m   CRT,   II형
- 포소화약제의 종류 : 수성막포 3 %
- 보조 포소화전 : 3개 설치
  가. 포 원액 저장탱크의 용량 (ℓ)을 계산하시오.
  나. 가압송수장치 펌프의 유량 (ℓ/min)을 계산하시오.
  다. 소화설비의 수원 (m^3)을 계산하시오.

해설

1. 포 원액저장탱크의 용량 (ℓ)

   1) 고정포 방출구

   ① 휘발유탱크 $= \frac{\pi}{4} \times (15^2 - 13.8^2) \times 8\ell/m^2 \cdot min \times 30min \times 0.03 = 195.43 ≒ 195\ell$

   ② 경유탱크 $= \frac{\pi}{4} \times 10^2 \times 4\ell/m^2 \cdot min \times 30min \times 0.03 = 282.74 ≒ 283\ell$

   2) 보조포소화전에서 포 원액 양

   $3개 \times 400\ell/개 \cdot min \times 20min \times 0.03 = 720\ell$

   답 : 283 + 720 = 1,003 ℓ

2. 펌프의 토출량 (lpm)

   1) 고정포 방출구에서 펌프토출량(경유탱크)

   $$\frac{\pi}{4} \times 10^2 m^2 \times 4\ell/m^2 \cdot \min = 314.159 \fallingdotseq 314\ell/\min$$

   2) 고정포 방출구에서 펌프토출량 (휘발유 탱크)

   $$\frac{\pi}{4} \times (15^2 - 13.8^2) m^2 \times 8\ell/m^2 \cdot \min = 217.146 \fallingdotseq 217\ell/\min$$

   3) 보조포소화전에서 펌프토출량

   $$3개 \times 400\ell/개 \cdot \min = 1200\ lpm$$

   답 : 314 + 1200 = 1,514 lpm

3. 수원 (m^3)

   $$1003\ell \times \frac{0.97}{0.03} \times 10^{-3} = 32.43\ m^3$$

Annex

📁 **보조 포소화전 (위험물 안전관리법)**

1. 방유제 외측의 소화활동상 유효한 위치에 설치하되 각각의 보조포소화전 상호 간의 보행거리가 75 m 이하가 되도록 설치할 것
2. 보조 포소화전은 3개의 노즐을 동시에 사용할 경우에 각각의 노즐선단의 방사압력이 0.35 MPa 이상이고 방사량이 400 ℓ/min 이상의 성능이 되도록 설치할 것
3. 보조포소화전은 옥외소화전설비의 옥외소화전의 기준의 예에 준하여 설치할 것

※ 탱크 주위의 Spill Fires 소화 용도

📁 **옥내포소화전 (바닥면적 200m^2 미만) (화재안전기준)**

1. 포원액 : $N \times S \times 6000 \times 0.75$ (저장량의 75 %)
2. 방수량 : 230 lpm

📁 **수원 (위험물 안전관리법)**

1. 포방출구방식의 것은 ⑴ 및 ⑵에 정한 양의 합계량
   ⑴ 고정식 포방출구   ⑵ 보조포소화전 : 20분
2. 포헤드방식 : 10분
3. 포모니터노즐방식 : 30분
4. 이동식 포소화설비는 4개 (호스접속구가 4개 미만이면 그 개수)의 노즐을 동시에 사용할 경우에 각 노즐선단의 방사압력은 0.35 MPa 이상이고 방사량은 옥내에 설치한 것은 200 ℓ/min 이상, 옥외에 설치한 것은 400 ℓ/min 이상으로 30분간 방사할 수 있는 양
5. 배관 내를 채우기 위하여 필요한 포수용액의 양

📁 **배관 충전**

1. 위험물 안전관리법 : 내경에 관계없이 적용
2. 화재안전기준 : 내경 75 mm 이하의 송액관을 제외

옥외탱크의 고정포 방출구

1 개요 (위험물안전관리에 관한 세부기준 제133조)

1) 위험물 탱크 등에 고정 설치하여 포를 유면에 방출하는 장치
2) 공기 흡입구를 통하여 공기를 흡입하면 Foam Maker에서 포가 형성되어 포를 방출
3) 포는 탱크 벽면 주위의 가연물에 부드럽게 방출되어 탱크의 중심으로 유동되어야 하므로 포의 유동성이 중요하다.

구 분	고정포	특 징
상부 포 주입방식	Ⅰ형	• 방출된 포가 유면으로 흐름을 안내하는 기능을 부여
	Ⅱ형	• CRT와 IFRT에 적용하며, 방출된 포가 벽면을 따라 유면으로 이동하는 구조
	특형	• FRT에 적용하며, 방출된 포가 탱크 벽면과 부상 지붕 상부의 폼 댐 간의 환상 부분의 공간을 채울 수 있는 구조
하부 포 주입방식	Ⅲ형	• 탱크 하단의 송포관에서 발포된 포가 유면으로 부상하여 소화작용을 하는 구조
	Ⅳ형	• 하부 포주입방식의 단점인 포의 유면으로의 부상 중 오염되지 않게 특수호스를 호스 컨테이너에 수납하는 구조

2 Ⅰ형

1) 고정지붕구조의 탱크에 상부 포주입법을 이용하는 것
2) 방출된 포가 위험물과 섞이지 아니하고 탱크 속으로 흘러 들어가 소화활동을 하도록 통, 계단 등의 설비가 된 방출구
3) 현재는 거의 사용하지 않음

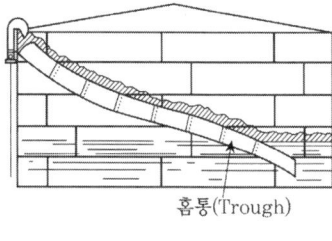

홈통(Trough)

【Ⅰ형】

3 Ⅱ형

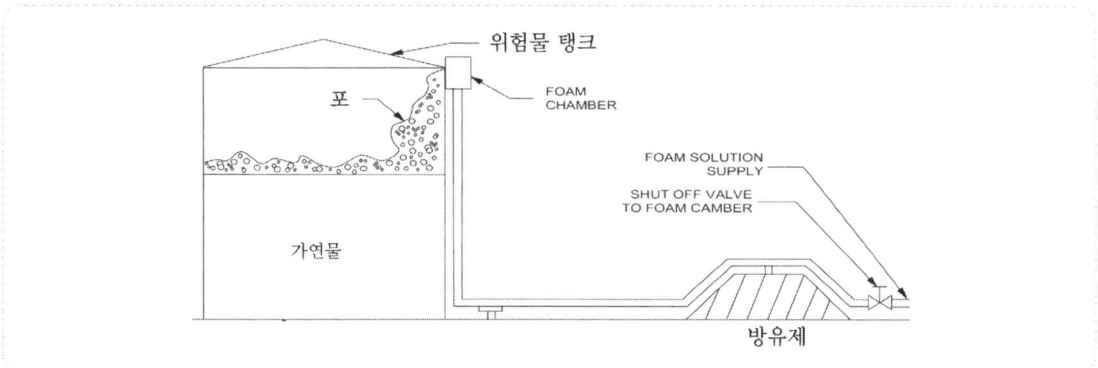

1) 고정 지붕구조(CRT)와 부상덮개 부착 고정지붕구조(IFRT)에 상부 포주입법을 이용하는 것
2) 방출된 포가 탱크 옆판의 내면을 따라 흘러내려 가면서 액면을 뒤섞지 않고 액면상을 덮을 수 있는 반사판(Deflector)이 설치되어 있다.
3) 탱크 내의 위험물 증기가 외부로 역류하는 것을 저지할 수 있는 구조·기구를 갖는 포방출구

4 표면하 주입식 (Ⅲ형)

1) CRT에 적용
2) 탱크 상부 측면에 설치되어 있는 포 챔버가 파괴되는 결점을 보완하기 위해 탱크 하부에서 포를 주입하는 방식이다.
3) 포의 이동거리가 짧아 대형 탱크에 적응성 있다.

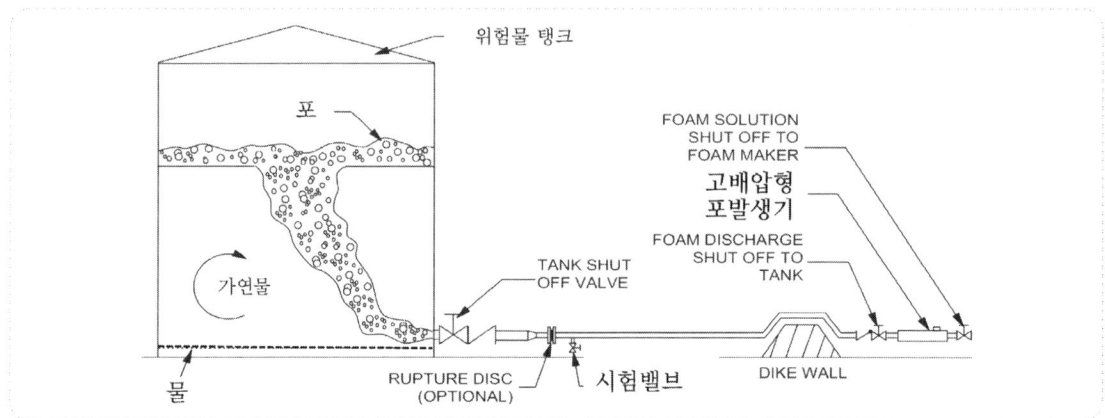

5 반표면하 주입식 (Ⅳ형)

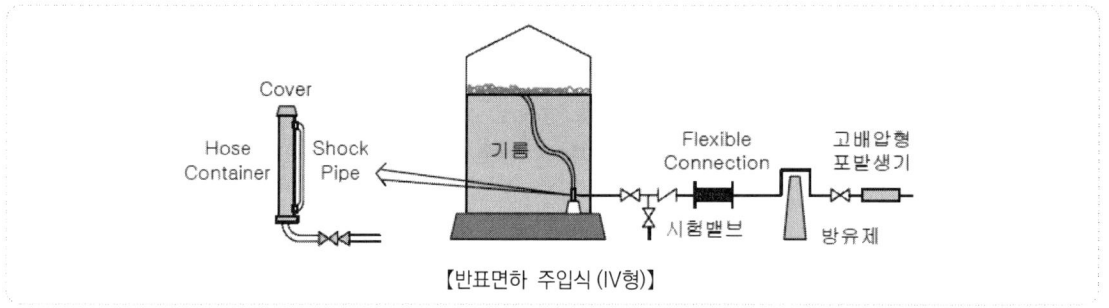

【반표면하 주입식 (Ⅳ형)】

1) 고정지붕구조(CRT)의 탱크에 하부 포주입법을 이용하는 것
2) 표면하 주입방식의 개량형으로 호스가 내장된 호스 컨테이너를 탱크 하부에 설치하고 화재 시 호스가 액면으로 떠올라 포를 방출, 소화작용을 하도록 된 포방출구
3) 포가 유류에 오염되지 않고 포의 파괴가 적고 Back Pressure에 대한 영향이 적다.

6 특 형

1) 부상지붕구조(FRT)의 탱크에 상부 포주입법을 이용하는 것
2) 탱크의 벽면(Shell)과 칸막이(Foam Dam)을 설치하고 그 사이의 환상 부분인 Seal에 포를 방출하는 방식이다.
3) 칸막이 [굽도리판(Foam Dam)]
   (1) 방출된 포의 유출을 막을 수 있고 충분한 배수능력을 갖는 배수구를 설치
   (2) 0.9 m 이상의 금속제
   (3) 탱크 옆판의 내측로부터 1.2 m 이상 이격하여 설치

옥외탱크의 고정포 방출구 (NFPA 11)

❶ Covered (Internal) Floating Roof Tanks

1) CRT와 동일

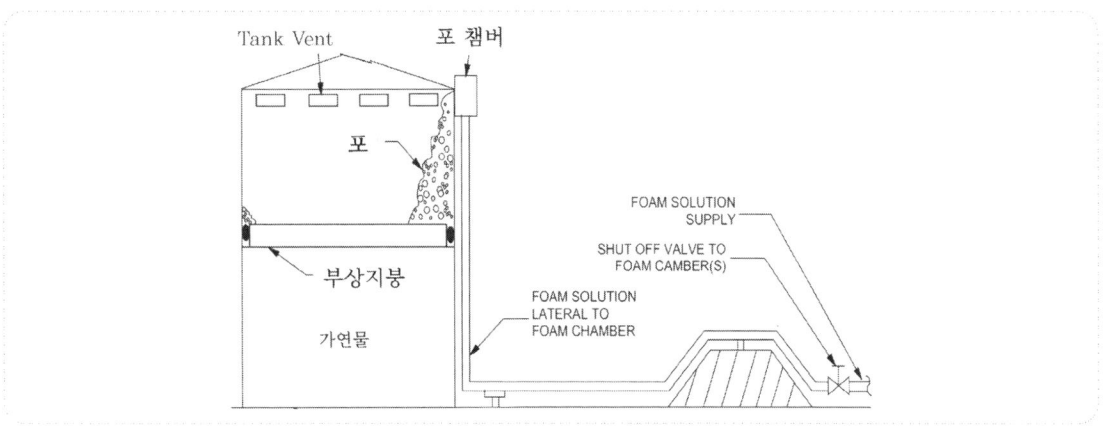

2) Foam Projecting Nozzle

대형탱크(직경 60 m 이상)의 경우 포 이동시간이 증가하므로 가연물 탱크의 중심 부분을 효율적으로 보호하기 위해서 포를 방출(Project)하는 노즐

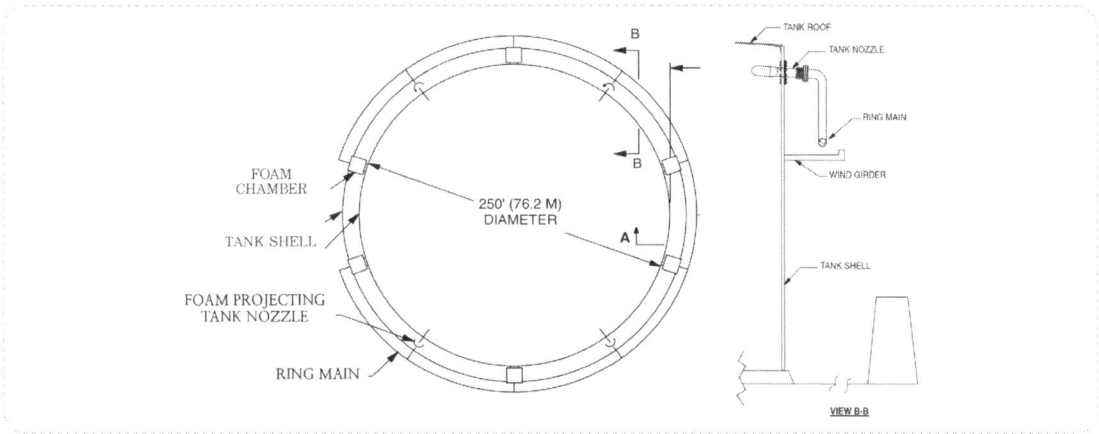

❷ Ⅲ형 (Subsurface Application)

1) 탱크 상부 측면에 설치되어 있는 포 챔버가 파손되는 결점과 포의 이동거리가 증가하는 것을 보완하기 위해 탱크 하부에서 포를 주입하는 방식이다.

2) CRT에 적용

3) 장 점

　(1) 포의 이동거리가 짧다. ⇒ 대형탱크의 소화에 적합하다.

　(2) 화재 시 탱크상부 폭발이나 열에 의한 설비파손 위험이 적다.

　(3) 상승하는 포가 가연성 액체의 대류현상을 일으켜 상부 액면온도를 낮춘다.

4) 단 점

   (1) 부상식 탱크(FRT)에는 적합하지 않다. (∵ 포가 균일하게 분산되지 않아서)

   (2) Class I A 및 내알콜포가 필요한 일부 수용성의 가연물에는 사용할 수 없다.

   (3) 점성이 큰 액체에는 사용할 수 없다.

5) 설계 시 고려사항

   (1) 내유성이 중요하다 : 불화단백포가 가장 우수, 수성막포는 권장하지 않음

   (2) 팽창비 : 2~4 (내유성/유동성 고려)

   (3) 배압(Back Pressure)이 크므로 High Back Pressure Foam Maker 사용
       포발생기(Foam Maker) 입구측 포수용액 압력이 높아야 한다.

   (4) 방출구

   ① 최소 방출구 개수 : II형과 동일

   ② 높이 : 바닥 응축수 높이 + 0.3 m 이상

   ③ 배치 : 다수의 방출구 설치 시 포의 이동거리는 30 m 이하가 되도록 배치

   (5) 방출속도 제한 : Fuel Pick-Up 방지

구 분	Class I B	기 타
방출속도	3 m/s 이하	6 m/s 이하

❸ 특 형

1) 부상지붕구조(FRT)의 탱크에 상부 포주입법을 이용하는 것

2) 탱크의 벽면(Shell)과 칸막이(Foam Dam)을 설치하고 그 사이의 환상 부분인 Seal에 포를 방출하는 방식이다.

3) 칸막이(Foam Dam)

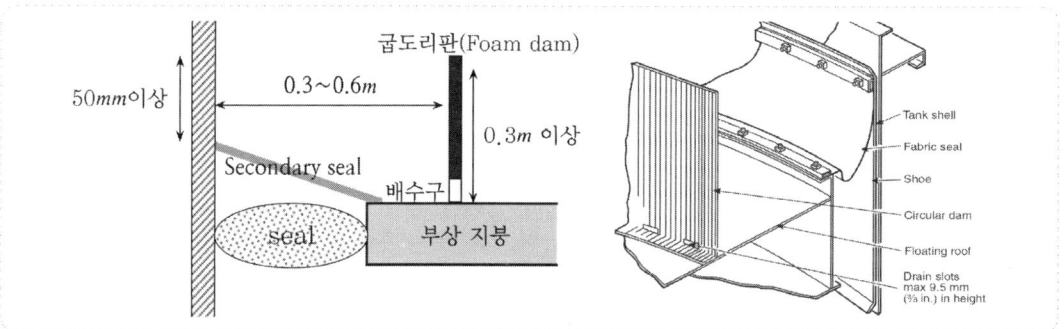

   (1) 두께 : 3.4 mm 이상 철판

   (2) 높이

   ① 높이 : 부상 지붕보다 0.3 m 이상

   ② Secondary Seal보다 50 mm 이상

   (3) 환상부분의 폭 0.3~0.6 m

위험물 저장탱크

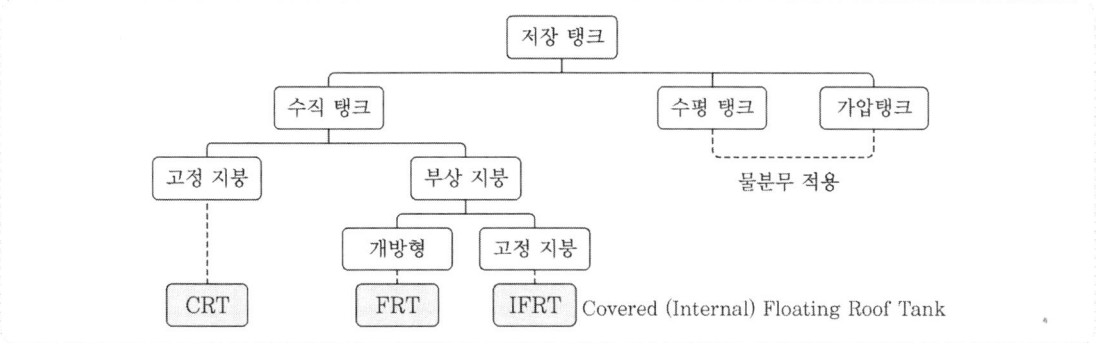

구분	CRT	FRT	IFRT
특징	증발손실이 적은 중질유 제품에 사용	증발손실이 큰 경질유 제품에 사용	최종 제품을 저장하는 소형·중형 탱크에 많이 사용, 최근에는 대형화
화재 성상	전면화재	Seal Fire	전면화재 & Seal Fire
적용 고정포	II, III, IV	특형	II

1 CRT (Cone Roof Tank)

1) 탱크의 특성

   (1) 원추형 고정 지붕을 가진 탱크
   (2) 비점이 높은 중질유 저장용으로 사용
   (3) 탱크내부의 폭발에 대비하여 지붕과 탱크는 약하게 결합(Damage-Limiting Construction)
   (4) 저장 시 일교차에 의해 Breathing Loss가 발생하여 증발손실이 크므로 증기압이 큰 제품의 저장에는 적합하지 않다.

2) 화재특성

   (1) 액면 상부에는 가연성 증기가 다량 존재하므로 초기에 약한 폭발이 발생할 수도 있다.
   (2) 지붕은 탱크 벽면과 약하게 접합되어 있어 초기 폭발 시 날아가 버린다.
   (3) 폭발 후, 화재는 액표면 전체에서 진행(전면화재)되며 Pool Fire 형태를 보인다.
   (4) 多 비점 액체의 경우 Boil Over가 발생될 수 있다.
   (5) 또한, 진화 시 소화용수나 포가 주입되면 Slop Over도 발생될 수가 있다.

3) 적용 설비

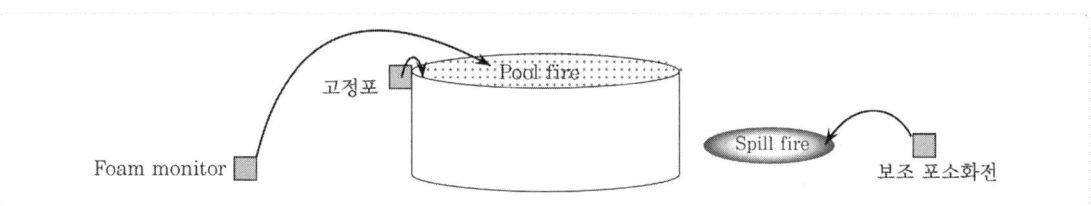

   (1) 고정포(Fixed Discharge Outlets) : II형, 표면하 주입식(III형), 반표면하 주입식(IV형)
   (2) 보조 포소화전(Supplementary Protection) : 탱크 주위의 Spill Fires 소화 용도

❷ FRT (Floating Roof Tank)

1) 탱크 특성
   (1) 액 표면 위에 액면과 같이 움직이는 부상지붕(Floating Roof)을 설치
   (2) 탱크의 벽면(Shell)과 칸막이 [굽도리판](Foam Dam)을 설치하고, 환상 부분(Seal)에 포를 방출하는 방식이다.
   (3) 탱크 내부의 증기공간을 없앤 것으로서 증발손실을 막을 수 있다.
   (4) 화재예방 효과가 크며 화재 시 소화가 용이하다.
   (5) 설치비가 고가이며 눈 또는 비가 많이 내리는 지방에는 부적합하다.

2) 화재특성
   (1) 증기 공간을 없앤 부유 지붕으로 화재는 증기발생기 가능한 지붕과 벽면 사이의 환상 Seal 부분에서 발생되어 원형 띠 형태로 확산된다.
   (2) 진화 시 너무 많은 포를 살포하면 부유 지붕이 가라앉아 화재 확대의 우려가 있어 주의해야 한다 (∴ Foam Monitors는 사용할 수 없다).

3) 적용설비
   (1) 고정포 : 특형
   (2) 보조 포소화전 : 탱크 주위 Spill Fires 소화

❸ IFRT (Covered (Internal) Floating Roof Tanks)

1) 탱크의 특성
   (1) 액 표면 위에 액면과 같이 움직이는 부상지붕(Floating Roof) 위에 고정 지붕을 설치한 탱크
   (2) 증기압이 높은 제품으로 빗물 등이 유입되어서는 안 되는 물질을 저장할 경우에 사용한다.
   (3) IFRT는 증발 손실 감소와 화재예방에 효과가 크다.
   (4) 부유 지붕의 Sealing 상태가 양호하지 않으면 지붕에 설치된 Vent를 통하여 공기가 유입되어 증발손실이 증대됨은 물론 발화, 폭발 위험이 증가한다.

2) 화재특성 : 일반적으로 전면화재(Full Surface Area Fire)

3) 적용설비
   (1) 고정포 : II형
   (3) 보조 포소화전 : 탱크 주위 Spill Fires 소화

❹ 수평탱크

탱크 자체의 화재보다는 주변의 화재로부터 탱크 보호

1) 수막설비 등으로 화재로부터 탱크 보호
2) 탱크 주변 화재 예방 및 소화

NFPA 위험물 저장탱크 포 설계 절차

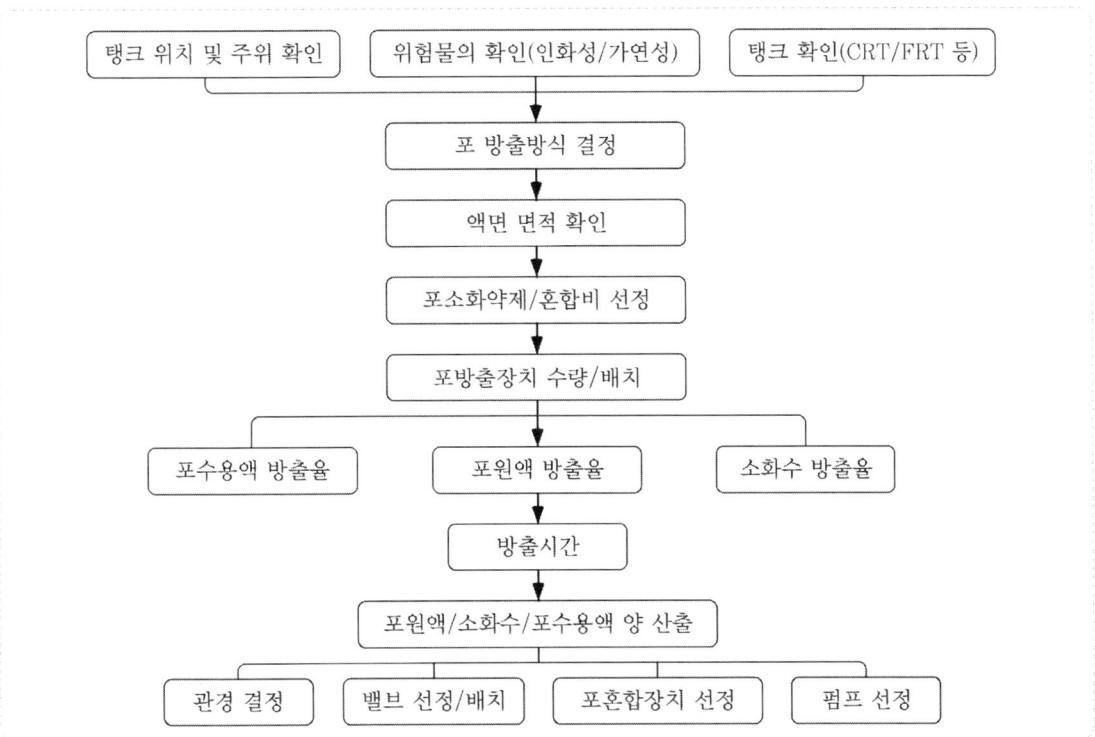

1. 탱크 위치 및 주위 환경 확인 (Installation Identification)

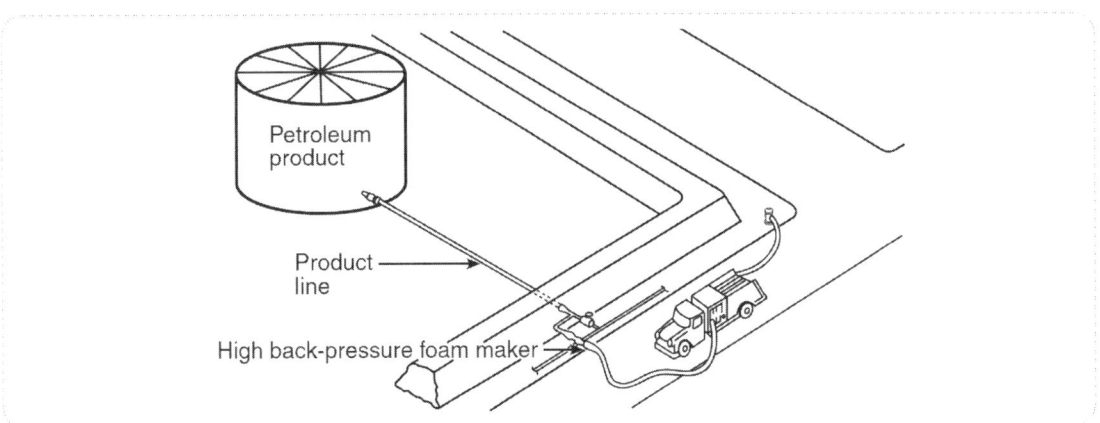

2. 위험물 확인 (인화성/가연성) (Flammable/Combustible Liquid Identification)

1) MSDS 등을 통하여 저장되는 위험물의 비점·인화점·비중·점도·수용성 여부 등을 확인한다.
2) 고려사항
   (1) 인화점·비점 : 비점·인화점이 낮은 위험물에는 내열성이 약한 포소화약제를 사용할 수 없다.
   (2) 점도 : 점성이 큰 위험물에는 표면하 주입방식을 적용할 수 없다.
   (3) 수용성 : 수용성 위험물에는 알콜형포를 사용해야 한다.

3. 탱크 확인 (Hazard Classification and Description)

   CRT, FRT, IFRT 등

4. 포 방출방식 결정 (Type of Protection)

   1) 탱크의 액 표면적 : 직경이 60 m 이상이면, Ⅱ형은 적응성이 떨어진다.

   2) 탱크의 높이, 위험물의 점성이 너무 크면 표면하 주입식(Ⅲ형)은 곤란하다.

   3) 수용성 또는 Class ⅠA는 표면하 주입식(Ⅲ형)이 곤란하다.

5. 액면 면적 확인

6. 포약제/혼합비 선정

   1) 포약제/혼합비 선정 고려사항

      ⑴ 저장물의 인화점 수용성 여부

      ⑵ 내열성, 유동성, 내유성 등을 고려한다.

   2) 팽창비 결정

7. 포방출장치 수량/배치

8. 포수용액 방출률

위험물의 종류 (제4류 위험물)	Ⅰ형		Ⅱ형		특형	
	방출률	방출시간	방출률	방출시간	방출률	방출시간
인화점 21 ℃ 미만	4	30	4	55	8	30
21~70 ℃ (등유, 경유)	4	20	4	30	8	20
70 ℃ (중유)	4	15	4	25	8	15
수용성	8	20	8	30		

9. 포 원액 방출률

10. 소화수 방출률

    1) 화재안전기준 : 포수용액양의 100 %

    2) 위험물 관련법 기준 : 포수용액 - 포 원액

11. 방출시간

12. 포 원액/소화수/포수용액 양 산출

13. 관경 결정

14. 밸브 선정·배치

15. 포 혼합장치 선정

16. 펌프 선정

포모니터 노즐 방식

1 포모니터 노즐 방식의 정의
1) 인화점이 38℃ 이하의 위험물을 저장하는 옥외탱크나 이송 취급소의 주입구를 방호하기 위해 설치하는 것으로 원격조작이 가능하다.
2) 발포방식은 포소화전과 유사하다.

2 설치기준
1) 포모니터 노즐은 옥외저장탱크 또는 이송취급소의 펌프설비 등이 안벽, 부두, 해상구조물, 그밖의 이와 유사한 장소에 설치되어 있는 경우에 당해 장소의 끝선(해면과 접하는 선)으로부터 수평거리 15 m 이내의 해면 및 주입구 등 위험물 취급설비의 모든 부분이 수평방사거리 내에 있도록 설치할 것
2) 설치개수가 1개인 경우에는 2개로 할 것
3) 포모니터 노즐은 소화활동상 지장이 없는 위치에서 기동 및 조작이 가능하도록 고정하여 설치할 것
4) 포모니터 노즐은 모든 노즐을 동시에 사용할 경우에 각 노즐선단의 방사량이 1900 lpm 이상이고 수평방사거리가 30 m 이상이 되도록 설치할 것

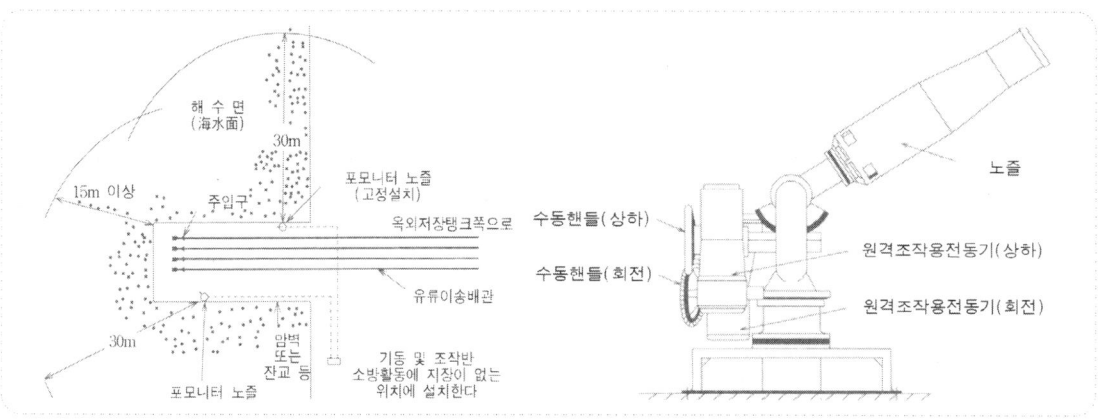

3 수 원
1) 방사량(30분 이상)

   $1900\,lpm \times 30\,min = 5700\,\ell = 57\,m^3$

2) 포소화배관 내를 채우기 위하여 필요한 양

   ∴ $57\,m^3$ + 포소화배관 내를 채우기 위하여 필요한 양

물분무 소화설비 1

1 개 요

1) 물분무 소화설비는 화재 시 노즐에서 소화수를 미세한 입자로 방수하여 소화하는 설비로서, 질식작용, 냉각작용, 희석작용 등으로 주로 가연성액체, 전기설비 등의 화재에 유효하다.
2) 소화 및 연소의 제어, 노출부분의 방호 또는 화재 예방의 목적으로 사용하는 소화설비이다. 이 설비는 물입자가 무상으로 방수되므로 고압의 전기화재에도 적응성이 있다.

2 설계 목적

1) 소화(Fire Extinguishment)
   (1) 화재를 직접 완전히 소화하는 것
   (2) 소화수에 의한 냉각, 수증기로 인한 질식, 액체의 유화, 희석작용 등의 복합적인 효과에 의해 소화된다.

2) 연소의 제어(Control of Burning)
   (1) 물분무를 연소하는 가연물에 살수하여 연소 제어가 가능하다.
   (2) 완전한 소화가 바람직하지 않거나(가스화재), 완전한 소화가 어려운 가연물인 경우

3) 연소확대 방지(Exposure Protection)
   (1) 수막설비의 주요 설계 목적이다.
   (2) 화재 시 발생하는 열이 복사, 대류, 전도에 따라 주위에 확산되면 주변의 가연물이 연소하게 되며 주변의 구조물을 손상시키게 된다. 화재 시 발생하는 열 확산을 물분무 입자가 차단하여 연소확대를 방지하게 된다.
   (3) 대기 투과도(τ)
   흡수율이 증가하면 대기투과도가 감소되어서 연소확대를 방지한다.

   $$대기투과도(\tau) = 1 - \alpha = e^{-KL}$$

   (4) 대류열은 방수로 쉽게 냉각되지만, 복사열은 방수를 통과하여 연소확대 위험이 있는 건물에 직접 닿을 수 있으므로, 일정량의 물이 연소확대 위험이 있는 건물의 벽을 따라서 흘러내리도록 설계하여야 한다.

4) 화재의 예방(Fire Prevention)
   화재 초기에 화재요인이 되는 인화성 물질을 희석, 확산, 냉각 및 연소하한계(LFL) 이하로 가연성 증기 농도를 감소시켜 화재를 예방

❸ 소화 원리

1) 표면냉각(Surface Cooling)
    ⑴ 미세한 물입자의 증발잠열로 인하여 화재 시 화열에 의해 증발하면서 주위의 열을 제거하며, 연소면(방호대상물) 전체를 물방울이 덮으면 매우 효과적으로 냉각작용을 한다.
    ⑵ 가연물 전체 표면에 소화수 방출
    ⑶ 인화점 60℃ 미만인 인화성 액체에는 적응성이 떨어진다.

2) 질식작용(Smothering by Produced Steam)
    ⑴ 소화수 입자가 기화되어 수증기가 되면 화면을 차단하여 산소의 공급을 차단
    ⑵ 증발 시 부피팽창은 약 1,700배 정도가 되어 산소를 희석시킨다.
    ⑶ 화재의 크기가 일정 규모 이상 되어야 효과가 있다.
    ⑷ 가연물이 산소를 생성하는 경우 적응성이 없다.

3) 유화작용(Emulsification)
    ⑴ 비수용성 액체 가연물의 경우에 해당되는 사항으로 물분무 입자가 큰 속도에너지를 가지고 방수하면 유면에 부딪히면서 불연성의 유화층을 형성한다.
    ⑵ 이러한 유화층이 유면을 덮는 것을 유화작용이라 하며, 무상주수 시 유화상태가 된 액체위험물은 증기압이 감소되어 가연성가스의 발생이 연소범위 이하가 된다.
    ⑶ 점성이 작은 액체
        적용범위는 균일해야 하고 방출압력은 높아야 한다(살수밀도가 커야 한다).
    ⑷ 점성이 큰 액체
        적용범위는 균일할 필요는 없고, 살수밀도가 작아도 효과적이다.
    ⑸ 물의 표면장력을 줄이는 첨가제의 사용은 효과적이다.

4) 희석작용(Dilution)
    ⑴ 수용성 액체 가연물에 해당되는 사항
    ⑵ 물분무 입자의 수량에 따라 액체위험물이 비인화성의 농도로 희석되는 것으로서, 적응성이 있으려면 가연성 물질을 비인화성으로 만드는 데 필요한 양 이상이 되어야 한다.
    ⑶ 유류저장탱크에 적용 시 넘침 현상에 주의하여야 한다.

물분무 소화설비 2

1 적 용

1) 가연성가스 및 액체
2) 변압기, 유입개폐기, 케이블과 같은 전기적 위험
3) 종이, 목재 같은 일반 가연물
4) 추진제와 탄약(화약) 같은 특정 위험물(Ultra-High Speed Water Spray System)

2 물분무헤드의 설치 제외

1) 물과 심하게 반응하는 물질 또는 물과 반응하여 위험한 물질을 생성하는 물질을 저장·취급하는 장소
2) 고온의 물질 및 증류범위가 넓어 끓어 넘치는 위험이 있는 물질을 저장·취급하는 장소
3) 운전 시에 표면 온도가 260℃ 이상으로 되는 등 직접 분무를 하는 경우 그 부분에 손상을 입힐 우려가 있는 기계장치 등이 있는 장소

3 전기기기와 물분무헤드의 이격거리

전압 (kV)	거리 (cm)	전압 (kV)	거리 (cm)
66 이하	70 이상	154~181	180 이상
66~77	80 이상	181~220	210 이상
77~110	110 이상	220~275	260 이상
110~154	150 이상		

4 물분무 수원(방출시간 20분)

대 상	방출률	비 고
특수가연물	10 lpm/m^2	최대 방수구역의 바닥면적, 50 m^2 이하인 경우에는 50 m^2
절연유 봉입 변압기		바닥부분을 제외한 표면적을 합한 면적
콘베이어 벨트 등		벨트부분의 바닥면적
케이블트레이 등	12 lpm/m^2	투영된 바닥면적
차고 또는 주차장	20 lpm/m^2	최대 방수구역의 바닥면적, 50 m^2 이하인 경우에는 50 m^2
옥외저장탱크	37 lpm/m	옥외저장탱크 원주길이 1 m당

5 물분무헤드 설치 시 고려사항

1) 방호되는 구역/방호대상물의 모양 및 크기
2) 생성된 물분무 패턴의 특성
3) 저속 및 작은 물방울에 미치는 바람 및 화재 통풍(Fire Draft)의 영향
4) 방호대상 표면을 벗어나는 소화수의 손실
5) 살수범위 특성에 미치는 노즐 방향의 영향
6) 냉각효과에 의한 열적 손상 가능성

6 장 점

1) 미세한 물입자이므로 열 흡수가 우수하고, 균일한 분포로 방사된다.
2) 기화 시 체적팽창 크다(1700배). ⇒ 질식효과
3) 유면에 유화층 만든다(유류화재 적용).
4) 전기절연성이 우수하여 전기화재에도 적용(물입자 미세)
5) 분무 노즐의 다양함(Spray, Fog, Mist, Vapor)
6) 사용범위(소화, 억제, 연소방지, 예방)가 넓다.
7) 가스폭발 방지 및 방호에도 효과적이다.

7 단 점

1) 설비 구조상 다량의 방수량이 요구되기 때문에 소화용수, 가압송수장치 용량이 커진다.
2) 물입자가 작아 바람의 영향을 받기 때문에 외부 영향(풍향, 풍속) 등을 고려해야 한다.
3) 열적 쇼크에 의한 방호대상물의 손상 가능성이 있다.

초고속 물분무소화설비

1 개 요

1) 초고속 물분무소화설비(Ultra High Speed Water Spray Systems)는 폭발적으로 연소하는 가연물 저장·취급하는 장소, 예를 들어 폭발 위험 장소, 5류 위험물 저장 장소 등에 설치하는 소화설비
2) 0.1초 내 감지, 기동 및 헤드에서 소화수를 방출하여야 하기 때문에 감지, 기동, 배관 배열 및 헤드의 위치가 다른 소화설비와는 다르다.

2 적응장소 : Very High Flame Spread and Heat Release

1) 로켓 추진제(Rocket Fuel Propellants)
2) 5류 위험물 저장 장소(Pyrotechnic Materials)
3) 도장 장소(Paint Spray)
4) 탄약 창고
5) 분진 및 폭발 우려가 있는 장소

3 감 지

1) 불꽃감지기(Optical Flame Detection) : 주로 개방된 장소
   (1) Ultraviolet (UV) or Infrared (IR)
   (2) Multiple-Band Optical Detectors : IR/IR or UV/IR : 오동작 방지
2) 압력감지기(Pressure Detection)

4 기동장치

개방형 헤드 + 밸브 2차 측 습식

1) 뇌관 기동 장치 (Squib-Actuated System)
   (1) 뇌관 (Squib)을 이용하여 델루지 밸브를 개방한다.
   (2) 개방형 헤드를 사용하지만 빠른 소화수 방출을 위해 낮은 압력에는 파괴되는 얇은 막을 사용하여 2차 측에 물을 채운다.
   (3) 동작 메커니즘

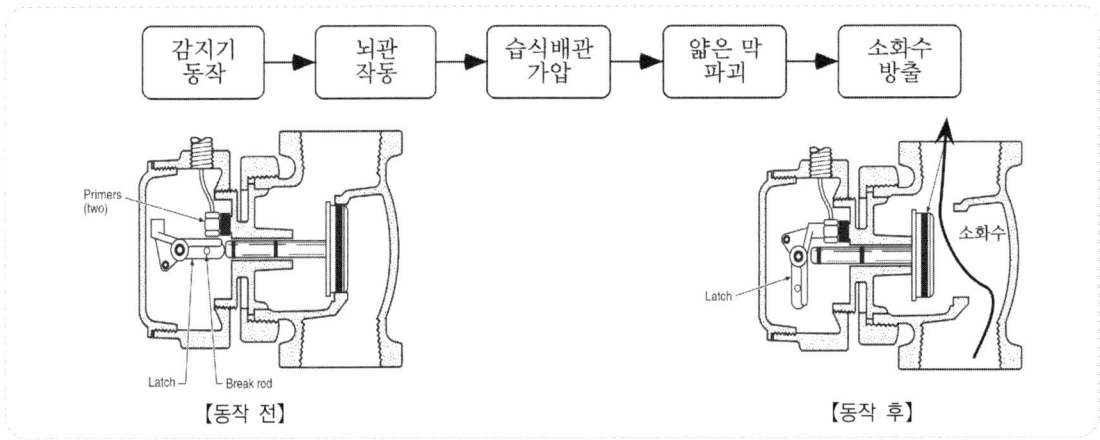

2) 솔레노이드 기동장치 (Pilot Solenoid-Actuated System)
   (1) Pilot Solenoid을 이용하여 헤드 개방
   (2) 감지기 동작 ⇒ 솔레노이드밸브 동작 ⇒ 노즐 개방 ⇒ 소화수 방출

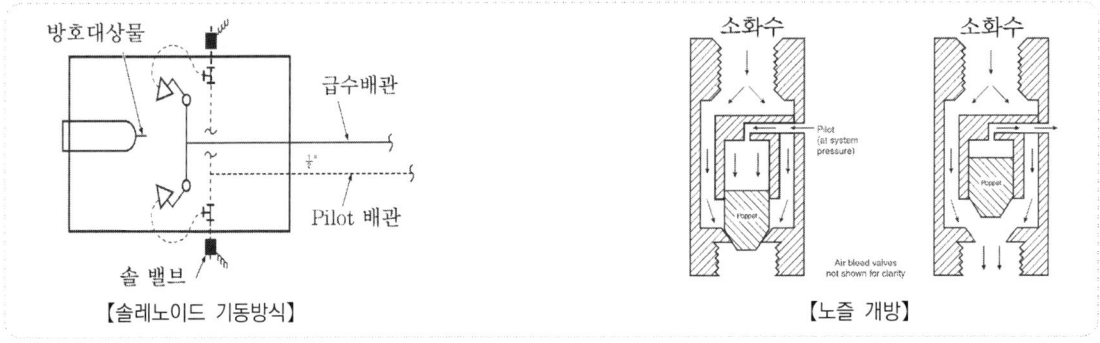

미분무수 소화원리

1 개 요
미분무수 소화설비는 냉각, 질식, 가연물 적심, 복사열 차단 및 운동효과 등 다양한 소화작용으로 A, B, C급화재에 적응성이 있는 소화설비이다.

2 설계 목적 (Performance Objectives)

1) 소화 (Extinguishment)
   완전한 진압 (Complete Suppression)
2) 화재 진압 (Suppression) : 열방출률을 급격히 감소
3) 화재 제어 (Fire Control)
   (1) 구조물 보호
   (2) 인명안전
   (3) HRR, 화재성장률 감소
4) 온도제어 (Temperature Control)
5) 방호대상 보호(연소확대 방지) (Exposure Protection)

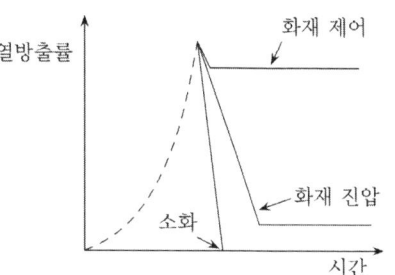

3 주 소화원리

1) 기상냉각 (Heat Extraction)
   물의 증발잠열을 이용하여 화염냉각 ⇒ 화재실 온도감소
   (1) 예혼합 : 화염온도가 연소 유지에 필요한 임계온도(단열화염한계온도) 이하면, 화염은 소멸된다 (일반적으로 탄화수소의 단열화염 한계온도는 약 1300℃ 정도).
   (2) 확산 : 화염냉각으로 가연물 표면에 대한 복사량(열 피드백)을 감소시켜 가연물의 열분해를 감소시킨다.

2) 질식 및 가연성증기 희석
   구획실 방출방식에서 수증기 발생은 해당 공간 내의 산소/인화성 증기 농도 감소
   (1) 빠르게 증발되고 팽창된 수증기가 공기(산소)를 대체한다.
   (2) 화재의 크기가 클수록 질식효과는 크다.
   (3) 질식의 효과를 증가시키기 위해서는 순환(Cycling, On-Off, Pulsing) 방식이 효과적이다.
   (4) 순환 (Pulsing)
       ① 미분무 작동의 On-Off를 반복하는 방식으로 방호구역에 Pulsing을 적용하는 경우 지속적인 미분무수 방출에 비해 소화속도가 빨라지고, 물 사용량은 감소한다.
       ② Off 상태에서 재성장한 화재는 방호구역 내부의 산소농도 감소로 소화를 촉진한다.
       ③ 이러한 순환방식은 정상상태의 분무에 비해 유효증발량 및 산소농도 감소로 미분무수의 화재 진압 효과는 증가한다.

(5) 엔진실 같은 열적 쇼크 우려가 있는 장소에서 중요 소화원리이다.
이점이 물분무소화설비와 큰 차이점이다.
(6) 구획실의 개구부 및 환기에 대한 고려가 중요하다.

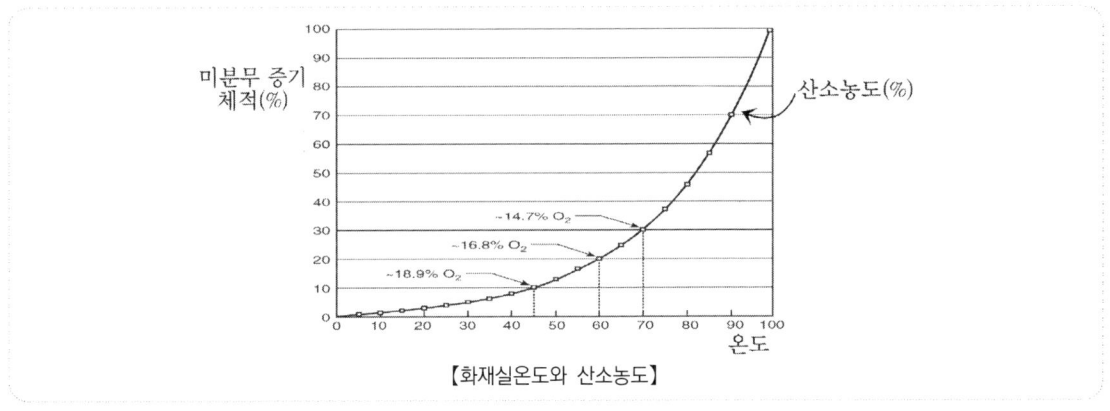

【화재실온도와 산소농도】

3) 가연물 표면의 적심 및 냉각
   (1) 국소방출 방식(큰 물입자)에서 주요 소화효과이다.
   (2) 고체가연물이나 높은 인화점을 갖는 액체의 경우 중요한 소화원리이다.
   (3) 가연물 표면이 젖거나 냉각되어 열분해속도(Burning rate)가 감소한다.
   (4) 가연물 표면 위의 가연성증기 농도가 LFL 이하로 떨어지면 화염 소멸

4 부차적 소화원리

1) 복사열 차단(Radiant Heat Blocking)
   (1) 화염과 미연소 가연물 사이에서 부유하는 물방울 및 수증기가 복사열을 흡수하여 화염의 전파 및 열적 피해 차단
   (2) 물입자가 작을수록 효과가 크다.

2) 운동 효과(Kinetic Effects)
   (1) 빠른 유체(물방울 + 공기)의 흐름으로 화염이 불안정하여 소화 가능

   $$D = \frac{\tau_r}{\tau_{ch}}$$

   (2) 역효과 발생 우려가 있다. 즉, 화염의 난류 상태가 되어 공기와 가연성증기가 잘 혼합되어 화염에서의 반응이 더 활발해질 수 있다.

5 결론

Water Mist 소화설비는 다양한 소화원리가 복합적으로 작용하여 소화하므로, 연소 특성, 화재실의 특성 등을 고려해서 설계하여야 한다.

Annex

📁 수계소화설비 비교

구 분	스프링클러	물분무	미분무수
기본개념	바닥 살수밀도	방호대상물 표면적	방호공간 체적
설계목적	• 화재 제어 • 화재 진압	• 소화 • 연소의 제어 • 연소확대 방지 • 화재의 예방	• 화재 제어 • 화재 진압 • 소화 • 온도 제어 • 방호대상 보호(연소확대 방지)
소화원리	냉각	• 표면냉각 • 질식작용 • 유화작용 • 희석작용	• 기상냉각 • 질식 및 가연성증기 희석 • 가연물 표면의 적심 및 냉각 • 복사열 차단 • 운동 효과
장점	창고화재	A, B, C급화재 적응성	• 질식효과가 주 소화원리인 경우 열적쇼크가 작다.
단점	B, C급 적응성 없음	열적 쇼크	• 설계 입증 • 배관의 부식으로 인한 소화성능 감소가 크다.
손실계산	Hazen-Williams	Hazen-Williams	Darcy-Weisbach
방수압력	정압 또는 전압으로 계산	정압 (예외 인정)	정압

📁 미분무수 방출 특성 (Spray Characteristics)

- Drop Size Distribution (DSD)
- Cone Angle
- Velocity of the Discharge Jet(s)
- Mass Flow Rate
- Spray Momentum (Product of Velocity and Mass)

📁 미분무수소화설비 수원 (m^3)

$$Q = N \times D \times T \times S + V$$

N : 방호구역 (방수구역) 내 헤드의 개수
D : 설계 유량 (m^3/min) T : 설계 방수시간 (min)
S : 안전율 (1.2 이상) V : 배관의 총체적 (m^3)

미분무수소화설비 구분

1 개 요

NFPA 750 미분무소화설비에서는 방출방식, 노즐형식, 시스템 작동방법, 시스템 매체종류(미분무수 생성방법) 등으로 분류한다.

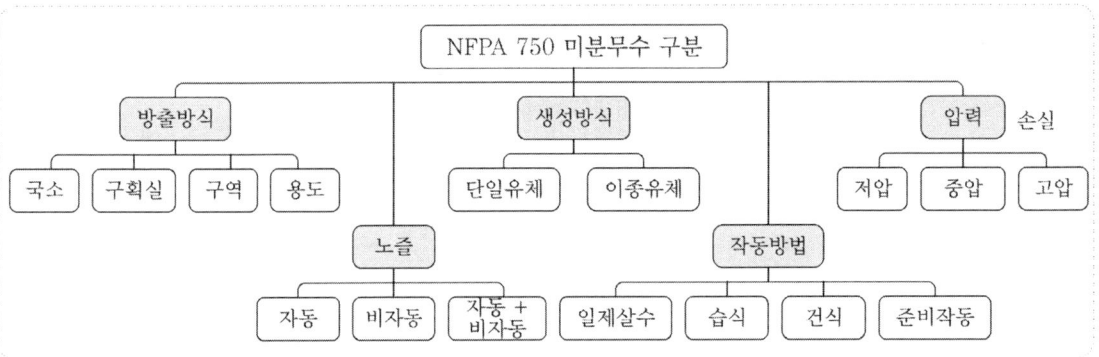

2 적용 방식

1) 구획실 방출 (Total Compartment Application)

   (1) 방호구역 내 노즐이 동시에 방수하여야 한다. ⇒ NonAutomatic (개방형) 사용
   (2) 구획효과로 인한 냉각 및 질식이 주요 소화원리이다.
   (3) 가스계소화설비와 달리 큰 개구부가 있어도 효과 유지 가능(질식효과는 개구부가 중요)
   (4) 방호구역 내에서 미분무소화설비 작동 시 압력에 의한 구조물 피해를 고려하여야 한다.
   (5) 많은 양의 물 필요 ⇒ 터널 적용 시 배수설비 용량이 중요하다.

2) 국소 방출 (Local Application)

   (1) 화재 우려가 있는 대상에 직접 방수되도록 노즐을 배치한다.
   (2) 기상냉각이나 가연물 적심이 주요 소화효과
   (3) 화재감지 및 방출 방법은 설비 설계에 있어서 중요하다.

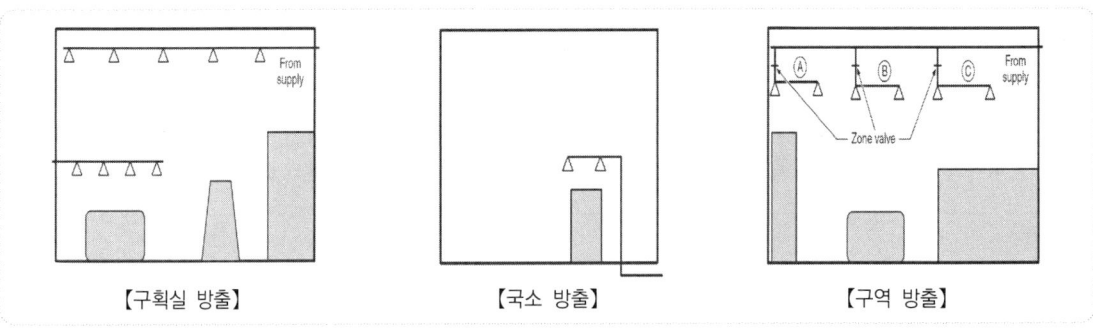

【구획실 방출】　　　【국소 방출】　　　【구역 방출】

3) 구역 방출 (Zoned Application)

   (1) 방호구역의 특정 부분의 위험 요소를 방호하도록 설계된 설비
   (2) 소화효과는 국소방출 방식 + 전역방출 방식이 혼합

(3) 감지 및 방출 방법의 설계가 중요하다.

(4) 방호구역의 크기, 감지구역의 크기, 화재 시나리오에 의해 작동시켜야 할 노즐수의 결정이 중요하다.

(5) 터널 내 화재제어 방식으로 적합하다.

4) 용도 방호(Occupancy Protection Systems)

   (1) 일반 용도 분류 : 스프링클러 준용

      ① 경급(Light Hazard Occupancies)

      ② 중급 1 [Ordinary Hazard (Group 1)]

      ③ 중급 2 [Ordinary Hazard (Group 2)]

   (2) 특수 용도 분류

      ① 기계실(Machinery Spaces)

      ② 터빈 엔진실(Combustion Turbines)

      ③ Wet Benches and Other Similar Processing Equipment

      ④ 국소방출방식(Local Application)

      ⑤ 조리실(Industrial Oil Cookers)

      ⑥ 컴퓨터실 하부(Computer Room Raised Floors)

3 노즐 타입(Nozzle Type)

1) Automatic (자동식) : 다른 노즐의 동작에 영향을 받지 않는 노즐, 즉 폐쇄형 노즐

2) Non-Automatic (비자동식) : 전체 또는 그룹으로 동작하는 노즐, 즉 개방형 노즐

3) Multi-functional : Automatic + Non-Automatic

4 미분무 생성 방식(Media System Types)

1) Single - Fluid 방식

   (1) 압력 노즐 : 소화수가 1개 이상의 오리피스를 통해 분사된 뒤, 분쇄되어 물 분출과 주위 공기간의 속도차로 미분무수를 생성하는 노즐

   (2) 디플렉터 노즐 : 충돌에 의한 충격에 의해 미립자가 되는 노즐

   (3) 충돌 노즐 : 이중유체(Two Liquid Streams)의 충돌에 의해 미분무수를 생성하는 노즐

   (4) 진동 또는 전기 노즐(Ultrasonic and Electrostatic Atomizers)

   (5) 과열된 물을 갑자기 증발시켜 미스트 발생

      ① 해당 액체의 갑작스런 증발로 동적에너지의 방출이 일어나고 나머지 물을 분쇄해 비교적 미세한 분무액을 형성한다. (Dv 0.9 = 300 ㎛)

      ② 방호구역의 화재 진압보다는 폭발 방호·완화

2) Twin - Fluid (이종 유체) 방식

   (1) 물과 압축가스, 2가지 유체 흐름 활용

   (2) 낮은 수압에서도 방수 성능 극대화 및 노즐이 막힘(Clogging) 현상 방지

   (3) 압축가스를 저장 및 공급할 수 있는 설비를 갖추어야 한다.

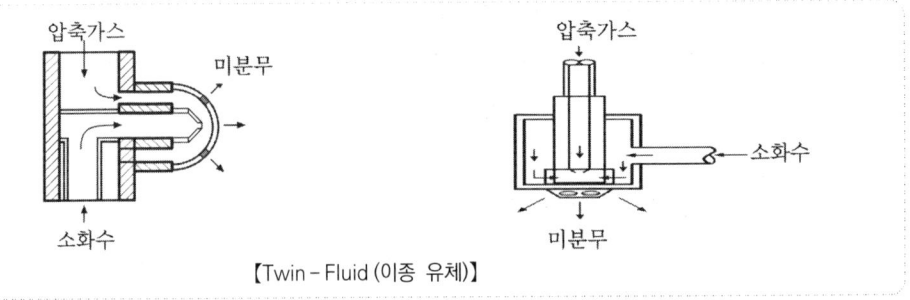

【Twin-Fluid (이종 유체)】

5 작동방법 (System Operation Method)

1) 일제살수식 (Deluge)
2) 습식 (Wet Pipe)
3) 준비작동식 (Preaction)
4) 건식 (Dry Pipe)

6 압력

압력에 따라 마찰손실 계산방법이 다르다.

1) 저 압
   (1) 1.2 MPa 이하
   (2) 표준형 스프링클러설비와 유사, 기존 소방펌프 이용 가능
   (3) 노즐 막힘의 우려가 있는 경우는 Twin-fluid 방식이 효율적이다.
   (4) 마찰손실 계산 시 하젠 윌리암스 식 적용

2) 중 압
   (1) 1.2 ~ 3.5 MPa
   (2) 관 부속품 및 펌프 선정 시에는 주의

3) 고 압
   (1) 3.5 MPa 이상
   (2) 배관의 선정 설치 방식 및 펌프 관련 기술이 중요
   (3) 용적형 펌프 사용

Annex

📁 물입자 등급(삭제)

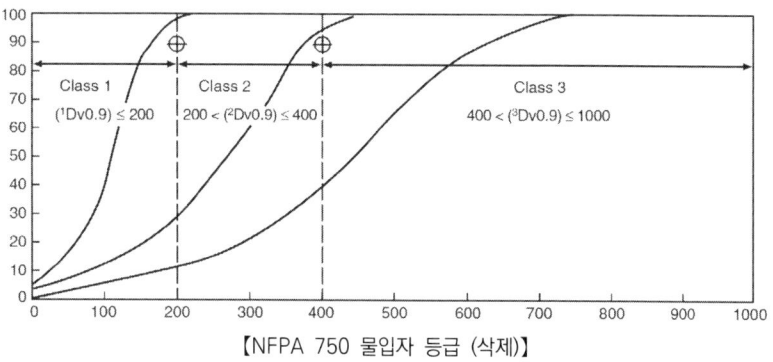

【NFPA 750 물입자 등급 (삭제)】

1. Class 1
   (1) 물입자 누적 체적 분포의 90 %가 200 μm 이하
   (2) 증발잠열에 의한 냉각/질식 작용 양호
   (3) 방호구역의 기류의 영향을 많이 받음
2. Class 2 : 물입자의 90 %가 200~400 μm
3. Class 3 : 물입자의 90 %가 400~1000 μm
   (1) 가연물 적심이 중요한 장소에 적용
   (2) 국소방출 방식

📁 클로깅 (Clogging) 현상

1. 배관 내 이물질(용접 및 부식 잔해물)에 의해 소화수 방수 시 헤드가 막혀 균일한 살수밀도 감소
2. 화재안전기준
   (1) 미분무수 소화설비에 사용되는 용수는 「먹는물관리법」 제5조에 적합하고, 저수조 등에 충수할 경우 필터 또는 스트레이너를 통하여야 하며, 사용되는 물에는 입자·용해고체 또는 염분이 없어야 한다.
   (2) 배관의 연결부(용접부 제외) 또는 주배관의 유입측에는 필터 또는 스트레이너를 설치하여야 하고, 사용되는 스트레이너에는 청소구가 있어야 하며, 검사·유지관리 및 보수 시에 배치위치를 변경하지 아니하여야 한다. 다만 노즐이 막힐 우려가 없는 경우에는 설치하지 아니할 수 있다.
   (3) 사용되는 필터 또는 스트레이너의 메쉬는 헤드 오리피스 지름의 80 % 이하가 되어야 한다.
   (4) 수조를 용접할 경우 용접찌꺼기 등이 남아 있지 아니하여야 하며, 부식의 우려가 없는 용접방식으로 하여야 한다.
   (5) 배관은 배관용 스테인리스 강관(KS D 3576)이나 이와 동등 이상의 강도·내식성 및 내열성을 가진 것으로 하여야 하고, 용접할 경우 용접찌꺼기 등이 남아 있지 아니하여야 하며, 부식의 우려가 없는 용접방식으로 하여야 한다.

Dv 0.9 : 200 μm

1 개 요
미분무수 소화설비의 소화효과는 물입자의 크기의 영향을 받으므로 소화설비 설계 시 물 입자에 대한 고려가 중요하다.

2 미분무수 입자 분포
1) 누적 체적분포(VMD, Volume Median Diameter)
   (1) 체적평균 액적직경으로 %가 해당 직경보다 작은 크기
   (2) 현재 NFPA 750에서 물입자 직경을 표시하는 방법
2) 누적 입자수분포(NMD, Number Median Diameter)
   총입자 수로 표시(총입자 수의 90 %가 200 μm)
3) 체적 도수곡선(VFC, Volume Frequency Curve)
   가장 많은 부피를 차지하는 물입자 크기

3 Dv 0.9 : 200 μm
체적평균 액적직경으로 90 %가 200 μm 보다 작은 크기

4 VMD & NMD
아래 그림에서 같은 조건이라도 물입자 분포 수치는 다르다.
1) Dn 0.9 : 200 μm
2) Dv 0.5 : 200 μm

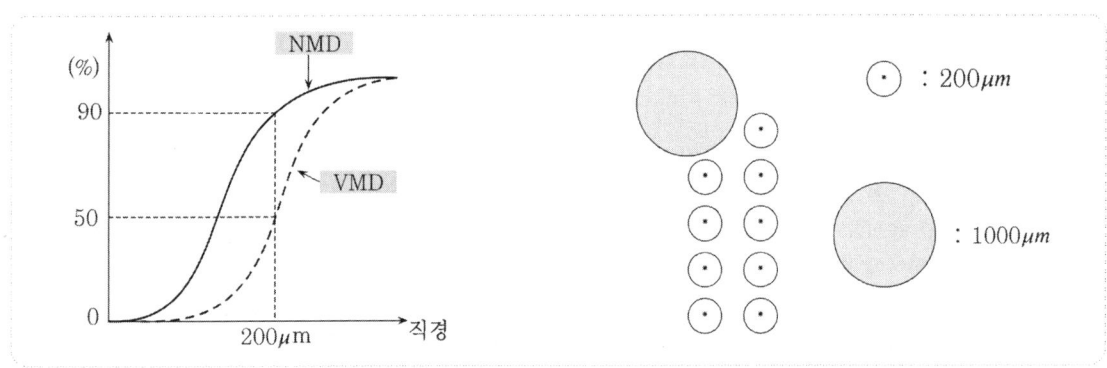

미분무수 적용대상

1 개 요

1) 미분무수 소화설비는 다양한 가연물(A, B, C급)에 적응성이 있는 소화설비이다.

2) 방호구역 및 가연물 특성에 따라 물방울 크기, 방출방식 및 시스템을 적응성 있게 적용하여야 한다.

2 적용 대상

1) 기계실(Machinery Spaces)
   (1) 특징 : 다양한 가연물(가연성 유류, 유압 오일, Cable)
   (2) 소화원리 : 구획된 공간이므로 냉각과 질식이 주 소화원리이다.
   (3) 전역방출 방식
   (4) Deluge System(Non-Automatic 노즐) 적용

2) 터빈 엔진실(Turbine Enclosure)
   (1) 터빈 엔진이 갑작스런 냉각(열적 쇼크)으로 손상의 위험 ⇒ Cycling(On-Off) 시스템 적용하여야 한다.
   (2) 소화원리 : 질식효과를 이용하여야 한다(작은 물입자가 소화에 유리).
   (3) 노즐의 위치 및 방수 방향이 중요하다.
   (4) 개구부의 크기 및 위치가 중요하다.

3) 선박의 객실
   (1) 인명안전이 주 목적
   (2) A급화재 : B급화재보다 큰 물입자가 필요하다.
   (3) 습식설비를 사용하며 노즐은 속동형 사용

4) 문화재
   (1) 도심에서 많이 떨어진 경우 수원의 공급이 제한적이다.
   (2) 문화재의 수손 피해 감소

5) 박물관, 갤러리
   (1) 인명안전 및 재산(전시물) 보호
   (2) Pre-Action System

6) 전기실 및 전산실
   작은 물입자이므로 비전도성으로 C급화재에 적응성이 있다.

7) Tunnels
   (1) 최근 10년 동안 가장 발전된 분야
   (2) 수계소화설비 필요성 증가
      ① Water Mist
      ② Water Spray

③ 저팽창포
④ 고팽창포(High Expansion Form)
(3) Water Mist 장점
① 고온의 연소생성물을 냉각
- 인명안전 : 열적 위험 감소
- 화염전파 방지
- 부력을 감소시켜 연기의 유동력(구동력) 감소
② 적은 수원으로 큰 효과
8) 항공기

3 장 점

1) 유독성 문제가 없다.
2) 환경 문제가 없다.
3) 가연성 액체 및 분출화재(3차원)에 적응성이 있다.
4) A, B, C, K급화재에 적응성이 있다.
5) 폭발억제 설비로 사용 가능하다.
6) 물의 양이 최소화할 수 있다.
7) 질식효과가 주 소화원리인 경우 열적 쇼크가 작다.

4 단 점

1) 설계 결과(소화)를 입증하여야 한다.
2) 배관의 부식으로 인한 소화성능 감소가 크다.
3) 설비가 고압이다.

Annex

📁 미분무 개발
1. IMO : 30인 이상 선박에 미분무수소화설비 설치
2. 하론 소화설비 대체
3. 멘체스터 항공기 사고

미분무소화설비의 설계도서

1 공통사항

1) 미분무소화설비의 성능을 확인하기 위하여 하나의 발화원을 가정한 설계도서는 아래의 기준을 고려하여 작성되어야 하며, 설계도서는 일반설계도서와 특별설계도서로 구분한다.
   (1) 점화원의 형태
   (2) 초기 점화되는 연료 유형
   (3) 화재 위치
   (4) 문과 창문의 초기상태(열림, 닫힘) 및 시간에 따른 변화상태
   (5) 공기조화설비, 자연형(문, 창문) 및 기계형 여부
   (6) 시공 유형과 내장재 유형

2) 설계도서는 건축물에서 발생 가능한 상황을 선정하되, 건축물의 특성에 따라 설계도서 유형 중 일반설계도서와 특별설계도서 중 1개 이상을 작성한다.

2 설계도서 유형

1) 일반설계도서
   (1) 건물 특성, 사용자 중심의 일반적인 화재를 가상한다.
   (2) 설계도서에는 다음 사항이 필수적으로 명확히 설명되어야 한다.

구 분	구성요소
건축 특성	• 건축물의 높이, 연면적 및 실 크기 • 가구와 실내 내용물 • 개구부 크기 및 형태
연소 특성	• 연소 가능한 물질들과 그 특성 및 발화원 • 최초 발화물과 발화물의 위치
점유자 특성	• 사용자의 수와 장소 • 건물사용자 특성

   (3) 설계자가 필요한 경우 기타 설계도서에 필요한 사항을 추가할 수 있다.

2) 특별설계도서 1
   (1) 내부 문들이 개방되어 있는 상황에서 피난로에 화재가 발생하여 급격한 화재연소가 이루어지는 상황을 가상한다.
   (2) 화재 시 가능한 피난방법의 수에 중심을 두고 작성한다.

3) 특별설계도서 2
   (1) 사람이 상주하지 않는 실에서 화재가 발생하지만, 잠재적으로 많은 재실자에게 위험이 되는 상황을 가상한다.
   (2) 건축물 내의 재실자가 없는 곳에서 화재가 발생하여 많은 재실자가 있는 공간으로 연소 확대되는 상황에 중심을 두고 작성한다.

4) 특별설계도서 3
   (1) 많은 사람이 있는 실에 인접한 벽이나 덕트 공간 등에서 화재가 발생한 상황을 가상한다.
   (2) 화재감지기가 없는 곳이나 자동소화설비가 없는 장소에서 화재가 발생하여 많은 재실자가 있는 곳으로 연소확대가 가능한 상황에 중심을 두고 작성한다.
5) 특별설계도서 4
   (1) 많은 거주자가 있는 인접한 장소 중 소방시설의 작동 범위에 들어가지 않는 장소에서 아주 천천히 성장하는 화재를 가상한다.
   (2) 작은 화재에서 시작하지만, 큰 대형화재를 일으킬 수 있는 화재에 중심을 두고 작성한다.
   (3) 주택이나 병원화재
6) 특별설계도서 5
   (1) 건축물의 일반적인 사용 특성과 관련, 화재하중이 가장 큰 장소에서 발생한 아주 심각한 화재를 가상한다.
   (2) 재실자가 있는 공간에서 급격하게 연소 확대되는 화재를 중심으로 작성한다.
   (3) 나이트클럽 화재
7) 특별설계도서 6
   (1) 외부에서 발생하여 본 건물로 화재가 확대되는 경우를 가상한다.
   (2) 본 건물에서 떨어진 장소에서 화재가 발생하여 본 건물로 화재가 확대되거나 피난로를 막거나 거주가 불가능한 조건을 만드는 화재에 중심을 두고 작성한다.

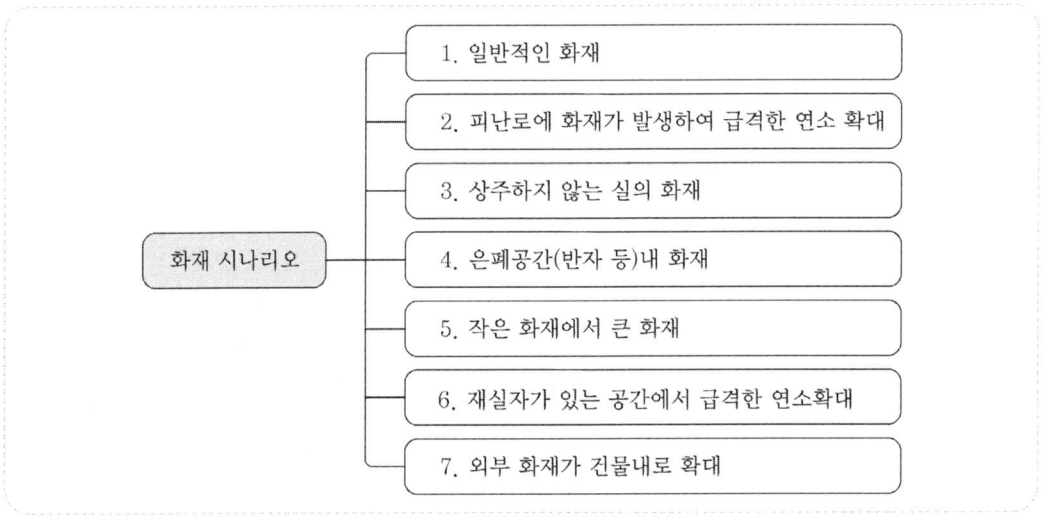

3 검토

위의 설계도서(화재 시나리오)는 NFPA 101 인명안전(Life Safety) 코드를 인용한 것인데 미분무소화설비의 목적은 인명안전보다는 재산보호이므로 미분무수 소화설비의 설계도서(화재시나리오)로는 적합하지 않다.

NFPA 750 설계 시 고려사항

1 개 요
미분무설비는 다양한 소화원리로 소화하기 때문에 건축특성, 연소특성 등을 고려하여 설계하여야 한다.

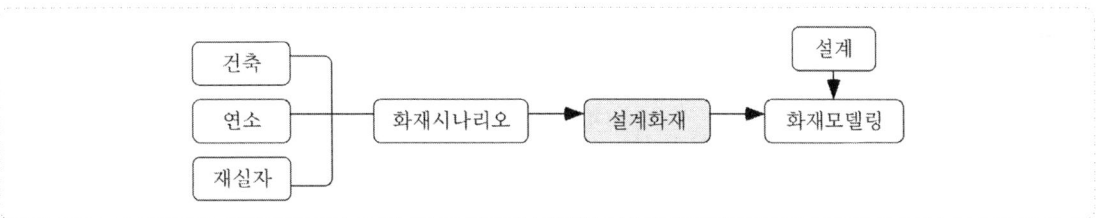

2 설계 목적
1) 화재 제어(Fire Control)
2) 화재 진압(Fire Suppression)
3) 소화(Extinguishment)
4) 온도 제어(Temperature Control)
5) 방호대상 보호(연소확대 방지)(Exposure Protection)

3 건축특성
1) 방호공간 바닥면적 및 높이
2) 환기특성
   (1) 자연환기
      ① 개구부의 개수, 위치 및 크기
      ② 소화효과에 영향을 줄 수 있는 경우 자동폐쇄장치 설치. 특히 질식이 주 소화원리면 개구부에 주의하여야 한다.
   (2) 강제 환기
3) 용도 분류(Classification of Occupancies)
   (1) 일반용도 분류 : 스프링클러 준용
      ① 경급(Light Hazard Occupancies)
      ② 중급 1 [Ordinary Hazard(Group 1)]
      ③ 중급 2 [Ordinary Hazard(Group 2)]
   (2) 특수용도
      ① 기계실(Machinery Spaces)
      ② 연소터빈실(Combustion Turbines)
      ③ 전산실(Computer Room Raised Floors) 등

4 연소특성

1) 화재 특성 (종류)

   (1) 가연물량 (화재하중)

   (2) 가연물 종류 : A급, B급, C급화재로 구분

   (3) 발화 및 재발화, 화재성장률, 소화의 난이도

2) 화재 위치 (Fire Location)

   (1) 높은 곳의 가연물

   (2) 개구부에 근접한 가연물

   (3) 코너에 위치한 가연물

   (4) 벽에 적재된 가연물

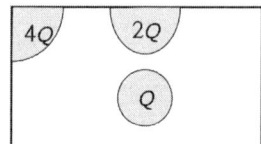

3) 장애물 및 은폐

   화재가 전기캐비넷 등 장애물에서 발생한 경우 소화에 악영향을 미치므로 고려하여야 한다.

Annex

📁 **엔지니어드와 프리 엔지니어드**

1. 개 요

   (1) 다양한 구획실 및 화재위험에 대해 기본 노즐 간격을 규정한 뒤 수리계산에 의해 최소 노즐압력 및 유량을 충족시키는지 확인하여야 한다.

   (2) 소화효과가 있다는 점을 설계자가 입증하여야 한다.

   (3) 입증이 쉽지 않으므로 개발된 개념이 프리엔지니어드 방식

2. 프리엔지니어드 (Pre-Engineered)

   (1) 업체가 여러 개의 특정된 (Specific) 방호구역 면적, 층고, 화재 시나리오 등을 가정하여 여러 개의 미분무수 소화설비 시스템을 설계, 관계기관의 인증을 받은 후

   (2) 고객은 여러 개의 시스템 중 필요한 시스템을 선택·설치하면 됨

   (3) 그러면 설계의 타당성을 입증할 필요가 없다.

3. 엔지니어드 (Engineered)

   (1) 화재시나리오 작성부터 설계화재 설정, 소화설비 설계 및 설계의 타당성까지 모두 설계자가 입증하여야 합니다.

   (2) 복잡하고 비용이 많이 소요

   (3) 양복점에 가서 맞추는 것

📁 **화재 및 피난시뮬레이션의 시나리오 작성 기준(제4조 관련)**

   시나리오는 실제 건축물에서 발생 가능한 시나리오를 선정하되, 건축물의 특성에 따라 제2호의 시나리오 적용이 가능한 모든 유형 중 가장 피해가 클 것으로 예상되는 최소 3개 이상의 시나리오에 대하여 실시한다.

NFPA 750 설계 시 B급화재 고려사항

1 개 요

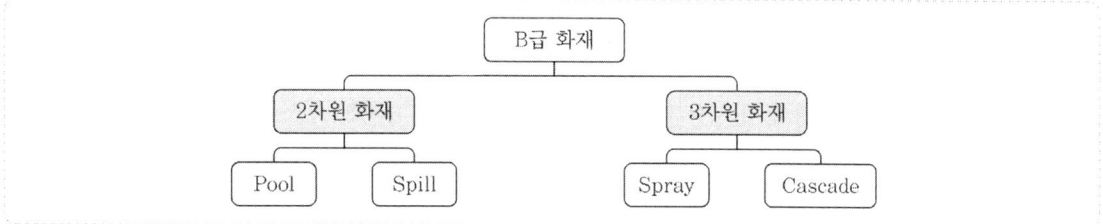

2 2차원 화재 : 액면화재

1) 가연물의 양 및 형태

2) 가연물의 인화점

3) Preburn Time (발화부터 진화 작업이 시작된 시점까지의 시간)

4) Pool/Spill 화재 크기

3 3차원 화재 : 가연물 분무(Spray) 및 흘러내리는(Cascade) 화재

1) 가연물의 양 및 형태

2) 가연물의 인화점

3) Preburn Time

4) 흘러내리는 또는 흐르는 형태의 화재

5) 가연물의 유동량

6) 화재 형태

7) 분출 화재(Spray Fires)

   ⑴ 가연물의 분출 압력

   ⑵ 가연물의 분출 각도

   ⑶ 가연물의 분출 방향

8) 재발화원

옥내소화전 ON-OFF 기동방식

1 옥상수조 제외 대상
1) 지하층만 있는 건축물
2) 고가수조를 가압송수장치로 설치한 옥내소화전설비
3) 수원이 건축물의 최상층에 설치된 방수구보다 높은 위치에 설치된 경우
4) 건축물의 높이가 지표면으로부터 10 m 이하인 경우
5) 주펌프와 동등 이상의 성능이 있는 별도의 펌프로서 내연기관의 기동과 연동하여 작동되거나 비상전원을 연결하여 설치한 경우
6) On-Off 방식인 경우
7) 가압수조를 가압송수장치로 설치한 옥내소화전설비

2 On-Off 방식
1) 학교·공장·창고시설로서 동결의 우려가 있는 장소에 있어서는 기동스위치에 보호판을 부착하여 옥내소화전함 내에 설치할 수 있다.
2) 위의 단서 경우에는 주펌프와 동등 이상의 성능이 있는 별도의 펌프로서 내연기관의 기동과 연동하여 작동되거나 비상전원을 연결한 펌프를 추가 설치할 것
   다만 다음 경우는 제외한다.
   (1) 지하층만 있는 건축물
   (2) 고가수조를 가압송수장치로 설치한 경우
   (3) 수원이 건축물의 최상층에 설치된 방수구보다 높은 위치에 설치된 경우
   (4) 건축물의 높이가 지표면으로부터 10 m 이하인 경우
   (5) 가압수조를 가압송수장치로 설치한 경우

3 검 토
대형건축물인 경우 기동 후 소화전 방수까지의 시간지연이 문제가 되므로 MOV의 설치를 검토하여야 한다.

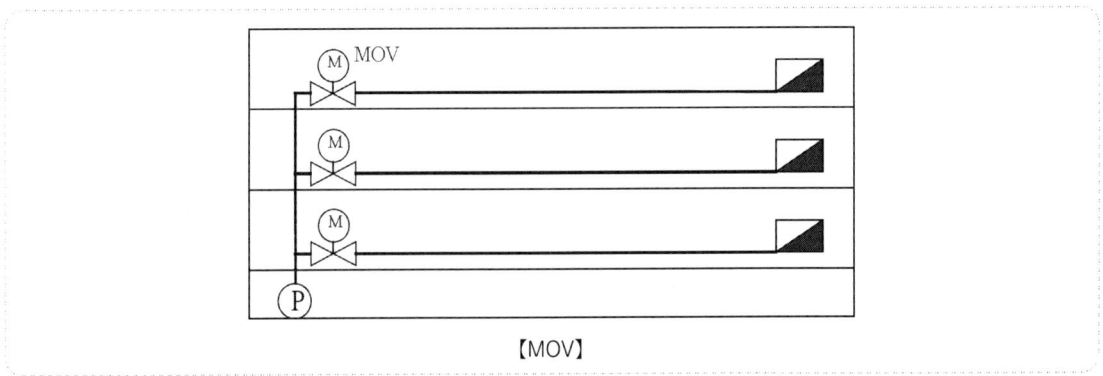

【MOV】

4 소방호스와 호스릴

1) 소방호스와 호스릴 기준

	소화전	호스릴
수평거리	25 m	25 m
수원	130 × 20분 × N	130 × 20분 × N
방사압	0.17 MPa	0.17 MPa
호스구경	40 mm	25 mm
배관구경	주배관 : 50 mm, 가지배관 : 40 mm	주배관 : 32 mm, 가지배관 : 25 mm
마찰손실	작다	크다

2) 소방호스와 호스릴 장·단점

기존 소화전 (40 A)	호스릴소화전 (25 A)
고중량, 고반발력 ⇒ 노유자 등 사용 곤란	조작이 간편하여 누구나 쉽게 사용가능
구조적 꼬임, 접힘 등 요인으로 즉시 방수 불가	원형 유지로 신속한 방수 가능
화점까지 수평거리가 호스길이보다 가까울 때에도 호스를 전체 펼쳐야 함 ⇒ 신속한 소화활동 불가	화점이 호스 전장 이하일 때도 어느 곳에서나 신속하게 방수 가능
2인 이상 공동조작과 훈련이 필요	조작이 간단하여 1인 사용 가능
호스가 접혀서 보관 ⇒ 점착 현상으로 누수 발생 우려됨	항상 원형 상태 유지 ⇒ 점착 현상 없음

3) 호스릴 소화전의 문제점

(1) 관경 축소에 따라 호스 마찰손실 증가 (유속 증가) ⇒ 방수압력 미달 우려

   40 A (150 lpm의 경우 12 m) ⇒ 25 A (130 lpm의 경우 32.9 m)

Annex

📂 옥내소화전 함 등 설치기준

1. 옥내소화전 함 : 두께 1.5 mm 이상의 강판, 4 mm 이상의 합성수지, 면적 0.5 m² 이상

2. 방수구
   (1) 소방대상물의 층마다 설치
   (2) 수평거리 25 m 이하
   (3) 구경 40 mm
   (4) 높이 : 1.5 m 이하
   (5) 호스릴의 경우 노즐을 쉽게 개폐할 수 있는 장치 부착

3. 표시등
   (1) 함의 상부에 설치
   (2) 15° 이상의 범위, 10 m 이내에서 쉽게 식별할 수 있는 적색등
   (3) 가압송수장치의 기동을 표시하는 표시등은 상부 또는 직근에 설치, 적색등
   (4) 표면에 소화전 표시와 사용 요령을 기재한 표시 부착 (외국어 병기)

옥외소화전

❶ 대 상

1) 1, 2층 바닥면적의 합계가 9,000 m² 이상 (연소할 우려가 있는 구조)
2) 지정문화재 : 연면적 1,000 m² 이상
3) 공장 및 창고시설 : 750배 이상의 특수가연물을 건물 외부에 저장·취급

❷ 목 적

화재가 발생할 경우 자체 소화 또는 인접 건축물로 화재가 확산되는 것을 방지할 목적으로 건축물의 외부에 설치하는 고정식 소화설비이다.

❸ 설치기준

1) 수원 (m³) = 7 × N (N : 최대 2)
2) 수평거리 40 m
3) 0.25 ~ 0.7 MPa, 350 lpm
4) 호스 65 mm, 노즐 19 mm
5) 함 설치수량
   (1) 옥외소화전 10개 이하 : 소화전마다 5 m 이내에 1개 이상
   (2) 옥외소화전 11~30개 : 11개 이상의 소화전함을 분산 설치
   (3) 옥외소화전 30개 초과 : 소화전 3대마다 1개 이상

구 분	옥내소화전	옥외소화전	연결송수관
방호개념	초기 진압용으로 소방대 도착까지	저층부의 연소 확대 방지	최성기 화재진압용, 고층부 화재 진압에 효과적
수원	자체 확보	자체 확보	소방차
방호반경	수평거리 25 m	수평거리 40 m	지하 25 m, 지상 50 m
방수구	40 mm	65 mm	65 mm
사용자	건물 내 거주자	건물 내 거주자	소방관
방수압	0.17 MPa	0.25 MPa	0.35 MPa
방수량	130 lpm	350 lpm	800 lpm

연결송수관

1 연결송수관설비의 종류

1) 건 식
   (1) 10층 이하의 저층 건물에 적용
   (2) 입상관에 물을 채워두지 않는 방식
2) 습식 : 높이가 31 m 이상 또는 11층 이상의 고층 건물에 적용

2 송수구 설치기준

1) 소방차가 쉽게 접근할 수 있고 노출된 장소에 설치
2) 0.5 ~ 1 m에 설치
3) 소화작업에 지장을 주지 않는 위치
4) 연결배관에 개폐밸브를 설치하는 경우 확인 및 조작할 수 있는 장소에 설치
   개폐밸브에는 템퍼스위치 설치
5) 구경 65 mm의 쌍구형
6) 송수압력 범위를 표시한 표지 설치
7) 입상배관마다 1개 이상 설치할 것
8) 송수구 부근에는 자동배수밸브 및 체크밸브 설치
   (1) 습식 : 송수구 - 자동배수밸브 - 체크밸브
   (2) 건식 : 송수구 - 자동배수밸브 - 체크밸브 - 자동배수밸브

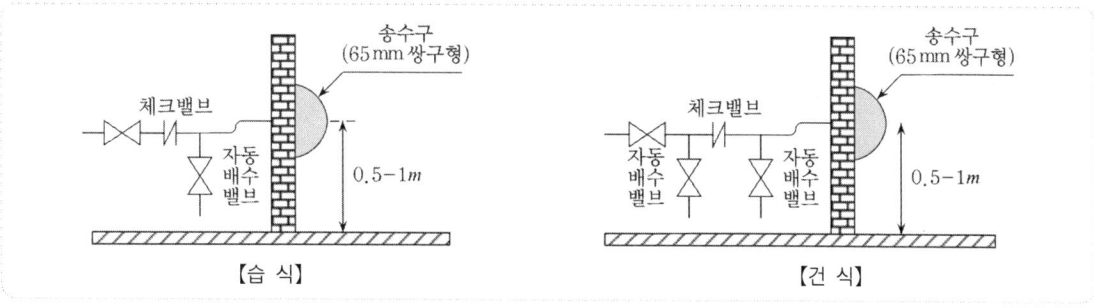

【습식】   【건식】

9) 표지 설치 및 이물질을 막기 위한 마개 설치

3 배 관

1) 주배관 구경 100 mm 이상
2) 31 m 이상 지상 11층 이상 : 습식
3) 입상배관은 화재의 우려가 없는 장소에 설치

4 방수구

1) 소방대상물의 층마다 설치
2) 계단으로부터 5 m 이내 설치
3) 수평거리
   (1) 지하가, 지하층 (3,000 m^2) : 25 m
   (2) 50 m
4) 11층 이상은 쌍구형으로 할 것. 단, 아래의 경우는 단구형
   (1) 아파트
   (2) 스프링클러설비 + 방수구가 2개 이상
5) 호스접결구 0.5~1 m

5 가압송수장치

1) 지표면에서 최상층 방수구의 높이가 70 m 이상 소방대상물
2) 0.35 MPa 이상, 2400 lpm 이상
   (1) 계단식 APT의 경우 1200 lpm 이상
   (2) 3개 초과 시 1개당 800 lpm

6 방수용 기구함

1) 방수구가 가장 많이 설치된 층을 기준하여 3개 층마다 설치하되, 보행거리 5 m 이내에 설치
2) 길이 15 m 호스와 방사형 관창 설치기준
   (1) 담당구역 각 부분에 유효하게 방수할 수 있는 개수 이상, 쌍구형은 단구형의 2배 이상
   (2) 관창은 단구형 1개, 쌍구형 2개 이상 비치

7 스프링클러설비별 연결송수관 설치

1) 화재안전기준
   스프링클러헤드에 공급되는 물은 유수검지장치를 지나도록 할 것. 다만 송수구를 통하여 공급되는 물은 그러하지 아니하다.
2) NFPA 13 기준

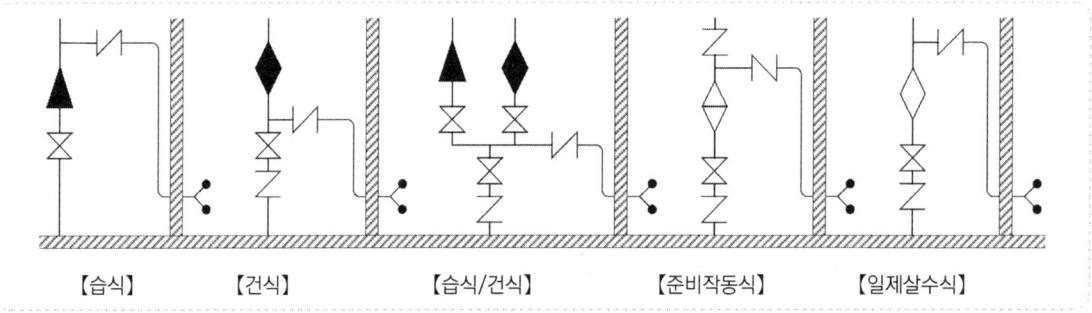

【습식】　　【건식】　　【습식/건식】　　【준비작동식】　　【일제살수식】

NFPA 14 (Standpipe System)

1 NFPA 14 개요
국내의 옥내소화전/연결송수관설비와 유사한 수동 소화설비이다.

2 검토사항
1) Class Ⅰ의 방수구 설치 위치 : 화재에 영향이 없는 장소에 설치
2) Class Ⅱ
   (1) 사용자 : 훈련받은 거주자만 사용 가능
   (2) 수평거리 아닌 보행거리 개념으로 방수구 설치

3 NFPA 14 (Standpipe System) 분류
1) Class Ⅰ 설비
   (1) 65 mm의 호스접결구
   (2) 소방대원과 압력이 큰 소방호스를 다루도록 훈련받은 사람들이 사용
2) Class Ⅱ 설비 : 초기 소화
   (1) 40 mm의 호스 접결구
   (2) 초기 진화 시에 (훈련 받은) 건물 거주자나 소방대원이 사용할 물을 공급
3) Class Ⅲ 설비 : Class Ⅰ 설비 + Class Ⅱ 설비

4 Standpipe System의 종류
자동 : 소화수를 건축물 내 저장 (앵글밸브 개방 시 자동으로 방수)
수동 : 소방차에 의한 급수

구 분		개 념
습식	수동	고층용 연결송수관설비
	자동	옥내소화전
건식	수동	저층용 연결송수관설비
	반자동	옥내소화전 (On-off 방식)
	자동	배관에 압축공기
겸 용		스프링클러 겸용

1) 자동 - 건식 (Automatic Dry Standpipe System)
   (1) 자동 - 건식 설비는 건식 옥내소화전이고, 상시 가압공기로 가압상태이다.
   (2) 호스밸브를 열었을 때 자동으로 배관에 급수가 되도록 하는 건식밸브 같은 장치가 구비되어 있다.
2) 수동 - 건식 (Manual Dry Standpipe System)
   (1) 국내 건식 연결송수관설비와 유사
   (2) 소방차가 연결송수구를 통해 물을 설비 배관으로 급수한다.

3) 반자동 - 건식 (Semi-Automatic Dry Standpipe System)

⑴ 국내 옥내소화전설비의 ON-OFF와 유사 (MOV 밸브)

⑵ 건식설비로 델류지밸브 같은 장치를 사용하여 호스접결구에 위치한 원격제어장치가 작동하면 설비배관으로 급수한다.

⑶ 원격제어 작동장치는 모든 호스접결구에 설치되어야 한다.

원격제어장치는 수동(ON-OFF 방식)과 감지기의 동작에 의한 자동 방식

4) Combined : CLASS Ⅰ or CLASS Ⅱ + 스프링클러

5 NFPA 14 Standpipe 호스 접결구의 위치

1) Class Ⅰ 설비 : Exit Location Method

보행거리 (Travel Distance) 60 m 이내 설치 (스프링클러 미설치 시 45 m)

⑴ 호스접결구가 필요한 모든 피난계단에서 층과 층 사이의 모든 계단 참

⑵ 수평 피난통로에 인접한 벽의 각 면에

⑶ 건축물에서 복도로 들어가는 입구에 있는 모든 피난통로

⑷ 건축물에서 각 피난통로 또는 피난복도 입구

⑸ 지붕으로 통하는 피난계단의 가장 높은 계단참에 그리고 연결된 계단이 없는 지붕에서, 수리적으로 가장 멀리 있는 입상관에 호스접결구를 추가 설치하여 설비 시험이 용이하도록 한다.

2) Class Ⅱ 설비 : Actual Length (보행거리)

⑴ 건물 각 층의 모든 부분이

① 40 mm : 호스접결구로부터 39.7 m 이내

② 40 mm 미만 : 호스접결구로부터 36.6 m 이내

⑵ 이 거리는 실제거리 (보행거리)를 의미한다.

3) Class Ⅲ 설비

Class Ⅲ 설비에도 Class Ⅰ과 Class Ⅱ 설비에 필요한 호스접결구를 설치해야 한다.

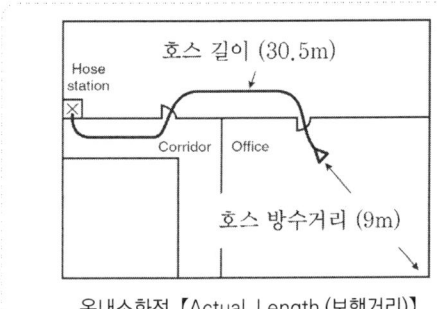

옥내소화전【Actual Length (보행거리)】

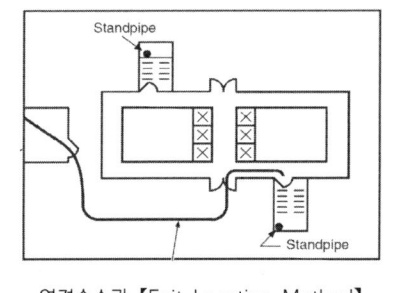

연결송수관【Exit Location Method】

Annex

📁 NFPA 14 Class Ⅱ 수리계산

가압송수장치에서 가장 먼 소화전에서 방수량이 380 lpm 되도록 설계

소화용수설비

1 종 류

1) 상수도 소화용수설비
2) 소화수조 또는 저수조

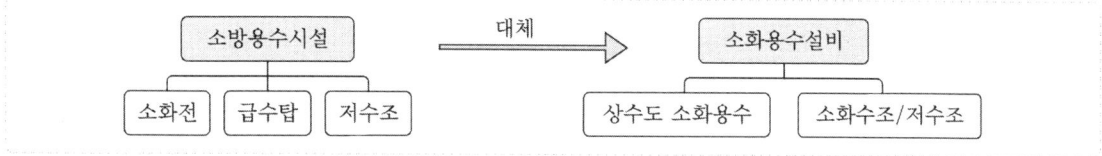

2 상수도 소화용수 설치기준

1) 75 mm 이상의 수도관에 100 mm 이상의 소화전 접속
2) 소방차 등의 진입이 쉬운 도로변 또는 공지에 설치
3) 수평거리 140 m 이하

3 소화수조/저수조 : 180 m 이내에 75 mm 이상의 수도관이 없을 때

1) 저수량(m^3) = N × 20, N = 연면적 ÷ 기준 면적

소방대상물의 구분	기준 면적
1층 및 2층 바닥면적의 합계가 15,000 m^2 이상	7,500 m^2
그 외	12,500 m^2

2) 소방차가 2 m 이내에 접근하도록 설치
3) 흡수관 투입구 : 소방차의 펌프
   (1) 투입구 직경 60 cm
   (2) 개수
      ① 80 m^3 미만 : 1
      ② 80 m^3 이상 : 2
4) 채수구 : 소방대상물 펌프
   (1) 0.5~1 m
   (2) 개수

40 m^3 미만	40~100 m^3	100 m^3 이상
1	2	3

   (3) 가압송수장치
      ① 펌프 토출량

소요수량	40 m^3 미만	100 m^3 미만	100 m^3 이상
ℓpm	1,100	2,200	3,300

② 소화수조가 옥상에 있는 경우 : 0.15 MPa 이상

Annex

📂 **소방용수시설의 설치기준**

1. 공통기준
   (1) 주거지역·상업지역·공업지역 : 수평거리를 100 m 이하
   (2) 기타지역 : 수평거리를 140 m 이하

2. 소방용수시설 설치기준
   (1) 소화전
   상수도와 연결한 지하식·지상식의 구조로 소방용호스와 연결하는 소화전의 연결금속구의 구경은 65 mm
   (2) 급수탑
   급수배관 구경 100 mm 이상, 개폐밸브는 지상에서 1.5 m 이상 1.7 m 이하의 위치에 설치
   (3) 저수조
   ① 지면으로부터의 낙차 : 4.5 m 이하
   ② 흡수부분의 수심 : 0.5 m 이상
   ③ 소방차가 쉽게 접근 가능
   ④ 흡수에 지장이 없도록 토사·쓰레기 등을 제거할 수 있는 설비
   ⑤ 흡수관의 투입구 : 사각형의 경우에는 한 변의 길이가 60 cm 이상, 원형의 경우에는 지름이 60 cm 이상
   ⑥ 저수조에 물을 공급하는 방법 : 상수도에 연결, 자동급수되는 구조

3. 소방용수 표지
   (1) 지하에 설치하는 소화전 또는 저수조의 경우 소방용수 표지
   ① 맨홀 뚜껑은 지름 648 mm 이상의 것으로 할 것. 다만 승하강식 소화전의 경우에는 이를 적용하지 않는다.
   ② 맨홀 뚜껑에는 "주정차금지"의 표시를 할 것
   ③ 맨홀뚜껑 부근에는 노란색 반사도료로 폭 15 cm의 선을 그 둘레를 따라 칠할 것
   (2) 지상에 설치하는 소화전, 저수조 및 급수탑의 경우 소방용수 표지
   ① 안쪽 문자는 흰색, 바깥쪽 문자는 노란색으로, 안쪽 바탕은 붉은색, 바깥쪽 바탕은 파란색으로 하고, 반사재료를 사용해야 한다.
   ② 규격에 따른 소방용수표지를 세우는 것이 매우 어렵거나 부적당한 경우에는 그 규격 등을 다르게 할 수 있다.

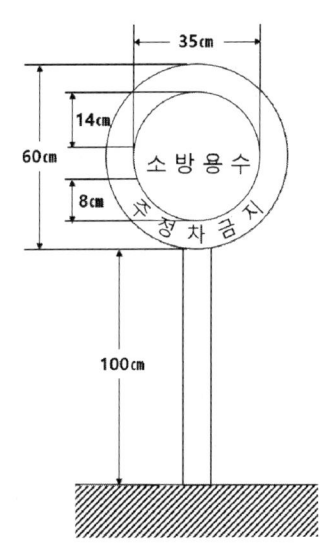

지하구의 연소방지설비

1 연소방지설비의 배관

1) 배관용 탄소강관(KS D 3507) 또는 압력배관용 탄소강관(KS D 3562)이나 이와 동등 이상의 강도·내식성 및 내열성을 가진 것으로 하여야 한다.
2) 급수배관(송수구로부터 연소방지설비 헤드에 급수하는 배관)은 전용으로 하여야 한다.
3) 배관의 구경
   (1) 연소방지설비 전용헤드를 사용하는 경우에는 다음 표에 따른 구경 이상으로 할 것

구경	32	40	50	65	80
헤드수	1	2	3	4, 5	6개 이상

   (2) 개방형 스프링클러헤드를 사용하는 경우에는 「스프링클러설비의 화재안전기준(NFTC 103)」의 기준에 따를 것

구경	25	32	40	50	65	80	90	100	125	150
헤드수	1	2	5	8	15	27	40	55	90	91 이상

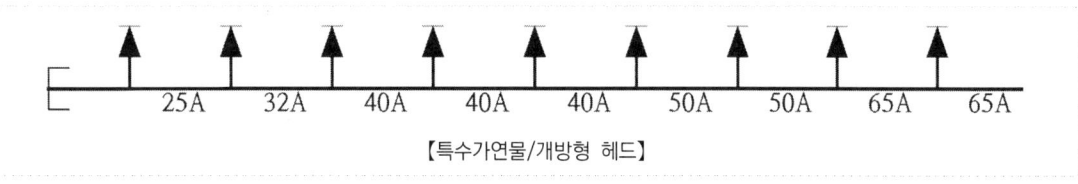

【특수가연물/개방형 헤드】

4) 교차배관
   (1) 가지배관 밑에 수평으로 설치
   (2) 그 구경은 3)에 따르되, 최소구경 40 mm 이상
5) 배관에 설치되는 행가

구 분	설치기준
가지배관	• 헤드의 설치지점 사이마다 1개 이상 설치 • 헤드거리 3.5 m 초과 시 3.5 m 이내마다 1개 이상 설치 • 위의 경우 상향식 헤드와 행가 사이 거리 8 cm 이상
교차배관	• 가지배관 사이마다 1개 이상 설치 • 4.5 m 초과 시 4.5 m마다 1개 이상 설치
수평주행배관	• 4.5 m 이내마다 1개 이상 설치

6) 분기배관을 사용할 경우에는 「분기배관의 성능인증 및 제품검사의 기술기준」에 적합한 것으로 설치하여야 한다.

❷ 연소방지설비의 헤드

1) 천장 또는 벽면에 설치할 것
2) 수평거리
   ⑴ 전용헤드 : 2 m 이하
   ⑵ 스프링클러헤드 : 1.5 m 이하
3) 살수구역
   ⑴ 소방대원의 출입이 가능한 환기구·작업구마다 지하구의 양쪽방향으로 살수헤드를 설정
   ⑵ 한쪽 방향의 살수구역의 길이는 3 m 이상
   ⑶ 환기구 사이의 간격이 700 m를 초과할 경우에는 700 m 이내마다 살수구역을 설정하되, 지하구의 구조를 고려하여 방화벽을 설치한 경우에는 그러하지 아니하다.

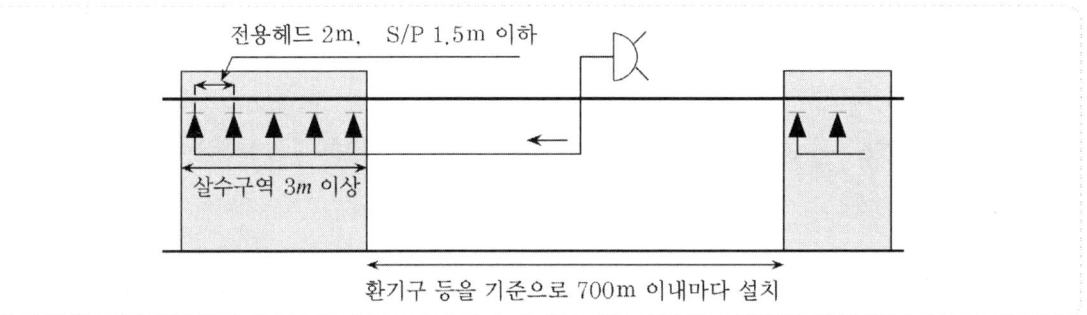

4) 연소방지설비 전용헤드를 설치할 경우에는 「소화설비용헤드의 성능인증 및 제품검사 기술기준」에 적합한 살수헤드를 설치할 것

❸ 연소방지설비의 송수구

1) 소방차가 쉽게 접근할 수 있는 노출된 장소에 설치하되, 눈에 띄기 쉬운 보도 또는 차도에 설치할 것
2) 송수구는 구경 65 mm 의 쌍구형으로 할 것
3) 송수구로부터 1 m 이내에 살수구역 안내표지를 설치할 것
4) 지면으로부터 높이가 0.5 m 이상 1 m 이하의 위치에 설치할 것
5) 송수구의 가까운 부분에 자동배수밸브(또는 직경 5 mm의 배수공)를 설치할 것. 이 경우 자동배수밸브는 배관 안의 물이 잘 빠질 수 있는 위치에 설치하되, 배수로 인하여 다른 물건 또는 장소에 피해를 주지 아니하여야 한다.
6) 송수구로부터 주배관에 이르는 연결배관에는 개폐밸브를 설치하지 아니할 것
7) 송수구에는 이물질을 막기 위한 마개를 씌워야 한다.

PART 12

가스계

이산화탄소 소화설비 개요

1 개 요

1) 이산화탄소 소화설비는 질식 및 냉각효과에 의한 소화를 목적으로 이산화탄소를 고압 또는 저온 용기에 저장 후 화재 시 자동 또는 수동으로 약제를 방출하는 소화설비이다.

2) 이산화탄소 소화설비는 연소 4요소의 하나인 산소의 공급을 차단하여 소화하는 것으로서 저장용기, 화재감지장치, 기동장치, 분사헤드, 음향경보장치, 제어반, 방호구역 자동폐쇄장치, 비상전원 등으로 구성되어 있다.

2 이산화탄소 소화설비의 적응성 (NFPA 12)

1) 인화성 액체
2) C급화재, 변압기, 스위치, 회로차단기, 회전기기, 전자기기와 같은 전기적 위험
3) 인화성 액체를 사용하는 엔진류
4) 종이, 목재, 직물같은 일반 가연물
5) 고체 위험물

3 소화약제로서 이산화탄소 (NFPA 12)

1) 증기상태로는 감지할 수 없는 무미 또는 무취의 이산화탄소가 99.5 % 이상
2) 액상의 수분 함량은 무게로 0.01 % 이하이어야 한다.
3) 유분 함량(Oil Content)은 무게로 10 ppm 이하이어야 한다.

4 소화원리

1) 질 식
2) 기상냉각
   (1) 화염의 온도를 낮추어서 연소반응률을 감소시켜 소화한다.
   (2) 열용량과 최소소화농도 (N-Heptane Cup Burner Test)

약제	구성요소	열용량 $[J/mol \cdot K]$	최소소화농도 [%]
CO_2	CO_2	37.5	21
IG-100	N_2	28.5	31.9
IG-541	$N_2/Ar/CO_2$	26.1	34.3
IG-55	N_2/Ar	24.6	36.4
IG-01	Ar	20.8	42.5

5 설치대상 (물분무 등)

소방대상물	설치대상
항공기 격납고	규모에 관계없이 적용
주차용 건축물	연면적 800 m² 이상
차고 또는 주차장	차고 또는 주차장의 용도의 바닥면적 합계가 200 m² 이상
기계식 주차장	20대 이상을 주차할 수 있는 것
전기실, 발전실, 통신실	바닥면적 300 m² 이상
지정 문화재	-

6 설치 제외 장소 (NFTC)

1) 방재실·제어실 등 사람이 상시 근무하는 장소

2) 니트로셀룰로스, 셀룰로이드제품 등 자기연소성물질을 저장·취급하는 장소

3) 나트륨·칼륨·칼슘 등 활성금속물질을 저장·취급하는 장소

$$4Na + CO_2 \Rightarrow 2Na_2O + C$$

$$2Mg + CO_2 \Rightarrow 2MgO + C$$

4) 전시장 등의 관람을 위하여 다수인이 출입·통행하는 통로 및 전시실 등

Annex

📂 NFPA 12 이산화탄소소화설비의 비적응성

1. 사람이 상시 근무하는 장소(Normally Occupied)로서 전역방출방식 적용하는 경우
   단 아래의 경우 예외
   (1) 대체 약제의 소화농도가 LOAEL 이상 또는 소화약제 방출 후 산소농도 8% 이하
   (2) 400 V 이상 또는 케이블 집합체 방호로서 대체 약제가 없는 경우
   (3) 대체 소화약제가 폐쇄할 수 없는 개구부 또는 연장방출방식 적용이 곤란할 경우
   (4) 선박 용도

2. 산소를 포함된 물질 (예 Cellulose Nitrate)

3. 반응성 금속 (Reactive Metal) (예 Na, K, Mg)

4. 금속수소화물 (Metal Hydrides)

이산화탄소 약제특성

1 이산화탄소 성질

1) 순수한 이산화탄소는 무색, 무취, 불연성, 비전도성, 비부식성 가스이다.
2) 비중은 1.53으로 공기보다 무겁다. (분자량 44)
3) 공기 중에 0.04 % (400 ppm) 존재
   (1) 적외선 흡수 ⇒ 지구 온난화 물질
   (2) 공기 중 이산화탄소 농도는 이산화탄소가 폐에서 배출하는 호흡률을 조절한다.
      ⇒ 혈액과 조직 내의 산소농도에 영향
4) 가압 또는 냉각에 의해 액체 상태로 저장이 쉽다.
5) 기체 팽창률(액체에서 기화 시 체적비는 540배) 및 기화잠열이 크다.
6) 자체 증기압이 높아서 가압이 필요 없다(증기압 6 MPa at 20 ℃)
7) 화재 진압 후 소화약제의 잔존물이 없어, 증거보존이 용이하며, 전기, 유류, 기계 화재에 적합
8) 액체 이산화탄소 소화약제 방출시, 방출 초기에는 액체 이산화탄소 일부가 급격하게 기화하여 잔류 이산화탄소는 냉각되고 그 일부는 드라이아이스로 변한다.

2 이산화탄소의 열역학적 상태도

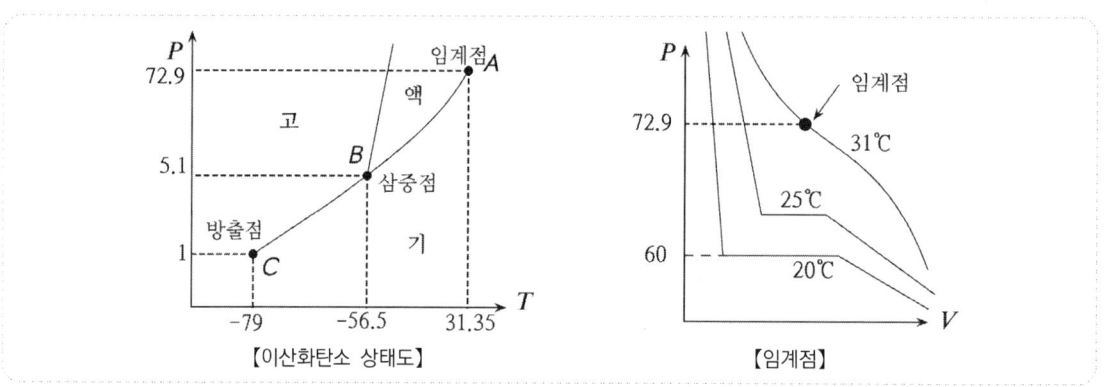

【이산화탄소 상태도】   【임계점】

1) A 점 : 임계점 (Critical Point)
   (1) 소화약제의 저장과 관련
   (2) 임계점 : 밀폐된 용기 내에서 액체의 온도가 증가하면 기체의 밀도는 증가하고 액체의 밀도는 감소한다. 온도가 상승하여 액체와 기체의 밀도가 같아지는 점을 임계점(임계온도)이라 한다.
   (3) 삼중점에서 임계점 (31.35 ℃)까지는 액체와 기체의 혼합 상태이며 임계점 이상에서는 한 가지 상태만 존재한다.
   (4) 임계점 이상에서는 기체와 액체의 구분이 형성되지 않아 액면을 측정(가스레 메타, LSI)하는 계측기는 사용할 수 없다.

2) B 점 : 삼중점(Triple Point)
   (1) 5.1 atm 이하 압력에서는 액체 상태로 존재할 수 없다.
   (2) 소화약제가 배관을 흐를 때 일정 압력 이하가 되면 약제의 일부가 고체가 되어 배관 및 노즐에서 흐름에 악영향
      ⇒ 노즐 방출압력이 일정 압력 (고압식 : 2.1 MPa, 저압식 : 1.05 MPa) 이상이 되어야 하는 이유
3) C 점 : 방출점(Discharge Point)
   (1) 소화약제가 방호구역으로 방출될 때의 상태
   (2) 일부 소화약제는 급격히 기화되면서 주위 온도가 급격히 낮아져서 운무현상 발생
   (3) 운무현상 : 줄-톰슨효과 + 열역학 제0법칙

3 이산화탄소 방출 시 운무현상

1) 가압된 이산화탄소가 대기 중으로 방출될 때 방출 초기에는 일부 이산화탄소(액체)가 급격하게 기화하며 분출. 이때 줄-톰슨효과에 의해 잔류 액체 이산화탄소는 냉각
2) 잔류 이산화탄소 중 일부는 고체인 드라이아이스 입자로 변한다.
   [고압식(21 ℃)의 경우 25 %, 저압식(-18 ℃)의 경우 45 %]
3) 시간의 경과에 따라 온도가 상승하면서 드라이아이스는 승화되어 소멸된 후에도 저온에 의해서 생성된 안개(대기 중의 수분의 응축)가 한동안 존재
4) 따라서 줄-톰슨 효과에 의한 대기 중 수분의 운무와 드라이아이스는 시야를 차단할 정도가 되어 피난 시 장애가 된다.

Annex

📁 **기체의 복사열 흡수(방사)**

1. 화재로부터 주변 물체로 전달되는 복사열은 단원자 기체(H_2, O_2, N_2)를 통과할 때는 복사열 흡수가 없으나 공기 중의 H_2O, CO_2, SO_2, 탄화수소 등의 다원자 구조 분자나 오염 물질 속을 통과할 때는 복사열 일부가 흡수된다.
2. 열복사를 흡수하는 주요 대기성분은 수증기와 이산화탄소이다. 대기 중의 이산화탄소 함량은 약 400 ppm으로 일정한 반면, 수분 함량은 온도 및 습도에 따라 큰 변화를 보인다. 수증기의 주요 흡수 대역은 1.8, 2.7, 6.27 μm에 존재한다. 이산화탄소는 2.7, 4.3 μm에서 흡수가 된다.

📁 **LSI 법(Level Strip Indigator)**

1. 작동원리
   (1) 열에 의한 감응으로 표시지의 색이 흰색에서 검은색으로 변하는 원리 이용
   (2) 액체와 기체 비열 차이
2. 특징
   (1) 고압식, 저압식, 기동 용기 등 모든 형태의 액화 용기 적용 가능
   (2) 용기 외벽에 부착하는 타입이므로 액면을 정확하게 측정 가능
   (3) 비용의 최소화 : 유지보수에 필요한 별도의 비용 불필요
   (4) 사용 방법이 간단하여 누구나 사용할 수 있으며 상시 액면 측정 가능

이산화탄소 소화설비의 분류

1 저장방법에 의한 분류

1) 고압식
    (1) 상온(20 ℃)에서 6 MPa의 압력으로 이산화탄소를 액상·기상으로 저장하는 방식으로 외부 온도에 따라 저장 압력이 변화한다.
    (2) 임계온도가 중요하다.

2) 저압식
    (1) -18 ℃에서 2.1 MPa의 압력으로 이산화탄소를 액상으로 저장하는 방식으로 단열 조치 및 냉동기가 필요하며 약제용기는 대형 저장탱크 1개를 사용한다.
    (2) 임계압력이 중요하다.
    (3) 적용
        ① 일반 건축물로서 고압 용기를 다량으로 설치하기에 곤란한 곳. 일반적으로 대용량일 때 저압식이 경제적이다.
        ② 원자력 발전소와 같이 이산화탄소 방호구역이 많으며, 폭발방지용 이너팅(Inerting) 가스로 이산화탄소를 사용하는 경우
        ③ 화력 발전소 등 다량의 이산화탄소가 필요한 경우
    (4) 안전관리
        ① 용기 내부가 저압이나 고압이 될 경우 제어반에 이상 경보
        ② 내부 압력이 일정한 기준을 초과하면 용기 내 안전밸브가 개방되어야 한다.
        ③ 냉동기 고장 시 경보

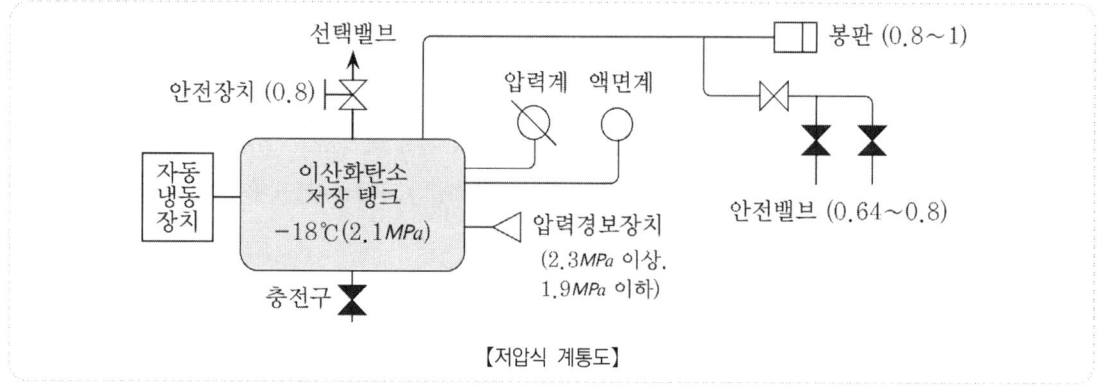

【저압식 계통도】

2 방출방식에 의한 분류

1) 전역방출 방식
    (1) 화재발생 시 미리 설치된 설비에 의해 저장된 이산화탄소를 방출하여 실내의 산소농도를 감소시켜 소화하는 방식이다.
    (2) 주소화원리는 질식이다.

2) 국소방출 방식
  (1) 방호구역에 큰 개구부가 있어 전역방출 방식으로는 소화가 곤란한 경우 방호대상물에 이산화탄소 소화약제를 집중적으로 분사하여 소화하는 방식이다.
  (2) 적용
    ① NFTC : 개구부의 면적이 전표면적의 3 % 이상
    ② NFPA : 기본약제량 < 개구부 보정량
  (3) 주 소화원리는 액상 이산화탄소의 증발잠열에 의한 냉각이다.
3) 호스릴 방출방식
  분사헤드가 배관에 고정되어 있지 않고, 고정 설치된 이산화탄소 용기에 호스를 연결, 수동으로 분사하여 소화하는 이동식 소화설비이다.

❸ 기동방식에 의한 분류

1) 전기식
  (1) 패키지 타입에서 사용하는 기동방식
  (2) 용기밸브에 니들밸브를 부착하는 대신 솔레노이드밸브를 용기밸브에 직접 부착하여 감지기 동작 신호에 의해 기동
2) 가스압력식
  (1) 일반적인 기동방식으로 감지기 동작 신호에 따라 소형의 기동용기에 연결된 솔레노이드가 작동
  (2) 기동용기 내의 기동용 가스가 동관을 통해 약제 용기에 부착된 니들밸브를 기동시켜 약제를 방출
3) 기계식

항 목	고압식	저압식
저장압력	상온(20 ℃)에서 6 MPa	-18 ℃에서 2.1 MPa
저장용기	68 ℓ /45 kg 용기	대형저장탱크 1대를 설치
충전비	1.5~1.9	1.1~1.4
배관	압력배관용 탄소강관 (Sch 80)	압력배관용 탄소강관 (Sch 40)
방사압력	분사헤드 기준 2.1 MPa	분사헤드 기준 1.05 MPa
약제량 검측	현장 측정	원격 감시
충전	불편(재충전시는 용기별로 해체/재부착)	편리(설비 분리 없이 현장 충전 가능)
내압시험압력	25 MPa 이상	3.5 MPa 이상
안전장치	안전장치 : 내압시험압력의 0.8배 (저장용기와 선택/개폐밸브 사이)	• 액면계 및 압력계 • 압력경보장치 : 2.3 MPa 이상 1.9 MPa 이하 • 안전장치 : 내압시험압력의 0.8배 (저장용기와 선택/개폐밸브 사이) • 안전밸브 : 내압시험압력의 0.64~0.8배 • 봉판 : 내압시험압력의 0.8~1배 • 자동냉동장치 : -18 ℃ 이하에서 2.1 MPa 이상
적용	소용량의 방호구역	대용량의 방호구역

이산화탄소 기동장치/가스용기 설치기준

1 수동식 기동장치

수동식 기동장치의 부근에는 소화약제의 방출을 지연시킬 수 있는 비상스위치(자동복귀형 스위치로서 수동식 기동장치의 타이머를 일시적으로 정지시키는 기능의 스위치)를 설치하여야 한다.

1) 전역방출방식은 방호구역마다, 국소방출방식은 방호대상물마다 설치할 것
2) 해당 방호구역의 출입구 부분 등 조작을 하는 자가 쉽게 피난할 수 있는 장소에 설치할 것
3) 기동장치의 조작부는 바닥으로부터 높이 0.8 m~1.5 m 이하, 보호판 등에 따른 보호장치를 설치
4) 기동장치에는 그 가까운 곳의 보기 쉬운 곳에 "이산화탄소소화설비 기동장치"라고 표시한 표지를 할 것
5) 전기를 사용하는 기동장치에는 전원표시등을 설치할 것
6) 기동장치의 방출용 스위치는 음향경보장치와 연동하여 조작될 수 있는 것으로 할 것

2 자동식 기동장치

자동화재탐지설비의 감지기의 작동과 연동

1) 자동식 기동장치에는 수동으로도 기동할 수 있는 구조로 할 것
2) 전기식 기동장치로서 7병 이상의 저장용기를 동시에 개방하는 설비는 2병 이상의 저장용기에 전자 개방밸브를 부착할 것
3) 가스압력식 기동장치
   (1) 기동용 가스용기 및 해당 용기에 사용하는 밸브는 25 MPa 이상의 압력에 견딜 수 있을 것
   (2) 기동용 가스용기에는 내압시험압력의 0.8배~내압시험압력 이하에서 작동하는 안전장치를 설치
   (3) 기동용 가스용기의 용적은 5 ℓ 이상으로 하고, 해당 용기에 저장하는 질소 등의 비활성기체는 6.0 MPa 이상(20 ℃ 기준)의 압력으로 충전할 것
   (4) 기동용 가스용기에는 충전 여부를 확인할 수 있는 압력게이지를 설치할 것
4) 기계식 기동장치는 저장용기를 쉽게 개방할 수 있는 구조로 할 것

3 이산화탄소 가스용기

1) 충전비
   (1) 고압식 : 1.5~1.9
   (2) 저압식 : 1.1~1.4
2) 내압시험압력
   (1) 고압식 : 25 MPa 이상
   (2) 저압식 : 3.5 MPa 이상
3) 저압식 저장용기
   (1) 안전밸브 : 내압시험압력의 0.64~0.8배의 압력에서 작동
   (2) 봉판 : 내압시험압력의 0.8~1배 압력에서 작동

(3) 압력경보장치 : 2.3 MPa 이상 1.9 MPa 이하에서 작동

(4) 액면계 및 압력계 설치

(5) 자동냉동장치 : -18 ℃에서 2.1 MPa 유지

4) 개방밸브는 전기식·가스식 또는 기계식에 따라 자동 또는 수동으로 개방되는 것으로서 안전 장치가 부착된 것

5) 저장용기와 선택밸브/개폐밸브 사이에는 내압시험 압력의 0.8배에서 작동하는 안전장치 설치

이산화탄소 소화설비 동작 시퀀스

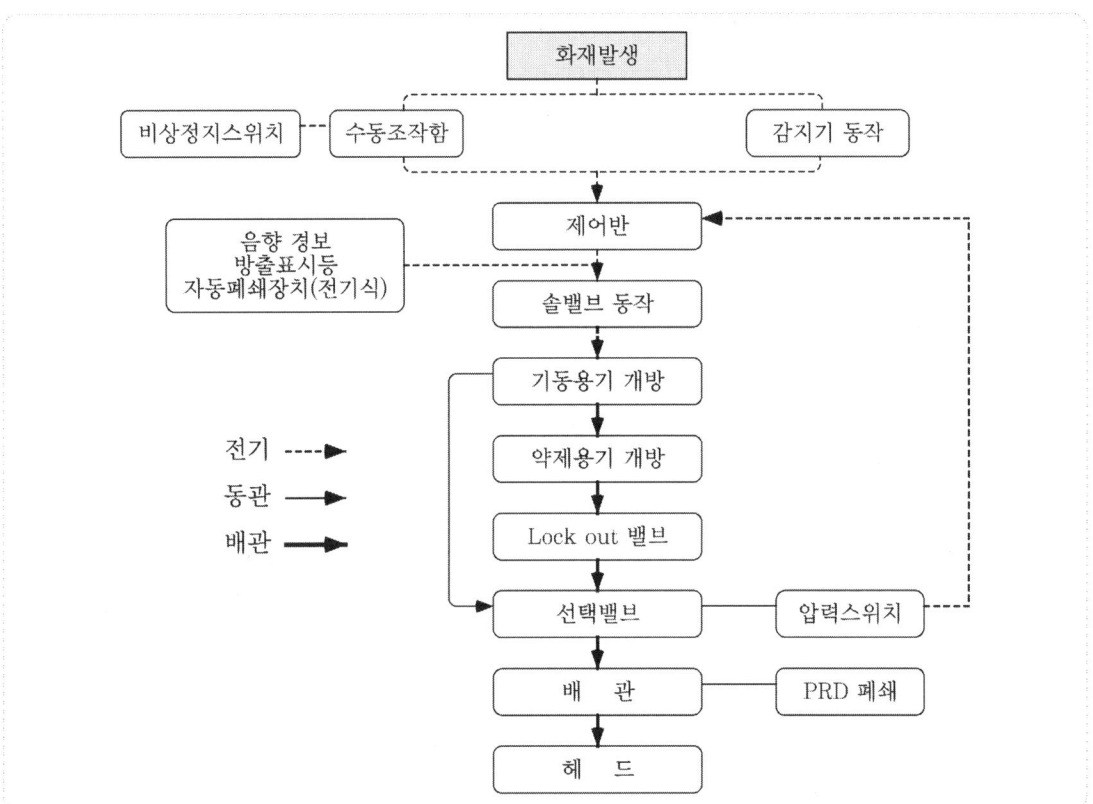

― *Annex* ✎ ―

 화재표시반 : 제어반의 신호를 수신하여 작동하는 기능을 가진 것

1. 각 방호구역마다 음향경보 장치의 조작 및 감지기 작동을 명시하는 표시등 및 이와 연동하는 벨 등의 경보기 설치
2. 수동기동장치에서 그 방출용 스위치의 작동을 명시하는 표시등 설치
3. 소화약제 방출을 명시하는 표시등 설치
4. 자동식 기동장치에 있어서는 자동·수동 명시하는 표시등 설치

이산화탄소 저장용기 설치장소

1 NFTC 기준

방호구역 외의 장소로서 방화구획된 실에 설치해야 한다.

1) 방호구역외의 장소에 설치할 것. 다만 방호구역 내에 설치할 경우에는 피난 및 조작이 용이하도록 피난구 부근에 설치하여야 한다.
2) 온도가 40 ℃ (할로겐화합물 및 불활성기체 55 ℃) 이하이고, 온도변화가 적은 곳에 설치할 것
3) 직사광선 및 빗물이 침투할 우려가 없는 곳에 설치할 것
4) 방화문으로 구획된 실에 설치할 것
5) 용기의 설치장소에는 해당 용기가 설치된 곳임을 표시하는 표지를 할 것
6) 용기간의 간격은 점검에 지장이 없도록 3 cm 이상의 간격을 유지할 것
7) 저장용기와 집합관을 연결하는 연결배관에는 체크밸브를 설치할 것. 다만 저장용기가 하나의 방호구역만을 담당하는 경우에는 그러하지 아니하다.

Annex

📂 검토 (NFPA)

1. 방호구역 내에 설치를 권장
   (1) 배관 설계가 단순하여 약제 불균형 방지
   (2) 배관에 의해 기화되는 약제량 감소
2. 온도제한
   (1) 온도가 상승할수록 용기 내 액체량이 감소하므로 약제 방출시간이 증가된다.
   (2) 할로겐화합물의 경우 방출되는 액체량이 감소하여 열분해 약제생성물이 증가한다.
3. 용기 교체 중 약제가 방출될 경우 약제가 역류될 수 있으므로 하나의 방호구역일 경우에도 체크밸브를 설치하여야 한다.

📂 NFPA 12 (2018 Edition)이산화탄소 소화설비의 경우 Abort Switch 사용 금지

4.5.4.11 Abort Switches Shall not be Used on Carbon Dioxide Systems.

[설치 금지 이유]

Abort Switch 설치 목적이 사람이 상주하는 제어반 같은 장소에서 비상조치에 필요한 시간을 연장시키기 위한 장치로서, 이산화탄소는 사람이 상주하는 곳에 설치하지 않으므로 필요 없을 것으로 추측된다.

📂 할로겐화합물 및 불활성기체소화약제 가스용기

저장용기의 약제량 손실이 5 %를 초과하거나, 압력손실이 10 %를 초과할 경우에는 재충전하거나 저장용기를 교체할 것 (불활성기체의 경우 압력손실 5 %)

Liquid Full

1 개 요
할로겐화합물 소화약제의 경우 질소로 가압된 용기에 저장한다. (HFC-23 제외)

2 약제를 실린더에 저장 시 기본 사항
54℃에서 "LIQUID FULL"이 되지 않아야 한다. or 54℃에서 압력이 설계압력의 5/4를 초과하지 않아야 한다.

3 용기 내 압력 변화
1) 가압 액화가스 상태로 저장된 소화약제 용기의 내부압력은 충전밀도와 온도에 따라 변한다.
2) 최대 충전밀도 이상의 상태에서는 온도변화에 대한 상승률이 급격히 증가한다.
3) 그러므로 약제 충전 시 최대충전밀도 이하로 충전하여야 한다.

   단, HFC-23의 경우 임계온도가 약 26℃이므로 54℃에서 액체 상태로 존재할 수 없으므로 용기의 설계압력의 5/4를 초과할 수 없도록 규정하고 있다.

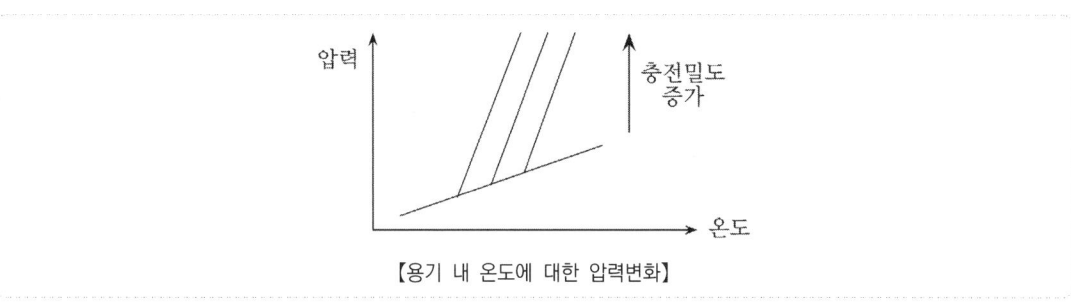

【용기 내 온도에 대한 압력변화】

	충전비	충전밀도
정의	약제의 중량당 용기의 부피	용기의 부피당 약제의 중량
공식	$\dfrac{\ell}{kg}$	$\dfrac{kg}{m^3}$
의미	• 충전비가 클수록 용기 내의 약제량이 적다. • 최소와 최대충전비 제한	• 충전밀도가 클수록 용기 내의 약제량이 많다. • 최대 충전밀도 제한
적용설비	이산화탄소, Halon	할로겐화합물 및 불활성기체 소화약제
적용근거	일본 소방법	NFPA

이산화탄소의 위험성

1 개 요
대기 중 이산화탄소 농도는 이산화탄소가 폐에서 배출되는 비율(호흡률)을 조절하여 혈액과 조직 내의 산소 농도에 영향을 준다.

2 소화약제로서의 위험성
1) 증가된 이산화탄소 농도는 폐의 공기 흡입량을 조절하여, 이산화탄소 농도가 일정농도 이상이면 호흡률을 감소시켜 인명 피해의 우려가 있다.
2) 즉, 산소의 농도에 관계없이 이산화탄소가 일정 농도 이상이면 질식의 위험이 있다.
   예) 산소 80 %, 이산화탄소 20 %의 경우도 위험하다. (단시간 내 사망)

CO_2 농도[%]	생리적 반응
3	불쾌감이 있다. 호흡률 50 % 증가한다.
6	눈의 자극, 현기증, 호흡률 100 % 증가
8	호흡 곤란
9	구토, 감정 둔화, 실신
10	시력장애, 1분 이내 의식 상실
20	중추신경마비, 단시간 내 사망

3) 누출 시 감지할 수 있는 부취제(Odorizer)를 첨가하여야 한다.

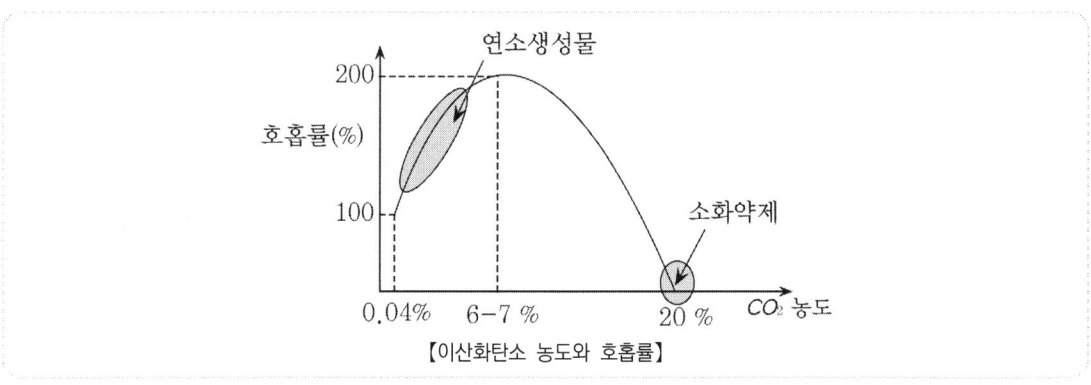

【이산화탄소 농도와 호흡률】

3 화재 시 발생하는 이산화탄소의 위험성
1) 이산화탄소는 화재 시 대량으로 발생한다.
2) 화재실의 이산화탄소 농도가 증가하면 호흡률이 증가되어 연소생성물에 존재하는 독성가스를 더 많이 흡입한다. (농도 5 % 이하로 제한)

가스계소화설비 안전대책

1 개 요
이산화탄소 소화설비는 소화능력이 우수한 반면, 오방출 사고가 발생하면 인명사고 가능성이 크기 때문에 설치·관리에 주의가 필요하다.

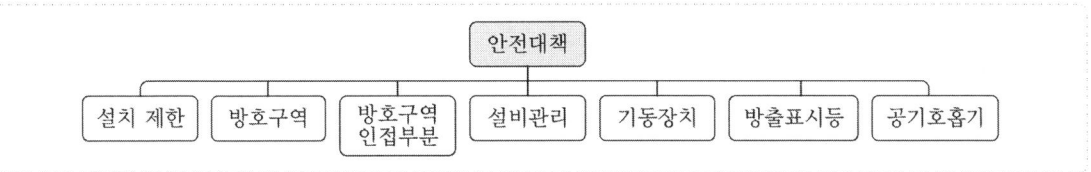

2 안전대책
1) 소화설비 설치제한
   (1) 방재실, 제어실 등 사람이 상시 근무하는 장소
   (2) 전시장 등 관람을 위하여 다수인이 출입, 통행하는 통로 및 전시실
   (3) Na, K, Ca 등 활성금속을 저장, 취급하는 장소
2) 방호구역안전
   (1) 양방향 피난이 가능하도록 피난구 배치
   (2) 출입문
      ① 피난 방향으로 열릴 것
      ② 자동폐쇄장치
   (3) 피난경로에 유도등/비상조명등
   (4) 음향경보장치 설치
      ① 방출 후 1분 이상 경보
      ② 방호구역 내에 유효하게 경보
      ③ 복구스위치를 조작하여도 계속 경보할 것
      ④ 음성으로 피난 안내를 하면 더 효율적이다.
   (5) Lock-Out 밸브 : 소화약제의 저장용기와 선택밸브 사이에 설치
   (6) 비상용 호흡장비 등은 쉽게 이용할 수 있도록 유지 관리
   (7) 방호구역을 신속하게 환기시키는 장치
3) 방호구역 인접부분(약제가 누설될 우려가 있는 장소)
   (1) 소화약제 배출 조치
   (2) 음향경보장치, 방출표시등 설치
4) 설비관리
   (1) 이상 신호에 의한 오방출 방지회로 설치
   (2) 점검 시 안전 확보를 위해 수동개폐밸브(Lock-Out 밸브) 설치

      (3) 방호구역 출입 통제 및 관리

      (4) 상시 충분한 점검 실시

      (5) 비화재보가 적은 감지기

  5) 기동장치

      (1) 의도적인 조작 이외에는 기동하지 않는 구조일 것

      (2) 주의사항, 표지판 설치

      (3) 수동조작함 개방 시 경보

  6) 방출표시등

      (1) 방호구역과 인접하는 실에도 설치

      (2) 설치장소에 주의사항 표지 설치

  7) 공기호흡기 설치

3 할로겐화합물 및 불활성기체 소화약제 안전 대책 (NFPA 2001)

1) 적절한 피난구와 피난통로를 확보
2) 신속하고 안전한 피난을 확보하는데 필요한 비상조명등과 유도등 설치
3) 화재가 발생한 지역에서 즉시 조작할 수 있는 경보장치
4) 위험지역의 비상구에 밖으로 열리고 자동폐쇄장치가 설치된 문 설치
5) 위험지역의 분위기(질식)가 정상적으로 회복될 때까지의 경보 지속
6) 출입구와 위험지역 내부에 부착하는 경보 및 안내표지
7) 비상용 호흡장비 등은 쉽게 이용할 수 있도록 유지 관리
8) 방호구역을 신속하게 환기시키는 장치

Annex

📁 고체에어로졸소화설비 안전장치

  2.5.4.4 방출지연스위치 작동 중 수동식 기동장치가 작동되면 수동식 기동장치의 기능이 우선될 것

  2.6.4 고체에어로졸소화설비의 오작동을 제어하기 위해 제어반 인근에 설비정지스위치를 설치해야 한다.

📁 NFPA 12 이산화탄소 소화설비 주의(경고) 표지 부착 장소

  1. 방호구역
  2. 방호구역 입구
  3. 방호구역 인접구역 (약제량이 체류할 가능성이 있는 장소)
  4. 약제 저장실 입구
  5. 수동기동장치 근처

NFPA 2001 안전 장치

1 NFPA 2001 안전 장치

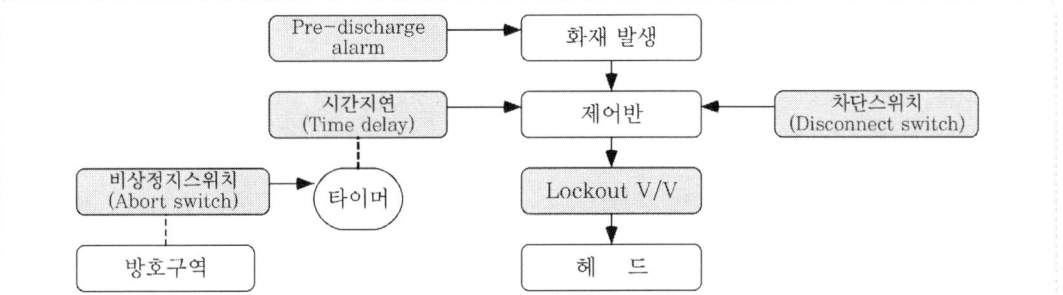

1) Disconnect Switch : 비정상 가스계소화약제 방출을 방지하기 위한 차단스위치
2) Time Delays
3) Abort Switch (방출지연스위치)
   (1) 가스계소화설비 오동작이나 조작 부주의로 동작 시 설비를 비상정지시키는 스위치
   (2) 자동복귀형 스위치로서 수동식 기동장치 타이머를 순간 정지시키는 기능의 스위치
4) Lockout Valves
   (1) 약제저장실과 방출헤드 사이에 설치하는 수동밸브로 점검 및 공사 시 수동으로 폐쇄
   (2) NFTC : 소화약제 저장용기와 선택밸브 사이의 집합배관에 설치

2 시간지연 (Time Delay)

1) 목적 : 대피시간 확보
2) 고려사항
   (1) 화재 발생 후 약제방출 시 화재 크기가 커서
      ① 소화 실패
      ② 약제열분해 생성물 증가
   (2) 화재가 빠르게 성장할 우려가 있어 인명/재산 피해가 클 것으로 예상되는 경우 지연시간을 감소하거나 미적용 가능
3) 재실자 대피 및 방호공간 방호 준비를 위해서만 사용

3 차단스위치 (Disconnect Switch)

1) 소화설비의 오동작에 방지를 위한 전기회로 차단스위치
2) 방법 (위치)
   (1) 잠금 가능한 해제 제어패널 내부에 위치 (Locate Inside a Lockable Releasing Control Panel)
   (2) 잠금 가능한 인클로저 내부에 설치 (Locate Inside a Lockable Enclosure)
   (3) 키 (Key) 있는 차단스위치 (Require a Key for Activation of the Switch)

비상정지 스위치(Abort Switch)/Lock-Out 밸브

1 개 요
가스계 소화설비의 오동작이나 조작 부주의로 동작 시 설비를 비상정지시키는 스위치

2 이산화탄소 비상 정지 스위치 (NFTC)
1) 소화약제의 방출을 지연시킬 수 있는 비상스위치
2) 설치위치 : 수동식 기동장치 부근
3) 기능 : 자동복귀형 스위치로서 수동식 기동장치의 타이머를 일시 정지

3 NFPA (할로겐화합물 및 불활성기체 소화약제)
1) 방호구역 내부에 설치
2) 위험지역 내부에서 쉽게 접근할 수 있어야 하고, 분명히 확인되어야 한다.
3) 계속해서 손으로 누를 때에만 작동하고 손을 떼면 자동 복귀되는 형식
4) 사람이 없을 때 작동 정지 모드로 남아 있도록 하는 형식이어서는 안 된다.
5) 수동식 기동장치는 항상 비상정지 스위치를 무효화해야 한다.
6) 청각 및 시각적 표시

4 Lock-Out 밸브
1) NFPA : 약제저장실과 방출 헤드 사이에 설치하는 수동 밸브로서 점검 및 공사 시 수동으로 폐쇄하는 밸브
2) NFTC : 소화약제의 저장용기와 선택밸브 사이의 집합배관에는 수동잠금밸브를 설치
3) 차이점
   (1) NFPA의 경우는 방호구역마다 Lock-Out 밸브 설치
   (2) NFTC의 경우는 하나의 저장용기실에 하나의 Lock-Out 밸브 설치 (가능)
       소화약제의 저장용기와 선택밸브 사이의 집합배관에는 수동잠금밸브를 설치하되 선택밸브 직전에 설치할 것
   (3) Lock-Out 밸브의 목적이 방호구역 내 공사 등의 경우 안전을 위하여 설치하므로 다수의 방호구역이 있는 경우 방호구역마다 설치하는 것이 타당하다.

구 분	비상정지 스위치		Lock-Out 밸브	
	NFTC	NFPA	NFTC	NFPA
이산화탄소	○	×	○	○
할·불	○	○	×	○

표면화재와 심부화재

1 개 요

1) 이산화탄소 소화설비는 소화약제를 장시간 방출하는 것이 아니라, 단시간 내에 소화약제를 방출(Flooding)하는 방식이다.
2) 화재의 특성에 따라 소화약제량, 방출시간 및 농도유지시간(Soaking Time) 등이 다르게 적용된다.

2 화재의 특성에 의한 분류 : 재발화 여부에 의하여 분류

1) 표면화재(Surface Fire)
   (1) 재발화 위험이 없는 화재 ⇒ 농도유지시간이 필요 없다.
   (2) 설계농도에 도달하면 소화(화염의 제거)가 되고 그 후에는 재발화 위험이 없다는 가정
   (3) 일반적으로 일부 얇은 A급화재와 B급화재에 적용

2) 심부화재(Deep-Seated Fire)
   (1) 일정농도(약제농도 30 %)에 도달하면 소화(화염 제거)는 되지만 그 후에 재발화 위험이 있다는 가정
   (2) 두꺼운 A급화재와 C급화재에 적용
   (3) 두꺼운 고체 가연물의 경우 화염이 제거되더라도 가연물이 훈소 상태로 계속 연소 상태를 유지하다가 주위 환경에 따라 다시 화염화재로 성장할 가능성이 있다.
   (4) 화염 제거 후 가연물의 온도가 재발화 온도 이하로 냉각될 때까지 방호공간 내 소화약제를 일정 농도 내로 유지하여야 한다.

3 설계 시 특징

1) 표면화재
   (1) 농도유지시간은 필요 없음. 즉, 설계농도에 도달(방출시간 내)하면 화염이 제거되며 그 후 재발화 가능성이 없다는 가정
   (2) 방출시간 동안의 개구부 누설량은 보정하여야 한다.
   (3) 누설량(보충량)
      ① 실제 누설량 : 누설농도는 (0에서 설계농도), 방출시간 (1분 이하)]
      ② 보충량 : 설계농도에서 1분간 누설되는 양으로 계산한다.

2) 심부화재
   (1) 방호구역은 원칙적으로 개구부 없이 타이트하여야 한다.
   (2) 단위시간당 약제방출량은 작지만 방출시간은 길다 (7분).
   (3) 농도유지시간(NFPA)
      ① 이산화탄소 : 20분 이상
      ② 할로겐화합물 및 불활성기체 소화약제 : 10분 이상 (설계농도의 85 % 이상)

전역방출방식의 개구부 보정량

1 개 요
1) 구획된 방호구역 전체에 소화약제를 방출하는 방식으로 주 소화효과는 질식이다.
2) 개구부의 유무 및 크기와 위치 등을 고려하여야 한다.

2 채택기준
1) NFTC : 개구부의 면적이 전표면적의 3 % 이하
2) NFPA
   (1) 표면화재 : 개구부 보정량 > 기본량 : 적용 불가 ⇒ 국소방출방식 적용
   (2) 심부화재 : 개구부가 있는 경우 :
       원칙적으로 적용 불가 ⇒ 누출량이 상당히 많은 경우 연장방출방식 고려

3 NFTC 자동폐쇄장치
1) 환기장치는 약제가 방출되기 전에 정지
2) 천장으로부터 1 m 이상의 아래 부분 또는 높이의 2/3 이내의 개구부 폐쇄
3) 복구는 방호구획 밖에서 할 수 있는 구조로 하고 그 위치를 표지한 표지

4 NFTC 개구부 보정량
1) 표면화재 : 5 kg/m^2
2) 심부화재 : 10 kg/m^2

5 NFPA 개구부 보정량 : NFTC와의 차이점
1) 표면화재에서 보정량은 설계농도와 개구부 위치의 함수

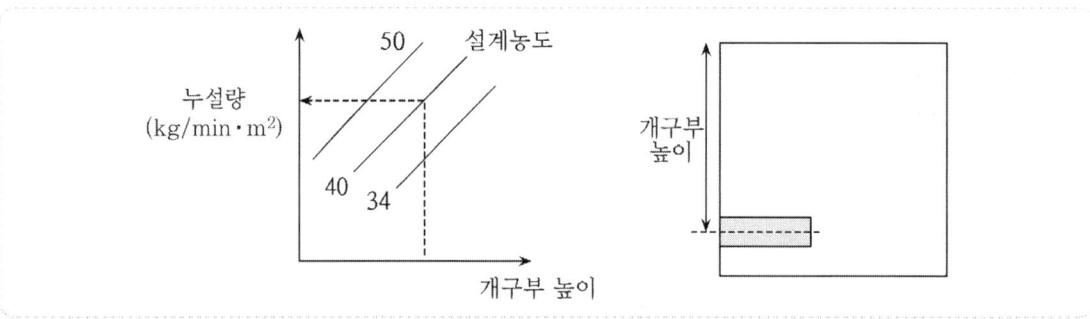

2) 보정계수 적용 시(설계농도 34 % 이상) : 개구부 보정량에도 적용
3) 심부화재의 경우 개구부가 있는 경우 원칙적으로 적용 불가

선형상수 (비체적)

1 적용 법칙

1) 아보가드로의 법칙
   (1) 동일한 온도 압력에서 모든 기체는 같은 부피 속에 같은 수의 분자를 갖는다.
   (2) 0 ℃ 1기압에서 모든 기체는 1 kmol당 22.4 m³

2) 샤를의 법칙
   모든 기체는 온도가 1 ℃ 증가할 때마다 부피가 1/273씩 증가한다.

2 비체적 (S)

특정된(Specific) 상태에서의 체적 $[m^3/kg]$

$$S = \frac{1}{\rho} \left[\frac{m^3}{kg}\right]$$

3 K_1, K_2

1) K_1 : 0 ℃ 에서의 비체적

$$K_1 = \frac{22.4}{분자량} [m^3/kg]$$

2) K_2

0°C 에서 t °C 까지의 비체적 변화량 $= K_1 \times \dfrac{t}{273}$

이때 $K_2 = \dfrac{K_1}{273}$ 라 하면

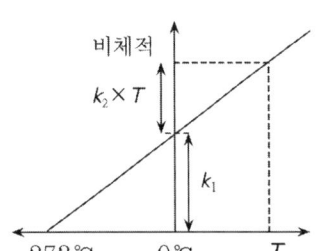

4 t °C 에서의 비체적 (S)

$$S = K_1 + K_2 \times t$$

예제 CHF_3의 20 ℃ 에서의 비체적은?

해설

1. 1 kmol 의 체적 : $22.4\,m^3$
2. 분자량 : $12 + 1 + 19 \times 3 = 70\,kg$

$$\frac{22.4}{70} + \frac{22.4}{70} \times \frac{1}{273} \times 20 = 0.34\,\frac{m^3}{kg}$$

무유출식 유도

1 개 요

1) 완전치환 : 이산화탄소의 부피만큼 방호구역 내 공기만 외부로 유출

2) 무유출 : 약제가 방출되는 동안은 유출이 없다가, 약제가 모두 방출된 후 약제가 방호구역 내 공기와 잘 혼합된 후 유출(손실)

3) 자유유출 : 약제가 방출되는 이산화탄소의 부피만큼 방호구역 공기와 이산화탄소의 혼합기체가 외부로 유출(손실)

2 무유출 식 유도 1

필요한 이산화탄소량 : 방출 전·후 산소량(kg)이 같다.

방사 전 산소량 $[kg]$: $\rho \cdot (V \times 21\%)$,   방사 후 산소량 $[kg]$: $\rho \cdot (V+x) \times O_2\%$

$\rho \cdot (V \times 21\%) = \rho \cdot (V+x) \times O_2\%$

$(V \times 21\%) = (V+x) \times O_2\%$

$x = \dfrac{21 - O_2}{O_2} \times V [m^3]$

3 무유출식 유도 2

1) 개 요

　(1) 압력치환(퍼지) 개념

　(2) 필요한 소화약제량이 $x[m^3]$라면, 압력치환처럼 먼저 약제량 x 을 방호공간에 주입, 잘 혼합한 후 방호공간이 대기압 상태로 되도록 주입한 불활성가스량만큼의 혼합가스(공기 + 소화약제)를 외부로 배출한다.

　(3) 이때 계산을 편리하게 하기 위해서 아래 【그림2】처럼 가스를 대기 중 배출하지 말고 공간 옆에 보관한다고 가정하면(압력치환과 같은 개념) ⇒ 약제 방출 전·후 산소량(체적)은 같다.

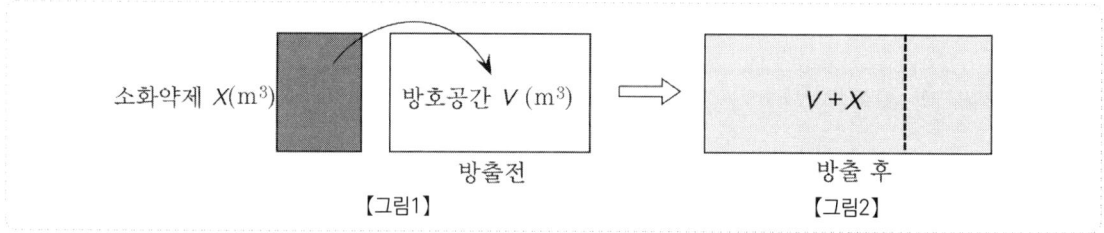

2) 약제량(x)과 산소농도(O_2)

약제 방출 전 산소량 【그림1】 : $V \times 21\%$

약제 방출 후 산소량 【그림2】 : $(V+x) \times O_2\%$

방호공간 내 초기 산소량과 약제 방출 후 산소량이 같으므로

$$V \times 21\% = (V+x) \times O_2\%$$

$$x = \frac{21-O_2}{O_2} \times V$$

2) 방출 후 이산화탄소 농도와 산소 농도

$$C = \frac{약제량(m^3)}{방호공간(m^3)+약제량(m^3)} \times 100 = \frac{\frac{21-O_2}{O_2} \times V}{V + \frac{21-O_2}{O_2} \times V} \times 100$$

$$C = \frac{21-O_2}{21} \times 100 \, [\%]$$

※ 위 식은 약제방출 후 방호구역 내 약제농도(C)와 산소농도(O_2) 관계식으로 무유출, 자유유출 모두 적용할 수 있다.

4 약제량 비교

체적 $100\,m^3$인 방호구역에 설계농도 50%에 필요한 이산화탄소 약제량 $[m^3]$

1) 무유출

$$C = \frac{약제량\,(m^3)}{방호구역\,체적\,(m^3)+약제량\,(m^3)} \times 100$$

$$50 = \frac{X}{100+X} \times 100$$

$$X = 100\,[m^3]$$

2) 자유유출

$$X = 2.303 \log\left(\frac{100}{100-50}\right) \times 100$$

$$X = 69\,[m^3]$$

구분	필요약제량	방호공간 내에 남아 있는 약제량	손실량	비고
완전치환	$50\,m^3$	$50\,m^3$	0	진공 치환
무유출	$100\,m^3$	$50\,m^3$	$50\,m^3$	압력 치환
자유유출	$69\,m^3$	$50\,m^3$	$19\,m^3$	스윕 치환

※ 무유출 : 소화약제가 방호구역에 방출되는 동안만 유출이 없다는 의미이다.

자유유출식 유도 1

1. 방호공간에 압력으로 인한 공기 외부 누설을 자유유출식으로 계산

   방호체적 $1\,m^3$의 약제량을 $x\,[m^3/m^3]$ 라면 $e^x = \dfrac{100}{100-C}$ 이다.

2. 양변에 자연로그를 취하면

$$x = \log_e \left(\frac{100}{100-C} \right) = \ln \left(\frac{100}{100-C} \right)$$

$$x = \ln \left(\frac{100}{100-C} \right) \qquad (\ln x = 2.303 \log x)$$

$$= 2.303 \cdot \log \left(\frac{100}{100-C} \right) \, [m^3/m^3]$$

3. 약제량(m^3)

$$X = 2.303 \log \frac{100}{100-C} \times V \, [m^3]$$

4. 약제량(kg)

   약제량$[m^3] \times \dfrac{1}{\text{선형상수}} \, [kg/m^3]$

$$\boxed{Q = 2.303 \log \left(\frac{100}{100-C} \right) \times \frac{V}{S}}$$

Q : 소화약제량 (kg) S : 선형상수 (m^3/kg)
C : 설계농도

Annex

📁 **로그/지수 함수**

$y = a^x \Rightarrow x = \log_a y \qquad 1000 = 10^3 \Rightarrow 3 = \log_{10} 1000$

$y = 10^x \Rightarrow x = \log_{10} y = \log y$

$y = e^x \Rightarrow x = \log_e y = \ln y = 2.303 \log y$

$-\ln \left(\dfrac{b}{a} \right) = \ln \left(\dfrac{a}{b} \right)$

📁 **로그 적분**

$\displaystyle \int_a^b \frac{1}{x} dx = \ln x \,]_a^b = \ln b - \ln a = \ln \left(\frac{b}{a} \right)$

$\displaystyle \int_a^b \frac{1}{1-x} dx = -\ln(1-x)\,]_a^b = -[\ln(1-b) - \ln(1-a)]$

$\qquad\qquad = -\ln \left(\dfrac{1-b}{1-a} \right) = \ln \left(\dfrac{1-a}{1-b} \right)$

자유유출식 유도 2

1 개 요

1) 이산화탄소 및 불활성가스 소화약제에 적용
2) 소화약제가 방출되는 동안 유출되는 혼합물(공기 + 소화약제)의 소화약제 농도가 변한다. (0% 에서 설계농도까지)

2 자유유출 가정

1) 소화약제 방출 중 방호구역 내의 누설 틈새를 통하여 약제가 방호구역 내 약제농도에 비례하여 유출된다.
2) 소화약제와 방호구역 내 공기는 잘 혼합(Well Mixed)된 상태로 유출된다는 가정이다.
3) 초기 압력 상승은 고려하지 않는다.
4) 방호공간 내·외부의 약제량에 의한 밀도차는 무시한다.

3 준 비

1) 산소농도

초기 산소농도	약제방출 후 산소농도
21%	$O_2(\%) = \dfrac{21 \times (100 - C)}{100}$

2) 단위시간당 약제 방출량 : $Q'\,[m^3/s]$

3) 방호구역 내 임의의 산소농도 $[O_2]$에서의 단위시간당 산소 감소량 $[m^3/s]$: $V \times \dfrac{dO_2}{dt}$

4) 방호구역 내 임의의 산소농도 $[O_2]$에서의 외부로의 산소 유출량 $[m^3/s]$: $Q' \times O_2$

```
                              Q' [m³/s]
                              (100% CO₂)
        방호구역
         O₂
Q' [m³/s]
(CO₂ + 공기)
```

4 식 유도

방호구역 내 임의의 산소농도 $[\theta]$에서 단위시간당 감소하는 산소량은 유출되는 산소량과 같다.

$$-V \times \frac{d\theta}{dt} = Q' \times \theta$$

$$dt = -\frac{V}{Q'} \times \frac{1}{\theta}\,d\theta$$

$$\int dt = -\frac{V}{Q'}\int_{21}^{O_2}\frac{1}{\theta}d\theta \quad \Rightarrow \quad \int dt = \frac{V}{Q'}\int_{O_2}^{21}\frac{1}{\theta}d\theta$$

$$t = \frac{V}{Q'}\ln[\theta]_{O_2}^{21} \qquad\qquad \left(\int_{O_2}^{21}\frac{1}{\theta}d\theta = \ln(\theta)_{O_2}^{21}\right)$$

$$t = \frac{V}{Q'}\ln\left[\frac{21}{O_2}\right]$$

$$t \cdot Q' = \ln\left(\frac{21}{O_2}\right) \times V \qquad O_2 = \frac{21\times(100-C)}{100} \qquad t \cdot Q' = Q\,[m^3]\ \text{이므로}$$

$$Q = \ln\left(\frac{21}{\frac{21\times(100-C)}{100}}\right) \times V$$

$$Q\,[m^3] = \ln\left(\frac{100}{100-C}\right) \times V$$

$$X\,[kg] = 2.303\log\left(\frac{100}{100-C}\right) \times \frac{V}{S}$$

예제 전기실의 체적이 300 m³이고 실내온도 및 기압이 각각 30 ℃, 1기압인 상태에서 270 kg의 이산화탄소 소화약제가 방출되었을 때 자유유출 상태에서의 이산화탄소의 농도(%)를 계산하시오.

해설

1. 선형상수

$$S = \frac{22.4}{44} + \frac{22.4}{44} \times \frac{30}{273} = 0.565$$

2. 이산화탄소의 농도 (%)

$$X = 2.303\log\left(\frac{100}{100-C}\right) \times \frac{V}{S}$$

$$270 = 2.303\log\left(\frac{100}{100-C}\right) \times \frac{300}{0.565}$$

$$\log\left(\frac{100}{100-C}\right) = \frac{270}{2.303} \times \frac{0.565}{300}$$

$$\log\left(\frac{100}{100-C}\right) = 0.2207 \qquad\qquad [\log x = y] \Rightarrow 10^y = x$$

$$10^{0.2207} = \frac{100}{100-C}$$

$$C = 39.84\%$$

예제 가로 20 m, 세로 15 m, 높이 5 m인 전기실에 전역방출방식의 이산화탄소 소화설비를 설치하려고 한다. 다음 조건을 참조하여 물음에 답하시오. (실내압력 740 mmHg, 실내온도 12 ℃)
1. 방사 후 실내의 산소농도가 13 vol%라면 실내의 이산화탄소 농도는 몇 vol%?
2. 방사된 이산화탄소량은?

해설

1. 약제 방사 후 방호구역 내 이산화탄소 농도

$$C = \frac{21 - O_2}{21} \times 100 = \frac{21 - 13}{21} \times 100 = 38.095$$

∴ 이산화탄소 농도 : 38.1 %

2. 약제량

   1) 완전치환

   $$CO_2\,[m^3] = 1500\,m^3 \times 0.381 = 571.5\,[m^3]$$

   2) 무유출

   $$CO_2\,[m^3] = \frac{21 - O_2}{O_2} \times V$$

   $$CO_2\,[m^3] = \frac{21 - 13}{13} \times 1500 = 923.07\,[m^3]$$

   3) 자유유출

   $$CO_2\,(m^3) = 2.303 \cdot \log\left(\frac{100}{100 - 38.1}\right) \times (20 \times 15 \times 5) = 719.48\,m^3$$

   이산화탄소 소화설비는 자유유출로 계산하여야 하므로

3. 이상기체 상태방정식 이용

   방호구역의 온도와 압력을 고려하여야 하므로

   $$PV = \frac{W}{M}RT$$

   $$\frac{740}{760} \times 719.48 = \frac{W}{44} \times 0.082 \times (273 + 12)$$

   $$= 1319\,kg$$

Annex

📁 소화농도

1) 최소 소화농도

연소한계 산소농도 15 %를 적용하면

$$C = \frac{21-15}{21} \times 100 = 28\%$$

2) 최소 설계농도 : 20 % 여유율

$28\% \times 1.2 = 34\%$ [NFPA 12의 경우 이산화탄소 최소설계농도는 34 % 이상이어야 한다]

📁 $O_2 = \dfrac{21 \times (100-C)}{100}$ [%] 유도

$$C = \frac{21-O_2}{21} \times 100 \, [\%]$$

$$21C = (21-O_2) \times 100$$

$$\frac{21C}{100} = (21-O_2)$$

$$O_2 = 21 - \frac{21C}{100}$$

$$O_2 = \frac{21 \times (100-C)}{100} \, [\%]$$

📁 방호공간 최저온도

1. 국내
   (1) 표면화재 : 0.56 m³/kg (30 ℃)
   (2) 심부화재 : 0.52 m³/kg (10 ℃)

2. NFPA 12

   표면화재/심부화재 모두 [0.56 m³/kg (30 ℃)] 기준

   Annex D Total Flooding Systems

   The data in Chapters 5(surface/deep-seated) are based on an expansion of 0.56 m³/kg of carbon dioxide.

이산화탄소 약제량 계산

1 개 요

이산화탄소 소화설비는 약제를 단시간에 방호구역으로 방출하여, 산소농도를 낮추어 소화하는 설비로서 자유유출(Free Efflux)을 가정하여 기본약제량을 계산한다.

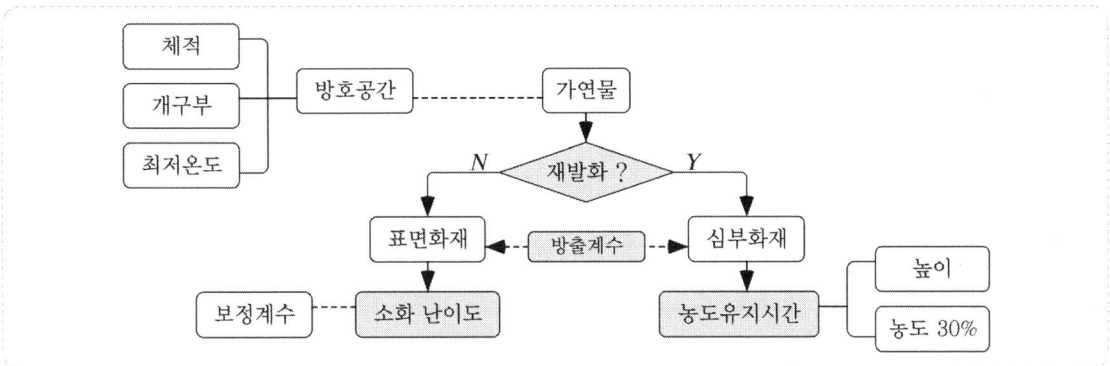

2 NFTC 기본약제량 계산

표를 이용하여 약제량을 계산하도록 규정하고 있으며 이 표는 자유유출(Free Efflux) 상태라는 가정에서 계산된 수치이다.

1) 표면화재

(1) 방출계수(Flooding Factor) : 약제 농도 34 % 기준

방호구역 (m^3)	방출계수 (kg/m^3)	최소약제량 (kg)
45 미만	1	45
45~150	0.9	45
150~1450	0.8	135
1450 이상	0.75	1125

(2) 보정계수

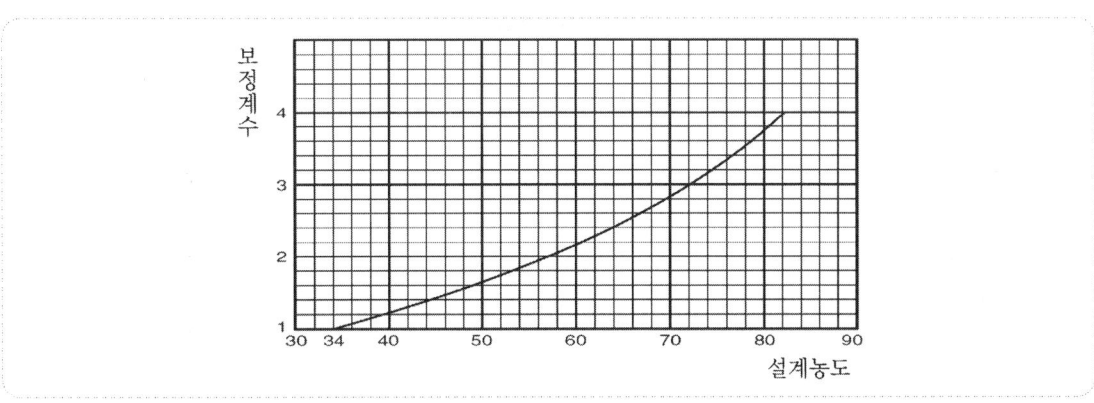

2) 심부화재

방호대상물	kg/m^3	설계농도
유압기기를 제외한 전기설비 케이블실	1.3	50
체적 55 m³ 미만의 전기설비	1.6	50
서고, 전자제품창고, 목재가공품창고, 박물관	2.0	65
고무면화류창고, 모피석탄창고, 집진설비	2.7	75

3) 개구부 보정량

(1) 표면화재 : 5 kg/m^2

(2) 심부화재 : 10 kg/m^2

표면화재 시 보정계수

1 개요

이산화탄소 약제량 계산 시 가연성 액체나 가스의 설계농도가 34 % 이상인 경우에는 기본약제량에 보정계수(MCF)을 곱하여 산출한다.

2 물질보정계수 (MCF, Material Conversion Factor)

$$MCF = \frac{\ln(1-C_2)}{\ln(1-C_1)}$$

MCF = 물질보정계수
C_2 = 보정 설계농도 분율
C_1 = 기준 설계농도 분율(0.34)

3 예

부타디엔의 경우 최소설계농도는 41 %이므로

$$MCF = \frac{\ln(1-0.41)}{\ln(1-0.34)} = \frac{-0.527}{-0.415} = 1.27$$

4 가연성 액체 또는 가연성 가스의 소화에 필요한 설계농도

방호대상물	설계농도(%)
수소(Hydrogen)	75
아세틸렌(Acetylene)	66
일산화탄소(Carbon Monoxide)	64
산화에틸렌(Ethylene Oxide)	53
에탄(Ethane)	40
프로판(Propane)	36
부탄(Butane)	34
메탄(Methane)	34

※ 단열화염 한계온도가 낮은 가연물이 설계농도는 크다.

Annex

📁 보정계수 유도

설계농도 $C_2(\%)$일 때 약제량 $(Q_2) = \ln\left(\dfrac{100}{100-C_2}\right) \times V$

$Q_2 = \ln\left(\dfrac{100}{100-C_2}\right) \times V = MCF \times$ 기본농도(C_1)에서의 약제량

$\ln\left(\dfrac{100}{100-C_2}\right) \times V = MCF \times \ln\left(\dfrac{100}{100-C_1}\right) \times V$ ·········①

$-\ln\left(\dfrac{100-C_2}{100}\right) = -MCF \times \ln\left(\dfrac{100-C_1}{100}\right)$

$\ln\left(\dfrac{100-C_2}{100}\right) = MCF \times \ln\left(\dfrac{100-C_1}{100}\right)$

$\ln(1-C_2') = MCF \times \ln(1-C_1')$ (C_1', C_2' : 분율)

$MCF = \dfrac{\ln(1-C_2')}{\ln(1-C_1')}$

또는 ① 식에서

$MCF = \dfrac{1}{\ln\left(\dfrac{100}{100-34}\right)} \cdot \ln\left(\dfrac{100}{100-C_2}\right)$

$MCF = 2.41 \cdot \ln\left(\dfrac{100}{100-C_2}\right)$

📁 NFPA 12 이산화탄소 소화설비 기본 약제량 계산방법

1. 설계농도

    설계농도 (C) = 최소 이론 농도 $(C_{th}) \times 1.2$

    1) 표(최소 이론 농도)
    2) 산소농도

    $C_{th} = \dfrac{21 - O_2}{21} \times 100$

    기본약제량

    $Q[kg] = 2.303 \log\left(\dfrac{100}{100-C}\right) \times \dfrac{V}{S}$

2. 표(방출계수)를 사용하여 약제량 계산 : 설계농도가 34 % 이상인 경우 보정계수 적용

이산화탄소 최소약제량

❶ 개 요
최소약제량의 도입 이유 및 현 NFTC 기준 문제점

❷ 논 점
1) 도입이유
   (1) 소화에 필요한 최소약제량 개념이 아니라 아래와 같은 이유 때문이다.
   (2) 방호공간 체적 $44.99\,m^3$ 와 방호공간 체적 $45\,m^3$ 일 때 비교

   $44.99\,m^3 \times 1\,kg/m^3 = 44.99\,kg$

   $45\,m^3 \times 0.9\,kg/m^3 = 40.5\,kg$

   이런 경우 체적이 큰 방호공간이 약제량이 작은 방호공간보다 더 작다. (Overap)
2) 이런 NFPA에서는 방지하기 위해서 최소약제량을 정했다.

❸ NFTC 기준의 문제점
1) 최소약제량

   방호공간이 $45\,m^3$ 보다 작은 경우는 최소약제량이 필요가 없다 (NFPA에서는 가장 작은 방호공간에는 최소약제량 규정이 없음). ⇒ 그러므로 현 NFTC 규정은 아래와 같이 개정되어야 한다.

방호구역	방출계수	최소약제량
$45\,m^3$	1	45 kg
$45\sim150\,m^3$	0.9	
$150\sim1450\,m^3$	0.8	135 kg
$1450\,m^3$	0.75	1125 kg

   ⇨

방호구역	방출계수	최소약제량
$45\,m^3$	1	
$45\sim150\,m^3$	0.9	45 kg
$150\sim1450\,m^3$	0.8	135 kg
$1450\,m^3$	0.75	1125 kg

2) 전기실의 최소약제량
   (1) 전기설비 (심부화재)의 경우 최소약제량 규정 필요

   전기실 체적 $54\,m^3$: 54 × 1.6 = 86.4 kg

   $56\,m^3$: 56 × 1.3 = 72.8 kg

   ⇒ 방호구역 체적은 작은데 약제량은 더 많다.

   (2) 위의 규정에 의하면 심부화재의 전기실의 경우도 $55\,m^3$ 을 기준으로 방출계수가 다르므로 최소약제량 규정 필요하다 (참고로 NFPA의 경우는 아래와 같다).

유압기기를 제외한 전기설비 케이블실	1.3	⇒	1.3 (최소약제량 88 kg)

4 방호공간 체적이 작을수록 방출계수가 큰 이유

1) 이산화탄소 소화약제량은 자유유출(Free Efflux) 가정하에 약제량을 계산한다.
2) 필요한 소화약제량은 방호공간 체적에 의해 결정되고,
   소화약제 누설량은 방호공간 표면적에 의해 결정되므로
3) 단위체적당 단위 표면적이 클수록 (단위체적당) 누설량이 많아, 많은 약제량(방출계수)이 필요하다.

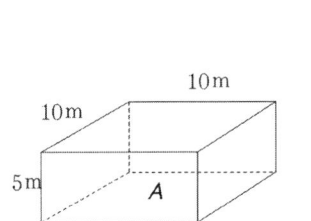
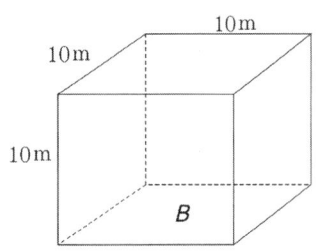

구 분			단위체적당 표면적 [m²/m³]
A 방호구역	체적	500 m³	0.8
	표면적	400 m²	
B 방호구역	체적	1000 m³	0.6
	표면적	600 m²	

Annex

📁 NFPA 12

Volume of Space (m³) (A)	Volume Factor (m³/kg CO₂) (B)	Flooding Factor (kg CO₂/m³) (B)	Calculated Quantity (kg) (Not Less Than) (C)
Up to 3.96	0.86	1.15	—
3.97–14.15	0.93	1.07	4.5
14.16–45.28	0.99	1.01	15.1
45.29–127.35	1.11	0.90	45.4
127.36–1415.0	1.25	0.80	113.5
Over 1415.0	1.37	0.74	1135.0

설계농도 (%)	Flooding Factor [kg/m³]	Specific Hazards
50	1.60	Dry Electrical Hazards in General [Spaces Less than 56.6 m³]
50	1.33 (91 kg minimum)	Dry Electrical Hazards in General [Spaces Greater than 56.6 m³]
65	2.00	Record (Bulk Paper) Storage, Ducts, Covered Trenches
75	2.66	Fur Storage Vaults, Dust Collectors

Soaking Time (Retention Time)

1 개 요

1) 가스 소화설비는 심부화재의 경우 설계농도를 달성하는 것도 중요하지만, 재발화 위험에 대비하여 일정 시간 동안 일정 농도를 유지하는 것도 중요하다.
2) Soaking Time은 소화(소염)되었던 화재가 소화약제의 누설 등에 의해 소화약제 농도가 감소하면 잠복되어 있던 발화원(아크, 열원, 심부화재)으로 인해 재발화할 가능성이 있기 때문에 중요하다.

2 농도유지시간 필요성/고려사항

1) 재발화 위험 때문에 필요
2) 방출시간 종료 후 농도가 유지되는 시간
3) 소화약제 설계농도를 달성하는 것도 중요한 일이지만, 유사시 관리자가 효과적인 비상조치를 취할 수 있도록 정해진 시간 동안 그 농도를 유지하는 것도 중요하다.
4) 농도유지시간 설정 시 고려사항(NFPA)
    (1) 훈련받은 요원의 화재에 대한 조치 소요시간
    (2) 위험의 불활성화 및 재발화
    (3) 방호구역의 과도한 누설
5) NFPA 2001 기준
    (1) 최소설계농도의 85 %에서 10분 이상
    (2) 훈련받은 관계자의 화재에 대한 조치 소요시간

3 농도유지시간

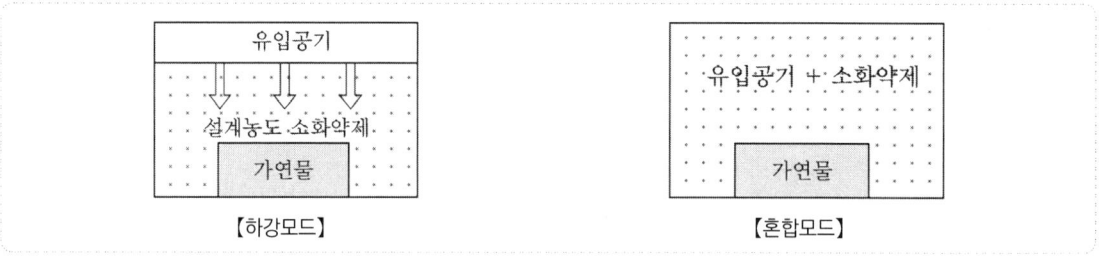

1) 하강 모드(Descending Mode)
    (1) 소화약제가 누설되면서 외부에서 유입된 공기가 방호구역 상부부터 축적되어 하강
    (2) 소화약제가 가연물까지 하강하는 시간
    (3) Soaking Time : 설계높이(설계농도) 유지시간
    (4) 가연물 높이를 특정할 수 없어서 정량화하기가 곤란하다.
2) 혼합모드(Mixing Mode)
    (1) 약제가 누설되면서 유입된 공기가 남아 있는 약제와 계속 혼합되면서 소화약제 농도가 감소
    (2) 소화약제가 방사된 후 방호구역에 농도가 일정 농도 이하에 도달하는 시간

(3) NFPA
   ① 이산화탄소 : 소화약제 농도가 30 %까지 감소하는 시간
   ② 할로겐·불활성가스 : 설계농도의 85 %까지 감소하는 시간

3) 농도유지시간 영향인자
   (1) 공통 : 개구부 크기 및 위치
   (2) 하강모드 : 방호대상물 높이
   (3) 혼합모드 : 설계농도
      ① NFTC의 경우 심부화재의 설계농도가 큰 이유는 농도유지시간이 필요하기 때문이다.
      ② 전기실보다 고무면화류 등의 설계농도가 큰 이유는 더 긴 농도유지시간이 필요하기 때문이다.

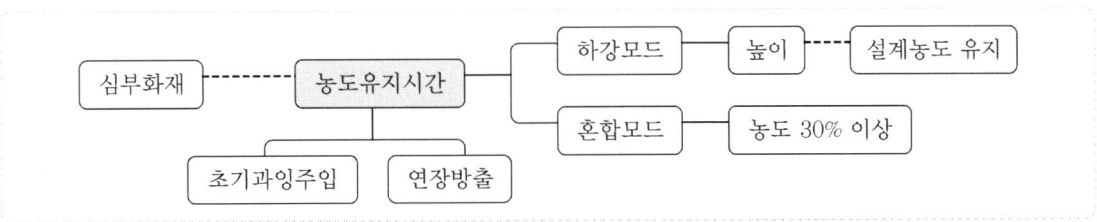

4 농도유지방법

1) 초기과잉 주입방법 (Initial Overdose Method)
   (1) NFPA과 화재안전기준의 경우 초기에 약제를 과다하게 주입 후 일정량이 누설되더라도 일정시간 동안 농도를 유지하는 것이 기본개념이다.
   (2) 심부화재의 설계농도가 큰 이유는 농도유지시간이 필요하기 때문이다.

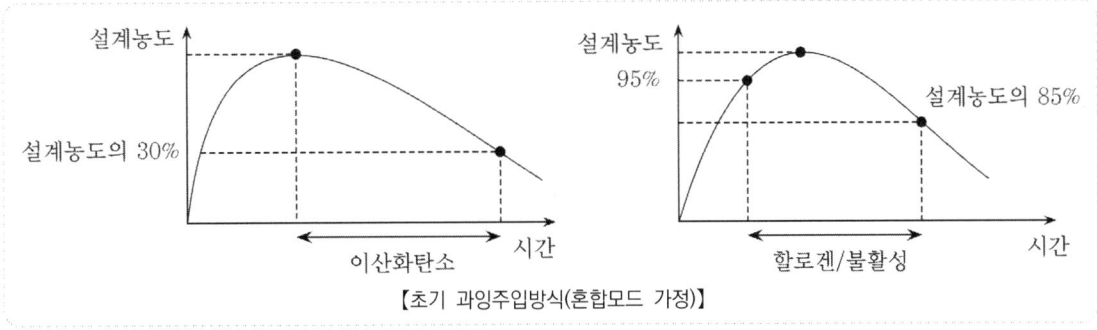

【초기 과잉주입방식(혼합모드 가정)】

2) 연장방출방법 (Extended Discharge)

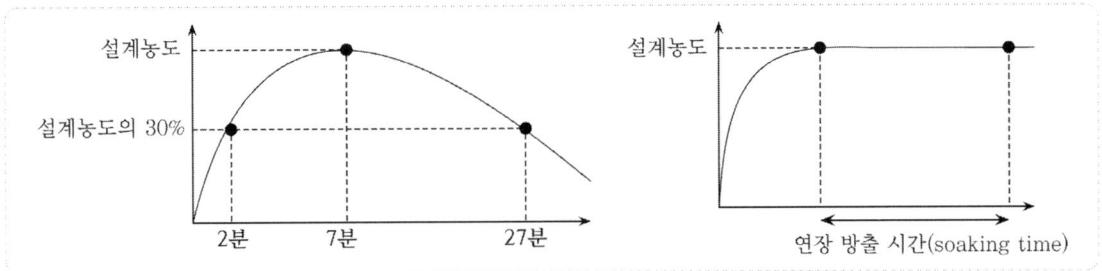

(1) 누설량이 상당히(Appreciable) 많은 경우 적용
(2) Soaking Time 동안 추가 약제를 방출하기 위한 배관을 별도 설치한다.
(3) 약제는 공기와 일정한 혼합이 일어나도록 방출하여야 한다.
(4) 방출량(방출 압력)이 작아서 노즐 및 배관이 동결될 우려가 있다.
  ⇒ 삼중점보다 압력이 낮으면 이산화탄소는 기체 또는 고체 상태

5 누출량

$$R = 60 \cdot C \cdot \rho \cdot A \sqrt{\frac{2g(\rho_1 - \rho_a)h}{\rho_1}}$$

$$\rho_1 = \rho \frac{C}{100} + \rho_a \frac{100 - C}{100}$$

R : 분당 누출량 [kg/min] C : 이산화탄소 농도
A : 개구부 면적 ρ : 이산화탄소 밀도
ρ_1 : 방호구역 내 밀도 ρ_a : 외부 공기 밀도
h : 개구부와 구역 상부 길이

1) 약제누설량 유도

약제누설량 $[m^3/s] = C \times A \times v$ $[m^3/min] = 60 \times C \times A \times v$

$$v = \sqrt{2gH} = \sqrt{2g\frac{\Delta P}{\gamma}} = \sqrt{\frac{2g(\rho_1 - \rho_a)h}{\rho_1}}$$

약제누설량 $[kg/min] = 60 \times C \times \rho \times A \times \sqrt{\frac{2g(\rho_1 - \rho_a)h}{\rho_1}}$

2) NFPA 12에서는 개구부가 벽에 하나 있는 경우 개구부의 하부로 약제가 누설되고 상부로 공기가 유입되므로 누설면적은 개구부의 1/2로 계산할 수 있다 (NFPA 12 A 5.5.2).

6 영향인자

1) 설계농도
(1) 설계농도가 클수록 농도유지시간은 증가한다.
(2) 이산화탄소소화설비 NFTC에서 재발화 위험이 클수록 설계농도가 크다.
  서고, 전자제품창고(65 %)보다 고무면화류창고(75 %)가 재발화 위험성이 더 크다는 뜻이다.

2) 약제 누설량
(1) 설계농도와 개구부 크기 및 위치가 중요한 요소이다.

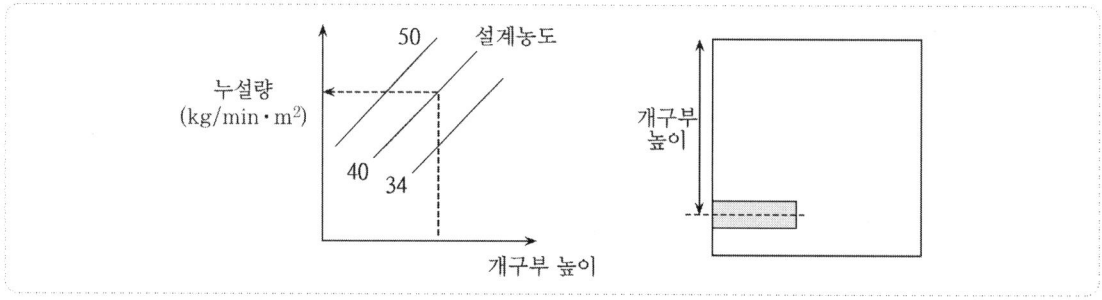

(2) 개구부 크기가 클수록 위치가 낮을수록 누설량은 증가한다.
(3) 누설량이 상당히 클 때는 연장방출방법(Extended Discharge)을 고려하여야 한다.

Annex

📁 연장방출방식의 설계농도

1) 심부화재가 설계농도가 큰 이유 (50~75 %)는 소화 (화염 제거)가 어려운 것이 아니라, Soaking Time 을 유지하기 위해 초기 (초기과잉주입방식)에 많은 소화약제가 필요하기 때문이다.
2) 만약에 연장방출방식 개념인 경우에는 설계농도가 초기과잉 주입방식처럼 클 필요가 없다. 즉, 약 30 % 설계농도만 유지하면 된다.
3) 즉, 초기과잉주입방식과 연장방출방식은 설계농도 개념이 다르다.

📁 하강 모드 하강시간

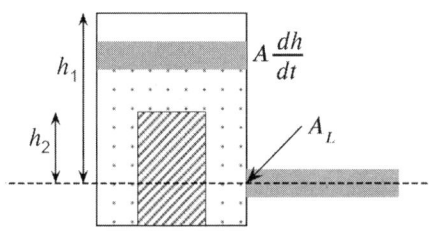 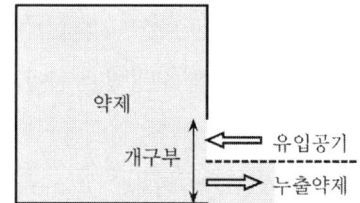

감소되는 양 $= A\dfrac{dh}{dt}$,   누설되는 양 $= \sqrt{2g\dfrac{(\rho_1 - \rho_a)}{\rho_1}h} \times A_L$

$$-A\dfrac{dh}{dt} = \sqrt{\dfrac{2g(\rho_1 - \rho_a)}{\rho_1}h} \times A_L$$

$$dt = -\dfrac{A}{A_L}\sqrt{\dfrac{\rho_1}{2g(\rho_1 - \rho_a)}}\dfrac{1}{\sqrt{h}}dh$$

$$\int dt = -\int_{h_1}^{h_2}\dfrac{A}{A_L}\sqrt{\dfrac{\rho_1}{2g(\rho_1 - \rho_a)}}\dfrac{1}{\sqrt{h}}dh$$

$$t = -2\dfrac{A}{A_L}\sqrt{\dfrac{\rho_1}{2g(\rho_1 - \rho_a)}}\sqrt{h}\Big]_{h_1}^{h_2} \qquad \int \dfrac{1}{\sqrt{h}}dh = \dfrac{1}{1-\dfrac{1}{2}}h^{(1-\frac{1}{2})} = 2\sqrt{h}$$

$$t = -\dfrac{A}{A_L}\sqrt{\dfrac{2\rho_1}{g(\rho_1 - \rho_a)}}(\sqrt{h_2} - \sqrt{h_1})$$

$$t = \dfrac{A}{A_L}\sqrt{\dfrac{2\rho_1}{g(\rho_1 - \rho_a)}}(\sqrt{h_1} - \sqrt{h_2})$$

※ 개구부가 벽에 하나 있는 경우

A_L 대신에 $\dfrac{A_L}{2}$ 대입하면

$$t = \dfrac{2A}{A_L}\sqrt{\dfrac{2\rho_1}{g(\rho_1 - \rho_a)}}(\sqrt{h_1} - \sqrt{h_2})$$

Door Fan Test

1 개 요

1) 가스계 소화설비는 소화 후 재발화 우려가 있는 경우 일정시간 약제농도를 유지하여 재발화를 방지하여야 한다.
2) 약제농도를 유지하기 위해 누설량의 적정성 평가하는 것을 Door Fan Test라 한다.

2 기본원리

1) Door Fan Test 통해서 하강모드, Mixing Mode 조건을 조성하여 누설량을 측정하는 것
2) 누설 틈새를 통한 누설량(Q)을 측정하고 이때 압력을 측정한다.
3) 이때 누설량과 압력을 알면 공식에 의해 ($Q = 0.827 A \sqrt{P} \Rightarrow A = \dfrac{Q}{0.827 \sqrt{P}}$) 누설 틈새를 알 수 있다.
4) 이때 누설틈새 A를 컴퓨터 프로그램에 입력하면 틈새를 통한 누설량을 산정하고 실제 농도유지시간(Soaking Time)을 예측할 수 있다.

3 시험절차

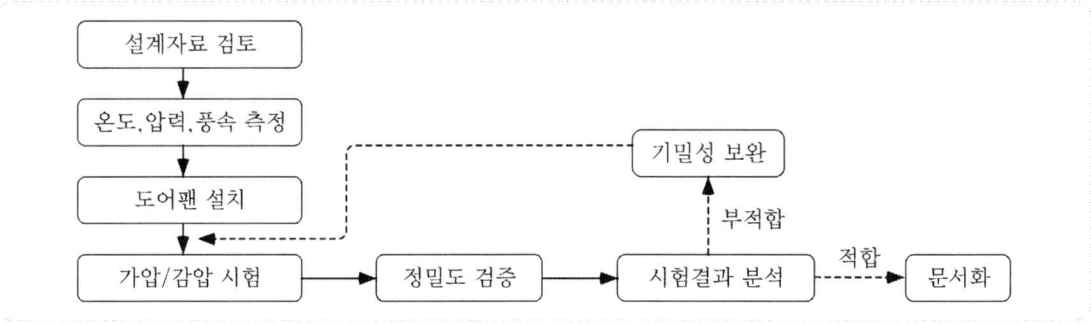

1) 자료검토 : 건축설계도면, 소방시설도면, HVAC 도면
2) 기초자료 측정 : 온도, 압력, 풍량, 풍속
3) Door Fan 설치 : 대형 누출부위, Sealing, 계측기 보정
4) 가압/감압 시험
   (1) 실내의 정압차, 가압, 감압 범위 설정
   (2) 도어팬 가동, 가압 감압 및 유량측정, 실내외 대기온도 측정
5) 정밀도 검증
6) 실험결과 분석 : 실험데이터를 입력하여, 누출량, 누출 등가 면적 산출, 소화농도 유지시간 산출
7) 보정실험
   (1) 실험결과의 정밀도 검증실험, 누출등가면적의 30% 범위 내 도어팬 판넬 개방 후 실험
   (2) 등가면적 ±10% 이내 정밀도 검증

8) 조 치
   (1) 누출부위 확인 및 기밀 보완 방안 제시
   (2) 소화설비의 적합성 검토
   (3) 개선방안 제시 기밀 보완 후 재시험 및 효과분석

4 장 점

1) 간접 실험으로 환경영향성이 적다.
2) 가스계 소화설비 신뢰성 확보
3) 가스계 소화설비 적정성 평가 기능
4) 소화설비 효율성 검토

예제 10 m × 15 m × 4 m의 전산실에 0.3 m × 0.3 m 크기의 개구부가 1개 있다. 천장부터 개구부 상단까지의 높이는 1.5 m, 이산화탄소의 농도는 50 %로 한다. 누설량[kg]을 계산하시오. (단, 기타 조건은 무시한다)

해설

$\rho_{CO2} = \dfrac{PM}{RT} = \dfrac{1 \times 44}{0.082 \times (273+20)} = 1.831\,[kg/m^3]$

$\rho_{공기} = \dfrac{PM}{RT} = \dfrac{1 \times 29}{0.082 \times (273+20)} = 1.2\,[kg/m^3]$

$\rho_{내부} = \dfrac{PM}{RT} = \dfrac{1 \times (29 \times 0.5 + 44 \times 0.5)}{0.082 \times (273+20)} = 1.52\,[kg/m^3]$

$A = 0.09\,[m^3]$ 개구부가 벽에 하나이므로 면적은 1/2로 계산

누설량 $[kg/min] = 60 \times 0.5 \times 1.831 \times \dfrac{0.09}{2} \times \sqrt{\dfrac{2 \times 9.8(1.52-1.2)}{1.52} \times 1.5} = 6.15\,[kg/min]$

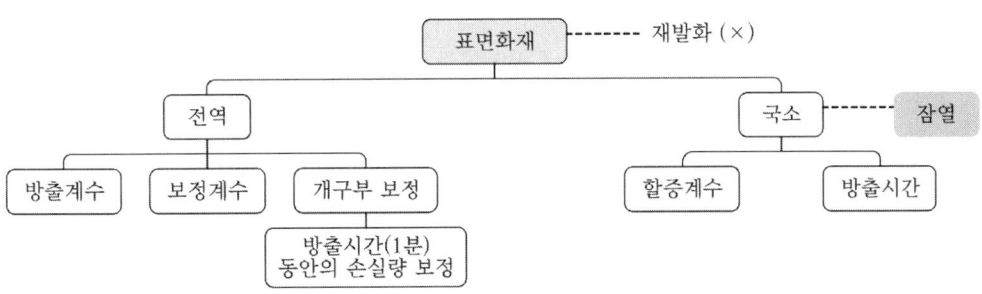

국소방출방식 약제량

1 개 요
국소방출방식은 위험 대상물이 밀폐되어 있지 않거나 방호구역이 전역방출의 요구사항이 맞지 않는 구역에서 인화성액체, 가스, 얇은 고체 등의 (재발화 위험이 없는) 표면화재에 적용한다.

2 소화원리
1) 이산화탄소소화약제 중 액체의 증발잠열을 이용한 냉각
2) 즉, 가스 상태의 이산화탄소 소화효과는 무시한다.

3 방호공간

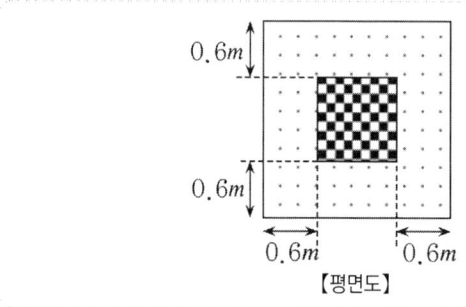
【평면도】

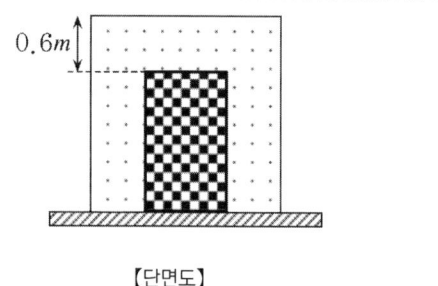
【단면도】

4 기본 약제량 : 소화에 필요한 약제량

1) 평면화재 : 상부 표면적 $\times\ 13\ [kg/m^2]$

2) 입체화재 : 방호공간 체적 $[m^3] \times \left(8 - 6\dfrac{a}{A}\right)[kg/m^3]$

　(1) a : 벽면의 면적
　(2) A : 방호공간의 벽 면적

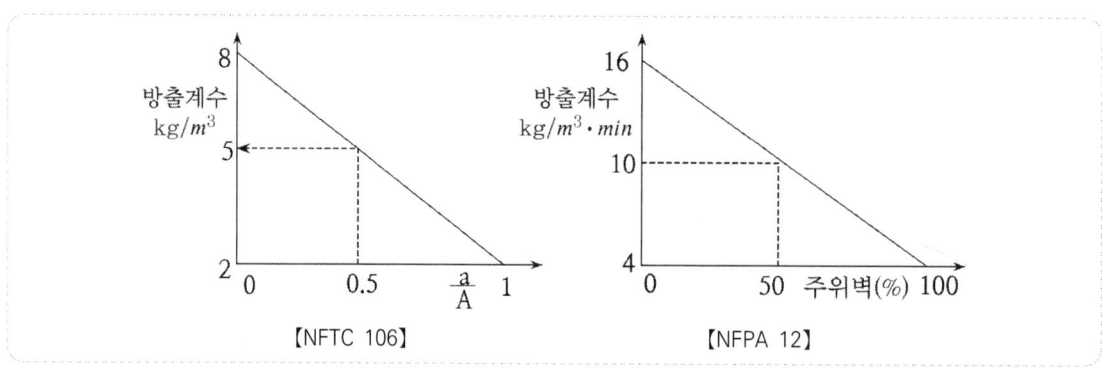

【NFTC 106】　　　　　【NFPA 12】

5 방출시간
소화에 유효한 액체 이산화탄소 소화약제가 방출되는 시간

6 저장량 할증계수 : 고압식 1.4, 저압식 1.1

1) 저장상태

(1) 고압식 : 저장용기(실린더)내 소화약제의 약 70~75 %가 액체

즉, 소화약제 100 kg(액체)가 필요한 경우 140 kg를 저장하여야 한다.

⇒ 40 % 할증(여유율)

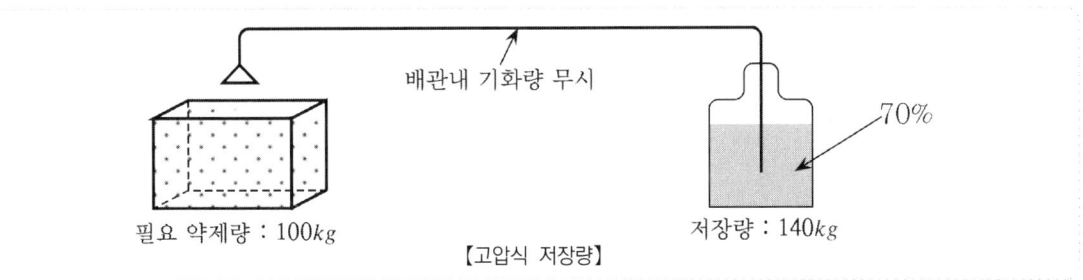

【고압식 저장량】

(2) 저압식 : 저장 이산화탄소 소화약제 대부분이 액체 ⇒ 할증이 필요 없다.

2) 배관 내에서의 증발량

$$Q = \frac{W \times C_p \times (T_1 - T_2)}{H}$$

Q : 기화된 이산화탄소 [kg] C_p : 배관의 비열 [강관 $0.46 kJ/kg \cdot K$]
T_1 : 방출 전 배관 온도(일반적으로 약 20 ℃)
T_2 : 이산화탄소 온도(고 : 16 ℃ 저 : -21 ℃)
H : 증발 잠열 [kJ/kg](고 : 150   저 : 280)

(1) 고압식 : 무시(약제온도와 배관 온도차가 작기 때문에)

(2) 저압식 : 10 % 할증

3) 할증계수

구 분	고압식	저압식
저장상태에 의한 할증	1.4	무시
배관의 증발량	무시	1.1
계	1.4	1.1

7 결 론

1) 고압식 : 1.4배   2) 저압식 : 1.1배

예제 가로, 세로, 높이(2 × 2.5 × 1)의 방호대상물이 가로면이 고정벽에 위치하고 있을 때 국소방출방식의 고압식 이산화탄소 소화설비를 설치하고자 한다. 약제저장량을 산출하시오.

해설

1. 약제량 계산식

$$Q[kg] = V \times (8 - 6\frac{a}{A}) \times 할증계수(1.4)$$

1) 방호공간 : $(2+0.6\times2)\times(2.5+0.6\times1)\times(1+0.6\times1) = 15.872\,m^3$

2) $A = (3.2\times1.6\times2면) + (3.1\times1.6\times2면) = 20.16\,m^2$

3) $a = 3.2\times1.6 = 5.12\,m^2$

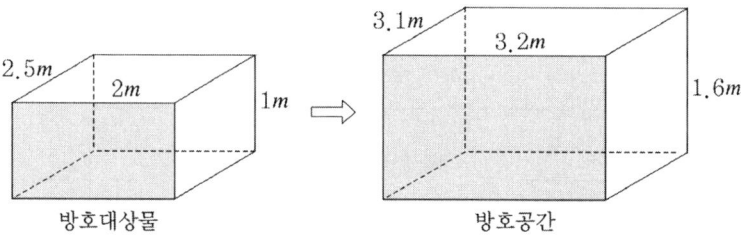

2. 약제량

$$Q[kg] = 15.872\times\left(8 - 6\times\frac{5.12}{20.16}\right)\times1.4 = 143.906$$

∴ 143.91 [kg]

※ 벽면 대신 바닥 길이로 계산

$$Q[kg] = 15.872\times\left(8 - 6\times\frac{3.2}{(3.2+3.1)\times2}\right)\times1.4 = 143.906$$

Annex

📁 이산화탄소 호스릴 방식

1. 분사헤드가 배관에 고정되어 있지 않고 소화약제 저장용기에 호스를 연결하여 사람이 직접 화점에 소화약제를 방출하는 이동식 소화설비 (국소방출방식)

수평거리	노즐방사량	약제저장량	밸브개방
15 m	60 kg/min	90 kg	수동 개방

2. 화재 시 현저하게 연기가 찰 우려가 없는 장소로서 다음 각호의 어느 하나에 해당하는 장소에는 호스릴 이산화탄소 소화설비를 설치할 수 있다 (차고 또는 주차의 용도로 사용되는 부분 제외).

   (1) 지상 1층 및 피난층에 있는 부분으로서 지상에서 수동 또는 원격조작에 따라 개방할 수 있는 개구부의 유효면적의 합계가 바닥면적의 15 % 이상이 되는 부분

   (2) 전기설비가 설치되어 있는 부분 또는 다량의 화기를 사용하는 부분(해당 설비의 주위 5 m 이내의 부분을 포함한다)의 바닥면적이 해당 설비가 설치되어 있는 구획의 바닥면적의 5분의 1 미만이 되는 부분

📁 이산화탄소 호스릴소화설비 방출시간

   (1) 약제저장량 : 90 kg

   (2) 유효약제량 : 저장량의 약 70 % = 약 60 kg

   (3) 방사량 : 분당 60 kg

   (4) 방출시간 : 1분

국소방출방식의 NFPA와 NFTC의 방출시간 비교

1 개요
1) 국소방출방식은 액체의 증발잠열을 이용한 냉각소화이기 때문에 방출시간이 증가할수록 소화에 유리하다.
2) NFTC : 30초 이하
3) NFPA : 30초 이상

2 방출시간
소화에 유효한 액체 이산화탄소 소화약제가 방출되는 시간

3 NFPA 규정
1) 국소방출방식의 약제량은 방호되는 면적 또는 체적과 방출시간에 의해 계산한다.

필요약제량 $[kg]$ = 방호공간 체적 $[m^3] \times (16 - 12\frac{a}{A})\ [\frac{kg}{m^3 \cdot min}] \times$ 방출시간 (min)

2) 방출시간이 증가하면 약제량도 증가한다.
3) 즉, NFPA의 경우 방출시간이 결정된 후 약제량을 구한다.
4) 그러므로 방출시간이 길수록 약제량이 증가하므로 NFPA의 방출시간은 30초 이상이다.

4 NFTC
1) 그에 반해 국내기준은 방출시간이 변하더라도 약제량은 일정하다.

필요 약제량 $[kg]$ = 방호공간 체적 $[m^3] \times (8 - 6\frac{a}{A})\ [\frac{kg}{m^3}]$

2) 그러므로 빠른 소화약제 방출에 주안점을 두어 방출시간이 30초 이하이다.

5 준 심부화재의 방출시간
1) 파라핀, 왁스, 식용유와 같이 자연발화온도 (AIT)가 비점 (Boiling Point)보다 낮은 가연물의 경우 유효 방출시간은 재발화를 방지하기 위해 가연물을 냉각하도록 증가시켜야 한다.
2) 최소 유효 방출시간 (액체 방출 시간)은 3분이다.
3) 일반적인 가연성 액체의 자연발화온도 (AIT)는 비점보다 높아서 소화 후의 재발화는 외부 점화원에 의해서만 일어날 수 있다. 그러나 식용유와 녹은 파라핀, 왁스 등은 자연발화온도가 비점보다 훨씬 낮은 특이한 물질이다.
4) 재발화를 방지하려면 가연물이 자연발화온도 미만으로 냉각될 때까지 유지할 필요가 있다. 3분간의 방출시간은 작은 설비에는 적당하지만, 용량이 큰 설비에는 더 긴 시간이 필요하다.

Vapor Delay Time

1 Vapor Delay Time 정의

1) 이산화탄소 소화약제의 액상 방출이 기화된 기상 소화약제에 의해 지연되는 시간이다.
2) 저압식 CO_2 소화약제는 -18℃로 저장되어 있다가 소화약제가 방출되면서 배관에서 열을 흡수하여 이산화탄소가 기화되어 액상으로 방출되는 양이 감소하게 된다.
3) 국소방출방식의 경우 액상으로 방출되는 양이 감소하면 냉각 소화효과가 감소하여 소화실패로 이어질 수 있다.
4) 소화약제 방출 과정

2 Vapor Delay Time의 영향인자

1) Vapor Delay Time 공식 [FM 기준]

$$D_t = \frac{w \cdot c_p \cdot (T_1 - T_2)}{0.507 R} + \frac{16830 V}{R}$$

D_t : Vapor Delay Time[s] w : 배관의 중량[kg]
T_1 : 방출 전 배관온도[℃] T_2 : CO_2 온도[℃]
R : 설계유량(kg/m^3) V : 배관의 용적(m^3)

2) Vapor Delay Time 영향인자

(1) 배관의 온도 : 배관의 온도가 높을수록 ⇒ Vapor Delay Time이 증가한다.
(2) 배관 중량 : 배관 중량이 클수록 ⇒ 배관에 흡수되는 열량이 증가하여 Vapor Delay Time이 증가한다.
(3) 배관 용적 : 배관 용적이 클수록 ⇒ Vapor Delay Time이 증가한다.
(4) 유량 : 이산화탄소의 방출유량이 클수록 ⇒ Vapor Delay Time이 감소한다.

할로겐화합물 및 불활성기체 소화약제

1 개요 (정의)

1) 할로겐화합물 및 불활성기체로서 전기적으로 비전도성이며 휘발성이 있거나 증발 후 잔여물을 남기지 않는 소화약제로서, 수계소화설비 적용 시 수손 피해가 예상되는 방호구역에 설치하는, 비교적 고가의 방호대상물을 방호하는 설비이다.

2) 오존 파괴 능력을 낮추기 위해 Br 등을 첨가하지 않고 F 등을 사용하는 HCFC, HFC 등 할로겐계열의 물질로서 하론소화약제와는 다른 소화 메커니즘을 가지고 있다.

2 할로겐화합물 및 불활성기체 소화약제 소화설비의 구비조건

1) 환경친화성
   (1) 오존층파괴지수(ODP) : 몬트리올 의정서에 의하여 세계적으로 오존층 파괴물질에 대해 규제 중이므로 오존층 파괴지수가 작아야 한다.
   (2) 지구온난화지수(GWP) : 교토의정서에 의하여 국내에서도 "온실가스배출 감축사업 등록 및 감축사업" 등에 의해 감축

2) 소화성능

3) 안전성
   (1) 오작동에 의한 방출 시 방호구역 내 거주자가 인체에 해가 없이 대피 가능하도록 인체에 대한 안전성이 확보되어야 한다.
   (2) 소화약제가 실제 화염과 반응하였을 경우에 발생되는 열분해생성물(주로 불화수소)이 적은 소화약제의 선택이 필요하다.

4) 신뢰성
   (1) 제조업체 신뢰성 : 할로겐화합물 및 불활성기체 소화약제의 경우 향후 지속적인 사후관리 및 긴급사항 발생 시의 대처가 필요하므로 비교적 제조업체의 역량이 큰 회사의 선택이 필요하다.
   (2) 설비의 신뢰성 : 미국에서 집계된 10년간 가스계소화설비의 화재진압 실패 요인의 경우 설비가 작동되지 않아 화재진압에 실패하는 경우가 4위로 집계됨. 따라서 설비의 작동방식, 부품의 신뢰도 등의 검토가 요구된다.
   (3) 설계프로그램의 신뢰성 : 할로겐화합물 및 불활성기체소화약제 소화약제는 원활한 방출을 위하여 배관망 설계 시 컴퓨터 프로그램을 이용함. 따라서 설계작업이 근간이 되는 프로그램의 신뢰성 확보가 요구된다.

5) 경제성

3 할로겐화합물 및 불활성기체소화약제의 종류

소화약제	화학명	화학식
HCFC Blend A	Dichlorotrifluoroethane HCFC-123 (4.75 %) Chlorodifluoromethane HCFC-22 (82 %) Chlorotetrafluoroethane HCFC-124 (9.5 %) Isopropenyl-1-Methylcyclohexene (3.75 %)	$CHCl_2CF_3$ $CHClF_2$ $CHClFCF_3$
HCFC-124	Chloro Tetra Fluoro Ethane	$CHClFCF_3$
HFC-125	Penta Fluoro Ethane	CHF_2CF_3
HFC-227ea	Hepta Fluoro Propane	CF_3CHFCF_3
HFC-23	Tri Fluoro Methane	CHF_3
HFC-236fa	Hexa Fluoro Propane	$CF_3CH_2CF_3$
FIC-13I1	Tri Fluoro Iodide	CF_3I
IG-01	Argon	Ar
IG-100	Nitrogen	N_2
IG-541	Nitrogen (52 %) Argon (40 %) Carbon Dioxide (8 %)	
IG-55	Nitrogen (50 %) Argon (50 %)	
FK-5-1-12	Dodecafluoro-2-Methylpentan-3-One	$CF_3CF_2C(O)CF(CF_3)_2$
HFC Blend B	Tetra Fluoro Ethane (86 %) Penta Fluoro Ethane (9 %) Carbon Dioxide (5 %)	CH_2FCF_3 CHF_2CF_3 CO_2

4 할로겐화합물 및 불활성기체소화약제의 구분

1) 할로겐화합물

   (1) HFC (Hydro-Fluoro-Carbons) : HFC-23, HFC 227ea

   (2) HCFC (Hydro-Chloro-Fluoro-Carbon) : HCFC BLEND A

   (3) FIC (Fluoro-Iodide-Carbon) : FIC-13I1

   (4) FK (Fluoro-Ketones) : FK-5-1-12

   (5) FC (Perfluoro-Carbons)

2) 불활성 기체

5 할로겐화합물 및 불활성기체 소화원리

1) FIC : H1301과 유사한 화학적 소화

2) HCFC, FC, HFC : 물리적 소화가 80 % 이상

   (1) 열용량 (비열)

   (2) 증발잠열 : 소화약제의 기화

   (3) 분해 (절단)에 의한 에너지 흡수 (흡열반응) : 탄소 (C)와 불소 (F)의 결합이 절단

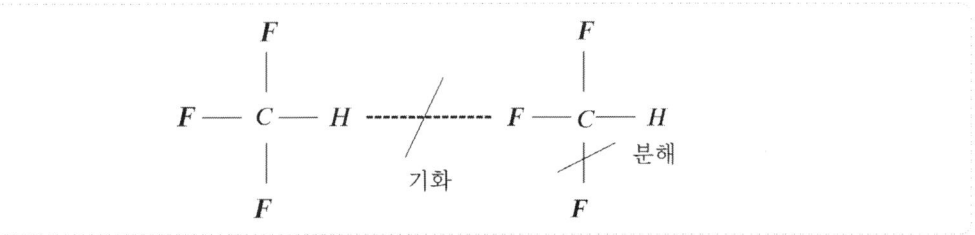

(4) 산소농도 감소

(5) 부촉매 : 하나의 불소가 하나의 수소만 제거(효과가 작다)

3) 불활성기체 : 질식

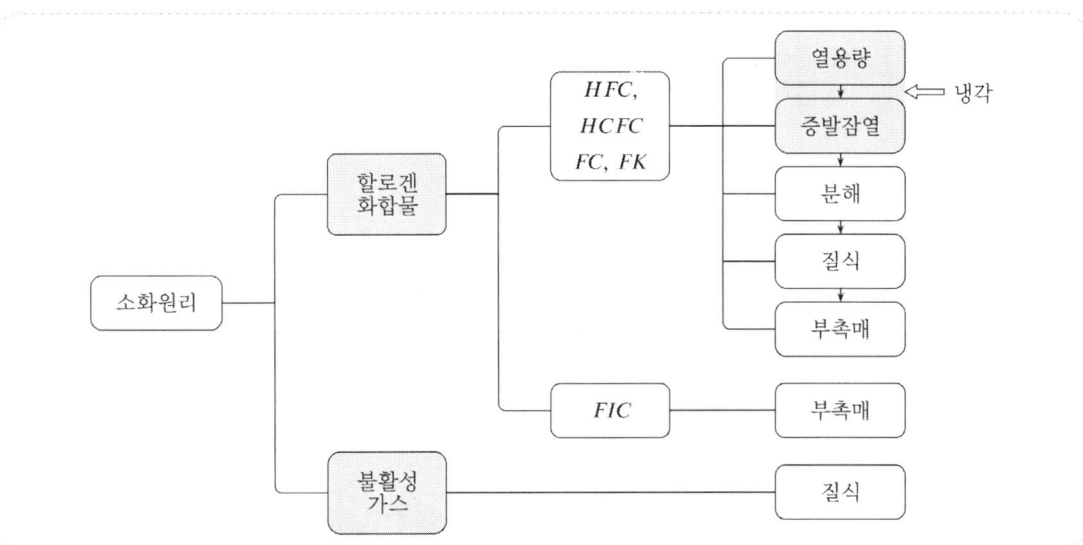

☐ NFPA 2001 GWP/ODP

소화약제	GWP (100년)	ODP
FIC-13I1	≤1	0
FK-5-1-12	≤1	0
HCFC Blend A	1500	0.048
HFC Blend B	1400	0
HCFC-124	527	0.022
HFC-125	3170	0
HFC-227ea	3350	0
HFC-23	12400	0
HFC-236fa	8060	0
불활성 계열	0	0

ODP, GWP, ALT

1 ODP (Ozone Depletion Potential)

1) 오존층파괴지수

$$ODP = \frac{\text{해당물질 } 1kg\text{이 파괴하는 오존량}}{CFC-11 \ 1kg\text{이 파괴하는 오존량}}$$

2) 오존의 종류

   (1) 성층권에서 생성되는 오존 : 해로운 자외선(UV-b)을 차단

   (2) 대류권에 생성되는 오존 : 해로운 오존으로 'Smog'를 생성

3) 오존 생성 메커니즘(성층권)

   $O_2 + UV \Rightarrow O + O$

   $O_2 + O \Rightarrow O_3$

4) 오존 파괴 메커니즘(성층권)

   $Cl_2 + O_3 \Rightarrow ClO + ClO_2$

   $ClO + O_2 \Rightarrow ClO_3 \quad ClO_2 + O_3 \Rightarrow ClO_3 + O_2$

   $ClO_3 + ClO_3 \Rightarrow Cl_2 + 3O_2$

   $\therefore 2O_3 \Rightarrow 3O_2$

5) 오존층 파괴의 유해성

   성층권의 오존층 파괴로 해로운 자외선이 지상까지 도달하여 인체 및 동물에 악영향 및 대류권에서 인체에 해로운 오존 형성

2 ALT (Atmospheric Life Time)

1) 대기권 잔존수명

2) 물질이 방출 후 대기권 내에서 분해되지 않고 체류하는 잔류시간(년)

3) 일반적인 경우 잔존시간은 반감기(Half Time)로 표시하지만, ALT 경우에는 반감기 대신에 $\frac{1}{e}$ 잔존수명(Life Time)으로 표시한다.

4) 해당 화학 물질이 대기 중에서 오랜 시간 머무르게 되면서 환경에 미치게 될 불확실성을 고려하여야 한다. ⇒ NFPA 2001(2008 Edition)에서 FC-3-1-10 삭제

3 GWP (Global Warming Potential)

1) 지구온난화 지수

2) ALT와 적외선(Infra-Red)을 흡수하는 능력의 함수

$$GWP = \frac{\text{어떤물질 } 1kg\text{에 의한 지구 온난화 정도}}{CO_2 \ 1kg\text{에 의한 지구 온난화 정도}}$$

Annex

📁 **NFPA 2001 (2008 Edition)**

1. 등재된 약제 : HFC Blend B (주요약제 CH_2FCF_3, CHF_2CF_3, CO_2)
2. 삭제된 약제 : FC-3-1-10

📁 **할로겐화합물 및 불활성기체소화약제의 명명법**

구 분	할로겐화합물	불활성기체
	CHF - ABC	IG - A B C
A	C(탄소) = A + 1	N_2
B	H(수소) = B - 1	Ar
C	F(불소) = C	CO_2
	원자가 부족한 경우 Cl 추가	

예) HFC-227ea : C_3HF_7

C : 2 + 1 = 3
H : 2 - 1 = 1
F : 7

📁 **분자량 계산**

1. HCFC BLEND A의 분자량

화학식	중량비	분자량
HCFC-123(CHCl$_2$CF$_3$)	4.75 %	$12g \times 2 + 1g \times 1 + 35.5g \times 2 + 19g \times 3 = 153g$
HCFC-22(CHClF$_2$)	82 %	$12g \times 1 + 1g \times 1 + 35.5g \times 1 + 19g \times 2 = 86.5g$
HCFC-124(CHClFCF$_3$)	9.5 %	$12g \times 2 + 1g \times 1 + 35.5g \times 1 + 19g \times 4 = 136.5g$
C$_{10}$H$_{16}$	3.75 %	$12g \times 10 + 1g \times 16 = 136g$
분자량		$\dfrac{100}{\dfrac{4.75}{153}+\dfrac{82}{86.5}+\dfrac{9.5}{136.5}+\dfrac{3.75}{136}} = 92.92g$

2. IG-541의 선형상수 K_1과 K_2

   (1) IG-541의 분자량 ($N_2 : 52\%, Ar : 40\%, CO_2 : 8\%$)

   분자량$(kg/kmol) = (28kg \times 0.52) + (40kg \times 0.4) + (44kg \times 0.08) = 34.08 kg/kmol$

   (2) $K_1 = \dfrac{22.4m^3}{34.08kg} = 0.65727 \text{m}^3/\text{kg}$ ∴ (화재안전기준 : 0.65799)

   (3) $K_2 = \dfrac{0.65727 m^3/kg}{273} = 0.0024 \text{m}^3/\text{kg}$ ∴ (화재안전기준 : 0.00239)

최소설계농도, 불활성화농도

1 최소 설계 농도 (Minimum Design Concentration)

1) A급화재 (표면화재)

   (1) 소화농도 (Extinguishing Concentration) 시험방법 : ANSI/UL 2166 or ANSI/UL 2127

   (2) 최소설계농도 : 다음 중 큰 것

   ① A급 소화농도 × 1.2

   ② 헵탄 (Heptane)의 최소소화농도 (Cup Burner Test)

2) A급화재 (심부화재)

   Application-Specific Test (방호대상물에 적합한 시험을 통해 결정)

3) B급화재

   (1) 소화농도 시험방법 : Cup Burner Test

   (2) 최소설계농도 = B급 소화농도 × 1.3

4) C급화재

   (1) 소화농도 시험방법 : A급 소화농도 (Extinguishing Concentration) 시험방법

   (2) 최소설계농도 = A급 소화농도 × 1.35

   (3) 480 V 이상 전압 : 시험, 위험 분석을 통해서 결정

2 불활성화 농도 (Inerting)

1) 재발화 및 폭발위험 장소에 적용

2) 시험방법 : Spherical Test Vessel

   불활성화 농도 : 압력 상승이 1 psi (0.07배) 이하의 농도

3) 안전계수 : 1.1

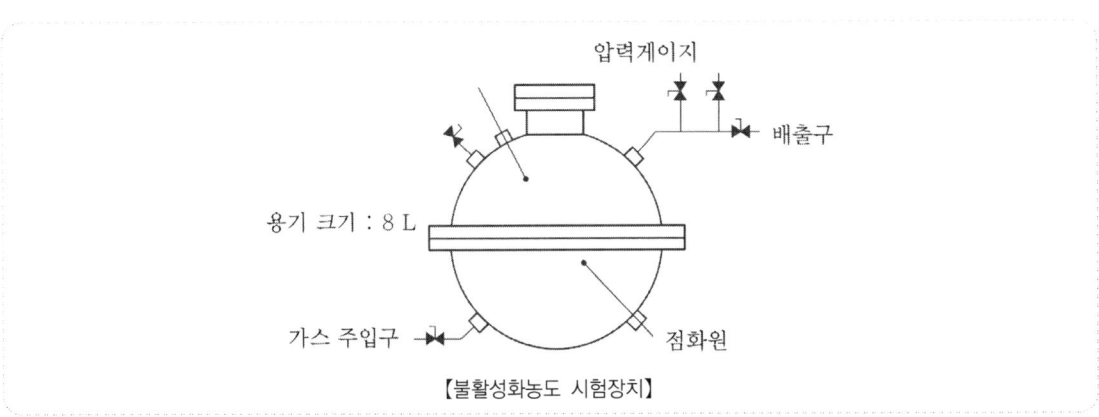

【불활성화농도 시험장치】

할로겐화합물 및 불활성기체 약제량 계산

1 기본 (최소)약제량 계산

1) 할로겐화합물 약제량 계산식 (보수적인 가정)

$$C = \frac{x}{V+x} \times 100$$

$$C \times (V+x) = 100 \times x \Rightarrow C \times V = (100-C) \times x$$

$$x = \frac{C}{100-C} \times V \, [m^3]$$

$$\therefore W = \frac{C}{100-C} \times \frac{V}{S} \, [kg]$$

| 방호구역 (V) | 약제량 (X) |

$$\boxed{W = \frac{V}{S} \times \frac{C}{100-C}}$$

W : 약제량 (kg) V : 방호구역 체적 (m^3) C : 설계농도
S : 선형상수 $(K_1 + K_2 \cdot t)\,[m^3/kg]$ t : 방호구역 최소예상 온도

2) 불활성기체 소화약제량 계산식 (자유유출)

(1) 약제농도 × 부피 = 소화약제 (m^3)

(2) 밀폐공간에 압력으로 인한 공기외부 누설을 자유유출식으로 계산,

방호체적 $1\,m^3$의 약제량 $x\,[m^3/m^3]$이라면 $e^x = \dfrac{100}{100-C}$

(3) 양변에 자연로그를 취하면

$$x = \ln\left(\frac{100}{100-C}\right) = 2.303 \log\left(\frac{100}{100-C}\right) \quad (\ln x = 2.303 \log x)$$

이상기체 부피는 온도에 비례하므로 20℃ 비체적 (V_s) 곱하여 S로 나눈다.

(4) 여기서 약제량 $x = 2.303 \times \left(\dfrac{V_s}{S}\right) \log\left(\dfrac{100}{100-C}\right)\,[m^3/m^3]$

단위는 무차원 (m^3/m^3)으로 방호체적 V를 곱하면 약제량 $X\,[m^3]$

$$\boxed{X = 2.303 \frac{V_s}{S} \times \log\left(\frac{100}{100-C}\right) \times V}$$

X : 소화약제 부피 (m^3) S : 선형상수 $[m^3/kg]$
C : 설계농도 t : 방호구역 최소예상 온도
V_s : 20℃ 약제 비체적 $[m^3/kg]$

2 설계계수 (Design Factor)

소화에 영향을 미칠 수 있는 요인을 보완(보충)하기 위한 소화약제 가산량의 분율

1) 폐쇄할 수 없는 개구부

2) 가연물 형태 : 크기, 두께

3) 방호구역의 형태 및 장애물

   (1) 체적 계산 시 순 체적

   (2) 방호구역 체적이 작은 경우 인명안전 고려

   (3) 약제 방출 시 장애물

4) 발화원(아크, 열원, 심부화재)에 의한 재발화 위험
5) 소화약제 열분해생성물의 제어
6) T자관 설계계수
   (1) 소화약제 단일 공급설비로 다수의 위험을 방호하는 경우
   (2) 소화약제량의 불안정한 배분
   (3) 일반적으로 T자관 개수가 4개 초과 시 적용

❸ 압력조정계수 (PCF)

해발고도(고도 변화에 따른 방호구역 압력) : 해발고도 증가 시 약제량 감소

NFPA 2001 소화약제량 계산 절차

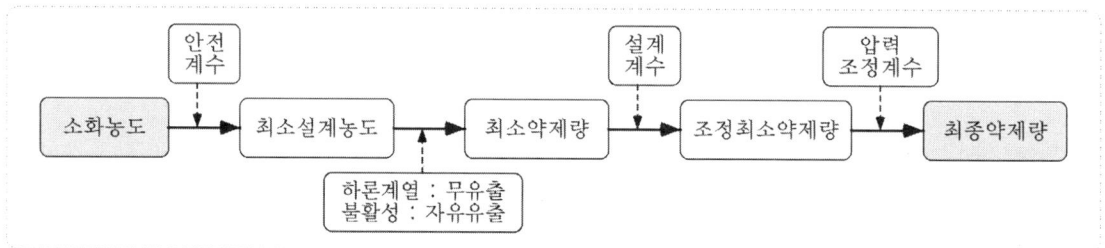

1. 소화농도(EC, Extinguishing Concentration)

   Cup Burner Test 등

2. 최소설계농도(MDC, Minimum Design Concentration)

구 분		최소설계농도	시험방법
A급화재	표면화재 (큰 것)	• A급 소화농도 × 1.2 • 헵탄(Heptane)의 최소소화농도	ANSI/UL 2166 Cup Burner Test
	심부화재	Application-Specific Test	
B급화재		B급 소화농도 × 1.3	Cup Burner Test
C급화재		A급 소화농도 × 1.35	ANSI/UL 2166

3. 최소약제량(MDQ, Minimum Design Quantity)
4. 설계계수(DF, Design Factors)
5. 조정최소약제량(AMDQ, Adjusted Minimum Design Quantity)

   조정최소약제량 = 최소약제량 × (1 + 설계계수)

6. 압력조정계수(PCF, Pressure Correction Factor)

   해발고도(고도 변화에 따른 방호구역 압력) : 해발고도 증가 시 약제량 감소

7. 최종약제량(FDQ, Final Design Quantity)

   최종약제량 = 조정최소약제량 × 압력조정계수

예제 전기실의 크기가 가로 35 m, 세로 30 m, 높이 7 m인 방호공간에 소화설비를 아래 조건에 따라 설치할 경우 다음 문제의 답을 기술하시오.

1) HCFC Blend A의 약제량(kg)과 최소 약제 저장용기수는 몇 병인가?
2) IG-541의 최소 약제용기수는 몇 병인가?

- HCFC Blend A의 설계농도는 8.5 %, HCFC Blend A 용기는 68 ℓ용 50 kg
- IG-541의 설계농도는 37 %로 한다. 용기는 80 ℓ용 12 m³로 적용
- HCFC Blend A의 K_1 = 0.2413, K_2 = 0.00088
- 방사 시 온도는 상온(20 ℃)을 기준으로 한다.

해설

1. HCFC Blend A

    1) 약제량(kg)

    (1) 방호구역의 체적 : $V = 35 \times 30 \times 7 = 7350\,[m^3]$

    (2) 비체적 $S = k_1 + k_2 \times t = 0.2413 + 0.00088 \times 20 = 0.2589\,[m^3/kg]$

    (3) 약제량

    $$W = \frac{V}{S} \times \left(\frac{C}{100-C}\right) = \frac{7350}{0.2589} \times \left(\frac{8.5}{100-8.5}\right) = 2637.3\,[kg]$$

    2) 최소 약제 저장용기수

    $$N = \frac{2637.3\,[kg]}{50\,[kg/개]} = 52.75 \risingdotseq 53\,[병]$$

2. IG-541

    1) 약제량 공식

    $$X\,[m^3] = 2.303 \times \log\left(\frac{100}{100-C}\right) \times \frac{V_S}{S} \times V \text{ 에서,}$$

    문제의 조건이 상온(20 ℃)을 기준으로 하므로 $S = V_S$ 이다. 즉,

    $$X\,[m^3] = 2.303 \times \log\left(\frac{100}{100-C}\right) \times V$$

    2) 약제량 계산

    $$X\,[m^3] = 2.303 \times \log\left(\frac{100}{100-C}\right) \times V = 2.303 \times \log\left(\frac{100}{100-37}\right) \times 7350$$
    $$= 3396.57$$

    3) 용기수

    $$\frac{3396.57\,m^3}{12\,m^3/병} = 283.04 = 284\,병$$

약제량 계산방법이 다른 이유

1 개 요

소화약제가 방호공간 내 방출 시 방호구역의 압력변화에 따라 소화농도에 도달하기 위한 소화약제량 계산방법이 다르다.

소화약제	가정	식
할로겐화합물	무유출	$W = \dfrac{V}{S} \times \dfrac{C}{100-C}$
불활성기체	자유유출	$X = 2.303 \dfrac{V_s}{S} \times \log\left(\dfrac{100}{100-C}\right) \times V$

2 할로겐화합물 소화약제

1) 약제 방출 초기에는 부압(주위 공기가 방호구역 내로 유입)이 되었다가 일정시간이 지난 후 양압 상태가 된다.
2) 즉, 방출 초기(부압) 약제가 방호공간 내에서 잘 혼합되고 일정시간 경과 후 누설된다는 가정
3) 압력퍼지 개념으로 자유유출 가정보다 더 많은 약제량이 필요하다.
4) 이를 무유출(No Efflux)라 표현하지만, NFPA 2001에서는 무유출이라는 표현 대신 최악의 경우(Worst Case)라 표현하고 있다.

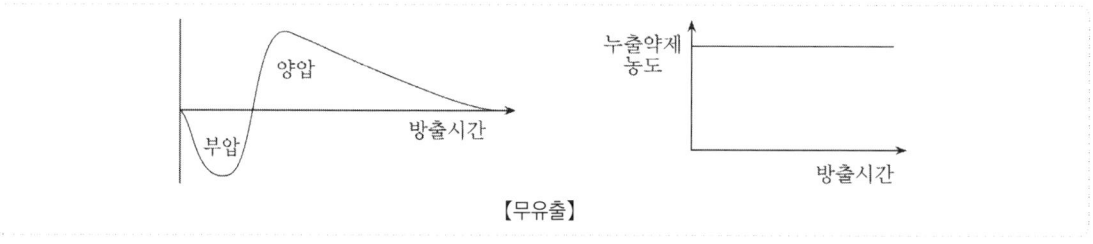

【무유출】

3 불활성기체 소화약제

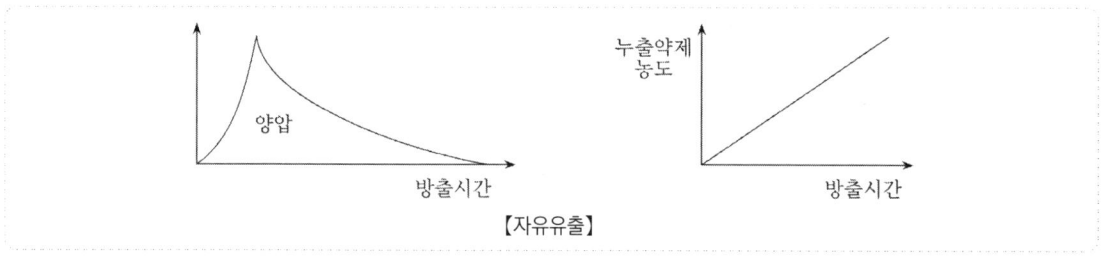

【자유유출】

1) 약제가 방호구역에 방출 초기부터 양압 상태이다.
2) 소화약제 방출 중 방호공간 내 약제농도가 증가할수록 누출 약제농도(유출량) 증가
3) 스윕퍼지 개념

4 예

1) 완전치환 : 방출된 소화약제의 부피만큼 방호구역 공기가 외부로 배출
2) 자유유출 : 방출된 소화약제의 부피만큼 방호구역 공기와 이산화탄소의 혼합기체가 외부로 배출
3) 무유출
   (1) 방출된 소화약제가 방호구역 내 공기와 잘 혼합된 후 배출
   (2) 약제가 방호구역에 방출되는 동안은 약제의 누출이 없다.

구 분	필요약제량	방호공간 내에 남아 있는 약제량	손실량	비 고
완전치환	50 m³	50 m³	0	진공 치환
무유출	100 m³	50 m³	50 m³	압력 치환
자유유출	69 m³	50 m³	19 m³	스윕 치환

 PBPK

1 위험성 관련 농도

1) NOAEL (No Observed Adverse Effect Level)
   아무런 부작용(악영향)도 관찰되지 않는 최대농도
2) LOAEL (Lowest Observed Adverse Effect Level)
   부작용(악영향)이 관찰되는 최소농도

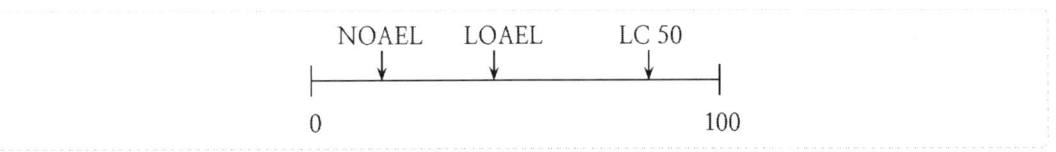

구분	NOAEL	LOAEL
FK-5-1-12	10	> 10
HCFC Blend A	10	> 10
HFC Blend B	5	7.5
HCFC-124	1	2.5
HFC-125	7.5	10
HFC-227ea	9	10.5
HFC-23	30	> 30
HFC-236fa	10	15

3) LC_{50} : 일정 시간 노출 후 14일 동안 관찰하여 대상 동물의 50 %가 사망에 이르는 농도. 4시간 노출을 표준으로 하고, 이때의 농도를 (4시간) LC_{50} 농도라 한다.

2 PBPK (Physiologically Based Pharmaco Kinetic Modeling)

1) 약제에 대한 단기간 노출을 평가하기 위해 개발된 모델링
2) 소화약제의 시간에 따른 (인간의) 신체흡수율을 반영해 흡수율에 따른 노출한계를 결정하는 방식
3) 소화약제 농도 및 노출시간를 기준으로 결정한다.

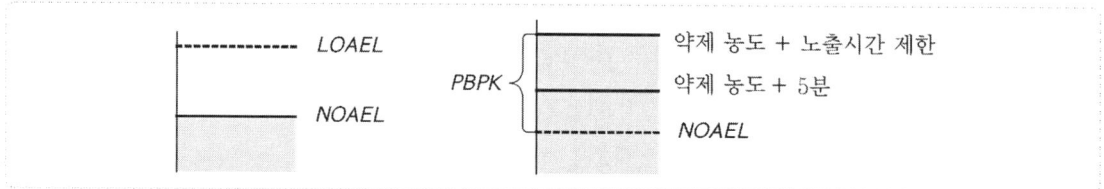

4) LOAEL & 노출한계시간 5분의 농도

약 제	LOAEL	노출한계시간 5분 농도
HFC-125	10	11.5
HFC-227ea	10.5	10.5
HFC-236fa	15	12.5
FIC-13I1	0.4	0.3

5) PBPK 자료

HFC-227ea		HFC-236fa		비 고
농 도	노출한계시간 (분)	농 도	노출한계시간 (분)	
9	5	10	5	
9.5	5	10.5	5	
10	5	11	5	
10.5	5	12.5	5	최대허용설계농도
11	1.13	13	1.65	
11.5	0.6	14	0.79	
12	0.49	15	0.49	

3 PBPK 적용 예

어떤 약제의 NOAEL 8 %, LOAEL 9.5 %이고 설계농도 10 %(PBPK 노출농도 2분)를 사람이 상주하는 장소(Normally Occupied)에 적용하는 경우

1) PBPK 자료가 없는 경우 적용 못함
2) PBPK 자료가 있는 경우
   (1) 설계농도(10 %)의 노출한계시간이 5분 (이상)이면 적용 가능
   (2) 설계농도(10 %)의 노출한계시간이 5분 이하이면 노출시간이 2분 이하이면 적용 가능

할로겐화합물 및 불활성기체 소화약제의 위험성

1 개 요

1) 할로겐화합물 및 불활성기체 소화약제는 약제와 그 분해생성물에 인명이 불필요하게 노출되지 않도록 하여야 한다.
2) NFPA는 사람이 상주하는 장소와 아닌 장소를 구분하여 농도 및 노출시간에 대한 제한을 두고 있다.
3) 오동작에 대비 : 예비방출경보 및 시간지연장치 설치

2 NFTC의 최대허용설계농도

사람이 상주하는 곳에서는 설계농도가 최대허용설계농도 이하로 설계하여야 한다.

Halocarbon Clean Agent	최대허용 설계농도(%)
HCFC Blend A	10
HCFC-124	1
HFC-125	11.5
HFC-227ea	10.5
HFC-23	30
HFC-236fa	12.5
FIC-13I1	0.3
FK-5-1-12	10

화재안전기준의 최대허용설계농도는 NOAEL과 PBPK(위 표에서 밑줄 친 약제)의 조합

3 할로겐화합물 계열

1) PBPK Model 자료가 있는 경우
   (1) 사람이 상주하는 장소 (Normally Occupied)
     ① PBPK 노출허용시간 5분 : 설계 가능
     ② PBPK 노출허용시간 5분 이하(and LOAEL) : PBPK Model의 노출시간 제한
   (2) 사람이 상주하지 않는 장소 (Not Normally Occupied)
     ① 설계농도 < LOAEL : 제한사항 없음
     ② 설계농도 > LOAEL : PBPK의 노출시간 제한
2) PBPK 자료가 없는 경우

구 분	설계농도	노출시간 제한
상주 (Normally Occupied)	설계농도 < NOAEL	5분 이하
비상주 (Not Occupied)	설계농도 < LOAEL	30~60초
	설계농도 > LOAEL	30초 이내

3) 산소농도를 인간의 기능 손상 발생점인 15%를 초과하여 유지하기 위하여, 농도 28%를 초과하는 약제를 사람이 상주하는 공간에 사용해서는 안 된다. 예를 들어 HFC-23의 경우 NOAEL이 30%이지만, 사람이 상주하는 곳에 사용하는 경우 주의하여야 한다.

4 불활성기체

구 분	설계농도	노출시간 제한	산소농도
상주 (Normally Occupied)	43 % 이하	5분 이하	12 이상
	43~52	3분 이하	10~12
비상주 (Not Occupied)	52~62	30초 이하	8~10
	62 % 이상	노출 우려가 없는 장소	8 이하

43 % : No Effect Level
52 % : Low Effect Level

Annex

▸ NFPA 2001 노출시간과 농도

장 소	농 도	노출시간	
상주 (Normally Occupied)	≤ NOAEL	5분	PBPK 필요없음
	> NOAEL, LOAEL	PBPK Model 5분	PBPK 필요
	> NOAEL, LOAEL	노출 농도에 해당하는 시간	
비상주 (Not Occupied)	> LOAEL	노출 농도에 해당하는 시간	
	≤ LOAEL	60초	PBPK 자료 없음
	> LOAEL	30초	

▸ 최대허용 설계농도 비교

　예) 약제 HFC-227ea를 사람이 상주하는 장소에 설계농도 12 %로 설계

1. NFTC : 설계 불가
2. NFPA 2001
   (1) 노출시간이 약 30초 이내면 설계 가능
   (2) 노출시간은 설계자가 입증

▸ Harber의 법칙

$$D = C \times t$$

D : 흡입량　C : 농도
t : 노출시간

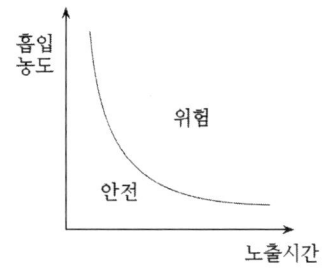

노출시간이 짧으면 큰 노출 농도가 가능하다.

할로겐화합물 소화약제 열분해생성물

1 개 요
1) 화재로 인한 인명이나 재산상의 손실뿐만 아니라 소화약제로부터 생성되는 열분해생성물도 피해를 줄 수도 있다.
2) 그 중 HF는 거의 모든 할로겐화합물 소화약제에서 발생하는 약제 열분해생성물이다.

2 영 향
1) 독 성
   (1) 피부 손상 및 염증
   (2) 고농도에서는 기도나 폐에 손상
2) 전기기기의 부식
   일반적으로 고가의 전자부품을 사용하는 장소에 사용하는데 화재 발생, 소화 후에 약제 열분해생성물(주로 HF)에 의해 피해가 발생할 가능성이 크다.

3 발생 메커니즘
1) HCFC, HFC 등의 할로겐화합물 소화약제는 화염 내부의 화학(연소)반응을 크게 방해하지 못한다 (하나의 F가 하나의 H와 결합).

   $H + F \Rightarrow HF$ (O)

   $HF + OH \Rightarrow H_2O + F$ (×)

2) 화학적 소화능력이 낮으므로 하론 소화약제에 비해 소화농도가 높다.
3) 할로겐족의 결합을 절단함으로써 나타나는 흡열에 의한 냉각작용이 중요하지만 C와 F의 절단이 많을수록 열분해생성물도 많이 생성된다.

   ⇒ 열용량 및 기화에 의한 냉각작용 과정에서 소화가 될수록 열분해생성물의 발생이 적다.
4) 하론 1301에 비해 소화약제 열분해생성물이 많이 생성된다.

4 분해생성물에 영향을 미치는 주요 요소
1) 화재의 크기 : 화재의 크기가 클수록 열분해생성물이 많이 발생한다.
   (1) 화재 성장속도 : 빠를수록(화재성장률(α) 값이 클수록), 열분해생성물의 양이 증가한다.
   (2) 감지기 감도, 설치간격
   (3) 방출지연시간
2) 소화약제 방출시간
   (1) 방출시간이 길수록 약제가 화재에 노출되는 시간이 길어지므로 약제 열분해생성물이 많이 생성
   (2) 불활성기체와 같은 소화약제는 HF를 생성하지는 않지만, 연소생성물의 증가와 방출시간이 연장됨으로써 발생하는 산소농도의 감소 및 방호구획실의 과압 현상에 주의해야 한다.

3) 설계농도

설계농도 증가 시 열분해생성물 감소(Design Factor)

4) 소화약제 기화

5) 소화약제와 공기의 혼합

6) 고온 표면이나 심부화재 존재 여부

5 결 론

1) 소화의 목적이 인명보호 및 재산보호라는 측면에서 소화약제의 분해생성물은 할로겐 화합물소화약제의 큰 문제점이다.
2) 설계 시 빠른 화재의 감지, 짧은 방출시간이 중요하며 앞으로의 소화약제 개발 시 HF 같은 약제 분해생성물이 발생하지 않는 소화약제의 개발이 필요하다.

할로겐화합물 및 불활성기체 소화약제의 방출시간

1 방출시간 정의

20 ℃에서 최소설계농도를 달성하기 위해 최소설계농도의 95 %가 되는 약제량을 방출하는 데 소요되는 시간

2 방출시간 기준

1) 할로겐화합물계열 : 10초
2) 불활성가스
   (1) A, C급화재 : 120초
   (2) B급화재 : 60초
3) 폭발방지설비

가연성증기가 연소 범위에 도달하기 이전에 한계 불활성화농도에 도달할 수 있도록 설정

3 방출시간 제한 이유

1) 할로겐화합물
   (1) 소화약제의 열분해생성물의 생성을 줄이기 위해 : 가장 중요한 이유
   (2) 배관 내에서 액상과 기상의 균일한 흐름에 필요한 충분한 유속을 얻기 위하여
   (3) 노즐을 통하여 방사되는 약제의 유량을 크게 하여 방호구역 내의 공기와 확실한 혼합을 얻기 위해
   (4) 화재에 의한 직·간접 피해 최소화

2) 불활성 기체
   (1) 빠르게 성장하는 화재에서 직·간접 화재 피해의 최소화
   (2) 산소 부족 상태에서 화재 연소시간의 최소화
      ⇒ 불완전 연소생성물이 많이 발생하면 폭발위험이 있다.

4 방출시간 결정 시 고려사항

1) 열분해생성물 : 방출시간이 짧을수록 약제 열분해생성물이 적다.
2) 화재에 의한 손상과 영향
3) 소화약제의 혼합 : 방출시간이 짧을수록 혼합이 양호
4) 구획실 과압 : 방출시간이 짧을수록 과압이 크다.
5) 노즐의 2차적 영향
   (1) 귀중품 등의 도괴에 의한 피해
   (2) 방출시간이 짧을수록 노즐에 의한 2차적 영향이 크다.
※ 4), 5) 가능성이 있는 장소는 관계기관과의 협의에 의해 방출시간의 증가가 가능하다.

5 결 론

1) 화재로 인한 인명이나 잠재적 위험과 관련하여 연소생성물과 약제 분해생성물 모두 위험하다.
2) 방출시간과 설계계수(Design Factor)를 결정함에 있어 방호구역에 허용할 수 있는 열분해생성물의 양에 의해 이들 계수 등의 영향을 받는다는 사실을 이해하는 것이 매우 중요하다.

Annex

📂 NFTC 할로겐화합물 및 불활성기체 소화약제 설치 제외

  1. 사람이 상주하는 곳으로 최대허용 설계농도를 초과하는 장소
  2. 3·5류 위험물을 사용하는 장소

📂 NFPA 2001 할로겐화합물 및 불활성기체 소화약제 설치 제외

  1. Certain chemicals or mixtures of chemicals, such as cellulose nitrate and gunpowder, which are capable of rapid oxidation in the absence of air
  2. Reactive metals such as lithium, sodium, potassium, magnesium, titanium, zirconium, uranium, and plutonium
  3. Metal hydrides
  4. Chemicals capable of undergoing autothermal decomposition, such as certain organic peroxides and hydrazine

Pressure Venting

1 개 요

1) 가스계 소화설비는 일정기간 동안 농도 유지가 중요한데 과압에 의해 방호구역 내 취약 부분이 파손 시 소화약제가 배출되어 일정 농도를 유지할 수 없으며, 그로 인한 소화 실패 및 구조물 파손 위험이 크다.
2) 일부 약제는 부압도 고려하여야 한다.

2 목 적

1) 소화약제의 방출 시 실내압력이 상승하므로 과압/부압을 배출하기 위해 설치
2) 천장의 체류하는 가연성가스의 배출

3 과압 영향인자

1) 약제 저장상태
2) 약제량
3) 방호구역 체적
4) 약제 방출시간

4 면적 (이산화탄소)

$$X(mm^2) = \frac{239 \cdot Q}{\sqrt{P}}$$

Q : 분당방출량(kg/min) P : 방호구역 허용강도(kPa)

Light building	normal	vault
1.2	2.4	4.8

5 배출방식

1) 인접실 배출 방식
2) Duct 배출 방식

6 설계 시 주의 사항

1) 피압구 선정 : 피압구 계산 결과의 면적 크기를 적용하여 현장 여건에 따라 Damper의 규격 및 수량을 정하여야 한다.
2) 개구부 또는 문, 창문, 댐퍼에서 개구부와 틈이 있으면 충분히 배출 가능하므로 추가적인 피압구가 필요 없을 수도 있다.
3) 피압구 위치
   (1) 일반적으로 약제가 연소생성물보다 아래에 위치하므로 피압구는 천장 가까이 설치하고 방출 헤드에서 멀리 설치하여야 한다.
   (2) 피압구가 헤드에 근접한 경우 차폐판을 설치한다.
4) 유리 파괴 압력에 이르기 전에 개방되어야 한다.
5) 자동문의 자동폐쇄 여부 : 화재 시 감지기와 연동하여

(1) 피난측면 : 자동으로 개방되어야 한다.
(2) 개구부 자동폐쇄 : 자동으로 폐쇄되어야 한다.
   ⇒ 기술적 검토가 필요하다.
6) 이산화탄소의 경우 2분 내 설계농도 30 %를 기준으로 분당 방출량 계산
7) FK 5-1-12의 경우 부압을 고려하여야 한다.

 FK 5-1-12 (NOVEC 1230)

1 $CF_3CF_2COCF(CF_3)_2$: 플루오르화 케톤(Fluoro Ketone)

2 물리/화학적 성상

1) 비점 49 ℃
2) 물보다 25배의 증발잠열
3) 25 ℃에서 0.4 bar, 질소 360 psi로 충압
4) 소화농도 4~6 %, 주로 열 흡수에 의한 소화
5) NOAEL 10, ODP 0, GWP 1, ALT 0.014년.

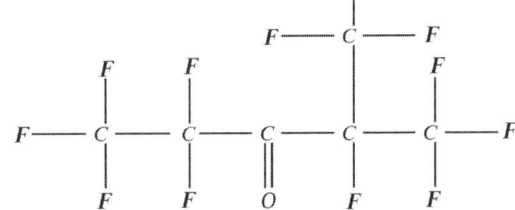

3 특 징

1) 낮은 소화농도 : 열 흡수에 의한 소화
2) 환경파괴 최소화
   $C = O$ 광분해 : GWP, ALT가 낮다.
3) 상온, 상압에서 액체 상태로 저장이 용이하다.
4) 냉각효과가 매우 우수하여 국소방출방식(NFPA)에 적응성이 있다.
5) 방출 시 방호구역 내 부압이 크게 발생한다.

4 환경 문제

1) 소방용 약제인 노벡 1230(FK- 5-1-12)과 폼(Foam) 소화약제가 과불화화합물(PFAS)이 함유되있다.
2) 노벡 1230(FK-5-1-12) 소화약제를 생산하는 3M 제조사는 이미 2025년까지 생산 중단하기로 발표했고 또한 미국과 유럽에서도 폼(Foam) 소화약제 제조사도 이미 과불화화합물(PFAS)이 함유되지 않은 제품을 개발 중이다.
3) 화재 시 대량 누출로 인한 일선 소방관은 물론 인근 주변까지에 직접적인 피해를 입을 수가 있을 것으로 보여지며 또한 지하수, 토양 등에 오염되어 국민 건강에 치명적인 영향을 끼칠 수 있기에 향후 정부 차원에서도 환경규제 등 대책 방안을 내놓을 것으로 보여 대체품 개발이 시급하다.

HFC-23 (상품명 : FE-13)

1 개 요

1) 화학식 : CHF_3
2) 화학명 : Tri Fluoro Methane
3) 분자량 : 70
4) 화학 물성 : 임계온도 : 26 ℃, 기화열 : 236 kJ/kg

2 소화효과

1) 기화열에 의한 냉각효과
2) $C-F$의 절단에 의한 흡열
3) 부촉매 효과 : 미비

3 특 징

1) NOAEL이 30 %로 높다.
2) 최소설계농도 12.9 × 1.3 = 16.77 %
3) 설계농도와 NOAEL이 차이가 커서 인체 안정성이 우수하다.
   단, 산소농도 설계농도 16 % 이하인 경우 산소농도가 저하되어 위험성이 증가한다.
4) Br, Cl이 포함되어 있지 않아 ODP가 0이다. 그러나 ALT는 300년
5) 액화가 용이하며 자체 증기압이 커서 별도의 가압원이 필요 없다.
6) 임계온도가 26 ℃이므로
   ⑴ 26 ℃보다 높은 온도에서는 기체 상태로 배출되므로 방사시간이 증가할 수 있으며
   ⑵ 소화약제 열분해생성물이 다량 생성 가능성이 크다.
   ⑶ 용기 약제량 계측이 어렵다.

	HFC-227ea	HFC-23
장 점	• 소화농도가 낮다. • 임계온도가 높다.	• 소화농도와 NOAEL이 차이가 커서 인체 안정성이 우수하다. • 자체 증기압이 커서 별도의 가압원이 필요 없다
단 점	• 소화농도와 NOAEL이 차이가 작다. • 자체 증기압이 작아 별도의 가압원이 필요하다.	• 26 ℃보다 높은 온도에서는 기체 상태 ① 방출되므로 방사시간 증가 ② HF 증가 ③ 용기 약제량 계측이 곤란

IG-541

1 개 요
약제에 포함된 이산화탄소에 의해 호흡률을 증가시켜 산소농도가 낮더라도 재실자는 안전성을 향상시킨 불활성기체 소화약제이다.

2 약제구성 및 소화원리

약제	구성	특성
질소(N_2)	52%	• 방호구역 내의 산소농도를 12~14% 로 낮추어 화재진압
아르곤(Ar)	40%	• 산소농도 희석과 약제 비중을 공기와 비슷하게 유지시켜 방호구역 내의 소화가스 누설을 최소화
이산화탄소(CO_2)	8%	• 방출 후 실내의 CO_2 농도를 3~4% 정도로 높여 재실자의 호흡률을 증가시켜, 저산소 농도에서도 편안한 호흡을 가능케 한다.

3 장 점
1) ODP, GWP, ALT 모두 0
2) CO_2 와 같이 급격한 온도 저하가 없어 고가 기기보호 가능하다.
3) 자체 독성이나 열분해생성물의 자극성, 독성 혹은 부식 염려가 없다.
4) 기체이므로 가스 방출 시에 마찰저항이 작다. 따라서 저장용기실과 방호구역과의 거리를 길게 할 수 있다.

4 단 점
1) 다른 소화약제에 비하여 소화약제량이 많아 넓은 저장 공간 필요
2) 20℃ 용기 내 충전압력이 15.3 MPa로 고압 설비가 필요하다.
3) 방사시간이 다른 소화약제보다 길다.
4) 실내의 상승압력을 배출하기 위한 피압구를 고려하여야 한다.

📂 Piston Flow System
   소화약제 방사압 부족으로 원거리 방출이 곤란한 경우 적용

할로겐화합물 및 불활성기체소화설비 설계절차

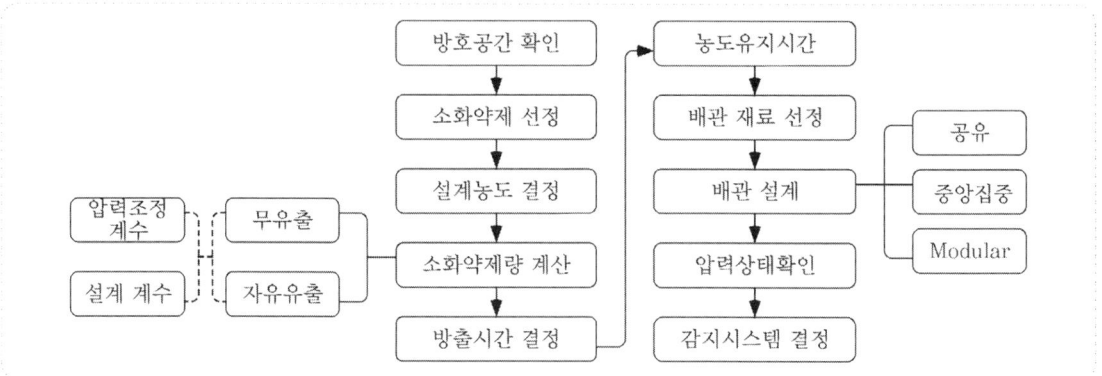

1 위험의 파악

1) 가연물의 특성 : 화재성장곡선, 재발화 여부 등
2) 방호구역의 체적 및 구성
3) 위험구역의 예상 최저온도(비체적 계산 시 사용)
4) 폐쇄할 수 없는 개구부

2 소화약제 선정 : 안전하고 경제적이며 신뢰할 수 있는 약제 선정

1) 소화능력 및 적용 장소 2) 독성
3) 환경성 4) 경제성 5) 신뢰성

3 설계농도 결정

1) 이론 소화농도 × 안전계수

구 분		최소설계농도	시험방법
A급화재	표면화재(큰 것)	• A급 소화농도 × 1.2 • 헵탄(Heptane)의 최소소화농도	ANSI/UL 2166
			Cup Burner Test
	심부화재	Application-Specific Test	
B급화재		B급 소화농도 × 1.3	Cup Burner Test
C급화재		A급 소화농도 × 1.35	ANSI/UL 2166

2) 사람이 상주하는 장소에 사용 시 최대허용설계농도보다 낮게 설계(국내)

4 소화약제량 계산

1) 할로겐화합물 : 무유출 [더 보수적 (최악) 가정]
2) 불활성기체 : 자유유출
3) Design Factor
4) 압력조정계수

5 방출시간 결정

6 소화약제 농도유지시간

7 배관재료 및 두께 선정

8 배관설계

   1) 공유공급 방식
      (1) 현재 국내에서 많이 적용하는 방식으로 2개 이상 방호구역의 저장용기를 공유하는 방식
      (2) 이 방식은 용기의 수가 감소하지만, 설계 및 설치상의 복잡성과 낮은 신뢰성 및 향후 변화에 대한 유연성이 저하된다.
      (3) 단일 화재에 대해 공유 공급 방식 설비가 작동한 경우 나머지 방호구역은 해당 설비가 재충약 될 때까지 방호가 불가능하다.
      (4) 가스량 불균등 방사의 원인이 될 수 있다.
   2) 중앙집중공급 방식 : 하나의 방호구역에 하나의 설비
   3) Modular 공급 방식 : 방호구역 전역에 전략적으로 배치된 소형용기 사용
      (1) 높은 신뢰성
      (2) 약제 불균등 해결
      (3) 유지·관리 비용 증가

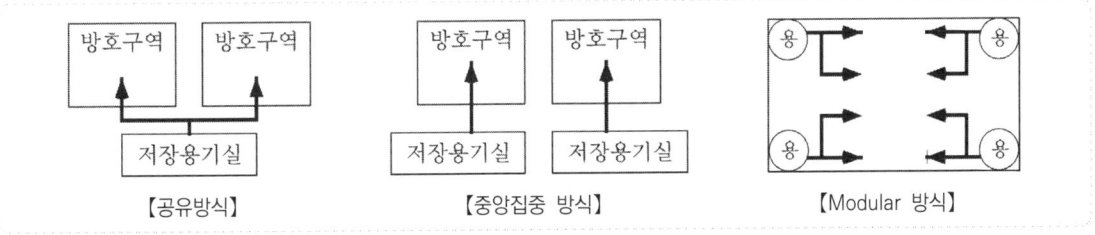

【공유방식】　　　【중앙집중 방식】　　　【Modular 방식】

9 구획실 압력상태 평가 : 과압의 가능성이 있는 경우 피압구 고려

10 감지 및 작동 시스템 결정 : 신뢰성 있는 응답

   1) 허용할 수 없는 수준의 열 및 비열 피해가 발생하기 전에 동작하여야 한다.
   2) 약제 열분해생성물이 발생할 우려가 있는 경우는 더욱 중요하다.

가스계소화설비 설계농도까지 도달하는 과정에서 시간지연

1 시간지연 개요

1) 감지설비를 이용하는 소화설비의 경우 화재감지(임계화재)와 설계화재 간에 시간지연(Time Delay)이 발생한다.
2) 약재방출 중(약제방출 시작~설계농도) 화재 크기가 큰 경우 소화 실패 또는 약제 열분해 생성물이 다량 발생할 수 있으므로 이를 고려하여 지연시간을 결정하여야 한다.
3) 가스계 소화설비가 화재감지로부터 설계농도에 도달하는 데 필요한 시간은 크게 감지시간, 타이머(구획조성 시간, 안전 피난시간), 방출시간(약제방출 시작~설계농도) 등으로 구분할 수 있다.

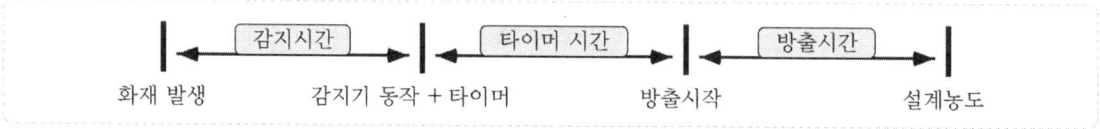

2 설계절차 : 지연시간 결정

1) 약제 방출 시 화재 크기 결정
2) 지연시간 계산
3) 화재성장곡선 계산

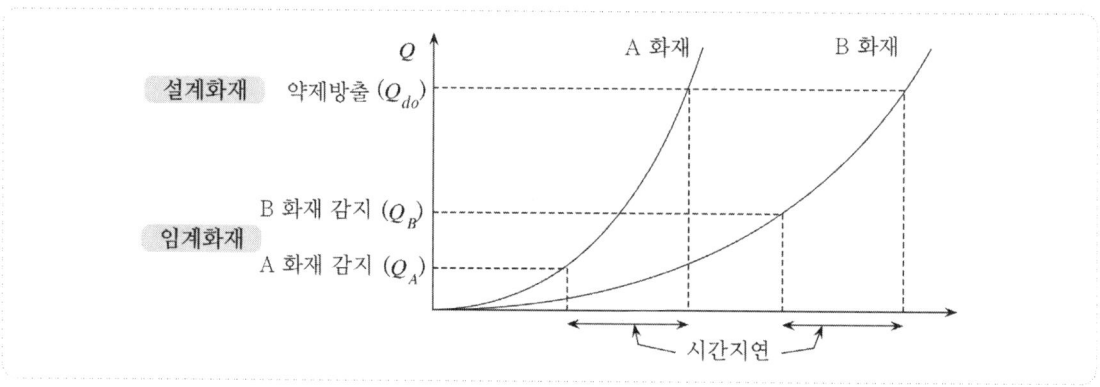

A화재와 B화재의 경우 약제방출 시 화재크기(설계화재)는 같지만, 감지화재(임계화재) 크기는 A화재가 더 빨리 감지하여야 한다.

4) 감지화재 크기 결정

3 가스계 소화설비 시간지연

1) 감지시간
   (1) 화재로부터 감지기가 이를 감지하여 화재신호를 발하는 데 걸리는 시간
   (2) 교차회로 방식의 경우에는 2개의 회로가 모두 작동되어야만 약제 방출이 가능하므로, 가급적 교차회로로 하지 않아도 되는 감지기로 선정하는 것이 바람직하다.

(3) 교차회로로 하지 않아도 되는 감지기

축적형 감지기, 복합형 감지기, 다신호식 감지기, 광전식분리형 감지기, 불꽃 감지기, 정온식감지선형 감지기, 차동식분포형 감지기, 아날로그 방식의 감지기

2) 타이머

(1) 구획조성시간

① 약제 방출전에 개구부를 폐쇄하는데 걸리는 시간으로, 자동폐쇄장치 등의 폐쇄에 걸리는 시간
② 교차회로 방식의 경우에는 1개의 회로만이 작동되더라도, 즉시 개구부를 폐쇄할 수 있도록 하여야 한다.

(2) 피난시간

① 약제 방출 이전에 거주자가 방호구역 외부로 피난하는 데 걸리는 시간
② NFPA에서는 PBPK계산에 의해 5분간 안전할 경우 상주지역에 NOAEL을 초과하는 설계농도 및 노출시간을 허용하고 있다.

3) 방출시간

(1) 방출시간 기준

구 분	할로겐화합물	불활성가스		이산화탄소	
		A, C급화재	B급화재	표면화재	심부화재
방출시간	10초	120초	60초	1분	7분 (2분 이내 30 %)

(2) 방출시간 결정 시 고려사항

① 열분해생성물 : 방출시간이 짧을수록 약제 열분해생성물이 적다.
② 화재에 의한 손상과 영향
③ 소화약제의 혼합 : 방출시간이 짧을수록 혼합이 양호
④ 구획실 과압 : 방출시간이 짧을수록 과압이 크다.
⑤ 노즐의 2차적 영향
  • 귀중품 등의 도괴에 의한 피해
  • 방출시간이 짧을수록 노즐에 의한 2차적 영향이 크다.

※ ④, ⑤ 가능성이 있는 장소는 관계기관과의 협의로 방출시간의 증가가 가능하다.

% in Pipe

1 개요

1) 모든 할로겐화합물 소화약제는 2상(Gas & Liquid) 유동 특성이 있다.
2) 배관의 설계에서 중요한 점은 각각의 노즐에서의 균등 방출(Balance)과 짧은 방출시간이다.
3) 노즐의 균등 방출과 방출압력(방출시간)은 저장용기 압력, 배관 내 압력 손실, % in Pipe 등에 결정된다.

2 정확한 유동 계산의 필요성

1) 각 노즐에서 균등 방사
2) 방출시간 제어
3) 배관 내 기화 방지

3 약제 방출 과정

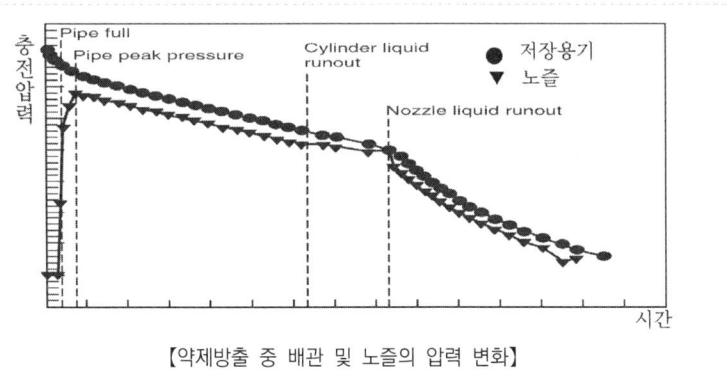

【약제방출 중 배관 및 노즐의 압력 변화】

배관 내 약제 충전 (Pipe Filling)	• 용기 내 압력은 감소하고 배관 내 약제밀도는 증가한다. • 배관길이가 길거나 배관 용적이 큰 경우 각각의 노즐에서 약제 방출시간이 달라서 불균등 방출의 중요한 원인이 된다.
배관 내 최대 압력	소화약제가 압축되면서 노즐에서 방출
소화약제 방출	준정상 흐름상태로 방출시간 중 가장 긴 부분으로 약제량 대비 배관 내 체적(% in Pipe)이 중요하다.
저장용기의 Liquid Run-Out	저장용기에 액체 소화약제가 남아 있지 않은 상태
노즐의 Liquid Run-Out	• 노즐의 Liquid Run-Out은 각 노즐에서 서로 다른 시간에 발생하며 균등 약제 방출량에 큰 영향을 줄 수 있다. • 노즐의 Liquid Run-Out은 배관 내 압력을 약제가 흐르게 하는 데 필요한 압력 이하로 감소하게 된다. • 낮은 증기압 및 비교적 높은 최소 작동 압력을 요구하는 노즐 설계(내용적이 큰 경우)에 특히 중요하다.
약제 방출 완료	-

4 노즐의 약제 방출량 (방출시간)

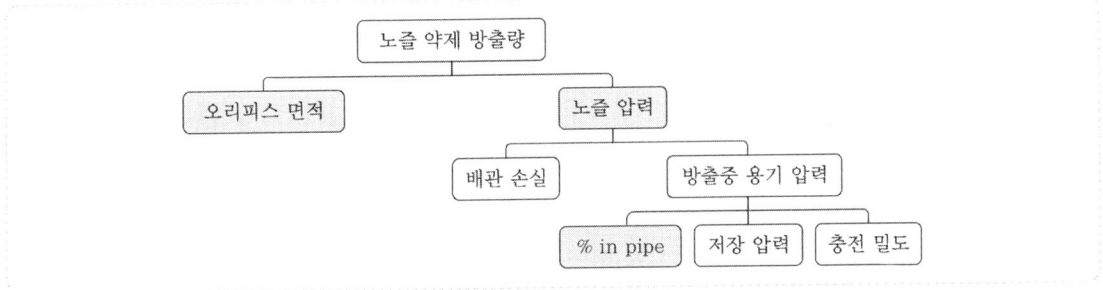

1) 입력자료 결정
   (1) 방출시간
   (2) 저장압력 및 충전밀도
   (3) % in Pipe

   $$\% \text{ in Pipe} = \frac{V_p}{W_i} \times 100$$

   W_i : 초기 방출 약제량 (kg)
   V_P : 배관 체적

   ① 배관 내 약제 충전 (Pipe Filling)
   ② 노즐의 Liquid Run-Out

2) 방출 중 용기 압력

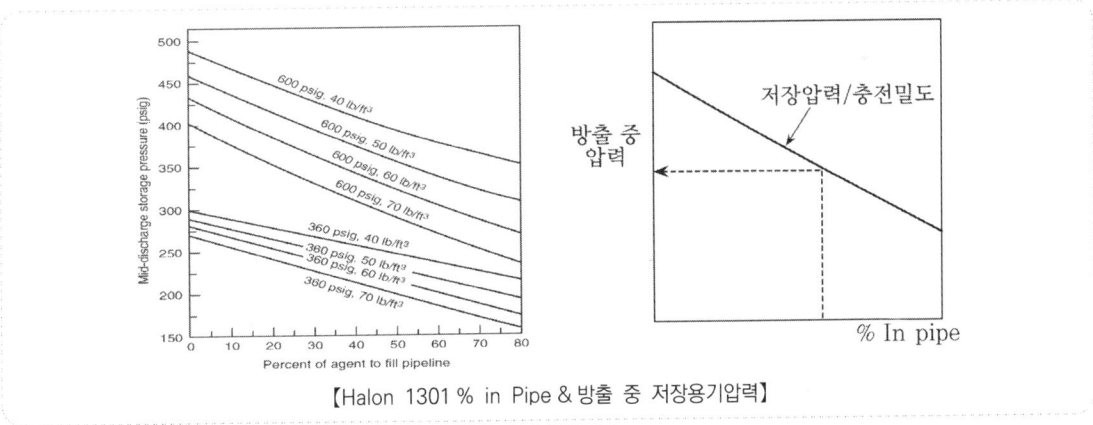

【Halon 1301 % in Pipe & 방출 중 저장용기압력】

3) 각각의 노즐 방출 압력 계산
4) 노즐 오리피스 면적 계산

5 결론

1) 배관 설계 시 각각의 노즐에서 소화약제가 균등하게 방출되도록 하는 것이 중요하다.
2) 특히 노즐에 압력에 영향을 주는 주요 인자는 배관 내 약제 충전 과정과 노즐의 Liquid Run-Out 이다.

Annex

📁 **화재안전기준**

1. 할론 소화설비

   하나의 구역을 담당하는 소화약제 저장용기의 소화약제량의 체적 합계보다 방출경로가 되는 배관(집합관 포함)의 내용적이 1.5배 이상일 경우에는 해당 방호구역에 대한 설비는 별도 독립방식으로 하여야 한다.

   $$\frac{배관 내용적}{저장용기의 소화약제 체적} \geq 1.5 \text{이상} : 독립배관 방식 적용$$

2. 할로겐화합물 및 불활성기체 소화약제 소화설비

   하나의 방호구역을 담당하는 저장용기의 소화약제의 체적 합계보다 소화약제의 방출 시 방출경로가 되는 배관(집합관을 포함)의 내용적의 비율이 제조업체의 설계기준에서 정한 값 이상일 경우에는 해당 방호구역에 대한 설비는 별도 독립방식으로 하여야 한다.

📁 **유량계산방법 등의 프로그램의 표시 및 계산 사항**

1. 최대배관비
2. 소화약제 저장용기로부터 첫 번째 티분기 지점까지의 최소거리
3. 최소 및 최대방출시간
4. 소화약제 저장용기의 최대 및 최소충전밀도
5. 배관 내 최소 및 최대유량
6. 각 분사헤드에 대한 연결 배관의 체적
7. 분사헤드의 최대압력편차
8. 연결 배관 단면적에 대한 분사헤드 오리피스와 감압 오리피스 단면적의 최댓값 및 최솟값
9. 분사헤드까지 약제 도달시간에 대한 헤드별 최대편차, 분사헤드에서 약제방출 종료시간에 대한 헤드별 최대편차(단, 불활성가스의 경우에는 약제방출 종료시간은 제외한다)
10. 티분기 방식과 분기전·후 배관길이에 대한 제한
11. 티분기에 의한 최소 및 최대약제분기량
12. 배관 및 관부속 종류
13. 배관 수직 높이 변화에 따른 제한사항
14. 분사헤드 최소설계압력
15. 설비의 작동온도 (소화약제 저장용기의 저장온도)

유량계산방법 프로그램

1 기 본
1) 최소 및 최대방출시간
2) 분사헤드 최소설계압력

2 약제 균등 방출
1) 최대배관비
2) 분사헤드의 최대압력편차
3) 분사헤드까지 약제 도달시간에 대한 헤드별 최대편차
4) 분사헤드에서 약제방출 종료시간에 대한 헤드별 최대편차 (단, 불활성가스의 경우에는 약제방출 종료시간은 제외한다)

3 노즐 약제 방출량
1) 노즐 오리피스
   연결 배관 단면적에 대한 분사헤드 오리피스와 감압 오리피스 단면적의 최댓값 및 최솟값
2) 노즐압력
   (1) 배관손실
      ① 배관 내 최소 및 최대유량
      ② 각 분사헤드에 대한 연결 배관의 체적
      ③ 소화약제 저장용기로부터 첫 번째 티분기 지점까지의 최소거리
      ④ 티분기 방식과 분기전·후 배관길이에 대한 제한
      ⑤ 티분기에 의한 최소 및 최대약제분기량
      ⑥ 배관 및 관부속 종류
      ⑦ 배관 수직 높이 변화에 따른 제한사항
   (2) 방출 중 용기 압력
      ① 최대배관비
      ② 소화약제 저장용기의 최대 및 최소충전밀도
      ③ 설비의 작동온도 (소화약제 저장용기의 저장온도)

3종 분말

1 개 요

1) 약제의 주성분은 인산암모늄(Mono-Ammonium Phosphate)이다. A, B, C급화재에 모두 유효하며, 특히 일반 A급 가연물의 화재에 우수한 소화효과를 나타낸다.
2) 3종 분말약제는 열에 의하여 분해되면서 불연성을 가진 용융성의 물질이 생성되는데 생성된 물질이 가연물의 표면에 점착되어 연소속도(Burning Rate)를 감소시키므로 A급화재에도 적응성이 있다.

2 3종분말 특성

1) 주성분 : $NH_4H_2PO_4$
2) 적용 : A, B, C
3) 충전비 : 1 이상
4) 순도 : 75 % 이상
5) 분해식

    (1) 분해반응 (190~300 ℃)

    - $NH_4H_2PO_4 \xrightarrow[\triangle]{166℃} H_3PO_4 + NH_3$

    - $2H_3PO_4 \xrightarrow[\triangle]{216℃} H_4P_2O_7 + H_2O - 77\ kcal$

    - $H_4P_2O_7 \xrightarrow[\triangle]{360℃} 2HPO_3 + H_2O$

    ∴ $NH_4H_2PO_4 \Rightarrow NH_3 + H_2O + HPO_3 - Q$

    (2) 전해반응 : $NH_4H_2PO_4 \Rightarrow NH_4^+ + H_2PO_4^-$

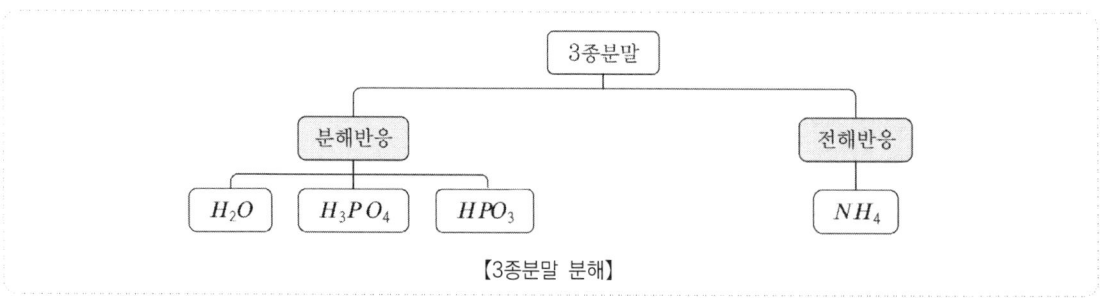

【3종분말 분해】

3 약제량 (전역방출)

1) 방호구역 : 0.36 kg/m³
2) 개구부 : 2.7 kg/m²
3) 호스릴 1개당 약제량 : 30 kg
4) 호스릴 1개당 1분당 방사량 : 27 kg

4 소화특성 : 최대의 효과를 나타내는 입도는 20~25 μm

1) 냉각작용 : 흡수열, H_2O
2) 복사열 차단 : 분말 구름
3) 연쇄반응 차단 : NH_4^+의 부촉매 효과
4) 올트인산(H_3PO_4)에 의한 셀룰로오즈의 탈수 및 탄화

$$NH_4H_2PO_4 \Rightarrow H_3PO_4 + NH_3$$

$$C_6H_{10}O_5 \xrightarrow{H_3PO_4} 6C + 5H_2O$$

5) 메타인산(HPO_3)에 의한 방진 작용 : A급화재에 적응

$$NH_4H_2PO_4 \Rightarrow HPO_3 + NH_3 + H_2O$$

3종 분말은 열에 의하여 분해되면서 불연성을 가진 용융 물질이 생성되는데 생성된 물질이 가연물의 표면에 점착되어

(1) 훈소에 필요한 다공성 틈새를 막아 산소 차단(훈소에 적응성이 있다)
(2) 고체 표면에 열 장막(Thermal Barrier)을 형성한다.

5 장 점

1) 방진작용으로 A급화재에 적응성이 뛰어나다.
2) 표면화재에 대하여 소화력이 우수하고 소화속도가 빠르다.
3) 온도변화에 대한 약제의 변질이나 성능 저하가 작다.

6 단 점

1) 약제방출 후 약제에 의한 2차 피해 발생
2) 다른 분말약제에 비해 부식성이 크다. ⇒ 전자기기에는 적응성이 작다(CDC).
3) 자체 이동 능력이 없음으로 별도의 가압원과 가압장치가 필요하다.

※ 분말 약제 종류

구 분	화학식	적응화재	색 상
1종 (중탄산나트륨)	$NaHCO_3$	B, C	백색
2종 (중탄산칼륨)	$KHCO_3$	B, C	자색 (Purple K)
3종 (인산암모늄)	$NH_4H_2PO_4$	A, B, C	분홍색
4종	$KHCO_3 + CO(NH_2)_2$	B, C	

MEMO

PART 13

제연

제연방법 및 원리

1 제연 개요
1) 화재로 인한 피해는 열적피해보다 연기 등에 의한 비열적피해가 더 크다.
2) 따라서 화재 초기에 발생하는 연기를 효과적으로 제어하여 인명피해 위험을 최소화하는 제연설비의 중요성은 지속적으로 증가하고 있다.
3) 최적의 제연설비를 설계하기 위해서는 화재 시 발생하는 연기의 특성. 즉, 연기발생량, 유동 상태 등을 명확하게 이해하는 것이 중요하다.

2 제연 구분

구 분	연기배출 (Smoke Venting)	연기제어 (Smoke Control)
대상	화재실 인명보호 (NFTC 501)	인접구역 인명보호 (NFTC 501 A)
	除燃	制燃
목적	청결층을 유지	화재실 외부로의 연기 유동을 방지
방법	연기발생량 이상을 배출	가압, 기류, 배출

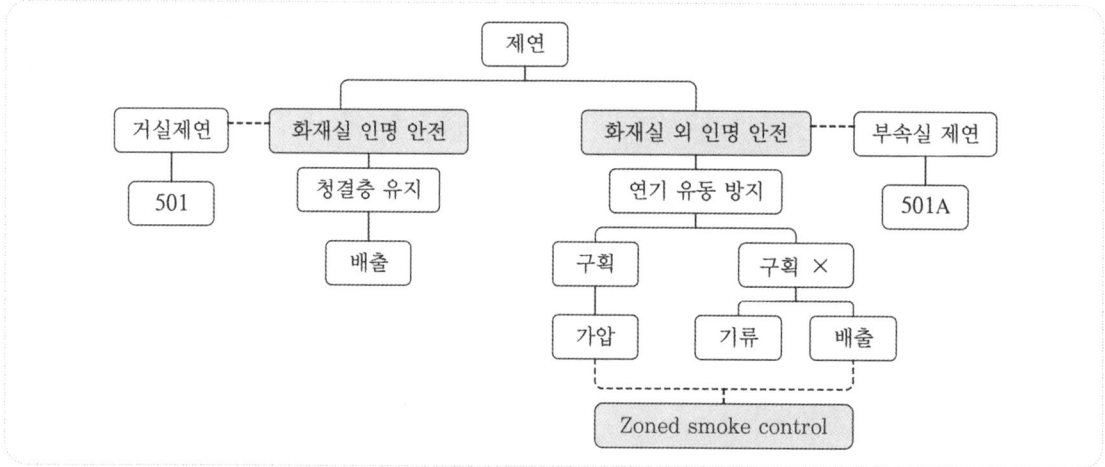

3 제연 목적
1) 연기를 배출시켜 화재실의 청결층 유지
2) 인접구역으로의 연기유입 제한
3) 소화활동 및 피난 경로의 안전 공간 확보

4 연기의 유동
1) 화재에 의한 구동력
 (1) 고온의 연기로 형성된 부력 : 방화구획과 그 주변의 차압

(2) 팽창 : 보일-샤르의 법칙

주로 화재 초기(연기 축적이 거의 없음) 연기 유동의 원인이 되며, 화재가 일정 크기 이상(연기가 축적되면)이 되면 부력이 중요한 연기 유동 원인이 된다.

2) 외부영향 : 영향을 최소화하여야 한다.

(1) 굴뚝효과(Stack Effect) : 건축물 내(샤프트)·외부의 온도차에 의해 형성

(2) Wind Effect

(3) 피스톤효과

(4) HVAC

5 결 론

1) 화재실 재실자 보호냐, 화재실 주변 재실자 보호냐에 따라 제연의 방법이 다르므로 제연계획의 기본원칙은 첫 번째 보호대상이 결정이다.

2) 화재실 재실자의 인명안전을 위하여 청결층을 유지하거나, 화재실에서 발생한 연기를 화재실에 국한시키고 피난 경로가 되는 복도, 계단 등으로 유입되는 것을 방지하고, 피난을 용이하게 하기 위해서는 위에서 언급한 연기 배출·제어의 기본 개념 중 하나 또는 여러 방법을 조합하여 방호대상물 특징 및 재실자의 특성에 맞는 제연계획을 수립하여야 한다.

Annex

📁 축 연

1. 공간이 용적이 크고 천장이 높은 경우 연기층의 하강 방지를 적극적으로 하지 않고 내부에 연기를 모으는 것만으로 피난에 지장이 없을 수가 있다.
2. 천장이 높은 아트리움이나 대규모 체육관 등에 적용할 수 있다.

📁 희 석

1. 연기가 어느 정도 존재해도 농도가 낮아 피난이나 소화활동에 지장이 없는 수준으로 유지된다면, 연기제어의 목적은 달성된다는 개념

$$\alpha = \frac{1}{t}\ln\left(\frac{C_0}{C_t}\right)$$

α : 퍼징률(분당 공기 교체 횟수)　　t : 경과시간(분)
C_0 : 오염 물질 초기 농도　　C_t : 시점 t분에서의 농도

$$Q = V \cdot \ln\left(\frac{C_0}{C_t}\right) \Rightarrow \frac{Q'}{V}t = \ln\left(\frac{C_0}{C_t}\right)$$

$\alpha = \dfrac{Q'}{V}$ 이라 하면(즉, α 값이 2라는 뜻은 일정시간(t) 동안 방호공간 체적의 2배의 공기의 이용하여 희석했다는 뜻이다) 식은 아래와 같다.

$$\alpha = \frac{1}{t}\ln\left(\frac{C_0}{C_t}\right)$$

2. 현장에서는 거의 적용하지 않는다.

📁 **NFPA 204 Smoke Venting System : 화재실 재실자 보호**

화재실 청결층 유지하기 위해서 연기를 배출

⇒ 연기를 효율적으로 배출하기 위해서는 화재실의 압력 유지가 중요

⇒ 급기량 > 배출량

📁 **NFPA 92 Smoke Control System : 화재실외 재실자 보호 (연기유동 방지)**

1. 차압
2. 배연 : 급기량 < 배출량
3. 기류 (Air Flow)

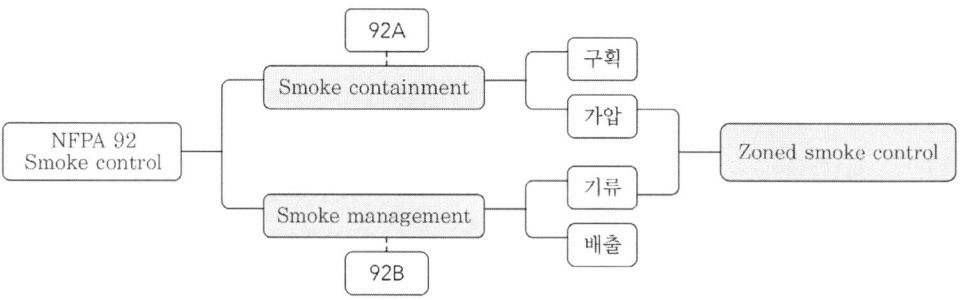

📁 **NFPA 92 Smoke Control System : Smoke Containment**

1. 계단 (Stairwell Pressurization)
2. Zoned Smoke Control
3. 승강로 (Elevator Pressurization)
4. 부속실 (Vestibule Pressurization)
5. 피난안전구역 (Smoke Refuge Area Pressurization)

📁 **샌드위치 제연 (화재실 배연 + 차압)**

1. 지하층 주거지역, 내화 밀실 구조로 설계 된 거주 지역
2. 화재실의 압력을 방호구역의 압력보다 낮게 한다.
3. 전제조건 : 내화구조로 구획, 밀실도가 커야 함
4. 감압 공간(화재실) 내의 피난경로는 보호하지 않는다 ⇒ 연기에 노출될 수도 있다.
5. NFPA는 Zone Smoke Control이라 한다.

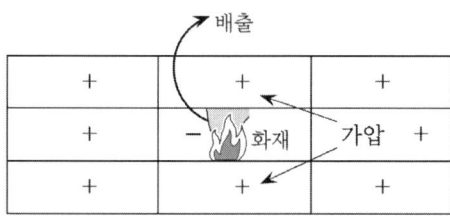

【Zoned Smoke Control】

거실제연 기본개념

1 연기 구성요소

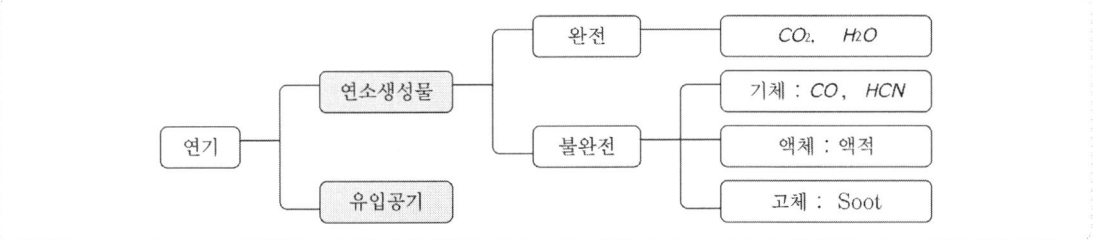

1) 연소생성물
   (1) 완전 연소생성물 : CO_2, H_2O
   (2) 불완전 연소생성물
      ① 기체 : CO, HCN
      ② 액체 : 액적 (Liquid Particulate)
      ③ 고체 : 검댕이 (Soot)
2) 유입공기 (Entrainment) : 플럼의 표면적에 비례
   (1) 플럼의 길이 (청결층 높이)
   (2) 화염 둘레

2 거실제연 설계 시 검토사항

1) 제연구역 면적
2) 제연경계 수직거리
   제연경계 수직거리가 길수록 ⇒ 연기발생량 증가 ⇒ 연기 배출량은 증가하여야 한다.
3) 설비 정상동작시간 (Design Interval Time)
   (1) 화재감지로부터 제연설비 정상 작동까지 시간
   (2) Hinkley 공식으로 계산
   $$t = \frac{20A}{P_f \sqrt{g}} \times \left(\frac{1}{\sqrt{y}} - \frac{1}{\sqrt{H}} \right)$$
4) 감지기 종류 및 감지기 1개당 방호면적
   제연설비 정상 동작시간이 짧아지려면 감지기 1개당 방호면적은 작아야 한다.
5) 배출구 면적
   하나의 배출구 면적은 Plug-Holing이 발생하지 않도록 하여야 한다.
6) 배출구 배치
   제연구역의 각 부분으로부터의 배출구까지의 수평거리는 10 m 이내 (자연 배연)

7) 급기구 면적

급기구 면적이 클수록 ($\frac{h_2}{h_1} = \left(\frac{A_1}{A_2}\right)^2 \cdot \frac{T_i}{T_o}$)

⇒ 중성대 상부길이(h_2) 증가

⇒ 화재실 압력증가 ($v = \sqrt{2\frac{\Delta P}{\rho}}$)

⇒ 배출속도 증가

⇒ 연기배출량이 증가한다.

❸ 배출량

1) 배출하여야 하는 양 = 생성되는 연기발생량

   열방출률(화염 둘레 길이)와 수직거리($H-d$)의 영향을 받는다.

2) 수직거리가 길수록 배출량이 증가

3) 거실제연의 기본개념은 이미 발생한(축적된) 연기를 배출하는 것이 아니라, 청결층 높이(y)에서의 연기발생량을 배출하여 청결층을 유지하는 것이다.

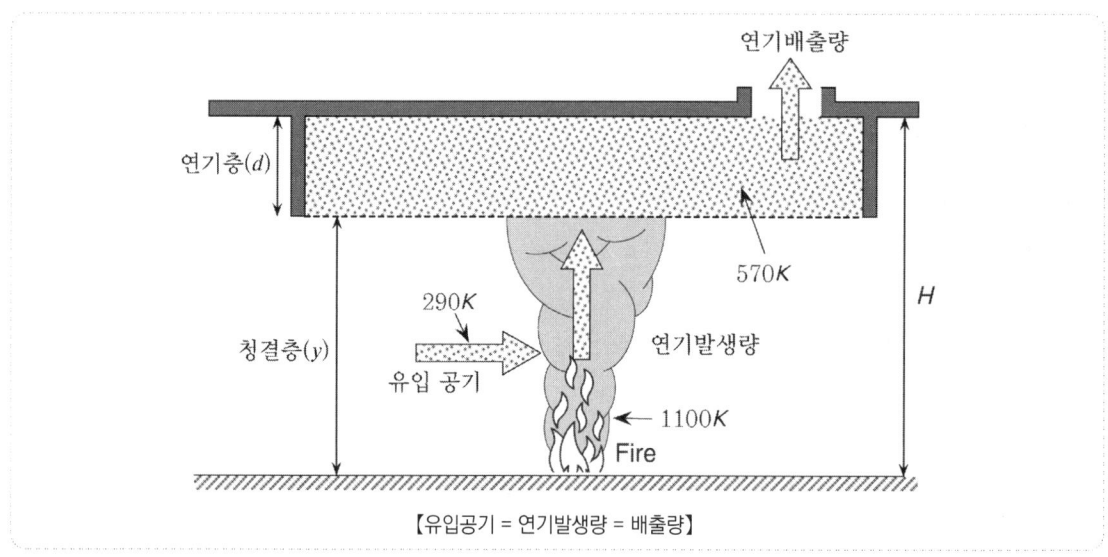

【유입공기 = 연기발생량 = 배출량】

연기발생량

1 개 요

1) 연기발생량 계산은 화재공학에서 중요한 주제로서 배출하여야 할 연기량을 알려면 먼저 연기발생량을 계산하여야 한다.
2) 현재 2가지 식이 사용된다. 하나는 Thomas 식이고, 다른 하나는 NFPA 204(Smoke and Heat Venting)에서 적용하는 식이다.

2 Thomas 식

1) 토마스식은 국내에서 연기 배출과 관련해서 주로 사용하는 식으로 연기발생량은 플럼에 유입되는 공기량과 같으며 플럼의 표면적에 비례한다는 개념이다.

$$\dot{M} = 0.096 \cdot P_f \cdot y^{\frac{3}{2}} \cdot \rho_0 \cdot \left(g \cdot \frac{T_0}{T_f} \right)^{1/2} \ [kg/s]$$

P_f : 화재 둘레 y : 청결층의 높이
ρ_0 : 주위 공기의 밀도 T_0 : 주위 공기의 온도
T_f : 화재플럼(화염)의 온도

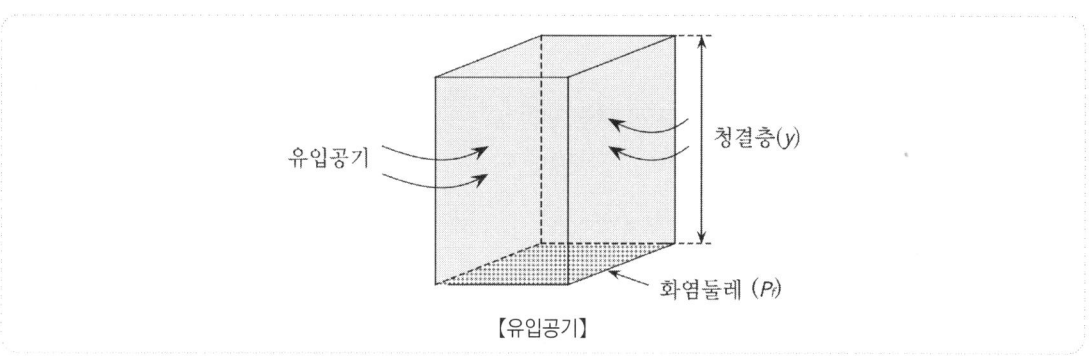
【유입공기】

2) 위의 식에 $\rho_0 \fallingdotseq 1.22\,kg/m^3$, $T_0 \fallingdotseq 290K$, $T_f \fallingdotseq 1100K$ 대입하면

$$\dot{M} = 0.188 \cdot P_f \cdot y^{\frac{3}{2}} \ [kg/s]$$

구획실 내 화염(가로 2 m, 세로 3 m)에서 청결층의 높이를 1.8 m 이상 유지하기 위해서 배출하여야 할 연기량은

$M = 0.188 \times p_f \times y^{3/2}$

$\quad = 0.188\,(2 \times 5)\,1.8^{3/2} = 4.54\ (kg/s)$

3 NFPA 204

1) 연기발생량

$$m_p = K \cdot Q_c^{\frac{1}{3}} \cdot (Z - Z_0)^{\frac{5}{3}}$$

m_p : 연기발생량(kg/s) Q_c : 대류 열방출률
Z : 청결층의 높이 Z_0 : Virtual Origin

2) Virtual Origin

$$Z_0 = -1.02D + 0.083\, Q^{2/5}$$

Q : 열방출률
D : 화염의 직경

Virtual Origin이 화염면 아래에 있으면 Z_0이 값이 (-)이므로 청결층 길이가 증가하여 연기발생량이 증가하는 결과가 된다.

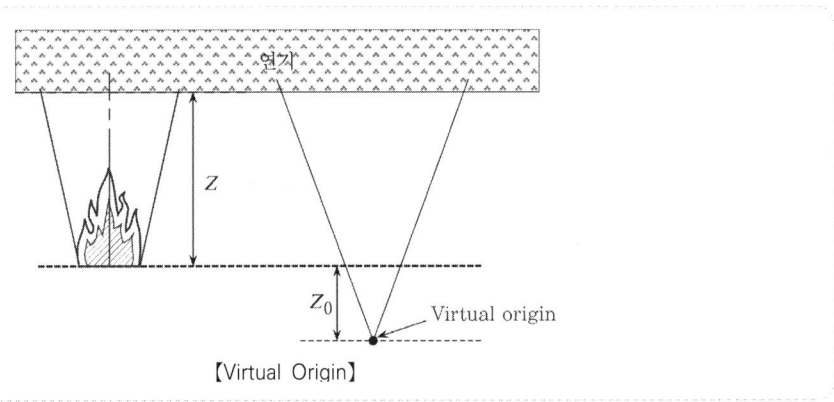

【Virtual Origin】

[예제] 그림에서 연기층 하단의 하강 속도 (m/s)를 구하시오.
(단, 플럼기체의 체적 유입량 : V_p, 천장면적 : A,
플럼기체의 밀도 : ρ_p, 연기의 밀도 : ρ_s)

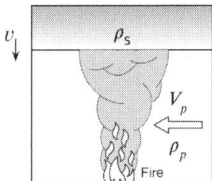

[해설]

1. 개 요

   1) 질량보존법칙 적용

   2) 유입공기량 (kg/s) = 연기 발생량 (kg/s)

2. 계 산

   연기층 하강속도 $(m/s) = \dfrac{\text{천장연기 축적 체적량}(m^3/s)}{\text{천장면적}(m^2)}$

3. 천장 연기 축적 체적량

   천장연기 축적 질량(kg/s) = 천장 연기 축적 체적량(m^3/s) × 연기밀도(ρ_s)

   유입공기질량(kg/s) = 천장 유입공기 체적량(m^3/s) × 플럼 밀도(ρ_p)

   천장연기 축적 질량(kg/s) = 유입공기질량(kg/s)이므로

   천장 연기 축적 체적량 $(m^3/s) = \dfrac{V_p \cdot \rho_p}{\rho_s}$

4. 연기층 하강속도 $(m/s) = \dfrac{V_p \cdot \rho_p}{A \cdot \rho_s}$

Hinkley 식 유도

1 연기발생량

바닥에서 연기층까지의 높이 : y, 천장면적 : A, 화재실 높이 : H 일 때

1) 청결층의 높이 y 에서의 연기발생량 $[kg/s]$

$$= 0.096\, p_f\, \rho_0\, y^{\frac{3}{2}} \left(g\, \frac{T_o}{T_f}\right)^{1/2} (kg/s)$$

2) 임의의 청결층 높이 y 에서의 연기축적량 $[kg/s]$

$$= -\rho_s \cdot A \cdot \frac{dy}{dt}\, [kg/s] \quad \text{여기서 } \rho_s : \text{연기밀도}$$

연기가 하강하므로 부호는 (-)이다.

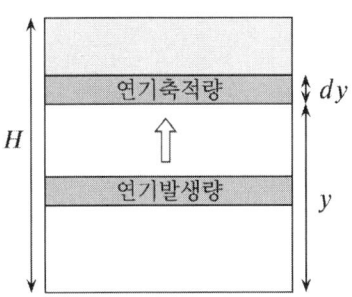

2 연기발생량과 연기축적량은 같다.

$$-\rho_s A \frac{dy}{dt} = 0.096\, p_f\, \rho_0\, y^{\frac{3}{2}} \left(g\, \frac{T_o}{T_f}\right)^{1/2}$$

$0.096\, p_f \rho_0\, g^{\frac{1}{2}} \left(\frac{T_o}{T_f}\right)^{\frac{1}{2}}$ 은 모두 상수이므로 K 라 하면

$$-\rho_s \cdot A \cdot \frac{dy}{dt} = K \cdot y^{\frac{3}{2}}$$

$$dt = -\frac{\rho_s A}{K} \frac{1}{y^{\frac{3}{2}}} dy \quad \text{양변을 적분하면}$$

$$\int dt = -\frac{\rho_s A}{K} \int_H^y \frac{1}{y^{\frac{3}{2}}} dy \quad \left(\int \frac{1}{y^{\frac{3}{2}}} dy = \int y^{-\frac{3}{2}} dy = \frac{1}{-\frac{3}{2}+1} y^{-\frac{3}{2}+1} = -2y^{-\frac{1}{2}} = -2\frac{1}{\sqrt{y}}\right)$$

$$t = -\frac{\rho_s A}{K}\left[-2\frac{1}{\sqrt{y}}\right]_H^y = \frac{2\rho_s A}{K}\left(\frac{1}{\sqrt{y}} - \frac{1}{\sqrt{H}}\right)$$

여기서 연기 온도를 $570K\,(300°C)$, 화염온도를 $1100K$, 대기온도를 $290K$ 로 가정하면

연기밀도 = 공기 밀도 × (공기온도/연기온도) $\quad \rho_s = \rho_0 \cdot \frac{290}{573}$

$$t = \frac{2\rho_0 \left(\frac{290}{573}\right) A}{0.096\, \rho_0 \sqrt{\frac{290}{1100}}\,\sqrt{g}\, p_f}\left(\frac{1}{\sqrt{y}} - \frac{1}{\sqrt{H}}\right) = \frac{20.54\, A}{\sqrt{g} \cdot p_f}\left(\frac{1}{\sqrt{y}} - \frac{1}{\sqrt{H}}\right)$$

3 연기층 하강시간

연기층 하강시간 $(t) = \dfrac{20\, A}{p_f \sqrt{g}}\left(\dfrac{1}{\sqrt{y}} - \dfrac{1}{\sqrt{H}}\right)$

Annex

📁 연기층 하강시간의 의미

1. 토마스식의 단위는 [kg/s]이고 힝클리식은 [m³/s]에 기초해서 유도했으므로 연기층의 온도(밀도)에 따라 연기층 하강시간은 다르다. 위의 식은 연기층 온도 300℃에서의 시간이다.
2. 연기층의 온도가 증가하면 연기층 하강시간은 감소한다.
3. 청결층이 유지되기 위해서는 연기층이 예상 청결층에 도달하기 전에 제연설비가 작동하여야 한다. 즉, 힝클리식은 제연설비가 정상 작동하여야 하는 최대시간이다.
4. 힝클리 공식에서 연기발생량을 계산하는 것은 ······

📁 원문 [Introduction to Fire Dynamic (Drysdale 3rd Edition)]

Assuming $T_s \approx 300°c$. This gives the time it would take for the smoke layer to descend to a height $y[m]$ above the ground, assuming a fire of perimeter P_f burning in an enclosure of floor area $A[m^2]$ and height $H[m]$.

Clearly, the vent must open within this period of time if the smoke layer is to be arrested at a height of $y[m]$.

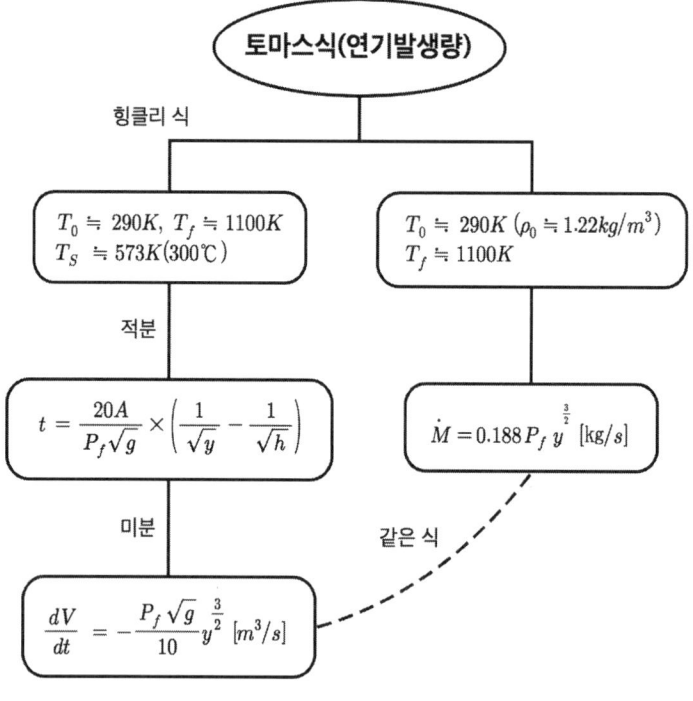

Hinkley 식에 의한 연기발생량

1 Tomas의 식

연기발생량 $(kg/s) = 0.096 \cdot P_f \cdot \rho_0 \cdot y^{\frac{3}{2}} \cdot \left(g \cdot \dfrac{T_0}{T_f}\right)^{1/2}$

연기하강시간 $(t) = \dfrac{2\,\rho_s \cdot A}{0.096 \cdot \rho_0 \cdot (g \cdot \dfrac{T_0}{T_f})^{\frac{1}{2}} \cdot P_f} \left(\dfrac{1}{\sqrt{y}} - \dfrac{1}{\sqrt{H}}\right)$

2 Hinkley 식 유도

연기하강시간의 식에 $T_s = 573K(300°C)$, $T_0 = 290K$, $T_f = 1100K$라 가정하면

$t = \dfrac{2 \times 0.616 \times A}{0.096 \times 1.22 \times \left(g \cdot \dfrac{290}{1100}\right)^{1/2} \times P_f} \left(\dfrac{1}{\sqrt{y}} - \dfrac{1}{\sqrt{H}}\right)$

$t = \dfrac{20A}{P_f \sqrt{g}} \times \left(\dfrac{1}{\sqrt{y}} - \dfrac{1}{\sqrt{H}}\right)$

3 연기발생량 (2개의 유도식 중 ②번 식이 간단)

① $\dfrac{1}{\sqrt{y}} = \left(\dfrac{P_f \sqrt{g}}{20A}\right) \cdot t + \dfrac{1}{\sqrt{H}}$

$-\dfrac{1}{2} y^{-\frac{3}{2}} dy = \dfrac{P_f \sqrt{g}}{20A} dt \Rightarrow dy = \dfrac{-2P_f \sqrt{g}}{20A} dt \times y^{\frac{3}{2}}$

$\therefore \dfrac{dV}{dt} = -\dfrac{P_f \sqrt{g}}{10} \cdot y^{\frac{3}{2}}$ $(A\,dy = dV)$

② Hinkley 식 그대로 양변을 미분하면

$dt = \dfrac{20A}{P_f \sqrt{g}} (-\dfrac{1}{2} y^{-\frac{3}{2}}) dy$

$dt = A\,dy \dfrac{20}{P_f \sqrt{g}} (-\dfrac{1}{2} y^{-\frac{3}{2}})$

$\therefore \dfrac{dV}{dt} = A\dfrac{dy}{dt} = -\dfrac{P_f \sqrt{g}}{10} \cdot y^{\frac{3}{2}} \;[m^3/s]$

예제 초등학교 교실의 면적이 100 m²이고, 높이가 6 m인 곳에서 바닥에서 3 m × 3 m 크기의 화재가 발생하였다고 가정할 경우 바닥으로부터 각각 3 m 높이까지 연기가 도달하는 시간 및 연기발생량을 Hinkley 공식을 사용하여 구하시오. (단, 연기 온도는 500 ℃로서 연기의 밀도는 0.456 kg/m³이고, 실내의 환기설비는 작동하지 않는다. 기타 조건은 무시한다)

$$t = \frac{20A}{P \times \sqrt{g}} \times \left(\frac{1}{\sqrt{y}} - \frac{1}{\sqrt{h}}\right)$$

해설

1. Hinkley 공식은 토마스식에서 유도된 식으로

    $T_s = 573K(300℃)$, $T_0 = 290K$, $T_f = 1100K$로 가정하여 산출

    $$t = \frac{2\rho_s \cdot A}{0.096\rho_0 \cdot \left(g \cdot \frac{T_0}{T_f}\right)^{1/2} P}\left(\frac{1}{\sqrt{y}} - \frac{1}{\sqrt{h}}\right) \Rightarrow t = \frac{20A}{P\sqrt{g}}\left(\frac{1}{\sqrt{y}} - \frac{1}{\sqrt{h}}\right)$$이다.

2. 주어진 조건에 의해 Hinkley 식을 수정하면,

    $T_0 = 290K$, $T = 1100K$, $\rho_s = 0.456 kg/m^3$, $\rho_0 = \frac{353}{290} = 1.22$

    $$t = \frac{2 \times 0.456}{0.096 \times 1.22 \times \left(\frac{290}{1100}\right)^{\frac{1}{2}}} \times \frac{A}{P\sqrt{g}}\left(\frac{1}{\sqrt{y}} - \frac{1}{\sqrt{h}}\right)$$

    $$t = \frac{15.2A}{P\sqrt{g}}\left(\frac{1}{\sqrt{y}} - \frac{1}{\sqrt{h}}\right)$$

3. 연기발생률

    $$dt = \frac{15.2\,A}{P\sqrt{g}}\left(-\frac{1}{2}y^{-\frac{3}{2}}\right)dy \Rightarrow dt = A\,dy\,\frac{15.2}{P\sqrt{g}}\left(-\frac{1}{2}y^{-\frac{3}{2}}\right)$$

    $$\therefore \frac{dV}{dt} = A\frac{dy}{dt} = -\frac{2P\sqrt{g}}{15.2} \cdot y^{\frac{3}{2}}$$

4. 계 산

    1) 바닥으로부터 3 m 높이까지의 도달시간

    $$t = \frac{15.2 \times 100}{(3\times 4) \times \sqrt{9.8}} \cdot \left(\frac{1}{\sqrt{3}} - \frac{1}{\sqrt{6}}\right) = 6.84\,s$$

    2) 청결층의 높이 3 m일 때의 연기 발생률

    $$\frac{dV}{dt} = -\frac{2P\sqrt{g}}{15.2} \cdot y^{\frac{3}{2}} = \frac{-2\times(3\times 4)\times\sqrt{9.8}}{15.2}\times 3^{\frac{3}{2}} = 25.68\,m^3/s$$

[별해] 여기서 변수는 연기의 밀도이다. 300 ℃에서 500 ℃로 연기 온도가 증가하면 연기하강 시간은 감소하며 감소율은 밀도에 비례하여 감소

$20 : 0.616 = x : 0.456$

$x = 14.8$

Annex

📁 검토 : 유도식과 별해 식이 다른 이유

정확한 힌클리식은 $t = \dfrac{20.54 A}{P \times \sqrt{g}} \times \left(\dfrac{1}{\sqrt{y}} - \dfrac{1}{\sqrt{h}} \right)$로서

위 문제는 2가지 방법의 풀이 방법이 있다.

① $t = \dfrac{20.54 A}{P \times \sqrt{g}} \times \left(\dfrac{1}{\sqrt{y}} - \dfrac{1}{\sqrt{h}} \right) \Rightarrow t = \dfrac{15.2 A}{P \times \sqrt{g}} \times \left(\dfrac{1}{\sqrt{y}} - \dfrac{1}{\sqrt{h}} \right)$

② $t = \dfrac{20 A}{P \times \sqrt{g}} \times \left(\dfrac{1}{\sqrt{y}} - \dfrac{1}{\sqrt{h}} \right) \Rightarrow t = \dfrac{14.8 A}{P \times \sqrt{g}} \times \left(\dfrac{1}{\sqrt{y}} - \dfrac{1}{\sqrt{h}} \right)$

위의 문제에서

$t = \dfrac{20 A}{P \times \sqrt{g}} \times \left(\dfrac{1}{\sqrt{y}} - \dfrac{1}{\sqrt{h}} \right)$이 주어졌으므로 ② [별해]로 계산하는 것이 타당하다.

예제 화재안전기준에서 수직거리가 2 m 이하인 경우 연기 배출량이 40,000 CMH인 이유 유도 (단, 화염 둘레 길이 12 m)

해설

1. 단위 시간당 연기발생량

    $\dfrac{12 \times \sqrt{9.8}}{10} \times 2^{3/2} = 10.625 \, m^3/s$

2. 시간당 연기발생량 $= 10.625 \times 3600 = 38250.91 \, m^3/h$

∴ 40,000 CMH

참고 : 연기의 온도는 300 ℃ 기준

[별해]

1. 연기 발생량

    토마스식에서 $\dot{M} = 0.188 \cdot P_f \cdot y^{\frac{3}{2}} \, [kg/s]$

    $= 0.188 \times 12 \times 2^{\frac{3}{2}} = 6.38 \, [kg/s]$

2. 연기 배출량

    $40,000 \, [CMH] = \dfrac{40000}{3600} = 11.1 \, [m^3/s]$

    300 ℃에 밀도(ρ) $= \dfrac{P \cdot M}{R \cdot T} = \dfrac{1 \times 29}{0.082 \times (273 + 300)} = 0.617 \, [kg/m^3]$

    $11.1 \, [m^3/s] \times 0.617 \, [kg/m^3] = 6.84 \, [kg/s]$

3. 연기 발생량 ≒ 연기 배출량

예제 바닥면적이 400 m², 실내에 둘레가 12m인 화재 발생 후 t이니 후에 청결층 y의 값이 2m가 되었다면 이 청결층을 유지하기 위해 매초 몇 m³의 연기를 배출해야 하는가?

$$t = \frac{20A}{P_f\sqrt{g}}\left(\frac{1}{\sqrt{y}} - \frac{1}{\sqrt{h}}\right)$$

해설

$$t = \frac{20A}{P_f\sqrt{g}} \times \left(\frac{1}{\sqrt{y}} - \frac{1}{\sqrt{h}}\right)$$

$$dt = \frac{20A}{P_f\sqrt{g}} \times \left(-\frac{1}{2}y^{-\frac{3}{2}}\right)dy \qquad [A \cdot \frac{dy}{dt} = \frac{dV}{dt}]$$

$$\frac{dV}{dt} = -\frac{P_f\sqrt{g}}{10} \cdot y^{\frac{3}{2}} = \frac{12\sqrt{9.8}}{10}2^{\frac{3}{2}} = 10.63\,[m^3/s]$$

예제 어떤 구획실의 면적이 24 m²이고, 높이가 3m일 때 구획실 내부에서 화원 둘레가 6m인 화재가 발생하였다. 이때 화재 초기의 연기 발생량(kg/s)을 구하고 바닥에서 1.5 m 높이까지 연기층이 하강하는 데 걸리는 시간(s)과 연기 배출량(m³/s)을 계산하시오. (단, 연기의 밀도 $\rho_s = 0.4 kg/m^3$이고, 기타 조건은 무시한다)

해설

1. 연기의 발생량 [kg/s]

   토마스식에서 $\dot{M} = 0.188 \cdot P_f \cdot y^{\frac{3}{2}}$ [kg/s]

   $$= 0.188 \times 6 \times 1.5^{\frac{3}{2}} = 2.07\,[kg/s]$$

2. 연기층이 하강하는 데 걸리는 시간 (s)

   힝클리식 (연기온도 300℃) $\quad t = \frac{20A}{P_f\sqrt{g}} \times \left(\frac{1}{\sqrt{y}} - \frac{1}{\sqrt{h}}\right)$

   문제에서 연기 밀도가 $\rho_s = 0.4 kg/m^3$이므로

   $20 : 0.616 = x : 0.4$

   $x = \frac{20 \times 0.4}{0.616} ≒ 13$

   $$t = \frac{13A}{P_f\sqrt{g}} \times \left(\frac{1}{\sqrt{y}} - \frac{1}{\sqrt{h}}\right)$$

   $$= \frac{13 \times 24}{6\sqrt{g}} \times \left(\frac{1}{\sqrt{1.5}} - \frac{1}{\sqrt{3}}\right) = 3.97\,s$$

3. 연기 배출량 [m³/s]

   $$\frac{2.07}{0.4} = 5.18\,[m^3/s]$$

거실제연의 대상 및 구분

1 제연설비 설치대상

1) 거실제연

적용 기준		설치대상
문화 및 집회, 종교, 운동	무대부 바닥면적	200 m² 이상
	영화상영관 수용인원	100인 이상
지하층이나 무창층에 설치된 근린생활, 판매, 운수, 숙박, 위락, 의료, 노유자 또는 창고(물류터미널)로서 해당 용도로 사용되는 바닥면적의 합계		1000 m² 이상인 층
시외버스정류장, 철도 및 도시철도 시설, 공항시설 및 항만시설의 대합실 또는 휴게시설로서 지하층 또는 무창층		1000 m² 이상
지하가(터널은 제외)로서 연면적		1000 m² 이상
예상 교통량, 경사도 등 터널의 특성을 고려하여 정하는 터널		

2) 특·피 제연

특정소방대상물 (갓복도형 아파트 제외)	특별피난계단
	비상용 승강기의 승강장

  (1) 11층 이상(공동주택 16층 이상) 또는 지하 3층 이하

  (2) 판매시설

2 제연구역

1) 구획기준

  (1) 하나의 제연구역 면적은 1000 m² 이내

  (2) 하나의 제연구역은 2개 이상의 층에 미치지 아니하도록 할 것

  (3) 거실과 통로는 각각 제연구획할 것

  (4) 하나의 제연구역은 직경 60 m 원 내에 내접

  (5) 통로상의 제연구역은 보행중심의 길이가 60 m 이내

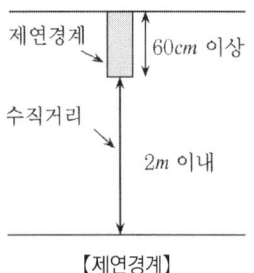

【제연경계】

2) 구획방법

  (1) 제연경계 : 보, 제연경계벽

  (2) 벽 : 셔터, 방화문 포함

3) 제연구역 벽 등의 구조

  (1) 재질은 내화구조, 불연재료 또는 제연경계벽의 성능을 인정받은 것으로서 화재 시 쉽게 변형, 파괴되지 아니하고 연기가 누설되지 않는 기밀성 있는 재료

  (2) 제연경계 등의 폭은 60 cm 이상, 수직거리 2 m 이내

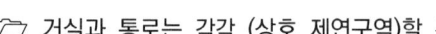

📂 거실과 통로는 각각 (상호 제연구역)할 것

1. 거실과 통로는 상호 제연구획하라는 의미는 거실과 통로를 동일한 하나의 제연구역으로 설정하지 말고 별개의 제연구역으로 구분하라는 의미이다.
2. 거실은 화재실로서 배출을 하여야 하나, 통로는 피난경로서 급기를 하여 피난 및 안전공간을 확보하여야 하므로 거실과 통로(화재실과 피난통로)를 동일한 제연구역으로 설정하는 것을 금지
   ⇒ 거실은 화재 시 배기하고 통로에는 급기를 하여 급기량이 화재실로 유입
3. 제5조 제1항에 의해 거실에서 배출할 경우는 동시에 통로에 급기가 되어야 하므로 거실배출·통로급기방식으로 시스템을 구성할 경우는 해당 조항을 모두 만족하게 된다.
4. 통로는 복도를 말하며, 복도란 고정식 칸막이(제연경계 포함) 등을 설치하여 형성된 것과 외부의 이동경로를 말한다.

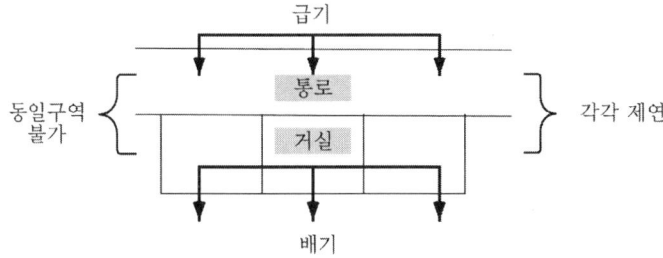

📂 통로배출 방식 (소규모 거실)

1. 50 m² 미만으로 거실이 각각 구획되어 통로에 면한 경우에 한하여 적용
2. 통로에서 배기하여 화재 시 통로에 연기가 체류하지 않도록만 조치하는 방식
3. 경유거실이 있는 경우 경유거실에서 직접 배기

거실 제연설비의 급·배기

1 개 요

거실제연의 시스템 구분은

1) 배기 : 화재실에서만 (단독) 배기하느냐 또는 인접구역까지 공동으로 배기하느냐?
2) 급기 : 화재실에 하느냐 또는 인접구역에 급기하느냐로 구분된다.

구 분	배출 (화재실은 무조건 배기)		급기	
	단독제연	공동제연	동일실 제연	인접구역 상호 제연
방 식	• 소규모 거실 • 대규모 거실 • 통로		• 화재실 급기	• 거실 급·배기 방식 • 거실 배기 통로 급기 방식

2 배기 방식

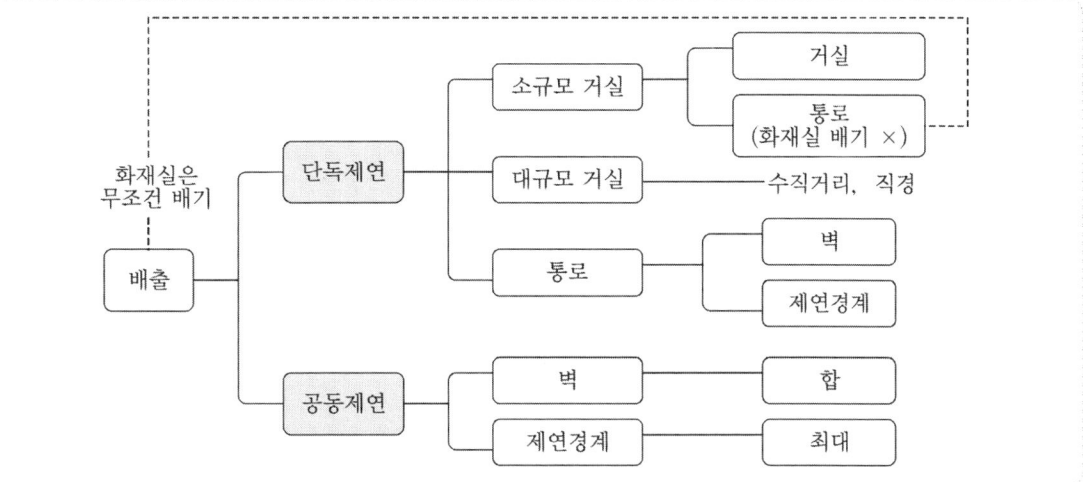

1) 단독제연

   (1) 화재실만 배출

   (2) 50 m² 미만으로 거실이 각각 구획되어 통로에 면한 경우는 화재실이 아닌 통로에서 배출

2) 공동제연

   (1) 화재실 및 인접 구역에서 동시에 배기

   (2) 특징

   ① 급배기별 MD 수량을 줄일 수 있다.

   ② 화재 시 동작 시퀀스가 단순해지고 감시제어반의 구역을 단순화할 수 있다.

   ③ 덕트 크기와 송풍기의 용량은 증가한다.

   (3) 배출량 계산

구획	배출량 계산
벽	• 각 제연구역 배출량의 합
제연경계	• 각 제연구역 배출량 중 가장 큰 값 • 면적은 1000 m², 직경 40 m 이내

3 급기 방식

1) 화재실 급기

   (1) 화재 시 급기 공급이 화점 부근이 될 경우 연소 촉진 우려

   (2) 급기와 배기가 동시에 되므로 난기류에 의해 청결층과 연기층의 형성을 방해할 우려가 있다.

2) 인접구역 유입 : 인접제연구역 또는 통로에 유입되는 공기를 이용하여 당해 구역으로 급기

3) 방 식

   (1) 강제유입 : 급기풍도 및 송풍기를 이용하여 기계적으로 직접 급기

   (2) 자연유입 : 창문 등 개구부를 이용하는 자연급기

4) 급기량은 배출량의 배출에 지장이 없는 양

거실 제연설비의 배출

1 배출량 개요

배출량은 청결층 높이에서 연기발생량 이상을 배출하여 청결층을 유지

2 배출량

1) 단독제연

   (1) 소규모 거실 : 바닥면적 400 m² 이하 (벽으로 구획)

   ① 거실배출방식 : 1 CMM/m², 최저 5,000 CMH

   ② 통로배출방식 : 제연경계 수직거리별로 적용

수직거리	배출량 (40 m 이하)	배출량 (40~60 m)
2 m 이하	25,000	30,000
2~2.5 m	30,000	35,000
2.5~3 m	35,000	40,000
3 m 초과	45,000	50,000

   (2) 대규모 거실 : 400 m² 이상, 제연경계 수직거리별로 적용

수직거리	배출량 (40 m 이하)	배출량(40~60 m)
2 m 이하	40,000	45,000
2~2.5 m	45,000	50,000
2.5~3 m	50,000	55,000
3 m 초과	60,000	65,000

   (3) 통로

   ① 벽으로 구획 : 45,000 CMH 이상

   ② 제연경계 : 대규모 거실(40 m 이상) 기준 적용

2) 공동제연

구획	배출량	비 고
벽	합	• 바닥면적이 400㎡ 미만인 경우 배출량은 1 m²당 1 m³/min 이상 • 공동예상구역 전체배출량은 5,000 m³/hr 이상으로 할 것
제연경계	최대 배출량	• 최대면적 1000 m², 직경 40 m 이하

3 배출구

1) 수평거리 : 예상 제연구획 각 부분으로부터 10 m 이내

2) 화장실·목욕실·주차장·발코니를 설치한 숙박시설(가족호텔 및 휴양콘도미니엄에 한한다)의 객실과 사람이 상주하지 아니하는 기계실·전기실·공조실·50 m² 미만의 창고 등으로 사용되는 부분에 대하여는 배출구·공기유입구의 설치 및 배출량 산정에서 이를 제외한다.

4 배출구 높이

구 분	소규모 거실	대규모 거실 및 통로
벽으로 구획	천장과 바닥 사이의 중간 윗부분에 설치	배출구 하단과 바닥간은 2 m 이상 이격
제연경계	배출구 하단이 제연경계의 하단보다 높게	배출구 하단이 제연경계 폭이 가장 짧은 제연경계 하단보다 높게 설치

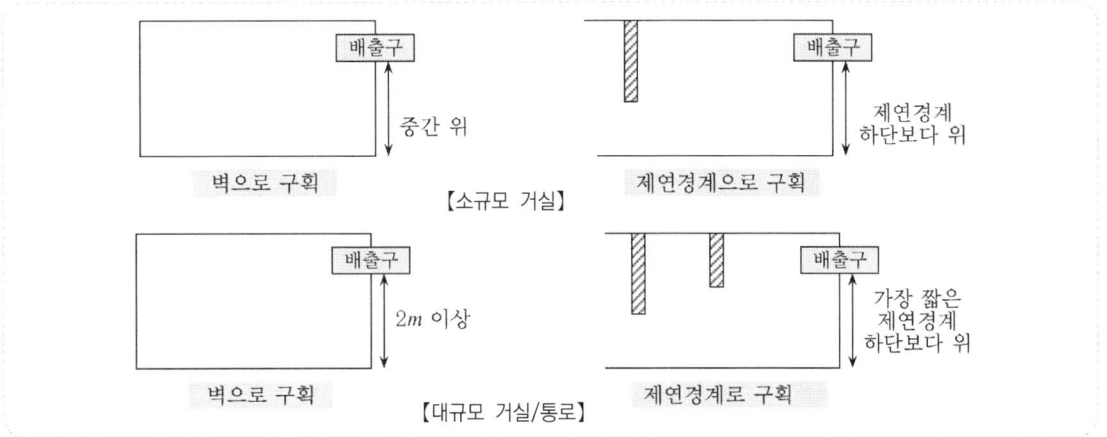

5 배출기 및 배출풍도

1) 배출기
   (1) 배출능력 : 배출량 이상
   (2) 배출기와 풍도의 접속부분에 사용하는 캔버스는 내열성이 있을 것
   (3) 배출기 전동기부분과 배풍기 부분은 분리하여 설치하고, 배풍기 부분은 유효한 내열처리할 것

2) 배출풍도
   (1) 아연도금 강판 또는 동등 이상의 내식성, 내열성이 있는 것
   (2) 불연재료(석면재료를 제외한다)인 단열재로 풍도 외부에 유효한 단열 처리

3) 배출 풍속 : 흡입 15 m/s 이하, 배출 20 m/s 이하

Annex

📂 NFPA 204 거실제연 배출구

1. 배출구는 Plug Holing이 발생하지 않도록 배치한다.
2. 배출구 면적은 $2d^2$ 이하가 되어야 한다. (d : 연기층 깊이).   3. $L/W > 2$, $W \leq d$
4. 배출구 간격 (배출구 중심간 거리)은 $4H$ 이하, 벽에서의 수평거리는 $2.8H$ 이하

Plug - Holing

❶ 정 의

상부 연기와 함께 하부 청결층의 공기가 배출되는 현상

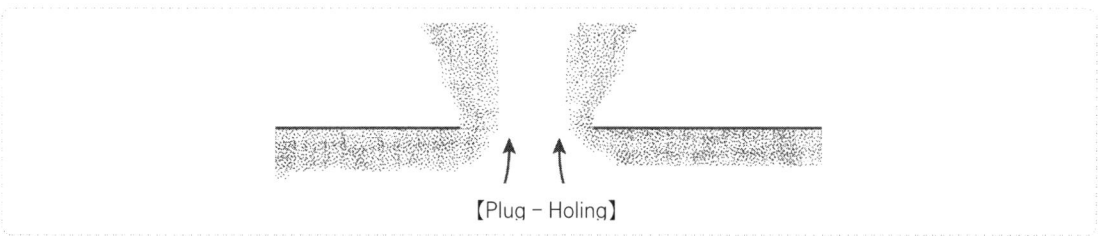

【Plug - Holing】

❷ 문제점

예상 배출량보다 작은 연기량 배출 ⇒ 연기층 하강

❸ 발생원인 : 하나의 배출구의 배출률(Exhaust Rate)이 과다해서 발생

1) 하나의 개구부 면적이 큰 경우
2) 배출속도가 빠른 경우 : Wind Effect의 영향

❹ 대 책

1) 각각의 배기구의 최대 면적 제한 : NFPA에서는 하나의 개구부 면적을 $2h^2$으로 제한한다(h는 연기층 높이).
2) 하나의 배출구를 여러 개로 분할하여 분산 배치한다.

Annex

📁 제연설비 수동기동 장치 문제점

1. 비 화재실 수동기동장치 기동 시 문제

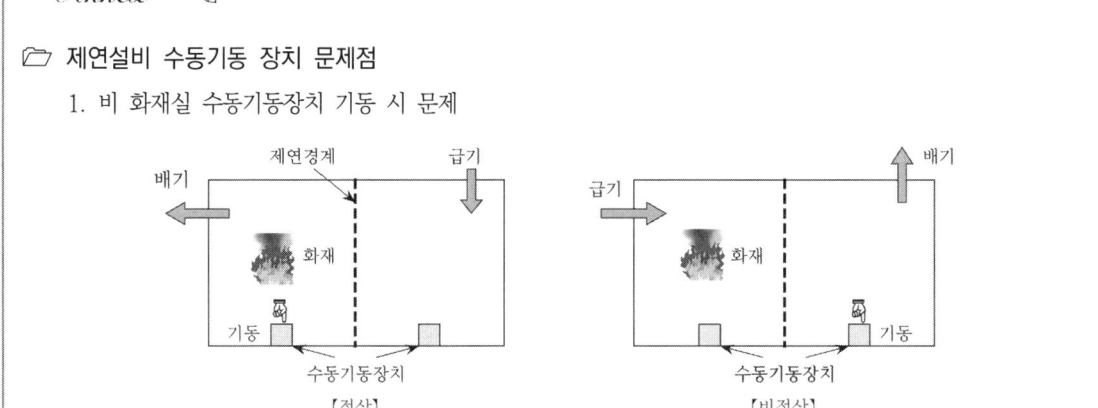

【정상】　　　　　　　　　　　【비정상】

2. 제연설비 작동 감지기 (수동기동장치)의 설치, 위치, 방식
   (1) 상호제연 방식의 자동기동은 화재구역 외부의 감지기가 작동할 가능성이 있으므로 설계 전에 주의 깊게 검토하여야 한다.
   (2) NFPA에서는 수동기동장치는 일반인이 아닌 건물 관계인이나 소방관만이 사용할 수 있도록 규정하고 있다.

NFPA 204 거실제연 설계 절차

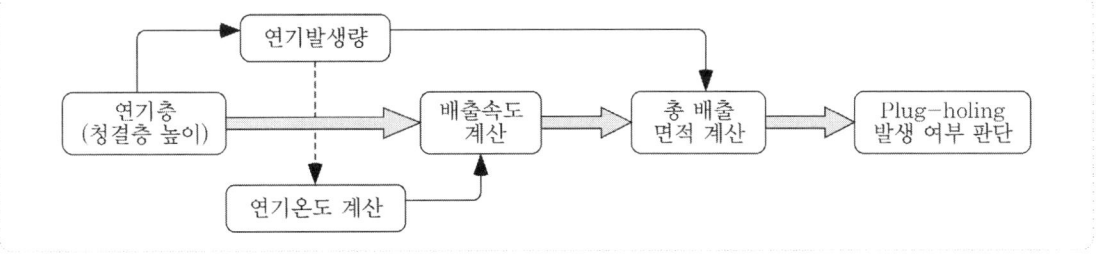

1 연기층 높이 (청결층 높이) 설정

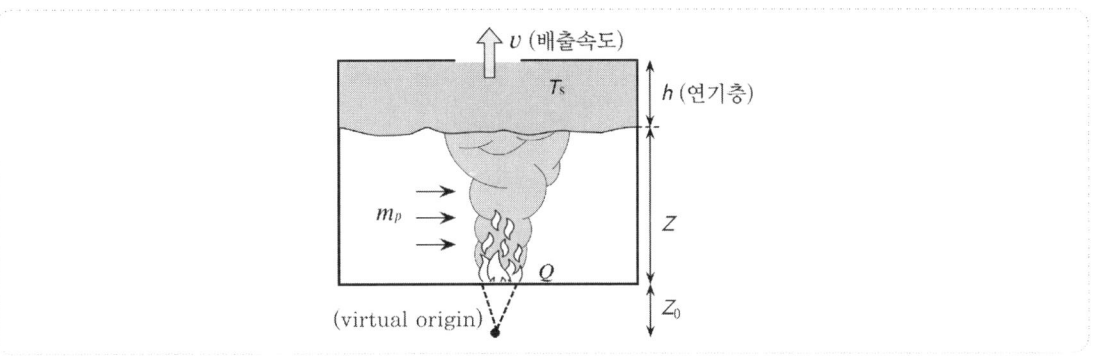

2 연기발생량 계산

$$m_p = K Q_c^{\frac{1}{3}} \cdot (Z - Z_0)^{\frac{5}{3}}$$

m_p : 연기발생량 (kg/s)
Z : 청결층 높이
Q_c : 대류 열방출률 $= 0.7\,Q\,[kW]$
Z_0 : Virtual Origin

3 연기온도 (T_s) 계산

$$T_s = T_0 + \frac{K \cdot Q_c}{c_p \cdot m_p}$$

K : 일반적으로 0.5
c_p : 연기비열 $(kJ/kg \cdot K)$
Q_c : 대류 열방출률 $= 0.7\,Q\,[kW]$
m_p : 연기발생량 (kg/s)

$$Q = c_p \cdot m_p \cdot (T_s - T_0)$$

4 배출 속도 (m/s) 계산

$$v = \sqrt{\frac{2(\rho_a - \rho_s)g \cdot h}{\rho_s}} = \sqrt{\frac{2(T_s - T_a)g \cdot h}{T_a}}\;(m/s)$$

h : 연기층 높이
T_a : 공기의 온도 T_s : 연기의 온도

5 총 배출구 (A_T) 면적 계산

$$m_p = \rho_s \times A_T \times v$$
$$A_T = \frac{m_p}{\rho_s \times v}$$

m_p : 연기발생량 (배출량)
ρ_s : 연기의 밀도 v : 배출속도

6 Plug-Holing 발생 여부 판단

$$A < 0.4 \times h^2 \sqrt{\frac{\rho_s}{\rho_a}}$$

h : 연기층 높이
ρ_a : 공기의 밀도
ρ_s : 연기의 밀도

연기밀도(ρ_s)가 작을수록(연기온도(T_s)가 높을수록) 배출속도가 증가하므로 하나의 배출구 면적을 작게 하여야 한다.

Annex

📂 **NFPA 204 기계 제연의 Plug-Holing 방지**

1. $V_{\max}$: 하나의 개구부에서 플러그 홀링이 발생하지 않는 최대 배출량 [m^3/s]

$$V_{\max} = 4.16\, \gamma\, d^{\frac{5}{2}} \left(\frac{T_s - T_0}{T_0}\right)^{1/2}$$

γ : 배출구 위치 계수　　d : 연기층 높이
T_s : 연기층 온도 [K]　　T_0 : 주위 온도 [K]

γ : 배출구 위치 계수
- $\gamma = 1$: 배출구 중심에서 벽까지의 거리가 직경의 2배 이상
- $\gamma = 0.5$: 그 외

2. 배출구 최소 이격거리

$$S_{\min} = 0.9\, V_e^{1/2}$$

V_e : 하나의 배출구 배출량 [m^3/s]

📂 **자연 제연 & 기계 제연**

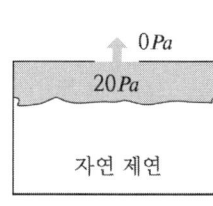
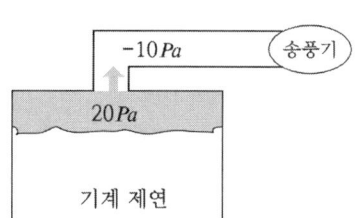

1. 기계 제연과 자연 제연의 차이점은 화재실 외부 공간이 자연 제연은 0으로 가정하고, 기계 제연은 송풍기에 의해 외부 공간이 부압을 형성하므로 압력차(배출속도)가 증가하는 것이다.
2. 배출구 간격
   (1) 자연 제연 : 최대 간격 : $4H$ (배출구 중심간 거리)
   (2) 기계 제연 : 최소간격 : $S_{\min} = 0.9\, V_e^{1/2}$ (배출구 끝단 거리)

급 기

1 급기량 : 배출량의 배출에 지장이 없는 양

2 급기방식

1) 유입풍도를 이용하여 예상제연구획(화재실)에 유입
   (1) 강제유입 : 급기풍도 및 송풍기를 이용하여 기계적으로 직접 급기
   (2) 자연유입 : 창문 등 개구부를 이용하는 자연급기
2) 인접구역유입 : 인접 제연구역 또는 통로에 유입되는 공기를 이용하여 당해 구역으로 급기

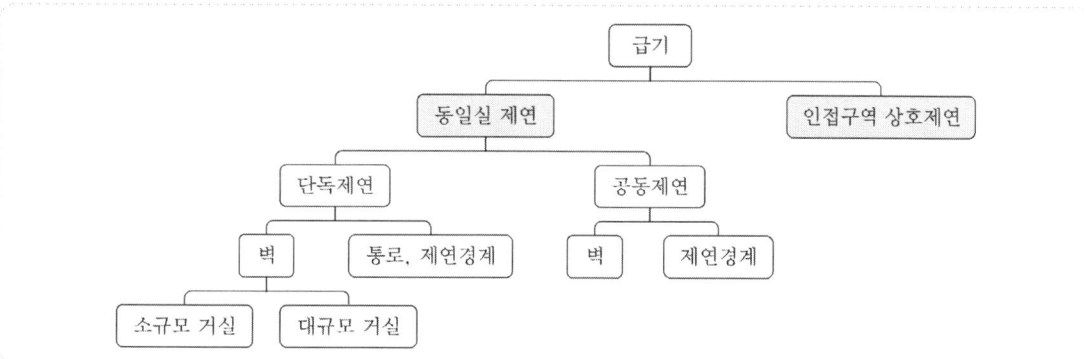

3 유입구 높이

1) 단독 제연
   (1) 소규모 거실(벽)
      ① 바닥 외의 장소(반자 포함)에 설치
      ② 급배기구의 거리 5 m 이상 이격 또는 구획된 실의 장변의 2분의 1 이상으로 할 것 : 연기와 유입공기의 혼합을 방지
      ③ 공연장, 집회장, 위락시설과 같은 용도의 경우는 $200\,m^2$ 초과 시 대규모 거실에 따른다.
   (2) 대규모 거실(벽)
      청결층 형성을 위하여 바닥으로부터 1.5 m 이하 위치에 설치하고 그 주변은 공기의 유입에 장애가 없도록 할 것
   (3) 통로, 제연경계로 구획(동일실 급·배기 방식 중)

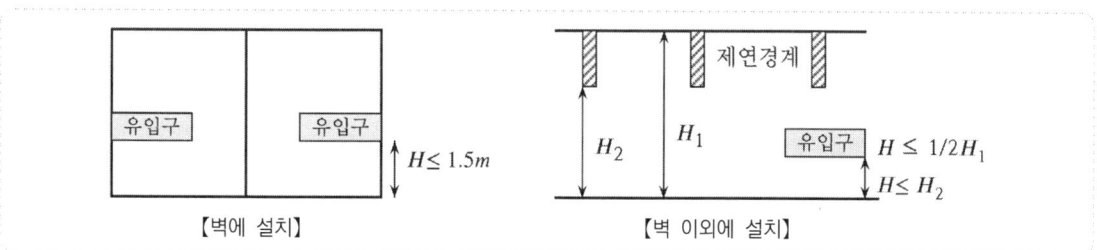

      ① 벽에 설치 : 바닥에서 1.5 m 이하

② 벽 이외 : 반자 높이의 중간 이하 위치에 설치하며 수직거리가 가장 짧은 제연경계 하단보다 낮게 되도록 설치할 것

2) 공동 제연

(1) 벽으로 구획

구 분	설 치 위 치
400 m² 미만	급배기구의 거리 5 m 이상 이격 또는 구획된 실의 장변의 2분의 1 이상으로 할 것
400 m² 이상	바닥으로부터 1.5 m 이하, 그 주변은 공기의 유입에 장애가 없도록 할 것

(2) 제연경계로 구획 : 1개 이상의 장소에

① 벽에 설치 : 바닥에서 1.5 m 이하

② 벽 이외 : 반자 높이의 중간 이하 위치에 설치하며 수직거리가 가장 짧은 제연경계 하단보다 낮을 것

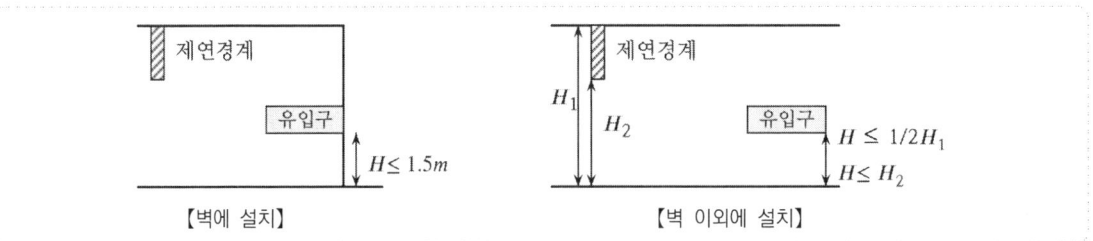

【벽에 설치】　　　　　【벽 이외에 설치】

3) 인접구역 상호제연 방식

인접한 제연구역 또는 통로로부터 유입되는 공기를 해당 예상제연구역에 대한 공기유입으로 하는 경우에는 그 인접한 제연구역 또는 통로의 유입구가 제연경계 하단보다 높은 경우에는 그 인접한 제연구역 또는 통로의 화재 시 그 유입구는 다음의 어느 하나에 적합해야 한다.

(1) 각 유입구는 자동폐쇄 될 것

(2) 해당 구역 내에 설치된 유입풍도가 해당 제연구획 부분을 지나는 곳에 설치된 댐퍼는 자동 폐쇄될 것

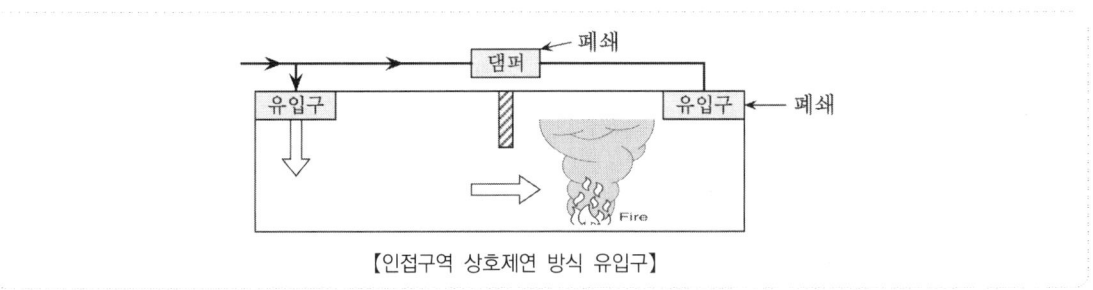

【인접구역 상호제연 방식 유입구】

❹ 유입구

1) 크기 : 배출량 35 cm²/CMM 이상

2) 풍속 : 5 m/s 이하, 풍도 내 20 m/s 이하

유입공기를 상향으로 분출하지 않도록 설치하여야 한다. 다만 유입구가 바닥에 설치되는 경우에는 상향으로 분출이 가능하며 이때의 풍속은 1 m/s 이하가 되도록 해야 한다.

Annex

📁 급기 속도 제한 이유 (NFPA 204)

플럼에서의 공기 유입 속도 1 m/s 이하로 제한

1) 화재 시 화재플럼(Fire Plume)의 교란과 과잉 공기가 공급될 수 있으므로
2) 제연구역에 대한 압력의 변화 및 이로 인한 출입문 개폐 시 영향을 최소화

   과잉 급기량으로 인하여 밀폐된 제연구역에 압력의 변화가 발생할 경우 출입문의 개방이 안쪽방향의 출입문은 개방이 곤란해지며 바깥쪽 방향의 출입문은 쉽게 개방되어 연기가 외부로 유동하게 된다.
3) 빠른 속도로 유입공기가 급기될 경우 이로 인하여 재실자의 피난을 방해할 수 있다.

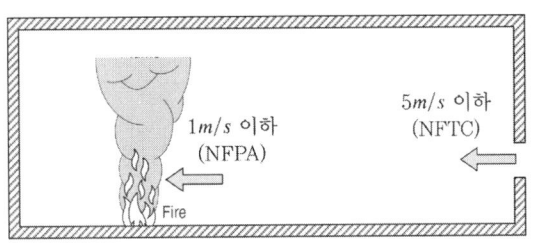

📁 급기구가 커야 하는 이유

급기구 면적이 클수록 화재실 압력이 증가 (중성대 길이 증가)하여 연기배출량이 증가한다.

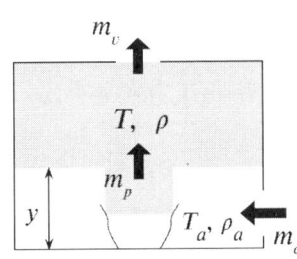 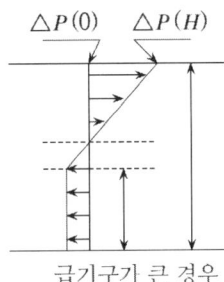 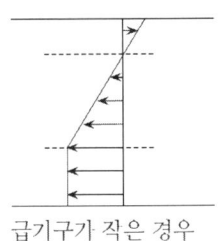

급기구가 큰 경우   급기구가 작은 경우

📁 인접구역 상호제연 방식

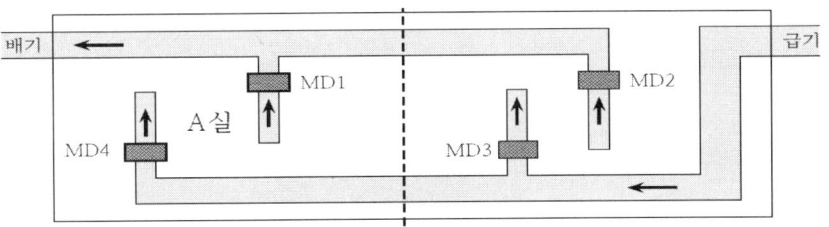

A실 화재 시

구 분	MD 1	MD 2	MD 3	MD 4
동 작	Open	Close	Open	Close

건축법상 배연설비

1 개 요
1) 거실제연 설비는 건축법 배연창 기준과 NFTC 501의 거실제연방식 2가지가 있다.
2) 배연창의 개방은 Wind Effect에 의한 영향으로 연기의 유동력을 증가시킬 가능성이 증가하므로 설치 시 검토가 필요하다.

2 제연 구분
1) 건축법상의 배연창 : 부력을 이용한 자연배출 방식
2) 소방법상의 제연
   (1) 배출기를 이용한 기계배출 방식
   (2) 건축법상 배연창 대상이면서 소방법상 거실제연설비 대상인 경우 소방법상의 기준에 따라 설치하여야 한다.

3 건축법상의 배연창 (건축물의 설비기준에 관한 규칙 14조)
1) 대상 : 6층 이상의 문화집회, 운동, 판매영업, 의료, 교육연구, 노유자, 업무, 숙박시설
2) 설치기준

구 분	설치기준
배연창 위치	• 건축물에 방화구획이 설치된 경우에는 그 구획마다 1개 이상 설치 • 3 m 미만 : 상변과 천장 수직거리 0.9 m 이내 • 3 m 이상 : 바닥에서 2.1 m 이상
유효면적	• 1 m² 이상으로 바닥면적의 1/100 이상 • 환기창을 거실 바닥면적의 1/20 이상으로 한 경우 거실의 면적은 삽입하지 않음
배연창 구조	• 감지기 및 손으로도 열고 닫을 수 있도록 할 것 • 예비전원(비상전원)에 의하여 열 수 있도록 할 것

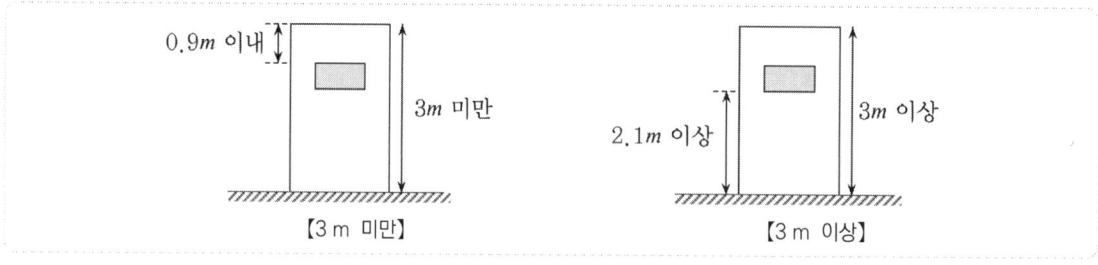

4 유효 면적

1) 미서기 창 : $H \times \ell$

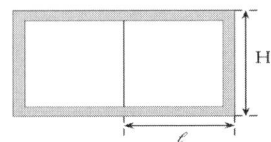

ℓ : 미서기 창의 유효폭
H : 창의 유효 높이
W : 창문의 폭

2) Pivot 종축창 : $H \times (\ell_1 \text{ 또는 } \ell_2) \times 2$

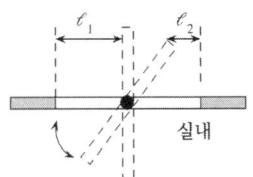

H : 창의 유효 높이
ℓ_1 : 90° 회전 시 창호와 직각방향으로 개방된 수평거리
ℓ_2 : 90° 미만 0° 초과 시 창호와 직각으로 개방된 수평거리

3) Pivot 횡축창 : $(W \times \ell_1) + (W \times \ell_2)$

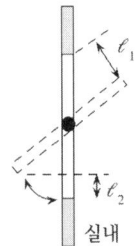

W : 창의 폭
ℓ_1 : 실내측으로 열린 상부창호의 길이 방향으로 평행하게 개방된 순거리
ℓ_2 : 실외측으로 열린 하부창호로서 창틀과 평행하게 개방된 순수수평 투영 거리

4) 들창 : $W \times \ell$

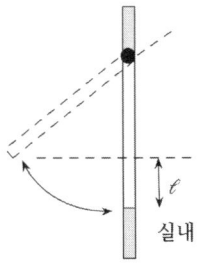

W : 창의 폭
ℓ : 창틀과 평행하게 개방된 순수 수평투영 면적

5) 미들창

(1) 창이 실외 또는 실내측으로 열리는 경우 : $W \times \ell$
(2) 창이 천장(반자)에 근접하는 경우 : $W \times \ell_1$

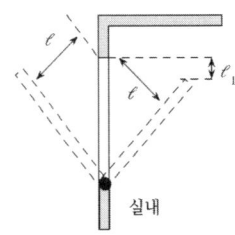

W : 창의 폭
ℓ : 실·외측으로 열린 상부창호의 길이방향으로 평행하게 개방된 순거리
ℓ_1 : 창틀과 평행하게 개방된 순수 수평투영 면적

※ 창이 천장(또는 반자)에 근접된 경우 창의 상단에서 천장 면까지의 거리 $\leq \ell$

Venting과 스프링클러설비의 상호 영향

1 개 요

1) 제연설비와 스프링클러설비는 화재 안전상 중요한 설비로서 하나의 공간에 2개 모두 설치하면 화재 안전은 보다 향상된다고 볼 수 있다.
2) 그러나 2가지 기술을 단순히 조합한다고 해서 각 장점이 통합되는 것은 아니다.
   즉, 배출구가 스프링클러설비의 성능에 악영향을 줄 수도 있고 스프링클러설비의 방수가 배출 성능에 악영향을 줄 수도 있다.

2 상호 문제점

1) 스프링클러 ⇒ 제연
   (1) 스프링클러에 의한 연기의 냉각으로 배출 유량 감소
   (2) Smoke-Logging
      ① 스프링클러설비의 냉각 효과로 인하여 연기층의 온도가 감소하고, 연기의 체적(연기층 깊이)이 급격히 증가한다.
      ② 즉, 제연설비의 배출량 감소로 연기층이 하강하는 현상
2) 제연 ⇒ 스프링클러
   (1) 환기구에 의한 스프링클러헤드의 작동 지연 및 작동 헤드 수 증가
   (2) Skipping 현상 발생

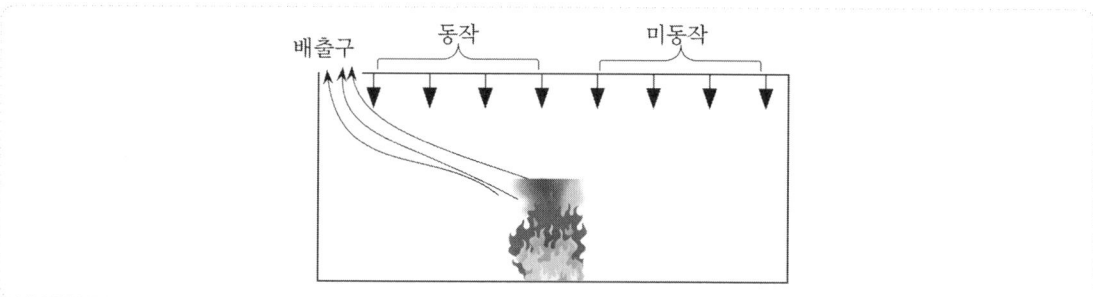

3 대책 (고려사항)

화재를 제어하는 스프링클러헤드의 설계 효과를 떨어뜨리지 않으면서 스프링클러설비의 냉각 및 혼합 작용을 적절히 고려하여 환기구를 설계하여야 한다.

4 NFTC (103 B)

1) 공기의 유동으로 인하여 헤드의 작동 온도에 영향을 주지 않은 구조일 것
2) 화재감지기와 연동하여 동작하는 자동식 환기장치를 설치하지 아니할 것
   다만 자동식 환기장치를 설치할 경우에는 최소작동 온도가 180℃ 이상일 것

연기제어 (Smoke Control)의 기본개념

1 개요

1) 연기제어는 크게 Passive적인 구획화와 Active적인 가압, 기류, 배연 등을 이용하여 종합적으로 제어한다.
2) 연기제어는 화재실 내 인명안전보다는 연기유동을 방지하여 화재실 외부 인명안전에 주안점을 둔다.

2 기본 개념

1) Passive (구획화)
   (1) 공간을 방연구획하여 연기의 확산·침입을 방지한다.
   (2) 연기제어의 기본이 되는 방식으로 누설경로와 양쪽 구획간의 차압에 따라 효과가 달라진다.
   (3) 구획은 제약이 많고, 문 등을 사용해야 하므로 구획만으로 연기유동을 완벽하게 제어하기는 어렵다.

2) Active
   (1) 가압
      ① 차압에 의해 연기의 유입 방지
      ② 방호되어야 할 공간에는 화재공간의 압력보다 높은 압력을 유지할 수 있도록 가압한다.
      ③ 부속실, 비상용 승강기 승강장에 설치되는 방식
      ④ 차압을 유지하기 위해서는 제연구역에는 기계에 의한 강제급기, 옥내에는 유입공기 배출이 필요하다.
   (2) 기류
      ① 가압의 단점인 출입문 등의 개방에 의한 연기 확산을 방지한다.
      ② 개구부를 통과하는 연기의 유동을 방지하기 위해 필요한 임계속도가 중요하다.
   (3) 화재실에서의 배연
      연기를 배출하여 화재실 압력을 낮게 유지한다.

3 결론

1) 연기의 이동 방향을 피난방향과 반대로 하여야 한다.
2) 화재실에서 발생한 연기를 화재실에 국한시키고 피난경로가 되는 복도, 계단 등으로 유입을 방지하고, 피난이 용이하도록 하기 위해서는 연기제어의 기본 개념 중 하나 또는 여러 가지 방법을 조합하여 소방대상물의 및 재실자의 특성에 맞는 제연계획을 세워야 한다.

연기제어 대상 및 방법

1 개 요

1) 화재 발생 시 주요 인명 피해는 연기에 의해서 발생하므로 제연설비가 중요하다.
2) 제연설비는 크게 화재실 인명보호 방법인 거실제연과 화재실 외부의 인명 보호인 연기제어(부속실 제연 등)로 구분된다.
3) 화재 시 인명피해는 화재실보다는 화재실 외부에서 주로 발생하므로 연기제어가 중요하며, 방호대상물에 따라 연기제어방법이 다르다.
4) 특히, 연기의 유동에 악영향을 주는 외부영향(Stack Effect 등)을 최소화하는 것이 중요하다.

소방대상물	가압	기류	배출	기타	비고
부속실 제연	✔	✔			
선큰		✔	✔		
지하주차장		✔	✔		
아트리움		✔	✔		
종류식 터널 제연		✔	✔		
지하철 승강장		✔	✔		
고층건축물, 지하 대규모 건축물	✔		✔		

2 부속실 제연

1) 가압과 기류(방연풍속)를 이용하여 계단으로의 연기 유입 방지
2) 부속실 제연에서의 기류는 다른 제연 대상물과는 다르게 일시적인 문의 개방에 적용한다.
   NFPA 92에서는 방연풍속 개념이 없다.

3 지하주차장

1) 지하주차장의 경우 주차장의 인명보호보다는 연기가 상층으로 유동하는 것을 방지하는 것이 중요하다.
2) 연기 제어방법은 유인팬을 이용하여 연기를 한곳으로 모으고, 연기를 배출한다.

4 선큰

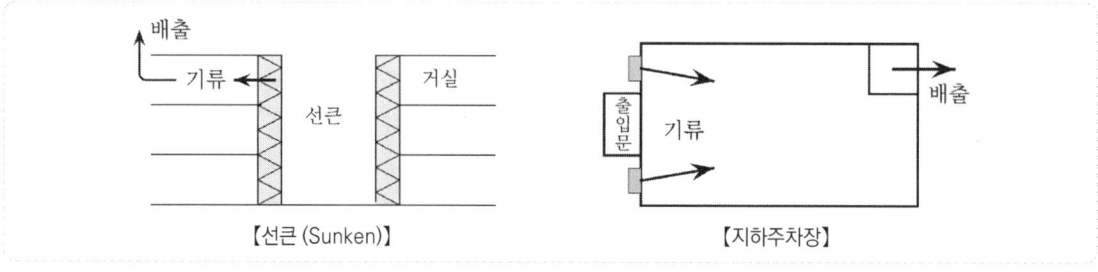

【선큰(Sunken)】　　　【지하주차장】

1) 선큰에 연기가 유입되면 선큰의 피난로 기능을 상실한다.
2) 선큰에서 기류와 거실에서의 배출로 연기 유입 방지

5 아트리움

1) 기류와 배출을 이용하여 연기 유동 방지
2) 기류속도

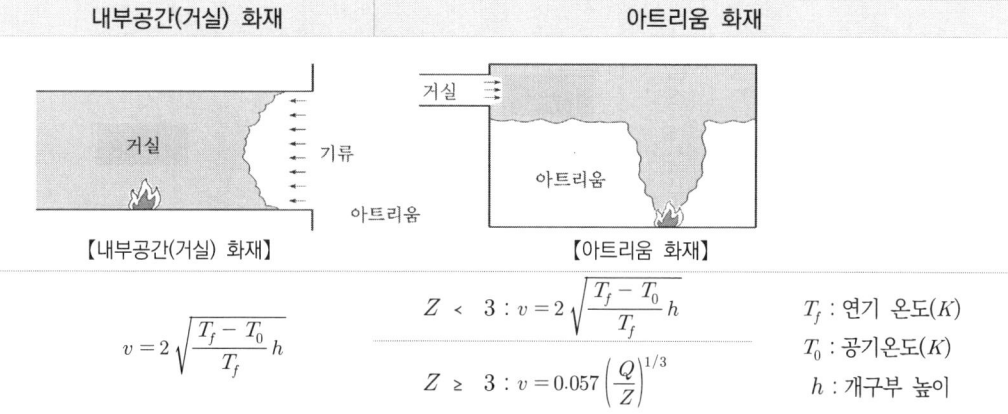

6 고층건축물, 지하 대규모 건축물

1) 화재실은 배출, 주위 공간은 가압하여 연기 유동을 방지한다.
2) Zone Smoke Control 또는 샌드위치 방식이라 한다.

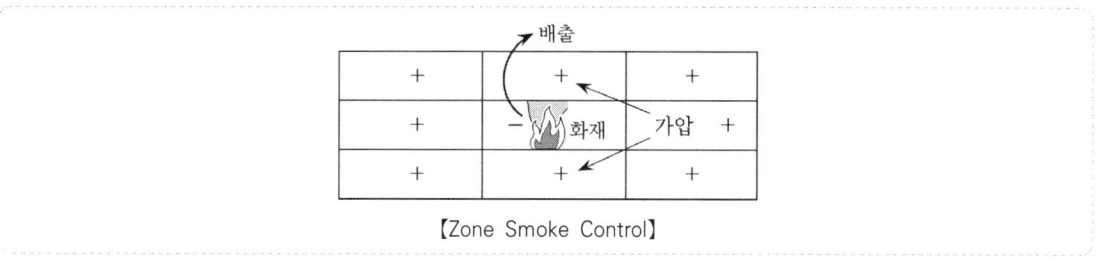

【Zone Smoke Control】

7 종류식 터널제연

1) 터널입구 또는 수직갱 등으로부터 신선공기를 유입하여 종방향 기류를 형성하고, 터널 출구 또는 수직갱 등으로 연기를 배출한다.

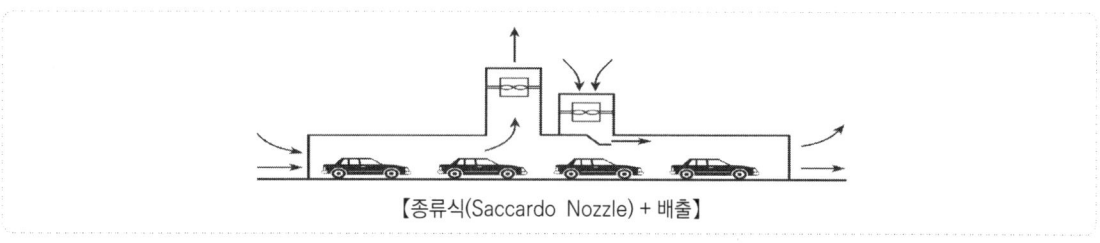

【종류식(Saccardo Nozzle) + 배출】

2) 임계속도

$$v = 0.292\, k_g \left(\frac{Q}{w}\right)^{1/3}$$

v : 임계속도 Q : 열방출률(kW)
w : 터널 폭 k_g : Grade Factor

3) 도로터널의 화재안전기준(NFTC 603) 제9조(제연설비)
   설계화재강도 20 MW를 기준으로 하고, 연기발생률은 80 m^3/s로 할 것

8 지하철 승강장

1) 선로에서 화재(Push - Pull) : 승강장(기류) + 선로(배출)
2) 승강장에서 화재(Pull - Pull) : 승강장(배출) + 선로(배출)

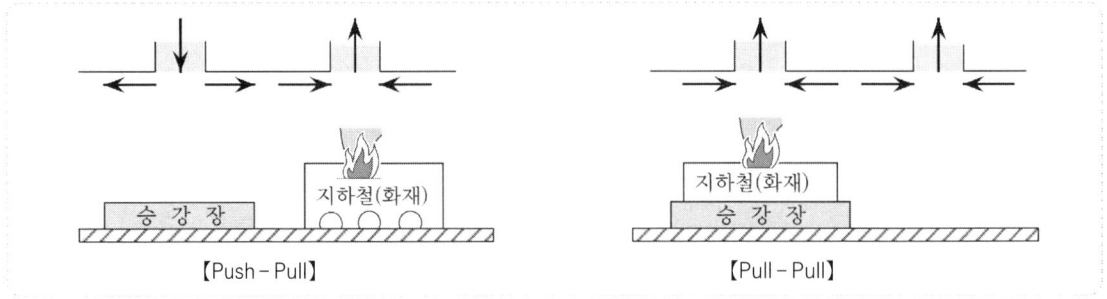

 전실(부속실) 제연의 개요

1 개 요

1) 연기 구동력(Driving Force)은 화재실과 인접구역에 압력 차이를 만들어 연기가 화재실로부터 먼 곳으로 이동시킨다.
2) 부속실 제연은 구획(벽, 출입문 등)과 함께 기계식 팬에 의해 생성되는 차압과 방연풍속을 이용하여 피난 경로(계단, Shaft) 등을 보호하는 설비

2 목 적

연소생성물이 화재공간과 방호공간 사이의 누설경로 등을 통하여 이동하는 것을 막음으로써 방호공간(피난계단)으로 연기 유입을 최소화하는 것이다.

⇒ 목적을 달성하기 위하여 방호공간에 조성되는 차압은 연기를 움직이게 하는 압력보다 크고 그 방향은 반대쪽이어야 한다.

1) 인명안전 : 건물 거주자가 방호된 피난경로와 피난처를 사용하고 있을 가능성이 있는 곳에 생존 가능한 조건을 유지
2) 소화활동
3) 재산보호 : 화재 공간에 인접한 구역의 물품이나 장비를 연기로부터 방호

3 제연구역 설정

1) 계단실과 부속실 동시 제연
2) 부속실 단독제연
3) 계단실 단독제연
4) 비상용 승강기 승강장 단독 제연

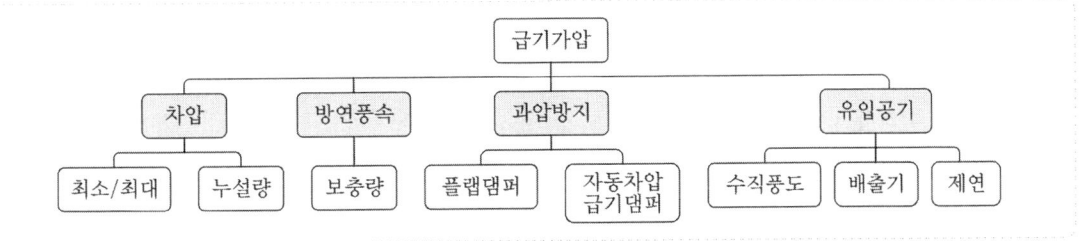

4 차압 : 최대와 최소 모두 고려

1) 최소차압

   (1) 제연구역과 옥내와의 최소차압 40 Pa 이상 (S/P 12.5 Pa)

   (2) 건물의 특성과 용도 및 화재특성 (최고온도)에 의해 결정하여야 한다.

2) 최대차압

   (1) 출입문 개방에 필요한 힘은 110 N 이하

   (2) 고려사항

   ① 재실자의 신체 상태

   ② 도어 클로즈의 폐쇄력

   ③ 바닥 미끄러움 상태

   ④ 도어의 크기

3) 출입문이 일시적으로 개방되는 경우 비개방 부속실 차압은 기준차압의 70 % 이상

4) 계단실/부속실 동시 제연

   (1) 계단실 = 부속실

   (2) 계단실 > 부속실 (5 Pa 이하)

5) 화재 시 개념이 아닌 평상시 기준

6) 차압은 연기를 움직이게 하는 압력차보다 크고 그 방향은 반대 방향이어야 한다.

7) NFPA 92 차압기준

   NFPA 92의 경우 화재실 온도를 930 ℃ 정도로 예상하여 차압 결정

구 분	층 고	차 압
S/p 미설치	2.7 m	25 Pa
	4.6 m	35 Pa
	6.4 m	45 Pa
S/p 설치	-	12.5 Pa

5 급기량 : 누설량 + 보충량

1) 누설량 : 차압형성으로 연기의 유입 방지

$$Q = 0.827 \times A \times P^{\frac{1}{n}} \times N \times 1.25 \ [m^3/s]$$

n 문 : 2
창문 : 1.6

2) 보충량 : 일시적인 문 개방 시 연기 유입 방지

$$q = K \times (S \times v) - Q_0$$

(1) 20층 이하 K = 1

    20층 초과 K = 2

(2) 방연풍속

제연구역		방연풍속
계단실 부속실 동시 제연 또는 계단실만 제연		0.5 m/s
부속실 E/V 승강장만 단독 제연	옥내가 거실	0.7 m/s
	옥내가 복도	0.5 m/s

6 과압방지조치, 유입공기의 배출, 급기

7 수동기동장치

1) 기 능

   (1) 전 층의 제연구역에 설치된 급기댐퍼의 개방
   (2) 당해 층의 배출댐퍼 또는 개폐기의 개방
   (3) 급기 송풍기 및 유입공기의 배출용 송풍기의 작동
   (4) 일시적으로 개방·고정된 모든 출입문의 해정장치의 해정

2) 설치 : 배출댐퍼 및 개폐기의 직근과 제연구역

3) 발신기 : 수동기동장치는 옥내에 설치된 수동발신기에 의해서도 작동

8 제어반

1) 1시간 이상 유지할 수 있는 용량의 비상용 축전지를 내장할 것

2) 제어반의 기능

   (1) 급기용 댐퍼의 개폐에 대한 감시 및 원격조작기능
   (2) 배출댐퍼 또는 개폐기의 작동 여부에 대한 감시 및 원격조작기능
   (3) 급기송풍기와 유입공기의 배출용 송풍기의 작동 여부에 대한 감시 및 원격조작기능
   (4) 제연구역의 출입문의 일시적인 고정개방 및 해정에 대한 감시 및 원격조작기능
   (5) 수동기동장치의 작동 여부에 대한 감시기능
   (6) 급기구 개구율의 자동조절장치의 작동 여부에 대한 감시기능
   (7) 감시선로의 단선에 대한 감시 기능
   (8) 예비전원이 확보되고 예비전원의 적합 여부를 시험할 수 있어야 할 것

스프링클러 설치 시 부속실의 최소차압이 12.5 Pa인 이유

1 개 요
화재실의 연기는 부력, Stack Effect, 팽창, Wind Effect, HVAC 등에 의해 유동한다.

2 NFTC 차압 설정 시 고려사항
1) 차압은 화재실의 부력에 의해 결정
2) Stack Effect, Wind Effect는 영향을 최소화하여야 한다.
3) 팽창은 무시
4) HVAC 정지

3 부력의 영향인자
1) 화재실 층고
2) 연기의 온도

$$\triangle P = 3460 \left(\frac{1}{T_0} - \frac{1}{T_i} \right) \times H$$

4 최소차압이 12.5 Pa인 이유
1) 화재 발생 시 스프링클러 설비가 동작하면 열방출률의 감소로 화재실 연기온도가 낮아지므로 부력의 약화되어 작은 차압으로도 피난계단 등을 효과적으로 방호할 수 있다.
2) 실험에 의하면 화재실의 부력
   (1) 스프링클러 미설치 : 15~20 Pa
   (2) 스프링클러 설치 시 : 5~10 Pa
3) 스프링클러 동작 시 창문 파손 가능성이 감소하므로 제연설비의 신뢰성이 증가한다.
4) 위와 같은 이유로 NFTC에서는 최소차압이 12.5 Pa이다.

5 검 토
1) 방연풍속
   (1) NFTC 기준은 BS/EN 12101-6을 기본으로 제정되었고, 위 기준은 NFPA 92에 있는 기준이다.
   (2) 그런데 NFPA 92는 BS와 큰 차이점이 있다.
      NFPA 92는 방연풍속 개념이 없다. 그러므로 위 규정을 적용하면 방연풍속에 문제가 발생한다.
2) All or Nothing (반(Anti) 심층화)
   스프링클러 미동작 시 차압 부족으로 부속실 제연설비도 문제 발생

NFPA 92의 경우 천장 높이가 4.6 m일 때의 차압

1 개 요

1) 화재실 압력은 층고와 화재실 최고온도(밀도)의 함수이다.
2) NFSC 501A의 경우는 층고를 고려하지 않지만, NFPA 92의 경우는 층고에 따라 차압을 다르게 규정하고 있다.

2 NFPA 92 차압 기준

NFPA 92의 경우 화재실 온도를 930℃ 정도로 예상(설계화재)하여 평상시 차압 결정

구 분	층고	차압
S/P 미설치	2.7m	25 Pa
	4.6m	35 Pa
	6.4m	45 Pa
S/P 설치	-	12.5 Pa

3 부력의 영향인자

1) 화재실 층고(중성대 상부 높이)
2) 화재실 온도

$$\triangle P = 3460 \left(\frac{1}{T_0} - \frac{1}{T_i} \right) \times h_2$$

T_0 : 부속실 온도 T_i : 화재실 온도
h_2 : 중성대 상부 높이

4 화재실 중성대 상부 높이

1) 식

$$\frac{h_2}{h_1} = \left(\frac{A_1}{A_2} \right)^2 \cdot \frac{T_i}{T_o}$$

A_1 : 중성대 하부 개구부 면적 A_2 : 중성대 상부 개구부 면적
T_0 : 부속실 온도 T_i : 화재실 온도 h_2 : 중성대 상부 높이

2) 중성대 상부 높이 계산
A_1과 A_2가 같으므로

$$\frac{h_2}{h_1} = \frac{273 + 930}{273 + 20} = 4.1$$

5 부속실 온도가 20℃일 때 필요한 차압 계산

중성대 하부의 높이가 1이라면 상부의 높이는 4.1이므로

$$\triangle P = 3460 \left(\frac{1}{273+20} - \frac{1}{273+930} \right) \times \frac{4.1}{5.1} \times 4.6 = 33.03 ≒ 35\,Pa$$

예제 밀폐실의 용적이 200 m³이고 개구부의 누설틈새면적은 0.05 m²이고 급기 가압하여 압력차 80 Pa이 될 때 급기를 중단하였다면 내외부 압력이 균형을 이루는 데 필요한 시간은? (단, 대기압은 101,000 Pa 이다)

해설

1. 임의의 압력 P에서 밀폐실의 시간당 감소량 (m^3/s)

$$200 : 101{,}000 = \left(200 + \frac{dV}{dt}\right) : \left(101{,}000 + \frac{dP}{dt}\right)$$

$$200 + \frac{dV}{dt} = \frac{101{,}000 + \frac{dP}{dt}}{101{,}000} \times 200$$

$$\frac{dV}{dt} = -\frac{200}{101{,}000}\frac{dP}{dt}$$

2. 밀폐실에서 시간당 누설되는 양 (m^3/s)

$$\frac{dV}{dt} = 0.827\,A\,\sqrt{P}$$

3. 임의의 압력 P에서

   밀폐실의 시간당 감소량 (m^3/s) = 밀폐실에서 시간당 누설되는 양 (m^3/s)

$$-\frac{200}{101{,}000}\frac{dP}{dt} = 0.827\,A\,\sqrt{P}$$

$$dt = -\frac{200}{101{,}000 \times 0.827 \times A \times \sqrt{P}}\,dP$$

$$dt = -0.048\frac{1}{\sqrt{P}}\,dP$$

$$\int dt = -0.048\int_{80}^{0}\frac{1}{\sqrt{P}}\,dP = 0.048\int_{0}^{80}\frac{1}{\sqrt{P}}\,dP$$

$$t = 0.048\,[2\sqrt{P}\,]_{0}^{80}$$

$$t = 0.86\text{초}$$

예제 체적 1 m³ 압력 1000 kPa, 대기압 101 kPa, 누설면적 0.01 m²일 때 누출시간

해설

1. 임의의 압력 P에서 밀폐실의 시간당 감소량 (m^3/s)

$$1 : 101 = (1 + \frac{dV}{dt}) : (101 + \frac{dP}{dt})$$

$$101 + \frac{dP}{dt} = 101(1 + \frac{dV}{dt})$$

$$\frac{dV}{dt} = \frac{1}{101}\frac{dP}{dt}$$

2. 밀폐실에서 시간당 누설되는 양 (m^3/s)

$$\frac{dV}{dt} = 0.827 A \sqrt{P}$$

3. 임의의 압력 P에서

   밀폐실의 시간당 감소량 (m^3/s) = 밀폐실에서 시간당 누설되는 양 (m^3/s)

$$-\frac{1}{101}\frac{dP}{dt} = 0.827 A \sqrt{P}$$

$$dt = -\frac{1}{101 \times 0.827 \times 0.01 \times \sqrt{P}} dP$$

$$dt = -1.2 \frac{1}{\sqrt{P}} dP$$

$$\int dt = -1.2 \int_{1000}^{0} \frac{1}{\sqrt{P}} dP = 1.2 \int_{0}^{1000} \frac{1}{\sqrt{P}} dP$$

$$t = 1.2 \,[2\sqrt{P}\,]_0^{1000}$$

$$t = 75.89초$$

Annex

📂 **NFPC 501 A 제21조(제연구역 및 옥내의 출입문)**

① 제연구역의 출입문은 다음 기준에 적합하여야 한다.
1. 제연구역의 출입문(창문을 포함)은 언제나 닫힌 상태를 유지하거나 자동폐쇄장치에 의해 자동으로 닫히는 구조로 할 것. 다만 아파트인 경우 제연구역과 계단실 사이의 출입문은 자동폐쇄장치에 의하여 자동으로 닫히는 구조로 하여야 한다.
2. 제연구역의 출입문에 설치하는 자동폐쇄장치는 제연구역의 기압에도 불구하고 출입문을 용이하게 닫을 수 있는 충분한 폐쇄력이 있을 것
3. 제연구역의 출입문 등에 자동폐쇄장치를 사용하는 경우에는 「자동폐쇄장치의 성능인증 및 제품검사의 기술기준」에 적합한 것으로 설치하여야 한다.

② 옥내의 출입문(제10조의 기준에 따른 방화구조의 복도가 있는 경우로서 복도와 거실 사이의 출입문에 한한다)은 다음 각 호의 기준에 적합하도록 할 것
1. 출입문은 언제나 닫힌 상태를 유지하거나 자동폐쇄장치에 의해 자동으로 닫히는 구조로 할 것
2. 거실 쪽으로 열리는 구조의 출입문에 자동폐쇄장치를 설치하는 경우에는 출입문의 개방 시 유입공기의 압력에도 불구하고 출입문을 용이하게 닫을 수 있는 충분한 폐쇄력이 있는 것으로 할 것

②항은 옥내에 설치된 출입문 규정으로 방연풍속을 0.5 m/s로 할 수 있는 복도 구조 및 출입문 관련 규정이다.

누설면적

1 누설면적 계산

1) 출입문

$$A = \frac{L}{\ell} \times A_d$$

A : 출입문의 누설 틈새 (m²)
L : 출입문의 누설 틈새 길이

※ 기준 누설면적과 누설길이

출입문의 형태		A_d	ℓ
외여닫이문	제연구역의 실내쪽으로 열리는 경우	0.01 m²	5.6 m
	제연구역의 실외쪽으로 열리는 경우	0.02 m²	
쌍여닫이문		0.03 m²	9.2 m
승강기 출입문		0.06 m²	8.0 m

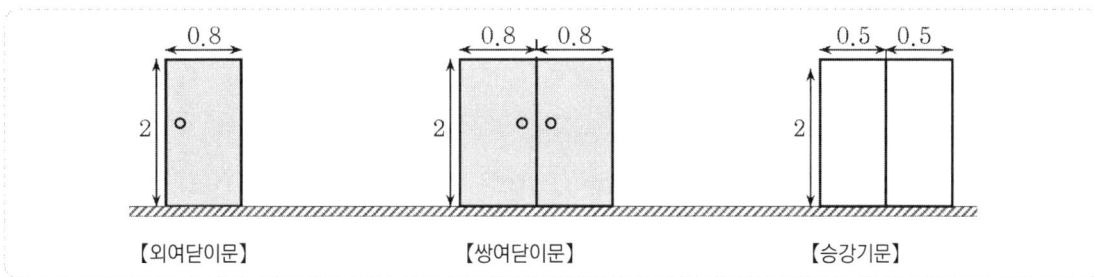

【외여닫이문】　　　【쌍여닫이문】　　　【승강기문】

2) 창 문

창문의 형태		A (m²)
여닫이식 창문	방수패킹이 없음	$2.55 \times 10^{-4} \times$ 틈새의 길이
	방수패킹이 있음	$3.61 \times 10^{-4} \times$ 틈새의 길이
미닫이식 창문		$1.00 \times 10^{-4} \times$ 틈새의 길이

3) 승강로의 누설면적

누설되는 공기가 승강기의 승강로를 경유하여 승강로의 외부로 유출하는 유출면적은 승강로 상부의 승강로와 기계실 사이의 개구부 면적을 합한 것을 기준으로 한다.

2 직·병렬 누설면적 계산

1) 병렬 : $A_T = A_1 + A_2 + \cdots + A_k$

2) 직렬 : $\dfrac{1}{A_t^n} = \dfrac{1}{A_1^n} + \dfrac{1}{A_2^n} + \cdots + \dfrac{1}{A_k^n}$

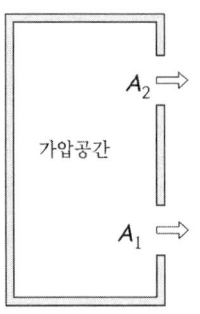
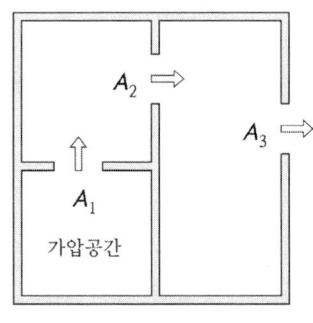

$$A = A_1 + A_2$$

$$A = \left(\frac{1}{A_1^2 + A_2^2 + A_3^2}\right)^{-\frac{1}{2}}$$

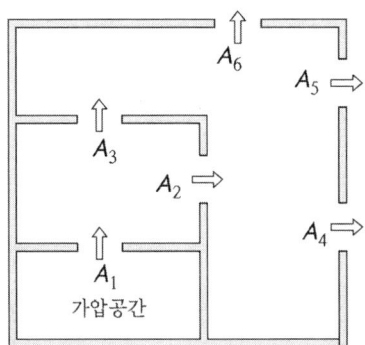

$$A_{23} = A_2 + A_3$$
$$A_{456} = A_4 + A_5 + A_6$$
$$A_T = \left(\frac{1}{A_1^2} + \frac{1}{A_{23}^2} + \frac{1}{A_{456}^2}\right)^{-1/2}$$

| 예 제 | 아래 조건에서 유효누설면적 (A_T)를 구하시오. |

〈조 건〉
$A_1 = A_2 = A_4 = A_5 = A_6 = 0.01 m^2$
$A_3 = A_7 = 0.02 m^2$

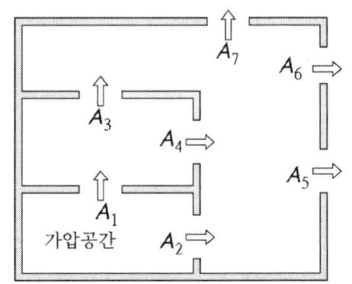

해설

1. A_5, A_6, A_7 병렬 : $A_{567} = A_5 + A_6 + A_7 = 0.01 + 0.01 + 0.02 = 0.04 m^2$

2. A_3, A_4 병렬 : $A_{34} = A_3 + A_4 = 0.01 + 0.02 = 0.03 m^2$

3. A_1, A_{34}은 직렬 : $A_{134} = \left(\frac{1}{A_1^2} + \frac{1}{A_{34}^2}\right)^{-1/2} = \left(\frac{1}{0.01^2} + \frac{1}{0.03^2}\right)^{-1/2} = 0.009487 m^2$

3. A_2, A_{134}은 병렬 : $A_{1342} = A_2 + A_{134} = 0.01 + 0.009487 = 0.19487 m^2$

4. A_{1342}, A_{567}은 직렬 :

$$A_T = \left(\frac{1}{A_{1342}^2} + \frac{1}{A_{567}^2}\right)^{-1/2} = \left(\frac{1}{0.19487^2} + \frac{1}{0.04^2}\right)^{-1/2} = 0.0175 m^2$$

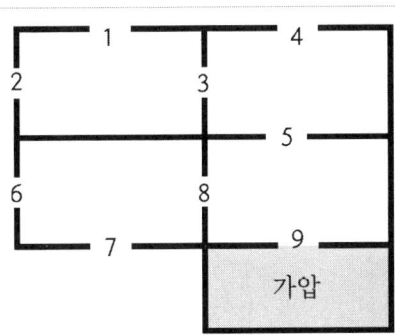

1 + 2	병렬
12 + 3	직렬
123 + 4	병렬
1234 + 5	직렬
6 + 7	병렬
67 + 8	직렬
12345 + 678	병렬
12345678 + 9	직렬

예제 특별피난계단의 계단실 및 부속실 제연설비의 화재안전기준(NFTC 501A)에서 정하는 누설면적의 기준 누설량 계산방법과 KS규격 방화문 누설량 계산방법에 대하여 설명하시오.
- 제연구역의 실내쪽으로 열리는 경우(방화문 높이 2 m, 폭 1 m)
  적용차압은 50 pa

해설

1. 출입문의 틈새면적은 NFTC 501A에서 식에 따라 산출하는 수치를 기준으로 할 것. 다만 방화문의 경우에는 「한국산업표준」에서 정하는 「문세트(KS F 3109)」에 따른 기준을 고려하여 산출할 수 있다.

2. KS규격 방화문 누설량 계산

   1) 성능기준

      차압이 25 Pa일 때 공기 누설량이 $0.9\,m^3/min\cdot m^2$ 이하일 것

   2) KS규격 방화문 누설량 계산

      (1) 25 Pa일 때 누설량

      $2 \times 1 \times 0.9\,[m^3/m^2\cdot min] = 1.8\,[m^3/min] = 0.03\,[m^3/s]$

      (2) 50 Pa일 때 누설량

      $\sqrt{25} : 0.03 = \sqrt{50} : Q$

      $Q = \sqrt{\dfrac{50}{25}} \times 0.03 = 0.0424\,[m^3/s]$

3. 화재안전기준(NFTC 501A) 누설량

   $A = \dfrac{6}{5.6} \times 0.01 = 0.0107$

   $Q = 0.827 \times 0.0107 \times \sqrt{50} = 0.0625\,[m^3/s]$

4. 검토

   화재안전기준으로 누설량 계산 시 풍량이 과다 설계(50 % 증가) 우려가 있다
   ⇒ 과압 형성

누설면적 유도

1 각각의 개구부 누설량

$$m_1 = CA_1(2\rho\Delta P_1)^{\frac{1}{n}}$$

$$m_2 = CA_2(2\rho\Delta P_2)^{\frac{1}{n}}$$

$$m_3 = CA_3(2\rho\Delta P_3)^{\frac{1}{n}}$$

$$m_N = CA_N(2\rho\Delta P_N)^{\frac{1}{n}}$$

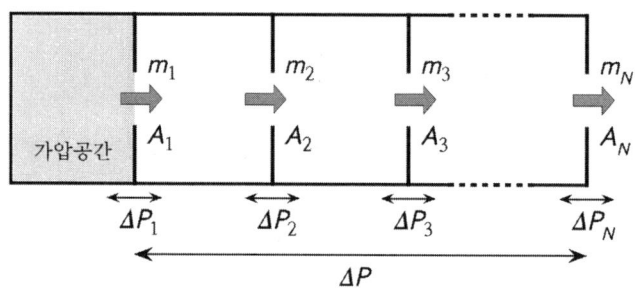

2 누설질량 및 압력차

1) 질량보존법칙에 의하여 각 개구부의 누설질량(kg/s)은 같으므로

$$m_1 = m_2 = m_3 \cdots = m_N = m$$

2) 각 개구부의 압력차 합은 전체 압력차와 같으므로

$$\Delta P_1 + \Delta P_2 + \Delta P_3 + \cdots + \Delta P_N = \Delta P$$

3) 누설기체의 밀도는 같다고 가정

3 누설면적 유도

$$\Delta P_1 = \frac{1}{2\rho}\left(\frac{m_1}{CA_1}\right)^n, \quad \Delta P_2 = \frac{1}{2\rho}\left(\frac{m_2}{CA_2}\right)^n, \quad \Delta P_3 = \frac{1}{2\rho}\left(\frac{m_3}{CA_3}\right)^n, \quad \Delta P_N = \frac{1}{2\rho}\left(\frac{m_N}{CA_N}\right)^n$$

$$\Delta P = \frac{1}{2\rho}\left(\frac{m}{CA_T}\right)^n$$

$$\frac{1}{2\rho}\left(\frac{m_1}{CA_1}\right)^n + \frac{1}{2\rho}\left(\frac{m_2}{CA_2}\right)^n + \frac{1}{2\rho}\left(\frac{m_3}{CA_3}\right)^n + \cdots + \frac{1}{2\rho}\left(\frac{m_N}{CA_N}\right)^n = \frac{1}{2\rho}\left(\frac{m}{CA_t}\right)^n$$

$$\left(\frac{m}{CA_1}\right)^n + \left(\frac{m}{CA_2}\right)^n + \left(\frac{m}{CA_3}\right)^n + \cdots + \left(\frac{m}{CA_N}\right)^n = \left(\frac{m}{CA_t}\right)^n$$

$$\frac{1}{A_1^{\,n}} + \frac{1}{A_2^{\,n}} + \frac{1}{A_3^{\,n}} + \cdots + \frac{1}{A_N^{\,n}} = \frac{1}{A_t^{\,n}}$$

Annex

$$Q[m^3/s] = C \cdot A \cdot v \qquad v = \sqrt{2gH} = \sqrt{2g\frac{\Delta P}{\gamma}} = \sqrt{2\frac{\Delta P}{\rho}}$$

$$Q[m^3/s] = C \cdot A \cdot \sqrt{\frac{2\Delta P}{\rho}}$$

$$m[kg/s] = C \cdot A \cdot \rho \cdot \sqrt{\frac{2\Delta P}{\rho}} = C \cdot A\sqrt{2\rho\Delta P}$$

과압방지조치

1 개 요

1) 부속실 방화문 개방에 필요한 힘이 110 N을 초과할 경우 피난자가 방화문을 용이하게 개방하기 어려우므로, 과압을 배출 또는 풍량을 조절하여 제연구역 내를 적정 압력을 유지하기 위한 장치
2) 방연풍속을 유지하기 위한 보충량 등이 원인이다.

2 종 류

1) 플랩댐퍼
   부속실의 설정압력 범위를 초과하는 경우 압력을 배출하여 설정 압력 범위를 유지하게 하는 장치
2) 자동차압 급기댐퍼
   제연구역과 옥내의 차압을 감지하여 제연구역에 공급되는 풍량의 조절로 제연구역의 차압유지 및 과압 방지를 자동으로 제어할 수 있는 댐퍼
3) 다만 제연구역 내에 과압 발생의 우려가 없다는 것을 시험 또는 공학적인 자료로 입증하는 경우에는 과압방지조치를 하지 않을 수 있다.

3 과압방지조치

1) 과압방지장치는 제연구역의 압력을 자동으로 조절하는 성능이 있는 것으로 할 것
2) 과압방지를 위한 과압방지장치는 차압 및 방연풍속 조건을 만족하여야 한다.
3) 플랩댐퍼는 성능인증 및 제품검사의 기술기준에 적합한 것으로 설치하여야 한다.
4) 플랩댐퍼에 사용하는 철판은 두께 1.5 mm 이상의 열간압연 연강판(KS D 3501) 또는 이와 동등 이상의 내식성 및 내열성이 있는 것으로 할 것
5) 자동차압 급기댐퍼를 설치하는 경우
   (1) 차압범위의 수동설정기능과 설정차압이 유지되도록 개구율을 자동조절기능
   (2) 옥내에 면하는 개방된 출입문이 완전히 닫히기 전에 개구율을 자동 감소시켜 과압을 방지하는 기능
   (3) 주위온도 및 습도의 변화에 의해 기능이 영향을 받지 아니하는 구조일 것
   (4) 성능 및 기능은 지정받은 기관에서 검증 받을 것

예제 다음과 같은 문을 밀어서 개방할 때 필요한 힘이 110 N이었다. 도어체크 및 힌지 등의 마찰 손실이 30 N이고 문 손잡이에서 문 끝까지의 거리가 0.1 m이며 문의 크기는 폭 1 m 높이 2 m라면 실·내외의 압력차는 몇 Pa인가?

해설

1. 개방 시 소요되는 힘 (F_t)

$$F_t = F_1 + F_2 + F_3$$

F_1 : 차압에 의한 힘
F_2 : 폐쇄장치 폐쇄력(도어체크)
F_3 : 경첩의 폐쇄력

2. 차압에 의한 힘 (F_1)

$$F_1 \times (w-d) = P \times A \times \frac{w}{2}$$

w : 출입문 폭(m)
d : 손잡이와 출입문 끝단 사이의 거리
P : 차압(Pa)
A : 출입문 면적

3. 개방력

$$F_1 = F_t - F_2 - F_3 = 110 - 30 = 80\,(N)$$

$$P = \frac{F_1 \times (w-d)}{A \times w} \times 2 = \frac{80 \times (1-0.1)}{2 \times 1} \times 2 = 72\,[Pa]$$

Annex

📁 **모멘트 (Moment) = 회전력 (Turning Force)**

$$M = F \cdot s$$

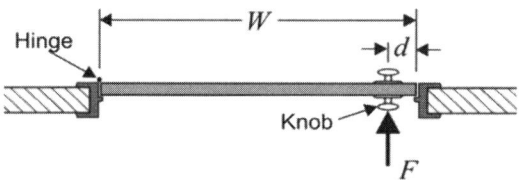
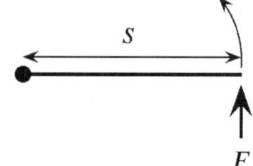

$$F \times (w-d) = \Delta P \times A \times \frac{w}{2}$$

전실 제연설비 급기

1 일반적 기준

1) 부속실제연 : 동일 수직선상의 모든 부속실은 하나의 전용 수직풍도에 따라 동시에 급기할 것
2) 하나의 수직풍도마다 전용의 송풍기로 급기할 것
3) 옥내와 면하는 출입문으로부터 가능한 먼 벽 또는 천장에 고정
4) 계단실 제연 시 : 계단실 매 3개 층 이하의 높이마다 설치

2 급기 송풍기

1) 풍량은 급기량에 15 %의 여유율을 둘 것
2) 배출 측에는 풍량조절용 댐퍼 등을 설치하여 풍량 조절을 할 수 있도록 할 것
3) 배출 측에는 풍량을 실측할 수 있는 유효한 조치를 할 것
4) 인접 장소의 화재로부터 영향을 받지 아니하고 접근이 용이한 곳에 설치
5) 옥내의 감지기의 동작에 따라 작동
6) 캔버스는 내열성(석면 제외)이 있는 것으로 할 것

3 수동 기동장치

1) 배출 댐퍼/개폐기의 직근과 제연구역에 설치
2) 옥내에 설치된 수동 발신기에 의해서도 동작
3) 기 능
   (1) 전 층의 제연구역에 설치된 급기댐퍼의 개방
   (2) 당해 층의 배출댐퍼 또는 개폐기의 개방
   (3) 급기송풍기 및 유입공기의 배출용 송풍기 작동
   (4) 일시적으로 개방·고정된 모든 출입문의 해정장치의 해정

Annex

제연 풍도 기준

구 분	급 기		배 기
거실제연	×		내식성·내열성
부속실제연	수직풍도	수직풍도는 내화구조 내부 : 내식성·내열성	수직풍도는 내화구조 내부 : 내식성·내열성
		내식성·내열성, 단열처리	

외기 취입구

1 개 요

급기가압방식은 연기로부터 피난공간의 안전을 확보하는 것이므로 반드시 건물 외부의 신선한 공기를 제연구역으로 공급해야 한다. 그러므로 화재 시 연기가 외기 취입구쪽으로 혼입되어서는 아니되므로, 외기 취입구의 설치지점 선정이 매우 중요하다.

2 외기 취입구 설치기준

1) 외기를 옥외로부터 취입하는 경우 취입구는 연기 또는 공해물질 등으로 오염된 공기를 취입하지 아니하는 위치에 설치하여야 하며, 배기구 등으로부터 수평거리 5 m 이상, 수직거리 1 m 이상 낮은 위치에 설치할 것
2) 취입구를 옥상에 설치하는 경우에는 옥상의 외곽면으로부터 수평거리 5 m 이상, 외곽면의 상단으로부터 하부로 수직거리 1 m 이하의 위치에 설치할 것
3) 취입구는 빗물과 이물질이 유입하지 아니하는 구조로 할 것
4) 취입구는 취입공기가 옥외의 바람의 속도와 방향에 따라 영향을 받지 아니하는 구조로 할 것

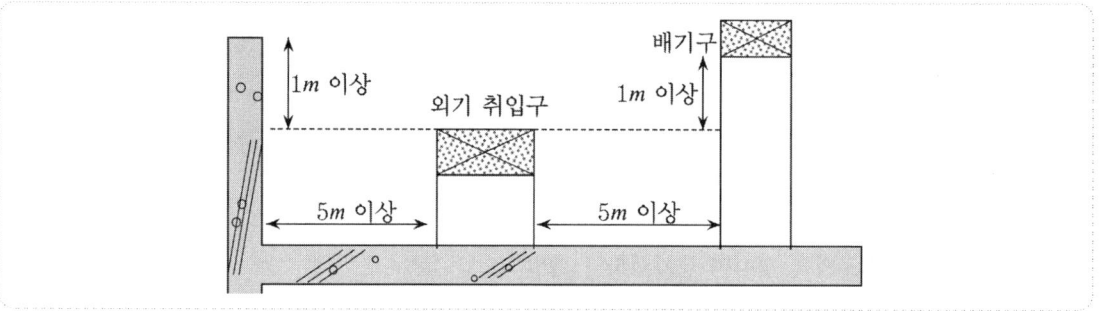

3 외기 취입구 주의사항

1) 연기가 외기 취입구로 흡입될 수 있기 때문에 옥상보다는 1층 또는 지하층에 설치하는 것이 바람직하다.
2) 외기 취입구가 측면으로 설치되면 바람이 강하게 불 경우 송풍기의 송풍압력에 상당한 영향을 줄 수 있으므로 가급적 배제하는 것이 바람직하다. 부득이한 경우에는 강풍의 직접적인 영향을 피할 수 있도록 취입구 앞면에 바람막이를 설치하는 것이 바람직하다.
3) 공기 흡입구가 지붕 높이에 있지 않을 경우 연기감지기가 흡입구 내부나 급기덕트의 근처에 설치되어 연기가 유입될 경우를 대비하여 차압시스템을 자동으로 차단할 수 있도록 해야 한다. 소방관이 닫힌 댐퍼를 다시 열 수 있도록 스위치를 설치해야 한다. 또한 급기그릴은 가압구역으로부터 주요 누설경로의 근처에 위치해서는 아니 된다.

유입공기 배출

1 개 요
제연구역에서 옥내로 유입되는 공기는 시간이 경과함에 따라 제연구역과 비제연구역 간에 차압 형성 및 방연풍속에 방해가 되므로 배출하여야 한다.

2 유입되는 공기 종류
1) 누설량
2) 방연풍속에 의한 거실 유입 공기

3 방 식
화재층의 제연구역과 면하는 옥내로부터 옥외로 배출

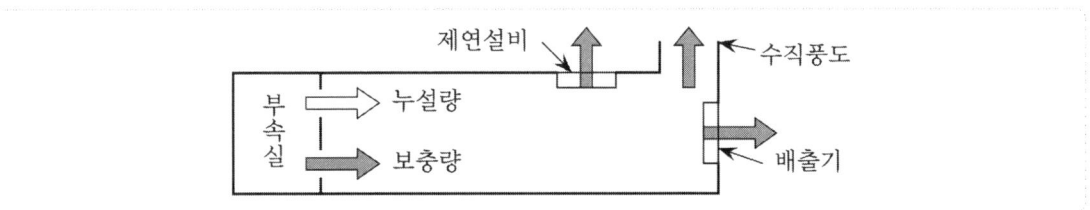

1) 수직풍도

배출방식	특 징
자연배출식	• Stack Effect를 이용 • 풍도 단면적이 증가한다.
기계배출식	• 수직풍도의 상부에 전용의 배출용 송풍기를 설치하여 강제로 배출하는 것 • 옥내의 화재감지기 동작에 따라 연동할 것

2) 배출구
   (1) 건물의 옥내와 면하는 외벽마다 옥외와 통하는 배출구를 설치하는 것으로 배출구의 개방은 화재 시 감지기와 연동 또는 수동기동 장치로 개방된다.
   (2) 옥외 쪽으로만 열리도록 하고, 옥외의 풍압에 따라 자동으로 닫히는 구조일 것
3) 제연설비
   제연설비를 이용하여 거실유입 공기량을 추가로 배출

4 풍도 단면적

자연배출방식		기계배출식	배출구	제연설비
수직풍도 100 m 이하	수직풍도 100 m 초과			
$\dfrac{Q_N}{2}$	$\dfrac{Q_N}{2} \times 1.2$	$\dfrac{Q_N}{15}$	$\dfrac{Q_N}{2.5}$	제연설비를 이용하여 추가로 배출

5 수직풍도 설치기준

1) 내화구조
2) 두께 0.5 mm 이상의 아연도금강판으로 마감, 접합부에는 통기성이 없도록 조치할 것
3) 상부 말단은 빗물이 흘러들지 아니하는 구조
4) 옥외의 풍압에 따라 배출성능이 감소하지 않도록 유효한 조치를 할 것

6 수직풍도 댐퍼 설치기준

1) 수직풍도 댐퍼
   (1) 두께 1.5 mm 이상의 강판, 부식방지 조치
   (2) 평상시 닫힌 구조로 기밀 상태 유지
   (3) 개폐 여부를 당해 장치 및 제어반에서 확인할 수 있는 감지 기능 내장
   (4) 구동부의 작동 상태와 닫혀 있을 때 기밀 상태를 수시로 점검할 수 있는 구조
   (5) 풍도의 내부마감 상태에 대한 점검 및 댐퍼의 정비가 가능한 이·탈착 구조
   (6) 화재층에 설치된 화재감지기의 동작에 따라 당해층의 댐퍼가 개방될 것
   (7) 개방 시의 실제개구부(개구율을 감안)의 크기는 수직풍도의 최소 내부단면적 이상으로 할 것
   (8) 풍도 내의 공기흐름에 지장을 주지 않도록 수직풍도의 내부로 돌출하지 않게 설치
2) 댐퍼의 설치위치
   (1) 배출댐퍼가 피난구 상단에 위치할 경우에는 연기의 이동방향을 피난구측으로 유도하는 결과를 초래할 수가 있어 피난에 지장을 초래할 수가 있다.
   (2) 따라서 배출댐퍼는 가급적 피난구로부터 멀리 떨어진 곳에 설치하도록 하고, 설치높이는 천장에 가깝게 설치하도록 한다.

7 배출용 송풍기 설치기준

1) 열기류에 노출되는 송풍기 및 그 부품들은 섭씨 250도의 온도에서 1시간 이상 가동상태를 유지할 것
2) 송풍기의 풍량은 제4호 가목의 기준에 따른 Q_N에 여유량을 더한 양을 기준으로 할 것
3) 송풍기는 화재감지기의 동작에 따라 연동하도록 할 것
4) 송풍기의 풍량을 실측할 수 있는 유효한 조치를 할 것
5) 송풍기는 다른 장소와 방화구획되고 접근과 점검이 용이한 장소에 설치할 것

연돌효과에 따른 부속실 풍량을 보정해야 하는 이유

1 급기량 : 누설량 + 보충량

1) 누설량 : 차압형성으로 연기의 침투 방지

$$Q = 0.827 \times A \times P^{\frac{1}{n}} \times N \times 1.25 \ [m^3/s]$$

n 문 : 2
  창문 : 1.6

2) 보충량 : 일시적인 문 개방 시 연기 침투 방지

$$q = K \times \left(\frac{S \times v}{0.6}\right) - Q_0$$

(1) 20층 이하 K = 1

   20층 초과 K = 2

(2) 방연풍속

제연구역		방연풍속
계단실 부속실 동시 제연 또는 계단실만 제연		0.5 m/s
부속실 E/V 승강장만 단독 제연	옥내가 거실	0.7 m/s
	옥내가 복도	0.5 m/s

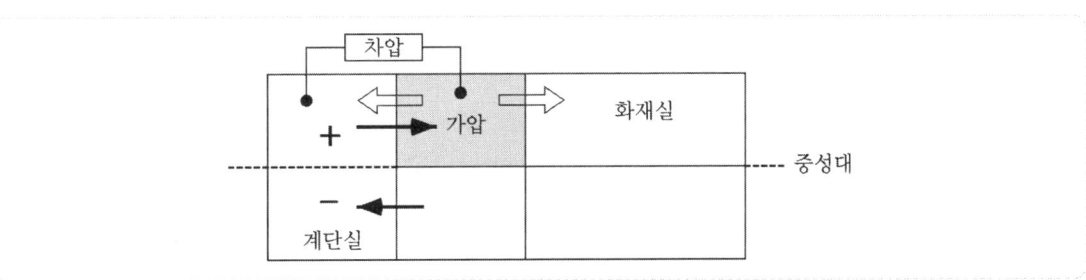

2 (정상) 연돌효과에 의한 영향

1) 중성대 상부

   (1) 계단실과 부속실간의 차압을 유지하기 위해서 부속실 압력이 증가

   (2) 부속실에서 화재실로의 풍량 증가

   (3) 개방력 증가

   (4) 방연풍량 증가

2) 중성대 하부

   (1) 계단실이 부압이므로 부속실 압력 감소

   (2) 화재실과의 차압 부족으로 연기 유입 가능성이 크다.

   (3) 방연풍량 감소

엘리베이터의 승강로 압력 변동을 제어하기 위한 시스템

1 개 요

1) 승강기 샤프트는 연기 유동의 주요 경로로서 연기유동 방지대책이 중요하다.
2) 연기유동 방지방법은 승강로 가압방식인데 이런 방식은 승강기 문의 개폐 및 피스톤효과 등에 의해 압력 변동이 크므로 승강로 압력 변동을 제어하기 위한 시스템이 필요하다.

2 기본개념

1) 과압방지 릴리프(Over Pressure Relief)
2) 변풍량 제어방식 : Feedback Control
3) 화재층의 배출(Fire Floor Exhaust)
   화재층의 압력을 낮추면 차압이 작아도 연기 유동을 제어할 수 있다.

3 시스템 구성

1) 가압 공기는 덕트를 통하여 승강장으로 직접 공급하거나 승강장에 접속된 승강로를 통하여 간접적으로 공급
2) 최소 차압/최대 차압(IBC Code)

구 분	최소 차압	최대 차압	비 고
엘리베이터	25	62	스프링클러 설치 시 12.5 Pa
계단	25	87	

3) 바람이나 연돌효과에 의한 영향을 고려하여야 한다.
4) 엘리베이터의 유동, 승강기 문의 개폐 등으로 인한 압력 변동 제어

4 압력변동 제어방법

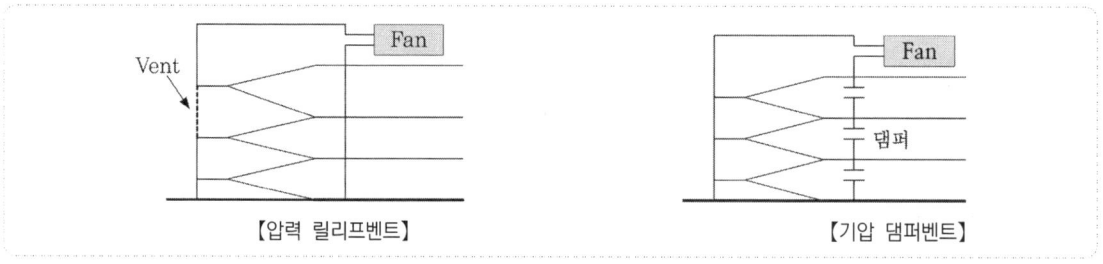

【압력 릴리프벤트】　　【기압 댐퍼벤트】

1) 압력 릴리프벤트(Pressure-Relief Venting)
   (1) 정풍량 팬과 외벽면에 압력 릴리프벤트를 사용하는 방식
   (2) 평상시 폐쇄 상태로 유지할 경우에는 벤트에 자동댐퍼 설치
   (3) 설계 시 엘리베이터 문이 개방되었을 때에도 최소 차압을 유지할 수 있도록 설계

2) 기압 댐퍼벤트(Barometric Damper Venting)
   (1) 벤트에 기압 댐퍼를 설치하여 압력이 임계값 이하로 감소되면 댐퍼를 폐쇄
   (2) 저압 조건하에서 공기의 손실을 최소화할 수 있다.
3) 변풍량 급기
   (1) 변풍량 급기팬을 설치하여 변풍량 공기를 공급하거나 덕트와 댐퍼의 By-Pass 배열을 갖는 팬을 이용하여 공급되는 유량 조절
   (2) 풍량은 로비와 거실 사이에 위치한 압력 센서에 의해 제어
4) 화재층의 배출
   화재가 발생한 거실로부터 연기를 배출하여 화재층 압력을 낮게 한다.

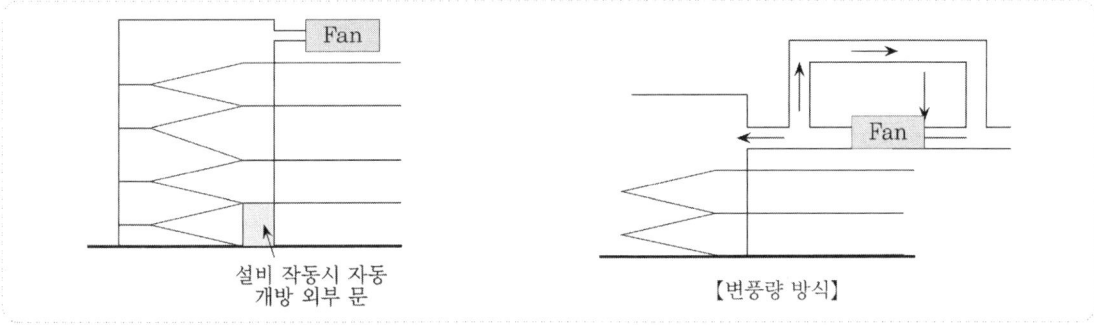

5 결 론

과거 미국 MGM 호텔 화재와 같이 화재층에서 발생한 연기가 승강로를 통해서 다른 층으로 이동하여 많은 사망사고를 발생한 것처럼 건축물의 수직 샤프트를 통한 연기의 이동을 막는 것은 화재 방재측면에서 중요하다.

Annex

📁 아파트에서 유입공기 배출구를 면제하는 이유

1. 계단식 아파트는 하나의 특별피난계단을 중앙에 두고 2개 세대가 있는 구조로 되어 있다.
   핵가족화에 따라 세대당 거주인원은 평균 4인 기준이 많아 최대 8명의 거주자의 피난에 따른 유입공기량이 작아 제외
2. 세대별 피난으로 매우 짧은 시간 내에 피난가능으로 제외
3. 누설면적이 세대와 비상용 승강기, 특별피난계단실 총 4개의 누설면적이 병렬로 구성되어 누설면적의 합으로 충분한 누설량 확보로 인한 제외

📁 수동 기동장치 (NFPA 92)

Zoned Smoke Control System은 옥내에 설치된 수동 발신기에 의해서 동작되지 하여야 한다.
Zoned smoke control systems shall not be activated from manual fire alarm pull stations.

부속실 제연설비 TAB

1 개 요

1) TAB란 제연설비의 시공 시 건축공사의 모든 부분이 완성되는 시점에서 제연설비를 시험, 측정, 조정을 실시하여 설계에 적합한 성능의 설비가 되도록 하는 것
2) 제연설비의 도면검토 및 장비선정 등을 시작으로 TAB [Testing (성능시험), Adjusting (압력, 풍량, 풍속, 개폐력 등의 조정), Balancing (압력, 풍량 등의 균형)]을 통하여 시스템의 기능과 성능을 시험하고 조정하며, 정량적으로 균형이 이루어지도록 하는 과정이다.

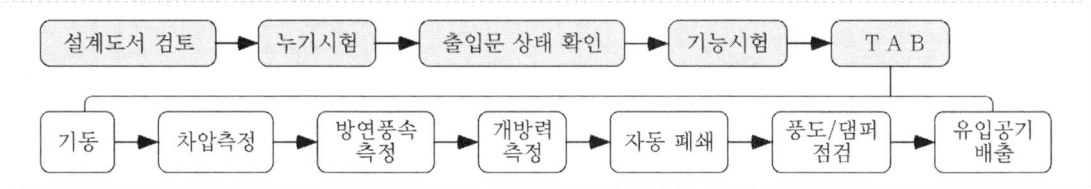

2 설계도서 검토

1) 제연설비 설치환경
2) 제연설비 시스템 구성현황
3) 제연설비 계산서(출입문 누설틈새 면적, 구성 등)
4) 건축물 입지환경 (동절기, 하절기에 따른 환경변화 등)
5) 건축도면의 적합성 (Shaft의 구조, 부속실 크기, 출입문 방향 등이 확인)
6) 덕트의 규격, Shaft의 면적, 크기 등
7) 송풍기의 위치, 용량, 형식 등
8) 흡입구의 위치, 흡입면적 등

3 누기 시험

1) 덕트 시공이 일정부분 완료된 상태에서 시행
2) 덕트 내에 누기율이 10 % 이내 유지
3) 누기 발생부분 보수

4 출입문 상태 확인

1) 출입문의 크기/열리는 방향 및 닫힘 상태 확인
2) 출입문의 자동 폐쇄 기능
3) 쌍여닫이 문인 경우 닫힘 순서의 정상 여부
4) 출입문 틈새가 평균적으로 균일한지 확인
5) 제연설비가 작동하고 있지 않은 상태에서 폐쇄력 측정

5 기능시험

해당 설비 내의 모든 부분이 정상적으로 작동하는지 판정하는 단계

1) Fan의 역회전
2) Fan의 전원 미공급
3) 잘못된 제어 기능

6 측정/점검 및 조정

1) 화재층의 감지기 동작
   (1) 모든 층의 제연댐퍼가 작동
   (2) 화재층 유입공기 배출장치 동작 확인
2) 차압 측정
   (1) 40 Pa (S/P 12.5 Pa) 이상인지 확인
   (2) 다른 출입문 개방 시 기준차압의 70 % 이상인지 확인
3) 방연 풍속 측정
   (1) 제연(방연) 설비 작동
      ① 옥내감지기 동작
      ② 수동조작함
   (2) 전실과 면하는 옥내 및 계단의 출입문을 동시 개방
   (3) 옥내측 출입문 개구부를 대칭적으로 균등 분할하여 10 지점 이상
   (4) 20층 이하 : 다른 층 출입문 폐쇄
       20층 초과 : 1개 층 출입문 추가 개방
   (5) 판정 : 방연풍속이 아래와 같으면 정상

제연구역		방연풍속
계단실 부속실 동시 제연 또는 계단실만 제연		0.5 m/s
부속실 E/V 승강장만 단독 제연	옥내가 거실	0.7 m/s
	옥내가 복도	0.5 m/s

4) 개방력 측정 : 110 N 이하

   적합하지 않을 때
   (1) 급기구 개구율 조정
   (2) 플랩댐퍼와 풍량 조절용 댐퍼 등의 조정
5) 가압상태에서 출입문이 자동으로 닫히는지 확인
6) 수직풍도 및 댐퍼 점검
7) 유입공기 배출장치 동작 확인

거실 제연설비 설계절차

1 설계자료 준비
1) 건축개요, 평면도 및 단면도, 실내재료 마감표를 확인하여 제연구역 구획, 송풍기/배출기 배치
2) 제연덕트 샤프트 및 제연용 팬룸 위치 확인
3) 단면도를 확인하여 수직거리 확인

2 제연구역 방식 결정
1) 단독제연 방식
    (1) 동일실 급배기 방식
    (2) 거실 급기 및 배기 방식
    (3) 거실배기·통로 급기 방식
    (4) 통로 배출방식
2) 공동제연 방식

3 제연구역 구획
1) 면적 : 1,000 m^2 이하, 직경 60 m 원내
2) 통로상 제연구역 보행거리 60 m 초과하지 아니할 것
3) 거실과 통로는 각각 제연구획, 2개 층에 미치지 아니할 것

4 배출량 결정
1) 제연구역 바닥면적, 수직거리, 통로길이 확인
2) 제연방식에 따른 배출량 결정
    (1) 바닥면적 400 m^2 미만의 거실 (바닥면적 50 m^2 미만의 거실)
    (2) 바닥면적 400 m^2 이상의 거실
    (3) 통로
3) 공동제연
    (1) 벽으로 구획 : 합
    (2) 제연경계로 구획 : 최대

5 배출구 배치
1) 바닥면적 400 m^2 미만의 예상제연구역
2) 통로인 예상 제연구역과 바닥면적 400 m^2 이상의 예상제연구역
3) 예상제연구역의 각 부분으로부터 하나의 배출구까지의 수평거리는 10 m 이내가 되도록 배치

6 공기유입구 배치

1) 400 m² 미만의 예상제연구역
2) 400 m² 이상의 예상제연구역
3) 제연경계로 구획되거나 통로가 제연구역인 경우
4) 공동 예상제연구역의 공기유입구
5) 인접한 제연구역 또는 통로에 유입되는 공기를 해당 예상제연구역에 대한 공기유입으로 하는 경우에는 그 인접한 제연구역 또는 통로의 유입구가 제연경계 하단보다 높은 경우에는 그 인접한 제연구역 또는 통로의 화재 시 그 유입구 기준
   (1) 인접구역 화재 시 화재 발생 인접구역 내의 유입구는 자동으로 폐쇄
   (2) 당해 구역 내 유입풍도가 지나는 경계 부위에 댐퍼가 있을 경우 상호 제연을 위하여 댐퍼가 자동으로 폐쇄되어야 한다.
6) 급기구의 풍속 5 m/s 이하로 하며 급기 방향은 하향 60° 이내
7) 공기유입구의 크기는 해당 예상제연구역 배출량 1 m³/min에 대하여 35 cm² 이상의 크기
8) 공기 유입량은 배출량에 지장이 없는 양

7 덕트 설계

1) 배출기 흡입 측 풍도안의 풍속 15 m/s 이하, 토출 측 20 m/s 이하로 덕트 크기 결정
2) 공기유입풍도 안의 풍속 20 m/s 이하 덕트 크기결정

8 배출기 및 송풍기 결정

1) 풍량 : 배출량 이상
2) 송풍기 정압 계산
   (1) 작성 된 덕트 도면으로 팬에서 가장 먼 곳의 경로를 결정
   (2) 4각 덕트를 원형 덕트의 상당지름으로 환산하고 마찰 손실을 계산
3) 송풍기 동력 계산 후 카다로그 확인 후 선정

9 계통도 작성

작성 된 제연설비 평면도를 확인하여 계통도 작성

10 도면검토

1) 제연설비 설계절차서 체크리스트에 따른 검토
2) 도면과 계산서 일치 여부 검토

부속실 제연설비 설계절차

❶ 설계자료 준비

1) 건축개요, 평면도 및 단면도 확인하여 제연구역 선정 계획
2) 제연구역 수직풍도 및 제연 팬룸 확인

❷ 제연구역 선정

1) 계단실 및 그 부속실을 동시 제연
2) 부속실만을 단독 제연
3) 계단실 단독 제연
4) 비상용 승강기 승강장 단독 제연

❸ 차압 및 방연풍속

1) 차압
   (1) 제연구역과 옥내와의 사이에 유지하여야 하는 최소차압 40 Pa 이상
   (2) 옥내에 스프링클러설치 시 12.5 Pa 이상
2) 방연풍속

제연구역		방연풍속
계단실 부속실 동시 제연 또는 계단실만 제연		0.5 m/s
부속실 E/V 승강장만 단독 제연	옥내가 거실	0.7 m/s
	옥내가 복도	0.5 m/s

❹ 급기량 급기풍도 급기댐퍼 크기 결정

1) 급기량 : 누설량 + 보충량
2) 누설량
   (1) $0.827 \times$ 누설틈새면적합계 $\times \sqrt{P}$
   (2) 누설틈새
   ① 출입문 : $A = \dfrac{L}{\ell} \times A_d$
   ② 창문
3) 보충량 : 일시적인 문 개방 시 연기 유입 방지
   $$q = K \times (S \times v) - Q_0$$
   20층 이하 K = 1
   20층 초과 K = 2
4) 급기풍도 및 급기구 크기 결정

5 배출량 배출풍도 배출댐퍼 크기 결정

1) 배출량(m³/s) = 출입문면적(m²) × 방연풍속(m/s)
2) 배출풍도 결정
3) 배출구 면적

6 덕트작성절차 참조

1) 각 층 급기댐퍼, 수직풍도, 급기팬 배치 후 덕트 경로 결정
2) 각 층 배기댐퍼, 수직풍도, 배출용팬 배치 후 덕트 경로 결정

7 배출기 및 송풍기 결정 거실제연참조

1) 풍량 : 급기량 배출량
2) 송풍기 정압 계산
   (1) 작성 된 덕트 도면으로 팬에서 가장 먼 곳의 경로를 결정
   (2) 4각 덕트를 원형덕트의 상당지름으로 환산하고 마찰손실을 계산
3) 송풍기 동력 계산 후 카다로그 확인 후 선정

8 계통도작성절차 참조

1) 작성된 제연설비 평면도를 확인하여 제연구역 수직풍도와 층별급기 및 배기 댐퍼 표시
2) 제연설비 배풍기와 송풍기를 계통도에 작성
3) 계통도작성 후 평면도와 다른 부분이 있는지 재확인

9 도면검토

예제 5층 건물의 지하층 제연구역으로부터 옥상의 배연기까지 덕트로 연결되어 있다. 제연 구역에서 배연기까지의 높이 50 m, 제연구역 최대 면적 300 m², 덕트계의 정압손실이 75 mmAq이다. 효율이 65 %인 배연기의 소요동력을 구하시오.

해설

1. 배출량

   거실 바닥면적이 300 m² 미만이므로

   $300 m^2 \times 1\,[m^3/min\cdot m^2] = 300\,m^2/min$

2. 동력

   $$P = \frac{P[mmAq] \cdot Q[m^3/s]}{102 \cdot \eta} = \frac{75\,mmAq \times 300\,[m^3/min]}{102 \times 0.65 \times 60}$$

   $= 3.68\,[kW]$

등속법, 등압법, 정압재취득법

1 개 요

덕트의 설계법에는 등속법, 등압법, 정압재취득법의 3가지 종류로 구분할 수 있다.

2 등속법

1) 덕트 내부의 유속이 일정하도록 설계하는 방법
2) $Q = A \cdot v$ 에서 속도가 일정하다는 가정에서 덕트의 단면적을 구하는 방식이다.
3) 등속법은 각 구간마다 압력손실이 다르다. 따라서, 송풍기 용량을 구하기 위해서는 전체구간의 압력손실을 계산하여야 한다.
4) 덕트의 마찰저항 계산 시에는 "저항선도"가 필요하다.
5) 산업현장에서 분체 이송용 덕트를 설계할 때 많이 사용하고, 소음이나 진동을 고려하지 않아도 되는 소방용 덕트에도 사용한다.

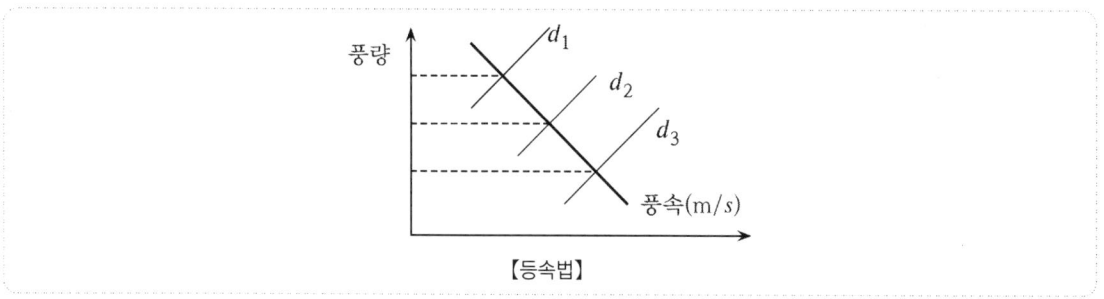

【등속법】

3 등압법

1) 특 징

   (1) 덕트의 단위길이당 압력 손실이 일정하다고 가정하고 덕트 크기를 결정하는 방식

   이는 등마찰법으로 덕트 저항손실(mmAq/m)을 일정하게 적용하고 덕트의 크기를 계산하는 방법으로 주덕트 및 분기덕트의 압력을 균일하게 적용한다.

   (2) 분기부분 이후부터는 동압의 감소분이 정압으로 변화하는 정압재취득을 무시하므로 말단으로 갈수록 풍량이 증대하여 조정이 곤란해진다.

   (3) 덕트의 크기결정 및 송풍기의 정압계산이 간단하다.

   (4) 풍속은 말단으로 갈수록 감소되며, 그릴에서의 압력은 각각 다르게 된다.

   (5) 급기구에서의 압력이 각각 다르므로 조정이 곤란하다.

2) 적 용

   (1) 등압법은 마찰저항 선도를 이용하여 덕트의 허용최대 풍속을 선정한 후 최대 풍량과의 교점에서 마찰저항을 구해서 이에 대응하는 덕트의 직경을 구한다.

   (2) 설계절차

   ① 덕트의 최대허용 풍속 결정

② 최대풍량과 최대허용 풍속의 교점에서 단위길이당 마찰손실을 $R(mmAq/m)$을 구한다.
③ R의 일정한 선상에서 덕트 각 구간의 소요풍량 $Q_1, Q_2, \cdots$에 상당하는 덕트 직경 $d_1, d_2 \cdots$를 구하게 된다.

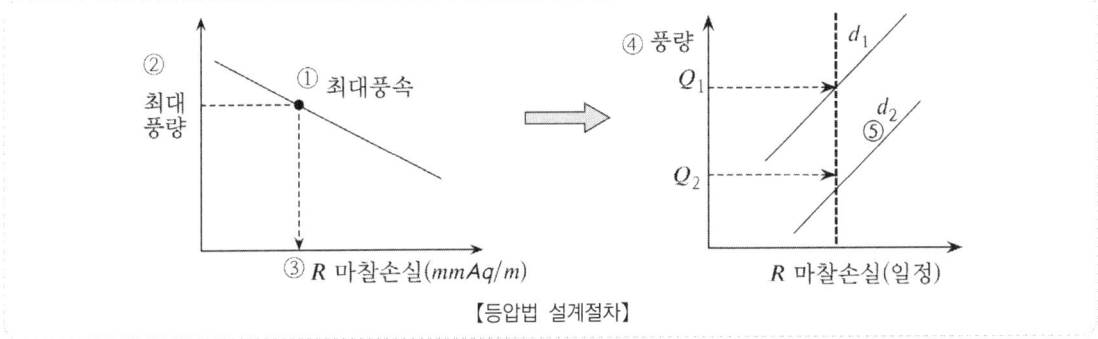

【등압법 설계절차】

3) 개량 등압법 (Improved Equal Friction Loss Method)
    ⑴ 등압법이 경우 주 덕트에서 분기된 분기덕트가 짧은 경우 분기덕트의 마찰저항이 작으므로 분기덕트로 필요 이상의 풍량이 공급된다.
    ⑵ 주덕트는 등압법으로 계산하고 분기덕트의 경우 주 덕트의 분기점에서 말단까지의 손실과 분기점에서 분기덕트 말단까지의 압력손실이 동일하도록 설계하는 방법이다.

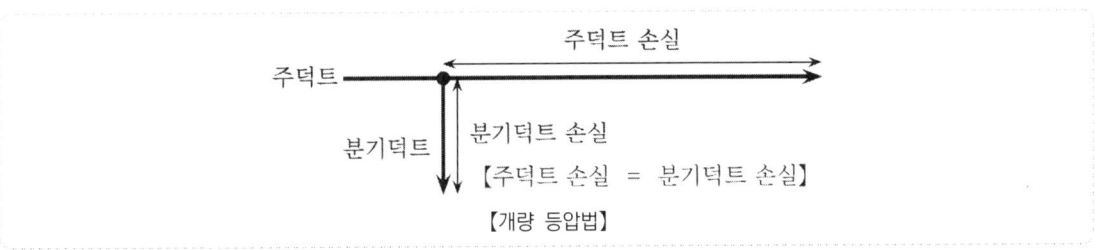

【개량 등압법】

4 정압재취득법 (靜壓再取得法, Static Pressure Regain Method)

1) 특 징
    ⑴ 풍속의 변화에 따른 정압의 증감을 반영한 것으로 급기구 또는 분기부분에서는 속도 감소로 정압이 증가하며 이 증가분을 다음의 급기구 또는 분기부까지의 직관 및 국부저항의 합계와 같도록 하는 방법이다.
    ⑵ 급기부의 정압분포가 양호하다.
    ⑶ 등압법보다 덕트가 커지지만 정압이 다시 이용되므로 동력은 작아진다.
    ⑷ 풍량조정이 간단하다.

2) 적 용
    ⑴ 계산방법은 매우 복잡하며 특별한 장점이 없어 사용빈도가 낮으며 수계산으로 적용하기에는 무리가 있다.
    ⑵ 일반적으로 국내에서는 설계적용 시 이를 사용하지 않고 있다.

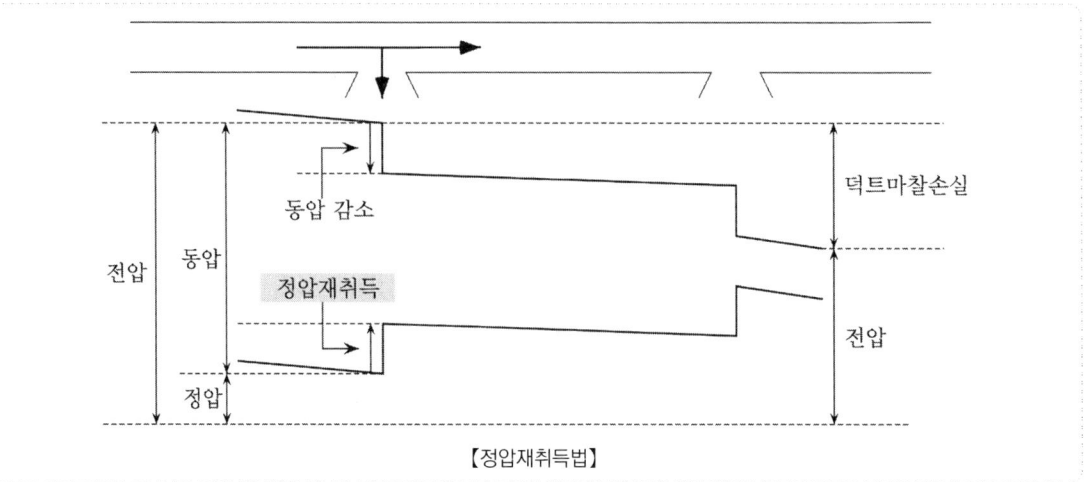

【정압재취득법】

Annex

📂 마찰선도 (Friction Chart for Round Duct)

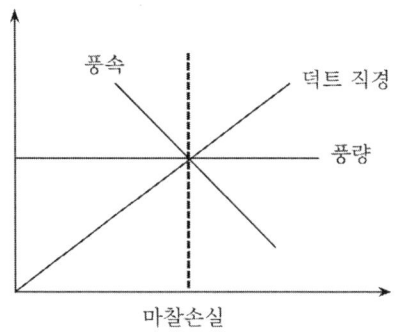

📂 방연풍속 부족 원인
  1. 송풍기의 용량 부족
  2. 정압부족 또는 급기댐퍼 규격 과소 설계
  3. 유입공기 배출 용량 부족
  4. 덕트 부속류의 손실 과다

원심식 송풍기

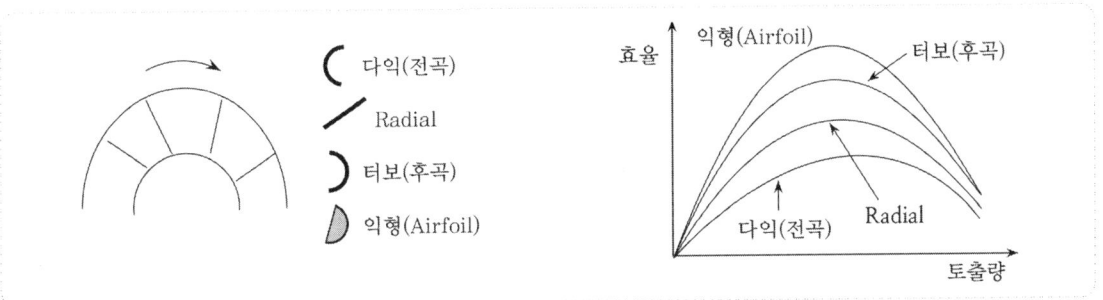

1 다익 송풍기 (전곡형)

1) Sirocco Fan이라고 하고 소방용 제연설비에서 많이 사용
2) 길이가 짧고 넓은 깃이 다수 부착(Multi-Blade Fan)
3) 압력곡선이 후곡익에 비해 완만하므로 송풍기의 풍량변동에 따른 압력 변동이 작다.
4) 풍량 증가에 따른 동력변화가 크다.
5) 소형으로 대풍량을 취급할 수는 있으나 높은 압력을 발생할 수 없다.
6) 특성곡선에 Surging 구간이 있다.
7) 설치면적은 작지만 소음이 크고 효율이 낮다(45~60 %).

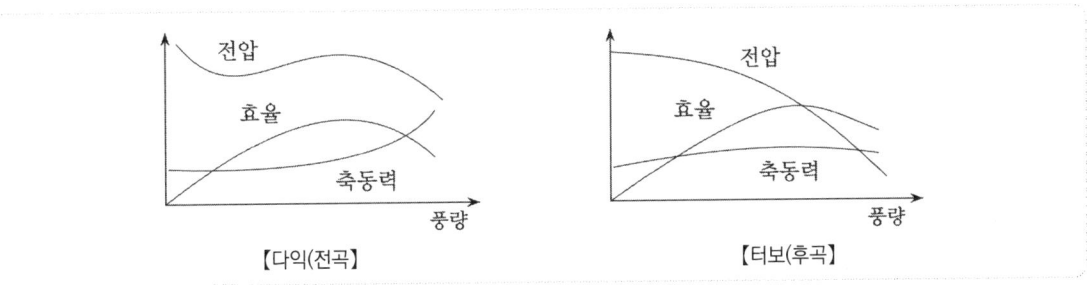

2 터보 송풍기 (후곡형)

1) 후곡형으로 소음이 적고 효율이 높다.
2) 높은 고압도 가능 ⇒ 주로 고속 닥트용으로 사용
3) 압력곡선이 급경사이므로 풍량변동에 따른 압력변동이 크다.
4) 크기가 크고 설비비가 고가

3 레이디얼 송풍기 (Radial Fan)

1) 반경 방향의 깃을 갖는 임펠러로 구성
2) 다른 송풍기에 대해 임펠러 폭이 좁기 때문에 임펠러의 직경이 커지고 가격이 고가이다.
3) 용량에 비해 임펠러의 직경이 크기 때문에 공조기로 거의 사용되지 않고, 자기 청정작용이 있어서 먼지가 붙기 어려워 먼지가 많은 공장의 배풍에 적합하다.

4) 높은 압력에서 적은 양의 공기를 이송시키거나 또는 물질운반에 적합하고 또한 서징(Surge) 현상이 없고 공기량 변화에 대해 축동력이 선형적으로 증가하는 것이 장점이다.
5) 고속회전 시 소음이 크다.
6) 곡물 이송이나 공장의 배풍용

4 익형송풍기 (Airfoil Fan)
1) 후향깃이며 깃의 단면이 익형(Airfoil)으로 된 임펠러 구성
2) 깃의 모양이 비행기 날개처럼 유선형으로 생겨서 효율이 높고 소음도 적다.
3) 깃은 두께가 있는 익형으로 되어 있으므로 고속회전이 가능하여 2 kPa 정도의 압력까지 가능하다.
4) 고속 닥트용

5 Limit Load Fan (S자 형)
1) 날개가 S자의 형상을 가지고 있으며 케이싱 흡입구에 프로펠러형 안내깃이 고정
2) S자형의 깃을 가지며 풍량에 대한 풍압과 동력의 특성곡선에 한계치를 가진다.
3) 압력변동에 따른 풍량변화가 적고 동력변화도 최고 효율점 부근에서 적다.
4) 풍압은 풍량의 증대와 함께 감소하여 구동 전동기기가 과부하가 되는 일이 없는 Limit Load 특성이 있다.
5) 최고효율점이 최대압력점보다 오른쪽에 있다.
6) 고효율, 저소음, 치수가 크고 가격이 비싸다.

Annex

📁 전곡형과 후곡형

구 분	전곡형	후곡형
풍량과 압력 변화	압력 변화가 작다	압력 변화가 크다
풍량과 동력 변화	동력이 급격히 증가	동력 변화가 작다
고속운전	불가능	가능
효 율	낮다	우수
소 음	크다	작다
종 류	Sirocco Fan	터보

송풍기 풍량 제어방법

1 개 요

1) 송풍기의 운전은 Fan 성능곡선과 System 곡선의 교차점으로 결정
2) 송풍기의 풍량조절 방법
   (1) System 곡선을 조절하는 방법
      토출 측 댐퍼에 의한 제어
   (2) Fan 성능곡선을 조절하는 방법
      ① 흡입 Vane에 의한 제어
      ② 회전수 제어
      ③ 가변피치에 의한 제어
      ④ By-Pass 제어

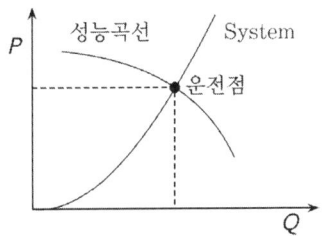

2 토출 댐퍼에 의한 제어

1) 작동순서
   (1) Fan 성능곡선과 시스템곡선의 교점을 A로 하면, 송풍기는 압력(P_A), 풍량(Q_A)로 운전
   (2) Damper를 조이면
      ① 시스템곡선 : $R_1 \Rightarrow R_2$
      ② 운전점 : $A \Rightarrow B$
      ③ 풍량 : $Q_A \Rightarrow Q_B$
2) 적 용
   (1) 가장 일반적인 방법
   (2) 다익 송풍기(Sirocco Fan), 소형 송풍기에 적용
3) 장 점
   (1) 공사 간단, 투자비 저렴하다.
   (2) 소형설비에 적당하다.
4) 단 점
   (1) Surging 가능성이 높다.
   (2) 효율이 나쁘다.

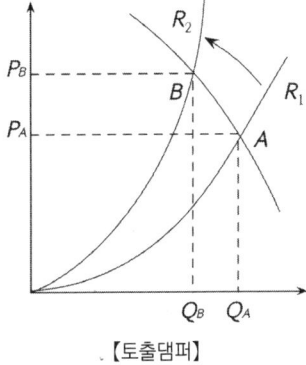

【토출댐퍼】

3 흡입 Vane에 의한 제어

1) 작동순서
   (1) 송풍기의 Casing 입구에 8~12매의 가동흡입베인(Variable Inlet Vane)을 부착하여 Vane의 개도를 변화시킴으로서 개구면적을 조절하여 풍량을 조절한다.

⑵ Vane은 댐퍼와 달리 흡입 기류의 방향을 송풍기의 흡입구 모양에 맞게 원심형으로 조절하므로 흡입효율이 좋아 System Effect에 의한 손실이 작다.

⑶ 그림에서 흡입 Vane을 완전히 열었을 때 운전 상태점은 A점이 된다.
Vane을 조금씩 닫으면 성능 곡선이 점차 낮아져 운전 상태점은 A에서 B로 이동

⑷ 송풍량은 $Q_A \Rightarrow Q_B$

2) 적 용

⑴ 풍량조절 효과는 풍량의 70 % 이상에서 양호

⑵ 리미트로드 송풍기, Turbo 송풍기에 사용된다.

3) 장 점

⑴ 비교적 동력 절약

⑵ 회전수 제어방식에 비해 설비비 저렴

4) 단점 : Vane 작동의 정밀성이 요구된다.

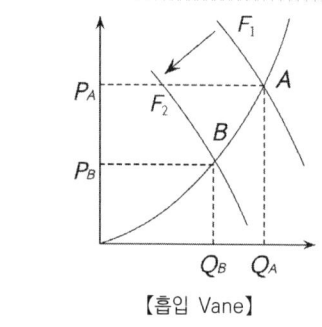
【흡입 Vane】

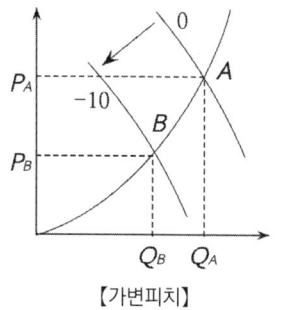
【가변피치】

❹ 가변피치에 의한 제어

1) 작동순서

⑴ 날개 바퀴에 부착된 날개의 각도를 변환시키는 방법

⑵ 축류 송풍기의 Pitch 각도에 따라 운전 상태점이 변화

⑶ Pitch의 각도, 변화에 따라 성능곡선이 변화한다.

⑷ 운전 상태점이 변화하고, 송풍량 및 송풍기 전압이 변화

⑸ 가변 Pitch 제어방식은 회전수 제어방식과 겸하면 경제적이다.

2) 장 점

⑴ 에너지 절약, 특성 우수하다.

⑵ VVVF 방식에 비해 설비비가 적다.

3) 단 점

날개각 조종용 Actuator에 많은 동력이 필요하므로 가급적 공기식 제어방식 사용

5 회전수에 의한 제어

1) 작동순서

   (1) 회전수를 제어하여 송풍기의 풍량 제어

   $$N = \frac{120f}{P}(1-s)$$ f : 회전수 P : 극수 s : 슬립

   (2) 회전수를 $n_1 \Rightarrow n_2$ 로 감소 시

   ① 운전점 : $A \Rightarrow B$

   ② 풍량 : $Q_A \Rightarrow Q_B$

2) 적용

   (1) 일반 범용 전동기에 적용

   (2) 소량에서 대용량까지 적용

   (3) 에너지 절약 효과가 높고, 자동화에 적합하다.

   (4) 송풍기 운전 안정

3) 단점

   (1) 설비비 고가

   (2) 전자 Noise (고조파) 발생

6 By-Pass 제어

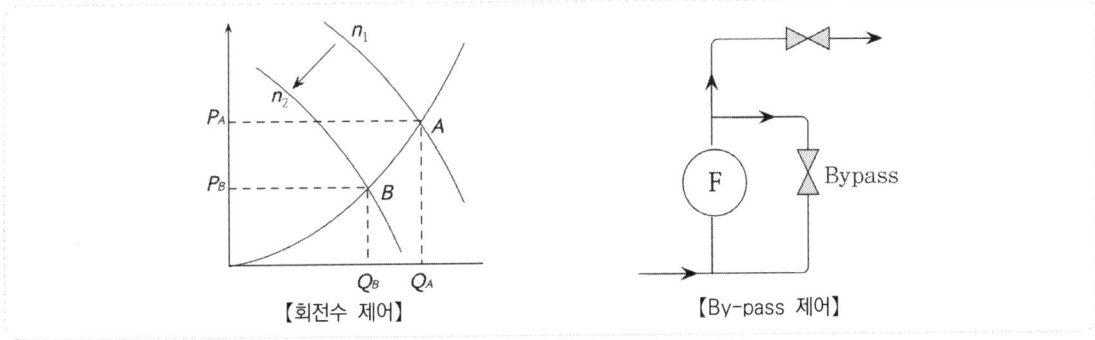

【회전수 제어】   【By-pass 제어】

- Annex

  📁 공기를 수송하는 유체기계

송풍기		압축기
Fan	Blower	Compressor
1,000 $mmAq$ 미만	1000 ~ 10,000 $mmAq$ 미만	10,000 $mmAq$ 이상
(0.1 kg/cm^2 미만)	(0.1 ~ 1 kg/cm^2 미만)	(1 kg/cm^2 이상)

송풍기의 System Effect

1 개 요
1) 제연시스템의 성능은 덕트의 배치는 물론 송풍기와 덕트의 연결상태에 따라 영향을 받는다.
2) 덕트 연결상태에 의해 야기된 팬 성능 감소 현상을 System Effect라고 한다.
3) 송풍기의 System Effect는 크게 흡입 System Effect와 토출 System Effect로 구성된다.

2 송풍기의 System Effect
1) 팬전후의 근접 위치에서 설치된 덕트 시스템이 팬의 성능에 영향을 미치는 요인 ⇒ 팬 성능 감소
2) 덕트시스템이 팬의 성능에 영향을 미치는 원인
   (1) 부적절한 흡입구과 토출구 조건
   (2) 불균일한 흡입구 흐름
   (3) 흡입구의 소용돌이
3) System Effect가 중요한 이유
   (1) 팬의 성능 저하
   (2) 과도한 진동 및 소음의 원인
   (3) 필요한 정격 성능에 비해 추가 에너지 필요

3 송풍기 흡입구에서 시스템 영향
1) 흡입 측 System Effect 발생요인
   (1) 흡입구와 엘보의 간격
   (2) 덕트 직경과 굽힘 반경의 비
   (3) 터닝베인(Turning vanes) 설치 여부
2) 팬 입구에 터닝베인(Turning vanes)이 없는 엘보 설치 시 팬 임펠러 측으로 난류와 불균등 유동을 일으켜 약 45% 정도의 성능 손실 발생
3) 흡입 System Effect 손실

$$\Delta P_{SEI} = C_{SEI} \times \left(\frac{v}{1.29}\right)^2$$

ΔP_{SEI} : System Effect 흡입손실 [Pa]
C_{SEI} : System Effect 흡입손실계수
v : 흡입속도

엘보의 $\frac{R}{D}$	흡입손실계수 (C_{SEI})
0.75	0.8
1.0	0.66
2.0	0.53

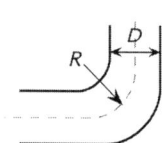

흡입구와 엘보의 간격이 덕트 직경의 2배

【흡입 System Effect】   【토출 System Effect】

4 송풍기 토출구에서 시스템의 영향

1) 토출 측 System Effect 발생요인

   (1) 직관의 길이

   (2) 송풍기 토출구에 근접한 엘보 설치

   (3) 배출구(엘보)의 방향

2) 송풍면적비(송풍면적/토출구면적)가 작고, 정압재취득율 작고, 유효덕트길이(%)가 작을수록 영향은 크다.

3) System Effect 토출손실

$$\Delta P_{SEO} = C_{SEO} \times \left(\frac{v}{1.29}\right)^2$$

ΔP_{SEO} : System Effect 토출손실 [Pa]
C_{SEO} : system Effect 토출손실계수
v : 토출속도

구분	L/L_{eff}			
	0.12	0.25	0.5	1
90° Turn Right or Down	0.64	0.44	0.2	0
90° Turn Left or Up, 흡입구와 반대	0.80	0.52	0.24	0
90° Turn Left or Up, 흡입구와 평행	1.16	0.76	0.36	0

5 System Effect을 고려한 송풍기 선택

덕트연결에 따른 영향으로 팬과 시스템의 성능부족이 발생하는 모습을 그래프로 나타냄

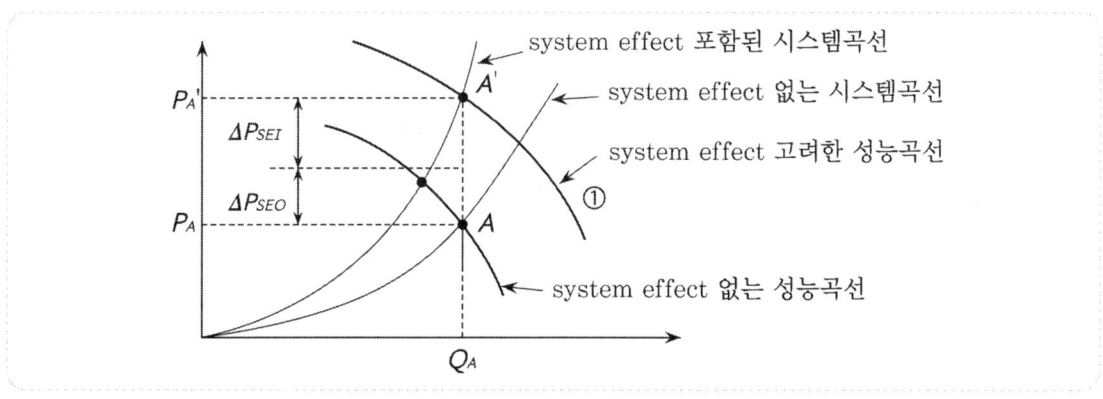

1) System Effect을 고려하지 않은 운전점 A

2) 실제 운전 시 System Effect에 의해 성능곡선과 시스템곡선의 이동하므로 풍량과 압력 부족
3) 설계풍량을 만족시키려면 A'에서 시스템이 운전되도록 새로운 성능 ①선 가지는 팬 선정 필요

6 결 론

1) 신뢰도 높은 제연시스템을 위해서는 여러 요소의 선정과 설치가 중요하다.
2) 특히 송풍기의 선정 시공 시 덕트의 연결 방법에 의해 팬 성능 많은 영향을 받게 된다.
3) 손실을 고려한 안전적인 설계 및 시공 지침을 수립하여 송풍기 성능이 지속적으로 유지될 수 있도록 해야 한다.

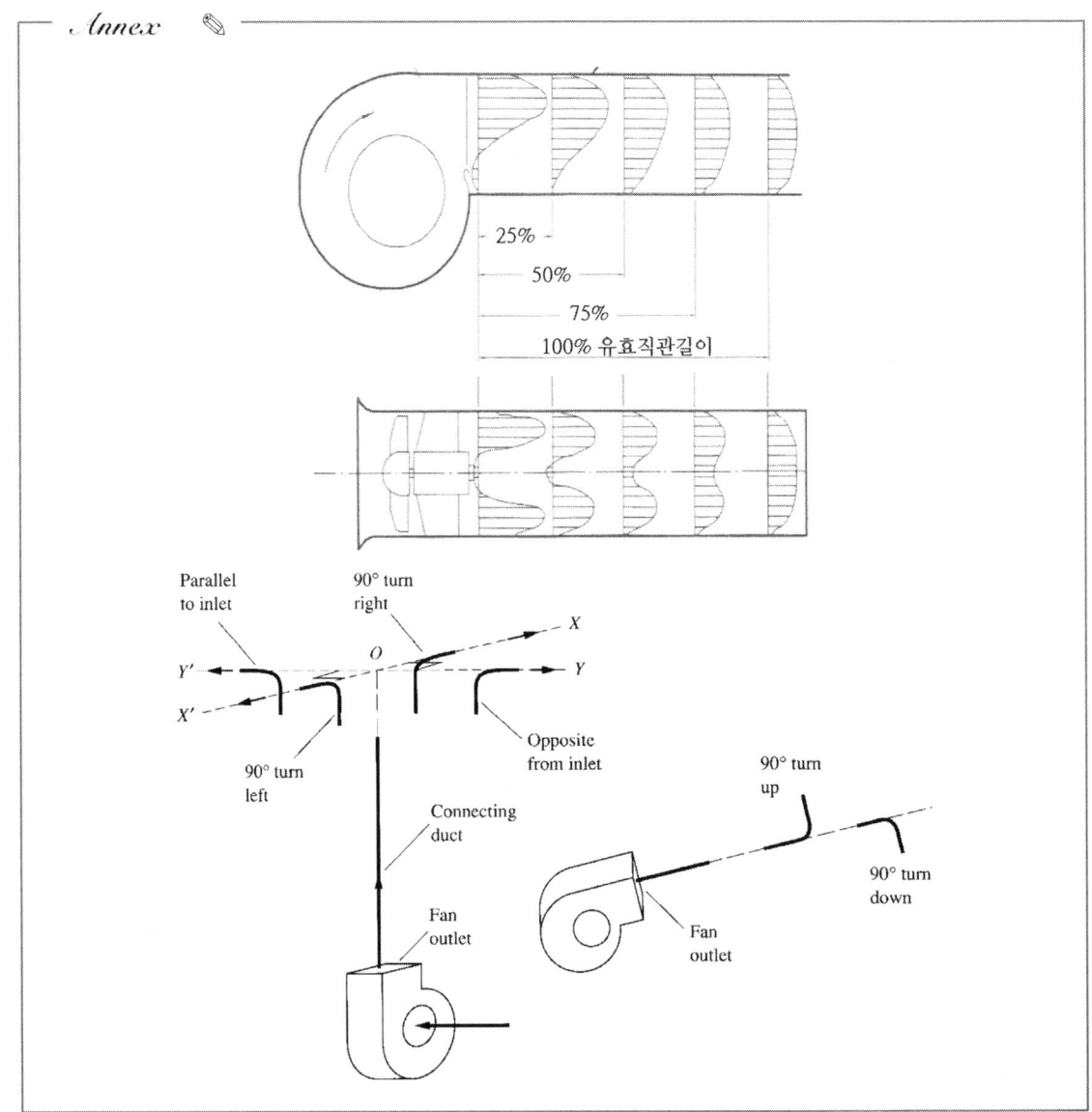

PART 14

경보설비

자동화재탐지설비 설계

1 개 요

1) 화재 감지 및 경보를 위한 설비를 자동화재탐지설비라 하며, 화재의 감지, 표시, 경보, 타 소방설비와의 연동 등의 기능을 가지고 있다.
2) 건축물 규모·용도, 재실자 특성, 연소 상태 등을 고려하여 자·탐설비를 설계하여야 한다.
3) 특히 건축물 및 재실자를 고려한 피난전략에 적합한 설계가 중요하다.

2 자동화재탐지설비 대상

대 상	기 준
공동주택 중 아파트 등·기숙사 및 숙박시설	-
층수가 6층 이상인 건축물	
지하구	
노유자 생활시설	
요양병원	
근린생활시설 중 조산원 및 산후조리원	
판매시설 중 전통시장	
발전시설 중 전기저장시설	
근생(일반목욕탕 제외), 위락, 숙박, 의료, 복합	600 m² 이상
일반목욕탕, 문화집회, 운동, 판매, 지하가, 공장, 창고	1,000 m² 이상
교육연구, 동식물관련, 교정, 군사시설	2,000 m² 이상
터널	길이 1,000 m 이상
노유자시설	연면적 400 m² 이상
숙박시설이 있는 수련시설	수용인원 100 인 이상
특수가연물 저장·취급하는 공장 및 창고	지정수량 500배 이상
정신의료시설, 재활시설	300 m² 이상
	300 m² 미만(창살 설치 시)

3 자동화재탐지설비 목적

1) 인명보호
   (1) 화재 상황에 대한 경보를 초기에 제공
   (2) 소화설비 및 제연설비와 연동
   (3) 정보제공 : 화재의 위치에 대한 정보 제공
       ⇒ 현위치 방호 전략(Defend-in-Place)이나 부분 피난/재배치 전략에 이용
2) 재산보호 : 화재가 허용 가능한 손실을 초과하기 전에 자동소화설비 기동
3) 업무의 연속
4) 환경보호

4 고려사항

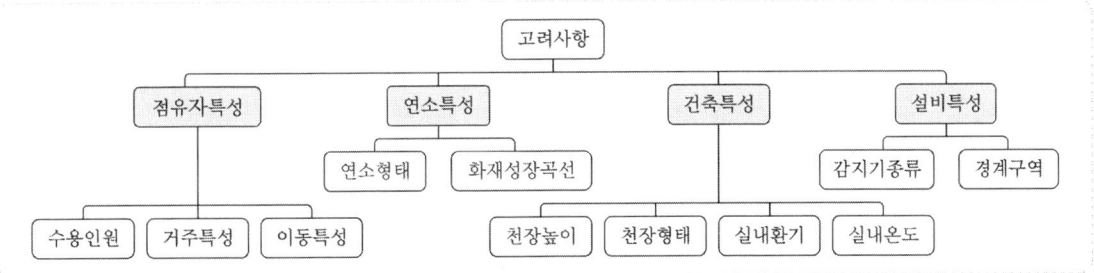

1) 재실자 특성 (피난전략)
   (1) 수용인원
   (2) 거주특성 : 취침, 불특정 다수
   (3) 이동 능력 (피난약자)

2) 연소특성
   (1) 가연물의 연소 형태는 감지기의 종류를 결정하는 주요 요소
   (2) 화재성장곡선 ($Q = \alpha t^2$)
      ① 가장 가능성 있는 시나리오를 설계 기준
      ② 설계목적 (화재 시나리오)에 적합한 감지기 설치

3) 건축 특성
   (1) 천장 높이
      ① 건축물 화재에 있어서 화재 초기에 발생하는 연소생성물은 상대적으로 소량이므로 천장 높이의 고려는 매우 중요하다.
      ② 천장이 높을수록 플럼이 상승 중 더 많은 주위 공기 혼입
         • 연기냉각 및 연소생성물 농도는 감소한다.
         • 단층현상 : 높이 상승에 따라 주위 공기 온도가 상승하는 경우 플럼과 주위 온도 차이가 감소하여 플럼의 상승이 멈추는 현상
      ③ NFTC는 부착 높이에 따라 적응성 있는 감지기를 정하고 있다. 특히 20 m가 넘은 경우 불꽃감지기와 광전식 중 아날로그 방식만 가능하다.
      ④ NFPA는 천장높이에 따라 감지기 간격 (Spacing)을 다르게 적용한다.
   (2) 천장의 형태
      ① 보 (Beam), 장선 (Joist), 경사 천장 등은 연소생성물 (연기)의 유동에 영향을 준다.
      ② NFPA의 경우 천장의 기울기를 고려한다.
      ③ 감지기의 위치는 천장과 벽이 만나는 부분 (Dead Air Pocket)이나 보 등에 주의하여야 한다.
   (3) 실내환기
      ① 화재 시 생성 된 연소생성물은 공기 흐름에 직접적인 영향을 받기 때문에 실내환기는 감지기 배치에 크게 영향을 준다.
      ② 감지기는 급기구와 이격, 배기구 근처에 설치

(4) 실내온도

정온식의 경우 화기를 다량으로 취급하는 장소(주방, 보일러실 등)에는 공칭작동온도가 주위 최고온도보다 20 ℃ 이상 높은 것을 설치하여야 한다.

4) 설비 특성

(1) 감지기 종류 및 경보 종류/방법

(2) 경계구역

(3) 비화재보 문제 : 피난지연시간의 증가

① 높이 2.3 m 이하

② 실내면적 40 m² 이하

③ 지하층, 무창층으로 환기가 안 되는 장소

5 결 론

1) 화재를 초기에 감지하는 감지기는 피난뿐만 아니라 소방설비와 연동하기 때문에 적응성 있는 감지기의 설계는 중요하다.

2) 감지기 설치장소에 따라 비화재보의 방지와 화재 감지속도의 양면을 고려하여 선택·설치하여야 한다.

3) 건축물의 용도 변경, 또는 실내의 구조 변경, 혹은 근무체제 등에 변동이 있는 경우에는 설비의 변경, 매뉴얼의 개정 등을 통해 실제 상황에 따른 시스템을 항상 유지하여야 한다.

Annex

📁 경계구역

1. 수직 공간의 경우 해당 장소별로 별도 구역을 설정하는 것이나, 직통 계단이 아닌 계단의 경우는 상호 떨어져 있는 경우라도 거리가 5 m 이하이면서 계단별로 구획되지 않은 경우에는 이 2계단을 동일 경계구역으로 설정할 수 있다.

2. 반자 속에 감지기를 설치하는 별도의 기준은 없으나, 반자 속에 감지기를 설치할 경우 이는 별도의 층으로 볼 수 없으므로 2개 층 이상으로 적용하지 아니한다. 그러나 경계구역 면적에는 산입하여야 하며, 해당층의 바닥면적과 반자 속의 면적을 합산하여 600 m²당 1회로로 적용하도록 한다.

3. 500 m² 미만인 경우는 2개 층을 하나의 경계구역으로 할 수 있으나, 인접한 층에 대해서 적용하는 것을 원칙으로 하여야 한다.

4. 2개 층이 500 m² 미만일 경우에도 발신기는 층별로 설치하여야 하며, 이 경우 2개 층이 동일 회로이므로 화재 경보는 직상층·발화층 우선 경보 적용 시 2개 층에 동시에 경보가 되도록 설계하여야 한다.

5. 아날로그 감지기의 경우는 감지기 하나하나가 고유의 자기 주소(Address)를 가지고 있으므로 경계구역의 용어의 정의에는 부합하나, 아날로그 감지기는 법적인 경계구역으로는 적용(착공신고 대상)하지 않으며, 이는 "감시구역"의 개념으로 적용하도록 한다.

경계구역

1 개 요
1) 특정소방대상물 내에서 화재신호를 발신하고, 그 신호를 수신 및 유효하게 제어할 수 있는 구역
2) 경계구역 설정 시 건축물의 구획 등을 고려하여 수평·수직으로 구획하여야 한다.

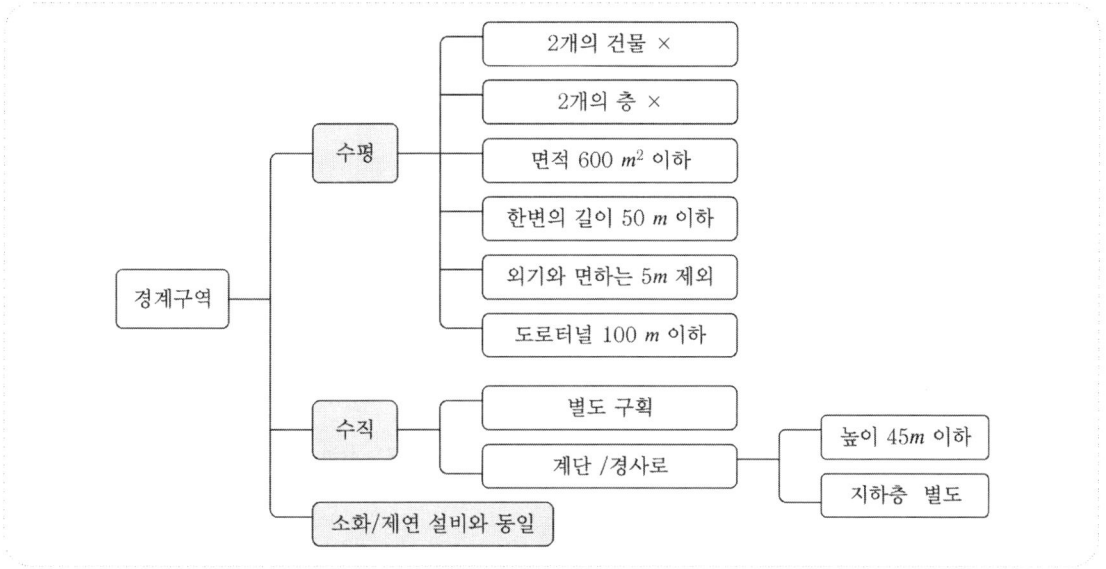

2 수평 경계구역
1) 하나의 경계구역이 2개 이상의 건축물에 미치지 아니할 것
2) 하나의 경계구역이 2개 이상의 층에 미치지 아니할 것
   다만 500 m² 이하의 범위 안에서 2개의 층을 하나의 경계구역으로 할 수 있다.
3) 하나의 경계구역의 면적은 600 m² 이하로 하고 한 변의 길이는 50 m 이하로 할 것
   다만 주된 출입구에서 전체가 보이는 것에 있어서는 1,000 m² 이하로 할 수 있다.
4) 도로터널 : 100 m 이하
5) 외기에 면하여 상시 개방된 부분 : 외기에 면하는 각 부분으로부터 5 m 미만의 범위 안에 있는 부분은 경계구역의 면적에 산입하지 아니한다.
6) 감지기의 형식승인 시 감지거리, 감지면적 등에 대한 성능을 별도로 인정받은 경우에는 그 성능 인정범위를 경계구역으로 할 수 있다.

3 수직 경계구역 : 계단·경사로·엘리베이터 권상기실 기타 이와 유사한 부분
1) 별도로 경계구역을 설정
2) 계단, 경사로
   (1) 하나의 경계구역은 높이 45 m 이하
   (2) 지하 2층 이상의 계단 및 경사로는 별도의 경계구역을 설정한다.

4 소화/제연설비와 같이 설치되는 경우의 경계구역

소화설비 또는 제연설비의 화재감지장치로서 화재감지기를 설치한 경우의 경계구역은 당해 설비의 방사구역 또는 제연구역과 동일하게 설정할 수 있다.

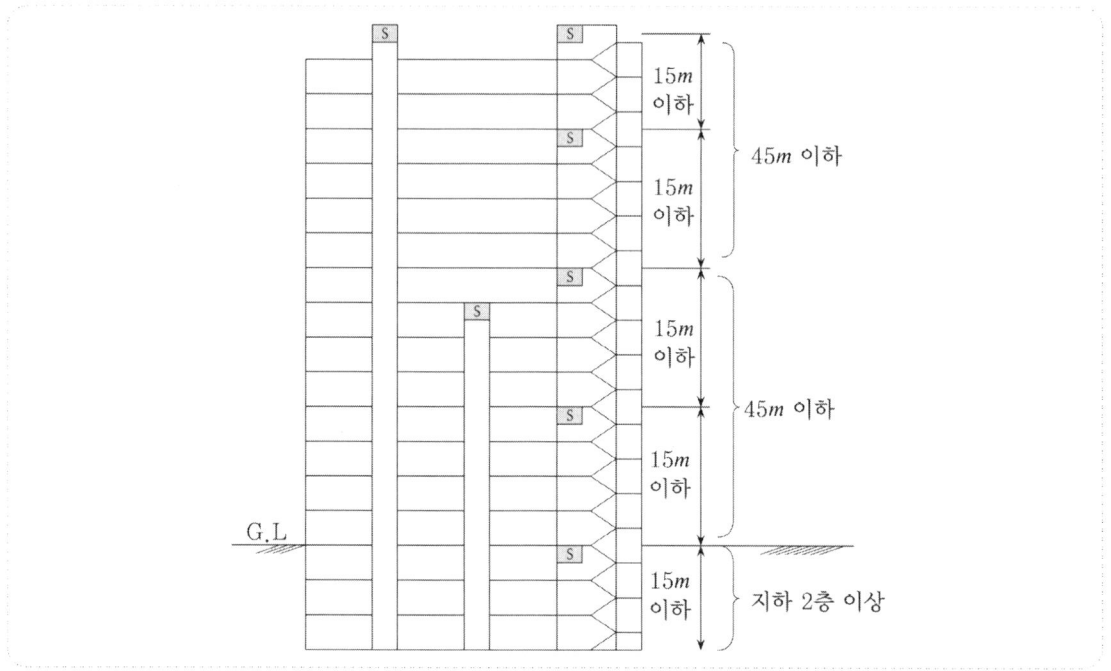

5 경계구역 설정 시 고려사항

1) 감지기의 설치 제외장소(목욕탕 등)도 경계구역의 면적에 포함한다.
2) 베란다·개방된 복도 등 바닥면적에 산입되지 않은 경우에는 경계구역에서 제외한다.
   단, 공동주택에서 확장시킨 거실의 발코니는 경계구역에 삽입하여야 한다.
3) 연관이 있는 장소는 동일 경계구역으로 설정한다.
4) 경계구역은 가능한 동일 방화구획 내에 있도록 선정한다.
5) 경계구역의 경계는 실내의 중앙을 피하고 벽, 복도 등을 따라 정한다.
6) 광전식분리형, 공기흡입형, 불꽃감지기 등 특수감지기는 감지기의 사양에 따라 경계구역을 설정할 수 있다.
7) 대형건축물의 경우는 각 층별, 각 동별로 번호를 부여하여 설계변경이나 증축 등으로 인하여 번호가 증감되어도 전체번호가 변경되지 않도록 한다.

6 결 론

1) 경계구역이란 소방대상물의 수평, 수직별로 구분하여 특정 장소에서 감지기가 작동했을 때 화재 발생 구역이 수신기에 표시되어 건물의 관계자가 화재의 발생 위치를 쉽게 확인함으로써 조기에 피난유도 및 초기 소화활동을 전개하여 인명피해나 물적 손실을 감소시키기 위한 것이다.
2) 따라서 경계구역은 복잡하지 않고 경계 면적이 정해진 범위보다 크지 않게 설정하여야 한다.

| 예제 | 아래 그림과 같은 건축물에 대하여 경계구역을 설정하고 설명하시오.

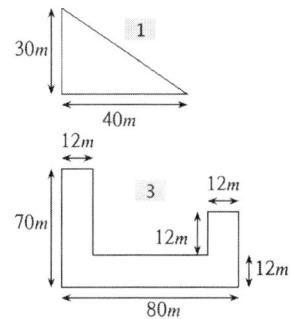
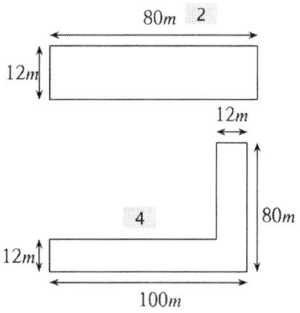

해설

1. 경계구역

   1) 면적 : $\dfrac{30 \times 40}{2} = 600\,m^2$

   2) 장변의 길이 : $\sqrt{30^2 + 40^2} = 50\,m$

   3) 경계구역 : 1개

2. 경계구역

   1) 1, 2구역 면적 : $12 \times 40 = 480\,m^2$

   2) 1, 2구역 장변 길이 : 40 m

   3) 경계구역 : 2개

3. 경계구역

   1) 1구역 면적 : $12 \times 50 = 600\,m^2$, 한 변의 길이 50 m

   2) 2구역 면적 : $(20 \times 12) + (30 \times 12) = 600\,m^2$ 한 변의 길이 : 42 m

   3) 3구역 면적 : $(26 \times 12) + (24 \times 12) = 600\,m^2$ 한 변의 길이 : 38 m

   4) 경계구역 : 3개

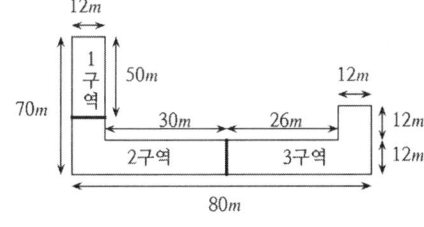
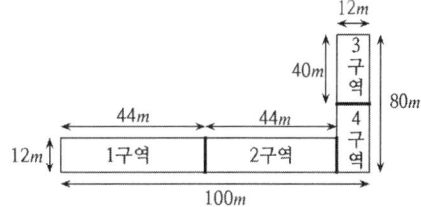

4. 경계구역

   1) 1구역 면적 : $12 \times 44 = 528\,m^2$ 한 변의 길이 : 44 m

   2) 2구역 면적 : $12 \times 44 = 528\,m^2$ 한 변의 길이 : 44 m

   3) 3구역 면적 : $12 \times 40 = 480\,m^2$ 한 변의 길이 : 40 m

   4) 4구역 면적 : $12 \times 40 = 480\,m^2$ 한 변의 길이 : 40 m

   5) 경계구역 : 4개

수신기

❶ 정 의

감지기나 발신기에서 발하는 화재 신호를 직접 수신하거나 중계기를 통하여 수신하여 화재의 발생을 표시 및 경보해주는 장치

❷ 기 능

1) 전력 공급 기능 : 감지기, 발신기, 중계기(분산형), 음향장치에 전원을 공급한다.
2) 수신 기능 : 감지기·발신기로부터 화재 신호 수신
3) 기동 기능 : 화재 신호 수신 후
    (1) 화재표시등 점등
    (2) 화재발생 위치표시등 점등
    (3) 자·탐설비와 연동으로 구성된 소방시설에 화재신호 발신
4) 시험 기능

구 분	확인사항
예비전원시험	• 축전지 용량 적부 여부 • 상용전원 차단 시 예비전원으로 자동전환 여부
도통시험	• 수신기 단자와 감지기 회로의 접속 상태 • 감지기회로의 단선 유무 점검
동작시험	• 화재 신호를 수신하면 화재표시등, 지구표시등, 경보장치가 작동되는지 시험
회로 저항시험	• 하나의 감지기 회로의 합성 저항치가 $50\,\Omega$ 이하
공통선 시험	• 공통선이 담당하는 경계구역 수가 7개 이하
동시 동작시험	• 감지기가 동시에 수회선(5) 동작하더라도 수신기의 기능에 이상이 없는지 확인
저전압시험	• 전원 전압이 저하된(80 %) 경우에 정상 작동 확인
지구 음향시험	• 감지기의 작동과 연동하여 당해 지구음향장치가 정상적으로 작동 확인

5) 복구기능 : 화재 신호를 발신하는 원인을 제거한 후 정상상태로 복구 기능

❸ 설치기준

1) 경계구역을 각각 표시할 수 있는 회선수 이상의 수신기 설치
2) 가스누설탐지설비가 설치된 경우 가스누설경보를 수신할 수 있는 수신기(GP, GR) 설치
3) 수위실 등 항상 사람이 있는 장소에 설치할 것
4) 설치장소에 경계구역 일람표 설치
5) 수신기 음향기기의 소리는 다른 기기의 소음과 구별될 것
6) 감지기 발신기, 중계기가 작동하는 경계구역 표시
7) 화재·가스 전기 등에 대한 종합방재반을 설치한 경우에는 해당 조작반에 수신기의 작동과 연동하여 감지기·중계기 또는 발신기가 작동하는 경계구역을 표시할 수 있는 것으로 할 것

8) 하나의 경계구역은 하나의 문자 또는 표시등으로 표시될 것
9) 수신기 조작스위치는 0.8~1.5 m
10) 하나의 소방대상물에 2 이상의 수신기를 설치하는 경우 수신기 상호 간 연동하여 화재발생 상황을 각 수신기마다 확인할 수 있도록 할 것
11) 화재로 인하여 하나의 층의 지구음향장치 또는 배선이 단락되어도 다른 층의 화재통보에 지장이 없도록 각 층 배선 상에 유효한 조치를 할 것(CLASS X)

4 P, R형 비교

구 분	P 형	R 형
구성	• 일반적으로 수신기, 감지기, 발신기로 구성	• 감지기, 발신기 등의 각종 Local 장치와 수신기, 중계기로 구성
시스템 작동	• 감지기, 발신기 등 Local 장치의 신호를 수신하여 화재 표시/경보	• Local 장치가 동작 시 이를 중계기에서 고유 신호로 변환하여 수신기에 통보하며, 수신기는 화재 표시 및 경보를 발하고, 수신기에서는 이에 대응하는 출력 신호를 중계기를 통하여 송신
신호전달	• 개별 신호선 방식에 의한 공통 신호 방식	• 다중통신방법에 의한 각 회선 고유 신호 방식
시공/배선 방식	• 각 층의 Local 장치는 수신기까지 직접 실선으로 연결	• 각 층의 Local 장치는 중계기까지만 연결하고 중계기에서 수신기까지는 신호선만으로 연결
증설	• 수신기까지 별도의 배선이 필요하다.	• 기존 건축물을 손상시킬 필요 없이 변경, 중축 증설이 가능
신뢰성	• 수신기 고장 시 전체 시스템 기능이 마비	• 수신기 고장 시에도 구역에 설치된 중계기에서 방호구역 내의 자·탐설비 및 방재 설비 기능을 중계기 독자적으로 유지 가능
경제성	• 고층 건축물의 경우 층수에 따라 배선수가 증가하므로 배관, 배선이 다량 소모	• 고층 건축물의 경우에도 중계기에서 수신기까지 는 신호선만으로 연결되므로 배관, 배선이 절감
설치장소	• 전압 강하 및 간선수 문제가 적은 소규모 건축물 등	• 전압 강하 및 간선수가 증가하는 고층 빌딩, 부지가 넓은 공장 등에 적합하다.

Annex

📁 화재수신기와 감시제어반 차이점

구 분	화재수신기	감시제어반
평상시	화재감시	설비감시(Sol, T/S, P/S 등)
화재 시	화재경보	설비제어
설치장소	상시근무 또는 관리용이	피난층 또는 지하 1층
방화구획	×	필요
부대설비	일람도 비치	비상조명등, 무통, 급배기시설 등
면적제한	×	조작에 필요한 최소면적

감시제어반

1 설치기준

1) 동력제어반과 구분하여 설치한다.

   다만 다음의 경우에는 동력제어반과 구분하여 설치하지 아니할 수 있다.

   (1) 아래 ①, ②에 해당하지 않는 특정소방대상물

   ① 7층(지하층 제외) 이상으로서 연면적이 2,000 m^2 이상인 소방대상물

   ② 지하층의 바닥면적의 합계가 3,000 m^2 이상인 것

   (2) 내연기관·고가수조·가압수조에 따른 가압송수장치를 사용하는 소화설비

2) 화재 및 침수 등의 재해로 인한 피해를 받을 우려가 없는 장소에 설치한다.

3) 감시제어반은 각 소화설비의 전용으로 한다. 다만 전용 소화설비의 제어에 지장이 없을 경우에는 다른 소화설비와 겸용으로 할 수 있다.

4) 감시제어반은 전용실안에 설치한다.

   단, 다음의 경우에는 그러하지 아니하다.

   (1) 아래 ①, ②에 해당하지 않는 특정소방대상물

   ① 7층(지하층 제외) 이상으로서 연면적이 2,000 m^2 이상인 소방대상물

   ② 지하층의 바닥면적의 합계가 3,000 m^2 이상인 것

   (2) 내연기관·고가수조·가압수조에 따른 가압송수장치를 사용하는 소화설비

   (3) 공장, 발전소 등에서 설비를 집중 제어 운전할 목적으로 설치하는 중앙제어실 내에 감시제어반을 설치하는 경우

5) 전용실에는 소방대상물의 기계기구 또는 시설 등의 제어 및 감시설비외의 것을 두지 않는다.

2 전용실의 설치기준

1) 다른 부분과 방화구획한다.

2) 전용실 벽에는 감시를 위하여 두께 7 mm 이상의 망입유리로 된 4 m^2 미만의 붙박이창을 설치할 수 있다.

3) 전용실은 피난층 또는 지하 1층에 설치한다.

4) 다음의 경우에는 지상 2층에 설치하거나 지하 1층 외의 지하층에 설치할 수 있다.

   (1) 특·피가 설치되고 그 계단 출입구로부터 보행거리 5 m 이내에 전용실의 출입구가 있는 경우

   (2) 아파트의 관리동(관리동이 없는 경우 경비실)에 설치하는 경우

5) 비상조명등 및 급배기설비를 설치한다.

6) 무선통신보조설비의 설치대상 : 유효하게 통신이 가능할 것

7) 바닥면적은 감시제어반의 설치에 필요한 면적 외에 화재 시 소방대원이 그 감시제어반의 조작에 필요한 최소면적 이상으로 한다.

3 설치목적 (기능)

1) 각 펌프의 작동 여부를 확인할 수 있는 표시등 및 음향경보기능
2) 각 펌프를 자동 및 수동으로 작동시키거나 작동을 중단
3) 비상전원을 설치한 경우에는 상용전원 및 비상전원의 공급 여부를 확인
4) 수조 또는 물올림탱크가 저수위로 될 때 표시등 및 음향으로 경보
5) 각 확인회로(압력스위치회로·수조 또는 물올림탱크의 감시회로)마다 도통시험 및 작동시험
6) 예비전원이 확보되고 예비전원의 적합 여부 시험
7) 각 확인회로마다 도통시험 및 작동시험
8) 각 장치 및 밸브 작동 여부 확인

4 제어기능

1) 스프링클러
    (1) 각 펌프의 작동 확인표시등 및 음향경보 기능
    (2) 각 펌프를 수동·자동으로 작동·정지 기능
    (3) 비상전원 설치 시 공급 여부 확인 및 상용·비상 전원 수동·자동 전환 기능
    (4) 수조 또는 물올림탱크의 저수위 표시등 및 음향경보 기능
    (5) 각 유수검지장치 또는 일제개방밸브의 작동 확인표시등 및 경보 기능
    (6) 일제개방밸브를 개방시킬 수 있는 수동조작스위치 설치
    (7) 일제개방밸브 화재 감지는 각 경계회로별로 화재 표시
    (8) 급수 개폐밸브가 잠길 경우 탬퍼스위치에 의한 표시 및 경보 기능
    (9) 도통·작동시험
        ① 기동용 수압개폐장치의 압력스위치 회로
        ② 수조 또는 물올림탱크의 저수위 감시회로
        ③ 유수검지장치 및 일제개방밸브의 압력스위치 회로
        ④ 일제개방밸브의 화재감지기 회로
        ⑤ 탬퍼스위치 폐쇄상태 확인회로
        ⑥ 그 밖의 이와 비슷한 회로
2) 가스계
    (1) 기동장치 또는 감지기의 신호를 수신
        ① 음향경보장치의 작동
        ② 소화약제의 방출 또는 지연 기능
        ③ 자동폐쇄장치 작동
        ④ 방출표시등 작동
        ⑤ 수동기동장치 작동표시등
    (2) 자동식 기동장치의 자동/수동 절환을 명시하는 표시등 설치

3) 부속실 제연
   (1) 급기용 댐퍼의 개폐에 대한 감시 및 원격 조정 기능
   (2) 배출댐퍼 및 개폐기의 작동 여부에 대한 감시 및 원격 조정 기능
   (3) 급기 송풍기와 유입 공기 배출용송풍기의 작동에 대한 감시 및 원격 조정 기능
   (4) 출입문의 일시적인 고정 개방 및 해정에 대한 감시 및 원격 조작 기능
   (5) 수동기동장치의 작동 여부에 대한 감시 기능
   (6) 급기구 개구율의 자동조절장치의 작동 여부에 대한 감시 기능
   (7) 감시선로의 단선에 대한 감시 기능
   (8) 예비전원이 확보되고 예비전원의 적합 여부를 시험할 수 있어야 할 것

 소화설비 기동

1 스프링클러

1) 펌프작동방법
   (1) 유수검지장치 : 유수검지장치의 발신, 기동용 수압개폐장치, 혼용
   (2) 일제개방밸브 : 화재감지기의 감지, 기동용 수압개폐장치, 혼용
2) 준비작동식 또는 일제개방밸브의 작동
   (1) 담당구역 화재감지기의 동작
   (2) 화재감지회로는 교차회로, 예외
      ① 배관 또는 헤드에 누설경보용 물 또는 압축공기가 채워지거나 부압식스프링클러설비의 경우
      ② NFPC 203 제7조 제1항 단서 (특수감지기)
   (3) 수동기동 장치 : 인근에 설치
      ① 전기식 : SVP 또는 수동조작함의 조작 ⇒ 솔레노이드밸브 개방
      ② 배수식 : 긴급해제밸브 또는 수동기동밸브를 개방 ⇒ 중간챔버 감압
   (4) NFTC 203 준용
   (5) 화재감지기 회로의 발신기
      ① 조작이 쉬운 장소에 설치하고, 스위치 높이 0.8~1.5 m
      ② 층마다 설치, 수평거리 25 m 이하. 다만 복도 또는 별도로 구획된 실로서 보행거리가 40 m 이상일 경우에는 추가로 설치하여야 한다.
      ③ 표시등 : 15° 이상의 범위안에서 10 m 이내에서 식별

2 포

1) 수동식

 ⑴ 직접·원격 조작에 따라 가압송수장치, 수동식개방밸브 및 혼합장치를 기동

 ⑵ 방사구역이 2 이상인 경우 방사구역을 선택할 수 있는 구조로 할 것

 ⑶ 기동장치의 조작부

  ① 화재 시 쉽게 접근, 스위치 높이 0.8~1.5 m

  ② 유효한 보호 장치

  ③ '기동장치의 조작부'라는 표지

 ⑷ 장소 및 설치수량

장소	설치수량
차고 또는 주차장	• 방사구역마다 1개 이상 설치할 것
항공기 격납고	• 각 방사구역마다 2개 이상을 설치하되 • 그 중 1개는 각 방사구역에서 가까운 곳이나 조작에 편리한 장소에 • 1개는 화재감지수신기를 설치한 감시실 등에 설치할 것

2) 자동식

 ⑴ 폐쇄형 스프링클러헤드

  ① 표시온도는 79 ℃ 미만

  ② 1개당 경계 면적은 20 m^2 이하

  ③ 부착면의 높이는 5 m 이하, 화재를 유효하게 감지할 수 있도록 할 것

  ④ 하나의 감지장치 경계구역은 하나의 층이 되도록 할 것

 ⑵ 감지기

  ① 자·탐설비의 화재안전기준에 준하여 설치

  ② 발신기

   ㉠ 조작이 쉬운 장소에 설치, 스위치 높이 0.8~1.5 m

   ㉡ 소방대상물의 층마다 설치, 수평거리가 25 m 이하. 다만 복도 또는 별도로 구획된 실로서 보행거리 40 m 이상인 경우 추가 설치

   ㉢ 위치표시등은 함의 상부에 설치, 그 불빛은 부착면으로부터 15° 이상, 10 m 이내에서 식별할 수 있는 적색등

 ⑶ 동결 우려가 있는 장소에서의 자동식 기동장치는 자·탐설비와 연동으로 할 것

3) 자동경보장치

 ⑴ 방사구역마다 일제개방밸브의 작동 여부를 발신하는 발신부 설치, 이 경우 발신부 1개 층에 1개의 유수검지장치를 설치할 수 있다.

 ⑵ 사람이 상시 근무하는 장소에 수신기 설치

 폐쇄형 스프링클러, 감지기의 작동 여부를 알 수 있는 표시장치 설치

 ⑶ 하나의 소방대상물에 2 이상의 수신기를 설치하는 경우 상호통화 가능할 것

3 이산화탄소

1) 수동식
    (1) 기동장치 부근에 약제 방출을 지연시킬 수 있는 비상스위치 설치
    (2) 전역방출 : 방호구역마다, 국소방출 : 방호대상물마다
    (3) 출입문 등 조작하는 자가 쉽게 피난할 수 있는 곳에 설치
    (4) 조작부 높이 0.8~1.5 m에 설치, 보호 장치 설치
    (5) 가까운 곳에 "이산화탄소 소화설비 기동장치"라는 표지를 할 것
    (6) 전기를 사용하는 기동장치에는 전원표시등 설치
    (7) 방출용 스위치는 음향경보장치와 연동할 것

2) 자동식
    (1) 감지기와 연동할 것
    (2) 수동으로도 기동할 수 있을 것
    (3) 전기식 기동장치 : 7병 이상의 저장용기를 동시에 개방하는 설비에는 2병 이상에 전자개방밸브 부착
    (4) 가스압력식 기동장치
        ① 용기 및 밸브는 25 MPa 이상에 견딜 것
        ② 안전장치 : 내압시험압력의 0.8~1에서 작동
        ③ 용적 : 5 ℓ 이상, 압력 : 6 MPa 이상
    (5) 기계식 기동장치에는 저장용기를 쉽게 개방할 수 있는 구조로 할 것

3) 출입구 등 보기 쉬운 곳에 소화약제의 방출표시등 설치

4 전실제연

1) 배출댐퍼·개폐기의 직근과 제연구역에 설치
2) 옥내에 설치된 수동발신기에 의해서도 동작
3) 기 능
    (1) 전 층의 제연구역에 설치된 급기댐퍼의 개방
    (2) 당해 층의 배출댐퍼 또는 개폐기의 개방
    (3) 급기송풍기 및 유입공기의 배출용송풍기 작동
    (4) 일시적으로 개방, 고정된 모든 출입문의 해정장치의 해정

화재신호처리

1 단신호식
1) On/Off 방식의 일반 감지기
2) 주변 환경이 미리 설정된 값(온도, 연기농도)이상으로 변화 시 기계적 변위, 전기적 접점의 변동으로 화재신호를 발생하는 감지기

2 다신호식
1개의 감지기내에 서로 다른 종별 또는 감도 등의 기능을 갖춘 것으로서 다른 2개 이상의 화재 신호를 발하는 감지기

3 복합형
1) AND 회로(단신호) : 비화재보 방지
2) OR 회로(다신호) : 2개의 신호를 발신

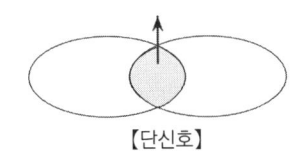
【단신호】

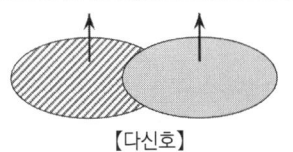
【다신호】

구 분	보상식	열복합형
원리	차동식 + 정온식	차동식 + 정온식
동작	어느 하나의 기능이 동작될 때	두 가지 모두 또는 한 기능이 동작될 때

4 아날로그 식
1) 연소생성물의 변화량을 연속적인 아날로그 양으로 출력시켜 수신부에서 그 양에 따라 정해진 동작을 하도록 한다.
2) 아날로그 신호를 수신할 수 있는 수신기를 설치해서 온도 또는 연소생성물 농도 등의 변화에 따라 단계별로 예비경보, 화재경보. 소화설비 연동 등을 실행할 수 있다.

5 축적형 감지기
1) 최초의 화재 신호를 감지한 후 즉시 화재 신호를 발하지 않고 공칭 축적시간(10초 이상 60초 이내) 이후 수신기에 신호를 전송하는 감지기
2) 설치장소 : 비화재보 가능성이 있는 장소
   (1) 지하층, 무창층으로 환기가 잘되지 않는 장소
   (2) 실내면적이 $40\ m^2$ 미만인 장소
   (3) 감지기 부착면과 바닥 사이가 2.3 m 이하

3) 축적형 감지기를 사용할 수 없는 장소

   ⑴ 교차회로 적용 장소

   ⑵ 유류취급 장소와 같이 급격한 연소확대 우려가 있는 장소

   ⑶ 축적용 수신기에 연결한 장소 (축적형감지기가 설치된 장소에는 감지기회로의 감시전류를 단속적으로 차단시켜 화재를 판단하는 방식 외의 것)

4) 비화재보 우려가 있는 장소에 적응성 있는 감지기

   ⑴ 불꽃감지기

   ⑵ 정온식감지선형감지기

   ⑶ 분포형 감지기

   ⑷ 복합형 감지기

   ⑸ 광전식분리형 감지기

   ⑹ 아날로그방식의 감지기

   ⑺ 다신호방식의 감지기

   ⑻ 축적방식의 감지기

6 NFPA 72

Type	특징
Combination	• 다중 센서 (Mutiple Sensors) • Multiple Listings (다수의 감지기)
(다기준 감지기) Multi-Criteria	• 다중 센서 (Mutiple Sensors) • 공학적(수학) 평가 • 화재 신호가 하나 • Single Listings (하나의 감지기)
(다중센서 감지기) Multi-Sensor	• 다중 센서 (Mutiple Sensors) • 공학적(수학) 평가 • 다수의 화재 신호 • Multiple Listings

─ Annex ─

📂 다중센서 감지기 (Multi-Sensor)

종류	OT 감지기	OTI 감지기	O^2T 감지기	OTG 감지기
원리	광전식 + 열감지기	광전식 + 열감지기 + 이온화식	광전식 + 열감지기 + 광전식	광전식 + 열감지기 + 가스

설치높이에 따른 감지기

부착높이	감지기의 종류
4 m 미만	차동식 (스포트형, 분포형) 정온식 (스포트형, 감지선형) 보상식스포트형 열복합형 이온화식 광전식 (스포트형, 분리형, 공기흡입형) 연기복합형 열연기복합형 불꽃감지기
4~8 m	차동식 (스포트형, 분포형) 정온식 (스포트형, 감지선형) 특종 또는 1종 보상식스포트형 열복합형 이온화식 1종 또는 2종 광전식 (스포트형, 분리형, 공기흡입형) 1종 또는 2종 연기복합형 열연기복합형 불꽃감지기
8~15 m	차동식분포형 이온화식 1종 또는 2종 광전식 (스포트형, 분리형, 공기흡입형) 1종 또는 2종 연기복합형 불꽃감지기
15~20 m	이온화식 1종 광전식 (스포트형, 분리형, 공기흡입형) 1종 연기복합형 불꽃감지기
20 m 이상	불꽃감지기 광전식 (분리형, 공기흡입형) 중 아날로그방식

(1) 감지기별 부착높이 등에 대하여 별도로 형식승인 받은 경우에는 그 성능인정범위 내에서 사용할 수 있다.
(2) 부착높이 20 m 이상에 설치되는 광전식 중 아날로그방식의 감지기는 공칭감지농도 하한값이 감광율 5 %/m 미만인 것으로 한다.

열전효과 (Thermo-Electric Effect)

1 열전효과 정의

1) 열전효과는 열에너지와 전기에너지가 상호작용하는 효과를 의미한다.
2) 제벡 효과, 펠티에 효과, 톰슨 효과와 같이 열과 전기의 관계로 나타나는 효과이다.

2 열전효과

1) 제벡 효과 (Seebeck Effect)
   (1) 서로 다른 종류의 도체의 양쪽 끝을 접합하여 회로를 만들고, 두 접점의 온도를 서로 다른 경우 기전력이 발생하는 현상이다.
   (2) 제벡 효과는 정확하게 온도를 측정하는 데 사용되며, 특별한 목적을 위해 전력을 생성하는 데 사용되기도 한다.

2) 펠티에 효과 (Peltier Effect)
   (1) 서로 다른 종류의 도체를 접합하여 전류를 흘리면 접합부에서는 발열과 흡열을 발생한다.
   (2) 열전효과의 일종으로 전류의 방향을 반대로 하면 발열과 흡열은 반대가 되고, 냉각기로 응용될 수 있다.

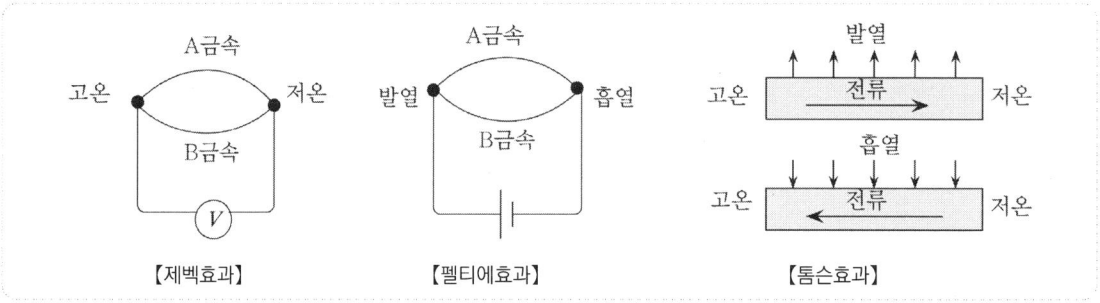

【제벡효과】　　【펠티에효과】　　【톰슨효과】

3) 톰슨 효과 (Thomson Effect)
   (1) 하나의 금속에 온도차를 두고 전류를 흘리면 발열이 발생하고, 전류를 반대방향으로 하면 흡열이 발생하는 현상이다.
   (2) 금속선에 양측에 온도차가 있을 때, 전류가 흐르면 열이 흡수되거나 방출되는 현상이다.
   (3) 철의 경우는 고온부에서 저온부로 전류를 흘리면 열을 흡수하고, 구리에서는 열을 방출한다.

서미스터 (Thermistors)

1 서미스터 개요

서미스터는 Thermal Sensitive Resistor의 합성어로서 온도 변화에 따라 저항값이 변하는 반도체로서 자기재료에 코발트, 구리, 니켈, 등을 첨가하여 만든다.

2 서미스터 종류

구 분	특 성	특 징
PTC	정특성 (Positive)	• 온도가 상승하면 저항이 증가하는 특성 • 전류가 흐르면 줄열에 의해 온도상승 후 일정한 온도가 되면 저항이 증가 • 자체가 온도 검출기능과 전류조절도 가능 • 구리, Poly Switch
NTC	부특성 (Negative)	• 온도 상승하면 저항이 감소하는 특성 • 센서의 응답속도가 빠르고 신뢰성이 높다. • 차동식 감지기에 적용 • 탄화 물질 (흑연화)
CTR	Critical Temperature Resistor	• 부특성이지만 특정온도에서 저항값이 급격히 변화(감소)하는 특성 • 정온식 감지기에 적용

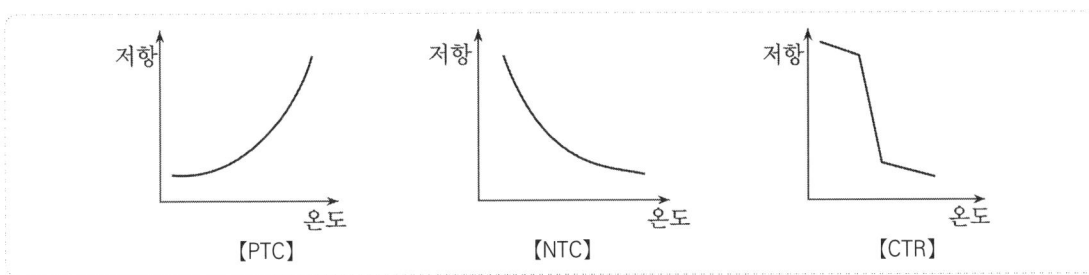

【PTC】　　　【NTC】　　　【CTR】

3 서미스터 원리를 이용하는 감지기

1) 차동식스포트형 열반도체식
2) 정온식스포트형 감지기
3) 연소가스 감지기

차동식분포형 감지기 (공기관식)

1 특 징

구 분	특 징
구 조	동관
감지방식	공기관 내부의 급격한 온도변화에 의하여 팽창되는 공기 압력에 의하여 동작
설치높이	15 m 미만

2 설치기준

1) 공기관의 노출부분은 감지구역마다 20 m 이상
2) 공기관과 감지구역 수평거리 1.5 m 이하
3) 공기관 상호 간의 거리는 6 m (내화구조 9 m) 이하
4) 공기관은 도중에서 분기하지 않도록 할 것
5) 하나의 검출부에 접속하는 공기관 길이는 100 m 이하
6) 검출부는 5° 이상 경사되지 아니하도록 할 것
7) 검출부는 바닥으로부터 0.8~1.5 m

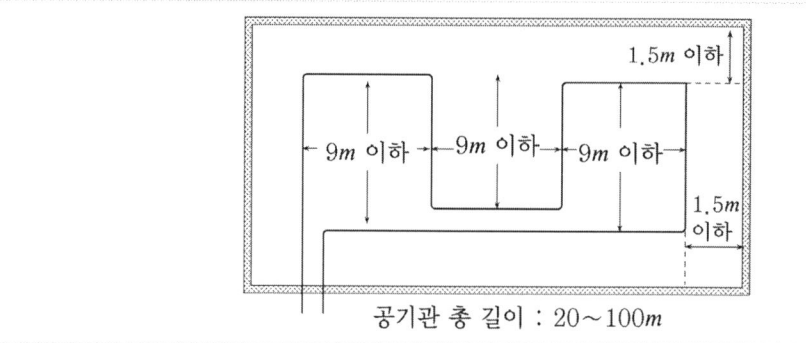

Annex

1. 공기관의 노출부분이 짧으면 (20 m 이하) : 비화재보
   (1) 공기관식차동식분포형 감지기는 공기관 내부의 급격한 온도변화에 의하여 팽창되는 공기 압력에 의하여 작동되는 것이다.
   (2) 공기관의 노출부분을 20 m 이하로 되면 난방에 의한 온도상승에도 공기관 내부에 체류하고 있는 공기량이 비례적으로 적어 공기관 내부의 팽창압력이 검출부 내부에 설치된 다이아프램을 밀어 올려 비화재보가 발생할 우려가 있다.

2. 공기관의 노출부분이 길면 (100 m 이상) : 실보
   공기관의 길이를 너무 길게 하면 감지구역이 너무 넓어져 실제 화재 발생 시 부분적인 온도상승이 있어도 전체적인 공기의 팽창이 늦어져 실보 우려가 있다.

정온식스포트형 감지기

1 개 요

1) 주위온도가 일정 온도 이상이 되었을 경우 작동하는 것으로 일국소의 열효과에 의하여 작동하는 것
2) 금속팽창계수차를 이용한 것, 바이메탈 활곡을 이용한 것, 반도체소자를 이용한 것, 액체(기체) 팽창을 이용한 것, 가용절연물을 이용한 것 등이 있으며 감도에 따라 특종, 1종, 2종으로 구분한다.

2 감지기 종류 및 구조와 원리

1) 바이메탈(Bimetal)

   열팽창계수가 다른 2종류의 금속을 이용하여 온도변화에 따른 금속의 선팽창계수로 인해 변형되는 차이를 이용하는 방식으로 화재 시 열에 의해 한쪽으로 휘어지므로 내부에서 접점이 형성된다.

2) 반도체소자 : 서미스터를 이용하는 방식
   (1) 차동식 : 서미스터를 감지기 외부 및 내부에 각각 설치하여 열이 2개의 서미스터에 전달되는 시간 차에 따른 온도변화율(전압변화율)을 검출
   (2) 정온식 : 서미스터를 외부에 1개만 설치하여 일정한 온도(공칭작동온도)에 도달할 경우 이를 검출 (CTR)

3) 가용 합금(Fusible Alloy) : 정격온도에서 급속히 녹는 특수합성 금속으로 된 감지요소

4) 감지선(Heat-Sensitive Cable) : 2가지 종류
   (1) 감지요소가 열감지 절연물로 분리된 2개의 통전선으로 이뤄진 선형장치로, 이 절연물은 정격온도에서 연화되어 통전선이 전기접점을 만들어내게 한다.
   (2) 하나의 선이 금속튜브 중앙에 위치해 있고 사이 공간은 임계온도에서 도전성을 띠는 물질로 채워져 튜브와 하나의 선간 전기접점을 만들어낸다.

5) 액체팽창부(Liquid Expansion)

   온도상승에 반응하여 팽창되는 액체로 구성된 감지요소

3 정온식스포트형 감지기 설치기준

1) 감지기는 실내로의 공기유입구로부터 1.5 m 이상 떨어진 위치에 설치할 것
2) 감지기는 천장 또는 반자의 옥내에 면하는 부분에 설치할 것
3) 정온식 감지기는 주방·보일러실 등으로서 다량의 화기를 취급하는 장소에 설치하되, 공칭작동온도가 최고주위온도보다 20 ℃ 이상 높은 것으로 설치할 것
4) 스포트형 감지기는 45° 이상 경사되지 아니하도록 부착할 것
5) 차동식스포트형·보상식스포트형 및 정온식스포트형 감지기는 그 부착 높이 및 소방대상물에 따라 다음 표에 따른 바닥면적마다 1개 이상을 설치할 것

부착높이 및 소방대상물의 구분		스포트형 감지기의 종류				
		차동식·보상식		정온식		
		1종	2종	특종	1종	2종
4 m 미만	주요구조부를 내화구조	90	70	70	60	20
	기타구조	50	40	40	30	15
4 m 이상 8 m 미만	주요구조부를 내화구조	45	35	35	30	
	기타 구조	30	25	25	15	

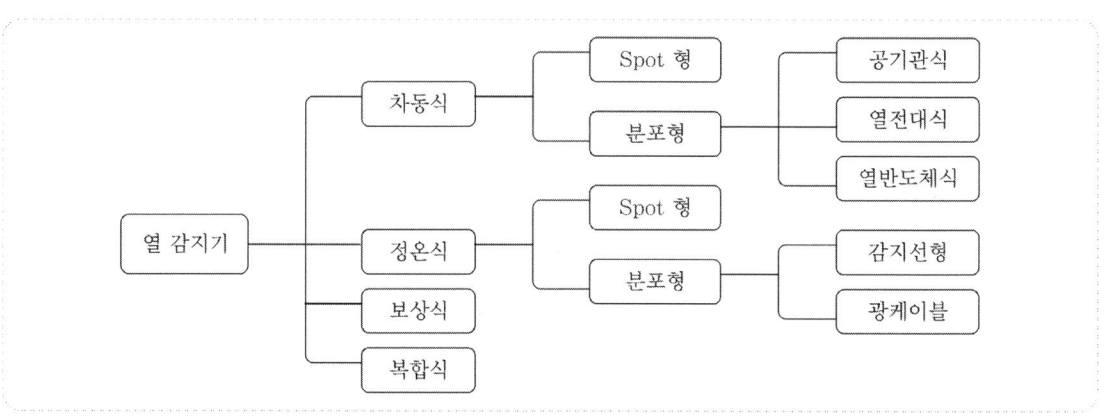

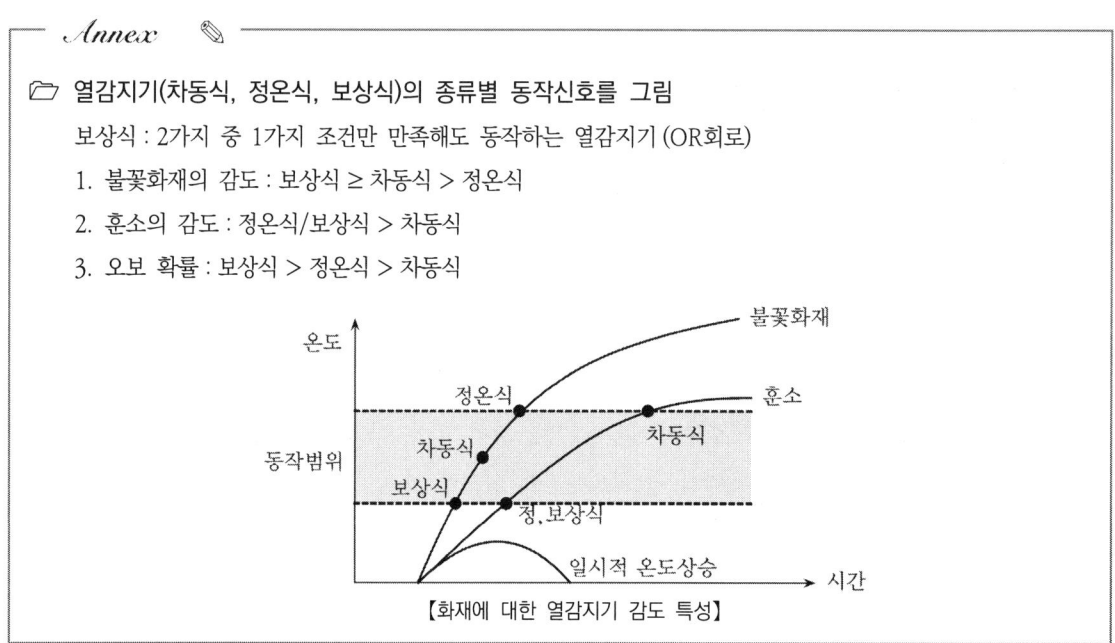

【화재에 대한 열감지기 감도 특성】

정온식감지선형 감지기

1 개 요

주위온도가 일정 온도 이상 되었을 경우 작동하는 것으로 일국소의 열효과에 의하여 작동하는 것을 말하며 외관이 전선모양으로 되어 있다.

2 감지기의 종류 및 구조와 원리

1) 구조 : 감지선 전체가 감열부분으로 된 것과 감열부가 분산 배치되어 있는 것으로 구분한다.
2) 동작원리
   (1) 선 전체가 감열부분으로 되어 있는 것은 2개의 피아노선을 일정온도 이상이 되면 용해되는 물질로서 전기적으로 절연하여 합친 것
   (2) 감열부가 분산 배치되어 있는 것은 단심의 실드선에 일정간격으로 접점부를 설치하고 이 접점부는 전선으로 되어 있는 도체에 U자형의 금속성 스프링을 관통시켜 용수철 외부의 금속판에 접촉하지 않도록 가용절연물로 피복하여 전선 간의 절연을 유지하고 있다.
   (3) 일정온도에 도달하면 절연물이 용융돼서 2개의 전선이 접촉하여 화재신호를 수신기에 보낸다.

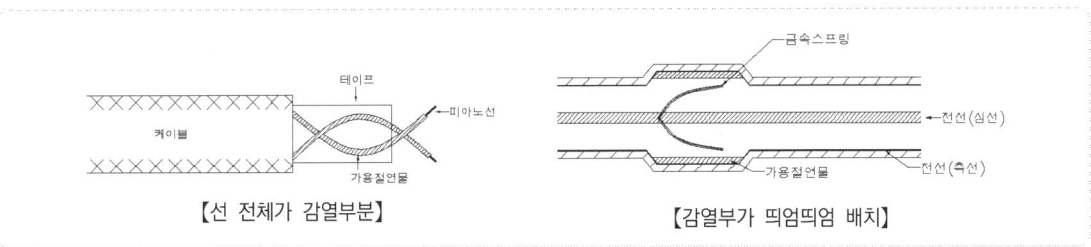

【선 전체가 감열부분】　　【감열부가 띄엄띄엄 배치】

3 설치기준

1) 보조선이나 고정금구를 사용하여 감지선이 늘어지지 않도록 설치할 것
2) 단자부와 마감 고정금구와의 설치간격은 10 cm 이내로 설치할 것
3) 감지선형 감지기의 굴곡반경은 5 cm 이상으로 할 것
4) 감지기와 감지구역의 각 부분과의 수평거리

구분	수평거리	
	1종	2종
내화구조	4.5 m 이하	3 m 이하
기타구조	3 m 이하	1 m 이하

5) 케이블트레이에 감지기를 설치하는 경우에는 케이블트레이 받침대에 마감금구를 사용하여 설치
6) 지하구나 창고의 천장 등에 지지물이 적당하지 않는 장소에서는 보조선을 설치하고 그 보조선에 설치할 것
7) 분전반 내부에 설치하는 경우 접착제를 이용하여 돌기를 바닥에 고정시키고 감지기를 설치할 것

광센서형 감지기

1 개 요
1) 광센서형 감지시스템은 거리별 온도표시(아날로그 감지기능), 작동온도(정온식, 차동식 또는 두 가지의 혼용 감지 기능)와 경계구역의 임의 설정이 가능하다.
2) 감지거리가 길며, 열악한 주변 환경조건(먼지, 습기 등)에 적응성이 있다.

2 작동원리
1) 빛이 광섬유에 입사할 경우 광섬유 내의 Glass 격자들(SiO_2)로 인해 빛의 산란, 등이 발생한다.
2) 이로 인한 빛의 산란광 중에는 입사광과 동일한 파장의 레일리 산란광과 파장이 다른 산란광인 라만(Raman) 산란광으로 분리된다.
3) 라만 산란광은 온도에 따라 특성이 변한다. [파장(에너지) 변화]
   (1) 입사광보다 파장이 큰 Stokes광(작은 에너지)
   (2) 파장이 짧은 단파장의 Anti-Stokes광(큰 에너지)
4) 광섬유 내의 Stokes광과 Anti-Stokes광의 비율을 감지·비교하여 온도를 측정할 수 있다.
5) 열에 의해 산란되는 산란광이 중계기에 되돌아오는 시간을 측정해서 화재 위치를 판단할 수 있다.

$$x = v \times \frac{t}{2}$$

x : 화재 발생 거리 v : 광섬유 내에서의 광속
t : 산란광 왕복 이동시간

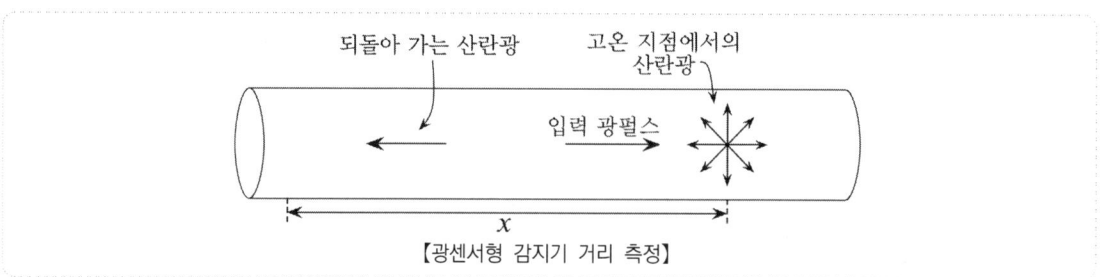

【광센서형 감지기 거리 측정】

3 복귀 펄스 분석방법

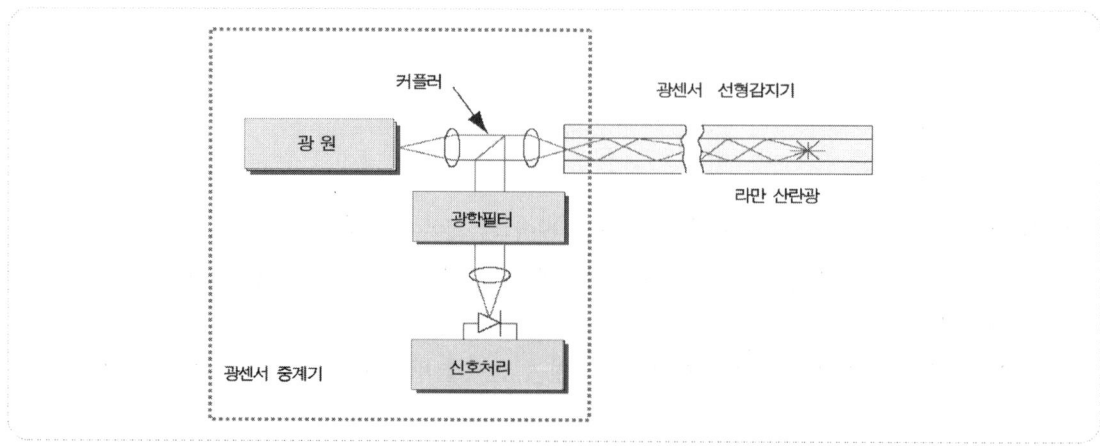

1) 파장을 분광 필터에 의해 Stroke 광과 Anti-Stroke 광으로 분리
2) 검출소자(Photo Detector)를 거치면서 전기 신호로 변환
3) 앰프에 의해 증폭한 후 A/D(Analog to Digital) 변환기로 디지털화
4) SNR(Signal to Noise Ratio) 개선을 위하여 평균화를 한 후 온도 데이터로 변환

4 특 징

1) 정온식, 차동식, 보상식 감지 기능
2) 주변 환경에 적합한 작동 온도를 임의로 설정할 수 있으므로 발화 초기 단계에서 이상 징후를 감지하여 사전 조치 가능
3) 화재에 대한 정확한 정보 파악 가능
4) 최악의 환경 조건에서도 사용 가능
5) 각 지점의 실시간 온도 측정 가능
6) 폭발성 분위기에서도 사용 가능
7) 시공이 경제적이며 유지·관리 비용 절감
8) 최대 감시 거리가 길고, 경계구역의 제한을 받지 않음

5 설치장소

1) 습기나 먼지가 많은 곳
2) 기류의 변화가 심한 곳
3) 현장 접근이 용이하지 못하여 유지보수가 어려운 곳
4) 문화재 등 미관지역
5) 방폭지역 : 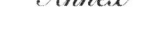 지하구조물, 플랜트, 위험물 취급 장소

Annex

📁 Raman 산란

1. Raman 산란이란 투명한 물질에 단일파장의 강한 빛을 비출 때 산란광 속에서 입사광과 다른 파장의 빛이 산란 되는 현상으로 입사광과 물질과의 사이에서 에너지의 왕래가 이루어져 원자 분자의 진동상태, 회전상태가 변화하기 때문에 발생한다.
   (1) Stokes 산란 : 원래 빛의 에너지보다 작을 때
   (2) Anti-Stokes 산란 : 원래 빛의 에너지보다 클 때
2. 레일리 산란(Rayleigh) : 산란된 빛 중 원래의 에너지를 그대로 유지

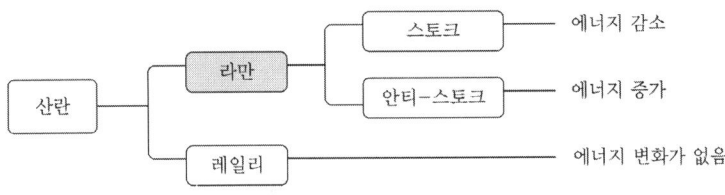

광전효과 (Photo-Electric Effect)

1 정의

1) 금속 등에 특정 진동수 이상의 빛을 비추었을 때 물질의 표면에서 전자가 튀어나오는 현상
2) 튀어나온 전자의 상태에 따라 광기전력효과, 광이온화, 외부광전효과, 내부광전효과로 구분된다.

2 광전효과 특징

1) 금속 표면에 쪼여 주는 빛의 진동수가 특정 값보다 작으면 아무리 센 빛을 쪼여 주어도 광전자가 방출되지 않는다. (어떤 물질 내의 전자가 일함수(Work Function) 이상의 광자 에너지를 흡수하면 빛이 방출된다)

$$h \cdot \nu - \omega = E_k$$

h : 플랑크 상수 ν : 한계 진동수
ω : 일함수 E_k : 전자의 운동에너지

2) 광전자의 운동에너지는 빛의 세기와는 관계가 없고 빛의 진동수에 비례한다.
3) 쪼여 주는 빛의 진동수가 특정 값보다 크면 즉시 광전자가 방출되며, 단위 시간에 방출되는 광전자의 수는 빛의 세기에 비례한다.

3 광기전력효과

1) 특정 반도체에 빛을 조사하면, 조사된 부분과 조사되지 않은 부분 사이에 전위차(광기전력)가 발생하는 현상
2) 반도체의 P-n접합부나 정류작용이 있는 금속과 반도체의 경계면에 강한 빛을 입사시키면, 반도체 중에 만들어진 전자와 정공이 접촉전위차 때문에 분리되어 양쪽 물질에서 서로 다른 종류의 전기가 나타나는 광기전력이 발생하는 현상
3) 이때 전류를 광전류라 하며 포토다이오드(Photo Diode)나 광전지(Photo Cell)에 응용된다.

Annex

📁 일함수 (Work Function)

금속 표면에서 전자를 떼어내기 위해 필요한 최소한의 에너지

1. 전자는 금속 내에서 자유로운 운동을 하고 있지만, 금속 외부로 스스로 튀어나오지는 못한다.
2. 왜냐하면, 금속의 원자들이 양전기를 띠고 있고, 전자에게 인력을 가하기 때문이다.
3. 따라서 금속표면에서 전자가 나오려면 전자는 에너지를 받아야 하는데, 이때 필요한 에너지를 일함수라 한다.
4. 금속표면에서 튀어나온 전자를 광전자라고 한다.

연기감지기

1 개 요
1) 주위의 공기가 일정 농도의 연기를 포함할 경우 이를 검출하여 작동한다.
2) 이온화식, 광전식(스포트형, 분리형, 공기 흡입식), Video-Based Smoke Detection 등이 있다.

2 고려사항
1) 가연물의 조성, 연소상태
2) 입자 크기 및 분포
3) 입자 수량 및 밀도
4) 색상 및 굴절률(산란)

3 분 류
1) 이온화식
2) 광전식
   (1) 스포트형(산란식)
   (2) 분리형(감광식)
   (3) 공기흡입형
3) Video-Based Smoke Detection

4 설치장소
1) 계단 및 경사로
2) 복도(30 m 미만 제외)
3) 엘리베이터 권상기실, 파이프 덕트 기타 이와 유사한 장소
4) 높이가 15~20 m의 장소
5) 취침·숙박·입원 등 이와 유사한 용도
   (1) 공동주택·오피스텔·숙박시설·노유자시설·수련시설
   (2) 교육연구시설 중 합숙소
   (3) 의료시설, 근린생활시설 중 입원실이 있는 의원·조산원
   (4) 교정 및 군사시설
   (5) 근린생활시설 중 고시원
6) 다만 교차회로 방식의 감지기가 설치된 장소 또는 특수감지기가 설치된 장소에는 그러하지 아니하다.

5 설치기준
1) 부착높이에 따른 바닥 면적

부착높이	감지기 종류	
	1·2종	3종
4 m 미만	150	50
4~20 m	75	

2) 복도·통로 및 계단·경사로

구 분	1·2종	3종
복도 통로	30 m	20 m
계단 경사로	15 m	10 m

3) 천장·반자가 낮은 실내 또는 좁은 실내에 있어서는 출입구의 가까운 부분에 설치
4) 천장·반자 부근에 배기구가 있는 경우 그 부분에 설치할 것
   급기구에서는 1.5 m 이상 이격
5) 벽 또는 보에서 0.6 m 이상 이격

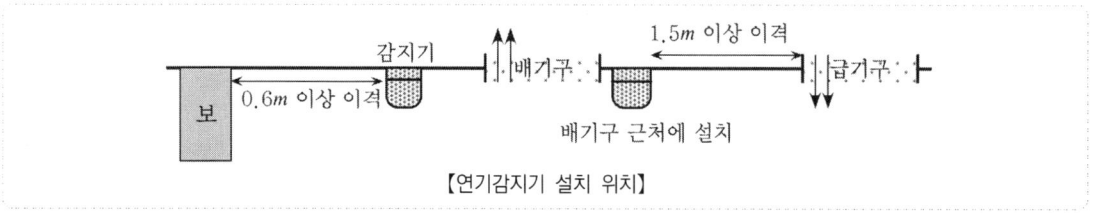

【연기감지기 설치 위치】

6 검 토

1) 현재 국내의 거실에 설치하는 감지기는 대부분 열감지기를 사용하고 있는데, 열감지기는 화재 감지 시간이 증가하므로 인명안전 측면에서 불리하다 ⇒ RSET (피난지연시간) 증가
2) 인명안전 측면에서 감지기 설계 시 연기감지기를 적용하여야 할 것이다.

Annex

📁 **Mie 산란 법칙**

1. 파장이 먼지 등 부유물질과 부딪치면 여러 방향으로 반사되는데, 이것을 산란이라 한다. 입자의 크기가 파장의 $\lambda/2 \sim 10\lambda$ 정도일 때는 산란 패턴이 아주 불규칙한 상태가 된다. 이런 입자크기 영역의 산란을 Mie 산란이라 한다.
2. 광전식, Air Sampling 감지기의 기본 원리
3. 입자의 크기 & 빛의 파장
   (1) 입자의 크기 ≪ 빛의 파장 : 통과
   (2) 입자의 크기 ≫ 빛의 파장 : 흡수
   (3) 입자의 크기 ≒ 빛의 파장 : 산란

0.95μm / 0.42μm 이하
빛의 파장 / 연기 입자

0.95μm / 9.5μm 이상
빛의 파장 / 연기 입자

0.95μm / 0.95μm
빛의 파장 / 연기 입자

이온화식과 광전식 감지기

1 개 요
1) 연기란 연소생성물 중 기체, 고체 및 액체 미립자로 구성된 에어로졸이다.
2) 연기의 검출 방법은 이온화식(Ionization), 산란광식(Light Scattering), 감광식(Light Obscuration) 이 있다.
3) 구획 내 연기입자 크기, 색상, 환경조건 등을 고려하여 적합한 감지기를 설정하여야 한다.

2 이온화식 감지기
1) 구 조
   (1) 내부이온실과 연기가 유입되는 외부이온실로 구성
   (2) 방사선원 Am 241에 의해 이온실 내 공기 이온화
   (3) 이온실에는 이온화된 공기에 의해 상시 작은 전류가 흐름
2) 작동원리
   외부 이온실에 유입된 연기입자는 이온의 활동성을 감소시켜 공기의 전도도를 낮춘다(저항 증가).
   (1) 연기가 없을 때
      ① 이온전류 $= I$
      ② $V = V_1 + V_2$
   (2) 외부이온실에 연기가 유입 시

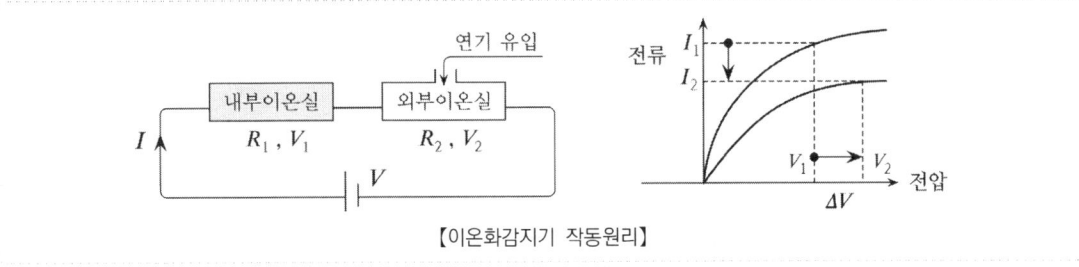
【이온화감지기 작동원리】

   ① 연기미립자에 의해 R_2가 증가 ⇒ 이온전류(I)가 감소
   ② R_1는 일정하므로 내부이온실 전압 V_1 감소
      $V = V_1 + V_2$ 이므로 외부이온실 전압 V_2 증가
   ③ 전압변동량(ΔV)이 설정치를 초과하면, 스위치회로 작동하여 화재신호 발신

3) 특 징
   (1) 작은 연기입자에 유리(입자 수가 중요), 불꽃연소에 적응성이 있다.
   (2) 연기의 색상과는 무관하다.
   (3) 전자파에 의한 영향은 없지만 온도, 습도, 바람에 민감하다.
   (4) 눈에 보이지 않는 연기가 항상 체류할 가능성이 있는 장소에는 적응성 떨어짐 ⇒ 비화재보

4) 설치장소

(1) 환경이 깨끗하고 인명피해가 예상되는 장소 사용

(2) 알콜 저장, 취급 장소에 적응성 있다.

❸ 광전식스포트형 감지기

1) 작동원리

(1) 광원과 광원에서 방출된 광선이 감광 센서에 직접 도달되지 않도록 배열된 감광센서를 이용하는 원리이다.

(2) 연기 입자가 광 경로에 진입하면 빛 일부는 반사와 굴절에 의해 수광부로 산란된다. 이러한 빛의 세기가 설정치를 초과하면 경보상태를 전송한다.

2) 구 조

(1) 송광부 : 적외선 LED ($0.95\mu m$)

(2) 수광부 : Photo Cell 또는 CdS

(3) 수광부는 광전효과에 의해 기전력이 발생되는 것으로 빛 에너지를 전기적으로 변환시키는 (광기전력) 소자 이용

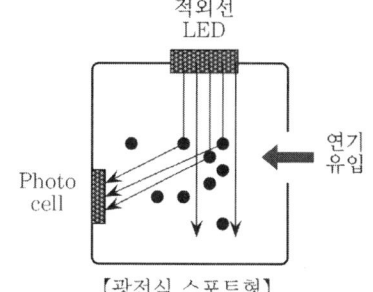

【광전식 스포트형】

3) 특 징

(1) 산란에 의한 수광량 증가량을 감지한다.

(2) 입자크기와 산란의 관계

Mie 분산법칙에 따라 입자크기와 파장이 같은 크기일 때 감도 최대

(3) LED 광원의 크기가 $0.95\mu m$ 이므로 이 크기에서 감도가 가장 우수

(4) 훈소 등으로 인해 발생된 눈에 보이는 입자 크기 ($0.3 \sim 1\ \mu m$)에서 감도 최대

(5) 밝은 회색이 반사가 잘되므로 감도 최대

4) 설치장소

(1) 창고, 계단실, 복도 등 화재 초기의 연기 입자가 클 것으로 예상되는 장소

(2) 일반적으로 감지특성은 이온화감지기가 우수하지만 기술의 발전으로 광전식스포트형 감지기도 감지 특성도 우수하여 현재는 대부분 광전식스포트형 감지기를 사용한다.

❹ 환경조건에 따른 설치 여부 (NFPA)

종 류	유속 1.5 m/s 이상	고도 1000 m 이상	상대습도 93 %	온 도 < 0 ℃, > 38 ℃	연기색상
이온화식	✔	✔	✔	✔	
광전식			✔	✔	✔
공전식(분리형)			✔	✔	
공기흡입형			✔	✔	

✔ : 영향 있음

5 이온화식과 광전식 비교

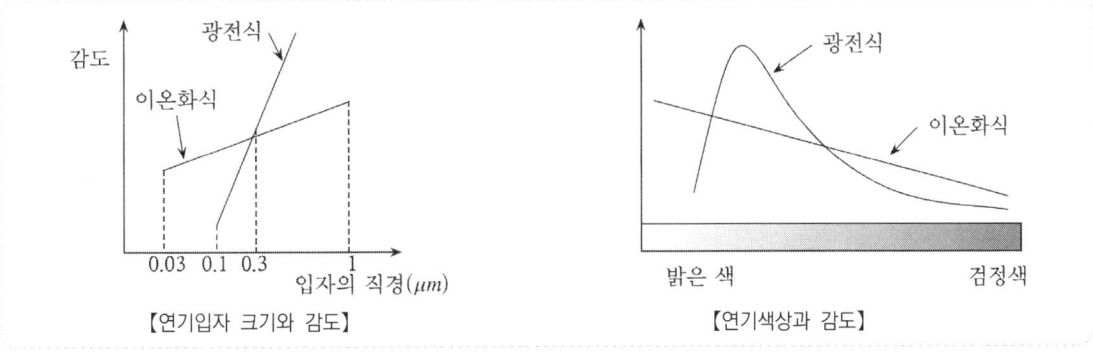

【연기입자 크기와 감도】 【연기색상과 감도】

 광전식분리형

1 개 요

1) 광전식분리형 감지기는 경기장, 역사, 박물관 등과 같이 층고가 높고 감지구역이 넓은 대공간에 주로 사용한다.
2) 연기입자가 광 경로에 진입하면 빛 일부는 산란되고 일부는 흡수되어 수광부에 도달하는 빛은 줄어들게 된다. 이러한 빛의 감소 신호를 증폭하여 감지기가 동작

2 동 작

1) 송광부와 수광부를 별도로 분리하여 설치하는 연기감지기
2) 평상시 송광부에서 수광부로 적외선을 보내어 이를 수광
3) 그 사이로 연기가 유입되면 수광량이 감소하므로 이를 검출하는 감광식 동작 방식

3 구 조

【Beam Type】 【Beam 반사 Type】

1) Beam Type : 송광부와 수광부 별도 설치
2) Beam 반사 Type
   (1) 송광부와 수광부가 들어 있는 함과 반사판으로 구성
   (2) 송광부와 수광부가 하나의 Unit로 되어 있어 설치 비용, 설치시간 감소
   (3) 감지장치와 반사판 사이에 어떠한 전기적 접속이 없기 때문에 배선 비용 감소

4 설치기준

1) 수광면은 햇빛을 직접 받지 않도록 설치
2) 광축은 나란한 벽으로부터 0.6 m 이상 이격
3) 송광부와 수광부는 설치된 뒷벽으로부터 1 m 이내 설치
4) 광축의 높이는 천장 높이의 80 % 이상일 것
5) 광축의 길이는 공칭 감시거리 범위 이내일 것
6) 그 밖은 형식 승인, 제조사의 시방에 따라 설치할 것

5 특 징

1) 층고가 높고, 개방된 공간이 넓은 구조에 사용 가능
2) 광범위한 연기의 누적을 감지하기 때문에 스포트형 감지기보다 비화재보 가능성이 작다.
3) 스포트형보다 적은 수의 기기를 설치할 수 있다.
4) 감시거리가 길어서 공기 유동이 빠른 장소에서도 적응성이 있다.

6 단 점

1) 비가시성 연기에는 감도가 떨어진다.
2) 경로(광축)에 들어오는 물체로 인한 간섭을 받을 수 있다.

   일반적으로 20~70 %의 차단율(감광율) 사이에서 감도 조절, 만약 빛이 갑자기 차단되면 장치는 경보를 발하지 않고 일정 시간 경과한 후 고장 신호를 보낸다.

구 분	광전식분리형	광전식스포트형
비화재보	일시적으로 통과하는 연기에 동작하지 않아 비화재보 방지	다른 파장의 빛에 의해 동작 가능성 전자파에 의한 오동작
신뢰도	높다	낮다
사용 장소	높은 천장 넓은 공간	A급화재, 훈소화재 엷은 회색 연기에 유리 지하상가(난로 등 연기 체류 장소)
구조	송광부와 수광부 분리 설치	광원, 광수신부, 검출부
조기 경보	짙은 연기에 유리	엷은 연기에 유리
작동원리	수광부 광량의 감소	수광부 광량의 증가
관리	유지 관리 어려움	감도 둔해져 실보 가능성

NFPA 감지기 설치위치

1 개 요

1) NFPA 72와 NFTC 203의 스포트형 (연기)감지기 관련 차이점은 감지기 배치방법(수평거리) 및 벽과의 이격거리 등이다.
2) 층고, 장애물 형태, 플럼의 형상(플럼의 상승 폭, Ceiling Jet 깊이) 등을 고려하여 감지기 간격 및 설치 위치를 결정하여야 한다.

2 감지기와 벽과의 이격 (NFPA 72)

1) 열감지기 : 벽에서 10 cm 이상 이격 $h \propto \sqrt{v}$
2) 연기감지기 : 제한 없음

구 분	NFTC	NFPA
열감지기	규정 없음	벽에서 10 cm
연기감지기	보에서 60 cm	제한 없음

3 플럼 및 빔(Beam) 등의 장애물

1) 플럼의 특성

   플럼의 폭은 0.4 H, Ceiling Jet의 깊이는 0.1 H

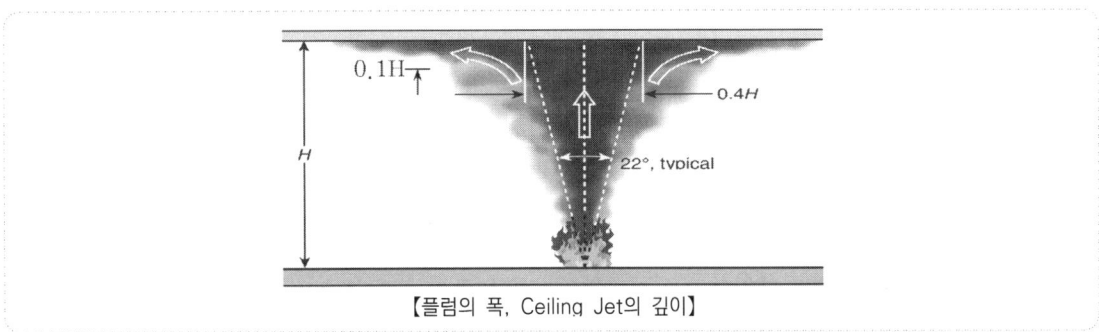

【플럼의 폭, Ceiling Jet의 깊이】

2) 구조체 : 깊이는 100 mm 이상
   (1) 장선(Joist) : 중심 간 간격이 0.9 m 이하
   (2) 빔(Beam) : 중심 간 간격이 0.9 m 초과

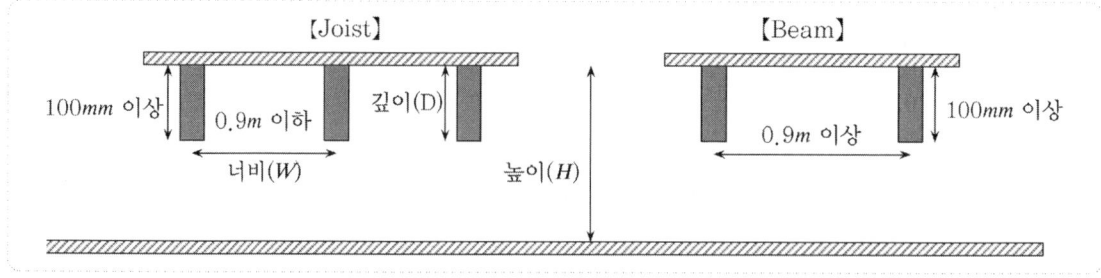

4 장선/빔의 수직방향 감지기 간격

감지기	장애물	간 격
열감지기	장선	1/2
	빔	2/3
연기감지기	장선	1/2 ($W < 0.4H$)
	빔	

5 열 감지기 위치

원칙적으로 열감지기는 천장에 설치하여야 한다.

1) 장선(Joist) : Joist 하단에 설치하여야 한다.
2) 빔(Beam)
   (1) 깊이 300 mm 이하이고 간격이 2.4 m 이하 : Beam 하단에 설치할 수 있다.
   (2) 깊이 460 mm 이상이고, 간격 2.4 m 이상인 경우 각각의 포켓은 별도의 공간으로 간주
       ⇒ 각각의 포켓에 감지기 설치

6 연기감지기 위치

1) 빔(Beam)의 깊이 < 0.1H

   평평한 천장으로 간주하여 빔 하단 또는 포켓(Beam Pocket)에 설치

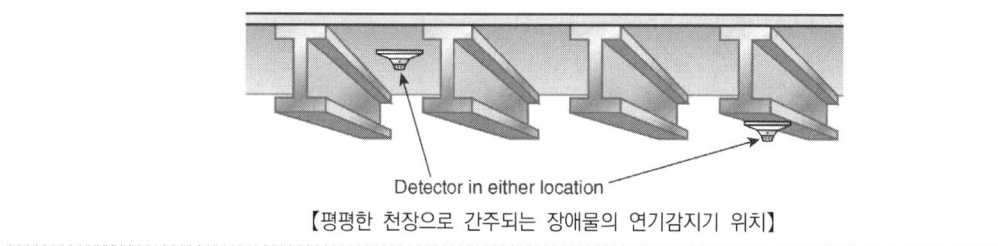

【평평한 천장으로 간주되는 장애물의 연기감지기 위치】

2) 빔(Beam)의 깊이 > 0.1H
   (1) $W < 0.4H$: 평평한 천장으로 간주하여 빔 하단 또는 포켓(Beam Pocket)에 설치
   (2) $W > 0.4H$: 각각의 빔 포켓에 설치
3) 복도의 폭이 4.6 m 이하이고 수직인 빔(Beam) 또는 장선(Joist)
   천장, 벽 또는 빔 또는 장선 하부에 설치
4) 84 m² 이하인 작은 구역 : 천장이나 빔 하부에 설치

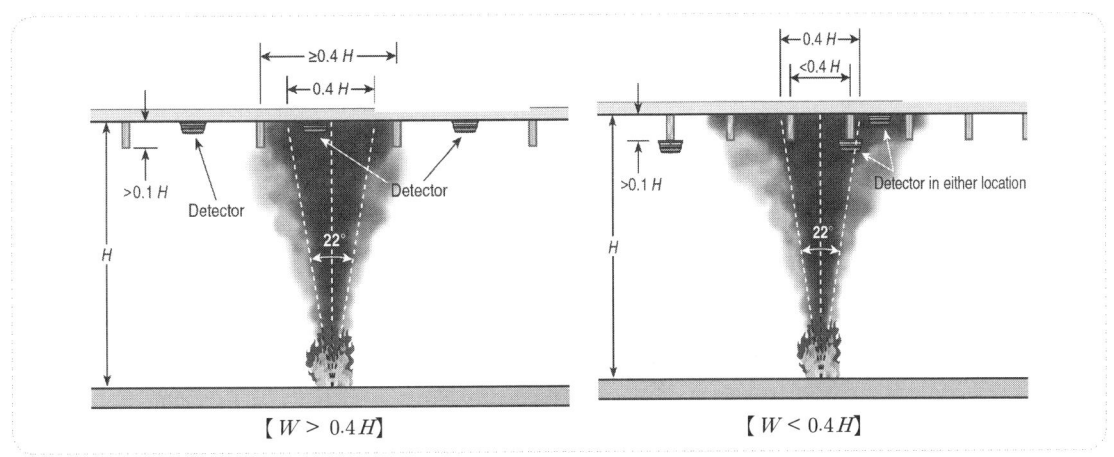

7 구획실 기준

1) 천장과 칸막이 간격이 천장 높이의 15 % 이하인 경우 구획실로 간주하여 각각의 장소에 감지기를 설치하여야 한다.

2) 칸막이에 대한 취급은 NFPA 13(스프링클러)의 칸막이 취급과는 다르다. NFPA 13의 주 관심사는 헤드의 살수 패턴 그리고 살수 패턴과 화재제어에 대한 칸막이의 영향이다.

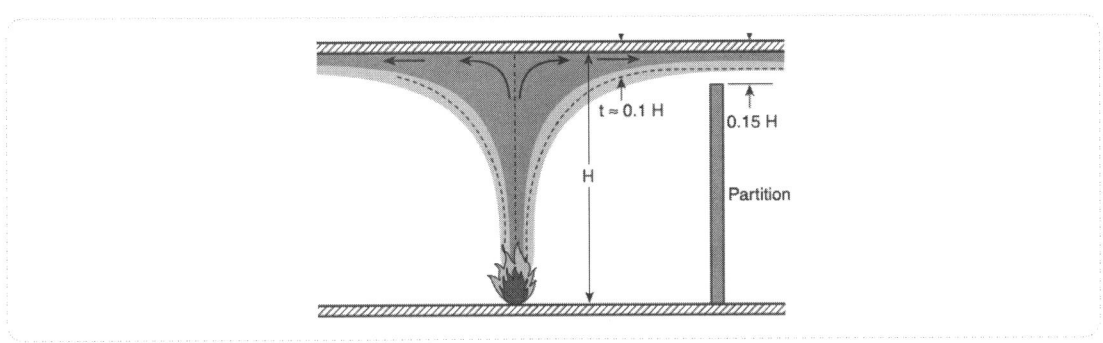

Annex

📁 Raised Floor 연기감지기 설치

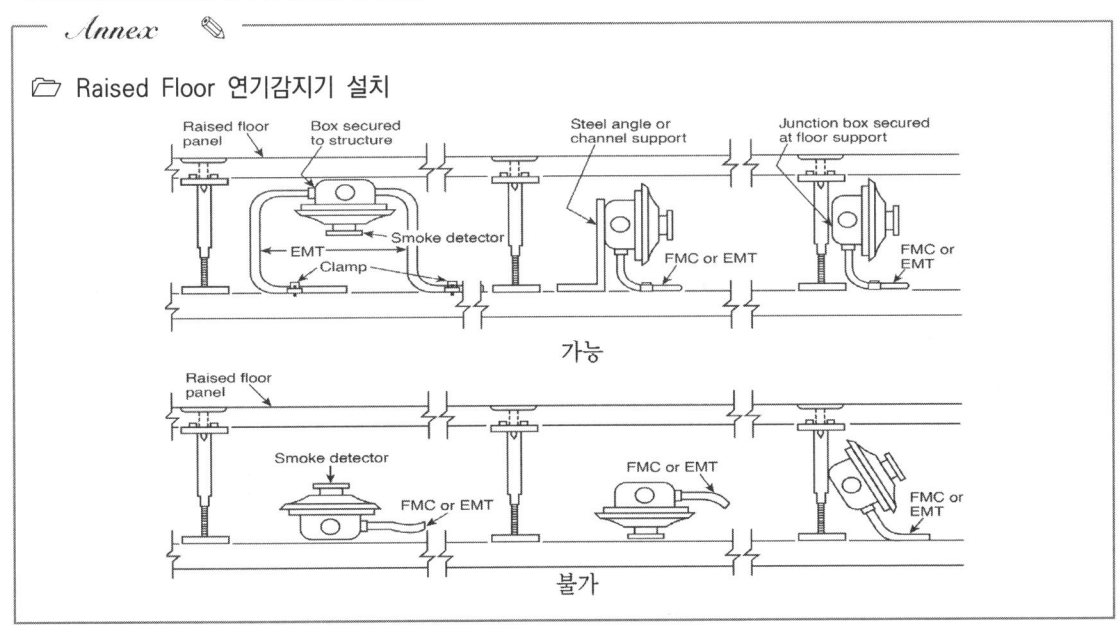

Annex

📁 벽과 연기감지기 이격

1. 열감지기는 대류 열전달이 중요한데 대류열전달계수(h)는 속도의 제곱근에 비례하며, 연기가 벽 근처로 유동하면 속도가 감소하여 대류 열전달률이 낮아진다.
2. 연기감지기는 연기 입자의 속도는 영향이 적어 NFPA 72에서 관련 규정을 삭제했다.

📁 Joist & Beam

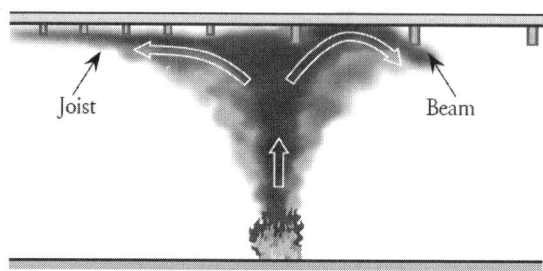

위의 그림처럼 장선(Joist)의 경우 장선 하부로 Ceiling Jet가 흐르므로 장선 하부에 열감지기를 설치하여야 한다.

📁 Fill and Spill (열감지기)

1. Fill and Spill 현상이 발생할 수 있는 Beam의 경우 별도의 공간으로 간주한다.
   ∵ 감지시간지연 발생
2. Beam의 형태 : 폭 2.4 m 이상, 깊이 460 mm 이상

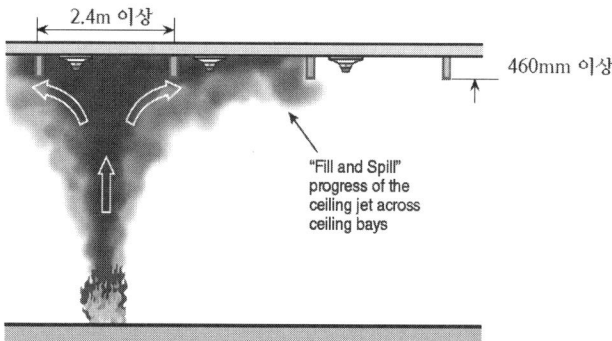

📁 높은 천장의 감지기 설치

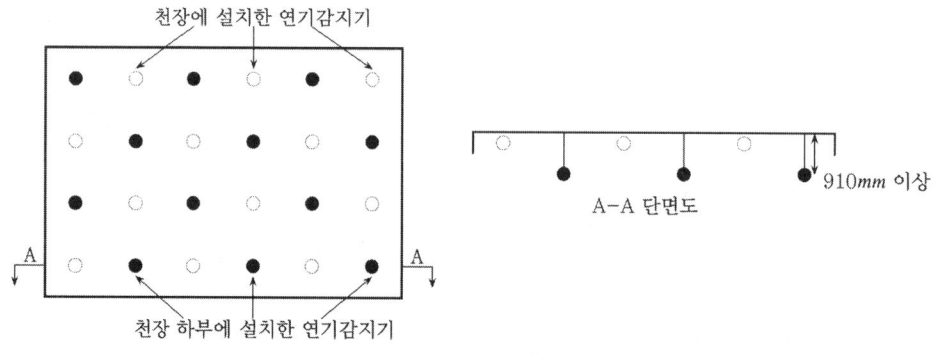

공기흡입형 연기감지기

1 개 요

1) 일반적으로 화재 시 가장 먼저 발생하는 연소생성물은 연기 형태의 초미립자이다.
2) 초기 연기는 부력이 없어 공조 등 순환되는 공기에 의해 이동하는데, 이런 연기를 일반 감지기로 초기에 감지하기는 어렵다.
3) 그래서 Pipe Network에 의해 능동적으로 공기를 흡입하여 연기를 감지하는 감지기. 즉, 공기흡입형 연기감지기(Air Sampling Smoke Detector)가 개발되었다.
4) 공기흡입형 연기감지기는 화재 초기 열분해에 의해 생성되는 초미립자를 포함한 주변공기를 흡입 분석하여, 설정치 이상이면 화재를 발신한다.

2 구 성

1) 배관(Piping or Tube Network)
2) 흡입 팬(Aspiration Fan)
3) 필 터
4) 센서(고감도 중앙집중 감지기)

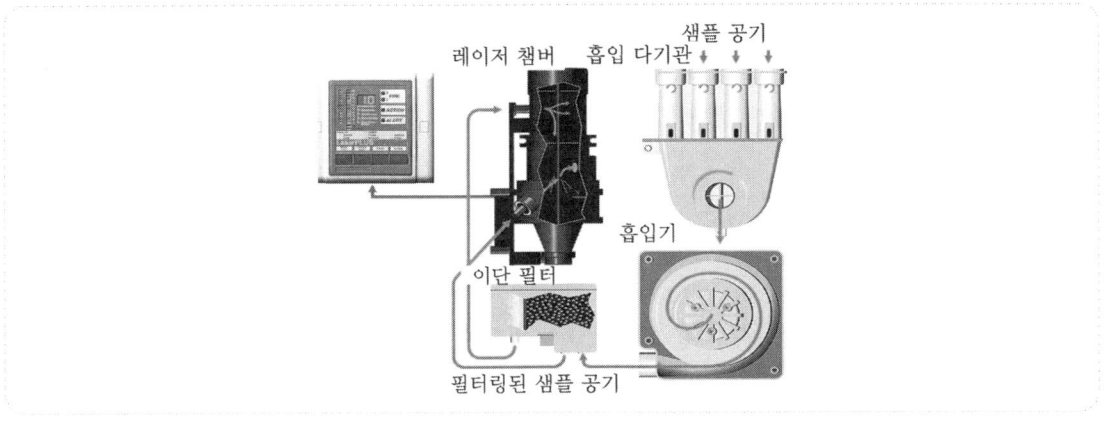

3 작동원리

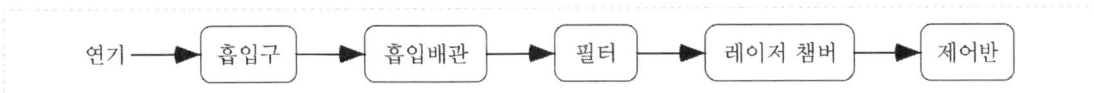

1) 공기는 흡입구에서 흡입되어 흡입배관으로 이동된다.
2) 흡입된 공기는 흡입기를 거쳐 레이저 챔버로 보내진다.
3) 필터를 사용하여 샘플 공기로부터 먼지 등을 제거한다.
4) 흡입공기는 레이저 챔버로 보내지고, 연기 입자는 이 광선을 산란시키고, 센서는 이러한 산란을 감지한다.
5) 연기 수준을 나타내는 그래프 생성을 위해서 프로세서로 신호를 보낸다.

4 Sampling 방법

1) 능동형 공기흡입 : 흡입기에 의해 강제로 흡입
   (1) 표준배관 샘플링
   (2) 모세관 샘플링 : 샘플링 파이프와 캐비닛과 같이 닫힌 공간에서 일정한 거리를 두고 공기를 샘플링하는 데에는 모세관을 사용한다.
2) 수동형 공기흡입 덕트 연기감지기(Duct Smoke Detector)
   (1) 수동적 연기 흡입
   (2) 기류가 흐르는 덕트 내에 설치하는 방식

【Duct Smoke Detector】   【모세관 샘플링】

5 연기감지 방법 : Laser Beam Type

1) IR 발광 Diode에 의한 광원과 연기입자에 산란된 광을 Photo Diode로 검출
2) 레이저를 이용하기 때문에 감지부의 수명이 길다.
3) Paired Pulse Amplitude(먼지 등에 의한 반응 문제 해결)
   (1) 순간적으로 2개의 빛을 발광하여 그 신호의 차이를 감지하는 방식
   (2) 연기와 먼지에 반응하는 신호를 장파와 단파로 구분하여 먼지에서 발생되는 장파를 배제한 단파의 신호만을 계산하여 경보

6 흡입 배관의 표시

아래의 지점에 "연기감지기 흡입 튜브-절대 손대지 마시오."라고 명확히 표시해야 한다.
1) 방향의 변경점이나 지관
2) 벽, 바닥 또는 기타 장벽 관통부의 각 측면
3) 공간 내에서 보이는 배관의 6 m 이하 구간마다

7 특 징

1) 일반 연기감지기에 비하여 조기 감지능력이 우수하다.
2) 풍속, 분진, 습기, 온도 등에 의한 오동작의 우려가 작다.
3) 일반적으로 스포트형 연기감지기보다는 기류에 의해 연기가 축적되지 않는 장소도 가능하다.
   하지만 공기흡입형 감지기가 대규모 방호구역에 설치된 경우 어느 정도 주위 기류 또는 플럼과 Ceiling Jet에 의존한다.
4) 감도 조절이 간단하여 오동작 우려가 큰 장소에도 사용 가능하다.
5) 설비가 복잡하고 고가이다.

8 적응장소

1) 업무에 중단이 있어서는 안 되는 중요한 시설

    전산실, 통신시설, 중앙제어반 등

2) 연기감지가 어려운 장소

    (1) 빠른 공기흐름으로 연기의 희석 및 냉각 또는 천정이 매우 높은 공간에서의 연기의 희석 및 단층화 우려가 있는 장소

    (2) 전산실, 극장, 아트리움, 덕트 내부 등

3) 유지·보수 작업 시 감지기 접근이 어려운 장소

    천장 속이나 바닥 하부의 공간, 엘리베이터 통로, 높은 천장 등

4) 감지기가 노출되지 않아야 하는 시설

    문화재, 박물관, 미술관, 교도소 등

5) 피난에 시간이 걸리거나 어려운 시설

    (1) 많은 사람이 한정된 공간에 모여 있는 곳

    (2) 비상대피 경로가 협소하거나 제한적인 공간

    (3) 대피에 도움이 필요한 재실자 거주 시설

6) 열악한 환경 조건을 가진 시설

7) 자동소화설비가 있는 시설

    (1) 자동소화설비가 동작할 경우 고가의 소화약제가 방출되는 장소

    (2) 수손 피해가 우려되는 장소(창고, ESS 저장실)

9 결 론

1) 화재를 감시하는 장소의 특성에 따라 올바른 시스템의 선택이 중요하다.
2) 공기흡입식 연기감지기는 화재를 초기에 감지하여 큰 화재로 진전을 막는 감지시스템으로 반도체 및 통신산업뿐만 아니라 다른 곳에서도 사용이 증가되고 있다.

공기흡입형감지기 배관 설계

1 배관 설계 개요

1) 흡입구를 스포트형 연기감지기와 동일하게 간주하고 있어 감지가 되지 않는 흡입구가 있거나 응답 특성이 늦은 흡입구은 감지기 설치가 되지 않은 공간으로 볼 수 있다.
2) 배관과 흡입구의 가공은 이송시간 및 흡입률 등을 고려하여 배관 구경을 정하고, 복수의 배관을 설치할 경우 각 흡입배관은 균등 공기 흐름이 되어야 한다.

2 공기흡입 설계 시 주의사항

1) Balance
   ⑴ 각각의 흡입구(Sampling hole)는 스폿(Spot) 타입 감지기로 간주하여 배치하여야 한다.
   ⑵ 동일 배관의 첫 번째 흡입구와 마지막 흡입구의 공기흡입량의 비율을 1 : 1에 가깝게 유지

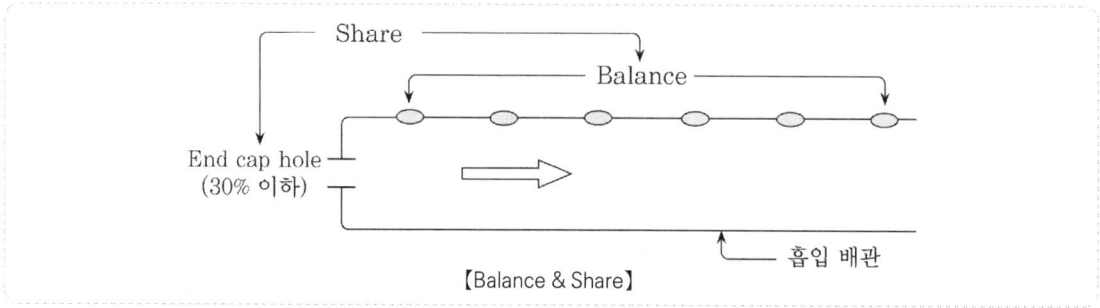

【Balance & Share】

2) Share
   ⑴ 전체의 공기 흡입량(흡입구 전체의 공기흡입량 + End Cap Hole)과 흡입구 전체의 공기흡입량의 비율

   $$Share = \frac{흡입구\ 전체의\ 공기흡입량}{전체의\ 공기흡입량}$$

   ⑵ 흡입구의 흡입되는 공기량이 전체 흡입량의 70 % 이상이어야 한다.

3) End Cap Hole : 배관 말단에 설치한 Cap에 가공된 Hole
   ⑴ 배관 내부의 공기 이동 속도 등에 큰 영향

End Cap Hole 크기	특 징
작은 경우	• Balance에 악영향 • 가장 멀리 떨어진 흡입구에서 챔버까지 이동 속도 지연
큰 경우	• 흡입구 Share의 감소

   ⑵ 직경(mm)

   직경(mm) = $\sqrt{d \times N}$ d : 흡입구 직경
   N : 흡입구 수

4) 가장 멀리 떨어진 흡입구에서 챔버까지 공기샘플 최대전달시간은 120초 이하(NFPA 72)

5) 다중관 시스템
   (1) 하나 배관의 흡입구 개수가 증가할수록 이송시간이 증가한다.
   (2) 하나의 배관으로 전체 구역을 커버하는 배관망 설계가 가능하다. 그러나 배관망의 효율성 증대를 위해서는 배관의 길이가 짧아야 한다.
   (3) 다중관 시스템의 장점
      ① 짧은 배관은 배관의 끝에서 공기가 이동하는 거리가 짧아 반응시간이 빠르다.
      ② 배관이 짧으면 이동시간이 짧아지고 공기흐름도 개선된다.
      ③ 시스템 밸런스(Balance) 역시 우수하다.

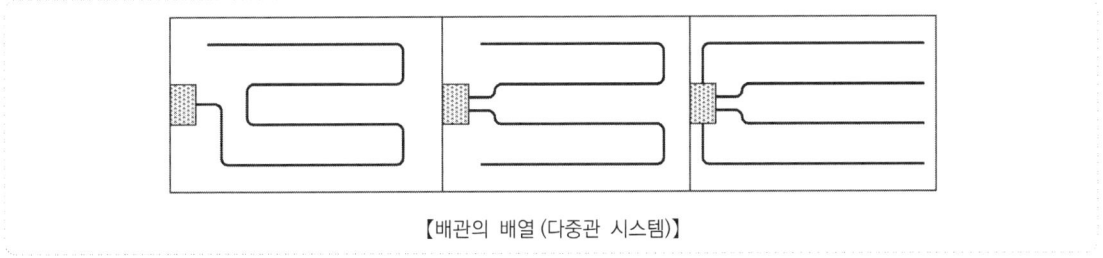

【배관의 배열 (다중관 시스템)】

❸ 공기흡입식 연기감지기의 응답특성에 영향을 주는 요인

1) 흡입구
   (1) 직경
   (2) 총 개수 : 흡입구 수가 증가하면 연기 이송시간도 길어진다.
2) 배관
   (1) 총 길이
   (2) 내경
3) 흡입구 사이 배관의 길이

❹ 배관 설계 절차

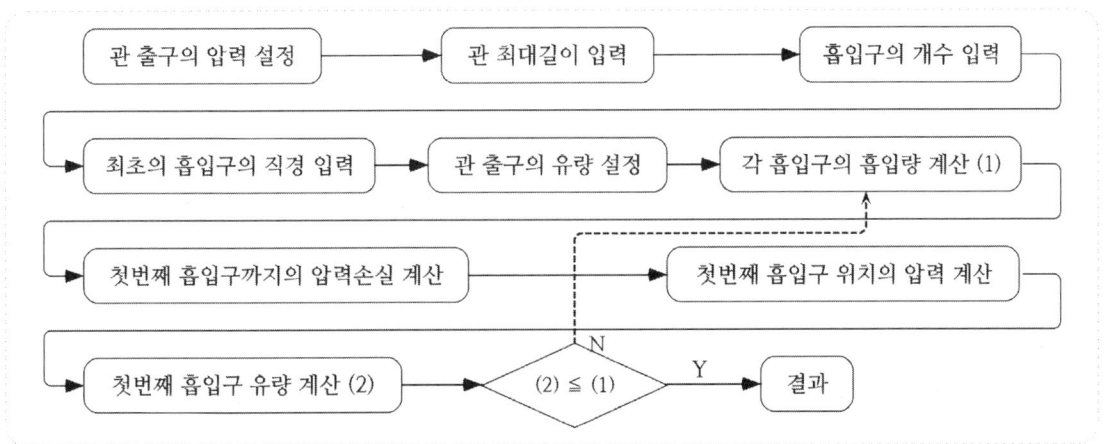

불꽃감지기

1 개요

연소 시 불꽃에서 방사되는 복사에너지(UV, IR)를 감지하여 화재 신호를 발신하는 감지기

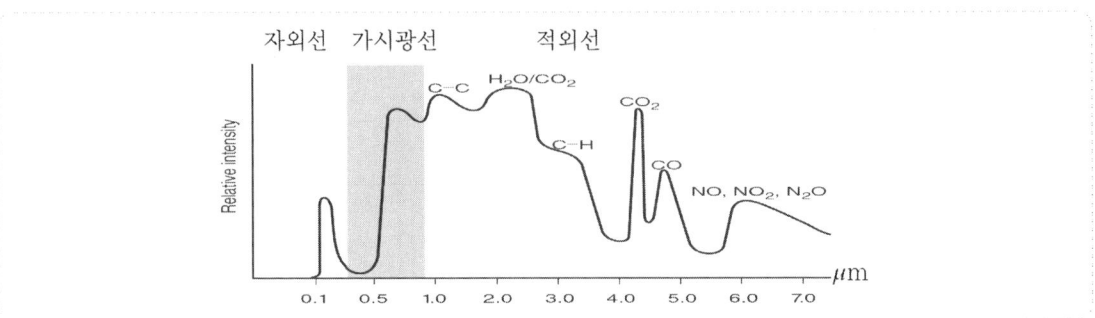

자외선 : 0.1 ~ 0.35 [μm]   Visible : 0.35 ~ 0.75 [μm]   적외선 : 0.75 ~ 220 [μm]

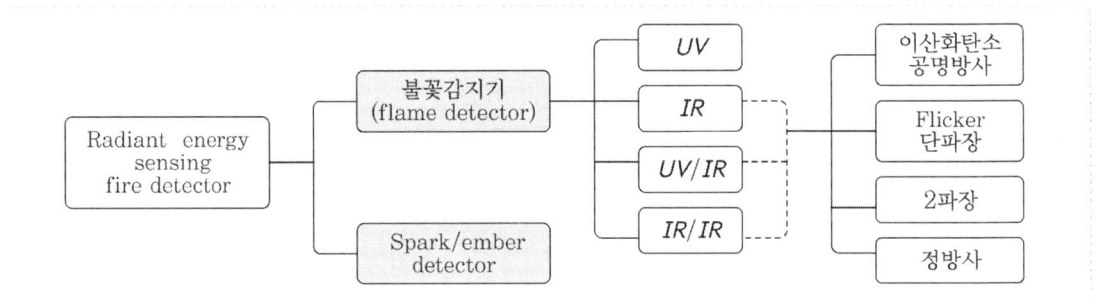

2 종류

1) 자외선식(UV) : 옥외용, 폭발 감지용
   (1) 자외선(0.1~0.35 μm)에 의한 수광량의 변화로서 화재를 감지
   (2) 황, 가연성 금속, 수소화재에 적응성이 있다.
   (3) 기본센서 : 진공 포토다이오드관(Vacuum Photodiode Geiger-Muller Tube)
   (4) 응답특성이 우수하다.
   (5) 저가로 널리 사용되지만 연기 등 부유물에 의해 UV가 흡수되므로 감도에 대한 신뢰성이 낮고 노이즈에 의해 오보가 많다.
   (6) 투과창이 더러워지기 쉬워 감도가 나빠지기 때문에 항상 검사 및 빈번하게 창을 닦아야 하는 등 유지보수가 곤란하다.

2) 적외선식(IR) : 옥내용
   (1) 화재 시 발생하는 적외선을 검출하여 화재 신호로 발신한다.
   (2) 일반적으로 H_2O(2.5μm) 및 CO_2(4.3μm)와 같은 특정 연소생성물을 감지
   (3) 적외선에 의해 전기적인 변화를 일으키는 소자의 출력 변화(광기전력)로 화재를 감지한다.

(4) 감지 방식에 의한 분류

감지원리	특 징
이산화탄소 공명방사	• 연소 시에 발생되는 이산화탄소에서 발생되는 파장은 약 $4.3\ \mu m$의 적외선 영역에서 공명방사가 존재한다. • 이는 물체의 연소열에 의해 열을 받은 이산화탄소의 분광 특성인데, 광학필터는 $3.5 \sim 5.5\ \mu m$의 Infrared Band Pass Filter가 사용된다.
Flicker 단파장 검출	• 연소하는 화염에는 산란이나 반짝임 성분이 포함되어 있다. • 불꽃이 연소상태에서 주위의 산소를 흡수하여 호흡작용을 하므로, 일정주기를 가지고 깜박인다. • 가솔린연소는 정방사량의 약 6.5 %의 반짝임 성분이 포함되며 그 반짝임의 주파수는 2~50 Hz 정도이다. • 이러한 종류의 감지기는 화염의 반짝임 성분을 검출한다.
2파장 검출	• 화염의 온도는 1,100~1,600 K 정도로 조명이나 태양광의 온도에 비해 낮다. • 따라서 화염의 스펙트럼 분포는 조명·자연채광과 다르며, 단파장측보다 장파장측이 조명·태양광에 비해 크다. • 2파장 검출방식은 이러한 2개의 파장간의 에너지 비를 검출하는 것이다.
정방사 검출	• 조명광의 영향을 방지하기 위해 $0.72\ \mu m$ 이하의 가시광선을 적외선 필터에 의해 차단 • 검출소자로 실리콘 포토다이오드 또는 포토트랜지스터 등을 사용한다. • 검출소자의 특성상 너무 긴 파장을 차단할 수 있는 적외선 필터를 사용하기 곤란하여 밝은 장소에는 사용되지 않는다. • 도로터널 등과 같은 장소에 주로 이용된다.

3) UV/IR 방식 : 자외선 적외선 감지 소자가 모두 작동하여야 화재 신호 발신한다.

4) 다중 적외선 감지기

　(1) 다수의 스펙트럼 영역을 감지한다.

　(2) 용접, 태양광, 할로겐등 등에 의한 비화재보를 방지한다.

3 적응 장소

1) 층고가 높은 장소(국내는 20 m 이상의 장소)
2) 항공기 격납고 같은 높은 천장의 개방된 공간
3) 바람이나 통풍이 연기나 열이 감지기에 도달하지 못하도록 방해할 수 있는 실외 공간
4) 화재가 빠르게 성장할 우려가 있는 공간
5) 가스계 소화설비와 연동된 고화재 위험용 기기나 장치가 설치된 공간
6) 다른 종류의 감지기를 설치하기 부적절한 공간

※ NFTC : 화학공장, 격납고, 제련소

불꽃감지기 설계 시 고려사항

1 불꽃감지기 선정/설치

1) 불꽃감지기 종류

   (1) 감지하여야 할 화재의 크기 (임계화재)

   (2) 반응시간

   (3) 불꽃감지기 감도

   (4) 감지기가 주어진 시간 안에 특정 규모의 화재와 가연물을 감지할 수 있는 감지기 광학축 거리

2) 가연물 종류

   (1) UV 감지기

   ① 일부 탄화수소 계열, NH_3, S, H_2, 히드라진 및 금속 등 화재에 적응성

   ② 중질류의 경우에는 적응성이 떨어진다.

   (2) IR 감지기 : 탄화수소류에 적응성이 있다.

3) 화재와 무관한 복사 에너지원의 존재 유무 : 비화재보 방지

감지기	비화재보 원인
UV 감지기	• 번개 (Lightning) • Arc 용접 • X rays and 방사성 물질
IR 감지기	• 태양광 • 가스 용접 (Oxy-Acetylene Welding)

4) 주위 공기에 의한 복사에너지 흡수 : 수증기 등에 의해서 흡수되어 복사에너지 감소

2 감지기 위치

1) 시야각

   (1) 시정장치 (Line of Sight)이어서 반드시 발화원을 '바라보고' 있어야 한다.

   (2) 시야각의 정의가 스파크, 잔화, 또는 화염을 감지기가 볼 수 있는 유효 범위

2) 감시거리

   (1) 역제곱 법칙 : 감지기에 도달하는 복사에너지는 거리의 제곱에 반비례

   $$S = \frac{C \cdot P \cdot e^{-KL}}{L^2}$$

   C : 감지기 비례상수 P : 화재의 크기
   K : 감광계수 L : 거리

   (2) 화재를 유효하게 감지할 수 있는 모서리 또는 벽 등에 설치

   ① 높은 천장 : 천장면에 설치하여 바닥을 향할 것

   ② 낮은 천장 : 하나의 감지기로 가능한 넓은 공간을 감지하기 위해 모서리에 설치하는 것이 유리

   ③ 일정거리까지는 거리에 따라 바닥 감지면적이 증가하지만, 일정거리를 지나면 감소한다.

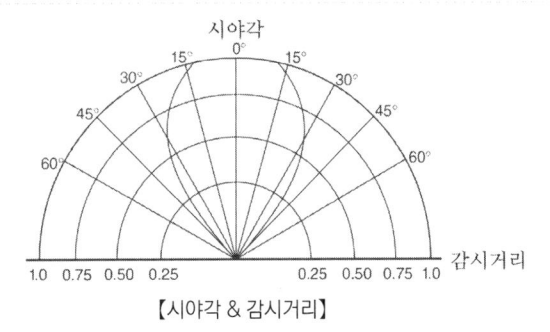

【시야각 & 감시거리】

❸ NFTC 설치기준

1) 공칭감시거리 및 공칭시야각은 형식승인 내용에 따를 것
2) 감지기는 공칭감시거리와 공칭시야각을 기준으로 감시구역이 모두 포용될 수 있도록 설치할 것
3) 감지기는 화재감지를 유효하게 감지할 수 있는 모서리 또는 벽 등에 설치할 것
4) 감지기를 천장에 설치하는 경우에는 감지기는 바닥을 향하여 설치할 것
5) 수분이 많이 발생할 우려가 있는 장소에는 방수형으로 설치할 것
6) 그 밖의 기준은 형식승인 내용에 따르며 형식승인 사항이 아닌 것은 제조사의 시방에 따라 설치

Annex

📁 불꽃감지기 (NFPA 72)

1. 자외선 불꽃감지기(Ultra Violet Flame Detectors)
   (1) 일반적으로 진공 포토다이오드(Vacuum Photodiode) 계수관을 사용
   (2) 포토다이오드는 계수관의 활성영역에 진입하는 각 자외선 광자에 대해 전류 흐름을 감지
2. 단일 파장 적외선 불꽃감지기
   (1) 주로 Photo Cell를 사용하여 불꽃에 의해 생성되는 단일 파장 대역의 적외선을 감지
   (2) 이들 감지기는 일반적으로 백열등이나 햇빛과 같이 일반적으로 발생되는 적외선 방출원으로부터 경보가 생성되는 것을 최소화하기 위한 장치(필터)를 포함한다.
3. 자외선/적외선(UV/IR) 불꽃감지기
   (1) 진공 포토다이오드관으로 자외선을, 그리고 광전지로 일정 파장의 적외선을 감지하여 조합된 신호를 분석하여 화재를 발신한다.
   (2) 경보 신호가 발신될 수 있기 전에 2가지 유형의 복사에 감지되어야만 경보신호가 발신
   (3) $0.2\,[\mu m]$(UV)과 $2.5\,[\mu m]$(IR) 또는 $0.2\,[\mu m]$(UV)과 $4.3\,[\mu m]$
4. 다중 파장 적외선 (IR/IR) 불꽃감지기
   (1) 적외선 스펙트럼에서 2개 이상의 파장을 감지한다.
   (2) 이들 감지기는 전자적으로 파장 대역간 적외선 방출을 비교하여 2개 이상의 적외선 파장대역간 관계(Multi Sensor)가 화재를 지시하는 경우 신호를 발신한다.
   (3) 일반적으로 $3.8\,[\mu m]$, $4.3\,[\mu m]$ 및 $5.6\,[\mu m]$

※ 최근에 마이크로컴퓨터 기반 멀티스펙트럼 불꽃감지기가 개발되었는데, 마이크로 컴퓨터를 이용해 자외선, 가시광선 및 적외선 영역에서 각기 다른 4-6개 대역의 복사방출을 평가한다.

불꽃감지기 설치 위치

1 천장 높이가 높은 공간 : 감지기의 정면을 수직 하향 방향으로 설치
  1) 천장이 높은 공간의 경우에는 천장면에서 수직으로 바닥면을 향하도록 설계한다.
  2) 불꽃감지기는 부채꼴의 감지특성을 가지므로 천장과 바닥의 거리에 따라 감지면적이 달라진다.
  3) 바닥 감지영역도 원형이지만, 사각형을 기준으로 설계한다.

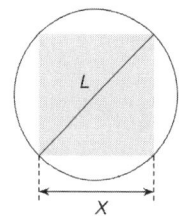 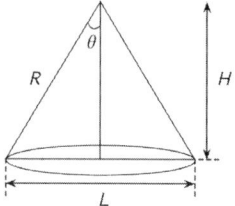

$$\tan\theta = \frac{L}{2H}$$

$$L = 2H \times \tan\theta \quad \Rightarrow \quad X = \frac{L}{\sqrt{2}} = \frac{2H\tan\theta}{\sqrt{2}}$$

구하는 감지면적은 X^2 이다.

예제 공칭시야각 90°, 공칭감시거리 20 m인 불꽃감지기를 다음 조건과 같은 실내의 천장면에서 바닥면을 향하여 균등하게 배치하여 화재를 감시하고자 한다. 불꽃감지기 1개가 방호하는 감지면적을 계산하여 최소설치수량을 산출하시오. (단, 기타의 조건은 무시한다)

[조건]
1) 바닥면적 392 m² (14 m × 28 m)
2) 천장높이 5 m

해설

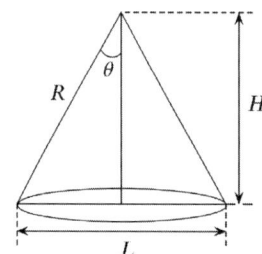 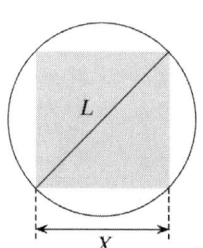

설치높이 $(H) = 5m$

공칭감시거리 $(R) = 20m$

공칭시야각 $2\theta = 90°$ $(\theta = 45)$

1) L 계산

$$\frac{L}{2} = H\tan\theta \Rightarrow L = 2H\tan\theta \Rightarrow L = 2 \times 5 \times \tan 45 = 10\,[m]$$

2) 감지길이 (X)

$$\cos\theta = \frac{X}{L} \Rightarrow X = L\cos\theta \Rightarrow X = 10 \times \cos 45 = 7.07\,[m]$$

3) 감지면적

$$7.07 \times 7.07 = 49.98 = 50\,m^2$$

4) 감지기 수량

$$392 \div 50 = 7.84$$

∴ 최소설치 수량 8개

SPARK/EMBER 감지기

1 개 요

1) 훈소상태(고상 연소)의 고체가연물 연소에서 발생하는 적외선·가시광선을 감지하는 감지기
2) 포토다이오드나 포토트랜지스터를 사용하여 잔화(Ember)에 의해 방출되는 복사에너지를 감지하는데, 통상적으로 어두운 환경에서 $0.5 \sim 2\,\mu m$ 정도의 파장을 감지한다.

2 정 의

1) Ember : 고체 입자의 표면연소나 고온에 의해 복사에너지를 방출하는 것
2) Spark : 유동장을 갖는 Ember (Moving Ember)

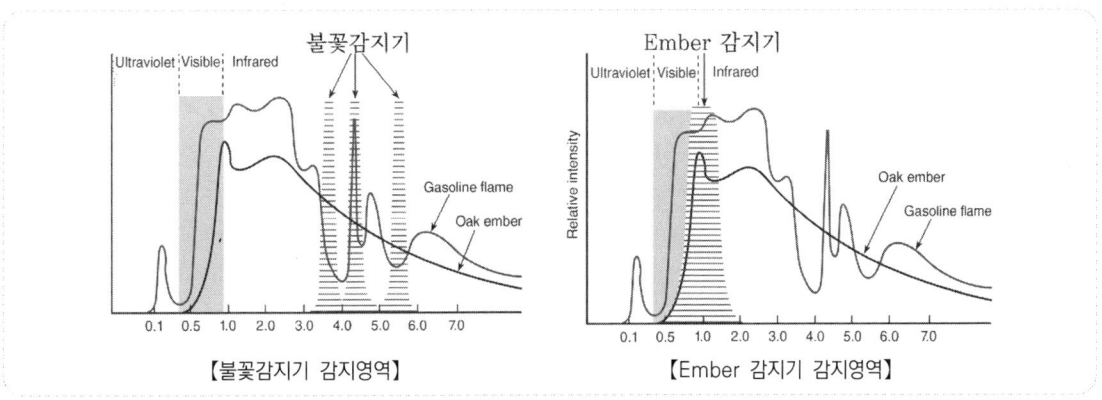

【불꽃감지기 감지영역】 【Ember 감지기 감지영역】

❸ 감지영역
1) 적외선
2) 일부 가시광선

❹ 비화재보
1) 조명 및 태양광
2) 정전기
3) 전자파 장애 (EMI)

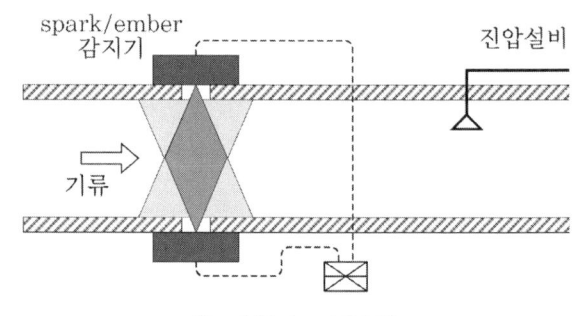

【Spark/Ember 감지기】

❺ 적용 장소 : 일반적으로 어두운 장소
1) 공기압 컴베이어
2) 밀폐된 컨베이어 벨트
3) 고체가연물 입자가 통과하는 장소

❻ 특 징
1) 조명 및 태양광에 반응하므로 통상적으로 어두운 장소에 설치한다.
2) Spark/Ember 감지기는 불꽃에 빠르게 반응하지만, 불꽃감지기는 훈소에 반응하지 않을 수도 있다.
3) 감도가 민감하고 반응시간이 빨라서 폭발 진압설비에 많이 적용된다.

Annex

1. 연소는 기상(Gas Phase) 및 고상(Solid Phase) 상태로 발생된다.
2. 불꽃감지기는 기상연소(화염)에서 발생되는 복사에너지에 반응한다.
3. 일부 고체가연물은 잔화(Ember)와 같은 고상(훈소)으로 연소된다.
4. 고상연소에서 가연물 입자표면의 분자는 화염을 생성할 수 있는 기상(Gas Phase)을 형성하지 않은 채 산화되어 입자 표면에서 떨어져 나간다. 그래서 중간 연소생성물(부분적으로 산화된 분자) 및 연소생성물은 가연물 입자의 표면에 갇혀 기상분자의 진동상태를 취하지 못한다.
5. 따라서 고상연소의 복사방출은 기상연소와는 상당히 다르다.
6. 대부분의 Spark/Ember 감지기는 화염에 반응하지만, 대부분의 불꽃감지기는 잔화(Ember)에 반응하지 않는다.
7. 비화재 복사 방출원으로부터 비화재 경보(Unwanted Alarms)의 발생을 줄이기 위해 특정 가연물의 연소과정과 관련된 고유 복사방출파장을 검출하는 감지기를 개발했다. 한 종류의 가연물로부터 한 유형의 복사방출을 감지하지만 기타 가연물의 화재에 대해서는 거의 반응하지 않는다.

Video-Based 감지기

1 개 요
1) 실시간으로 영상 이미지를 분석하여 연기 또는 화염을 감지하는 감지기이다.
2) 종류는 크게 연기감지기(Video-Imaged Smoke Detection)와 불꽃감지기(Video-Imaged Flame Detection)가 있다.

2 Video-Based Smoke Detection
1) 구 성
   (1) 카메라(일반적으로 CCTV)
   (2) 신호 라우터(Router)나 인터페이스(Interface)
   (3) 촬영된 영상을 분석하기 위한 컴퓨터와 소프트웨어
   (4) 모니터
2) 감지 프로세스
   (1) 카메라의 방호구역 영상을 컴퓨터로 전송
   (2) 컴퓨터는 캡처한 후 평상시의 방호구역 화면과 비교
   (3) 방호공간 화면과 이전 화면을 비교하여 픽셀의 변화가 감시 공간의 연기 존재와 일치할 때
3) 적응성
   (1) 밝은 장소에 적응성이 있다.
   (2) 넓은 공간에 적용
   (3) 비상시 피난에 대한 유용한 정보 제공 : 피난지연시간 감소
4) 고려사항
   (1) 카메라, 인터페이스 그리고 컴퓨터 상호 접속의 이상유무는 확인되어야 한다.
   (2) 화재감지 이외의 목적(보안)에 사용할 수 있지만 일반 보안 신호가 화재신호에 영향을 미치지 않아야 한다(Shared Pathway).
   (3) 설비의 성능이나 신뢰성에 영향을 줄 수 있는 무단 변경을 방지하도록 설계되어야 한다.
   (4) 카메라의 위치, 초점, 대비 설정(Contrast Setting), 주위 조명 그리고 연기감지 결정을 위한 소프트웨어 기준의 변화는 연기감지의 신뢰성에 영향을 미칠 수 있다.

3 Video-Based Flame Detection
1) 구성 : Video-Based Smoke Detection 동일
2) 감지영역 : 가시광선
3) 감지 프로세스
   (1) 카메라의 방호구역 영상을 컴퓨터로 전송
   (2) 컴퓨터는 캡처한 후 평상시의 방호구역 화면과 비교

⑶ 방호공간 화면과 이전 화면을 비교하여 가시광선의 차이를 비교하여 화재 감지

4) 적응성

⑴ 넓은 공간에 적용

⑵ 비상시 피난에 대한 유용한 정보 제공이 가능하다.

⑶ 감지영역이 UV 또는 IR이 아닌 가시광선이므로 유리 등의 보호장치를 사용하더라도 감도 저하가 없다. ⇒ 부식 우려가 있는 장소에 적응성

5) 고려사항 : Video-Based Smoke Detection 동일

6) 적용 장소

⑴ 대공간

⑵ 부식 우려가 있는 장소 : 해안가의 플랜트, 석유 시추선 등

 단독경보형 감지기

1 개 요

화재를 감지하여 자체 내장된 음향장치로 경보하는 감지기

2 설치대상

1) 교육연구시설 또는 수련시설 내에 있는 합숙소 또는 기숙사로서 연면적 2,000 m² 미만

2) 수용인원 100명 이하인 수련시설(숙박시설이 있는 것만 해당)

3) 연면적 400 m² 미만의 유치원

4) 공동주택 중 연립주택 및 다세대주택

3 설치기준

1) 설치개수

⑴ 각 실마다 설치

⑵ 바닥면적이 150 m²를 초과하는 경우에는 150 m²마다 1개 이상 설치

⑶ 실내의 바닥면적이 각각 30 m² 미만이고 이웃하는 실내와 공기가 상호 유통되는 경우 1개의 실로 본다.

2) 최상층의 계단실의 천장에 설치할 것

3) 건전지를 주전원으로 사용하는 단독경보형 감지기는 정상적인 작동상태를 유지할 수 있도록 건전지를 교환할 것

4) 상용전원을 주전원으로 사용하는 경우 2차전지는 제품검사에 합격한 것을 사용할 것

가스누설경보기

1 설치대상
1) 소방기본법 시행령 제5조 : 기체연료를 사용하는 보일러가 설치된 장소
2) 소방시설 설치 및 관리에 관한 법 시행령
    (1) 판매시설, 운수시설, 노유자시설, 숙박시설, 창고시설 중 물류터미널
    (2) 문화 및 집회시설, 종교시설, 의료시설, 수련시설, 운동시설, 장례식장

2 가스누설경보기의 종류
1) 단독형 : 하나의 본체에 검지기와 경보부가 같이 구성된 것
2) 분리형 : 검지기와 경보부가 분리되어 검지기는 가스저장실에, 경보부는 경비실과 같이 항상 사람이 상주하는 장소에 설치하여 원거리에서도 저장실의 가스누설 상태를 쉽게 감지할 수 있다.

3 가연성가스 경보기
1) 분리형 경보기의 수신부
    (1) 가스연소기 주위의 경보기의 상태 확인 및 유지 관리에 용이한 위치에 설치할 것
    (2) 가스누설 음향의 음량과 음색이 다른 기기의 소음 등과 명확히 구별될 것
    (3) 가스누설 음향은 수신부로부터 1 m 떨어진 위치에서 음압이 70 dB 이상일 것
    (4) 수신부의 조작 스위치는 높이가 0.8 m 이상 1.5 m 이하인 장소에 설치할 것
    (5) 수신부가 설치된 장소에는 관계자 등에게 신속히 연락할 수 있도록 비상연락번호를 기재한 표를 비치할 것
2) 분리형 경보기의 탐지부
    (1) 공기보다 가벼운 가스
        ① 탐지부는 가스연소기의 중심으로부터 직선거리 8 m 이내에 1개 이상 설치
        ② 천정으로부터 탐지부 하단까지의 거리가 0.3 m 이하가 되도록 설치한다.
    (2) 공기보다 무거운 가스
        ① 탐지부는 가스연소기의 중심으로부터 직선거리 4 m 이내
        ② 바닥면으로부터 탐지부 상단까지의 거리는 0.3 m 이하로 한다.
3) 단독형경보기
    (1) 가스연소기 주위의 경보기의 상태 확인 및 유지 관리에 용이한 위치에 설치할 것
    (2) 가스누설 음향의 음량과 음색이 다른 기기의 소음 등과 명확히 구별될 것
    (3) 가스누설 음향장치는 수신부로부터 1 m 떨어진 위치에서 음압이 70 dB 이상일 것
    (4) 공기보다 가벼운 가스
        ① 탐지부는 가스연소기의 중심으로부터 직선거리 8 m 이내에 1개 이상 설치
        ② 천정으로부터 탐지부 하단까지의 거리가 0.3 m 이하가 되도록 설치한다.

(5) 공기보다 무거운 가스
　① 탐지부는 가스연소기의 중심으로부터 직선거리 4 m 이내
　② 바닥면으로부터 탐지부 상단까지의 거리는 0.3 m 이하로 한다.
(6) 경보기가 설치된 장소에는 관계자 등에게 신속히 연락할 수 있도록 비상연락번호를 기재한 표를 비치할 것

4 일산화탄소 경보기

1) 일산화탄소 경보기를 설치하는 경우에는 가스연소기 주변(타 법령에 따라 설치하는 경우에는 해당 법령에서 지정한 장소)에 설치할 수 있다.
2) 분리형 경보기의 수신부
　(1) 가스누설 음향의 음량과 음색이 다른 기기의 소음 등과 명확히 구별될 것
　(2) 가스누설 음향은 수신부로부터 1 m 떨어진 위치에서 음압이 70 dB 이상일 것
　(3) 수신부의 조작스위치는 바닥으로부터의 높이가 0.8 m 이상 1.5 m 이하인 장소에 설치할 것
　(4) 수신부가 설치된 장소에는 관계자 등에게 신속히 연락할 수 있도록 비상연락 번호를 기재한 표를 비치할 것
3) 분리형 경보기의 탐지부는 천정으로부터 탐지부 하단까지의 거리가 0.3 m 이하가 되도록 설치
4) 단독형 경보기
　(1) 가스누설 음향의 음량과 음색이 다른 기기의 소음 등과 명확히 구별될 것
　(2) 가스누설 음향장치는 수신부로부터 1 m 떨어진 위치에서 음압이 70 dB 이상일 것
　(3) 단독형경보기는 천장으로부터 경보기 하단까지의 거리가 0.3 m 이하가 되도록 설치한다.
　(4) 경보기가 설치된 장소에는 관계자 등에게 신속히 연락할 수 있도록 비상연락번호를 기재한 표를 비치할 것

5 설치장소 : 분리형 경보기의 탐지부 및 단독형 경보기는 다음 각호의 장소 이외의 장소에 설치

1) 출입구 부근 등으로서 외부의 기류가 통하는 곳
2) 환기구 등 공기가 들어오는 곳으로부터 1.5 m 이내인 곳
3) 연소기의 폐가스에 접촉하기 쉬운 곳
4) 가구·보·설비 등에 가려져 누설가스의 유통이 원활하지 못한 곳
5) 수증기, 기름 섞인 연기 등이 직접 접촉될 우려가 있는 곳

6 전 원

경보기는 건전지 또는 교류전압의 옥내간선을 사용하여 상시 전원이 공급되도록 하여야 한다.

가스감지기

1 구조, 성능
1) 수분의 침입이 어려운 구조일 것
2) 연소하한계의 1/5 이상 시 확실히 동작, 1/200 이하 동작하지 않을 것
3) 연소하한계의 1/5 이상 시 계속 동작
4) 주방에서 조리 시 발생하는 뜨거운 열기, 폐가스 등에 쉽게 동작하지 않을 것
5) 설정 농도 도달 시 60초 이내 신호
6) 경보기능 있는 것은 표시등 설치

2 가스감지기 선정 및 설치 시 고려사항
1) 가연성가스의 특징
2) 방호지역의 내용물 구성
3) 구획실 특성
   (1) 천장 높이, 천장 형태 및 장애물
   (2) 방호구역의 크기 및 형태
   (3) 용도 및 이용 형태
   (4) 환기 상태
4) 반응시간
5) 주위 환경

3 경보방식

구 분	동작시간 그래프	내 용
즉시경보형		가스농도가 설정값에 이르면 즉시 경보
경보지연형		가스농도가 설정값에 달한 후 그 농도 이상으로 계속해서 20~60초 정도 지속되는 경우에 경보
반즉시 경보형		가스농도가 높을수록 경보지연시간을 짧게 한 것

가스감지기 감지 방식

1 접촉연소식

1) 가연성가스의 감지에 적용
2) 촉매연소 방식의 센서는 촉매의 표면위에서 가스의 연소에 의해 발생하는 온도 증가(저항의 변화)를 측정한다.
3) 센서는 백금 코일을 감싼 알루미늄 화합물을 특수 촉매로 코팅, 열처리한 측정센서와 온도보상 소자로 구성되어 있다.
4) 측정원리
   (1) 가연성가스가 센서와 (촉매) 접촉하면, 가스는 LFL 이하의 농도에서도 연소된다.
   (2) 연소 과정에서 열이 발생 ⇒ 백금 코일의 온도 증가 ⇒ 저항 변화
   (3) Wheatstone Bridge Circuit을 이용해 측정

구 분	상 태	비 고
초기상태	평형상태	$R_1 \times R_{th} = R_2 \times R_3$
연소상태	불평형상태	가연성가스 연소 시 온도증가에 의한 저항(R_{th})이 변화 ⇒ $R_1 \times R_{th} \neq R_2 \times R_3$

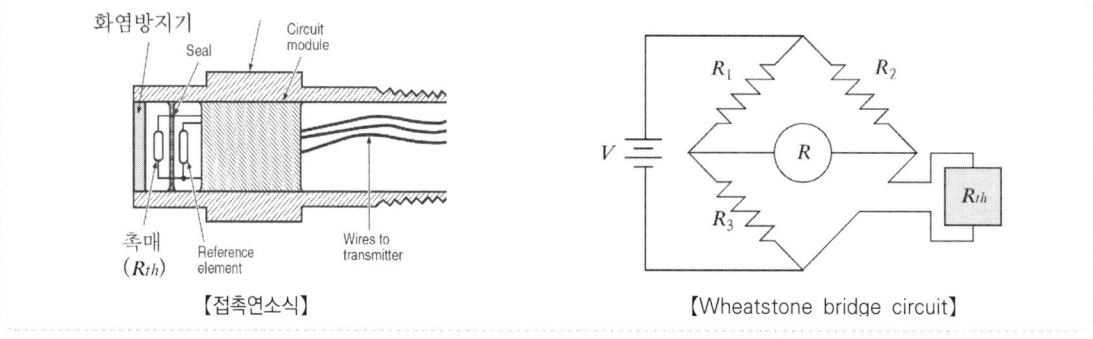

【접촉연소식】　　　　　　　　【Wheatstone bridge circuit】

5) 특 징
   (1) 출력이 가스농도에 비례하며 선형적인 출력 특성을 갖는다.
   (2) 정밀도과 재현성이 우수하고 주위온도 변화 및 습도변화에 영향이 적다.
   (3) 촉매는 실리콘 화합물, 황화합물, 염소화합물 등에 피독 현상이 있다.

2 반도체식

1) 측정 원리
   (1) 금속 산화물 반도체(SnO_2, FeO 등)를 두 전극 사이에 연결
   (2) 금속산화물 반도체의 표면에 가연성가스 등의 분자가 흡착
   (3) 반도체 내의 전자구조를 변화시켜 ⇒ 전기전도도가 증가하는 것을 이용

2) 특 징

   (1) 저농도용 : 낮은 농도에서 민감하게 반응한다.
   (2) 센서의 수명이 길다.
   (3) 접촉연소식에 비해 촉매 피독 위험성이 낮다.

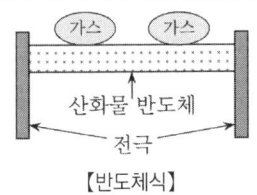
【반도체식】

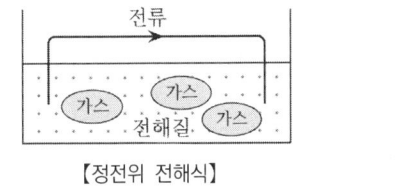
【정전위 전해식】

❸ 기체 열전도식 (가스온도 전도 방식 센서)

1) 가스온도 전도성 센서는 가스마다 다르게 나타나는 전도성의 차이에 의한 온도 변화를 측정
2) 고농도 가스검지에 적합하다.
3) 열전도 특징인 촉매의 노화, 독성피해 없다.

❹ 정전위 전해식 (Electro Chemical)

1) 독성가스 감지에 주로 사용, 전해질에 확산, 흡수된 가스는 화학반응을 일으키고, 이때 발생하는 전류량으로 가스농도를 측정한다.
2) 특 징

   (1) 고감도의 센서 (일산화탄소의 경우 1 ppm까지 감지 가능)
   (2) 측정 가스에 대한 선택성이 좋다 (간섭 효과가 작다).
   (3) 선형적 출력 특성이 있다.
   (4) 소형, 경량으로 취급에 용이하다.
   (5) 신뢰성 및 안정성이 우수하다.

❺ 적외선식 (Infra Red)

1) 특정 가스가 일정 파장의 적외선을 흡수하는 원리 이용
2) 2개의 파장을 가진 빛이 가연성가스를 관통하게 하여 두 파장의 차이를 이용
3) Spot Type과 외부에서 사용가능한 개방형이 있다.
4) 개방형의 경우 플랜트설비 등에 설치하여 가연성·독성 가스의 감지에 사용 (VCE 예방)

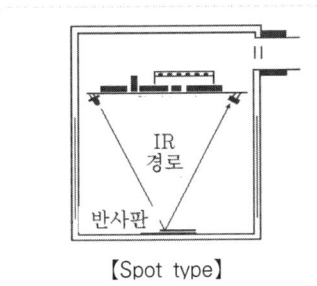
【Spot type】

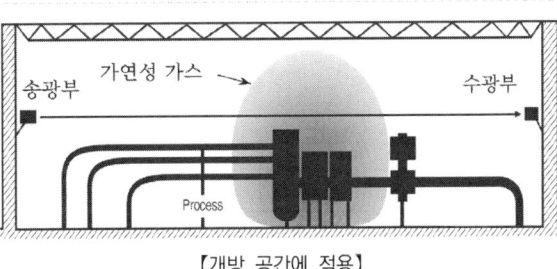
【개방 공간에 적용】

일산화탄소 감지기

1 개 요
주택화재 사상자의 대부분은 질식성 가스에 의해서 무력화된 후 열적 피해를 입는다.

2 일산화탄소 특징
1) 모든 탄화수소계에서 발생하는 질식성가스
2) 저온 무염연소나 환기가 부족한 경우 다량 발생한다.
3) 헤모글로빈과 결합하여 혈액 내 산소의 유동을 방해한다.
4) 연소범위 : 12.5~74 %

3 주택화재 주요 사망 시나리오
1) 담배로 인해 시작되는 장식용 덮개류 및 침대 보 화재 : 훈소
2) 열원의 강도는 부력에 의한 Plume의 거동에 영향을 미치는데 훈소의 경우 천장에 도달하지 못하는 Plume 형성 ⇒ 화재 감지 어려움

4 감지 메커니즘
1) Biometic (적외선식)

   일산화탄소가 존재할 때, 감지 물질을 통과하는 적외선이 감소율로 일산화탄소를 감지한다.

2) Metal Oxide Semiconductor (MOS) Devices (반도체식)

   (1) 감지센서는 주로 SnO_2를 사용한다.

   (2) 일산화탄소가 반도체에 흡착되는 양에 따른 저항변화를 측정하여 일산화탄소를 감지

3) Electro-Chemical (정전위 전해식)

   전해 물질과 일산화탄소가 화학반응을 일으켜서 전류가 흐르는데 이때 전류를 측정하여 일산화탄소를 감지

아날로그 감지기

1 개 요
1) 기존의 P, R형은 감지기를 감시하는 것이 아니라, 회로(경계구역)를 감시하는 설비로서 어느 감지기가 작동하였는지 어느 감지기가 고장인지를 수신기에서 확인할 수 없다.
2) 아날로그/주소형 설비는 기존의 감지시스템의 문제점을 개선한 시스템이다.
3) 아날로그 감지기는 방호구역의 정보만 전송하고 화재 판단은 수신기가 한다.

2 감시 메커니즘
1) 폴링 Address(감지기마다 주소를 지정하고 방호공간의 상황 변화를 주기적으로 수신기에 송신하는 통신 방법)기술을 이용한 방식
2) 경계구역의 정보는 통신선으로 송·수신

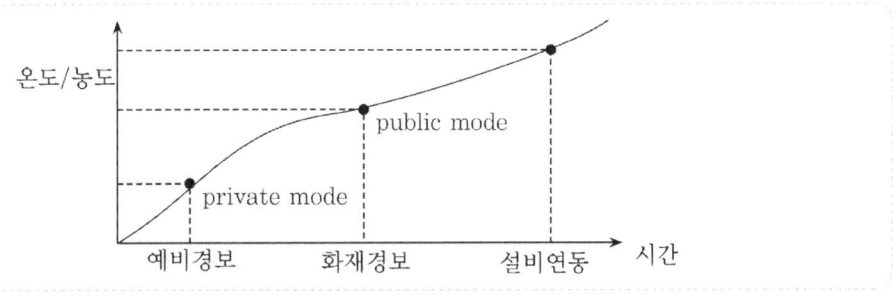

3 아날로그 감지기 기능
1) 화재실 내 온도, 연기농도를 연속적으로 송신 기능
2) 고유번지 기능 : 감지기마다 경계구역 설정
3) 영 (0)점 조정기능 : 감지기의 오염 여부 및 교체에 대한 신호 발생
4) 자기감도 보상기능
5) 자기진단기능
   (1) 고장 : 고장 신호
   (2) 탈락 : 이상 경보 신호
   (3) 오염 : 장애 신호

4 결 론
1) 아날로그/주소형 감지기는 기존 감지기에 비해 정확한 경보, 오동작의 감소 등으로 경보설비의 핵심인 신뢰성을 향상시킨다.
2) 화재관련 신호를 구분할 수 있으므로 피난경보 및 자동소화장치 연동 시 안전성 및 신뢰성 증가
3) 특히, 감지 고장 등을 바로 확인할 수 있어서 감지기 고장 발견/보수 시간(MTTR)이 단축된다.

저출력 무선설비 (무선감지기)

1 개 요

1) NFPA 72에서는 무선(Wireless)이라는 용어는 광섬유 케이블과 같은 전송매체와 혼동을 피하려고 '저출력 무선(Low Power Radio)'이란 용어로 대체되었다.
2) 통신장애나 음영지역이 없어야 한다.

2 IoT 개념

1) 기본 개념
   (1) 사물인터넷(IoT Internet of Things)은 각종 사물에 센서와 통신기능을 내장하여 인터넷에 연결하는 기술로서 무선통신을 통해 각종 사물을 연결하는 기술을 의미한다.
   (2) 인터넷으로 연결된 사물들이 정보를 주고받아 스스로 분석하고 학습한 정보를 사용자에게 제공하거나 이를 원격 조정할 수 있는 기술이다.
2) 소방 적용 : 수신기와 소방관계자가 인터넷으로 연결하여 외부에서도 건축물 화재 관련 정보 및 제어가 가능하다.

3 무선화재감지시스템 적용

1) 문화재 등 건물에 손상하거나 역사적 가치에 영향을 미칠 수 있는 건축물
2) 배선의 건전성에 영향을 미칠 수 있는 부식성 물질을 사용하는 산업시설 등
3) 주시설에서 멀리 이격된 건물과의 연동 등이 필요한 경우

4 전원 설치기준

1) 수신기와 1대1로 확인되어야 한다.
2) 축전지는 1년 이상 사용 가능하여야 한다.
3) 추가적으로 7일 동안 축전지 방전 신호가 전송되어야 한다.
   이 신호는 경보, 감시, 임의 조작 및 장애 신호와는 구별이 되어야 하며, 해당 무선감지기를 시각적으로 식별되어야 하며, 정지되는 경우 최소 4시간마다 자동적으로 다시 경보하여야 한다.
4) 개방이나 단락과 같은 중대한 축전지 고장이 발생하면 수신기에 해당 무선감지기를 식별하는 장애 신호가 생성되어야 한다. 정지되는 경우 장애신호는 자동적으로 최소 4시간마다 다시 경보하여야 한다.
5) 무선감지기의 1차 축전지의 모든 고장은 다른 무선감지기에 영향을 미치지 않아야 한다.

5 경보신호

1) 각 무선감지기는 작동 시 경보신호를 자동으로 전송해야 한다.
2) 각 무선감지기는 기동장치가 비경보 상태로 복귀할 때까지 60초를 초과하지 않은 주기로 경보전송을 자동으로 반복해야 한다.

3) 화재경보 신호는 기타 신호에 우선한다.

4) 기동장치의 작동에서부터 수신기에 수신 및 표시까지 허용되는 최대 반응지연은 10초이다.

5) 무선감지기에서 발신된 화재 신호는 수동으로 재설정될 때까지 수신기에 시정(Latch)되어야 하며 경보상태의 식별이 가능하여야 한다.

⑥ 건전성 감시 (Monitoring for Integrity)

1) 무선감지기는 동시 전송의 오역 및 간섭에 대한 저항성이 큰 전송방식을 사용하여야 한다.
2) 고장 시 200초 내에 장애신호가 전송하여야 한다.
3) 무선감지기 제거 시, 감시신호를 즉각 전송하여야 한다.
4) 20초 이상 연속적으로 원치 않은(간섭) 전송이 수신되는 경우 수신기에 음향 및 시각장애 지시가 생성되어야 한다.

Annex

📁 NFPA 72 경보 검증 (축적)

1. A~D (경보검증기간)

   지연 - 재설정 - 재시작 및 확인기간으로 구성된다.

   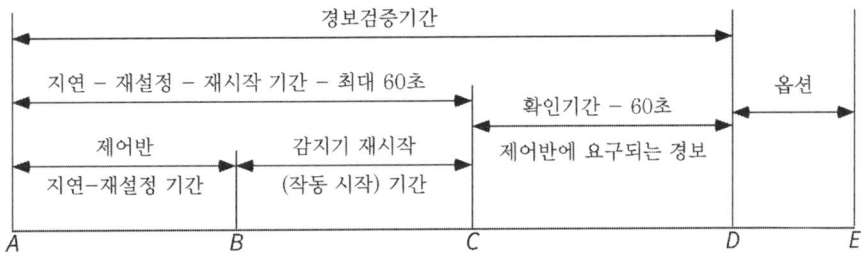

2. A~B (지연~재설정 기간)

   제어반은 일반적으로 동작 감지기의 전원중단을 통해 경보신호를 지연한다.

3. B~C (감지기 작동 시작 시간)

   감지기 전원이 다시 공급되고 감지기가 경보를 위해 작동하기 위한 시간

4. A~C (지연 재설정~재시작 기간)

   제어반에 경보 없음. 최대 허용시간은 60초.

5. C~D (확인기간)

   감지기는 C점에서 재작동된다. 감지기가 C점에서 여전히 경보상태인 경우 제어반은 확인시간 경과 후 경보를 발신한다.

   감지기가 경보상태가 아닌 경우 설비는 대기 상태로 복귀한다. 감지기가 확인기간 중 다시 경보를 울리면 제어반은 경보를 발신한다.

6. D~E (선택영역)

   경보가 제어반에서 발생하거나 경보 검증 사이클의 재시작이 발생될 수 있다.

비화재보

1 개 요
1) 화재로 인한 연소생성물 이외의 원인에 의해 감지기가 작동하여 화재신호를 발하는 것
2) 단, 실보 가능성도 항상 고려할 것

2 문제점 : 신뢰성 감소
1) 평상시 정상적인 운영이 불가
2) 화재 시 정확히 화재를 감지할 수 없다.
3) 피난지연시간 증가

3 원 인
1) 설치장소
   (1) 지하층, 무창층으로 환기가 잘되지 않는 장소
   (2) 실내 면적이 $40\,m^2$ 미만인 장소
   (3) 감지기 부착면과 실내바닥 사이가 2.3 m 이하
2) 인위적인 요인 : 음식물 조리, 흡연, 공사 중 분진
3) 기능상의 원인
   (1) 경년 변화에 따른 감도 변화
      ① 이온화식 : 비화재보
      ② 광전식 : 실보
   (2) Leak 구멍 폐쇄
   (3) 감지기 접점의 부식
4) 설치상의 원인
   (1) 감지기와 고압선로와의 접근
   (2) 수증기와 가스 발생 등 부적합한 장소에 설치
5) 유지상의 원인
   (1) 청소 불량 등 유지관리 미비
   (2) 실내의 분진, 증기 발생

4 방지대책
1) 감지기의 기능 향상(아날로그 감지기, Multi-Sensor 감지기)
2) 설치장소에 적응성 있는 감지기 선정
   (1) 설치장소의 가연물 고려
   (2) 화재시나리오
   (3) 천장 높이 및 형태
   (4) 실내환기 및 온도

3) 오동작의 우려가 적은 감지기 및 수신기 선정
   (1) Spot형보다는 분포형
   (2) 축적기능의 수신기 설치
4) 설치, 유지상의 대책
   (1) 감지기의 정기적인 청소, 습기 제거
   (2) 오동작 원인 제거(취사, 난방기구 사용 등)
   (3) 공기유입구로부터 1.5 m 이상 이격
   (4) 고압전로 등과 일정거리 이격

Annex

📂 NFPA72 원치 않은 경보 (Unwanted Alarm)

위험한 상태의 결과로 발생한 것이 아닌 경보

1. 비화재 경보(Nuisance Alarm)
   (1) 화재가 아닌 원인에 의해 경보 개시 장치나 신호설비가 원치 않게 작동되는 것
   (2) 비화재 경보(Nuisance Alarm)가 수신될 때 이러한 경보의 원인을 평가하여 경보가 일회성인지 아니면 상황이 반복될 수 있는지를 결정해야 한다.

2. 우발 경보(Unintentional Alarm)
   (1) 악의가 없이 행동하는 사람에 의해 경보장치가 원하지 않게 작동하는 것
   (2) 소방펌프를 시험하는 과정에서 소방펌프의 동작에 의해 하나 이상의 유수경보장치를 작동시킨 경우이다.

3. 악의적 경보(Malicious Alarm)
   악의를 가지고 행동하는 사람에 의한 경보장치의 원치 않은 작동

4. 미확인 경보(Unknown Alarm)
   원인이 확인되지 않은 경보장치나 설비 출력 기능의 원치 않은 작동

📂 PAS (Positive Alarm Sequence)

1. 화재 감지 신호에 대한 시간지연을 제공
2. Sequence

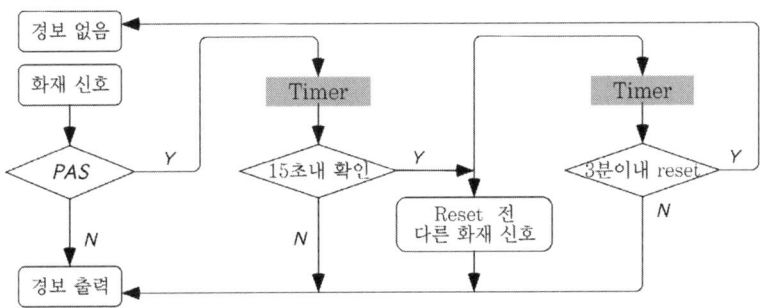

※ 또 다른 화재 신호 입력 시 즉시 경보

화재감지기 설치 제외 장소

1 개 요

1) 감지기 설치 시 비화재보 우려가 있거나 화재 위험이 없는 장소 또는 적응성이 없는 경우 감지기 설치가 제외된다.
2) 감지기의 설치 제외는 피난지연시간이 증가 등 여러 가지 문제점이 발생하므로 설치 제외보다는 적응성이 있는 감지기를 고려하여야 한다.

2 비화재보 우려 장소

1) 부식성 가스 체류장소
2) 먼지 또는 수증기가 다량 체류 장소
3) 주방 등 평상시 연기 발생장소(연기감지기에 한함)
4) 목욕실, 화장실(욕조나 샤워시설이 있는) 기타 이와 유사한 장소

3 화재 위험이 거의 없는 장소

1) 파이프 덕트 등 그 밖의 이와 유사한 것으로서 2개 층마다 방화구획된 것이나 수평단면적이 $5\,m^2$ 이하인 것
2) 프레스, 주조공장 등 화재발생의 위험이 적은 장소로서 유지관리가 어려운 장소

4 적응성이 없는 장소

1) 헛간 등 외부와 기류가 통하는 장소로 화재발생을 유효하게 감지할 수 없는 장소
2) 천장 또는 반자 높이가 20 m 이상인 장소
3) 고온도 및 저온도로서 감지기의 기능이 정지되기 쉽거나 유지관리가 어려운 장소

다중통신 (Multiplexing Communication)

1 다중통신 개요

1) R형 수신기는 Local 기기에서 중계기까지는 P형과 동일한 실선 배선방식이나, 중계기에서 수신기까지는 2선의 신호선을 이용하여 수많은 입력 및 출력 신호를 주고받게 된다.
2) 하나의 전송로에 여러 개의 신호를 중복시켜 하나의 고유신호로 변화하여 전송하는 방식을 다중통신(Multiplexing Communication)이라 한다.

【Multiplexing Communication】

2 다중통신의 필요성

1) 서로 다른 정보를 하나의 전송로로 전송하기 위해
2) 경제적인 정보의 전송을 위해
3) 통신 시스템을 단순화하기 위해

3 PCM (Pulse Code Modulation) 방식

1) 연속적인 아날로그 신호를 디지털 신호로 변환한 후 전기신호로 변환시켜 전송하고, 수신 측에서는 원래의 아날로그 신호로 변환하는 방식이다.
2) 변조 방식

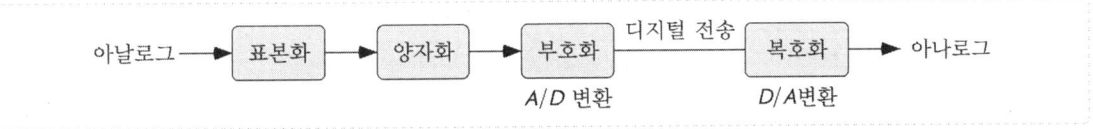

(1) 표본화 (Sampling)

연속적인 신호 파형을 Fourier 변환을 이용하여 일정 시간 간격으로 검출하는 과정

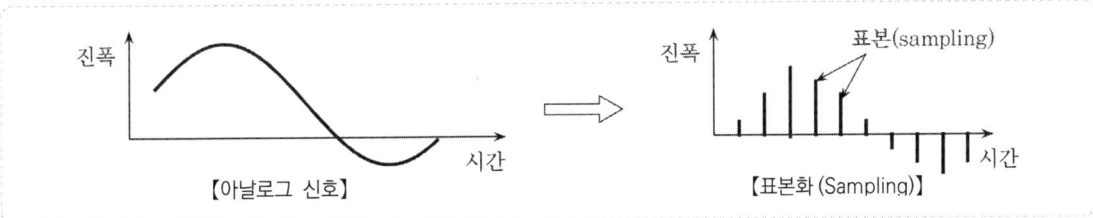

(2) 양자화 (Quantization)

표본화에 의해 얻어진 신호를 평준화시키는 단계. 즉, 연속적으로 변화하는 값을 이산적인 (Discrete) 값으로 나타내는 과정이다.

(3) 부호화 (Coding) : 양자화된 신호를 0, 1의 펄스로 변환하는 과정

3) 특 징

(1) 잡음에 강하다.

(2) 저가의 전송로에도 사용 가능하다.

(3) 고가의 여과기가 필요 없다.

(4) PCM 특유의 노이즈를 발생시킨다.

4 다중통신 전송방식

1) 주파수 분할 다중화 방식(FDM, Frequency Division Multiplexing)

(1) 동일한 시간에 각각의 정보를 주파수를 다르게 분할하여 다중화하는 방식으로 다중통신 방식에 많이 이용한다.

(2) 구조가 간단하고 비용측면에서 저렴하며, 별도의 모뎀이 필요하지 않다.

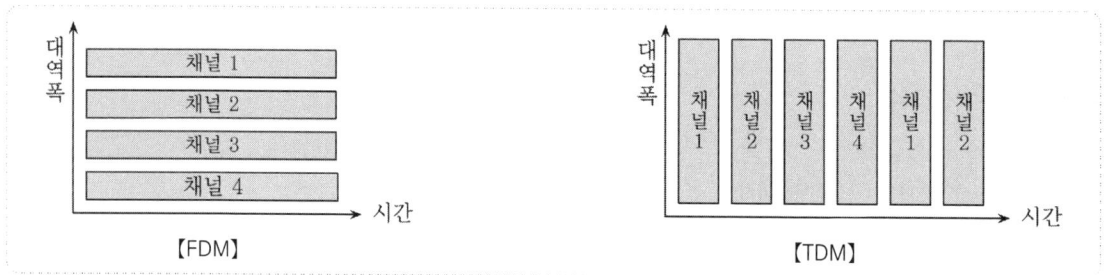

【FDM】   【TDM】

2) 시분할 다중화 방식(TDM, Time Division Multiplexing)

(1) 하나의 전송로를 시간으로 분할하여 다중화하는 방식이다.

(2) FDM은 다중신호가 동시에 병렬 전송되지만, TDM은 신호가 순차적으로 전송되어 하나의 채널을 이용한다.

(3) 디지털 이동통신 및 일반적인 R형 수신기도 이 방식을 사용하고 있다.

3) 코드분할 다중화 방식(CDM, Code Division Multiplexing)

(1) 동일시간, 동일 대역에서 부호를 다르게 하여 다중화하는 방식으로 시스템 구성은 복잡하나 주파수 이용 효율이 우수해 디지털 이동통신 분야에서 널리 이용한다.

(2) 넓은 주파수 대역에서 서로 다른 코드를 사용하여 동일한 주파수로 동시 접속 가능

구 분	FDM	TDM	CDM
이용 자원	주파수	시간	부호
장점	동기를 위한 장치가 불필요해 구성이 간단	채널 사용효율 높음	동일시간, 동일채널을 사용하므로 채널 사용효율이 가장 우수
단점	사용효율이 낮음	송수신 동기가 정확해야 하므로 구성이 복잡	광대역이 필요하고 구성이 복잡함

통신선로의 전송매체

1 개 요
통신 매체의 종류는 Shielded Twisted Pair, 동축케이블, 광섬유 3가지가 많이 사용되며 전자기파 등에 의한 간섭이 적어야 한다.

2 전송매체
1) 꼬임선(Twisted Pair)
   (1) 꼬임선
      ① 서로 근접해 있는 두 가닥의 도선에 전기가 통할 경우 전자기적 간섭이 발생한다.
      ② 인접한 선과의 전자기 간섭현상을 줄이려고 전선을 꼬아서 사용한다.
   (2) 피복 방법 : 전자기 간섭 차단
      ① UTP(Unshielded Twisted Pair) : 피복은 따로 없다.
      ② FTP : 전체 케이블에 피복
      ③ STP : 전체 케이블과 각 나선형 케이블 쌍에 피복을 씌운 형태
   (3) 가격은 저렴하지만, 전송 거리와 속도는 제한적이다.

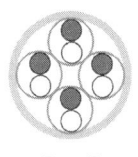　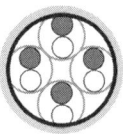　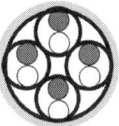

【UTP】　　　　　　　【FTP】　　　　　　　【STP】

2) 동축케이블(Coaxial Cable)
   (1) 중앙의 도선을 절연체가 감싸고 있으며, 외부 환경으로부터 보호하기 위해 외부 구리망 위에 플라스틱 절연체가 덮고 있는 구조
   (2) 구조적 특성 때문에 외부와의 차폐성이 우수하여 간섭 현상이 적다.
   (3) 트위스티 페어보다 뛰어난 주파수 특성으로 인하여 높은 주파수에서 빠른 데이터의 전송이 가능하다.
   (4) 데이터 손실이 적다.

3) 광섬유(Optical Fiber Cable)
   (1) 석영 등을 소재로 한 광섬유를 수백 가닥씩 묶어 만든 케이블이다.
   (2) 빛을 이용해 정보를 보내기 때문에 전송 속도가 빠르고 전자기적 간섭을 받지 않는다.
   (3) 광섬유의 한쪽 끝에는 레이저나 LED같은 광원, 다른 한쪽에는 광탐지기를 설치한다.
   (4) 넓은 대역폭을 갖고 외부 간섭에 전혀 영향을 받지 않는다.
   (5) 낮은 전송 오류율을 갖는다.

네트워크 구성

1 개요

네트워크를 구성하는 중앙장치와 노드, 노드와 노드 간에 연결 상태를 기하학적으로 분류하면 크게 성형, 버스형, 링형, 트리형, 메쉬형으로 구분된다.

2 성형(Star)

1) 중앙의 네트워크 제어 장치를 중심으로 각 노드를 점대점 방식으로 연결
2) 트리방식과 유사하지만 분산처리 능력이 제한된다는 차이점이 있다.
3) 고장의 발견과 수리가 쉽고, 노드의 증설과 이전이 쉽다.
4) 병목현상이 발생할 가능성이 있다.
5) 중앙장치 고장 시 네트워크 전체가 통신 불능 상태가 된다.

【성형】　　　　　　　　　　【버스형】

3 버스형(Bus)

1) 전송 매체 하나에 여러 개의 노드를 연결한다.
2) 네트워크 구성이 간단하고 중소규모 네트워크에 유용하며 사용이 용이하다.
3) 관리가 용이하고 노드의 추가, 삭제가 용이하다.
4) 하나의 노드가 고장나더라도 해당 노도만 제한되고 다른 노드에는 영향이 없다.
5) 통신채널이 한개인 경우 버스 고장 시 네트워크 전체가 동작하지 않으므로 여분의 채널이 필요.
6) 네트워크 트래픽이 많을 경우 네트워크 효율이 떨어진다.

4 링형(Ring)

1) 로드를 연결하여 원과 같은 형태로 구성하는 방식이다.
2) 특정 링에서 데이터 흐름은 한쪽 방향으로만 흐르며, 데이터를 수신한 노드는 자신에게 전달되는 데이터이면 처리하고 그렇지 않은 경우에는 다음 노드로 데이터를 중계한다.
3) 일반적으로 하나 이상의 링을 사용하여 구성하며 이를 통해 전송효율과 네트워크의 안정성을 향상시킬 수 있다.
4) 병목현상이 드물다.
5) 분산 제어와 검사, 회복이 쉽다.
6) 노드의 추가 및 삭제가 복잡하다.

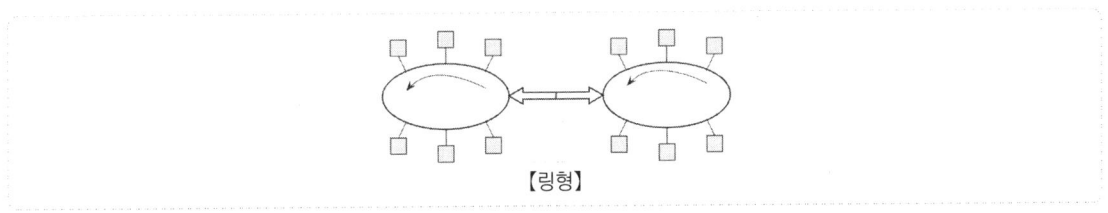

【링형】

5 트리형 (Tree)

1) 성형방식이 변화한 것으로 다수의 허브를 이용하여 트리처럼 연결하는 방식이다.
2) 제어와 오류 해결은 각각의 허브에서 수행하며 네트워크를 제어하기가 비교적 간단하다.
3) 제어가 간단하며 관리 및 확장이 용이하다.
4) 중앙지점에서 병목현상이 발생할 수 있다.

【트리형】　　　　　　　　　　　【메쉬형】

6 메쉬형 (Mesh)

1) 중앙의 제어노드를 통한 중계 대신에 노드간에 점대점 방식으로 직접 연결하는 방식이다.
2) 특정 노드에 통신장애가 발생하더라도 다른 경로를 통하여 데이터를 전송할 수 있다.
3) 하나의 노드 장애 시 네트워크의 다른 트래픽에 미치는 영향을 최소화할 수 있다.

Annex

📂 트위스트 페어 (Twist Pair) 케이블 사용하는 이유

1. 일반 케이블에 【그림1】과 같이 자력선이 통과하면 유기 전압이 암페어의 오른나사 법칙에 따라 그림의 화살표와 같이 유기되어 부하에 유도전류가 흐르게 된다.

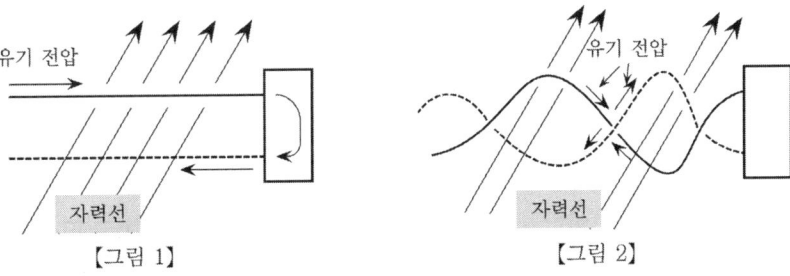

【그림 1】　　　　　　　　　　　【그림 2】

2. 트위스트 페어케이블의 경우는 【그림 2】와 같이 외부 노이즈에 의한 자력선이 통과할 경우에 각각의 신호선에 유기되는 전압(전류)는 인접한 루프에서 서로 반대 방향이 되어 상쇄되어서 없어지므로 유도전류에 의한 영향이 적다.

네트워크의 제어방법

1 개 요

여러 개의 노드가 연결된 경우 네트웨크 제어를 어떻게 하느냐가 중요한다. 현재 많이 적용되는 제어방식은 CSMA, 토큰 링, 토큰 버스 방식 등이다.

2 CSMA/CD (CA)

1) 접근 기법
    (1) MA (Multiple Access) : 네트워크가 비어 있으면 송신을 시작하는데 다중 접근(Multiple Access)이 가능하므로 여러 노드에서 송신을 시작한다.
    (2) CS (Carrier Sence) : 네트워크가 사용 중인지 감지(Sence)한다.
    (3) CD (Collision Detection)
        ① 충돌이 발생하면 충돌을 감지하여 전 노드에 충돌이 발생했음을 전달한다.
        ② 잠시 대기하고 있다가 다시 전송하고, 성공할 때까지 송신을 계속 반복한다.
    (4) CA (Collision Avoidance)
        충돌을 회피함으로써 충돌을 미리 예방하지만 데이터가 전송이 되고 있을 경우 다른 쪽은 차례가 올 때까지 무조건 기다리게 되는 방식이다.
2) 통신 제어기능이 단순하여 적은 비용으로도 네트워크화할 수 있으며 노드수가 적고, 부하가 잘 걸리지 않는 환경일 때 최적의 성능을 낼 수 있다.
3) 부하가 일정수준 이상으로 증가하면 성능이 급격히 떨어지므로 채널 이용률이 낮고, 시간지연도 예측하기 어렵다.

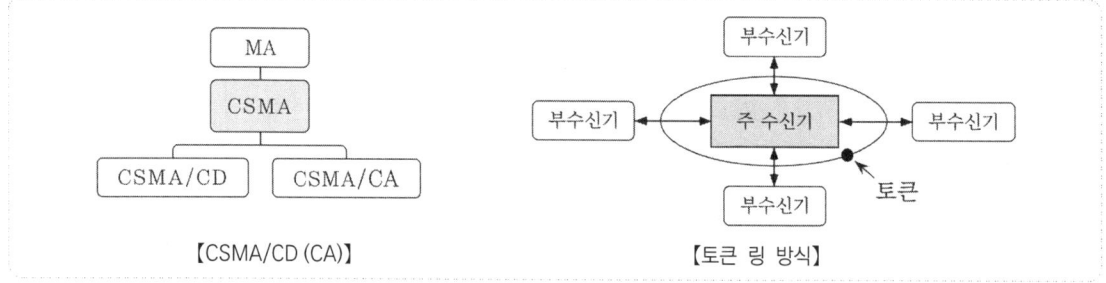

【CSMA/CD (CA)】 【토큰 링 방식】

3 토큰 링 방식

1) 논리적으로는 링 형태지만, 물리적으로는 모든 노드를 MSAU (Multi Station Access Unit)장치에 연결하여 하나의 토큰 링 네트워크를 구성한다.
2) 토큰 링에는 토큰 패싱(Token Passing)방법을 사용한다.
    토큰 패싱은 채널을 통제해 충돌이 발생하지 않도록 고유 채널을 사용하는 권한을 균등하게 부여하여 토큰을 확보했을 때만 데이터를 전송하는 방식이다.
3) 토큰 패싱 방식에서는 토큰을 소유하는 우선순위를 부여하여 충돌로 일어나는 데이터의 지연시간을 미리 예측할 수 있다.

4 토큰 버스 방식

1) 토큰 링 방식과 버스 방식을 결합한 형태다. 즉, 물리적으로는 버스형태이나 실제 동작은 링 형태
2) 토큰을 획득한 노드는 데이터를 전송하기 시작하고, 더 전송할 데이터가 없거나 일정 토큰 보유 시간이 지나면 다음 노드로 토큰을 넘겨준다.
3) 적은 비용으로도 구성할 수 있고 설치가 쉬운 편이다. 또한 토큰 링처럼 토큰 회전 시간을 예측할 수 있어 실시간으로 처리할 수 있다.
4) 단점은 노드를 추가로 설치하거나 삭제하고, 오류를 처리하는 과정이 복잡하다.

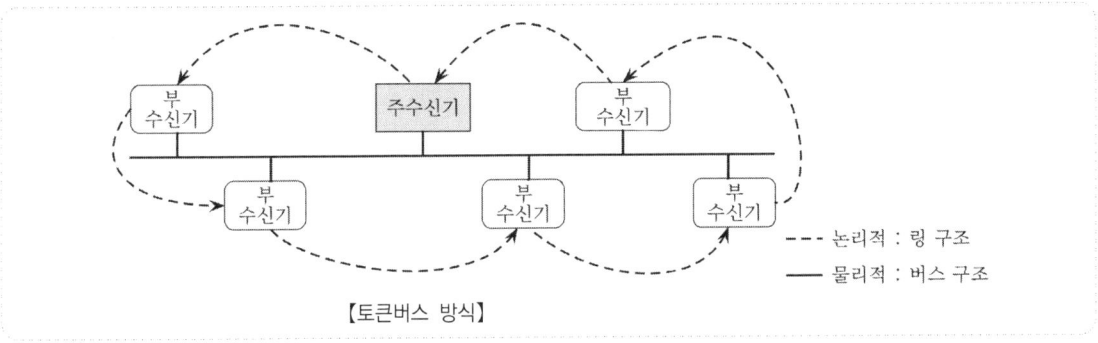

【토큰버스 방식】

Annex

인텔리전트 시스템에서 통신선을 통해 네트워크로 각각의 수신기를 연결하여 사용하는 중에 통신이 두절될 경우에도 독립적으로 작동하여야 신뢰도가 높다.

인텔리전트 시스템은 Stand Alone 기능을 가지면서 모든 신호를 상호 간에 주고받는 Peer to Peer (p2p) 기능을 가지고 있다.

📂 **Peer to Peer**
1. 수신기 여러 대를 Network로 구성하여 통신하는 시스템에서 주 수신기(Master)와 Local 수신기 (Slave)로 구성하여 주 수신기가 고장 나면 전체시스템이 다운되는 주종관계의 반대 개념
2. 각각 수신기를 완전히 독립적인 감시제어기능을 갖는 대등한 관계(Peer to Peer)로 주 수신기 고장에 의해서도 Local 수신기의 기능에 영향이 없는 Network 구성 기능이다.
3. 장점 : 소규모 네트워크에 적당, 비용 저렴, 구현이 쉽다.
4. 단점 : 보안성과 확장성이 부족

📂 **Stand Alone 기능**
1. Local 수신기가 주 수신기 고장 또는 통신선로의 이상 전원 공급 차단 등에 의해 수신기의 감시제어를 받지 못할 경우 Local 수신기 자체에 CPU와 전원공급장치를 갖고 있어 독립적으로 관할지역의 감시제어를 계속 수행할 수 있는 기능
2. 상호 연결된 수신기의 통신이 두절된 상태에서도 각각의 수신기가 자체 CPU와 전원으로 독립적으로 감시, 제어를 계속 수행할 수 있는 것을 Stand Alone 기능이라 한다.

NFPA 72 경보설비 구성

1 개 요

1) 경보설비는 화재가 발생한 건축물 내의 초기단계에서 발생하는 연소생성물을 감지하여 재실자 등에게 벨, 사이렌 등의 음향장치로 화재의 발생을 알리는 설비이다.
2) NFPA 72는 경보설비를 IDC, NAC, SLC로 구분하고 있다.

2 입력 장치회로 (IDC, Initiating Device Circuit)

1) 수신기나 중계기에 화재발생을 통보하는 장치에 사용되는 회로로 On-Off의 일반 점점 신호에만 적용하며, 아날로그형은 SLC로 구분한다.
2) 종 류
   (1) 수동발신기
   (2) 감지기 (On/Off 의 일반 접점 신호기기)
   (3) 감시용신호 입력장치 (Supervisory Signal)

3 통보 장치회로 (NAC, Notification Appliance Circuit)

1) 입력장치에 의한 화재발생 신호에 대응하여 수신반에서 화재발생을 알리고 대피 및 소화활동에 필요한 신호를 발생시키는 장치이다.
2) 종 류
   (1) 청각용 통보장치 (Audible)
   (2) 시각용 통보장치 (Visible)
   (3) 촉각용 통보장치 (Tactile) : 촉감이나 진동에 의해 경보를 알리는 통보장치

4 신호 선로회로 (SLC, Signaling Line Circuit)

1) 상태가 개별적으로 식별될 수 있거나 다른 기능 등을 개별적으로 제어하는 데 사용하는 회로
2) 통신선로를 이용하여 입력장치와 수신기, 수신기와 수신기, 수신기와 중계기간의 통신에 사용되는 회로이다.
3) 종 류
   (1) R형 수신기
   (2) 중계기
   (3) 아날로그 및 주소형 감지기

NFPA 72 Pathway Class

1 Class 개념

1) 기존 P형 수신기에서는 수신기와 발신기 또는 감지기 사이에 동선을 사용한 배선을 연결하여 입력장치회로, 통보장치회로, 신호선로회로를 연결하였으나
2) 현재 R형 수신기에서는 수신기와 발신기 사이에 중계기를 연결하여 통신배선(LAN, 광케이블, CVV-SB)을 통해 입력장치회로, 통보장치회로, 신호선로회로를 연결하여 사용하고 있으며, 다양한 통신방법을 통해서 자탐설비를 사용하는 추세이다.

2 Class 종류

1) Class A (Loop 배선 방식)
   (1) 별도의 경로(Redundant Path)가 존재한다.
   (2) 단선이후에도 작동성능이 계속되며, 단선고장 발생 시 고장 신호를 통보해야 한다.
   (3) 경로의 의도된 작동에 영향을 미치는 상태는 고장신호로서 표시된다.
   (4) 지락사고 중에도 작동성능이 유지된다.
   (5) 지락사고 발생 시 고장신호를 통보해야 한다.
   광섬유나 무선 경로는 지락이나 단락에 대해 회로 장애의 문제가 없으므로 이러한 상황에 대해 이를 에러로 통보하지 않는다.

【Class A】 【Class B】

2) Class B (일반 배선방식)
   (1) 별도의 경로(Redundant Path)가 없다.
   (2) 단선된 지점 이후에는 정상적으로 작동하지 않는다.
   (3) 경로의 의도된 작동에 영향을 미치는 상태를 장애신호로 표시한다.
   (4) 지락사고 중에 작동성능이 유지된다.
   (5) 지락사고 발생 시 장애신호를 표시해야 한다.

3) Class C
   (1) LAN, WAN, 인터넷, 무선통신망을 사용하는 경보설비를 위한 양단자 간 통신의 경로에 해당
   (2) 폴링(Polling)이나 핸드 세이킹(Hand Shaking)에 의한 통신과 같은 통신선로를 감시하기 위한 기술적인 사항을 위하여 제정한 것이다.
   (3) Class C의 경우는 개별 경로에 대한 감시기능은 없으나 양단간 통신에서 발생하는 손실에 대해서는 표시되어야 한다.

4) Class D

경로에 대한 고장상태가 통보되지는 않지만 Fail-Safe 작동 기능이 있어, 회로고장이 발생할 경우 사전에 지정된 기능(Fail-Safe)을 대신 수행할 수 있는 배선 방식이다.

⑴ 전원이 차단되면 문이 폐쇄되는 도어홀더 전원

⑵ 개방회로 또는 화재경보 작동 시 해제되는 잠금장치 전원

① 화재 시 출입문이 닫히는 것이 중요하므로 정전 시 문이 닫혀야 한다.

　　⑩ 공동주택 부속실에서 계단으로의 출입문

② 피난 경로상에 위치한 자동문은 고장 시 개방되어야 한다.

5) Class E

선로에 대한 이상유무 감시기능(Monitor for Integrity)이 없는 경로

6) Class N : 2중 통신선

7) Class X : 단락 ⇒ 단선

⑴ 별도의 경로(Redundant Path)를 포함한다.

⑵ 단선된 지점 이후에도 정상적으로 작동하며 단선 고장 시 장애신호를 표시해야 한다.

⑶ 단락된 지점 이후에도 정상적으로 작동하며 단락 고장 시 장애신호를 표시해야 한다.

⑷ 단선과 지락사고가 동시에 발생하여도 정상적으로 작동한다.

⑸ 경로의 의도된 작동에 영향을 미치는 상태는 장애신호를 표시된다.

⑹ 단락 시 작동성능이 유지된다.

⑺ 지락 사고 시 작동성능이 유지된다.

⑻ 지락상태는 장애신호를 표시해야 한다.

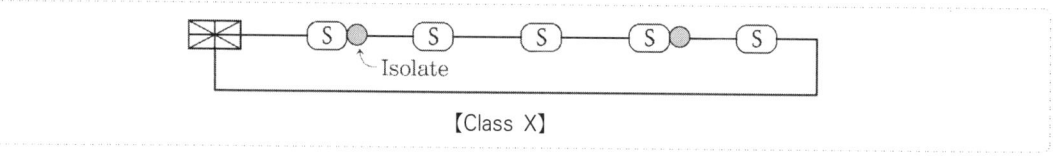

【Class X】

NFTC : 화재로 인하여 하나의 층의 지구음향장치 또는 배선이 단락되어도 다른 층의 화재통보에 지장이 없도록 각 층 배선상에 유효한 조치를 할 것

Class N

1 개 요

1) 소방대상물 내 네트워크를 주소 지정(Addressable)이 가능한 화재감지기 등에 2중 연결한 회로
2) Class N의 선로(Pathways)는 금속 도체, 트위스트 페어, 광섬유, 무선(Wireless) 등이 이용된다.
3) Share Pathway는 Level 3

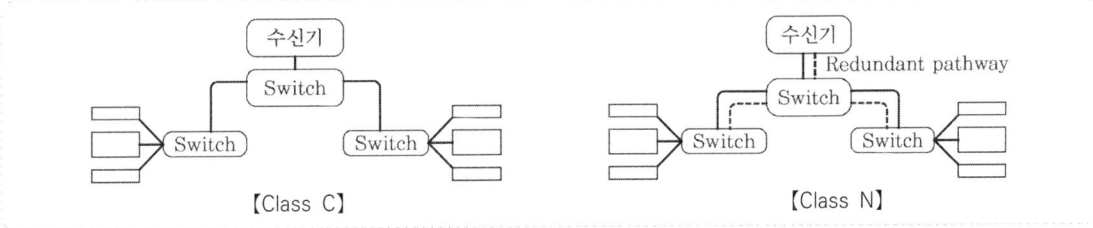

2 50층 이상 통신·신호배선

1) 선로구성 : 2중 배선
2) 단선 시 : 고장표시가 가능, 정상 작동할 것
3) 통신·신호 배선의 종류
   (1) 수신기와 수신기 사이의 통신배선
   (2) 수신기와 중계기 사이의 신호배선
   (3) 수신기와 감지기 사이의 신호배선

3 2중 연결 예외

1) 하나의 기기(Switch)와 연결된 경우

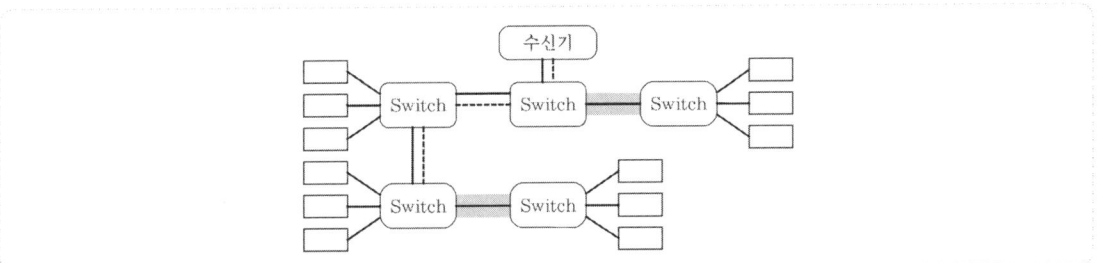

2) 6 m 이내로서 Enclosure or Raceway

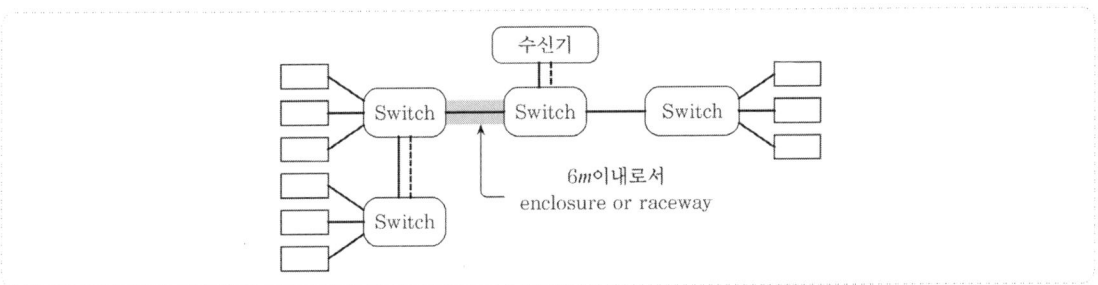

Annex

1. IDC, NAC : 본질적으로 제한(전원에 의해)
2. SLC zone : 2016년 Edition
   (1) 한개 층
   (2) 바닥면적이 넓은 경우 분할
   (3) 방화구획이나 제연구획의 경우 관통하지 않는다.
   (4) 회로의 최대 길이 제한

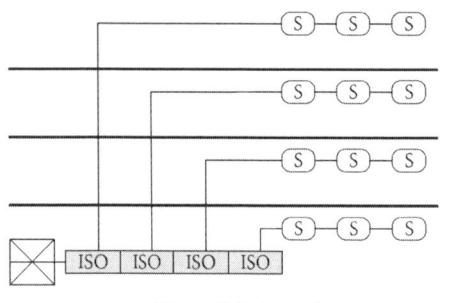

【Class B Isolation】

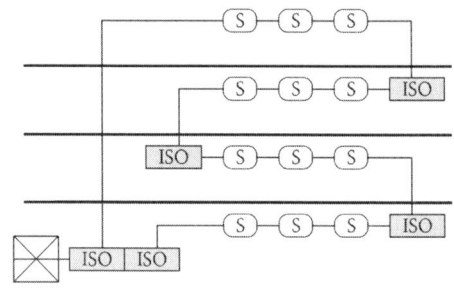

【Class A Isolation】

📁 Pathway Survivability

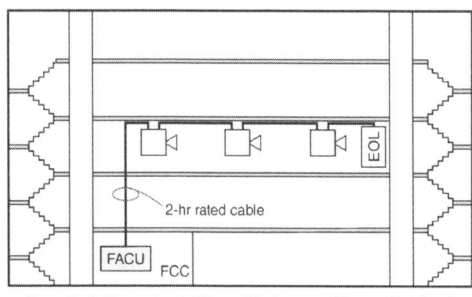

Level 2 Survivability, Using a Class B NAC Riser in a 2-hr Rated Cable Assembly

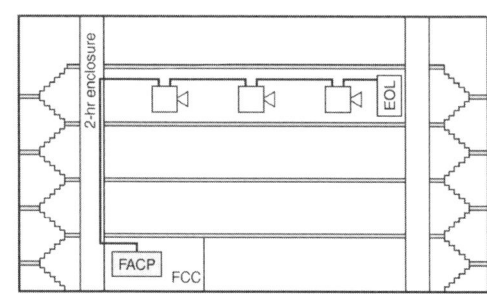

Level 2 Survivability, Using a Class B NAC Riser in a 2-hr Rated Shaft or Enclosure

1. 스프링클러를 설치한 건물의 경우 설치된 스프링클러의 목적은 반드시 경보설비 회로를 보호하는 것이 아니다.
2. 스프링클러에 의해 방호되는 공간에서도 경보설비 회로는 스프링클러가 작동하기 전에 용단 발생될 수 있다.
3. 스프링클러는 건물의 총체적 생존능력을 개선하기 때문에 회로의 생존능력에 관한 요건도 개선된다.

잔존능력(Pathway Survivability), 공유경로(Shared Pathway)

1 개 요
NFPA 72의 잔존능력 및 공유경로는 화재에 의한 영향을 받지 않고, 일반신호에 우선하여 경보설비가 정상적인 기능을 수행하는 데 필요한 성능을 표시한 것

2 잔존능력(Pathway Survivability)

잔존능력	조 건
Level 0	• 경로에 대한 잔존 능력이 어떠한 경로에도 해당되지 않는 경우
Level 1	• 금속제의 레이스 웨이(Race way)에 설치된 물리적 경로 등으로서 스프링클러에 의해 방호되는 건축물에 설치된 경로
Level 2	다음중 하나 • 2시간 내화 CI 케이블 • 2시간 내화 케이블 설비(전기적인 보호기능을 보유한 설비) • 2시간 내화 방호구역이나 방화구획 • 관계기관에 의해 승인된 2시간 내화성능의 대체설비
Level 3	스프링클러설비에 의해 방호되는 건축물에 설치된 경로로서 다음 중 하나 • 2시간 내화 CI 케이블 • 2시간 내화 케이블 설비(전기적인 보호기능을 보유한 설비) • 2시간 방화구획 • 관계기관에 의해 승인된 2시간 내화성능의 대체설비

3 공유경로(Shared Pathway)

공유경로		조 건
Level 0	-	• 비인명안전 데이터에 대한 인명안전 데이터의 우선순위나 분리가 요구하지 않음
Level 1	우선순위(Prioritize)	• 인명안전 데이터와 비인명안전 데이터를 분리할 필요는 없지만 모든 인명안전 데이터가 비인명안전 데이터에 우선해야 한다.
Level 2	분리(Segregate)	• 모든 인명안전 데이터를 비인명 안전데이터와 분리해야 한다.
Level 3	전용(Dedicated)	• 인명안전설비 전용장치를 사용해야 한다.

시각경보기

1 개 요
자·탐설비에서 발하는 화재신호를 받아 청각장애인에게 점멸로 경보하는 기기이다.

2 대상 : 자·탐설비 대상 중
1) 근린생활시설, 문화 및 집회시설, 종교시설, 판매시설, 운수시설, 운동시설, 위락시설, 창고시설 중 물류터미널
2) 의료시설, 노유자시설, 업무시설, 숙박시설, 발전시설 및 장례시설
3) 교육연구시설 중 도서관, 방송통신시설 중 방송국
4) 지하가 중 지하상가

3 NFTC 설치기준
1) 복도, 통로, 청각장애인용 객실 및 공용으로 사용하는 거실(로비, 회의실, 강의실, 전시실등)에 설치
2) 각 부분으로부터 유효한 경보를 발할 수 있는 위치에 설치한다.
3) 공연장, 집회장 등에는 시선이 집중되는 무대부 등에 설치한다.
4) 설치 높이는 2~2.5 m, 다만 천장 높이가 2 m 미만인 경우 천장으로부터 0.15 m 이내
5) 시각경보장치 광원은 전용의 축전지설비 또는 전기저장장치에 의하여 점등되도록 할 것. 다만 시각경보기에 작동전원을 공급할 수 있도록 형식승인을 얻은 수신기를 설치 한 경우에는 그러하지 아니하다.
6) 하나의 소방대상물에 2 이상의 수신기가 설치된 경우 어느 수신기에서도 시각경보장치를 작동할 수 있도록 할 것

4 NFPA 기준
1) 어떤 방향에서도 재실자가 볼 수 있어야 한다.

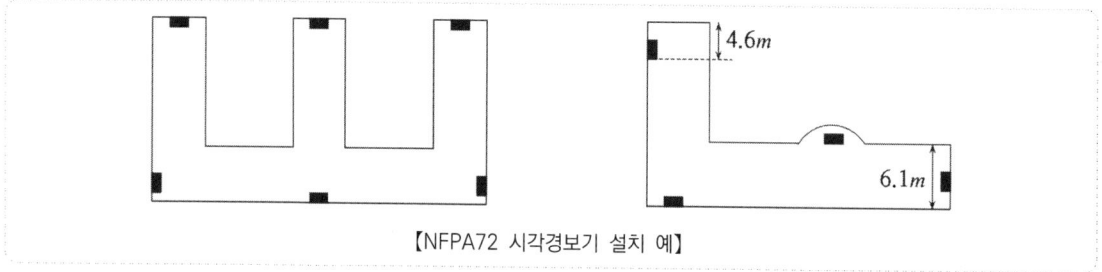

【NFPA72 시각경보기 설치 예】

2) 높이 제한 : 2~2.4 m
   (1) 분산 패턴 : 설치높이가 높을수록 패턴 양호
   (2) 인식 상태 : 설치높이가 낮을수록 인식수준 증가
3) 동조기 설치

4) 소음이 큰 장소에도 시각경보기 설치해야 한다.
5) 시각경보기 사양
   (1) 섬광율(Flash of Rate) : 1~2 Hz
   (2) 섬광지속시간 : 0.2초
   (3) 유효광도 1000 cd 이하
   (4) 램프색상 : 백색

예제 시각경보기(소비전류 200 mA) 5개를 수신기로부터 각각 50 m 간격으로 직렬 설치했을 때 마지막 시각경보기에 공급되는 전압이 얼마인지 계산하시오. (전선은 2 mm², 사용전원은 DC 24 V이다. 기타 조건은 무시한다)

해설

1. 전압강하 계산식

$$e\,[V] = \frac{35.6\,LI}{1000\,A}$$

2. 계 산

   1) 각 선로를 흐르는 전류

   $I_1 = 200 \times 5 = 1000\,[mA]$ $I_2 = 200 \times 4 = 800\,[mA]$

   $I_3 = 200 \times 3 = 600\,[mA]$ $I_4 = 200 \times 2 = 400\,[mA]$

   $I_5 = 200 \times 1 = 200\,[mA]$

   2) 각 선로에서 발생하는 전압강하를 계산하면

   $$e = \frac{35.6 \cdot L \cdot I}{1000 \cdot A}\,[V]$$

   L : 전선의 길이[m] I : 전선의 허용전류[A]
   A : 전선의 단면적[mm²]

   (1) $e_1 = \dfrac{35.6 \times 50 \times 1}{1000 \times 2}\,[V] = 0.89\,[V]$
   (2) $e_2 = \dfrac{35.6 \times 50 \times 0.8}{1000 \times 2}\,[V] = 0.712\,[V]$

   (3) $e_3 = \dfrac{35.6 \times 50 \times 0.6}{1000 \times 2}\,[V] = 0.534\,[V]$
   (4) $e_4 = \dfrac{35.6 \times 50 \times 0.4}{1000 \times 2}\,[V] = 0.356\,[V]$

   (5) $e_5 = \dfrac{35.6 \times 50 \times 0.2}{1000 \times 2}\,[V] = 0.178\,[V]$

   (6) 전체 선로에서 발생하는 총 전압강하를 구하면

   $e_T = e_1 + e_2 + e_3 + e_4 + e_5\,[V]$

   $e_T = 0.89 + 0.712 + 0.534 + 0.356 + 0.178 = 2.67\,[V]$

   3) 마지막 시각경보기에 공급되는 전압 E_2를 계산하면

   $E_2 = E_1 - e_T = 24 - 2.67 = 21.33\,[V]$

비상경보설비

1 비상경보설비 설치대상

1) 연면적 $400 \, m^2$ 이상
2) 지하층 또는 무창층의 바닥면적이 $150 \, m^2$ (공연장의 경우 $100 \, m^2$) 이상인 것
3) 지하가 중 터널로서 길이가 $500 \, m$ 이상인 것
4) 50명 이상의 근로자가 작업하는 옥내 작업장

2 비상벨 또는 자동식 사이렌 설치기준

1) 설치위치

   부식성 가스 또는 습기 등으로 인하여 부식의 우려가 없는 장소에 설치한다.

2) 지구음향장치

   (1) 설치장소 : 소방대상물의 층마다 설치한다.
   (2) 수평거리 : $25 \, m$ 이하가 되고, 각 부분에 유효하게 경보를 발하게 설치한다.
   (3) 정격전압의 80% 전압에서 음향을 발할 수 있어야 한다.
   (4) 음량 : 음향장치의 중심으로부터 $1 \, m$ 떨어진 위치에서 $90 \, dB$ 이상일 것

3) 발신기

구 분	설치기준
설치장소	• 조작이 쉬운 장소에 특정소방대상물의 층마다 설치
설치높이	• 조작스위치는 바닥으로부터 $0.8 \sim 1.5 \, m$
설치수량	• 수평거리 : $25 \, m$ 이하마다 설치 • 복도, 별도로 구획된 실로서 보행거리가 $40 \, m$ 이상일 경우에는 추가로 설치
위치표시등	• 설치위치 : 함의 상부에 적색등을 설치 • 부착면으로부터 $15°$ 이상의 범위 안에서 부착지점으로부터 $10 \, m$ 이내의 어느 곳에서도 쉽게 식별할 것

4) 전원기준

   (1) 상용전원

   ① 전원은 전기가 정상적으로 공급되는 축전지 또는 교류전압의 옥내 간선으로 한다.
   ② 전원까지의 배선은 전용으로 할 것
   ③ 개폐기에는 "비상벨설비 또는 자동식사이렌설비용"이라고 표시한 표지를 할 것

   (2) 비상전원

   ① 감시상태를 60분간 지속한 후 유효하게 10분 이상 경보할 수 있는 축전지
   ② 고층건축물 : 감시상태를 60분간 지속한 후 유효하게 30분 이상 경보할 수 있는 축전지

5) 배선

　(1) 전원회로의 배선 : 내화배선

　(2) 그 밖의 배선 : 내화배선 또는 내열배선

　(3) 절연저항

　　① 전원회로의 전로와 대지 사이 및 배선 상호 간의 절연저항은 전기기술기준 적용

　　② 부속회로의 전로와 대지 사이 및 배선 상호 간의 절연저항은 하나의 경계구역마다 직류 250 V의 절연저항측정기를 사용하여 측정한 절연저항이 0.1 MΩ 이상

　(4) 전선관

　　① 다른 전선과 별도의 관·덕트·몰드 또는 풀 박스 등에 설치

　　② 예외 : 60 V 미만의 약전류 회로에 사용하는 전선으로 전압이 같은 경우

❸ NFPA 72 발신기 설치기준

1) 경보 발신장치는 단단히 고정되어야 한다.

2) 발신기는 배경과 대비되는 색상으로 설치해야 한다.

3) 발신기 설치 높이 : 1.07~1.22 m

4) 발신기는 화재경보의 발신목적으로만 사용되어야 한다.

5) 붉은 페인트나 붉은 플라스틱의 사용을 배제하는 환경에 설치되지 않은 한, 발신기는 붉은 색상으로 해야 한다.

6) 설치 위치

　(1) 발신기는 눈에 잘 띄고 장애물이 없으며 접근 가능하도록 설치되어야 한다.

　(2) 발신기는 각 층의 각 피난 출입구의 1.5 m 이내에 위치해야 한다.

　(3) 보행거리가 61 m를 초과하지 않도록 추가 발신기를 설치해야 한다.

　(4) 폭이 12.2 m를 초과하는 개방구 그룹(Grouped Opening)의 경우 양쪽에 설치하되 그 양쪽 면 1.5 m 내에 설치되어야 한다.

7) 발신기를 이동식 칸막이나 장치에 부착하는 장착을 위해서 영구 구조물을 설치하는 것을 요구하지 않는다.

비상방송설비

1 개 요

1) 화재신호를 수신기에서 수신할 경우 자동으로 증폭기의 전원이 투입되어 마이크로폰이나 미리 녹음된 녹음기를 작동시켜 스피커를 통해 비상방송을 하는 설비이다.
2) 비상방송설비는 초기 피난의 유도 및 초기 소화작업의 지휘를 위하여 설치된 설비이다.

2 설치대상

1) 연면적 3,500 m² 이상인 것
2) 지하층을 제외한 층수가 11층 이상인 것
3) 지하층의 층수가 3층 이상인 것

3 비상방송설비의 구성

1) 절체개폐기 : 평상시 일반방송을 송출하다가, 화재 시는 비상방송으로 전환하는 장치이다.
2) AMP (증폭기)
3) ATT (음량조정기)
   (1) 가변저항에 의해 음량을 조절한다.
   (2) 3선식 배선으로 하여 음량을 줄인 경우에도 비상방송은 최대 음량으로 출력될 것
4) 스피커 : 소리를 크게 하여 멀리 보내는 장치

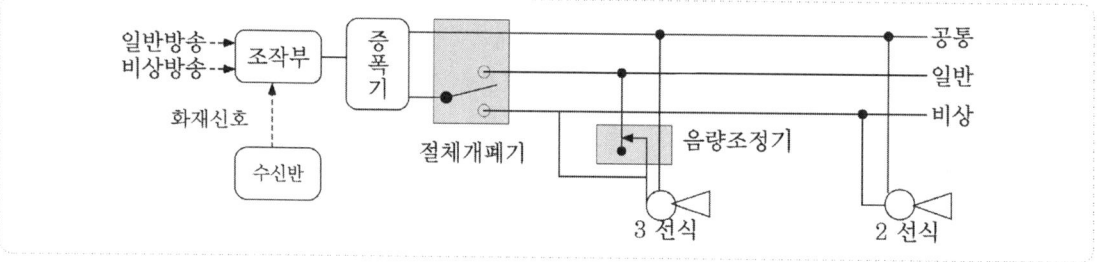

4 비상방송설비 설치기준

1) 음향장치
   (1) 확성기의 음성입력 : 3 W (실내는 1 W) 이상
   (2) 확성기의 배치
      ① 각 층마다 설치할 것
      ② 각 층의 각 부분으로부터 수평거리 25 m 이내마다 설치하고, 각 부분에 유효하게 경보를 발할 수 있도록 설치할 것
   (3) 음량조정기를 설치할 경우 3선식 배선으로 할 것
      일반방송의 음량을 최소로 낮춰둔 경우에도, 3선식 배선으로 하여 비상방송은 최대출력을 낼 수 있도록 한 것이다.

⑷ 조작부의 조작스위치 위치 : 0.8~1.5 m
⑸ 조작부는 기동장치의 작동과 연동하여 당 기동장치가 작동된 층 또는 구역을 표시할 수 있는 것으로 할 것
⑹ 증폭기 및 조작부는 항상 사람이 근무 장소, 점검편리·방화상 유효한 곳에 설치할 것
⑺ 발화층, 직상층 우선경보 (변경 예정)
　① 대상 : 층수가 11층 (공동주택의 경우에는 16층) 이상
　② 경보방법

발 화	경 보
2층 이상	발화층 및 그 직상 4개 층에 경보
1층	발화층, 그 직상 4개 층 및 지하층에 경보
지하층	발화층, 그 직상층 및 기타 지하층에 경보

⑻ 다른 방송설비와 공용하는 경우 화재 시 비상경보외의 방송을 차단할 수 있는 구조
⑼ 다른 전기회로에 따라 유도장애가 생기지 아니하도록 할 것
⑽ 하나의 건물에 2 이상의 조작부가 있을 경우
　① 각각의 조작 장소간의 동시통화가 가능한 설비를 설치할 것
　② 어느 조작부에서도 전 구역에 방송을 할 수 있을 것
⑾ 기동장치에 화재신호 수신 후, 필요한 음량으로 유효한 방송자동개시 시간은 10초 이하일 것
⑿ 음향장치의 구조 및 성능
　① 정격전압의 80 % 전압에서 음향을 발할 수 있을 것
　② 자·탐설비의 작동과 연동하여 작동할 수 있을 것

2) 배선 기준
⑴ 화재로 인하여 다른 층이 단락 또는 단선이 되어도 다른 층의 화재통보에 지장이 없을 것
⑵ 전원회로는 내화배선, 그 밖은 내화 또는 내열배선
⑶ 절연저항 : 하나의 경계구역마다 250 V 절연저항측정기를 이용하여 0.1 MΩ 이상
⑷ 비상방송설비의 배선은 몰드 또는 풀 박스를 사용할 것 (60 V 미만은 제외)

3) 전원 기준
⑴ 축전지 또는 교류전압의 옥내간선으로 하고 전원까지의 배선은 전용으로 할 것
⑵ 개폐기에는 비상방송설비용이라고 표시한 표지를 할 것
⑶ 60분 감시 후, 10분 이상 경보할 수 있는 축전지를 내장할 것

5 고층건축물의 비상방송설비

1) 비상방송설비의 음향장치기준

발 화	경 보
2층 이상	발화층 및 그 직상 4개 층에 경보
1층	발화층, 그 직상 4개 층 및 지하층에 경보
지하층	발화층, 그 직상층 및 기타 지하층에 경보

2) 비상방송설비의 전원기준

60분 감시 후, 30분 경보할 수 있는 축전지 내장할 것

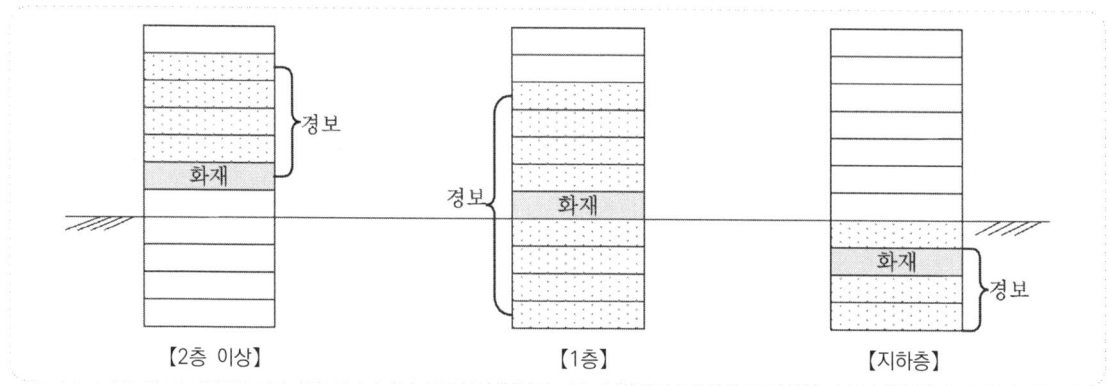

| 【2층 이상】 | 【1층】 | 【지하층】 |

  비상방송 성능 개선

1 개 요

비상방송설비는 화재 발생 시 초기 인명피해를 줄이기 위한 중요한 설비이므로 어떤 상황(단락 또는 단선)에서도 정상적으로 작동하여야 한다.

2 관련규정 및 문제점

1) 관련 규정 : 비상방송의 화재안전기준(NFPC 202) 제5조 제1호

화재로 인하여 하나의 층의 확성기 또는 배선이 단락 또는 단선되어도 다른 층의 화재통보에 지장이 없도록 할 것

2) 문제점

비상방송설비 배선 단락 ⇒ 과도한 전류 발생 ⇒ 증폭기 손상 방지를 위해 차단기 동작
⇒ 증폭기 음성출력 차단(방송 불능)

3 성능개선 방안

1) 각 층 배선상에 배선용차단기(퓨즈) 설치

(1) 각층 중계기함, 스피커 단자대, 출력전압에 맞는 퓨즈 설치

(2) 시공비가 저렴하고 단순 기술로도 개선 가능

(3) 단점
   ① 퓨즈 이상 시 각층 중계기함 전수 확인 필요
   ② 단선 확인 LED가 없을 경우 퓨즈단선 여부 확인 곤란
   ③ 유지관리가 어려움

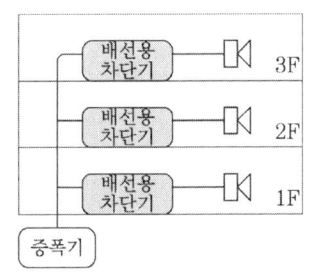 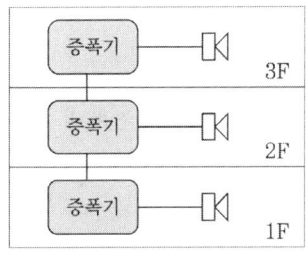

2) 각 층마다 증폭기(엠프) 또는 다채널 엠프 적용
   (1) 방재실에 설치
   (2) 별도의 배선용차단기 설치 불필요하여 상가/업무시설 등에 적합
   (3) 증폭기 추가 설치에 따른 경제적인 부담
3) 단락신호 검출장치 설치
   (1) 각층 중계기함에 설치
   (2) 동작(정상·단선·단락) 표시등으로 상태를 확인할 수 있다.
4) Poly Switch를 이용한 시스템 설치
   (1) 각층 중계기함 또는 통신단자함에 설치
   (2) 단락·단선 시 감지 및 조치할 수 있다.
   (3) 동작(정상·단선·단락) 표시등으로 상태를 확인할 수 있다.
5) RX 방식 리시버 설치
   (1) 관리실 또는 각 동 통신단자함에 설치
   (2) 관리실 운영 PC프로그램상 표시, 메인장비의 LED 창 표시 가능
6) 이상 부하 컨트롤러 설치
   (1) 관리실에서 실시간 작동상황 확인
   (2) 증폭기를 개별로 사용하는 것과 같은 효과

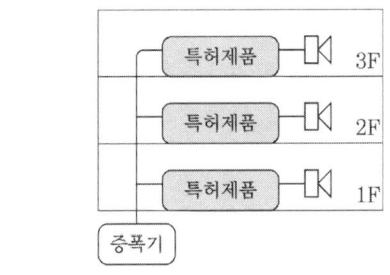 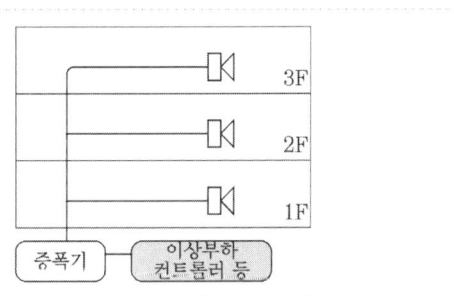

NFPA 72 음압

1 음량 (Loudness)

1) 음의 질은 따지지 않고 크기만으로 인간의 가청 여부를 고려한 생리학적 수치
2) 영향인자
   (1) 습도, 공기 밀도
   (2) 주파수 : 큰 주파수일수록 소리가 크게 들리고, 작은 주파수일수록 작게 들린다.
   (3) 음원의 위치
   (4) 공간의 형태 및 내장재 재질

2 음압 (SPL, Sound Pressure Level)

1) 음파가 매질 속을 지날 때 매질의 각 지점에서 발생하는 압력의 변화량
2) 단위 [dB]

$$dB = 20\log \frac{소리의 세기}{기준음의 세기}$$ 　　기준음의 세기 : $2 \times 10^{-5}\,[Pa]$

3) 음압(dB)의 크기가 동일하여도 진폭과 주파수에 따라 가청량이 달라질 수 있다. NFPA 72에서는 인간의 가청 여부가 가장 주요 인자인 주파수에 가중치를 부여한 dBA를 적용한다.
4) 동일한 척도로 측정된 2개 소음 레벨간 차이는 dBA이 아니라 dB로 표시한다.

3 NFPA 72 기준

1) 평균소음레벨이 105 dBA 이상이 경우 공공모드는 시각경보기를 사용해야 한다.
2) 총 음압레벨은 110 dBA을 초과하지 않아야 한다.
3) 공공모드(Public Mode)
   (1) 평균주변 음압보다 15 dB 이상 또는 최소 60초간 지속되는 최대 소음보다 5 dB 이상인 것 중 큰 것을 적용한다.
   (2) 평균주변 음압 (dBA)

구 분	업무	교육	산업	지하/무창층	주거
평균주변 음압 (dBA)	55	45	80	40	35

4) 전용모드(Private Mode)
   (1) 화재 시 규정된 조치를 취해야 하는 책임이 있는 재실자에게 경보를 하기 위한 모드
   (2) 경보대상자
      ① 감시실의 관리자　　② 건물안내 담당자
      ③ 간호원실의 간호원　　④ 건물관리자 및 대응팀원
   (3) 평균주변 음압보다 10 dB 이상 또는 최소 60초 간 지속되는 최대 소음보다 5 dB 이상인 것 중 큰 것을 적용한다.

5) 취침지역(Sleeping Area)

평균주변 음압보다 15 dB 이상 또는 최소 60초 간 지속되는 최대 소음보다 5 dB 이상인 것 중 큰 것을 적용한다. 단, 최소음압 75 dBA 이상

구분	음량크기	비 교
공공모드 (Public Mode)	• 평균주변 음압보다 15 dB 이상 • 최소 60초간 지속되는 최대 소음보다 5 dB 이상일 것	음량 중 큰 것 적용
전용모드 (Private Mode)	• 평균주변 음압보다 10 dB 이상 • 최소 60초간 지속되는 최대 소음보다 5 dB 이상일 것	
수면지역 (Sleeping Area)	• 평균주변 음압보다 15 dB 이상 • 최소 60초간 지속되는 최대 소음보다 5 dB 이상일 것 • 최소음압 75 dB 이상일 것	

4 NFPA 72

1) 경보패턴

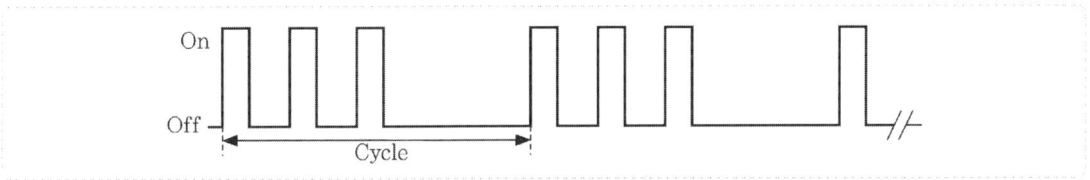

2) 6 dB Rule

음향통보장치의 출력은 기기와 청취자간 거리가 2배가 되면 6 dB 감소된다.

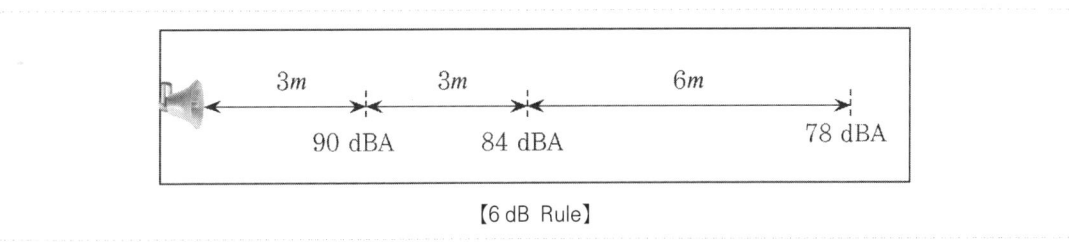

【6 dB Rule】

Annex

📁 dBA

1. 음향레벨은 일반적으로 데시벨(dB), 즉 1/10 벨 단위를 사용해 측정된다.
2. 음압계를 사용하여 측정할 때 A-가중, B-가중, 또는 C-가중을 선택할 수 있다.
3. C-가중치는 70 Hz~4000 Hz에서 일반적으로 평탄하고 B-가중치는 300 Hz~4000 Hz에서 일반적으로 평탄하다.
4. A-가중치는 사람의 귀가 덜 민감한 주파수에 대한 측정 감도를 감소시키기 위해 입력 신호를 필터링하며 600 Hz~1000 Hz에서 비교적 평탄하다.
5. 이를 통해 사람의 귀로 들리는 가장 중요한 명료도 구성요소를 제공하는 오디오 스펙트럼 부분을 시뮬레이트하는 가중치가 도출된다.
6. 측정 단위는 dB이지만 A-가중 필터의 사용을 명시하는 약칭은 일반적으로 dBA이다.

MEMO

PART 15

소방전기

소방용 전선

1 개 요
1) 소방용 전선의 종류는 일반전선, 내화전선, 내열전선, 차폐전선 등이 있다.
2) 일반전선은 감지기에 사용되고, 내화전선은 전원계통에 사용되고, 내열전선은 소방시설의 제어용에 사용되고, 차폐전선은 통신선로에 사용한다.

2 소방용 전선의 종류
1) 일반전선
   (1) HFIX는 주로 일반용 배선으로 사용하는 전선이다. 과거에는 IV, HIV를 사용했으나, 현재는 IEC 규격에 맞추어 HFIX를 사용한다. 감지기, 중계기, 방송 등에 주로 사용되는 전선이다.
   (2) 전선으로서 시스(Sheath)가 없어 별도의 보호용 전선관이 필요하다.
2) 내화전선(FR-8)
   (1) 주로 비상전원, 소방용 동력에 사용하는 내화전선이다.
   (2) 전원용으로 일정 이상의 내화성능이 필요하다.

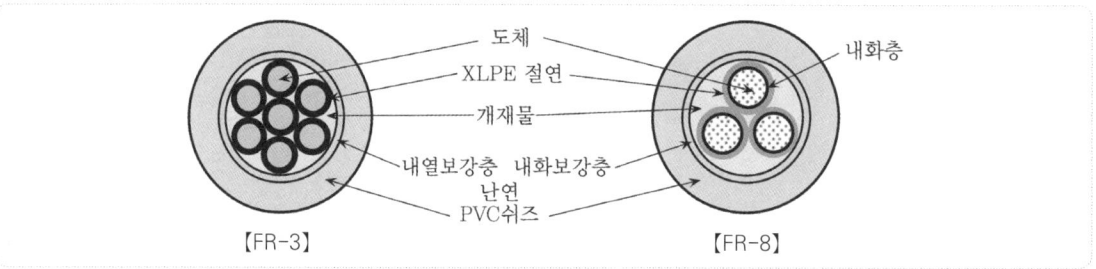

3) 차폐선(Shield Cable)
   (1) R형 자탐설비의 중계기, 아날로그 감지기 등에 주로 사용한다.
   (2) 전선의 내부에 차폐선이 있어 장애(Noise)에 대한 차폐성능이 있다.
   (3) STP(Shield Twist Pair Cable), FR-CVV-SB 등이 있다.
4) MI Cable(Mineral Insulation Cable)
   (1) 동과 산화마그네슘으로 구성된 케이블로서 상시 고온의 장소에 사용되는 케이블이다.
   (2) 불에 타지 않으며, 250℃에서는 영구사용, 700~800℃는 단시간 사용 가능하다.

3 결 론
1) 화재 시 피해를 경감시키기 위해서 소방시설이 작동되어야 하므로 중요 설비는 내화배선, 나머지 기기에는 내열배선으로 설치하고 있다.
2) 내화배선과 내열배선의 구분은 전선의 종류로 구분하지 않고 공사방법에 따라서 구분한다.

Annex

📁 **FR-3와 FR-8의 특성**

구 분	FR-8	FR-3
구성도체	연동선, 연동연선	연동선, 연동연선
내화층	내화 Tape	-
절연체	XLPE	XLPE
보강층	내화 보강층(Glass Type)	내열 보강층(Glass Type)
연 합	선심소요 가닥수를 원형으로 연합	선심소요 가닥수를 원형으로 연합
Sheath(외장)	난연 PVC	난연 PVC
특 징	750℃ 3시간의 내화특성이 있음	380℃ 15분의 내열특성이 있음
용 도	비상용 전원, 동력 배선에 사용	제어용 배선에 사용

📁 **상용전원회로의 배선**

1. 저압수전

   인입개폐기의 직후에서 분기하여 전용배선으로 하여야 하며, 전용의 전선관에 보호되도록 할 것

2. 특별고압수전 또는 고압수전

   전력용 변압기 2차 측의 주차단기 1차 측에서 분기하여 전용배선으로 하되, 상용전원의 상시 공급에 지장이 없을 경우에는 주차단기 2차 측에서 분기하여 전용배선으로 할 것. 다만 가압송수장치의 정격입력전압이 수전전압과 같은 경우에는 제 1의 기준에 따른다.

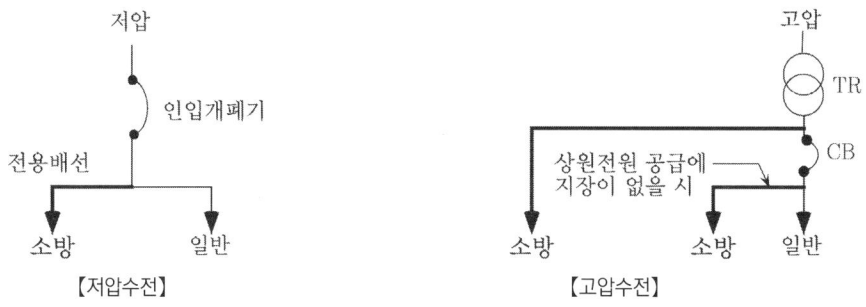

📁 **자동화재탐지설비 제10조(전원)**

① 전원은 전기가 정상적으로 공급되는 축전지, 전기저장장치 (외부 전기에너지를 저장해두었다가 필요한 때 전기를 공급하는 장치) 또는 교류전압의 옥내 간선으로 하고, 전원까지의 배선은 전용

② 자동화재탐지설비에는 그 설비에 대한 감시상태를 60분간 지속한 후 유효하게 10분 이상 경보할 수 있는 축전지설비 또는 전기저장장치를 설치하여야 한다. 다만 상용전원이 축전지설비인 경우 또는 건전지를 주전원으로 사용하는 무선식 설비인 경우에는 그렇지 않다.

📁 **송배전식**

1. 목적 : 감지기에 대하여 단선 등 정상 여부의 도통 시험을 확실하게 하기 위한 배선방식

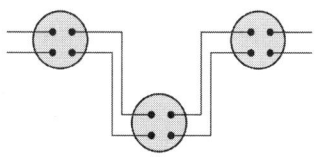

2. 설치방식

   (1) 감지기 4개의 단자를 이용하여 결선하며 배선의 도중에서 분기하지 않고 배선

   (2) 회로 말단에 종단저항

내화·내열 배선

1 개 요

1) 소방용배선의 종류로는 내화배선, 내열배선, 차폐배선이 있으며, 적용에 따라 공사방법이 다르다.
2) 소방설비에 사용되는 상용 및 비상전원의 배선은 화재 시에도 일정시간은 기능이 유지되도록 내열 및 내화 배선이 필요하다. 기본적으로 내열 이상의 성능이 요구된다.

2 전선의 종류

1) 내화전선
2) 기타전선
   (1) 450/750 V 저독성 난연 가교 폴리올레핀 절연 전선 [HFIX]
   (2) 0.6/1 KV 가교 폴리에틸렌 절연 저독성 난연 폴리올레핀 시스 전력 케이블
   (3) 6/10 KV 가교 폴리에틸렌 절연 저독성 난연 폴리올레핀 시스 전력 케이블
   (4) 가교 폴리에틸렌 절연 비닐시스 트레이용 난연 전력 케이블
   (5) 0.6/1 KV EP 고무절연 클로로프렌 시스 케이블
   (6) 300/500 V 내열성 실리콘 고무 절연전선(180℃)
   (7) 내열성 에틸렌-비닐 아세테이트 고무 절연 케이블
   (8) 버스덕트(Bus Duct)
   (9) 기타 주무부장관이 인정하는 것

3 내화/내열 배선 적용 장소

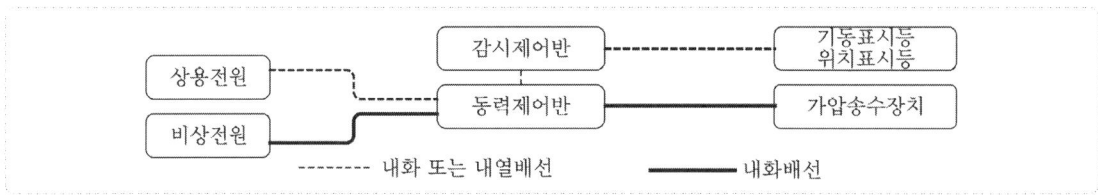

구 분	적용 장소
내화배선	• 비상전원으로부터 가압송수장치 및 동력제어반간의 전원회로 배선 • 수신기 전원회로 배선 • 비상콘센트설비, 비상방송설비의 전원회로 배선
내열배선	• 상용전원으로부터 동력제어반, 감시조작 또는 표시등 회로의 배선 • 감시·조작 또는 표시등 회로의 배선 • 감지기 상호간
차폐배선	• R형 설비의 Network 통신배선 및 계통배선 • 아날로그 감지기 배선 • 다신호식 감지기 배선

4 내화배선 공사방법

1) 내화전선 : 케이블공사 방법
2) 기타전선

매립할 경우	매립하지 않을 경우
• 금속관, 제2종 금속제 가요전선관, 합성수지관에 수납 • 내화구조로 된 벽 또는 바닥으로부터 25 mm 이상의 깊이로 매설.	• 내화성능을 갖는 배선전용실 또는 배선용 샤프트, 피트 등에 설치 • 다른 설비 배선과 15 cm 이상 이격 또는 배선지름의 1.5배 이상의 불연성 격벽 설치

5 내열배선 공사방법

1) 내화전선 : 케이블공사방법
2) 기타전선

노출공사	배선 전용실 등에 설치
• 금속관, 금속제 가요전선관, 금속덕트에 수납하여 설치 • 케이블 공사(불연성 덕트 내에 설치에 한 함)	• 내화성능을 갖는 배선전용실 또는 배선용 샤프트, 피트 등에 설치 • 다른 설비 배선과 15 cm 이상 이격 또는 배선 지름의 1.5배 이상의 불연성 격벽 설치

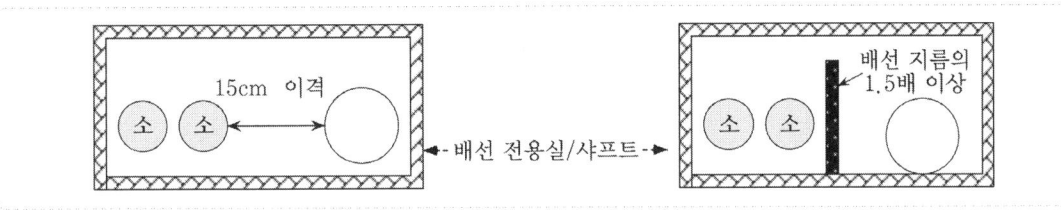

6 내화배선 성능 기준

1) 법개정 전후 비교

구분	기존 내화전선	개정 내화전선
개념	일반 내화성능	고 내화성능
시험규격	KS C IEC 60331-11, -21	KS C IEC 60331-1, -2
주요 시험조건	• 시험온도 : 750 ℃ • 가열시간 : 90분 • 타격시험 : 없음	• 시험온도 : 830 ℃ • 가열시간 : 120분 • 타격시험 : 있음(5분마다)
비고	-	그 외 KS C IEC 60332-3-24 (전선의 불꽃전파시험) 성능 이상

7 차폐배선 공사방법

사용전선의 종류	공사방법
• 제어용 가교폴리에틸렌 절연비닐 시스 케이블(CVV-SB) • 소방신호 제어용 비닐 절연비닐 시스 차폐케이블(STP)	• 내화, 내열 배선 공사 방법 동일 • 차폐배선을 끊어짐이 없이 연결하며 수신기 접지단자에 연결 • 차폐선은 외함, 전선관 등 금속체에 접속되지 아니하게 설치
• 난연성 비닐절연 시스 케이블 (FR-CVV-SB) • 내열성 비닐 시스 제어용 케이블 (H-CVV-SR)	• 케이블 공사 방법에 의해 설치해야 한다. • 차폐배선을 끊어짐이 없이 연결하며 수신기 접지단자에 연결 • 차폐선은 외함, 전선관 등 금속체에 접속되지 아니하게 설치

8 감지기회로의 배선

1) 감지기 상호 간 또는 감지기로부터 수신기에 이르는 감지기회로의 배선
   (1) 아날로그식, 다신호식 감지기나 R형 수신기용으로 사용되는 것은 전자파 방해를 받지 아니하는 쉴드선 등을 사용하여야 하며, 광케이블의 경우에는 전자파 방해를 받지 아니하고 내열성능이 있는 경우 사용할 수 있다.
   (2) (1) 외의 일반배선 : 내화배선 또는 내열배선

2) 감지기회로의 도통시험을 위한 종단저항 설치기준
   (1) 점검 및 관리가 쉬운 장소에 설치할 것
   (2) 전용함을 설치하는 경우 그 설치 높이는 바닥으로부터 1.5 m 이내로 할 것
   (3) 감지기 회로의 끝부분에 설치하며, 종단감지기에 설치할 경우에는 구별이 쉽도록 해당 감지기의 기판 및 감지기 외부 등에 별도의 표시를 할 것

3) 감지기 사이의 회로배선 방식 : 배선은 송배전식으로 할 것

4) 감지기회로 및 전로와 대지 사이 및 배선 상호 간의 절연저항 기준 0.1 MΩ 이상

5) 다른 전선과 별도의 관·덕트(절연효력이 있는 것으로 구획한 때에는 그 구획된 부분은 별개의 덕트로 본다)·몰드 또는 풀 박스 등에 설치할 것

6) P형 수신기 및 GP형 수신기의 감지기 회로의 배선에 있어서 하나의 공통선에 접속할 수 있는 경계구역은 7개 이하로 할 것

7) 감지기회로의 전로저항은 50 Ω 이하가 되도록 하여야 하며, 수신기의 각 회로별 종단에 설치되는 감지기에 접속되는 배선의 전압은 감지기 정격전압의 80 % 이상이어야 할 것

9 결 론

1) 화재 시 피해를 경감시키기 위해서 소방시설이 작동되어야 하므로 중요 선로에는 내화배선, 나머지 선로에는 내열배선으로 설치하고 있다.
2) 내화배선과 내열배선의 구분은 전선의 종류로 구분하지 않고 공사방법에 따라서 구분한다.

Annex

📁 **내화배선**

1. 1종금속제 가요전선관의 사용이 제한된 이유
   (1) 내화배선으로 인정받으려면 내화구조로 된 벽 또는 바닥에 일정 깊이 이상 매설하거나 그와 동등 이상의 내화효과가 있는 방법으로 시공하여야 한다.
   (2) 1종금속제 가요전선관은 전기설비기술기준에 의하여 전개된 장소 또는 점검할 수 있는 은폐된 장소로서 건조한 장소에 한하여 사용할 수 있으므로 매설할 수 없기 때문이다.

2. 내화전선을 관로(管路) 내에 배선하는 것을 제한하는 이유
   (1) 내화전선 또는 MI 케이블은 노출공사에 적합하도록 제조된 것이며, 절연물의 절연내력은 온도가 높아질수록 급격하게 감소하는 성질이 있다.
   (2) 관로 내부는 통풍이 잘 되지 아니하므로, 화재 시에 관로내부의 공기가 일단 가열되면 가열된 공기의 온도가 다시 낮아지기가 매우 어렵다.

3. 합성수지관의 사용 가능 이유
   (1) 합성수지는 연소하기 쉽고 연소할 때 유독성가스가 발생하므로, 전개(全開)된 장소 또는 천장속 같은 은폐장소의 배관재료로 사용하는 것은 바람직하지 않다.
   (2) 그러나 내화구조부에 매설하거나 동등 이상의 내화효과가 있는 방법으로 시공될 경우에는 합성수지를 사용하더라도 불꽃이 직접 닿을 우려가 없으므로 사용이 허용된다.

📁 **내열배선**

1종금속제 가요전선관의 사용이 허용되는 이유

내화배선으로 인정받으려면 관로를 주요구조부에 매설하거나 동등 이상의 내화 효과가 있는 방법으로 시공하여야 하지만, 내열배선은 노출공사도 가능하다.

📁 **배관의 공사방법**

1. 가요전선관 : 1종금속제 가요전선관은 전개된 장소 또는 점검할 수 있는 은폐된 장소로서 건조한 장소에 한하여 사용할 수 있다.
2. 합성수지제품 : 합성수지는 연소하기 쉽고 연소할 때 유독가스가 발생되므로, 전개된 장소 또는 천장속 같은 은폐장소의 배관재료로 사용하는 것은 바람직하지 않다.
3. 케이블공사 : 케이블을 관로(管路)내에 배선하지 아니한 것

📁 **아날로그감지기회로의 차폐케이블의 차폐층 접지방법**

[그림 1] 【차폐층 1점접지】   [그림 2] 【차폐층 2점접지】

[그림2]처럼 차폐층의 양단을 2점에서 각각 접지한 경우에 2개 접지점간에 전위차가 발생하면 폐회로가 구성되므로 그 전위차가 전원이 되어 차폐층에 순환전류가 흐르게 되고 그 순환전류에 의해 발생한 자력선이 원인이 되어 신호선에 Noise가 발생하게 되고 아날로그신호가 왜곡(歪曲)된다.

따라서 [그림1]처럼 차폐층의 양단 중 어느 한 쪽만 접지하거나 양단 모두 1점에 접지하여 폐회로가 될 수 있는 조건을 방지하여야 한다.

비상전원의 종류

1 개 요

1) 상용전원 공급중단 시 자동으로 전원이 공급되어 설비의 신뢰성을 확보하기 위한 전원설비로 자가발전설비, 축전지설비, 전기저장장치 및 비상전원수전설비로 분류한다.
2) NFPA는 Type (절체시간), Class (용량), Level로 구분한다.

2 설치대상

자가발전설비	축전지설비 또는 전기저장장치	비상전원수전설비
소화설비, 소화활동설비, 피난설비	소화설비, 소화활동설비, 피난설비, 경보설비	차고, 주차장 바닥면적 1,000 m² 미만의 스프링클러/포, 간이스프링클러, 비상콘센트설비

3 비상전원의 종류

구 분	특 징
자가발전설비	• 발전설비를 설치하여 상용전원 차단 시 자동으로 전원이 공급 • 정격전압 공급을 위해서는 시간이 필요하여 신속한 절체시간이 요구되는 경보설비, 피난설비 적용에 문제가 있다. • 엔진의 종류에 따라 디젤, 가솔린, 가스터빈 방식으로 분류한다.
축전지설비	• 상용전원 차단 시 신속한 절체시간에 의한 전원공급의 신뢰성을 확보하기 위해 주로 설비내부에 내장한 방식이다. • 주로 감시제어, 경보설비, 피난설비 등에 적용한다.
전기저장장치 (ESS)	• 전기에너지를 저장해 두었다가 정전 시 전기를 공급하는 장치이다.
비상전원 수전설비	• 상용전원에 안전성을 증가시켜 소규모의 비상전원으로 활용하는 방식이다.

4 설치기준

1) 비상전원용량 : 비상부하에 대한 충분한 용량을 가질 것
2) 기능 : 상용전원 차단 시, 자동절환되며 수동절환 기능을 가질 것
3) 이격 : 축전지 설치 시 벽과 1 m 이상 이격, 층고 2.6 m 이상 확보할 것
4) 장소 : 화재 및 침수에 대한 우려가 없는 곳에 설치할 것
5) 조명 및 표시 : 조작, 점검을 위한 비상조명등 및 비상전원 표시할 것
6) 구획 : 내화구조로 구획할 것
7) 배선 : 내화성능이 유지되도록 할 것

5 NFPA 비상전원 구분

1) Type : 절체시간 (Interrupt)

구 분	절체시간 (Sec)
Type O	0
Type U	Uninterruptible (UPS)
Type A	0.25 cycle : 0.0042초
Type B	1 cycle : 0.0167초
Type 10	10초
Type M	수동

2) Class : 용량

구 분	용 량 (Hour)
Class 0.033	0.033 h (2분)
Class 0.083	0.083 h (5분)
Class 0.25	0.25 h (15분)
Class 1.5	1.5 h (90분)
Class X	설비 용량에 맞게

3) Category

   (1) Category A : 정상전원에 의해만 축전지 등에 전력공급 (Category A includes stored energy devices receiving their energy solely from the normal supply)

   (2) Category B : Category A 외

4) Level : 인명안전 관련 여부

   (1) Level 1 : 인명안전 관련

   (2) Level 2 : 기타

Annex

📁 2회선 변전소 공급

1. 전력회사의 송전계통에서 2개 이상의 변전소에서 전력을 공급받는 설비를 의미한다. 하지만 1회선은 전력회사에서 설치를 해주지만, 다른 1회선은 수용가에서 비용을 부담해야 하므로 경제적인 부분이 부담이 된다.

2. 2회선 변전소 공급은 소방설비에서 비상전원으로 설치한다는 의미보다, 전기부분에서의 전원계통의 신뢰성을 위해 설치한 2회선 방식을 소방설비에서 비상전원으로 인정한다는 것이다.

소방용 발전기 용량선정

1 개 요

1) 발전기 용량을 산정할 때에는 관계 법령에서 정하고 있는 부하용량 및 공급시간 등을 검토하여 계산하여야 한다.
2) 발전기 용량은 스프링클러의 화재안전기술기준에서 정하고 있는 기준을 충족하여야 한다.
3) 발전기 용량은 해당 건축물에서 부하의 특성을 고려하여 조정할 수 있는 기준을 충족하여야 한다.
4) 발전기 용량산정은 해당 건축물의 소방부하, 비상부하 및 그 밖의 정전 시에 운전이 필요한 부하 등의 특성을 고려하여 산정할 수 있다.

2 스프링클러의 화재안전기술기준

1) 비상전원의 출력용량
    (1) 비상전원 설비에 설치되어 동시에 운전될 수 있는 모든 부하의 합계 입력용량을 기준으로 정격출력을 선정할 것. 다만 소방전원 보존형 발전기를 사용할 경우에는 그렇지 않다.
    (2) 기동전류가 가장 큰 부하가 기동될 때에도 부하의 허용최저입력전압 이상의 출력전압을 유지할 것
    (3) 단시간 과전류에 견디는 내력은 입력용량이 가장 큰 부하가 최종 기동할 경우에도 견딜 수 있을 것
2) 자가발전설비는 부하의 용도와 조건에 따라 다음의 어느 하나를 설치하고 그 부하 용도별 표지를 부착해야 한다. 다만 자가발전설비의 정격출력용량은 하나의 건축물에 있어서 소방부하의 설비용량을 기준으로 하고, 비상부하는 국토해양부장관이 정한 수용률 범위 중 최댓값 이상을 적용한다.

구 분	용 량
소방전용 발전기	• 소방부하용량을 기준으로 정격출력용량을 산정
소방부하 겸용 발전기	• 소방 및 비상부하 겸용 • 소방부하와 비상부하의 전원용량을 합산하여 정격출력용량을 산정
소방전원 보존형 발전기	• 소방 및 비상부하 겸용 • 소방부하의 전원용량을 기준으로 정격출력용량을 산정

3 발전기 용량

발전기 용량 $\geq [\sum P + (P_m - PL) \times a + (PL \times a \times c)] \times k$

1) $\sum P$: 전동기 이외 부하의 입력용량 합계(kVA)

   (1) 입력용량(고조파발생 부하 제외) $P = \dfrac{부하용량(kW)}{부하효율 \times 역률}$

   (2) 고조파발생부하의 입력용량 합계(kVA)

   ① UPS의 입력용량 $P = (\dfrac{UPS출력(kVA)}{UPS효율} \times \lambda) +$ 축전지 충전용량

   축전지 충전용량은 UPS용량의 6~10%

   ② 입력용량(UPS 제외) $P = \dfrac{부하용량(kW)}{부하효율 \times 역률} \times \lambda$

   고조파저감장치 설치 시 1.25 적용

2) $\sum Pm$: 전동기 부하용량 합계(kW)

3) PL : 전동기 부하 중 기동용량이 가장 큰 전동기 부하용량(kW)

   다만 동시에 기동될 경우에는 이들을 더한 용량으로 한다.

   ⑴ a : 전동기의 kW당 입력용량 계수

      ① 추천값 : 고효율 1.38, 표준형 1.45

      ② 다만 전동기 입력용량은 각 전동기별 효율, 역률을 적용하여 입력용량을 환산할 수 있다.

   ⑵ c : 전동기의 기동계수

구 분		직입기동	$Y-\Delta$ 기동	VVVF 기동	리액터기동방식
기동계수	추천값	6	2	1.5	3~4.8
	범위	5~7	2~3	1~1.5	

   ⑶ k : 발전기 허용전압 강하계수

      ① 별도표 참조(대략 0.8~1.42)

      ② 명확하지 않은 경우 1.07~1.13

4 설치기준

1) 점검에 편리하고 화재 및 침수 등의 재해로 인한 피해를 받을 우려가 없는 곳에 설치할 것
2) 방재설비가 유효 용량 이상 작동할 수 있어야 할 것
3) 상용전원으로부터 전력의 공급이 중단된 때에는 자동으로 비상전원으로부터 전력을 공급받을 수 있도록 할 것
4) 설치장소는 다른 장소와 방화구획할 것. 이 경우 그 장소에는 비상전원의 공급에 필요한 기구나 설비 외의 것(열병합발전설비에 필요한 기구나 설비는 제외)을 두어서는 아니 된다.
5) 실내에 설치하는 때에는 그 실내에 비상조명등을 설치할 것
6) 옥내에 설치하는 비상전원실에는 옥외로 직접 통하는 충분한 용량의 급배기설비를 설치할 것

소방전원 우선보존형 발전기

1 개 요
1) 소방부하 및 소방부하 이외의 부하(비상부하)겸용의 비상발전기
2) 정전 시 소방부하 및 비상부하에 비상전원이 동시에 공급되고, 화재 시 과부하에 근접할 경우 비상부하를 자동 차단하는 제어장치를 구비하여, 소방부하에 비상전원을 연속 공급하는 자가발전설비이다.
3) 화재 발생 시 상용전원의 정전에도 불구하고 소방부하에는 비상전원을 공급해야 한다는 것이 소방전원우선 확보의 기본적인 개념이다.

2 소방부하와 비상부하를 공용으로 사용하는 발전기의 용량선정방법
1) 소방부하 및 비상부하 각각 전용발전기를 설치한 경우
2) 소방부하 및 비상부하 각각 부하를 합산하여 발전기를 설치한 경우
3) 소방전원 우선보존형 발전기를 설치한 경우

3 소방전용 발전기
1) 운전 순서 : 상용전원 차단 시 소방용 발전기 운전 후 ATS를 전환하여 비상전원을 공급
2) 특 징
    (1) 소방부하 용량을 만족하는 전용의 소방용 발전기를 별도 설치
    (2) 설치대수와 면적증가에 대한 충분한 공간 확보 필요
    (3) 병렬운전의 경우도 동일한 구분 조건으로 설치

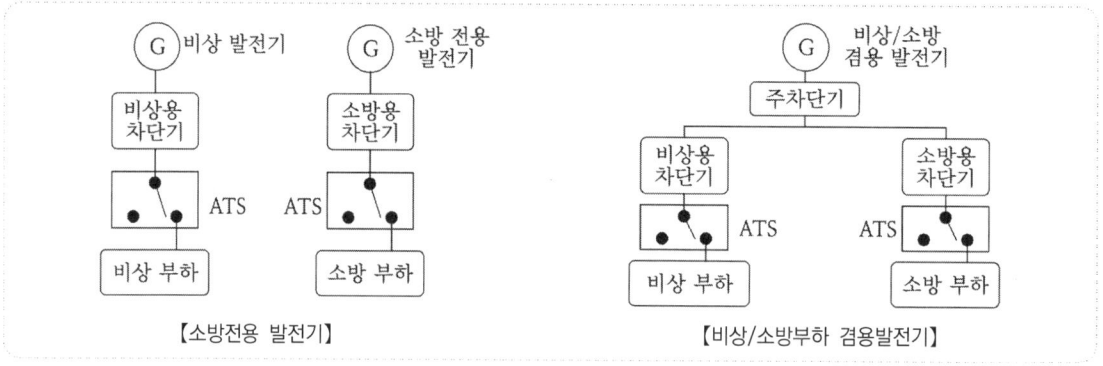

【소방전용 발전기】　　　　　【비상/소방부하 겸용발전기】

4 소방/비상 부하겸용 발전기
1) 운전순서

    상용전원 차단 시 발전기 운전 이후에 ATS 절환후 소방부하 및 비상부하를 동시 비상전원 공급
2) 특 징
    (1) 모든 부하를 만족하는 합산용량의 소방 및 비상 겸용발전기를 설치
    (2) 발전기 크기의 증대에 따라 충분한 설치공간 확보 필요
    (3) 병렬운전의 경우도 동일한 구분 조건으로 설치

5 소방전원 보존형 발전기

1) 운전 순서
   (1) 상용전원 차단 시 발전기 운전 이후에 ATS 절환 후 소방부하 및 비상부하를 동시 비상전원을 공급
   (2) 발전기 정격부하에 근접할 때는 비상부하를 우선 차단하여 소방부하를 계속하여 공급

2) 특 징
   (1) 소방부하의 전원용량을 기준으로 정격출력용량을 산정하여 사용하는 발전기 설치
   (2) 소방전원 우선 보존형 제어기를 구비한 발전기로서 정격부하를 초과하면 단수 또는 복수의 비상부하 차단기를 제어하는 성능을 한국전기전자시험연구원에서 인증받은 제품으로 설치
   (3) 상용전원이 정전되면 비상부하와 소방부하에 전원공급 상태를 항상 유지하고 정격부하를 초과할 때만 비상부하에 도달하기 전에 정전부하를 차단하는 기능을 확인
   (4) 병렬 운전의 경우도 동일한 구분조건으로 설치

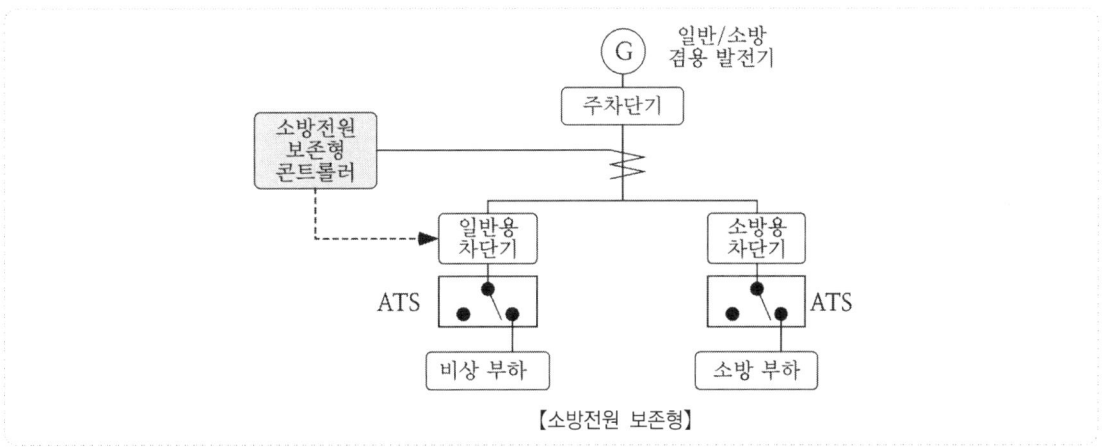

【소방전원 보존형】

6 결 론

1) 비상발전기의 중요한 점은 화재 시 화재로 인한 정전 시에 비상·피난엘리베이터, 제연설비, 유도등, 비상조명등, 소화수의 가압 등을 해야 한다는 것이다.
2) 따라서 비상발전기의 용량은 모든 소방부하를 감당할 수 있는 용량 이상이어야 한다.

Annex

📁 제13조(제어반)
   ⑤ 자가발전설비 제어반의 제어장치
      1. 소방전원 보존형임을 식별할 수 있도록 표기할 것
      2. 발전기 운전 시 소방부하 및 비상부하에 전원이 동시 공급되고, 그 상태를 확인할 수 있는 표시가 되도록 할 것
      3. 발전기가 정격용량을 초과할 경우 비상부하는 자동적으로 차단되고, 소방부하만 공급되는 상태를 확인할 수 있는 표시가 되도록 할 것

비상전원 수전설비

1 개 요

1) 상용전원 이상 시 소방설비 등이 정상적으로 작동할 수 있도록 설치하는 비상전원에는 자가발전설비, 축전지, 전기저장장치 및 비상전원수전설비 4가지가 있다.
2) 전력회사가 공급하는 상용전원을 이용하는 것으로서, 소방설비 전용의 변압기에 의해 수전 또는 주변압기의 2차 측에서 직접 전용의 개폐기에 의해 수전하는 것으로 소방대상물의 옥내 화재에 의한 전기회로의 단락, 과부하에 견딜 수 있는 구조를 갖춘 수전설비

2 비상전원 수전설비 설치대상

설 비	설치대상
스프링클러	• 일반적으로 자가발전, 축전지설비 또는 전기저장장치 • 차고, 주차장으로서 스프링클러가 설치된 바닥면적 합계가 1000 m^2 이하
포	• 호스릴 또는 포소화전만을 설치한 차고, 주차장 • 포 헤드 또는 고정포 방출구가 설치된 연면적 합계가 1000 m^2 미만
간이 S/P	• 모든 설비
비상콘센트	• 지하층을 제외한 7층 이상으로 연면적 2,000 m^2 이상 • 지하층 연면적(차고, 주차장, 기계실 제외) 3,000 m^2 이상

3 수전설비 구분

고압 이상	저압
• 방화구획형 • 옥외개방형 • Cubicle형	• 전용 배전반(1, 2종) • 전용 분전반(1, 2종) • 공용 분전반(1, 2종)

4 기본시설

1) 인입선 : 화재로 인한 손상을 받지 않도록 설치
2) 배선 : 인입구 배선은 내화배선
3) 회로구성

5 문제점

1) 초기 화재에만 활용
2) 정전 시 비상 전원으로서의 기능 상실
3) 일부 시설에만 적용

6 제정 배경

1) 소규모 건물의 경우 발전기 설비 완화를 목적으로 제정
2) 화재 초기에는 정전이 없으므로 실용상 문제가 없다고 판단
3) 전문적인 기술인력 없이도 비상전원에 대한 유지 관리가 가능하도록

소방시설	설치 대상	종류				비 고
		발	축	전	수	
옥내소화전	7층 이상으로 2,000 m² 이상 지하층 면적 3,000 m² 이상	○	○	○	×	
스프링클러	차고, 주차장 1,000 m² 미만	○	○	○	○	
	모든 설비	○	○	○	×	
간이	모든 설비	○	○	○	○	
물분무	모든 설비	○	○	○	×	
포	1,000 m² 미만의 설비 및 차고, 주차장의 이동식 설비	○	○	○	○	
	모든 설비	○	○	○	×	
가스계	모든 설비	○	○	○	×	호스릴설비 제외
고체에어로졸	모든 설비	○	○	○	×	
옥외소화전						비상전원 규정 없음
자 탐	모든 설비	×	○	○	×	감시상태 60분 지속 후 10분 이상 경보
비상방송	모든 설비	×	○	○	×	
유도등	모든 설비	×	○	×	×	
비상조명	모든 설비	○	○	○	×	
제연	모든 설비	○	○	○	×	
연결송수관	가압송수설비 설치 시	○	○	○	×	
비 콘	7층 이상으로 2,000 m² 이상 지하층 면적 3,000 m² 이상	○	×	○	○	
무 통	증폭기에 비상전원 부착		○			30분 이상

비상전원 수전설비 설치기준

1 특별고압 또는 고압으로 수전하는 경우

1) 전용의 방화구획 내에 설치할 것
2) 소방회로 배선은 일반회로 배선과 불연성 벽으로 구획할 것
   다만 소방회로배선과 일반회로배선을 15 cm 이상 떨어져 설치한 경우는 제외
3) 일반회로에서 과부하, 지락사고 또는 단락사고가 발생한 경우에도 이에 영향을 받지 아니하고 계속하여 소방회로에 전원을 공급시켜 줄 수 있어야 할 것
4) 소방회로용 개폐기 및 과전류차단기에는 "소방시설용"이라 표시할 것
5) 전기회로
   (1) 전용 변압기에서 소방부하에 전원을 공급하는 경우 일반회로의 과부하 또는 단락사고 시에
      ① CB-1은 CB-3, 5보다 먼저 차단되지 않을 것
      ② CB-2은 CB-3의 동등 이상의 차단용량일 것
   (2) 공용 변압기에서 소방부하에 전원을 공급하는 경우 일반회로의 과부하 또는 단락사고 시에
      ① CB-1은 CB-3, 4보다 먼저 차단되지 않을 것
      ② CB-2은 CB-3의 동등 이상의 차단용량일 것

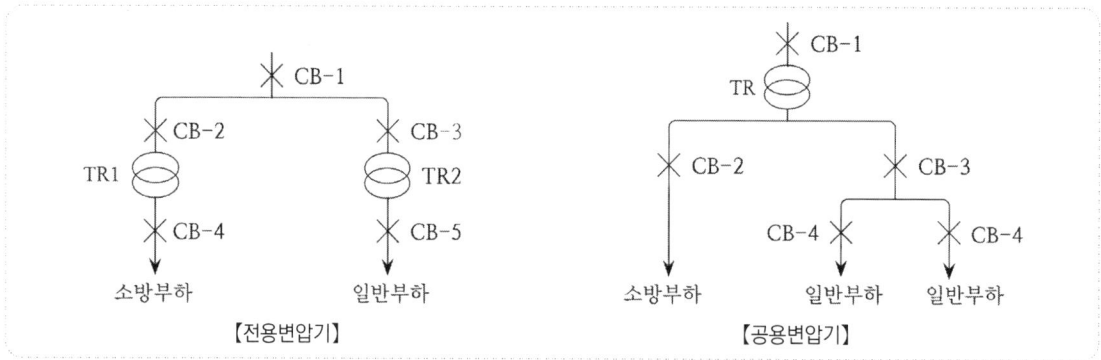

2 저압으로 수전하는 경우

1) 제1종 배전반(분전반)
   (1) 외함은 두께 1.6 mm (전면판 및 문은 2.3 mm) 이상의 강판과 이와 동등 이상의 강도와 내화성능이 있는 것으로 제작할 것
   (2) 외함의 내부는 외부의 열에 의해 영향을 받지 않도록 내열성 및 단열성이 있는 재료를 사용하여 단열할 것. 이 경우 단열부분은 열 또는 진동에 따라 쉽게 변형되지 아니하여야 한다.
   (3) 아래의 경우 외함에 노출하여 설치할 수 있다.
      ① 표시등(불연성 또는 난연성 재료로 덮개를 설치한 것에 한한다)
      ② 전선의 인입구 및 출구

(4) 외함은 금속관 또는 금속제 가요전선관을 쉽게 접속할 수 있도록 하고, 당해 접속부분에는 단열 조치를 할 것
(5) 공용배전반 및 공용분전반의 경우 소방회로와 일반회로에 사용하는 배선 및 배선용 기기는 불연 재료로 구획되어야 할 것

2) 제2종 배전반 (분전반)
3) 그 밖의 배전반 및 분전반
    (1) 일반회로에서 과부하·지락사고 또는 단락사고가 발생한 경우에도 이에 영향을 받지 아니하고 계속하여 소방회로에 전원을 공급시켜 줄 수 있어야 할 것
    (2) 소방회로용 개폐기 및 과전류차단기에는 "소방시설용"이라는 표시를 할 것
    (3) 전기회로는 다음과 같이 결선할 것
        - 저압으로 소방부하에 전원을 공급하는 경우

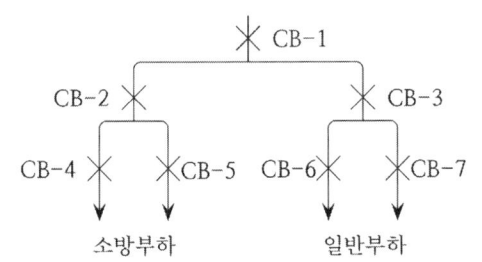

일반회로의 과부하 또는 단락사고 시에
- CB-1은 CB-3, 6, 7보다 먼저 차단되지 않을 것
- CB-2은 CB-3의 동등 이상의 차단용량일 것
※ "×"는 개폐기, 과전류 차단기로 CB라 한다.

Annex

수용률(Demand Factor)

1. 임의 기간 중 수용가의 최대수요전력과 사용 전기설비의 정격용량의 합계와의 비로서 전력 부하설비가 동시에 사용되는 정도

2. 수용률 $= \dfrac{\text{최대수요전력}}{\text{설비 정격용량의 합}} \times 100\%$

3. 보통 수용가의 설비에는 다소의 여유가 있고, 모든 설비가 동시에 사용되는 일도 드물게 되므로 수용률은 100% 이하가 보통이다. 그러나 때로는 100% 이상으로 되는 일도 있다

축전지

1 축전지 개요

1) 전해액의 화학에너지를 양극과 음극을 통하여 전기에너지로 변환하여 사용하고, 평상시는 그 반대의 현상으로 에너지를 충전하는 설비이다.

2) 정전 및 비상시에 신뢰성이 우수한 비상전원이며, 수신기·화재제어반, 비상조명 및 유도등전원 등에 사용한다.

3) 축전지는 독립된 전력원으로 직류전원을 공급하고, 경제적이고 유지보수가 용이하다.

2 축전지 종류

1) 연(납) 축전지 : 자동차, 공업용, 비상발전기 기동, 엔진펌프 기동에 주로 사용
   (1) CS형 : 완방전형, 일반적인 경우에 사용한다.
   (2) HS형 : 급방전형 단시간 대전류 부하로 UPS, 엔진시동 등에 사용한다.

2) 알칼리 축전지
   (1) 포켓식 (AL, AM, AMH, AH-P형) : 장시간 부하, 대전류 부하
   (2) 소결식 (AH-S, AHH형) : 단시간 부하, 대전류 부하

3 연축전지 원리

1) 과산화납(PbO_2)과 납(Pb)을 전해액 (묽은 황산) 속에 담그면 이온화 경향이 큰 납은 음극이 되고, 이온화 경향이 작은 과산화납은 양극이 되어 화학반응에 의해 약 2 V의 기전력이 발생된다.

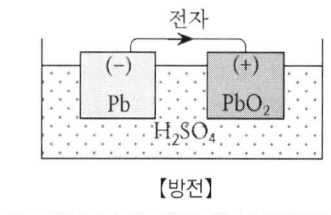
【방전】

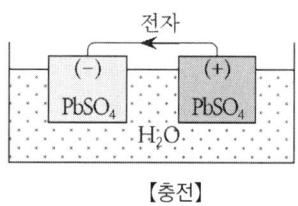
【충전】

2) 방전 (화학에너지 ⇒ 전기에너지)
   (1) 양극판의 과산화납(PbO_2)과 음극판의 납(Pb)은 황산납($PbSO_4$)으로 변하고 전해액인 묽은 황산은 물로 변한다.
   $$PbO_2 + 2H_2SO_4 + Pb \Rightarrow PbSO_4 + PbSO_4 + 2H_2O$$
   (2) 음극 : 납(Pb) ⇒ 황산납($PbSO_4$)
   (3) 양극 : 과산화납(PbO_2) ⇒ 황산납($PbSO_4$)
   (4) 전해액 : H_2SO_4 ⇒ H_2O

3) 충전 (전기에너지 ⇒ 화학에너지)
   (1) 음극과 양극의 황산납($PbSO_4$)을 충전기에 연결

(2) 음극의 반응 : $PbSO_4 + 2H^+ + 2e^- \Rightarrow Pb + H_2SO_4$

(3) 양극의 반응 : $PbSO_4 + 2OH \Rightarrow PbO_2 + H_2SO_4 + 2e$

4) 연축전지의 공칭전압은 2 V로 알칼리 축전지에 비하여 높고 가격도 저렴하므로 자동차용을 비롯하여 산업용에도 많이 사용된다.

4 알칼리 축전지

1) 알칼리 축전지는 양극으로 수산화 제2 니켈 (NiOOH), 음극으로 금속카드뮴 (Cd), 전해액에 가성칼륨수용액 (가성칼리) (KOH)을 사용한 것이다.

2) 방전 : 방전 시 양극물질은 환원되어 수산화니켈로, 음극성은 수산화 카드륨이 된다.

   (1) 음극의 반응 : $2NiOOH + 2H_2O + 2e^- \Rightarrow 2Ni(OH)_2 + 2OH^-$

   (2) 양극의 반응 : $Cd + 2OH^- \Rightarrow Cd(OH)_2 + 2e^-$

$$\begin{array}{c}(충전)\\2Ni(OH)_2 + Cd(OH)_2 \Rightarrow 2NiOOH + Cd + 2H_2O\\(음극)\quad(양극)\quad\Leftarrow\quad(음극)\quad(양극)\ (전해액)\\(방전)\end{array}$$

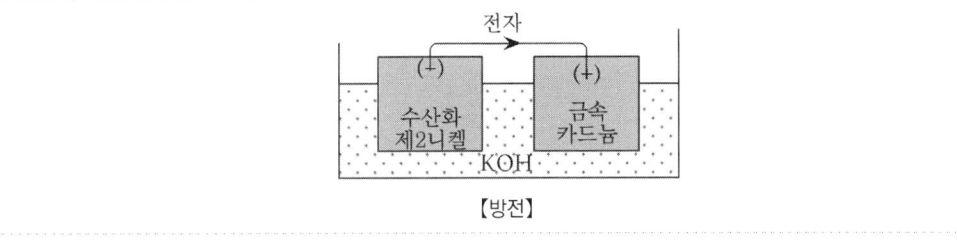
【방전】

3) 전해액의 가성칼륨수용액은 연축전지와 같이 직접 충전과 방전에 관여하지 않고 전기를 전달하는 역할만 한다. 따라서 전해액량은 축전지의 용량에 관계되지 않는다.

4) 알칼리 축전지의 공칭전압은 1.2 V이고 연축전지에 비해 고효율방전특성, 저온특성이 우수하고 수명도 비교적 길다.

구 분	연 축전지	알칼리 축전지
공칭전압	2[V/cell]	1.2[V/cell]
기 전 력	2.05~2.08[V]	1.32[V]
공칭용량	10[Ah]	5[Ah]
자기방전	보통	작다
수 명	짧다 (CS형 10~15년, HS형 5~7년)	길다 (12~20년)
경 제 성	저렴하다	연축전기에 비해 고가이다.
방전특성	보통	과방전, 과전류에 대해 강하다.
특 징	• 축전지의 필요 셀수가 적어도 된다. • 충방전 전압의 차이가 작다. • 부피가 크고 무겁다. • 충·방전 시 폭발성가스(H_2) 발생한다.	• 극판의 기계적 강도가 강하다. • 저온특성이 좋다. • 부피가 작고 가볍다. • 충·방전 시 폭발성가스(H_2)가 발생하지 않는다.

축전지의 부동충전방식

1 정 의

1) 충전장치(정류기)가 축전지의 충전과 평상시 다른 직류부하의 전원으로 병행 사용되는 충전방식
2) 전지의 자기방전을 보충함과 동시에 상용부하에 대한 전력 공급은 충전기가 부담하도록 하되, 충전기가 부담하기 어려운 일시적인 대전류 부하는 축전지로 하여금 부담케 하는 방식
3) 부동충전방식은 완전 충전된 후 정류기의 출력측에 접속되어 이 출력을 평활화하며 전원 상실의 경우 예비전원으로 사용된다.
4) 일반적으로 가장 많이 사용하는 방식

2 장 점

1) 축전기가 항상 완전 충전상태에 있고
2) 정류기의 용량이 적어도 되며
3) 축전지 수명에 좋은 영향을 준다.

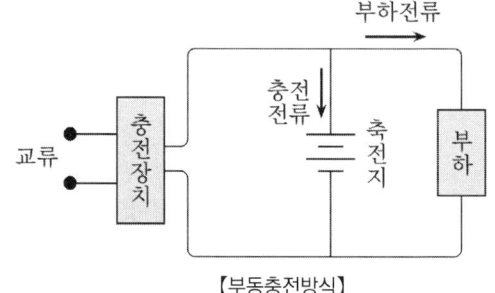

【부동충전방식】

Annex

1. 부동(浮動)충전
2. 보통충전 : 필요할 때마다 표준 시간률로 소정의 충전을 하는 방식
3. 급속충전 : 단시간에 보통 충전 전류의 2~3배의 전류로 충전하는 방식
4. 균등 충전 : 부동충전 방식에 의하여 사용할 때 각 전해조(電解槽)에서 발생하는 전위차를 보정하기 위하여 1-3개월마다 1회 정전압으로 10~12시간 충전하여 각 전해조의 용량을 균일화하기 위하여 행하여지는 방식
5. 세류충전(트리클 충전) : 자기방전량만을 항상 충전하는 부동 충전방식

- 전원상실이 발생한 상황에서 축전지가 오프라인 상태로 부하가 걸리길 대기하고 있는 경우 세류충전이 되는 것이다.

※ NFPA의 경우 부동충전 또는 세류충전 방식으로 충전하도록 규정

축전지 용량

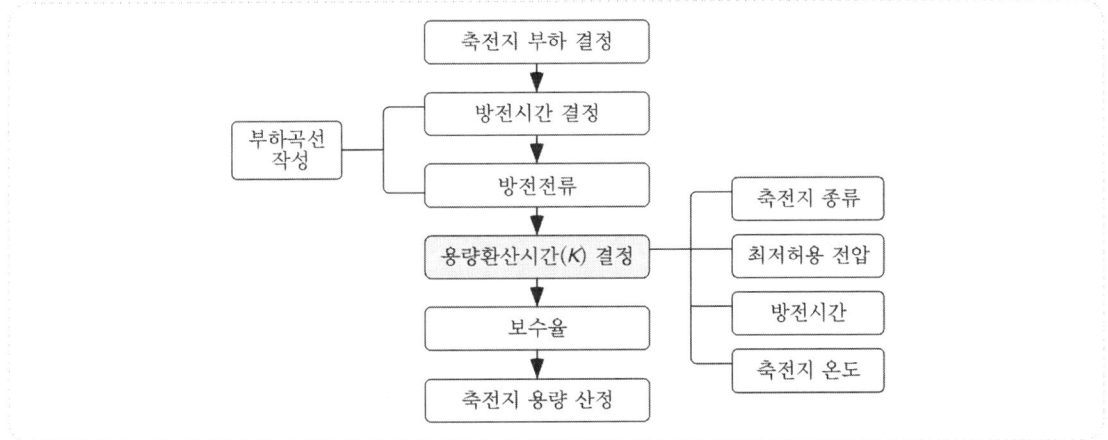

1 부하종류 및 특성 결정

1) 정상부하 (연속부하) : 배전반 및 감시 제어반의 표시등
2) 변동부하 (단시간부하) : 소방설비용

2 방전시간 결정

1) 수신기
   (1) 일반건축물 60분 감시 10분 경보, 고층건축물 60분 감시 30분 경보
   (2) NFPA에서는 24시간 감시 5분 경보
2) 비상방송 : 60분 감시 10분 경보, 고층건축물 60분 감시 30분 경보

3 부하용량과 방전전류 산정

방전시간별로 부하용량과 방전전류를 산정한다.

4 부하특성곡선 작성

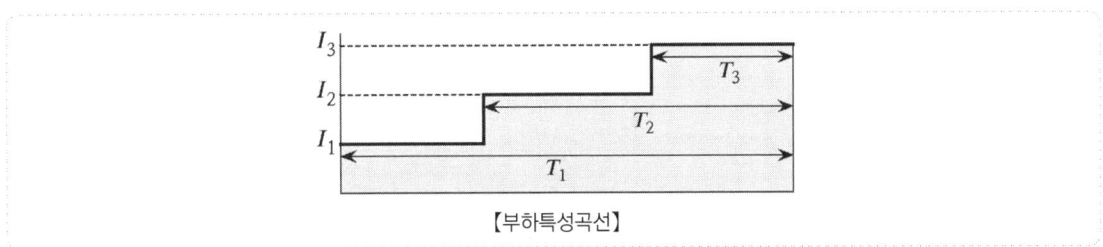

【부하특성곡선】

1) 방전전류와 방전시간에 따라 부하특성곡선을 작성한다.
2) 방전전류가 시간과 함께 증가하는 경우와 시간과 함께 감소하는 경우로 산정한다.

5 최저온도 결정

온도가 낮아지면 방전특정 낮아진다 (최저 5~10℃, 추운지방 -5℃).

6 허용최저전압 (방전종지전압)결정

1) 방전종지전압 (V_e)

   (1) 축전지를 일정 전압 이하로 방전하면 극판의 열화 등이 발생되므로 방전을 정지시켜야 할 전압

   (2) $V_e = \dfrac{허용최저전압}{Cell수}$

2) 허용최저전압

   (1) 부하의 허용최저전압 + 선로상에서 발생하는 전압강하

   (2) 예를 들어, 부하의 허용최저전압이 85 V이고 선로의 전압강하를 5 V라면 축전지 단자에서의 허용최저전압은 90 V가 된다.

3) 축전지 셀(Cell)수 결정

   $Cell수 = \dfrac{정격전압}{Cell의 공칭전압}$ 공칭전압 : 연축전지 2 [V/셀], 알칼리축전지 1.2 [V/셀]

   허용전압에 선정된 축전지의 셀수를 나누면, 이로부터 연축전지 (54 Cell)당 허용최저전압은 1.7 V로 계산되고, 이것은 또한 "방전종지전압"이라고도 한다.

7 용량환산 시간 (K) 결정

1) 방전시간, 축전지의 온도, 허용최저전압, 축전지의 종류에 따라 산정한다.
2) 표 또는 방전특성 표준곡선에 의해서 구한다.
3) 축전기 계산값 중 가장 큰 비중을 차지하며, 정확히 산정해야 한다.

8 보수율 (L)

1) 축전지는 장기간 사용하거나 사용조건 등이 변경에 의한 용량의 변화를 보상하는 보정치
2) 일반적으로 0.8을 사용한다.

9 축전지 용량의 산출

1) 방전전류가 증가하는 경우

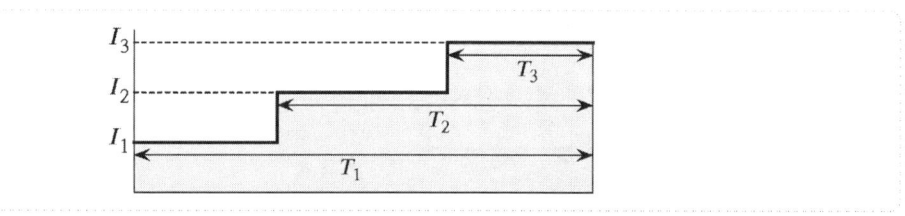

$C = \dfrac{1}{L}[K_1 I_1 + K_2 (I_2 - I_1) + \cdots]$

C 축전지 용량(Ah)   L : 축전지 보수율(보통 0.8)
K : 용량환산계수   I : 방전전류(A)

2) 방전전류가 감소하는 경우

   분해하여 각각 용량을 산출하여 가장 큰 것을 용량으로 한다.

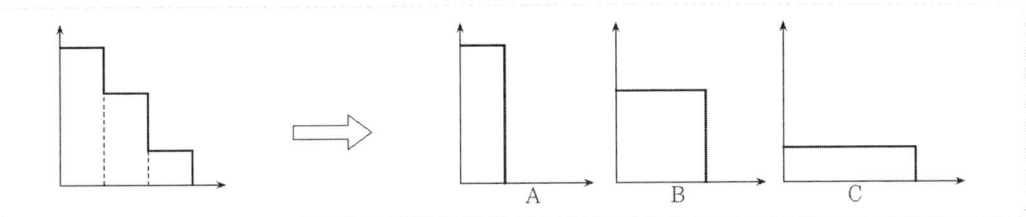

예제 하론소화약제소화설비가 설치되어 있는 건축물에 설치되는 복합형 수신기의 비상전원용 연축전지의 용량을 산정하시오. (평상시 동작기기의 소비전류는 1.5 A, 화재 시 동작기기의 소비전류는 4.5 A, 축전지의 여유율은 125 % 적용, 축전지의 용량은 정수로 선정한다. 기타 조건은 무시한다)

해설

연축전지의 용량

$$C = [(1.5A \times 1\,hour) + ((4.5-1.5)A \times \frac{20}{60}\,hour)] \times 1.25$$

$$= 3.125\,[AH] \risingdotseq 4\,[AH]$$

예제 35층의 고층건축물에 설치하는 자동화재탐지설비 수신기의 축전지의 용량을 선정하시오.
1) 수신기가 감당하는 부하전류
   ① 평상시 수신기 감시전류 : I_1 = 2.5 A   ② 화재 시 수신기가 소비하는 전류의 합 : I_2 = 9.5 A
2) 사용할 축전지의 사양과 환경조건
   ① HS형 연축전지   ② 최저 전지온도 : 25 ℃   ③ 허용 최저전압 : 1.7 V   ④ 보수율 : 0.8
3) 방전시간에 따른 용량환산시간계수는 다음과 같다.

방전시간	10	20	30	40	50	60	70	80	90	100
용량환산계수	0.6	0.8	1.0	1.2	1.4	1.6	1.8	1.9	2.0	2.1

해설

1. 계산식 $C = \frac{1}{L}[K_1 I_1 + K_2(I_2 - I_1) + \cdots + K_n(I_n - I_{n-1})]\,[Ah]$

2. 고층건축물 자동화재탐지설비의 화재안전기준 : 감시시간 60분, 경보시간 30분

3. 축전지 용량 $C = \frac{1}{0.8}[2 \times 2.5 + 1 \times (9.5 - 2.5)] = 15\,[Ah]$

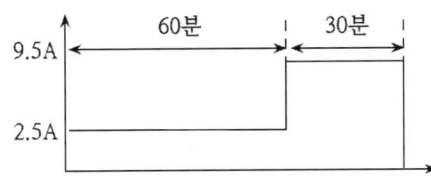

예제 축전지 용량 계산 (조건 : 축전지의 여유율은 125 % 적용하고, 기타 조건은 무시한다)

시간	10	30	60	100	120	170	180
K	1.3	1.75	2.55	3.45	3.65	4.85	5.05

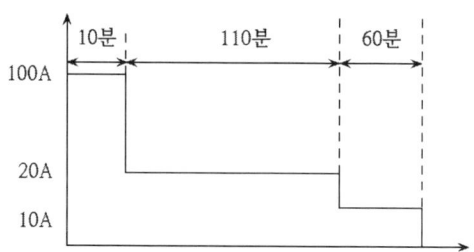

해설

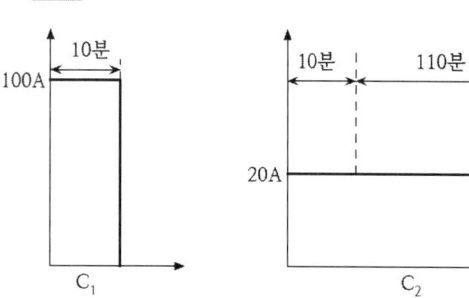 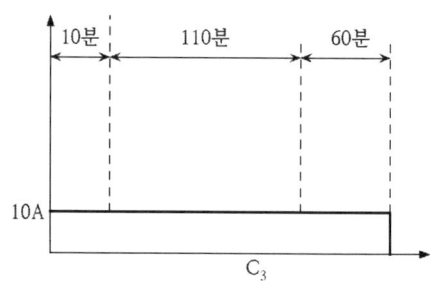

1. $C_1 = (1.3 \times 100) \times 1.25 = 162.5$ A
2. $C_2 = (3.65 \times 20) \times 1.25 = 91.25$ A
3. $C_3 = (5.05 \times 10) \times 1.25 = 63.13$ A

위의 값 중 가장 큰 162.5 A 선정

Annex

📁 축전지 위험

1. 화학적 위험
   (1) 축전지에는 황산 혹은 수산화칼륨을 포함하는 전해질 용액이 채워져 있으며, 이는 부식성이 강한 화학물질로서 인체에 매우 유독하다.
   (2) 축전지의 납, 니켈, 리튬, 혹은 카드뮴 화합물은 인간에게 해로우며, 이들 화학물질은 환경을 심각하게 손상시킬 수 있다.

2. 화재·폭발 위험
   (1) 축전지가 충전될 때 수소가 축전지 내에서 생성된다.
   (2) 축전지가 완전 충전에 가까워지면서 수소는 더 많이 생성되며, 축전지가 완전히 충전된 후에도 계속 충전하게 되면, 많은 수소가 생성되어 폭발 위험이 증가한다.

3. 전기적 위험
   축전지는 많은 에너지를 저장할 수 있고, 에너지를 빠르게 방출할 수 있으며, 이때 방출된 에너지가 절연되지 않은 금속 스패너, 드라이버 등에 의해 단락되면 위험할 수 있다.

전기저장장치 (Energy Storage System)

1 개 요

1) 전기저장장치는 생산된 잉여 전기를 저장하였다가 필요한 시간대에 사용 가능하도록 한 장치이다.
2) 전기저장장치를 통해 잉여전력발생 시 배터리를 충전하고 상시전원 및 정전, 전압강하, 일시적인 과부하 등 수요관리를 통한 전원 공급이 이루어진다.
3) 생산된 전력을 저장하였다가 전력이 필요할 때 공급하는 전력시스템을 말하며 전력저장장치, 전력변환장치 등으로 구성된다.

2 ESS의 사용 목적

1) 전력부하의 평준화를 통해 첨두부하를 분산할 수 있으며 전원설비 투자를 절감할 수 있다.
2) 태양광 등 출력 변동이 심한 신재생에너지의 저장장치로 사용되어 전력품질을 안정화할 수 있다.
3) 정전 시 자립운전이 가능하여 정전으로 인한 피해를 감소시킬 수 있다.

3 전기저장장치의 구성

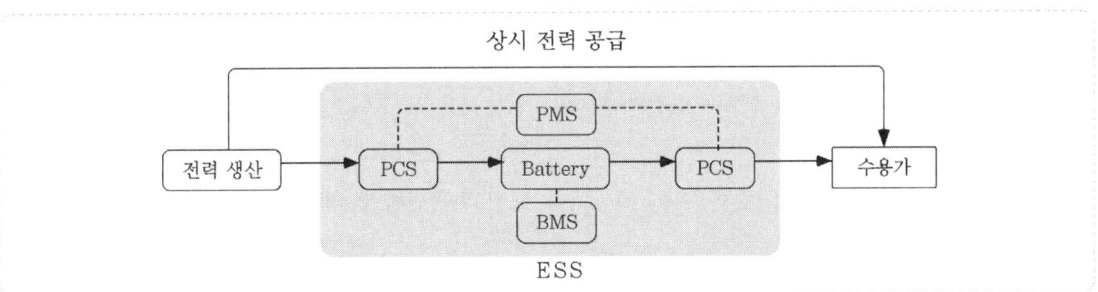

1) 축전지 (Battery)
   (1) 종류
      ① 리튬이온전지 (LIB)   ② 나트륨황전지 (NaS)
      ③ 레독스흐름전지 (RFB)
   (2) 비축전지 방식
      ① 압축공기저장 시스템 (CAES)
      ② 플라이휠 저장
2) BMS (Battery Management System)
   축전지가 안전하게 충·방전할 수 있도록 제어하는 장치
3) PCS (Power Conversion System) : 교류/직류간의 변환, 전압, 전류, 주파수 변환
   (1) 축전지 충전/방전 : 기본적인 충전, 방전 기능
   (2) Power Smoothing : 태양광 발전과 풍력 발전은 발전량이 불균일하여 ESS에 에너지를 저장, 방전하여 계통의 안정화 도모
   (3) Frequency Regulation : 상위 PMS로부터 명령을 받아 충전 및 방전 기능

4) PMS(Power Management System)(EMS)

   전체 에너지의 흐름을 관리하는 시스템

❹ 축전지 종류

1) 리튬이온 전지(Lithium Battery)

   (1) 구성도

   (2) 원리

   ① 충전 : 리튬이온이 양극 ⇒ 음극이동

   ② 방전 : 리튬이온이 음극 ⇒ 양극 이동

2) 나트륨 황 전지(Sodium Sulfer Battery)

   (1) 구성도

   300℃ 이상의 온도에서 용융상태인 나트륨이온이 전해질을 이동하며 충전, 방전

   (2) 특징

   ① 에너지 밀도가 크고, 콤팩트하게 설치 가능

   ② 고체 전해질인 파인 세라믹스를 사용한 전지

   ③ 대전력 저장용으로 이용

   ④ 고온 동작형 전지로 운전온도는 약 300~350℃

3) 레독스 흐름 전지(Redox Flow Battery)

4) 슈퍼 캐피시터

   전극과 전해질 계면으로 단순한 이온 이동이나 표면 화학반응에 의한 충전, 방전

❺ 비 축전지 방식

1) 압축공기저장(CAES-Compressed Air Energy Storage)

   잉여전력으로 공기를 압축시켜 놓았다가, 다시 압축공기를 활용 터빈을 통해 전력을 생산한다.

2) 플라이휠 저장(Fly Wheel)

   전기에너지를 회전에너지로 저장 후 다시 전기에너지로 변환

리튬이온 배터리

1 개 요
1) 리튬이온 배터리는 전기에너지를 화학에너지로 저장해두었다가 전기를 발생시키는 장치
2) 리튬은 원자번호가 3으로 가볍고 고밀도 에너지 저장이 가능한 장점이 있는 반면, 충격에 약해 폭발·화재 위험성이 크다.
3) 최근 리튬이온 배터리 단점을 보완한 고체 형태의 리튬폴리머 배터리 등이 개발되고 있다.

2 리튬 특성
1) 리튬은 원소의 주기율표에서 가장 가벼운 금속이다.
2) 리튬은 모든 금속 중 가장 높은 전기 화학 포텐셜을 가지고 있다.
3) 큰 전기적 용량과 다른 음극 물질들과 결합하여 높은 셀 전압을 가지는 특성 때문에 리튬은 화학에너지 저장장치에서 이상적인 전극재료로 사용되고 있다.

3 리튬이온 배터리 원리
1) 양극과 음극의 전압차를 이용, 전기를 저장 및 발생시킨다.
2) 리튬이온이 음극(흑연)과 양극(코발트) 사이를 이동, 그로 인해 전자가 이동하여 충전/방전되는 현상

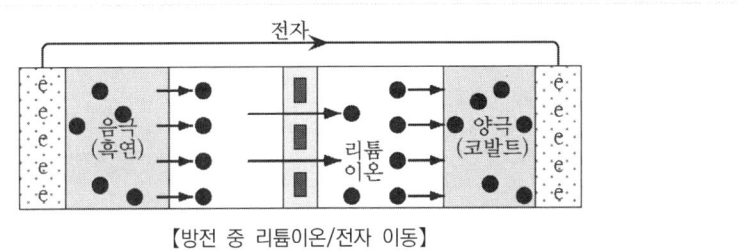

【방전 중 리튬이온/전자 이동】

4 리튬이온 배터리 열폭주
1) 온도상승이 역학적 과정에 의해 에어지 방출을 증가시키고, 이에 따라 온도상승을 더욱 가속시키는 양성 피드백 현상
2) 조 건
   (1) 임계온도(70~90℃) 초과
   (2) 단열
3) 열폭주(Thermal Runaway) 현상
   (1) Electrochemical Cell 내에서 자기 가열(Self-Heating)
   (2) 발열 > 손실(발열)
   (3) Electrochemical Cell에서 온도/압력 증가
   (4) 가스 방출(Off-Gassing)
   (5) 화재/폭발

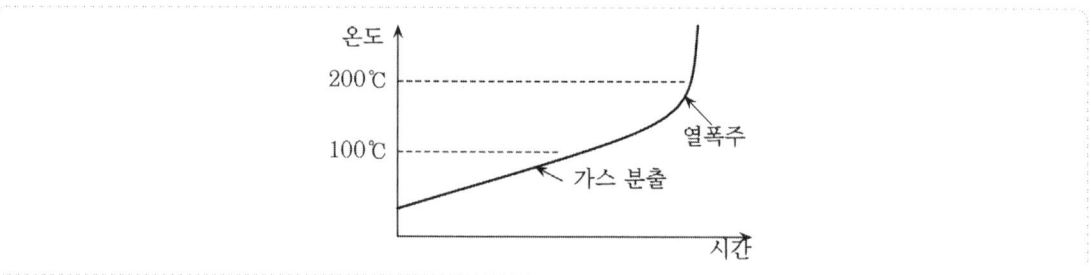

4) 리튬이온 배터리 열폭주 발생요인

원 인	과 정
열적 원인	• 외부열에 의해 가열되어 열폭주 발생
기계적 원인	• 외부충격 ⇒ 잠재불량 ⇒ 내부 단락 ⇒ 열폭주
전기적 원인	• 과충전, 과방전 ⇒ 내부/외부 단락전류에 의한 과열
설계적 원인	-
공정 원인	• 공정과정에서 결함 발생, 내부단락 형태로 주로 발생
환경적 원인	• 주로 여름철에 많이 발생

5) 발화 및 화재확산 과정

   (1) 열폭주 ⇒ 압력증가 ⇒ 가연성 전해물질 기화 및 분출 ⇒ 화재/폭발
   (2) 열폭주 ⇒ 인접 배터리 가열 ⇒ 화재확산
   (3) 소화 ⇒ 잔열 ⇒ 열폭주 ⇒ 재발화
   (4) 열폭주 중단이 궁극적인 소화

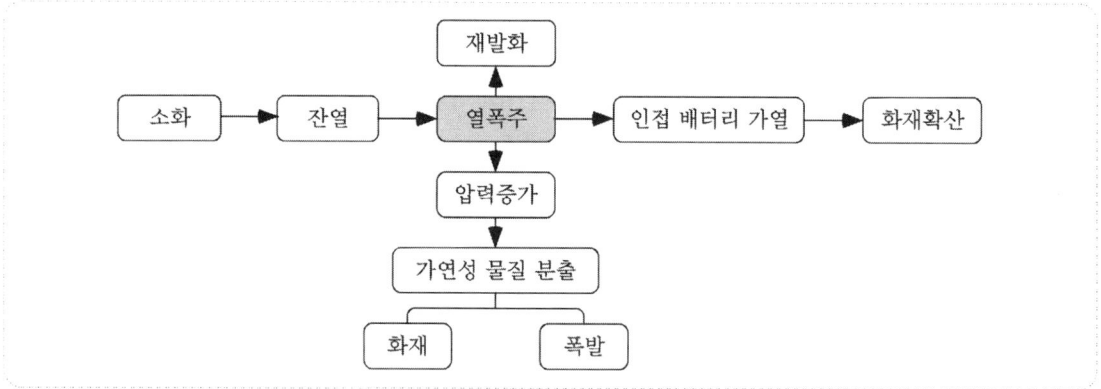

5 화재현장의 문제점

1) 열폭주, 고온 화염방출에 의한 진입 불가
2) 소화용수 살수 제한(살수에 의한 통전 단락 폭발 위험)
3) 유독성 가스 및 연기방출로 내부 상태 확인 불가
4) 가스폭발로 구조물 붕괴 위험 및 파편 비산 위험

전기저장장치 기준

1 개 요
전기저장실은 화재뿐만 아니라 폭발도 고려하여야 한다.

2 소화기
구획된 실마다 설치

3 스프링클러
배터리실외의 장소에는 스프링클러헤드를 설치하지 않을 수 있다.

구 분	내 용
설비	• 습식 또는 준비작동식(더블인터락 방식 제외)
방수면적	• 바닥면적 (바닥면적이 230 m² 이상인 경우 230 m²)
살수밀도	• 1 m²에 분당 12.2 L 이상의 수량
방수시간	• 30분 이상
수원	• 방수면적 × 살수밀도 × 방수시간
헤드 간격	• 1.8 m 이상
준비작동식	• 감지기 : 공기흡입형 감지기, 아날로그식 연기감지기 또는 중심위의 심의 • 수동기동장치 : 전기저장장치의 출입구 부근에 설치
비상전원	• 30분 이상
송수구	• 스프링클러설비 화재안전기술기준에 따라 설치

4 배터리용 소화장치
중앙소방기술심의위원회의 심의를 거쳐 소방청장이 소화성능을 인정하는 경우

1) 옥외형 전기저장장치 설비가 컨테이너 내부에 설치된 경우
2) 옥외형 전기저장장치 설비가 다른 건축물, 주차장, 공용도로, 적재된 가연물, 위험물 등으로부터 30 m 이상 떨어진 지역에 설치된 경우

5 자동화재탐지설비
1) 다만 옥외형 전기저장장치 설비에는 자동화재탐지설비를 설치하지 않을 수 있다.
2) 감지기는 다음 각 호 중 어느 하나의 감지기를 설치해야 한다.
   (1) 공기흡입형 감지기 또는 아날로그식 연기감지기
   (2) 중앙소방기술심의위원회의 심의를 통해 전기저장장치에 적응성이 있다고 인정된 감지기

6 자동화재속보설비
다만 옥외형 전기저장장치 설비에 설치하는 자동화재속보설비는 속보기에 감지기를 직접 연결하는 방식으로 설치할 수 있다.

7 배출설비

1) 배풍기·배출덕트·후드 등을 이용하여 강제적으로 배출할 것
2) 바닥면적 1 m²에 시간당 18 m³ 이상의 용량을 배출할 것
3) 화재감지기의 감지에 따라 작동할 것
4) 옥외와 면하는 벽체에 설치할 것

8 설치장소

소방대의 원활한 소방활동을 위해 지면으로부터 지상 22 m 이내, 지하 9 m 이내로 설치해야 한다.

9 방화구획

전기저장장치 설치장소의 벽체, 바닥 및 천장은 건축물의 다른 부분과 방화구획해야 한다. 다만 배터리실 외의 장소와 옥외형 전기저장장치 설비는 방화구획하지 않을 수 있다.

Annex

📁 ESS의 안전관리가이드

1. 환기설비
   (1) 구역 내 가연성 가스 농도는 연소하한의 25 %를 초과하지 않도록 설계되어야 한다.
   (2) 환기량은 $5.1\ell/s \cdot m^2$ 이상 되어야 한다.
   (3) 환기설비는 연속적으로 작동되거나 가스감지기에 의해 작동되어야 하며 수신기에서 감시할 수 있어야 한다.
   (4) 가스감지기를 설치
   ① 구역 내의 가연성가스 농도가 LFL의 25 %를 초과할 때 기계적인 환기설비를 작동시킬 수 있도록 설계되어야 한다.
   ② 환기설비는 구역 내의 가연성가스 농도가 LFL의 25 % 이하가 될 때까지 작동되어야 한다.
   ③ 2시간 이상의 예비전원을 확보해야 한다.
   ④ 가스감지설비가 고장 난 경우 중앙감시실 또는 상주자가 있는 장소로 이상신호를 경보

2. 소화설비
   (1) 수계소화설비
   ① 스프링클러를 설치하는 경우 최소 방사밀도는 $12.2\ \ell pm/m^2$ 이상으로 하되 실제규모 화재시험에 따라서 변경될 수 있다.
   ② 포소화설비를 설치하는 경우 포약제는 ESS의 열폭주(Thermal Runaway)를 일으키는 온도와 가연물이 있는 경우 가연물의 자연발화온도보다 낮아지도록 해야 한다.
   (2) 가스계소화설비
   ① 전역방출방식의 가스계소화설비는 가연물의 소화에 필요한 농도와 ESS의 배열 또는 배치형태를 고려하여 설계해야 한다.
   ② 전역방출방식의 가스계소화설비는 설계농도를 충분한 시간 동안 유지하여 화재를 진압하고, ESS의 열폭주(Thermal Runaway)를 일으키는 온도와 가연물이 있는 경우 가연물의 자연발화온도보다 낮아지도록 설계해야 한다.

ESS의 안전관리가이드

1 방화구획

1) ESS가 설치된 공간의 바닥, 천장, 벽 등은 최소 1시간 이상의 내화성능을 가져야 한다.
2) ESS가 설치된 공간을 관통하는 설비가 있는 경우 개구부는 건축물의 방화구조와 동등 또는 1시간 중 높은 등급의 내화충전재를 적용한다.

2 용량 및 이격거리

1) ESS 각 랙의 최대 에너지용량이 250 kWh를 넘지 않도록 구성되어야 한다.
2) ESS는 각 랙 및 벽체로부터 0.9 m 이상 이격되어야 한다.
3) 최대 정격에너지가 600 kWh를 초과해서는 안 된다.
4) ESS는 공정지역과 15 m 이상 이격되어야 한다.

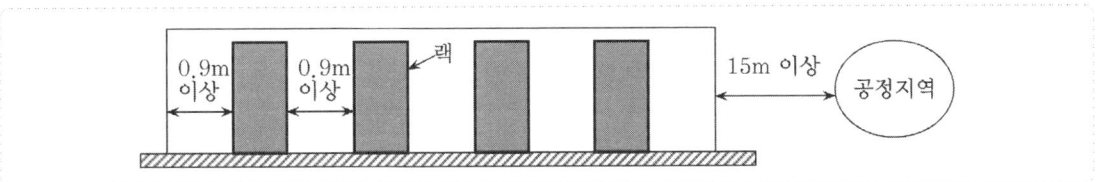

3 옥외 설치 시 추가 고려사항

1) 옥외설치 시 기타 용도와 3 m 이상 이격
2) 옥외의 컨테이너 또는 이와 유사한 것 내부에 ESS를 설치한 경우 그 크기는 16.2 m × 2.4 m × 2.9 m (높이)를 초과해서는 안 된다.
3) 옥외에 다수의 컨테이너 내부에 ESS를 설치한 경우 그 사이의 이격거리는 6 m 이상 되어야 하며, 6 m 이내로 이격할 경우에는 1시간 이상의 내화성능을 갖는 벽체를 사이에 두어야 한다.
4) 옥외의 컨테이너 내부에 ESS를 설치한 경우 ESS 및 부속설비의 검사, 유지관리, 정비 등의 목적으로만 출입해야 한다.
5) 옥외에 ESS가 설치된 경우 3 m 이내에는 초목이나 가연물 등으로 인해 화재가 확산되지 않도록 관리해야 한다.
6) 옥외의 컨테이너 내부에 ESS를 설치한 경우 옥외의 컨테이너 또는 이와 유사한 것의 재질은 열을 쉽게 외부로 방출할 수 있도록 철이나 금속류의 불연성이어야 하고 방수기능이 있어야 한다.

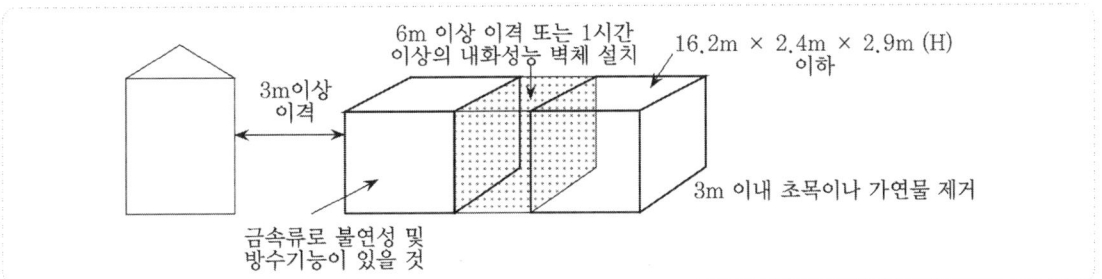

전기저장장치 커미셔닝(Commissioning)

1 커미셔닝 (Commissioning)

1) 효율적인 소방 시스템의 성능 확보를 위한 중요한 요소로서 설계부터 공사완료에 이르기까지 전 과정에 걸쳐 건물주의 요구에 부합되도록 모든 시스템의 계획, 설계, 시공, 성능시험 등을 확인하고,
2) 최종 유지 관리자에게 제공하여 입주 후 건물주의 요구를 충족할 수 있도록 운전성능 유지 여부를 검증하고 문서화하는 과정이다.

2 Commissioning 효과

1) 소방 시스템 성능 확보
2) 불필요한 공사비용 절감
3) 에너지비용 및 운영비용 절감
4) 효율적인 설계방향 및 설계자료 축척
5) 효율적인 시공관리, 시공품질 향상 등 하자 요인 제거

3 커미셔닝 Process

구 분	업무내용
설계전 단계 커미셔닝	• 커미셔닝 주체 선정 • 최초 설계의도 문서화 • 설계 기본자료 확립 • 건물주가 요구하는 기능 등을 문서화
설계 단계 커미셔닝	• 커미셔닝 계획서 작성 • 커미셔닝 시방서 작성 • 설계의향서 작성
시공 단계 커미셔닝	• 시공 단계
준공 단계 커미셔닝	• 계약서류에 의한 설비의 일치 여부 확인 • 최종 TAB 보고서의 정확성 검증
사용단계 커미셔닝	• 각종 부하의 정량화 확인 • 시스템 매뉴얼 완성 • 커미셔닝 보고서 완성 • 건물주에게 시설물 인계

4 ESS 커미셔닝 내용

1) ESS 설치장소 위치
2) 구조체 내화시간
3) ESS 타입
4) ESS 제품 스펙
5) Energy Storage Management System (ESMS) 설명서
6) 표시(안내) 내용 및 위치
7) 화재 진압, 화재/가스 감지, 열 제어, 배출설비
8) 내진

연료전지

1 연료전지 개요

1) 수소와 산소가 갖고 있는 화학에너지를 전기화학 반응에 의해 전기에너지로 변환시켜 발전하는 방식
2) 연료전지는 크게 연료극(음극, Cathode), 공기극(양극, Anode) 및 전해질로 나누어지는데 공기극(양극, Anode)에는 산소가 연료극(음극, Cathode)에는 수소가 공급
3) 물의 전기분해 역반응(발열반응)으로 전기화학 반응이 진행되면서 전기, 열, 물이 발생

2 메커니즘

1) 연료극에서 수소가 수소이온과 전자로 분해
2) 수소이온은 전해질을 거쳐 공기극으로 이동
3) 전자는 외부회로를 거쳐 전류를 발생(발전기)
4) 공기극에서 수소이온과 전자, 산소가 결합해 물이 된다.

   (1) 연료극(음극, Cathode) : $2H_2 \Rightarrow 4H^+ + 2e^-$
   (2) 공기극(양극, Anode) : $O_2 + 4H^+ + 4e^- \Rightarrow 2H_2O$
   (3) 전체반응 : $2H_2 + O_2 \Rightarrow 2H_2O$

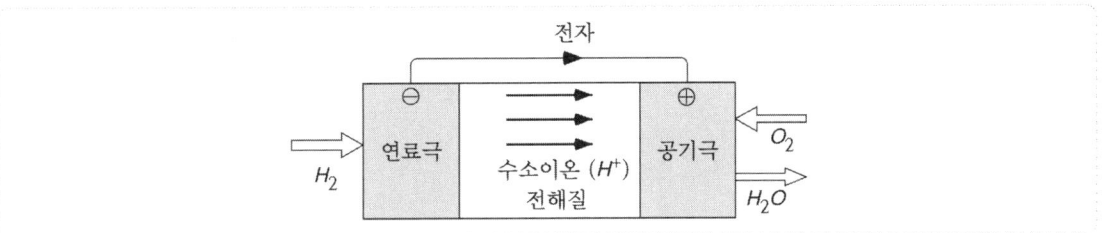

3 시스템 구성

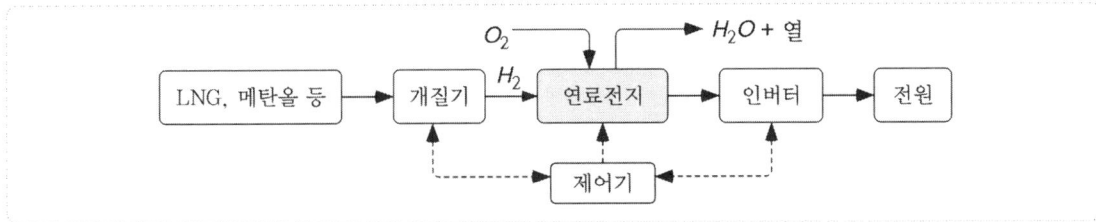

1) 개질기 : 화석연료(천연가스, 메탄올, 석유 등)로부터 수소를 발생시키는 장치
2) 스택(Stack) : 원하는 전기출력을 얻기 위해 단위전지를 수십장, 수백장 직렬로 쌓아 올린 본체
3) 인버터(Inverter) : 연료전지에서 나오는 직류를 교류로 변환시키는 장치
4) 주변보조기기 : 연료, 공기, 열 회수 등을 위한 펌프류, Blower, 센서 등

조명 기초이론

1 광속 (Luminous Flux, Φ)

1) 광원에서 공간으로 발산되는 빛의 다발
2) 단위는 루멘 [Lumen ; ℓm]
3) 광속을 많이 방사하는 광원이 더 밝다.

2 광도 (Luminous Intensity, I)

1) 광원에서 어떤 방향에 대한 입체각당 광속이다.
2) 광도의 단위는 칸델라 [Candela ; cd]이고, 기호는 I를 사용한다.

$$I = \frac{\Phi}{\Omega} \frac{[\ell m]}{[sr]} = [cd]$$

I : 광도 Φ : 광속
Ω : 단위 입체각[sr]

3) $1\,[cd] = 12.57\,[\ell m]$

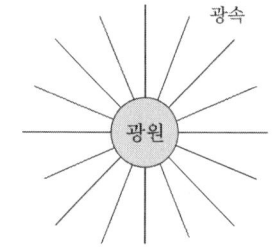
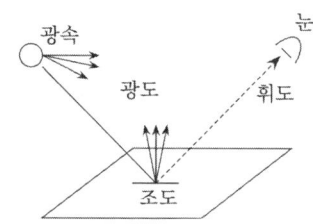

3 조도 (Illumination)

1) 단위면적당 입사하는 빛의 광속으로, 조명을 받는 면의 밝기이다.
2) 단위는 룩스 $[\ell x = \frac{\ell m}{m^2}]$이고, 기호는 E를 사용한다. $E = \frac{\Phi}{A}\,[\frac{\ell m}{m^2}]$
3) 광원으로부터 거리의 제곱에 반비례, 면의 기울기의 각 θ의 $\cos\theta$에 비례 $E = \frac{I}{r^2}$
4) $1\ell x$: $1\,m^2$의 면적 위에 $1\ell m$의 광속

4 휘도 (Luminance)

1) 어떤 방향으로부터 본 물체의 밝기이다.
2) 광도의 밀도를 나타내는 것으로 휘도는 눈으로부터 광원까지의 거리에는 관계가 없으며 물체를 식별하는 것은 휘도의 차에 의한 것이다.
3) 조도가 단위면적당 얼마만큼의 빛이 도달하고 있는가를 표시하는 데 비해, 휘도는 그 결과 어느 방향으로부터 보았을 때 얼마만큼 밝게 보이는가를 나타낸다.
4) 휘도의 단위는 $[cd/m^2]$의 단위로 사용한다.

퍼킨제 (Purkinje) 현상

1 순응 (Adaptation)

1) 빛이 들어오는 양을 조절하여 망막의 감광도를 변화시키는 눈의 능력

2) 사람이 밝은 곳에 있다가 갑자기 어두운 곳으로 이동 시 (암순응)나, 어두운 곳에 있다가 갑자기 밝은 곳으로 이동 시 (명순응) 일정시간이 지나야 순응한다.

3) 순응의 종류

   (1) 암순응

   ① 어두운 곳에서의 순응을 말하며, 망막은 1~2만 배의 감광도를 얻게 된다.

   ② 유도등 등의 소방설비와 관련이 있다.

   (2) 명순응 : 밝은 곳으로 나왔을 경우의 순응으로, 감광도가 급격히 떨어져서 1~2분의 시간 필요

2 Purkinje (퍼킨제, 푸르키네) 현상

1) 주위 밝기에 따른 색의 명도 변화이다.

2) 최대비시감도가 555 nm에서 510 nm로 이동하는 현상

3) 밝은 곳에서는 적색이 밝게 보이고, 어두운 곳에서는 청녹색이 밝게 보인다.

   (1) 어두운 장소 : 단파장 민감(청녹색) : 간상체가 작용

   (2) 밝은 장소 : 장파장 민감(붉은색) : 추상체가 작용

4) 어두워지면 반응이 추상체에서 간상체로 이동하여 600 nm 이상 긴 파장은 볼 수 없다.

5) Purkinje 현상의 응용

   (1) 피난유도등, 피난유도표지

   (2) 도로의 지명표지, 이정표, 간판

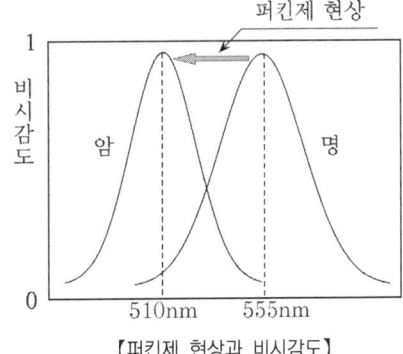

【퍼킨제 현상과 비시감도】

Annex

📁 시감도 (Visibility)

  1. 가시광선의 파장에 따라 사람이 눈이 느끼는 밝음의 정도

  2. 파장이 555 nm에서 최대 감도를 가진다.

📁 비시감도 (Relative Visibility)

  1. 최대 감도(555 nm)를 1로 하여 다른 파장(380~780 nm)에 대한 시감도의 비

   $$\frac{임의\ 파장의\ 시감도}{가장\ 큰\ 시감도}$$

  2. 최대비시감도란 기준 최대파장을 의미한다.

   (1) 명순응된 눈의 최대비시감도 : 555 [nm]

   (2) 암순응된 눈의 최대비시감도 : 510 [nm]

유도등

1 유도등의 개념

1) 유도등은 화재 시 피난구 및 피난 방향을 명시하여 피난을 돕기 위한 설비로서 피난구유도등·통로유도등·객석유도등이 있다.
2) 피난구유도등 : 피난구 또는 피난경로로 사용되는 출입구를 표시하여 피난을 유도하는 등
3) 통로유도등 : 피난통로를 안내하기 위한 유도등으로 복도통로유도등, 거실통로유도등, 계단통로유도등
4) 복도통로유도등 : 피난통로가 되는 복도에 설치하며 피난구의 방향을 명시
5) 거실통로유도등 : 거실, 주차장 등 개방된 통로에 설치하며 피난의 방향을 명시
6) 계단통로유도등 : 통로유도등으로 바닥면 및 디딤 바닥면을 비추는 것
7) 객석유도등 : 객석의 통로, 바닥 또는 벽에 설치하는 유도등

2 피난구 유도등

1) 설치장소
   (1) 옥내로부터 직접 지상으로 통하는 출입구/부속실 출입구
   (2) 직통계단, 직통계단의 계단실/부속실의 출입구
   (3) (1), (2)에서 정한 출입구에 이르는 복도로 통하는 출입구
   (4) 안전구획된 거실로 통하는 출입구

2) 피난층으로 향하는 피난구의 위치를 안내할 수 있도록 (1) 또는 (2)의 출입구 인근 천장에 설치된 피난구유도등의 면과 수직이 되도록 피난구유도등을 추가로 설치하여야 한다. 다만 설치된 피난구유도등이 입체형인 경우에는 그러하지 아니하다.

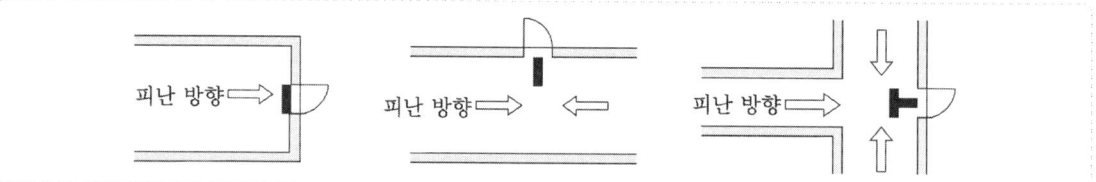

3) 설치기준
   바닥으로부터 1.5 m 이상으로 출입구에 인접하도록 설치

4) 설치 제외
   (1) 바닥면적 1,000 m² 미만인 층으로서, 옥내로부터 직접 지상으로 통하는 출입구
       (외부 식별이 용이한 경우에 한함)
   (2) 대각선 길이가 15 m 이내인 구획된 실의 출입구
   (3) 보행거리가 20 m 이하이고, 비상조명등과 유도표지가 설치된 거실의 출입구
   (4) 출입구가 3개 이상 있는 거실로서, 하나의 출입구에 이르는 보행거리가 30 m 이하인 경우 주된 출입구 2개소 외의 출입구에는 유도표지 부착이 가능하다.

3 통로 유도등

1) 거실과 그로부터 지상에 이르는 복도 또는 계단의 통로

2) 설치기준

구 분	설치기준
복도통로 유도등	• 복도에 설치하되 피난구유도등이 설치된 출입구의 맞은편 복도에는 입체형으로 설치하거나, 바닥에 설치할 것 • 구부러진 모퉁이 및 설치된 통로유도등을 기점으로 보행거리 20 m마다 • 높이 1 m 이하에 설치. 다만 지하층 또는 무창층의 용도가 도매시장, 여객자동차터미널, 지하철역사, 지하상가인 경우 통로 중앙 부분의 바닥에 매설
거실통로 유도등	• 거실의 통로에 설치. 다만 거실의 통로가 벽체 등으로 구획된 경우에는 복도통로유도등을 설치한다. • 구부러진 모퉁이 및 보행거리 20 m마다 설치 • 높이 1.5 m 이상의 위치에 설치
계단통로유도등	• 계단 및 경사로에 설치 • 각층의 경사로 참 또는 계단참마다 설치 • 높이 1 m 이하의 위치에 설치

3) 통행에 지장이 없을 것

4) 주위에 이와 비슷한 등화 광고물, 게시물 설치 금지

4 객석유도등

1) 설치위치 : 객석의 통로, 바닥 또는 벽

2) 개수 : $\dfrac{객석의 직선 길이}{4} - 1$

5 NFPA 유도등 색상

1) NFPA 101의 경우 색상 관련 규정은 없다.

2) 일반적으로 녹색 또는 적색을 사용한다.

구 분	장 점	단 점
녹 색	• 정전 시(암순응) 유리 • 녹색은 통행 가능의 의미	• 화재 발생 시 정전 발생되지 않는 경우가 더 많다.
적 색	• 정전이 발생되지 않은 경우 유리 • 정전 시도 녹색에 비해 인지 정도 차이가 작다.	• 일반적으로 적색은 위험, 통행 금지 개념

유도등 배선 방식

1 개 요

1) 상시 점등상태로 배선하는 방식을 2선식이라 하며, 평소에는 소등상태를 유지하다가 비상시 점등되는 방식을 3선식 배선이라 한다.
2) NFTC에서는 특정장소에 한해 3선식 배선을 허용한다.

2 3선식 배선방식

1) 배선 회로를 전용회로로 하여 점멸기에 의해 소등 시 자동적으로 축전지에 의해 점등이 20분 이상 지속된다.
2) 구 조
   (1) 백색선 : 공통선(전원선)
   (2) 흑색선 : 충전선
   (3) 녹색선 : 점등선
3) 상용전원이 차단되면, 흑색선-녹색선으로 축전지 전원이 공급되어 점등이 유지된다.

3 3선식 배선

1) 배선구조
   (1) 평상시 : 소등 상태로 축전지가 충전되는 상태임
   (2) 정전이나 자·탐 등이 작동 시
      ① 자동으로 충전된 축전지설비에 의해 20분 이상 점등 유지
      ② 화재 시 ⇒ 스위치가 접점 형성 ⇒ 점등
      ③ 정전 시 ⇒ 축전지에 의해 ⇒ 점등

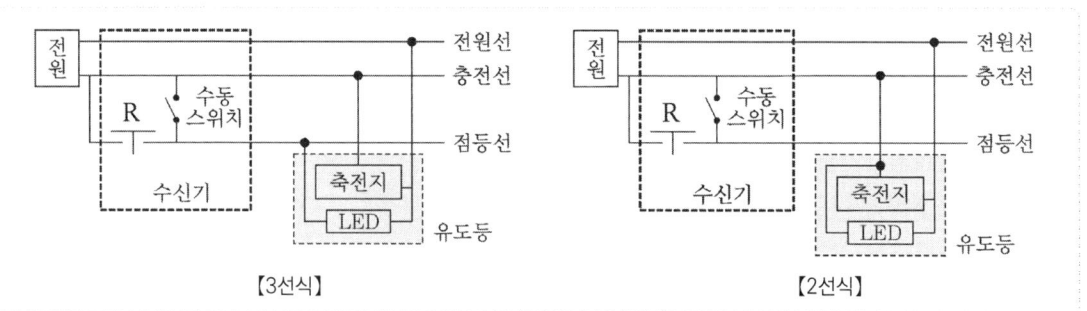

【3선식】　　　　　　　　　【2선식】

2) 3선식 배선의 사용이 가능한 경우
   (1) 외부 빛에 의해 피난구 또는 피난 방향이 쉽게 식별 가능한 장소
   (2) 공연장, 암실 등 어두워야 할 필요가 있는 장소
   (3) 특정 소방 대상물의 관계인 또는 종업원이 주로 이용하는 장소
3) 3선식 배선은 내화배선 또는 내열배선으로 할 것

4) 3선식 배선의 점등조건
   (1) 자탐설비의 감지기·발신기 작동
   (2) 비상경보설비의 발신기 작동
   (3) 상용전원의 차단
   (4) 자동 소화설비의 기동
   (5) 방재센터 등에서 수동점등

❹ 유도등 및 유도표지의 적응성

설치장소	유도등 및 유도표지의 종류
공연장, 집회장(종교집회장 포함), 관람장, 운동시설	대형 피난구유도등 통로유도등, 객석유도등
유흥주점영업시설(카바레, 나이트클럽 등)	
위락시설, 판매시설, 운수시설, 관광숙박업, 의료시설, 장례식장, 방송통신시설, 전시장, 지하상가, 지하철 역사	대형 피난구유도등 통로유도등
숙박시설, 오피스텔, 지하층, 무창층, 11층 이상인 특정소방대상물	중형 피난구유도등 통로유도등
근린생활시설, 노유자시설, 업무시설, 발전시설, 종교시설(집회장용도 제외), 교육연구시설, 수련시설, 공장, 창고시설, 교정 및 군사시설(국방·군사시설 제외), 복합건축물, 아파트 등	소형 피난구유도등 통로유도등
그 밖의 것	피난구 유도표지 통로 유도표지

Annex

📂 피난유도선 설치기준

1. 축광 방식의 피난유도선
   (1) 구획된 각 실로부터 주출입구 또는 비상구까지 설치할 것
   (2) 바닥으로부터 높이 50 cm 이하의 위치 또는 바닥 면에 설치할 것
   (3) 피난유도 표시부는 50 cm 이내의 간격으로 연속되도록 설치
   (4) 부착대에 의하여 견고하게 설치할 것
   (5) 외광 또는 조명장치에 의하여 상시 조명이 제공되거나 비상조명등에 의한 조명이 제공되도록 설치할 것

2. 광원점등방식의 피난유도선
   (1) 구획된 각 실로부터 주출입구 또는 비상구까지 설치할 것
   (2) 피난유도 표시부는 바닥으로부터 높이 1 m 이하의 위치 또는 바닥 면에 설치할 것
   (3) 피난유도 표시부는 50 cm 이내의 간격으로 연속되도록 설치하되 실내장식물 등으로 설치가 곤란할 경우 1 m 이내로 설치할 것
   (4) 수신기로부터의 화재신호 및 수동조작에 의하여 광원이 점등되도록 설치할 것
   (5) 비상전원이 상시 충전상태를 유지하도록 설치할 것
   (6) 바닥에 설치되는 피난유도 표시부는 매립하는 방식을 사용할 것
   (7) 피난유도 제어부는 조작 및 관리가 용이하도록 바닥으로부터 0.8~1.5 m의 높이

비상조명설비

1 비상조명등 설치대상
1) 지하층을 포함하는 층수가 5층 이상인 건축물로서 연면적 3,000 m² 이상인 것
2) 바닥면적이 450 m² 이상인 지하층 또는 무창층
3) 지하가 중 터널로서 그 길이가 500 m 이상인 것

2 비상조명등 설치기준
1) 설치장소 : 건축물의 각 거실과 그로부터 지상에 이르는 복도·계단 및 그 밖의 통로
2) 조도 : 각 부분의 바닥에서 1 lx 이상

화재안전기준	조도기준
비상조명등	• 거실과 피난 경사로상에 설치 • 조도는 비상조명등이 설치된 장소 각 부분의 바닥에서 1 lx 이상
도로터널	• 터널안의 차도·보도 : 10 lx 이상 • 그 외 모든 부분 : 1 lx 이상
고층건축물	• 피난안전구역에 설치 • 조도는 비상조명등이 설치된 장소 각 부분의 바닥에서 10 lx 이상

3) 예비전원을 내장하는 경우
   (1) 평상시 점등 여부를 확인할 수 있는 점검스위치를 설치
   (2) 비상조명등을 유효하게 작동시킬 수 있는 용량의 축전지와 예비전원 충전장치를 내장
4) 예비전원을 내장하지 아니하는 경우
   (1) 비상조명등의 비상전원은 자가발전설비 또는 축전지설비를 설치해야 한다.
   (2) 비상전원 설치기준
      ① 점검에 편리하고 화재 및 침수 등의 재해로 인한 피해를 받을 우려가 없는 곳에 설치
      ② 상용전원 차단 시 자동으로 비상전원으로부터 전력을 공급받을 수 있도록 할 것
      ③ 비상전원의 설치장소는 다른 장소와 방화구획할 것
      ④ 실내에 설치 시 비상조명등을 설치할 것
5) 비상전원
   (1) 비상전원 용량 : 비상조명등을 20분 이상 작동시킬 수 있을 것
   (2) 비상전원 용량을 60분으로 하는 경우
      ① 층수 : 지하층을 제외한 층수가 11층 이상의 층
      ② 지하층, 무창층 용도 : 도매시장, 소매시장, 여객자동차터미널, 지하역사, 지하상가
6) 설치 제외
   (1) 거실의 각 부분으로부터 하나의 출입구에 이르는 보행거리가 15 m 이내인 부분
   (2) 의원·경기장·공동주택·의료시설·학교의 거실

3 NFPA 101 조명

1) 비상조명뿐만 아니라 평상시 조명의 조도(피난 계단 등 피난과 관련 있는 장소)도 제한한다.

2) NFPA 101 피난로 조도(평상시)

   (1) 새로운 계단 : 108 ℓx

   (2) 기타 : 10.8 ℓx

   (3) 집회시설의 Exit Access : 2.2 ℓx

3) NFPA 101 비상전원

   (1) Type 10, Class 1.5 Level 1

   ① 절체 시간 10초

   ② 용량 : 90분 이상

4) 조 도

   (1) 초기 : 평균 조도 10.8 ℓx, 최소 조도 1.1 ℓx

   (2) 90분 후 평균 조도 6.5 ℓx, 최소 조도 0.65 ℓx

   (3) 균제도(Maximum-to-Minimum Illumination) 40 : 1 이하

Annex

휴대용 비상조명등

1. 설치기준

   1) 설치수량

설치대상	설치장소	설치개수
다중이용업소, 숙박시설	객실 또는 영업장안의 구획된 실	1개 이상
대규모점포, 영화상영관	보행거리 50 m 이내	3개 이상
지하상가 및 지하역사	보행거리 25 m 이내	

   2) 설치높이 : 바닥으로부터 0.8~1.5 m

   3) 구 조

      (1) 어둠속에서 위치 확인이 가능한 구조, 사용 시 자동으로 점등될 것

      (2) 외함은 난연성능이 있을 것

   4) 건전지를 사용하는 경우

      (1) 방전 방지조치를 하고, 충전식 배터리의 경우에는 상시 충전할 것

      (2) 건전지 및 충전식 배터리의 용량 : 20분 이상

2. 휴대용 비상조명등 설치 제외

   1) 지상1층, 피난 층 : 복도, 통로, 창문 등의 개구부를 통하여 피난이 용이한 경우

   2) 숙박시설 : 복도에 비상조명등을 설치한 경우

LED (Light-Emitting Diode)

1 개 요

1) LED는 $P-N$ 접합 다이오드의 일종으로, 순방향으로 전압이 걸릴 때 단파장 광(Monochord-Matic Light)이 방출되는 현상인 전기발광효과(Electro-Luminescence)를 이용한 반도체 소자
2) 순방향 전압 인가 시 N 형의 전자와 P 형의 정공(Hole)이 결합하면서 전도대(Conduction Band)와 가전대(Valance Band)의 높이 차이(에너지)에 해당하는 만큼의 에너지를 발산하는데, 이 에너지는 주로 열이나 빛의 형태로 방출되며, 빛의 형태로 발산되면 LED가 되는 것이다.

2 발광원리

1) 정공이 많은 P형 반도체와 전자가 많은 N형 반도체를 접합한 $P-N$ 접합형 반도체에 순방향 전압을 가하면 $P-N$ 접합부에서 전자와 정공이 재결합하게 된다.
2) 재결합할 때 자유전자 상태에서의 전자가 가지고 있던 에너지 준위는 높고, 정공과 결합된 상태에서의 에너지 준위는 낮기 때문에 그 차이에 해당하는 에너지를 광자(Photon)의 형태로 외부로 발산한다.

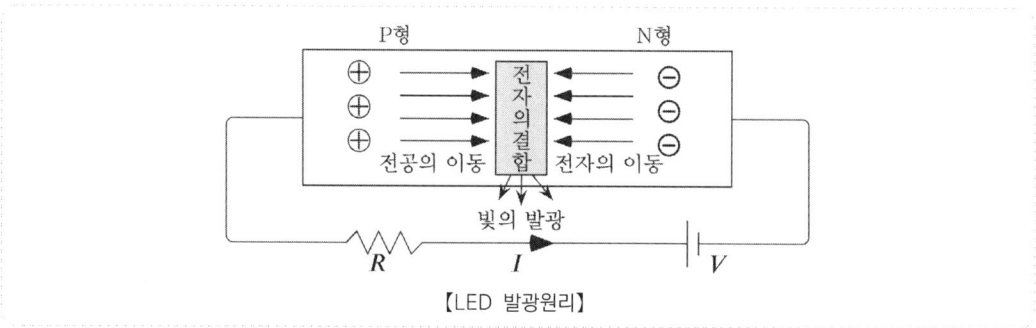

【LED 발광원리】

3 특 징

1) 점등 또는 소등 속도가 빠르다.
2) 전력 소모가 적고 수명이 길다.
3) 다양한 색상의 발광이 가능하다.
4) 기체나 필라멘트가 없어 충격에 강하다.
5) 수은을 사용하지 않아 친환경적이다.

비상콘센트

1 개 요

1) 건물에서 화재가 발생되면 전선이 연소되거나 단락, 지락이 발생되어 전원 공급이 차단될 가능성이 크다.
2) 비상콘센트설비는 11층 이상의 고층부, 지하층 등에 설치하여 소방대의 소화활동 시 조명이나 기타 장비의 전원으로 사용하기 위한 설비이다.

2 설치대상

1) 층수가 11층 이상인 특정소방대상물의 경우에는 11층 이상 층
2) 지하의 층수가 3층 이상, 지하층의 바닥면적의 합계가 1,000 m² 이상인 것 : 지하층의 모든 층
3) 지하가 중 터널로서 길이가 500 m 이상인 것

3 설치기준

1) 비상콘센트 설치기준
   (1) 설치높이 : 바닥으로부터 높이 0.8~1.5 m
   (2) 비상콘센트의 배치

바닥면적	설치 위치	설치 개수
1,000 m² 미만	• 계단의 출입구로부터 5 m 이내	• 2 이상 있는 경우에는 그중 1개
1,000 m² 이상		• 3 이상 있는 경우에는 그중 2개
수평거리 초과 시 추가 설치	• 지하상가, 지하층의 바닥면적의 합계가 3,000 m² 이상 : 수평거리 25 m 이내 • 기타 : 수평거리 50 m 이내	

2) 전원의 설치기준
   (1) 상용전원회로의 배선

구 분	분 기
저압수전	• 인입개폐기의 직후에서 분기하여 전용배선
고압수전	• 전력용변압기 2차측의 주차단기 1차측 또는 2차측에서 분기하여 전용배선

   (2) 비상전원
   ① 비상전원 설치대상
   • 지하층을 제외한 층수가 7층 이상으로서 연면적이 2,000 m² 이상
   • 지하층의 바닥면적의 합계가 3,000 m² 이상
   • 예외 : 2 이상의 변전소에서 전력을 동시에 공급받을 수 있거나 하나의 변전소로부터 전력의 공급이 중단되는 때에는 자동으로 다른 변전소로부터 전력을 공급받을 수 있도록 상용전원을 설치한 경우
   ② 비상전원의 종류 : 자가발전설비, 비상전원수전설비

(3) 자가발전설비의 설치기준

　① 점검에 편리하고 화재 및 침수 등의 재해로 인한 피해 우려가 없는 곳에 설치할 것
　② 용량 : 20분 이상
　③ 상용전원 차단 시 자동으로 비상전원으로부터 전력을 공급받을 수 있도록 할 것
　④ 비상전원의 설치장소 : 다른 장소와 방화구획할 것
　⑤ 실내에 설치 시 비상조명등을 설치할 것

3) 전원회로 설치기준

　(1) 단상교류 220 V인 것으로 공급용량은 1.5 kVA 이상일 것
　(2) 전원회로는 각층에 2 이상이 되도록 설치할 것
　(3) 전원회로는 주배전반에서 전용회로로 할 것
　(4) 분기되는 경우 : 분기배선용 차단기를 보호함 안에 설치할 것
　(5) 콘센트마다 배선용 차단기를 설치하여야 하며, 충전부가 노출되지 않을 것
　(6) 개폐기에는 "비상콘센트"라고 표시한 표지를 할 것
　(7) 비상콘센트용의 풀 박스 등은 방청도장을 한 것으로서, 두께 1.6 mm 이상의 철판
　(8) 수량 : 전용회로당 비상콘센트는 10개 이하
　(9) 전선의 용량 : 비상콘센트의 공급용량을 합한 용량 이상일 것 (3개 이상인 경우에는 3개)

종류	전압[V]	공급용량	플러그 접속기	전선 허용 용량	전원회로
단상교류	220	1.5 kVA 이상	접지형 2극	비상콘센트가 3개 이상인 경우에는 3개	전용

4) 플러그 접속기

　(1) 비상콘센트의 플러그접속기는 접지형 2극 플러그접속기를 사용한다.
　(2) 비상콘센트의 플러그접속기의 칼받이의 접지극에는 접지공사를 해야 한다.

5) 비상콘센트 보호함

　(1) 보호함에는 쉽게 개폐할 수 있는 문을 설치할 것
　(2) 보호함 표면에 "비상콘센트"라고 표시한 표지를 할 것
　(3) 보호함 상부에 적색의 표시등을 설치할 것
　(4) 옥내소화전함 등의 표시등과 겸용할 수 있다.

6) 비상콘센트의 배선

　(1) 전원회로의 배선 : 내화배선
　(2) 그 밖의 배선 : 내화배선 또는 내열배선

7) 전원부와 외함 사이의 절연저항 및 절연내력

　(1) 절연저항 : 전원부와 외함 사이를 500 V 절연저항계로 측정할 때 20 MΩ 이상일 것
　(2) 절연내력

전원부와 외함 사이에 정격전압	실효전압	판 정
150 V 이하인 경우	1,000 V	1분 이상 견딜 것
150 V 이상인 경우	(정격전압 × 2) + 1,000 V	

무선통신 보조설비

1 개 요

1) 지하층이나 초고층은 구조상 무선통신이 용이하지 않아 화재진압이나 구조현장에서 소방대원 간의 무선교신이 어렵게 된다.
2) 건축물 중 일정 규모 이상의 소방대상물에 전파가 도착하기 어려운 것을 보완하기 위해서 누설동축 케이블이나 안테나를 설치하여 원활하게 무선교신을 할 수 있도록 한 설비이다.

2 설치대상

구 분	설치대상
지하가	• 연면적 : 1,000 m² 이상 • 터널 : 500 m 이상
그 밖의 것	• 지하층 바닥면적 합계 3,000 m² 이상 • 지하층의 층수가 3층 이상이고 바닥면적 합계가 1,000 m² 이상 • 공동구 • 층수가 30층 이상으로 16층 이상의 층
설치제외	• 지하층으로서 특정소방대상물의 바닥부분 2면 이상이 지표면과 동일하거나 지표면으로부터의 깊이가 1 m 이하인 경우에는 해당층.

3 무선통신보조설비의 구성요소

1) 전송장치

   (1) 동축케이블

   ① 일반케이블과 달리 동심원 상에서 내부도체와 외부도체를 배열한 것이다.
   ② 일반케이블에 비해 외부 잡음의 영향이 적은 고주파 전송용 케이블이다.
   ③ 동축케이블의 신호는 거리에 따라 점점 약해지므로 이에 대한 손실보상이 필요하며 중계기나 증폭기를 설치한다.

   (2) 누설동축케이블

   ① 동축케이블과 달리 외부 도체상에 전자파를 방사할 수 있도록 케이블 길이의 방향으로 일정하게 Slot(가느다란 홈)을 만들어 놓은 것이다.
   ② Slot의 기울기와 길이에 따라 자유로이 주파수 선택이 가능하다.
   ③ 누설동축케이블의 외부에 내열층을 두고 최외층에 난연성의 2차 Sheet를 감은 것으로 내열누설 동축케이블이라 한다.
   ④ 중계기나 증폭기를 설치하는 대신에 결합손실이 큰 케이블부터 순차적으로 접속하는 Grading에 의해 전송거리를 늘리게 된다.

   (3) 안테나(공중선)

   ① 전파를 효율적으로 송·수신하기 위해서는 주파수에 적합한 길이로 해야 한다.

② 안테나의 길이는 파장의 1/2, 1/4, 3/4인 길이를 일반적으로 사용한다.
③ 150(MHz)의 주파수에서의 안테나의 길이

파 장	공중선 길이	파장계산
1/2일 때	2 × 1/2 = 1 m	
1/4일 때	2 × 1/4 = 0.5 m	$\lambda = \dfrac{C(광속)}{f(주파수)} = \dfrac{3 \times 10^8}{150 \times 10^6} = 2\,m$
3/4일 때	2 × 3/4 = 1.5 m	

2) 분배기
  ⑴ 신호 전송구간의 분기점에 설치한다.
  ⑵ 임피던스 정합과 부하측으로의 신호 균등분배를 위해 사용된다.
3) 분파기 : 서로 다른 주파수의 합성된 신호를 분리하는 장치
4) 혼합기 : 2개 이상의 입력신호를 원하는 비율로 조합한 출력이 발생하도록 하는 장치
5) 접속단자 : 상호 교신을 위해 무전기를 접속하는 단자
6) 증폭기 : 케이블의 손실을 보상하기 위해서 설치한다.

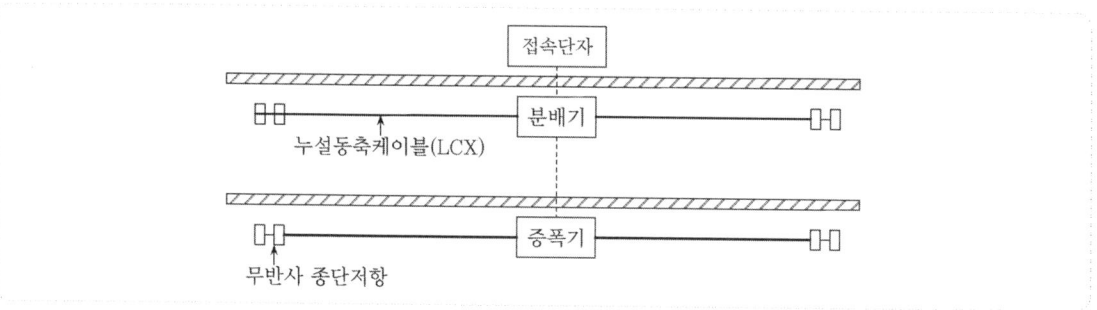

4 무선통신보조설비의 종류

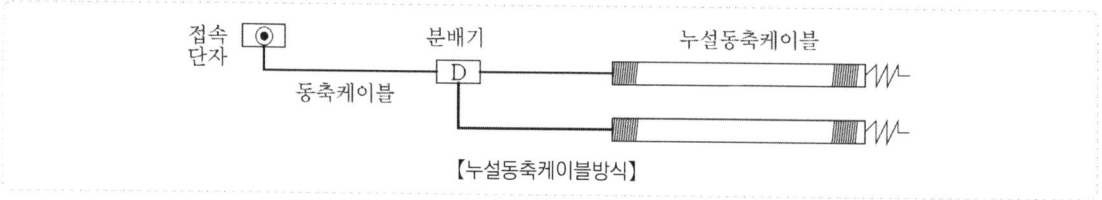

【누설동축케이블방식】

1) 누설동축케이블(LCX, Leaky Coaxial Cable) 방식
  ⑴ 동축케이블과 누설동축케이블을 조합한 형태
  ⑵ 케이블에서 전파가 균일하게 방사되어 폭이 좁고 긴 지하층에 적합한 방식이다.
  ⑶ 케이블 자체에서 전파 방사
  ⑷ 적용 : 터널, 지하철, 지하가
  ⑸ 구성 : 접속단자, 동축케이블, 분배기, 누설동축케이블, 종단저항 등
2) 안테나(공중선)방식
  ⑴ 동축케이블과 안테나가 조합된 방식이다.
  ⑵ 말단에서는 전파강도가 낮아 통신이 어렵다.

(3) 케이블을 은폐할 수 있으므로, 화재 영향이 적고 미관이 양호하다.
(4) 적용 : 장애물이 적은 대강당, 극장 등에 적합하다.
(5) 구성 : 접속단자, 동축케이블, 분배기, 안테나 등

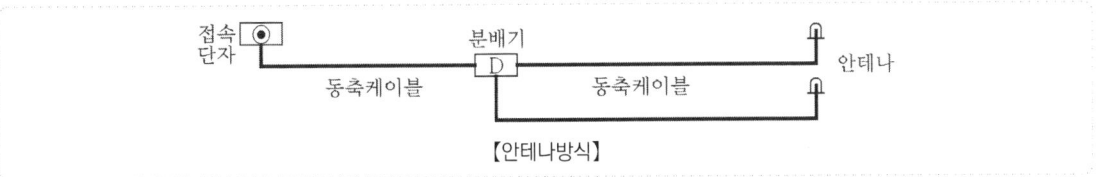

【안테나방식】

3) 누설동축케이블 및 안테나 방식

누설동축케이블 방식과 안테나 방식의 장점을 혼합한 방식이다.

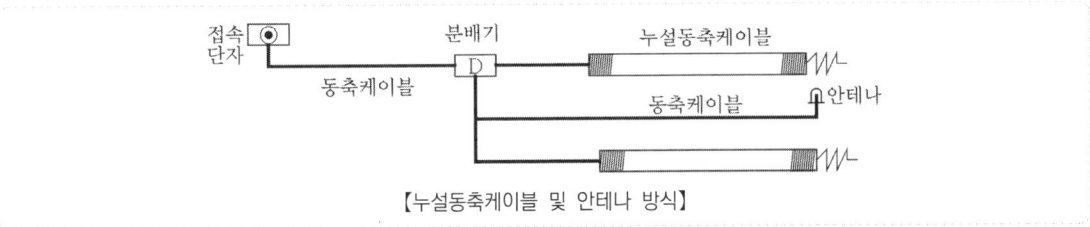

【누설동축케이블 및 안테나 방식】

5 설치기준

1) 누설동축케이블

(1) 소방전용주파수대에서 전파의 전송 또는 복사에 적합한 것으로서 소방전용으로 할 것
(2) 누설동축케이블과 이에 접속하는 공중선 또는 동축케이블과 이에 접속하는 공중선에 따를 것
(3) 누설동축케이블은 불연 또는 난연성의 것으로서 습기에 따라 전기의 특성이 변질되지 아니하는 것으로 하고, 노출하여 설치한 경우에는 피난 및 통행에 장애가 없도록 할 것
(4) 누설동축케이블은 화재에 따라 해당 케이블의 피복이 소실된 경우에 케이블 본체가 떨어지지 아니하도록 4 m 이내마다 금속제 또는 자기제등의 지지금구로 벽·천장·기둥 등에 견고하게 고정시킬 것
(5) 누설동축케이블 및 공중선은 금속판 등에 따라 전파의 복사 또는 특성이 현저하게 저하되지 아니하는 위치에 설치할 것
(6) 누설동축케이블 및 공중선은 고압의 전로로부터 1.5 m 이상 떨어진 위치에 설치할 것. 다만 해당 전로에 정전기 차폐장치를 유효하게 설치한 경우에는 그러하지 아니하다.
(7) 누설동축케이블의 끝부분에는 무반사 종단저항을 견고하게 설치할 것
(8) 누설동축케이블 또는 동축케이블의 임피던스는 50 Ω으로 하고, 이에 접속하는 공중선·분배기 기타의 장치는 해당 임피던스에 적합한 것으로 하여야 한다.
(9) 누설동축케이블 또는 동축케이블과 이에 접속하는 안테나가 설치된 층은 모든 부분(계단실, 승강기, 별도 구획된 실 포함)에서 유효하게 통신이 가능할 것
(10) 옥외 안테나와 연결된 무전기와 건축물 내부에 존재하는 무전기 간의 상호통신, 건축물 내부에 존재하는 무전기 간의 상호통신, 옥외 안테나와 연결된 무전기와 방재실 또는 건축물 내부에 존재하는 무전기와 방재실 간의 상호통신이 가능할 것

2) 옥외안테나

　(1) 건축물, 지하가, 터널 또는 공동구의 출입구 및 출입구 인근에서 통신이 가능한 장소에 설치할 것

　(2) 다른 용도로 사용되는 안테나로 인한 통신장애가 발생하지 않도록 설치할 것

　(3) 옥외안테나는 견고하게 설치하며 파손의 우려가 없는 곳에 설치하고 그 가까운 곳의 보기 쉬운 곳에 무선통신보조설비 안테나라는 표시와 함께 통신 가능거리를 표시한 표지를 설치할 것

　(4) 수신기가 설치된 장소 등 사람이 상시 근무하는 장소에는 옥외 안테나의 위치가 모두 표시된 옥외안테나 위치표시도를 비치할 것

3) 분배기 등

　(1) 먼지·습기 및 부식 등에 따라 기능에 이상을 가져오지 아니하도록 할 것

　(2) 임피던스는 50 Ω의 것으로 할 것

　(3) 점검에 편리하고 화재 등의 재해로 인한 피해의 우려가 없는 장소에 설치할 것

4) 증폭기 및 무선중계기

　(1) 전원은 전기가 정상적으로 공급되는 축전지, 전기저장장치 또는 교류전압 옥내간선으로 하고, 전원까지의 배선은 전용으로 할 것

　(2) 증폭기의 전면에는 주 회로의 전원이 정상인지의 여부를 표시할 수 있는 표시등 및 전압계를 설치할 것

　(3) 증폭기에는 비상전원이 부착된 것으로 하고 해당 비상전원 용량은 무선통신보조설비를 유효하게 30분 이상 작동시킬 수 있는 것으로 할 것

　(4) 증폭기 및 무선중계기를 설치하는 경우에는 전파법에 따른 적합성평가를 받은 제품으로 설치하고 임의로 변경하지 않도록 할 것

　(5) 디지털 방식의 무전기를 사용하는데 지장이 없도록 설치할 것

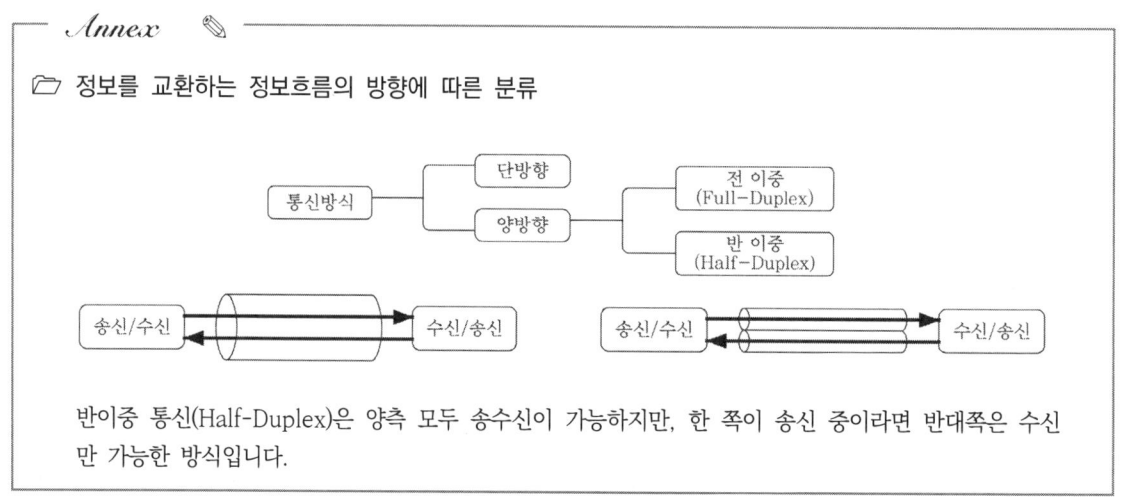

임피던스 정합

1 무통설비에서 신호 최대 전달방법

무선통신을 원활하게 하기 위해서는 전력을 최대로 보내야 한다.

1) 임피던스 정합 : 분배기를 통해 전체 시스템에 적용
2) 동축케이블 : 증폭기
3) 누설동축케이블 : Grading, 무반사 종단저항, VSWR 1.5 이하

2 임피던스 정합

1) 임피던스

교류회로에서의 저항(R)과 리액턴스(X_L, X_C)를 고려한 저항을 의미한다.

$$Z = R + jX = R + j(X_L - X_C)$$

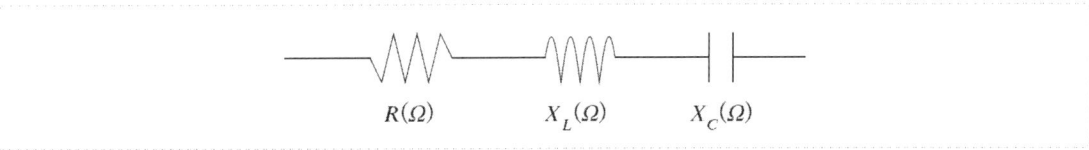

2) 임피던스 정합의 개념
   (1) 입력 전원측의 전력이 부하에 전달될 때 최대의 전력이 되도록 하는 기술을 말하는데 교류의 경우 최대 전력이 되려면 전원측과 부하측의 임피던스가 공액(Conjugate) 상태로 일치하여야 한다.
   (2) 접속되는 기기의 임피던스가 다르면 각종 Noise, 반사파 등이 발생하여 선로에 악영향을 준다.

3) 임피던스 정합(Matching)
   (1) 전원 및 부하가 저항(R)만의 회로인 경우
   $R_S = R_L$
   (2) 전원 및 부하가 리액턴스 성분(X)을 포함 한 경우
   $Z_s = R_s + jX_s$ 라면 $Z_L = R_L - jX_L$ ($\because Z_S = \overline{Z_L}$)

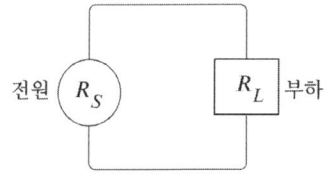

4) 특성 임피던스
   (1) 각종 통신기기들은 특성임피던스를 지정해 놓고 사용한다.
   (2) 국내 경우 특성임피던스는 일반회로는 50 Ω, 안테나/공중선은 75 Ω을 사용한다.

3 무선통신보조설비에서의 임피던스

1) 임피던스가 매칭되지 않으면, 전원의 신호가 부하측으로 최대한 전달되지 않는다.
2) 무선통신보조설비는 분배기, 분파기, 접속단자, LCX는 특성임피던스를 50 Ω으로 하여서 별도의 임피던스 매칭 없이도 신호의 최대전달이 가능하다.

누설동축케이블의 손실과 Grading

1 개 요

1) 누설동축케이블은 케이블 길이에 따라 수신율의 차이가 클 수 있어서 이를 보완하기 위해 결합손실이 큰 케이블부터 순차적으로 접속하는 Grading을 실시한다.

2) 즉, 누설동축케이블의 신호 레벨을 균등하게 하는 것이다.

2 누설동축케이블의 손실

1) 전송손실

   (1) 도체에 전류가 흐르면, 임피던스에 의해 도체 내에서 손실이 발생

   (2) 전송손실 : 도체손실 + 절연체손실 + 복사손실

   (3) 길이가 증가할수록 전송손실은 증가한다.

2) 결합손실

   (1) 결합손실은 무선통신케이블에 기기 등을 추가하여 발생되는 손실이다.

   (2) 케이블 내부의 전송전력과 일정거리 떨어진 지점에서 수신되는 수신전력의 비율이다.

   $$L_C = 10\log\left(\frac{P_T}{P_R}\right)$$

   L_C : 결합손실,
   P_R : 입력된 전력, P_T : 수신된 전력

   (3) 결합손실은 Slot의 형상, 길이, 각도에 따라 달라지며, 길이가 길수록 축에 대한 각도가 커질수록 작아진다.

3) 전송손실과 결합손실 간의 관계

   (1) 전송손실이 적은 곳 : 결합손실이 크게

   (2) 전송손실이 큰 곳 : 결합손실이 작게

4) 공중손실

   누설동축케이블~무전기 사이 공간에서 발생하는 손실

3 Grading

1) Grading은 전송손실에 의한 수신레벨의 감소 폭을 작게 하기 위하여 결합 손실이 큰 케이블부터 단계적으로 접속하는 것을 말한다.

2) Grading의 원리 : 케이블의 결합손실과 전송손실 간의 관계를 이용하여 결합손실이 큰 케이블부터 단계적으로 접속하여 수신 Level의 급감을 방지한다.

3) 누설동축케이블의 가장 큰 특징은 Grading을 할 수 있다는 점이다. 케이블을 포설하게 되면 System Loss(전송손실 + 결합손실)가 발생하므로 이를 보상하기 위해서는 결합손실을 줄여줌으로써 균등한 신호 레벨이 된다.

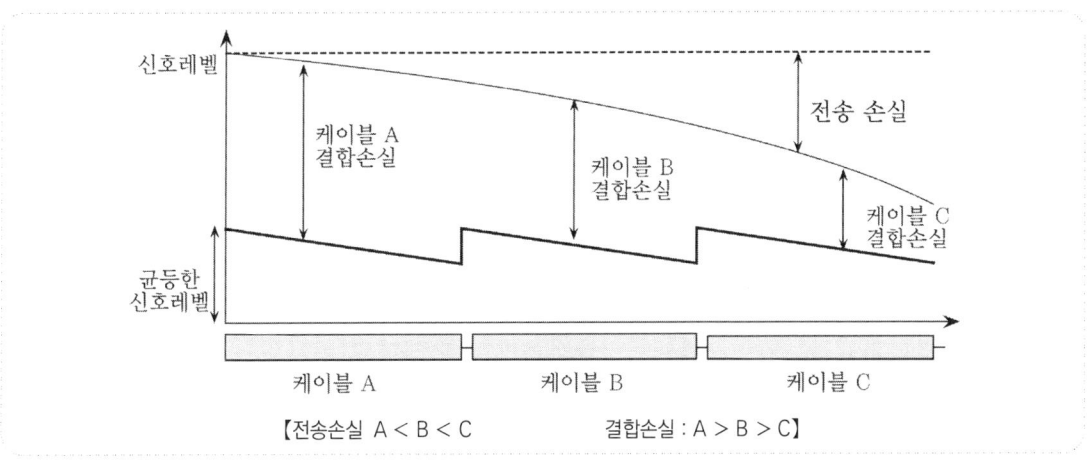

【전송손실 A < B < C   결합손실 : A > B > C】

예제 | 그림과 같은 회로에서 $R_s = R_L$일 때 최대전력 전달 조건임을 보이시오.

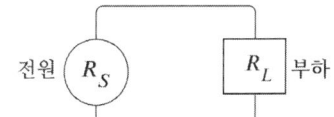

해설

1. 부하에 흐르는 전류를 I 라 하면

$$I = \frac{V}{R_S + R_L}$$

2. 부하의 전력을 P_L이라 하면

$$P_L = I^2 \cdot R_L = (\frac{V}{R_s + R_L})^2 \cdot R_L = \frac{R_L}{(R_s + R_L)^2} \cdot V^2$$

3. P_L이 최댓값이 되기 위해서는 V값 및 R_s이 일정하므로 $\frac{R_L}{(R_s + R_L)^2}$을 미분 시 0일 때 최댓값이다.

$$\frac{d}{dx}\left(\frac{g}{f}\right) = \frac{g' \cdot f - g \cdot f'}{f^2}$$ 이고 R_L이 변수이므로

$$\frac{d}{dx}\left[\frac{R_L}{(R_s + R_L)^2}\right] = \frac{(R_s + R_L)^2 - R_L \times 2(R_s + R_L)}{(R_s + R_L)^4}$$

$$= \frac{R_s^2 + 2R_s \cdot R_L + R_L^2 - 2R_s \cdot R_L - 2R_L^2}{(R_s + R_L)^4}$$

$$= \frac{R_S^2 - R_L^2}{(R_s + R_L)^4} = \frac{(R_S + R_L) \cdot (R_S - R_L)}{(R_s + R_L)^4} = 0$$

즉, $R_s = R_L$일 때 부하의 전력이 최댓값이다.

전압정재파비 (VSWR)

1 전압정재파비 (VSWR)의 정의

1) 누설동축 케이블에 신호를 보내면 그 말단에서 전파가 반사되어 되돌아온 반사된 파에 의해 간섭이 일어나 송신 효율이 저하된다.
2) 전압정재파비(Voltage Standing Wave Ratio)란 정재파 전압의 최대치와 최소치의 비
3) 공식 : 진행파 전압의 크기 V_1, 반사파 전압의 크기 V_2라 하면

$$전압정재파비 = \frac{V_1 + V_2}{V_1 - V_2}$$

최대전압 : $V_1 + V_2$
최소전압 : $V_1 - V_2$

2 전압정재파비의 적용

1) 누설동축케이블에서의 전압정재파비는 1.5 이하이어야 한다.
2) 누설동축케이블의 말단에 무반사 종단저항(Dummy load, VSWR : 1.2 이하)을 설치하여 전파의 반사를 작게 한다.
3) 전류정재파비는 ISWR이라고 하며, 그 의미는 전압정재파비와 같다.

Annex

📂 특성 임피던스

1. 기기의 입출력단에서 호환성을 갖기 위해 기준이 되는 임피던스 값
2. 계산식  =
3. 특징
   (1) 전송선로에서 임피던스가 같지 않으면 반사파 발생
   (2) 전송로의 입출력단에 임피던스를 같게 하면 임피던스 매칭으로 반사파가 발생하지 않는다.
4. 무선통신 보조설비의 특성임피던스
   (1) 누설동축케이블 : 50 Ω
   (2) 안테나 : 75 Ω

📂 무반사 종단 저항

1. 전송되는 전파가 케이블의 말단에 도달하면, 임피던스가 무한대가 되므로 그 점에서 반사하여 되돌아가게 된다.
2. 반사가 일어나면 케이블에는 정방향 진행파와 반사파의 합성파가 형성되어 통신이 어렵게 된다.
3. 무반사 종단 저항이란 전송된 전파가 케이블 말단에서 반사되어 되돌아오는 것을 방지하기 위해 누설동축케이블 말단에 부착하는 저항
4. 특성
   (1) 임피던스 : 50 Ω
   (2) 전압정재파비 : 1.5 이하   (3) 허용전력 : 1W

PART 16

일반전기

Y (Star) - Δ (Delta)

1 3상 교류의 순시값

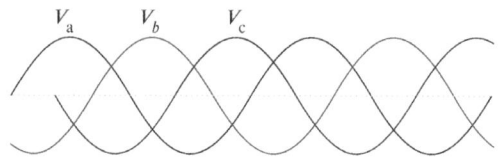

$V_a = V\sin\omega t$

$V_b = V\sin(\omega t - \dfrac{2\pi}{3}) = \alpha^2 \cdot V_a$

$V_c = V\sin(\omega t - \dfrac{4\pi}{3}) = \alpha \cdot V_a$

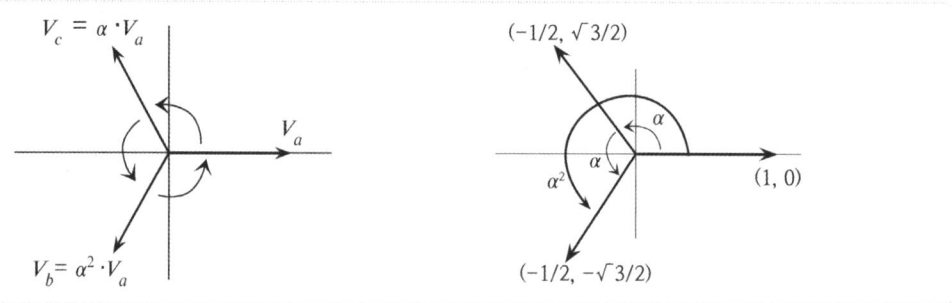

$V_a = V \angle\ 0° = V$

$V_b = V\angle\ 240° = V\angle\ -120° = V\left(-\dfrac{1}{2} - j\dfrac{\sqrt{3}}{2}\right)$

$V_c = V\angle\ 120° = V\angle\ -240° = V\left(-\dfrac{1}{2} + j\dfrac{\sqrt{3}}{2}\right)$

$V_a + V_b + V_c = V_a + \alpha^2 \cdot V_a + \alpha \cdot V_a = (1 + \alpha + \alpha^2)\cdot V_a = 0$

2 Y - 결선

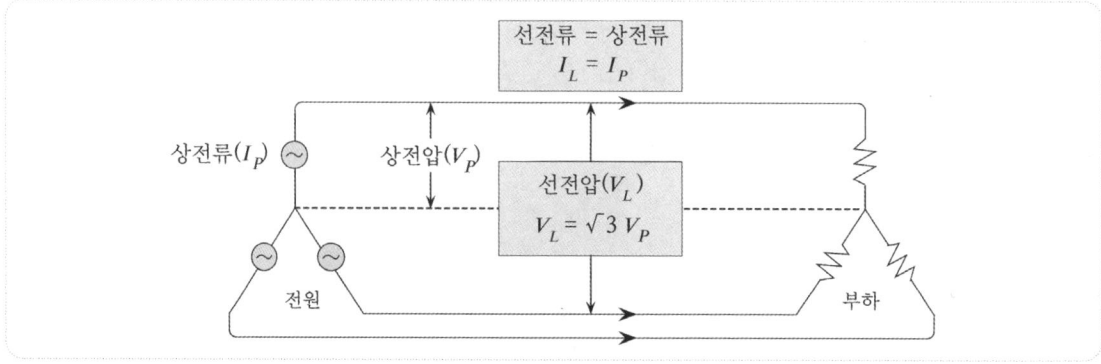

1) 전류 : 선전류 (I_L) = 상전류 (I_P)
2) 전압 : 선전압 $(V_L) = \sqrt{3} \times$ 상전압 (V_P)

$$V_{ab} = V_a - V_b$$
$$= V_a - \alpha^2 V_a = V_a \cdot (1-\alpha^2)$$
$$= V_a \cdot [1-\left(-\frac{1}{2}-j\frac{\sqrt{3}}{2}\right)]$$
$$= V_a \cdot \left(\frac{3}{2}+j\frac{\sqrt{3}}{2}\right)$$
$$\therefore V_{ab} = \sqrt{3}\ V_a \angle 30°$$

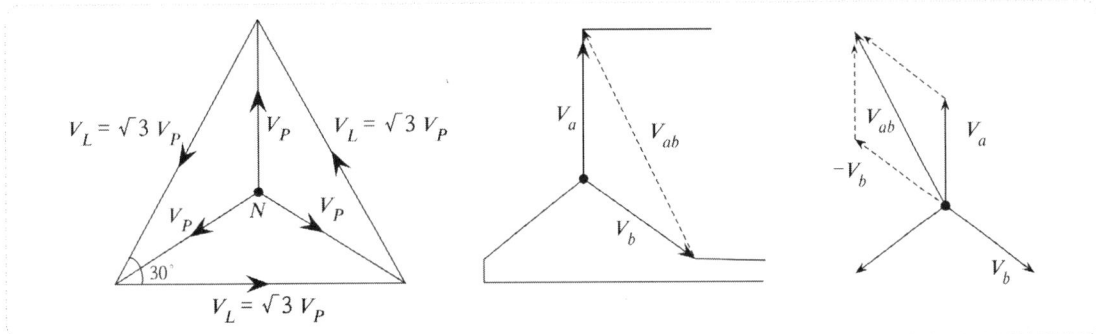

❸ Δ - 결선

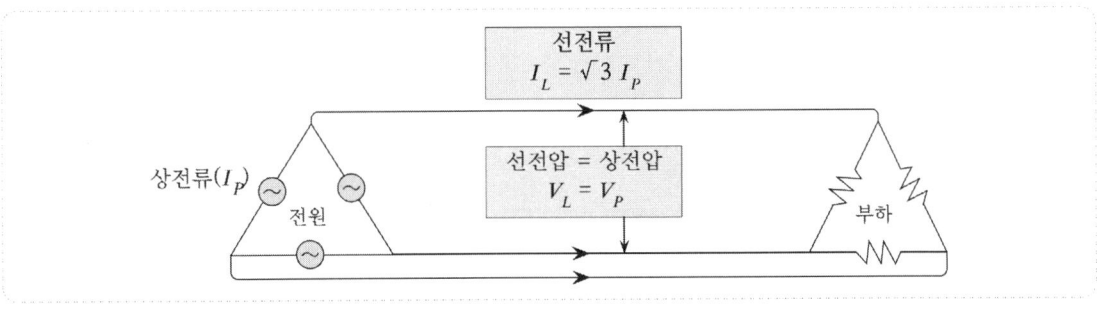

1) 전압 : 선전압 (V_L) = 상전압 (V_P)
2) 전류 : 선전류 $(I_L) = \sqrt{3} \times$ 상전류 (I_P)

$$I_{ab} = I_a - I_b = I_a - \alpha^2 \cdot I_a = I_a \cdot (1-\alpha^2)$$
$$= I_a[1-\left(-\frac{1}{2}-j\frac{\sqrt{3}}{2}\right)] = I_a \cdot \left(\frac{3}{2}+j\frac{\sqrt{3}}{2}\right)$$
$$\therefore I_{ab} = \sqrt{3}\ I_a \angle 30°$$

구 분	전류	전압
Y - 결선	선전류 (I_L) = 상전류 (I_P)	선전압 $(V_L) = \sqrt{3} \times$ 상전압 (V_P)
Δ - 결선	선전류 $(I_L) = \sqrt{3} \times$ 상전류 (I_P)	선전압 (V_L) = 상전압 (V_P)

❹ $Y-\Delta$ 전류 비교

상전류(I_P) 계산 후 선전류(I_L) 계산

1) $Y-$결선

$$I_L = I_P = \frac{V_P}{Z} = \frac{\frac{V_L}{\sqrt{3}}}{Z} = \frac{V_L}{\sqrt{3}\,Z}$$

2) $\Delta-$결선

$$I_L = \sqrt{3}\,I_P = \sqrt{3}\,\frac{V_P}{Z} = \frac{\sqrt{3}\,V_L}{Z}$$

$$\frac{I_\Delta}{I_Y} = \frac{\frac{\sqrt{3}\,V_L}{Z}}{\frac{V_L}{\sqrt{3}\,Z}} = 3$$

$\therefore\ I_\Delta = 3\,I_Y$

$\Delta-$결선이 $Y-$결선보다 같은 전압에서 전류가 3배만큼 흐르므로 전력 또한 $\Delta-$결선이 $Y-$결선보다 3배 크다($Y-$결선 : 기동, $\Delta-$결선 : 운전).

❺ 전 력

$$\begin{aligned}
P &= P_1 + P_2 + P_3 \\
&= V_1 I_1 \cos\theta + V_2 I_2 \cos\theta + V_3 I_3 \cos\theta \\
&= 3\,V_p \cdot I_p \cdot \cos\theta \\
&= \sqrt{3}\,V_L \cdot I_L \cdot \cos\theta
\end{aligned}$$

Annex

📁 **복소수 표시**

$z = a + jb$

$|z| = \sqrt{a^2 + b^2}$ $\theta = \tan^{-1}\left(\frac{b}{a}\right)$ $z = |z|\angle\theta$

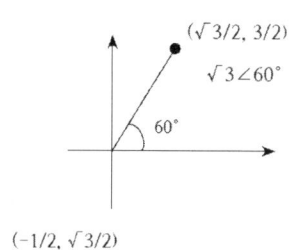

$\alpha^3 = 1 \Rightarrow \alpha^3 - 1 = 0$

$(\alpha-1)(\alpha^2 + \alpha + 1) = 0$

$\alpha^2 + \alpha + 1 = 0$

$\alpha = 1\angle 120° = -\frac{1}{2} + j\frac{\sqrt{3}}{2}$,

$\alpha^2 = 1\angle 240° = -\frac{1}{2} - j\frac{\sqrt{3}}{2}$

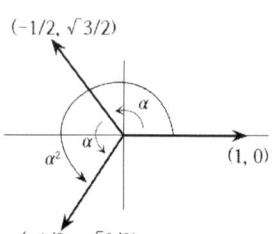

전력의 종류 및 역률

1 피상전력, 유효전력, 무효전력

$P = P_a \times cos\theta$

$P_r = P_a \times sin\theta$

$P_a = \sqrt{P^2 + P_r^2}$

역률 $= cos\theta$

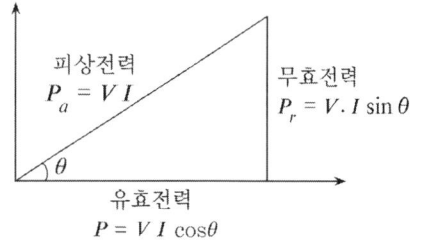

구 분	식 / 단위	의미
피상전력	$P_a = V \cdot I = I^2 \cdot Z \,[VA]$	• 교류의 부하 또는 전원의 용량을 표시하는 전력 • 임피던스(Z)에 의해서 소비되는 전력
유효전력	$P = V \cdot I \cdot cos\theta = I^2 \cdot R \,[W]$	• 전원에서 공급되어 부하에서 유효하게 이용되는 전력 • 전원에서 부하(저항(R))로 실제 소비되는 전력
무효전력	$P_r = V \cdot I \cdot sin\theta = I^2 \cdot X \,[Var]$	• 리액턴스 (L, C)에 교류전원이 인가되는 전력 • 아무런 일도 하지 않는 전력

2 역률의 정의 (Power Factor)

1) 전원에서 공급된 전력이 부하에서 유효하게 이용되는 비율로서 $cos\theta$로 나타낸 것이다.

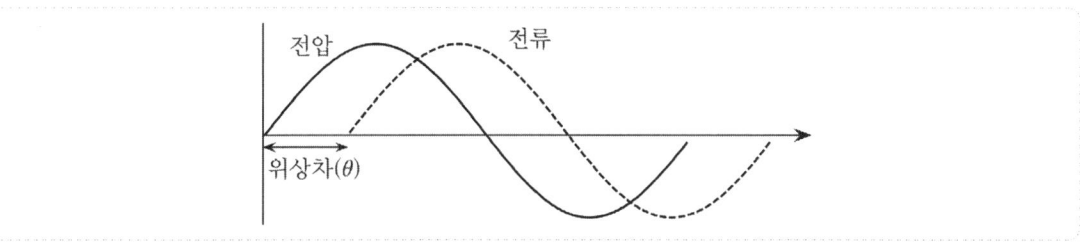

2) 피상전력 중에서 유효전력으로 사용되는 비율
3) 전압과 전류의 위상차를 표시한 값. 즉, 전압과 전류의 위상차를 θ라고 할 때 역률은 $cos\theta$

　(1) 역률 : $cos\theta = \dfrac{V \cdot I \cdot cos\theta}{V \cdot I} = \dfrac{\text{유효전력}(P)}{\text{피상전력}(P_a)}$

　(2) 유효·무효·피상전력 사이의 관계 : $P_a = \sqrt{P^2 + P_r^2} \,[VA]$

　(3) 역률 개선 : 부하의 역률을 1에 가깝게 높이는 것

　(4) 무효율 : $sin\theta = \dfrac{V \cdot I \cdot sin\theta}{V \cdot I} = \dfrac{\text{무효전력}(P_r)}{\text{피상전력}(P_a)}$

4) R 만의 회로의 역률 : 1,　　L 만의 회로의 역률 : 0,　　C 만의 회로의 역률 : 0

5) RLC 직렬 회로 : $cos\theta = \dfrac{R}{Z} = \dfrac{R}{\sqrt{R^2 + X^2}}$

❸ 콘덴서 용량계산

1) 역률 개선 전의 무효전력

$$Q_1 = P_b \cdot \sin\theta_1$$
$$= \frac{P}{\cos\theta_1}\sin\theta_1 = P \cdot \tan\theta_1$$

2) 역률 개선 후의 무효전력

$$Q_2 = P_a \cdot \sin\theta_2 = \frac{P}{\cos\theta_2}\sin\theta_2 = P \cdot \tan\theta_2$$

3) 콘덴서 용량(Q_C)

$$Q_C = Q_1 - Q_2$$
$$= P(\tan\theta_1 - \tan\theta_2) = P\left(\frac{\sin\theta_1}{\cos\theta_1} - \frac{\sin\theta_2}{\cos\theta_2}\right)$$
$$= P\left(\frac{\sqrt{1-\cos^2\theta_1}}{\cos\theta_1} - \frac{\sqrt{1-\cos^2\theta_2}}{\cos\theta_2}\right)$$

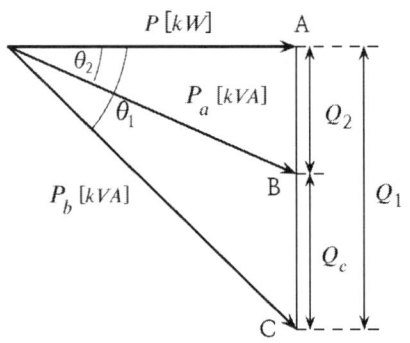

[예제] 유효부하 6000 kW 역율 85 %로 운전하는 공장에서 역률을 95 %로 개선하는 데 필요한 콘덴서 용량은?

[해설]

$$Q_C = 6000\left(\frac{\sqrt{1-\cos^2\theta_1}}{\cos\theta_1} - \frac{\sqrt{1-\cos^2\theta_2}}{\cos\theta_2}\right)$$
$$= 6000\left(\frac{\sqrt{1-0.85^2}}{0.85} - \frac{\sqrt{1-0.95^2}}{0.95}\right)$$
$$= 6000(0.62 - 0.329) = 1746\,kVA$$

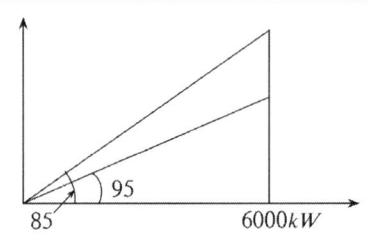

[예제] 권선형 유도전동기가 3상 평형부하로서 다음과 같이 Y-Y 결선되어 있는 경우 3상 권선형 유도전동기의 피상전력, 역률, 유효전력 및 무효전력을 계산하시오. (단, 상전압 200 V, 유도전동기 1상의 임피던스는 $Z = 8 + j6\,[\Omega]$이다)

[해설]

1. 역 률

$$역률 = \frac{R}{|Z|} = \frac{8}{\sqrt{8^2+6^2}} = \frac{8}{10} = 0.8$$

2. 전 력

1) 상전류 : $I_P = \dfrac{V_P}{|Z|} = \dfrac{200}{10} = 20\,[A]$

2) 유효전력

$P = 3\,V_P \cdot I_P \cdot \cos\theta$

$\quad = 3 \times 200 \times 20 \times 0.8$

$\quad = 9.6\,[kW]$

3) 무효전력

$Q = 3\,V_P \cdot I_P \cdot \sin\theta$

$\quad = 3 \times 200 \times 20 \times 0.6$

$\quad = 7.2\,[kVar]$

4) 피상전력

$P_a = \sqrt{P^2 + Q^2} = \sqrt{9.6^2 + 7.2^2} = 12\,[kVA]$

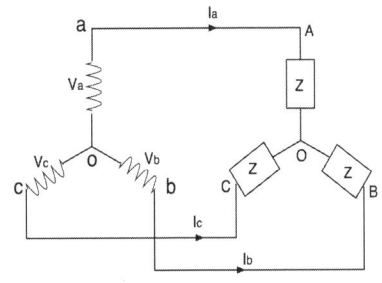

키르히호프의 법칙

1 키르히호프의 제 1 법칙 (전류법칙)

1) 회로의 접속점에 유입되는 전류의 양과 유출되는 전류의 양은 같다.

$\sum$ [유입전류] = $\sum$ [유출전류]

2) 누전경보기 원리

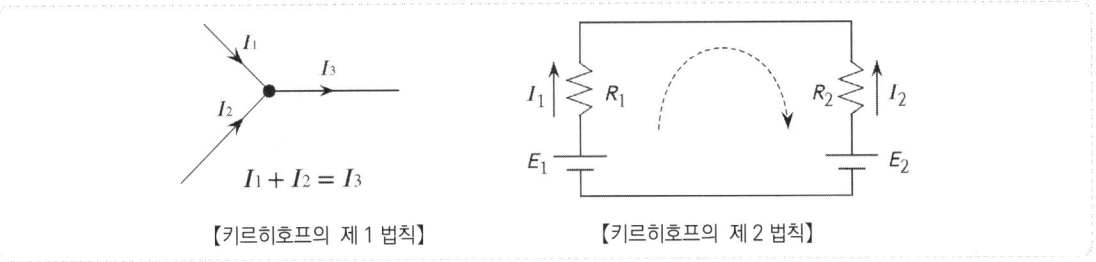

【키르히호프의 제 1 법칙】　　　【키르히호프의 제 2 법칙】

2 키르히호프의 제 2 법칙 (전압법칙)

1) 임의의 폐회로에 대한 기전력의 합은 저항으로 인한 전압강하의 합과 같다.

2) 제 2 법칙을 키르히호프의 전압법칙이라고도 하는데 이의 적용 시에는 폐회로의 방향을 임의로 정하여 이와 동일방향의 기전력과 전류는 '+' 부호로, 반대의 방향인 것은 '-' 부호로 한다.

$\sum$ [기전력] = $E_1 - E_2$

$\sum$ [전압강하] = $I_1 R_1 - I_2 R_2$

$\sum$ [기전력] = $\sum$ [전압강하]이므로

$E_1 - E_2 - R_1 I_1 + R_2 I_2 = 0$

유도현상 (Induction)

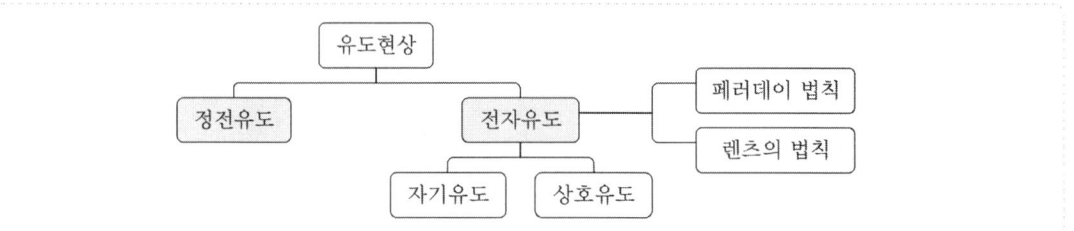

1 정전유도 (Electro-Static Induction)

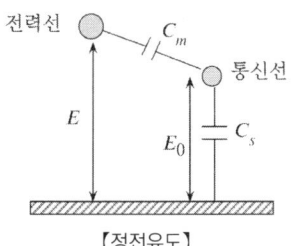

【정전유도】

1) 도체 가까이에 대전체를 접근시키면 가까운 부분에 대전체와 이종의 전기가, 먼 부분에는 동종의 전하가 생긴다. 이러한 현상을 정전유도라 한다.

2) 유도전압

$$E_0 = \frac{C_m}{C_s + C_m} E \qquad C_m = 0 이면 \ E_0 = 0 \ 이다.$$

3) 도체계에서 임의의 도체를 일정 전위(일반적으로 영전위)의 도체로 완전 포위하면 내부와 외부의 전계를 완전히 차단할 수 있는데 이를 정전차폐(Electrostatic Shielding)라 한다.

4) 정전차폐는 완전밀폐의 도체 대신 철망을 사용하기도 하고 경우에 따라서는 몇 줄의 도체로도 정전차폐의 효과가 있어 송전철탑상의 가공지선 혹은 건물의 피뢰침 등에 많이 사용된다.

2 전자유도 (Electro-Magnetic Induction)

1) 자속이 변화될 때 기전력이 발생하는 현상

2) 페러데이의 전자유도법칙

자속변화에 의한 유도기전력(E_m)의 크기를 결정하는 법칙

$$E_m = -N\frac{d\varnothing}{dt} \ [V]$$

N : 코일권수
$\varnothing$: 자속

3) 렌츠의 법칙

(1) 자속변화에 의한 유도기전력의 방향 결정

(2) 유도기전력은 자속이 증가될 때에는 자속을 감소시키는 방향으로, 감소될 때에는 자속을 증가시키는 방향으로 발생한다.

3 자기유도 (Self Induction)

1) 코일에 흐르는 전류가 변화하면 그에 따라 자속이 변화하므로 전자유도에 의해 코일 내에 유도기전력이 발생한다. 이를 자기유도라 한다.

$$e = -L\frac{di}{dt} \ [V]$$

L : 인덕턴스 [H]
i : 전류

2) 코일을 통과하는 자속이 변화하면, 이것을 방해하려는 방향(반대)으로 전류를 흐르도록 하는 유도기 전력이 코일 단자에 발생한다. (저항과 유사).

$$X_L = 2\pi f L\,[\Omega]$$

X_L : 유도리엑턴스 [Ω]
f : 주파수

4 상호유도 (Mutual Induction)

1) 유도적으로 결합되어 있는 두 개의 회로에서 제1회로에 흐르는 전류가 변화하면 제2회로에 쇄교하는 자속이 변화하므로 제2회로에 유도전류가 생긴다. 이러한 현상을 상호유도라 한다.
2) 전력선과 통신선의 전자적인 결합에 의해서 통신선에 이상전압(전류)를 유도한다.

$$E_m = -M\frac{di}{dt}$$

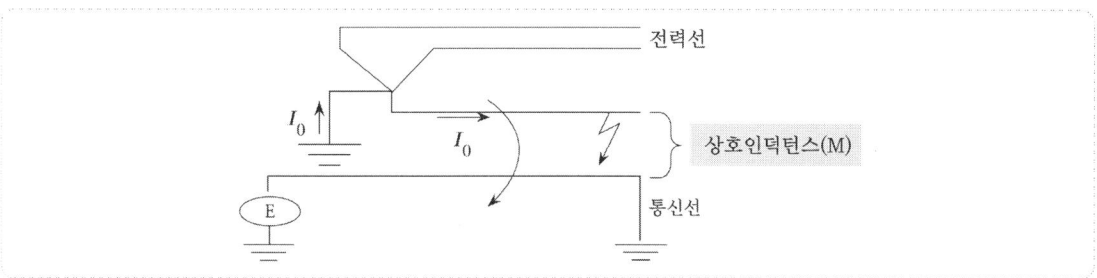

― Annex ―

▱ 암페어의 오른나사의 법칙 (Right Handed Screw Rule)
1. 전류에 의해 발생하는 자기장의 방향을 나타내는 법칙
2. 전류가 오른나사의 진행 방향으로 흐르면 자기장은 그 나사의 회전 방향으로 발생하고 전류가 나사의 회전방향으로 흐르면 자기장은 그 진행방향으로 생긴다.

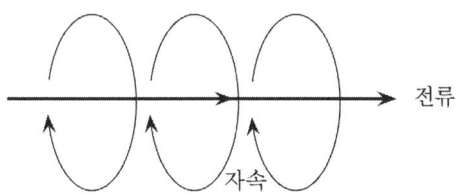

▱ 제어케이블 접지

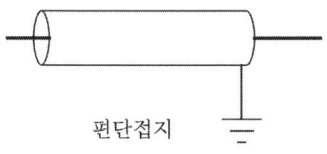 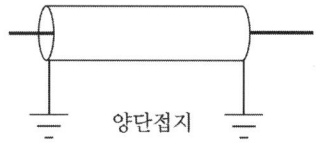

1. 제어케이블의 접지에는 편단접지와 양단접지가 있는데 편단접지는 정전유도에 의한 Noise 침입방지에 효과적이고 양단접지는 전자유도에 의한 Noise 침입방지에 효과가 크다.
2. 제어선로에 정전유도와 전자유도로 유도되는 Noise 방지를 위하여 양단접지를 실시한다.

유도장애

1 개 요
전기설비에 의하여 인접 통신(소방)시설에 기전력(전류)이 유도되어 여러 장애를 초래하는 현상

2 발생원인
1) 정전유도 : 전력선과 통신선이 전압에 의한 상호정전용량에 의하여 발생하는 장애
2) 전자유도 : 전력선과 통신선이 전류에 의한 상호인덕턴스에 의하여 발생하는 장애
3) 고조파유도 : 양자의 영향에 의하지만 상용주파수보다 고조파의 유도에 의한 장애

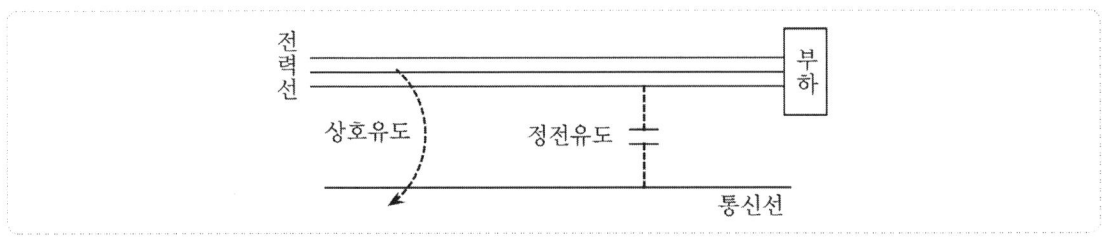

3 정전유도 (Electro-Static Induction)

1) 유도전압

$$E_0 = \frac{C_m}{C_s + C_m} E \qquad C_m = 0 \text{ 이면 } E_0 = 0 \text{ 이다.}$$

2) 장애 영향
   (1) 정전유도에 의하여 소방(통신선)에 유도잡음이 발생된다.
   (2) 전력선 근방의 통신선 작업자 등 감전위험이 있다.

3) 정전유도의 경감대책
   (1) 전력선과 통신선을 이격한다.
   (2) 통신선에 금속외장케이블을 사용하고 외피를 접지한다.
   (3) 전력선 및 통신선 사이에 차폐선을 설치한다.
   (4) 3상 전력선을 연가하여 상호 정전용량을 평형시킨다.

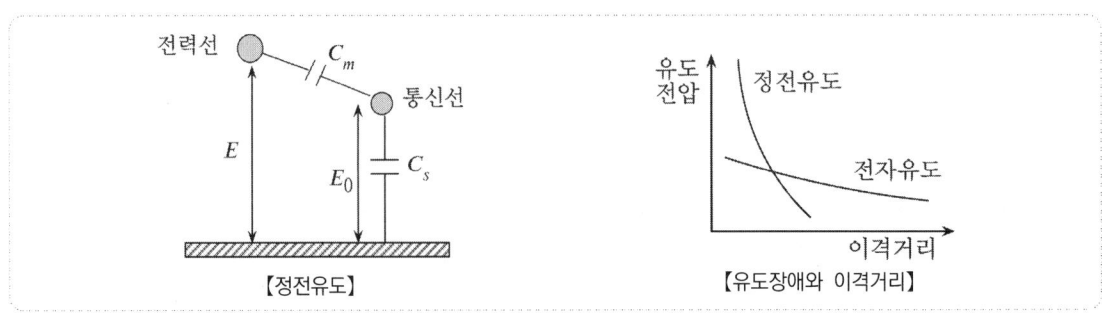

【정전유도】 　　　【유도장애와 이격거리】

4 상호전자유도 (Mutual Induction)

1) 원인
   (1) 지락사고 등에 의해 발생되는 영상전류(I_0)가 흐르면 발생한다. 전력선에 흐르는 전류의 자계(자속)에 의해 인근 통신선 등에 기전력(E_m)이 유도되는 현상
   (2) 상호전자유도전압

   $$E_m = w \cdot M \cdot L \cdot (3I_0)$$

   I_0 : 영상(고장)전류　　M : 상호인덕턴스
   L : 통신선 길이

   (3) 정상 시는 3상 전력선의 각 상전류가 대체로 평형이 되어 I_0의 값은 작다. 그러나 고장 시 큰 I_0가 대지전류로 흐르게 되고 이것이 통신 장애를 일으키게 된다.

2) 상호전자유도의 영향
   (1) 배전선 및 송전선에 사고 시 유도전압이 발생한다.
   (2) 유도전압에 의하여 인체감전 및 기기 오동작을 발생한다.
   (3) 주변 통신선로 등에 유도잡음이 발생한다.

3) 중성점 접지방식별 유도장애 영향
   (1) 비접지 : 지락전류(영상전류)가 매우 작아서 유도장애가 작다.
   (2) 직접접지 : 지락전류가 커서 유도장애에 의한 고속 계전방식 등의 대책이 필요하다.
   (3) 저항접지 : 지락전류를 어느 정도 제한하여 유도장애가 감소된다.
   (4) 소호리액터 접지 : 이론상 지락전류가 흐르지 않으며 유도장애가 최소이다.

4) 상호전자유도의 대책
   고장전류를 줄이거나 송전선과 통신선과의 사이의 상호인덕턴스(M) 또는 선로평행 길이(L)을 줄여 전자유도 전압을 억제하고 유도장애를 받는 시간을 줄일 수 있다.
   (1) 전력선측의 대책
   ① 전력선과 통신선을 이격한다(M의 저감).
   ② 전력선과 통신선 사이에 차폐선을 설치한다(M의 저감).
   ③ 중성점을 접지할 경우 접지저항을 가능한 크게 한다(I_0을 저감).
   ④ 고속 지락보호 계전방식을 채택하여 신속하게 고장전류를 차단한다.
   (2) 통신선측의 대책
   ① 통신선에 중계 코일 절연변압기를 삽입하여 구간을 분할한다(L 저감).
   ② 연피 통신케이블을 사용한다(M의 저감).
   ③ 통신선에 우수한 피뢰기를 설치하여 유도전압을 강제로 경감시킨다.
   ④ 통신선을 직접 접지하여 유도전류를 대지로 흘린다.

전자파

1 개 요

1) 전자파(Electromagnetic Wave)는 전기장(Electro)과 자기장(Magnetic)의 주기적인 변동에 의해 공간을 통하여 전달되는 에너지파이다.
2) 전자파는 무선통신을 비롯한 전자에너지 이용기기에 광범위하게 활용되고 있는데, 전자파 장애는 전자파가 주변에 작동 중인 기기에 영향을 주어 고장이나 오동작을 유발시키는 현상과 인체에 생리적인 영향을 미치는 것으로 알려지고 있다.

2 전자파 장애의 구성요소

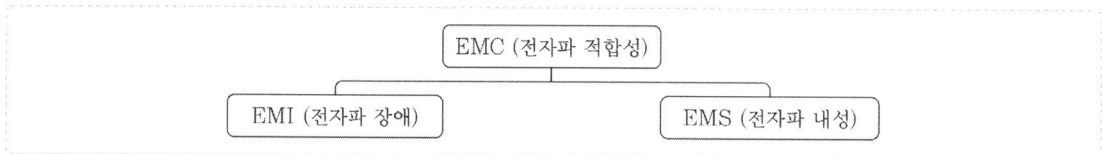

1) 전자파 적합성(EMC, Electro-Magnetic Compatibility)
   (1) 전기기기 상호 간, 또는 전기기기와 외부공간 상호 간에 그 기능에 영향을 미치지 않는 전기기기의 능력
   (2) 다른 전기기기에 영향을 일으키는 전자파를 발생시키지 않으며
   (3) 외부의 전자파의 영향을 받지 않고 전기기기가 정상적으로 기능을 수행할 수 있는 능력
2) 전자파 장애(EMI, Electro-Magnetic Interference)
   전기기기로부터 발생한 전자파가 다른 전기기기의 기능에 장애를 주는 것
3) 전자파 내성(EMS, Electro-Magnetic Susceptibility)
   전자파 장애 환경에서 전기기기가 영향받는 것

3 전자파 대책

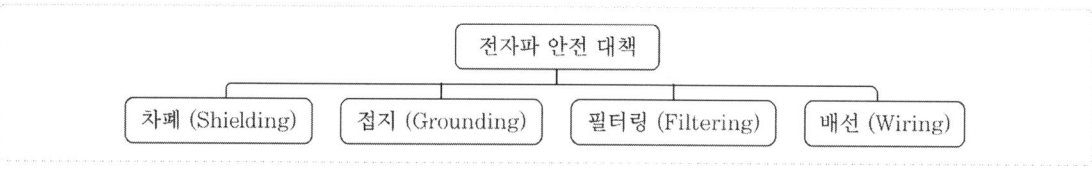

1) 차폐(Shield)
2) 접지(Grounding)
3) 필터링(Filtering)
4) 배선(Wiring)

접 지

1 기 본

1) 접지 종류

종 류	대 상	문 자	의 미
제1문자	전력계통과 대지간의 관계	T (Terre)	• 전력계통을 대지에 직접 접속한다 (직접접지).
		I (Insulation)	• 전력계통을 대지 (접지)에서 절연하거나 임피던스를 통하여 대지에 직접 접속한다 (비접지, 임피던스 접지).
제2문자	전기기기의 노출 도전성 부분 (외함)과 대지간의 관계	T (Terre)	• 전기기기를 대지에 직접 접속한다.
		N (Neutral)	• 전기기기를 전력계통의 접속점 (중성점 또는 중성점이 없는 경우에는 별도의 도체)에 직접 접속한다.
제3문자	보호도체 (PE)와 중성선 (N) 간의 관계	C Combined	• 중성선 및 보호도체 기능을 하나의 도체로 겸용한다 (PEN 도체).
		S (Separated)	• 중성선 및 보호도체를 분리하여 실시한다.

2) 보호도체

(1) PE (Protective Conductor) : 보호도체

(2) N (Neutral Comductor) : 중성선

(3) PEN (Combined Protective and Neutral Conductor) : 보호도체와 중성선 겸용

2 TN 계통

TN 전력계통은 한 점을 직접 접지하고, 설비의 노출 도전성부분을 보호도체에 접속한다.

1) 접지방법

(1) 전력 공급 측 (계통접지) : 1점을 직접접지

(2) 설비의 노출 도전성부분 : 보호도체에 의해서 전원 접지점에 연접

2) 종 류

(1) TN-S 계통

① 계통 전체에 걸쳐서 중성선 (또는 접지된 상)과 보호도체를 분리한다.

② 이 방식은 EMI 측면에서 바람직한 방식이다.

(2) TN-C 계통 : 계통 전체에 걸쳐서 중성선과 보호도체 기능을 하나의 도선으로 겸용한다.

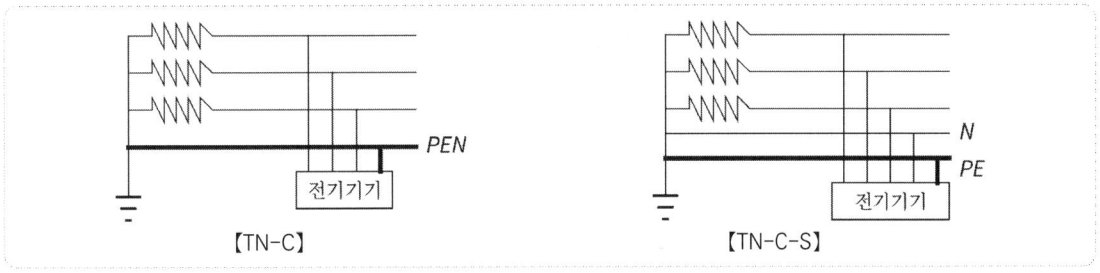

❸ TT 계통

1) 전력 공급 측(계통접지) : 1점을 직접 접지
2) 설비의 노출 도전성부분 (기기접지) : 보호 도체에 의해서 계통접지와는 전기적으로 독립된 접지

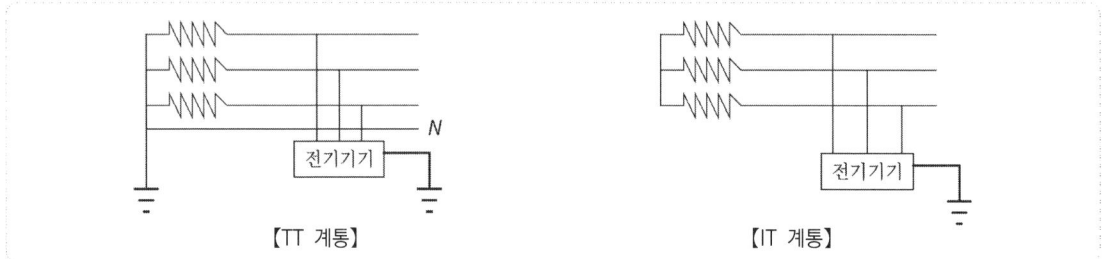

【TT 계통】　　　　　　　　　【IT 계통】

❹ IT 계통

충전부 전체를 대지로부터 절연시키거나 한 점을 임피던스를 삽입하여 대지에 접속시키고 전기설비의 노출도전성 부분을 단독 혹은 일괄로 접지하거나 또는 계통의 접지로 접속시킨다.

1) 전력 공급 측(계통접지) : 모든 충전부를 대지에서 절연하거나 또는 1점을 임피던스를 통하여 접지
2) 설비의 노출도전성 부분(기기접지) : 단독 또는 일괄해서 접지하는 방식

❺ 소방설비의 접지

1) 소방전기의 접지 부분
   (1) 방재실의 접지단자함 설치
   (2) P, R형 수신반의 접지
   (3) 중계기 및 각종 전기적 외함 도체 접지
   (4) 동력제어반 또는 소방용 MCC 접지
   (5) 펌프 전동기 외함 접지
   (6) 아날로그 감지기 등의 쉴드선의 차폐선 접지
   (7) 뇌서지의 침입우려 부분의 접지와 SPD 설치

2) 소방기계의 접지 부분
   (1) 소방용 도전성 배관과 다른 도전성 배관과의 등전위 접지한다.
   (2) "건축물의 설비기준 등에 관한 규칙" 제20조 피뢰설비 중 "건축물에 급수·급탕·난방·가스 등을 공급하기 위한 금속배관, 금속재 설비는 전위가 균등하도록 전기적으로 접속할 것"에 의하여 소방용 배관 등의 등전위 접지한다.
   (3) 펌프와 펌프배관의 등전위 접지
   (4) 펌프 또는 비상발전기의 철재 가대의 접지
   (5) 비상발전기의 외함 접지, 노출되는 위험물 배관 등의 접지

방폭 관련 보호 및 접지

1 일반 사항

1) 외함 또는 용기의 지락전류를 제한하고(크기 또는 시간), 등전위 본딩 도체의 전위상승 억제조치를 하여야 한다.
2) 모든 전력계통에 위의 사항을 적용하는 것은 비현실적이지만, 본질안전회로와 직류 1500 V, 교류 1000 V까지의 에너지제한 회로를 제외한 전력계통에는 아래과 같이 적용한다.

2 TN 계통

1) 중성선(N)과 접지선(PE)이 분리된 TN-S 방식을 사용한다. 즉, 폭발위험장소 내에서는 중성선과 접지선의 공용이나 상호 접속을 하여서는 안된다.
2) TN-C에서 TN-S로 변경되는 모든 지점에서, 접지선은 비 폭발위험장소에서 등전위 본딩 계통과 접속하여야 한다.

3 TT 계통

1) 전력계통과 노출 도전부의 접지가 분리된 TT 계통을 1종 장소에서 사용하는 경우 누전차단장치에 의하여 보호하여야 한다.
2) 대지저항률이 높은 경우에는 이러한 계통을 적용할 수 없다.

4 IT 계통

1) 중성점이 접지되지 않거나 고저항으로 접지된 IT계통을 사용하는 경우 1차 지락사고를 검지하기 위한 절연 감시장치를 설치하여야 한다.
2) 첫 번째 고장이 제거되지 않으면 같은 단계의 후속 고장이 감지되지 않아 위험 상황으로 진행될 수 있다.
3) 추가 등전위 본딩인 국부 본딩이 필요할 수 있다.

구 분	공통접지(Common Earthing System)	통합접지(Global Earthing System)
정 의	• 특고압, 고압, 저압 접지계통이 등전위가 되도록 공통으로 접지하는 방식 • 피뢰설비와 통신설비는 제외한다.	• 특고압, 고압, 저압, 피뢰설비, 통신설비등을 모두 함께 통합하여 접지하는 방식이다. • 건물 내 모든 도전부를 등전위하여 인체의 감전을 최소화하였다.
구성도	특고압 | 고압 | 저압 | 피뢰 | 소방	특고압 | 고압 | 저압 | 피뢰 | 소방
단 점	• 낙뢰 시 전위차로 인한 감전발생 우려가 있다. • 통신기기에 서지로 인한 전위차가 발생한다. • 건물 내부에 등전위가 되어 있지 않다.	• 전위상승으로 파급효과 크다. • 약전·통신용 기기는 지락이나 낙뢰 시 영향 받을 수 있다.

피뢰설비

1 개 요

1) 뇌운과 대지 사이의 공기의 절연이 파괴되어 뇌운이 대지로 방전을 하는 현상을 낙뢰라 한다.
2) 피뢰시스템은 구조물의 물리적 손상 및 전기전자 시스템의 손상보호, 피뢰시스템 주위에서의 인축 상해보호를 목적으로 설치한다.
3) 피뢰시스템은 보호성능 정도에 따라 등급을 구분한다.
4) 낙뢰를 유도하는 설비를 수뢰부라 하고, 신속히 낙뢰를 접지로 이동시키는 것이 인하도선이고, 대지로 방류하는 것이 접지설비이다.
   (1) 외부 뇌 보호 : 수뢰부, 인하도선, 접지설비
   (2) 내부 뇌 보호(LPMS) : 등전위, SPD, 차폐 등

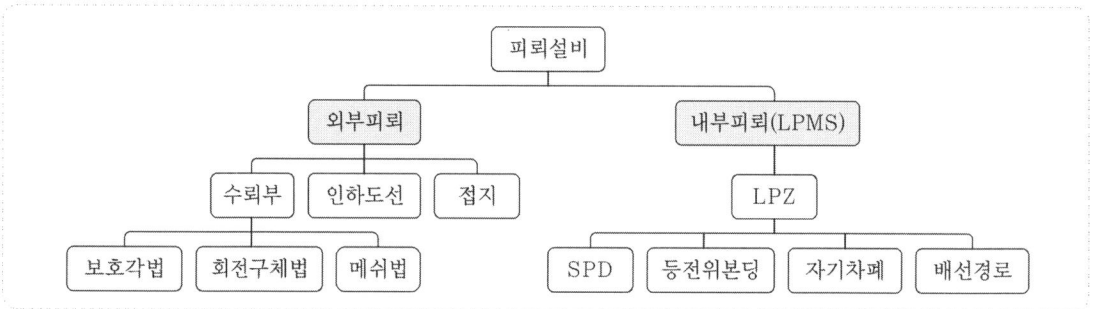

2 뇌운의 방전 메커니즘

1) 뇌운의 축적된 전하량의 증가로 공기의 절연이 파괴되어 선행방전(Step Leader)이 전진과 휴지를 반복한다.
2) 이때, 대지의 상향 스트리머와 만나 주방전(Main Streamer)을 발생한다.
3) 선행방전은 평균 50 μs로 반복하며 대지에 접근한다.
4) 뇌격거리는 뇌격이 지상의 어느 부분에 흡입(접촉)되는가를 결정한다.

3 낙뢰의 피해형태

1) 기기의 절연파괴 및 소손
2) 계전기의 오동작
3) 1), 2)항에 따른 정전
4) 낙뢰 서지에 의한 화재 발생
5) 서지에 의한 노이즈에 의해서 통신기기의 통신 두절 및 잡음 발생

4 적용목적 및 구비조건

1) 보호대상물에 접근하는 뇌격을 피뢰설비로 보호할 것
2) 뇌격전류를 신속히 대지로 방류할 것
3) 뇌격으로 인한 화재, 파손 및 인명피해 방지할 것
4) 낙뢰 시 건축물 내의 등전위 유지할 것

5 피뢰설비의 설치기준 [건축물의 설비기준 등에 관한 규칙 제20조(피뢰설비)]

낙뢰의 우려가 있는 건축물, 높이 20 m 이상의 건축물에는 다음 기준에 적합하게 피뢰설비를 설치하여야 한다.

1) 피뢰설비는 한국산업표준의 피뢰레벨 등급에 적합한 피뢰설비일 것. 다만 위험물저장 및 처리시설에 설치하는 피뢰설비는 한국산업표준의 피뢰시스템 레벨 Ⅱ 이상이어야 한다.
2) 돌침은 건축물의 맨 윗부분으로부터 25 cm 이상 돌출시켜 설치하되, 설계하중에 견딜 수 있는 구조일 것
3) 피뢰설비의 재료는 나동선을 기준으로 수뢰부, 인하도선 및 접지극은 50 mm^2 이상이거나 이와 동등 이상의 성능을 갖출 것
4) 피뢰설비의 인하도선을 대신하여 철골, 철근구조체 등을 사용하는 경우에는 전기적 연속성이 보장될 것. 이 경우 전기적 연속성을 위해 건축물 금속 구조체의 최상단부와 지표면 사이의 전기저항이 0.2 Ω 이하로 할 것
5) 측면 낙뢰를 방지
   (1) 높이 60 m 초과 건축물은 높이의 4/5 이상의 부분에는 측면 수뢰부를 설치할 것
   (2) 높이 150 m 초과 건축물은 120 m 이상의 부분에 측면 수뢰부를 설치할 것
   (3) 건축물 외벽이 금속부재 마감되고, 최상단부와 지표면 사이의 0.2 Ω 이하이며, 인하도선이 연결한 경우 측면수뢰부가 설치된 것으로 본다.
6) 접지는 환경오염을 일으킬 수 있는 시공방법이나 화학 첨가물 등을 사용하지 아니할 것
7) 급수·급탕·난방·가스 등을 공급하기 위하여 건축물에 설치하는 금속배관 및 금속재 설비는 전위가 균등하게 이루어지도록 전기적으로 접속할 것
8) 통합접지공사(전기/피뢰/통신용 접지를 모두 공용)를 하는 경우에는 낙뢰 등으로 인한 과전압으로부터 전기설비 등을 보호하기 위하여 서지보호장치(SPD)를 설치할 것
9) 그 밖에 피뢰설비와 관련된 사항은 한국산업표준에 적합하게 설치할 것

내부 피뢰시스템

1 내부 피뢰시스템 개요

1) 외부 피뢰시스템의 도전성부분을 통하여 흐르는 뇌격전류에 의해 건축물의 내부에서 불꽃방전 또는 노이즈 발생을 방지하는 설비가 내부 피뢰시스템이다.
2) 전기전자시스템은 뇌전자임펄스(LEMP)에 의해 손상을 입게 된다. 그러므로 내부시스템의 고장을 막기 위하여 LPMS(LEMP 보호대책)이 필요하다.

2 피뢰 보호구역 (LPZ, Lightning Protection Zone)

1) LEMP에 대한 보호(LPMS)는 피뢰보호구역(LPZ)의 개념을 기본으로 하고 있다. 즉, 보호대상을 중요도에 따라 LPZ로 구분하여 보호한다.
2) 피뢰보호영역(LPZ Lightning Protection Zone)을 공간적으로 구분하고 각각의 공간 내의 장비내력에 상응하는 대책을 수립하는 것이다.
3) LEMP에 의한 전자계에 의해 건축물 내부의 설비나 전기기기에 장애가 발생하지 않도록 금속물이나 전력선, 통신선 등을 피뢰영역의 경계부분에서 확실하게 공통접지로 본딩하여 등전위가 되도록 한다.

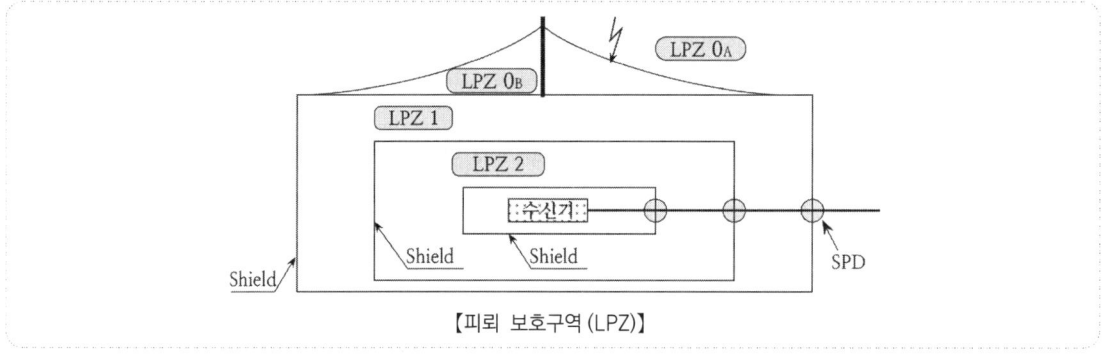

【피뢰 보호구역(LPZ)】

구 역	영 역	대상설비
LPZ 0_A	직격뢰 비보호 영역 (옥외 LPZ 범위외)	외등, 감시카메라
LPZ 0_B	직격뢰 보호 영역 (옥외 LPZ 범위내)	안테나, 항공장애 등
LPZ 1	직격뢰에 노출 않는 영역	전기실, MDF실
LPZ 2	전자계 Zone	중앙감시실, 수신기실

3 LPMS의 설계

1) LPMS는 서지와 전자계로부터 장치의 보호를 위해 설계되어야 한다.
2) 공간 차폐물과 협조된 SPD 보호를 이용한 LPMS는 자계와 전도성 서지에 대하여 보호한다. 일련의 공간차폐물과 SPD 보호협조는 자계와 서지를 위험레벨보다 낮은 레벨로 낮출 수 있다.
3) 장비의 차폐외함에 결합된 차폐선을 이용하여 만들어진 LPMS는 방사 자계에 대해 보호하게 된다.
4) SPD는 단지 전도성 서지에 대하여 보호하기 때문에 협조된 SPD 보호시스템을 이용하는 LPMS는 자계에 민감하지 않은 장치의 보호에만 적합하다.

4 LEMP 대책

```
            내부 피뢰시스템
                 │
            뇌방호구역(LPZ)
      ┌──────┬──────┬──────┐
    등전위본딩  SPD   자기차폐  배선경로
```

1) 등전위 본딩 (다점 접지방식 : ZSRG)

    피뢰설비, 금속구조체, 금속시설물, 전력계통의 도전성 부분과 보호범위 내부의 전력, 약전 및 통신설비는 본딩용 도체 또는 서지보호장치 (SPD)로 일괄 접속하여 등전위한다.

2) 서지 보호장치 (SPD) 설치

    서지는 다양한 경로를 통해 침입하기 때문에 완전한 보호를 위해 서지가 침입할 수 있는 모든 경로에 설치한다.

3) 자기차폐와 선로경로 변경

Annex

📁 피뢰 용어정의

1. LPS (피뢰시스템 : Lightning Protection System)

    구조물에 입사하는 낙뢰로 인한 손상을 줄이기 위해 사용되는 모든 시스템

2. LPL (피뢰보호레벨 : Lightning Protection Level)

    • 피뢰보호레벨은 피뢰시스템이 뇌방전의 영향으로부터 보호대상물을 보호하는 확률을 나타내며, 피뢰등급 또는 보호등급과 동의어로 사용되고 있다.

3. LEMP (뇌전자 펄스 : Lightning Electromagnetic Pulse)

    뇌격전류에 의한 전자기 영향

4. LPMS (LEMP에 대한 보호시스템, LEMP : Protection Measures System)

    뇌전자계 임펄스에 대한 내부시스템 보호를 위한 모든 시스템

5. LPZ (피뢰보호구역 : Lightning Protection Zone) : 뇌전자기적 환경이 정의된 구역

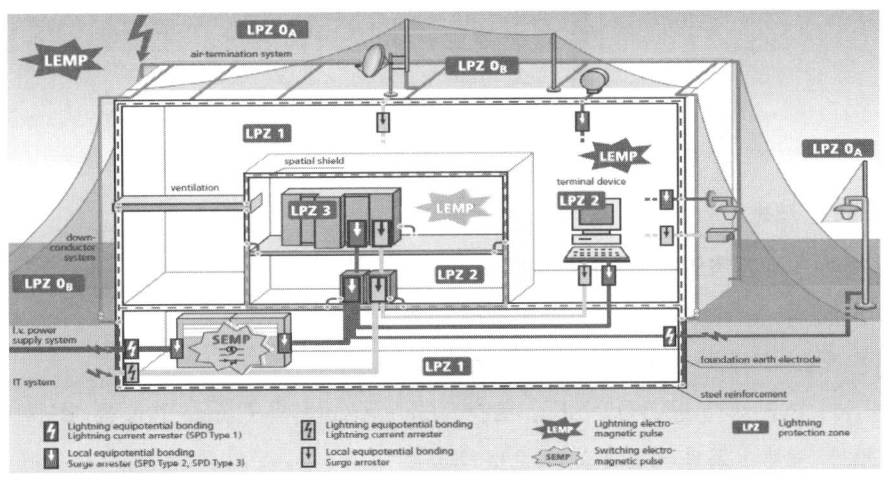

저장탱크의 낙뢰 위험성

1 개 요

1) 저장탱크가 낙뢰를 받으면 열과 기계적 힘을 받을 뿐만 아니라 가연성가스에 의해 화재·폭발이 발생하게 된다.

2) 낙뢰 대책은 뇌격전류를 도전통로를 통하여 안전하게 대지로 분산시키는 것이다.

2 낙뢰와 저장탱크

1) 낙뢰 빈도는 하절기에 많고 동절기에는 작다.

2) 낙뢰크기는 5 kA~100 kA

3) 일반적으로 저장탱크와 같은 금속구조물은 자체적으로 피뢰침과 인하도선 역할을 하므로 피뢰설비 설치를 요구하지 않는다.

4) FRT의 경우에 탱크 상부에 피뢰시스템 설치가 요구된다.

　(1) 가연성가스 : Seal 내·외부 간의 가연성 증기

　(2) 산소

　(3) 점화원 : 뇌격으로 인한 Spark

3 기존 FRT의 문제점

1) 왁스, 타르 파라핀 등의 원유성분이 탱크 벽에 묻어 있어 Shell과 Shunt 사이에 절연막이 형성되어 있음

2) Shell 내부 부식으로 Shell과 Shunt 간에 높은 임피던스 형성

3) 탱크내벽의 10~20 %는 페인트로 칠해져 있음

4) Shell과 Shunt 간에 접촉이 잘 되지 않음

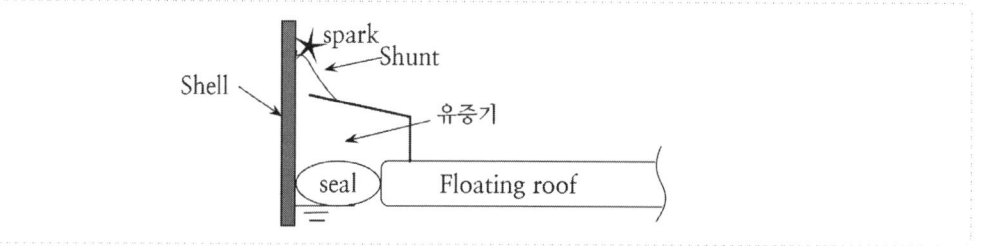

4 API 545 권고 대책

1) Roof 둘레 3 m 간격으로 Submerged Shunt 설치

　(1) 저장내용물 공간에 설치되어 스파크 발생 방지

　(2) 기존 탱크, 교체 비용과 가동 중지 등으로 불가능

2) 낙뢰전류가 Bypass(본딩도체)와 Shunt로만 Seal Assembly와 Guage Pole을 절연한다.
기존 탱크, 교체 비용과 가동 중지 등으로 불가능

3) 본딩도체를 탱크 원주 매 3 m마다 설치
   (1) 가장 현실적인 대안
   (2) 기존 탱크, 교체 비용 비교적 저렴

5 개선 대책

1) 본딩 도체 설치
2) SPD 설치
3) 분리된 피뢰시스템 및 가공지선 설치
4) Video 불꽃감지기
   CCTV + Optical Flame Detector

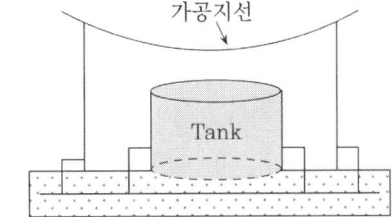

6 위험물 저장탱크의 낙뢰 예방대책

대지와 적절히 접지되어 있는 저장탱크의 경우 저장탱크 자체가 도전통로로 사용될 수 있으므로 아래와 같은 경우 별도로 피뢰설비를 설치하지 않아도 된다.

1) 저장탱크의 벽면 및 지붕은 모두 3/16인치(약 4.7 mm)이상의 철판으로 제작할 것
2) 철판의 이음은 용접, 볼트 등으로 틈이 없도록 연결하고 전기적으로 연결될 수 있도록 할 것
3) 저장탱크의 모든 기공에는 뚜껑을 설치하여 닫아두거나 또는 인화방지장치를 할 것, FRT는 지붕과 탱크벽면 사이의 Sealing을 철저히 하여 가연성 증기가 방출되지 않도록 할 것
4) 저장탱크의 접지저항이 5 Ω 이하가 되도록 할 것, 이를 위하여 일반적으로 채택되고 있는 방법은 접지 전극봉을 설치하여 접지를 실시한다.
   (1) 전극봉의 길이 : 2.4~3.0 mm
   (2) 직경 : 3/4 인치(약 19 mm)
   (3) 전극봉과 저장탱크 사이의 연결도선 : 단면적이 60 mm^2인 구리도선을 사용
   (4) 일반적으로 전극봉은 2개, 탱크 직경이 15 m 이상인 경우는 3개를 설치한다.
5) FRT의 경우 Seal 증기 공간 내부
   (1) Hanger가 설치되어 있으면 Seal Shoe 사이에 원주 약 3 m 이하마다 본딩을 설치한다.
   (2) 금속제 Weather Shield Seal에 설치되어 있으면 Weather Shield와 탱크벽 면의 접촉이 잘 이루어지도록 하여야 한다.

7 결 론

1) 기존에 설치되어 있는 FRT 구조로는 낙뢰 시 화재 위험이 크다.
2) 탱크 Roof에 떨어지는 낙뢰가 가장 위험하며 전위차 발생으로 인한 스파크 방지대책을 수립하여야 한다.
3) 화재·폭발 방지 대책은 전문적인 지식과 경험을 가진 전문가와 경험이 많은 현장 엔지니어의 협력하에 수립, 시행하는 것이 바람직하다.

서지보호장치 (SPD)

1 개 요

1) 서지(Surge)란 급속히 증가하고 서서히 감소하는 특성을 지닌 전류/전압의 과도현상
2) SPD를 설치하는 목적은 계통에 서지 전류가 들어올 때, 그 전류가 부하를 통해 흐르지 않고 SPD을 통해 흐르도록 하여 부하를 보호하려는 것이다.
3) 이는 계통에 서지가 들어올 경우에, 임피던스가 작은 통로(SPD)를 통해 서지전류를 흘려서 달성할 수 있다.

2 SPD의 동작원리

1) 평상시 : 절연상태 유지 (고 임피던스 상태)
2) 서지침입 시 : 저 임피던스로 대지로 방전
3) 방전 후 : 신속히 고 임피던스로 절연 회복

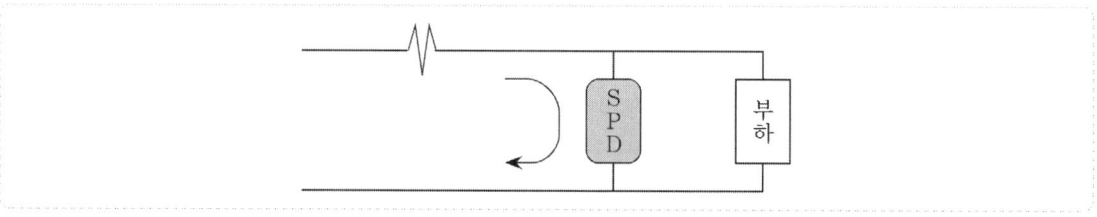

3 SPD 보호장치

목 적	방 법	특 징
전원 공급의 계속성 우선	PD — 피보호기기 / SPD	• 전력공급이 우선 되어야 하는 경우 보호장치는 SPD가 설치되어 있는 회로 내에 설치한다. • 설비 또는 기기에 발생하는 과전압에 대해서는 보호되지 않는다.
보호를 우선	PD — 피보호기기 / SPD	• 전력공급보다 기기를 과전압으로부터 보호하는 것이 우선되어야 하는 경우 • 보호장치는 SPD가 설치되어 있는 회로의 전원 측에 설치한다.
전원 공급의 계속성과 보호의 연속성 조합	PD$_1$ PD$_2$ — 피보호기기 / SPD$_1$ SPD$_2$	• SPD를 병렬로 설치하고 각각의 보호장치를 설치한다.

직류 전압강하 계산식 유도

1 전압강하 계산식

1) $e = I \times R = I \times \rho \dfrac{L}{A}$

2) ρ는 고유저항(specific resistance)이며, 구리의 고유저항은 $\rho = 1/58\,[\Omega \cdot mm^2/m]$이다.
   이때 전선에 사용되는 구리의 도전율은 96~98 %이므로 보통 97 %를 적용하고, 도전율과 고유저항은 역수인 관계가 된다.

3) $\rho = \dfrac{1}{58} \times \dfrac{1}{0.97} = 0.0178\,[\Omega \cdot mm^2/m]$ 가 된다.

   $e = I \times R = I \times \rho \dfrac{L}{A} = \dfrac{0.0178 \cdot L \cdot I}{A} = \dfrac{17.8 \cdot L \cdot I}{1000\,A}$

4) 각 계통의 간이 전압 강하

   (1) 단상 2선식, 직류 2선식 : $\Delta V = \dfrac{2 \times 17.8 \cdot L \cdot I}{1000 \cdot A} = \dfrac{35.6}{1000}\dfrac{L \cdot I}{A}$

   (2) 3상 3선식 : $\Delta V = \dfrac{\sqrt{3} \times 17.8 \cdot L \cdot I}{1000 \cdot A} = \dfrac{30.8}{1000}\dfrac{L \cdot I}{A}$

   (3) 단상 3선, 직류 3선, 3상 4선 : $\Delta V = \dfrac{1 \times 17.8 \cdot L \cdot I}{1000 \cdot A} = \dfrac{17.8}{1000}\dfrac{L \cdot I}{A}$

전기방식	단상 2선식, 직류 2선식	3상 3선식	단상 3선, 3상 4선
계산식	$e = \dfrac{35.6 \cdot L \cdot I}{1000\,A}$	$e = \dfrac{30.8 \cdot L \cdot I}{1000\,A}$	$e = \dfrac{17.8 \cdot L \cdot I}{1000\,A}$

2 고유저항 (Specific Resistance)

1) 고유저항(ρ)이란 물질이 가지고 있는 고유한 저항특성으로 단위는 $[\Omega \cdot m]$을 사용한다.
2) 측정조건은 온도 293 K에서 길이 1 m, 단면적 $1\,mm^2$인 도선의 저항을 기본으로 한다. 기본단위는 $[\Omega \cdot mm^2/m]$이다.
3) 도체의 저항 $[\Omega]$은 재료의 종류, 온도, 길이, 단면적 등에 의해 결정되고, 고유저항(ρ)은 별도의 조건의 실험값으로 결정이 된다.
4) 도체의 저항은 고유저항과 길이에 비례하고, 단면적에 반비례한다.

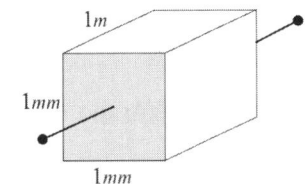

   $R\,[\Omega] = \rho\,[\Omega \cdot m] \times \dfrac{\ell\,[m]}{A\,[m^2]}$

5) 전선, 케이블 등은 길이와 단면적이 있기 때문에 저항을 적용하고, 대지와 같은 경우 길이와 단면적이 없기 때문에 고유저항을 적용한다.

3 도전율 (Conductivity)

1) 재료에 전류가 통하기 쉬운 정도를 도전율이라고 한다.
2) 도전율은 고유저항(ρ)의 역수이다. 기본단위는 $[m/\Omega \cdot mm^2]$이다.

플레밍의 법칙

1 플레밍의 오른손법칙

1) 자계 내에서 도체가 운동을 할 때 유기되는 기전력(전력)의 방향을 결정하는 법칙
2) 발전기에 적용
3) 엄지 - 도체의 운동방향, 검지 - 자기장의 방향, 중지 - 유도기전력의 방향

$$E = B \cdot v \cdot L \cdot \sin\theta \, [V]$$

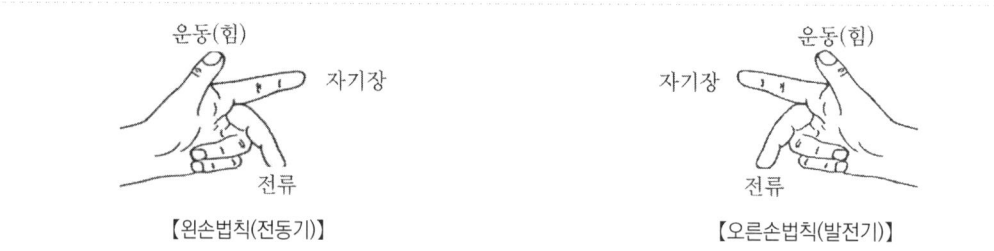

【왼손법칙(전동기)】　　　【오른손법칙(발전기)】

2 플레밍의 왼손법칙

1) 전류와 자계에 의해 작용하는 힘의 방향을 결정하는 법칙
2) 전동기에 적용
3) 엄지 - 힘(F)의 방향, 검지 - 자기장(B)의 방향, 중지 - 전류(I)의 방향

$$F = B \cdot I \cdot L \cdot \sin\theta \, [N]$$

구 분	플레밍의 왼손법칙(FBI)	플레밍의 오른손법칙
정 의	전류가 흐를 때 작용하는 힘 방향	도체 운동 시 유도기전력 방향
적 용	전동기 (전자력)	발전기 (유도기전력)
구 성 요 소	F-힘 방향 B-자기장 방향 I-전류 방향	(F)M-운동 방향 B-자기장 방향 e-유도기전력 방향

3 아라고원판 (Arago's Disk)

1) 유도전동기 기동의 기본원리는 아라고원판이다.
2) 유도기전력의 방향을 결정 (플레밍의 오른손법칙)
   (1) 원판을 수직으로 지지하고 그 원둘레에서 자극 $N \Rightarrow S$가 화살표의 방향으로 움직이면
   (2) 원판은 자석보다 늦은 속도로 같은 방향으로 움직인다.
   (3) 자극 내에서 원판이 반시계 방향으로 운동하는 것과 같으므로 플레밍의 오른손법칙을 적용하며 원판속에 생기는 기전력의 방향은 원판 중심으로 향한다.
3) 원판의 운동 방향 (플레밍의 왼손법칙)
   (1) 원판의 기전력에 의해 생기는 와전류와 자극 자기장에 플레밍의 왼손법칙을 적용하면 힘은 시계 방향, 즉 자석이 움직이는 방향과 같다는 것을 알 수 있다.

(2) 즉, 원판은 자석이 움직이는 방향과 같은 방향으로 약간 늦게 회전하게 된다.

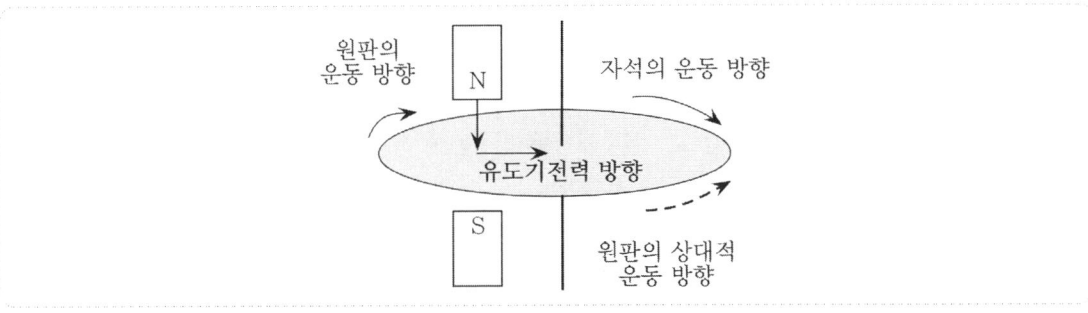

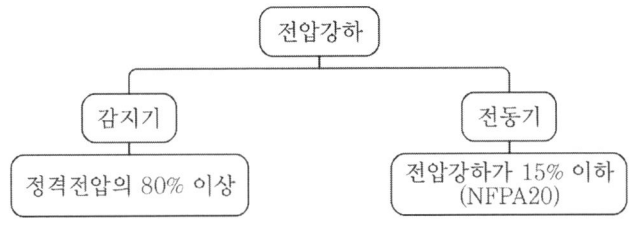

Annex

📂 정역운전

1. 3상 유도전동기를 정회전으로부터 역회전으로 전환하자면 일반적으로 전동기를 일단 정지시키고 전동기에 공급되는 3선 중 2선을 서로 바꾸어 전원을 공급해주면 유도전동기는 역회전하게 된다.
2. 제어회로에서는 전자접촉기 MC_1와 MC_2이 동시에 여자되면 주 회로에 단락을 일으키므로 2개의 전자 접촉기는 인터록(Inter Lock)을 걸어 동시에 여자되는 일이 없도록 하여야 한다.
3. 기동 시컨스

   1) PB_1 누름

      (1) PB_1의 R_1 : 자기유지

      (2) PB_2의 R_2 OFF : 인터록

      (3) MC_1 여자

   2) PB_0 누름 : 전동기 정지

   3) PB_2 누름

      (1) PB_2의 R_2 : 자기유지

      (2) PB_1의 R_1 OFF : 인터록

      (3) MC_2 여자

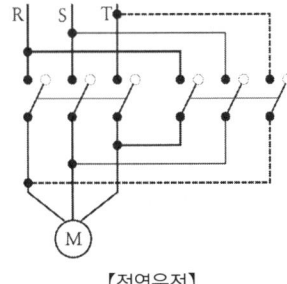

【정역운전】

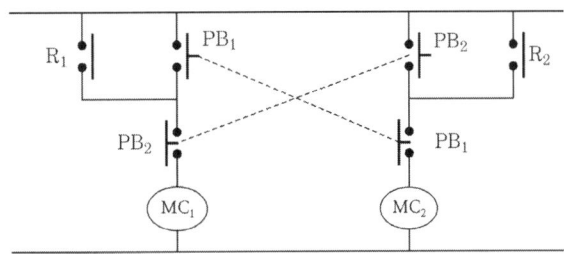

전동기 기동

1 전동기 기동의 이해

1) 전동력을 이용하려면 우선 정지하고 있는 부하를 전동기에 의해서 가속하는 것이 필요하고, 이것을 기동이라 하며 기동 시 큰 기동전류가 필요하다.
2) 큰 기동전류 악영향
    (1) 전동기의 권선을 과열 및 큰 기계적 스트레스를 가한다.
    (2) 작은 역률에 의해 전압강하가 증가하여, 같은 전선에 접속되어 있는 다른 부하에 나쁜 영향을 준다.
    (3) 기동 시 기동전류가 크면 역률 감소로 전압강하가 증가하여 마그네틱이 소손
3) 따라서 적당한 기동 방법을 사용하여 기동 특성을 개량할 필요가 있다.
4) 유도전동기는 크게 권선형과 농형으로 구분되는데 소방분야에서는 주로 농형이 사용된다.

2 전동기 기동방식의 목적

1) 초기 기동전류를 제한하여 다른 부하에 전압강하를 방지한다.
2) 전동기 코일의 소손을 방지한다.
3) 전동기의 기동실패를 방지한다.
4) 초기에 기동토크를 감소시켜 water hammer를 감소시킨다.
5) 소화펌프의 기동을 확실히 하여 초기 소화를 가능하게 한다.

3 기동방식 선정 시 고려사항

1) 전압변동 허용치에 대한 기동 시의 전압강하 확인
    NFPA 20의 경우 전압강하는 15 % 이하
2) 부하 소요 토크에 대한 전동기 토크 확인
    전동기를 감 전압 기동하면 토크는 전압 저감율의 제곱으로 감소하므로 감압 기동을 위해 전압을 너무 낮추면 부하토크를 만족시키지 못하므로 전동기가 기동이 되지 않는다.
3) 발전기 용량 확인
4) 전동기 및 기동기의 시간내량의 확인
    기동기는 각각 시간내량을 가지고 있으므로 기동시간이 그 내량 이내의 것을 확인하여야 한다.

4 유도전동기 기동방식의 종류 (3상 농형)

1) 전 전압 기동방식 (직입기동방식)
2) 감 전압 기동방식
    (1) Y-⊿ 기동
    (2) Reactor 기동
    (3) 기동 보상기 (Kondorfar) 기동 (단권변압기 기동)
    (4) VVVF (Variable Voltage Variable Frequency) 기동

5 직입 기동(Line Start) 방식

1) 전동기에 처음부터 전 전압을 인가하여 기동
2) 전동기 본래의 큰 가속 토크가 얻어져 기동시간이 짧다.
3) 설비가 간단하여 신뢰성이 우수하다.
4) 전압강하로 인해 부하에 악영향을 미쳐 전원용량이 작을 경우 기동에 문제가 생길 수 있다.

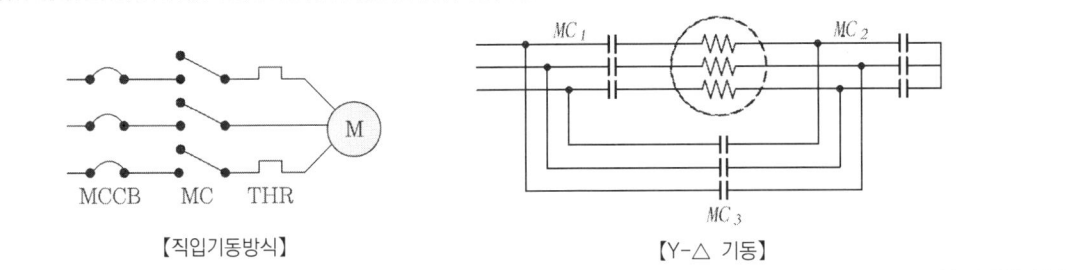

【직입기동방식】　　　　　　　　　【Y-△ 기동】

6 Y-△ (Star-Delta) 기동

1) 기동 시는 1차 권선을 Y로 결선하여 5~10초 후에 충분히 가속된 뒤에 결선을 △로 바꾸는 방식

구 분	MC$_1$	MC$_2$	MC$_3$
기동 시	On	On	Off
운전 시	On	Off	On

2) 전동기의 1차 권선은 6개의 단자가 필요하다. 각 상에 걸리는 전압은 $1/\sqrt{3}$이 되는데 토크는 전압의 2승에 비례하므로 1/3이 되고, 전류도 역시 1/3이 된다.
3) 즉, Y-△ 기동방식에서는 기동전류도, 기동토크도 모두 직입 기동시의 1/3로 된다.
4) 주로 3상 380 V 11~15 kW 이상에 사용하고 있으며, 소방용 전동기에 가장 많이 적용되고 있는 방식
5) 폐회로 전환방식(Closed Transition Y-△ 기동)
   (1) 일반적인 Y-△ 기동은 감압 기동 중에서 가장 저렴하지만 Y에서 △로 전환 시 일시적으로 개로(Open Transition)되기 때문에 전환 시 전동기에 큰 돌입 전류(전부하 전류의 12~15배)가 흐른다는 단점이 있다.
   (2) 이것을 개선하기 위하여 전환 시에 개로하지 않는 방식(Closed Transition)으로 하여 Y에서 △로의 전환 시에 저항을 통하여 전동기 권선을 전원에 접속시키는 것이 있다.
   (3) 이 방식은 전환 시의 돌입 전류가 작아지기 때문에 비상용발전기를 전원으로 하는 용도에서는 발전기 용량을 작게 할 수 있는 이점이 있다.

7 Reactor 기동

1) 리액터를 직렬로 접속하여 기동하고 기동 후 단락시키는 방식이다.

구 분	MC$_1$	MC$_2$	비 고
기동 시	On	Off	리액터 경유(감압기동)
운전 시	Off	On	전 전압 운전

2) 리액터의 전압강하에 의해 전동기에 걸리는 전압이 감소하여 감압기동이 되는데, 기동전압이 직입기동시의 $1/\alpha$이 되면 시동토크는 $1/\alpha^2$로 된다.

3) 리액터 탭 수동으로 50 - 60 - 70 - 80 - 90 % 범위이다.

4) 기동보상기보다 기동조작이 간단하다.

5) 대용량 소방펌프 또는 제연송풍기 팬에 많이 사용되고 있다.

6) 특 징

  (1) 장점 : 탭 절환에 따라 최대 기동전류, 최소 기동토크가 조정이 가능하다.

  (2) 단점 : 설치공간이 많이 필요하고, 빈번한 기동이 경우 고장 날 우려가 있다.

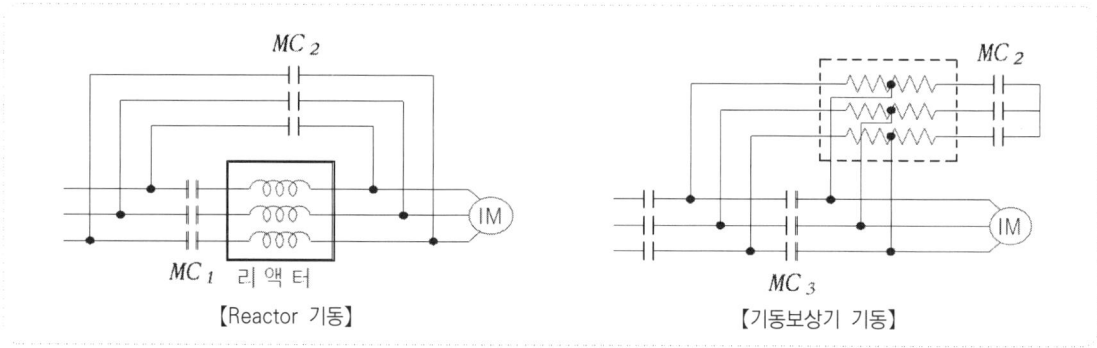

【Reactor 기동】　　　　　　　【기동보상기 기동】

8 기동보상기 기동

1) 기동용 단권변압기로 전압을 감압하여 기동하는 방법으로 가속 후에 개방한다.

구분	MC₁	MC₂	MC₃	비 고
기동 시	On	On	Off	기동보상기 경유 (감압기동)
운전 시	On	Off	On	전 전압 운전

2) 단권변압기 또는 기동보상기 방식이라고도 한다.

3) 변압기에 의해 전압을 낮추면 직입기동시보다 기동토크와 기동전류는 $1/\alpha^2$이 된다.

4) 기동손실이 적고, 전압 가감하는 장점 및 토크설정이 가능하다.

  탭은 일반적으로 50-65-85 %

5) 가격이 고가이고 대용량 냉동기용 컴프레셔 등에 이용한다.

6) 콘돌퍼 (Kondorfar System) 기동

  기동보상기 기동방법과 유사하나 탭 변환시간을 없애므로 과도 충격을 부드럽게 한 방식이다.

9 VVVF 기동

1) Variable Voltage Variable Frequency의 약자인데, 전동기에 공급하는 전압과 주파수를 반도체 회로로 변화시키는 방식이다. 전동기에 인가되는 전압이 변화하면 전류와 Torque가 변하며, 전동기의 회전속도는 주파수에 비례한다는 원리를 이용하여 전동기를 제어한다.

2) 전동기를 VVVF로 제어하면 에너지 절약이라는 긍정적인 면도 있으나, VVVF 장치에서 고주파가 발생하여 전동기 등에 악영향을 미치는 경우가 있으므로 주의하여야 한다.

인버터 유도전동기의 VVVF

1 개요
1) 전동기에 공급하는 전압과 주파수를 반도체소자를 이용하여 변환시키는 방식이다.
2) VVVF(Variable Voltage Variable Frequency)는 교류를 직류로 변환하는 컨버터와 직류를 교류로 변환하는 인버터로 주파수와 전압을 변환하여 회전속도를 제어하는 방법이다.
3) 전동기에 인가되는 전압이 변화하면 전류와 Torque가 변하며, 전동기의 회전속도는 주파수에 비례한다는 원리를 이용하는 전동기 제어방법이다.

2 VVVF 구성

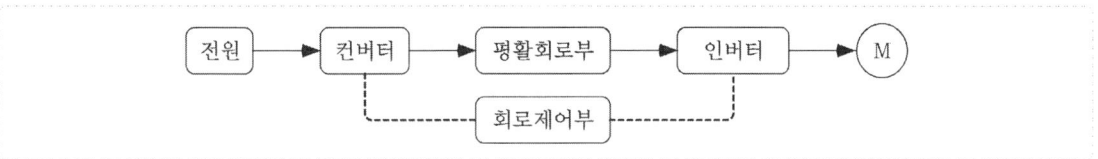

1) 컨버터(Converter) : AC ⇒ DC로 변환
2) 인버터(Inverter) : DC ⇒ AC로 변환

3 속도제어 원리
1) 주파수를 제어하여 회전수를 제어

   전동기의 속도는 주파수에 비례하므로 교류를 컨버터에 의해 직류로 변환하고 인버터를 사용하여 주파수 교류로 변환시켜 속도제어

   $$N = \frac{120 \cdot f}{P} \times (1-s)$$

   N : 회전수 f : 주파수
   P : 극수 s : 슬립

2) V/f를 일정하게

   $$V = k\Phi N$$

   N : 회전수
   Φ : 자속

   (1) 전압(V)를 일정하게 하고 주파수(f)를 증가시키면 Φ가 감소하여 토크가 감소하게 된다.
   (2) 따라서 토크를 일정하게 유지하기 위해서는 주파수와 전압을 동시에 변화시켜 V/f를 일정하게 하여 속도제어를 함으로써 일정한 크기의 토크를 가지고 속도제어를 하는 것이다.
   (3) 주파수 변환에 의한 속도제어를 원활하게 하기 위해서는 주파수와 전압을 동시에 변화시키는데 이를 VVVF라고 한다.

4 VVVF 특징

1) 연속적인 속도 변동이 가능
2) 부드러운 기동/정지 가능
3) 기동 전류가 저감
4) 설비의 소형화
5) 설비의 수명 연장
6) 운전 효율이 높아 역률 개선
7) 고조파를 발생시켜 기기에 악영향

5 결 론

전동기를 VVVF로 제어하면 에너지의 절약이라는 긍정적인 면도 있으나, VVVF 장치에서 고주파가 발생하여 전동기 등에 악영향을 미치는 경우가 있으므로 주의하여야 한다.

Annex

📁 NFPA 20 (2016 Edition) 전동기 보호

1. 지락차단장치(Ground Fault Interruption) 설치 금지
2. 아크차단장치(Arc Fault Interruption) 설치 금지
3. 과전류차단장치
   (1) 정격전류의 6배에서 2분 이상
   (2) 재기동 시 정격전류의 24배 이상
   (3) 정격전류의 3배에서 10분 이상
   (4) 트립점(Trip Point)은 현장에서 조정 불가
4. Locked Rotor Overcurrent Protection : Time-Delay Type Having Trip Times
   (1) 8-20초에서 트립
   (2) 정격전류의 3배에서 3분 이상

📁 NFPA 20 전동기 기동관련 기준

1. 전압강하는 15% 이하
2. 전동기 기동 시 전압강하는 계산이 복잡
3. 역률(Power Factor)
   (1) 기동 후 약 0.85
   (2) 기동 시 약 0.3~0.4
4. 역률 감소로 전압강하가 크면 마그네틱이 Chattering

사이리스터 (Thyristor)

1 개 요

1) 전류나 전압의 제어기능을 가진 반도체소자
2) 사이리스터는 P-N 접합을 3개 이상 가지는 전류제어형 소자이며 PNPN접합의 반도체 소자를 통틀어 일컫으며, 일반적으로 실리콘 제어정류기 (SCR)라고도 한다.
3) 사이리스터는 양극 (Anode), 음극 (Cathode)의 4층 구조에 제어용 게이트 (Gate)를 설치한 구조로 되어 있다.
4) 사이리스터를 사용하여 전압의 위상을 원하는 시점에서 점호시킬 수 있기 때문에 위상제어 방식에 사용한다.

2 Thyristor의 동작원리

1) 사이리스터의 양극 (A)에서 음극 (K)으로 전류가 흐르기 위해서는 A단자에 (+)극이 인가되고, K단자에 (-)극이 인가되며, Gate (G)단자에 순방향 전압인 (+)전압이 인가되어야 한다.
2) 양극 (A)단자와 음극 (K)단자에 공급되는 전압의 위상과 Gate (G)단자에 공급되는 전압의 순방향 (+) 위상이 동일한 구간 동안만 전류가 흐르게 되는 것이다.
3) 게이트에 신호가 인가되면 양극과 음극 사이에 전류가 흐르고 게이트 신호가 없으면 양극과 음극 사이에 전류는 흐르지 않는다.

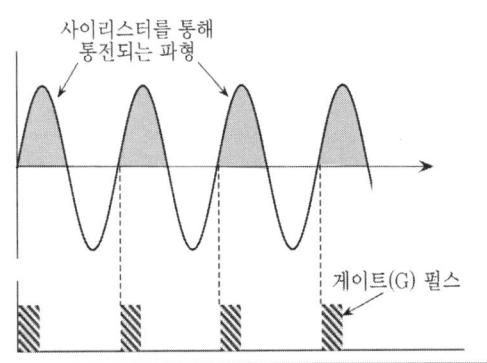

회로 위상과 동일 위상에서 게이트펄스가 인가된 경우 게이트펄스가 인가된 시점의 순방향 파형(+)이 사이리스터를 통해 인가됨

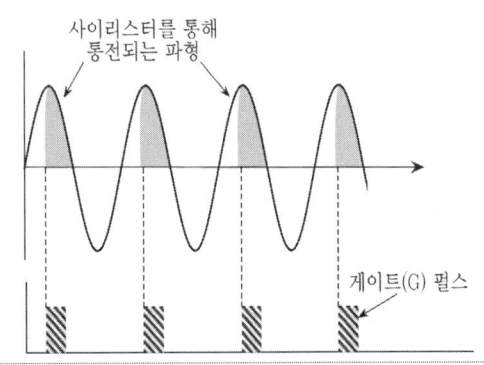

회로위상보다 θ만큼 뒤진 위상에서 게이트펄스가 인가된 경우 게이트펄스가 인가된 θ 시점부터 순항향 파형(+)이 사이리스터를 통해 인가됨

4) 앞과 같이 회로의 위상과 동일한 위상에서 게이트에 펄스가 인가되는 경우 순방향(+)의 전체 파형이 회로에 인가되며, 회로의 위상보다 게이트펄스가 뒤진 경우 게이트단자에 펄스가 인가된 시점부터의 파형이 회로에 인가되는 것이다.

3 Thyristor의 특징

1) 고전압 대전류의 제어가 용이하다.
2) 제어 이득이 높고 게이트 신호가 소멸하여도 On 상태를 유지할 수 있다.
3) 수명은 반영구적으로 신뢰성이 높고 서지에도 강하다.
4) 소형 경량으로 기기나 장치에 설치가 용이하다.

Soft Starter

1 필요성

1) 큰 기동전류는 마그네틱의 주접점에 아크를 발생시켜 접점 손상에 의한 결상 등의 원인이 되고, 전압강하를 발생시켜 시설용량을 증가시키는 원인이 된다.
2) 따라서 무접점 Soft Starter를 적용하여 기동 토크에 알맞은 저전압부터 정토크가 발생하는 전 전압까지 서서히 전동기에 입력하여 저전류로 전동기를 기동시킨다.
3) 사이리스터 점호각을 제어하여 전동기 기동전류를 조정하는 Soft Starter 방식은 미세속도를 제어함으로써 기동전류를 줄인 제어방법이다.

2 특 징

1) 다양한 기동과 정지
2) 장시간 수명을 보장
   과부하 시 Trip 기능, 결상 시 Trip 기능, 단락 시 Trip 기능, SCR 과열 시 Trip 기능 등의 기능을 내장하여 전동기를 보호한다.
3) 반영구적인 수명
   긴 수명의 내구성, 신뢰성 있는 동작
4) 확실한 설치 효과
   유지 보수 비용 절감, 저전류 기동이므로 기동 시 전압강하 방지, 설비용량 최소화
5) 편리한 모니터 기능
6) 간편한 Data 입력
7) 기동 시 고조파가 발생하는 단점이 있다.

전기화재

1 개 요

1) 전기화재란 전기(전류의 이동)에 의한 발열체가 점화원이 되는 화재
2) 따라서 전기회로 중에 발열, 방전을 수반하는 장소에 가연물 또는 가연성가스가 존재하면 전기화재로 이어진다.

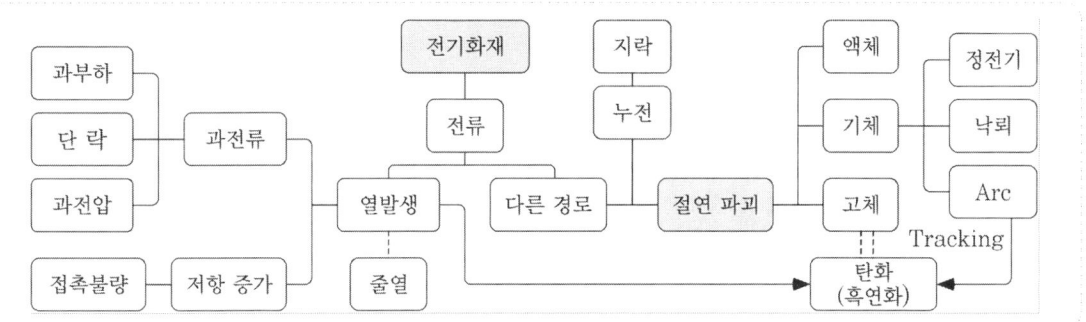

2 전기화재의 원인

1) 과전류에 의한 발화
2) 단락(합선)에 의한 발화
3) 지락에 의한 발화
   (1) 전선로 중 전선의 하나 또는 두 선이 대지에 접촉하여 전류가 대지로 통하는 것을 지락이라고 하며, 이때 흐르는 전류를 지락전류라 한다.
   (2) 전선이 대지에 접촉하여 대지로 지락전류가 흐를 때 고전압 회로인 경우 다음의 원인으로 발화원이 될 수 있다.
       ① 금속체 등에 지락될 때의 스파크
       ② 목재 등에 전류가 흐를 때의 발화현상
4) 누전에 의한 발화
5) 접촉부의 과열에 의한 발화
6) 스파크에 의한 발화
7) 정전기에 의한 발화
8) 낙뢰에 의한 발화
9) 절연파괴(절연열화) 또는 탄화에 의한 발화

   절연체 등이 열발생에 의해 절연체의 열화로 절연성이 감소되거나 미소전류에 의한 국부발열과 탄화현상 누적으로 발열 또는 누전현상을 일으킨다.

10) 열적경화에 의한 발화

    열 발생 전기기기를 방열이 잘 되지 않는 장소에서 사용할 경우 열의 축적에 의하여 발화할 수 있다.

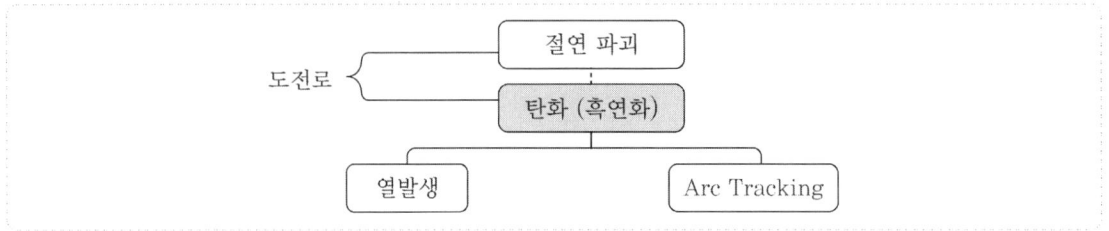

3 전기화재의 예방대책

1) 전기기기의 올바른 사용 : 코드 선에 의한 과열 및 합선이 가장 큰 비중을 차지
2) 과전류 보호
3) 전기기기의 방폭
   (1) 인화성 물질을 취급하는 장소는 폭발위험장소로 구분하여, 구분도를 작성 관리하여야 한다.
   (2) 폭발위험장소는 0종, 1종, 2종으로 구분되며 이에 적합한 방폭구조 전기기계기구를 사용해야 한다.
4) 적정한 안전설계 및 공사
5) 정기점검 강화

   전기기기는 사용함에 따라 여러 가지 요인에 의하여 열화 또는 고장이 발생하게 된다. 따라서 주기적으로 이상 유무를 점검하여 화재·폭발 요인의 사전제거가 필수적이다.

4 결 론

1) 전기배선이나 배선기구에서의 화재는 대부분 절연파괴가 원인이다.
2) 절연체의 성능 향상을 위한 연구, 수시 점검, 올바른 사용법과 발화위험의 홍보로 예방할 수 있는 방안과 발화되었을 경우 피해를 최소화할 수 있는 방안이 강구되어야 할 것이다.

Annex

📁 **절연파괴 (Breakdown)**

절연파괴란 갑작스럽게 부도체가 도체가 되는 현상

1. 기체 : 절연파괴(번개, 정전기 방전)가 발생하더라도 원 상태로 복구된다. (Self-Healing)
2. 액체 : 액체 또한 Self-Healing 능력이 있지만 일정 크기 이상의 충격이 계속 가해지면 절연파괴 후 화재 발생 (유입변압기 화재)
3. 고체 : Self-Healing 능력이 없으며 전기화재의 중요 원인
   (1) 과열
   (2) Arc Trcking

공기의 절연파괴 (Break Down)

1 전자사태 (Electron Avalanche)

1) 전자가 고 전계(Electric Field)에 의하여 가속되어 분자 또는 원자의 충돌, 전리를 반복함에 따라 전자가 증식(이동)하는 현상
2) 전자사태 메커니즘
   (1) 공기 중에 전압을 상승시키면 질량이 작은 전자가 먼저 전리속도를 얻어 분자와 충돌하여 분자를 전리시켜 전자와 양이온을 발생시킨다.
   (2) 전압이 더욱 높아지면 충돌전리로 발생한 전자도 전리속도를 얻어 다른 분자를 전리시키게 되고, 이때 생긴 전자가 또 다시 같은 역할을 하게 된다.
   (3) 이와 같이 전압의 상승과 더불어 전자사태(Electron Avalanche)가 형성되므로 전류가 증가한다.

2 공기의 절연파괴

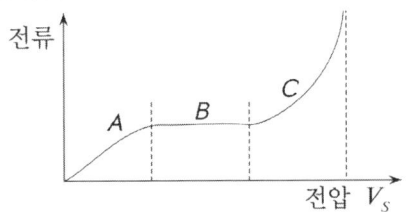

구 분	전 계	특 징
A	약한 범위	• 공기 중에 약간 존재하는 양 이온이 전계강도의 증가와 더불어 이동속도가 증가하기 때문에 전압상승과 더불어 전류가 증가
B	조금 강한 범위	• 우주선(Cosmic Radiation), 기타의 원인에 의해서 미약한 전리작용을 받아서, • 발생한 이온이 전부 전극에 도달하나, 단위시간에 발생되는 전리작용은 대체로 일정하기 때문에 전류가 일정 (포화)
C	강한 범위	• 전자가 충분히 가속되어 기체분자와 충돌하여 충돌 전리작용을 일으켜 새로운 전자와 이온을 만들고 • 이 전자와 이온이 또 가속되어 다시 충돌 전리작용을 일으키는 현상이 반복되어 전류가 급증한다.

3 파센의 법칙 (Paschen's Law)

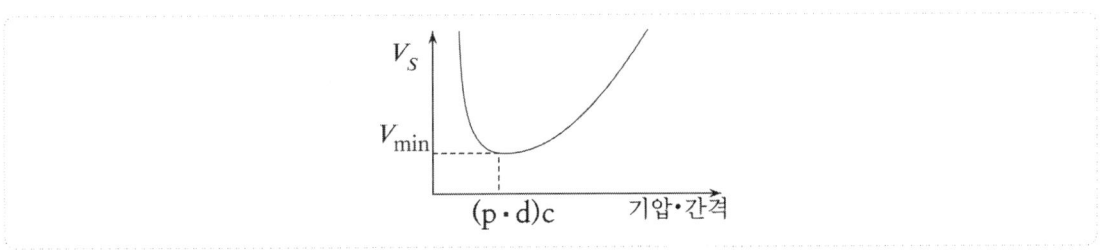

1) 전계에 걸리는 불꽃전압(V_s)은 기압 P와 갭의 간격 d와의 곱인 ($P \cdot d$)의 함수가 된다.

2) 불꽃전압(V_s)

$$V_s = \frac{c_1 \cdot P \cdot d}{c_2 + \ln(P \cdot d)}$$

P : 기압 d : 갭의 간격
c_1, c_2 : 상수

3) 불꽃전압이 어느 값 $(p \cdot d)_c$에서 최소치 $V_{\min}$로 되는 브이(V) 곡선이 나타나며, $P \cdot d$ 값이 이 값보다 크든 작든 불꽃전압은 증가한다.

Arc와 Spark

1 개 요

1) 기체의 절연파괴
2) 차이점은 현상의 지속성 여부

2 아크 발생 원인

1) 전압 상승
2) 통전회로의 개폐(Opening or Closing the contacts in a current carrying circuit)
3) 탄화 도전로(Transitioning from arcing across a carbonized path (Arc tracking))

3 아크 특성

1) 아크는 큰 전류와 낮은 전압에서 발생
2) 아크의 온도는 6500~12000 K 정도
   (1) 아크전류 ≤ 4.5 : $T = 6500$
   (2) 아크전류 > 4.5 : $T = 4100 + 1658 \ln I_a$

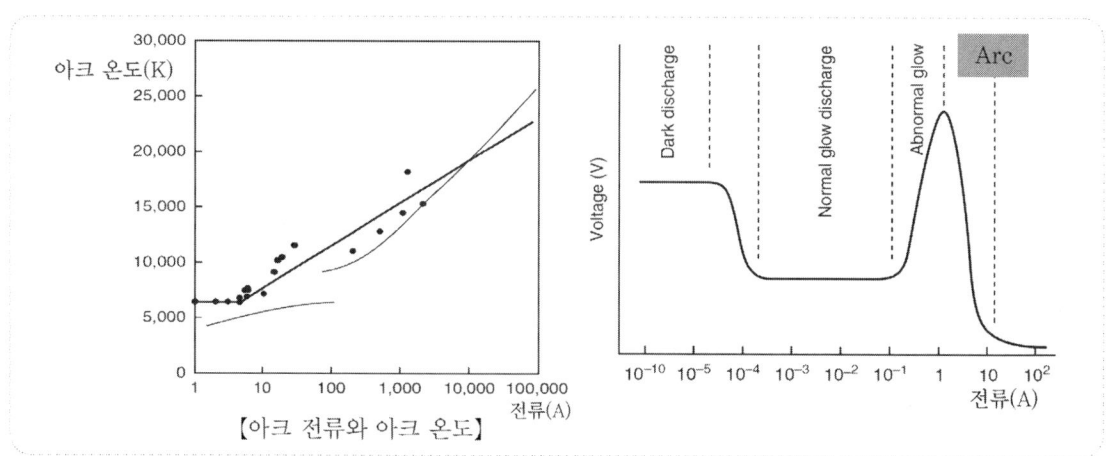

【아크 전류와 아크 온도】

줄의 법칙

1 줄의 법칙(Joule's Law)
1) 도체에 전류가 흐르면(전자가 이동), 도체의 원자와 충돌을 일으키기 때문에 열이 발생하고, 이 충돌은 현상 전류의 흐름을 방해하는 저항으로 작용하게 된다.
2) 전기에너지는 열에너지로 변환되는데, 이때 발생하는 열량을 Joule열이라 하며 이의 정량적 관계를 나타내는 식을 Joule의 법칙이라 한다.

$$H = I^2 \cdot R \cdot t$$

H : 발생열(J)
I : 전류 t : 전류가 흐르는 시간

2 출화(발열)의 원인
1) 전류 증가
   (1) 과부하
   (2) 전선의 단락
   (3) 전동기의 구속운전
   (4) 과전압 : 낙뢰, 서지, 전원의 중성선이 단선
2) 저항 증가
   (1) 접촉 불량으로 인한 접촉저항의 증가
   (2) 발생한 줄열의 방열이 작은 경우(코드를 묶어서 사용, 담요 밑의 코드 배선, 전동기 및 변압기 권선에 자장의 축적 등)
   (3) 표면 산화(Metal Oxide Film) : 아산화동 증식(Cu_2O Breeding)

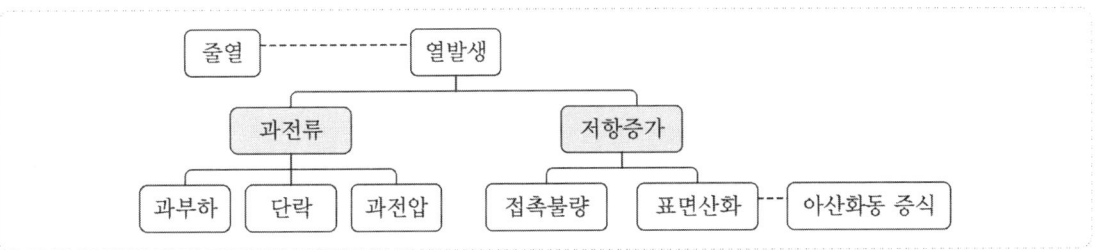

3 줄열에 의한 사고 메커니즘 분류
1) 발생하는 열보다 외부로 전달되는 열(방열)이 작을 때 온도가 상승한다.
2) 주변의 냉각 수준보다 저항 또는 전류가 증가하는 경우 온도가 상승한다.

4 결론
전류가 흐르면 Joule의 법칙에 의하여 열이 발생되는데 발열과 방열이 평형되는 안전전류(허용전류)의 정상상태에서는 이 발열이 화재의 원인이 될 수 없으나, 과부하, 전선 굵기가 규격 미달이면 과전류 상태가 되어 전선 절연물의 최고허용 온도를 초과하는 과열 현상이 나타난다.

접촉불량에 의한 발화

1 개 요

1) 접하고 있는 두 도체의 접촉면을 통하여 전류가 흐를 때, 그 접촉면에 생기는 전기저항을 접촉저항이라고 한다.
2) 접촉상태가 불완전하면 접촉저항이 증가에 의해 온도가 상승하여 전기화재 원인이 된다.

2 접촉부의 과열 메커니즘

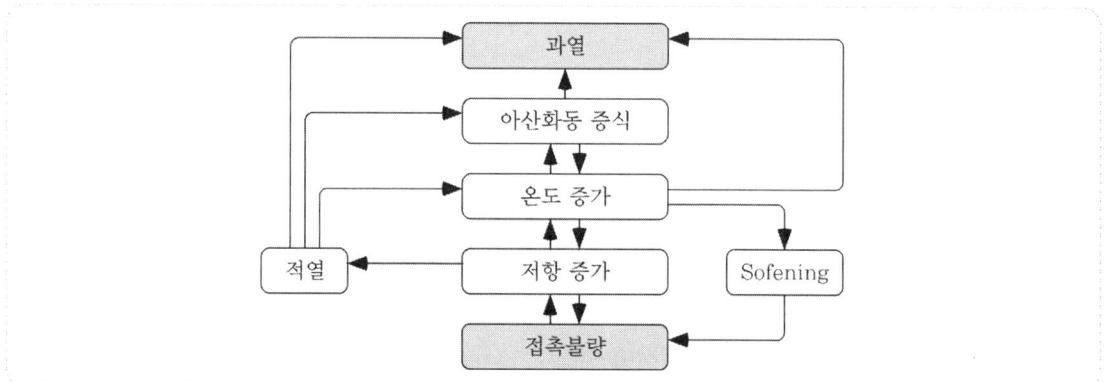

1) 발열은 국부적이며 그 부분에 산화, 열팽창, 수축 등의 현상이 나타나 접촉면이 거칠어지고 접촉면적이 감소하여, 접촉저항이 증가, 적열상태가 되어 주위의 가연물을 발화시킨다.
2) 접촉부에의 전류 흐름이 접촉면에 한정되므로 전류의 통로가 좁아지는 데 따른 접촉저항과 전선의 산화물 등 화합물의 피막을 통해서 전류가 흐르므로 발생하는 저항이 증가한다.

3 접촉저항을 감소시키는 방법

1) 접촉압력 및 접촉면적을 크게 한다.
2) 고유저항이 낮은 재료를 사용한다.
3) 접촉면을 청결하게 유지한다.
4) 접촉단자는 쉽게 부식되지 않는 재료를 사용한다.

4 결 론

1) 정상적인 경우 접촉저항은 전력의 손실을 초래하며 온도를 높여 재료를 열화시키거나, 화재발생의 위험이 있기 때문에 접촉저항은 최소화되어야 한다.
2) 그러나 제조 및 조립상의 결함으로 발생할 수 있으며 충분한 접촉으로 제조 또는 설치되었다 하여도 진동 등 사용 환경에 의한 접촉상태의 열화가 발생할 수 있으며 접촉저항이 높아질 수 있다.
3) 전기적으로 저항이 증가하면 줄의 법칙에 의해서 열이 발생하여 화재의 원인이 된다.

아산화동 증식(Cu_2O Breeding)과 발열

1 개 요

1) 접촉 불량에 에 의해 스파크가 발생되면 고온의 스파크에 노출된 도체(동합금)의 일부가 산화되어 아산화동이 증식되면서 발열을 하며 계속적으로 장시간 진행하게 되면 그 부분에서 열의 축적이 되어 화재로 이어지는 현상

2) 일반적으로 도체 접촉저항이 증가해 접촉부가 가열되면 접촉부 표면에 산화막이 형성되며 이러한 이산화막은 도체 표면으로 제한되며 내부로 진행되지 않는다.

2 아산화동의 특성

1) 아산화동은 일종의 반도체 특성이 있어 통전상태의 구리도체 상호 간의 접촉불량이나 전선의 단선에 따른 스위칭 작용을 하며 접촉저항의 증가로 높은 열이 발생하고 접속부에 아산화동 성분의 산화막이 형성되며 고열을 발생시키는 현상이다.

2) 아산화동 증식은 최초의 접촉부에서 빨간 불이 희미하게 나타나면서 흑색 물질이 생성되며, 이것이 서서히 커져 띠 모양을 형성하게 된다.

3) 아산화동 증식에 의한 발열현상은 국부적인 현상으로 나타나며 약 1,000℃를 초과하여 발열하는 경우도 있으며 합성수지 제품의 절연물 및 주변의 접촉가연물 등에서 발화 위험이 높다.

3 대 책

1) 설비적인 대책 : 전기적인 접촉저항을 감소
   (1) 접촉압력을 증가
   (2) 접촉면적을 크게
   (3) 고유저항이 낮은 재료를 사용
   (4) 접촉면을 청결하게 유지

2) 관리적인 대책
   (1) 전기설비 점검시에 육안 점검이나 계기 점검도 중요하지만 열화상 카메라와 같은 측정장비를 사용하여 열적인 차이를 점검
   (2) 주기적으로 전기 접촉단자부분의 색깔 변화나 부식과 같은 현상이 있는지를 관찰

4 화재 조사

1) 전기접속부의 열적인 변화 측정이 중요하며 화재 발생 후에 조사과정에서 아산화동이 발견되면 이미 오래동안 문제가 되어 있었음을 나타내기 때문에 화재원인 조사 시에 철저하게 조사할 필요가 있다.

2) 아산화동의 발견은 전기화재의 원인 조사 관점에서 보면 접촉부의 불안전한 상태가 있었음을 알 수 있으며 통전이 계속 있었음을 추정할 수 있는 조건이 된다.

3) 화재원인 조사를 하는 경우 아산화동의 발견은 화재 발생의 중요한 단서가 됨을 인지하고 원인분석을 실시하여야 할 것이다.

트래킹

1 개 요

1) 절연체는 대부분이 유기질로 되어 있는데 일반적으로 유기질은 장시간 경과할 경우 열화되어 절연저항이 감소된다.

2) 절연체의 표면이 도전성을 띠게 되면 결국 절연이 파괴되어 아크가 발생하고 이로 인하여 가연성 고체 절연체 또는 주위의 가연물을 착화시켜 화재로 진행될 수도 있다.

3) 절연체에서 나타나는 절연 열화현상의 일례로서, 고체 절연물 표면에서 전계와 전해질 오손물의 복합작용에 의하여 서서히 탄화도전로가 형성되는 현상

2 트래킹 현상 : 도체 간의 절연체 표면에 탄화도전로가 형성되어 절연이 파괴되는 현상

1) 절연체표면이 도전성을 띠며
2) 도체간에 전기적인 용융흔이 발생하고
3) 국부적인 연소형태 등의 흔적

3 트래킹 진행과정

1) 고체 절연체 표면이 수분, 분진 등으로 오염
2) 오염된 부분의 절연성능 저하로 인한 누설전류 발생
3) 줄열에 의한 고체 절연체 표면의 부분적인 건조대 형성
4) 건조대 부분에 국부적으로 높은 전계의 형성
5) 부분적인 절연파괴로 인한 미소 발광 방전(Scintillation Discharge) 발생
6) 방전으로 인한 고체 절연재료의 분해 및 도전성 탄화물 생성
7) 지속적인 방전 및 탄화물생성로 인한 국부적인 고전계 부분의 형성
 ⇒ 이로 인한 방전 발생 등의 반복 및 촉진
8) 탄화물 형성 부분의 확장에 의하여 고체 절연체 표면에 탄화도전로 형성
9) 절연파괴

4 방지 대책

1) 주기적인 청소를 통하여 수분, 분진, 염분 등을 제거하여 절연이 약화되는 것을 방지
2) 배전반, 분전반, 큐비클 등 밀폐형을 사용하여 수분, 먼지, 염분 등이 침투하지 못하도록 방진 및 방수 기능 강화
3) 아크를 차단하는 아크차단기 설치
4) 정기적인 절연상태 점검
5) Creepage Distance(연면)를 길게

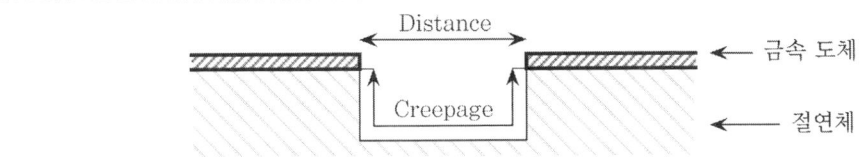

5 흑연화 (그래파이트화)

1) 목재, 고무 등이 화염을 받아 탄화된 경우는 무정형 탄소로 되어 전기를 통과시키지 않지만 스파크 등에 의해 고열을 받는 경우 점차로 흑연화되어 도전성을 가지게 된다.
2) 유기절연물이 전기불꽃에 장시간 노출되면 절연체 표면내 작은 탄화 도전로가 생성되어 그 부분을 통해서 전류가 흘러 줄열이 발생하여 고온이 되고 인접부분을 열로 새롭게 흑연화시켜 전류를 통과시키게 된다.
3) 미세한 불꽃방전이 지속적으로 일어나면 흑연이 축적되며 축적된 흑연에 의하여 불꽃방전이 지속되어 극간 절연 파괴에 이르게 되는데, 이때 흐르는 전류는 적은량이다.
4) 흑연은 비금속 중에서는 도전율이 좋기는 하지만 금속에 비하면 도전율이 낮기 때문에 적은 전류에 의해서도 발열하게 되며, 이 발열에 의하여 흑연화가 촉진된다.
5) 이것이 계속 이어져 서서히 입체적으로 확대되어 전류가 증가하여 결국은 넓은 범위로 발열·발화하는 현상

6 트래킹과 흑연화의 비교

1) 트래킹은 표면 간의 방전에 의해, 흑연화는 전기 불꽃에 의해 발생된다는 점이 다르며, 유기절연물의 흑연화된다는 점은 같다.
2) 일반적으로는 그 시작은 다르지만, 출화원인으로 이 둘을 구분할만한 특징은 없으므로 일괄적으로 트래킹이라 칭한다.
3) 궁극적으로 탄화도전로를 생성하는 현상으로서의 트래킹과 그래파이트화는 유사하다고 보아, 트래킹과 그래파이트화를 동의어로서 '트래킹'이라고 통칭하고 있다.
4) 국내에서는 전기기계기구 등에서 탄화도전로를 형성하는 현상은 트래킹이라 칭하고, 목재 등의 전기기계기구 이외에서 탄화도전로를 형성하는 현상은 그래파이트화라고 칭하기도 한다.
5) 트래킹과 흑연화 비교

구 분	트래킹	흑연화
발생원인	표면간 방전	전기불꽃
발생장소	전기 기계, 기구	유기절연체 (목재, 플라스틱, 고무 등)
	전기기계기구	유기물질의 전기절연체
메커니즘	전기절연체 표면의 열화 ⇒ 누전회로 발생 ⇒ 미소불꽃 방전 (장기간 반복) ⇒ 탄화 도전통로(Track)생성	절연체 열화 ⇒ 누전회로 발생 ⇒ 미소불꽃 방전(장기간 반복) ⇒ Track 생성 ⇒ 표면의 흑연화 ⇒ 과전류 발생(발열량 증대) ⇒ 단락, 지락 ⇒ 발화

정온전선의 화재위험성

1 정온전선의 정의

1) 도전성 고분자(Conductive Polymer)를 이용한 병렬회로 구조의 발열체
2) 주위의 온도변화에 따라 내부저항을 스스로 제어하여 발열량을 조절하도록 설계된 자기제어 저항 발열케이블이다.

2 특 성

1) 정온전선은 시공이 용이하고, 가격이 저렴하여 겨울철 수도관, 수도계량기, 용수저장 탱크 등 각종 배관 및 탱크의 동파방지용으로 그 사용이 증가하고 있다.
2) 정온전선은 설치 시 절단부분의 절연처리가 불량하여 내부로 분진 및 수분 등의 이물질이 침입하는 경우 화재의 위험이 있다.

3 구조 및 원리

1) 정온전선의 온도변화에 따른 폴리머 정렬 현상
   (1) 두 평형 도체의 사이에 반도전성 고분자를 연속 압출방식으로 충진시킨 후, 양 도체 사이에 전기를 흐르게 함으로써 고분자에 의한 전열을 이용한 발열케이블이다.
   (2) 반도전성 고분자는 플라스틱 절연체에 도전성 카본을 첨가하고, 분자구조의 가교(Cross Linking) 공정을 거친 물질이다.
2) 정온전선의 회로도
   (1) 두 가닥의 도체 사이에 무수히 많은 병렬 전기회로의 구조를 형성하고 있어 외부의 온도가 낮아지면 탄소결합 상태가 조밀해지면서 전류가 증가하여 발열량이 높아지고
   (2) 반면에, 외부의 온도가 높아지면 발열체 분자구조의 팽창으로 부분적으로 탄소결합을 끊음으로써 전류의 흐름이 적어져 발열량이 감소하는 특성을 가지고 있다.

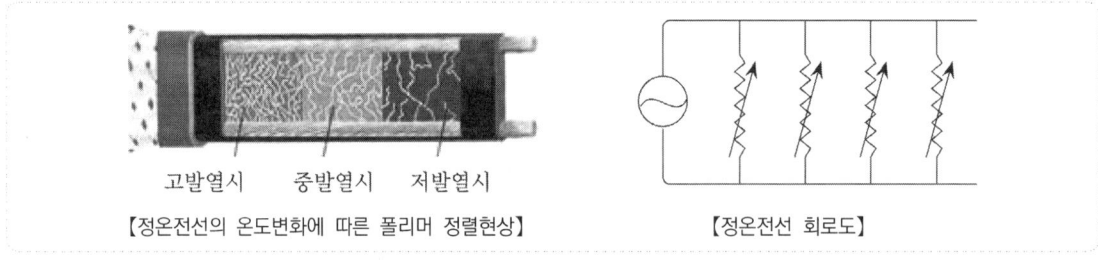

【정온전선의 온도변화에 따른 폴리머 정렬현상】   【정온전선 회로도】

4 발화 위험

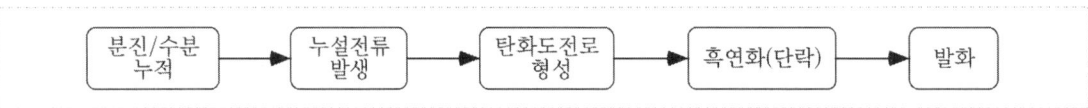

1) 고체 절연물의 표면에 수분이 포함된 먼지, 전해질 물질 또는 도전성 분진 등의 이물질이 누적
2) 오염된 부분의 절연체 표면으로 누설전류가 흐른다.

3) 아크 트래킹(Arc Tracking)에 의한 탄화 도전로 형성
4) 절연체 표면이 탄화
5) 아크 트래킹이 지속되면 발생된 아크에 의해 주위 가연물이 착화되거나 절연파괴에 의한 단락으로 진행되어 발화

5 사용 시 주의 사항

1) 절단면의 절연처리

   정온전선을 절단하여 사용할 경우 절단면에 분진 및 수분 등의 이물질이 누적될 수 있으며, 이와 같이 이물질이 누적된 상태에서 장기간 사용되는 경우 아크 트래킹에 의한 화재 위험이 있다.

2) 긴 정온전선의 사용을 자제

3) 아크차단기 설치

   정온전선의 절단면을 적절히 절연하지 못하는 경우 절단면의 충전부에서 대지와 연결된 금속체 등을 통해 아크가 발생할 수 있으므로 아크차단기를 설치할 필요가 있다.

전기화재의 단락흔(1차 용흔)과 용융흔(2차 용흔)

1 단 락

1) 단락이란 전로의 선 사이가 전기저항이 적은 상태(≒ 0)로, 이때 단락 부분에 흐르는 전류를 단락전류라 한다.
2) 전선이 단락되면 저항이 거의 없기 때문에 과전류가 흐르고 급격히 발열되어 전선이 순간적으로 녹을 수 있다.
3) 화재 현장에서 전선의 용흔이 화재의 원인인지 또는 화재에 의한 것인지를 결정하는 것은 화재조사에서 중요한 사항이다.

2 단락의 발생원인

1) 기계적 원인으로 절연체가 파괴되어 단락
2) 접촉 불량 등 국부 발열에 의해 절연 열화가 진행되어 단락
3) 화재 등 외부 열에 의해 절연 파괴되어 단락

※ 1)와 2)에 의해서 생긴 용흔을 1차 용흔, 3)의 경우는 2차 용흔이라고도 한다.

3 단락 출화의 특징

1) 단락 불꽃은 순간적이기 때문에 주위의 가연물의 온도를 그 발화온도까지 높이는 것은 어려우므로, 단락이 발생하더라도 그것이 발화로 이어지는 경우는 확률적으로 낮다.
2) 그러나 가연성 기체 및 열용량이 적은 분진 등에는 착화할 수 있고 연속적으로 단락 불꽃이 발생할 경우 착화할 위험이 있다.

3) 통상의 착화물에는 담배 등의 미소 화원에 의한 출하와 유사한 형태를 나타낸다. 즉, 단락 부분을 중심으로 국부적으로 깊이 타 들어가고 무염 연소에 의한 출하의 형태를 나타내는 것이 많다.

4 용흔의 종류

1) 단락흔(1차 용융흔)
   (1) 화재가 발생하기 전에 생긴 도체의 전기적 용흔 또는 화재의 원인이 된 도전로상의 용흔
   (2) 특징
      ① 소선과 망울이 경계면을 가지고 있다.
      ② 순간적으로 녹은 형태를 가지고 있다.

2) 용융흔(2차 용융흔)
   (1) 통전 상태에 있던 전선이 화재로 인해 전선 피복이 타버리는 과정에서 전선의 심선이 서로 직·간접적으로 접촉될 때의 방전으로 생기는 용융흔
   (2) 특징
      ① 망울과 전선 간에 경계면이 없이 한 덩어리
      ② 망울 표면이 거칠다.

【단락흔(1차 용융흔)】　　　【용융흔(2차 용융흔)】

구 분	단락흔(1차용흔)	용융흔(2차용흔)
표면상태	형상이 구형이고 광택이 있음	형상이 구형이 아니든가 광택이 없는 경우가 많음
탄화물	일반적으로 탄소는 검출되지 않음	탄소가 검출되는 경우가 많음
금속조직	미세한 동과, 산화 제1동의 공유결합 조직	• 동의 초기 결정 성장 보임 • 동의 초기 결정 이외의 금속 결정으로 변형됨
VOID 분포	구형 VOID가 용흔의 중앙에 생기는 경우가 많음	일반적으로 미세한 VOID가 많이 생김

5 결 론

1) 화재 현장의 전선에 용흔이 출화의 원인이 된 것인가 또는 화재에 의해서 2차적으로 발생한 것인가를 판단하는 것은 출화 원인의 입증을 위한 중요한 사항이다.
2) 화재 열에 의해서도 용융흔이 생기는 것도 가능하지만, 단락에 의한 것이 아니기 때문에 광택이 없는 것은 물론 용단 개소의 둥그스름함이 적고, 용융 범위가 넓으며, 용융흔이 아래로 흐른 것이 현저하다. 그 때문에 동선의 일부가 가늘게 되어 있는 것이 많다.
3) 따라서 단락흔 및 외부 화염에 의한 단락흔을 비교하면 외관적으로 판별이 가능하다.

누전경보기 작동원리

1 단상 누전경보기의 작동원리

1) 영상변류기(ZCT)를 이용하여, 각 전선간에 흐르는 전류의 차를 검출한다.
2) 전류의 누설이 없는 평상시는 자속(ϕ)이 상쇄되어 검출이 없고, 전류의 누설이 있을 때만 자속의 차가 발생하여 검출하는 원리이다.

구분	전류	합성 자속
정상 시	$I_1 = I_2\,(\phi_1 = \phi_2)$	0
전류 누설 시(I_g)	$I_1 \neq I_2$, $I_2 = I_1 - I_g$	$\phi_2 = \phi_1 - \phi_g$ 되어, 자속(ϕ_g)을 검출

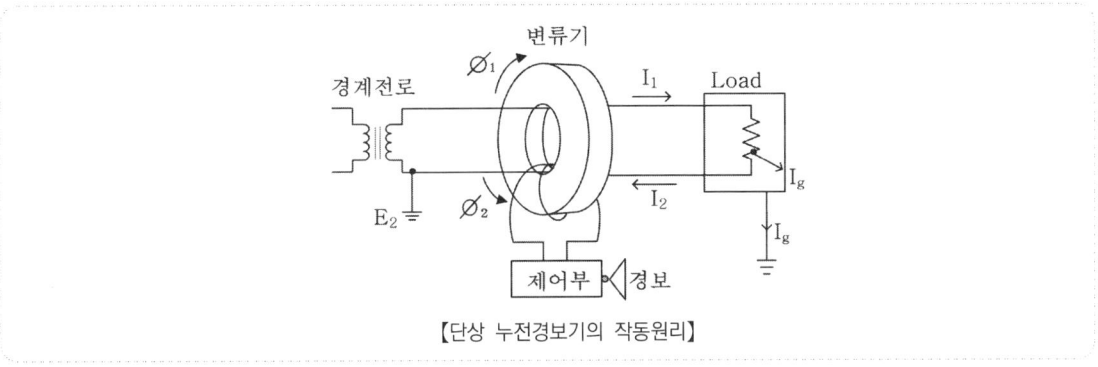

【단상 누전경보기의 작동원리】

2 3상식 누전경보기의 작동원리

1) 평상시

$$I_1 + I_a = I_b, \quad I_2 + I_b = I_c, \quad I_3 + I_c = I_a$$

이므로, $I_1 + I_2 + I_3 = 0$이 되어, 자속(ϕ)은 모두 상쇄된다.

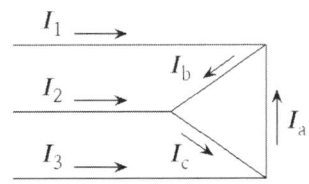

2) 전류누설 시(I_g)

$$I_1 = I_b - I_a, \quad I_2 = I_c - I_b, \quad I_3 = I_a - I_c + I_g$$

$I_1 + I_2 + I_3 = I_g$가 되어, 누설전류(I_g)에 의한 자속(ϕ_g)를 검출한다.

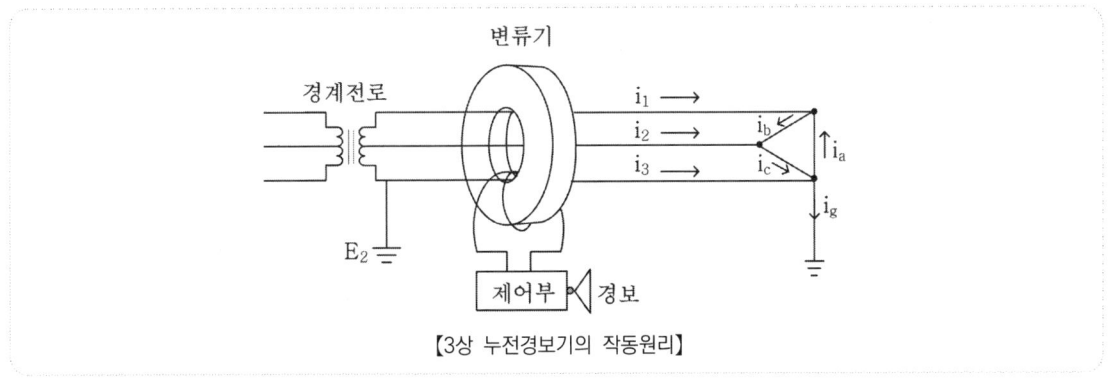

【3상 누전경보기의 작동원리】

AFCI (Arc-Fault Circuit Interrupter)

1 개 요

1) 아크 : 절연체의 절연파괴를 동반하게 되는 섬광방전
2) 아크차단기 : 전선의 절연파괴 등으로 인해 발생하는 전기화재의 주원인이 되는 아크를 검출하여 차단하는 기기
3) 전기화재의 약 80%가 아크로 인한 화재로 기존의 누전/배선용 차단기는 위험한 아크를 감지하는 기능이 없기 때문에 아크차단기 설치는 전기화재 예방측면에서 중요하다.

2 아크발생 원인

1) 전기 제품의 손상
2) 전선의 손상
3) 노후화
4) 접촉 불량

3 AFCI 필요성

1) 전기화재 중 대부분이 과부하나 단락이 아닌 아크로, 전기화재 원인 중 80%인 것으로 조사됨
2) 기존의 누전차단기나 과전류차단기는 누설전류나 전기에 의한 인체의 감전 등을 제어하기 위한 목적으로 설계되어 아크차단이 안 된다.
3) 기존의 차단기가 아크를 감지 못하는 이유

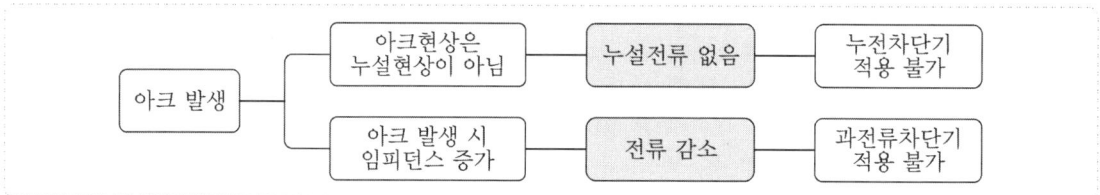

4 아크차단기의 구성과 작동원리

전기기기에서 발생하는 노이즈와 전기도선에서 발생하는 아크를 분류하여 전기도선에서 발생하는 아크만을 검출하여 차단한다.

1) 열 센서(Thermal Sensor)와 자기 센서(Magnetic Sensor)
   (1) 열센서 : 과전류 차단기와 동일
   (2) 자기센서 : 지락전류를 감지하여 차단하기 위한 것으로 누전차단기에 내장된 것과 동일
2) 부하전류 센서(Load Current Sensor)
   아크 파형의 주파수만을 통과시키는 아크 필터로 보내지고, 아크 필터의 출력은 증폭기를 거쳐 논리회로로 보내진다.

3) 논리회로
   (1) 불안전한 파형의 존재 여부를 판단하여 회로를 차단해야 한다고 판단되면 차단기 접점을 개방하기 위한 솔레노이드를 여자시킨다.
   (2) 아크차단기는 전압·전류 신호를 분석해 발생한 유해 아크를 차단하고, 정상 아크는 차단하지 않아야 한다. 유해 아크는 전기화재를 유발할 수 있는 아크를, 정상 아크는 스위치 개폐와 전기드릴 등에서 정상적으로 발생하는 아크를 말한다.

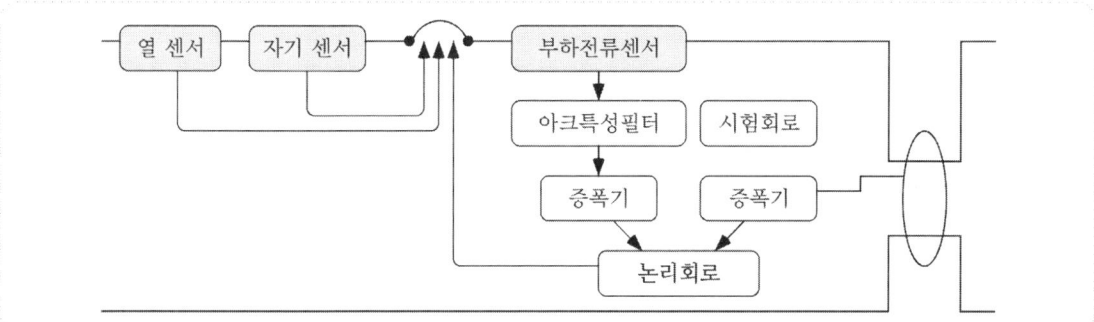

5 아크고장보호 [국가건설 기준 (권고)]

다음의 분기회로에는 아크의 영향에 대한 특별한 보호대책을 권고한다.

1) 숙박(취침)시설
2) 가공처리 또는 저장된 물질의 특성으로 인해 화재의 위험이 있는 장소(예 헛간, 목공소, 가연성물질 저장소)
3) 가연성 건축자재가 있는 장소(예 목재건축물)
4) 화재확산구조물(예 고층건축물, 전통시장, 아파트, 병원)
5) 소실 시 대체 불가능한 물품이 있는 장소(예 문화재, 수장고)

6 결 론

국내에서도 AFCI 설치를 의무화하고, 전기용품 안전인증 규격과 KS 규격을 제정하는 것이 필요하다.

Annex

📁 AFCI (아크차단기)

1. 미국 국립소방장협회(NASFM) 자료에 따르면 주택에서 발생하는 전기화재의 약 80%가 아크사고에 의해 발생한 것으로 조사됐다. 이에 따라 미국에서는 침실에 설치된 15 A, 20 A의 출구에 전원을 제공하는 모든 배선회로와 욕실 등에서 기존 누전차단기외에 AFCI 설치를 의무화하고 있다.
2. 아크란 전기 배선 등 2개의 전극 사이에 존재하는 기체가 전압강하에 의해 전기적으로 방전돼 전류가 흐르는 것으로 이때 주울열이 발생한다. 주울열은 발화점 이상의 높은 열을 발생시켜 전기화재의 주요 원인이 된다.

유입변압기 화재

1 개 요

일반적으로 대용량의 변압기는 액체 절연유가 봉입된 변압기를 사용하는데 여러 가지 원인에 의하여 화재 및 폭발의 위험이 있다.

2 화재 위험

1) 1차 위험

　(1) 열적, 전기적 응력에 의한 열화

　(2) 급격한 전압변동(Voltage Surge)

　(3) 변압기 애자 표면의 오염

2) 2차 위험

　(1) 아크

　(2) 절연유 유출

　　① 절연유의 발화온도가 낮고 연소성이 있다. 따라서 대용량 변압기의 경우는 별도의 안전장치가 필요하다.

　　② 절연물의 내열온도가 A종(105 ℃)으로 과부하 사용 시 열화되기가 쉽다.

3) 외부 요인에 의한 위험

　(1) 낙뢰

　(2) 외부 화재 등

3 변압기 화재 메커니즘

1) 단락 등에 의해 절연 파괴

2) 아크 발생

3) 분해가스 발생

4) 내부압력 상승

5) 고장과 동시에 전원이 자동 차단되지 않고 분출된 절연유에 계속적인 아크로 점화되는 경우

6) 분출되어 점화되는 경우도 있다(3차원 화재).

4 예방 대책

1) 난연성 절연유를 사용하여 절연유의 인화점을 높인다.

2) 점화원 예방

　(1) 전기적 충격 방지

　(2) 열적보호

　(3) 압력보호

5 Passive 대책

1) 변압기의 방호를 위한 방호벽 설비
   (1) 변압기와 변압기 사이에는 2시간 이상 버틸 수 있는 방호벽 설치
   (2) 방호벽의 크기는 수직으로 0.3 m 이상 수평으로는 0.6 m의 벽을 설치하여야 한다.
2) 변압기의 외함의 강도 보강
3) 변압기 내부 압력 상승 시
   (1) 피압 탱크와 같은 압력 전달 공간 확보
   (2) 폭발압력 감소를 위한 폭연방출구 설치
4) 고온의 절연유 누출 시 절연유 냉각을 위한 변압기 주위의 자갈 포설
5) 누출된 절연유의 저장을 위한 저유조 설치

6 감지설비

1) 정온식 열감지기(Fixed Temperature Detectors)
2) 보상식 열감지기(Rate Compensated Detectors)
3) 정온식감지선형 열감지기

감지기별로 장·단점은 있으나 외기에 노출된 상태에서의 설치조건과 우리나라의 기후조건에서의 적응성 등을 고려하면 정온식감지선형 열감지기가 적합하다.

7 소화설비

1) 변압기 화재는 3차원 화재 가능성이 있으므로 포(고팽창포) 또는 물분무(미분무)소화설비가 적응성이 있다.
2) 포소화설비
   (1) 저팽창포
      ① 압축공기포 소화설비
      ② 팽창비는 1 : 10 이상으로 혼합(Dry Foam, 건식포)
         팽창비를 크게 하면 건식포(Dry Foam)로서 환원시간이 길어 (수손 피해 감소) 전기화재에 적응성이 있고 부착성도 증가한다.
   (2) 고팽창포
      옥외 변압기에 적용 시 바람 등 외기의 영향을 고려하여야 한다.
3) 물분무소화설비
   (1) NFTC : 절연유 봉입 변압기에 있어서는 바닥부분을 제외한 표면적을 합한 면적 $1\ m^2$에 대하여 $10\ \ell$/min로 20분간 방수할 수 있는 양 이상으로 할 것
   (2) 변압기의 모든 노출된 표면에 대해 물이 분사되도록 노즐을 설치하여야 한다.
   (3) 구조적으로 분사노즐을 통해 직접 분사하기 곤란한 변압기 하부 등에는 수평 분사방식 또는 변압기 하부지역을 냉각하는 방식 등의 방법을 적용할 수 있다.

(4) 대형 유입변압기는 일반적으로 공정설비, 건물, 구조물 또는 다른 변압기와 이격하여 설치하거나 또는 조적식 벽에 의해 분리하여 설치한다.

4) 미분무수소화설비

(1) 기상냉각, 질식, 가연물 적심 등의 소화원리를 이용하여 소화

(2) 미분무소화설비는 그 대상물과 용도에 따라서 그에 적합한 압력, 살수밀도 또는 물입자 크기 등을 적용하여야만 원하는 효과를 얻을 수 있다.

(3) 따라서 사양위주의 일괄적인 설계보다는 소방대상물별로 성능위주의 설계가 이루어져야 하고 이를 위한 자료와 실험치를 얻기 위해서 다양한 연구와 실험이 필요하다.

8 절차적 대책

주기적인 절연상태 확인 등 점검

9 결론

1) 변압기의 화재는 매우 복잡한 과정과 다양한 원인에서 발생하며, 일단 변압기에 문제가 발생되면 전력공급에 차질이 발생하므로 재산적 손실을 발생하고 아울러 사업수행에 심각한 영향을 주게 된다.

2) 포·물분무·미분무소화설비 적용 시 화재 특성, 구획실 특성을 고려하여 설치하여야 한다.

Annex

📁 전기적 점화원

1. 유도열
   (1) 도체 주위에 변화하는 자장이 존재하면 전위차가 발생하고, 전위차에 의하여 전류의 흐름이 발생한다.
   (2) 이 전류의 흐름에 의해 도체의 저항이 발생하고, 이때 발생하는 열을 유도열이라 한다.

2. 유전열
   (1) 전선은 도체를 절연물질로 감싸서 전류가 안전하게 흐를수 있도록 통로를 확보한다.
   (2) 절연물질이 어떤 원인에 의해서 절연능력이 감소하여 누설전류가 발생하고, 누설전류가 흐를 때 저항에 의해서 열이 발생하는 열을 유전열이라 한다.

3. 아크열
   (1) 전류가 흐르는 회로에 우발적인 접촉 또는 차단에 의해서 공기의 절연이 파괴되어 아크가 발생한다.
   (2) 이때 발생한 아크의 공기에 대한 저항열을 아크열이라고 한다.

정전기 1

1 개 요

1) 두 물체를 마찰시키면 물체에는 양전기와 음전기의 두 종류로 대전된다. 이와 같이 어떤 물체가 양전기 또는 음전기를 띠는 대전체로부터 외부에 나타나는 전기적인 현상
2) 이러한 정전기는 동전기와는 다른 고유한 성질을 가지고 있어 대전이나 방전현상에 의해서 대형화재나 폭발사고를 유발하기도 한다.

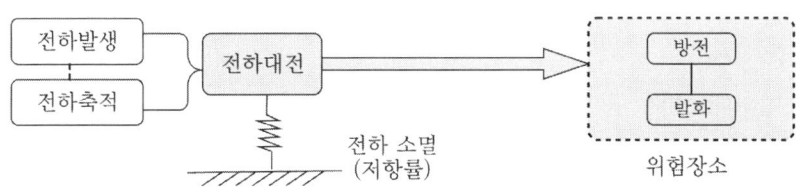

2 정전기 대전 메커니즘 (고체)

1) 접촉에 의한 전하의 이동
   (1) 일함수(Work Function) : 물체에서 자유전자가 외부로 방출되는 데 필요한 최소에너지
   (2) 접촉면적
   (3) 물체의 이력 : 처음 접촉 분리 시 가장 많이 발생
2) 전기 2중층 형성
3) 분리에 의한 정전기 발생
   (1) 분리 시 가스 방전에 의해 정전기 일부는 가스 중화된다. 중화 정도에 따라 정전기 발생량이 결정된다.
   (2) 이때 중화의 정도는 아래와 같은 요소가 중요한 영향인자이다.
      ① 표면저항 : 습도가 중요한 요소
         • 습도가 65 % 이상이면 정전기가 소멸된다.
         • 일부 플라스틱 배관이나 탱크 등은 습도가 높아도 소멸되지 않는다.
      ② 분리속도

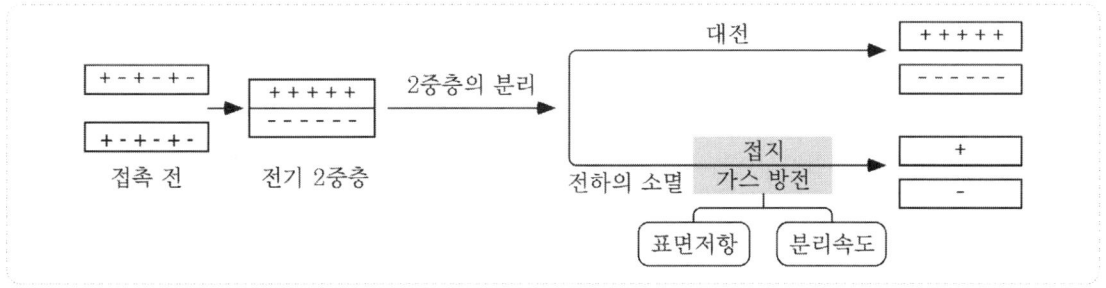

❸ 영향인자

1) 물체의 특성 : 일함수
2) 물체의 표면상태
3) 물체의 이력 : 처음 접촉 분리 시 가장 많이 발생
4) 접촉면적 및 압력
5) 분리속도
6) 주위 환경 : 온도 및 습도

❹ 정전기 방지 대책(대전 방지)

1) 정전기 발생 억제
   (1) 마찰을 줄인다. : 마찰 증가 ⇒ 온도 증가 ⇒ 일함수 감소 ⇒ 전자 이동 증가
   (2) 유속의 제한
   (3) 기구는 전도성 재료
   (4) 대전 방지제 첨가
2) 정전기 축적 방지
   (1) 접지 및 본딩(Bonding)
      ① 접지저항은 10 Ω 이하
      ② 배관류는 모두 접지하고, 플랜지 등으로 절연 상태가 되기 쉬운 곳은 본딩
   (2) 습도 : 상대습도 70 % 이상
   (3) 공기 이온화
      ① Static Comb
      ② Electrical Neutralization
      ③ Radioactive Neutralize
   (4) 제전복, 제전화 착용

【접지와 본딩】

❺ 정전기로 인하여 발생하는 현상

1) 방전현상 : 가연성가스가 존재하는 장소에서 점화원
2) 정전유도 현상 : 대전 물체 근처에 대전 물체의 전하와 반대 극성의 전하가 나타나는 현상
3) 전기 충격
4) Bernstein 효과
   (1) 주위에 있는 먼지, 종잇조각 등 가벼운 물체를 끌어당긴다.
   (2) 방직 공장에서 마찰대전으로 실이 서로 엉켜 품질이 저하된다.

정전기 2

1 개 요

1) 두 물체를 마찰시키면 물체에는 양전기와 음전기의 두 종류로 분리 후 축적된다. 이와 같이 어떤 물체가 양전기 또는 음전기를 띠는 대전체로부터 외부에 나타나는 전기적인 현상
2) 이러한 정전기는 동(動)전기와는 다른 고유한 성질을 가지고 있어 대전된 후 방전현상에 의해서 대형화재나 폭발사고를 유발하기도 한다.

2 전하발생

1) 마찰대전
2) 유동대전(Liquid Shear Charging)
3) 유도대전(Induction Charging)

   도체가 대전된 절연체 근처로 가면 절연체 표면의 전하극성에 따라 표면에 가까운 쪽 또는 먼 쪽으로 전자가 이동한다. 이 이동된 전체전하를 유도전하라 한다.

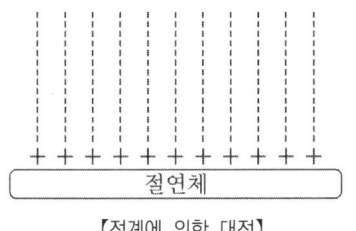
【전계에 의한 대전】

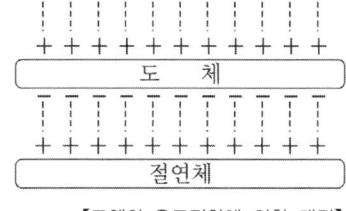
【도체의 유도전하에 의한 대전】

4) 코로나대전(Corona Charging)

3 전하축적

1) 액체 : 체적저항

구 분	도전성 (Conductive)	반도전성 (Semi-Conductive)	비도전성 액체
도전율	$10^4\,pS/m$ 이상	$10^2 \sim 10^4\,pS/m$	$10^2\,pS/m$ 이하
저항률	$10^8\,\Omega\cdot m$ 이하	$10^8 \sim 10^{10}\,\Omega\cdot m$	$10^{10}\,\Omega\cdot m$ 이상

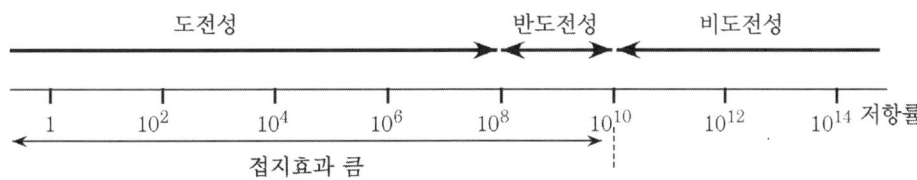

(1) 물체의 단위 길이를 한 변으로 하는 입방체(체적)의 전기저항($\Omega\cdot m$)
(2) 전기 저항률이 약 $10^{10}\,\Omega\cdot m$ 이상의 정전기 부도체(전기적으로 절연물)는 접지를 실시하여도 정전기 방지는 거의 기대할 수 없다.

2) 고체 : 표면저항

(1) 절연물 표면에서 측정한 단위 면적당의 저항(Ω/m^2)

(2) 표면저항이 작은 표면은 접지하였을 때 정전기적으로 전하를 가질 수가 없다.

(3) 표면저항은 주로 상대 습도가 증가하면 감소한다. 단, 일부 플라스틱 등은 습도가 높아도 저항이 감소되지 않는다.

3) 본딩 및 접지

접지가 불충분하면 도전성 재료는 대전할 뿐만 아니라, 만일 방전이 발생하면 절연체에서 그것보다 큰 에너지 방전이 발생하여 오히려 위험하다.

4) 습 도

(1) 표면저항은 주위 습도에 의해 제어가 가능하며 70 % 이상의 습도에서 대부분의 물질은 정전기의 축적을 방지하기에 충분한 표면도전율을 갖는다.

(2) 습도는 물질의 표면도전율을 증가시키지만, 생성된 전하는 대지와 연결된 접지 경로가 있어야 소멸된다.

(3) 일부 절연체는 공기로부터 습분을 흡수하지 않으며 높은 습도에서도 그 표면 저항률이 감소되지 않는다.

4 완화시간 (Charge Relaxation Time = Charge Decay Time)

1) 액체의 정전기는 시간의 경과에 의해 정전기가 스스로 중화되며(Self-healing) 중화되는 정도는 도전율의 영향을 받는다(특히 액체).

2) 초기 대전양의 $1/e$(약 40 %)까지 감소하는 시간

3) 완화시간

(1) 도전율이 $1\,pS/m$ 이상

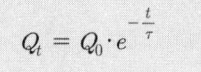

Q_t : t시간 경과 후 남아 있는 전하(C)
Q_0 : 최초 생성 전하(C) t : 경과 시간 τ : 시정수($R \cdot C$)

(2) 도전율이 $1\,pS/m$ 이하(고절연성)인 액체. 분말, 도전성 전하 완화가 지수 함수적 감쇠모델에서 계산한 것보다 빠르게 감쇠한다.

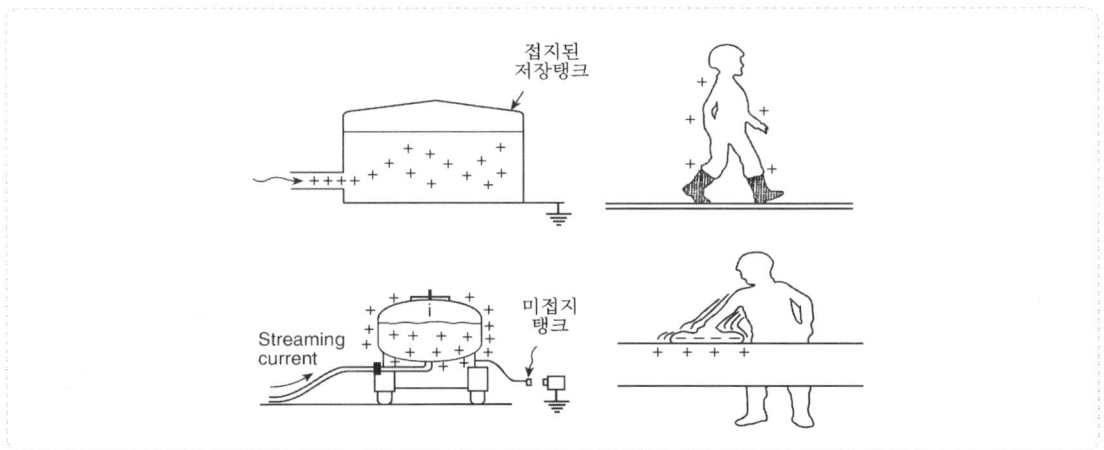

석유류 정전기 발생(유동대전)

1 개 요

1) 액체가 파이프, 호스, 필터 등을 통과하거나, 액체를 교반 또는 휘저을 때에 전하분리가 일어난다.
2) 액체와 배관의 접촉면적이 넓을수록, 유속이 빠를수록 분리속도는 커진다. 이때 액체에 혼합된 전하들이 이동되어 하류측의 용기에 모이게 된다.
3) 특히, 액체의 경우 정전기는 전하의 생성이 소멸보다 빠르게 이루어질 때 축적되며, 생성된 전하는 중성상태로 돌아가려는 경향이 있다.
4) 정전기 크기는 체적저항($\Omega \cdot m$)과 유체내의 이동전하 흐름에 따라 결정된다.

2 전하의 발생 영향인자

1) 액체의 이동속도 : 유동 속도가 빠를수록 정전기 발생량 증가
2) 불순물 농도 : 다른 액체 또는 고체가 포함된 경우에는 정전기 발생량 증가
3) 배관 및 저장용기의 절연성
   (1) 유체가 비도전성 배관 내를 유동할 때 전하생성률은 도전성과 비도전성 배관에서 비슷하게 나타나지만 전하소멸률은 비도전성 배관에서는 아주 느리다.
   (2) 비도전성 튜브를 사용해야 하는 곳에서는 모든 금속제 연결부품은 본딩 및 접지를 한다.

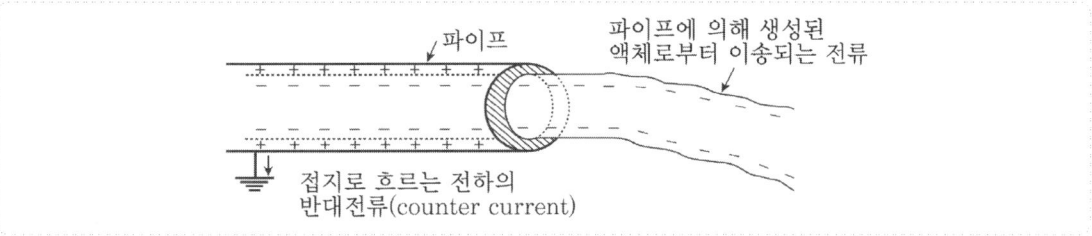

4) 접촉면적
5) 도전율
   도전율이 극히 작은 경우($10\,pS/m$ 이하) 정전기가 생성되지 않아 위험성이 감소한다.

3 정전기 대책

1) 유속제한
   (1) 저항률 $10^{10}\,\Omega \cdot m$ 이하 : 유속 7 m/s 이하
   (2) 저항률 $10^{10}\,\Omega \cdot m$ 이상 : 유속 1~5 m/s 범위
   (3) 에테르, 이황화탄소 등(유동대전 심하고 폭발위험성 큼) : 유속 1 m/s 이하
2) 접 지
   (1) 금속 배관계통에서 연결부분의 접지저항은 10 Ω을 넘지 않아야 한다.
   (2) 본딩선의 설치를 위하여 유연하고, 회전 가능한 연결부위를 필요로 한다.
   (3) 탱크는 접지를 한다.

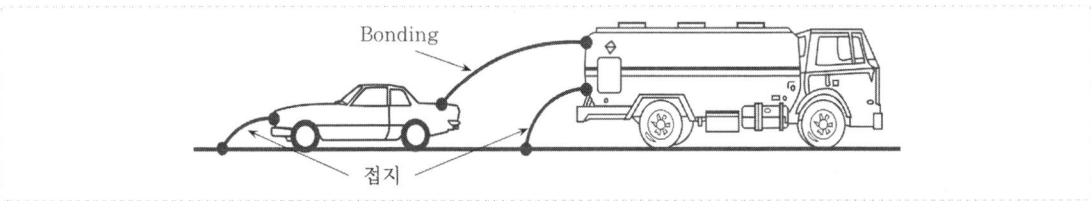

3) 도전율에 따른 정치시간

도전율 [pS/m]	대전물체의 용적 (m³)			
	10 미만	10~50	50~5000	5000 이상
$1 \sim 10^6$	2분	3분	10분	30분
$10^{-2} \sim 1$	4분	5분	60분	120분

4) 기 타

⑴ 공기 등을 이용한 가스 교반은 액체와 거품 등에 전하를 생성시키기 때문에 바람직하지 않다.

⑵ 불활성화를 위한 초기단계에서는 탱크 내의 증기가 불활성화되기 전에 교반으로 인해 축적된 정전기가 불꽃 및 점화를 일으킬 수 있으므로 주의해야 한다.

⑶ 비도전성 재료로 제작된 탱크에 Class Ⅰ, Ⅱ, ⅢA 액체를 저장하여서는 안 된다.

⑷ 둘 이상의 비도전성 액체를 혼합탱크에 채울 때에는 가벼운 물질이 상승하면서 높은 전하층이 액체표면에 형성되는 것을 방지하기 위해 저밀도 액체를 먼저 채운다.

⑸ 인화성 액체가 담긴 용기의 개구부 근처 사람은 접지시키고, 바닥면이나 접지클립과 같은 부위에 비도전성 찌꺼기가 쌓이면 접지의 전기 접속이 불량해질 수 있으므로 특별히 관리한다.

Annex

📁 **탱크주입구 설치**

1. 탱크 위쪽에서 위험물을 낙하시키는 구조는 안 되고, 주입구는 용기 바닥에 이르도록 설치할 것
2. 주입구는 밑쪽이나 수평방향으로 유입하고, 교반이 적도록 설치한다.
3. 주입구 아래에 고이는 수분을 제거할 수 있는 장치를 설치한다.
4. 위험물의 펌프는 탱크로부터 먼 곳에 설치, 배관은 난류가 일어나지 않도록 굴곡 적게 할 것
5. 스트레이너는 주입구로부터 먼 곳에 설치한다.

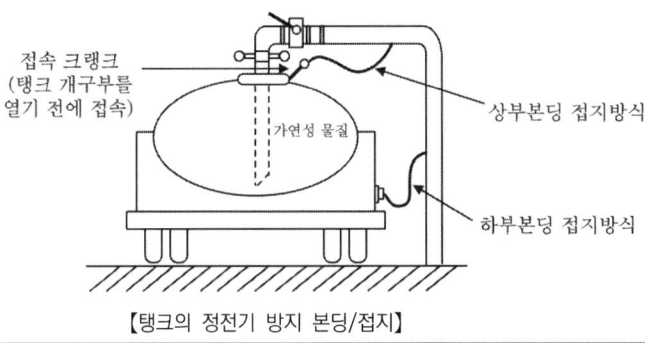

【탱크의 정전기 방지 본딩/접지】

정전기 발생 영향인자

1 개요

1) 두 물체를 마찰시키면 물체에는 양전기와 음전기의 두 종류로 대전된다. 이와 같이 어떤 물체가 양전기 또는 음전기를 띠는 대전체로부터 외부에 나타나는 전기적인 현상
2) 이러한 정전기는 동전기와는 다른 고유한 성질을 가지고 있어 방전현상에 의해서 화재나 폭발사고를 유발하기도 한다.

2 정전기 발생 영향인자

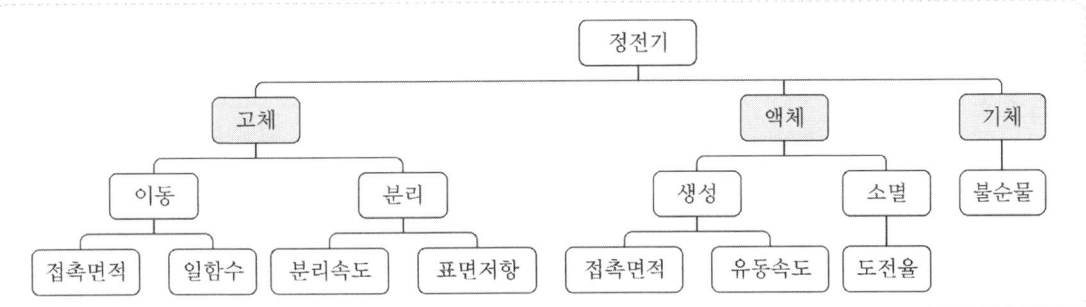

1) 고 체
   (1) 접촉에 의한 전하의 이동
      ① 일함수(Work Function) : 물체에서 자유전자가 외부로 방출되는 데 필요한 최소에너지
      ② 접촉면적
      ③ 물체의 이력 : 처음 접촉 분리 시 가장 많이 발생
   (2) 분리에 의한 정전기 발생
      ① 표면저항 : 습도가 중요한 요소
      ② 분리속도
2) 액 체
   (1) 이동속도
   (2) 접촉면적 및 배관 재질
   (3) 배관 부속류의 형태
   (4) 도전율
   (5) 불순물
3) 기 체
   (1) 불순물
   (2) 고상화 정도
   (3) 이산화탄소 소화설비의 노즐 접지

3 정전기에 의한 화재 또는 폭발 등의 위험이 발생할 우려가 있는 설비

1) 위험물을 탱크로리·탱크차 및 드럼 등에 주입하는 설비
2) 탱크로리·탱크차 및 드럼 등 위험물 저장설비
3) 인화성 물질을 함유하는 도료 및 접착제 등을 제조·저장·취급 또는 도포하는 설비
3) 가연성 분진을 저장 또는 취급하는 설비
4) 유압·압축공기 또는 고전위 정전기 등을 이용하여 인화성 물질을 분무 또는 이송하는 설비
5) 액화수소·공업용 연료가스·액화석유가스를 이송하거나 저장·취급하는 설비
6) 화약류 제조설비

정전기 방전

1 개요

1) 정전기 방전(Electrostatic Discharge)은 인화성 혼합물을 점화시킬수 있는 불꽃방전, 코로나방전, 브러시방전 등의 형태로 정전기가 방출되는 것
2) 방전형태는 일반적으로는 대전물체라든가 접지체가 평평한 구조인 것에서는 에너지가 큰 착화성 방전이 일어나기 쉽고, 반대로 바늘 등에 돌기한 형상이면 코로나 방전에 의해서 착화되기 어렵다.

2 코로나 방전 (Corona Discharge)

1) 전극이 뾰족한 모양일 때 극 부분의 전기장이 강해져 방전이 일어나는 현상으로, 극 사이의 일부에만 일어나는 방전
2) 코로나 방전은 고전압의 도체 또는 대전된 표면 근처의 접지된 도체에서 발생하며, 희미한 발광을 수반한다.
3) 일반적으로 방전에너지는 최소점화에너지(MIE)보다 작다. ⇒ 자기 방전식 제전기 원리

【코로나 방전】　　　　　　【브러시 방전】

3 브러시 방전 (Brush Discharge)

1) 코로나 방전의 에너지는 매우 작으나 방전이 강렬할 경우 선행 방전 스트리머가 포함된 브러시 방전이 발생한다.
2) 직경이 5 mm 이상이거나 손가락과 같은 반구 모양의 막대에서 발생한 브러시 방전은 가연성가스를 점화시킬 수 있다.

4 불꽃 방전 (Spark Discharge)

1) 전극에 고전압을 가했을 때, 갑자기 기체의 절연상태가 깨지면서 불꽃을 내며 방전되는 현상으로, 2개의 고압전극 또는 번개가 치는 것이 이 현상의 예이다.
2) 불꽃 방전의 에너지는 화재나 폭발의 점화원이 된다.
3) 불꽃방전의 에너지는 도전성 물체의 정전용량과 전위 또는 방출되는 전하의 양으로부터 결정된다.

$$W = \frac{1}{2}CV^2$$

4) 가스가 공기와 최적으로 혼합되었을 경우 대부분의 점화에는 약 0.25 mJ의 에너지를 필요로 한다.

5 전파브러시 방전 (Propagation Brush Discharge)

1) 도체에 부착된 절연체 표면에서의 방전
2) 8 mm 이하의 얇은 절연재료로 코팅된 표면은 전하를 충전할 수 있는 커패시터의 역할을 한다. 이때 코팅 표면이 충분히 높은 전하상태에서는 방전이 일어날 수 있는데, 이 방전을 전파 브러시 방전이라 한다.
3) 코팅부에 저장된 에너지는 단위면적당 수천 mJ까지 올라갈 수 있으므로, 공간적으로 넓게 분포되어 있더라도 점화시킬 수 있는 에너지는 충분하다.

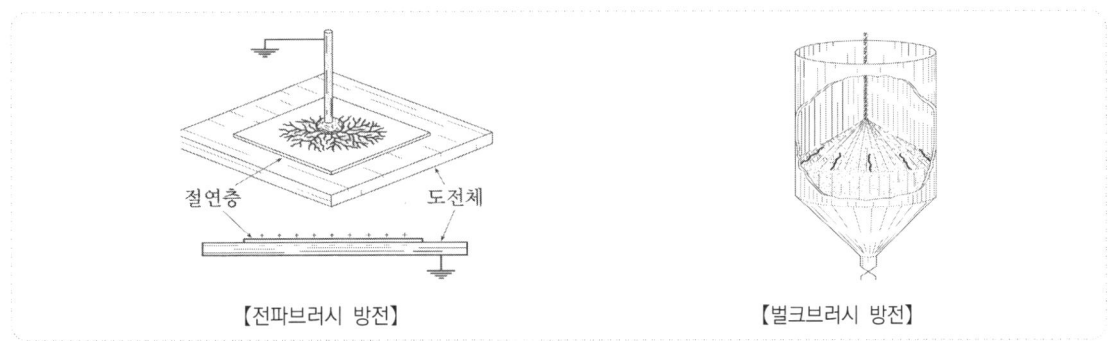

【전파브러시 방전】　　　　　【벌크브러시 방전】

6 벌크브러시 방전

1) 분진 등의 충진 과정 중의 방전
2) 대형 사일로(Silo)를 분말, 과립 등으로 채우는 도중에 표면 방전이 발생할 수 있으며, 이를 벌크 브러시 방전이라고 부른다.
3) 벌크브러시 방전은 최대 10~25 mJ의 에너지를 가지며 접지된 사일로 내에서 분진폭발의 원인이 될 수 있다.
4) 이러한 방전 현상은 탱크 차량을 비도전성 액체로 채우는 과정에서도 관찰되는데, 이러한 현상을 "표면 스트리머" 또는 "고 데빌(Go-Devil)"이라고도 한다.

제전기 (Ionizer)

1 제전기의 원리

1) 제전기란 공기를 이온화하여 대전된 정전기를 중화시키는 장치이다.
2) 정전기는 마찰, 박리 등에 의해서 대전된 정전기를 축적하고 있어서, 전기적으로 양극이나 음극을 띄고 있다. 이때 반대극성의 이온을 접촉시켜 전기적으로 중화시키는 원리이다.
3) 제전은 대전전하를 완전히 중화시키는 것은 아니고, 정전기로 인한 재해가 발생하지 않을 정도만 중화시킨다.
4) 공기의 이온화 방법에 따라 제전기의 종류가 구분된다.

2 제전기의 선정 시 고려사항

1) 제전기는 제전원리, 제전능력, 이온방출방법 등 다양한 제품군이 있어서 사용 장소의 특성에 따라 선정해야 한다.
2) 일정한 롤면으로 생산되는 종이류, 섬유류 등에는 이온화식이 비교적 양호하고,
3) 옷, 분진, 섬유류 등 복잡한 구조의 재료에는 송풍식 전압인가식이 우수하다.
4) 폭발성 가스가 존재하는 장소에서는 방사선식이나 전압인가식을 원칙적으로 사용할 수 없다.

3 제전기의 종류

1) 자기 방전식 제전기 (Inductive Neutralizer)
   (1) 코로나 방전 이용
   (2) 대지와 연결된 자기방전식 제전기에는 공기 중의 전하가 유도되고, 대전된 전하와 유도된 전하와의 전계가 3 MV/m 이상이 되면 공기 중에서 국부방전을 일으킨다.
   (3) 이를 코로나 방전이라 하며 이때 이온화 된 반대극성의 전하가 자유롭게 이동하여 대전된 표면의 전하를 중화시킨다.

   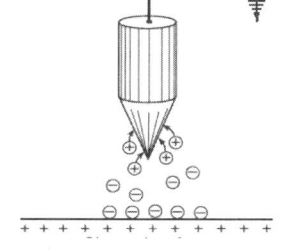
   【Induction Needle】

   (4) 자기방전식 제전기에 코로나가 발생하기 위해서는 대전물체와 제전 침 사이에 최소한의 전위차가 있어야 한다.
   (5) 자기방전식 제전기는 확실하게 접지되어 있어야 하며, 만약 접지되어 있지 않으면 장착된 금속바로부터 불꽃이 발생할 수 있다.

2) 전압 인가식 제전기 (Active Electric Static Neutralizer)
   (1) 제전기의 뾰족한 전극에서 코로나 방전이 발생하도록 고전압의 전원공급장치를 사용
   (2) 수천볼트의 고전압으로 코로나 방전을 일으켜서 발생하는 이온으로 정전기를 중화시킨다.
   (3) 고전압 전원공급장치를 사용하면 코로나 개시 전압 이하에서는 제어할 수 없는 자기방전식 제전기의 문제점이 해결된다.
   (4) 이 제전기는 고전압을 이용하므로 폭발위험장소에서는 원칙적으로 사용할 수 없다.
   (5) 제전효과가 매우 크고, 종류로는 송풍형, 방폭형, 교류형, 직류형 등이 있다.

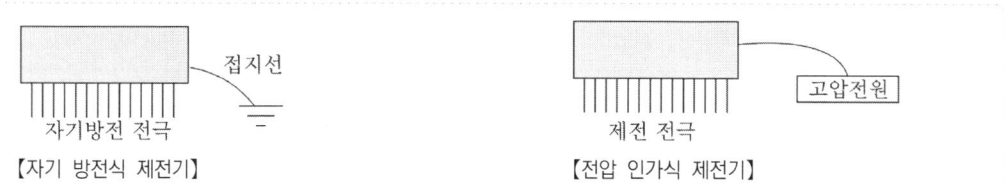

【자기 방전식 제전기】　　　　　　【전압 인가식 제전기】

3) 방사선식 제전기(Active Radioactive Static Neutralizer)
   (1) 방사선식 제전기는 공기를 이온화하기 위해 방사성 물질을 이용하는 것이다.
   (2) 대전된 전하는 일반적으로 사용되는 폴로늄-210 붕괴 시에 생성된 입자에 의해 중화된다.
   (3) 방사선식 제전기는 원자력 관련법에 부합되게 등록·설치하여야 하며, 성능이 방사선 붕괴에 따라 감쇠되기 때문에 주기적으로 교체하여야 한다.
   (4) 방사선식 제전기는 고전하 밀도를 제어하기 위해 주로 자기방전식 제전기와 함께 사용된다.

Annex

📁 **정전기 발생 종류**

1. 마찰대전 : 물체가 마찰할 때 접촉위치가 이동하고 전하분리가 일어나 발생
2. 박리대전 : 접촉되어 있는 물체가 벗겨질 때 전하분리가 일어나 발생
3. 유도대전 : 대전물체 부근에 절연도체가 있을 때 정전유도작용을 받아 대전 물체와 반대 극성 전하가 나타나는 현상
4. 비말대전 : 비말(물보라)은 공간에 분출한 액체류가 비산해서 분리되고 많은 물방울이 될 때 새로운 표면을 형성하기 때문에 발생
5. 적하대전 : 고체 표면에 부착된 액체류가 성장, 액적 물방울이 되어 떨어질 때 전하분리가 일어나 발생
6. 유동대전
   (1) 파이프 속에 절연이 높은 액체가 흐를 때 전하의 이동이 발생
   (2) 유속이 빠를수록 커지며, 흐름의 상태와 파이프의 재질과도 관계가 있다.
   (3) 고무호스나 염화비닐호스 등의 절연물을 사용하여 위험물을 공급하지 않는다.
7. 분출대전
   (1) 분체류, 액체류, 기체류가 단면적이 작은 개구부에서 분출할 때 마찰이 발생
   (2) 가스계 소화약제 방출 시 : 헤드는 접지하여야 한다.
8. 충돌대전 : 액체 분체가 충돌할 때 빠르게 접촉, 분리가 일어날 때 발생

정전기 위험성평가

1 개 요
정전기의 위험성평가는 다음과 같은 2 단계로 실시한다.
1) 전하의 분리와 축적이 발생하는 장소의 위험 확인
2) 위험장소에서의 점화 위험성의 평가

2 정전기 방전과 점화
1) 인화성 혼합물 존재
2) 대전
   (1) 전하가 생성되는 과정이 존재
   (2) 생성된 전하를 축적시킴으로써 전위차가 발생
3) 발화에너지 방전

3 정전기의 발화 위험성 제거
1) 정전기에 의한 발화가 가능한 지역에서 인화성 혼합물을 제거
2) 전하 생성 및 축적되는 공정 또는 제품을 변경하여 정전기 발생을 억제
3) 전하의 중화(완화)

4 정전기 위험성평가 절차

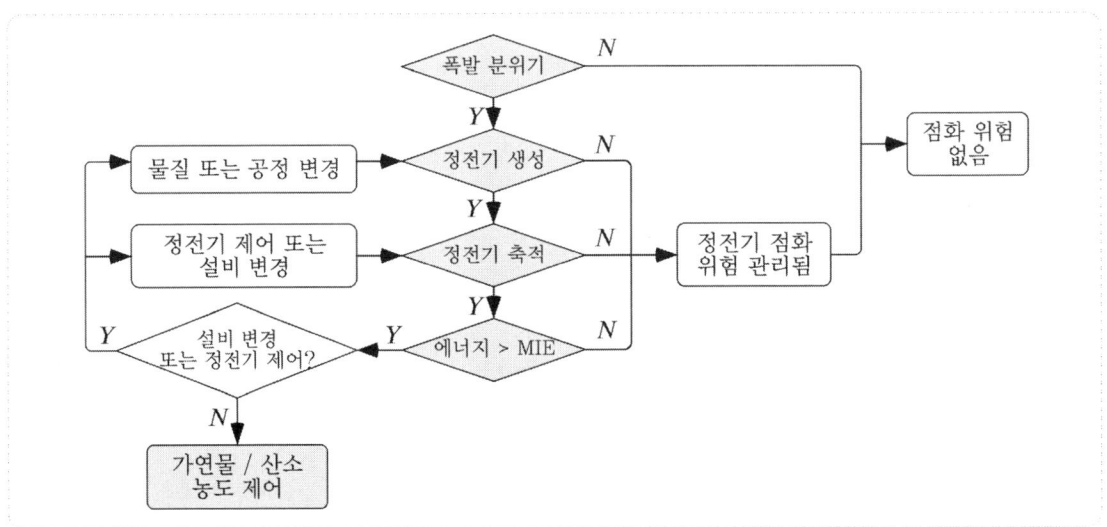

5 정전기 위험관리
1) 인화성 혼합물의 관리
   (1) 불활성화
   (2) 환기

① 환기는 인화성 물질의 농도를 폭발하한 이하로 희석시키기 위해 사용한다.

② 일반적으로 인화성 물질의 농도를 폭발하한의 25 % 이하로 희석시킨다.

(3) 안전한 지역으로 설비의 변경/재배치

정전기 축적이 우려되는 장치가 폭발위험장소 내에 반드시 있어야 하는 것이 아니라면, 이 장치를 안전한 장소로 재배치하는 것이 다른 대책보다 효과적이다.

2) 정전기 발생 억제

(1) 정전기는 공정 속도 및 유속을 감소시키면 전하생성율을 감소시킬 수 있다.

(2) 플라스틱 부품과 구조체, 절연필름과 금속망, 분진 물질이 취급되는 곳 등에서 충분히 낮은 속도로 물질을 이동시키면, 위험할 정도의 전하는 축적되지 않는다.

3) 전하 소멸

(1) 본딩 및 접지 : 본딩/접지 시스템의 접지저항은 일반적으로 10 Ω 이하이다.

(2) 습도

① 표면저항은 주위 습도에 의해 제어가 가능하며 70 % 이상의 습도에서 대부분의 물질은 정전기의 축적을 방지하기에 충분한 표면도전율을 갖는다.

② 습도는 물질의 표면도전율을 증가시키지만, 생성되는 전하는 대지와 연결된 도전성 경로가 있어야 소멸된다.

③ 일부 절연체는 공기로부터 습분을 흡수하지 않으며 높은 습도에서도 그 표면도전율을 증가시키지 않는다. 이와 같은 절연체의 예로는 플라스틱 파이프 및 용기, 필름, 오염되지 않은 폴리머 물질, 석유류 표면 등을 들 수 있다.

(3) 전하의 완화(Relaxation)과 대전방지 처리

① 물질의 특성에 따라 정전기 전하를 소멸 또는 완화시키는 데 일정한 시간이 필요하다.

② 전하의 완화는 전하를 이동시키기 위한 접지가 있어야만 가능하므로, 대전된 물체 또는 물질이 대지와 전기적으로 분리되어 있을 경우에는 정전기의 위험을 완전히 제거할 수 없다.

③ 비도전성 물질은 도전제를 첨가하거나 표면에 흡습성 약품을 첨가하여 정전기 전하를 소멸시키기에 충분한 도전성을 갖게 할 수 있다.

4) 전하의 중화

(1) 자기방전식 제전기(Inductive Neutralizer)

(2) 전압인가식 제전기(Active Electric Static Neutralizer)

(3) 방사선식 제전기(Active Radioactive Static Neutralizer)

5) 인체의 정전기 관리

(1) 도전성 바닥 및 신발 착용

(2) 개인용 접지 장치

(3) 대전방지 또는 도전성 의류

(4) 장갑

(5) 청소용 천

MEMO

PART 17

PBD 위험성평가

성능위주설계 개요

1 개 요

1) 실제 화재성상을 기초로 열발생, 온도, 연기이동, 피난특성 및 내화도 등을 분석하여 소방대상물에 적합하고 효율적인(최적) 소방설계 방법

2) 건축물에서 발생할 수 있는 화재를 정량화한 후 그 화재를 기초로 안전성능을 확보할 수 있는 소방시설을 설계하는 것

2 도입 배경

1) 현 우리나라는 정부의 주도하에 법령 및 NFTC을 제정, 시행하고 있는데

2) 신재료, 신공법을 활용한 초대형, 초고층 건축물에 적절히 대응할 수 없을 뿐만 아니라, 수요자의 다양한 요구에 부응하기에는 많은 문제점이 있어서 성능위주설계를 도입

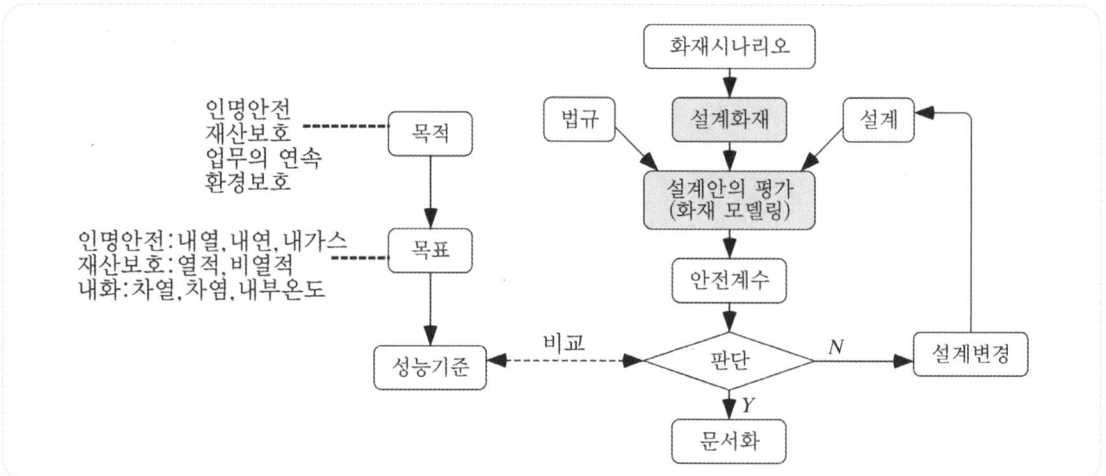

3 목적 및 목표

1) 목적(Goal) : 세부사항이 아닌 전반적인 개념

   (1) 인명 안전

   (2) 재산 보호, 구조적 보전성

   (3) 업무의 연속

   (4) 환경 보호

2) 목표(Objective) : 목적을 달성하기 위하여 필요한 요구사항

   (1) 인명안전

   ① 내열한계

   ② 내연한계

   ③ 내가스 한계

(2) 재산 피해
　　　① 열적 피해
　　　② 비열적 피해
　　(3) 구조적 보전성 (내화)

4 성능기준 (Performance Criteria)
설계의 허용성을 판단하는 정량적인 기준 (확률, 시간, 임계값)

5 설계화재 시나리오

6 설계안의 평가

7 안전계수

8 성능기준과 비교

9 문서화

Annex

📁 **등가성 (Equivalency to Code)**

1. 화재 안전의 효율성을 증진시키기 위한 노력으로 NFPA에서는 등가성 개념을 적용할 수 있도록 하고 있다.
    ⇒ 이 규정에 따라 해당 Code에서 요구되는 것 이상의 화재안전 수준을 제공할 경우 해당 설계가 Code을 만족시키는 것으로 인정한다.
2. NFPA에서는 고려하지 못한 상황이 발생할 수도 있는데, 등가성 방법은 이러한 상황을 평가하여 상호 동의할 수 있는 해결 방안을 도출할 수 있다.
3. PBD는 설비를 전체적으로 다루는 반면, 등가성은 기준의 일부분을 개별적으로 다룬다.
4. 절차
    (1) 적용범위 : Code
    (2) 목적/목표 : Code의 의도 해석
    (3) 설계제시 : 대체 방법 제공
    (4) 제시된 설계의 평가 (입증)
5. 화재 안전 적합성 달성
    (1) 사양기준
    (2) 등가성 달성
    (3) PBD
    　예) 1시간 내화성능 부재 ⇒ S/P 설비 + 비내화 방연 칸막

성능위주설계 대상물

1 대 상

1) 일반건축물 (아파트 제외)
   (1) 연면적 20만 m² 이상인 특정소방대상물
   (2) 30층 이상 (지하층 포함)이거나 지상으로부터 높이가 120 m 이상인 특정소방대상물
2) 아파트 : 50층 이상 (지하층 제외)이거나 지상으로부터 높이가 200 m 이상
3) 연면적 3만 m² 이상인 특정소방대상물
   (1) 철도 및 도시철도 시설
   (2) 공항시설
4) 창고시설 중 연면적 10만 m² 이상인 것 또는 지하층의 층수가 2개 층 이상이고 지하층의 바닥면적의 합계가 3만 m² 이상인 것
5) 하나의 건축물에 영화상영관이 10개 이상인 특정소방대상물
6) 초고층복합건축물에 따른 지하연계 복합건축물에 해당하는 특정소방대상물
7) 터널 중 수저(水底)터널 또는 길이가 5,000 m 이상인 것

2 성능위주설계의 변경신고 : 특정소방대상물의 연면적·높이·층수의 변경이 있는 경우

3 자 격

1) 전문소방시설 설계업을 등록한 자
2) 전문소방시설 설계업 등록기준에 따른 기술인력을 갖춘 자로서 소방청장이 정하여 고시하는 연구기관 또는 단체
3) 보유기술인력 : 소방기술사 2인 이상

4 성능위주설계자의 신고

1) 다음 각 목의 사항이 포함된 설계도서
   (1) 건축물의 개요(위치, 구조, 규모, 용도)
   (2) 부지 및 도로의 설치 계획(소방차량 진입 동선을 포함한다)
   (3) 화재안전성능의 확보 계획
   (4) 성능위주설계 요소에 대한 성능평가(화재 및 피난 모의실험 결과를 포함한다)
   (5) 성능위주설계 적용으로 인한 화재안전성능 비교표
   (6) 다음의 건축물 설계도면
     ① 주단면도 및 입면도
     ② 층별 평면도 및 창호도
     ③ 실내·실외 마감재료표

④ 방화구획도(화재 확대 방지계획을 포함)
⑤ 건축물의 구조 설계에 따른 피난계획 및 피난 동선도
(7) 소방시설의 설치계획 및 설계 설명서
(8) 다음의 소방시설 설계도면
① 소방시설 계통도 및 층별 평면도
② 소화용수설비 및 연결송수구 설치 위치 평면도
③ 종합방재실 설치 및 운영계획
④ 상용전원 및 비상전원의 설치계획
⑤ 소방시설의 내진설계 계통도 및 기준층 평면도
(9) 소방시설에 대한 전기부하 및 소화펌프 등 용량계산서
2) 성능위주설계를 할 수 있는 자의 자격·기술인력을 확인할 수 있는 서류
3) 성능위주설계 계약서 사본

5 성능위주설계의 사전검토 신청

1) 건축물의 개요(위치, 구조, 규모, 용도)
2) 부지 및 도로의 설치 계획(소방차량 진입 동선을 포함)
3) 화재안전성능의 확보 계획
4) 화재 및 피난 모의실험 결과
5) 다음 각 목의 건축물 설계도면
   (1) 주단면도 및 입면도
   (2) 층별 평면도 및 창호도
   (3) 실내·실외 마감재료표
   (4) 방화구획도(화재 확대 방지계획을 포함)
   (5) 건축물의 구조 설계에 따른 피난계획 및 피난 동선도
6) 소방시설 설치계획 및 설계 설명서
7) 성능위주설계를 할 수 있는 자의 자격·기술인력을 확인할 수 있는 서류
8) 성능위주설계 계약서 사본

6 성능위주설계 기준

1) 소방자동차 진입(통로) 동선 및 소방관 진입 경로 확보
2) 화재·피난 모의실험을 통한 화재위험성 및 피난안전성 검증
3) 건축물의 규모와 특성을 고려한 최적의 소방시설 설치
4) 소화수 공급시스템 최적화를 통한 화재피해 최소화 방안 마련
5) 특별피난계단을 포함한 피난경로의 안전성 확보
6) 건축물의 용도별 방화구획의 적정성
7) 침수 등 재난상황을 포함한 지하층 안전확보 방안 마련

화재시나리오 (Fire Scenario)

1 개 요

1) 화재가 어떻게 발생하고 연소생성물이 건축물 내에서 어떻게 전파되는가를 예상하는 과정이다.
2) 화재시나리오는 화재제어·진압, 피난, 내화설계 등의 PBD의 필수 구성요소이다.
3) 화재시나리오의 영향인자는 크게 연소 특성, 건축물 특성, 재실자 특성이다.

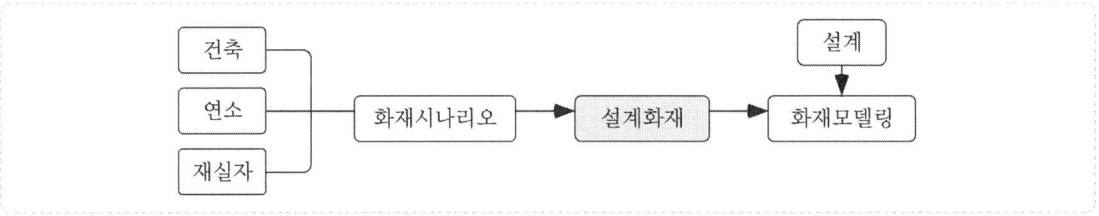

2 화재(연소) 특성

1) 발화원 및 첫 번째 발화 물질
2) 화재 초기 성장 상태
3) 화염전파 및 화재 성장
4) Flashover 및 최성기 화재 상태
5) 감쇠기

3 건축물 특성

1) 화재실 크기
2) 실내 마감재 및 가연물 특성 및 양
3) 개구부의 크기 및 위치
4) 화재실 구조체의 열적 특성

4 재실자 특성

1) 화재에 의한 영향(주특성)
   (1) 재실자 인원 및 분포
   (2) 피난 능력(이동 능력)
   (3) 이용 형태
      ① 취침 여부
      ② 재실자의 건축물 친숙도(불특정)
2) 화재에 대한 영향(부차적 특성)
   (1) 재실자에 의한 발화 위험(사고 또는 고의)
   (2) 재실자에 의한 창문 등의 개구부 개방
   (3) 재실자에 의한 화재 감지 및 소화 능력

5 각종 화재에 대응하여 최소한 세 종류의 시나리오는 고려

1) 높은 빈도수, 작은 피해
2) 낮은 빈도수, 큰 피해
3) 특수문제
   (1) 경보설비의 고장
   (2) 자동소화설비의 고장
   (3) 방화
   (4) 지진 등 천재지변 후의 소방설비의 상태 악화

6 결 론

1) 화재시나리오는 화재제어·진압, 피난, 내화설계 등의 PBD의 필수 구성요소이며 설계의 기본이므로 건축물에 맞은 화재 시나리오 구성이 필요하다.
2) 화재시나리오는 화재 모델링에 적합한 데이터로 정확하게 환산되어야 한다.

Annex

📁 소방시설 설치 및 관리에 관한 법률 제8조(성능위주설계) (약칭 : 소방시설법)

① 연면적·높이·층수 등이 일정 규모 이상인 대통령령으로 정하는 특정소방대상물(신축)에 소방시설을 설치하려는 자는 성능위주설계를 하여야 한다.

② 소방시설을 설치하려는 자가 성능위주설계를 한 경우에는 건축허가를 신청하기 전에 해당 특정소방대상물의 시공지 또는 소재지를 관할하는 소방서장에게 신고하여야 한다. 해당 특정소방대상물의 연면적·높이·층수의 변경 등 행정안전부령으로 정하는 사유로 신고한 성능위주설계를 변경하려는 경우에도 또한 같다.

③ 소방서장은 신고 또는 변경신고를 받은 경우 그 내용을 검토하여 이 법에 적합하면 신고를 수리하여야 한다.

④ 성능위주설계의 신고 또는 변경신고를 하려는 자는 해당 특정소방대상물이 건축위원회의 심의를 받아야 하는 건축물인 경우에는 그 심의를 신청하기 전에 성능위주설계의 기본설계도서 등에 대해서 해당 특정소방대상물의 시공지 또는 소재지를 관할하는 소방서장의 사전검토를 받아야 한다.

⑤ 소방서장은 성능위주설계의 신고, 변경신고 또는 사전검토 신청을 받은 경우에는 소방청 또는 관할 소방본부에 설치된 성능위주설계평가단의 검토·평가를 거쳐야 한다. 다만 소방서장은 신기술·신공법 등 검토·평가에 고도의 기술이 필요한 경우에는 중앙소방기술심의위원회에 심의를 요청할 수 있다.

⑥ 소방서장은 검토·평가 결과 성능위주설계의 수정 또는 보완이 필요하다고 인정되는 경우에는 성능위주설계를 한 자에게 그 수정 또는 보완을 요청할 수 있으며, 수정 또는 보완 요청을 받은 자는 정당한 사유가 없으면 그 요청에 따라야 한다.

⑦ 제2항부터 제6항까지에서 규정한 사항 외에 성능위주설계의 신고, 변경신고 및 사전검토의 절차·방법 등에 필요한 사항과 성능위주설계의 기준은 행정안전부령으로 정한다.

화재 및 피난 시뮬레이션의 시나리오

1 개 요
1) 소방시설 등의 성능위주설계 방법 및 기준(소방청 고시 제2017-1호)
2) 실제 건축물에서 발생 가능한 시나리오를 선정하되, 건축물의 특성에 따라 시나리오 적용이 가능한 모든 유형 중 가장 피해가 클 것으로 예상되는 최소 3개 이상의 시나리오에 대하여 실시한다.

2 시나리오 유형
1) 시나리오 1
   ⑴ 건물용도, 사용자 중심의 일반적인 화재를 가상한다.
   ⑵ 시나리오 구성요소

구 분	구 성 요 소
건축 특성	• 건축물의 높이, 연면적 및 실 크기 • 가구와 실내 내용물 • 개구부 크기 및 형태
연소 특성	• 연소 가능한 물질들과 그 특성 및 발화원 • 최초 발화물과 발화물의 위치
재실자 특성	• 사용자의 수와 장소 • 건물사용자 특성

   ⑶ 설계자가 필요한 경우 기타 시나리오에 필요한 사항을 추가할 수 있다.

2) 시나리오 2
   ⑴ 피난로에 화재가 발생하여 급격한 화재연소가 이루어지는 상황을 가상한다(피난로 감소).
   ⑵ 화재 시 가능한 피난방법의 수에 중심을 두고 작성한다.
   ⑶ 내부 문들이 개방되어 있는 상황 : 화재 발생을 바로 인식(피난지연시간 무시)

3) 시나리오 3
   건축물 내의 재실자가 없는 곳에서 화재가 발생하여 많은 재실자가 있는 공간으로 연소 확대되는 상황에 중심을 두고 작성한다.

4) 시나리오 4
   ⑴ 많은 사람들이 있는 실에 인접한 덕트 공간 및 반자 등에서 화재가 발생한 상황을 가상한다.
   ⑵ 화재감지기/자동소화설비가 없는 장소에서 화재가 발생하여 많은 재실자가 있는 곳으로의 연소확대가 가능한 상황에 중심을 두고 작성한다.

5) 시나리오 5
   ⑴ 많은 거주자가 있는 아주 인접한 장소 중 소방시설의 작동범위에 들어가지 않는 장소에서 아주 천천히 성장하는 화재를 가상한다.
   ⑵ 작은 화재에서 시작하지만 큰 대형화재를 일으킬 수 있는 화재에 중심을 두고 작성한다.

6) 시나리오 6
   (1) 건축물의 일반적인 사용 특성과 관련, 화재하중이 가장 큰 장소에서 발생한 아주 심각한 화재를 가상한다.
   (2) 재실자가 있는 공간에서 급격하게 연소확대 되는 화재를 중심으로 작성한다.
7) 시나리오 7
   (1) 외부에서 화재가 발생 후, 본 건물로 화재가 확대되는 경우를 가상한다.
   (2) 본 건물에서 떨어진 장소에서 화재가 발생하여 본 건물로 화재가 확대되거나 피난로를 막거나 거주가 불가능한 조건을 만드는 화재에 중심을 두고 작성한다.
8) 시나리오 8
   (1) Active/Passive 소방 방재 설비의 고장
   (2) 현재 국내 기준에는 없음

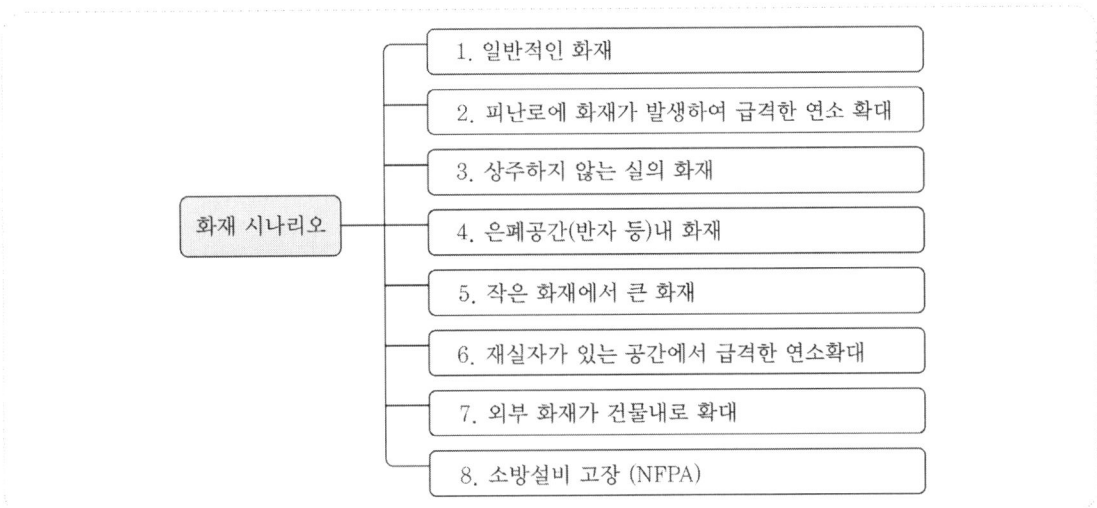

3 시나리오 적용기준

1) 인명안전기준

구 분	성능기준		비 고
호흡 한계선	바닥으로부터 1.8 m 기준		청결층
열에 의한 영향	60 ℃ 이하		
가시거리에 의한 영향	용도	허용가시거리 한계	단, 고휘도 유도등, 바닥유도등, 축광유도표지 설치 시 집회시설 판매시설 7 m 적용 가능
	기타시설	5 m	
	집회시설, 판매시설	10 m	
독성에 의한 영향	성분	독성기준치	기타, 독성가스는 실험결과에 따른 기준치를 적용 가능
	CO	1,400 ppm	
	O_2	15 % 이상	
	CO_2	5 % 이하	

(1) 호흡 한계선 : 청결층 최소 높이
(2) 열 : 습공기에 의한 열적 피해(고온)
(3) 이산화탄소 : 호흡률을 증가시켜 독성물질을 더 많이 흡입하게 함

2) 피난가능시간기준 (피난지연시간)

용 도	W_1	W_2	W_3
사무실, 상업 및 산업건물, 학교, 대학교 (거주자는 건물의 내부, 경보, 탈출로에 익숙하고, 상시 깨어 있음)	< 1	3	> 4
상점, 박물관, 레져스포츠 센터, 그 밖의 문화집회시설 (거주자는 상시 깨어 있으나, 건물의 내부, 경보, 탈출로에 익숙하지 않음)	< 2	3	> 6
기숙사, 공동주택 (거주자는 건물의 내부, 경보, 탈출로에 익숙하고, 수면상태일 가능성 있음)	< 2	4	> 5
호텔(거주자는 건물의 내부, 경보, 탈출로에 익숙하지도 않고, 수면상태일 가능성 있음)	< 2	4	> 6
병원, 요양소 (대부분의 거주자는 주변의 도움이 필요함)	< 3	5	> 8

W_1 : 방재센터 등 CCTV가 갖춰진 통제실의 방송을 통해 육성 지침을 제공할 수 있는 경우 또는 훈련된 직원에 의하여 해당 공간 내의 모든 거주자들이 인지할 수 있는 육성지침을 제공할 수 있는 경우
W_2 : 녹음된 음성 메시지 또는 훈련된 직원과 함께 경고방송 제공할 수 있는 경우
W_3 : 화재경보신호를 이용한 경보설비와 함께 비 훈련 직원을 활용할 경우

3) 수용인원 산정기준   (단위 : 1인당 면적 m²)

사용용도	m²/인	사용용도	m²/인
집회용도		상업용도	
고밀도지역 (고정좌석 없음)	0.65	피난층 판매지역	2.8
저밀도지역 (고정좌석 없음)	1.4	2층 이상 판매지역	3.7
		지하층 판매지역	2.8
벤치형 좌석	1인/좌석길이 45.7 cm	보호용도	3.3
고정좌석	고정좌석 수		
취사장	9.3	의료용도	
		입원치료구역	22.3
서가지역	9.3	수면구역(구내숙소)	11.1
열람실	4.6	교정, 감호용도	11.1
무대	1.4	공업용도	
접근출입구, 좁은 통로, 회랑	9.3	일반 및 고위험공업	9.3
카지노 등	1	특수공업	수용인원 이상
		업무용도	9.3
스케이트장	4.6		

설계화재

1 개 요

1) 화재로부터 안전한 성능설계를 하기 위해서는 화재 크기를 예측 분석하는 과정이 선행되어야 하는데 이같이 예측된 화재를 설계화재라 한다.
2) 일반적으로 설계화재는 열방출률을 시간의 함수로 표시한다.

2 설계화재 설정요소

1) 열방출률(HRR)
2) 연기발생량
3) 화재성장속도
4) 독성물질 발생량

3 설비별 설계화재

1) 감지, 소화설비, 거실제연설비
   (1) 화재초기 및 성장단계 고려
   (2) 화재성장곡선이 중요 요소

구 분	경보설비	거실제연설비
	피난지연시간	연기하강시간 (연기발생량)
임계화재	화재감지	
설계화재	피난시작	제연설비 정상 동작

2) 특·피 제연설계 : 플래시오버 후 화재실 최고온도가 중요
3) 내화설계
   (1) 최성기 및 감쇠기 고려
   (2) 최고온도 및 지속시간이 중요 요소

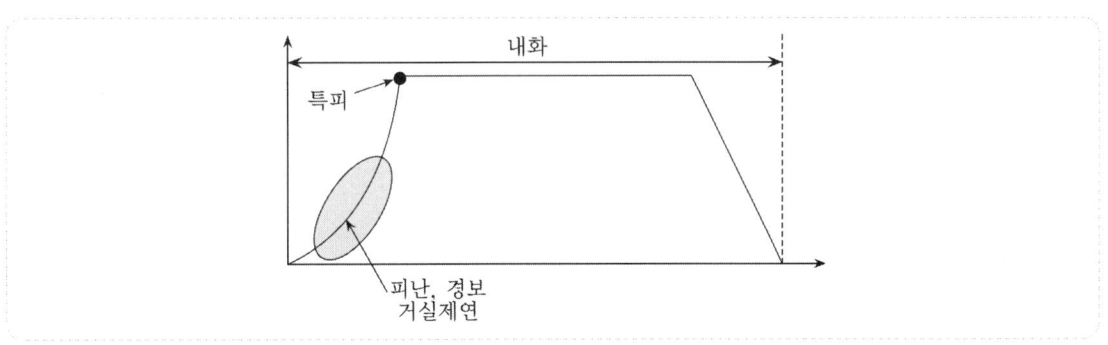

구 분	건축특성	연소특성	재실자특성	기타
경보설비	• 바닥면적 • 층고 • 보 등의 천장 장애물 • 천장 형태 및 기울기	• 화재성장률 • 가연물 종류 • 연소 형태	• 수용인원 • 이용형태 • 피난능력 • 피난지연시간	
스프링클러	• 바닥면적 • 층고 • 용도 • 천장 형태 및 기울기	• 가연물 양 • 가연물 종류 • 화재성장률 • 화재 위치 • 장애물 및 은폐		
미분무수	• 바닥면적 • 층고 • 환기특성 (개구부) • 용도	• 가연물 양 • 가연물 종류 • 화재성장률 • 화재 위치 • 장애물 및 은폐		
거실제연	• 바닥면적 • 층고 • 구조체 열적특성	• 화재성장률 • 최대열방출률	• 수용인원 • 이용형태 • 피난능력	• Stack Effect • Wind Effect
부속실제연	• 층고 • 개구부 및 틈새 크기 • 구조체 열적특성	• 최대 열방출률 • 가연물 양	• 수용인원 • 이용형태 • 피난능력	• Stack Effect • Wind Effect
내화	• 바닥면적 • 가연물 양 (화재하중) • 개구부 크기 • 구조체 열적 특성			
피난	• 바닥면적 • 거실출입구 유효폭 • 복도/계단 유효폭 • 보행거리	• 열방출률 • 화재성장률 • 연기발생량 • 연소생성물 농도	• 수용인원/위치 • 이용형태 • 이동능력 • 피난지연시간	• Stack Effect • Wind Effect

감지기 임계화재

1 개 요
1) 화재 감지 및 경보의 목적은 피난의 시작(설계화재)이다.
2) 화재 감지와 피난시작에는 시간지연이 존재한다.

2 NFPA 72 화재성장 곡선

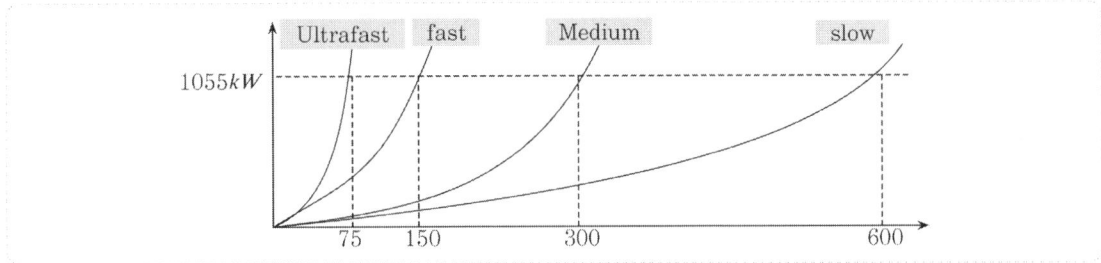

3 임계화재 (감지하여야 할 화재 크기)
1) 아래 그림에서 A화재와 B화재의 피난시작 화재크기와 피난지연시간이 같아도 감지하여야 할 화재 크기는 A화재가 더 작다. ⇒ 화재를 조기에 감지하여야 한다.
2) 같은 조건이라도 화재성장률이 클수록 화재를 더 빠르게 감지하여야 한다.

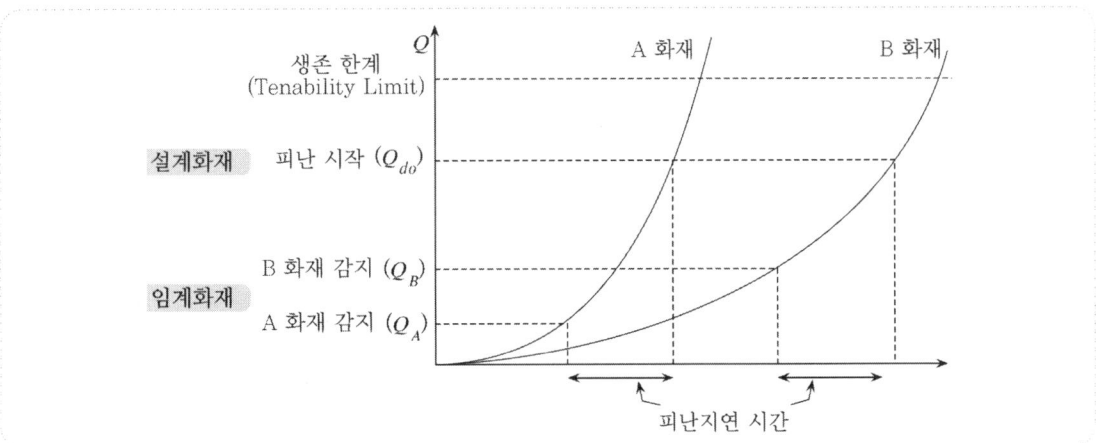

3) 이때 감지하여야 할 화재 크기를 임계화재라 한다.

Annex

📁 헤드 & 감지기

구 분	헤드	감지기
공통점	감지	
목적	방수	피난
차이점	거의 동시에 발생	피난지연시간 (화재성장율이 중요)

화재모델링

1 화재모델링 용도

1) 성능위주설계에 의한 설계안의 목적·목표 달성 여부 평가
2) 화재 관련 연구 및 자료수집

2 화재모델링 분류

화재모델링은 실제 실험을 하는 물리적 모델링과 방정식과 컴퓨터를 이용한 수학적 모델링이 있다.

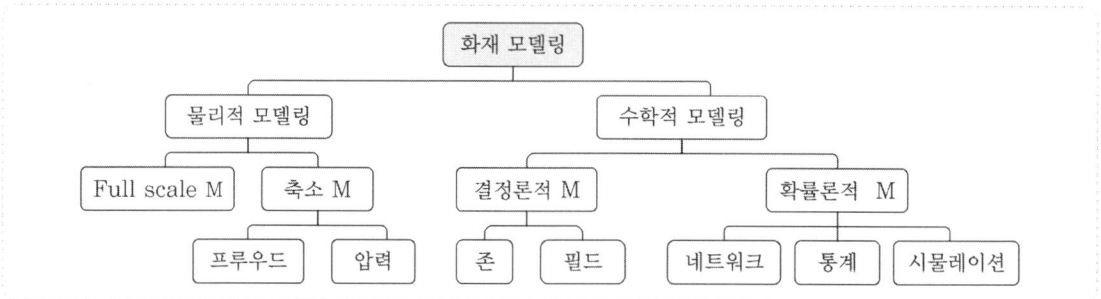

1) 물리적 모델
   (1) Full Scale Model : ESFR
   (2) 축소모델링 (Scale Model)
      ① Fr 모델링 : Fr 상사 법칙
      ② 압력모델링 : Re, Gr 상사법칙
2) 수학적 모델
   (1) 결정론적 모델 : 하나의 입력에 하나의 출력
      ① Zone Model
      ② Field Model
   (2) 확률론적 모델 : 하나의 입력에 여러 개의 (확률적) 출력
      ① 네트워크(Network) Model : CONTAM
      ② 통계적 Model
      ③ 시뮬레이션 Model

3 결 론

PBD에서 화재 모델링은 소방설계가 적합 한지 여부를 판단하는 방법으로 건축특성, 연소특성 및 재실자특성을 고려하여 수행하여야 한다.

Froude 모델링

1 개 요
1) 소방설계 시 설계의 적합성 등을 판단하기 위해서는 화재모델링이 필요하다.
2) 화재모델링은 크게 물리적 모델과 수학적 모델로 구분되는데 물리적 모델에서 대표적인 방법이 축소(Scale) 모델링이다.

2 Froude 모델 특징 및 적용
1) 특정 공간을 물리적으로 표현하되, 그 크기를 축소하여 분석한다.
2) 아트리움이나 터널 등의 공간에서 제연설비 등의 설계 및 평가 시 유용한 방법
3) 점성의 영향이 작은 곳에서 사용. 즉, 유체의 유동이 관성력 및 부력에 의해 결정되는 공간에 적용

$$Fr = \frac{Re}{Gr} = \frac{관성력}{부력} = \frac{v^2}{g \cdot l}$$

3 Froude 상사법칙
1) Scale 모델링 방법에서 변수값의 비례를 나타낸다.

$$\frac{실제모델의 변수}{축소모델의 변수} = (\frac{L_r}{L_m})^{비례값}$$

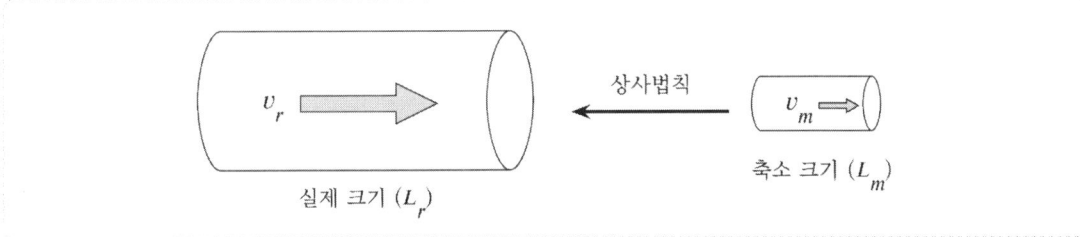

실제 크기 (L_r) / 축소 크기 (L_m)

2) 비례 값

변수	온도, 압력	시간, 속도	체적유량	$k\rho c$
비례값	1	1/2	5/2	0.9

예제 터널 제연의 경우 1/10로 축소해서 축소모델에서 연기 속도를 측정했을 때 1 m/s인 경우 실제 터널에서의 연기 유동 속도는?

해설

$$\frac{v_r}{v_m} = (\frac{L_r}{L_m})^{\frac{1}{2}}$$

L_m : 축소 모델의 길이, L_r : 실제 길이
v_m : 모델에서의 속도, v_r : 실제 속도

$$\frac{v_r}{1} = (\frac{10}{1})^{\frac{1}{2}} \Rightarrow v_r = \sqrt{10} \ [m/s]$$

Annex

📁 축소모델링

1. 건축물 화재에 대한 시험 또는 연구를 진행하는 경우 데이터의 정확성 측면에서 실제 크기의 모델이 사용되는 것이 가장 바람직할 것이다.
2. 그러나 대규모 건축물에 대한 실제 크기의 모델링 작업은 비용 측면에서 실행되기가 어려우며 반복시험을 통해 데이터의 신뢰성을 높이는 방식이 선택되는 시험의 경우에는 불가능에 가까운 작업이 될 것이다.
3. 이러한 어려움을 극복하기 위하여 건축물화재에 대한 연구를 진행할 때는 특정 크기의 공간을 축소하여 진행하는 것이 일반적이다.

📁 압력 모델링

1. 유체의 유동이 관성력과 점성력 또는 부력과 점성력에 의해 영향을 받는 경우 적용하는 축소모델링
2. 종류
   (1) Re 모델링 : 관성력과 점성력
   (2) Gr 모델링 : 부력과 점성력, 플럼의 상승 등에 적용

📁 Fr 모델링

$$Fr_1 = Fr_1 \Rightarrow \frac{v_1^2}{g \cdot l_1} = \frac{v_2^2}{g \cdot l_2} \Rightarrow v_2 = v_1 \sqrt{\frac{l_2}{l_1}}$$

구 분		CFAST (Consolidated of Fire Growth and Smoke Transport)	FDS (Fire Dynamics Simulator)
모델링		존 모델링	필드 모델링
		다중 구획실에서의 화재성장 및 연기유동	감지기 및 헤드의 동작, 스프링클러헤드 방수특성
입력	건축특성	• 구획실 크기/높이 • 연결통로/개구부의 크기 및 형태 • 구조체의 열적특성 (단열)	• 구획실 높이 • 구조체의 열적특성 (단열)
	화재특성	• 가연물 종류(발열량) • 연소속도 • 연기발생량	• 열방출률 • 연소생성물 발생률
	설계 (설비특성)		감지기/헤드 이격거리
출력		• 연기발생량 및 연기층 두께 • 연기 온도 : $T_s = T_0 + \dfrac{K \cdot Q_c}{c_p \cdot m_p}$ • 연소생성물 농도	• 온도 및 속도 • 압력 • 연소생성물 농도

결정론적 모델

1 결정론적 모델의 특징

랜덤한 변수가 아닌 고정된 수치를 가지고 판단. 즉, 하나의 입력에 하나의 결과 도출

2 Zone Modeling (Lumped-Mass Model)

1) 하나 또는 2개의 구역으로 구분
2) 2개의 구역(Two-Zone Model)으로 구분하는 경우
   (1) 상부는 연소생성물
   (2) 하부는 청결층
3) Program
   (1) ASET (Available Safe Egress Time)
   (2) CFAST (Consolidated Model of Fire Growth and Smoke Transport)
   (3) LAVENT (Link-Actuated VENT)
      ① 헤드의 동작 시간을 예측하는 프로그램
      ② 제연설비에 의해서 스프링클러헤드 동작에 영향을 받는다.
4) 특 징
   (1) 구획실 내에서 발생하는 다양한 화재를 예측하기 위한 접근 방식
   (2) 짧은 시간 내에 적정하게 정확한 자료를 제공하기 때문에 Field 모델보다 널리 사용한다.
   (3) 화재공간을 몇 개의 공간으로 분류(일반적으로는 2개의 구역으로 단순하게 표현)
   (4) 속도가 빠르고 결과의 해석이 쉽기 때문에 여러 매개 변수에 대한 감응도 분석이 쉽다.

3 Field Modeling (Computational Fluid Dynamics)

1) 구획된 공간을 여러 개의 격자로 세분하여 하나의 격자별로 물리적 상태를 계산하는 방법
2) 3개의 기본 법칙

기본법칙	관련법칙	식
에너지 보존법칙	• 베르누이방정식 • 열역학 제1법칙	
질량보존법칙	• 연속방정식	$\rho_1 \cdot A_1 \cdot v_1 = \rho_2 \cdot A_2 \cdot v_2$ $A_1 \cdot v_1 = A_2 \cdot v_2 \quad [\rho_1 = \rho_2]$
운동량보존법칙	• Newton의 제2법칙	$F = m \cdot a = m \cdot \dfrac{dv}{dt} = \rho \cdot Q \cdot (v_2 - v_1)$

3) Program
   (1) Fire Dynamics Simulator (FDS)
   (2) Reynolds Averaged Navier-Stokes (RANS) Model

예제 : 화재모델링 시에 적절한 입력조건을 결정하기 위한 다음의 고려사항을 설명하시오.
1) 건축물의 공간 특성 및 화재 특성
2) 화재감지 및 소화설비, HVAC의 연동 제어

해설

1 개 요

1) PBD에 의한 설계안의 목적/목표 달성 여부 평가방법을 화재모델링이라 한다.
2) 화재모델링은 실제로 실험을 하는 물리적 모델링 그리고 방정식과 컴퓨터를 이용한 수학적 모델링이 있다.
3) 화재모델링 시에 입력조건은 화재시나리오와 설계에 의해 결정된다.

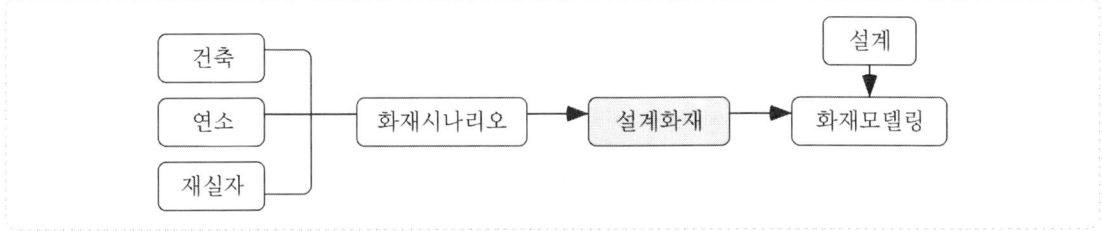

2 건축물 특성

1) 건축물 용도, 연면적 및 층수
2) 화재실 크기
3) 실내 마감재 및 화재하중
4) 개구부의 크기, 형태 및 위치
   최성기 화재의 경우 환기계수 $A\sqrt{H}$의 영향을 받음
5) 화재실 구조체의 열적 특성
   플래시오버 발생 시간이나 최성기 최고온도에 영향

3 화재 특성

1) 발화원 및 첫 번째 발화 물질
2) 두 번째 발화 가연물 및 화염전파 상태
   두 번째 발화 가연물에 의해 화재의 성장 여부가 결정
3) 화재성장곡선
   화재성장시간으로 구분(Slow, Medium, Fast, Ultrafast)
4) 플래시오버 및 최성기 화재상태
5) 감쇠기
   연료지배형 감쇠기의 경우 내화설계 시 고려하여야 한다.

4 소방설비 특성

1) 화재 감지

　(1) 수동/자동

　(2) 감지기 종류

　(3) 감지기 감지특성

　(4) 경보 종류 및 방법 : 피난과 연관

　(5) 소화설비 및 제연설비와의 연동

2) 소화설비

　(1) 수계

　　① 기동 방식

　　② 기동 지연시간

　　③ 화재 제어/화재 진압

　　④ 수원 용량

　　⑤ 배관 배열

　(2) 비수계

　　① 기동 방식

　　② 설계농도

　　③ 재발화 여부 : 농도유지시간

3) HVAC

　(1) HVAC 정지시간

　(2) 제연설비와 겸용인 경우 스위칭시간 및 제연 용량

　　① 스위칭 시간 : 힌클리 식

　　② 제연 용량 : 연기 발생량(청결층 높이, 화재 크기)

5 결 론

PBD에서 화재모델링은 소방설계가 적정한지 여부를 판단하는 방법으로 건축물특성, 화재특성, 설비 특성 및 재실자의 특성 등을 고려하여 수행하여야 한다.

CONTAM

1 개 요

1) 복잡한 경로(건축물 내)에서의 유체(공기/연기)의 유동을 분석하는 Network Modeling
2) 연기제어 시스템 분석(특피 부속실 제연) 및 ASET 계산에 유용하다.

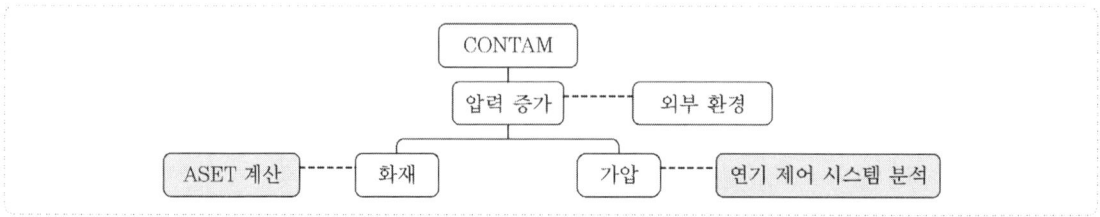

2 유동 경로 : 개구부

1) 큰 개구부 : 개방된 문
2) 작은 개구부 : 출입문 및 건축물의 누설 틈새

3 유동량

1) 압력차

  (1) 발생원인

    ① 제연설비에 의한 가압

    ② 화재에 의한 부력

    ③ 외부영향 : Stack Effect, Wind Effect

  (2) 부력 관련 식

$$\Delta P = (\rho_a - \rho)gh \ [Pa]$$

ρ_a : 공기 밀도 ρ : 연기밀도
h : 연기층 높이

2) 유동률

$$m = C \cdot A \sqrt{2\rho \Delta P} \ [kg/s]$$

C : 방출계수 A : 개구부 면적
ρ : 연기밀도

4 CONTAM 수행 절차

1) 건물의 평면/단면도 작성
2) 데이터 입력

  (1) 누설면적 및 위치

  (2) 열방출률

  (3) 연소생성물 온도 및 농도

(4) Stack Effect

$$\triangle P = 3460 \left(\frac{1}{T_o} - \frac{1}{T_i}\right) \times h_2$$

① 건축물 내(Shaft)·외부 온도 차
② 중성대 상부 높이(h_2)

(5) Wind Effect

① 풍속
② 바람의 방향
③ 지표면의 특성(Ground Effect)
④ 건축물의 높이

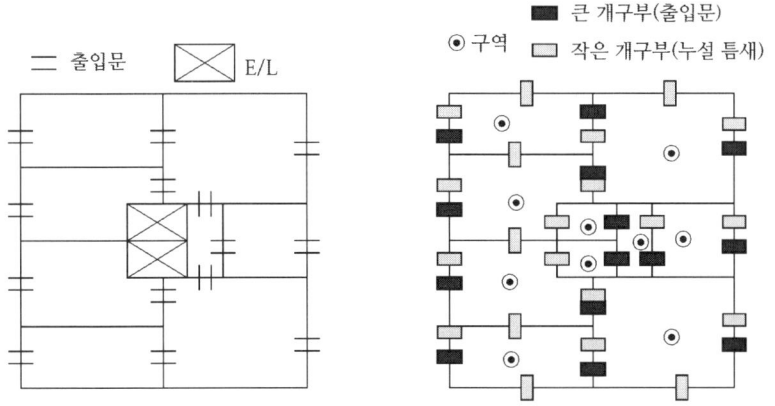

3) CONTAM 실행
4) 출 력

(1) 흐름 경로
(2) 압력차
(3) 연기/공기 유동량
(4) 연기 농도

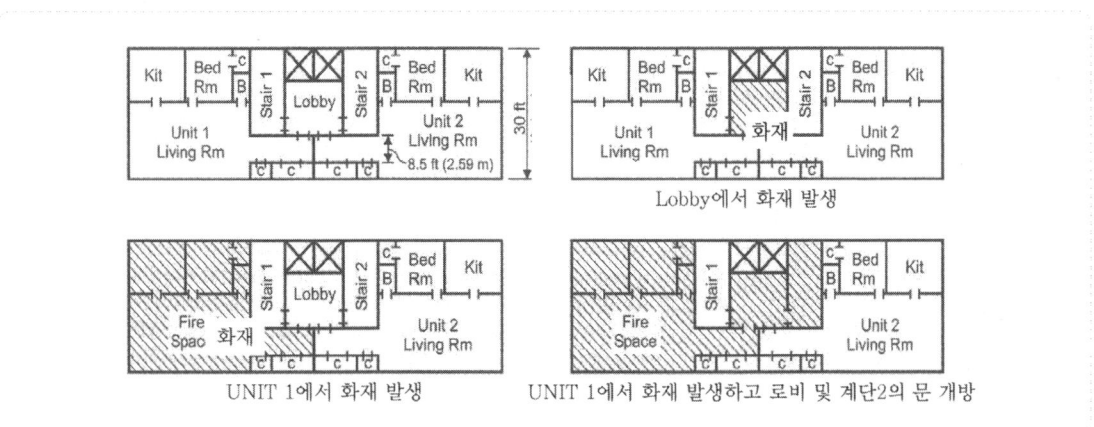

성능위주 피난설계의 개념

1 개 요

1) 소방대상물의 설계화재 및 재실자 특성을 고려한 피난설계
2) 피난설계 후 RSET과 ASET을 계산하여 RSET < ASET임을 확인하는 과정이다.

2 설계화재 (실제 화재)

구 분	영향인자	
연소특성	• 열방출률 • 연기발생량	• 화재성장률 • 연소생성물 농도
건축특성	• 바닥면적 • 보행거리	• 출입구·복도·계단 유효폭
외부 영향	• Stack Effect	• Wind Effect
재실자 특성	• 수용인원·위치 • 이용형태 • 이동능력	

3 절 차

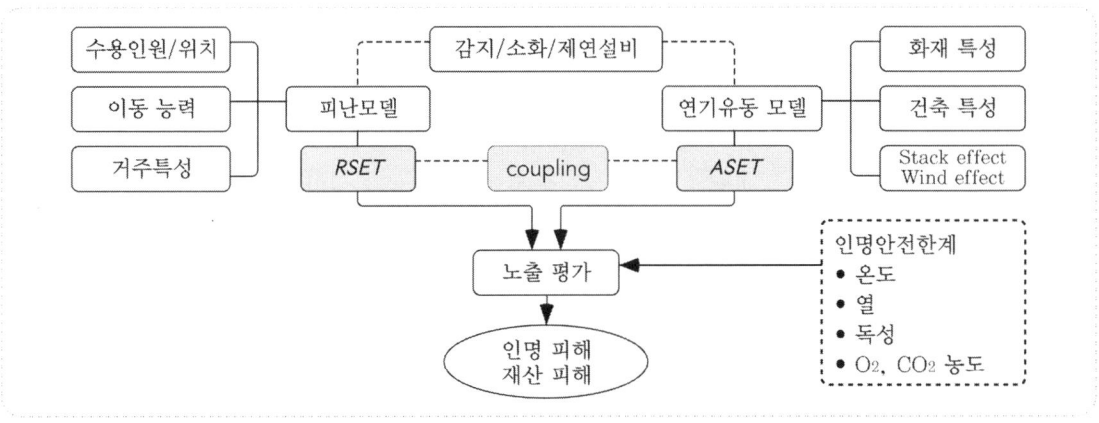

4 ASET : 화재 발생부터 무력화될 때까지의 시간

1) 영향인자

   (1) 화재성장곡선 및 연소생성물 발생량

   (2) 건축물의 크기 및 개구부

   (3) 외부 영향

2) 성능기준

   (1) **호흡 한계선** : 바닥으로부터 1.8 m 기준

   (2) **열에 의한 영향** : 60 ℃ 이하

(3) 가시거리

① 집회시설, 판매시설 : 10 m 단, 고휘도 유도등, 바닥유도등, 축광유도표지 설치 시, 집회시설 판매시설 7 m 적용 가능

② 기타 : 5 m

(4) 독성

독성가스	CO	O_2	CO_2
한계농도	1400 ppm	15 % 이상	5 % 이하

3) CONTAM : Network Modeling

5 RSET : 화재 발생 후 안전 장소까지 이동 시간

1) 피난지연시간

2) 이동시간 : Flow Method

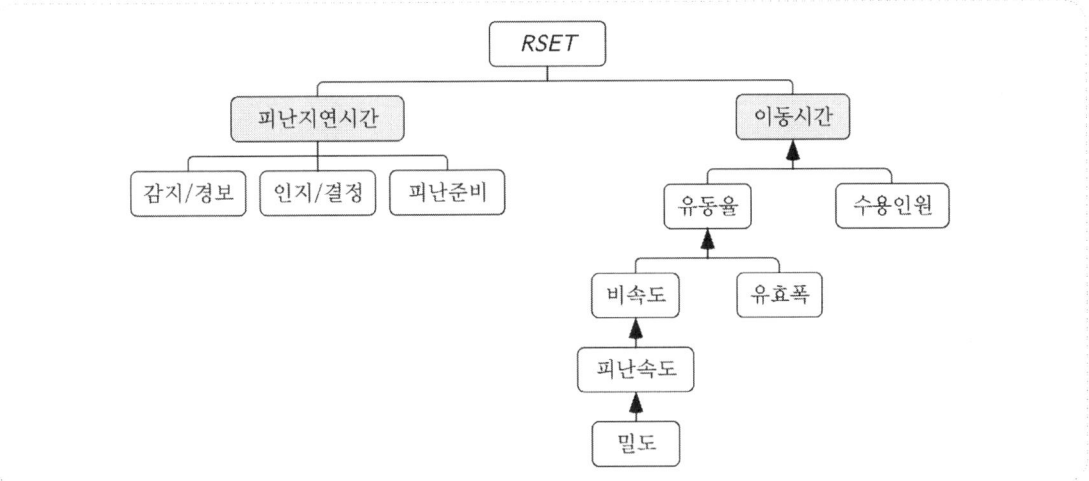

6 피난안전성 평가

RSET < ASET

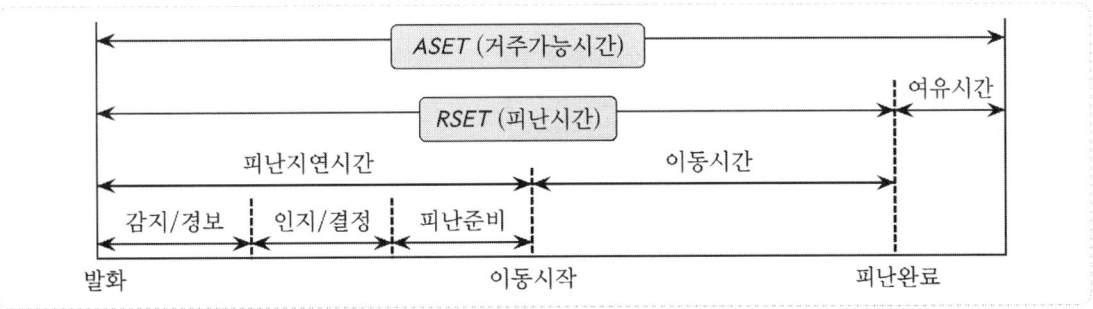

7 대 책

1) ASET 증가

(1) 불연, 준불연, 난연 및 방염

(2) 소화설비

(3) 제연설비 : 연기배출 및 연기의 유동방지

2) RSET 감소

(1) 피난지연시간 감소

① 빠른 감지 및 음성을 통한 경보

② 정기적인 교육/훈련

(2) 이동시간 감소

① 보행거리, Dead End, Common Path

② 유효 폭 증가, 출입구 수 증가

성능위주설계 표준가이드라인 개요

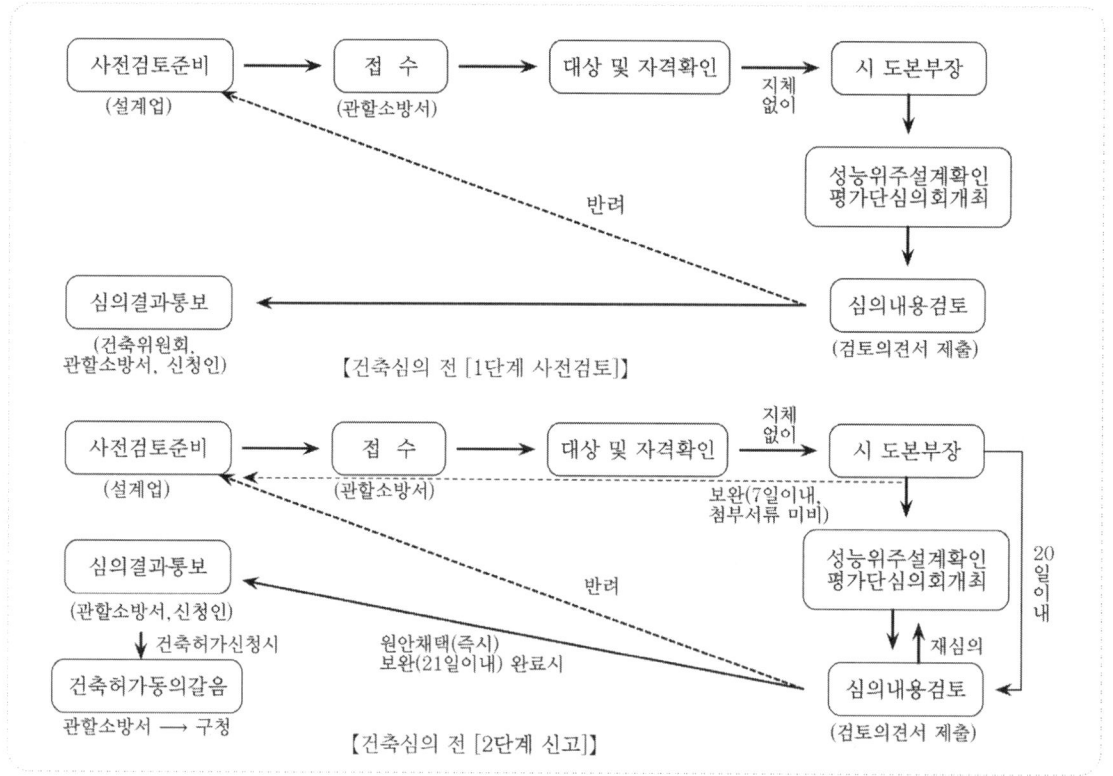

 심의절차 및 방법

1) 검토절차

(1) 소방시설설계업자는 평가단 심의안건과 관련된 도면 등 자료를 평가단장·단원이 검토할 수 있도록 평가단 회의 개최 14일 전까지 자료 배부

⑵ 소방본부장은 평가단에게 심의안건과 관련된 도면 등 자료에 대해 7일 간의 검토기간을 부여하고 그 결과 제기된 검토의견에 대해 평가단회의 개최 7일 전까지 소방시설설계업자에게 통보

⑶ 소방시설설계업자는 통보받은 검토의견에 대해 평가단 회의 개최 전까지 보완하여 소방본부장 및 평가단장·단원에게 최종자료 배부

2) 결과조치
   ⑴ 사전검토 (1단계) : 평가단 회의 개최 결과 평가단장·단원의 검토 의견에 대해 소방본부장은 취합하여 신청인 및 관할 소방서장에게 통보하고 각 시·도 건축위원회(건축심의)에 상정
   ⑵ 신고 (2단계) : 성능위주설계 신고서를 접수 받은 소방본부장은 접수한 날부터 20일 이내에 평가단을 구성·운영하여 신고서 등을 확인·평가하는 등 검증을 실시하고 그 내용을 심의·결정하여야 한다.

※ 심의결정 사항은 관할소방서 건축허가 동의를 한 것으로 본다.

2 건축심의 전 준비도서 [사전검토 단계]

1) 건축물의 기본 설계도서
   ⑴ 건물의 개요(위치, 규모, 구조, 용도)
   ⑵ 부지 및 도로 계획 (소방차량 진입동선을 포함, 단지 내 조경 및 조형물 등 칼라 표시)
   ⑶ 화재안전계획의 기본방침
   ⑷ 건축물의 기본 설계도면 (주 단면도, 입면도, 용도별 기준층 평면도 및 창호도 등)
   ⑸ 건축물의 구조 설계에 따른 피난계획 및 피난동선도
   ⑹ 건축물 내·외장재료 마감계획
   ⑺ 방화구획 계획도 및 화재확대 방지계획 (연기의 제어방법을 포함)
   ⑻ 수계소화설비 수리 흐름도
   ⑼ 제연설비 D·A 위치 평면도
   ⑽ 종합방재실 장비 배치 평면도
   ⑾ 소방시설 계통도 및 용도별 기준층 평면도
   ⑿ 소방시설의 설치 계획 및 설계 설명서
   ⒀ 별표 1의 시나리오에 따른 화재 및 피난 시뮬레이션
   ⒁ 성능위주설계 심의 가이드라인 반영 상세 검토서
2) 성능위주설계 설계업자 또는 설계기관 등록증 사본
3) 성능위주설계 용역 계약서 사본

3 건축심의 전 준비도서 [신고 단계]

1) 건물의 개요(위치, 구조, 규모, 용도)
2) 부지 및 도로계획(소방차량 진입동선을 포함) : 단지 내 조경 및 조형물 등 칼라 표시
3) 화재안전기준과 성능위주설계에 따라 소방시설을 설치하였을 경우의 화재안전성능 비교표

4) 화재안전계획의 기본방침

5) 건축물 계획·설계도면

　⑴ 주단면도 및 입면도

　⑵ 건축물 내장재료 마감계획

　⑶ 용도별 기준층 평면도 및 창호도

　⑷ 방화구획 계획도 및 화재확대 방지계획(연기의 제어방법을 포함)

　⑸ 피난계획 및 피난동선도

　⑹ 소방시설의 설치계획 및 설계 설명서

6) 소방시설 계획·설계도면

　⑴ 수계소화설비 수리 흐름도

　⑵ 소방시설 계통도 및 용도별 기준층 평면도

　⑶ 소화용수설비 및 연결송수구 설치위치 평면도

　⑷ 종합방재실의 운영 및 설치계획(종합방재실 장비 배치 평면도)

　⑸ 상용전원 및 비상전원의 설치계획

　⑹ 제연설비 D·A 위치 평면도

7) 소방시설에 대한 부하 및 용량계산서

8) 적용된 성능위주설계 요소 개요

9) 성능위주설계 요소 설계 설명서

9) 성능위주설계 요소의 성능 평가(별표 1의 시나리오에 따른 화재 및 피난 시뮬레이션을 포함)

10) 성능위주설계 설계업자 또는 설계기관 등록증 사본

11) 성능위주설계 용역 계약서 사본

12) 그 밖에 성능위주설계를 증빙할 수 있는 자료

Annex

📂 심의의결 구분

- 원안채택 : 의안을 심의한 결과 흠이 없거나 경미하여 원안 채택이 바람직하다고 판단되는 의안에 대한 의결
- 재심의 : 의안을 심의한 결과 흠이 중대하여 의안의 일부 또는 전부를 재작성한 후 심의를 다시 받을 필요가 있다고 판단되는 의안에 대한 의결
- 부 결 : 의안을 심의한 결과 흠이 매우 중대하여 의안을 받아들이지 아니하기로 한 의결
- 보 완 : 지적사항에 대하여 신청자의 검토의견이 필요하거나 제출된 자료 외 별도의 도면 등이 필요하여 확인이 필요한 의결

분야	항 목
소방활동 접근성	• 소방자동차 진입(통로) 동선 확보 • 소방자동차 소방활동 전용 구역 확보 • 소방관진입창 설치 • 종합방재실 (감시제어반) 설치
소방시설 (기계·전기)	• 제연설비 • 소화설비 • 경보설비 • 피난구조설비 • 무선통신보조설비 • 그 밖의 안전시설 화재예방대책
건축 피난·방재	• 방화구획 적정성 확보 • 피트층(공간) 화재예방 대책 • 특별피난계단 피난안전성 확보 • 피난안전구역 화재안전성 확보 • 비상용(피난용)승강기 승강장 안전성능 확보 • 건축물의 마감재료 불연화 • 옥상 피난대피공간 화재안전성 확보 • 지하층 침수방지 대책 • 양방향 피난 안전성 강화 • 그 밖의 안전시설 화재예방대책 • 전기화재예방대책
화재·피난 시뮬레이션	• 건축설계안에 대한 Passive형 화재위험평가 • 화재·피난 시뮬레이션의 커플링(Coupling) 실시 • 화재시뮬레이션 시나리오와 수행 결과의 신뢰성 확보 필요 • 피난용 승강기 설계안 검증 필요 • 피난시뮬레이션 수행 시 화재실과 비화재실을 구분한 반응시간 계산 필요 • 특정소방대상물 용도별 최대수용인원 및 재실자 특성 반영 • 지하주차장 내 급·배기설비 및 전기자동차 충전시설 화재 반영

성능위주설계 [소방활동 접근성]

❶ 소방자동차 진입(통로) 동선 확보 [건축법시행령 제41조/주택건설기준규정 제26조]

화재 발생 등 각종 재난·재해 그 밖의 위급한 상황에서 소방자동차 출동진입 (통로)로 확보 및 주변 장애 요소를 제거하여 원활한 소방활동 환경을 마련하기 위함

1) 동별 최소 2개 면에 소방자동차 접근이 가능한 진입(통로)로 설치할 것
   - (1) 소방자동차 진입로에는 경계석 등 장애물 설치를 금지하고, 구조상 불가피하여 경계석 등을 설치할 경우에는 경사로로 설치하거나 그 높이를 최소화할 것
   - (2) 진입로 회전반경은 차량 중심에서 최소 10 m 이상 고려하여 회차 가능하도록 할 것
2) 공동주택의 경우 단지 내 폭 1.5 m 이상의 보도를 포함한 폭 7 m 이상의 도로를 설치할 것 (다만 100세대 미만이고, 막다른 도로로서 길이 35 m 미만의 경우는 4 m 이상으로 가능)
3) 주차차단기 등을 설치할 경우 소방자동차 진입로는 최소 3 m 이상 확보할 것
4) 진입로에 설치되는 문주(門柱) 및 필로티 유효높이는 5 m 이상 확보할 것
5) 공동주택의 경우 외벽 양쪽 측면 상단과 하단에 동 번호 표시할 것
   외부에서 주·야간에 식별이 가능하도록 동 번호 크기, 색상 구성할 것
6) 진입로가 경사 구간의 경우 시작 각도는 3° 이하, 최대각도는 10° 이하로 권장

❷ 소방자동차 소방활동 전용 구역 확보 [소방기본법 제21조의2/동법 시행령 제7조의12]

1) 특수소방자동차 전용구역은 동별 전면 또는 후면에 1개소 이상 확보할 것
   - (1) 건축물 외벽으로부터 차량 턴테이블 중심까지 6 m에서 15 m 이내 (특수소방자동차 Working Diagram 참고하여 현장 여건에 따라 범위 조정) 구간에 특수소방자동차 제원에 따라 「소방자동차 전용구역」 설치할 것 (폭 30 cm 이상의 선을 황색반사도료로 칠하고 주차구역 표기)
   - (2) 특수소방자동차 전용 구역은 동별 소방관진입창 또는 피난시설(대피공간 등)이 설치된 장소와 동선이 일치하도록 할 것
   - (3) 문화 및 집회시설, 판매시설 등 다중이용시설의 경우 동별 출입로에 구급차 전용 구역 확보하고 위치를 확인할 수 있는 번호 표지판을 부착할 것
2) 소방자동차 전용구역(활동공간)의 바닥은 특수소방자동차의 중량을 고려하여 견딜 수 있는 구조로 할 것
3) 특수소방자동차 전용구역 경사도는 아웃트리거 조정각도 고려하여 5° 이하로 할 것
4) 소방자동차 전용구역은 조경 및 볼라드 설치로 인해 장애가 되지 않도록 할 것
5) 소방자동차 전용구역은 공기안전매트 전개 장소와 중첩되지 않도록 할 것

❸ 소방관진입창 설치 [건축법 제49조 제3항/건축물방화구조규칙 제18조의2]

1) 2층 이상 11층 이하의 층에 설치하되, 시·도별 보유한 특수소방 자동차의 제원에 따라 12층 이상의 층에도 설치할 것

    공동주택(아파트)의 경우와 하나의 층에 공동주택(아파트) 및 주거용 오피스텔용도가 함께 계획되어 있는 경우에는 그 사용 형태가 주거용도임을 고려하여 소방관 진입창 표시 제외

2) 소방관진입창은 배연창과 겸용하여 설치하는 것을 지양하고, 최소 1~2 m 이격하여 설치할 것

    구조상 불가피할 경우에는 배연창은 상단에 설치하고 소방관진입창을 하단에 설치할 것

3) 소방관진입창은 가급적 건축물 공용복도와 직접 연결되는 위치에 설치 권고

    화재 발생 시 많은 인명피해가 우려되는 문화/집회, 판매시설 등에 설치되는 소방관진입창은 1개소 이상 공용복도와 직접 연결되는 위치에 설치되도록 권고하고, 이 경우 외부에서 해정 가능한 구조로 설치하되, 문이 열리는 방향은 거실로 향하도록 하고, 90° 이상 개방되도록 할 것

4) 건축물 발코니로 진입하는 소방관진입창의 경우 외부에서 식별이 가능할 수 있도록 발코니 인근에 소방관진입창 안내 표시를 할 것

❹ 종합방재실(감시제어반) 설치 [초고층재난관리법 제16조/화재안전기준 감시제어반 설치기준]

1) 종합방재센터는 CCTV를 통해 화재발생 상황을 상시 모니터링 가능한 구조로 설치하고, 보완요원 등이 상시 근무할 수 있도록 할 것

2) 소방대가 쉽게 접근할 수 있도록 피난층 또는 지상 1층에 설치할 것

    (1) 다만 종합방재실로 통하는 전용출입구가 확보되는 경우에는 지하 1층 또는 지상 2층에 설치할 수 있음)

    (2) 소방자동차 진입로 동선과 일치하도록 하고, 종합방재실 출입문은 양방향에서 출입할 수 있도록 최소 2개소 이상 설치할 것

3) 소방대가 지휘 및 재난 정보수집 등 원활한 소방활동을 할 수 있도록 충분한 공간을 확보할 것

    급수전(식수공급) 1개소 이상과 화장실을 설치하고, 소방관 휴게 및 장비배치 공간을 확인할 수 있는 상세도 제출할 것

4) 용도별 관리 권원을 분리하여 2개소 이상 설치할 경우에는 상호 재난관리 상황을 확인하고 제어할 수 있는 시스템을 갖출 것

5) 종합방재실(감시제어반실)과 관리사무실은 상호 인접하여 설치할 것

    (1) 수직적, 수평적으로 최대한 근접하게 설치할 것

    (2) 종합방재실과 관리사무실을 같은 공간에 구획하여 설치하는 경우에는 상호 출입이 가능하도록 출입문 설치할 것

성능위주설계 [소방시설(기계·전기)]

1 제연설비

고층(초고층)건축물의 규모와 특성이 반영된 제연설비를 적용하여 원활한 소방활동 및 재실자의 초기 피난안전성 확보, 연소확대 방지에 기여하고자 함

1) 거실제연설비
   (1) 거실제연설비의 SMD는 누설등급 CLASS-Ⅱ 이상을 적용하고, 누설량을 반영할 것
   (2) 공조설비와 제연설비를 겸용하여 설치하는 경우에는 공조 TAB결과 댐퍼 개구율이 조정된 경우에도 제연 운전 시 개폐 스케줄에 따라 제연 풍량이 적절하게 배분될 수 있도록 제연 시 개방되는 댐퍼의 개도치를 공조댐퍼의 개구율 조정과 별도로 조정할 수 있도록 할 것
   (3) 거실제연설비(공조겸용 포함) 설치 시 댐퍼 개폐와 송풍기의 작동상태 확인을 위한 전용 디스플레이방식의 감시제어반으로 구성할 것
   (4) 판매시설의 복도는 제연구역으로 선정하고 지상층 부분이 유창층일 경우에도 제연설비 설치 규모에 해당되면 설치할 것

2) 부속실 및 승강장 제연설비
   (1) 제연설비 풍량은 법적기준 출입문(20층 초과인 경우 2개소) + 1층 또는 피난층 (1개소) 출입문이 개방되는 것을 기준으로 풍량을 산정할 것
   (2) 제연 송풍기의 송풍량은 연결된 덕트의 누설량 및 댐퍼는 누설등급에 따른 누설량을 반영하여 산정하고 설계도서에 명기할 것

3) 지하주차장 연기배출설비
   (1) 지하 주차장에는 환기설비를 이용하여 연기배출을 하고, 필요 환기량은 $27CMH/m^2$ 이상
   (2) 환기설비에는 비상전원 및 배기팬의 내열성을 확보하고, DA에 층간 연기 전파를 막을 수 있는 댐퍼를 설치할 것
   (3) 환기팬에 대한 원격제어가 가능한 수동 기동스위치를 종합방재실 내에 설치할 것
   (4) 환기설비는 화재 발생 시 감지기에 의해 연동되는 구조로 설치할 것
   (5) 주차장 팬룸에 연기배출용으로 설치된 급기 루버는 하부에, 배기 루버는 상부에 설치하고, 주차장 유인팬의 가동 여부를 결정하기 위하여 시뮬레이션 또는 Hot Smoke Test를 통하여 성능을 검증할 것

4) 지상층 피난안전구역의 제연설비
   (1) 피난안전구역의 외기취입구 설치기준은 하부층의 화재로 인해 발생된 연기가 유입되지 않도록 덕트 전용 연기감지기를 덕트 내에 설치하여 연기유입 시 자동으로 폐쇄할 수 있는 구조로 설치
   (2) 연기유입 시 자동 폐쇄되는 경우를 대비하여 외기취입구 위치를 이중화하고 이격하여 설치할 것

5) 제연설비 공통기준
   (1) 제연설비의 덕트 단열재는 불연재료로 설치할 것
   (2) 제연설비 성능시험 T.A.B는 전문성을 갖춘 기관 또는 업체에 성능시험을 의뢰하되 소방감리자의 책임하에 실시하도록 시방서(T.A.B 수행절차서 포함), 도면, 내역서에 반영할 것

(3) 소방시설 착공신고 후 3개월 이내에 T.A.B 사전 검토보고서를 책임감리원에게 제출하고, 준공 시 최종 T.A.B를 실시하여 시공 중 덕트경로 및 크기 변경 등에 따른 정압계산 등을 반영하여 T.A.B 검토보고서를 제출할 것

(4) 제연설비용 송풍기의 정압계산은 System Effect, 덕트, 부속저항, 댐퍼 및 루버 저항 등을 반영하여 상세 계산서를 제출할 것

6) 차압감지관은 최소 2개 세대 이상 평균값으로 적용될 수 있도록 할 것

7) 부속실 제연설비 가동 시 어느 층의 출입문을 개방하여도 부속실의 과압이 발생하지 않도록 대책을 제시할 것

8) 유입공기 배출 시 복도에 부압이 발생하지 않도록 대책을 제시할 것

9) 부속실 제연설비 급기풍도는 지상층 피난안전구역의 계단분리에 따라 급기풍도를 분리할 것

10) 피난층 출입문 개방 및 외기 온도조건에 따른 제연성능 영향 여부를 시뮬레이션을 통하여 확인하고 보완대책을 설계도서에 반영할 것

11) 샌드위치 가압방식 제연설비를 적용하는 화재층 상·하층의 차압을 확인할 수 있도록 하고, 풍량, 차압 등의 설계와 관련된 사항은 성능위주설계 심의에서 적합 여부를 판단 받을 것

2 소화설비

고층건축물에 설치되는 소화설비 시스템을 최적화하여 초기소화 및 연소 확대 방지에 기여하고자 함

1) 고층건축물(지하층 포함 30층 이상)의 수계소화설비는 각동마다 펌프방식 및 자연 낙차방식으로 적용할 것 (최상부 구역의 경우 펌프방식)

   (1) 1개 동의 펌프가압으로 다른 동의 고층부를 가압할 때 배관 부속류에 파손 등 영향을 주지 않고 원활하게 가압할 수 있는 경우 1개 동에 설치할 수 있고, 50층 이상의 경우에는 각 동마다 적용

   (2) 지하주차장이 2 이상의 동으로 연결된 경우 수원은 최소 40분 이상, 기준개수 30개 이상

2) 펌프의 용량과 소화수원의 양은 수리계산에 의해 선정할 것

3) 주차장 외 부분에 설치하는 옥내소화전은 호스릴 방식을 적용할 것

   옥내소화전을 호스릴 방식으로 적용 시 마찰손실 고려하여 양정계산할 것

4) 지하 3층 이하의 주차장 또는 상온의 주차장에는 습식스프링클러설비를 설치할 것

5) 전기실, 통신실, 전산실 및 발전기실 등 주요설비 장소에는 면적과 관계없이 물분무등설비를 설치

6) 커튼월구조의 건축물은 하층부 화재 시 상층부로의 급격한 연소 확대가 우려되는 바, 이를 방지하기 위하여 스프링클러헤드를 내창으로부터 0.6 m 이내에 설치하고, 헤드의 간격을 1.8 m 이내마다 설치

7) 옥외소화전함은 건축물 외벽으로부터 5 m 이상 떨어진 위치에 설치하거나, 방호 조치를 할 것

8) 스프링클러 헤드 에스커천은 불연재를 적용할 것

9) 소방용 감압밸브는 성능시험을 할 수 있도록 배관을 구성할 것

   (압력설정시험, 압력유지시험, 방출량 시험이 가능하도록 할 것)

10) 물류창고 및 창고형 판매시설 등 화재하중이 높은 장소에는 일반형 스프링클러설비 헤드(K-Factor 80) 사용을 지양하고 가연물의 양, 종류, 적재방법 및 화재 위험 등급에 따라 아래 소방시설을 적용

구 분	적용 기준
경보설비	• 화재 조기감지, 위치확인 및 비화재보 방지를 위한 공기흡입형감지기 등 특수감지기 설치 • 조기 안내방송을 위한 비상방송설비 성능 강화 (음향 : 1 W → 3 W)
소화설비	가연물의 종류, 양, 적재방법 등 물류창고 위험등급을 고려, 스프링클러설비 설치 • 헤드 : 라지드롭 (K-Factor 115~160) 또는 ESFR (K-Factor 200~360) 적용 • 헤드배치 : 랙식 창고는 랙 단마다 인랙스프링클러헤드 적용 (단, ESFR 적용 시 제외) • 기준개수 라지드롭 : 30개, ESFR : 12개 • 수원용량 : 120분
피난설비	랙식 창고 랙 통로 부분 축광식 피난유도선 또는 랙부착유도등 설치로 피난설비 인지도 향상
방화시설	방화구획 완화 제한(건축법령), 드렌처(수막설비) 도입 등 • 3,000 m^{2}마다 내화구조의 벽으로 구획 (불가피한 경우 방화셔터) • 물류창고 자동화설비(컨베이어벨트, 수직반송장치 등) 방화구획 성능강화
기타	• 물류창고 밀집지역 상수도소화용수 확보 • 물류창고 주위 소방활동공간 확보(위험물 보유공지 개념)

11) 가스계 소화설비는 Door Fan Test를 실시할 것
  (1) Door Fan Test 결과를 책임감리원에게 제출할 것
  (2) 가스계소화설비 방호구역에 설치하는 자동폐쇄장치는 유압 방식 또는 모터댐퍼 방식 등으로 설치
  (3) 소화약제 방출 전 급·배기팬 및 냉·난방기도 정지하도록 계획할 것
12) 배관의 보온재는 무기질 보온재 또는 국토교통부 시방서에 따른 안전성능을 확보한 보온재를 적용하고, 동파의 우려가 있는 장소는 화재 위험이 없는 동파 방지 장치 또는 기구 등을 추가로 설치
13) 옥내소화전설비(연결송수관 겸용)와 스프링클러설비 배관 분리 설치할 것
14) 연결송수관설비 펌프에 성능시험배관 및 성능시험을 위한 수조를 설치할 것 (수조의 유효수량은 펌프 정격토출량의 150 %로 5분 이상 방사량 이상이 되도록 할 것)
15) 주방이 설치되는 모든 장소에는 주거용 주방자동소화장치 또는 상업용주방자동 소화장치를 설치
16) 소방펌프, 예비펌프 압력차에 의한 동시기동으로 수격피해 또는 전원공급 차질 우려가 있으므로, 인터록 제어가 가능하도록 동력제어반 제어회로도에 설계할 것
17) 수리계산은 신축배관을 포함한 모든 부속류를 포함하고 각 구간의 최상부와 최저부로 나누어 계산하여, 최저부에서의 과압 발생 여부 및 최상부의 최소 방수 압력 적합 여부를 검토할 것
18) 감압밸브 2차 측 이상 압력 형성 시 안전장치와 관리자가 인지 가능하도록 종합방재실에 경보장치 또는 점멸등 설치할 것
19) 펌프 또는 송풍기 동력제어반의 선택스위치가 '자동' 위치에 있지 않을 경우 종합방재실에서 확인할 수 있는 구체적 방안 제시할 것
20) 전기자동차 주차구역 (충전장소)은 별도의 방화벽으로 구획하고, 방출량이 큰 헤드 (K-Factor 115 이상) 또는 살수 밀도를 높여 계획할 것
  (1) 일정 단위별 격리 벽체를 설치하고, CCTV를 설치하여 24시간 감시할 것
  (2) 방출량 증가에 따른 수원량 추가 확보 고려할 것 (수리 계산 등)
  (3) 연결송수관설비용 펌프 흡입 측 배관은 습식방식으로 배관 구성 후 도면에 반영할 것

21) 전자식 압력스위치를 펌프별로 각각 설치하고, NFPA 거리기준에 따라 소방펌프 설치 위치로부터 수평거리 1.5 m 이격하여 설치할 것
22) 펌프 성능시험 시 배수설비(집수정)는 펌프정격토출양의 150 % 기준으로 2분 이상 집수 가능토록 하고 배관은 집수정까지 연결하거나 직접 옥외로 배수 가능하도록 할 것. 다만 소화수조 내부에 설치된 흡입 측 배관에 Vortex Plate를 설치하고, 성능 시험 배관이 소화수조로 직접 연결된 경우 그러하지 아니하다.
23) 알람밸브 2차 측 과압방지 장치 적용 (바이패스 밸브 등)
24) 배관의 사용압력은 펌프의 체절압력을 기준으로 적용할 것
25) 옥상층에 화재 발생 우려가 있는 시설이 설치되는 경우 소화설비를 반영할 것
26) 소방시설의 내진설계는 소방청 고시에 따른 내진설계 기준에 따라 설치하여야 하며, 흔들림 방지버팀대 방식이 아닌 특수한 구조 등으로 설계하는 경우에는 중앙소방심의를 통하여 기술적 적정성을 검증받을 것

3 경보설비

고층건축물에 설치되는 경보설비 시스템을 최적화(통신간선 이중화, 감지기 적응성 판단 등)하여 재실자의 화재 조기인지 및 피난안전성을 확보하고자 함

1) 자동화재탐지설비의 수신기와 수신기, 중계기와 수신기 또는 중계기와 중계기간의 배선은 Loop Back System으로 설치하여 통신(신호)간선을 이중화할 것 (단, 본선과 별도의 배관으로 분리·이격하여 설치할 것)
2) 수신기는 선로의 단락 등의 이상이 발생한 경우에도 성능을 유지할 수 있도록 보호기능을 가진 것 또는 보호설비를 설치할 것, 경보설비 선로에는 단락보호기능의 Isolator를 적정 개소마다 반영할 것
3) 자동화재탐지설비는 동별 중계반을 설치하여 소방시설이 신속하게 작동할 수 있도록 계획할 것
4) 지하주차장 또는 물류창고 등에 설치되는 화재감지기는 비화재보 방지 및 화재 조기감시 경보 체계 구축을 위해 특수형 감지기 (아날로그방식·공기흡입형감지기 등)로 적용할 것
5) 시각경보기는 실별 2개 이상 설치 시 동기점등방식으로 설치할 것
6) 비상방송 스피커는 피난용 승강기 승강장 등 공용부에도 적용할 것
7) 호텔 객실 등에는 사운드 베이스 감지기 적용 권고
8) 기계실 등과 같이 주위소음이 큰 장소는 비상방송설비용 음향장치 출력을 10 W로 하거나, 시각경보 장치를 설치할 것
9) 종합방재실과 원활한 양방향통신을 위하여 피난안전구역에 비상전화기를 설치할 것

4 피난구조설비

피난경로 및 주요설비가 설치된 장소에 적합한 유도등을 설치하여 피난안전성 확보와 원활한 소방활동을 보조하기 위함

1) 피난계획에 적합한 유도등 설치
   (1) 통로 유도등은 복도 피난경로상 사각이 발생하지 않도록 추가 설치할 것
   (2) 구부러진 모퉁이와 피난계단 출입구의 식별을 위하여 횡방향을 지시하는 유도등을 추가할 것

⑶ 피난층 피난계단 내부에는 피난구유도등 이외에 피난층을 지나치지 않도록 픽토그램 등 반영
⑷ 공동주택과 사용 형태가 비슷한 주거용 오피스텔의 경우 피난구유도등을 대신하여 유도표지를 설치할 수 있다.
⑸ 피난안전구역 직상층 계단실에서 피난안전구역 특별피난계단 출입구까지의 경로에 광원점등식 피난유도선을 설치할 것

2) 발전기실, 소방펌프실, 제연팬룸 등 비상시 출입하는 주요설비 장소의 비상조명등은 예비전원 내장형을 추가로 설치할 것
⑴ A/V실, EPS/EPS 등 수직 샤프트 부분에는 유지관리용 조명등을 설치할 것
⑵ 소화수조에는 측면 이외에 수조 점검구 상부에 점검용 조명등을 설치할 것

3) 비상조명등은 점멸기를 거치지 않는 구조로 설치할 것

4) 공동주택(아파트)에 추가로 공기안전매트를 설치할 경우 관리 대책 마련할 것
⑴ 공기안전매트는 지상 1층(피난층) 관리사무실 또는 종합방재실 등에 수레 등 바퀴 달린 기구에 장착·보관하여 화재 발생 시 원활하게 사용될 수 있도록 할 것
⑵ 관리사무실 또는 종합방재실 위치가 지상 1층(피난층) 외의 층에 있을 경우 지상 1층(피난층)에 별도의 공기안전매트 보관장소를 마련할 것
⑶ 공기안전매트 전개 장소에 장애물이 있을 경우 신속히 제거할 수 있도록 전기톱 등 장비 갖출 것
⑷ 공기안전매트가 전기팬식인 경우 설치 예정 공간 주변에 비상콘센트 설치할 것

5 무선통신보조설비

무선통신보조설비의 음영지역을 제로화하여 소방활동을 원활하게 하고자 함
1) 건축물의 CORE를 포함한 모든 부분에서 무선통신이 가능하도록 할 것
2) 무선통신보조설비의 설치완료 후 전파강도 시험 및 무선통화 시험을 실시하여 무선통신이 적절히 이루어지는지를 확인할 것

6 그 밖의 안전시설 화재예방대책

1) 임시소방시설은 건축착공신고 단계에서 사업장에 비치하고, 간이소화장치(대형소화기로 대체불가)는 층마다 화재안전기준에 적합하게 설치하고 옥내소화전설비(호스릴 방식 등 권장) 또는 연결송수관설비를 우선 설치하여 공사장 화재에 대응 가능할 수 있도록 시방서에 명확히 명기할 것
2) 피난층을 포함한 피난경로의 모든 전자제어시스템 출입문, 출입 통제장치 등은 화재 시 자동 개방되는 구조로 할 것(다만 피난구가 별도로 구성된 경우의 자동유리문은 닫히는 구조로 할 것)
3) 발전기실 및 소화가스용기실은 공용부에서 진입 가능하도록 계획할 것
4) 쓰레기처리장(분리수거장, 세대창고 등)에 대한 화재예방대책 제시할 것
5) 지하주차장 방화구획된 팬룸실에 루버 설치 시 F.D 설치 요함
6) 비상발전기 기동 신호는 비상 및 소방부하 변압기 2차 측 주차단기(ACB)후단에서 신호를 받아 기동되도록 할 것
7) 완강기 고정 구조하지틀 상하부 및 구조하지틀과 완강기 고정방법이 최대하중(1,500 N 이상)에 적합 여부(계산서)를 첨부할 것

성능위주설계 [건축 피난·방재]

1 방화구획 적정성 확보 [건축법 시행령 제46조, 제56조/건축물방화구조규칙 제14조]

화재로 인해 발생하는 화염과 연기를 구조적으로 원천 차단하여 재실자의 피난안전 환경 마련으로 인명 및 재산피해를 최소화하기 위함

1) 방화구획 여부를 쉽게 확인할 수 있도록 방화구획도 제출할 것

   내화구조의 벽, 60분 방화문, 방화셔터는 각각 다른 컬러로 구분하고 별도의 범례표 작성하여 방화구획 적정성 여부를 쉽게 확인할 수 있도록 할 것

2) 건축물의 주요 설비 공간 및 공용시설물은 다른 부분과 방화구획할 것

   종합방재실, 펌프실, 제연팬룸실, 기계실, 전기실, 쓰레기집하장, 공용물품창고 등

3) 판매시설 등 대형 공간 및 에스컬레이터, 지하주차장 램프구간에 방화구획용 방화셔터를 설치하는 경우에는 3 m 이내에 피난이 가능한 고정식 방화문(일체형 방화셔터 지양)을 설치할 것 (계단에는 방화셔터 설치 금지)

   (1) 작동방식을 사용 형태별 위험요소 감안하여 1단 또는 2단으로 구분할 것

      (예 아트리움, 에스컬레이트는 1단/피난통로는 2단)

   (2) 방화셔터 상부 천정 내부와 악세스플로어 내부는 구획 성능이 확보되도록 설계도 (방화구획선 관통부의 내화충전 상세도)를 첨부할 것

   (3) 방화셔터 하부 바닥에는 셔터 하강지점임을 표시하고 비상구 (피난구)가 설치된 지점의 바닥에는 피난유도표시(화살표, 픽토그램 등)를 할 것

4) 방화구획용 방화문이 쌍여닫이 방화문일 경우 순차적인 폐쇄가 되도록 순위조절기 설치할 것

5) 수직·수평 방화구획 관통부에는 내화충진재를 적용하고 해당 내용을 도면 및 내역에 표기할 것

6) 제연구역과 면하는 피트공간(A/V, EPS, TPS 등) 및 세대별 샤프트는 방화구획할 것

7) 평상시 개방운영이 예상되는 방화문에는 수신기와 연동하여 작동하는 자동폐쇄장치를 설치할 것

8) 물류창고의 경우 물품의 제조·가공·보관 및 운반 등에 필요한 고정식 대형 기기설비의 설치를 위하여 불가피한 부분과 그 이외의 부분을 각각 방화구획할 것

9) 매립형방화문 (포켓도어) 등에는 고리형 손잡이가 설치되지 않도록 할 것

2 피트층(공간) 화재예방 대책 [스프링클러설비 화재안전기준 제15조 제1항 제1호]

화재예방의 사각지대인 피트층(공간)에 대한 소방시설 적용으로 건축물 수직·수평으로의 연소 확대를 방지하기 위함

1) 피트층 (공간)에 유효한 소방시설(헤드, 감지기 등) 적용할 것

   피트층 (공간EPS, TPS 등)은 스프링클러설비 화재안전기준에 따른 파이프덕트, 덕트피트에 해당하지 않아 소방시설 적용 제외 장소에 포함되지 않음

2) 피트층 (공간)은 그 용도를 도면에 명확하게 표기하고, 특히 유수검지장치실 등으로 사용되는 피트공간의 경우에는 점검 공간을 충분히 확보하고 화재 발생 시 신속한 대응이 가능하도록 출입구 (점검구)를 개방할 수 있는 구조로 할 것

3) 유수검지장치실은 화재발생 시 신속하게 접근할 수 있도록 특별피난계단 및 비상용 승강기 승강장과 인접하여 설치할 것

❸ 특별피난계단 피난안전성 확보 [건축법 시행령 제35조/건축물방화구조규칙 제9조, 제22조의2]

지상 1층 또는 피난층으로 연결된 피난시설로서 계단의 배치, 출입문의 구조 등 설치기준을 명확히 하여 재실자의 피난안전을 확보하고자 함

1) 특별피난계단 출입문에는 가급적 개방이 쉬운 패닉바 설치 권고
   (공동주택(아파트) 및 그 사용 형태가 유사한 주거용 오피스텔 제외)
2) 특별피난계단 계단실에는 화재 위험성이 있는 시설물 설치 금지
   도시가스배관, 전기배선용 케이블 등 기타 이와 유사한 시설물
3) 특별피난계단 계단실 출입문에는 피난용도로 사용되는 것임을 표시할 것
   백화점, 대형 판매시설, 숙박시설 등 다중이용시설에 설치되는 특별피난계단에 피난 용도로 사용되는 표시를 할 경우 픽토그램(그림문자)으로 적용할 것
4) 특별피난계단은 옥상광장 (헬리포트, 인명구조공간)까지 연결되도록 할 것
   계단실은 승강기 권상기실 등 다른 용도의 실로 직접 연결되지 않도록 할 것
5) 특별피난계단 (피난계단) 출입문 (매립형)에는 고리형 손잡이 설치 금지
6) 특별피난계단 부속실은 $4\,m^2$ 이상의 유효면적으로 계획할 것

❹ 피난안전구역 화재안전성 확보 [건축법 시행령 제34조/건축물방화구조규칙 제8조의2]

1) 피난안전구역을 건축설비가 설치된 공간 (기계실 등)과 같은 층에 설치하는 경우에는 출입문을 각각 별도로 구성하고, 구조상 불가피하여 공간을 서로 경유할 경우에는 이중문 (60분 방화문)으로 구획
2) 피난안전구역 외벽은 아래층 화재로부터 영향을 받지 않도록 소방관 진입창 및 제연 외기취입구 등 최소한의 개구부를 제외하고는 다른 부분과 완전구획하고, 외벽 마감은 다른 층과 구별되도록 할 것
3) 최하부 피난안전구역은 특수소방자동차이 접근 가능한 층에 설치하여 화재 시 신속한 인명구조가 이루어질 수 있도록 할 것
4) 비상용 및 피난용 승강기 층 선택 버튼에 피난안전구역 설치 층을 별도 표기하여 재실자 등이 그 위치를 평소 인지할 수 있도록 할 것
5) 피난안전구역에 피난용도의 표시를 할 경우 픽토그램(그림문자)으로 적용할 것
6) 하향식피난구 착지 지점에서 피난안전구역으로 연결되는 경로에는 광원점등식 피난유도선 설치할 것

❺ 비상용(피난용) 승강기 승강장 안전성능 확보 [건축법 제64조/건축물설비기준규칙 제10조/주택건설기준규정 제15조]

비상용(피난용) 승강장 크기기준 확대 및 화재 시 운영 방안을 마련하여 원활한 소방활동과 신속한 재실자 피난이 가능하게 하고자 함

1) 비상용 승강기 내부 공간은 원활한 구급대 들것 이동을 위해 길이 220 cm 이상, 폭 110 cm 이상 크기로 하고, 승강장으로 이어지는 통로는 환자용 들것의 원활한 이동을 위해 여유폭(회전반경) 확보
2) 비상시 피난용 승강기 운영방식 및 관제계획 초기 매뉴얼 제출할 것
   1차 : 화재 층에서 피난안전구역, 2차 : 피난안전구역에서 지상 1층 또는 피난층

3) 비상용 승강기 승강장과 피난용 승강기 승강장은 일정 거리를 이격하여 설치하고, 사용 목적을 감안하여 서로 경유되지 않는 구조로 설치할 것 (다만 공동주택(아파트)의 경우 부속실 제연설비 성능이 확보된다면 비상용, 피난용 승강기 승강장을 경유하여 설치할 수 있음)
4) 비상용(피난용) 승강기 승강장 출입문에는 사용 용도를 알리는 표시를 할 것
   백화점, 대형 판매시설, 숙박시설 등 다중이용시설에 설치되는 비상용(피난용) 승강기 승강장 출입문에 사용 용도를 알리는 표시를 할 경우 픽토그램(그림문자)으로 적용할 것
5) 여러 대의 비상용 승강기 및 피난용 승강기는 각각 이격하여 설치할 것 (다만 구조상 불가피한 공동주택(아파트)의 경우 제외)

6 건축물의 마감재료 불연화 [건축법 제52조 및 시행령 제61조/건축물방화구조규칙 제24조]

도면 제출 시 건축물의 내·외부 마감재료 상세표 제출할 것

1) 건축물 내부의 천장·반자·벽·기둥 등의 마감과 외벽 마감은(단열재, 도장 등 코팅재료, 접착제 등 마감재료를 구성하는 모든 재료) 준불연재료 이상의 재질로 할 것
2) 내부마감재료 상세표에 석고보드 9.5 T 또는 12.5 T로 표기하는 방식을 지양하고 준불연재료 또는 불연재료 등으로 명확하게 표기할 것 (외벽마감 포함)
3) 필로티에 설치되는 단열재는 불연재료로 하고, 필로티 천장 속에 설치되는 모든 배관은 불연재료로 할 것 (설비 배수 배관 등 PVC 재질 사용 불가)
4) 건축물 사용승인 신청 시 내·외부마감재료 관련 시험성적서 및 납품확인서 제출할 것

7 옥상 피난대피공간 화재안전성 확보 [건축법시행령 제40조/건축물방화구조규칙 제9조, 제13조]

옥상에 피난용도로 사용되는 옥상광장, 대피공간 등의 시설 설치기준을 강화하여 화재로부터 원활한 피난과 안전한 공간을 확보하기 위함

1) 건축물의 규모 등을 파악하여 헬리포트 또는 인명구조 공간 장·단점 비교 후 선택 적용할 것
   30층 이상은 헬리포트 적용하고, 50층 이상은 헬리포트 또는 인명구조공간 적용 권고
2) 옥상에 설치되는 피난시설(옥상광장, 대피공간, 헬리포트 등)의 마감은 불연재료로 할 것
   옥상광장 바닥 마감을 목재·합판으로 장식하여 휴게공간으로 사용하는 사례가 있음
3) 헬리포트 또는 인명구조공간 설치 대상은 그 아래층 또는 인근에 별도의 피난 대기 공간 설치 권고
   (1) 아래층 화재로부터 열·연기의 영향을 덜 받을 수 있고 구조 시간이 장시간 소요될 경우 대기할 수 있는 공간 필요
   (2) 천장이 없는 구조로서 3면 또는 4면 벽 높이는 최소 1.5 m 이상의 불연재료로 구획
4) 옥상에 태양광집열판 등 화재에 노출되는 설비 설치는 지양하고, 불가피하게 설치할 경우 화재예방 대책 제출
   (1) 설비가 설치되는 장소는 옥상의 다른 부분(광장 등)과 불연재료로 칸막이 구획할 것
   (2) 피난에 지장이 없도록 특별피난계단, 비상용(피난용)승강장 출입문과 최대한 거리를 두고 설치하고, 적응성 있는 소화설비 추가 설치할 것
5) 옥상으로 통하는 출입문에는 피난 용도로 사용되는 것임을 표시(픽토그램 등)할 것

8 지하층 침수방지 대책 [건축법 제49조/건축물방화구조규칙 제19조2/건축물설비기준규칙 제17조의2]

건축물에 침수방지 설비를 설치하여 집중호우 등의 자연재해로 인한 소방·방재시설 등의 안전을 확보하기 위함

1) 차수판 등 차수설비는 지하로 연결되는 모든 입구(통로) 등에 설치할 것

   차수설비는 자·수동 조작방식(준초고층의 경우에는 자동 또는 수동방식)이 가능한 방식으로 설치하고, 종합방재실에서 CCTV 등으로 원격감시가 가능하도록 설치할 것

2) 주요 설비공간(전기실, 발전기실, 펌프실 등)을 지하층에 설치할 경우 침수방지를 위해 건축물 최하층에 설치하는 것을 지양하고, 지상층과 가까운 곳에 설치할 것

3) 주요 설비공간(전기실, 발전기실, 펌프실 등)의 출입로(문)는 해당 층 바닥보다 최소 0.5 m 이상 높게 설치할 것

9 양방향 피난 안전성 강화 [건축법 시행령 제46조/건축물방화구조규칙 제14조/피난기구 화재안전기준]

건축물이 대형화, 심층화됨에 따라 재실자의 피난 패닉 현상을 사전에 예방하고 피난대책의 원칙인 Pool Proof와 Fail Safe를 실현하여 인명피해를 최소화 하고자 함

1) 건축물에 피난시설을 적용하고자 할 경우에는 적응성과 시설별 장·단점 고려하여 적용하고, 관련법령에 따라 성능인증 제품 설치할 것

2) 건축물의 용도마다 효율적인 양방향 피난시설 적용할 것

   (1) 공동주택(아파트) 및 그 사용 형태가 유사한 주거용 오피스텔의 경우 하향식 피난구 등 관계법령에 적합한 피난시설을 적용할 것

   * 세대 내 하향식피난구 설치 시 완강기 설치를 면제할 수 있음(다만 원룸형 구조의 주거용 오피스텔 세대 내부에 하향식피난구 등을 적용할 수 없을 경우에는 공용 복도에 1개소 이상 설치 권고)

   (2) 아파트 외 용도의 건축물일 경우 필요시 공용복도 등에 하향식피난구 추가 설치 권고

3) 피난시설 설치장소에는 피난 상 장애가 되는 시설물 설치하지 말 것

   공동주택 하향식피난구 설치 장소 출입문으로 인해 사용상 장애 발생치 않도록 하고, 실외기실(불연재료로 별도구획 시 예외) 및 빨래건조대 등 장애물 설치하지 말 것

4) 공동주택(아파트) 피난시설(하향식피난구 등) 설치장소는 주방 또는 주출입문 인근을 제외하고 거실 각 부분에서 접근이 용이하고 외부에서 신속하게 구조활동을 할 수 있는 장소에 설치할 것

10 그 밖의 안전시설 화재예방대책

- 펌프실, 제연팬룸실 점검공간 확보
- 다중이용업소 및 부속용도 비상구 확보
- 제연 외기취입구는 청정 장소에 설치
- 기계식주차장 구조와 배연대책 등

1) 소화펌프실, 제연팬룸실 등 주요설비 장소는 유지관리에 충분한 공간을 확보하고, 장비 배치를 포함한 상세도를 제출할 것

2) 다중이용업소 및 건축물의 부속용도(피트니스 등) 주출입구 반대 방향에 비상구 확보할 것

3) 제연 외기취입구는 신선한 공기를 공급받을 수 있는 장소에 설치할 것
    (1) 전체 DA 도면을 작성하고, 해당 용도(일반용, 소방용)를 명확히 기재할 것
    (2) 지하층에서 DA를 통해 배출된 연기는 상층부 및 제연설비의 급기구 등으로 유입되지 않도록 할 것
    (3) 거실제연설비 외기취입구는 배기구 등으로부터 수평거리 5 m 이상, 수직거리 1 m 이상 낮은 위치에 설치할 것
4) 기계식주차장은 내화구조로 설치하고 최상부 배연대책 마련할 것
5) 연돌효과 방지대책 마련할 것
6) 지하주차장에 옥내소화전함이 설치된 기둥의 색상은 다른 기둥의 색상과 구분되도록 할 것
7) 주차장은 보행거리 기준 50 m 이하가 되도록 계단을 배치하고 계단 인근에는 폭 1 m 이상의 피난경로(픽토그램) 표시를 할 것
8) 막다른 복도의 보행거리는 15 m 이하로 할 것
9) 준공 전 소방시설 전수검사가 필요한 경우에는 시공사가 아닌 발주자(건축주)가 지정한 전문업체에서 실시할 것

11 전기화재예방대책 한국전기설비규정(산자부 공고 제2021-36호)/소방시설법 시행령 별표 5

1) 아크차단기 설치 권고
    (1) 누전차단기와 배선용 차단기는 전기스파크를 감지하는 기능이 없어 전기화재를 예방하기 위해서 전기스파크 사고를 감지하고 전원을 차단하는 아크차단기 권장.
    (2) 물류창고 20 A 이하의 분기회로에 전기 아크차단기 설치 권고
2) 배전반·분전반 소공간용소화용구 설치
3) 물류창고 등 취약시설에는 화재안전콘센트 사용 권고
    먼지와 습기에 의해 아크, 과부하, 트래킹 등의 원인으로 인한 화재발생 시 열 및 불꽃을 감지하고 자동적으로 소화를 진행하는 화재안전콘센트 사용 권장

성능위주설계 [화재·피난 시뮬레이션]

1 건축설계안에 대한 Passive형 화재위험평가

Passive Fire Safety 관점에서 건축설계안(도면)에 대해 화재·피난시뮬레이션 수행을 통한 인명안전평가 실시 필요(소방시설의 작동, 방화문, 방화셔터 등을 반영하지 않음)

1) '직통계단', '피난안전구역', '피난계단 및 특별피난계단', '관람실 등으로부터의 출구', '건축물의 바깥쪽으로의 출구' 등의 설치기준에서 언급하고 있는 출입구 간의 가장 가까운 보행거리, 최대보행거리 등을 피난 시뮬레이션을 통해 검증할 것

    건축법령에서 규정하고 있는 계단이나 복도 등의 최소 치수를 충족한다고 하더라도 피난시뮬레이션을 통한 정량적 평가 시 인명안전성을 확보하지 못할 수 있음

2) 해당층의 각 출구별 Flow Rate (흐름율 또는 유동계수, 단위 : 명/m·s)를 구하여 1초당 1 m 출구너비를 통과하는 에이전트의 수를 계산하여 1~1.33명/m·s 내에 포함되는지 확인하여 출구의 개수나 너비의 적정성을 평가할 것. 만약 Flow Rate가 1명/m·s 이하일 경우 출구의 개수를 늘리거나 출구의 너비를 키워야 함 [단, 병목현상 등으로 에이전트가 출구를 통과하기 직전 정체상황이 발생한다면 해당되지 않음(Pathfinder의 Occupant Source 기능 활용 가능)]

3) 배연창 설계 시 화재 시뮬레이션을 통한 배연창 위치, 크기 등 설계안 검증 필요 소방시설 등

2 화재·피난 시뮬레이션의 커플링(Coupling) 실시

화재시뮬레이션과 피난시뮬레이션을 별도로 수행하면 동일한 지오메트리상에서 발생하는 해저드와 재실자의 피난행태를 실시간으로 분석할 수 없기에 반드시 화재-피난시뮬레이션의 커플링 실시

1) 지금까지 화재·피난시뮬레이션을 위해 각각 별개의 프로그램을 사용하여 독립적으로 ASET과 RSET을 계산하고 단순 비교함으로써 해당 건축물의 인명안전성을 판단하여 왔음. 그러나 이 방식은 화재로 인한 열과 연기의 유동이 재실자의 피난동선에 어떠한 영향을 미치는지 계산하지 못하기 때문에, 실제 화재 상황에서 연기에 의한 질식, 화염의 열에 의한 소사를 전혀 반영하지 못할 뿐만 아니라 설계자가 의도대로 결과를 유도할 수 있다는 문제가 제기되고 있어 화재+피난시뮬레이션의 커플링 필요성이 대두되었음

2) 화재·피난시뮬레이션의 커플링 수행 시, 시뮬레이션 동영상이나 파일을 평가단원에게 제공하고 평가단 회의에서도 확인할 수 있도록 제공할 것

3 화재시뮬레이션 시나리오와 수행 결과의 신뢰성 확보 필요

화재시뮬레이션 수행 결과의 정확성을 담보하기 위해서는 설계자가 객관적인 데이터와 근거를 바탕으로 시나리오를 작성해야 함

1) 시뮬레이션 수행 시 기본 화재시나리오 및 인명안전기준은 소방청 고시 제2017-1호 소방시설 등의 성능위주 설계방법 및 기준 및 동 고시 별표 1 참조

    (1) 가장 위험한 시나리오 외에 실제 자주 발생하는 화재와 관련해서는 화재 통계에 따른 시나리오를 반영

    (2) 하나의 건축물에 여러 용도가 복합적인 경우 용도별로 화재 및 피난 시뮬레이션을 수행하여 안전성을 검증할 것

⑶ 주상복합아파트, 생활형 숙박시설, 오피스텔, 호텔 및 이와 유사한 특정소방 대상물은 ⑴에서 언급한 동 고시 별표 1 중 시나리오 1은 단위세대나 객실이 있는 기준층, 시나리오 2는 근린생활시설이나 상가가 있는 기준층, 시나리오 3은 지하주차장을 대상으로 시뮬레이션을 수행할 것

2) 화재·피난시뮬레이션 수행 시 아래 사항들에 대해 반드시 제시할 것
⑴ 건물 내 용도별 사용자 특성(해당지역 인구통계, 장애인 비율 등 활용)
⑵ 사용자의 수와 발화장소(용도별 재실자 밀도, 최대수용인원 표기)
⑶ 실 크기(시뮬레이션 수행 도면 내 치수 및 스케일 표시 요망)
⑷ 가구와 실내 내용물, 자동차 등은 지오메트리에 반드시 반영하여 피난할 수 없는 장애공간 또는 보행할 수 없는 공간으로 설정할 것
⑸ 연소 가능한 물질들과 그 특성 및 발화원
① 소방청 R&D를 통한 실물화재DB 활용
② 각종 연소실험 연구논문이나 보고서 데이터 인용 및 출처 표기 필수
③ BuildingEXODUS 사용 시 발화물 물질조성비 입력을 통한 CO, CO_2 이외 발생하는 HCN 등 독성가스 생성 필요
⑹ 환기조건(급배기설비 설계안에 대한 평가·검증 필요)
⑺ 최초 발화물의 위치 : 화재 시 피난계단실로의 진입에 방해가 되는 곳을 화재실로 우선 설정 필요
⑻ 출구의 위치와 개수 : 피난시뮬레이션 수행 시 건물 내부 피난안전구역은 출구로 인정하지 않으며 반드시 피난층(지상층) 건물 밖으로 연결되는 출구로 설정할 것

3) 화원의 크기와 특성 설정 시 반드시 객관적 근거자료를 명시할 것
4) 소방청 R&D 연구과제의 실물 화재실험에 근거한 모델화원DB, 단일가연물DB, 공간용도별DB, 장치물성DB를 토대로 화재 시뮬레이션을 수행할 것
만약, 해당 DB에 누락되었을 경우 NFPA Code, SFPE 핸드북, 국내외 R&D 연구보고서, SCIE 등 재저널 논문, 한국연구재단 등재지 등에 게재된 연구논문의 내용을 인용할 것
5) 기본적인 격자 크기는 $0.3\,m \times 0.3\,m \times 0.3\,m$ 이하를 적용할 것
6) 격자크기의 종횡비(Asepect Ratio)를 고려하여 격자크기를 산정
7) 건축물이나 선박의 실내에서 발생하는 구획화재의 시뮬레이션에서 높은 정확도가 요구되는 경우에는 수직방향 격자 크기를 $0.1~0.2\,m$, 수평방향 격자크기는 $0.2~0.4\,m$(종횡비 2) 이하를 사용
8) 대규모 건축물의 경우 x, y방향 적정 격자크기를 $0.5\,m$(종횡비 2.5) 이내로 설정하고, z방향의 격자 크기는 $0.2\,m$로 설정

4 피난용 승강기 설계안 검증 필요

피난용 승강기의 설치대수, 운행속도, 수용인원, 탑승우선자, 승하차계획을 포함한 운용계획 등에 대해 피난시뮬레이션을 통한 검증 필요

1) 피난용 승강기 탑승대상자, 운행속도, 수용인원, 운행구간(정차층과 통과층), 설치 대수(건축물 설비기준에 관한 규칙에 의거, 14인승 이상 2대 불인정), 정차층, 화재경보 시 사전설정되어 위치하는 정차층의 위치지, 피난안전구역 운행 및 정차 방식 등을 반드시 시뮬레이션을 통해 검증할 것
Pathfinder, BuilingEXODUS 등 피난시뮬레이션 S/W에서 승강기를 이용한 피난 반영가능함(에스컬레이터 또한 승강기에 포함됨)

2) 전층 피난시뮬레이션도 같이 수행하여야 함
3) 피난시뮬레이션 상에서 최종 출구는 건축물 외부와 연결된 (단지 내) 지상층의 Assembly Point로 설정할 것

   ※ 건축물 내부에 설치된 피난안전구역은 피난층으로 설정하지 않음
4) 장애인, 노약자 등 신체적 약자의 거주와 이동을 고려한 피난시뮬레이션 필요함

   예를 들어, 장애인(휠체어, 목발, 침대환자 등)과 노약자, 어린이, 임산부 등을 인구 통계자료와 연구보고서 또는 실험논문 등을 참고하여 보행속력과 소요 보호자(조력자) 수를 설정해야 함

❺ 피난시뮬레이션 수행 시 화재실과 비화재실을 구분한 반응시간 계산 필요

반응시간(Pre-Evacuation Time 또는 Response Time)은 피난의 성패를 좌우하는 매우 중요한 요소이므로 피난시뮬레이션의 검증을 위해 정확성과 객관성이 뒷받침되어야 함

1) 다용도 복합건축물의 경우 각 구역의 용도에 맞게 피난지연시간을 각각 계산하여야 하며, 반드시 화재실과 비화재실을 구분하여 반응시간을 계산하여야 함
2) 술을 판매하는 다중이용업소나 주거시설, 숙박시설은 음주자와 수면 시 반응시간 실험결과에 관한 연구논문을 참조하여 반응시간을 입력할 것
3) 아래에 열거한 피난지연시간을 계산하는 방법 중 반응시간 중 최댓값을 선택하여 '반응시간'을 설정하고 그 근거를 반드시 제시할 것. 이때, 화재실과 비화재실을 구분해야 하며, 국가별 또는 문화권별로 반응시간에 큰 차이가 있다는 것이 밝혀짐에 따라 외국 데이터의 무작정 인용은 지양해야 함

   (1) 영국표준연구소(British Standard Institute) 고시
   (2) 일본 신·건축방재계획지침 고시
   (3) 해당 용도의 건축물에서 측정된 실물 현장실험데이터 논문
   (4) 소방시설 설계도에 반영된 화재감지기의 화재시뮬레이션 상 작동시간 + 재실자의 반응시간(실험값)
   (5) 실물 화재사고 또는 실험에서 측정된 반응시간 + 재실자의 반응시간(실증데이터에 근거)

❻ 특정소방대상물 용도별 최대수용인원 및 재실자 특성 반영

특정소방대상물 용도별 최대수용인원수와 재실자의 연령, 성별, 나이, 장애 여부 등의 특성은 피난계획 수립 시 반드시 고려해야 하는 요인으로 피난시뮬레이션 반영 필수

1) 건축물의 용도에 따라 해당 건축물을 이용하는 수용인원의 수가 다르기 때문에 건축물의 용도에 맞는 재실자의 수를 계산하여야 함
2) 하나의 건축물에 여러 가지 용도가 복합적일 경우에는 각 용도 별로 재실자의 수를 설정하여 시뮬레이션을 수행할 것
3) 재실자의 연령 및 성별에 따라 피난능력이 다르기 때문에 재실자의 성별 및 연령, 신체치수의 분포가 피난소요시간에 큰 영향을 줌. 이에 따라 공신력 있는 통계자료 또는 국내외 실험연구논문 등을 참고하여 재실자의 연령 및 성별, 신체치수 분포를 설정할 것
4) 대지가 위치하는 지역의 인구통계자료 등을 참조하여 성별, 연령, 가구당 세대원수 등 에이전트 정보를 입력하고, 장애인(목발, 휠체어, 와상환자 등) 비율과 소요 조력자 수 또한 고려하여 피난시뮬레이션에 반영할 것

5) 시뮬레이션 상에서 재실자의 배치는 실제 상황과 최대한 유사하게 설정할 것 이때, 재실자가 이동할 수 없는 곳은 지오메트리상에서 가구나 자동차, 급수전 등으로 표시하여 실제 상황과 동일하게 설정해야 하고, 재실자의 위치 또한 현실감 있게 배치할 것

7 지하주차장 내 급·배기설비 및 전기자동차 충전시설 화재 반영

지하주차장 내 급·배기설비는 피난의 성패를 좌우하므로 컴퓨터 시뮬레이션을 통한 정확한 용량산정과 수리계산이 뒤따라야 하며 전기차 화재시나리오까지 고려해야 함

1) 전기자동차 전용 충전시설은 지상층에 설치하는 것을 원칙으로 하되, 지하주차장에 설치할 경우 피난층과 가까운 층에 설치하고 전기자동차 배터리 화재실험 데이터를 바탕으로 시뮬레이션에 반영하여 인명안전성을 평가할 것
2) 1면 이상 외기에 접하지 않는 지하주차장 화재를 가정한 시뮬레이션 수행 시 급·배기(환기)설비 작동 여부에 따른 연기 배출 상황을 비교할 것
3) 지하주차장 바닥면적이 20,000 m^2 이상일 경우 급·배기 설비의 용량, 설치위치, 설치수량, 설치방향 등을 컴퓨터 시뮬레이션을 통해 검증할 것
4) 2021년 8월 발생한 지하주차장 출장 세차차량 화재사고에서처럼 밀폐된 공간에서 열방출률이 높은 차량화재는 고온의 복사열로 인해 언제든 인접차량으로 연소가 확대될 수 있으므로 스프링클러의 냉각효과 등을 컴퓨터 시뮬레이션으로 검증할 것

※중앙/지방 소방기술심의 위원회

구 분	중앙소방기술심의 위원회	지방소방기술심의 위원회
구 성	• 60명 이내(위원장 포함) • 회의마다 13명으로 구성	• 5~9명 (위원장 포함)
임 기	• 2년, 1회 연임가능	• 2년, 1회 연임가능
위 촉	• 소방청장	• 시도지사
심의사항	• 화재안전기준에 관한 사항 • 소방시설의 구조 및 원리 등에서 공법이 특수한 설계 및 시공에 관한 사항 • 소방시설의 설계 및 공사감리의 방법에 관한 사항 • 소방시설공사의 하자를 판단하는 기준에 관한 사항 • 연면적 10만 m^2 이상의 특정소방대상물에 설치된 소방시설의 설계·시공·감리의 하자 유무에 관한 사항 • 새로운 소방시설과 소방용품 등의 도입 여부에 관한 사항 • 그 밖에 소방기술과 관련하여 소방청장이 심의에 부치는 사항	• 소방시설에 하자가 있는지의 판단에 관한 사항 • 연면적 10만 m^2 미만의 특정 소방대상물에 설치된 소방시설의 설계, 시공, 감리의 하자 유무에 관한 사항 • 소방본부장 또는 소방서장이 화재안전기준 또는 위험물 제조소등의 시설기준의 적용에 관하여 기술검토를 요청하는 사항 • 그 밖에 소방기술과 관련하여 시·도지사가 심의에 부치는 사항

위험성 평가(Process Risk Assessment) 용어정리

1. Hazard
   인명, 재산 또는 환경에 손해를 초래할 수 있는 가능성이 있는 물리/화학적 상태
2. Risk
   1) 빈도(확률) : 인명, 재산 또는 환경에 대한 원하지 않는 불리한 결과의 실현 가능성
   2) 결과(가혹도) : 불확실한 상황에서 원하지 않는 결과
3. 위험확인(Hazard Identification)
   1) 위험 요소의 존재 여부를 확인하는 절차
   2) 발생 가능한 사고나 재해의 특성을 파악하고 나아가 발생 빈도나 재해 결과까지 예측하여 잠재된 위험으로부터 안전을 확보하기 위한 가장 기본적인 과정
   3) Check List, What-if, HAZOP
4. Risk Analysis
   가능성과 결과를 확인(계산)하는 절차
5. 위험성 계산(추정)(Risk Estimation)
   사고 빈도 및 사고 결과(피해 크기)를 조합(곱, 합)하여 위험성 계산
6. Risk Evaluation
   Risk의 허용 여부를 판단
7. Risk Assessment
   1) 가장 포괄적인 개념
   2) 개인, 사회에 대한 Risk 레벨 또는 리스크의 허용 가능한 레벨에 대한 정보를 구축하는 과정
8. 정량적/정성적
   1) 정성적 : $A > B$
   2) 정량적 : $A = B + 20$

Process Risk Assessment

1 개 요
공정의 모든 위험을 적절한 방법에 의해 발견(확인)하고, 그 위험이 얼마나 자주 발생할 수 있는지, 위험이 발생하면 그 영향은 얼마나 큰가를 평가하여 대책을 수립하는 과정

2 순 서
1) 리스크 평가 목적 설정 및 자료수집
2) 위험의 확인 (Hazard Identification)
3) 사고 시나리오
4) 빈도 분석 (Frequency Analysis)
5) 사고 결과/영향 분석 (Consequence/Effect Analysis)
6) 위험성 계산(추정) (Risk Estimation) 및 위험성 표현
7) 위험성 평가 (Risk Evaluation)
8) 리스크 대책 분석

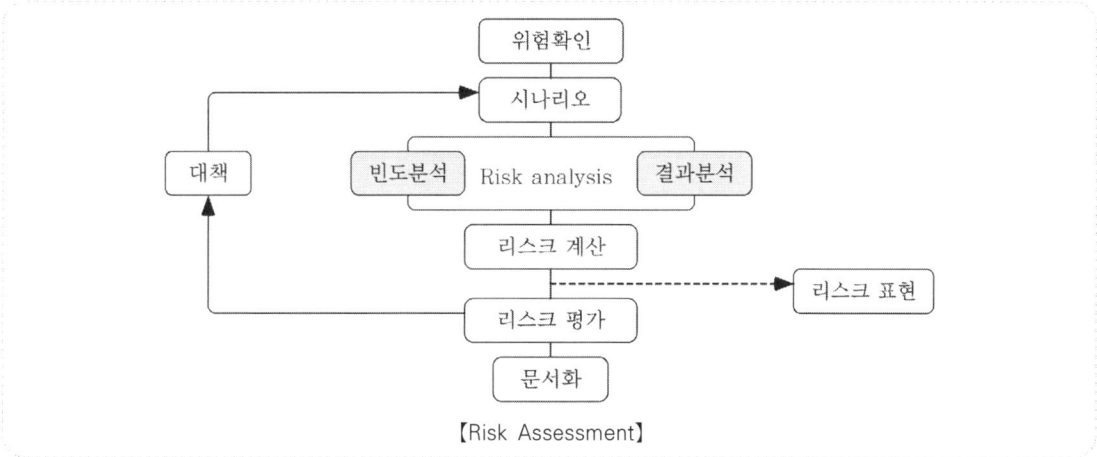

【Risk Assessment】

3 평가방법·선정
1) 화학공장의 위험성 평가는 어떠한 위험요소가 존재하는지를 찾아내고 순서를 정하는 정성적 평가기법과 그러한 위험요소를 확률적으로 분석, 평가하는 정량적 평가기법으로 분류할 수 있다.
2) 선 정
   (1) 위험성 평가 기법은 각 기법별로 장·단점이 있다.
   (2) 기법의 적절한 선정은 효율성과 분석비용에 많은 영향을 준다.
   (3) 양질의 평가를 위해서 여러 가지 기법들을 조합하여 사용한다.
   (4) 잘 알려진 위험요소를 포함하는 공정 검토는 Check-List나 What-if 또는 ETA와 같이 경험을 바탕으로 한 기법을 사용한다.

(5) 수많은 기계적 복잡성을 포함하거나 정교한 제어시스템을 포함하는 공정은 FMEA나 FTA가 적합
(6) 공정의 상태가 복잡하거나 운전상의 조건이 복잡하다면 HAZOP이 적합하다.

4 정성적 평가와 정량적 평가의 특징

1) 정성적 평가(Qualitative)
    (1) 비교적 쉽고 빠른 결과를 도출할 수 있다.
    (2) 비전문가도 약간의 훈련을 거치면 접근이 용이하다.
    (3) 시간과 경비를 절약할 수 있다.
    (4) 평가자의 기술수준, 지식 및 경험의 정도에 따라 주관적인 평가가 되기 쉽다.
2) 정량적 평가(Quantitative)
    (1) 객관적이고 정량화된 결과를 도출할 수 있다.
    (2) 전문지식과 많은 자료가 필요하며, 전문가의 도움이 필요하다.
    (3) 시간과 경비가 과다하게 소요된다.
    (4) 통계 데이터의 확보 및 신뢰성에 문제가 있을 수 있다.

ALARP(As Low As Reasonably Practicable) 원칙

1 개요

1) 허용(수용) 가능한 위험은 현실적 요소(대상 기계, 설비, 비용 등)을 반영하여 어쩔 수 없이 수용하게 되는 크기의 위험성입니다.
2) 허용 위험성을 실행 가능한 한 작게 한다.

2 기본개념

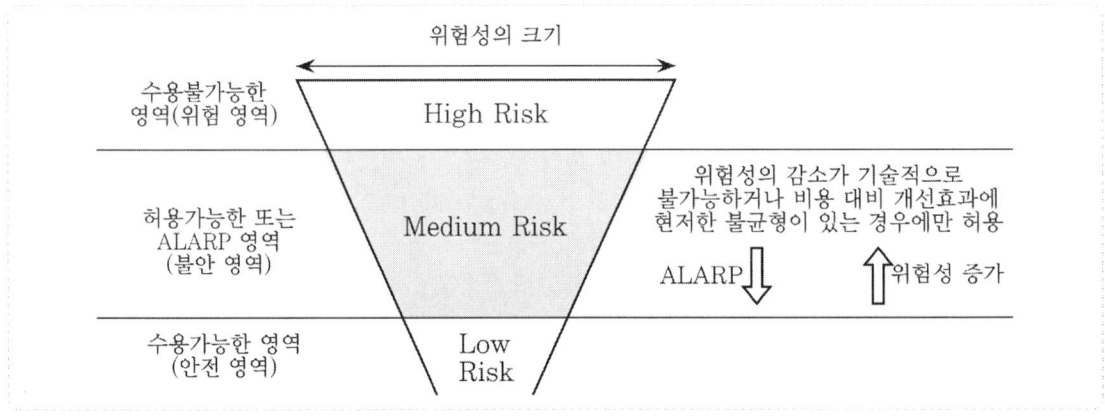

❸ ALARP 곡선

A지점 (High risk)을 최대한 B지점 가까이 이동시킨다.

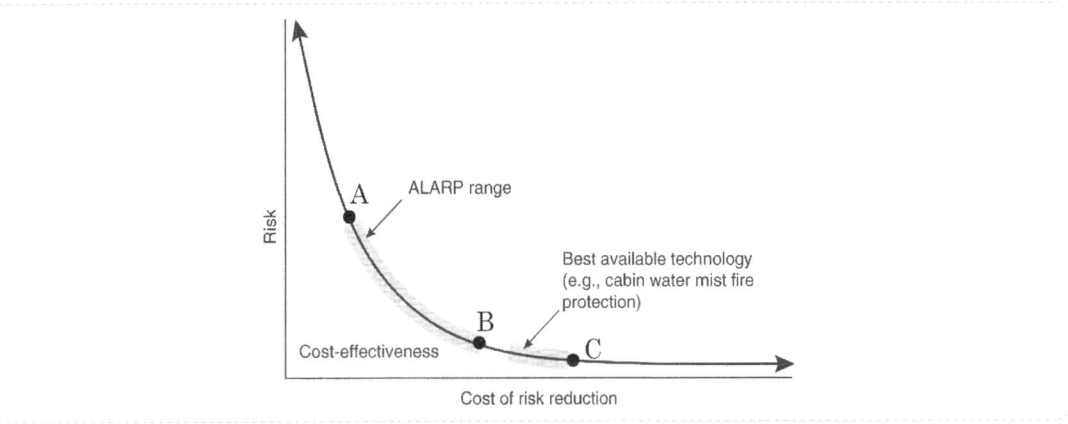

❹ 폭발 분위기가 조성될 수 있는 경우 다음과 같은 단계적 조치가 필요하다.

1) 점화원 주위에 폭발 분위기가 생성될 가능성을 제거하거나 점화원을 제거한다.
2) 이러한 조치가 가능하지 않을 경우에는 점화원과 폭발 분위기가 동시에 발생하는 가능성이 허용될 수 있을 정도로 충분히 낮아지도록 (ALARP) 보호조치를 한다.

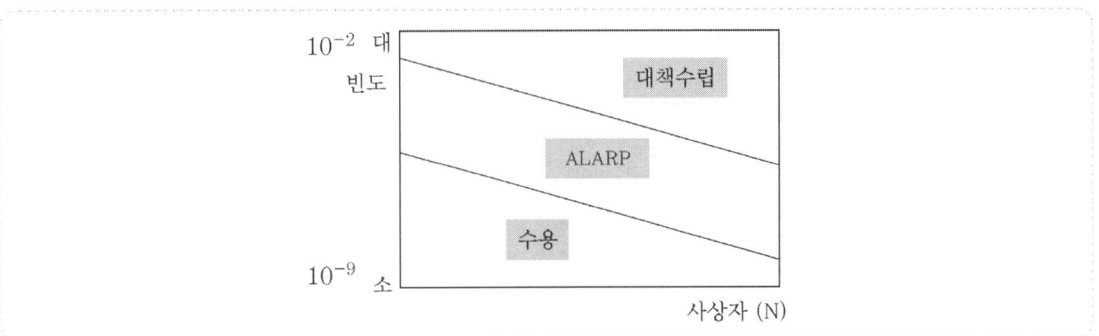

Annex

📂 이상위험도 분석법 FMECA (Failure Modes, Effects and Criticality Analysis)

1. Failure Mode : 공정 (Process)이 어떻게 고장 (Failure Mode) 났는가에 대한 설명
2. Effects : 고장에 대해 어떤 결과가 발생될 것인가에 대한 설명
3. Criticality : 그 결과가 얼마나 치명적인가를 분석하여 위험도 순위를 만들어서 고장 (Failure Mode)의 영향을 파악하는 방법이다.
4. 동시에 2가지 이상의 요소가 고장인 경우 해석 곤란하다.
5. HAZOP이나 FTA와 같은 더욱 상세한 위험 평가분석법을 보충하는 것뿐만 아니라 기존 설비를 평가하고 가능한 사고를 나타내는 단일 이상을 확인하는데 사용될 수 있다.

HAZOP

1 개 요

1) 정량적 위험성 평가를 하기 위해서는 먼저 설비나 공정의 위험을 도출(확인)할 수 있는 HAZOP (Hazard and Operability) 같은 정성적 평가가 선행되어야 한다.
2) HAZOP은 공정의 상태가 복잡하거나 운전상의 조건이 복잡한 공정에 적합한 기법이다.
3) 실제 의도에서 벗어나는 공정상의 일탈을 찾아내어 공정의 위험 요소와 문제점을 발견하는 정성적 위험 평가방법이다.

2 HAZOP 목적

1) 안전측면에서 잠재적인 위험요소나 운전상의 문제점을 파악
2) 파악된 위험요소나 운전상의 문제점에 대한 고려가 설계상에 반영되어 있는지 확인
3) 설계상의 고려가 적합한지 확인
4) 설계상의 고려가 누락 또는 적절하지 않다고 판단된 경우 설계 변경을 요구

3 HAZOP 전제조건 (원칙)

1) 동일기능의 2가지 이상 기기고장 및 사고는 발생치 않는다.
2) 안전장치는 필요시 정상작동 하는 것으로 한다.
3) 장치와 설비는 설계 및 제작사양에 적합하게 제작된 것으로 한다.
4) 작업자는 위험상황 시 필요한 조치를 취하는 것으로 한다.
5) 위험의 확률이 낮으나 고가설비를 요구할 시는 안전교육 및 직무교육으로 대체한다.
6) 사소한 사항이라도 간과하지 않는다.

4 HAZOP 수행절차

1) 팀장은 참가자들에게 HAZOP 목적 수행방법 등에 대하여 간략하게 설명
2) 공정에 따라 검토구간을 정하고
   (1) 공정의 복잡성과 팀의 경험에 따라 결정
   (2) 기능상의 구분과 시스템의 복잡성에 따라 구분
3) 검토하고자 하는 설비에 대하여 전반적인 공정 설명
4) Guide Word와 변수를 조합하여 공정이 정상 운전 상태로부터 벗어날 수 있는 가능한 원인과 결과를 찾아가는 방법으로, 토의 방식은 난상토론(Brain-Storming) 사용한다.
5) 논의 사항을 문서화한다.

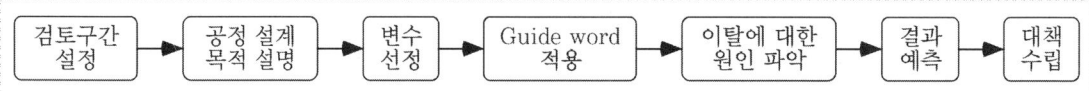

5 절차 예

1) 검토구간 설정
2) 공정 설계 목적 설명 : 냉각탑의 냉각
3) 변수 선정 : 냉각수 온도, 냉각수 양, 냉각수 유동 방향
4) Guide Word 적용
5) 이탈에 대한 원인 파악
6) 결과 예측
7) 대책 수립

냉각탑
냉각수

6 Guide Word

Guide Word	정 의	예
없음 (No)	설계의도에 반하여 변수의 양이 없는 상태	검토구간 내에서 유량이 없거나 흐르지 않는 상태
증가 (More)	양적으로 증가한 상태	검토구간 내에서 유량이 설정 의도보다 많이 흐르는 상태
감소 (Less)	양적으로 감소한 상태	적은 경우에 있어서는 No로 표현될 수도 있음
역류 (Reverse)	설계의도와 반대	유체가 정반대 방향으로 흐르는 상태
부가 (As Well As)	설계의도 외에 다른 변수가 부과	오염 등과 같이 설계의도 외에 부가로 이루어지는 상태를 뜻함
부분 (Parts of)	설계 의도대로 완전히 이루어지지 않은 상태	조성 비율이 잘못된 것과 같이 설계의도 대로 되지 않은 상태
기타 (Other than)	설계 의도대로 설치되지 않은 상태	원료공급 잘못, 밸브 설치 잘못 등

7 유의사항

1) 다른 계통의 여러 전문가가 각자 연구하고 그 결과를 합치는 것이라기보다는 같이 모여서 더 많은 문제점을 규명하는 것이 원칙이다.
2) 모든 팀 구성원이 참가하여야 하며 서로 비평을 삼가야 한다.
3) 사소한 원인이나 다소 비현실적인 원인이라 할지라도 이로 인하여 초래될 수 있는 결과를 체계적으로 검토하고 이에 대한 대책 수립해야 한다.
4) 결과의 기록도 중요한 부분이다.

 Dow 화재 폭발지수 (FEI)

1 개 요

1) Dow Chemical사가 개발한 위험도 (Hazard) 평가 기법

2) 화재, 폭발 및 반응성 사고로부터 예상되는 피해를 정성화하고, 사고의 발생 또는 확대될 가능성이 큰 설비 확인
3) 취급하는 물질의 종류와 양, 보안체제의 정비 상황 등 재해 발생과 그 규모 등과 관련된 많은 항목에 대해 등급을 매김으로서 그 등급에 따른 점수를 집계하고, 그 종합 점수로 각 단위 공정의 위험도(Hazard) 평가

❷ 평가방법

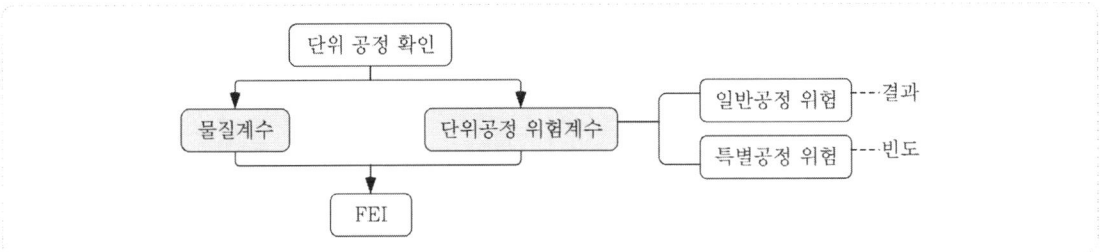

1) 단위공정 확인
   (1) 전체 공정을 단위공정으로 구분하고, 이들 각각을 개별적으로 고려
   (2) 화재·폭발에 의한 피해가 클 것으로 예상되는 단위공정 확인
2) 물질계수(Material Factor) 결정
   (1) 단위공정에서 사용하는 위험 물질의 특성에 대한 물질계수 결정
   (2) 물질로부터 방출되는 에너지가 기준
   (3) 1~40 까지의 숫자로 표시
   (4) 큰 값이 인화성 및 폭발성이 높은 물질이다.
3) 일반공정 위험 (F_1)
   (1) 공정의 유형과 관련되며, 사고의 크기(피해)를 확대시킬 수 있는 항목
   (2) 영향인자
      ① 흡열/발열 반응 여부   ② 밀폐 공정
      ③ 접근로 유무   ④ 누출 시 위험에 노출될 우려
4) 특별공정 위험 (F_2)
   (1) 화재 또는 폭발의 빈도(확률)을 증가시키는 항목
   (2) 영향인자
      ① 독성 물질   ② 진공 압력($<500\,mmHg$)
      ③ 액체가연물 저장   ④ 연소범위 내로 운전
      ⑤ 부식 및 마모   ⑥ 분진 폭발
      ⑦ 열교환기/회전기기 사용
5) 단위공정 위험계수 (F_3) = $F_1 \times F_2$
6) FEI = 단위공정 위험계수(F_3) × 물질계수

Event Tree Analysis

1 개 요
1) 초기 사건에서 시작하여 최종 결과를 추론하는 귀납적 분석방법이다.
2) 고장의 발생경로와 그 사고 발생의 확률에 대한 정보를 제공한다.
3) 하나의 원인에서 여러 가능한 시나리오가 있는 복잡한 상황의 분석에 사용한다.

2 사건수 분석법의 흐름도 및 작성순서

1) 발생 가능한 초기사건의 선정
   (1) 배관에서의 독성물질 누출
   (2) 용기의 파열
2) 영향인자 확인(초기 사건을 완화시킬 수 있는 안전요소 확인)
   (1) 초기사건에 자동으로 대응하는 안전시스템(예 가동정지 시스템)
   (2) 경보장치
   (3) 완화장치(예 냉각시스템, 압력방출 시스템)
   (4) 주변의 상황(예 점화원 유무, 바람의 방향 등)
3) Event Tree를 작성한다.
4) 사건결과의 확인
5) 사고 결과 분석

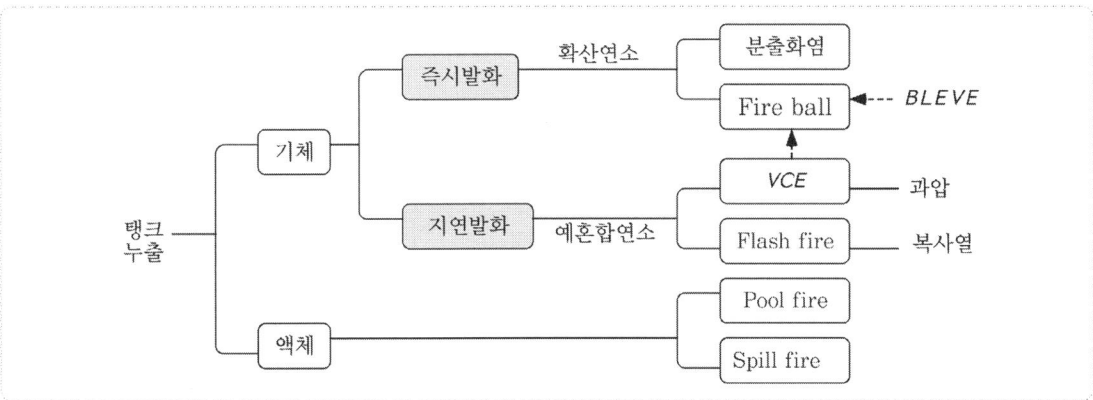

3 특 징
1) 초기사건 다음에 발생 가능한 결과를 확인하고 정량화하는 논리 모델
2) 시간적인 전후 관계를 작성할 수 있다.
3) 결과는 대개 최종 상태에 할당되지만 사건수에 따라 누적

Fault Tree Analysis

1 개 요
1) 결함수 분석법은 하나의 특정 사고 결과(화재, 폭발)로부터 원인을 파악하는 연역적 기법
2) 사고의 원인이 되는 설비의 이상이나 작업자 실수 원인 등을 규명하는 방법으로 설계 또는 운전 단계에 있는 공정 위험성평가 시 사고의 발생빈도와 예상 사고시나리오를 추정하는 데 적용된다.

2 FTA 적용시기
1) 사고 발생의 원인을 파악하고자 할 때
2) 사고 발생 리스크가 커서 발생 확률이 필요한 경우
3) 공정을 새로 가동할 경우

3 분석방법
1) 특정한 결과로 이어지는 다양한 논리적 조합을 나타내는 방법
2) 논리적 종속성에 의해 조직
3) 확률이 정의된 대로 리스크를 계산하기에 충분하도록 결과는 2가지 형식(성공/실패)으로 정의

4 FTA 용어
1) 정상사상(Top Event) : 재해의 위험도를 고려하여 결함수 분석을 하기로 결정한 사고나 결과
2) 기본사상(Basic Event) : 더 이상 원인을 독립적으로 전개할 수 없는 기본적인 사고의 원인으로서 설비 고장, 작업자 실수사상 등
3) 중간사상(Intermediate Event) : 정상사상과 기본사상 중간에 전개되는 사상
4) 컷세트(Cutset) : 정상사상을 발생시키는 기본사상의 집합
5) 최소 컷세트(Minimal Cutset) : 정상사상을 발생시키는 기본사상의 최소집합

5 분석 절차

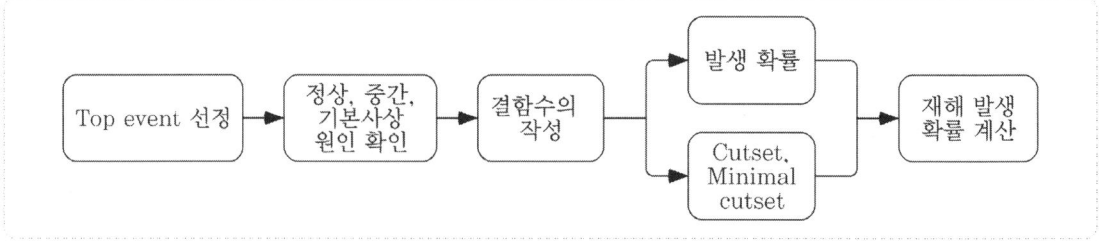

1) 정상사상(Top Event) 선정
2) 각 사상마다 재해 원인확인 : 정상, 중간, 기본사상 원인 확인
3) Fault Tree 작성
4) Fault Tree의 수식화

5) 발생확률을 표시
6) Cutset, Minimal Cutset을 구한다.
7) 재해발생 확률 계산
8) 대책 계획의 작성

6 결함수 분석 흐름도 및 해석 예

1) 창고에서 태풍 때 빗물이 침입하여 저장 중인 생석회가 발화해서 화재가 발생
2) 이 경우 직접원인은 분명히 생석회와 물의 반응에 의한 발열이다. 그러나 물을 가한 것은 태풍이었고 이것이 없었더라면 화재는 발생하지 않았을 것이므로 태풍은 간접 원인이다.
3) 태풍이 불어도 창고에 물이 들어가지 않았더라면 화재는 발생하지 않았을 테니까 창문이나 문짝이 불완전했던 사실과 생석회를 내수성 용기에 수용치 않았던 일 등은 또 화재의 간접 원인이다.
4) 화재원인은 그 근원을 더듬으면 많은 원인이 얽히게 되는데 이를 도식화한 것이 결함수이다.
5) 결함수에서 1차 2차 3차 간접원인으로 차수가 커질수록 인위적인 요인이 많이 포함된다는 것을 알 수 있다.

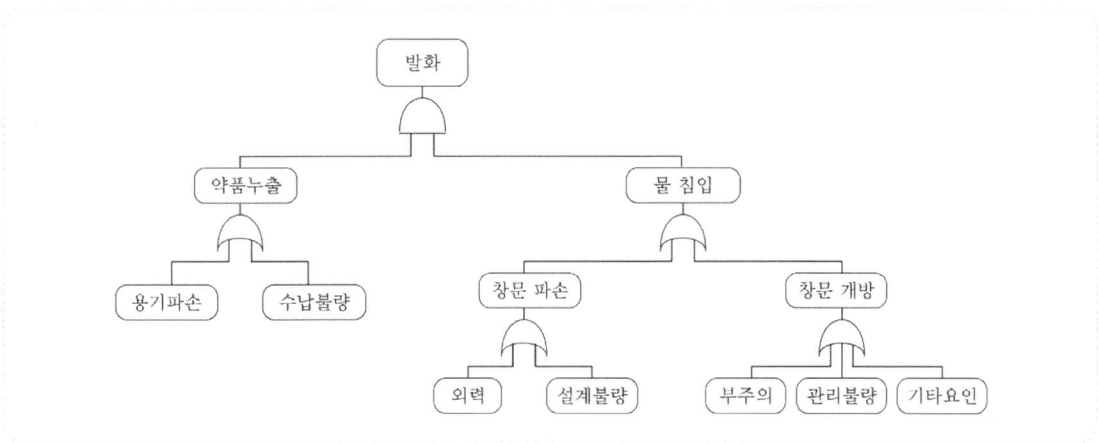

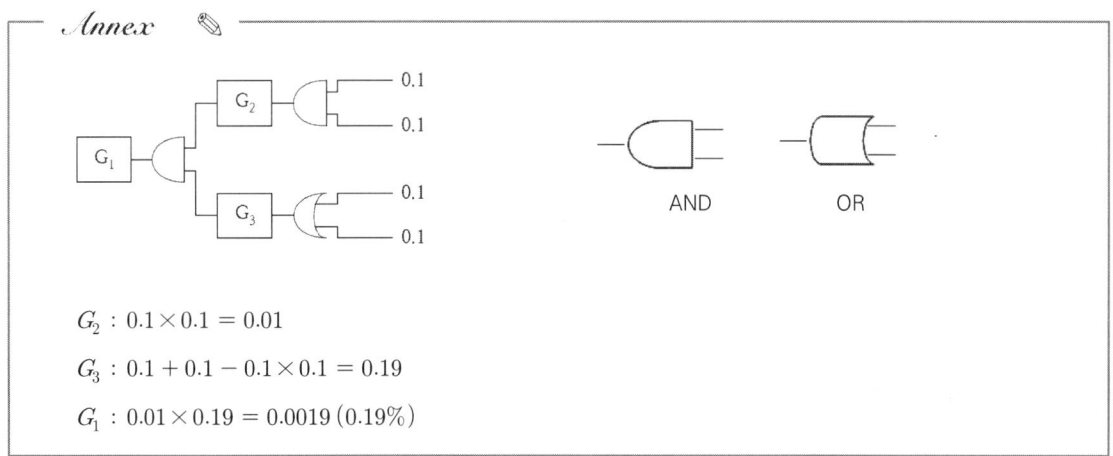

$G_2 : 0.1 \times 0.1 = 0.01$

$G_3 : 0.1 + 0.1 - 0.1 \times 0.1 = 0.19$

$G_1 : 0.01 \times 0.19 = 0.0019 \, (0.19\%)$

예제 어떤 빌딩이 스프링클러설비와 소방서에 자동으로 울리는 알람시스템에 의해 화재에 대해 보호되고 있다. 다음 조건에 따라 화재진압 실패 확률을 결함수 분석에 의해 계산하고 스프링클러설비와 알람시스템을 설치하는 이유를 설명하시오. (단, 연간 화재발생 확률은 0.005회이고, 만약 화재가 발생한다면 스프링클러가 작동할 확률은 97 %이고, 소방서에서 알람이 울릴 확률은 98 %이며, 스프링클러에 의해 효과적으로 화재를 진압할 확률은 95 %이다. 또한 소방서에서 알람이 울리면 소방관은 성공적으로 99 %의 화재진압을 할 수 있다)

해설

1. 결함수

$$P(A \cup B) = P(A) + P(B) - P(A \cap B)$$

$$P(A \cap B) = P(A) \times P(B)$$

2. 화재진압 실패 확률

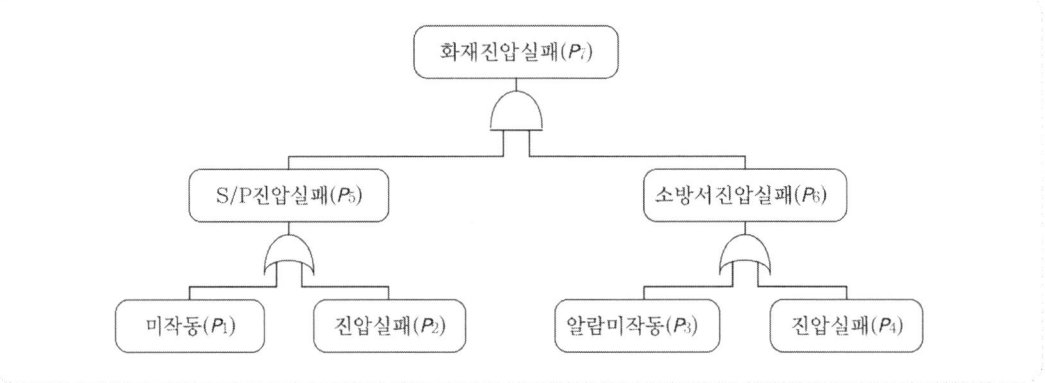

1) 스프링클러 실패

$$P_5 = P_1 \cup P_2 = P_1 + P_2 - P_1 \times P_2 = 0.03 + 0.05 - (0.03 \times 0.05) = 0.0785$$

2) 소방서 실패

$$P_6 = P_3 \cup P_4 = P_3 + P_4 - P_3 \times P_4 = 0.02 + 0.01 - (0.02 \times 0.01) = 0.0298$$

3) 화재진압 실패

$$P_7 = P_5 \cap P_6 = P_5 \times P_6 = 0.0785 \times 0.0298 = 0.002339$$

3. 결론

1) 스프링클러만 설치

$$\frac{0.0785}{0.002339} = 33.56$$

진압실패 확률 33.56배 증가

2) 알람시스템만 설치

$$\frac{0.0298}{0.002339} = 12.74$$

진압실패 확률 12.74배 증가

화학공장의 정량적 위험분석 (QRA)

1 개 요

화학공장의 QRA (Quantitative Risk Analysis)는 위험을 분석, 판단, 대책을 계량화 (구체적 수치화)하는 방법이다.

2 QRA를 실시하는 목적

1) 위험을 확인하고 우선순위를 결정하여 안전 투자의 측면에서 최적화
2) 효율적인 비용 - 이익 (안전) 분석 도구로 이용
3) 위험 (Hazard)은 있지만 리스크 (Risk)는 작다는 사실을 지역사회나 보험회사에 입증하기 위해
4) 독성가스 확산, 화재 복사열과 폭발 과압 사고 영향지역을 예측하기 위해
5) 일부 국가에서는 법적 필수 사항

3 위험도 (Risk)

빈 도	결 과
• 고장 가능성 • 발화 가능성 • 안전 장치 고장 가능성	• 고장 모드 특성 파악 : 확산 or 예혼합 • 복사열 또는 폭발 강도 • 대상의 취약성

4 QRA를 수행하는 단계별 과정

1) 리스크 평가 목적 설정 및 자료수집
2) 위험의 확인 (Hazard Identification)
3) 사고 시나리오
4) 빈도 분석 (Frequency Analysis)
5) 사고 결과/영향 분석 (Consequence/Effect Analysis)
6) 위험성 계산 (추정) (Risk Estimation) 및 위험성 표현
7) 위험성 평가 (Risk Evaluation)
8) 리스크 대책 분석

Risk Presentation

1 개 요
화재 또는 폭발의 확률과 결과를 비전문가인 경영진 및 관계인(주변 거주자, 관계기관)의 의사결정을 쉽게 결정할 수 있도록 표현(Presentation)하는 것은 중요하다.

2 Risk matrix
1) X 좌표에 사고의 크기를, Y 좌표에 사고의 빈도를 각각 일정한 단계로 나누어 표시한 후
2) 개개의 사고 시나리오가 지니고 있는 사고의 크기와 사고 발생 빈도를 예측하여 좌표 상에 표시함으로써 위험도를 등급으로 표시하는 방법

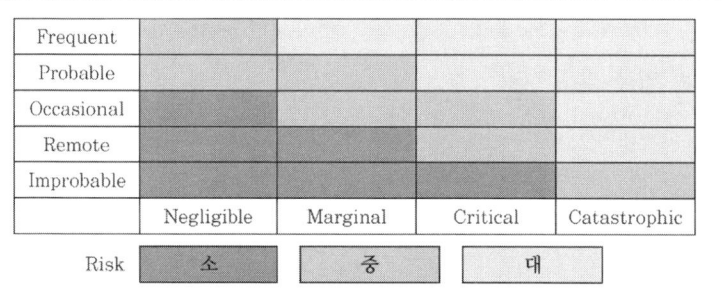

3 F-N Curve
1) 사회적 위험성을 표현
2) 위험사고로 인하여 영향을 받을 수 있는 사람의 숫자를 예측
3) 누적된 빈도 × 사상자 숫자

4 Risk Contour
1) 특정 지점에서 개인 위험성을 표현
2) 위험설비 주변의 위험도가 동일한 점을 연결하여 표시

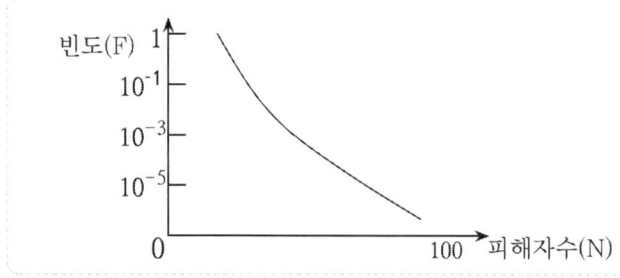
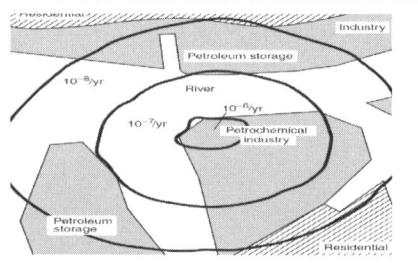

5 Risk Profile
위험원으로부터 거리로 개인 위험성 표시

Risk Management

1 개 요
위험성이 작은 화학물질 또는 공정조건을 사용하여 Risk를 줄이는 방법을 Risk Management라 한다.

2 리스크 관리 (Risk Management)
1) 본질 안전설계 (Inherently Safer Design)
2) 능동 대책 (Active)
3) 수동 대책 (Passive)
4) 절차적 대책
   사고를 예방하고 사고의 결과를 최소화하기 위하여 안전운전절차, 비상조치계획, 기타 관리절차를 이용하는 방법

3 본질 안전설계 (Inherently Safer Design)
화공설비는 본질적(Inherently)으로 위험하므로 조금 더 안전하게, 도미노 효과를 방지할 수 있도록 설계하여야 한다.

대 책		방 법
위험 물질 관리	대체 (Substitution)	물질을 위험성이 없는 것으로 교체
	완화 (Attenuation)	취급 또는 저장 조건을 위험성이 적은 조건 또는 형태로 변경함
	최소화 (Minimization)	위험성이 있는 물질의 양 감소
공정설계	영향의 제한	도미노 효과(Domino Effect) 방지
	단순화	운전상의 실수 또는 오류가 최소화될 수 있도록 설비를 설계
	명확한 상태 표시	개폐표시형 밸브 사용

방호계층분석 (LOPA, Layer of Protection Analysis)

1 개 요

1) 화학공장에서는 원하지 않는 사고가 발생될 수 있는 빈도나 결과를 낮추기 위해서 여러 가지 방호계층 (Protection Layer)을 설치한다.
2) 방호계층분석 (Layer of Protection Analysis)이란 원하지 않는 사고의 빈도나 결과 (강도)를 감소시키는 독립방호계층 (IPL)의 효과성을 평가하는 방법이다.
3) 반 정량적 (Semi-Quantitative) 분석 [빈도는 정량적, 결과는 정성적]이다.

2 용어정의

1) Risk Management
   (1) 본질 안전설계 (Inherently Safer Design)
   (2) Active : SIS (Safety Instrumented System)
   (3) Passive : 방유제
   (4) 절차적 : 교육·훈련, 방재계획, 피난계획
2) 방호계층
   사고가 원하지 않는 방향으로 진행하지 못하도록 방지할 수 있는 장치/시스템
3) 독립 방호계층 (Independent Protection Layer, IPL)
   독립적이라는 것은 방호계층의 성능이 다른 방호계층의 고장으로 인한 영향을 받지 않는다는 것

3 독립방호계층 (Independent Protection Layer, IPL)

1) 방호계층은 확인된 위험을 최소 100배 이상 감소할 수 있어야 한다.
2) 방호기능은 0.9 이상의 유용성 (Availability)을 제공할 수 있어야 한다.
3) 다음과 같은 중요한 특성을 지녀야 한다.
   (1) 구체성 (Specific)
       하나의 독립방호계층은 하나의 잠재된 위험한 사고의 결과를 단독으로 예방하거나 완화할 수 있도록 설계되어야 한다.
   (2) 독립성 (Independent)
       ① 하나의 독립방호계층은 다른 방호계층의 성능으로부터 독립적이다.
       ② 각각의 방호계층은 다른 방호계층의 고장 영향을 받지 않는다.
   (3) 신뢰성 (Dependable)
   (4) 검증 가능성 (Auditable)
4) 종 류
   (1) 본질안전 개념을 포함한 공정설계
   (2) 기본 공정제어 시스템 (Basic Process Control Function)

(3) 안전계장시스템(SIS, Safety Instrumented Systems)

(4) 릴리프밸브 같은 수동적 안전장치

(5) 인간오류 방지 시스템

4 LOPA 기본 목적

1) 사고 시나리오의 결과(위험)를 허용할 수 있는가를 결정하기 위하여,
2) 사고의 위험을 제어하기에 충분한 독립방호계층(IPL)을 가지고 있는가를 판단하고,
3) 만약 사고 시나리오로 예측되는 위험이 수용할 수 없다면 추가 독립방호계층(IPL)이 필요.
4) 하나의 사고 시나리오에는 1개 이상의 독립방호계층(IPL)이 필요한데, 어떤 방호계층이 얼마나 필요한가 판단/결정

5 LOPA 결과의 특징

1) 반정량적 결과에 따른 합리적이고 객관적인 대책 제시
2) 위험의 수용가능성에 대한 의사결정 기준 제시
3) 명확성과 일관성 제공
4) 플랜트 관계자 등에 이해 향상

6 LOPA 한계

1) 위험요인을 찾아내는 도구가 아니다.
2) 원인-결과 쌍을 찾아내는 도구가 아니라, 하나의 원인-결과 쌍을 평가하는 것뿐이다.
3) IPL의 수준을 보장하기 위해서는 다른 확인방법에 의존한다.
4) 시간이 오래 걸린다.
5) 위험기반 도구 외에 예방대책을 도출하는데 유용하다.

 안전무결성등급(SIL)

1 개 요

1) SIS : 하나 또는 그 이상의 제어안전기능을 사용하는 제어시스템
2) SIL : 안전무결성등급은 감지/제어 전자장치로 구성된 안전계장시스템(SIS)의 등급이다.
3) SIF : 안전계장시스템(SIS)의 보호·제어기능
   고장확률(Probability of Failure on Demand, PFD)로 표시

2 안전계장시스템 (Safety Instrumented System, SIS)

하나 또는 그 이상의 제어안전기능을 사용하는 제어시스템을 말하며, 제어안전시스템은 센서, 논리시스템(Logic Solver), 최종 구성요소(Final Elements)의 조합으로 이루어진다.

1) Sensor : 제어 대상물의 상태를 측정하기 위한 장치 (예 감지기)
2) Logic Solver : 하나 이상의 제어 기능을 수행하는 장치 (예 수신기)
3) Final Element : 안전한 상태로 만들기 위해 필요한 물리적 동작을 하는 장치 (예 Sol 밸브)

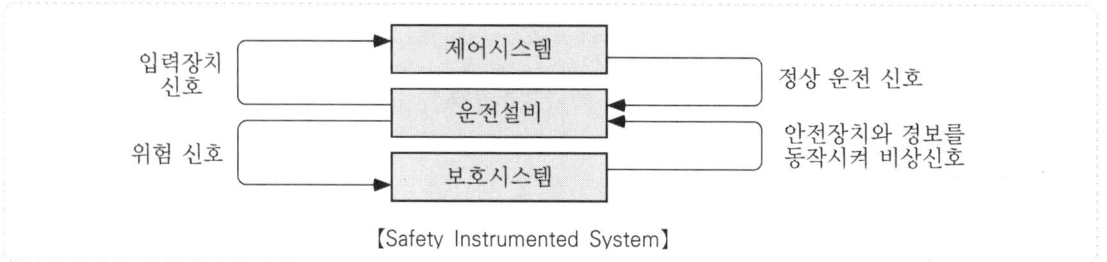

【Safety Instrumented System】

❸ 안전계장기능 (Safety Instrumented Function, SIF)

1) 안전계장시스템(SIS)의 보호·제어기능을 말한다.
2) 고장확률(Probability of Failure on Demand, PFD) : 사고를 방지하기 위해 설계된 안전계장기능이 정상 작동되지 않아서 사고가 발생할 확률
3) 위험감소분률(Risk Recuction Fraction, RRF) : 고장확률의 역의 개념이다.

$$RRF = \frac{1}{PFD}$$

❹ 안전무결성등급 (SIL)

1) 일정 기간 내에 SIS가 요구되어진 SIF를 만족스럽게 수행할 확률의 등급
2) SIL이 높을수록 요구된 SIF를 잘 수행할 확률이 더 높아짐
3) 안전무결성등급(1~4)을 말하며 그 중 등급 4가 가장 우수한 등급이다.
4) SIL Level은 PFD 값으로 결정

안전 무결성 등급	목표평균 고장확률	비고
4	10^{-5} 이상~10^{-4} 미만	
3	10^{-4} 이상~10^{-3} 미만	
2	10^{-3} 이상~10^{-2} 미만	
1	10^{-2} 이상~10^{-1} 미만	

주 : 요구운전방식(Demand Mode of Operation)에서 안전시스템을 구축하기 위한 운전의 요구 횟수는 1년에 1회 이하이고 성능검사(Proof-Test)의 요구횟수는 1년에 2회 이하이어야 한다

안전무결성등급 : 고장확률(Probability of Failure on Demand, PFD)(IEC 61511-1 참조)

❺ 결론

1) 공장 내의 위험을 발생 가능한 확률 수준 밑으로 감소시켜 위험을 사전에 방지하는 것이 중요한데 그 중에서도 안전 및 제어 System과 관련된 개념이 SIL이다.
2) 위험한 사고를 완화시키기 위해 발생 가능한 위험에 대해 정확히 판단하고 정의된 위험의 방지를 위해 장치의 적절한 사양, 설계, 실행이 이루어져야 한다.

보우타이 (Bow-Tie) 리스크 평가

1 개 요

1) 위험(Hazard)으로부터 원인·결과까지의 리스크 경로를 따라 예방대책 및 감소대책을 분석·설명하기 위해 개발된 리스크 평가 기법
2) 보우타이 선도는 사상의 원인과 결과를 하나의 그림 설명
3) 보우타이 선도에는 위험, 사상의 원인, 사상의 결과, 사상의 발생을 예방하기 위한 대책, 사상의 결과를 감소시키기 위한 대책, 예방대책 및 감소대책의 역할과 기능을 약화 또는 무효화시키는 악화요소와 이것을 방지하는 악화요소 방지대책이 표시된다.

2 용어 정의

1) 보우타이 선도 (Bow-Tie Diagram)
   사상(Event)을 중심으로 왼쪽에는 사상의 원인과 관련된 사고 시나리오, 오른쪽에는 사상의 결과와 관련된 사고 시나리오를 표시하고, 예방대책은 원인과 사상 사이, 감소대책은 사상과 결과 사이에 각각 표시한 그림

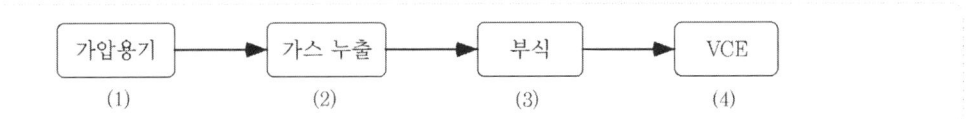

2) 예방대책(Prevention Control) : 위험(Hazard)이 사상으로 전개되는 것을 방지하는 대책
3) 감소대책(Mitigation Control) : 사상이 사고의 결과로 이어지는 것을 방지하는 대책
4) 약화요소 : 예방대책 및 감소대책의 기능을 약화시키는 요소

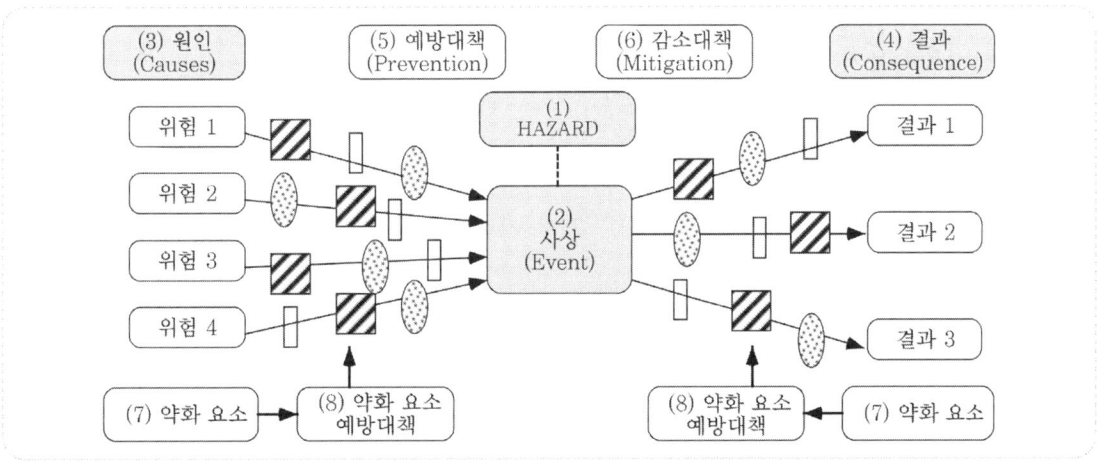

3 보우타이 리스크평가 추진절차

1) 리스크 평가 대상공정(또는 작업) 선정
2) 공정 설명

3) 대상공정에 대한 서류검토 및 현장 확인
4) 보우타이 리스크 평가 실시
   (1) 위험 확인   (2) 사상 확인   (3) 원인 확인   (4) 결과 확인
   (5) 예방 대책   (6) 감소 대책   (7) 약화 요소 확인
   (8) 약화요소 방지대책 확인   (9) 리스크 평가

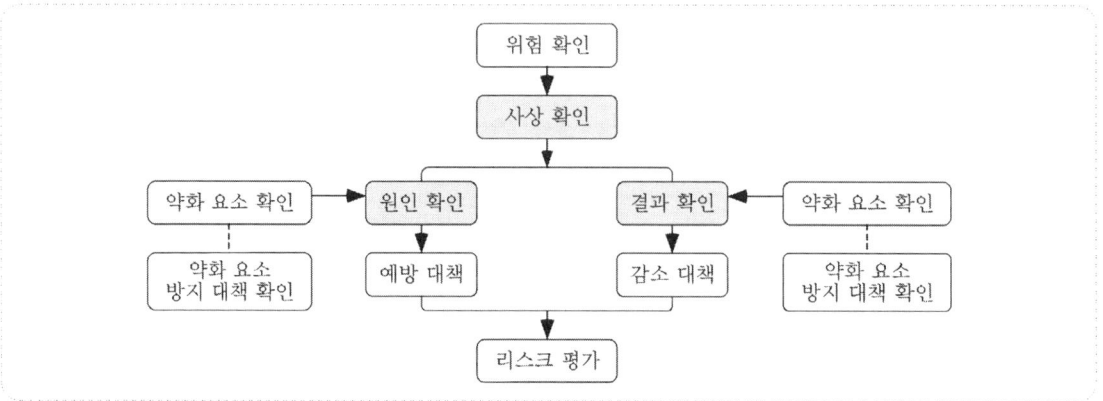

── Annex ──

📁 RISK 예방 대책

사고를 방지하고, 안전을 도모하기 위한 대책

1. 3E : 안전의 3요소
   (1) Education : 안전 교육 및 훈련을 실시
   (2) Engineering : 소방관련 기술의 발전
   (3) Enforcement : 관련 법규 및 기준
      * 4E Environment (환경)를 추가하여 4E로 적용함

2. 5E : 안전의 3요소
   (1) Education : 안전 교육 및 훈련을 실시
   (2) Engineering : 소방관련 기술의 발전
   (3) Enforcement : 관련 법규 및 기준
   (4) Emergency Response : 비상대응 (의용소방대, 자위소방대)
   (5) Economic Incentives : 보험율 할인

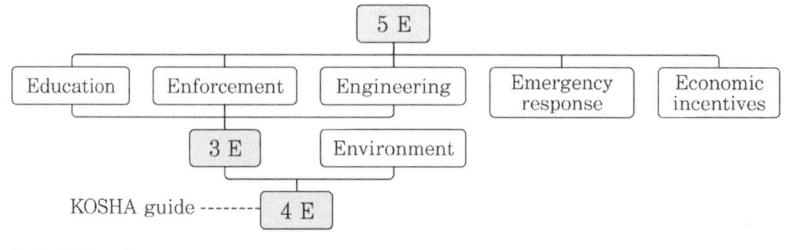

FREM (Fire Risk Evaluation Method)

1 개 요
건축물 화재 안전을 가연물 하중 및 배치와 같은 화재 관련 요소, 수동·자동 화재 감지 및 진압, 방화장벽의 보전성, 비상설비와 같은 소방시설을 고려하여 어떻게 성장하고 전파되는지에 대해 경험과 판단을 사용하여 평가하는 방법

2 FREM
1) 규격화된 평가기준에 기초하여 건물 화재 위험도를 평가하는 방법이다.
2) 과거 손실률(경험)을 기초로 하여 통계적 방법으로 건물의 상대적 화재위험을 평가하는 방법

3 개 념

$$R = A \times B$$

R : 화재 리스크 A : 화재 발생 확률
B : 화재 위험, 위험 정도 또는 예상 심도 $\dfrac{P}{N \times S \times F}$

1) P (잠재적 위험)
    발화 가능성, 연기위험, 화재하중, 천장높이 등을 포함하여 건물의 직접적인 위험을 좌우한다.
2) N (표준화재 안전대책)
    소화기, 옥내소화전, 소방대원의 능력, 소방서 출동 등급, 소화용수 등
3) S (특별대책)
    경보설비, 자동소화설비, 제연설비 등 특별 방화 수단에 관한 것
4) F (기본 내화도)
    건물의 내화성에 관한 것

4 위험도 판정

위험도(R)	위험도 구분
R < 1.2	Small
1.2 ≤ R ≤ 1.4	Normal
1.4 ≤ R ≤ 3	Increased
3 ≤ R ≤ 5	Large
5 < R	Very Large

5 결 론
1) 점수 제도는 비록 실제와 경험에 근거를 둔 실험적인 방법이지만 어느 정도 임의적이므로 주관적인 점수 배정이 문제가 된다.
2) 이러한 분석 결과를 향상시키기 위해서는 실제화재와 실험을 통한 자료가 계산에 반영되어야 한다.

지수분포 & 신뢰성 (Reliability)

1 **지수분포** (Exponential Distribution)

1) 고장률(λ)

   (1) 기기가 어느 기간 후 고장 날 수 있는 값을 말하며, 고장 건수를 총 가동시간으로 나눈 값

   $$\lambda = \frac{\text{고장건수}}{\text{총가동시간}}$$

   (2) 지수분포의 경우 고장률은 일정하다고 가정

2) MTTF (평균수명)

   (1) $MTTF = \dfrac{1}{\lambda}$

   (2) 고장률 : $10^{-3}/hr = \dfrac{1}{1000\ hr}$ = 평균 수명 (MTTF)이 1000시간

3) MTTR (Mean Time To Repair) : 수리 시간

4) MTBF (Mean Time Between Failure) : MTTF + 발견 + 수리

   전등처럼 고장발생, 고장발견, 수리가 거의 동시에 되는 경우 : MTTF = MTBF

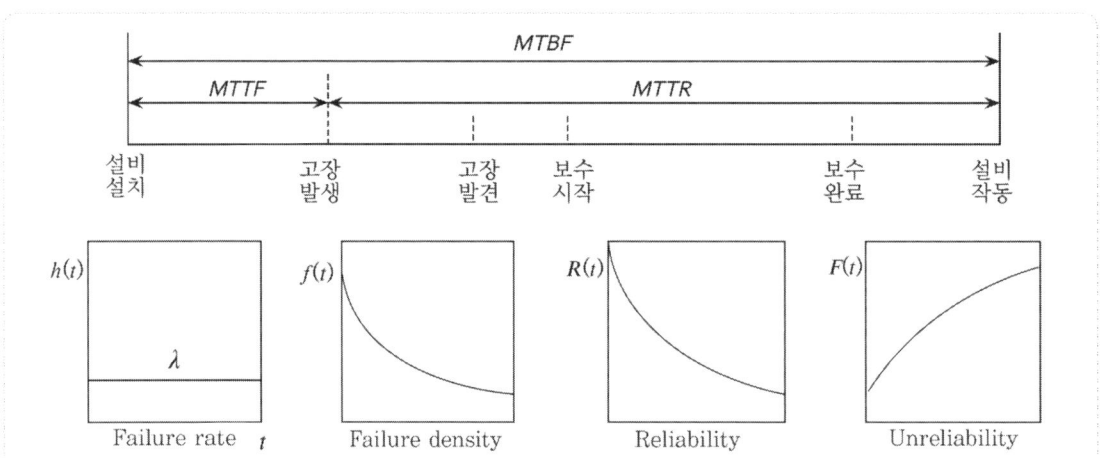

5) 소방관련 MTTR이 긴 경우

   (1) 고장발견이 길다.

   ① 점검주기를 짧게 한다.

   ② 감지기의 고장 여부을 실시간 감시할 수 있는 아날로그 감지기 등 설치

   (2) 보수시간이 길다.

   ① Reserved System 구축

   ② 예비 스프링클러헤드 보관

2 신뢰성

1) 고장밀도 (분포) (Failure Density)

$$\int_0^\infty f(t)dt = 1 \qquad 지수\ 분포 : f(t) = \lambda e^{-\lambda \cdot t}$$

2) 신뢰성

$$R(t) = Pr(T \geq t) = \int_T^\infty f(t)dt = e^{-\lambda \cdot t}$$

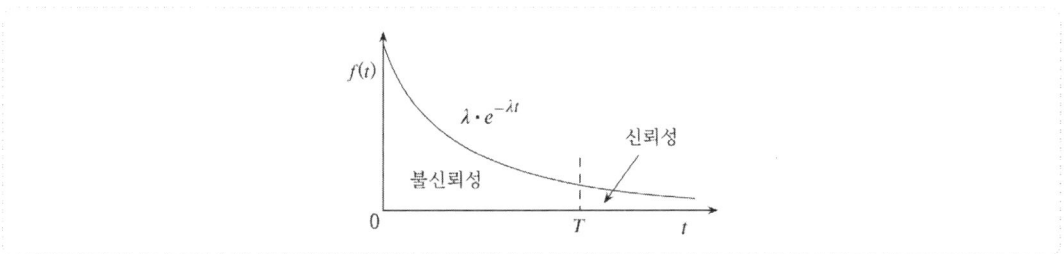

3) 불신뢰성

$$F(t) = Pr(T \leq t) = \int_0^T f(t)dt$$

지수 분포 : $F(t) = 1 - R(t) = 1 - e^{-\lambda \cdot t}$

4) 고장률 (Failure Rate)

$$h(t) = \frac{f(t)}{1-F(t)} = \frac{f(t)}{R(t)} = \frac{\lambda e^{-\lambda \cdot t}}{e^{-\lambda \cdot t}} = \lambda$$

직렬 시스템	병렬 시스템

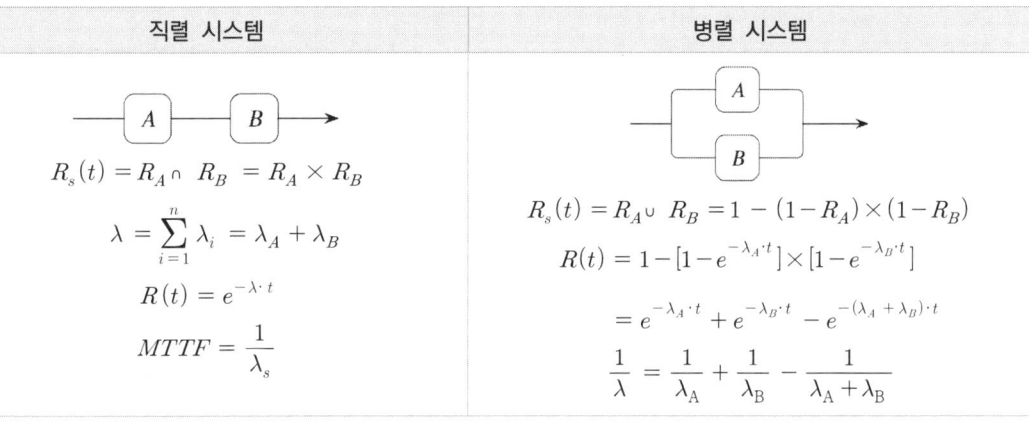

3 고장률의 종류

1) 지수분포의 경우 고장률이 일정하다고 가정하지만 실제 기기 (설비)의 설치 후 시간에 따라 고장률이 변한다.

2) 욕조곡선 (Bathtub Curve)

   (1) 초기 고장기간 (Burn-In) : 설치 초기의 안정화 과정으로 시간이 경과할수록 고장률이 감소한다.

(2) 안정기

(3) 마모 고장기간 (Wear-Out)

설치 후 시간이 많이 경과되면서 고장률이 증가한다.

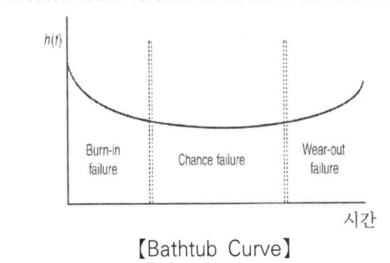
【Bathtub Curve】

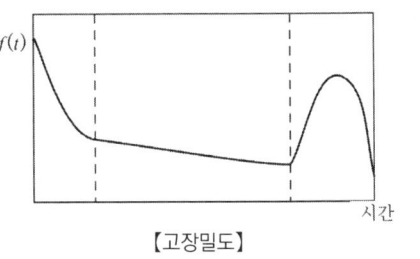
【고장밀도】

3) 전기설비와 기계설비의 욕조곡선

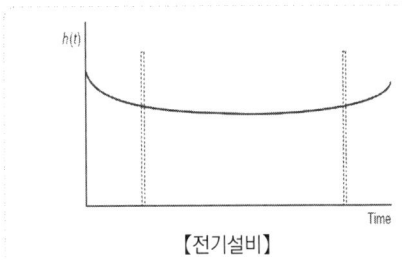
【전기설비】

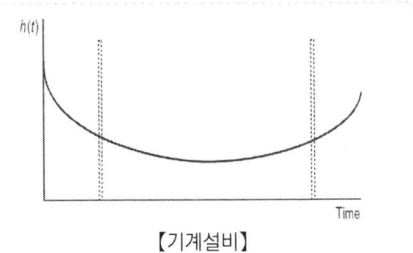
【기계설비】

예제 기기의 실패율(고장률)이 $10^{-3}/hr$인 기기가 있다.
1) 이 기기가 1000시간 내에 고장 날 확률
2) 이 기기가 1000시간 이상 작동할 확률

해설

$$Pr(T \leq t) = \int_0^t f(\theta)d\theta = F(t)$$

1) 고장 확률

$$Pr(t \leq 1000) = \int_0^{1000} \lambda \cdot e^{-\lambda \cdot t} dt = -e^{(-\lambda \cdot t)}\big]_0^{1000}$$

$$= 1 - e^{(-1)} = 0.632$$

2) 작동 확률

$$Pr(t > 1000) = 1 - Pr(t < 1000) = 0.368$$

예제 연기 감지기의 평균 수명이 5년일 때
1) 10년 이상 작동할 확률
2) 10년 이내 고장 날 확률
3) 5년에서 10년 동안 작동할 확률

해설

고장률 $(\lambda) = 5^{-1}/$년 $= 0.2$

1) 10년 이상 작동할 확률

$$\Pr(t \geq 10) = \int_{10}^{\infty} \lambda \cdot e^{-\lambda t} dt = 1 - \int_{0}^{10} \lambda \cdot e^{-\lambda t} dt = e^{-0.2 \times 10} = 0.135$$

2) 10년 이내 고장 날 확률

$$\Pr(t \leq 10) = \int_{0}^{10} \lambda \cdot e^{-\lambda t} dt = -(e^{-0.2 \times 10} - 1) = 1 - 0.135 = 0.865$$

3) 5년에서 10년 동안 작동할 확률은?

$$\Pr(5 \leq t \leq 10) = \int_{5}^{10} \lambda \cdot e^{-\lambda t} dt = e^{-0.2 \times 5} - e^{-0.2 \times 10} = 0.233$$

예제 기기의 평균 수명이 1000시간이며 지수분포일 때
1) 이 기기가 500시간 동안 사용할 수 있는 확률
2) 이 기기가 1000시간 이상 후 500시간 이상 사용할 수 있는 확률

해설

고장률 $(\lambda) = 10^{-3}/$hr

1) 500시간 동안 사용할 수 있는 확률

   (1) $R(t) = e^{-(10^{-3} \times 500)} = 0.607$

2) 1000시간 이상 후 500시간 이상 사용할 수 있는 확률

$$Pr(1000 < t \leq 1500) = \int_{1000}^{1500} \lambda \cdot e^{(-\lambda \cdot t)} dt = e^{(-\lambda \cdot t)}]\,|_{1000}^{1500}$$

$$= -(e^{-10^{-3} \times 1500} - e^{-10^{-3} \times 1000}) = 0.1447$$

| 예제 | 3개의 안전장치가 직렬로 구성돼 있다. 3개의 실패율(Failure Rate)은 다음과 같다.

$\lambda_1 = 4 \times 10^{-6} \, \text{hr}^{-1}, \quad \lambda_2 = 3.2 \times 10^{-6}, \quad \lambda_3 = 9.8 \times 10^{-6}$

1. λ_s 2. $R_s\,(1000\,hr)$ 3. $MTTF_S$

해설

1. $\lambda_s = 4 \times 10^{-6} + 3.2 \times 10^{-6} + 9.8 \times 10^{-6} = 1.7 \times 10^{-5} \, \text{hr}^{-1}$

2. $R_S(t) = e^{(-\lambda_s t)} = e^{(-1.7 \times 10^{-5} \times 1000)} = 0.983$

3. $MTTF = 1/\lambda_s = 1/1.7 \times 10^{-5}$
   $= 58823.5 \, hr$

| 예제 | 2개의 안전장치가 병렬로 구성돼 있다. 2개의 실패율(Failure Rate)은 다음과 같다.

$\lambda_1 = 4 \times 10^{-6} \, \text{hr}^{-1}, \quad \lambda_2 = 3.2 \times 10^{-6}$

1. λ_s 2. $R_s\,(1000\,hr)$ 3. $MTTF_S$

해설

1. $\dfrac{1}{\lambda} = \dfrac{1}{\lambda_1} + \dfrac{1}{\lambda_2} - \dfrac{1}{\lambda_1 + \lambda_2}$

   $= \dfrac{1}{4 \times 10^{-6}} + \dfrac{1}{3.2 \times 10^{-6}} - \dfrac{1}{4 \times 10^{-6} + 3.2 \times 10^{-6}}$

   $\lambda = 2.36 \times 10^{-6}$

2. $R_S(t) = e^{(-\lambda_s t)} = e^{(-2.36 \times 10^{-6} \times 1000)} = 0.998$

3. $MTTF = 1/\lambda_s = 1/2.36 \times 10^{-6}$
   $= 423728.81 \, hr$

Annex

📁 **적분**

$\displaystyle\int e^{-\lambda t} dt = -\dfrac{1}{\lambda} e^{-\lambda \cdot t}$

$\displaystyle\int_a^b \lambda e^{-\lambda t} dt = -\dfrac{\lambda}{\lambda} e^{-\lambda \cdot t} = -[e^{-\lambda \cdot t}]_a^b$

$\qquad = -[e^{-\lambda \cdot b} - e^{-\lambda \cdot a}] = e^{-\lambda \cdot a} - e^{-\lambda \cdot b}$

📁 **병렬 3개**

$\dfrac{1}{\lambda} = \dfrac{1}{\lambda_1} + \dfrac{1}{\lambda_2} + \dfrac{1}{\lambda_3} - \dfrac{1}{\lambda_1 + \lambda_2} - \dfrac{1}{\lambda_2 + \lambda_3} - \dfrac{1}{\lambda_3 + \lambda_1} + \dfrac{1}{\lambda_1 + \lambda_2 + \lambda_3}$

하인리히의 이론

1 개 요

1) 하인리히는 재해발생은 사고요인의 연쇄반응 결과로 발생된다는 연쇄성(도미노) 이론
2) 산업재해가 발생하여 중상자가 1명 나오면 그 전에 같은 원인으로 발생한 경상자가 29명, 같은 원인으로 무상애 사고자가 300명 있었다는 이론이다.

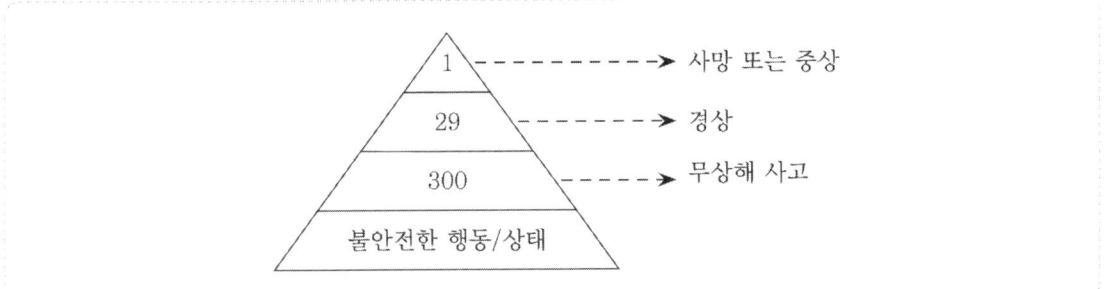

2 하인리히의 사고발생 연쇄성 이론

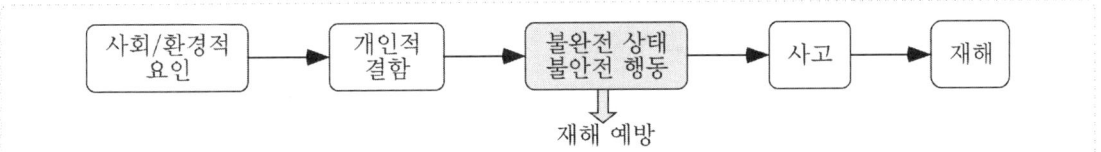

1) 유전적, 사회적 및 환경적 요인
    (1) 무모, 완고, 탐욕 등 성격상 바람직하지 못한 특징은 유전성 가능성
    (2) 환경은 성격의 잘못을 조장하고 교육을 방해
    (3) 유전 및 환경은 인적 결함의 원인
2) 개인적 결함
    (1) 간접원인으로 무모함, 신경질, 흥분성 등과 같은 후천적인 인적 결함
    (2) 기계적 물리적 위험성의 존재에 따른 인적결함
3) 불안전 행동 및 불안전 상태
    (1) 불안전한 행동 : 작업자의 부주의, 실수, 착오, 안전조치 미이행 등
    (2) 불안전한 상태 : 기계설비 결함, 방호장치 결함, 작업환경 결함 등
4) 사 고
    (1) 불안전한 행동이나 상태가 선행되어 작업능률 저하
    (2) 직접 또는 간접적으로 인명 재산 손실을 가져옴
5) 재 해
    (1) 직접적인 사고로부터 생기는 재해
    (2) 사고의 최종결과로 인적·물적 손실을 가져온다.

❸ 재해예방

1) 하인리히는 제3요소(직접적인 원인)인 불안전 행동/불안전 상태로 제거하면 재해예방이 된다는 것이다.
2) 하인리히의 재해예방 대책 5단계

단계	내용	조치 사항
제1단계	안전보건관리조직 (Organization)	• 안전보건관리조직의 구성·운영 • 안전보건관리계획서 수립·시행
제2단계	사실의 발견 (Fact Finding)	• 작업분석 및 위험요인 확인 • 점검, 검사 및 재해원인 조사
제3단계	평가·분석 (Analysis)	• 위험성 평가, 작업환경 측정 • 재해조사·분석·평가
제4단계	개선책의 선정 (Selection of Remedy)	• 기술적, 제도적인 개선안 수립 • 재발 방지 대책의 구체적 강구
제5단계	개선책의 실시 (Application of Remedy)	• 대책의 실현 및 재평가 보완 • 3E 및 4M의 대책 적용

※ 하인리히와 버드의 이론 비교

구분	하인리히 (고전 이론)	버드 (최신 이론)
재해발생 점유율	점유율 1 : 29 : 300 법칙 [중상해 : 경상해 : 무상해 사고]	1 : 10 : 30 : 600 법칙 중상 : 1 경상 : 10 물적만의 사고 : 30 상해도 손해도 없는 아차사고 : 600
도미노 이론	1. 선천적 결함 2. 인간의 결함 3. 직접원인(인적 + 물적 원인) 4. 사고 5. 상해	1. 제어의 부족 2. 기본원인 3. 직접원인 4. 사고 5. 상해
직접원인 비율	불안전한 행동 : 불안전한 상태 = 88 % : 10 %	
재해손실 비용	1 : 4 법칙(직접손실 : 간접손실)	1 : 6~53(직접손실 : 간접손실) (빙산의 원리)
재해예방의 5단계	1. 조직 2. 사실의 발견 3. 분석평가 4. 대책의 선정 5. 대책의 적용	
재해예방의 4원칙	1. 손실우연의 원칙 2. 원인계기(연쇄)의 원칙 3. 예방가능의 원칙 4. 대책선정 원칙	

버드의 신도미노 이론

1 개 요
버드는 손실관련 요인이 연쇄반응의 결과로 재해가 발생된다는 연쇄성 이론을 제시하였는데 철저한 관리와 기본원인을 제거해야만 사고가 예방된다고 강조했다.

2 버드의 재해발생 메커니즘 (신도미노 이론)

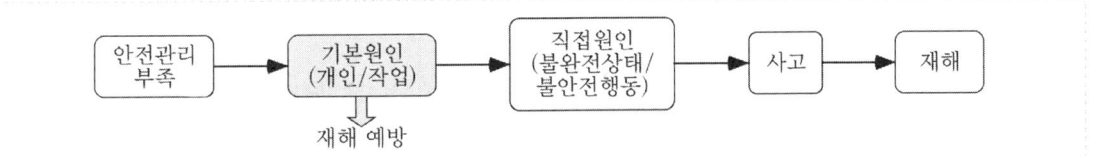

1) 관리(제어)의 부족
   안전관리에 관한 제도, 관리, 조직 등을 소홀히 하는 것
2) 기본원인
   (1) 개인적 요인 : 지식, 기능 및 의욕의 부족
   (2) 작업상 요인 : 기계, 작업 및 관리체계 부적절
3) 직접원인
   불안전한 상태 및 불안전한 행동
4) 사 고
   (1) 불안전한 행동이나 상태가 선행되어 작업능률 저하
   (2) 직접 또는 간접적으로 인명 재산 손실을 가져옴
5) 재 해
   (1) 직접적인 사고로부터 생기는 재해
   (2) 사고의 최종결과로 인적·물적 손실을 가져온다.

3 결 론
1) 재해는 원칙적으로 예방이 가능하며 기본원인에 대한 근본적인 대책을 세워야 한다.
2) 이를 위해 과학적이고 체계적인 관리가 중요하다. 직접원인을 제거하는 것만으로는 재해는 다시 일어난다는 것이다.
3) 따라서 직접원인의 배경, 즉 기본원인을 제거해야 재해예방이 가능하다는 것으로 기본원인의 제거가 중요하다는 이론이다.

VE (Value Engineering)

1 개 요

VE(가치 공학)이란 기능은 높이고 불필요한 기능 또는 비용을 발견 이를 제거하고, 원가를 절감하는 기법

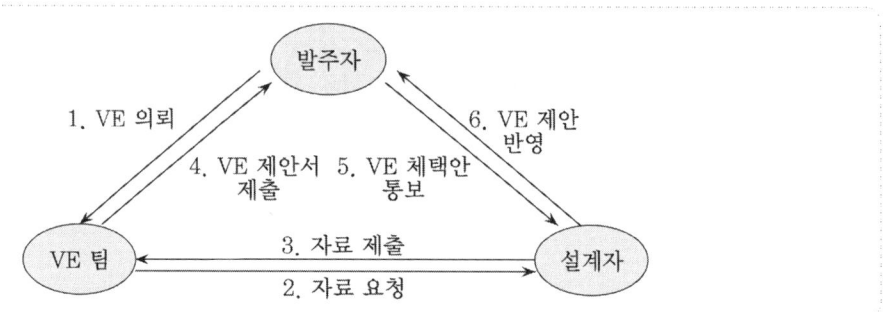

2 VE

1) 가치 (Value)
   (1) 프로젝트에 필요한 기능에 대한 비용의 상대 비율
   (2) 가치란 사물 자체에 대한 것이 아니고 기능과 비용 관계에서 결정된다.
2) 성능 (Function)
   (1) 기능분석을 통한 대체(안) 도출
   (2) 기능 중심의 사고중시
3) 생애주기비용 (LCC)
   초기투자비용과 시설물 생애주기의 총비용 (LCC)을 적용

가치척도	가치 (Value)	성능 (Function)	생애주기비용 (LCC)
$V = \dfrac{F}{C}$	필요한 기능에 대한 비용의 상대 비율	• 기능분석을 통한 대체(안) 도출 • 기능 중심의 사고중시	초기투자비용과 시설물 생애 주기의 총비용(LCC)을 적용

3 가치추구의 기본 원칙

1) 제1원칙 : 사용자 우선 원칙
2) 제2원칙 : 기능 본위의 원칙
3) 제3원칙 : 창조에 의한 변경의 원칙 (변화 창조 = 정보 + 팀웍 + 창조력 + VE 기법)
4) 제4원칙 : 팀 디자인 원칙
5) 제5원칙 : 가치향상의 원칙 (기능과 비용 양면 추구)

4 VE의 분류

분류	형태	내용
기능 강조	$V = \dfrac{F\Uparrow}{C\downarrow}$	기능은 현저하게 높이며 비용은 약간만 낮춘다.
혁신	$V = \dfrac{F\uparrow}{C\downarrow}$	기능은 높이며 비용은 약간만 낮춘다.
기능 향상	$V = \dfrac{F\uparrow}{C}$	기능은 높이고 비용은 그대로
원가 강조	$V = \dfrac{F}{C\Downarrow}$	기능은 그대로 비용은 크게 낮춘다.
원가 절감	$V = \dfrac{F}{C\downarrow}$	기능은 그대로 비용은 낮춘다.
소방	$V = \dfrac{F\Uparrow}{C\uparrow}$	기능은 크게 높이고 비용은 높인다

5 VE 도입효과

1) 공사 초기 설계단계에서 VE 검토를 실시하여 적은 비용과 노력으로 품질향상 및 원가절감 효과 극대화
2) 효과적인 설계 VE 검토를 통해 공사비 절감
3) 발주청의 설계 VE 역량강화를 통한 설계 VE 활성화
4) 전문가 양성 및 인프라 구축

Annex

📁 **가치 (Value)**

1. VE의 궁극적인 목표는 가치향상에 있다.
2. 가치의 향상은 건설 사업의 3대 요소인 시간 - 비용 - 품질(기능)의 적정한 안배를 통하여 이루어진다.
3. 또한 VE의 제안은 반드시 최적안(Optimum Solution)을 의미하지는 않는다. 다만 적정안(Satisfactory Solution)에 머무르지 않도록 하는 것이 VE에서 추구하는 가치의 향상이라 할 수 있으며
4. VE는 프로젝트가 요구하는 필수적인 기본기능의 수준을 낮추는 설계의 변경을 추구하지 않는다.

📁 **기능 (Function)**

1. VE는 프로젝트의 기능분석을 수반한다.
2. 대체안의 개발에 있어서의 접근방법은 "What does it do?"라는 무형기능을 파악하는 과정을 수반하는 반면에 일반적인 원가절감방법 또는 설계검토 과정에서는 "What else we can use?"라는 유형의 대안을 찾는 방법이 사용된다.
3. 이러한 기능중심의 사고는 창조적 아이디어의 개발을 돕는 VE에서만의 독특한 접근이다.

공정안전관리 (PSM)

1 공정 안전 관리 개요

위험물질의 화재·폭발 등으로 인하여 사업장 및 인근지역의 큰 피해를 줄 수 있는 중대산업사고를 예방하기 위해 화학공장 내 물적, 인적, 관리적 요소(12개)에 대한 체계적이고 구체적인 안전관리 활동

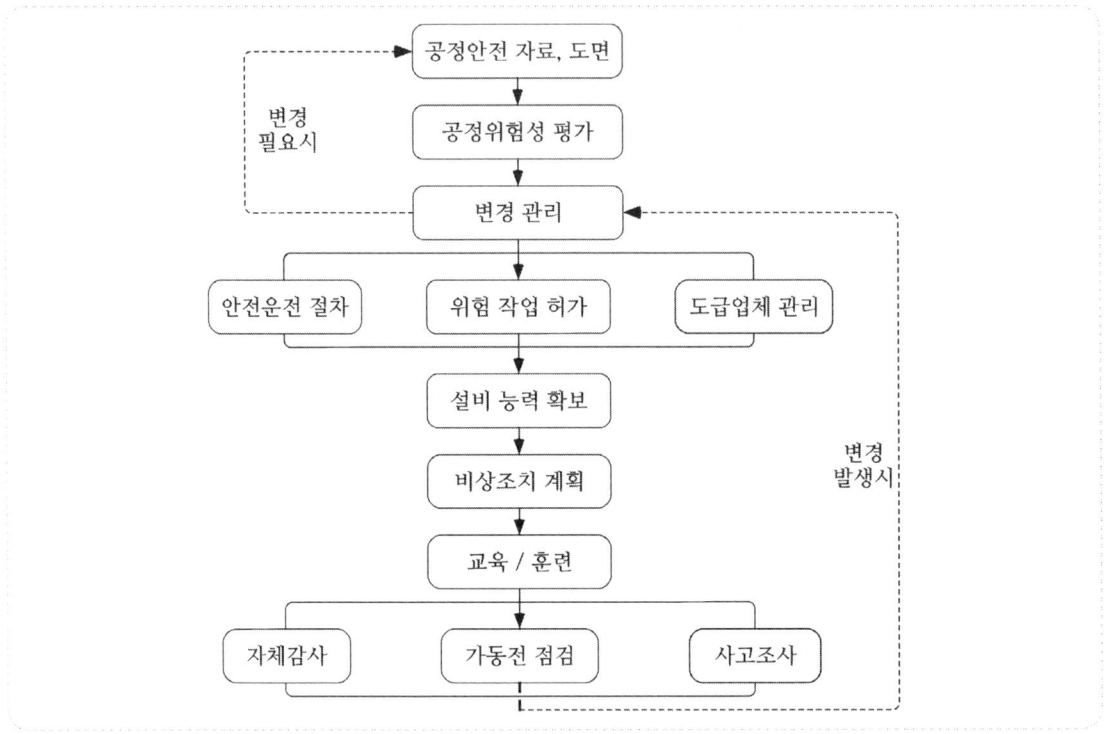

2 공정안전보고서의 제출 대상

1) 원유 정제처리업
2) 기타 석유정제물 재처리업
3) 석유화학계 기초화학물 제조업 또는 합성수지 및 기타 플라스틱물질 제조업
4) 질소화합물, 질소, 인산 및 칼리질 화학비료 제조업 중 질소 화학 비료 제조업
5) 복합비료 제조업(단순혼합 또는 배합에 의한 경우는 제외한다)
6) 화학 살균·살충제 및 농업용 약제 제조업
7) 화약 및 불꽃제품 제조업
8) 합성수지 및 기타 플라스틱물질 제조업

   상기 업종 이외의 사업장으로서 유해·위험물질을 하루 동안 최대로 규정수량 이상 제조·취급·사용·저장하는 설비 및 당해 설비의 운영에 관련한 일체의 공정설비

3 PSM 12개 요소

1) 공정안전자료(Process Safety Information)
   (1) 유해·위험물질의 종류 및 수량
   (2) 물질안전보건자료(MSDS)
   (3) 유해·위험설비 목록 및 사양(동력기계 압력용기 배관 PSV 등)
   (4) 공정 도면(PFD, P&ID 등)
   (5) 건물/설비 배치도, 소방/안전설비 현황
   (6) 폭발위험 장소 구분도 및 전기단선도
   (7) 안전설계·설치·시공 관련 지침서
2) 위험성 평가
3) 안전운전 지침서
4) 도급업체 안전 관리계획
5) 안전작업 허가
6) 설비·점검·검사·보수 계획
7) 비상조치 계획
8) 교육 계획
9) 가동 전 점검지침
10) 사고 조사
11) 자체 감사
12) 변경요소 관리계획

MEMO

PART 18

○○화재

지하구

1 개 요

1) 지하구는 가스·냉난방용 배관, 급배수용 배관, 전력·통신용 배관, 케이블 트레이 등 각종 시설물이 집적되어 있으나 사람이 상주하지 않아 화재의 사각지대이다.
2) 지하구에 화재가 발생할 경우 화재로 인한 지하구 시설물의 1차 피해에 더하여 전력공급 중단에 따른 생산손실과 도심의 경우 전력, 통신선의 소손으로 인한 금융, 통신 등의 업무 마비는 막대한 손실을 초래한다.

2 지하구의 정의

1) 전력·통신용의 전선이나 가스·냉난방용의 배관 또는 이와 비슷한 것을 집합수용하기 위하여 설치한 지하 인공구조물로서 사람이 점검 또는 보수를 하기 위하여 출입이 가능한 것 중 다음 하나
   (1) 전력 또는 통신사업용 지하 인공구조물로서 전력구 또는 통신구 방식으로 설치된 것
   (2) (1)외의 지하 인공구조물로서 폭이 1.8 m 이상이고 높이가 2 m 이상이며 길이가 50 m 이상인 것
2) 「국토의 계획 및 이용에 관한 법률」제2조 제9호에 따른 공동구

3 지하구의 화재특성

1) 지하구 내의 Cable Bundle
   (1) 화재 시 주변 Cable로의 계속적으로 연소 확대되기 쉽다.
   (2) 고분자물질 화재로 인해 유해가스가 다량 발생된다.
2) 지하의 밀폐공간
   (1) 지상에 비해 소화 작업, 구조 활동 등이 취약하다.
   (2) 화재 시 지상층과 달리 조명, 통신 등이 불통하는 문제가 발생한다.
   (3) 외부 개구부가 작아서 열이나 연기가 체류하여 농축열 및 농연에 의한 피해가 발생한다.
   (4) 화점 확인 곤란 및 배수시설이 취약하다.
   (5) 진입의 어려움 및 진입로 주위 배관의 통과로 인한 진입로가 협소하다.
3) 주된 피해
   사람이 상주하지 않으므로 인명피해는 거의 없지만, 사회에 근간이 되는 전력 및 통신 등의 공급원 차단으로 인한 많은 사회적 피해가 발생된다.

4 화재위험부분

1) 교차된 수직구, 분기구
2) 집수정, 환풍기 설치부분
3) 지하구로 인입, 인출부분
4) 분전반, 절연유순환펌프
5) 케이블 상호연결부분

5 안전대책

1) 예 방

   (1) 난연성 Cable 사용

   (2) 금속덕트 내 Cable 설치 시 덕트 단면적의 20 % 이하가 되도록 설치(과밀 금지)

   (3) 연소방지도료 경년변화에 따라 재도포한다.

2) Active

   (1) 특수감지기·경보시스템 구축

   ① 화재 위치를 확인할 수 있는 감지기

   ② 광센서감지기 등

   (2) 미분무수소화설비 등 자동소화설비 설치

   (3) 소화용수 확보 및 적절한 배수시설 설치

   (4) 지상에 환기구를 설치하여 자연배연 조치 및 환기용 팬의 설치

3) Passive

   (1) 일정 간격 방화구획으로 연소확대 방지

   (2) Cable 관통부 주위는 내화충전제

4) 절차적

   (1) 지하구 내 진입로 확보 및 소방시설의 정기적 보수, 점검, 유지관리 철저

   (2) 통합감시시설 일원화 및 관리인력 전문화

   (3) 화재성상에 맞는 성능위주설계

6 지하구에 설치하여야 하는 소방시설

1) 소화기구 및 자동소화장치

   (1) 소화기구

   ① 소화기의 능력단위는 A급화재는 개당 3단위 이상, B급화재는 개당 5단위 이상 및 C급화재에 적응성이 있는 것으로 할 것

   ② 소화기 한대의 총중량은 사용 및 운반의 편리성을 고려하여 7 kg 이하로 할 것

   ③ 소화기는 사람이 출입할 수 있는 출입구(환기구, 작업구를 포함) 부근에 5개 이상 설치할 것

   ④ 소화기는 바닥면으로부터 1.5 m 이하의 높이에 설치할 것

   ⑤ 소화기의 상부에 "소화기"라고 표시한 조명식 또는 반사식의 표지판을 부착

   (2) 지하구 내 발전실·변전실 기타 이와 유사한 시설이 있는 장소 중 바닥면적이 300 m² 미만인 곳에는 유효설치 방호체적 이내의 가스·분말·고체에어로졸·캐비닛형 자동소화장치를 설치

   (3) 제어반 또는 분전반마다 가스·분말·고체에어로졸 자동소화장치 또는 유효설치 방호체적 이내의 소공간용 소화용구를 설치하여야 한다.

   (4) 케이블접속부(절연유를 포함한 접속부에 한한다)마다 다음 각 호의 자동소화장치를 설치

   ① 가스·분말·고체에어로졸 자동소화장치

   ② 중앙소방기술심의위원회의 심의를 거쳐 소방청장이 인정하는 자동소화장치

2) 자동화재탐지설비
    (1) 먼지·습기 등의 영향을 받지 아니하고 발화지점(1 m 단위)과 온도를 확인할 수 있는 것 설치
    (2) 지하구 천장의 중심부에 설치하되 감지기와 천장 중심부 하단과의 수직거리는 30 cm 이내로 할 것
    (3) 발화지점이 지하구의 실제거리와 일치하도록 수신기 등에 표시할 것
    (4) 공동구 내부에 상수도용 또는 냉·난방용 설비만 존재하는 부분은 감지기를 설치하지 않을 수 있다.
    (5) 발신기, 지구음향장치 및 시각경보기는 설치하지 않을 수 있다.
3) 유도등
4) 연소방지재
    (1) 연소방지재 기준
        ① 시험에 사용되는 연소방지재는 시료(케이블 등)의 아래쪽(점화원으로부터 가까운 쪽)으로부터 30 cm 지점부터 부착 또는 설치되어야 한다.
        ② 시험에 사용되는 시료(케이블 등)의 단면적은 325 mm^2로 한다.
        ③ 시험성적서의 유효기간은 발급 후 3년으로 한다.
    (2) 연소방지재는 시험성적서에 명시된 길이 이상으로 설치하되, 연소방지재 간의 설치 간격은 350 m를 넘지 않도록 하여야 한다.
        ① 분기구
        ② 지하구의 인입부 또는 인출부
        ③ 절연유 순환펌프 등이 설치된 부분
        ④ 기타 화재발생 위험이 우려되는 부분
5) 방화벽
    항상 닫힌 상태를 유지하거나 자동폐쇄장치에 의하여 화재 신호를 받으면 자동으로 닫히는 구조
    (1) 내화구조로서 홀로 설 수 있는 구조일 것
    (2) 방화벽의 출입문은 60분 방화문으로 설치할 것
    (3) 방화벽을 관통하는 케이블·전선 등에는 국토교통부 고시(내화구조의 인정 및 관리기준)에 따라 내화충전구조로 마감할 것
    (4) 방화벽은 분기구 및 국사·변전소 등의 건축물과 지하구가 연결되는 부위(건축물로부터 20 m 이내)에 설치할 것
    (5) 자동폐쇄장치를 사용하는 경우에는 「성능인증 및 제품검사의 기술기준」에 적합한 것으로 설치
6) 무선통신보조설비
    무전기접속단자는 방재실과 공동구의 입구 및 연소방지설비 송수구가 설치된 장소(지상)에 설치
7) 통합감시시설
    (1) 소방관서와 지하구의 통제실 간에 화재 등 소방활동과 관련된 정보를 상시 교환할 수 있는 정보통신망을 구축할 것
    (2) 제1호의 정보통신망은 광케이블 또는 이와 유사한 성능을 가진 선로일 것
    (3) 수신기는 지하구의 통제실에 설치하되 화재신호, 경보, 발화지점 등 수신기에 표시되는 정보가 별표에 적합한 방식으로 119상황실이 있는 관할 소방관서의 정보통신장치에 표시되도록 할 것

공동주택

1 개 요

1) 재실자의 특성상 화재 건수에 비해 많은 인명 피해 발생한다.
2) 방재설계 기본개념은 피난을 최소화하기 위한 심층화·다중화이다.

2 공동주택 화재 특성/문제점

1) 피난 특성(재실자)
   (1) 노약자, 어린이 등 피난 약자가 거주한다.
   (2) 취침 중 화재 시 피난 감지 및 준비 시간(피난지연시간)이 길다.
2) 건축물 특성
   (1) 일반적으로 외부로 통하는 현관문이 하나이므로 피난이 곤란하다.
   (2) 단열이 우수하여 플래시오버 발생 가능성이 크며 강화된 내화성능이 요구된다.
   (3) 발코니를 통한 상층으로의 연소확대 우려가 있다.
   (4) 세대별 폐쇄성으로 적절한 소화 작업, 피난 등 대응조치가 미흡할 수 있다.
3) 화재 특성
   (1) 다양한 점화원(화기시설과 가전기기 등)의 존재로 화재 발생 위험이 크다.
   (2) 가연성 내장물품이 많아 화재 발생 시 연소속도가 크다.
4) 기 타
   (1) 소화설비에 대한 훈련이 미비하여 초기 소화활동이 어렵다.
   (2) 초고층 APT의 등장으로 소방대의 소화활동이 어렵다.

3 문제점/해결책

1) 노약자, 취침에 의한 피난 약자를 고려한 피난 계획 : 심층화·다중화
2) 기본적인 내장재는 불연재
3) 주거형 스프링클러헤드 사용 : 벽면을 적시고, 고온의 연소생성물(연기) 냉각이 중요하다.
4) 대피공간에 스프링클러헤드 설치
5) 상층연소확대 방지
   (1) 외벽에 설치된 창문에서 0.6 m 이내에 스프링클러헤드를 배치
   (2) 배치된 헤드의 수평거리 이내에 창문이 모두 포함되도록 할 것
   (3) 예외
      ① 창문에 드렌처설비가 설치된 경우
      ② 창문과 창문 사이의 수직부분이 내화구조로 90 cm 이상 이격되어 있거나, 방화판 또는 방화 유리창을 설치한 경우
      ③ 발코니가 설치된 부분

4 법정 소방 시설

1) 소화설비

   (1) 소화기구

   ① 수동식소화기 : 각 세대별로 1대 이상 설치

   ② 자동식소화기 : 주방

   ③ 자동확산소화기 : 각 세대별 보일러실

   (2) 옥내소화전 : 연면적 3,000 m^2 이상

   (3) 스프링클러설비 : 6층 이상인 경우 전 층

2) 경보설비

   (1) 자동화재탐지설비

   (2) 비상경보설비 : 400 m^2 이상

3) 피난설비

   (1) 유도등

   (2) 비상조명등 : 지하층을 포함한 층수가 5층 이상이고 연면적 3,000 m^2 이상

4) 상수도소화용수설비 : 연면적 5,000 m^2 이상

5) 소화활동설비

소화활동설비	대 상
제연설비	• 16층 이상의 아파트에 부설된 특별피난계단
비상콘센트설비	• 11층 이상인 아파트의 11층 이상인 층 • 지하층 층수가 3 이상이고 지하층의 바닥면적 합계가 1,000 m^2 이상인 것은 지하 전층
무선통신보조설비	• 지하층의 바닥 면적 합계가 3,000 m^2 이상 • 지하층의 층수가 3개 층 이상이고 지하층의 바닥 면적 합계가 1,000 m^2 이상 전층 • 층수가 30층 이상인 것으로서 16층 이상 부분의 모든 층
연결송수관설비	• 층수가 5층 이상으로서 연면적 6,000 m^2 이상 • 지하층을 포함하는 층수가 7층 이상인 것
연결살수설비	• 바닥면적의 합계가 150 m^2 이상

6) 성능위주설계 : 50층 이상(지하층 제외)이거나 지상으로부터 높이가 200 m 이상

5 결 론

공동주택은 화재발생 시 인명피해 비율이 타 화재에 비해 높아서 심층화·다중화에 의한 확실한 방재계획의 수립·실행이 필요하다.

공동주택 화재성능기준

1 주요내용

1) 승강장, 복도 등 공용부 소화기 추가 설치 및 열원의 종류(전기, 가스)에 따라 적응성 있는 주방용 자동소화장치 설치
2) 거주자 및 관계인이 사용하기 편리한 호스릴 방식의 옥내소화전 설치
3) 아파트 등의 각 동이 주차장으로 서로 연결된 경우 스프링클러설비 기준개수 30개 적용 및 소방용 합성수지배관 사용장소 확대, 헤드 수평거리 2.6 m 적용 등
3) 화재 조기감지, 위치확인 및 비화재보 방지 등을 위한 아날로그감지기 등 특수감지기 설치
4) 옥상(대피공간 있는 경우) 출입문 대형 피난구유도등 설치 및 주차장 중형 피난구유도등 설치
5) 세대 내 화재발생 등에 따른 정전 시 안전하고 신속한 피난이 가능하도록 비상조명등 설치
6) 부속실 단독 제연방식은 부속실과 면하는 옥내 출입문만 개방한 상태로 방연풍속 측정이 가능

2 적용범위 : 공동주택 중 아파트 등 및 기숙사

1) 아파트 등 : 주택으로 쓰는 층수가 5층 이상인 주택
2) 연립주택 : 주택으로 쓰는 1개 동의 바닥면적 합계가 660 m² 초과하고, 층수가 4개 층 이하인 주택
3) 다세대주택 : 주택으로 쓰는 1개 동의 바닥면적 합계가 660 m² 이하이고, 층수가 4개 층 이하인 주택
4) 기숙사

3 소화기구 및 자동소화장치

1) 소화기
   (1) 바닥면적 100 m²마다 1단위 이상의 능력단위를 기준으로 설치할 것
   (2) 아파트 등의 경우 각 세대 및 공용부(승강장, 복도 등)마다 설치할 것
   (3) 아파트 등의 세대 내에 설치된 보일러실이 방화구획되거나, 스프링클러설비 등 소화설비 중 하나가 설치된 경우에는 소화기구 추가설치기준 적용하지 않을 수 있다.
   (4) 아파트 등의 경우 소화기의 감소 규정을 적용하지 않을 것
2) 주거용 주방자동소화장치
   아파트 등의 주방에 열원(가스 또는 전기)의 종류에 적합한 것으로 설치하고, 열원을 차단할 수 있는 차단장치를 설치해야 한다.

4 옥내소화전

1) 호스릴(Hose Reel) 방식으로 설치할 것
2) 복층형 구조인 경우에는 출입구가 없는 층에 방수구를 설치하지 아니할 수 있다.
3) 감시제어반 전용실은 피난층 또는 지하 1층에 설치할 것. 다만 상시 사람이 근무하는 장소 또는 관계인이 쉽게 접근할 수 있고 관리가 용이한 장소에 감시제어반 전용실을 설치할 경우에는 지상 2층 또는 지하 2층에 설치할 수 있다.

5 스프링클러

1) 폐쇄형스프링클러헤드를 사용하는 아파트 등은 기준개수 10개에 1.6 m³를 곱한 양 이상의 수원이 확보되도록 할 것. 다만 아파트 등의 각 동이 주차장으로 서로 연결된 구조인 경우 해당 주차장 부분의 기준개수는 30개로 할 것

2) 아파트 등의 경우 화장실 반자 내부에는 소방용 합성수지배관으로 배관을 설치할 수 있다. 다만 소방용 합성수지배관 내부에 항상 소화수가 채워진 상태를 유지할 것

3) 하나의 방호구역은 2개 층에 미치지 아니하도록 할 것. 다만 복층형 구조의 공동주택에는 3개 층 이내로 할 수 있다.

4) 아파트 등의 세대 내 스프링클러헤드를 설치하는 경우 천장·반자·천장과 반자 사이·덕트·선반 등의 각 부분으로부터 하나의 스프링클러헤드까지의 수평거리는 2.6 m 이하로 할 것

5) 외벽에 설치된 창문에서 0.6 m 이내에 스프링클러헤드를 배치하고, 배치된 헤드의 수평거리 이내에 창문이 모두 포함되도록 할 것. 다만 아래 어느 하나에 해당하는 경우에는 그렇지 않다.
   (1) 창문에 드렌처설비가 설치된 경우
   (2) 창문과 창문 사이의 수직부분이 내화구조로 90 cm 이상 이격되어 있거나 방화판 또는 방화유리창을 설치한 경우
   (3) 발코니가 설치된 부분

6) 거실에는 조기반응형 스프링클러헤드를 설치할 것

7) 감시제어반 전용실 : 옥내소화전 준용

8) 대피공간에는 헤드를 설치하지 않을 수 있다.

9) 세대 내 실외기실 등 소규모 공간에서 해당 공간 여건상 헤드와 장애물 사이에 60 cm 반경을 확보하지 못하거나 장애물 폭의 3배를 확보하지 못하는 경우에는 살수방해가 최소화되는 위치에 설치할 수 있다.

6 자동화재탐지설비

1) 아날로그방식의 감지기, 광전식공기흡입형 감지기 또는 이와 동등 이상의 기능·성능이 인정되는 것으로 설치할 것

2) 감지기의 신호처리방식은 자동화재탐지설비 화재안전성능기준에 따른다.

3) 세대 내 거실(취침용도로 사용될 수 있는 통상적인 방 및 거실)에는 연기감지기를 설치할 것

4) 감지기 회로 단선 시 고장표시가 되며, 해당 회로에 설치된 감지기가 정상 작동될 수 있는 성능을 갖도록 할 것

5) 복층형 구조인 경우에는 출입구가 없는 층에 발신기를 설치하지 아니할 수 있다.

7 비상방송설비

1) 확성기는 각 세대마다 설치할 것
2) 아파트 등의 경우 실내에 설치하는 확성기 음성입력은 2 W 이상일 것

8 피난기구

1) 아파트 등의 경우 각 세대마다 설치할 것
2) 피난장애가 발생하지 않도록 하기 위하여 피난기구를 설치하는 개구부는 동일 직선상이 아닌 위치에 있을 것. 다만 수직 피난방향으로 동일 직선상인 세대별 개구부에 피난기구를 엇갈리게 설치하여 피난장애가 발생하지 않는 경우에는 그렇지 않다.
3) 하나의 관리주체가 관리하는 공동주택 구역마다 공기안전매트 1개 이상을 추가로 설치할 것. 다만 옥상으로 피난이 가능하거나 수평 또는 수직 방향의 인접세대로 피난할 수 있는 구조인 경우에는 추가로 설치하지 않을 수 있다.
4) 갓복도식 공동주택 또는 수평 또는 수직 방향의 인접세대로 피난할 수 있는 아파트는 피난기구를 설치하지 않을 수 있다.
5) 승강식 피난기 및 하향식 피난구용 내림식 사다리가 방화구획된 장소(세대 내부)에 설치될 경우에는 해당 방화구획된 장소를 대피실로 간주하고, 대피실의 면적규정과 외기에 접하는 구조로 대피실을 설치하는 규정을 적용하지 않을 수 있다.

9 유도등

1) 소형 피난구 유도등을 설치할 것. 다만 세대 내에는 유도등을 설치하지 않을 수 있다.
2) 주차장으로 사용되는 부분은 중형 피난구유도등을 설치할 것
3) 비상문자동개폐장치가 설치된 옥상 출입문에는 대형 피난구유도등을 설치할 것
4) 내부구조가 단순하고 복도식이 아닌 층에는 유도등 기준을 적용하지 아니할 것

10 비상조명등

비상조명등은 각 거실로부터 지상에 이르는 복도·계단 및 그 밖의 통로에 설치해야 한다. 다만 공동주택의 세대 내에는 출입구 인근 통로에 1개 이상 설치한다.

11 특별피난계단의 계단실 및 부속실 제연설비

특별피난계단의 계단실 및 부속실 제연설비는 기준에 따라 성능확인을 해야 한다. 다만 부속실을 단독으로 제연하는 경우에는 부속실과 면하는 옥내 출입문만 개방한 상태로 방연풍속을 측정할 수 있다.

12 연결송수관설비

1) 방수구
   (1) 층마다 설치할 것. 다만 아파트 등의 1층과 2층(또는 피난층과 그 직상층)에는 설치하지 않을 수 있다.
   (2) 아파트 등의 경우 계단의 출입구(계단의 부속실을 포함하며 계단이 2 이상 있는 경우에는 그 중 1개의 계단)로부터 5 m 이내에 방수구를 설치하되, 그 방수구로부터 해당 층의 각 부분까지의 수평거리가 50 m를 초과하는 경우에는 방수구를 추가로 설치할 것
   (3) 쌍구형으로 할 것. 다만 아파트 등의 용도로 사용되는 층에는 단구형으로 설치할 수 있다.
   (4) 송수구는 동별로 설치하되, 소방차량의 접근 및 통행이 용이하고 잘 보이는 장소에 설치할 것

2) 펌프의 토출량
   ⑴ 분당 2,400 ℓ 이상(계단식 아파트의 경우에는 분당 1,200 ℓ 이상)으로 하고
   ⑵ 방수구가 3개를 초과(방수구가 5개 이상인 경우에는 5개)하는 경우에는 1개마다 분당 800 ℓ (계단식 아파트의 경우에는 분당 400 ℓ 이상)를 가산해야 한다.

13 비상콘센트

아파트 등의 경우에는 계단의 출입구(계단의 부속실을 포함하며 계단이 2개 이상 있는 경우에는 그 중 1개의 계단을 말한다)로부터 5 m 이내에 비상콘센트를 설치하되, 그 비상콘센트로부터 해당 층의 각 부분까지의 수평거리가 50 m를 초과하는 경우에는 비상콘센트를 추가로 설치해야 한다.

 원자력 발전소 방호

1 개 요

1) 원자력 발전소는 사고발생 빈도는 낮지만, 사고발생 시 결과가 상당히 심각하다.
   ⇒ Risk가 매우 크다.
2) 원자력 발전소 방호의 핵심은 비상시 원자로를 어떻게 안전하게 정지시키고(Shut-Down) 보호하느냐이다.
3) 현재 NFPA의 경우 성능위주설계가 원칙이다.

2 용어 정리

1) 심층방호(Defense-in-Depth)
   ⑴ 원전의 설계목적(원자로의 안전한 정지)을 달성하기 위한 기본개념
   ⑵ 구성요소 : 각각의 방호성능이 다른 방호설비의 영향을 받지 않고 성능 유지(독립적)
      ① 화재예방
      ② 신속한 화재감지 및 소화
      ③ 확실한 내화구조
2) 다중방호(Redundancy Safety System)
   ⑴ 원전의 경우 사회적 Risk가 상당히 크므로 일반적인 건축물의 방호에서 다르게 다중방호(Redundancy Protection) 개념을 도입하여 설계
   ⑵ 예를 들어 비상전원을 이중으로 설치하고 방호벽을 여러 겹 설치

3 목 적

1) 원전의 안전한 유지
2) 핵물질 누출 방지
3) 인명안전
4) 중단 없는 운전

4 목 표

1) 원자로의 안전한 정지(Shut-Down)
2) 원자로의 잔류 열 제거
3) 방사능 물질 유출 방지

5 원자력 화재위험도 분석

1) 원자력 발전소 자료 수집 : 각종 도면, 절차서, 화재방호계획서 등 화재방호와 관련된 자료를 수집
2) 적용기술 기준검토 : 원전 설계 시 적용하였던 법규 및 기술기준과 화재위험도 분석에서 적용해야 하는 법규 및 기술 기준을 상호 비교, 검토한다.
3) 방화지역 구획 및 방화지역도 작성 : 내화구조, 계통 및 기기배치, 화재방호설비, 가연물질 등을 고려하여 방화지역을 구획하고 방화지역도를 작성한다.
4) 화재위험요소 평가 : 방화지역별 점화원 및 가연성 물질량 산정, 내화구조, 화재방호설비, 화재방호계획을 확인한다.
5) 안전정지기능 파악 : 안전정지기능을 정의하고 안전정지계통 및 기기를 선정하여 기기위치 및 케이블 등의 경로를 파악한다.
6) 화재위험성 평가 : 화재방호설비 및 화재방호계획의 적합성, 안전정지 달성 여부 등을 평가하여 평가과정에서의 수계산, 전산해석, 기타 화재방호기술자의 공학적 판단이 필요하다.
7) 문제점 도출 및 개선방안 제시 : 화재위험성 평가 결과를 바탕으로 화재방호 측면에서 보완이 필요한 사항을 분야별로 정리하여 화재방호 개선방안을 제시하고 현장여건을 고려하여 현실적으로 실행 가능한 합리적 대안을 마련한다.

Annex

📁 블랙 스완(The Black Swan)

1. 불가능하다고 인식된 상황이 실제 발생하는 것
2. 블랙 스완(검은 백조)의 속성
   (1) 일반적 기대 영역 바깥에 존재하는 관측값(이는 검은 백조의 존재 가능성을 과거의 경험을 통해 알 수 없기 때문)
   (2) 극심한 충격을 동반
   (3) 존재가 사실로 드러나면 그에 대한 설명과 예견이 가능

지하공간 화재

1 개 요

1) 지하공간은 지상보다 화재가 발생했을 때 막대한 인명피해와 재산손실을 가져올 수 있다.
2) 창이 없고 출입구가 한정된 지하공간에서 화재 시 안전을 확보하기 위해서는 소화 및 피난 등을 위한 소방시설이 더욱 중요하다.
3) 지하공간은 새로운 도시 공간 창출의 수단으로서 재실자의 밀도, 이용형태 등을 기초로 한 방재계획이 필요하다.

2 공간적 특성/위험성

공간특성	문제점
자연채광이 미치지 않는다.	• 정전 시 빛의 확보 곤란 • 심리적 장애(폐쇄성)
지상보다 낮은 위치	• 피난방향이 연기의 유동 방향과 같다
외부에 개방되는 입구가 없다	• 외부에서 구조활동이 어려움 • 연기가 공간위에 체류하기 쉬움 • 폐쇄성이 강하여 공포감 유발 • 창 등 개구부를 통한 외부로의 배연이 어려움 • 방향감각을 잃어버리기 쉬움 • 불완전연소에 의한 다량의 독성가스 발생
복잡한 내부구조이다	• 미로성이 강하여 피난방향 선택 곤란
익숙하지 못한 공간이다	• 비상시에 공포감을 유발하기 쉬움 • 피난방향을 예상하기 어려움
폐쇄적 이미지다	• 화재 시 심리적 불안감을 유발 • 피난방향을 예상하기 어렵고 피난이 용이하지 않음
불특정 다수의 이용자가 많다	• 공간에 대한 인지율이 낮아 피난이 어렵다

3 지하공간의 화재안전대책

1) 예방 : 가연물이나 화기를 많이 취급하는 곳에는 화재예방 및 방화관리 철저
2) 감지/경보
   (1) 먼지 등에 의한 비화재보 고려하여 적응성 있는 감지기를 설치한다.
   (2) 방재센터와 대피 장소 등 주요 공간 사이에 2방향 통신 시스템
   (3) CCTV와 카메라를 설치하여 화재 및 피난상태를 모니터한다.
3) 소화 : 스프링클러 등 화재 진압 시스템
4) 연기제어(Smoke Control)
   (1) Zone Smoke Control(샌드위치 방식)으로 제연(연기 유동 방지)
      ① 연기는 화재 발생 구역에서 직접 외부로 배출
      ② 화재 발생 인접지역은 가압을 유지하기 위해 100% 외부공기 공급

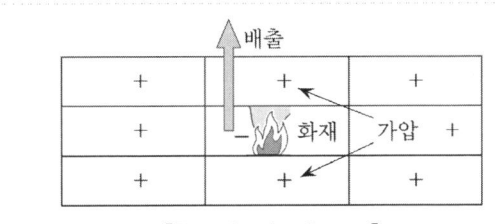

【Zone Smoke Control】

    (2) 제연설비를 전용으로 설치한다.

    (3) 화재 시 HVAC는 연기의 순환을 막기 위해 정지하여야 한다.

  5) 방화구획

    (1) 명확한 내부공간 구성 : 안전하고 단순한 피난로 확보

    (2) 안전구획된 수직 피난로 확보

    (3) 공간의 구획화 및 안전대피장소의 확보

    (4) 수평덕트의 방화구획 철저

    (5) 타 건축물과 연결된 경우 방화구획 철저

  6) 피 난

    (1) 신뢰성 있고 명확한 유도표지와 비상조명

    (2) 음성을 이용한 비상방송으로 화재에 대한 정보 및 피난 방송

    (3) 지상 개구부 또는 선큰(Sunken) 설치

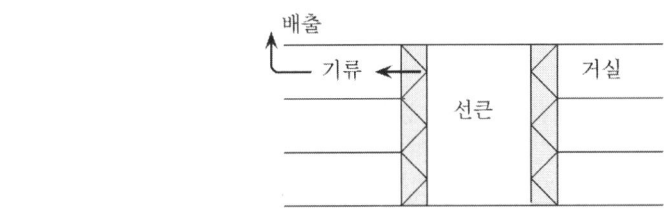

    (4) 엘리베이터를 이용한 피난을 고려하여야 한다.

    (5) Dead End, Common Path 최소화

    (6) 연기유동, 소화활동 방향을 고려한 피난계획 수립

4 발전/연구 방향

1) 지하공간의 피난계획에 기초가 되는 재실자 밀도, 이용형태 등에 피난 안전성에 관련된 연구

2) 연기 유동 및 연기 제어에 관한 연구

3) 지하공간의 경우 화재발생 시 화재실보다는 연기 유동에 의해 화재실에 떨어진 곳에서 사상사가 많이 발생함으로 거실제연보다는 연기유동을 제어하는 Smoke Control 개념의 설비가 중요하다.

고층 건축물의 화재

1 개 요

1) 토지 이용의 극대화, 사무의 집중화, 조망권의 확보 등으로 고층 건축물이 많이 건설되고 있으며 이로 인하여 화재 시 인명 및 재산 피해에 대한 우려도 증가하고 있다.
2) 연기제어에 악영향을 줄 수 있는 연돌효과와 Wind Effect가 크므로 이에 대한 감소대책이 중요하다.

2 정 의

구 분	층수		높이
고층 건축물	30층 이상	또는	120 m 이상
준초고층 건축물	30층~49층		120~200 m 미만
초고층 건축물	50층 이상		200 m 이상

3 층별/높이별 안전 시설

1) 건축법상 특별피난계단 : 11층 이상, 공동주택은 16층 이상
2) 피난용 승강기 : 고층 건축물 이상(준초고층, 초고층 포함). 단, 공동주택은 제외
3) 피난안전구역

4 공간적 특성 (연돌효과)

1) 한정된 피난로에 의한 피난의 혼잡 및 피난경로가 길어 체력적인 부담이 크다.
2) 인위적인 급·배기 시스템으로 인한 연기의 이동, 확산이 빠르다.
3) 화재 시 소방대의 고가 사다리차에 의한 구조 및 소화활동이 곤란하다.
4) 승강기 승강로, 각종 설비의 샤프트 등 수직공간을 통한 연돌효과로 연기의 확산이 촉진되어 대량의 인명 피해가 발생할 수 있다.
5) 고층부 특유의 빌딩풍에 의해 건물 내부로 연소 확대 우려가 크며, 연기가 피난로에 침투하여 피난에 지장을 초래할 수 있다.

5 피난상 문제점

1) 계단 이용, 엘리베이터의 이용, 재실자 전원 피난의 한계가 있다.
2) 피난 동선이 길다.
3) 사무용 빌딩은 피난자가 피난 경로를 알고 있으나, 호텔 또는 백화점의 경우 피난자는 거의가 피난로를 알지 못하기 때문에 패닉(Panic)현상이 발생할 가능성이 크다.
4) 지상으로의 피난거리가 증가되어, 피난시간이 길어지므로 피난자가 공황상태에 빠질 우려가 크다.
5) 제연설비 등에 문제가 생겼을 경우 대량 인명피해가 예상된다.
6) 초고층 공동주택의 경우 교육과 훈련의 부족으로 인하여 최적의 피난수단을 엘리베이터로 착각하여 피해가 증가하고 있다.

6 소화활동상 문제점

1) 소방대의 진입 방향과 지상으로 대피하는 피난자의 피난경로가 상충하여 소방대의 소화활동에 지장을 초래한다.
2) 소방대의 진입 경로가 길어 체력의 고갈 및 안전상의 문제가 발생한다.
3) 고가 사다리차가 미치지 못하므로 소방대의 진입 및 구조활동 등 소화활동이 어렵다.
4) 화재층의 낙하물에 의한 소화활동에 장애 초래

7 방재 대책

1) 예방 대책
   (1) 조기 발견 및 초기 소화를 위한 소화시스템 설치
   (2) 점화원 관리 철저
   (3) 내장재의 불연화, 난연화 및 가연물의 제한

2) 소화 대책
   (1) 신뢰성 높은 감지시스템을 설치하여 조기에 화재를 감지하여 초기에 소화할 수 있도록 한다.
   (2) 출화위험이 높은 장소, 출화가 되면 피난에 중대한 영향을 미칠 위험이 있는 장소는 스프링클러 설비 등 자동소화설비 설치

3) 제연 대책
   (1) 연기유동 방지 : Zone Smoke Control(샌드위치 방식)으로 제연(연기 유동 방지)
      ① 연기는 화재 발생 구역에서 직접 외부로 배출
      ② 화재 발생 인접지역은 가압을 유지하기 위해 100% 외부공기 공급

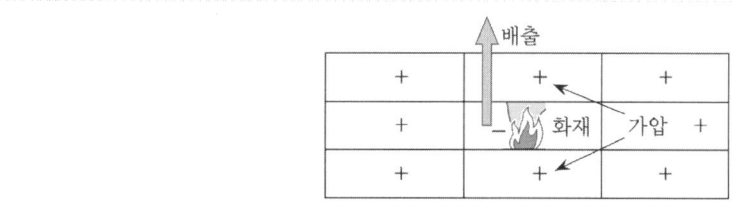

【Zone Smoke Control】

   (2) 굴뚝효과가 크므로 화재 시 감소 대책을 수립해야 한다.

4) 피난 대책
   (1) 피난기구 및 피난유도시스템의 설치 및 철저한 관리
   (2) Fool Proof와 Fail Safe 개념의 피난대책으로 피난경로를 단순, 다중화한다.
   (3) 피난로 급기가압 제연으로 연기의 유입을 방지
   (4) 발코니를 설치하여 양방향 피난로를 확보
   (5) 복도, 계단, 출입구의 폭과 수를 피난인원에 맞도록 적절히 배치
   (6) 안전성이 확보된 피난용 승강기를 설치하여 노약자, 재해약자의 피난을 유도

5) 방화 대책
   (1) 용도별, 면적별, 층별, 수직관통부별 방화구획을 철저히 하여 상층으로의 연소 확대 방지

(2) 스팬드럴을 길게 하고, 켄틸레버를 설치하여 상층으로의 연소확대를 방지
(3) 방화문의 개선 ⇒ 풍압에 의한 방화문의 개방과 누연의 개선이 요구된다.
(4) 전선의 관통부 방화 및 연소방지 조치
(5) 엘리베이터의 방화문 및 통로의 연소방지 조치
(6) 방화관리시스템의 개선 및 종합방재센터 설치, 운영

Annex

📂 초고층 옥내소화전/스프링클러설비 (고가수조 방식)

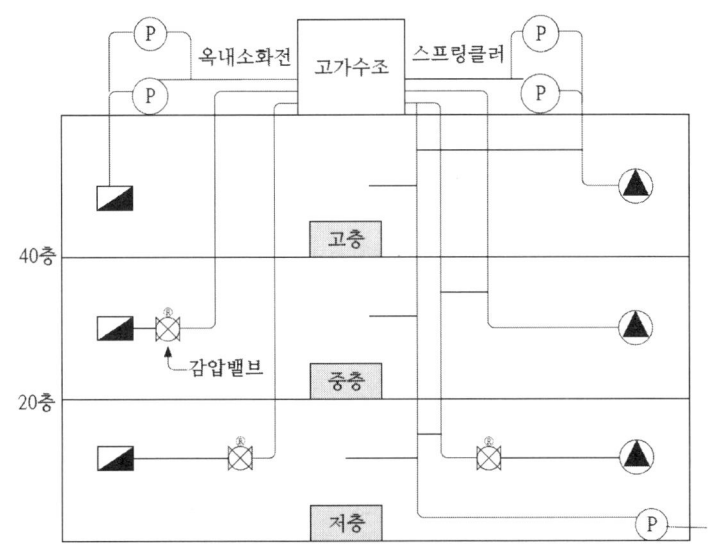

1. 고층 : 고가수조 방식이지만 최상부의 경우 법정 방수압이 미달되므로 펌프 설치하며, 이 경우 예비 펌프 설치 또는 고가수조를 높게 설치
2. 중층 : 옥내소화전은 과압(0.7 MPa 이상) : 감압밸브 설치
3. 저층 : 옥내소화전/스프링클러설비 모두 과압 : 감압밸브 설치

🔥 복합상영관에서의 화재

1 개 요

1) 최근에는 다양한 문화시설과 여러 개의 상영관을 갖추어 초고층 빌딩의 상층부 및 대형 지하공간에 위치한 복합상영관들이 생겨난다.
2) 수용인원이 많은 무창층으로 큰 화재 위험성을 가지고 있으므로 재실자의 특성(불특정 다수)을 고려한 피난대책이 필요하다.

2 특 성

1) 건축 특성
   (1) 고층의 공간

⑵ 무창의 폐쇄된 공간

⑶ 조명이 어둡다.

⑷ 고정된 의자 등 피난장애물이 많다.

2) 화재 특성

⑴ 환기지배형 화재의 가능성이 크다.

불완전 연소생성물(독성 물질)이 과다하게 발생할 가능성이 크다.

⑵ 연소열의 축적이 쉽다.

⑶ 내장재로 인해 화재초기부터 많은 연기 발생

⑷ 연기의 확산으로 농연 등이 화재발생 공간 내 여러 곳에 미치기 때문에 화재발생의 오인이 쉽고, 화점의 파악이 곤란하다.

⑸ 구내매점 등의 화기 사용

3) 재실자의 심리적 특성

⑴ 점유밀도가 크다.

⑵ 출입구, 피난경로 등 건축물에 대한 정보가 적다.

⑶ 밀집, 밀폐된 공간으로 불특정 다수의 사람들이 공포(Panic)를 강하게 느낀다.

⑷ 군중심리 현상이 발생하고 일시적으로 수많은 사람들이 피난을 시도하여 2차 피해 발생 가능성

3 대 책

1) 예방

⑴ 내장재의 불연화

⑵ 화기를 사용하는 장소의 점화원 관리 철저

2) Active 대책 : ASET 증가

⑴ 스프링클러설비 설치

⑵ 거실제연설비 설치

⑶ 비상조명등 설치

3) Passive 대책 : RSET 감소

⑴ 피난로는 짧고 단순하게

⑵ 피난인원에 적정한 통로와 출입문 개수 및 유효폭 확보

⑶ 화기를 사용하는 장소와 방화구획

4) 절차적 대책

⑴ 재실자의 특성을 고려한 피난계획

재실자가 건축물을 사전에 숙지하지는 못했지만 깨어 있는 상태

⑵ 피난지연시간 감소

① 관계자의 비상시 훈련 및 교육 철저

② 음성을 통해 화재 관련 정보를 조기에 전달

아트리움 방재 대책

1 개 요
아트리움은 수직 개구부의 폐쇄 등으로 설정했던 방화구획 개념과는 다르다. 그러므로 아트리움은 종래의 방화대책 개념(방화셔터 설치 등)으로 대처하기보다는 아트리움 화재특성에 적절한 조치를 해야 할 필요가 있다.

2 일반적 특성
1) 화재의 국한화(Confinement of Fire)가 곤란하다.
2) 외부와 비슷한 화재환경으로 연료지배 연소에 가깝게 되어 화재가 급속히 성장, 확대 위험성이 크다.
3) 제연계획이 적절치 못하면 건물 전체가 연기에 오염될 위험이 크다.
4) 화재 발생이 여러 층에 알려져 재실자 전원이 동시에 피난하게 되어 혼잡에 의한 2차 피해 가능성이 크다.
5) 천장이 높아 자·탐설비나 스프링클러설비의 동작 지연될 수 있다.

3 설계 시 검토사항
1) 예상 가연물과 화재 성상
2) 수평·수직 방향으로의 화염·연기 확대 가능성
3) 아트리움 지붕 등의 구조물 안전 및 유리 등의 낙하 방지
4) 피난 시의 연기층의 높이

4 아트리움의 방재특성
1) 공간적 특성
   (1) 건축물 내부에 층마다 구획된 공간과는 다르게 어느 층에도 연결된 높은 천장을 갖는 개방된 공간이다.
   (2) 대공간에 따른
      ① 자·탐설비나 스프링클러소화설비 적용의 어려움
      ② 경보구역의 한계 불분명
      ③ 방화구획 및 연기제어 문제

2) 연소특성
   (1) 발화 위험성
      발화 위험성은 적으나 거실화재 시 아트리움으로 전파 가능성이 높다.
   (2) 연소 위험성
      ① 연료지배형 화재 형태로 급속히 성장하고 확대될 위험성이 높다.
      ② 화재의 성장속도가 매우 빠르다.

3) 피난상 문제점
   (1) 화재층의 화재발생 경보가 여러 층에 알려져 재실자 전원이 동시 피난하여 혼잡에 의한 2차 재해 위험성이 잠재되어 있다.
   (2) 다수의 재실자가 동시 피난 시 소방대 진입경로와 중복될 수 있다.
4) 소화활동상 문제점
   (1) 연기 충만으로 발화지점 파악 곤란
   (2) 화재확대 규모가 급격하여 연소저지 장소가 광범위함
   (3) 충만된 연기로 피난 지연자의 수색과 구출이 곤란함
   (4) 지붕과 벽면의 유리 파괴 시 2차 재해 예상 및 소방활동상 장애가 발생됨

5 대 책

1) 예방(가연물 양 및 유지관리 대책)
   (1) 천정, 벽 등의 구조물 불연화
   (2) 가연물 사용 제한
   (3) 방화관리체제 강화
       ① 소방계획의 검토와 소방활동 매뉴얼의 책정
       ② 설치된 전기기구 등의 출화방지 대책
2) 소방(조기감지 초기소화 대책)
   (1) 공간 및 시설의 형태를 고려한 감지·경보설비의 설치
   (2) 특수감지기 사용 : 불꽃감지기, 광전식분리형 등 적용
   (3) 소화설비
   (4) 제연설비(Smoke Control)
       아트리움은 구획에 한계가 있으므로 제연설비를 적절하게 설치하는 것이 중요하다.

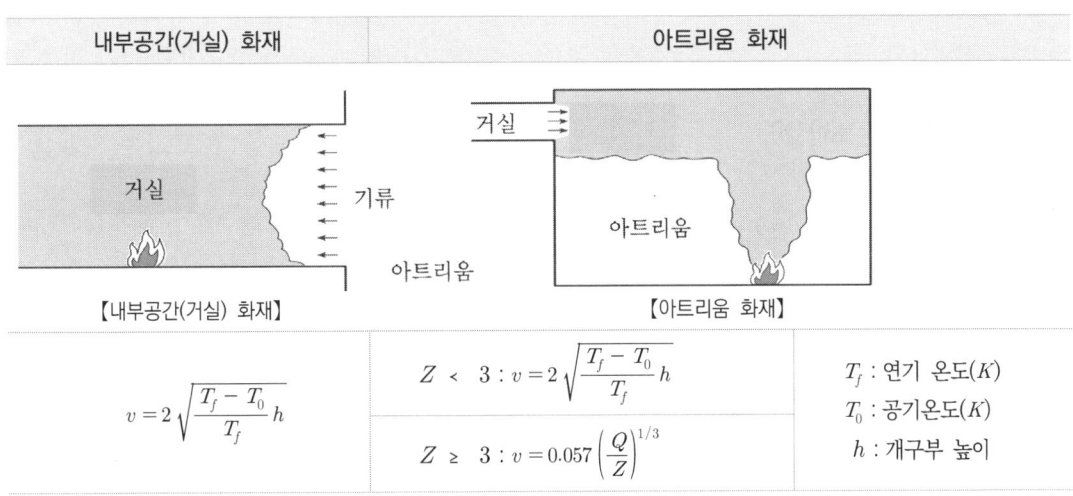

내부공간(거실) 화재	아트리움 화재
$v = 2\sqrt{\dfrac{T_f - T_0}{T_f}h}$	$Z < 3 : v = 2\sqrt{\dfrac{T_f - T_0}{T_f}h}$ $Z \geq 3 : v = 0.057\left(\dfrac{Q}{Z}\right)^{1/3}$	T_f : 연기 온도(K) T_0 : 공기온도(K) h : 개구부 높이

3) 방화(피난 방화대책)
   (1) 연소확대 메커니즘에 따른 순차적 방화(피난)대책 수립
   (2) 출화위험 장소의 철저한 방화구획 설치

석탄 화력발전소 소방시설

1 개 요

석탄 화력발전소는 자연발화 및 분진폭발 가능성이 큰 석탄을 사용, 로 등으로 연소하여 전기를 발생시키는 발전소이기 때문에 화재 위험성이 크다.

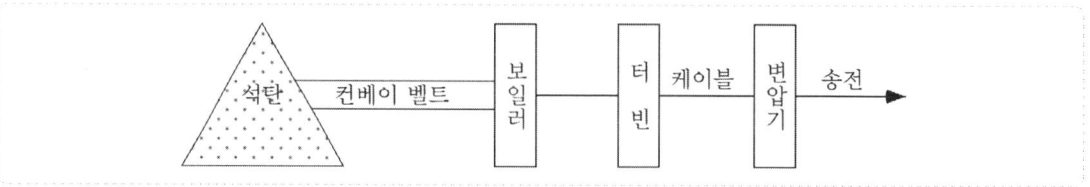

2 석탄 화력발전소의 위험성

1) 석탄의 위험성
    (1) 연소성
    (2) 자연발화
    (3) 분진폭발
2) 공정의 위험성
    (1) 컨베이어 벨트, Silo
        마찰, 정전기에 의한 발화
    (2) 보일러 (로)
    (3) 석탄을 다루는 구역의 전기장치에 의한 발화 위험
    (4) 발전 설비
        ① 케이블
        ② 변압기

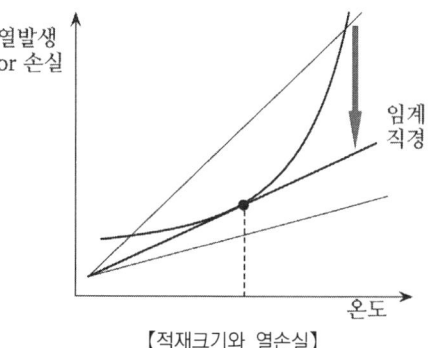

【적재크기와 열손실】

3 석탄 화력발전소의 소방설비

1) 석탄 저장소
    (1) 예방 : 저장량(적재 크기)을 줄인다.
    (2) 소화설비
        ① 스프링클러, 물분무설비 또는 포소화설비 (Class A포)
        ② 훈소의 가능성이 크므로 유화제 (Wetting Agent) 첨가하여 소화수의 침투력 증가
2) 석탄의 이송
    (1) 감지
        ① 열화상 카메라 감지기 (Video-Based Flame Detection)
        ② 덕트 등에는 Spark/Ember 감지기 설치
    (2) 이송로에는 스프링클러 등의 자동소화설비 설치

⑶ 정전기를 제거하기 위한 제전기 설치
⑷ Silo에는 초고속 물분무소화설비 설치

3) 보일러 및 터빈

⑴ 스프링클러설비나 물분무설비는 보일러 등에 사용 시 열적 쇼크 위험이 크므로 미분무소화설비가 적응성이 있다.

⑵ 미분무소화설비의 소화원리 중 질식효과를 이용하여야 하므로 물방울 크기는 작아야 하며 방출방식은 Cycling(On and Off, Pulsing) 방식이 효과적이다.

4) 케이블

⑴ 난연화

⑵ 물분무 또는 미분무소화설비

5) 변압기

물분무 또는 미분무소화설비

6) 제어실

24시간 발전소를 제어하여야 하므로 할·불기체 소화설비

7) 석탄을 다루는 구역

⑴ House-keeping : 분진층 제거

① tD 방폭기기의 발화 예방

② 2, 3차 분진 폭발 예방

⑵ 전기장치 : 방폭 기기 사용

4 결론

1) 석탄 화력발전소는 여름이나 겨울 등 전기 소비량이 많은 시기에 가동되는 발전소로 화재 등에 의해 발전소가 정지 시 Black-Out 등이 발생하여 국가적으로 손실이 발생할 수 있으므로 화재 예방 및 조기 소화 감지 대책이 중요하다.

2) 석탄 화력발전소의 기본 방재 개념은 심층화(Defense-in-Depth)와 다중화(Redundancy)이다.

창고 화재

1 개 요

1) 창고화재의 경우 화재성장속도가 빠르고 화세가 강하여 화재진압이 어려우므로 화재 예방부터 조기 화재진압에 이르기까지 유기적인 계획이 필요하다.
2) 창고시설의 화재위험 등급은 창고 높이 및 저장 물품의 종류·적재 높이 그리고 포장재 종류 및 방법이 중요한 요소이다.

2 방재 특성

1) 층고가 높아 화재 감지 및 헤드의 동작 시간이 증가한다.
2) 운송기 등으로 방화구획이 어렵다.
3) 화재하중이 크고, 연소속도가 빠르다.

   화재성장률이 3제곱에 비례한다. (화재성장곡선 $Q = \alpha t^3$)
4) 일부 가연물은 훈소로 발전되며 완전한 화재진압이 어렵다.

   창고용 스프링클러는 화재의 크기가 증가하지 못하도록 제어하고, 최종 진압은 소방대가 행한다.
5) 현재 주로 적용되는 준비작동식의 경우 배관 밸브 2차의 파손 여부를 알 수 없어 신뢰성이 낮다.

3 화재확산 원인

1) 부적절한 화재감지기 설치
2) 화재성상에 맞는 스프링클러설비 설치
3) 준비작동식의 경우 배관 밸브 2차의 파손 여부를 알 수 없어 신뢰성이 낮다.
4) 방화구획

4 대 책

1) 예 방
   (1) 저장물품의 양과 종류, 위험성 파악
   (2) 용접, 전기적 단락, 나화, 자연발화 등의 점화원 관리 철저
   (3) 난방용 덕트 또는 조명 설비와는 안전거리 유지
   (4) 상호 혼합에 의해 위험해질 수 있는 물품은 별도로 분리 저장
2) 화재성상에 맞는 스프링클러설비 설치
   (1) 창고 같은 경우 동파 문제로 ESFR 설비 불가
   (2) 화재 제어용인 CMSA 등을 적용
   (3) 창고용 스프링클러는 화재의 크기가 증가하지 못하도록 제어하고, 최종 진압은 소방대가 행한다.
   (4) In-Rack과 CMSA 등을 조합하여 설치

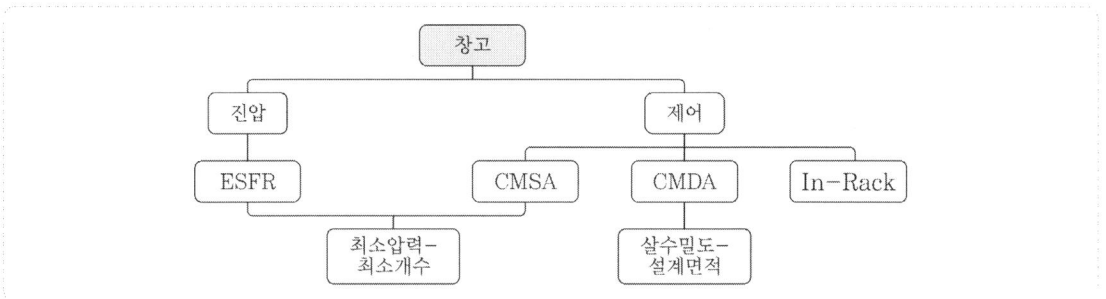

3) 준비작동식의 경우 배관 2차 측에 누설경보용 물 또는 압축공기를 채워 배관 파손 여부 확인
   (1) 동파 우려가 있는 물류창고의 경우 준비작동식 설비를 설치할 수도 있는데, 2차 측 배관이 파손된 경우 수손 피해가 우려되므로 기동장치(감지기)를 정지시킬 수 있으므로 소화에 실패할 수 있다.
   (2) NFPA 13의 경우 하나의 준비작동식 밸브에 설치되는 헤드 수가 20개 이상이면 배관파손감시를 위해서 2차 측에 공기 또는 물을 배관에 채워야 한다.
   ⇒ 배관파손감지 장치를 설치하면 위와 같은 위험은 감소된다.
   (3) 화재안전기준의 경우 공기 또는 물을 배관에 채운 경우 교차회로 방식이 면제된다.
4) 방화구획할 수 없는 개구부에 헤드 설치
   (1) NFTC의 경우 연소할 우려가 있는 개구부에 개방형 헤드를 설치하도록 규정되어 있는데 유지관리상 어려움이 크다.
   (2) NFPA의 경우는 연소할 우려가 있는 개구부에 폐쇄형 헤드 설치 가능
5) 조기감지, 조기소화를 위한 감지기 설치
   NFTC : 아날로그방식의 감지기 또는 광전식공기흡입형 감지기를 설치

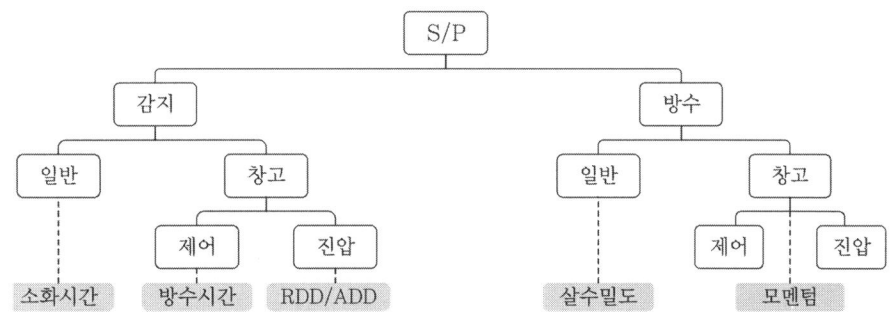

창고시설의 화재안전기준

1 주요내용

1) 배전반과 분전반마다 소공간용 소화용구 설치
2) 옥내소화전 및 소화수조 수원 기준 상향
3) 스프링클러설비는 습식으로 하는 등 창고시설의 특성이 맞는 설치기준 마련
4) 비상방송설비 및 자동화재탐지설비는 전층경보방식을 적용하고 비화재보 예방 및 조기감지를 위하여 감지기 종류를 정함
5) 피난구유도등 및 거실통로유도등은 대형으로 적용하고, 지하층 및 무창층에는 피난유도선을 설치하도록 함

2 정 의

1) 창고시설
    (1) 창고(물품저장시설로서 냉장·냉동 창고를 포함)
    (2) 하역장
    (3) 물류터미널
    (4) 집배송시설
2) 랙식 창고 : 물품 보관용 랙을 설치하는 창고시설
3) 적층식 랙 : 선반을 다층식으로 겹쳐 쌓는 랙
4) 라지드롭형(Large-Drop) 헤드 : 동일 조건의 수압력에서 큰 물방울을 방출하여 화염의 전파속도가 빠르고 발열량이 큰 저장창고 등에서 발생하는 대형화재를 진압할 수 있는 헤드
4) 송기공간 : 랙을 일렬로 나란하게 맞대어 설치하는 경우 랙 사이에 형성되는 공간(사람이나 장비가 이동하는 통로는 제외)

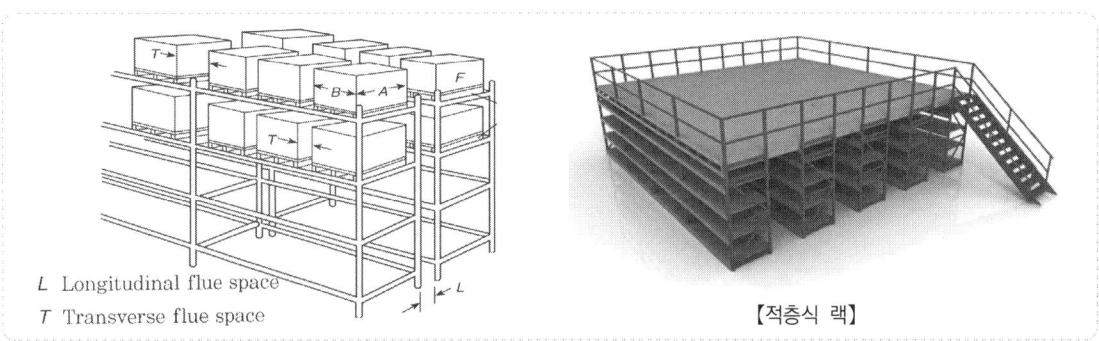

【적층식 랙】

3 소화기구 및 자동소화장치

창고시설 내 배전반 및 분전반마다 가스·분말·고체에어로졸자동소화장치 또는 소공간용 소화용구 설치

4 옥내소화전

1) 수원의 저수량 : 가장 많은 층의 설치개수(2개 이상 설치된 경우에는 2개) × 5.2 m³ 이상
2) 사람이 상시 근무하는 물류창고 등 동결의 우려가 없는 경우에는 수동기동장치 적용하지 않는다.
3) 비상전원
   (1) 종류 : 자가발전설비, 축전지설비 또는 전기저장장치
   (2) 40분 이상

5 비상방송설비

1) 확성기의 음성입력은 3 w(실내에 설치하는 것을 포함) 이상
2) 창고시설에서 발화한 때에는 전 층에 경보를 발해야 한다.
3) 비상방송설비에는 그 설비에 대한 감시상태를 60분간 지속한 후 유효하게 30분 이상 경보할 수 있는 축전지설비 또는 전기저장장치를 설치해야 한다.

6 자동화재탐지설비

1) 감지기 작동 시 해당 감지기의 위치가 수신기에 표시되도록 해야 한다.
2) 영상정보처리기기를 설치하는 경우 수신기는 영상정보의 열람·재생 장소에 설치해야 한다.
3) 스프링클러설비를 설치하는 창고시설의 감지기
   (1) 아날로그방식의 감지기, 광전식공기흡입형 감지기 또는 이와 동등 이상의 기능·성능이 인정되는 감지기를 설치할 것
   (2) 감지기의 신호처리 방식 제3조의2(유, 무선 방식)에 따를 것
4) 창고시설에서 발화한 때에는 전 층에 경보를 발해야 한다.
5) 자동화재탐지설비에는 그 설비에 대한 감시상태를 60분간 지속한 후 유효하게 30분 이상 경보할 수 있는 비상전원으로서 축전지설비 또는 전기저장장치를 설치해야 한다. 다만 상용전원이 축전지설비인 경우에는 그렇지 않다.

7 유도등

1) 피난구유도등과 거실통로유도등은 대형으로 설치해야 한다.
2) 피난유도선 : 연면적 1만 5천 m² 이상인 창고시설의 지하층 및 무창층
   (1) 광원점등방식으로 바닥으로부터 1미터 이하의 높이에 설치할 것
   (2) 각 층 직통계단 출입구로부터 건물 내부 벽면으로 10 m 이상 설치할 것
   (3) 화재 시 점등되며 비상전원 30분 이상을 확보할 것
   (4) 적합한 피난유도선 설치할 것

8 소화수조 및 저수조

저수량은 특정소방대상물의 연면적을 5,000 m²로 나누어 얻은 수(소수점 이하의 수는 1)에 20 m³를 곱한 양 이상

터널화재

1 개 요

1) 터널화재 시 터널 내부는 외부와의 통로가 한정되고, 고립된 공간특성을 가지기 때문에 화재로부터 발생하는 연기와 열은 터널 이용자와 구조물의 안전에 심각한 문제를 발생한다.
2) 특히 요즘 많이 건설된 장대터널의 경우 화재 발생 시 큰 피해가 예상된다.

2 터널화재의 특성

공간적 특성	• 제한된 공간으로 인하여 대류와 복사열로 화재지점이 1,000℃ 이상의 고열 • 피난 및 화재진압의 어려움, 터널구조물에 막대한 손상을 유발할 수 있다.
지리적 특성	• 국내는 산악지형이 많아 터널의 시공이 증가하고 장대화되고 있으며 대부분 산악에 위치하여 도심과는 지리적으로 원거리에 위치한다.
구조적 특성	• 터널은 양쪽의 출구로 이어지는 선형 구조물로 구성되어 있어 인명구조와 화재진압을 위한 차량이 현장까지 진입이 어렵다.
연소 특성	• 축열효과에 의한 높은 온도, 낮은 시계와 함께 유독가스를 대량 방출한다. • 고열의 연기, 독성가스가 빠르게 전파한다. • 화재의 발생지점, 운행되는 교통수단의 종류에 따라 화재의 성상과 인명대피, 화재진압 등에서 차이를 보인다.

3 화재 시 문제점

1) 화재 시 연기확산이 매우 빠르고, 질식 우려가 크고 피난장애가 발생되기 쉽다.
2) 터널 내부가 어두워서 심리적 공포가 유발된다.
3) 소방시설의 자동차 매연에 의한 유지관리 불량으로 미동작 우려가 크다.
4) 차량의 막힘으로 연쇄적인 화재확대 가능성이 크다.
5) 장대터널의 경우 피난동선이 매우 길어 노약자 등의 피난이 어렵다.
6) 열의 축적으로 인한 터널 붕괴의 위험이 있다.

4 일반적 대책

1) 제연설비
2) 비상대피소(외부와 통할 것) 및 피난통로 확보
3) 단방향 통행
4) 정기적이고 통합된 훈련
5) 비상통보체계 확립
6) 연기속에서 작업 가능한 특수장비 보강
7) CCTV 등을 설치 24시간 감시
8) 운전 안전교육 시 소방 교육 실시
9) 교통 통제, 중장비, 구급 지원 등 관계기관의 협조 체계

5 법정 소방설비

종류	방재설비의 종류	적용대상	설치기준
소화설비	소화기	1,000 m 이상	50 m 간격 (3단위 × 2개)
	옥내소화전 설비		주행차로 측벽, 50 m 편도 2차선, 왕복 4차선 엇갈리게 일제방수구역 50 m
	물분무소화설비		
경보설비	자동화재 탐지설비	1,000 m 이상	경계구역 100 m 이내
	정보표지판	1,000 m 이상	400 m 간격 설치
	CCTV	1,000 m 이상	200~400 m 간격 설치
	라디오 재방송	200 m 이상	200 m 간격 설치
	비상전화	500 m 이상	50 m 간격 시각경보기
	비상경보설비	500 m 이상	동조기 설치
피난설비	유도 표지판	1,000 m 이상	
	비상조명설비	500 m 이상	10 lx (60분 이상)
	피난연락 갱	1,000 m 이상	750 m 간격
	피난대피소	1,000 m 이상	
소화활동 설비	제연설비	1,000 m 이상	20 MW, 80 m³/s
	연결송수관설비		50 m 간격
	무선통신보조설비	500 m 이상	무통 접속단자 300 m
	비상콘센트 설비	500 m 이상	50 m 간격

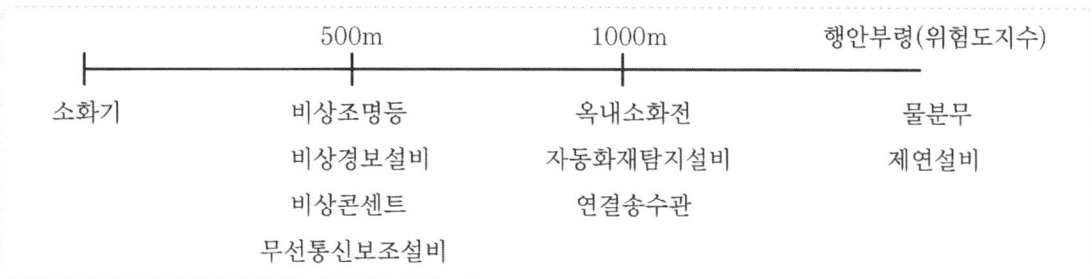

6 향후 터널의 안정성을 확보하기 위한 조치

1) 터널에서 발생할 수 있는 화재의 크기를 결정하고 시스템이 설정되어야 한다.

승용차	다중차량	버스	화물트럭	위험물 탱크로리
5~10 MW	10~20 MW	20~30 MW	70~200 MW	200~300 MW

2) 터널의 제연설비는 실물화재 또는 축소모델링을 통하여 안전성을 확인하거나 다양한 수치해석을 활용하여 적정한 설계가 이루어지도록 해야 한다.
3) 피난로의 설치와 임시대피소를 설치하고 신선한 공기를 공급하는 방식
4) 기존의 터널 등은 성능개선을 통하여 소방시설 보강

7 터널등급 구분

터널길이 및 교통량 등 터널의 제반 위험인자를 고려한 위험도 지수 등급으로 구분한다.

등급	일반도로터널 및 소형차전용터널	방음터널	위험도 지수
1	$L \geq 3000m$	$L \geq 3000m$	$X > 29$
2	$1000 \leq L < 3000m$	$1000 \leq L < 3000m$	$19 < X \leq 29$
3	$500 \leq L < 1000m$	$250 \leq L < 1000m$	$14 < X \leq 19$
4	$L < 500$	$L < 250$	$X \leq 14$

8 터널 방재등급별 적용대상

구분		1등급	2등급	3등급	4등급	비 고
소화설비	소화기구	●	●	●	●	
	옥내소화전설비	●	●			
	물분무설비	○				
경보설비	비상경보설비	●	●	●		
	자동화재탐지설비	●	●			
	비상방송설비	○	○	○		
	긴급전화	○	○	○		
	CCTV	○	○	△		
	영상감지설비	△	△	△		
	라디오재방송설비	○	○	○	△	△ : 200m 이상 4등급 터널
	정보표시판	○	○			
	진입차단설비	○	○			
피난대피설비 및 시설	비상조명등	●	●	●	△	△ : 200m 이상 4등급 터널
	유도표지등	○	○	○		
	피난대피시설 - 피난연결통로	●	●	●		
	피난대피시설 - 피난대피터널(1)	○	△			
	피난대피시설 - 피난대피소(1)	○	△			
	피난대피시설 - 비상주차대	○	○			
소화활동설비	제연설비	○	○			
	무선통신보조설비	●	●	●	△(2)	
	연결송수관설비	●	●			
	비상콘센트설비	●	●	●		
비상전원설비	무정전전원설비	●	●	●	△(3)	
	비상발전설비	●	●			

● 기본시설 : 연장기준등급에 의함   ○ 기본시설 : 위험도지수기준등급에 의함
△ 권장시설 : 설치의 필요성 검토에 의함
(1) 피난연결통로의 설치가 불가능한 터널에 설치
(2) 4등급 터널의 경우 라디오재방송설비가 설치되는 경우에 병용하여 설치함
(3) 4등급 터널은 방재시설이 설치되는 경우에 시설별로 설치함

도로터널 화재안전기준

1 소화기

1) 능력단위

구 분	A급화재	B급화재	C급화재
능력단위	3단위 이상	5단위 이상	적응성이 있는 것

2) 총 중량 : 사용 및 운반이 편리성을 고려하여 7 kg 이하로 할 것
3) 설치개수
   (1) 주행차로의 우측 측벽에 50 m 이내의 간격으로 2개 이상을 설치
   (2) 편도 2차선 이상의 양방향 터널과 4차로 이상의 단방향 터널의 경우에는 양쪽 측벽에 각각 50 m 이내의 간격으로 엇갈리게 2개 이상을 설치
4) 설치개수 : 바닥면(차로 또는 보행로)으로부터 1.5 m 이하의 높이에 설치
5) 표지판 : 소화기구함의 상부에 "소화기"라고 조명식 또는 반사식의 표지판을 부착

2 옥내소화전설비

구 분	설치기준
설치개수	• 소화전함과 방수구는 주행차로 우측 측벽을 따라 50 m 이내의 간격으로 설치하며 • 편도 2차선 이상의 양방향 터널이나 4차로 이상의 단방향 터널의 경우에는 양쪽 측벽에 각각 50 m 이내의 간격으로 엇갈리게 설치할 것
수원량	• 옥내소화전의 설치개수 2개(4차로 이상의 터널의 경우 3개)를 동시에 40분 이상 사용
가압송수장치	• 소화전 2개(4차로 이상 3개), 방수압력은 0.35 MPa 이상, 방수량은 190 lpm 이상 • 펌프를 이용하는 가압송수장치는 주펌프와 동등 이상인 별도의 예비펌프를 설치할 것
방수구	• 방수구는 40 mm 구경의 단구형, 바닥면으로부터 1.5 m 이하의 높이에 설치할 것 • 소화전함에는 방수구 1개, 15 m 이상의 소방호스 3본 이상 및 방수노즐을 비치
비상전원	• 40분 이상

3 물분무소화설비

1) 방수량 : 물분무헤드는 도로면에 6 lpm/m^2 이상의 수량을 균일하게 방수할 수 있도록 할 것
2) 수원량 : 방수구역은 25 m 이상으로 하며, 3개 방수구역을 동시에 40분 이상 방수
3) 비상전원 : 40분 이상

4 비상경보설비

1) 발신기
   (1) 주행차로 한쪽 측벽에 50 m 이내의 간격으로 바닥면으로부터 0.8~1.5 m 이하에 설치
   (2) 편도 2차선 이상의 양방향 터널이나 4차로 이상의 단방향 터널의 경우에는 양쪽의 측벽에 각각 50 m 이내의 간격으로 엇갈리게 설치할 것

2) 음향장치
    (1) 발신기 설치위치와 동일하게 설치
    (2) 음량은 음향장치의 중심으로부터 1 m 떨어진 위치에서 90 dB 이상
    (3) 음향장치는 터널내부 전체에 동시에 경보를 발하도록 설치
3) 시각경보기 : 주행차로 한쪽 측벽에 50 m 이내의 간격으로 비상경보설비 상부 직근에 설치하고, 전체 시각경보기는 동기방식에 의해 작동

5 자동화재탐지설비

1) 터널에 설치할 수 있는 감지기
    (1) 차동식분포형 감지기
    (2) 정온식감지선형 감지기 (아날로그식에 한한다)
    (3) 중앙기술심의위원회의 심의를 거쳐 터널화재에 적응성이 있다고 인정된 감지기
2) 경계구역 : 하나의 길이는 100 m 이하
3) 감지기의 설치기준
    (1) 감지기의 감열부와 감열부 사이의 이격거리는 10 m 이하로, 감지기와 터널 좌·우측 벽면과의 이격거리는 6.5 m 이하로 설치
    (2) 터널 천장의 구조가 아치형의 터널에 감지기를 터널 진행방향으로 설치하고자 하는 경우

설치 열	설치기준
1열로 감지기 설치	• 감열부와 감열부 사이의 이격거리를 10 m 이하 • 아치형 천장의 중앙 최상부에 설치
2열로 감지기 설치	• 감열부와 감열부 사이의 이격거리는 10 m 이하 • 감지기 간의 이격거리는 6.5 m 이하로 설치할 것

    (3) 감지기를 천장면에 설치하는 경우에는 감지기가 천장면에 밀착되지 않도록 고정금구 등을 사용하여 설치할 것
    (4) 형식승인 내용에 설치방법이 규정된 경우에는 형식승인 내용에 따라 설치
    (5) 감지기의 작동에 의하여 다른 소방시설 등이 연동되는 경우로서 해당 소방시설 등의 작동을 위한 정확한 발화위치를 확인할 필요가 있는 경우에는 경계구역의 길이가 해당 설비의 방호구역 등에 포함되도록 설치
4) 발신기 및 지구음향장치 : 비상경보설비 준용

6 비상조명등

1) 터널안의 차도 및 보도의 바닥면의 조도는 10 lx 이상, 그 외 모든 지점의 조도는 1 lx 이상
2) 비상조명등은 상용전원이 차단되는 경우 자동으로 비상전원으로 60분 이상 점등되도록 설치
3) 비상조명등에 내장된 예비전원이나 축전지설비는 상용전원의 공급에 의하여 상시 충전상태를 유지할 수 있도록 설치할 것

7 제연설비

1) 설계화재
   (1) 설계화재강도 20 MW를 기준, 연기발생률은 80 m³/s로 하며 배출량은 발생된 연기와 혼합된 공기를 충분히 배출할 수 있는 용량 이상을 확보할 것
   (2) 화재강도가 설계화재강도보다 높을 것으로 예상될 경우 위험도 분석을 통하여 설계화재강도 설정

2) 설치기준
   (1) 종류환기방식의 경우 제트팬의 소손을 고려하여 예비용 제트팬을 설치
   (2) 횡류환기방식(또는 반횡류환기방식) 및 대배기구 방식의 배연용 팬은 덕트의 길이에 따라서 노출 온도가 달라질 수 있으므로 수치해석 등을 통해서 내열온도 등을 검토한 후에 적용하도록 할 것
   (3) 대배기구의 개폐용 전동모터는 정전 등 전원이 차단되는 경우에도 조작상태를 유지할 수 있도록 할 것
   (4) 화재에 노출이 우려되는 제연설비와 전원공급선 및 제트팬 사이의 전원공급장치 등은 250 ℃의 온도에서 60분 이상 운전상태를 유지할 수 있도록 할 것

3) 제연설비의 가동
   (1) 화재감지기가 동작되는 경우
   (2) 발신기의 스위치 조작 또는 자동소화설비의 기동장치를 동작시키는 경우
   (3) 화재수신기 또는 감시제어반의 수동조작스위치를 동작시키는 경우

4) 비상전원 : 60분 이상 작동

8 연결송수관설비

1) 방수압력은 0.35 MPa 이상, 방수량은 400 lpm 이상을 유지
2) 방수구는 50 m 이내의 간격으로 옥내소화전함에 병설하거나 독립적으로 터널출입구 부근과 피난연결통로에 설치할 것
3) 방수기구함은 50 m 이내의 간격으로 옥내소화전함 안에 설치하거나 독립적으로 설치하고, 하나의 방수기구함에는 65 mm 방수노즐 1개와 15 m 이상의 호스 3본을 설치하도록 할 것

9 무선통신보조설비

1) 무전기 접속단자는 방재실과 터널의 입구 및 출구, 피난연결통로에 설치
2) 라디오 재방송설비가 설치되는 터널의 경우에는 무선통신보조설비와 겸용으로 설치할 수 있다.

10 비상콘센트설비

1) 전원회로는 단상교류 220 V인 것으로서 그 공급용량은 1.5 KVA 이상인 것으로 할 것
2) 전원회로는 주배전반에서 전용회로로 할 것. 다만 다른 설비의 회로의 사고에 따른 영향을 받지 아니하도록 되어 있는 것은 그러하지 아니하다.
3) 콘센트마다 배선용 차단기를 설치하여야 하며, 충전부가 노출되지 아니하도록 할 것
4) 주행차로의 우측 측벽에 50 m 이내의 간격으로 0.8~1.5 m의 높이에 설치할 것

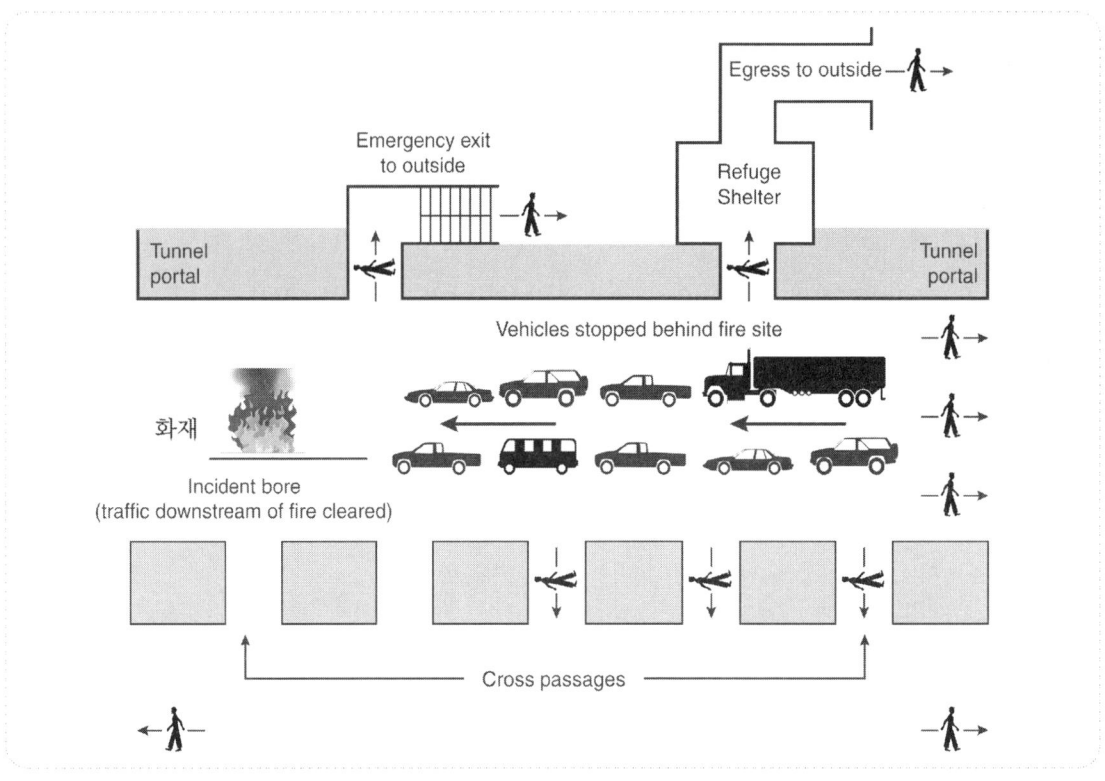

구분	횡류식 (또는 반횡류식)	종류식
연기의 제어개념	• 연기를 배연(Exhaust Smoke)하는 방식	• 화재지역으로부터 단방향으로 연기 및 열기류를 제어(Smoke Control)하는 방식
환기팬의 운전 제어	• 급기 반횡류식의 경우 화재 시 배연모드로 전환하기 위한 대기시간과 역전운전 후에 정상 가동에 필요한 시간지연이 길다.	• 일반적으로 30초에서 1분 이내에 제트팬 정상 운전 속도에 도달하지만, 터널 내 풍속이 정상 상태에 도달하기 위해서 시간지연이 필요하다.
통행 방식에 따른 적용	• 일방통행 터널의 경우에는 차량의 운행에 의해서 발생하는 피스톤 효과에 의한 풍속이 상시 존재하므로 열기류의 방향성 제어가 곤란하며, 대면 통행터널에 대한 적용성이 우수하다.	• 일방통행터널에 대한 적용성이 우수하다. • 교통정체 시에는 연기가 화재 하류 지역의 차량이나 피난자를 덮칠 수 있다.
용량 산정	• 연기발생량 및 연기의 확산을 억제할 수 있도록 최소한의 배연풍속을 얻기 위한 풍량에 의해서 배연량을 결정한다.	• 연기의 역류를 억제하기 위한 임계풍속을 유지할 수 있도록 제트팬 설치 대수를 결정한다.
성능향상을 위한 방안	• 대배기구방식에 의해서 화재지점에서 집중적으로 연기를 배기 • 제어의 정확성이 요구된다.	• 일정간격으로 수직갱 또는 배연용 덕트를 설치하여 구간배연을 통해 연기의 배기능력을 증대할 필요가 있다.
비상전원	• 배기 또는 급기 목적의 대형 축류팬은 비상전원시설에 의한 가동이 가능하나 발전실 규모와 용량이 증대한다.	• 제트팬은 비상발전기에 의해서 가동되도록 설치하고 있어, 정전 등의 비상시 제연이 가능하다.

터널 제연설비 1

1 도로터널의 화재안전기준 (NFTC 603)

종류환기방식	• 터널 안의 배기가스와 연기 등을 배출하는 환기설비로서 기류를 종방향 (출입구 방향)으로 흐르게 하여 환기하는 방식
횡류환기방식	• 터널 안의 배기가스와 연기 등을 배출하는 환기설비로서 기류를 횡방향 (바닥에서 천장)으로 흐르게 하여 환기하는 방식
대배기구방식	• 횡류환기방식의 일종으로 배기구에 개방/폐쇄가 가능한 전동댐퍼를 설치하여 화재 시 화재지점 부근의 배기구를 개방하여 집중적으로 배연할 수 있는 제연방식
반횡류환기방식	• 터널 안의 배기가스와 연기 등을 배출하는 환기설비로서 터널에 수직배기구를 설치해서 횡방향과 종방향으로 기류를 흐르게 하여 환기하는 방식

1) 종류환기방식의 경우 제트팬의 소손을 고려하여 예비용 제트팬을 설치
2) 횡류환기방식 (또는 반횡류 환기방식) 및 대배기구 방식의 배연용 팬은 덕트의 길이에 따라서 노출온도가 달라질 수 있으므로 수치해석 등을 통해서 내열온도 등을 검토한 후에 적용하도록 할 것
3) 대배기구의 개폐용 전동모터는 정전 등 전원이 차단되는 경우에도 조작상태를 유지할 수 있도록 할 것
4) 화재에 노출이 우려되는 제연설비와 전원공급선 및 제트팬 사이의 전원공급장치 등은 250℃의 온도에서 60분 이상 운전상태를 유지할 수 있도록 할 것

2 도로터널 방재시설 설치 및 관리지침

횡류환기방식	• 터널에 설치된 급배기 덕트를 통해서 급기와 배기를 동시에 수행하는 방식으로 평상시에는 신선공기를 급기하고 차량에서 배출되는 오염된 공기를 배기하며, 화재 시에는 화재로 인해 발생하는 연기를 배기하는 방식
대배기구방식	• 횡류환기방식의 일종으로 배기구에 개방/폐쇄가 가능한 전동댐퍼를 설치하여 화재 시 화재지점 부근의 배기구를 개방하여 집중적으로 배연할 수 있는 제연방식
반횡류방식	• 터널에 급기 또는 배기덕트를 설치하여 급기 또는 배기만을 수행하는 환기방식
종류환기방식	• 터널입구 또는 수직갱, 사갱 등으로부터 신선공기를 유입하여 종방향 기류를 형성하여 터널 출구 또는 수직갱, 사갱 등으로 오염된 공기 또는 화재 연기를 배출

1) 터널화재 발생 시 연기의 이동방향을 제어하거나 화재지역에서 연기를 배연하여 대피환경을 확보하고, 피난활동 및 소화활동을 용이하게 하고, 소화 후에 터널 내의 연기를 터널 외부로 강제적으로 배출하기 위한 설비이다.
2) 제연 (制煙, Smoke Control)을 목적으로 하는 경우
   종류식의 화재 시 대응개념으로 화재지점으로부터 피난자가 없는 지역으로 기류를 형성하여, 연기의 방향을 피난 반대방향으로 제어함으로서 대피자의 안전을 확보
3) 배연 (排煙, Smoke Exhaust)을 목적으로 하는 경우
   횡류 또는 반횡류식의 화재 시 대응개념으로 덕트를 통해서 연기를 화재지역으로부터 배기하여 안전을 확보할 수 있도록 한다.
4) 기계환기를 수행하는 터널에서는 환기설비를 제연설비로 병용한다. 따라서 환기설비계획 시 제연을 위한 용량을 고려하여 계획한다.

터널 제연설비 2

1 개 요

1) 반 밀폐 구조로 인하여 화재 시 제연에 많은 어려움이 있으며, 고온의 유독성 연기로 인하여 호흡과 시야의 장애 및 심리적인 공포감으로 대형 재해 우려가 있다.
2) 터널 제연 방식은 크게 연기를 배기(신선한 공기 급기)하는 방식과 기류를 이용하여 피난 방향으로의 연기 유동을 막는 방법 2가지가 있다.
3) 터널에서 화재 등 재난이 발생할 경우 효과적으로 연기를 배출할 수 있도록 터널길이, 통행량 등을 고려하여 제연설비를 설치하여야 한다.

2 종류식 (Longitudinal)

1) 터널 천장에 제트팬 등을 설치하여 차량 진행방향으로 기류(Air Flow)를 형성시켜 피난 방향으로의 연기 유동을 막는 방식이다.

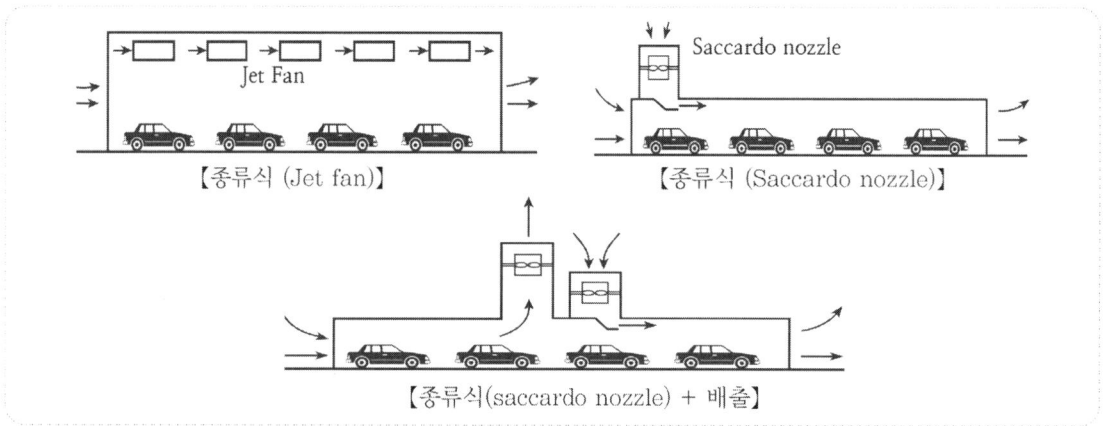

【종류식 (Jet fan)】   【종류식 (Saccardo nozzle)】

【종류식(saccardo nozzle) + 배출】

2) 횡류식에 비하여 설치가 간단하여 경제적이다.
3) 임계속도
   (1) 연기가 피난자의 대피 방향으로 역류(Back Layering)하지 않도록 하는 속도
   (2) 화재 시 열기류의 역류현상을 억제하기 위한 최소풍속
   (3) 터널의 경사도를 고려하여야 한다. (K_g : Grade Factor)
   (4) 열방출률, 터널 길이, 폭 등을 고려하여 계산

$$v_c = K_1 \cdot K_g \left(\frac{g \cdot H \cdot Q}{\rho \cdot C_p \cdot A \cdot T_f} \right)^{\frac{1}{3}}$$

A : 터널 단면적 C_p : 비열 ρ : 공기 밀도
H : 터널 높이 K_1 : 0.606 T_f : 연기 온도(K)
K_g : Grade Factor Q : 열방출율(MW)

$$v = 0.292 \, K_g \left(\frac{Q}{w} \right)^{\frac{1}{3}}$$

v : 임계속도 Q : 열방출률(kW)
w : 터널 폭 K_g : Grade Factor

4) 화재하중이 동일한 경우 터널의 높이가 낮고, 면적이 클수록 임계속도는 작아지며, 터널의 단면구조가 동일한 경우에는 화재하중이 작을수록 임계속도가 작아진다.

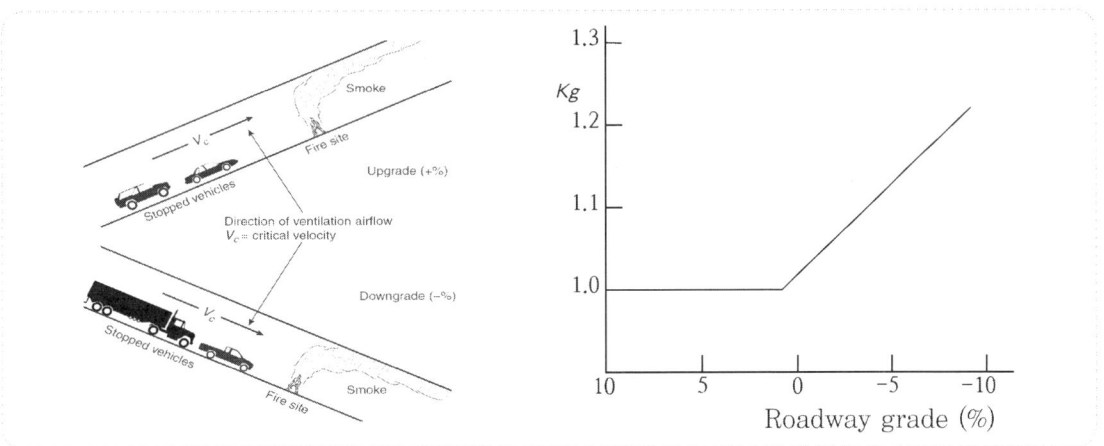

5) 열방출률과 임계속도/Jet Fan 수

화재의 크기가 증가할수록 제트팬 수는 증가하지만 임계속도는 일정 화재 크기 (20 MW) 이상에서는 일정하다.

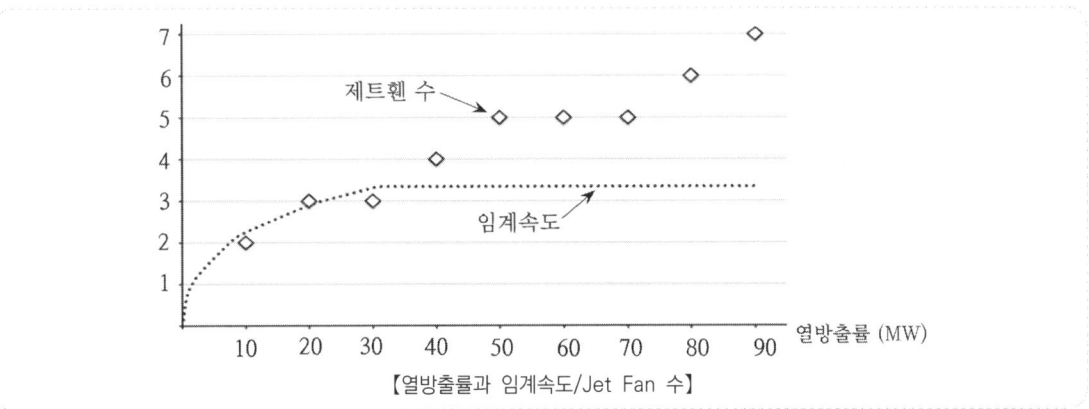

【열방출률과 임계속도/Jet Fan 수】

6) 단 점

(1) 임계속도 계산의 어려움

느리면 연기가 역류(Back Layering), 빠르면 아래쪽 연기가 역류할 수 있다.

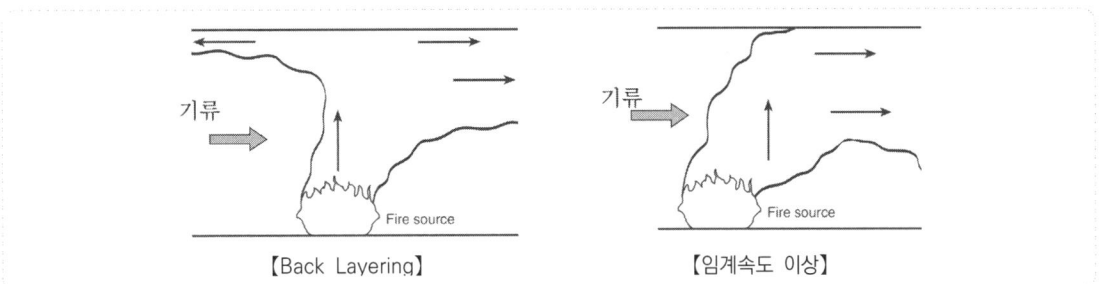

(2) 외기의 영향을 많이 받는다. : 터널 내 바람의 방향이 역풍이 부는 경우 연기제어가 어렵다.

(3) 연기를 차량 이동 방향으로 보내므로 정체 시 위험하므로 단방향 터널에만 적용

3 횡류식 (Transverse)

1) 연기를 배기하면서 동시에 급기하여 청결층을 유지하는 제연 방식이다.
2) 긴 양방향 터널과 교통량이 많아 정체가 예상되는 장대터널에 적합하다.
3) 연기발생률은 80 m³/s ⇒ 배출량은 연기발생량 이상
4) 장 점
   (1) 종류식에 비하여 배연이 용이하다.
   (2) 양방향 터널에 적용 가능하다.
   (3) 외기의 영향이 적다.
5) 단점 : 급·배기 설비 등 설비비가 많이 든다.
6) 터널 전체에서 급배기 하는 것이 아니라 일부분에서 급배기하는 시퀀스 필요하다.

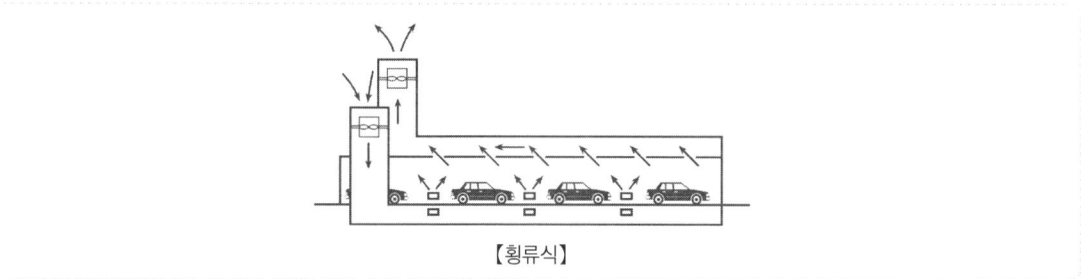

【횡류식】

7) 반횡류식 : 터널에 급기 또는 배기덕트를 시설하여 급기 또는 배기만을 수행하는 환기방식

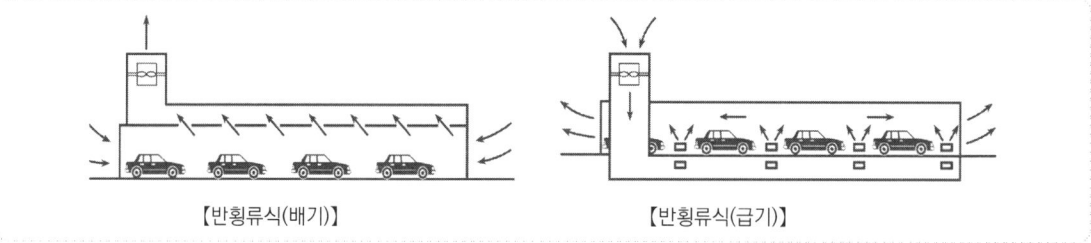

【반횡류식(배기)】 　　　　　【반횡류식(급기)】

4 고려사항

1) 제연설비와 자동소화설비와의 관계
2) 화재 시 진입 금지 표시
3) 제연설비 설계 시 기준에 교통량 고려
4) CFD, 축소 모델링(Fr)이 필요하다.

5 결 론

1) 일반적으로 횡류식의 경우 배연은 용이하나 연기 흐름을 제어하는 능력이 떨어지며, 종류식은 제어 능력은 우수하나 배연 능력은 떨어진다.
2) 적절한 화재 시나리오에 따른 최적의 제연설비 설계 및 설치는 인명안전 및 구조물 보호에 매우 중요한 요소이다.

도로터널 정량적 위험성평가 1

1 개요 (국토교통부예규 : 도로터널 방재시설 설치 및 관리지침)

1) 정량적 위험성평가는 도로터널의 위험성을 정량적으로 분석하고 수치화함으로서 방재시설의 설치 또는 적정성 여부를 판단하기 위한 기준을 제시하여 도로터널의 방재시설에 대한 성능설계를 수행하기 위한 자료로 활용함을 목적으로 한다.
2) 도로터널의 위험성평가는 시나리오별 사상자수 및 누적 빈도에 대한 분석을 수행하여 사상자-누적 빈도선도(F-N Curve)를 그래프화하여 이를 사회적 위험도(Societal Risk) 기준과 비교함으로서 방재시설의 규모나 적정성 여부를 판단한다.

2 정량적 위험성평가 대상

1) 터널방재설비의 성능위주설계 시
2) 예외적인 터널에 대하여 개별 방재시설을 계획하는 경우
3) 터널 방재등급이 연장등급보다 1단계 하위등급을 적용하는 경우
4) 터널연장이 1,200 m 이하의 터널에서 피난 연결통로를 300 m로 계획하는 경우
5) 터널 중 격벽분리형 피난 대피통로를 계획할 경우
6) 대면통행 터널 및 정체빈도가 높을 것으로 예상되는 일방통행 터널에 종류식을 적용하는 경우
7) 터널에 제연설비를 설치하여야 하는 우선순위 결정 시
8) 터널에 제연보조설비를 설치하는 경우

3 정량적 위험성평가(Risk Assessment) 절차

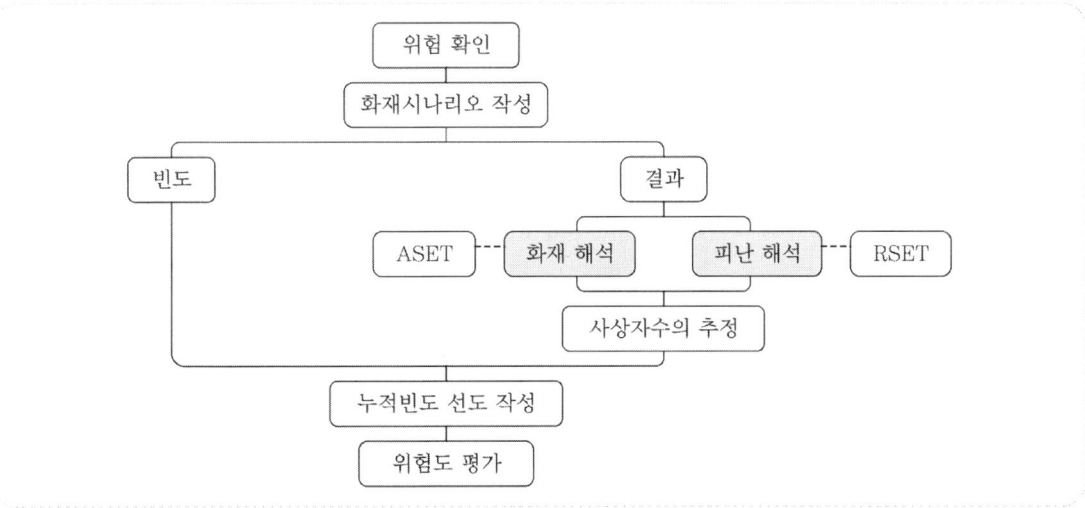

1) 화재사고 시나리오의 작성
2) 화재해석
3) 대피해석
4) 사상자수의 추정

5) 사상자수에 따른 누적빈도 선도 작성

6) 사회적 위험성평가 기준에 의한 위험성평가

4 터널화재 위험도 평가를 위한 검토 요소

1) 터널 화재시나리오

   (1) 터널에서 일반사고 및 화재사고 발생률 데이터

   (2) 차종별 화재강도기준

   (3) 화재사고 결과의 경중 및 인접차량으로의 화재의 전파 및 이에 대한 통계데이터

   (4) 화재발생 시 교통조건에 따라서 환기기기의 운전이 상이하므로 화재발생 전 교통조건(정상주행 상태와 정체상태)을 평가하기 위한 기법

   (5) 제연시설의 설치 여부 및 제연 성공 여부

   (6) 자연풍에 의한 터널 내 풍속조건

2) 화재 시 터널 내 유해물질 농도평가

   (1) 화재 시 터널 내 온도 분포, 복사열의 강도, 유해가스 농도, 가시거리를 해석하기 위한 모델

   (2) 각 유해요소가 인체에 미치는 영향에 대한 정량적 기준

3) 피난 시뮬레이션

   (1) 화재 시 피난자의 위치 및 피난시간을 파악하기 위한 피난시뮬레이션 기법 및 프로그램

   (2) 초기 피난시간 설정을 위한 피난자의 피난특성에 대한 자료

   (3) 수용밀도, 전방의 피난자와의 거리, 연기농도 등을 반영하는 피난속도 평가 모델

4) 시나리오별 사상자수의 추정 방법

   (1) 유해요소가 피난자에게 미치는 영향에 대한 기준 정립

   (2) 유해요소에 노출되는 정도를 정량적으로 평가하기 위한 기법

   (3) 사상자수의 평가방법(사상자로 판정하기 위한 평가기준)

5) 사회적 위험도 평가 기준

   (1) 누적빈도(F)- 사상자(N)에 대한 평가 기준

   (2) 터널 사고에 대한 사회적 위험도(Societal Risk) 평가기준

도로터널 정량적 위험성평가 2

1 화재 시나리오 작성 기준

1) 건축 특성 : 터널길이, 피난구 간격 등

2) 연소특성

   (1) 승용차의 화재강도는 5 MW로 산정함을 원칙으로 하며, 단독화재 및 2대 연속화재로 구분하여 시나리오를 구성할 수 있다.

(2) 버스 및 화물차량은 화재강도(20, 30, 100 MW)별로 재분류하며 화재확대 확률을 고려하여 시나리오를 작성한다.

① 20 MW : 버스(소형 + 대형) + 소형트럭

② 30 MW : 트럭중형 + 트럭(대형 + 특수) × (1 - 탱크롤리 및 위험물 수송차량 구성비)

③ 100 MW : 트럭(대형 + 특수) × 탱크롤리 및 위험물 수송차량 구성비

④ 탱크롤리 및 위험물 차량의 구성비는 5 %

3) 재실자 특성

(1) 수용밀도

(2) 이동능력

2 화재해석

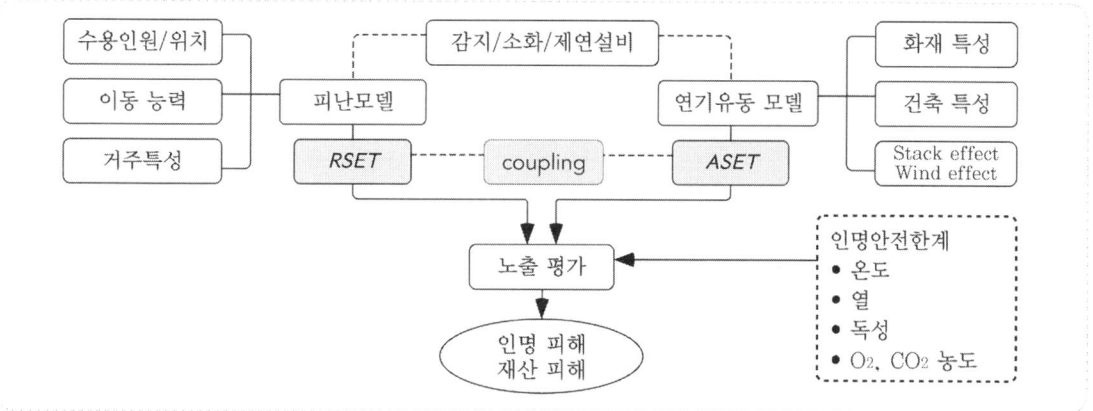

1) 시나리오별 화재해석 결과는 사상자수 추정에 영향을 미치므로 기술적·통계적인 방법에 의해서 신뢰성을 확보한 기술자료를 적용한다.

2) 화재해석의 핵심은 연기유동이다.

3) 화재해석은 온도 및 연소생성물에 대해서 수행하며, 연소로 인해 발생되는 유해가스의 종류는 위험성 평가의 신뢰성을 확보할 수 있도록 연소이론에 근거하여 정한다.

4) 화재강도에 따른 연소생성물의 발생량은 화재해석 툴에 따라서 상이한 입력 데이터를 요구할 수 있으므로 일반적으로 제시되는 값을 변환하여 사용할 수 있다.

③ 대피해석

1) 대피시간 = 피난지연시간 + 이동시간
2) 피난지연시간
   (1) 감지시간 + 반응결정시간
   (2) 감지시간 및 반응결정시간은 터널에 설치되는 감지기 및 경보설비의 성능 또는 신속성을 반영하여 결정할 수 있다.
3) 이동시간
   (1) 대피자 간 거리에 따른 이동속도
   (2) 밀도에 따른 이동속도

밀도	피난 속도
0.55인/m^2 이하	$S = 0.85\,k$
0.55인/m^2 이상	$S = k - 0.266 \cdot k \cdot D$

   복도, 통로, 경사로, 출입구의 경우 $k = 1.4$

   (3) 가시도에 따른 이동속도

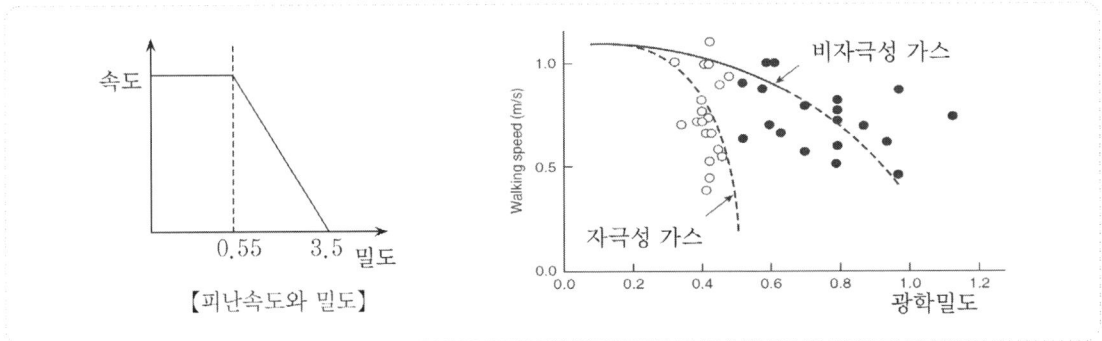

【피난속도와 밀도】

④ 사상자수 추정

1) 유효흡입분율(FED)
   $$FED = F_{CO} \times V_{CO_2} + F_{CO_2} + F_{O_2} + F_{heat} + F_{rad}$$
2) 판단
   (1) $FED \geq 0.3$: 사상자
   (2) $FED < 0.3$: 경상자

⑤ 사회적 위험성평가 기준

1) 추정 사상자수 - 사고 발생빈도(F/N 선도)
2) 위험도 평가 기준
   (1) Unacceptable 영역 : 사회적으로 위험수준을 받아들일 수 없는 영역
   (2) Acceptable 영역 : 사회적으로 위험수준을 받아들일 수 있는 영역
   (3) ALARP 영역 : 경제성을 고려하여 적극적으로 위험수준을 최대한 낮춰야 하는 영역

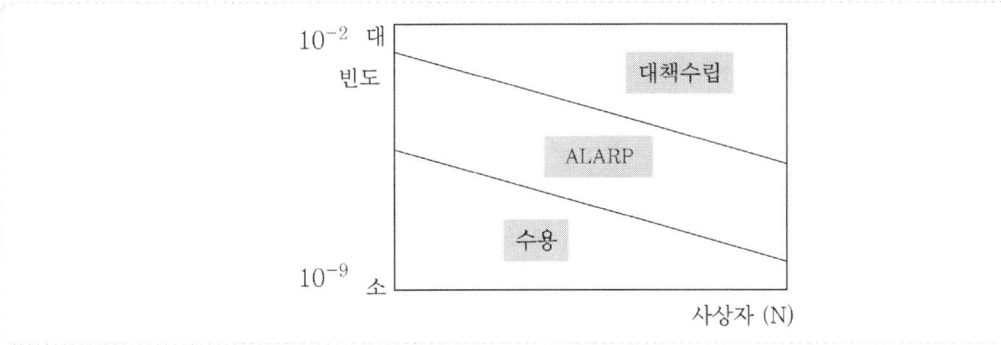

6 결론

1) 터널의 안전성 확보를 위한 정량적 위험성평가 시 해당 터널의 조건에 맞는 화재시나리오의 작성과 피난 시뮬레이션 및 FED 계산모델의 적정한 분석이 필요하다.
2) 정량적 위험성평가는 단순히 위험도에 대한 내용을 수치로 나타낸 것이 아닌 안전을 평가한다는 점에서 보다 정확하고 심도 있는 연구가 필요하며 지속적인 통계자료의 정량화와 다양한 시나리오 분석이 필요하다.

Annex

📁 원격제어살수설비

1. 원격제어살수설비는 소형차 전용터널 및 방음터널에서 화재발생 초기에 터널관리자가 원격제어하여 신속하게 화재를 진압하기 위한 소화설비이다.
2. 설치
   (1) 일반터널 : 방재등급 2등급 이상이고, 터널연장이 3000 m 이상인 터널에 권장
   (2) 방음터널 : 방재등급 2등급 이상이고, 터널연장이 1000 m 이상, 3000 m 미만인 터널에 권장
3. 기기사양
   (1) 방수압 : 0.35 MPa 이상,
   (2) 방수량 : 190 lpm 이상
4. 수원
   (1) 기준개수 2개
   (2) 방수시간 40분 이상
   (3) 수원은 전용으로 설치하며, 옥내소화전 수원과 병영 가능

터널 소화설비

1 개 요
터널에서 발생하는 화재는 다른 차량들을 발화시켜 터널구조 및 인명안전에 큰 위험이 된다. 따라서 소화 및 연소확대 방지대책이 요구된다.

2 목 적
1) 연소확대(화재 전파) 방지
2) 인명보호
3) 구조물 안정성(내화 성능 확보)

3 화재확산 메커니즘
1) 근거리 차량은 화염에 직접 닿아서
2) 원거리 차량은 열기류에 의하여
3) 가솔린 등의 액체 유동에 의한 전파
4) 아스팔트에 의한 전파

4 적용설비
1) 스프링클러설비
   (1) 많은 양의 저수량 및 배수시설의 필요
   (2) 유출 유류화재 시 연소면 확대 우려
2) 포소화설비
   (1) Spill Fire 시 적응성이 있다.
   (2) 합성계면 활성제포를 이용한(3차원 소화) 고팽창포. 단, 고팽창포 적용 시 피난에 악영향 우려
3) 물분무
   현재 우리나라에서 주로 적용하는 시스템, 방수밀도 $6\,\ell pm/m^2$, 40분
4) Water Mist
   (1) 현재 터널에 적용한 사례는 거의 없지만 활발한 연구가 진행
   (2) 효과
      ① 기상 냉각 및 질식
      ② 가연물을 미리 적심
      ③ 복사열 차단
   (3) 적용 방식 : TCA와 LA의 중간 형태인 ZA 방식
   (4) 터널 내 기류에 의한 날림 방지가 큰 문제점 ⇒ Class Ⅲ 물입자 필요

노유자 시설 방화대책

1 개 요
노유자시설의 방화계획은 피난을 최소화하여야 하기 때문에 심층화·다중화을 기본으로 하여야 한다.

2 문제점
1) 피난지연시간의 증가

   노유자은 신체적 심리적 능력의 쇠퇴로 화재에 대한 감지, 판단 및 대응능력이 현저히 부족하며 특히 초기화재 대응에 취약하기 때문에 그 위험성이 커진다.

2) 대피 및 구조의 곤란
3) 자기 보호능력의 부족

   화재발생 시 연기에 의한 질식, 화염으로 인한 공포심으로 판단력을 상실하여 자기보호능력이 현저히 떨어진다.

3 노유자시설의 방화대책
1) 노유자시설은 주거, 취사, 의료, 체조, 오락기능이 복합되어 있어 대부분이 공공활동실의 성격을 띠고 있으므로 이러한 시설들은 설계 시 1층 또는 피난층에 두어야 한다.
2) 다중이용장소는 용도분리의 원칙에 따라 거실과는 분리하여 배치해야 한다. 노유자시설의 방화구획 필요성은 일반 건축물에 비해 높으며 비교적 작은 규모로 구획을 해야 한다.
3) 노유자시설의 다중 이용장소는 방화구획을 해야 한다. 화재 위험성이 큰 부분은 더욱 독립적인 방화구획이 필요하다.
4) 거실에서 복도로 나가는 문은 방화문으로 한다.

4 노유자시설의 피난안전 설계
1) 대피경로 설계
   (1) 경사로
   (2) 비상 하강기
   (3) 전용 피난용 승강기

2) 피난공간 설계
   (1) 노유자시설은 설계 시 피난공간을 확보할 것이 특히 필요하며 노유자과 구조대원이 용이하게 접근할 수 있어야 한다.
   (2) 피난공간은 건축물의 정원, 지붕, 발코니형 지붕 등을 활용하는 것이 바람직하다. 이러한 공간은 평상시에는 휴식공간으로 사용되며, 화재 시 피난공간으로 활용할 수 있다.
   (3) 만일 고층건물의 노인시설인 경우 건물 옥상이나 발코니 부분을 피난장소로 이용하는 것 이외에 전용 피난층이나 피난공간을 확보해야 한다.

3) 내화설계 및 내장재의 불연 난연화

5 소방시설

1) 스프링클러 : 바닥면적의 합계가 600 m² 이상인 것은 모든 층

2) 간이스프링클러

대상	적용 기준	비 고
노유자 생활시설	전부	
그 외 노유자시설	바닥면적의 합계가 300~600 m²	
	300 m² 미만	창살이 설치된 시설

3) 자동화재탐지설비

   (1) 노유자 생활시설

   (2) (1)에 해당하지 않는 노유자시설로서 연면적 400 m² 이상인 노유자 시설

4) 자동화재속보설비

5) 시각경보기

6) 피난설비

1-3층	4-10층
• 미끄럼대 • 구조대 • 피난교 • 다수인피난장비 • 승강식피난기	• 구조대 • 피난교 • 다수인피난장비 • 승강식피난기

구조대의 적응성은 장애인 관련 시설로서 주된 사용자 중 스스로 피난이 불가한 자가 있는 경우 추가로 설치하는 경우에 한한다.

6 건축법

1) 직통계단의 설치 : 3층 이상의 층으로서 거실면적 200 m² 이상

2) 방화에 장애가 되는 용도의 제한

   (1) 노유자시설(아동 관련 시설 및 노인복지시설만 해당)과 위락시설, 위험물저장 및 처리시설, 공장 또는 자동차 관련 시설은 같은 건축물에 함께 설치할 수 없다.

   (2) 노유자시설 중 아동관련시설 또는 노인복지시설과 판매시설 중 도매시장 또는 소매시장

3) 대피 공간 등

   (1) 각 층마다 별도로 방화구획된 대피공간

   (2) 거실에 접하여 설치된 노대 등

   (3) 계단을 이용하지 아니하고 건물 외부의 지상으로 통하는 경사로 또는 인접 건축물로 피난할 수 있도록 설치하는 연결복도 또는 연결통로

4) 배연창 : 6층 이상

7 결 론

1) 노유자시설의 재실자는 일반적으로 고령자, 유아 등처럼 동작이나, 감각, 시각, 청각에 상당한 제약을 받게 되며, 일반인에 비해 보행속도와 반응시간이 느린 행동특성이 있다.
2) 따라서 건강한 성인과는 동등한 피난행동을 기대할 수 없으므로 이들의 특성을 충분히 고려한 피난설비 및 피난안전계획이 필요하다.

Annex

📂 노유자시설

1. 노인 관련 시설 : 노인주거복지시설, 노인의료복지시설, 노인여가복지시설, 주·야간보호서비스나 단기보호서비스를 제공하는 재가노인복지시설(「노인장기요양보험법」에 따른 재가장기요양기관을 포함), 노인보호전문기관, 그 밖에 이와 비슷한 것
2. 아동 관련 시설 : 아동복지시설, 어린이집, 유치원(병설유치원은 제외한다),
3. 장애인 관련 시설 : 장애인 거주시설, 장애인 지역사회재활시설(장애인 심부름센터, 한국수어통역센터, 점자도서 및 녹음서 출판시설 등 장애인이 직접 그 시설 자체를 이용하는 것을 주된 목적으로 하지 않는 시설은 제외한다), 장애인 직업재활시설, 그 밖에 이와 비슷한 것
4. 정신질환자 관련 시설 : 정신재활시설, 정신요양시설, 그 밖에 이와 비슷한 것
5. 노숙인 관련 시설 : 노숙인복지시설(노숙인일시보호시설, 노숙인자활시설, 노숙인재활시설, 노숙인요양시설 및 쪽방상담소만 해당한다), 노숙인종합지원센터 및 그 밖에 이와 비슷한 것
6. 사회복지시설 중 결핵환자 또는 한센인 요양시설 등 다른 용도로 분류되지 않는 것

 견본주택

1 개 요

견본주택은 특성상 임시 가건물로 관리가 부실하고 주요 건축구조 부분이 가연재로 구성돼 화재가 발생하면 빠르게 확산돼 대형피해가 우려되고 있다.

2 문제점

1) 건축물 특성
   (1) 인접건물로의 화재확산 위험
   (2) 방재 관련 소방·건축 법규의 적용을 받지 않음
2) 연소 특성 : 가연성 내장재 사용
3) 재실자 특성
   (1) 불특정 다수가 사용
   (2) 관계자의 소방 교육·훈련 부족

❸ 관련 기준 : 견본주택 화재안전 관리기준 (주택기금과 - 4933, '14.9.22)

1) 배치기준
    (1) 대지와 인접한 대지의 경계선으로부터 3 m 이상 이격, 다만 해당 외벽과 처마가 내화구조 및 불연재료로 설치되는 경우에는 1.5 m 이상 이격
    (2) 경계선에 인접한 대지가 도로·공원·광장 그 밖에 건축이 허용되지 아니하는 공지인 경우에는 견본주택을 인접한 대지의 경계선으로부터 1.5 m 이상 이격하여 건축할 수 있다.

2) 피난구조
    (1) 견본주택의 각 세대에는 탈출로로 통하는 출구를 설치하여야 하고, 탈출로에는 외부로 직접 대피할 수 있는 탈출구를 1개소 이상 설치하여야 하며, 탈출구에는 직접 지상으로 통하는 직통계단을 설치하여야 한다.
    (2) 유효너비는 0.9 m 이상으로 하고, 세대의 출구로부터 탈출구까지의 보행거리는 30 m 이하
    (3) 출구, 탈출로, 탈출구 및 직통계단 주변에는 물품의 적치 등이 없도록 상시 유지관리하여 비상시 원활한 대피가 가능하도록 하여야 한다.

3) 피난설비
    출구, 탈출로, 탈출구 및 직통계단 등을 안내하는 유도표지, 피난구유도등 및 통로유도등 설치

4) 소화설비
    (1) 소화기
        ① 견본주택의 각 세대 : 능력단위 1 이상의 소화기 2개 이상
        ② 공용공간 : 바닥면적 100 m^2마다 능력단위 1 이상
    (2) 스프링클러설비 : 연면적이 1,000 m^2 이상

5) 경보설비
    (1) 비상경보설비
    (2) 자동화재탐지설비 : 연면적이 1,000 m^2 이상

❹ 견본주택 방재 대책

1) 인접 건축물과의 이격거리 증가
2) 방화구획 규정 신설
3) 내장재의 불연, 난연, 방염화
4) 관계자 교육·훈련
    피난지연시간을 감소시킬 수 있는 관계자 교육·훈련 철저

❺ 결 론

견본주택 화재의 경우 인접건물로의 연소 확대 위험이 크지만 관련법규는 소방법이 아닌 주택법에서 규정되어 있는바 화재 안전을 총괄하는 소방청에서 통합적으로 관리되어야 한다.

필로티 구조 화재

1 개 요

1) 필로티는 지상층에 면한 부분에 기둥, 내력벽 등으로 건물의 하중을 지지하는 구조로 외벽이 없이 개방시킨 구조이다.
2) 대부분의 필로티는 주차장과 재활용쓰레기 수거장 등으로 사용하고 소방설비의 대상에서 제외되므로 필로티 공간의 화재예방과 소화대책이 중요하다.

2 필로티 구조의 특징

1) 건축 특성
   (1) 기둥만으로 구성되므로 시공이 간단하고 경제적이다.
   (2) 건축법상 건축물에 포함되지 않는다(면적과 층수에 미포함).
   (3) 건축법상 건축물 면적에 비례하여 주차시설을 갖춰야 하므로 필로티에 해당하는 면적만큼 주차시설을 줄여 설치할 수 있고 필로티는 다른 공간으로 활용 가능하므로 선호한다.
   (4) 외벽이 없어 지진에 취약한 구조이다.

2) 화재 특성
   (1) 불특정 다수인이 출입하므로 방화나 담배꽁초 등에 의해 화재에 노출된다.
   (2) 사방이 개방되어 환기의 공급이 원활하고 바람의 영향으로 화염확산이 빠르다.
   (3) 화재 시 주차장 전체로 확산된다.
   (4) 차량은 화재하중이 높아 최대발열량이 크다.

3) 소방 특성
   (1) 소방법상 소방시설의 설치대상에서 제외된다.
   (2) 필로티 건물의 구조상 필로티를 통해서만 출입이 가능하므로 피난에 취약하다.
   (3) 필로티로 분출되는 거센 불길 때문에 건물 진입이 어렵고 구조시간이 지체된다.

3 화재발생 메커니즘

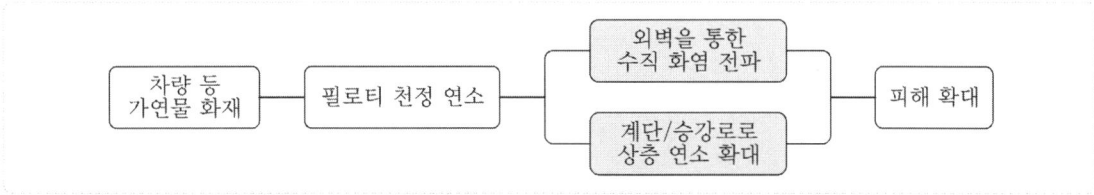

4 대 책

1) 예방(건축측면)
   (1) 필로티의 천장은 불연재료 등의 난연재 사용
   (2) 계단은 물건 등 장애물 적치 금지

2) Active
　　⑴ 초기화재 발생을 알 수 있도록 자동화재탐지설비 설치
　　⑵ 스프링클러설비 의무화
3) Passive
　　⑴ 외벽은 불연, 준불연재료를 사용하고, 드라이비트 공법 적용 시 스티로폼 등의 단열재 위에 미장의 두께를 두껍게 시공
　　⑵ 필로티 출입문은 방화문으로 하고 별도의 비상구를 갖춘다.
　　⑶ 계단실의 방화문은 도어클로져 부착하고 항상 닫힌 상태로 유지한다.
　　⑷ 전선, 배관 피트 공간은 내화충전구조로 완벽히 밀폐하여 화재, 연기확산 방지
4) 절차적
　　⑴ 주기적인 점검
　　⑵ 소방도로 확보 및 소방차 진입에 장애가 되는 차량은 소방관의 주관하에 이동시킬 수 있는 권한 부여

5 결론

1) 대부분 필로티 구조의 건축물은 필로티를 통해야만 출입이 가능한 구조로 주차장으로 사용 시 차량이 연속적으로 발화되면서 짧은 시간에 전체로 확대된다.
2) 화재하중이 큰 차량과 천장 단열재에서 연소로 인해 열은 출입문을 파손하고 건물 내부로 유입하여 계단, 승강로, 피트를 통해 상층으로 확대되어 많은 인명피해를 가져온다.
3) 최근 발생한 의정부 도시형아파트, 분당의 학원상가, 제천 스포츠센터 필로티 화재에서 알 수 있듯이 건축법규와 소방법규를 재정비하여 안전성을 높여야 한다.

Annex

📁 1층의 전부 또는 일부를 필로티 구조로 설치하여 주차장으로 쓰는 건축물
　　건축물의 외벽 [필로티 구조의 외기에 면하는 천장 및 벽체를 포함한다] 중 1층과 2층 부분에는 불연재료 또는 준불연재료를 마감재로 해야 한다.

지진화재

1 개요

1) 평상시 화재와 다르게 지진으로 인한 화재가 동시 다발적으로 발생하므로 소방서가 화재가 발생한 모든 장소에 충분한 소방활동을 수행하는 것에는 한계가 있다.
2) 출화원인을 분석하면 전기, 가스 등에 의한 화재가 80 %를 차지하며 지진의 흔들림으로 주택의 가구, 의류 등이 발열상태인 전기, 가스 기구에 낙하하여 화재가 발생한다.
3) 이러한 지진화재 발생 특징을 고려하여 출화방지 대책의 수립이 무엇보다 중요하다.
4) 화재발생 시에는 초기소화를 실시하여 피해를 최소화하고 신속히 안전한 장소로 피난해야 한다. 이를 위한 구체적인 방안은 개인의 대책과 관(官)의 대책으로 구분된다.

2 지진화재 문제점

1) 동시 다발적인 화재
2) 소방력이 부족
3) 지진화재에 대한 인식 부족

3 출화 방지 대책

1) 화원 처리

   지진이 멈춘 후 화원처리가 중요하다.

   (1) 개인 대책 : 지진이 발행하면 몸의 안전을 확보한 후 흔들림이 멈추면 전기스토브 등 전열기구의 스위치를 내리고 가스의 중간밸브를 잠가 가연물을 신속하게 제거한다.

   (2) 행정대책 : 홍보 및 교육실시를 통한 화원처리의 습관화를 정착시킨다.

2) 전기기구류

   지진 시에 자동적으로 전기를 차단하는 설비 설치 및 규격 전기제품 사용

   (1) 개인대책 : 지진에 의한 정전에서 복귀할 경우 통전으로 인한 화재가 발생할 우려가 있으므로 감진 차단기 설치를 통한 출화 억제

   (2) 행정대책

   ① 감진 차단기의 유효성 홍보

   ② 감진 차단기의 보급을 위한 보조금 조성 및 감진 브레이커의 사용을 촉진한다.

3) 가스·석유기구류에 의한 출화방지 대책

   안전장치가 부착된 제품 사용 및 가구 등의 고정

   (1) 개인대책

   ① 넘어지면 자동소화되는 안전장치 부착제품 사용 확대가 필요하다.

   ② 가스, 석유스토브 주변에 가연물이 낙하하지 않도록 한다.

(2) 행정대책

① 안전장치가 부착된 제품 구매 유도 및 가연물 낙하방지 교육 홍보

② 가스용기에 넘어짐 방지용 고정 체인 설치 및 가스 누출방지용 고압호스 사용 등을 추진한다.

4) 가구전도

무너진 주택이나 가구 등이 화기에 접촉하여 출화하는 것을 방지

(1) 개인대책 : 가구 전도에 따른 화재 발생 위험 감소를 위해 가구 전도방지장치 설치

(2) 행정대책 : 가구 전도 방지 등에 필요한 비용을 보조한다.

4 연소방지 대책

1) 초기화재 탐지를 위한 단독경보형 감지기 설치
2) 초기소화에 유효한 소화기, 소화용수 설치 및 장소 확인
3) 정기적인 소방 훈련

5 피난 대책

1) 피난 장소 및 경로의 안전성
2) 효과적인 피난 정보 전달
3) 피난약자 대책

6 결 론

지진에 의한 대규모 화재 예방을 위해서는 건축물 내진화, 불연화, 도로정비 등 건축·도시계획상의 대책이 무엇보다 중요하나 이를 실현하기 위해서는 많은 시간을 필요로 한다. 그로 인해 단기간에 실천 가능한 초기 소화실시, 소방력 확충 및 강화 등의 대책 수립이 현실적인 대안으로 인식된다.

 산림화재

1 개 요

산림화재는 진화가 어렵고 산림 등 가시적인 피해뿐만 아니라 환경파괴 및 민가, 문화재 등의 피해가 크다.

2 산림화재 특성

1) 산불이 발생되면 주위온도가 급상승하여 상승기류가 형성된다. 이때 작은 불꽃이 하늘로 치솟아 화염을 발생시키며, 상승기류로 인한 화재플룸이 주위로 연소확대시킨다.
2) 산림화재에서는 소방시설 사용이 어렵고, 소방대의 현장 도착에까지 많은 시간이 걸린다.
3) 최근에는 지구온난화로 인한 가뭄으로 초대형 산불이 자주 발생되었다.
3) 산림화재는 대규모로 생태계를 파괴한다.
4) 주위 민가 및 각종 문화재 소실을 발생시킨다.

3 산림화재 원인

1) 방화(Arson)
2) 쓰레기 소각
3) 흡연
4) 번개
5) 전기시설 등의 고장
6) 나뭇가지의 마찰

4 영향인자

영향인지	특 징
가연물 특징	• 산림의 종류 및 밀도 • 낙엽, 잡초 및 고사목의 양
지형학적 특징	• 면 : 일반적으로 남쪽이나 남서쪽에서 주로 발생 • 경사도(Slope) • 경사면에서의 화재 위치
기후(날씨)	• 강우량, 습도 • 바람의 세기 및 방향

5 산림화재의 확산 형태

1) 지표화재(Ground Fire)
   (1) 지표면의 낙엽, 잡초 등에 불이 붙어서 확산되는 것
   (2) 산림화재는 대부분 지표화로 시작하여 수간화, 수관화, 지중화로 변한다.
   (3) 표면연료의 뭉쳐진 상태, 겉보기밀도, 나무크기와 종류, 분포 등에 따라 달라진다.
   (4) 크기가 작은 가연물이 연소되는 짧은 화염 양상의 기간에는 열방출률이 크고, 큰 가연물이 소모되는 비교적 긴 훈소의 기간에는 열방출률이 작다.

2) 수간화재(Stem Fire)
   (1) 중간높이 정도의 사다리 역할을 하는 수목들의 화재
   (2) 나무표면이 건조하거나 구멍이 있어서 줄기가 타는 현상
   (3) 나무 내부의 공동 부분이 굴뚝 역할을 하여 비화를 일으켜서 지표화(표면화재)를 일으키거나, 사다리 연료를 통해 순식간에 상층부로 화재가 확산되는 현상인 토칭에 의해 상부층 화재로 번지는 경우가 많다.

3) 수관화재(Crown Fire)
   (1) 상부층 연료(캐노피 내의 살아있는 물질 또는 죽은 물질)의 화재
   (2) 지표화재가 지면 위 상당한 높이에 위치한 캐노피 연료를 예열하고 연소시키기에 충분한 에너지를 방출할 수 있을 때 발생 가능하다.
   (3) 상부층 화재의 확산은 캐노피 부분의 가연물 밀도와 화재확산속도에 따라 달라진다.
   (4) 비화가 발생하며, 수관화가 초대형 산불의 주요 원인이다.

4) 지중화재(훈소화재, Smoldering Fire)
   (1) 땅속의 뿌리 부분이 타는 현상으로 산소 공급이 적어 연기도 적고 불꽃도 없어 발견하기가 어려우며, 재발화의 원인이 된다.

(2) 온도는 낮지만 수목의 뿌리를 태워 피해가 크다.

(3) 진화하기가 어렵고, 연소 방향이 복잡하다.

(4) 훈소는 많은 양의 목재 연료와 토양 유기물층을 연소시켜 대량의 연기를 생성한다.

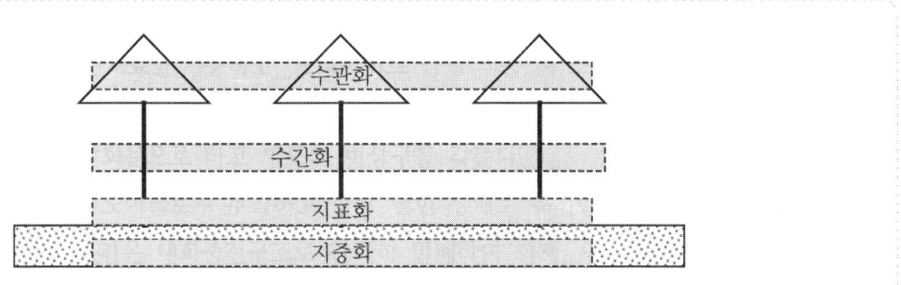

6 산림화재 감지, 진압 대책

1) 감 시

   (1) 화재감시탑, 항공 감시

   (2) 불꽃감지기(Automated Fixed-Point Infrared Detection Systems)

   (3) 인공위성

2) 화재 진압

   (1) 소화약제

   ① 증점제 : 나무에 부착하여 손실이 적고 두꺼운 층을 형성하여 산림화재에 효과적이다.

   ② Wetting Agent

   ③ Fire Brake

   (2) 소화약제 살포

   ① Backpack Pump 사용

   ② 헬기 등을 이용한 공중 살포

3) 방화선(Fire Break), 맞불

7 산림화재 대책

1) 산불화재 상세 위험지도 작성을 통한 집중관리

2) 적극적인 산림 관리 정책 수립

3) 철저한 산불예방·진화 대책 수립

4) 산림화재 현장 종합지휘체계 구축

5) 산림 근처 문화재, 중요 시설 등의 안전대책

Annex

📁 산림화재에서의 화염확산 영향인자

1) 가연물 종류 및 특성   2) 지형(Terrain)

3) 바람의 세기/방향   4) 습도

화재조사의 종류 및 조사의 범위

1 개 요
화재조사는 화재에 의한 피해를 알리고 유사 화재를 방지하며, 피해 최소화, 발화원인 및 연소확대 요인 등을 규명하여 이를 통계화함으로써 화재의 예방, 소화활동 및 소방행정의 기초자료 등으로 활용하기 위함이다.

2 화재조사의 목적
1) 발화원인 및 연소확대 요인을 규명하여 화재예방을 위한 대책 수립
2) 화재발생상황, 원인 및 피해상황 등을 통계화함으로써 소방행정 자료로 활용
3) 방화 및 실화의 발화원인에 대한 책임을 규명
4) 화재에 의한 피해를 알려 경각심을 높이고 유사화재의 재발방지
5) 연소확대 및 소방시설의 작동상황 등을 파악하여 진압대책의 자료로 활용

3 화재조사의 대상
1) 건축물, 차량, 선박, 선박 건조 구조물, 산림, 그 밖의 인공 구조물 또는 물건에서 발생한 화재
2) 그 밖에 소방관서장이 화재조사가 필요하다고 인정하는 화재

4 화재조사 사항
1) 화재원인에 관한 사항
2) 화재로 인한 인명·재산피해상황
3) 대응활동에 관한 사항
4) 소방시설 등의 설치·관리 및 작동 여부에 관한 사항
5) 화재발생 건축물과 구조물, 화재유형별 화재위험성 등에 관한 사항

5 화재조사의 내용 및 절차
1) 현장출동 중 조사 : 화재발생 접수, 출동 중 화재상황 파악 등
2) 화재현장 조사 : 화재의 발화 원인, 연소상황 및 피해상황 조사 등
3) 정밀조사 : 감식·감정, 화재원인 판정 등
4) 화재조사 결과 보고

화재패턴

1 화재패턴의 개념

1) 그을음, 고온 가스, 화염 등에 의해 탄화, 소실, 변색, 용융 등의 형태로 손상된 물질의 형상으로 화재 후 남아 있는 것으로 눈으로 볼 수 있으며 측정할 수 있는 물리적인 효과
2) 열과 연기에 의해 바닥과 벽, 천장, 가구나 집기류, 설비 등에 형성된 흔적으로 물체의 연소 정도와 표면에 일어난 변화 등을 눈으로 측정할 수 있는 패턴
3) 물체는 화염과 가까운 곳부터 연소하며 확산되므로 화재의 진행방향과 물체가 있었던 위치, 화재의 지속시간 등을 유추할 수 있고, 구조물의 환기효과가 얼마나 작용했는지 확인할 수 있다.

2 화재패턴 생성원리

1) 열원으로부터 멀어질수록 약해지는 복사열의 차등원리
2) 고온가스가 열원으로부터 멀어질수록 온도가 낮아지는 원리
3) 화염 및 고온가스의 상승 원리
4) 연기나 화염이 물체에 의해 차단되는 원리

3 화재패턴 생성원인

1) 플럼에 의해 생성
   (1) V자 형태(V Patterns)
   (2) 역원추 형태(Inverted Cone Patterns)
   (3) 모래시계 형태(Hourglass Patterns)
   (4) 목재연소 진행형태 포인터 또는 화살형태(Pointer and Arrow Patterns)
   (5) 끝이 잘린 원추 형태(Truncated Cone Pattern)
2) 환기 특성에 의해 생성

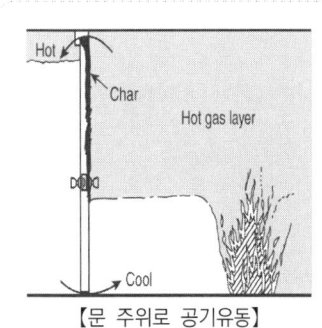
【문 주위로 공기유동】

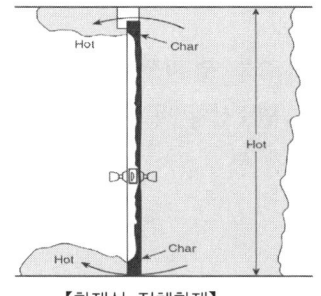
【화재실 전체화재】

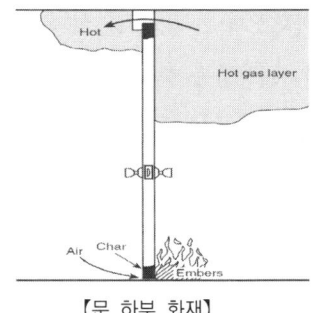
【문 하부 화재】

3) 고온가스의 열유속에 의한 생성 : 고온가스의 열유속에 의해 바닥 물질이 피해
4) 전체화재에 의한 피해(Full Room Involvement-Generated Patterns)
5) 소화과정에서의 생성

발화부 추정의 5원칙

1 개 요
발화부는 화재가 처음 시작한 곳으로 발화부가 판단(결정)되면 방화를 포함한 화재의 원인은 대부분 그곳에 존재하게 된다.

2 발화부 추정의 5원칙
1) 발화원으로 추정되는 물건에 인접한 가연물이 착화되는 과정에 무리한 추론 없을 것
2) 발화원의 형체가 없을 경우에는 소손상황, 발견상황, 발화장소의 환경조건 등을 종합적으로 고찰하여 발화원인으로서의 타당성이 있을 것
3) 과거 화재사례 및 경험, 발화 가능성에 모순이 없을 것
4) 추정 발화원 이외의 인접한 물건 등에 대해서는 발화의 가능성이 없을 것
5) 발화지점으로 추정된 장소의 소손 상황에 모순이 없을 것

3 발화지점의 추정방법
1) 도괴 방향
   건물의 기둥, 벽, 건자재 등은 발화부 방향으로 도괴되는 경향이 있다.
2) 연소의 상승성
   화염은 가연물을 따라 수직으로 상승하고 옆방향과 아래로는 연소속도가 상당히 완만하므로 역V자 모양으로 연소한다.
3) 탄화심도
   (1) 발화부에 가까울수록 깊어지는 경향
   (2) 연소가 심할수록 심도가 깊어진다.
   (3) 소화활동에 의한 2차 연소 시 비교측정 어렵다.
4) 연소흔의 감식
   균열흔, 무염흔, 주염흔, 박리흔 등을 관찰하여 연소상태를 판단한다.
5) 소화 행적

4 결 론
화재원인조사에서 발화원인의 판정이 핵심이다.
1) 현장조사결과의 상황증거에 의한 발화원, 발화장소, 착화물의 결정
2) 소손상황, 발견상황, 조사자의 의견, 각종 증언 등 전체 요소를 분석하여 과학적인 타당성에 의거, 현장에서 판정
3) 현장에서 판정이 곤란할 때에는 재현실험, 감정, 과거사례 등을 참조하여 사후에 판정

화재패턴의 형태

1 개요
1) 화재패턴이란 보이거나 측정할 수 있는 물리적 변화 또는 하나 이상의 화재 효과에 의해 생성된 모양
2) 화재효과는 화재에 노출된 물질을 통해 확인하거나 측정할 수 있는 변화를 말한다.
3) 현장에서 화재효과와 화재패턴을 확인하고 해석할 수 있다.

2 V자 형태 (V Shaped Pattern)
1) V자 형태란 불길이 발화점으로부터 위로 그리고 밖으로 생기는 형태이다.
2) 화재가 발생하면 연소가스가 발생되어 뜨거운 공기와 가스는 위로 상승하며 더불어 화염도 위로 향하면서 주위 양쪽도 데워진다.
3) 이 같은 패턴은 명확하지 않을 수 있고, 화재 진행에 의해 없어지기도 하여 화재원인 규명은 쉽지 않지만, 이 패턴을 잘 분석하면 화재에 대한 많은 정보를 얻을 수 있다.

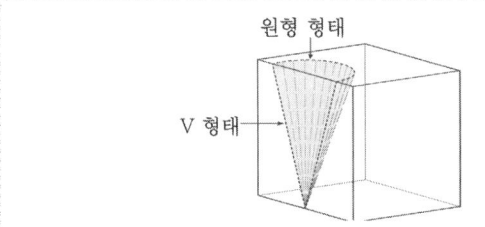

3 모래시계 형태 (Hourglass Pattern)
화재로부터 생성되는 플럼는 사방에서 화재의 밑바닥으로 차가운 공기를 유입시키고 찬 공기는 뜨거운 공기의 유동 물질에 의해 바닥 위 플럼으로 모아진다.

4 역원추 형태 (Inverted Cone Pattern)
1) 상부보다는 밑바닥이 넓은 삼각형 형태로서 수직벽면 상에 온도와 열의 경계선으로 나타난다.
2) 일반적으로 휘발성이 강한 연료(인화성액체, 가연성액체)와 관련이 있어 인화성 액체 화재의 증거로 해석되고 있다.

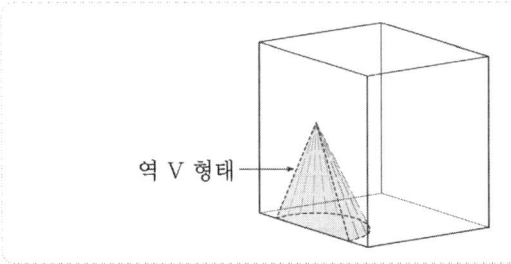
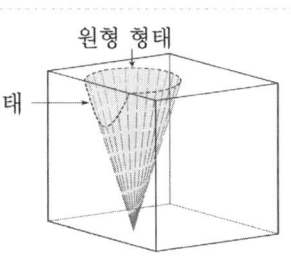

5 끝이 잘린 원추 형태 (Truncated Cone Pattern)

1) 이 형태는 다른 형태와는 달리 수직면과 수평면 모두에 나타나는 3차원의 화재형태이다.
2) 천장이나 다른 수평면에 원 형태와 벽과 같은 수직면에 2차원 형태인 U자 형태 또는 화살모양을 결합한 형태로 나타난다.

6 목재연소 진행형태 포인터 또는 화살형태 (Pointer or Arrow Pattern)

1) 목조건축물에 화재가 발생하여 그 표면이 파괴되며 나타나는 형태이다.
2) 더 짧고 더 심하게 탄화된 목재가 긴 목재보다 발화지점에 더 가깝다고 판단할 수 있다.

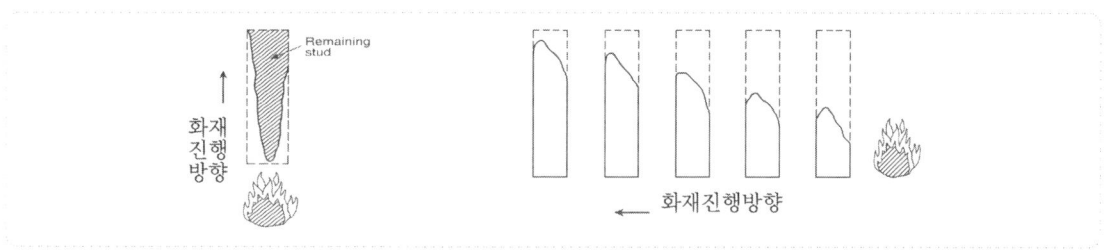

7 수평면 관통부 흔적

1) 수평면에서의 관통부는 복사열, 화염의 직접 접촉 또는 국부적인 훈소에 의해서 발생될 수 있다.
2) 수평면 연소로 인해 발생된 구멍이 아래 또는 윗 방향으로부터의 연소로 생겼는지는 구멍의 경사면으로 확인할 수 있다.
3) 수평면 관통 개구부에 의한 연소확대는 전선이나 케이블이 각층과 층을 연결하는 부분에서 층간 방화구획인 바닥을 통과하므로 바닥부분의 틈새는 시멘트, 내화충전재 등으로 메워 화재나 연기 통과 차단을 위해 관통 부분의 마감처리에 주의를 기울여야 한다.

8 탄화표면 효과

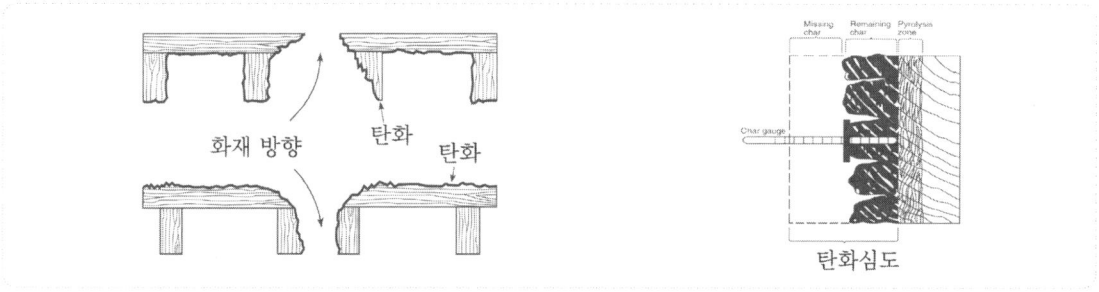

1) 대부분의 표면은 화재 시 열에 의해 분해되어 변색되거나 탄화된다.
2) 변색과 탄화의 정도는 가장 많이 타버린 부분을 찾는 데 활용할 수 있다.
3) 또한 탄화물의 상대적인 깊이를 측정하여 어느 부분이 열원에 가장 오래 노출되었는지를 결정할 수 있다.
4) 열원으로부터 멀리 떨어져 있는 탄화물은 깊이가 감소되므로 화염의 확산방향을 추정할 수 있고, 탄화물의 깊이는 화재의 지속시간을 추정하는 데 이용하기도 한다.

⑨ 물질의 용융

1) 용융은 열에 의한 작용으로 생기는 물리적 변화로써 용융부분과 고체 사이의 경계에는 화재 형태를 규정할 수 있는 온도와 열에 의해 된다.
2) 용융온도는 각 물질들의 특성치로써 화재현장에서 나온 금속 등 잔류물을 통하여 화재온도와 관련된 임의의 추론을 유도할 수 있다.
3) 유리, 플라스틱과 같이 융점이 다양하게 변할 수 있는 물질들은 샘플을 채취하여 시험을 통해서 용융점을 규명하는 것이 가장 좋다.

⑩ 유류화재 패턴

1) 방화자들은 대부분 효과적인 착화나 연소확대 등을 위하여 손쉽게 구할 수 있는 시너를 비롯하여 석유, 등유, 휘발유 등의 유류를 살포하기도 한다.
2) 유류화재 패턴은 포어 패턴, 스플래시 패턴, 틈새연소 패턴, 도넛 패턴, 트레일러 패턴 등이 있다.

⑪ 안장연소 패턴 (Saddle Burns, Rundown Burns)

1) 대부분 장청판(마룻바닥에 깔린 기다란 널빤지) 밑에 가로놓아 받치는 부재인 바닥장선(Joist)의 맨 가장자리에서 나타난다.
2) 장선 위의 바닥을 통하여 위에서 아래 방향으로 하향 연소한 결과이다.
3) 안장 패턴에서 위험물의 사용은 고려하지 아니한다.

⑫ 드롭다운 패턴 (Drop Down Patterns or Fall Down Patterns)

1) 화재가 바깥쪽으로 진행되면서 복사열 등의 열전달에 의해 멀리 떨어진 가연물에 착화되어 연소물이 바닥에 떨어져 불타는 현상이다.
2) 예를 들면 벽면커튼, 수건걸이, 포스터 등이 발화지점과 멀리 떨어진 상태에서 화재에 노출되면 가연물이 바닥에 떨어져 연소한다.
3) 발화지점이 여러 개라는 현상을 배제할 때는 드롭다운 효과를 염두에 두어야 한다.

⑬ 낮은 연소 패턴 (Low Burn Patterns)

1) 이 패턴은 촉진제의 사용이나 존재를 나타내는 증거로 추정된다.
2) 낮은 연소 패턴이 촉진제로 생성될 수는 있으나, 그 밖에 다른 요인을 배제하고 오직 촉진제 자제만으로 촉진제에 의한 화재라는 증거는 아니다.
3) 플래시오버 이후(Post Flashover) 상황에서 낮은 연소패턴이 형성되기도 한다.

액체탄화수소의 화재패턴

1 개 요
1) 화재조사는 발화부를 추정하여 화재원인 및 화재가 어떤 방향으로 전개되었는가를 밝히는 것이 목적이다.
2) 액체 가연물의 경우 고체 가연물의 발화 및 화염 전파와는 다른 특성을 가지고 있다.
3) 의도된 화재(방화)일 가능성이 크다.

2 액체 탄화수소의 연소 특징
1) 발화 후 화염전파가 빠르다.
2) 액면화재(Pool Fire)와 누출화재(Spill Fire)의 연소 형태가 다르다.

3 액체 가연물의 화재패턴 특징
1) 낮은 곳으로 흐르며 고인다.
2) 바닥재의 특성에 따라 광범위하게 퍼지거나 흡수될 수 있다.
3) 증발잠열에 의한 냉각효과가 있다.
4) 쏟아지거나 끓게 되면 주변으로 방울이 튈 수 있다.
5) 일부 액체는 고분자 물질을 침식시키거나 변형시키는 등 용매로서의 성질을 가지기도 한다.
6) 역원추 형태(Inverted Cone Pattern)인 경우가 많다.

4 화재패턴
불규칙 패턴 : 화재 시작점과 화재 원인 추정이 어렵다.
1) 포어 패턴(Pour Pattern) : 퍼붓기 또는 엎지른 패턴
   (1) 액체가연물이 바닥에 쏟아졌을 때 쏟아진 부분과 쏟아지지 않은 부분의 탄화경계 흔적
   (2) 액체가연물이 있는 곳은 다른 곳보다 연소형태가 강하기 때문에 탄화 정도의 강약에 의해서 구분된다.
   (3) 때로는 액체가 자연스럽게 낮은 곳으로 흐른 부드러운 곡선 형태를 나타내기도 하고, 쏟아진 모양 그대로 불규칙한 형태를 나타내기도 하지만 연소된 부분과 연소되지 않은 부분에서 뚜렷한 경계선을 나타낸다.

【퍼붓기 패턴(Pour Pattern)】

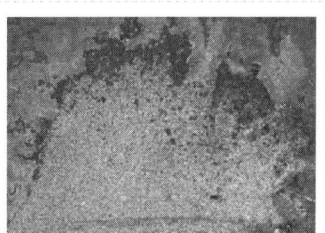
【스플래시 패턴(Splash Pattern)】

2) 스플래시 패턴(Splash Pattern) : 튀긴 연소 패턴
   (1) 액체가연물이 쏟아지면서 주변으로 튀거나, 연소되면서 발생하는 열에 의해 스스로 가열되어 액면에서 끓으며 주변으로 튄 액체가 포어 패턴의 미연소 부분에서 국부적으로 점처럼 연소된 흔적이다.
   (2) 주변으로 튀어나간 가연성액체 방울에 의해 생성되므로 바람의 영향을 받는다.
3) 고스트 패턴(Ghost Pattern)
   (1) 타일 밑으로 스며든 액체가연물이 격렬하게 연소되고 결과적으로 타일 틈새모양으로 변색되고 박리된 패턴이다.
   (2) 다른 패턴과 달리 플래시오버와 같은 강력한 화재열기 속에서 발생한다.
4) 틈새연소 패턴(Gap Burn Pattern)
   (1) 마감재의 모서리에 액체가연물이 흐르는 경우 틈새를 따라서 흘러가거나 더 많은 액체가 고이게 되는데, 액체가 연소되면서 타부위에 비하여 더 강하게, 더 오래 연소하게 되므로 탄화 정도에 따라서 구별을 할 수가 있다.
   (2) 고스트 마크와 외형이 유사하나 단순히 액체가연물의 연소라는 점, 콘크리트나 시멘트 바닥이 아니라 마감재 표면에서 보이는 패턴이라는 점, 주로 화재초기에 나타난다는 점이 다르다.

【고스트 마크】

【틈새연소 패턴】

5) 트레일러 패턴(Trailer Patten)
   (1) 의도적으로 다른 장소로 연소를 확대시키기 위해 뿌려진 가연물의 흔적이다.
   (2) 이 패턴은 반드시 액체 가연물만의 흔적을 말하는 것은 아니다. 두루마리 화장지, 신문종이, 짚단 및 나무 등의 고체 가연물도 가능하다.
   (3) 일반적으로 연소 구역들 사이에서 발견되는 좁은 패턴이며, 대개 수평면에서 나타난다.

【트레일러 패턴】

6) 도넛 패턴(Doughnut Pattern)
   (1) 더 많이 연소된 부분이 덜 연소된 부분을 둘러싸고 있는 형태이다.
   (2) 가연성액체가 웅덩이처럼 고여 있을 경우 발생하는데, 고리처럼 보이는 주변부나 얕은 곳에서는 화염이 바닥이나 바닥재를 탄화시키는 반면에 비교적 깊은 중심부는 액체가 증발하면서 기화열에 의해 웅덩이 중심부를 냉각시키는 현상 때문에 발생한다.

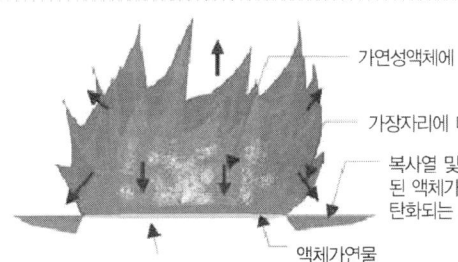

【도넛 패턴 발생 메커니즘】

5 결 론

화재조사의 목적이 발화부의 추정 및 화재 원인 확인이며, 유류화재인 경우는 의도된 화재(방화)일 가능성이 크다.

Annex

📁 하소(Calcination)

1. 화재가 진행되고 있는 동안 석고(Gypsum Wallboard) 표면에서 발생하는 물리·화학적 변화
2. 석고보드가 화염에 노출될 경우 우선 종이가 타고, 화염에 노출된 면은 유기접합제의 탄화로 인해 회색으로 변하게 된다. 계속 가열되면 탄소가 연소되어 하얗게 변하게 되고, 뒷면의 종이는 까맣게 타게 된다. 화재가 계속 진행되면 석고는 탈수되어 부서지기 시작한다.
3. 즉, 탈수과정만으로는 회색이나 흰색으로 변화되지 않고 탄소성 열분해에 의해 회색이 되고 가열이 지속되면 탄화물이 타거나 증발되어 백색화가 진행된다. 이것은 석고의 경우 열을 받으면 열분해를 통해서 석고 속에 있는 수산기가 분해되기 때문이다.
4. 하소깊이에 따라 가열의 차이를 알 수 있다.
5. 하소깊이가 큰 것은 강한 가열 또는 높은 온도가 있었음을 나타낸다.

NFPA 921의 과학적 화재조사

1 화재 폭발 조사

1) 화재나 폭발 조사는 기술, 지식, 과학을 포함한 매우 복잡한 과정이다. 그러한 조사를 포함한 몇 가지 데이터를 포함한 보고서는 객관성과 신뢰성의 완성이 필요하다.
2) 화재조사에서 기본적인 요소는 시스템적인 접근과 주제에 대한 집중을 필요로 한다. 시스템적인 접근의 사용은 종종 분석을 위한 새로운 데이터를 드러내고, 그것은 재평가를 하기위해 이전의 결론을 필요로 한다.
3) 화재나 폭발에 대한 적절한 이해 방법은 첫 번째는 인지와 원본에 대한 이해이다. 예를 들어 상황, 점화요소를 가져오는 점화원, 가연물, 산화제 등이다.

2 NFPA 921의 과학적 화재조사방법

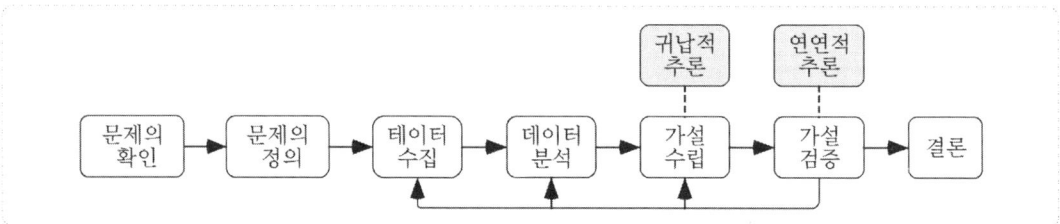

1) 문제의 확인
   (1) 문제가 발생했다는 것을 깨달아야 한다.
   (2) 화재나 폭발이 일어난 것을 리스트로 만들면 미래에 있는 비슷한 문제를 예방할 수 있다.
2) 문제의 정의
   (1) 적절한 발화원과 원인 조사 후, 해결 방법 결정
   (2) 현장검증, 이전 사고 재검토, 인터뷰, 과학적 검사 결과 등을 수행
3) 자료 수집 : 목격자, 실험, 직접적인 데이터 수집
4) 자료 분석
   (1) 수집된 자료는 귀납적 방법에 의해 분석
   (2) 주관적이나 추리적인 자료는 분석에서 배제(사실만 포함)
5) 가설 수집
   (1) 자료를 분석을 기반으로, 조사자는 화재나 폭발 사건에 대한 원인을 규명하기 위해 한 가지 또는 그 이상의 가설을 설립해야 한다.
   (2) 그 가설은 오로지 조사자가 모은 실증적인 자료를 기반으로 해야 한다.
6) 가설 검증
   (1) 가설과 사실을 비교하여 연역적 방법으로 추리
   (2) 가설의 검증은 인지력, 실험에 근거할 것
7) 결론 작성

❸ 화재 조사에 대한 기본적인 요소

1) 임무를 알아라.

   조사자는 그 사건에서 자신의 완료를 위한 자신의 역할에 대해 알아야 한다.

2) 조사에 대해 준비해라.

   조사자는 연구조사를 하기 위해 노력이나 자원, 계획을 진행시켜야 한다.

3) 조사하라.

   (1) 조사자는 그 상황이 사용 가능하고 모은 데이터가 분석에 중요할 때, 그것을 조사해야 한다.

   (2) 정확한 조사는 몇 가지의 단계와 절차를 포함할 것이고, 그것은 조사 임무 목적의 중요한 것이 될 것이다.

   (3) 장면에 대한 조사 또는 다른 이들에 의해 쓰인 과거 일어난 장면에 대한 복기(리뷰), 그 장면 서류가 사진과 다이어그램으로 이뤄졌는지, 인정되는 증거, 서류, 그리고 목격자 등을 조사한다.

4) 증거를 수집하고 보존해라.

   가치 있는 물리적 증거는 테스트와 평가, 법정 제출을 위해 기록되고, 적절히 수집되고, 보존되어야 한다.

5) 사건을 분석해라.

   (1) 모든 수집하고 사용 가능한 데이터는 과학적 원칙을 이용해 분석되어야 한다.

   (2) 화재 원인, 화재 확산에 대한 사건 시나리오나 실패한 분석도 필수적으로 묘사되어야 한다.

6) 결론을 작성하라.

   결론은 가이드에서 표현되는 원칙에 따라 적절히 작성되어야 한다.

7) 절차를 작성하라.

   절차를 작성하는 것은 때로는 조사자에 따라 말하는 것처럼 쓰일 수 있다. 적절한 정보는 적절한 서식으로 작성되어야 한다.

Annex

📂 연소흔의 감식

1. 균열흔 : 완소흔, 강소흔, 열소흔

   목재표면이 높은 온도의 화염을 받아 연소될 때 발생하며, 저온으로 장시간 가열이나 연소 시 발생한다.

   (1) 완소흔 : 700~800℃ 정도의 비교적 낮은 온도에서 천천히 연소된 경우 발생한다.

   (2) 강소흔 : 약 900℃ 정도에 발생하며, 홈이 깊은 요철이 형성된다.

   (3) 열소흔 : 약 1,100℃ 정도의 고온 상태에서 일시에 연소 시 발생하며, 맹렬한 확산 중심부분에서 나타난다.

2. 무염흔 : 발화 초기 단계에서 발생하며, 미소화원에 의한 초기 연소흔이다.

3. 박리흔 : 목재나 콘크리트 면의 결합력 상실에 따라 떨어져 나가는 현상이다.

미소화원

1 개 요
1) 방출되는 에너지가 적은 불씨가 화재의 원인이 되는 것
2) 미소화원은 초기에 불꽃 없이 적열되어 진행되다가 그 열이 주변의 가연물에 영향을 미쳐 훈소반응을 거치면서 축열로 인해 주변에 있던 가연물이 발화점에 도달하여 화재에 이른다.

2 미소화원 종류
미소화원은 불씨 형태가 불꽃이 발생하지 않고 적열되는 것은 같으나 연소반응이 일어나는 것과 일어나지 않는 것으로 나눌 수 있다.
1) 연소반응
    (1) 담뱃불 : 휴지통, 신문, 소파 등과 접촉 시 훈소형태로 진행되다가 불꽃연소로 전이
    (2) 모기향
    (3) 자연발화
        ① 공기 중에 노출된 가연물이 느린 산화반응으로 시작되는 연소과정
        ② 기름 묻은 헝겊, 건초더미의 미생물반응 등
    (4) 화약불티
        ① 화약, 니트로셀룰로오스 등으로 불꽃놀이, 신호탄으로 사용
        ② 많은 양의 불티가 가연물과 접촉하면 훈소로 진행되어 화재가 발생
        ③ 반포 실내사격장, 예술의 전당 화재는 불티에 의해 훈소 ⇒ 불꽃연소 진행
2) 미 연소반응
    (1) 기계적 스파크 : 연마작업 등에 의해 스파크 발생
    (2) 고온금속체 : 용접이나 절단 시 발생

3 미소화재 조사방법
1) 발화지점 판정
    (1) 열과 연기에 의해 현장에 있던 물품들의 물리적 현상을 관찰
    (2) 관계자와 목격자 진술 등 모든 정보를 활용
2) 화재현장이 불꽃연소 없이 훈소로 종료되었는지를 확인
    (1) 가연물이 상호접촉되지 않고 떨어져 있는 것들이 연소가 모두 되었다면 불꽃화재
    (2) 훈소가 진행되면서 열이 외부로 방열되어 연소가 이루어지고 있는 부분은 발화점까지 도달하지 않기 때문에 떨어져 있는 물건은 탈 수 없다.
    (3) 훈소가 진행되고 있는 외부는 훈소반응영역보다 온도가 더욱 낮다.
3) 화재원인 판정
    (1) 화재가 훈소 자체로 종결된다면 그와 관련된 훈소을 확인하고 연소된 물질의 특성과 점화원의 상관관계를 밝히면 될 것이다.

(2) 불꽃화재가 있었다면 훈소와 불꽃화재 등 모든 현상을 고려해야 할 것이다. 여기에서 훈소 점화원을 고려하는 이유는 훈소에 의해서 진행되다가 열이 축적 되어 불꽃화재로 전이될 수 있기 때문이다.

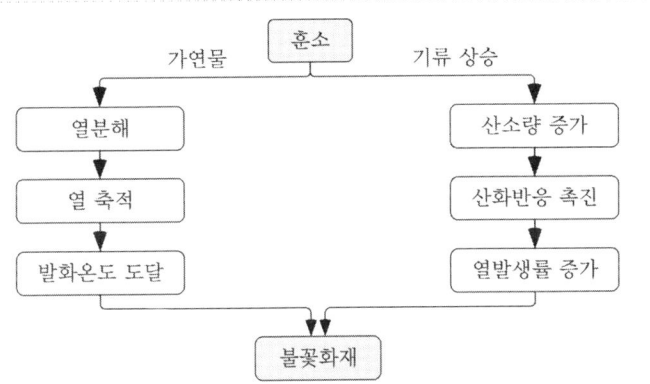

(3) 화재원인이 훈소 점화원이라는 의심이 들 때는 훈소 점화원이 놓인 부근에 훈소 가능 물질이 존재하는지를 따져보아야 하고 주변의 공기공급 조건과 열 축적 등을 확인하고 그곳에서 화재가 발생되어 주변으로 연소확대되었다는 확실한 근거가 존재하여야 할 것이다.

Annex

□ 훈소(Smoldering Combustion)와 표면연소(Surface Combustion)을 비교

구 분	훈 소	표면연소
연소형태	무염연소	
가연성증기	발생	미발생
발생조건	온도가 낮거나 산소 부족	가연성 증기 미발생
불꽃연소 전이	가능	불가능
가연물	목재, 종이	코크스, 숯

 방화 (Arson)

1 개 요

1) 전 세계적으로 방화가 사회문제로 크게 대두되고 있다.
2) 방화는 인명 및 재산상의 손실을 초래할 뿐만 아니라, 심리적으로 불안감을 조성하는 등 사회에 많은 악영향을 미친다.
3) 선진국의 경우 방화가 화재원인의 첫째인 경우가 많고, 그로 인한 피해액도 전체 화재 피해의 ⅓ 정도에 이르고 있다.

2 특 징
1) 동기가 매우 다양하다.
2) 재산을 대상으로 한 방화보다 인명에 대한 방화가 많다.
3) 방화에 의한 화재는 비계절적, 비주기적이다.
4) 단독 범행
5) 야간에 주로 발생
6) 보조물(휘발유) 이용

3 동 기
1) 원한, 분노, 복수
2) 음주, 약물중독
3) 정신 문제
4) 경제적 이득, 범죄 은폐
5) 방화광(Pyromaniac)
6) 선동 테러리즘, 영웅심리, Vandalism

4 위험성
1) 은폐된 공간에서 시작되는 경우 화재 발견이 늦다.
2) 휘발유와 같은 인화성 물질이 촉매제로 사용되는 경우가 많아 화재 성장 속도가 빠르다.
3) 방재계획 시 안전구획으로 계획되는 복도나 피난계단 등에서 화재가 발생하므로 인명피해가 크다.

5 방화 판정 조건
1) 여러 곳에서 동시에 발화
2) 화재현장에서 다른 범죄 증거 존재
3) 보조물(휘발유) 이용
4) 귀중품의 반출
5) 동일건물에서 반복적인 화재
6) 휴일 또는 주말화재
7) 발화원인의 불명확
8) 화재이전에 건물의 손상

6 대 책
1) 화재 발생 위험이 없을 것으로 예상되는 장소에도 소화설비(헤드) 설치
2) 피난로에서 화재발생 가능성이 크므로 양방향 피난계획

7 결 론
1) 현 사양 위주의 설계에는 방화의 개념이 고려되고 있지 않다.
2) 화재 감지와 소화 및 피난 측면에서 완벽한 방재계획을 수립하기 위해서는 방화의 개념을 포함하는 화재 시나리오를 기초로 한 PBD가 방화로 인한 피해를 줄일 수 있다.

소방시설 설치 제외 장소

1 옥내소화전 방수구

1) 냉장창고의 냉장실 또는 냉동 창고의 냉동실
2) 고온의 노가 설치된 장소 또는 물과 격렬하게 반응하는 물품의 저장·취급 장소
3) 발전소, 변전소 등으로서 전기시설이 설치된 장소
4) 식물원, 수족관 목욕실, 수영장 그 밖의 이와 비슷한 장소
5) 야외음악당, 야외극장 또는 그 밖의 이와 비슷한 장소

2 스프링클러 헤드

1) 계단실(특별피난계단의 부속실을 포함)·경사로·승강기의 승강로·비상용 승강기의 승강장·파이프덕트 및 덕트피트·목욕실·수영장(관람석부분을 제외)·화장실·직접 외기에 개방되어 있는 복도·기타 이와 유사한 장소
2) 통신기기실·전자기기실·기타 이와 유사한 장소
3) 발전실·변전실·변압기·기타 이와 유사한 전기설비가 설치되어 있는 장소
4) 병원의 수술실·응급처치실·기타 이와 유사한 장소
5) 천장과 반자 양쪽이 불연재료로 되어 있는 경우로서 아래의 경우
   (1) 천장과 반자 사이의 거리가 2 m 미만인 부분
   (2) 천장과 반자 사이의 벽이 불연재료이고 천장과 반자 사이의 거리가 2 m 이상으로서 그 사이에 가연물이 존재하지 아니하는 부분
6) 천장·반자 중 한쪽이 불연재료로 되어 있고 천장과 반자 사이의 거리가 1 m 미만인 부분
7) 천장 및 반자가 불연재료 외의 것으로 되어 있고 천장과 반자 사이의 거리가 0.5 m 미만인 부분
8) 펌프실·물탱크실 엘리베이터 권상기실 그 밖의 이와 비슷한 장소
9) 현관 또는 로비 등으로서 바닥으로부터 높이가 20 m 이상인 장소
10) 영하의 냉장창고의 냉장실 또는 냉동창고의 냉동실
11) 고온의 노가 설치된 장소 또는 물과 격렬하게 반응하는 물품의 저장 또는 취급 장소
12) 불연재료로 된 특정소방대상물 또는 그 부분으로서 아래의 경우
    (1) 정수장·오물처리장 그 밖의 이와 비슷한 장소
    (2) 펄프공장의 작업장·음료수공장의 세정 또는 충전하는 작업장 그 밖의 이와 비슷한 장소
    (3) 불연성의 금속, 석재 등의 가공공장으로서 가연성물질을 저장·취급하지 아니하는 장소
13) 실내에 설치된 테니스장·게이트볼장·정구장 또는 이와 비슷한 장소로서 실내 바닥·벽·천장이 불연재료 또는 준불연재료로 구성되어 있고 가연물이 존재하지 않는 장소로서 관람석이 없는 운동시설(지하층은 제외)
14) 공동주택 중 아파트의 대피공간

❸ ESFR

1) 4류 위험물
2) 타이어, 두루마리 종이 및 섬유류, 섬유제품 등 연소 시 화염의 속도가 빠르고 방사된 물이 하부까지 도달하지 못하는 것

❹ 물분무 헤드

1) 물에 심하게 반응하는 물질 또는 물과 반응하여 위험한 물질을 생성하는 물질을 저장·취급하는 장소
2) 고온의 물질 및 증류범위가 넓어 끓어 넘치는 위험이 있는 물질을 저장 또는 취급하는 장소
3) 운전 시에 표면의 온도가 260℃ 이상으로 되는 등 직접 분무를 하는 경우 그 부분에 손상을 입힐 우려가 있는 기계 장치 등이 있는 장소

❺ 이산화탄소 분사헤드

1) 방재실·제어실 등 사람이 상시 근무하는 장소
2) 니트로셀룰로오스·셀룰로이드제품 등 자기 연소성 물질을 저장·취급하는 장소
3) 나트륨·칼륨·칼슘 등 활성 금속 물질을 저장·취급하는 장소
4) 전시장 등의 관람을 위하여 다수인이 출입·통행하는 통로 및 전시실 등

❻ 할로겐화합물 및 불활성기체 소화약제

1) 사람이 상주하는 곳으로써 최대허용 설계농도를 초과하는 장소
2) 3·5류 위험물을 사용하는 장소

❼ 고체에어로졸

1) 니트로셀룰로오스, 화약 등의 산화성 물질
2) 리튬, 나트륨, 칼륨, 마그네슘, 티타늄, 지르코늄, 우라늄 및 플루토늄과 같은 자기반응성 금속
3) 금속 수소화물(Metal Hydrides)
4) 유기 과산화수소, 히드라진 등 자동열분해(Auto Thermal Decomposition)를 하는 화학물질
5) 가연성증기 또는 분진 등 폭발성 물질이 대기에 존재할 가능성이 있는 장소

❽ 자동화재탐지설비 감지기

1) 천장 또는 반자의 높이가 20 m 이상인 장소. 다만 부착높이에 따라 적응성이 있는 장소는 제외
2) 헛간 등 외부와 기류가 통하는 장소로서 감지기에 따라 화재발생을 유효하게 감지할 수 없는 장소
3) 부식성가스가 체류하고 있는 장소
4) 고온도 및 저온도로서 감지기의 기능이 정지되기 쉽거나 감지기의 유지관리가 어려운 장소
5) 목욕실·욕조나 샤워시설이 있는 화장실·기타 이와 유사한 장소
6) 파이프 덕트 등 그 밖의 이와 비슷한 것으로서 2개 층마다 방화구획된 것이나 수평단면적이 5 m^2 이하인 것

7) 먼지·가루 또는 수증기가 다량으로 체류하는 장소 또는 주방 등 평시에 연기가 발생하는 장소(연기감지기에 한한다)

8) 프레스공장·주조공장 등 화재발생의 위험이 적은 장소로서 감지기의 유지관리가 어려운 장소

9 유도등

1) 피난구 유도등

   (1) 바닥면적이 1,000 m^2 미만인 층으로서 옥내로부터 직접 사방으로 통하는 출입구

   (2) 대각선 길이가 15 m 이내인 구획된 실의 출입구

   (3) 거실 각 부분으로부터 하나의 출입구에 이르는 보행거리가 20 m 이하이고 비상조명등과 유도표지가 설치된 거실의 출입구

   (4) 출입구가 3 이상 있는 거실로서 그 거실 각 부분으로부터 하나의 출입구에 이르는 보행거리가 30 m 이하인 경우에는 주된 출입구 2개소외의 출입구(유도표지가 부착된 출입구), 다만 공연장, 집회장, 관람장, 전시장, 판매시설, 숙박시설, 노유자시설, 의료시설의 경우 제외

2) 통로 유도등

   (1) 구부러지지 아니한 복도 또는 통로로서 보행거리가 30 m 미만인 복도 또는 통로

   (2) 1)에 해당하지 아니하는 복도 또는 통로로서 보행거리가 20 m 미만이고 그 복도 또는 통로와 연결된 출입구 또는 그 부속실의 출입구에 피난구유도등이 설치된 복도 또는 통로

3) 객석 유도등

   (1) 주간에만 사용하는 장소로서 채광이 충분한 객석

   (2) 거실 등의 각 부분으로부터 하나의 거실 출입구에 이르는 보행거리가 20 m 이하인 객석의 통로로서 그 통로에 통로유도등이 설치된 객석

10 비상조명등

1) 거실의 각 부분으로부터 하나의 출입구에 이르는 보행거리가 15 m 이내인 부분

2) 의원, 경기장, 아파트 및 기숙사, 의료시설, 학교의 거실

3) 휴대용 비상조명등

   지상 1층 또는 피난층으로서 복도·통로 또는 창문 등의 개구부를 통하여 피난이 용이한 경우 또는 숙박시설로서 복도에 비상조명등을 설치한 경우

11 제연설비 배출구·공기유입구

화장실·목욕실·주차장·발코니를 설치한 숙박시설(가족호텔 및 휴양콘도미니엄)의 객실과 사람이 상주하지 아니하는 기계실·전기실·공조실·50 m^2 미만의 창고 등으로 사용되는 부분에 대하여는 배출구·공기유입구의 설치 및 배출량 산정에서 이를 제외할 수 있다.

책임감리원과 보조감리원

1 정 의

발주자가 감리업체를 지정하여 해당 공사의 설계도서, 기타 관계서류의 내용대로 시공되는지의 여부를 확인하고 품질관리, 시공관리, 공정관리, 안전관리 등에 대한 기술지도를 하며, 관계법령에 따라 발주자의 감독 권한을 대행하는 것

2 감리원 구분

1) 책임감리원 : 해당 공사 전반에 관한 감리업무를 총괄하는 사람
2) 보조감리원 : 책임감리원을 보좌하고 책임감리원의 지시를 받아 감리업무를 수행하는 사람

3 배치기준

감리원의 배치기준		소방시설공사 현장의 기준
책임감리원	보조감리원	
특급감리원 중 소방기술사	초급감리원 이상	• 연면적 20만 m^2 이상 • 지하층을 포함한 층수가 40층 이상
특급감리원 이상	초급감리원 이상	• 연면적 30,000~200,000 m^2 (아파트는 제외) • 지하층을 포함한 층수가 16층 이상 40층 미만
고급감리원 이상	초급감리원 이상	• 물분무 등 소화설비 또는 제연설비가 설치 • 연면적 30,000~200,000 m^2 인 아파트
중급감리원 이상		• 연면적 5,000~30,000 m^2
초급감리원 이상		• 연면적 5,000 m^2 미만 • 지하구의 공사 현장

1) 연면적 합계가 20만 m^2 이상인 경우에는 20만 m^2를 초과하는 연면적에 대하여 10만 m^2 (연면적이 10만 m^2에 미달하는 경우에는 10만 m^2로 본다)마다 보조감리원 1명 이상을 추가로 배치해야 한다.
2) 위 표에도 불구하고 상주 공사감리에 해당하지 않는 소방시설의 공사에는 보조감리원을 배치하지 않을 수 있다.
3) 상주 감리대상
    (1) 연면적 3만 m^2 이상의 특정소방대상물 (아파트는 제외)에 대한 소방시설의 공사
    (2) 지하층을 포함한 층수가 16층 이상으로서 500세대 이상인 아파트에 대한 소방시설의 공사
4) 상주 감리방법
    (1) 감리원은 행정안전부령으로 정하는 기간 동안 공사 현장에 상주하여 법 제16조 제1항 각 호에 따른 업무를 수행하고 감리일지에 기록해야 한다.
    (2) 감리원이 행정안전부령으로 정하는 기간 중 부득이한 사유로 1일 이상 현장을 이탈하는 경우에는 감리일지 등에 기록하여 발주청 또는 발주자의 확인을 받아야 한다. 이 경우 감리업자는 감리원의 업무를 대행할 사람을 감리현장에 배치하여 감리업무에 지장이 없도록 해야 한다.

(3) 감리업자는 감리원이 행정안전부령으로 정하는 기간 중 법에 따른 교육, 「민방위기본법」에 따른 교육을 받는 경우나 「근로기준법」에 따른 유급휴가로 현장을 이탈하게 되는 경우에는 감리업무에 지장이 없도록 감리원의 업무를 대행할 사람을 감리현장에 배치해야 한다. 이 경우 감리원은 새로 배치되는 업무대행자에게 업무 인수·인계 등의 필요한 조치를 해야 한다.

4 소방감리 업무수행 내용

1) 적법성
   (1) 소방시설 등의 설치계획표의 적법성 검토
   (2) 피난시설 및 방화시설의 적법성 검토
   (3) 실내장식물의 불연화와 방염 물품의 적법성 검토

2) 적합성
   (1) 소방시설 등 설계도서의 적합성(적법성과 기술상의 합리성) 검토
   (2) 소방시설 등 설계 변경 사항의 적합성 검토
   (3) 소방용 기계·기구 등의 위치·규격 및 사용 자재의 적합성 검토
   (5) 공사업자가 작성한 시공 상세 도면의 적합성 검토

3) 지도/감독
   공사업자가 한 소방시설 등의 시공이 설계도서와 화재안전기준에 맞는지에 대한 지도·감독

4) 성능시험
   완공된 소방시설 등의 성능시험

5 문서 및 설계도서 해석의 우선순위

1) 소방 관계법령 및 유권해석
2) 성능심의 대상인 경우 조치계획 준수사항
3) 사전재난영향평가 조치계획 준수사항
4) 계약특수조건 및 일반조건
5) 특별시방서
6) 설계도면
7) 일반시방서 또는 표준시방서
8) 산출내역서
9) 승인된 시공도면
10) 감리원의 지시사항

착공신고/공사감리자 지정대상

❶ 소방시설공사의 착공신고 대상

1) 특정소방대상물
   (1) 옥내소화전, 옥외소화전, 스프링클러 등, 물분무 등, 연결송수관설비, 연결살수설비, 제연설비, 소화용수설비 또는 연소방지설비
   (2) 자동화재탐지설비, 비상경보설비, 비상방송설비, 비상콘센트설비 또는 무선통신보조설비

2) 설비 또는 구역 등을 증설하는 공사
   (1) 옥내·옥외소화전설비
   (2) 스프링클러 또는 물분무 등의 방호구역, 자동화재탐지설비의 경계구역, 제연설비의 제연구역, 연결살수설비의 살수구역, 연결송수관설비의 송수구역, 비상콘센트설비의 전용회로, 연소방지설비의 살수구역

3) 특정소방대상물에 설치된 소방시설 등을 구성하는 다음 각 목의 어느 하나에 해당하는 것의 전부 또는 일부를 개설, 이전 또는 정비하는 공사. 다만 고장 또는 파손 등으로 인하여 작동시킬 수 없는 소방시설을 긴급히 교체하거나 보수하여야 하는 경우에는 신고하지 않을 수 있다.
   (1) 수신반
   (2) 소화펌프
   (3) 동력(감시)제어반

❷ 공사감리자 지정대상 특정소방대상물의 범위

설비 종류	공사 범위
옥내소화전설비	신설·개설 또는 증설
옥외소화전설비	신설·개설 또는 증설
스프링클러설비	신설·개설하거나 방호·방수 구역을 증설할 때. 단, 캐비닛형 간이스프링클러 제외
물분무등소화설비	신설·개설하거나 방호·방수 구역을 증설할 때 호스릴 방식의 소화설비는 제외
자동화재탐지설비	신설 또는 개설
비상방송설비	신설 또는 개설
비상조명등	신설 또는 개설
소화용수설비	신설 또는 개설
통합감시시설	신설 또는 개설
제연설비	신설·개설하거나 제연구역을 증설
연결송수관설비	신설 또는 개설
연결살수설비	신설·개설하거나 송수구역을 증설
비상콘센트설비	신설·개설하거나 전용회로를 증설
무선통신보조설비	신설 또는 개설
연소방지설비	신설·개설하거나 살수구역을 증설

설계도서 등의 검토

1 개 요
1) 감리원은 착수단계부터 준공 시까지 적법성 및 적합성 확인
2) 소방설계도서는 설계도면, 설계시방서, 내역서 및 설계계산서 등으로 구성되며, 감리원의 업무는 설계도서를 검토하는 것부터 시작되므로 소방과 관련된 건축, 기계, 전기도면 등도 함께 검토하여 설계의 오류, 누락 등의 문제점을 발견하고 적절한 조치를 취하도록 하여야 한다.

2 설계업무 착안 사항
1) 하나의 건축물 여부(연결 통로)
2) 무창층 여부
3) 타 공종과 연결부분 확인
4) 감시제어반 전용실 위치 선정
5) 옥내/외 소화전 위치
6) 소방전기와 소방기계설계의 일치 여부
7) 성능시험배관 직관부 공간 확보
8) 제연송풍기 풍량 측정 공간 확보
9) 제연설비 외기 취입구 위치
10) 헤드설치 제외와 접근 가능성

3 설계도면 검토
1) 건축평면과 소방평면 일치 여부
2) 실제시공 가능 여부(건축도면 참조)
3) 타 공정 간섭 및 상호 부합 여부

구 분	확인 사항
건 축	• 수신기, 각종 제어반의 위치 및 면적 • 감시제어반 전용실의 적합성 • 알람밸브의 밸브실, 펌프실의 위치 및 면적 • 제연 팬룸 위치 및 면적, 외기에 면하는 급·배기 그릴 위치 • 배연창, 자동폐쇄장치 등 피난설비 관련 설치 • 제연설비 수직풍도 위치 및 면적 등 • 방화셔터 위치
전 기	• 소방설비 관련 장비의 전원 • 건축방재 관련 전원 • 비상조명등 • 비상전원설비 등

기 계	• 공조겸용 제연설비 • 소화용수 겸용수조 • 상수도소화전 인입라인 등

   4) 설계도서 상호부합 여부(시방서, 계산서, 내역서)
   5) 설계의 오류, 누락 등 불명확성 검토 시 중요 확인 사항
      (1) 방화구획 누락 여부 : 비상전원
      (2) 방화지구 여부
      (3) 방화셔터와 출입문 거리
      (4) 소화펌프 계산서와 설계도서 일치 여부
      (5) 감압밸브 적용조건 설치 및 구성방법 적절 여부
      (6) 연결송수관 가압송수장치 및 기동장치
      (7) 송수구 위치
      (8) 소화배관 적절 여부
      (9) 기계실 등 살수 장애 여부 및 상하향식
   6) 시공 시 예상 문제점 검토

4 설계시방서 검토

   1) 시방서, 내역서와 도면 일치 여부
   2) 특기 시방 첨부 여부
   3) 도면에 표기하지 못하는 부분 있는지 확인 검토

5 내역서 검토 : 물량, 규격, 단가, 단위 확인

   1) 도면 계산서 일치 여부
   2) 내역, 품목, 수량이 도면과 일치 여부

6 설계계산서 검토

   1) 수조계산서
   2) 펌프/송풍기 용량계산서
   3) 발전기 용량
   4) 거실/특별피난계단 제연설비 계산서

7 결 론

   1) 착수단계 검토가 매우 중요하다.
   2) 계약 이후 30일 이내 오류 및 누락 관련 설계검토서 제출
   3) 품질확보 위한 자재 검수 및 현장 작업 검측 업무 중요

검측 업무

1 개 요

1) 검측이란 계약설계도면, 시방서, 사업계획승인 조건 등을 만족하는지 검사 확인하는 것으로 건축물 시공단계별 품질 확보가 목적이다.
2) 시공계획서에 따른 일정단계의 작업이 완료되면 시공자로부터 검측요청서를 제출받아 그 시공상태를 확인
3) 공사의 효율적인 추진을 위하여 가능한 시공과정에서 수시 입회·확인하도록 하여야 한다.

2 검측 체크리스트 작성

1) 체계적이고 객관성 있는 현장 확인과 승인
2) 부주의, 착오, 미확인에 따른 실수를 사전에 예방하여 충실한 현장 확인 업무를 유도
3) 검측작업의 표준화로 품질향상을 도모
4) 객관적이고 명확한 검측결과를 시공자에게 제시하여 현장에서의 불필요한 시비를 방지하는 등의 효율적인 검측업무를 도모

3 검측업무 기본방향

1) 공사의 규모와 현장조건을 감안한 검측업무지침을 현장별로 작성·수립하고 이를 근거로 검측업무를 수행하여야 한다.
2) 세부공종, 검측절차, 검측시기 또는 검측빈도, 검측 체크리스트 등의 내용을 배포
3) 검측은 체크리스트를 사용하여 수행하고, 그 결과를 시공자에게 통보하여 후속공정의 승인 여부와 지적사항을 명확히 전달
4) 검사항목에 대한 시공기준 또는 합격기준을 기재하여 검측결과의 합격 여부를 합리적으로 신속히 판정
5) 현장 확인이 곤란한 매설과 같은 공종의 시공 중 감리원의 계속적인 입회 확인하에 시행
6) 시공자가 검측요청서를 제출할 때 공사 참여자 실명부가 첨부되었는지를 확인

4 검측세부 공정

1) 감리업무 범위에서 산정
   검측 대상을 계약설계도서, 시방서, 사업계획승인 조건 등을 만족할 수 있는 품질 상태를 검사 확인 수 있도록 공종을 세분화하여 검측세부 공정 결정
2) 검측시기
   (1) 품질상태를 종합적으로 검사 확인하는 데 가장 효과적인 시기로 결정
   (2) 공사 연속성 방해가 없는 시기
3) 검측 빈도(고품질 확보 시기) : 육안 확인 가능시기 (세부공종 시공 중, 완료 후)

4) 검측 방법
   (1) 육안 확인
   (2) 시공과정 입회
   (3) 검측 체크리스트에 의한 검사 확인
   (4) 매몰 부분 : 공사 사진 촬영 감리단 제출
   (5) 품질이 확보될 수 있도록 기술지도
   (6) 시공자가 검측요청서를 제출할 때 공사 참여자 실명부가 첨부되었는지를 확인

5 검측절차에 따라 검측업무

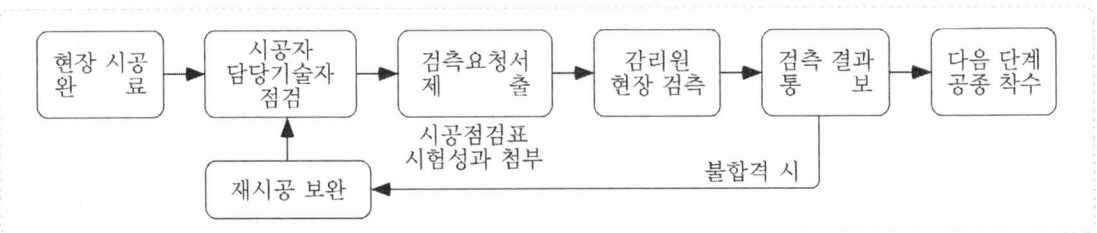

1) 1차 시공사 검측
   (1) 검측 체크리스트에 따른 검측
   (2) 시공자의 담당기술자가 점검하여 합격된 것으로 확인한 후
   (3) 확인한 검측 체크리스트를 첨부하여 검측요청서를 감리원에게 제출
2) 2차 감리원 검측
   (1) 감리원은 1차 점검내용을 검토한 후
   (2) 현장 확인 검측을 실시
   (3) 그 결과를 서면으로 통보하여야 한다.
3) 재검측
   (1) 검측결과 불합격인 경우는 그 불합격된 내용을 시공자가 명확히 이해할 수 있도록 통보하고 보완 시공 후
   (2) 재검측 받도록 조치한 후 감리보고서에 반드시 기록하여야 한다.

6 검측 업무 시 주의사항

1) 감리원은 검측할 검사항목을 계약설계도면, 시방서, 관계법령, 이 절차서 등의 관계규정 내용을 기준하여 구체적인 내용으로 작성하며 공사목적물을 소정의 규격과 품질로 완성하는 데 필수적인 사항을 포함하여 점검항목을 결정하여야 한다.
2) 후속 공정을 착수함으로써 추후 수정이 곤란한 단계의 공정이 완료되었을 때는 반드시 감리원의 검측을 받도록 하여야 한다.

공사 완료단계 시설물 인수·인계 등

1 공사 완료단계 업무
1) 시설물 인수·인계
2) 준공 후 현장문서 인수·인계
3) 유지관리 및 하자정비

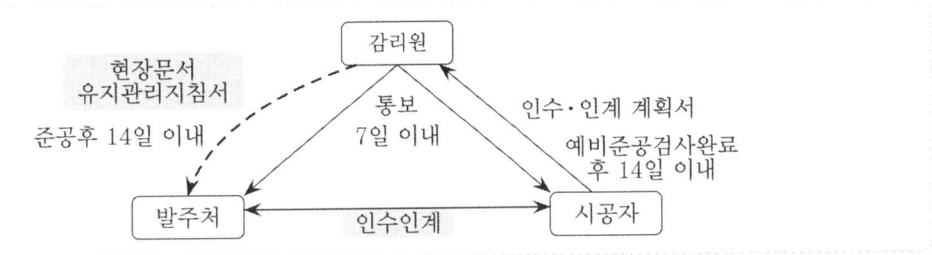

2 시설물 인수·인계
1) 예비준공검사 완료 후 14일 이내에 시설물의 인수·인계를 위한 계획을 수립·검토
2) 인수·인계를 위한 계획을 수립/검토
   ⑴ 일반사항(공사개요 등)
   ⑵ 운영지침서(필요한 경우에 한정한다)
      ① 시설물의 규격 및 기능점검 항목
      ② 기능점검 절차
      ③ Test 장비확보 및 보정
      ④ 기자재 운전지침서
      ⑤ 제작도면 절차서 등 관련자료
   ⑶ 시운전 결과보고서(시운전 실적이 있는 경우에 한정한다)
   ⑷ 예비 준공검사 결과
   ⑸ 특기사항

3 준공 후 현장문서 인수·인계
1) 감리원은 감리용역 준공 후 14일 이내에 발주자와 협의한 현장문서를 발주자에 인계하여야 한다.
2) 인계할 문서의 목록
   ⑴ 준공 사진첩
   ⑵ 준공 도면
   ⑶ 시설물 인수인계서
   ⑷ 기자재 구매서류
   ⑸ 시험성적서(주요자재, 품질관리)

(6) 시방서

(7) 준공내역

(8) 공사관련 기록부 (주요자재 정산서, 인·허가 관계철 등)

(9) 준공검사조서

(10) 기타 발주자가 필요하다고 인정하는 서류

4 유지관리 및 하자정비

1) 유지관리 지침서를 작성하여 공사준공 후 14일 이내에 발주자에게 제출하여야 한다.
2) 시설물 유지관리지침서 포함사항
    (1) 시설물의 규격 및 기능 설명서
    (2) 시설물 유지관리 기구에 대한 의견서
    (3) 시설물 유지관리지침
    (4) 특기사항
3) 하자보수
    (1) 감리업체 대표자 및 감리원은 공사를 준공한 후에 발주자와 시공자간의 시설물의 하자보수 처리에 대한 분쟁 또는 이견이 있는 경우에는 검토 의견을 제시하여야 한다.
    (2) 감리업체 대표자 및 감리원은 공사를 준공한 후에 발주자가 필요하다고 인정하여 하자보수 대책 수립을 요청할 경우에는 이에 협조하여야 한다.
    (3) (1)과 (2)의 업무가 감리기술용역계약에서 정한 감리기간이 지난 후에 수행하여야 할 경우에는 발주자는 별도의 실비를 감리원에게 지급하여야 한다.

Annex

📁 하자보수 대상 소방시설과 하자보수 보증기간)
   1. 2년 : 피난기구, 유도등, 유도표지, 비상경보설비, 비상조명등, 비상방송설비 및 무선통신보조설비
   2. 3년 : 자동소화장치, 옥내소화전설비, 스프링클러설비, 간이스프링클러설비, 물분무등소화설비, 옥외소화전설비, 자동화재탐지설비, 상수도소화용수설비 및 소화활동설비(무선통신보조설비는 제외)

준공검사

1 개 요

감리원은 시공자로부터 준공검사원을 접수하였을 경우에는 계약서, 시방서, 설계도면 기타 관계서류의 내용대로 시공이 완료되었는지의 여부를 확인하고 준공검사원의 내용이 정산 설계도서와의 합치 여부 등을 검토·확인하여야 한다.

2 준공관련 서류

1) 공사에 사용한 재료의 품질, 품명, 규격에 관한 서류
2) 시공 후 매몰부분에 대한 감리원의 검사기록 서류 및 시공 당시의 사진
3) 품질시험성과 총괄표
4) 지급자재 잉여분 조치 현황
5) 공사의 사전 검측확인 서류
6) 현장 안전관리자의 안전관리점검 총괄표
7) 기타 감리원이 필요하다고 인정하는 서류

3 준공검사자 검사사항

1) 준공된 공사가 설계도서대로 시공되었는지의 여부
2) 공사시공 시의 현장 상주감리원이 비치한 제반 기록에 대한 검토
3) 폐품 또는 발생물의 유무 및 처리의 적정 여부
4) 지급자재의 사용적부와 잉여자재의 유무 및 그 처리의 적정 여부
5) 제반설비의 제거 및 원상복구 등 정리 상황
6) 감리원의 준공검사원에 대한 검토의견서
7) 기타 검사자가 필요하다고 인정하는 사항

Annex

📂 완공검사를 위한 현장확인 대상 특정소방대상물의 범위

1. 문화 및 집회시설, 종교시설, 판매시설, 노유자시설, 수련시설, 운동시설, 숙박시설, 창고시설, 지하상가 및 「다중이용업소의 안전관리에 관한 특별법」에 따른 다중이용업소
2. 다음 아래 어느 하나에 해당하는 설비가 설치되는 특정소방대상물
   (1) 스프링클러설비 등
   (2) 물분무등소화설비 (호스릴 방식의 소화설비는 제외)
3. 연면적 1만 m^2 이상이거나 11층 이상인 특정소방대상물 (아파트는 제외)
4. 가연성가스를 제조·저장 또는 취급하는 시설 중 지상에 노출된 가연성가스탱크의 저장용량 합계가 1천톤 이상인 시설

화재예방안전진단

1 개 념

1) 소방청장은 화재 등 재난이 발생할 경우 사회적, 경제적으로 피해가 큰 시설에 대하여 소방안전 특별관리를 하여야 함
2) 소방안전 특별관리시설물의 관계인은 화재의 예방 및 안전관리를 체계적, 효율적으로 수행하기 위하여 대통령령으로 정하는 바에 따라 한국소방안전원 또는 소방청장이 지정하는 기관으로부터 정기적으로 화재예방안전진단을 받아야 함

2 화재예방안전진단 대상

1) 공항시설 중 여객터미널의 연면적이 $1,000\ m^2$ 이상인 공항시설
2) 철도시설 중 역 시설의 연면적이 $5,000\ m^2$ 이상인 철도시설
3) 도시철도시설 중 역사 및 역 시설의 연면적이 $5,000\ m^2$ 이상인 도시철도시설
4) 항만시설 중 여객이용시설 및 지원시설의 연면적이 $5,000\ m^2$ 이상인 항만시설
5) 전력용 및 통신용 지하구 중 공동구
6) 천연가스 인수기지 및 공급망 중 가스시설
7) 발전소 중 연면적이 $5,000\ m^2$ 이상인 발전소
8) 가스공급시설 중 가연성 가스 탱크의 저장용량 합계가 100 ton 이상이거나 저장용량이 30 ton 이상인 가연성 가스 탱크가 있는 가스공급시설

3 진단범위 (화재의 예방 및 안전관리에 관한 법률 제41조 "화재예방안전진단")

1) 화재위험요인의 조사에 관한 사항
2) 소방계획 및 피난계획 수립에 관한 사항
3) 소방시설 등의 유지·관리에 관한 사항
4) 비상대응조직 및 교육훈련 평가에 관한 사항
5) 화재위험성 평가에 관한 사항
6) 그 밖에 화재예방진단을 위하여 대통령령으로 정하는 사항
   (1) 화재 등의 재난 발생 후 재발방지 대책의 수립 및 이행에 관한 사항
   (2) 지진 등 외부 환경 위험요인 등에 대한 예방·대비·대응에 관한 사항
   (3) 화재예방안전진단 결과 보수·보강 등 개선요구 사항 등에 대한 이행 여부

4 화재예방안전진단 실시절차 등

1) 최초 화재예방안전진단 : 사용승인 또는 완공검사를 받은 날부터 5년이 경과한 날이 속하는 해
2) 정기 화재예방안전진단
   (1) 안전등급 우수 : 안전등급을 통보받은 날부터 6년이 경과한 날이 속하는 해
   (2) 안전등급 양호, 보통 : 안전등급을 통보받은 날부터 5년이 경과한 날이 속하는 해
   (3) 안전등급 미흡, 불량 : 안전등급을 통보받은 날부터 4년이 경과한 날이 속하는 해

3) 안전등급 기준

안전등급	화재안전예방진단 대상물의 상태
A(우수)	• 문제점이 발견되지 않은 상태
B(양호)	• 문제점이 일부 발견되었으나 대상물의 화재안전에는 이상이 없으며 대상물 일부에 대해 보수·보강 등의 조치명령이 필요한 상태
C(보통)	• 문제점이 다수 발견되었으나 대상물의 전반적인 화재안전에는 이상이 없으며 대상물에 대한 다수의 조치명령이 필요한 상태
D(미흡)	• 광범위한 문제점이 발견되어 대상물의 화재안전을 위해 조치명령의 즉각적인 이행이 필요하고 대상물의 사용제한을 권고할 필요가 있는 상태
E(불량)	• 중대한 문제점이 발견되어 대상물의 화재안전을 위해 조치명령의 즉각적인 이행이 필요하고 대상물의 사용 중단을 권고할 필요가 있는 상태

5 화재예방안전진단기관의 시설, 전문인력 등 지정기준(별표 8)

1) 시 설
   (1) 전문인력이 근무할 수 있는 사무실
   (2) 장비를 보관할 수 있는 창고

2) 전문인력
   (1) 소방기술사 1명 이상, 소방시설관리사 1명 이상
   (2) 전기안전기술사, 화공안전기술사, 가스기술사, 위험물기능장 또는 건축사 1명 이상
   (3) 소방, 전기, 화공, 가스, 위험물, 건축, 교육훈련 관련 자격자 각 1명 이상

3) 장 비
   소방, 전기, 가스, 위험물, 건축 분야별로 행정안전부령으로 정하는 장비를 갖출 것

 건축자재의 품질관리

1 품질관리 대상

1) 내화구조
2) 복합자재(불연재료인 양면 철판, 석재, 콘크리트 또는 이와 유사한 재료와 불연재료가 아닌 심재(心材)로 구성된 것)
3) 건축물의 외벽에 사용하는 마감재료로서 단열재
4) 60+, 60, 30분 방화문
5) 그 밖에 방화와 관련된 건축자재로서 국토교통부령으로 정하는 건축자재
   (1) 방화구획을 구성하는 자동방화셔터
   (2) 내화채움성능이 인정된 구조

(3) 방화댐퍼

(4) 하향식 피난구

2 품질관리 서류

1) 복합자재
    (1) 난연성능이 표시된 복합자재 시험성적서 사본
    (2) 강판의 두께, 도금 종류 및 도금 부착량이 표시된 강판생산업체의 품질검사증명서 사본
    (3) 실물모형시험 결과가 표시된 복합자재 시험성적서 사본
2) 건축물의 외벽에 사용하는 마감재료로서 단열재
    (1) 난연성능이 표시된 단열재 시험성적서 사본을 첨부할 것
    (2) 실물모형시험 결과가 표시된 단열재 시험성적서 (외벽의 마감재료가 둘 이상의 재료로 제작된 경우만 첨부) 사본
3) 60+, 60, 30분 방화문
    연기, 불꽃 및 열을 차단할 수 있는 성능이 표시된 방화문 시험성적서 사본
4) 내화구조
    내화성능 시간이 표시된 시험성적서 사본
5) 방화구획을 구성하는 자동방화셔터
    연기 및 불꽃을 차단할 수 있는 성능이 표시된 자동방화셔터 시험성적서 사본
6) 내화채움성능이 인정된 구조
    연기, 불꽃 및 열을 차단할 수 있는 성능이 표시된 내화채움구조 시험성적서 사본
7) 방화댐퍼
    한국산업규격에서 정하는 방연시험방법에 적합한 것을 증명하는 시험성적서 사본을 첨부할 것

3 절 차

1) 건축자재의 제조업자, 유통업자는 한국건설기술연구원 등 대통령령으로 정하는 시험기관에 건축자재의 성능시험을 의뢰하여야 한다.
2) 건축자재의 제조업자는 같은 항에 따른 품질관리서를 건축자재 유통업자에게 제출해야 하며, 건축자재 유통업자는 품질관리서와 건축자재의 일치 여부 등을 확인하여 품질관리서를 공사시공자에게 전달해야 한다.
3) 품질관리서를 제출받은 공사시공자는 품질관리서와 건축자재의 일치 여부를 확인한 후 해당 건축물에서 사용된 건축자재 품질관리서 전체를 공사감리자에게 제출해야 한다.
4) 공사감리자는 제 3)에 따라 제출받은 품질관리서를 공사감리완료보고서에 첨부하여 건축주에게 제출해야 한다.
5) 건축주는 제 4)에 따라 제출받은 건축자재 품질관리서 대장을 허가권자에게 제출해야 한다.

소방용품 품질관리

1 개 요

1) 소방설비는 화재발생 등 유사시에 기능이 발휘되어야 하므로 이에 설치되는 소방용품은 성능이 확보된 제품이 설치되어야 한다.
2) 소방용품에 대한 다양한 검사제도는 소방용품에 대한 품질관리 제도 및 최근 개발된 신기술·제품의 소개가 소방안전활동에 많은 도움이 될 것으로 기대한다.

2 형식승인

1) 국가에서 정한 소방용품에 대하여 형식승인의 기술기준을 고시하고 형식승인 및 제품검사를 실시하는 것
2) 「소방시설 설치 및 관리에 관한 법률」 및 시행령에서 정하는 소방용품에 대하여 형식승인을 받아야 하며 형식승인된 용품에 대하여 제품검사를 받아야 하는 의무검사 제도로 운영되고 있다.
3) 따라서 이에 해당되는 소방용품은 형식승인 및 제품검사를 받아야 유통이 가능하며, 소방시설에 설치할 수 있다. 검사받은 제품의 확인 유무는 합격증지로서 확인이 가능하다.
4) 대 상

대 상	종 류
소화기구	소화기, 자동소화장치
피난기구	피난사다리, 구조대. 완강기, 유도등. 비상조명등, 공기호흡기
경보기구	누전경보기, 가스누설경보기, 발신기, 수신기, 중계기, 감지기, 경종
소화기기	유수제어밸브, 헤드, 기동용 수압개폐장치, 소방호스, 관창, 소화전
기타	방염제

3 성능인증

1) 형식승인 대상 이외의 소방용품에 대하여 국가에서 성능인증의 기술기준을 고시하고 관계인의 요청에 의해 성능인증 및 제품검사를 실시하는 것
2) 신청인의 요청이 있는 경우 소방용품에 대한 성능을 인증하는 제도로 임의 검사제도로 운영
3) 성능인증을 받은 경우에는 제품검사를 필히 받아야 하며 성능인증 및 제품검사의 대상은 소방시설로 사용되고 있는 소방용품과 그 부분품 및 방염성능을 갖는 물품 등
4) 대 상

대 상	종 류
소화기구	지시압력계, 상업용 주방자동소화장치
피난기구	축광표지, 승강식피난기
경보기구	예비전원, 비콘, 자속, 시각경보기, 피난유도선, 소방용전선
소화기기	소화전함, 신축배관, 공기안전매트, 과압조절형 댐퍼, CPVC
기 타	방염제품, 방열복

4 KFI 인정

1) 법정 소방용품 외에 화재의 예방, 구조, 구급 등에 사용되는 제품 중 품질 및 성능을 확보할 수 있도록 한국소방산업기술원 자체규정으로 운영하는 제도이다.
2) 화재 및 재난으로부터 국민의 생명과 재산을 보호하기 위하여 화재의 예방, 구조, 구급 등에 사용되는 제품 중 소방법령에 따른 형식승인, 성능인증 대상 이외의 소방용품에 대한 품질 및 성능을 확보할 수 있도록 한국소방산업기술원의 자체 규정으로 운영하는 제도이다.
3) 대 상

대 상	종 류
소화기구	차량용소화기, 고정 장치
피난기구	휴비, 미끄럼대, 영상음향차단장치
경보기구	아크경보기
소화기기	배관이음쇠, 수격흡수기, 감압밸브, 미분무 설계도서 검증
기타	소방관 사용기기, 소방용 방열복

구분	형식승인	성능인증	KFI 인정
대상	국가에서 정한 소방용품	형식승인 이외의 소방용품	법정 소방용품 외에 예방, 구조, 구급에 사용되는 제품
개념	형식승인의 기술기준을 고시하고 형식승인 및 제품검사	성능인증의 기술기준을 고시하고 관계인의 요청에 의해 성능인증 및 제품검사	KFI에서 자체규정으로 운영
종류	① (신청된 제품의)실물시험 ② (신청자가 보유)시험시설 심사	① 신청된 대상품목 ② 소방대상물에 설치된 소방용품	① (제품의)인정시험 ② (설계도서)설계심사
규정	소설안 제36조, 시행령 제37조	소설안 제39조	KFI
표시	KC 마크 (15×15), AA AA 00000	KFI 마크 (15×15), AA AA 00000	KFI 마크 (10)

It's Not Over 'til It's Over

요약

- 이상기체상태방정식 108-2-3, 114-1-13, 122-1-6

- 삼중점 107-1-10, 114-4-2

- 발열량 128-3-6, 130.1-6

- 플럼 124-1-8, 130-4-6

- 연쇄반응 120-1-1, 131-2-1

- 플럼 상승 106-3-6, 109-2-6, 113-2-1, 122-4-6

- 성층화(Stratification) 128-4-4, 131-1-11

- 단열압축 112-1-5, 124-4-6

- 연소속도 109-4-3, 131-3-4

- 화염확산 106-2-5, 109-3-1

- 훈소 119-1-4, 128-4-6

- 무차원수 106-1-8, 120-4-4, 125-1-8, 132-1-4

- 가시거리 112-1-13, 117-1-10, 125-1-2

- 당량비 108-1-7, 123-1-2

- MOC 118-2-6, 123-1-4

- 전기적 폭발 120-1-9, 122-2-3

- 그레이엄(Graham)의 확산법칙 115-1-6, 129-2-6

- 특수가연물 122-4-3, 130-2-5

- MSDS 109-1-9, 117-2-2, 126-3-4

- 금속화재 111-2-3, 115-2-5, 116-1-9

- 수소 충전 118-2-3, 124-1-1

- 구조안전 112-1-1, 118-1-4, 128-1-1

- 심층화재방어 108-4-4, 115-1-12

- 보강 124-3-4, 126-2-4

- 화재확산구조 104-2-4, 106-1-3, 113-1-11, 114-2-5, 116-1-7, 121-1-10

- 드라이비트 115-4-5, 106-1-4

- 내화채움재 104-2-6, 125-1-12

- 발코니 118-4-2, 123-2-5

- 방화유리 123-2-5, 129-1-13

- 건축 허가 108-2-4, 121-1-5

- 다중이용업 108-1-2, 123-2-6

- 화재유발지수 110-1-8, 124-1-9

- Fail-Safe 120-1-12, 127-1-13

- 피난계단 105-4-2, 114-1-10, 116-2-3, 123-3-5

- 지하층 104-1-8, 118-2-5, 128-3-1

- 대피공간 119-1-13, 129-4-3

- 종합방재실 111-2-4, 116-3-3, 128-2-2

- 절대압력 113-1-5, 125-1-6, 131-1-12

- 뉴턴의 점성법칙 117-1-3, 122-1-5

- 베르누이 방정식 104-1-5, 107-1-2, 113-1-4

- 오리피스 118-4-4, 126-1-12, 129-1-6

- 수량 유도 125-3-3, 129-1-1

- 장방형 덕트 119-4-6, 124-1-3, 129-3-4

- 비속도 106-3-4, 111-3-1, 119-1-1

- 수격 107-1-12, 122-2-1
- 펌프 성능 105-4-3, 120-2-3, 127-2-2
- 상업용 주방자동소화장치 109-2-2, 124-1-13, 131-2-3
- 체크밸브 114-1-5, 122-2-2
- 피트층 105-1-10, 127-1-10
- 수압시험 119-2-2, 132-2-6
- 용접사고 119-4-1, 129-2-4
- 부식 106-2-4, 114-3-3, 126-2-3
- 시험장치 110-2-1, 120-3-6
- RTI 107-4-1, 119-3-4, 122-1-2, 129-1-8
- 로지먼트 115-1-10, 131-1-1
- 호스릴 114-3-1, 118-2-2
- 내알콜포 104-4-3, 107-3-6
- 혼합장치 110-1-7, 118-1-6, 121-4-1, 125-2-1
- 고팽창포 107-2-5, 108-1-3, 127-4-2
- 포모니터 108-3-4, 127-1-3
- 가스약제량 105-2-3, 109-3-4, 112-2-5, 117-4-1
- 나트륨 116-1-9, 117-1-1, 117-1-12
- 방사시간 107-4-6, 108-1-12, 115-3-4, 128-1-11
- 과압배출구 108-4-5, 111-4-1
- 가스계프로그램 112-3-4, 125-1-11, 126-2-2
- Vapor Delay Time 105-1-11, 131-1-13

- 연기충전 109-1-10, 114-3-6

- Hot Smoke Test 117-2-4, 130-4-4

- Plug-Holing 115-1-11, 121-1-4

- 차압 116-1-13, 119-2-3, 121-2-3

- 과압방지(플랩) 105-1-13, 110-1-6, 123-1-7

- 누설 틈새 105-3-6, 117-4-2, 130-2-3

- TAB 113-4-4, 123-1-10, 126-3-2

- 덕트 119-4-6, 124-1-3, 129-3-4

- 송풍기 112-1-8, 122-3-3, 127-4-6

- 송풍기 풍량제어 113-3-2, 114-4-6, 122-3-3, 131-2-5

- 송풍기 System Effect 106-4-3, 117-3-1

- 복합수신기 113-2-5, 122-1-4

- 서미스터 105-3-1, 121-3-4

- See-beck 111-1-4, 117-1-9, 125-1-4

- 정온식 105-1-9, 114-1-4, 118-4-5, 119-1-11

- 불꽃감지기 107-2-1, 125-3-5, 127-3-4

- 아날로그감지기 114-3-4, 123-4-6

- 무선감지기 115-2-3, 123-2-3

- CLASS 113-3-5, 128-1-4

- 조도 107-1-9, 124-3-3, 130-1-5

- 내화배선 115-1-13, 121-2-6, 123-4-1, 127-4-5

- 차폐선 125-4-4, 130-1-8

- 소방부하 112-1-9, 124-4-2, 131-1-6
- 발전기 108-1-4, 109-2-1, 127-3-3
- 비상전원수전설비 120
- 축전지 104-1-1, 107-3-1, 117-3-2, 119-2-4
- UPS 107-2-3, 115-4-3, 116-4-2
- 연료전지 117-4-6, 132-3-4
- 그레이딩 106-1-4, 126-3-6, 127-4-3
- 전압강하 104-1-7, 107-3-4, 108-3-6, 121-1-8, 125-2-6
- Y 결선 114-1-2, 114-4-5, 116-4-1
- 절연저항 115-1-2, 120-4-3
- SPD 112-1-4, 113-4-2
- CONTAM 114-2-3, 120-2-2
- 피난시뮬레이션의 커플링(Coupling) 130-4-3, 132-1-7
- 연소패턴 104-1-2, 105-1-6, 122-1-1, 127-8-1
- 과학적 조사 105-3-3, 108-3-1
- Back Layering 111-3-3, 128-4-3, 129-3-1
- 강화액 114-2-1, 116-3-1
- 지하구 117-3-5, 124-3-1
- 지하구 강화액소화설비 114-2-1, 116-3-1
- 지진화재 104-2-2, 116-4-5
- 전통시장 106-4-6, 123-3-1
- 주차장 114-4-3, 123-3-3

물 소화약제

104-1-6 물의 표면장력을 기술하고, 표면장력이 소화에 미치는 영향에 대하여 설명하시오.

106-1-11 소화약제로서 물을 심부화재 및 유류화재에 사용할 경우 물의 한계점에 대하여 설명하시오.

111-4-5 소화약제로 사용되는 물(H_2O)에 대하여 다음 사항을 설명하시오.
    1) 물리적 성질
    2) 화학적 성질
    3) 냉각효과가 우수한 이유

열전달

113-2-2 복사에너지의 정의 및 복사에너지의 실제 방사율, 온도 등과의 상호관계를 설명하시오.

118-4-1 열전달 메커니즘(Mechanism)에 대하여 설명하시오.

119-3-4 스프링클러 작동시간 예측에 있어 감열체의 대류와 전도에 대하여 열평형식을 이용하여 설명하시오.

120-2-1 열전달 메커니즘의 형태를 실내화재에 적용시켜 기술하고 화재 방지대책에 관하여 설명하시오.

125-1-5 형태계수와 방사율에 대하여 설명하시오.

128-3-4 복사 실드(Shield)와 관련하여 다음을 설명하시오.
    1) 복사 실드(Shield)의 개념
    2) 복사 실드(Shield) 수에 따른 열유속 변화

129-2-6 다음 사항에 대하여 설명하시오.
    1) 푸리에(Fourier)의 열전도법칙, 뉴턴(Newton)의 냉각법칙
    2) 기체분자운동론의 가정 5가지, 그레이엄(Graham)의 확산법칙

자연발화

106-1-1 저온발화의 메커니즘을 정의하고, 목재의 저온발화에 대하여 설명하시오.

112-1-5 발화의 요인이 되는 단열압축에 대하여 설명하시오.

116-3-4 요오드가 160인 동식물유류 500000ℓ를 옥외저장소에 저장하고 있다. 다음 질문에 답하시오.
  2) 동식물유류를 요오드가에 따라 분류하고, 해당품목을 각각 2개씩 쓰시오.
  4) 상기 위험물이 자연발화가 발생하기 쉬운 이유를 설명하시오.

121-3-2 자연발화의 정의, 분류, 조건 및 예방방법에 대하여 설명하시오.

128-1-13 자연발화가 일어나기 쉬운 조건을 설명하시오.

131-1-4 자연발화현상에서 열방사에 의한 자연발화와 고온기류에 의한 자연발화에 대하여 설명하시오.

131-4-6 「대기환경보전법 시행규칙」에 따라 "저탄시설 옥내화"를 의무화해 2024년까지 모든 석탄화력발전소는 옥내에 석탄을 보관해야 한다. 이러한 옥내 저탄장(Coal Shed)에서 발생 가능한 자연발화의 원인을 분석하고 옥내 저탄장에 적응성 있는 소방시설과 화재안전대책을 설명하시오.

플럼

106-4-5 난류화재플럼(Plume)에서 다음 사항에 대하여 설명하시오.
  1) 에너지 흐름속도($\dot{Q}$)와 플럼온도(T)와의 관계
  2) 에너지 흐름속도($\dot{Q}$)와 복사에너지 분율(X_r)과의 관계
  3) 플럼온도(T)와 복사에너지 분율(X_r)과의 관계

124-1-8 화재플럼(Fire Plume)의 발생 메커니즘(Mechanism)과 활용방안을 설명하시오.

125-4-1 그림은 천정열기류(Ceiling Jet)에 관한 계산 모델이다. 다음 물음에 답하시오.
  1) 천정열기류(Ceiling Jet)의 정의
  2) 화재플럼 중심축으로부터 거리 r 만큼 떨어진 위치에서의 기류 온도와 속도

126-2-1 화재 시 발생하는 연기에 대하여 다음을 설명하시오.
  1) 연기의 유해성
  2) 고온영역의 연기층 유동현상
  3) 저온영역의 연기층 유동현상

128-2-3 스프링클러헤드에서 방출속도와 화재플럼(Fire Plume) 상승속도의 관계를 설명하시오.

130-4-6 화재플럼(Fire Plume)의 발생 메커니즘을 쓰고, 광전식 공기흡입형감지기(아날로그방식)의 작동원리와 적응성에 대하여 설명하시오.

연소속도 (Burning Rate)

106-2-1 직경 1 m인 시험체 표면적을 가진 가솔린화재 패턴이 동일 조건의 목재화재 패턴보다 비교적 손괴가 적은 이유를 주어진 값을 이용하여 설명하시오. (가솔린 : 질량유속(m") = 55 $g/m^2 \cdot s$, 유효연소열($\triangle H_c$) = 43.7 kJ/g, 기화열(L) = 0.33 kJ/g 목재 : 질량유속(m") = 11 $g/m^2 \cdot s$, 유효연소열($\triangle H_c$) = 15.0 kJ/g, 기화열(L) = 1.82 kJ/g)

113-3-1 구획실 화재(환기구 크기 1 m × 2 m)에서 플래시오버 이후 환기지배형 화재의 에너지 방출과 최성기 화재(800 ℃로 가정)의 크기를 비교하시오. (단, 연료 기화열 3 kJ/g, 연료가 퍼진 바닥면적 12 m², 가연물의 기화열 2 kJ/g, 평균연소열 △H = 20 kJ/g, Stefan Boltzmann 상수(σ) = 5.67×10⁻⁸ W/m²·K으로 한다)

122-3-6 구획실 화재(환기구 크기 : 1 m × 2 m)에서 플래시오버 이후 최성기 화재(800 ℃로 가정)의 에너지 방출률을 구하시오. (단, 연료가 퍼진 바닥면적 12 m², 가연물의 기화열 2 kJ/g, 평균 연소열 $\Delta H_C = 20\ kJ/g \Delta$ Stefan Boltzman 상수(σ) = 5.67 × 10⁻⁸ W/m²·K4 이다)

122-2-6 화재 시 아래의 제한된 조건하에서 화염의 열유속($\dot{q}''$)의 값을 비교하고 각각 연료에 대한 위험성의 상관관계를 설명하시오.

129-1-7 유류 저유소에 화재가 발생하였다. 조건에 따른 액면강하속도 및 연소지속시간을 구하시오.
저장유류 : 등유, 등유의 단위면적당 질량감소속도 : 0.039 $kg/s \cdot m^2$,
등유 밀도 : 820 kg/m^3, 저장량 : 15 m³, 풀(Pool)직경 : 5.5 m

131-3-4 고체 가연물의 연소속도를 정의하고 연소속도에 영향을 미치는 요인과 발화온도에 영향을 미치는 요인에 대하여 설명하시오.

109-4-3 연소속도에 영향을 미치는 요인과 발화온도에 영향을 미치는 요인에 대하여 설명하시오.

액체가연물

105-1-12 인화성액체의 인화점 시험방법 3가지와 세타(Seta)밀폐식 측정기에 의한 인화점 시험 방법을 설명하시오.

106-3-3 가연성 액체와 화염확산속도는 전반적으로 가연성 고체의 화염확대속도보다 빠르다. 그 이유에 대하여 설명하시오.

108-1-1 액체연료의 연소형태를 설명하시오.

118-1-12 위험물안전관리법 시행령에서 규정하고 있는 인화성액체에 대하여 설명하고, 인화성 액체에서 제외할 수 있는 경우 4가지를 설명하시오.

121-1-11 액체가연물의 연소에 영향을 미치는 인자에 대하여 설명하시오.

126-4-6 위험물안전관리법상 인화성액체에 대하여 다음사항을 설명하시오.
    1) 품명   2) 지정수량   3) 저장 및 취급방법

129-3-3 「위험물안전관리법」에서 규정하는 인화성액체에 관한 다음 사항을 설명하시오.
    1) 인화점 시험방법 및 인화점 측정시험 방법 3가지
    2) 제4류 위험물의 위험등급 분류 및 다른 유별 위험물과의 혼재가능 여부

주방자동소화장치 & K급화재

109-2-2 상업용 주방자동소화장치와 K급화재에 대하여 설명하시오.

119-1-8 주거용 주방자동소화장치의 정의, 감지부, 차단장치, 공칭방호면적에 대하여 설명하시오.

124-1-13 상업용 주방자동소화장치의 설치기준과 소화시험 방법에 대하여 설명하시오.

126-1-7 상업용 조리시설의 식용유 화재에서 발생하는 스플래시(Splash) 현상에 대하여 설명하시오.

128-2-5 상업용 조리시설의 화재특성 및 손실저감 대책에 대하여 설명하시오.

129-4-2 주거용 주방자동소화장치에 대한 다음 사항을 설명하시오.
    1) 주거용 주방자동소화장치의 종류, 주요 구성요소, 작동 메커니즘
    2) 「주거용 자동소화장치의 형식승인 및 제품검사 기술기준」에서 규정하는 소화성능 시험기준

RSET & ASET

104-3-4 성능위주설계 신고 시 첨부하여야 할 신고서류를 기술하고, 화재 및 피난 시뮬레이션 시나리오 적용기준 중 인명안전 기준과 피난가능시간 기준을 설명하시오.

114-1-11 소방시설의 성능위주설계 방법에서 시나리오 적용기준 중 인명안전기준에 대하여 설명하시오.

117-3-3 국내 소방법령에 의한 성능위주설계에 대하여 다음의 내용을 설명하시오.
    - 성능위주설계의 목적 및 대상

- 시나리오 적용기준에서 인명안전 및 피난가능시간 기준

119-4-4 건축물 화재 시 안전한 피난을 위한 피난시간을 계산하고자 한다. 아래 사항에 대하여 답하시오.
1) 피난계산의 필요성, 절차, 평가방법
2) 피난계산의 대상층 선정 방법

124-4-1 소방시설 등의 성능위주설계 방법 및 기준에서 정하고 있는 화재 및 피난시뮬레이션의 시나리오 작성에 있어 인명안전 기준과 피난가능시간 기준에 대하여 설명하시오.

125-1-13 화재 및 피난시뮬레이션의 시나리오 작성 기준상 인명안전 기준에 대하여 설명하시오.

126-1-1 피난안전성 평가에 사용되는 RSET(Required Safety Egress Time)와 ASET(Available Safety Egress Time)에 대하여 설명하시오.

방폭

104-3-5 방폭(폭발 방지) 및 위험지역 분류기준에 대하여 다음 사항을 설명하시오.
1) 방폭의 정의
2) 폭발의 요소 및 점화원의 종류
3) 우리나라의 위험지역 분류기준과 외국의 위험지역 분류기준 비교

109-1-8 방폭 지역별 사용 가능한 방폭 전기기기의 선정 원칙을 설명하시오.

111-2-5 방폭전기설비 중에서 폭발위험분위기의 빈도와 시간에 따른 위험장소를 분류하고 해당 장소(구체적 장소 포함)를 설명하시오.

112-2-4 0종 및 1종 방폭지역에서의 금속전선관 공사 시의 전선관 실링(Sealing) 방법에 대하여 설명하시오.

115-2-4 인화성 증기 또는 가스로 인한 위험요인이 생성될 수 있는 장소의 폭발위험장소 구분에 대한 규정인 한국산업표준(KS C IEC 60079-10-1)이 2017년 11월에 개정되었다. 주요 개정사항 7가지를 설명하시오.

123-2-1 전기 설비를 위험장소 및 사용 환경이 열악하여 화재 및 폭발의 우려가 있는 장소에서 사용하는 경우의 방폭형 소방 전기기기에 대하여 아래 기호의 정의를 설명하고 이와 관련된 사항을 설명하시오.
1) Ex d ⅡB T6
2) IP2X, IP54, IP67

126-4-3 본질안전 방폭구조에서 Zener Barrier 및 Isolated Barrier 방식에 대하여 그림을 그리고 설명하시오.

분진폭발

106-3-1 분진폭발에 대하여 다음 사항을 설명하시오.
  1) 분진폭발의 특징
  2) 분진폭발에 영향을 미치는 인자
  3) 분진폭발을 일으키는 분진의 종류
  4) 분진폭발의 방지대책

112-4-2 가연성 분진의 착화 폭발 메커니즘에 대하여 설명하시오.

113-4-1 분진폭발의 변수 및 폭발지수에 대하여 설명하시오.

안전거리

108-1-11 제조소등의 안전거리 단축 기준인 방화상 유효한 담높이 산정식을 설명하시오.

108-2-5 위험물 제조소의 안전거리 기준 및 건축물의 구조에 대하여 설명하시오.
  1) 안전거리 기준
  2) 건축물의 구조

115-3-6 위험물 제조소의 위치·구조 및 설비의 기준에서 안전거리, 보유공지와 표지 및 게시판에 대하여 설명하시오.

120-1-8 위험물제조소의 위치·구조 및 설비기준에서 다음 내용을 설명하시오.
  1) 안전거리
  2) 보유공지(방화상 유효한 격벽 포함)
  3) 정전기 제거설비

121-2-2 위험물안전관리법령에서 정하는 위험물제조소의 안전거리에 대하여 설명하시오.

마감재

114-2-5 건축물에 화재발생 시 유독가스 발생으로 인한 인명피해를 최소화하기 위한 마감재료의 기준과 수직 화재 확산방지를 위한 화재확산방지구조에 대하여 각각 설명하시오.

117-4-5 건축물의 내부마감재료 난연성능기준에 대하여 설명하시오.

121-2-1 건축법령상 건축물 실내에 접하는 부분의 마감재료(내장재)를 난연성능에 따라 구분하고 마감재료의 성능기준과 시험방법에 대하여 설명하시오.

104-2-4 건축물의 외벽에 "방화에 지장이 없는 마감재료"로 설치해야 하는 대상 건축물을 기술하고, 외벽마감재료의 기준 및 화재확산방지구조에 대하여 설명하시오.

115-4-5 드라이비트(외단열미장마감공법)의 화재확산에 영향을 미치는 시공상의 문제점을 설명하시오.

116-1-4 외단열 미장 마감에서 단열재를 스티로폼으로 시공 시 화재확산과 관련하여 닷 앤 댑(Dot & Dab) 방식과 리본 앤 댑(Ribbon & Dat) 방식에 대하여 설명하시오.

128-2-1 건축자재 등 품질인정 및 관리기준(국토교통부고시 제2022-84호)에 따른 복합자재 및 외벽 마감재료의 불연재료 성능기준과 실물모형시험기준에 대하여 설명하시오.

방염

104-1-9 방염대상 물품 중에서 소파와 의자의 방염성능기준을 설명하시오.

109-4-1 방염성능기준 중 국민안전처장관이 정하여 고시한 방법으로 발연량을 측정하는 경우 최대연기밀도는 400 이하로 되어 있다. 이 값의 의미와 구하는 방법을 구체적으로 설명하시오.

115-3-5 방염에서 현장 처리 물품의 품질확보에 대한 문제점과 개선방안을 설명하시오.

118-3-1 건축물 실내 내장재의 방염 원리·방염대상물품·방염성능 기준과 방염의 문제점 및 해결방안에 대하여 설명하시오.

119-3-1 방염에 대하여 아래 내용을 설명하시오.
    1) 방염대상   2) 실내장식물   3) 방염성능기준

124-1-5 방염대상물품 중 얇은 포와 두꺼운 포에 대하여 아래 내용을 설명하시오.
    1) 구분 기준
    2) 방염성능 기준

125-3-6 방염에 대한 다음 사항을 설명하시오.
    1) 방염 의무 대상 장소
    2) 방염대상 실내장식물과 물품
    3) 방염성능기준

방화구획

112-1-10 건축물에서 방화구획 시공 시 사전확인 사항에 대하여 설명하시오.

114-3-5 건축법상 방화구획과 내화구조의 기준을 비교하고, 차이점을 설명하시오.

120-1-10 건축물 방화구획 시 사전 확인사항과 방화구획을 관통하는 부분에 내화충전 적용이 미흡한 사유를 설명하시오.

121-3-6 건축법령에 의한 방화구획 기준에 대하여 다음의 내용을 설명하시오.
    1) 대상 및 설치기준
    2) 적용을 아니하거나 완화적용할 수 있는 경우
    3) 방화구획 용도로 사용되는 방화문의 구조

124-4-5 건축물의 피난·방화구조 등의 기준에 관한 규칙에 의한 방화구획의 설치기준을 설명하시오.

126-3-1 방화구획과 관련하여 다음 사항을 설명하시오.
    1) 소방법령 및 건축법령에서 각각 방화구획하는 장소
    2) "복합건축물의 피난시설 등"의 대상 및 설치기준

127-1-2 건축물의 방화구획 및 방연구획에 대하여 다음 사항을 설명하시오.
    1) 정의
    2) 목적 및 효과
    3) 구성요소

127-1-6 제연풍도가 방화구획을 통과할 경우 고려할 사항에 대하여 설명하시오.

130-2-6 건축허가동의 시 분야별 주요 검토사항 중 피난·방재분야의 방화구획 적정성 확보를 위한 확인사항에 대하여 설명하시오.

132-1-3 건축물의 용도에 따른 방화구획의 완화기준에 대하여 설명하시오.

방화댐퍼

115-3-3 방화댐퍼의 설치기준, 설치 시 고려사항 및 방연시험에 대하여 설명하시오.

116-1-6 자동방화댐퍼의 설치기준과 점검 시에 발생하는 외관상 문제점에 대하여 설명하시오.

123-1-7 제연시스템에 적용하고 있는 기술기준에 따른 방화댐퍼, 플랩댐퍼, 자동차압조절댐퍼 및 배출댐퍼의 작동 및 성능기준에 대하여 각각 설명하시오.

127-1-6 제연풍도가 방화구획을 통과할 경우 고려할 사항에 대하여 설명하시오.

127-1-7 방화댐퍼의 성능시험기준 및 내화시험조건에 대하여 설명하시오.

129-1-10 배연설비의 검사표준(KS F 2815)에서 요구하는 방화댐퍼의 기준과 「건축물의 피난·방화구조 등의 기준에 관한 규칙」에서 요구하는 방화댐퍼의 기준에 대하여 각각 설명하시오.

내화

109-1-1 화재하중의 개념과 산정방법을 설명하시오.

122-1-12 구획 내 전체화재에 사용하는 화재하중 설정에 대하여 설명하시오.

129-1-3 화재하중(Fire Load), 화재가혹도(Fire Severity)의 정의와 차이점에 대하여 설명하시오.

107-1-6 내화건축물의 화재 시 시간에 따른 온도변화 특성과 건축부재의 내화시험에 사용되는 표준시간-가열온도곡선(Standard Time-Temperature Curve)에 대하여 설명하시오.

108-3-5 건축부재의 내화시험 방법인 KS F-2257과 ASTM E-119에서 제시하고 있는 표준시간-가열온도 곡선의 의미와 목적을 설명하고, 시험기준의 차이점을 설명하시오.

109-3-5 화재 시 화재 확산과 붕괴를 방지하기 위한 건축물의 화재 저항성에 대하여 설명하시오.

109-4-4 최성기화재(Fully-Developed Fire)에서 나타나는 여러 특징 중 연소속도, 화재온도, 화재계속시간에 대하여 설명하시오.

114-3-5 건축법상 방화구획과 내화구조의 기준을 비교하고, 차이점을 설명하시오.

125-4-5 건축물 내화설계에 있어서 시방위주 내화설계에 대한 문제점과 성능위주 내화설계 절차에 대하여 설명하시오.

129-2-1 구획화재의 화재성상 중 최성기 화재(Fully-Developed Fire)에서 나타나는 다음 사항에 대하여 설명하시오.
1) 연소속도, 화재온도, 화재계속시간
2) 개구부의 화염분출 형상, 상층부 연소확대 방지대책

사전재난영향성검토

113-3-3 소방시설 등의 성능위주설계 방법 및 기준에 따른 성능위주설계 적용대상, 절차 및 초고층 및 지하연계복합건축물 재난관리에 관한 특별법에 의한 사전재난영향성 검토 적용대상, 절차를 기술하고, 신청·신고내용, 초고층 건축물에서 특별히 고려해야 할 사항에 대하여 설명하시오.

123-3-6 초고층 및 지하연계 복합건축물 재난관리에 관한 특별법 법령에서 규정하고 있는 다음 사항에 대하여 설명하시오.
    1) 종합재난관리체제의 구축 시 포함될 사항
    2) 재난예방 및 피해경감계획 수립, 시행 등에 포함되어야 하는 내용
    3) 관리주체가 관계인, 상시근무자 및 거주자에 대하여 각각 실시하여야 하는 교육 및 훈련에 포함되어야 할 사항

124-2-3 초고층 및 지하연계 복합건축물 재난관리에 관한 특별법령에 따라 재난예방 및 피해경감계획의 수립 시 고려해야 할 사항에 대하여 설명하시오.

127-2-5 성능위주설계 절차와 사전재난영향성검토 절차를 기술하고, 초고층 건축물에서 특별히 고려해야 할 사항에 대하여 설명하시오.

승강기

104-4-5 피난용승강기 설치기준을 기술하고 비상용승강기 설치기준과의 차이점을 비교 설명하시오.

110-2-3 비상용승강기 승강장 구조와 피난용 승강기 승강장 구조를 비교 설명하시오.

113-3-6 피난용승강기의 설치대상 및 세부기준 및 피난용승강기 안전검사기준에 따른 추가요건에 대하여 설명하시오.

116-2-2 건축물에 설치하는 피난용승강기와 비상용승강기의 설치대상, 설치대수 산정기준, 승강장 및 승강로 구조에 대하여 설명하시오.

117-2-6 피난용승강기의 설치대상과 설치기준을 설명하시오.

124-1-7 비상용승강기 대수를 정하는 기준과 비상용승강기를 설치하지 아니할 수 있는 건축물의 조건에 대하여 설명하시오.

125-4-6 피난용 승강기와 관련하여 다음 사항을 설명하시오.
    1) 피난용 승강기의 필요성 및 설치대상
    2) 피난용 승강기의 설치기준 구조 설비

127-3-1 소방청에서 성능위주설계표준 가이드라인(2021.10)을 제시하고 있다. 이에 관련하여 다음 사항을 설명하시오.
    1) 특별피난계단 피난안전성 확보
    2) 비상용승강기, 승강장 안전성능 확보

129-2-2 승강식 피난기의 특징, 설치기준과 [승강식 피난기의 성능인증 및 제품검사의 기술기준]에서 정하는 승·하강 속도시험기준을 설명하시오.

131-1-8 피난용승강기 설치 시 [소방시설 등 성능위주설계 평가운영 표준가이드 라인]에서 요구되는 안전성능 검증 방안에 대하여 설명하시오.

피난안전구역

108-1-10 건축물 피난방화 구조 등의 기준에 관한 규칙에 따른 피난안전구역의 면적 산정기준을 설명하시오.

111-1-13 초고층 및 지하연계 복합건축물 재난관리에 관한 특별법에 따른 피난안전구역의 면적 산정기준을 설명하시오.

112-1-7 초고층 건축물의 피난안전구역에 설치하는 피난유도선, 비상조명등 및 인명구조기구의 설치기준을 각각 설명하시오.

112-4-1 피난안전구역에 관하여 다음을 설명하시오.
    1) 초고층건축물의 피난안전구역 설치기준
    2) 지하연계복합건축물의 선큰(Sunken) 설치기준
    3) 피난안전구역에 설치하는 소방시설

120-1-4 초고층 및 지하연계 복합건축물 재난관리에 관한 특별법 시행령에서 규정하고 있는 피난안전구역 설치기준 등에 대하여 설명하시오. (단, 선큰의 기준은 제외한다)

125-1-3 초고층 및 지하연계 복합건축물 재난관리에 관한 특별법과 관련하여 다음을 설명하시오.
    1) 피난안전구역 소방시설
    2) 피난안전구역 면적산정기준

피난기구

110-4-6 특정소방대상물에 피난기구를 설치하고자 할 때 다음의 조건을 참고하여 물음에 답하시오.
    1) 지상 8층에 적용 가능한 피난기구의 종류를 모두 쓰시오.
    2) 산출된 피난기구의 수를 감면할 수 있는 조건을 쓰시오.
    3) 피난기구를 면제받을 수 있는 조건을 쓰시오.
    4) 피난기구 설치수량 산정 시 바닥면적에서 제외할 수 있는 "노대"의 설치기준을 쓰시오.

113-1-13 건축법에 따른 하향식피난구와 "피난기구의 화재안전기준(NFSC 301)"에 따른 하향식피난구의 설치기준상 차이점에 대하여 설명하시오.

115-1-8 피난용트랩의 설치대상과 구조를 설명하시오.

116-3-5 아래 소방대상물의 설치장소별 적응성 있는 피난기구를 모두 기입하시오.

118-4-2 건축법에서 아파트 발코니의 대피공간 설치 제외 기준과 관련하여 다음 내용을 설명하시오.
    1) 대피공간 설치 제외 기준
    2) 하향식 피난구 설치 기준
    3) 하향식 피난구 설치에 따른 화재안전기준의 피난기구 설치관계

119-2-5 피난기구의 설치에 대하여 다음 사항을 설명하시오.
    1) 피난기구의 설치 수량 및 추가 설치기준
    2) 승강식 피난기 및 하향식 피난구용 내림식사다리 설치기준

129-1-11 요양병원에 적응성을 갖는 층별 피난기구의 종류를 쓰고 구조대를 선정할 경우 주의사항을 설명하시오.

오리피스

118-4-4 차압식 유량계의 유속측정 원리에 대하여 식을 유도하고 설명하시오.

126-1-12 유체가 오리피스(Orifice)를 통과할 때 발생하는 Vena Contracta에 대하여 설명하시오.

129-1-6 공기의 체적유량을 측정하기 위한 노즐이다. 공기의 체적유량을 구하는 공식을 유도하고 아래의 조건에 따른 체적유량을 구하시오.

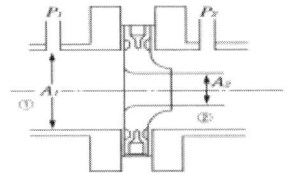

$P_1 - P_2 = 10\,Pa$
$A_1 = 0.08\,m^2,\ A_2 = 0.02\,m^2,$
공기밀도 $= 1.2\,kg/m^3,\ C_v = 1$

손실

마찰손실

109-1-6 유체의 마찰계수를 유체 흐름의 형태에 따라서 설명하시오.

109-1-7 마찰손실 계산에 사용하는 Hazen-William's 식을 적용할 수 있는 조건에 대하여 설명하시오.

111-1-6 소화배관의 수리 계산 시 사용되는 배관의 마찰손실에 대하여 설명하시오.

113-2-4 미분무소화설비의 배관마찰손실 계산방법을 설명하시오.

129-3-2 원형 관에서 유체 유동으로 발생하는 손실(Loss in Pipe Flow)에 관한 다음 사항을 설명하시오.
   1) 달시-바이스바하(Darcy-Weisbach) 식
   2) 하젠-윌리엄스(Hazen-Williams) 실험식
   3) 돌연 확대·축소관에서의 손실수두식

부차적손실

104-1-4 돌연 확대관에서의 마찰손실식을 유도하고 설명하시오.

117-2-1 스프링클러설비 수리계산 절차 중 다음 내용에 대하여 설명하시오.
   - 상당길이(Equivalent Length)
   - 조도계수(C-Factor)
   - 마찰손실 계산 시 등가길이 반영 방법

121-3-3 수계 배관에서 돌연확대 및 돌연축소되는 관로에서의 부차적 손실계수(k)가 돌연확대는 $k = [1 - (\frac{D_1}{D_2})^2]^2$, 돌연축소는 $k = (\frac{A_2}{A_0} - 1)^2$임을 증명하시오.

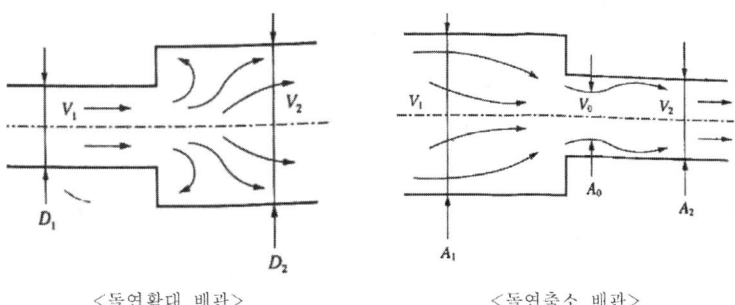

<돌연확대 배관>   <돌연축소 배관>

126-1-11 유체(물)가 흐르는 배관에서 발생하는 부차적 손실(Minor Loss)에 대하여 설명하시오.

128-1-10 부차적 손실(Minor Loss)의 정량적 표현방법 3가지를 설명하시오.

소방펌프 성능

105-4-3 펌프 방식의 가압송수장치에서 옥내소화전 4개, 정격토출압력 0.7 MPa인 펌프의 성능시험 결과, 체절운전 시 토출압력 0.94 MPa, 정격운전 시 토출압력 0.75 MPa, 과부하 운전 시 토출압력 0.43 MPa이었다. 펌프 성능시험 결과표 및 성능곡선을 작성하고 펌프의 적정성을 판단하시오.

115-1-9 NFPA 25에서 소방펌프 유지관리 시험 시 디젤 펌프를 최소 30분 동안 구동하는 이유에 대하여 설명하시오.

119-4-2 NFPA 20에 따라 소방펌프 및 충압펌프 기동·정지압력을 세팅하려고 한다. 아래 내용에 대하여 설명하시오.

1) 소방펌프 및 충압펌프 기동·정지압력 설정 기준
2) 소방펌프의 최소운전시간
3) 소방펌프의 운전범위
4) 소방펌프(전동기 구동 1대, 디젤엔진 구동 2대) 및 충압펌프의 정격압력은 150 psi, 체절압력은 165 psi이다. 현재 정격압력 기준 자동기동, 자동정지로 세팅된 상태를 체절압력 기준 자동 기동, 수동 정지 상태로 변경하려고 한다. 소방펌프 및 충압펌프의 기동·정지 압력 세팅값을 계산하시오. (단, 최소 정적 급수압력은 50 psi로 한다)
5) 계통 신뢰성 향상을 위한 고려사항

120-2-3 소화펌프 성능시험방법 중 무부하운전, 정격부하운전, 최대부하운전에 대한 작동시험방법 및 시험 시 주의사항에 대하여 설명하시오.

123-4-2 소방펌프 유지관리 시험 시 다음 사항에 대하여 설명하시오.

1) 체절운전(무부하 운전) 시험방법
2) NFPA 25에서 전기모터 펌프는 최소 10분 동안 구동하는 이유
3) NFPA 25에서 디젤 펌프는 최소 30분 동안 구동하는 이유

127-2-2 소화수 가압송수장치로 적용되는 원심펌프(Centrifugal Pump)의 일반적인 성능곡선도 (Performance Curve)를 ① 유량 : 토출양정(m), ② 유량 : 펌프효율(%), ③ 유량 : 소요동력(kW)으로 구분하여 그래프를 작성하고, 다음 항목을 설명하시오.

1) 체절운전점/정격운전점/150% 유량 운전점
2) 유량 : 펌프효율(%) 곡선의 특징
3) 유량 : 소요동력(kW) 곡선의 특징
4) 최소유량(Minimum Flow)

펌프 흡입측 & 공동현상

112-1-11 펌프에서의 공동현상(Cavitation)에 대한 발생원인, 발생한계 및 방지대책을 설명하시오.

114-1-9 수계소화설비의 흡입배관 구비조건과 적용할 수 없는 개폐밸브에 대해 설명하시오.

120-3-4 소화펌프에서 발생할 수 있는 공동현상(Cavitation)의 발생원인 판정방법 및 방지대책에 대하여 설명하시오.

125-3-4 수계소화설비의 배관에서 발생할 수 있는 공동현상과 관련하여 다음 사항에 대하여 설명하시오.
    1) 공동현상의 정의
    2) 펌프 흡입관에서 공동현상 발생조건 및 영향요인
    3) 펌프 흡입측 배관에서 공동현상 방지를 위한 화재안전기준 내용

128-3-5 원심펌프 운전 시 발생할 수 있는 공동현상, 수격작용, 맥동현상, Air Binding에 대하여 각각의 문제점과 방지대책을 설명하시오.

129-4-4 수조가 펌프보다 낮게 설치된 경우 펌프 흡입측 배관의 구성 및 설치 시 유의사항에 대하여 설명하시오.

수리계산 & 규약배관

107-3-5 스프링클러 소화설비용 소화펌프 용량산정 방법을 국내 기준과 NFPA 방식을 비교 설명하시오.

109-2-5 스프링클러 배관의 설계 방식을 국내 기준과 NFPA 방식을 비교 설명하시오.

119-3-2 수계시스템에서 배관경 산정방법인 규약배관방식(Pipe Schedule Method)과 수리계산방식(Hydraulic Calculation Method)을 비교 설명하시오.

126-1-6 스프링클러설비의 배관경 설계에 적용하는 살수밀도-방호구역 면적그래프에 대하여 설명하시오.

131-4-3 스프링클러설비의 수리계산 절차 및 방법에 대하여 설명하시오.

과압 (감압)

104-4-1 소화배관에서 기존 감압밸브의 문제점과 균압방지용 감압밸브 시스템에 대하여 설명하시오.

114-2-2 지하 3층, 지상 49층, 연면적 120,000 m²인 건축물에 소화설비를 구성하고자 한다. 주된 수원을 고가수조 방식으로 적용하였을 때, 옥내소화전설비 및 스프링클러설비를 고층, 중층, 저층으로 구분하여 계통도를 그리고 설명하시오.

122-3-1 소화배관의 과압발생 시 감압방법의 종류와 각각의 특징에 대하여 설명하시오.

129-3-5 초고층건축물에서 고가수조 방식의 가압송수장치를 적용할 경우 저층부의 과압발생 문제를 해결할 수 있는 방안을 제시하시오.

임시소방시설

105-2-4 특정소방대상물 공사현장에 설치되는 "임시 소방시설의 종류 중 인화성물품을 취급하는 작업 등 대통령으로 정하는 작업"의 종류 5가지와 임시소방시설의 종류, 설치기준에 대하여 설명하시오.

116-2-1 고층건축물(30층 이상) 공사현장에서 공정별 화재위험요인을 설명하시오.
(공정 : 기초 및 지하 골조공사, Core Wall공사, 철골·Deck·슬라브공사, 커튼월공사, 소방설비공사, 마감 및 실내장식공사, 시운전 및 준공 시)

121-1-6 소방시설법령상 "인화성 물품을 취급하는 작업 등 대통령령으로 정하는 작업"에 대하여 설명하시오.

122-4-2 임시소방시설의 화재안전기준 제정이유와 임시소방시설의 종류별 성능 및 설치기준에 대하여 설명하시오.

130-4-2 소방시설 설치 및 관리에 관한 법령 및 화재안전기술기준에서 정하는
1) 임시소방시설을 설치해야 하는 화재위험작업의 종류
2) 임시소방시설을 설치해야 하는 공사종류와 규모
3) 임시소방시설 성능 및 설치기준
4) 설치면제 기준에 대하여 설명하시오

131-4-4 「화재의 예방 및 안전관리에 관한 법률」에 따라 건설현장의 소방안전관리를 위한 소방안전관리대상물의 범위, 선임기간, 건설현장 소방안전관리자의 업무 및 건설현장에 설치하는 임시소방시설의 종류에 대하여 설명하시오.

내진

108-2-1 국민안전처 고시에 의해 시행되고 있는 소방시설의 내진설계 기준 중 ① 수원, ② 가압송수장치, ③ 헤드, ④ 제어반의 세부 설치기준에 대하여 설명하시오.

110-4-1 소방시설의 내진설계에서 부재로 사용되는 흔들림방지 버팀대의 세장비에 대하여 설명하시오.

111-4-3 소방시설의 내진설계 기준에서 제시한 배관 설치를 위한 다음 사항을 설명하시오.
   1) 배관의 내진설계 설치기준
   2) 배관의 수평지진하중 산정 방법
   3) 배수관, 송수구, 기타 배관을 포함한 벽, 바닥 또는 기초를 관통하는 배관의 이격을 위한 설치기준
   4) 배관 정착을 위한 설치 방법

112-4-6 다음 1)~4)의 용어를 정의하고 5)를 계산하시오.
   1) 세장비   2) 슬로싱(Sloshing)
   3) 지진분리이음   4) 지진분리장치
   5) 아래 그림의 세장비 계산(단, 버팀대 길이 ℓ = 3 m, 양단 Pin 지지, 좌굴길이의 계수 r = 1)

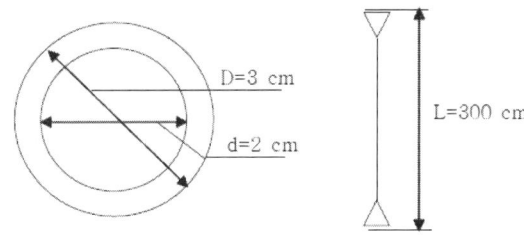

113-3-4 "소방시설의 내진설계기준"에서 제시하는 수평력(Fpw)과 "건축구조기준" 중 기계 및 전기설비 등 비구조요소의 내진설계 기준에서 제시하는 등가정적하중(Fp)에 대하여 비교 설명하시오.

119-3-5 소방시설의 내진설계 기준에서 정한 면진, 수평력, 세장비에 대하여 설명하고 단면적이 9 cm²로 동일한 정삼각형, 정사각형, 원형의 버팀대가 있을 경우 세장비가 300일 때 최소회전반경(r)과 버팀대의 길이를 계산하시오.

120-1-7 소방시설 중 수원과 제어반, 가압송수장치(전동기 또는 내연기관에 따른 펌프)의 내진설계기준에 대하여 설명하시오.

124-1-4 소화설비의 수원 및 가압송수장치 내진설계 기준에 대하여 설명하시오.

124-2-6 내진설계기준의 수평력(Fpw)과 세장비(λ)를 설명하고 압력배관용 탄소강관 25 A의 세장비가 300 이하일 때 버팀대 최대길이(cm)를 구하시오. (단, 25 A(Sch 40)의 외경 34.0 mm, 배관의 두께 3.4 mm, $\lambda = \dfrac{L}{r}$을 이용하고, 여기서 r : 최소회전반경($\sqrt{\dfrac{I}{A}}$), I : 버팀대 단면 2차모멘트, A : 버팀대의 단면적)

126-4-1 소화설비(옥내소화전, 스프링클러, 물분무등)의 배관 및 가압송수장치, 제어반에 적용되고 있는 내진설계기준에 대하여 설명하시오.

128-1-5 소방펌프 설치 시 펌프의 방진장치 설치에 따른 내진용 스토퍼 설치방법을 설명하시오.

건식/준비작동식

111-2-1 건식 스프링클러설비와 관련하여 다음 사항을 설명하시오.
   1) 설치 상 제한조건
   2) 건식밸브 초기세팅(복구) 절차와 시험방법

116-1-11 건식 스프링클러설비의 건식밸브(Dry Valve) 작동·복구 시 초기주입수(Priming Water)의 주입 목적에 대하여 설명하시오.

117-1-7 스프링클러설비 건식밸브의 Water Columning 현상에 대하여 설명하시오.

118-3-3 건식유수검지장치의 작동 시 방수지연에 대하여 설명하시오.

125-2-3 건식유수검지장치에 대하여 다음 사항을 설명하시오.
   1) 작동원리
   2) 시간지연
   3) 시간지연을 개선하기 위한 NFPA 제한사항

132-1-13 건식스프링클러설비에서 트립시간(Trip Time)과 이송시간(Transit Time)에 영향을 주는 요인에 대하여 설명하시오.

105-3-2 준비작동식 스프링클러설비(Pre Action Sprinkler System)의 3가지 작동방법을 기술하고 국내 현장에서 적용하고 있는 작동방법과 NFPA13 기준의 차이점에 대하여 설명하시오.

112-2-1 NFPA 13에서 규정하고 있는 준비작동식 스프링클러설비의 설비요건(System Requirements)에 대하여 설명하시오.

방수특성

121-4-6 스프링클러헤드를 감지특성에 따라 분류하고 방사특성에 대하여 설명하시오.

120-4-2 ESFR 스프링클러헤드는 표준형 스프링클러헤드보다 화재 초기에 작동하여 화재를 조기 진압한다. 이를 결정하는 3가지 특성요소에 대하여 설명하시오.

122-3-5 ESFR(Early Suppression Fast Response) 헤드 설치장소의 구조기준 및 헤드의 특징에 대하여 설명하시오.

125 2-2 화재조기진압용 스프링클러설비에 대하여 다음 사항을 설명하시오.
    1) 화재감지 특성과 방사 특성
    2) 설치기준 및 설치 시 주의사항

123-3-4 특수제어 모드용(CMSA : Control Mode Specific Application) 스프링클러의 개요, 특성과 장·단점에 대하여 설명하고 표준형/ESFR 스프링클러와 비교하시오.

125-2-5 최근 자주 발생하는 물류창고의 화재에 대하여 화재 확산 원인과 개선방안을 설명하시오.

106-4-4 대형 물류창고 화재의 특성과 방재대책에 대하여 설명하시오.

131-2-6 ESFR 스프링클러헤드에 적용되는 실제살수밀도(ADD)의 개념, 특징, 영향인자 및 측정방법에 대하여 설명하시오.

물/미분무

116-1-12 물분무소화설비(Water Spray System)의 작동·분무 시 물입자의 동(動)적 특성 및 소화 메커니즘(Mechanism)에 대하여 설명하시오.

125-3-1 물분무소화설비와 관련하여 다음 사항에 대하여 설명하시오.
    1) 소화원리
    2) 적응 및 비적응장소
    3) NFSC 104에 따른 수원의 저수량 기준
    4) NFSC 104에 따른 헤드와 고압기기의 이격거리

127-1-11 물분무소화설비의 적용 장소와 소화원리에 대하여 설명하시오.

128-1-12 물소화약제를 미립자로 방사하는 경우 사용목적과 적용대상을 설명하시오.

107-3-2 소방용으로 사용되는 미분무소화설비의 성능목적(Performance Objectives)과 성능목적 선정 시의 고려사항을 설명하시오.

109-3-2 화재모델링 시에 적절한 입력조건을 결정하기 위한 다음의 고려사항을 설명하시오.
    1) 건축물의 공간 특성 및 화재 특성
    2) 화재감지 및 소화설비, HVAC(Heating, Ventilating and Air Conditioning)의 연동제어

109-4-2 미분무소화설비는 화재시험을 통해 확인된 성능범위 이내에서 화재를 방호하도록 설치되어야 한다. 미분무소화설비의 화재시험 방법 설계 시 적용되는 변수(Parameters)를 설명하시오.

111-4-4 미분무소화설비 설계도서 작성기준과 관련하여 일반설계도서 및 특별설계도서를 설명하시오.

116-1-10 B급화재 위험성이 있는 특정소방대상물에 미분무소화설비를 적용하고자 할 때 고려되어야 할 변수들을 2차원과 3차원 화재로 각각 분류하여 기술하시오.

124-1-6 미분무소화설비의 설계도서 작성 시 고려사항에 대하여 설명하시오.

수계 비교

106-3-5 미분무소화설비의 특성, 효과, 장·단점 및 적응성에 대하여 설명하시오.

110-4-5 A, B, C급화재에 따른 스프링클러 소화설비 및 미분무소화설비의 소화특성과 적응성에 대하여 설명하시오.

114-4-1 A급, B급, C급화재에 각각 소화능력을 가지는 수계소화설비와 소화특성에 대해 설명하시오.

115-2-1 스프링클러설비와 미분무소화설비의 소화 메커니즘, 소화특성, 용도 및 주된 소화효과를 비교 설명하시오.

128-4-5 스프링클러설비, 물분무설비, 미분무설비의 특징을 설명하고, 주된 소화효과 및 적응성을 비교 설명하시오.

도어 팬 테스트

106-1-7 가스계소화설비의 성능확인 방법 중 Enclosure Integrity Test에 대하여 설명하시오.

111-3-5 도어 팬 테스트(Door Fan Test)의 시험 목적과 절차 등에 대하여 설명하시오.

121-3-5 전역방출방식 가스계소화설비의 신뢰성을 확보하기 위하여 실시하는 Enclosure Integrity Test의 종류와 수행절차에 대하여 설명하시오.

126-3-3 가스계소화설비 설치장소의 누출부에 대한 방호구역 밀폐도(기밀성) 시험에 대하여 다음사항을 설명하시오.
   1) 기본원리   2) 시험절차   3) 기대효과

128-3-3 가스계소화설비에서 설계농도 유지시간(Soaking Time)에 영향을 주는 요소 및 방호구역 밀폐시험에 대하여 설명하시오.

연기유동

105-2-2 엘리베이터의 승강로 연기제어에서 엘리베이터의 출입문 개폐 시 발생하는 압력 변동을 제어하기 위한 시스템에 대하여 설명하시오.

109-1-10 실내에서 난방 또는 화재로 인한 부력에 의한 압력변화를 설명하시오.

113-4-5 화재 시 발생된 연기유동에 따른 기본방정식을 설명하시오.

114-2-6 Normal Stack Effect와 Reverse Stack Effect에 의한 기류이동을 도시하여 비교하고, Normal Stack Effect 조건에서 화재가 중성대 하부와 상부에 발생했을 때 각각의 연기 흐름을 도시하고 설명하시오.

114-3-6 환기구가 있는 구획실의 화재 시, 연기 충진(Smoke Filling) 과정과 중성대 형성에 따른 화재실의 공기 및 연기 흐름을 3단계로 구분하여 설명하시오.

116-1-13 연돌효과를 고려한 계단실 급기가압 제연설비 설계 시 최소 설계차압 적용 위치(층)와 보충량 계산을 위한 문 개방 조건 적용 위치(층)에 대하여 설명하시오.

116-4-6 계단실의 상·하부 개구부 면적이 각각 $A_a = 0.4 m^2$과 $A_b = 0.2 m^2$, 유량계수 C = 0.7, 높이(상·하부 개구부 중심간 거리) H = 60 m, 계단실 내부 및 외기 온도가 각각 $T_a = 10℃$, $T_s = 20℃$인 경우 아래 사항에 대해 답하시오.

120-3-1 건축물 화재 시 연기 제어 목적, 연기 제어 기법 및 연기의 이동형태에 대하여 설명하시오.

122-4-4 (초)고층 건축물의 화재 시 연돌효과(Stack Effect)의 발생원인 및 문제점을 기술하고, 연돌효과 방지대책을 소방 측면, 건축계획 측면, 기계설비 측면으로 각각 설명하시오.

123-3-3 대규모 건축물의 지하주차장 화재 시 공간특성 및 환기설비를 이용한 연기 제어 방안과 연기 특성을 고려한 성능평가 시험에 대하여 설명하시오.

126-2-1 화재 시 발생하는 연기에 대하여 다음을 설명하시오.
    1) 연기의 유해성
    2) 고온 영역의 연기층 유동현상
    3) 저온 영역의 연기층 유동현상

127-3-5 고층 건축물 화재 시 발생한 연기 또는 유해가스 등 연소생성물이 건축물 내부에서 확산하는 영향 요인에 대하여 설명하시오.

130-1-11 화재시 연기의 성층화(Stratification) 현상과 연기의 성층화 관련 계산식에 대하여 설명하시오.

131-4-2 엘리베이터 피스톤 효과(Piston Effect)에 대하여 설명하고 피스톤 효과로 발생할 수 있는 압력에 대한 해석과 문제점에 대하여 설명하시오.

132-2-5 대규모 화재공간에서 연기이동과 반대방향으로 기류가 공급되는 역기류(Opposed Airflow)에 대하여 설명하시오.

132-4-2 중성대의 개념 및 중성대와 연돌효과의 관계에 대하여 설명하고, 아래의 중성대 높이관계식을 유도하시오.

송풍기

112-1-8 제연설비에 사용되는 다익형 송풍기(Multiblade Fan)의 특징, 장단점 및 특성 곡선을 설명하시오.

113-3-2 송풍기의 풍량제어방법과 그에 따른 송풍기 압력변화를 설명하시오.

114-4-6 제연용 송풍기에 가변풍량제어가 필요한 이유를 설명하시오. 또한 댐퍼제어 방식과 회전수 제어 방식의 특징을 성능곡선으로 비교하고, 각 방식의 장·단점 및 적용대상에 대하여 설명하시오.

122-3-3 송풍기의 특성곡선을 설명하고, 직렬운전 및 병렬운전 시 송풍기의 용량이 동일한 경우와 다른 경우를 구분하여 설명하시오.

127-4-6 기계 설비인 송풍기와 관련된 내용으로 다음 사항을 설명하시오.
   (1) 원심송풍기와 축류송풍기의 종류
   (2) 송풍기 효율의 종류

106-4-3 제연설비 시공 시 설계도면과 다르게 팬과 덕트를 연결하는 경우가 있다. 이 경우 발생할 수 있는 팬의 성능감소에 대하여 설명하고 성능확보 대책을 제시하시오.

117-3-1 송풍기의 System Effect에 대하여 설명하시오.

멀티플렉싱(Multiplexing)

106-3-2 R형 수신기에 대하여 다음 사항을 설명하시오.
   1) 다중통신 전송 방식
   2) 신호처리 방식

3) 아날로그 R형과 인텔리전트 R형의 시스템별 특성

110-1-2 멀티플렉싱(Multiplexing) 데이터 전송 시 전송방식에 대하여 설명하시오.

110-4-4 R형 수신기와 중계기 사이의 신호처리과정을 단계별로 설명하시오.

123-3-2 하나의 단지 내에 각 단위공장별로 산재된 자동화재탐지설비의 수신기를 근거리통신망(LAN)을 활용하여 관리하고자 한다. LAN의 Topology(통신망의 구조) 중 RING형, STAR형, BUS형의 특징 및 장·단점을 설명하시오.

125-4-4 R형 수신기와 관련하여 다음에 대하여 설명하시오.
1) 다중전송방식
2) 차폐선 시공방법

ESS

117-2-3 리튬이온베터리 에너지저장장치시스템(ESS)의 안전관리가이드에서 정한 다음의 내용을 설명하시오.
- ESS 구성
- 용량 및 이격거리 조건
- 환기설비 성능 조건
- 적용 소화설비

118-3-5 에너지저장시스템(ESS : Energy Storage System)의 안전관리상 주요확인 사항과 리튬이온 ESS의 적응성 소화설비에 대하여 설명하시오.

123-1-8 최근 에너지저장장치(ESS : Energy Storage System)를 활용한 전기저장시설의 화재가 빈발하여 화재사고 예방 및 피해 확산 방지를 위해 전기저장시설의 화재안전기준제정(안)이 예고되었다. 이에 따른 스프링클러설비 및 배출설비 설계 시 고려사항에 대하여 설명하시오.

127-2-4 전기저장시설의 화재안전기준(NFSC 607)에서 규정하고 있는 소방시설 등의 종류와 설치기준에 대하여 설명하시오.

129-2-5 에너지저장장치(ESS, Energy Storage System)를 의무적으로 설치해야 하는 대상, ESS 설비의 구성, 「전기저장시설의 화재안전성능기준」에서 규정하고 있는 배터리용 소화장치에 대하여 설명하시오.

132-1-8 전기저장시설의 화재안전성능기준(NFPC 607)에서 규정하고 있는 스프링클러설비 설치기준에 대하여 설명하시오.

접지

104-1-11 대지 고유저항에 대한 접지저항의 기본식과 접지저항 저감대책에 대하여 설명하시오.

112-2-2 접지저항 측정방법(단독 및 공통·통합접지) 및 판정기준에 대하여 설명하시오.

122-2-4 4. 접지(Earth)설비에 대하여 다음을 설명하시오.
  가. 접지의 목적
  나. 접지목적에 따른 분류
  다. 접지공사 종류별 접지저항값, 접지선 굵기, 적용대상

126-1-2 접지저항 저감방법을 물리적방법과 화학적방법으로 설명하시오.

131-1-5 다음 접지관련 용어에 대하여 각각 설명하시오.
  1) 계통접지   2) 보호접지   3) 피뢰시스템 접지

전기화재(트래킹)

107-1-5 전기에너지 방출현상 중 아크(Arc)와 스파크(Spark) 현상의 공통점과 차이점을 설명하시오.

108-4-3 전기화재 발생 요소인 과부하의 종류와 전기기계-기구에서의 발화 유형과 방지대책에 대하여 설명하시오.

109-1-2 전기적 점화원인 유도열, 유전열, 아크열에 대하여 설명하시오.

110-2-5 전기화재의 화재조사방법과 발화부 판단요소를 설명하시오.

111-1-7 전기화재의 발화 원인에 따른 종류를 구분하여 설명하시오.

115-1-3 줄열에 의한 발열과 아크에 의한 발열에 대하여 각각 설명하시오.

118-1-13 전기화재의 원인으로 볼 수 있는 은(Silver) 이동 현상의 위험성과 특징, 대책에 대하여 설명하시오.

117-1-4 흑연화 현상과 트래킹(Tracking) 현상에 대하여 비교 설명하시오.

119-1-2 그래파이트(Graphite) 현상과 트래킹(Tracking) 현상에 대하여 설명하시오.

122-1-7 트래킹(Tracking) 화재의 진행 과정과 방지대책에 대하여 설명하시오.

130-1-1 아크의 정의, 아크 차단기의 구성과 동작원리를 설명하시오.

정전기

106-4-2 정전기에 대하여 다음 사항을 설명하시오.
   1) 역학현상, 정전유도 현상
   2) 정전기에 의한 재해와 생산 장애
   3) 제진기의 종류 및 선정 시 유의사항

109-3-6 석유류에 속하는 고 절연성 액체가 배관 중으로 고속으로 이동할 때 정전기가 발생하여 폭발의 위험성이 높아진다. 이를 액체의 저항률과 연관 지어 설명하시오.

120-2-4 전기 대전현상에 대하여 기술하고, 위험물을 고무타이어가 있는 탱크로리, 탱크차 및 드럼 등에 주입하는 설비의 경우 "정전기 재해예방을 위한 기술상의 지침"에서 정한 정전기 완화조치에 대하여 설명하시오.

126-2-6 정전기(Static Electricity)에 대하여 다음을 설명하시오.
   1) 정전기의 대전현상
   2) 정전기의 위험성
   3) 정전기 방지대책

127-1-4 전기적인 원인에 의해 화재 또는 폭발 등 재해방지를 위한 정치시간(Rest Time)과 차폐(Shield)에 대하여 설명하시오.

122-3-4 정전기의 대전을 방지하기 위한 전압인가식 제전기의 종류와 제전기 사용상의 유의사항에 대하여 설명하시오.

도로터널

111-3-3 도로터널에 사용되는 제연방식의 종류를 열거하고 각각의 특징에 대하여 설명하시오.

124-4-3 도로터널의 화재안전기준 중 다음 소방시설의 설치기준에 대하여 설명하시오.
   (1) 비상경보설비와 비상조명등
   (2) 제연설비
   (3) 연결송수관 설비

128-4-3 터널화재에서 백레이어링(Back Layering) 현상과 영향인자 및 대책을 설명하시오.

129-3-1 도로터널에 관한 다음 사항을 설명하시오.
   1) 방재등급별 기준 및 방재시설의 종류
   2) 터널화재에서의 백레이어링(Back Layering) 현상과 예방대책

130-1-2 「도로터널 방재·환기시설 설치 및 관리지침」에 따른 도로터널의 정의를 쓰고, 터널 연장 (L)과 위험도지수(X)에 따른 등급 구분을 설명하시오.

위험성평가

116-2-5 도로터널에 화재 위험성평가를 적용하는 경우 이벤트 트리(Event Tree)와 F-N 곡선에 대하여 설명하시오.

119-2-6 화학공장의 위험성평가 목적과 정성적 평가와 정량적 평가 방법에 대하여 설명하시오.

123-1-1 고용노동부 고시의 「사업장 위험성평가에 관한 지침」에 따른 위험성평가 방법 및 위험성평가 절차에 대하여 설명하시오.

126-1-3 사업장 위험성평가 지침에 따른 위험성평가 절차를 5단계로 구분하여 설명하시오.

131-3-6 [사업장 위험성평가에 관한 지침] (고용노동부 고시)에서 규정하는 사업장 위험성 평가와 관련하여 다음 사항을 설명하시오.
   1) 위험성평가 정의
   2) 위험성평가 실시 시기
   3) 위험성평가 절차 및 주요내용

127-3-6 화재·폭발의 위험성이 존재하는 작업장에서의 공정 위험성평가에 대하여 설명하시오.

128-3-2 화학공장의 정량적 위험도평가(Quantitative Risk Assessment) 7단계에 대하여 설명하시오.

131-3-6 [사업장 위험성평가에 관한 지침] (고용노동부 고시)에서 규정하는 사업장 위험성 평가와 관련하여 다음 사항을 설명하시오.
   1) 위험성평가 정의
   2) 위험성평가 실시 시기
   3) 위험성평가 절차 및 주요내용

성능위주 법규/신고

111-1-11 소방시설 등의 성능위주설계와 관련하여 다음 사항을 설명하시오.
    1) 성능위주설계 대상 특정소방대상물(5가지)
    2) 성능위주설계자가 관할 소방서장에게 성능위주설계변경 신고 범위(6가지)

113-3-3 "소방시설 등의 성능위주설계 방법 및 기준"에 따른 성능위주설계 적용대상, 절차 및 "초고층 및 지하연계복합건축물 재난관리에 관한 특별법"에 의한 사전재난영향성 검토 적용대상, 절차를 기술하고, 신청·신고내용, 초고층 건축물에서 특별히 고려해야 할 사항에 대하여 설명하시오.

119-1-12 소방성능위주설계 대상물과 설계변경 신고 대상에 대하여 설명하시오.

123-1-9 국내 소방법령에 의한 성능위주설계 방법 및 기준에 대하여 다음 사항을 설명하시오.
    1) 성능위주설계를 하여야 하는 특정소방대상물
    2) 성능위주설계의 사전검토 신청서 서류

127-2-5 성능위주설계 절차와 사전재난영향성검토 절차를 기술하고, 초고층 건축물에서 특별히 고려해야 할 사항에 대하여 설명하시오.

130-3-3 성능위주설계 대상, 변경신고대상, 건축심의 전 제출도서, 건축허가동의 전 제출도서를 각각 설명하시오.

액체 화재패턴(Fire Pattern)

105-2-5 액체탄화수소의 일반적인 특성과 연소 후 특징적으로 나타나는 화재패턴(Fire Pattern)에 대하여 설명하시오.

108-3-1 가연성 액체가 인화하여 발화한 화재의 과학적인 조사 방법을 설명하시오.

110-1-10 화재원인조사 및 감식과정에서 트레일러 패턴(Trailer Pattern)과 고스트마트(Ghost Mark)에 대하여 설명하시오.

118-1-11 가연물의 연소패턴 중 다음의 용어에 대하여 설명하시오.
    1) Pool-Shaped Burn Pattern
    2) Splash Pattern

124-3-2 액체가연물의 연소에 의한 화재패턴에 대하여 설명하시오.
    1) 일반적인 특징   2) 종류 5가지

감리

108-3-2 특정소방대상물의 소방공사에서 책임감리원과 보조감리원 제도가 2016년부터 시행되고 있다. 이와 관련하여 책임감리원과 보조감리원의 정의, 업무와 배치기준을 설명하시오.

113-2-3 소방공사 감리업무 수행 내용과 설계도서 해석의 우선순위에 대하여 설명하시오.

115-2-6 소방감리의 검토대상 중 설계도면, 설계시방서·내역서 및 설계계산서의 주요 검토 내용에 대하여 설명하시오.

131-2-2 소방감리원은 소방도면 이외에 건축도면, 기계도면, 전기 및 통신 도면을 검토해야 하는데 이때 검토해야 할 항목과 소방 설계도서 목록 중 설계도면, 설계시방서, 내역서, 설계계산서의 주요 검토 내용에 대하여 설명하시오.

118-1-9 감리 계약에 따른 소방공사 감리원이 현장배치 시 소방공사 감리를 할 때 수행하여야 할 업무를 설명하시오.

119-1-6 소방감리자 처벌규정강화에 따른 운용지침에서 중요및경미한 위반사항에 대하여 설명하시오.

121-4-4 소방시설공사업법 시행령 별표4에 따른 소방공사 감리원의 배치기준 및 배치기간에 대하여 설명하시오.

124-2-5 소방시설공사업법령에서 정한 소방시설공사 감리자 지정대상, 감리업무, 위반사항에 대한 조치에 대하여 설명하시오.

125-4-2 소방공사감리 업무수행 내용에 대하여 다음을 설명하시오.
   (1) 감리 업무수행 내용
   (2) 시방서와 설계도서가 상이할 경우 적용 우선순위
   (3) 상주공사 책임감리원이 1일 이상 현장을 이탈하는 경우의 업무대행자 자격

128-4-1 소방시설공사업법령에서 감리업자가 수행해야 할 업무와 공사감리 결과를 통보 시 감리결과 보고서 첨부서류 및 완공검사의 문제점에 대하여 설명하시오.

109-3-3 소방공사현장에서 설계가 변경되는 경우 설계변경 및 계약금액의 조정관련 감리업무에 대하여 설명하시오.

130-2-22 감리업무 중 공사비용이 증감되는 설계변경이 발생할 때, 아래의 내용을 설명하시오.
   1) 발주자 지시에 의한 설계변경
   2) 시공자 제안에 의한 설계변경
   3) 설계변경 검토 항목 및 검토내용

131-2-2 소방감리원은 소방도면 이외에 건축도면, 기계도면, 전기 및 통신 도면을 검토해야 하는데 이때 검토해야 할 항목과 소방 설계도서 목록 중 설계도면, 설계시방서, 내역서, 설계계산서의 주요 검토 내용에 대하여 설명하시오.

모아바 www.moa-ba.com
모아소방전기학원 www.moate.co.kr

요해 소방기술사 2권 (개정3판)

발행일	2024년 5월 3일 개정3판 1쇄
지은이	김정진
발행인	황모아
발행처	(주)모아교육그룹
주 소	서울특별시 영등포구 영신로 32길 29 세화빌딩 2층
전 화	02-2068-2393(출판, 주문)
등 록	제2015-000006호 (2015.1.16.)
이메일	moagbooks@naver.com
누리집	www.moate.co.kr
ISBN	979-11-6804-275-9 (13500)

이 책의 가격은 뒤표지에 있습니다.

Copyright ⓒ (주)모아교육그룹 Co., Ltd. All Rights Reserved.

이 책은 저작권법에 의해 보호를 받는 저작물이므로 저자와 출판사의 서면 허락 없이 내용의 전부 또는 일부를 이용하는 것을 금합니다.

소방기술사 합격!

여러분의 합격은 모아의 보람입니다.

끊임없이 변화를 추구하는 교육기업

모아교육그룹

모아를 선택해주신 여러분께 감사드립니다.

- ✔ 모아는 혁신적인 교육을 통해 인간의 사고(思考)를 확장 및 변화시킬 수 있다고 믿고 있습니다.

- ✔ 모아는 미래를 교육으로 변화시킬 수 있다고 믿고 있습니다.

- ✔ 모아는 청년부터 장년, 중년, 노년까지의 성인교육에 중점을 두고 사업을 진행하고 있습니다.

초고령화, 불확실성의 시대

모아는 당신의 미래를 함께 하는 혁신적인 교육 플랫폼이 되겠습니다.

개정3판 　　소방기술사 심화

요해 소방기술사 ②

소방기술사 김정진

Professional
Fire Protection Engineer

이 책의 차례

PART 10 수계 1

소화약제로서의 물의 특성	10
소화수 첨가제	13
Class A포	15
유수검지장치와 일제개방밸브	15
NFPA 13 스프링클러설비 분류	17
건식밸브	18
건식밸브의 방수지연시간	20
Water Columning	22
준비작동식 클래퍼 동작	23
건식-준비작동식 조합형	25
스프링클러설비의 시험장치	26
시험장치의 압력계	28
헤드 분류	29
스프링클러헤드 감지특성	31
헤드 동작시간 식 유도	33
스프링클러 소화시간	35
스프링클러설비 방수특성	36
K-Factor	40
헤드의 물리적 특성 3요소	42
NFTC 헤드 선정/설치기준	44
스프링클러헤드의 감지장애 및 살수패턴장애	47
NFPA 13 표준형헤드 위치	50
Beam Rule	53
ESFR	55
ESFR 헤드 설치기준	58
창고시설의 화재안전기준	59
NFPA 13 ESFR 헤드 설치	61
격자(Open Grid) 천장	63
Skipping	64
헤드의 동작시간 영향 인자	65
헤드 선정 시 고려사항	66
NFTC의 스프링클러헤드 설치 제외	68
NFPA 13 냉동실 헤드 설치	70
소화설비의 배관	72
NFTC 수원 계산방법	74
NFTC 수리계산	75
NFPA 수원 계산방법 (기준개수)	77
규약배관방식과 수리계산방식 비교	78
NFPA 13 용도 분류	81
수리계산 절차	83
NFPA 13의 살수밀도-설계면적	86
NFPA 손실계산	87
수력학적 소요수량 계산 절차	88
동압을 무시할 수 있는 이유	89
동압을 고려한 수리계산	91
NFPA 13의 Pipe Schedule Method	94
수계소화설비의 수리계산	95
수리계산 보고서 포함 사항	98
간이 스프링클러 가압송수장치	100

PART 11 수계 2

포소화약제의 종류 및 특성	104
내알콜포(Alcohol Resistant Foam)	106
포 소화원리	107
팽창비	109
혼합장치(Proportioning)	111
ILBP/Foam Dos	114
압축공기포	115
포소화설비 기동장치	117
CDC	118
고팽창포	119
NFPA 11 고팽창포	121
저팽창포와 고팽창포 설계 시 제한요소	123
포소화설비 설치대상 및 적용 설비	125
NFTC 포소화설비 수원	127
위험물 탱크 포소화설비 수원	129
옥외탱크의 고정포 방출구	131
옥외탱크의 고정포 방출구	133

위험물 저장탱크	135
NFPA 위험물 저장탱크 포 설계 절차	137
포모니터 노즐 방식	139
물분무 소화설비 1	140
물분무 소화설비 2	142
초고속 물분무소화설비	143
미분무수 소화원리	145
미분무수소화설비 구분	148
Dv 0.9 : 200 μm	152
미분무수 적용대상	153
미분무소화설비의 설계도서	155
NFPA 750 설계 시 고려사항	157
NFPA 750 설계 시 B급화재 고려사항	159
옥내소화전 ON-OFF 기동방식	160
옥외소화전	162
연결송수관	163
NFPA 14 (Standpipe System)	165
소화용수설비	167
지하구의 연소방지설비	169

PART 12 가스계

이산화탄소 소화설비 개요	172
이산화탄소 약제특성	174
이산화탄소 소화설비의 분류	176
이산화탄소 기동장치/가스용기 설치기준	178
이산화탄소 소화설비 동작 시퀀스	179
이산화탄소 저장용기 설치장소	180
Liquid Full	181
이산화탄소의 위험성	182
가스계소소화설비 안전대책	183
NFPA 2001 안전 장치	185
비상정지 스위치/Lock-Out 밸브	186
표면화재와 심부화재	187
전역방출방식의 개구부 보정량	188
선형상수 (비체적)	189
무유출식 유도	190
자유유출식 유도1	192
자유유출식 유도2	193
이산화탄소 약제량 계산	197
표면화재 시 보정계수	198
이산화탄소 최소약제량	200
Soaking Time (Retention Time)	202
Door Fan Test	206
국소방출방식 약제량	208
국소방출방식의 NFPA와 NFTC의 방출시간 비교	211
Vapor Delay Time	212
할로겐화합물 및 불활성기체 소화약제	213
ODP, GWP, ALT	216
최소설계농도, 불활성화농도	218
할로겐화합물 및 불활성기체 약제량	219
NFPA 2001 소화약제량 계산 절차	220
약제량 계산방법이 다른 이유	222
PBPK	223
할로겐/불활성기체 소화약제의 위험성	225
할로겐화합물 소화약제 열분해생성물	227
할로겐/불활성기체 소화약제의 방출시간	228
Pressure Venting	230
FK 5-1-12 (NOVEC 1230)	231
HFC-23 (상품명 : FE-13)	232
IG-541	233
할로겐/불활성기체 소화설비 설계절차	234
가스계소화설비 설계농도까지 도달하는 과정에서 시간지연	236
% in Pipe	238
유량계산방법 프로그램	241
3종 분말	242

이 책의 차례

PART 13 제연

제연방법 및 원리	246
거실제연 기본개념	249
연기발생량	251
Hinkley 식 유도	253
Hinkley 식에 의한 연기발생량	255
거실제연의 대상 및 구분	259
거실 제연설비의 급·배기	260
거실 제연설비의 배출	262
Plug-Holing	264
NFPA 204 거실제연 설계 절차	265
급 기	267
건축법상 배연설비	270
Venting과 스프링클러설비의 상호 영향	272
연기제어(Smoke Control)의 기본개념	273
연기제어 대상 및 방법	274
전실(부속실) 제연의 개요	276
스프링클러 설치 시 부속실의 최소차압이 12.5 Pa인 이유	279
NFPA 92의 경우 천장 높이가 4.6 m일 때의 차압	280
누설면적	283
누설면적 유도	286
과압방지조치	287
전실 제연설비 급기	289
외기 취입구	290
유입공기 배출	291
연돌효과에 따른 부속실 풍량을 보정해야 하는 이유	293
엘리베이터의 승강로 압력 변동을 제어하기 위한 시스템	294
부속실 제연설비 TAB	296
거실 제연설비 설계절차	298
부속실 제연설비 설계절차	300
등속법, 등압법, 정압재취득법	302
원심식 송풍기	305
송풍기 풍량 제어방법	307
송풍기의 System Effect	310

PART 14 경보설비

자동화재탐지설비 설계	314
경계구역	317
수신기	320
감시제어반	322
소화설비 기동	324
화재신호처리	327
설치높이에 따른 감지기	329
열전효과	330
서미스터	331
차동식분포형 감지기 (공기관식)	332
정온식스포트형 감지기	333
정온식감지선형 감지기	335
광센서형 감지기	336
광전효과	338
연기감지기	339
이온화식과 광전식 감지기	341
광전식분리형	343
NFPA 감지기 설치위치	345
공기흡입형 연기감지기	349
공기흡입형감지기 배관 설계	352
불꽃감지기	354
불꽃감지기 설계 시 고려사항	356
불꽃감지기 설치 위치	358
SPARK/EMBER 감지기	359
Video-Based 감지기	361
단독경보형 감지기	362
가스누설경보기	363
가스감지기	365
가스감지기 감지 방식	366

일산화탄소 감지기	368
아날로그 감지기	369
저출력 무선설비 (무선감지기)	370
비화재보	372
화재감지기 설치 제외 장소	374
다중통신 (Multiplexing Communication)	375
통신선로의 전송매체	377
네트워크 구성	378
네트워크의 제어방법	380
NFPA 72 경보설비 구성	382
NFPA 72 Pathway Class	383
Class N	385
잔존능력 & 공유경로	387
시각경보기	388
비상경보설비	390
비상방송설비	392
비상방송 성능 개선	394
NFPA 72 음압	396

PART 15 소방전기

소방용 전선	400
내화·내열 배선	402
비상전원의 종류	406
소방용 발전기 용량선정	408
소방전원 우선보존형 발전기	410
비상전원 수전설비	412
비상전원 수전설비 설치기준	414
축전지	416
축전지의 부동충전방식	418
축전지 용량	419
전기저장장치	423
리튬이온 배터리	425
전기저장장치 기준	427
ESS의 안전관리가이드	429

전기저장장치 커미셔닝	430
연료전지	431
조명 기초이론	432
퍼킨제 (Purkinje) 현상	433
유도등	434
유도등 배선 방식	436
비상조명설비	438
LED (Light-Emitting Diode)	440
비상콘센트	441
무선통신 보조설비	443
임피던스 정합	447
누설동축케이블의 손실과 Grading	448
전압정재파비 (VSWR)	450

PART 16 일반전기

Y (Star) - ⊿ (Delta)	452
전력의 종류 및 역률	455
키르히호프의 법칙	457
유도현상	458
유도장애	460
전자파	462
접 지	463
방폭 관련 보호 및 접지	465
피뢰설비	466
내부 피뢰시스템	468
저장탱크의 낙뢰 위험성	470
서지보호장치 (SPD)	472
직류 전압강하 계산식 유도	473
플레밍의 법칙	474
전동기 기동	476
인버터 유도전동기의 VVVF	479
사이리스터 (Thyristor)	481
Soft Starter	482
전기화재	483

항목	쪽
공기의 절연파괴 (Break Down)	485
Arc와 Spark	486
줄의 법칙	487
접촉불량에 의한 발화	488
아산화동 증식과 발열	489
트래킹	490
정온전선의 화재위험성	492
전기화재의 단락흔 (1차 용흔)과 용융흔 (2차 용흔)	493
누전경보기 작동원리	495
AFCI (Arc-Fault Circuit Interrupter)	496
유입변압기 화재	498
정전기 1	501
정전기 2	503
석유류 정전기 발생 (유동대전)	505
정전기 발생 영향인자	507
정전기 방전	508
제전기 (Ionizer)	510
정전기 위험성평가	512

PART 17 PBD 위험성평가

항목	쪽
성능위주설계 개요	516
성능위주설계 대상물	518
화재시나리오 (Fire Scenario)	520
화재 및 피난 시뮬레이션의 시나리오	522
설계화재	525
감지기 임계화재	527
화재모델링	528
Froude 모델링	529
결정론적 모델	531
CONTAM	534
성능위주 피난설계의 개념	536
성능위주설계 표준가이드라인 개요	538

항목	쪽
성능위주설계 [소방활동 접근성]	542
성능위주설계 [소방시설 (기계·전기)]	544
성능위주설계 [건축 피난·방재]	549
성능위주설계 [화재·피난 시뮬레이션]	554
위험성 평가 용어정리	558
Process Risk Assessment	559
ALARP 원칙	560
HAZOP	562
Dow 화재 폭발지수 (FEI)	563
Event Tree Analysis	565
Fault Tree Analysis	566
화학공장의 정량적 위험분석 (QRA)	569
Risk Presentation	570
Risk Management	571
방호계층분석 (LOPA)	572
안전무결성등급 (SIL)	573
보우타이 (Bow-Tie) 리스크 평가	575
FREM (Fire Risk Evaluation Method)	577
지수분포 & 신뢰성	578
하인리히의 이론	583
버드의 신도미노 이론	585
VE (Value Engineering)	586
공정안전관리 (PSM)	588

PART 18 ○○화재

지하구	592
공동주택	595
공동주택 화재성능기준	597
원자력 발전소 방호	600
지하공간 화재	602
고층 건축물의 화재	604
복합상영관에서의 화재	606
아트리움 방재 대책	608

석탄 화력발전소 소방시설	610
창고 화재	612
창고시설의 화재안전기준	614
터널화재	616
도로터널 화재안전기준	619
터널 제연설비 1	623
터널 제연설비 2	624
도로터널 정량적 위험성평가 1	627
도로터널 정량적 위험성평가 2	628
터널 소화설비	632
노유자 시설 방화대책	633
견본주택	635
필로티 구조 화재	637
지진화재	639
산림화재	640
화재조사의 종류 및 조사의 범위	643
화재패턴	644
발화부 추정의 5원칙	645
화재패턴의 형태	646
액체탄화수소의 화재패턴	649
NFPA 921의 과학적 화재조사	652
미소화원	654
방화(Arson)	655
소방시설 설치 제외 장소	657
책임감리원과 보조감리원	660
착공신고/공사감리자 지정대상	662
설계도서 등의 검토	663
검측 업무	665
공사 완료단계 시설물 인수·인계 등	667
준공검사	669
화재예방안전진단	670
건축자재의 품질관리	671
소방용품 품질관리	673

요약 676

MEMO